Chronologische Darstellung.

ISBN 978-3-662-42867-2   ISBN 978-3-662-43152-8 (eBook)
DOI 10.1007/978-3-662-43152-8

Softcover reprint of the hardcover 3rd edition 1917

Friedrich Althoff

dem unermüdlichen Förderer der Wissenschaft

in Verehrung zugeeignet.

Wer nicht von dreitausend Jahren
Sich weiß Rechenschaft zu geben,
Bleib im Dunklen, unerfahren,
Mag von Tag zu Tage leben.

West-östlicher Divan.

Vorwort.

In einem im Jahre 1904 unter dem Titel „4000 Jahre Pionier-Arbeit in den exakten Wissenschaften" erschienenen Werke haben wir den Versuch gemacht, einen Abriß der Geschichte der Naturwissenschaften und der Technik in Form einer chronologischen Übersicht zu geben.

Das vorliegende Buch, für dessen Bearbeitung noch ein dritter Mitarbeiter gewonnen worden ist, verfolgt den gleichen Zweck, jedoch in ausführlicherer und umfassenderer Weise.

Die Zahl der Artikel ist von 3600 auf nahezu 13 000 gestiegen. Es sind jetzt nicht nur die bahnbrechenden Taten und grundlegenden Ereignisse, sondern auch die einzelnen Stufen der Entwicklung zur Darstellung gelangt, und es ist dadurch der Werdegang einer jeden Schöpfung veranschaulicht worden.

Die einzelnen Artikel sind wesentlich ausgeführt worden, so daß sie einander zu einer auch für den Nichtfachmann verständlichen zusammenhängenden Geschichtsdarstellung ergänzen.

Sämtliche Angaben sind auf Grund zuverlässigster Quellen geprüft, und dazu nicht nur alle in Betracht kommenden Fachwerke, sondern auch die einschlägigen Zeitschriften und wissenschaftlichen Abhandlungen der in- und ausländischen Literatur benutzt worden.

Angesichts dieser Ausgestaltung des Buches dürfen wir hoffen, daß sich dasselbe in immer weiteren Kreisen als ein selten versagendes Nachschlagewerk für alle Tatsachen der Naturwissenschaften und der Technik bewähren, und daß es auch für den Forscher — neben seiner Fachliteratur — von Wert und Interesse sein wird.

Wie bereits im Vorwort zur ersten Auflage erwähnt worden ist, bildete die umfangreiche Autographensammlung des Herausgebers den Grundstock des Werkes.

Diese Entstehung brachte es mit sich, daß nur solche Entdeckungen und Erfindungen Aufnahme fanden, für die ein bestimmter Name nachweisbar war.

Dieser Grundsatz ist auch jetzt beibehalten und nur in den wenigen Fällen davon abgewichen worden, wo es nicht möglich war, den wahren Urheber einer Schöpfung festzustellen, aber unerläßlich schien, die Tatsache selbst zu berücksichtigen.

Noch sei darauf hingewiesen, daß am Schlusse ein Personen- und ein Sachverzeichnis beigefügt sind, und daß es sich empfiehlt, beim Nachschlagen von Artikeln diese Verzeichnisse grundsätzlich zu Rate zu ziehen. Im besonderen wird aus dem Sachverzeichnisse der gesamte Plan und die innere Gliederung eines jeden zur Darstellung gelangten Gebietes erhellen und so rasch erkannt werden, was das Buch in jeder einzelnen Frage zu bieten vermag, während ohne Benutzung des Verzeichnisses manche Angabe des Buches möglicherweise unaufgefunden bleiben würde.

Außer den in der ersten Auflage genannten Herren haben uns auch diesmal zahlreiche Forscher durch Beiträge und durch Bearbeitung ganzer Gebiete gefördert. Es sind dies die Herren:

Dr. Otto Antrick, Berlin.

Sanitätsrat Dr. Berthold, Ronsdorf.

Professor Dr. F. Blumenthal, Berlin.

Privatdozent Dr. J. von Braun, Göttingen.

Professor Dr. Ed. Buchner, Berlin.

Geheimer Regierungsrat Professor Dr. Diels, Berlin.

Professor Dr. Dziobek, Charlottenburg.

Geheimer Regierungsrat Professor Dr. Emil Fischer, Berlin.

Dr. Max Iklé, Berlin.

Eisenbahn-Oberingenieur Ludwig Kohlfürst, Kaplitz i. B.

Professor Dr. Lehmann-Haupt, Berlin.

Dr. K. Löwenfeld, Charlottenburg.

Professor Dr. W. Marckwald, Berlin.

Professor Dr. Möller, Carlshorst.

Dr. Albert Oliven, Berlin.

Dr. Aug. Pfaff, Berlin.

Hüttenmeister Dr. J. Savelsberg, Papenburg.

Kommerzienrat Schleifer, Berlin.

Dr. H. E. Schmidt, Berlin.

Wilh. Schmidt, Helmstedt.

Oberingenieur Schnaubert, Berlin.

Professor Dr. Semmler, Berlin.

Dr. Max Senator, Berlin.

Dr. Robert Stelzner, Berlin.

Dr. P. Wichmann, Hamburg.

Dr. Wohlwill, Hamburg.

Wir verfehlen nicht, ihnen sowie den in der ersten Auflage genannten Herren unseren verbindlichsten Dank auszusprechen.

Für Ergänzungen, Berichtigungen und anderweite Ratschläge sind wir nach wie vor dankbar und bitten, gütige Zuschriften an Professor Dr. L. Darmstaedter, Berlin W. 62, Landgrafenstraße 18a richten zu wollen.

Berlin, im Oktober 1908.

Professor Dr. Ludwig Darmstaedter.
Professor Dr. René du Bois-Reymond.
Oberst z. D. Carl Schaefer.

Inhaltsverzeichnis.

Seite

A. Chronologische Darstellung

Vorchristliche Zeit . . . . 1— 28

    Christliche Zeit

Erstes bis zehntes Jahrhundert . . . . 29— 47

Elftes bis fünfzehntes Jahrhundert . . . . 48— 71

Sechzehntes Jahrhundert . . . . 72—104

Siebzehntes Jahrhundert . . . . 105—159

Achtzehntes Jahrhundert . . . . 160—276

Neunzehntes Jahrhundert . . . . 277—993

Zwanzigstes Jahrhundert . . . . 994—1070

B. Personenverzeichnis . . . . 1071—1138

C. Sachverzeichnis . . . . 1139—1262

Ludwig Darmstaedters

Handbuch zur Geschichte der Naturwissenschaften und der Technik.

Vorchristliche Zeit.

3500 Der Hindugelehrte **Panningrishee** zu Arittuwarum am Ganges soll zuerst Palmenpapier zum Schreiben benutzt haben, in welches die Buchstaben mittels eines Griffels eingedrückt, und alsdann durch Abreiben mit Öl und Ruß lesbarer gemacht wurden. („Palmyrabücher".)

3000 Ein in Telloh gefundenes Basrelief aus Kalkstein, das unter anderem einen Harfenspieler darstellt, und eine in Bismya aufgefundene Vase aus blauem Seifenstein zeigen, daß den **Babyloniern** zu jener Zeit sowohl die elf-, wie die sieben- und fünfsaitige Harfe bekannt waren.

2700 Der chinesische Kaiser **Shen-nung**, „der Vater der Landwirtschaft, der Arznei- und Heilkunst", gibt, wie chinesische Quellen anführen, das „Penking", eine 165 Heilmittel enthaltende Arzneimittelsammlung heraus und erprobt den Geschmack der Kräuter und ihre Wirkung auf den menschlichen Organismus. Er schreibt auch ein Buch über Pflanzenkunde (Hon-zo).

— Der chinesische Kaiser **Shen-nung** wird als Erfinder des Pfluges genannt.

2668 Der chinesische Kaiser **Hwang-ti** und sein Arzt **Li-pe** stellen die ersten Grundgesetze der Heilkunde auf.

2650 **Dungi I.,** König von Ur, südbabylonischer Beherrscher des Zweistromlandes, wird von Nebukadnezar II. (s. 570 v. Chr.) als Urheber einer Gewichtsnorm, der schweren babylonischen Mine zu 982,4 g genannt. Aus 2 Statuen, die völlig übereinstimmende Maßstäbe tragen, ergibt sich die babylonische Doppelelle zu 990—996 mm, fast genau gleich dem Sekundenpendel für den 30. Breitengrad. Da das Wassergewicht des Kubus vom Zehntel der Doppelelle fast genau dem Gewicht der Mine entspricht, liegt hier anscheinend ein geschlossenes Maß- und Gewichtssystem vor, dessen Einheiten die Grundlage für die gesamte metrologische Entwicklung des Altertums gebildet haben. Dieses Maß- und Gewichtssystem beruht auf dem Prinzip der Sexagesimalteilung von Zeit und Raum.

2630 Nachdem die Seide zuerst unter dem chinesischen Kaiser Fu-hi, dessen Regierungszeit unbekannt ist, in Gebrauch gekommen war, nehmen der Kaiser **Hwang-ti** und dessen Gemahlin **Hsi-ling-shi** die Zucht der Seidenraupe auf und fördern durch die Begründung der Weberei und Stickerei die chinesische Industrie.

— Unter der Regierung des chinesischen Kaisers **Hwang-ti** soll das Rechenbrett, Swán-pán, erfunden und das erste arithmetische Werk, Kieoutschang, verfaßt worden sein. Der angebliche Erfinder des Swán-pán ist der Minister Cheòu-ly.

2630 **Tien-tschen** erfindet nach Angabe chinesischer Geschichtsschreiber die Tusche, die in Stangen jedoch erst im 3. Jahrhundert v. Chr. in den Handel kommt.

2600 Von **Cheops,** ägyptischem König der vierten Dynastie, rührt die größte der Pyramiden her, die sich südwestlich von Kairo bei dem Dorfe Gizeh auf dem linken Nilufer erheben. Sie war ursprünglich 147 m hoch und an jeder Seite der quadratischen Grundfläche 233 m lang. An ihr sollen nach Herodot 100000 Menschen 20 Jahre lang gearbeitet haben. Die Masse des Mauerwerks betrug ursprünglich 2521000 cbm. Die zweitgrößte Pyramide ist die des Königs Chephren, und es sind von Kairo bis zum Fayûm noch die Spuren von 67 Pyramiden nachweisbar. Alle diese Bauwerke sind so scharf orientiert, daß anzunehmen ist, daß an ihre Erbauung unter anderem auch die Absicht geknüpft war, mittels ihrer Grundlinien die Himmelsrichtungen festzulegen.

— Der Chinese **Rai-ko** fixiert die von Hwang-ti und Li-pe (s. 2668 v. Chr.) aufgestellten Prinzipien der Heilkunde in seinem Werke „Nai-kiyo", (das innere System), in welchem sich unter anderem die erste, sehr komplizierte Theorie des Pulses befindet.

2500 In der von den Amerikanern ausgegrabenen altbabylonischen **Tempelbibliothek zu Nippur** finden sich Multiplikationstabellen zum Ablesen größerer Multiplikationen und astronomische Berechnungen über die Sternbilder Skorpion und Jungfrau.

2356 Der Reisbau ist in China schon im 3. Jahrtausend v. Chr. bekannt. Im Jahre 2356 v. Chr. läßt der chinesische Kaiser **Jao** am Jantsekiang Bewässerungswerke anlegen und regelt die Verteilung der Einkünfte der Reisfelder.

2250 Im 3. Jahrtausend v. Chr. ist Babylonien bereits mit einem weitverzweigten und kunstvoll gegliederten Systeme von Kanälen durchzogen, die zum Teil der Entwässerung, zum Teil der Bewässerung dienen und von dem hohen Stande der damaligen Wasserbaukunst Zeugnis ablegen. So rühmt sich namentlich der babylonische Herrscher **Hammurabi,** den Ländern Sumer und Akkad Wasser durch Kanäle zugeführt zu haben.

2220 Der chinesische Kaiser **Yü** fördert die Verbreitung der Seidenzucht, indem er weite Landstrecken entwässert, dieselben mit Maulbeerbäumen bepflanzt und Seidenraupen unter die Bevölkerung verteilt. Zu seiner Zeit beherrschen die Chinesen die Technik der Weinbereitung in vollem Umfange. Doch scheint der Wein damals nur religiösen Opferzwecken gedient zu haben.

— Zur Zeit des chinesischen Kaisers **Yü** ist den Chinesen der Stahl (Lo-we) bekannt.

2205 Der Sohn des chinesischen Herrschers Yü begründet die erste erbliche Dynastie **Hia** in China. Um diese Zeit wird die chinesische Zeitrechnung derart geregelt, daß sie nunmehr 60jährige Zyklen umfaßt. Als Anfang der chinesischen Aera wird das Jahr 2637 v. Chr. festgesetzt.

2137 Die Chinesen kennen im 3. Jahrtausend v. Chr. die Vorausberechnung der Sonnenfinsternisse. Denn wie in dem von Confucius verfaßten **Schu-king** (Buch der Annalen) berichtet wird, werden die chinesischen Hofastronomen Hi und Ho mit dem Tode bestraft, weil sie die Sonnenfinsternis vom Jahre 2137 v. Chr. (nach Oppolzer's Berechnung vom 22. Oktober 2137) nicht vorausgesagt haben.

2000 Der König **Mentuhôtep** erbohrt einen Brunnen und sein Offizier Se'anch „macht die Täler Hammamâts zu Krautgärten und seine Höhen zu Wasserteichen".

1880 Zur Zeit des Königs **Senwosret III.** (Sesostris) gibt es in Ägypten Bierbrauereien und Gerbereien.

1830 **Amenemhât III.**, ägyptischer König der 12. Dynastie, erbaut der Überlieferung nach den großartigen Tempelpalast unweit vom Mörissee in der
Landschaft Fayûm, aus dessen Namen Lope-ro-hunt das Wort „Labyrinth"
entstanden ist. Die Bauart dieses, nach den Untersuchungen von Flinders
Petrie 305 m langen und 278 m breiten Tempelkolosses setzt, wie die der
Pyramiden, (s. 2600 v. Chr. Cheops) nicht unbedeutende mathematisch-
technische Kenntnisse voraus.

1750 Der Ägypter **Aahmesu (Jahmose)** lehrt im „Papyrus Rhind", dem ältesten
ägyptischen mathematischen Handbuche, die Berechnung des Flächeninhalts
von Feldstücken, deren einschließende Seiten gegeben sind. Er rechnet mit
ganzen Zahlen und Stammbrüchen und benutzt eingekleidete Gleichungen
ersten Grades mit einer Unbekannten.

1700 Das älteste bekannte Stück von wirklichem Email, d. i. Glas, welches auf
Metall aufgeschmolzen und innig mit demselben verbunden ist, ist das
Armband der ägyptischen Königin **Aahotep**, welches sich im Museum zu
Bulak befindet.

1600 In das Jahr 1600 v. Chr. mindestens ist die Ausbildung des Zodiakus
(Tierkreises) durch die **Babylonier** zu setzen; wahrscheinlich reicht sie aber
weiter zurück, vermutlich in ihren Anfängen bis über 3000 v. Chr.

1475 Zur Zeit des Königs **Thutmosis III.** kennt man in Ägypten die Blasebälge.
Es geht dies aus einer in Theben aufgefundenen Abbildung hervor, wo
bei einem Metallschmelzprozesse ein Ledersack von zwei Männern abwechselnd niedergetreten (entleert) und an Stricken wieder hochgezogen
(mit Luft gefüllt) wird.

— In Ägypten ist zur Zeit des Königs **Thutmosis III.** die Herstellung der Glasperlen bekannt. Eine 2 cm dicke Glasperle, welche dem Glasschmucke
der Königin Hatasu, der Gemahlin Thutmosis', angehört hatte, ist von
Captain Honey in Theben aufgefunden worden.

— Von der im Altertum weit zurückreichenden Kenntnis des Eisens (vgl.
auch 2220 v. Chr.) zeugt ein in der großen Cheopspyramide gefundenes
Stück Schmiedeeisen und ein unter einer Sphinx in Karnak gefundener
Teil einer Sichel. Urkundlich zuerst bestätigt wird der allgemeine Gebrauch des Eisens in Ägypten durch eine Inschrift aus der Zeit des Ägypter-
königs **Thutmosis III.**

— In den Tributlisten und Beuteverzeichnissen des ägyptischen Königs **Thutmosis III.**, welche sich auf seine in Asien geführten Kriege beziehen, wird
von erbeutetem Blei berichtet, — die erste geschichtlich beglaubigte Erwähnung dieses Metalls.

1425 In dem Grabe des Königs **Thutmosis IV.** von Ägypten sind eine Anzahl
Gewebefragmente gefunden worden, die wohl die ältesten bekannten
Webereien darstellen und die keinen Zweifel übrig lassen, daß damals
schon aufrechtstehende Webstühle benutzt worden sind. Überraschend
ist die Tatsache, daß ein Teil der Farben (Rot und Blau) noch in vollem
Glanze leuchten, während andere (Braun und Schwarz) abgeblaßt sind.

1400 Zur Zeit des ägyptischen Königs **Amenophis IV.** ist die Schnellwage mit
Laufgewicht in Ägypten in Gebrauch.

1250 Zur Zeit des ägyptischen Königs **Ramses II.** führen die Ägypter im Kriege
zweirädrige Streitwagen mit sechsspeichigen Rädern und unmittelbar auf
der Achse stehendem Wagenkasten, an welchem die Deichsel unbeweglich
befestigt ist. Dieselbe trägt vorn ein gepolstertes Joch, das mit Riemen
um Brust und Bauch des Pferdes geschnallt wird.

— Der ägyptische König **Ramses II.** vollendet den bereits von seinem Vater
Sethos I. begonnenen Bau eines Schiffahrtskanals vom Nil zum Timsah-

1*

Sun und von da zum Roten Meere. Der Kanal verfällt später. (Vgl. 610 v. Chr. Necho.)

1170 Zur Zeit des Königs **Ramses III.** kennt man in Ägypten die Töpferscheibe und den Sonnenschirm.

— In Medinet-Abu sind die Spitzen der von **Ramses III.** errichteten Masten vergoldet. Vermutlich haben diese Masten als Blitzableiter dienen sollen. Jedenfalls sind die Gesetze der Blitzleitung den alten Kulturvölkern keineswegs unbekannt gewesen, wie dies unter anderem die Inschriften des Tempels von Edfu beweisen. Auch eine Inschrift am Tempel von Dendera muß dahin gedeutet werden, daß die neben demselben aufgerichteten kupferbeschlagenen Holzstangen zum Schutz gegen den Blitzschlag bestimmt seien.

1160 Unter der Dynastie der Tscheu werden magnetische Wagen gebaut, in deren Vorderteil eine frei schwimmende Magnetnadel Arme und Hände einer kleinen Figur, die nach Süden weist, bewegt. Solche Apparate, „Fse-nan" (Andeuter des Südens) genannt, werden den Gesandten von Tonkin und Tonkinchina vom Kaiser **Tsching-wang** geschenkt, um ihre Rückkehr durch die großen Ebenen zu sichern. Das Volk, von welchem die Gesandten kamen, wird nach Richthofens „China" als „Yue-shang-shi" bezeichnet.

1150 Wie das „Heilige Buch der Lieder" erwähnt, läßt der chinesische Herrscher **Wu-wang** einen zoologischen Garten (Park der Intelligenz) anlegen, der 800 Jahre lang bestanden hat, und Säugetiere, Vögel, Schildkröten und Fische enthielt. Es ist dies die erste geschichtliche Erwähnung eines zoologischen Gartens.

1100 Der zu Loy-ang residierende chinesische Kaiser **Tschu-kong** findet für die Schiefe der Ekliptik den für jene Zeit auffallend richtigen Wert von 23° 52'.

800 **Homer** kennt Goldschmiede und Bronzeschmiede und erwähnt schon das geschlagene Gold, das auch den alten Ägyptern bekannt war. Die Werkstatt des Hephaestos weist Hammer und Zange, Blasebalg und Schmelztiegel, Amboß und Amboßgestell auf. Auch nennt Homer das Zinn, kennt aber seine Eigenschaften nicht genauer. Er erwähnt zweimal das Blei. (Vgl. auch 1475 v. Chr.)

— **Homer** kennt bereits die Härtbarkeit des Stahles durch Ablöschen in kaltem Wasser, wie aus Od. IX, 391 hervorgeht. (Vgl. auch 1050 n. Chr.) An zahlreichen Stellen werden bei ihm Waffen erwähnt, die wir uns nur als stählerne vorstellen können. (S. a. 2220 und 1475 v. Chr.)

— **Homer** erwähnt die Töpferscheibe, deren Erfindung dem Korinther Hyperbios oder dem Talos, dem Neffen des Daedalos, beigelegt wird. (Vgl. jedoch 1170 v. Chr. Ramses III.) Er beschreibt die Einrichtung des „Geschirrs" beim Webstuhl und kennt die aus dem Orient stammende Buntwirkerei.

— **Homer** erwähnt bereits den Sandarak, das Harz einer Thujaart, das zu Räucherpulvern, Räucherkerzen, Salben und Pflastern verwendet wird. Er spricht von den Dämpfen des brennenden Schwefels als von einem Räucherungsmittel, das namentlich bei religiösen Zeremonien angewendet wird.

— **Homer** berichtet in der Ilias bereits von der Verwendung des Olivenöls in der Weberei. Jedenfalls dürften die Griechen das erste Volk gewesen sein, das es verstanden hat, Oliven zu Öl zu verarbeiten. Er erwähnt den Bernsteinschmuck als phönizischen Handelsartikel, wie auch schon in mykenischen Gräbern Bernsteinperlen oft in beträchtlicher Anzahl aufgefunden worden sind.

800 Nachdem man im Altertume anfangs das am nächsten liegende Düngungsverfahren, bei dem die gewachsene Pflanzensubstanz durch Unterpflügen dem Boden einverleibt wird, die Gründüngung, ausgebildet hatte, geht man schon früh zum Gebrauch der Exkremente der Haustiere, des Stalldüngers, über, den schon **Homer** in der Odyssee erwähnt und dem dann die Verwendung der menschlichen Exkremente folgt.

— **Homer** spricht wiederholt von Leuchtfeuern an der Meeresküste (Odyssee X, 28; Ilias XVIII, 207 und XIX, 375), so daß derartige Seezeichen zu jener Zeit schon allgemein gebräuchlich gewesen zu sein scheinen.

— In den indischen Gesetzbüchern des **Manu** findet sich die früheste Erwähnung der Baumwolle und deren Kultur, so daß anzunehmen ist, daß diese Gespinstpflanze dort zuerst technisch verwendet worden ist. (S. auch 327 v. Chr.)

763 Das älteste sichere Zeugnis für die Beobachtung einer genau datierbaren Sonnenfinsternis verzeichnen die **Assyrier** in der assyrischen „Verwaltungsliste" (dem „Eponymenkanon mit Beischriften") unter dem 15. Sivan. Es ist dies die totale Finsternis vom 15. Juni genannten Jahres, auf die wahrscheinlich auch der Prophet Amos (8, 9) Bezug nimmt: „An jenem Tage ist der Spruch des Herrn Jahve, ,will ich die Sonne am Mittag untergehen lassen und auf die Erde am hellen Tage Finsternis senden'." (Vgl. jedoch 2137 v. Chr.)

750 Wie eine um die Zeit des chinesischen Kaisers **Ping-wang** hergestellte, aus Eisen gegossene 13 m hohe Pagode beweist, kennt man in China bereits zu dieser Zeit den Eisenguß.

747 Beginn der Aera des babylonischen Königs **Nabonassar.** Diese Aera ist für die geschichtlichen Zeitbestimmungen von Bedeutung, da sich mit ihrer Hilfe nach den von Ptolemäus überlieferten Regententafeln der Zeitpunkt vieler geschichtlich denkwürdiger Ereignisse berechnen läßt.

730 König **Ahas** von Juda erbaut eine Sonnenuhr (Obelisk mit Stufen?).

717 Der Überlieferung zufolge soll der römische König **Numa Pompilius** ein Mondjahr zu 355 Tagen mit 12 festen Monaten eingeführt haben, in das alle zwei Jahre ein 13. Monat (Schaltmonat Mercedonius) eingeschoben wurde.

700 Nachdem (nach Plinius) zuerst die Erythräer den Bau von Zweireihen-Schiffen (Diëren) — an Stelle der bis dahin üblichen einreihigen Ruderschiffe — versucht hatten, bauen, wie Thukydides und Diodor berichten, die Korinther unter des **Ameinokles** Leitung die ersten Dreireihenschiffe (Triëren). Übrigens wird die seit Livius herrschende Auffassung, daß unter den Mehrreihenschiffen „mehrere Ruderreihen übereinander" zu verstehen seien, neuerdings von Breusing als irrig angefochten. Er deutet die Diëren, Triëren und Penteren nicht als zwei-, drei- nnd fünfreihige Ruderschiffe, sondern als solche Schiffe, bei denen das einzelne Ruder mit zwei, drei oder fünf Mann besetzt ist. In ähnlicher Weise hat sich schon früher Thomas Rivius geäußert.

— **Hesiod** von Askra in Böotien schreibt das Lehrgedicht „Werke und Tage", in dem Anweisungen zur rationellen Landbebauung gegeben sind und ein Bauernkalender mitgeteilt wird.

— **Hiskia,** König von Juda, läßt zwecks Anlage einer Wasserleitung (s. Altes Test. 2. Könige, Kap. 20, V. 20) zwischen dem Siloah-Teich und der Gihon-Quelle bei Jerusalem einen 531 m langen Felsenkanal herstellen, eine der ältesten geschichtlichen Tunnelbauten. Die Durchbrechung der Felsmassen erfolgt mit Hilfe von Bronze-Werkzeugen. (S. die daselbst i. J. 1880 gefundene, jetzt in Konstantinopel befindliche Inschrifttafel.)

700 Wie aus den im Palast von Kujundschik entdeckten steinernen Abbildungen hervorgeht, bedienen sich die Assyrier zur Zeit des Königs **Sanherib** zum Transport ihrer Steinkolosse auf dem Wasserwege teils der noch heute gebräuchlichen Flöße, die teilweise durch mit Luft gefüllte Säcke getragen werden (Kelleks), teils der von Herodot geschilderten Rundschiffe zum Landtransport der Schleife, die durch vorgespannte Sklaven ruckweise fortbewegt wird. Die Schleife wird mit der Last am hintern Ende durch einen Hebebaum gelüftet und bei der Hebung werden Keile unter den Hebebaum gelegt.

692 **Glaukos** von Chios erfindet die Lötung des Erzes wie auch des Eisens ($\sigma\iota\delta\acute{\eta}\varrho o\upsilon\ \varkappa\acute{o}\lambda\lambda\eta\sigma\iota\varsigma$), die an Stelle des Zusammennietens der getriebenen Stücke tritt.

676 **Terpandros** von Lesbos begründet die erste Musikschule in Sparta.

620 Die erste römische Brücke ist der Pons Sublicius zu Rom, der am Ende der Regierung des **Ancus Marcius** entsteht. Die Brückendecke ruht auf hölzernen Pfählen, auf denen ein loser Brückenbelag liegt.

— Die erste geschichtlich nachweisbare Brücke auf steinernen Pfeilern, über die bestimmte Nachrichten vorliegen, führte über den Euphrat und verband die auf den beiden Ufern des Flusses liegenden Königsburgen Babylons. Die Erbauerin soll **Nitokris,** die Mutter Nebukadnezars II. gewesen sein. Nach Ktesias war die Brücke 1000 Fuß lang; die Entfernung der Steinpfeiler, auf welchen die Brückenbalken ruhten, betrug etwa 4 m. Die Pfeiler waren aus Bruchsteinen hergestellt und die Steine durch eiserne, eingebleite Klammern miteinander verbunden.

610 Der ägyptische König **Necho** beginnt, unter Wiederaufnahme des Planes des Königs Ramses II., (s. 1250 v. Chr.) den Bau eines Schiffahrtskanals von Bubastis am Nil nach Patumos am Arabischen Meerbusen, der aber infolge eines Orakelspruchs unvollendet bleibt, und erst hundert Jahre später von dem Perserkönige Darius Hystaspis fortgesetzt wird.

600 Aus dem Jahre 600 v. Chr. sind uns die ersten wissenschaftlichen astronomischen Messungen am Himmel (Ortsbestimmungen von Gestirnen) erhalten, welche die **Babylonier** ausgeführt haben.

— Zur Zeit des ersten japanischen Kaisers **Jimmu** werden Massage und Akupunktur bereits in Japan geübt.

— Phönizische Schiffer unternehmen im Auftrage des ägyptischen Königs **Necho** die erste geschichtlich beglaubigte Umschiffung Afrikas, indem sie vom Arabischen Meerbusen absegeln und im dritten Jahre der Reise durch die Säulen des Herakles zurückkehren. Die phönizischen Schiffe jener Zeit besitzen, wie aus einem Relief in Ninive hervorgeht, bereits einen Rammsporn, der indes in Form eines eisenbeschlagenen Balkens über Wasser aus dem Schiffskörper hervorragt.

— Als ältester römischer steinerner Brückenbau gilt der Pons Salarius über den Tiber, welches Werk durch **Tarquinius Priscus** errichtet wird. Bestimmte Nachrichten über die Beschaffenheit dieser Brücke liegen nicht vor. (Vgl. 620 v. Chr. Ancus Marcius.)

594 **Solon** von Athen führt ein Mondjahr von 12 Monaten mit abwechselnd 29 und 30 Tagen ein. Um eine Übereinstimmung dieses nur 354 Tage umfassenden Jahres mit dem Laufe der Sonne herbeizuführen, wird alle 3 Jahre ein Monat zu 30 Tagen eingeschaltet. (Vgl. 540 v. Chr. Kleostratos.)

— **Solon** erläßt ein Gesetz, demzufolge jeder Bürger nachweisen mußte, daß er zehn Klafter tief ohne Erfolg gegraben habe, um ein Anrecht auf Mitbenutzung des Nachbarbrunnens zu haben. Das Geheimnis des Brunnengrabens besitzt in Athen seit [Alters] ein bestimmtes Geschlecht der „Brunnengräber" (Pheorychoi).

590 Eine aus Kyrene stammende, jetzt im Cabinet des Médailles zu Paris befindliche Schale zeigt den König **Arkesilas** von Kyrene, wie er auf einem Schiffe im Hafen das Abwägen und Verfrachten von „Silphium" beaufsichtigt. Obwohl das Silphium sowohl als Arzneimittel, wie auch als Gewürz und Gemüse in der Alten Welt eine ungemein wichtige Rolle spielte, und die Kyrenenser jene Pflanze auf allen ihren Münzen abbildeten und derselben den blühenden Wohlstand ihrer Stadt verdankten, ist bis jetzt noch nicht ermittelt worden, welche Pflanze unter dem Silphium der Alten zu verstehen ist.

— **Tarquinius Priscus** legt eine Kanalisation zur Entwässerung der Stadt Rom an, die durch Tarquinius Superbus vollendet wird. Durch dieses Kanalnetz wird der sumpfige Boden Roms entwässert; gleichzeitig werden die Abfallstoffe der Stadt durch die Cloaca maxima nach dem Tiber abgeführt.

585 **Thales** von Milet findet einige elementare geometrische Sätze (gleichen Seiten eines Dreiecks liegen gleiche Winkel gegenüber; Dreiecke sind bestimmt durch 1 Seite und 2 Winkel; die Kreisfläche wird durch den Durchmesser halbiert), und ermittelt die Höhe der Pyramiden aus deren Schatten.

— **Thales** beschreibt zuerst im Abendlande die Eigenschaft gewisser Eisenerze, Eisenspäne und dünne Eisenstücke anzuziehen. Diese Eisenerze erhalten, weil sie bei Magnesia in Lydien gefunden wurden, den Namen Magnete. Die magnetische Kraft nennt er „Seele", wie er überhaupt eine von der Materie untrennbare Energie unter dem Namen „Seele" annimmt.

— **Thales** gibt eine, indes nur auf Wahrscheinlichkeitsschlüssen beruhende Vorhersage der Sonnenfinsternis vom Jahre 585. (Nach neueren Berechnungen fand diese Sonnenfinsternis am 28. Mai 585 statt.) Die wahre Ursache der Sonnen- und Mondfinsternisse ist ihm unbekannt. Er faßt die Erde als eine auf dem Ozean schwebende runde Scheibe auf. Er bezeichnet das Wasser als das Grundprinzip der Dinge.

580 Der Schiffsanker, nach Plinius eine Erfindung des Tyrrheners Eupalamus, war ursprünglich einarmig. Nach Strabo (lib. VII) soll der Skythe **Anacharsis** um 580 v. Chr. den zweiarmigen Anker erfunden haben.

570 **Nabukudurrusur II.**, König von Babylon (der biblische Nebukadnezar), führt die erste Stromkorrektion aus, indem er durch den 600 km langen Kanal Pallakopas die Sumpfgebiete an der Euphratmündung entwässert.

— **Nabukudurrusur II.** veranlaßt die Wiedereinführung der Gewichtsnorm des Königs Dungi. (S. 2650 v. Chr.) — Inschrift auf einem Steingewichte im Betrage der schweren babylonischen Mine zu 982,4 g.

560 Der Baumeister **Chersiphron** von Knosos auf Kreta bewirkt beim Bau des Artemistempels zu Ephesos die Fortschaffung schwerer steinerner Säulen dergestalt, daß er in den beiden Endflächen jeder Säule eine eiserne Achse durch Bleiverguß befestigt, einen viereckigen, mit entsprechenden Achslagern versehenen Holzrahmen herumlegt, und die Säule nach Art einer Chausseewalze durch Fortrollen zum Bauplatze befördert. (S. Vitruvius „De architectura". Lib. X.)

560—529 **Kyros** verbindet alle wichtigen Grenzorte seines Reiches mit Susa durch Meldereiter.

550 **Mago** von Karthago, von Columella der Vater der Agrikultur genannt, schreibt 28 Bücher über Landwirtschaft, die nach der Eroberung von Karthago (146 v. Chr.) der römische Senat ihrer Wichtigkeit wegen in die lateinische Sprache übersetzen läßt.

— Zur Zeit des **Mago** verstehen sich die Karthager bereits auf die Bereitung besonders feiner Weine durch Benutzung des „Ausbruchs". Das Verfahren wird später vergessen; der Tokajer Ausbruch wird zuerst i. J. 1560 erwähnt.

550 **Metagenes,** des Chersiphron Sohn, verbessert die Transportmethode seines Vaters (s. 560 v. Chr.) zur Fortschaffung schwerer Balken in der Weise, daß er in den Hirnflächen der Stämme eiserne Zapfen befestigt, und an diesen 12 Fuß hohe Räder derart anbringt, daß der fortzuschleppende Balken gewissermaßen die Achse eines Räderpaares darstellt. Um das Ganze wird ein viereckiger Rahmen gelegt, vor den Zugochsen gespannt werden. (S. Vitruvius „De architectura". Lib. X.)

— **Phokos** von Samos schreibt ein Lehrgedicht „Schiffsastronomie", worin den Schiffern die wichtigsten Sternbilder geschildert werden. Statt des großen Bären wird der kleine als Orientierung nach Norden empfohlen.

547 **Anaximandros** von Milet schreibt das erste philosophische Buch der griechischen Literatur. Er leitet darin alles aus dem Universalprinzip des „Unendlichen" ab, aus dem das Individuelle in beständiger Emanation entsteht und wohin es zurückkehrt. Er lehrt zuerst die Koexistenz unendlich vieler Welten. Er ist der Begründer der astronomischen Sphärentheorie und lehrt die Konstanz der Bewegung. Er wird als Erfinder des Erdglobus bezeichnet.

— **Anaximandros** entwirft die erste Erdkarte und stellt in Sparta einen Gnomon (Sonnenuhr) auf.

— **Anaximandros** spricht klar aus, daß die Menschen von tierähnlichen Vorfahren abstammen und legt damit den Keim zur Deszendenzlehre.

540 **Kleostratos** von Tenedos verbessert das von Solon (s. 594 v. Chr.) eingeführte Mondjahr durch die „Oktaëteris", einen achtjährigen Zyklus, in welchem jedesmal das 3., 5. und 8. Jahr einen Schaltmonat von 30 Tagen erhält. Durch Eudoxos und Eratosthenes noch abgeändert, wird diese Zeitrechnung durch Meton's Enneadekaëteris (s. 432 v. Chr.) verdrängt.

532 **Eupalinos** von Megara stellt für die von ihm erbaute Wasserleitung der Stadt Samos einen Tunnel von 1000 Meter Länge her, indem er von beiden Seiten nach genauem Nivellement den Durchstich beginnt und in dem so hergestellten Tunnel einen Graben anlegt, durch den das Quellwasser der Quelle Leukothea den Leitungsröhren zufließt. Dieser Tunnelbau ist eine der kühnsten technischen Schöpfungen des Altertums.

— **Pythagoras** von Samos bezeichnet die Zahl als das Prinzip der Dinge. Er stellt die Hauptsätze der mathematischen Zahlentheorie auf, kennt die Primzahlen, bildet den Begriff der mathematischen Reihe aus, unterscheidet arithmetische, geometrische und harmonische Proportionen und legt den Grund zur Theorie der Vieleckszahlen. Die an das rechtwinklige Dreieck mit den Seiten 3, 4 und 5 geknüpfte, von altersher bekannte Tatsache, daß $3^2 + 4^2 = 5^2$ ist, führt ihn zur Aufstellung des nach ihm benannten, aber bereits in Indien und wahrscheinlich vorher schon in Babylon bekannten Lehrsatzes, und weiterhin zur Entdeckung des Irrationalen. — Es ist zu beachten, daß Pythagoras selbst nichts geschrieben hat. Es bleibt daher eine offene Frage, inwieweit die seinen Namen tragenden Lehren von ihm selbst, oder aber von seinen Nachfolgern, den Pythagoraeern, herrühren. — Vgl. auch 410 v. Chr. Theodoros.

— **Pythagoras** scheint sich die Erde als eine Kugel, die sich gleich der Sonne, dem Mond und den Planeten um ein Zentralfeuer drehe, zu denken. Er soll zuerst erkannt haben, daß der Abendstern (Hesperos) mit dem Morgenstern (Phosphoros) identisch ist.

— **Pythagoras** rühmt bereits die Heilkraft des Anis, der mehrfach auch in den hippokratischen Schriften erwähnt wird. Nach dem Abendland kommt der Anis erst 1551.

532 **Theodoros** von Samos erfindet angeblich die Bleiwage, das Winkelmaß, die Drehbank und den Schlüssel. Bei dem Tempelbau in Ephesos verwendet er Holzkohle, um den Boden auszutrocknen. Auch soll er den Erzguß, den die Ägypter in uralter Zeit bereits kannten, in Griechenland zuerst geübt haben.

— **Theodoros** von Samos übt zuerst die Kunst des Schneidens (Schleifens) der Edelsteine. Indes beschränkt sich die Edelsteinschleiferei zu jener Zeit lediglich auf das Bearbeiten und Glätten der natürlichen Flächen der Steine. (Vgl. 1456, Berquem.)

530 **Anaximenes,** Schüler des Anaximandros, lehrt, daß der Mond sein Licht von der Sonne habe.

— **Kleostratos** von Tenedos stellt Beobachtungen über die Sonnenwende an, indem er die Schatten des Idagebirges beobachtet. Sein Lehrgedicht „Astrologie" gibt Einzelheiten über die Sternphasen des Zodiakus (Skorpion, Widder, Schütze, Böcke).

522 **Demokedes,** Sohn eines knidischen Tempelarztes, begründet in Kroton die erste Ärzteschule auf wissenschaftlicher Grundlage.

520 **Hekataeos** von Milet bereist einen großen Teil der bekannten Welt von Hispanien bis Indien und von der Donau bis zum Nil und legt die Ergebnisse seiner Reisen in der jetzt nur noch in Bruchstücken vorhandenen, von Herodot viel benutzten Erdbeschreibung nieder, der auch eine s. Z. berühmte Erdkarte beigegeben war.

— Der griechische Geograph **Skylax** von Karyanda in Karien unternimmt im Auftrage des Darius Hystaspis eine Entdeckungsreise von der Mündung des Indus bis in das Innere des Arabischen Meerbusens und legt seine Erfahrungen und Beobachtungen in einem „Periplus" nieder. (Der unter seinem Namen erhaltene Periplus des Mittelmeers stammt nicht von ihm, sondern aus einer späteren Zeit.)

— **Xenophanes** von Kolophon führt die versteinerten Überreste von Seetieren auf Bergen, die Abdrücke von Lorbeerblättern in dem Gestein von Paros u. dgl. als Beweis dafür an, daß das Festland periodischen Überflutungen unterworfen sei.

513 Die erste bekannte Schiffbrücke läßt auf seinem Eroberungszuge gegen die Skythen Darius I. von Persien durch den Baumeister **Mandroklos** von Samos über den Bosporus schlagen. Wie die bei seinem Zuge gegen die Griechen von Xerxes 480 v. Chr. über den Hellespont geschlagenen Brücken, besteht diese Brücke aus einzelnen Schiffen, die beiderseits verankert sind. Über sämtliche Schiffe sind Taue von Flachs und Byssus gespannt, die den doppelten Bohlenbelag tragen. Zum Durchfahren bleiben Lücken zwischen den Schiffen offen.

509 Der Dichter **Theognis** von Megara erwähnt zuerst die Verwendung des Probiersteins zur Prüfung des Goldes.

500 Im „Ayur Veda" des indischen Arztes **Suçruta** wird der Magnet als ein Mittel gepriesen, um eine eiserne Pfeilspitze auszuziehen. Besonders wirksam ist der Magnet, wenn der Pfeil gerade und nicht zu fest im Fleisch eingebettet ist.

— **Suçruta** gibt die erste bekannte Anweisung, die ganz oder teilweise zerstörte Nase durch Einheilen eines Hautlappens aus der Wange wieder herzustellen,

490 **Heraklitos** von Ephesos stellt den Satz auf: Alles Irdische fließt, und nichts beharrt; alles aber wird geregelt durch das ewige Naturgesetz (Logos), das Weltentstehung und Weltuntergang im Großen und Kleinen ordnet. Als Urmaterie betrachtet er das Ätherfeuer.

— **Heraklitos** erwähnt zuerst die Krempelwalze.

486—465 Xerxes bedient sich zur Verbindung Persiens mit Griechenland in Rufweite voneinander aufgestellter Sklaven, welche sich der Reihe nach die zu befördernden Nachrichten zurufen, wobei diese dreißigmal schneller ihr Ziel erreichen als bei der Beförderung durch Boten.

480 **Alkmaeon** von Kroton begründet die wissenschaftliche Embryologie und Hygiene.

— **Alkmaeon** findet, daß jede Empfindung des Körpers durch das Gehirn vermittelt und die Bewegung der Glieder vom Gehirn geleitet wird. Er ist der erste Arzt, der Sektionen zu wissenschaftlichen Zwecken vornimmt. So findet er Gänge, die vom Gehirn zu den Augen führen (Sehnerv?) und unterscheidet die verschiedenen Häute des Auges. Erste Theorie der Sinneswahrnehmungen (Gesicht, Gehör, Geschmack).

— **Parmenides** von Elea behauptet die Abhängigkeit des Denkens von der warmen oder kalten Körperbeschaffenheit. Von ihm stammt die Einteilung der Erde in fünf Zonen, die heiße, die zwei gemäßigten und die zwei kalten Zonen.

470 **Leukippos** von Milet erfindet die von Demokritos von Abdera um 420 v. Chr. ausgebildete Atomistik. (Prinzipien, qualitätslose Atome und Vakuum. Mechanische Welterklärung. Entstehung der unzähligen Welten durch Wirbelbewegung. Entstehung der Wahrnehmung durch mechanische Einwirkung dünner, von den Objekten abgelöster Häutchen. Sekundäre Entstehung der Qualitäten).

464 **Anaxagoras** von Klazomenae entwickelt die Elemente der Perspektive, und zwar, wie Vitruvius berichtet, unter Bezug auf die Bühnendekorationen einer Schaubühne, die der Baumeister Agatharchos zur Aufführung der Dramen des Aeschylos in Athen hergerichtet hatte.

460 **Anaxagoras** gibt zuerst die richtige Erklärung der Nilschwelle (Schmelzen der Schneeberge in Äthiopien), die bereits der Dichter Aeschylos in den ,,Hikeliden" kennt.

— **Anaxagoras** unterscheidet Kraft (Geist) und Stoff. Die Gestirne sind glühende, aus der Erdregion durch die zentrifugale Kraft der weltbildenden Bewegung an die Peripherie versetzte Erdmassen, die durch den Umschwung glühend werden. Veranlassung zu dieser Hypothese gibt der Meteorsteinfall von Aegospotamoi (468 v. Chr.).

— **Anaxagoras** erkennt in dem Gesicht des Mondes Ebenen, Berge und Schluchten eines unserer Erde entsprechenden Himmelskörpers.

— Der Mathematiker **Oenopides** von Chios stellt einen Zyklus von 59 Jahren auf, um Sonnenjahr und Mondlauf auszugleichen.

458 **Aeschylos** erwähnt in seinem ,,Agamemnon" den (zu seiner Zeit im persischen Reich üblichen) Feuertelegraphen (Angaron), der den Fall Trojas von Insel zu Insel nach Argos gemeldet habe.

450 **Empedokles** von Akragas stellt die Sätze auf: Es gibt keine Entstehung aus nichts und kein Vergehen in nichts, sondern nur eine Umwechselung der vier ewigen Elemente (Feuer, Luft, Wasser, Erde) unter dem wechselnden Einfluß der polaren Kräfte Liebe und Haß (Anziehung, Abstoßung).

— **Empedokles** erwähnt zuerst die in Griechenland bei Gerichtsverhandlungen zur Abmessung bestimmter Stundenfristen übliche Klepsydra (Wasseruhr).

— **Empedokles** ist der erste methodische Beobachter der vulkanischen Erscheinungen Siziliens. Er nimmt eine feuerflüssige Beschaffenheit des Erdinnern an und erklärt damit die Vulkane und die heißen Quellen. Er deutet die auf Sizilien vorkommenden Knochen großer fossiler Säugetiere als Reste eines ausgestorbenen Gigantengeschlechts.

— **Herodot** von Halikarnassos unternimmt große Reisen nach Südrußland (Olbia), Griechenland, Kyrene, Unteritalien, Ägypten, Palästina und

Persien (bis Susa). Zurückgekehrt legt er die Ergebnisse seiner For-schungen in neun Büchern nieder, welche die politische und die Kultur-geschichte zusammenfassen und namentlich der geographischen Beschrei-bung großen Raum gewähren.

450 **Herodot** erwähnt in unzweifelhafter Weise die Butter, die bei den Skythen durch starkes Schütteln der Pferdemilch und Absonderung dessen, was sich oben abscheide, gewonnen werde. Daß die Skythen auch die Berei-tung von Käse verstanden, wird von Hippokrates von Kos berichtet. Auch spricht Herodot bereits von einer sechzigblättrigen Rose, womit ohne Zweifel die gefüllte Zentifolie gemeint ist. Die Darstellung des Rosenöls, der Rosenpastillen, des Rosenhonigs, eines Rosenextraktes usw. wird von Dioskorides beschrieben.

— **Herodot** beschreibt das Einbalsamierungsverfahren der Ägypter, die nach dem Herausnehmen des Gehirns und der Ausräumung der Bauchhöhle Palm-wein und Spezereien in die Leibeshöhlen schütteten, dieselben mit Myrrhen, Cassia und sonstigen wohlriechenden Substanzen füllten und den Körper 70 Tage lang in Natron legten. Die so präparierte Leiche wurde in Byssusstreifen eingewickelt, die durch Gummieren fest verbunden wurden. Von den Äthiopiern berichtet er, daß sie die Körper der Gestorbenen aus-trocknen ließen, mit einem Gipsüberzuge versahen und bemalten.

— Die karthagischen Feldherrn **Himilko** und **Hanno** machen Entdeckungs-fahrten, jener bis an die englischen Zinninseln, Hanno bis nach Sene-gambien und der Guineaküste (Kap Palmas?).

— **Kleoxenos** und **Demoklitos** erfinden einen optischen Buchstabentelegraphen, indem sie das Alphabet auf fünf Tafeln zu je fünf Buchstaben verteilen und durch Fackelzeichen (Sichtbarmachen von 1 bis 5 Fackeln) jedesmal zuerst die betreffende Tafel und alsdann den betreffenden Buchstaben kennzeichnen. (Polybios X, 45.) Dieser Buchstabentelegraph wird noch im 3. Jahrhundert n. Chr. angewendet.

444 **Dionysios** der Eherne soll zuerst den Gebrauch von Kupfermünzen veran-laßt haben.

— **Euryphon,** ältester wissenschaftlicher Arzt der koischen Schule, erklärt die Krankheit aus Überfüllung des Magens.

— **Herodikos** von Selymbria verbindet Gymnastik und Heilkunde zur Ἰατραλει-τική (Heilgymnastik). Er verordnet grundsätzlich ermüdende Spaziergänge und stellt das Prinzip auf, daß die Nahrungszufuhr in der körperlichen Arbeit ihr Gegengewicht finden müsse.

— **Herodot** erwähnt bereits das Vorkommen und die Gewinnung von Bitu-men (verdicktes Erdöl, Asphalt) im Is, einem Nebenflusse des Euphrat. Auch gibt Herodot Nachrichten über die vermutlich von Darius organi-sierte persische Reichspost (Angareion).

— **Herodot** erwähnt zuerst das in Ägypten und Griechenland übliche Rechnen auf dem Rechenbrett (Abakos), das bei dem Mangel eines dezi-mal geordneten Ziffernsystems die Addition und Subtraktion erleichtert und in China seit den ältesten Zeiten (s. 2630 v. Chr. Hwang-ti) in Ge-brauch war.

438 **Phidias** verwendet nach Plutarch bei der Herstellung des chryselephantinen Zeusbildes Arbeiter, die das Elfenbein zu erweichen und zu strecken verstanden hätten. An einer anderen Stelle behauptet Plutarch, dies sei mit Bier geschehen. Seneca nennt als Erfinder des Verfahrens Demokrit. Vermutlich ist alles Fabel, wie der entsprechende antike Glaube, der Diamant lasse sich durch Bocksblut erweichen, und die gleichfalls Demokrit zugeschriebene Kunst der Färbung der Edelsteine.

432 Der Athener **Meton** schlägt für die Zeitberechnungen den nach ihm benannten Zyklus von 19 Mondjahren (Enneadekaëteris) vor, der 12 gemeine
Jahre zu 12 Monaten und 7 Schaltjahre zu 13 Monaten umfaßt, so daß
im Mittel ein Jahr = 365,263 Tage ist (s. 540 v. Chr. Kleostratos).

430 **Hippokrates** von Chios gibt die nach ihm benannte Konstruktion der
„Lunulae Hippokratis" an, durch die er, freilich irrtümlich, das Problem
der Quadratur des Kreises für gelöst ansieht. Er führt das delische Problem
der Würfelverdoppelung auf die planimetrische Forderung zurück: zwischen
zwei gegebenen Strecken zwei mittlere Proportionale einzuschalten. Er
schreibt das erste griechische Lehrbuch über die Elemente der Mathematik.

— Der Bildhauer **Kallimachos** soll nach Plinius den Marmorbohrer erfunden
haben.

— Nach dem Berichte des Pausanias (Ἑλλάδος περιήγησις) bringt der Bildhauer
Kallimachos an dem Standbilde der Athene auf der Akropolis von Athen
eine goldene, mit Öl gespeiste Laterne an, deren Docht aus unverbrennlichem karpasischem Steinflachs, das ist Asbest, hergestellt war. (Vgl.
auch 77 Plinius, welcher den Asbest gleichfalls für eine Pflanze hält.)

424 Der griechische Geschichtsschreiber **Thukydides** berichtet (IV, 100), daß sich
im Jahre 424 v. Chr. die Böotier vor Delion des Feuers als Angriffs-
mittel in folgender Weise bedienten: Am vorderen Ende eines durch
eiserne Reifen zusammengehaltenen Holzrohrs war ein Gefäß mit brennen-
dem Pech und Schwefel angebracht, am hinteren Ende arbeiteten große
Blasebälge, deren Luftstrom das Feuer als starke Stichflamme gegen das
Angriffsziel trieb. — Übrigens reicht die Kenntnis derartiger Feuerwerks-
künste im Altertum, namentlich bei den Chinesen, noch viel weiter zurück.
Doch ist die oft versuchte Deutung als „Pulvergeschütze" eine irrige.

423 Der Lustspieldichter **Aristophanes** von Athen erwähnt in seiner Komödie
„Νεφέλαι" (2. Akt) das Brennglas (Brennkrystall) und seine Verwendbarkeit
zum Feueranzünden. Doch geht aus dem Zusammenhange hervor, daß
es sich dabei nicht um eine damals allgemein bekannte Tatsache handelte.

420 **Demokritos** von Abdera pflichtet der Lehre des Empedokles (s. 450 v. Chr.)
von der Unzerstörbarkeit der Materie bei und erklärt, alle Veränderung
sei nur Verbindung oder Trennung der unteilbaren Elemente der Materie,
der Atome, die nur der Gestalt und Größe, nicht aber dem Stoff nach
verschieden seien.

— **Demokritos** wird der Überlieferung nach als Erfinder des Gewölbebaus bezeichnet. Tatsächlich zeigt der altgriechische Mauerbau vor Demokritos
keine Gewölbe, und es wurden die Maueröffnungen lediglich durch Über-
kragen der einzelnen Steinschichten geschlossen. Doch muß neueren
Forschungen zufolge die erste Anwendung der Gewölbe den Etruskern
zugeschrieben werden, und auch die altbabylonischen Bauwerke enthalten
Gewölbe.

— **Hippias** von Elis findet die erste, von der Kreislinie verschiedene, nach
Entstehung und Eigenschaften mathematisch genau bestimmte krumme
Linie. Dieselbe wird später von Dinostratos zur Quadratur des Kreises
verwendet, und erhält daher den Namen Quadratrix.

— **Hippokrates** von Kos begründet die wissenschaftliche Heilkunde. Er ist
der hervorragendste Arzt der koischen Schule und überragt an Schärfe
der Beobachtung alle Ärzte des Altertums; auch ist er ein ausgezeichneter
Chirurg. Die wichtigsten und in ihrer Echtheit am besten verbürgten
seiner Schriften sind: die Aphorismen über Prognose und Therapie; die
Abhandlung über Klima, Wasser und Bodenbeschaffenheit und deren Einfluß auf die Bewohnerschaft; ein Leitfaden der medizinischen Geographie;
die Bücher über Epidemien, über Diät und über Kopfwunden.

420 **Hippokrates** von Kos schreibt die erste Abhandlung über die Trepanation, die übrigens schon in der ältesten Steinzeit geübt wurde, und gibt genaue Grundsätze für die Ausführung dieser Operation, die zum Teil heute noch zutreffend sind.

— **Hippokrates** von Kos kennt das auch schon von den alten Ägyptern in der Malerei verwendete Gummi arabicum (ägypt. Kami, griech. Kommi), und benutzt es als Heilmittel. Auch Herodot erwähnt das Gummi arabicum als einen Bestandteil der Schreibflüssigkeit (Tinte).

— **Philolaos,** ein Pythagoraeer aus Kroton, stellt ein Weltsystem von 10 Körpern auf: Fixsternsphäre, Sonne, Mond, 5 Planeten, Erde, Gegenerde. Der ruhende Mittelpunkt dieses beständig kreisenden Systems ist das Zentralfeuer. Die Reihenfolge der Elemente ist: Äther, Feuer, Luft, Wasser, Erde.

410 Der Pythagoraeer **Theodoros** von Kyrene weist darauf hin, daß die Quadratwurzeln aus den Zahlen 3, 5, 7, 11 usw. durch keinen Zahlenwert genau angebbar („$\mathring{\alpha}\lambda o\gamma o\nu$", nicht aussprechbar) seien, womit zuerst der Begriff des „Irrationalen" in der Mathematik auftritt. Doch hat möglicherweise schon Pythagoras selbst diesen Begriff gekannt. (S. 532 v. Chr. Pythagoras.)

400 Die Pythagoraeer **Hiketas** und **Ekphantos** aus Syrakus lehren die Achsendrehung der Erde, Ekphantos unter Annahme einer Drehung von West nach Ost. (Vgl. Heraklides Pontikos 350 v. Chr.)

— **Hippokrates** von Kos lehrt die Blutstillung durch Kompression und durch styptische Mittel, wie Alaun, Myrrhe usw. Er unterscheidet in bezug auf die Wundheilung die Vereinigung der Wunden durch einfache Verklebung von jener, welche sich durch eine neu entstehende Zwischensubstanz ergibt. Gegen Verbrennungen empfiehlt er teils zusammenziehende, teils erweichende Mittel. Er ist Erfinder des wissenschaftlichen Heilverbandes, und empfiehlt einen Schienenverband, der locker befestigt ist, damit das Glied ruhen kann, ohne gedrückt zu werden.

— **Hippokrates** von Kos hat betreffs der Affektionen der Haut die Auffassung, daß dieselben nur Ablagerungen von Krankheitsprodukten auf der äußeren Oberfläche seien, die ihren eigentlichen Ursprung inneren Zuständen, einer krankhaften Veränderung der Säfte verdankten. Er kennt die Krankheitserscheinungen der Skrofulose und insbesondere auch die Tumoren der skrofulösen Drüsen.

— **Hippokrates** von Kos kennt die angeborenen Luxationen und rechnet die Klumpfüße zu ihnen. Er bewirkt die Geraderichtung mit den Händen und befestigt den Fuß in der erhaltenen Stellung durch einen erhärtenden Verband. Die Rückgratsverkrümmungen benennt er als Kyphosis, Lordosis und Skoliosis. Er ist ein eifriger Anhänger der Massage und macht Angaben darüber, wo und wie man sich des Reibens bedienen müsse.

— **Hippokrates** von Kos und seine Schüler, insbesondere Thessalos und Drako, kennen die Behandlung des Nasenpolypen sowohl durch Ausbrennen als auch durch Abbinden, und seine weitere Behandlung mit Ätzmitteln.

— **Hippokrates** von Kos kennt bereits die vielerlei Störungen der Funktionen des Gesamtorganismus durch Zahn- und Zahnfleischleiden. Um seine Zeit kennt man auch bereits die Befestigung der Zähne mit Golddraht, wie beispielsweise auch das römische Zwölftafelgesetz (449 v. Chr.) eine Bestimmung enthält, die das Begraben mit goldenen Gegenständen verbietet, das Gold in den Zähnen aber ausdrücklich von dieser Bestimmung ausnimmt.

— **Hippokrates** von Kos beschreibt den äußern Gehörgang und das Trommelfell, kennt die akute und chronische Mittelohreiterung, ihre Komplikationen und Gefahren und spricht von den häufig vorkommenden Verletzungen der Ohrmuschel und von der Knorpelfraktur, für deren Behandlung er Vorschriften gibt.

400 **Ktesias** von Knidos liefert eine geographische Beschreibung Indiens, besonders seiner Tier- und Pflanzenwelt.

— **Ktesias** erwähnt zuerst das Vorkommen von Erdgas in Karamanien. Dies Gas lieferte seinerzeit den Feueranbetern die ewigen Feuer und wurde schon früh als Heizmaterial für den Hausgebrauch angewendet.

— Der chinesische Schriftsteller **Leih-tse** erwähnt in seinen Schriften, daß Stahl entstehe, wenn Schmiedeeisen in flüssiges Gußeisen eingetaucht werde. (S. a. 1722.)

398 **Timotheos** führt die elfsaitige Harfe in Griechenland ein. (S. 3000 v. Chr.)

390 **Archytas** von Tarent behandelt die Mechanik mathematisch. Er unterscheidet arithmetische, geometrische und harmonische Proportionen und löst das delische Problem durch die Methode der Halbzylinder. Er stellt das erste System der Akustik auf, wobei er auf die Abhängigkeit der Tonhöhe von der Schwingungszahl hinweist, und erklärt die ungleiche Bewegung der Gestirne aus dem Widerstande der Luft. Archytas wird von Aulus Gellius als Erfinder des Drachens (von Gellius „fliegende Taube" genannt) bezeichnet.

— Wie Plutarch (in „Vita Camilli") berichtet, entsendet der römische Heerführer Marcus Furius **Camillus** den Pontius Cominius als Kundschafter auf das von den Galliern belagerte römische Kapitol, wobei Cominius zum Durchschwimmen des Tiber Korkstücke unter seiner Kleidung anbringt. Es ist dies die erste Erwähnung einer Art von Kork-Schwimmweste.

387 Marcus Furius **Camillus** führt statt des bisher üblichen ledernen oder ehernen Helms den eisernen ein.

— **Plato** findet die analytische Methode der Geometrie und gibt durch seine Lösung des delischen Problems der Würfelverdoppelung das erste Beispiel der Bewegungsgeometrie. Er gibt die regulären Polyeder an.

— **Plato** unterscheidet leichtflüssige und schwerflüssige Fluida und teilt die Luft der ersteren Gattung zu. Sie könne sich in Nebel und Wolken verwandeln und man müsse annehmen, daß die Elementarteilchen, aus denen jeder Grundstoff bestehe, bei einem solchen Verwandlungsakt auseinanderfallen und sich neu gruppieren.

— **Plato** erwähnt zuerst den Diamanten als einen bei der Goldscheidung auskrystallisierenden Körper von großer Festigkeit.

381 **Eudoxos** von Knidos setzt an die Stelle von Meton's neunzehnjährigem Zyklus (s. 432 v. Chr.) einen achtjährigen Schaltzyklus.

378 **Philippos** von Mende in Ägypten, ein Schüler Platos, soll den Satz gefunden haben, daß der Außenwinkel eines Dreiecks gleich ist der Summe der beiden gegenüberliegenden Dreieckswinkel.

370 **Diokles** von Karystos, „der zweite Hippokrates", verfaßt ein medizinisches Kräuterbuch (vgl. 2700 v. Chr.), schreibt eine berühmte Diätetik und fördert auf Grund von Tiersektionen die Kenntnis der Embryologie. Nach Empedokles sind die vier Elemente des Körpers und die davon abgeleiteten Gegensätze Kalt — Warm Ursache der Krankheiten. Diesen vier Elementen entsprechen bei Diokles vier Säfte: Blut, Schleim, gelbe und schwarze Galle (Humoralpathologie).

— **Xenophon** von Athen gibt in seiner Schrift „Von der Reitkunst" an, daß man das Alter der Pferde an ihren Zähnen erkennen kann.

368 **Eudoxos** von Knidos gibt mit seinem System der 27 homozentrischen (d. h. konzentrischen) Sphären eine geistreiche Erklärung der Bewegung der Himmelskörper. Seine Lehre, durch Kalippos von Kyzikos — 33 himm-

lische Hohlkugelsphären — und Aristoteles — 47 Sphären — weiter ausgebildet, ist in dem astronomischen Gedichte des Aratos: „Φαινόμενα καί
διοσημεία" niedergelegt. (Erhalten in einem Kommentar des Hipparchos.)

368 **Eudoxos** von Knidos bildet die Lehre von den Proportionen wissenschaftlich aus, begründet die Ähnlichkeitslehre, wendet zur Erklärung der
Planetenbewegungen die Hippopede (Pferdefessel), eine sphärische Lemniskate an und gibt der Exhaustionsmethode ihre wissenschaftliche Vollendung.
Er schreibt das älteste Lehrbuch der Stereometrie.

360 Der griechische Militärschriftsteller **Aeneas** der Taktiker gibt in seinem
Werke über Städtebelagerung eine Geheimschrift an, bei welcher ein
mehrfach durchlochtes Brett verwendet wird, dessen Löcher — nach Ver-
abredung — die Bedeutung der einzelnen Buchstaben des Alphabets
haben. Durch die Löcher wird in der Reihenfolge der zu übermittelnden
Buchstaben ein Faden gezogen. (S. *Αἰνείου πολιορκητικὸν ὑπόμνημα.* XXXI.)
— Vgl. auch den in Sparta zu Lysanders Zeit gebräuchlichen, von Plutarch
(Lysandros 19) erwähnten Geheimbriefstab (Skytale).

— **Aeneas** der Taktiker beschreibt einen Brandsatz aus Pech, Schwefel, Werg,
Weihrauch und Kienspänen, der in Feuertöpfen als Wurfgeschoß zur
Verwendung kommt. Auch schildert er mörserkeulenartige Brandwerk-
zeuge, die auf die Sturmdächer der Belagerer geworfen werden.

— **Aeneas** der Taktiker stellt einen optisch-hydraulischen Telegraphen her,
indem er an den beiden zu verbindenden Stationen gleichgroße, mit
Ablaßhähnen versehene ｢Wassergefäße aufstellt. Mit einer Fackel wird
das Zeichen zum Öffnen und Wiederschließen der Hähne gegeben, und
dabei der Wasserspiegel bis zu bestimmten Marken gesenkt, welche gewisse, vorher vereinbarte Nachrichten bedeuten. (S. den bei Polybios X, 44
enthaltenen Auszug aus Aeneas verlorenem Werke „Von der Belagerungs-
kunst" und 1796 Bramah.)

352 Die Architekten **Satyros** und **Pythis** verwenden bei dem Grabmal des
Königs Mausolos in Halikarnassos Marmorplatten, die augenscheinlich mit
einem sägeartigen Werkzeug geschnitten sind. Plinius bemerkt dazu, daß
es sich hierbei um Steinsägen gehandelt habe, welche durch Schleifen mit
scharfem Sande ihre Wirkung ausübten, so daß demnach hier die Urform
der noch jetzt in Gebrauch befindlichen „Schwertsägen" vorläge.

350 **Aristoxenos** von Tarent wird mit seiner Schrift „Elemente der Harmonie"
epochemachend für die wissenschaftliche Behandlung der Musik, indem er
die bis dahin allgemein angenommene, auf bloße Zahlenverhältnisse gegründete Theorie der Pythagoraeer verläßt und die Gehörsempfindungen
geltend zu machen sucht.

— **Heraklides** Pontikos hält ein heliozentrisches Planetensystem für möglich,
in welchem Merkur und Venus die Sonne umkreisen. (Vgl. auch Tycho
Brahe.) Seine Lichttheorie ist der erste Keim der Undulationstheorie.

— Der griechische Maler **Pausias** von Sikyon bildet die schon von seinem
Lehrer Pamphilos geübte Wachsmalerei, und zwar in ihrer Abart als
Enkaustik, in hervorragender Weise aus, indem er farbiges Wachs mit
Hilfe glühender Stifte auf hölzerne Tafeln oder gebrannte Tonplatten
aufträgt. (S. Plinius „Historia naturalis." Lib. XXXV. — Vgl. auch 1887 P.)

340 **Menaechmos** wird bei dem Versuch, den Würfel zu verdoppeln, d. h. das
delische Problem zu lösen, auf die Kegelschnitte geführt.

335 **Praxagoras** von Kos kennt bereits die Brucheinklemmung (Ileus) und empfiehlt
dabei die Laparotomie und Enterotomie.

330 **Aristaeos** behandelt zuerst zusammenfassend die Elemente der Kegelschnitte. (Vgl. 340 v. Chr. Menaechmos.)

330 **Aristoteles** von Stagira, der bedeutendste Naturforscher des alten Griechenlands, legt die Ergebnisse seiner Forschungen in zahlreichen Schriften (Auscultatio physica; De generatione et corruptione; De coelo; Meteorologica; De anima; Historia animalium u. a.) nieder. Er schreibt den zuerst von Empedokles angenommenen vier Elementen die folgenden Qualitäten zu: Feuer trocken und warm, Luft warm und feucht, Wasser feucht und kalt, Erde kalt und trocken. Er stellt die Lehre von der Wandelbarkeit der Elemente ineinander durch zunehmendes Vorwalten der zweien von ihnen gemeinsamen Eigenschaft — Wasser feucht und kalt in Luft feucht und warm — auf.

— **Aristoteles** nimmt nach dem Vorgang des Philolaos die Existenz eines Weltäthers (Quinta essentia) an. Er führt zum ersten Male als Beweis für die Kugelgestalt der Erde den Umstand an, daß bei Mondfinsternissen der Schatten der Erde immer kreisförmig ist, da der einzige Körper, der in allen Lagen einen kreisförmigen Schatten wirft, die Kugel sei.

— **Aristoteles** veranschaulicht in seinen „Μηχανικὰ προβλήματα" seine Beweise durch Zeichnungen und verwendet zu kurzer Bezeichnung von mathematischen Größen gelegentlich auch Buchstaben.

— **Aristoteles** stellt zuerst die später nach Mariotte benannte Hypothese auf, daß alle Wasser in der Erde meteorischen Ursprungs seien, daß ohne Regen die Erde völlig trocken sein würde und daß das Wasser einen unaufhörlichen Kreislauf ausführe. Er erwähnt, daß destilliertes Meerwasser (ebenso Wein u. dgl.) nur reines Wasser als Niederschlag ergebe. Er kennt die Natur des Taus und des Nordlichts und die Temperaturabnahme in der Höhe.

— **Aristoteles** lehrt, daß die Luft den Schall vermittelnd in das Ohr leitet und daß der Schall bei Nacht besser als bei Tage und im Winter besser als im Sommer gehört wird. Er weiß, daß freifallende Körper mit beschleunigter Geschwindigkeit fallen, und spricht von der Erwärmung der Pfeilgeschosse durch die Reibung der Luft.

— **Aristoteles** erklärt die Empfindung des Sehens als eine Erschütterung, eine Bewegung des Mittels zwischen dem Gesicht und dem gesehenen Gegenstande. Der „Versuch des Aristoteles" zeigt eine Täuschung des Tastsinns: Wenn eine kleine Kugel mit zwei gekreuzten Fingern betastet wird, so hat man das Gefühl von zwei Kugeln.

— **Aristoteles** macht sich zuerst eine wissenschaftliche Vorstellung über den Schmelzvorgang und kennt die Verschiedenheit der Schmelzpunkte einzelner Metalle. Er erwähnt das Verfahren, Eisen aus den Erzen durch mehrmals wiederholte Schmelzung reiner darzustellen und zuletzt in Stahl zu verwandeln. Er erwähnt ferner zuerst das Quecksilber (ausgießbares Silber).

— **Aristoteles** begründet durch seine Tierkunde die Zoologie und bringt die ihm bekannten etwa 500 Tierformen in ein wissenschaftliches System, indem er Bluttiere und Blutlose unterscheidet, welche Gruppen sich ungefähr mit unseren heutigen Wirbeltieren und Wirbellosen decken. Er stellt Vergleiche des Baues des tierischen und menschlichen Körpers an, beschreibt den letzteren wahr und naturgemäß und macht treffende Angaben über das Vorkommen von Mißbildungen bei Menschen und Tieren. Er kennt die wahren Nerven, nicht aber deren Zusammenhang mit dem Gehirn, weiß jedoch, daß das menschliche Gehirn größer als das aller Tiere ist. Er macht die ersten Wahrnehmungen über die Entstehung des Küchleins aus dem Ei.

— **Aristoteles** beobachtet viele Tierkrankheiten und beschreibt ausführlich deren Erscheinungen. Er kennt die Ruhr und die Finne der Schweine, die Wut- und andere Krankheiten der Hunde, den Starrkrampf, den Rotz und die Rehe der Pferde, die Trommelsucht der Elephanten und vieles andere. Aristoteles gilt als Begründer der Zootomie.

330 **Aristoteles** erwähnt zuerst die koischen Gewänder, das sind fast durchsichtige Seidenstoffe, die Pamphile auf Kos aus den Kokons der dort vorkommenden wilden Seidenraupe zu bereiten wußte.

— **Diades,** Ingenieur unter Alexander dem Großen, erfindet die zusammenlegbaren Belagerungstürme (Helepolen), die Sturmbrücken und den Mauerbrecher (Kranich). Den schon früher bekannten Sturmbock stellt er auf Räder.

— Der Bildhauer **Lysistratos** von Sikyon ist der erste, der, anstatt frei zu modellieren, von dem Gesicht der abzubildenden Person einen Wachsabguß nimmt. Nach der Angabe des Plinius soll er auch zuerst Gipsabgüsse der menschlichen Formen genommen haben.

— **Praxagoras** entdeckt den Unterschied zwischen Venen und Arterien und stellt fest, daß die letzteren allein die Eigenschaft haben, zu pulsieren.

327 Auf dem Zuge **Alexanders des Großen** nach Indien werden von einem ihn begleitenden wissenschaftlichen Stabe planmäßige Beobachtungen über fremde Tiere und Pflanzen (z. B. Banane, Reis, Mangrove, Euphorbie) angestellt. Diese Forschungen werden von Aristoteles und Theophrastos verwertet.

— **Nearchos,** Flottenführer Alexanders des Großen, fährt vom Indus aus durch das Erythraeische Meer in den Persischen Meerbusen und entdeckt die Mündungen des Euphrat und Tigris.

320 **Dikaearchos** von Messene scheint bereits einen Quadranten mit Dioptern besessen zu haben, wie aus der Angabe des Eratosthenes hervorgeht, der sagt, daß Dikaearchos mit dioptrischen Meßinstrumenten Höhenwinkel von Berggipfeln gemessen habe.

— **Dikaearchos** entwirft eine Karte der durch die Feldzüge Alexanders des Großen bekannt gewordenen Ländergebiete.

— **Eudemos** von Rhodos schreibt die erste Geschichte der Geometrie, Arithmetik und Astronomie, die wichtigste mathematische Geschichtsquelle für die Zeit vor Euklid.

— **Pytheas** von Massilia (Marseille) fährt von Gades nach der Bretagne, die er zuerst sieht, von da nach den Scillyinseln und Britannien durch den St. Georgskanal bis an die Spitze Schottlands und bis zu den Shetlandsinseln, wo er Nachrichten von einer Insel Thule am Polarkreis erhält. Er mißt die Schiefe der Ekliptik (24°) und die geographische Breite seiner Vaterstadt, und bestimmt den Nordpol (genauer als Eudoxos, der den Polarstern dafür angenommen hatte) als sternlosen Punkt des Himmels. Er beschreibt die kurzen Sommernächte der Polargegenden und das Nordlicht und erkennt den Zusammenhang der Gezeiten mit dem Monde.

— **Theophrastos** von Eresos faßt in seiner kanonisch gewordenen Doxographie (Geschichte der Physiker von Thales bis Plato) die Entwicklung der griechischen Physik bis auf seine Zeit historisch-kritisch zusammen.

— **Theophrastos** legt einen Pflanzengarten an und liefert in seinen Werken über die Geschichte der Pflanzen und deren Aetiologie eingehende Bearbeitungen der zu seiner Zeit bekannten Gewächse unter Berücksichtigung ihrer Morphologie und Biologie. Von ihm datieren die Anfänge der Pflanzengeographie.

— **Theophrastos** erwähnt zuerst unter dem Namen Κιχώρη die Zichorie (vgl. 1763 Heine). Er kennt die Tollkirsche unter dem Namen Μανδραγόρας, wie durch Fraas' Untersuchungen endgültig entschieden ist. (Die jetzt gebräuchliche Bezeichnung Belladonna rührt von Matthiolus her). Auch kennt er den Eibisch unter dem Namen Ἰβίσκος; (den Namen Althaea erhält er durch Dioskorides). Er beschreibt ferner den Pfirsichbaum, die Pflaume, die Pistazie, den Portulak, das Süßholz, den Traganthstrauch, den Meerrettig, die Melone und den Spargel, der zu seiner Zeit sowohl als Gemüse als auch als Arzneimittel verwandt wird.

320 **Theophrastos** erwähnt, daß Quecksilber durch Zerreiben von Zinnober mit Essig in kupfernen Gefäßen gewonnen werde. Er kennt das Verzinnen des Eisens und beschreibt in seiner Abhandlung „Περὶ τῶν λίθων" die Bereitung des Bleiweißes. Er hat zuerst sichere Kenntnis von der Existenz mineralischer Kohle, unter der nach der ganzen Fassung der Beschreibung Braunkohle zu verstehen ist.

— **Theophrastos** behauptet das Vorkommen von (fossilem) Bernstein an der ligurischen Küste. Er beschreibt das natürliche Feuerzeug (Drehung von hartem Holze auf weichem), das der Hymnus auf Merkur als dessen Erfindung bezeichnet. Er erwähnt das in Makedonien übliche primitive Teerschwelen.

— **Theophrastos** bezeichnet es als eine wunderbare Tatsache, daß man in der afrikanischen Wüste Tiefbrunnen 600 Fuß tief erbohrt hat, deren Wasser durch ein Göpelwerk in die Höhe befördert wird.

— Nach der Angabe des **Theophrastos** war zu seiner Zeit das Gerben des Leders mit der Rinde der Aleppo-Kiefer in Griechenland schon in Gebrauch. Das unter dem Namen „Cuir d'Alger" in den Handel kommende französische Leder wird noch heutigentags in ganz gleicher Weise hergestellt.

— **Theophrastos** erwähnt den Zimmet, und zwar in zwei Arten: Cinnamomum und Cassia. Doch ist dieses Gewürz schon in den frühesten Zeiten bekannt gewesen und wird bereits in einem chinesischen Kräuterbuche v. J. 2700 v. Chr. aufgeführt.

312 Der Zensor **Appius Claudius** erbaut die erste wirkliche Kunststraße der Römer, die Via Appia, die Rom mit Capua verbindet. Später wird die Straße über Beneventum und Tarentum bis Brundisium verlängert. Sie ist nach ihrer Vollendung 540 km lang bei einer Breite von 8 m. Die Grundlage bestand aus grobem, festgestoßenem Kies und kleinen Feldsteinen, die mit glatten Quadersteinen belegt waren.

— Während die Juden ihrer Zeitrechnung ursprünglich keine bestimmte Aera zugrunde legten (— ihre Chronologie ist vielfach ganz mit der Genealogie verschmolzen —), und in der Folgezeit verschiedene Aeren, wie die babylonische u. a., einander ablösen, wird später von dem größten Teile der Juden die Aera der Seleukiden angenommen, die mit dem Siege des **Seleukos Nikator** bei Gaza, 312 v. Chr., beginnt. Diese Zeitrechnung faßt allmählich so festen Fuß, daß sie auch durch die mit der Befreiung Jerusalems beginnende Aera der Hasmonäer nicht völlig verdrängt wird. (Vgl. jedoch 359 Hillel Hanassi).

310 **Autolykos** aus Pitane in Klein-Asien schreibt die älteste Sphärik, ein astronomisch-geometrisches Lehrbuch zur mathematischen Erläuterung der scheinbaren Bewegung der Himmelskugel.

305 **Appius Claudius** baut die erste Wasserleitung Roms, die Aqua Appia. Dieselbe beginnt an der Via Praenestina, wird von da fast vier Stunden unterirdisch geführt, tritt bei der Porta Capena in die Stadt und gießt im Campus Martius ihr Wasser aus. Ihre Kanäle sind durchweg sowohl über als unter der Erde wasserdicht gemauert, und über der Erde auf Unterbauten von Hausteinen oder Ziegeln gebaut und mit Gewölben über-

spannt. Ähnliche Bauten sind die 290 v. Chr. erbaute Wasserleitung des M. Curius Dentatus, die des M. Agrippa, Augustus u. a.

305 **Epikuros** knüpft an die Atomlehre des Demokritos (s. 420 v. Chr.) an und lehrt, daß alle Dinge und Erscheinungen in der Natur zufällige Aggregate von Atomen sind, durch deren verschiedene Beschaffenheit und Verbindung die Verschiedenheit der Körper bedingt wird. Die Körper sind der Wiederauflösung ihrer Atome unterworfen.

304 Der athenische Kriegsbaumeister **Epimachos** baut zur Belagerung von Rhodos im Auftrage des Königs Demetrios Poliorketes einen Wandelturm von außerordentlicher Höhe (nach Vitruv 125 Fuß, nach Athenaeos, Diodor und Plutarch 135 Fuß) und 60—70 Fuß Breite. Die durch Haarpolsterung und Lederüberzug geschützten Wände und Decken des Turmes hielten Steingeschosse von $3^{1}/_{2}$ Zentnern Gewicht aus.

300 Soweit aus den bis jetzt aufgefundenen Keilinschriften-Tontafeln der **Babylonier** ersichtlich ist, ist im 3. Jahrhundert v. Chr. auf den babylonischen Sternwarten bereits ein regelmäßiger Beobachtungsdienst eingerichtet. Die Astronomen dieser Zeit kennen schon den Mond- und Sonnenlauf in derselben Genauigkeit, wie ihn etwa 150 Jahre später Hipparchos (s. 146 v. Chr.) angibt; sie berechnen den Stand und die Bewegung von Sonne und Mond mit ziemlicher Sicherheit und bestimmen sowohl Mondfinsternisse als Sonnenfinsternisse voraus. Ihre Beobachtungskunst ist bis zur Messung kleiner Winkel vorgeschritten; vermutlich sind sie schon im Besitz der Chordenrechnung (Vorläuferin der Trigonometrie) gewesen.

— **Demetrios** von Kallatis fertigt ein Verzeichnis sämtlicher in Griechenland beobachteter Erdbeben an, die erste Aufzeichnung dieser Art.

— **Erasistratos** von Julis auf Keos nähert sich der richtigen Ansicht vom Kreislauf des Blutes und gibt eine gute Schilderung der Chylusgefäße. Die Krankheiten führt er auf Überfüllung der Körperteile mit Flüssigkeiten zurück, wodurch der Zustand der Plethora hervorgerufen wird. Er erkennt den Unterschied des menschlichen und tierischen Gehirns (Windungen) und macht Wägeversuche mit Vögeln, um durch den Abzug der Exkremente von dem Nahrungsquantum die unsichtbaren Ausdünstungen festzustellen.

— **Erasistratos** soll sich zuerst des Katheters zur künstlichen Entleerung der Blase bedient haben.

— **Euklid** von Megara faßt die Lehren der früheren griechischen Mathematiker in dem klassischen synthetischen Lehrgebäude seiner Στοιχεῖα (Elemente) zusammen, einem Werke, das an nachhaltiger Wirkung von keinem späteren mathematischen Lehrbuche erreicht worden ist und noch heute in englischen Schulen gebraucht wird. Von besonderer geschichtlicher Bedeutung ist das von Euklid behandelte Parallelenaxiom geworden, welches ausspricht, daß sich zwei Gerade auf derjenigen Seite schneiden, auf der die Summe der beiden inneren Anwinkel kleiner als 2 R ist. Der Versuch, dieses Axiom durch einen mathematisch beweisbaren Lehrsatz zu ersetzen, hat u. a. zur Erfindung der nichteuklidischen Geometrie geführt. (S. 1826 Lobatschewsky.) Die Schlußformel der euklidischen Beweisführung „ὅπερ ἔδει ἀποδεῖξαι" „was zu beweisen war" wird noch heute gebraucht.

— Der Chinese **Hen-jaku** bearbeitet das Werk Nan-kiyo, das von den schwierigen Krankheiten handelt.

— **Herophilos** von Chalkedon verfaßt eine durch ihre treffende Nomenklatur und Beschreibung maßgebend gewordene Anatomie und erkennt zuerst in den Nerven die Werkzeuge der Empfindung und Willenskraft. Er macht

2*

Sektionen an menschlichen Leichnamen (vgl. 480 v. Chr.) und gibt ein System der Pulslehre auf rhythmischer Grundlage.

300 **Herophilos** beschreibt zuerst die Netzhaut des Auges (Ἀμφιβληστροειδής), deren Name von dem makroskopischen Vergleich der betreffenden Haut mit einem zugezogenen Fischnetz herrührt.

— **Megasthenes** verfaßt einen Bericht über das von ihm im Auftrage des Seleukos Nikator besuchte Indien, wobei er besonders auf die Ethnographie, Fauna und Flora des Landes eingeht. Das Werk bildet die Hauptquelle des Altertums für die Kenntnis jenes Landes.

— **Seleukos Nikator** beginnt den Bau des Hafens von Seleukia Pieria, der von Antiochus, Diocletian und Konstantin weiter ausgebaut wird und für das bewunderungswürdigste Werk griechischer Wasserbaukunst galt. Die Verwendung der Gebirgswässer zur Spülung der Hafenbassins, der auf der Ostseite des Hafenbeckens befindliche Felstunnel und die aus großen Quadern aufgeführte starke Quaimauer sind technische Schöpfungen ersten Ranges.

— **Straton** von Lampsakos, Schüler des Aristoteles, genannt der „Physiker", begründet die Experimentalphysik. Er nimmt als Grundstoffe unendlich teilbare Moleküle an, die durch feinverteilte Vacua getrennt sind. Ein kontinuierliches Vakuum leugnet er und erklärt die Erscheinungen des Luftdrucks aus dem Horror vacui. Er stellt die Fortpflanzung des Lichtes durch andere Medien (auch Metalle) in Parallele zu der Übertragung der elektrischen Entladungen des Zitterrochens. Als Träger der psychischen Funktion betrachtet er das Pneuma.

290 **Aristyllos** und **Timocharis** bestimmen aus den Zeiten der Sonnenuntergänge zuerst die Zeiten der Position der Fixsterne (in Capella, Zwillingen, großem Bär). Die Arbeiten sind bis auf wenige Beobachtungen (wie z. B. eine Sternbedeckung durch den Mond) verloren gegangen; sie führten aber später durch Hipparch zur Entdeckung des Vorrückens der Nachtgleichen.

— **Chares** erbaut den Koloß von Rhodos, eine dem Helios geweihte eherne Statue von 32 m Höhe, die in der Nähe des Hafens der Stadt Rhodos errichtet wird und wahrscheinlich als Seezeichen zu dienen bestimmt war.

281 **Aristarchos** von Samos stellt eine neue Beobachtung des Sommersolstitiums an.

280 Der chaldäische Astronom **Berossos,** der in Kos lehrte, soll die hemizyklische (hemisphärische?) Sonnenuhr erfunden haben.

276 **Aratos** von Soloi in Kilikien verfaßt ein hochberühmtes Lehrgedicht „Phaenomena", worin er die Astronomie populär behandelt und besonders auf die Sternbilder und die Wetterprognose eingeht.

270 **Aristarchos** von Samos erfindet die Skaphe, einen als Weiser in einer hohlen Halbkugel dargestellten verbesserten Gnomon.

263 **Eumenes I.** von Pergamon verbessert die Zubereitung der Tierhäute zur Herstellung des fortan nach der Stadt Pergamon genannten Pergaments. Die Herstellung von Pergamentcodices (in Buch-, nicht Rollenform) läßt sich erst in der römischen Kaiserzeit nachweisen und verdrängt die bis dahin gebräuchlichen Papyrusrollen erst seit dem 4. Jahrhundert n. Chr.

260 **Aristarchos** von Samos lehrt, daß Sonne und Fixsterne unbeweglich sind, daß sich die Erde in einer schief liegenden Ebene um die Sonne bewegt und gleichzeitig um ihre eigene Achse dreht. Er macht den ersten Versuch, die Entfernungen der Planeten zu messen und findet, daß die Sonne von uns 19 mal weiter als der Mond entfernt sei, während in Wirklichkeit 386 an Stelle von 19 zu setzen ist. Er mißt nach verbesserter Methode den Durchmesser der Sonne, des Mondes und der Fixsternsphären.

260 Der römische Ädil Publius **Claudius Pulcher** läßt eine von ihm gebaute
Straße mit Meilensteinen versehen, wie ein i. J. 1872 in den Pontinischen
Sümpfen aufgefundener altrömischer Meilenstein beweist, der den Namen
des P. Claudius trägt. Der Stein ist mit der Zahl LIII (= 53 d. i. etwa
80 km von Rom entfernt) versehen. Ob hier die überhaupt erste Anwendung von Meilensteinen vorliegt, ist unsicher. Jedenfalls ist jener
Meilenstein der älteste vorhandene.

— Cajus **Duilius** macht zuerst die Erfindung eines Baumeisters der römischen
Flotte praktisch nutzbar, durch welche man die feindlichen Schiffe, sie
mochten sich von vorn oder von der Seite nähern, mit großen Haken
(Corvus genannt) festhielt und mittels Klappbrücken den Übergang von
Verdeck zu Verdeck für Landsoldaten möglich machte. Durch diese Enter-
haken hauptsächlich gelingt es ihm, die Karthager bei Mylä zu besiegen.

— **Ptolemaeos II. Philadelphos** vollendet den von Necho um 610 v. Chr. (s. d.)
zur Verbindung des Nils mit dem Mittelmeer einerseits und dem Roten
Meer andrerseits begonnenen und von Darius fortgeführten Kanal. Der
Bericht Diodors über diesen Kanal läßt die Vermutung gerechtfertigt erscheinen, daß dabei Schüttschleusen zur Anwendung gekommen sind.

— **Sostratos** von Knidos baut auf Veranlassung des Ptolemaeos Soter den
ersten bekannten Leuchtturm auf dem östlichen Vorgebirge der Insel
Pharos vor Alexandria. Von diesem Standort erhalten die Leuchttürme
den Namen „Pharos‘‘

— Der griechische Geschichtsschreiber **Timaeos** von Tauromenion in Sizilien
verfaßt einen chronologischen Abriß „Olympiasieger‘‘. Die darin zum
ersten Male angewendete Zeitrechnung nach Olympiaden wird für die
späteren griechischen Geschichtsschreiber vorbildlich.

259 Zur Zeit des Königs **Ptolemaeos Philadelphos** kennt man in Ägypten die
Fabrikation von Samenölen, wie Sesamöl, Leinöl, Rizinusöl und Kürbis-
kernöl. Es geht dies aus einem aus der Zeit dieses Königs herrührenden
Papyrus hervor.

250 **Archimedes** von Syrakus, der genialste Mathematiker des Altertums und
der erste wirkliche Physiker, ist auf den verschiedensten mathematischen
Gebieten von bahnbrechender Bedeutung. Er beweist, daß sich die In-
halte eines Kegels, einer Halbkugel und eines Zylinders von gleicher Basis
und Höhe wie $1:2:3$ verhalten. Er berechnet die Zahl π, die er zwischen
$3\tfrac{1}{7}$ und $3\tfrac{10}{71}$ findet. Er liefert eine Quadratur der Parabel und Ellipse,
untersucht die Eigenschaften der nach ihm benannten Spirale und erörtert
die Kubatur der Kugel, des Sphäroides und des Konoides. Seine „Sandes
rechnung‘‘ streift an die Infinitesimalrechnung. Er ermittelt mittels der
Hebelgesetze die Schwerpunkte ebener Flächen und gibt ein Verfahren
zur Berechnung von Quadratwurzeln durch Näherung an.

— **Archimedes** baut, wie aus dem neuerdings von Heiberg entdeckten Palim-
psest hervorgeht, auf den Sätzen der Statik eine übersichtliche und handliche Methode zur Areal- und Volumbestimmung krummliniger Figuren und
Körper auf, die tatsächlich in ihren Grundgedanken mit der heutigen Integralrechnung identisch ist.

— **Archimedes** schafft die mathematischen Grundlagen für die Statik der
festen Körper. Er stellt das Gesetz des Hebels auf, wonach zwei an einem
Hebel wirkende Kräfte im Gleichgewicht sind, wenn dieselben zueinander
im umgekehrten Verhältnisse ihrer Hebelarme stehen. Er erfindet die
Schraube ohne Ende, die Wasserschnecke und die komplizierten Flaschenzüge und verfertigt einen Himmelsglobus (Sphaera Archimedis) zur Darstellung des Umlaufs der Planeten um die Erde.

250 **Archimedes** findet das Gesetz des hydrostatischen Auftriebs, wonach ein Körper in einer Flüssigkeit so viel von seinem Gewicht verliert, als das Gewicht der verdrängten Flüssigkeit beträgt, und entwickelt den Begriff des spezifischen Gewichts, den er zur Analyse von Metallgemischen verwendet.

— **Archimedes** kennt die Refraktion des Lichtstrahls. (Beispiel: Ein auf dem Boden eines leeren Gefäßes liegender, nicht sichtbarer Ring wird nach dem Füllen des Gefäßes mit Wasser infolge der Ablenkung der Lichtstrahlen sichtbar.)

— Der Chinese **Ming-thien** erfindet den Haarpinsel.

241 **Attalos I.** von Pergamon führt die orientalische Goldwirkerei in Griechenland ein. Diese Kunst, später noch weiter ausgebildet, geht im 15. Jahrhundert n. Chr. gänzlich verloren.

240 **Eratosthenes** von Kyrene stellt ein für das ganze Altertum maßgebendes System der Erdkunde auf. Er ist der Schöpfer des Netzes von Längen- und Breitengraden, auf denen die Kartographie der Späteren (Marinos, Ptolemaeus) beruht. Er spricht aus, daß man, da jede Parallele ein Kreis sei, von Iberien nach Indien auf demselben Parallelkreis fahren könne, wenn nicht die Größe des Atlantischen Ozeans Schwierigkeiten mache. Strabo, der diese Äußerung verzeichnet, fügt hinzu, daß man unterwegs möglicherweise auf neue Erdteile stoßen könne.

— **Eratosthenes** konstruiert die Armillarsphäre, ein Instrument für die unmittelbare Messung der Äquatorkoordinaten, das aus einer Zusammenstellung von drei Kreisen besteht, von denen der erste und zweite als Meridian und Äquator unter rechtem Winkel fest verbunden sind, während sich der ein Diopterpaar tragende dritte Kreis um den zum zweiten Kreis senkrechten Durchmesser des ersten Kreises (d. i. die Weltachse) dreht.

230 **Dionysios** von Alexandria ist nach dem Zeugnisse Philo's von Byzanz der Erfinder eines Schnellladegeschützes (Schnellkatapelte.) Die Schießtätigkeit des Geschützes wird lediglich durch eine fortgesetzte Haspeldrehung geregelt, wobei das Herabfallen der in größerer Zahl auf einmal geladenen Pfeilgeschosse in die Pfeilrinne, das Spannen und das Abziehen selbsttätig erfolgt.

230 Der griechische Mechaniker **Ktesibios** von Askra benutzt zuerst den Luftdruck zu mechanischen Vorrichtungen. Er erfindet die Wasserorgel (Hydraulis) und stellt eine Wasseruhr mit Zahnradgetriebe her. Auch soll er die Druckpumpe und die Feuerspritze erfunden haben.

— **Ktesibios** ist nach dem Zeugnisse Philo's von Byzanz der Erfinder eines Luftdruckgeschützes, bei welchem vermittels eines luftdicht schließenden Kolbens die Luft in einem Metallzylinder durch Hebelwirkung derart verdichtet wird, daß beim plötzlichen Auslösen des Druckes eine zum Fortschleudern des Geschosses ausreichende Triebkraft erzeugt wird.

220 **Eratosthenes** erfindet zur Lösung des delischen Problems der Würfelverdoppelung ein besonderes Instrument, das Mesolabium. (S. seinen noch vorhandenen Brief an Ptolemaeos Euergetes).

— **Eratosthenes** gibt ein Verfahren an, die Primzahlen zu finden (Sieb des Eratosthenes). Man schreibt, so lautet die Regel, alle ungeraden Zahlen von der 3 an auf. Hierauf streicht man jede dritte Zahl hinter der 3 durch, womit die Vielfachen der 3 entfernt sind. In entsprechender Weise verfährt man mit der 5, und fährt so fort, bis nur noch die Primzahlen übrig bleiben.

— **Eratosthenes** vollendet (nach Dikaearchos) die Messung des Meridians von

Alexandria bis Syene (5000 Stadien), was für den ganzen Meridian 250 000 Stadien = 44 250 000 m ergibt.

220 **Nikomedes** erfindet die Konchoide (Muschellinie) und ein Instrument, um sie zu konstruieren. Er benutzt sie, um zwischen zwei gegebenen Linien zwei stetige Proportionale einzuschalten und einen geraden Winkel in drei Teile zu teilen.

212 **Archimedes** vereitelt bei der Verteidigung seiner durch Marcellus belagerten Vaterstadt zwei Jahre hindurch alle Angriffe der Römer durch seine sinnreichen Kriegsmaschinen (Strandbatterien) und bringt der römischen Flotte schwere Verluste bei (Aufstellen von Kranen zum Emporheben der feindlichen Schiffe). Daß er die römischen Schiffe durch Brennspiegel angezündet habe, ist unhistorisch.

— **Tsin-schi-wang-ti** vollendet die Große Mauer, die mit einer Länge von 2450 km das ausgedehnteste Bauwerk des Altertums darstellt.

210 **Apollonios** von Pergae in Pamphylien, „der große Geometer", widmet sein berühmtes Werk über die Kegelschnitte dem Könige Attalos I. von Pergamon. Apollonios erkennt, daß man alle Kegelschnitte mittels geeignet gelegter Schnittflächen auf ein und demselben Kegel erhalten kann. Durch ihn kommen die Bezeichnungen Hyperbel und Parabel in Gebrauch. Seine Berechnung der Zahl $\pi = 3,14169$ bleibt lange maßgebend.

— **Apollonios** veröffentlicht einen Schnellrechner (Okytokion).

— **Apollonios** erfindet zur Berechnung der Gestirnbahnen die Epizyklentheorie.

— **Philo** von Byzanz kennt die Körperlichkeit der Luft, die Elastizität der Metalle, das Hebelgesetz, die Heber und ihre Wirkung, das Gesetz der kommunizierenden Röhren und das Thermoskop (ein Urbild des Thermometers), intermittierende Brunnen, Druckpumpen (Heronsball), mehrfach durchbohrte Hähne, eine eintönige Sirene verbunden mit oberschlächtigem Wasserrade, viele Wasserhebeapparate, darunter einen in Form eines selbsttätigen, senkrechten Eimerbaggers. Er konstruiert eine Art von Taucherglocke und eine Reihe von Automaten (vgl. auch 100 Heron) und erfindet das Cardanische Kreuzgelenk (Cardanische Ringe). Auch stellt er hygroskopische Beobachtungen an.

— **Philo** beschreibt in seiner „Lehre vom Geschützbau" ein von ihm erfundenes Pfeilgeschütz mit Keilspannung und einen von ihm verbesserten Erzspanner, bei welchem neben der Torsionselastizität der Spannnerven die Elastizität metallener Schienen zur Erzeugung der Triebkraft benutzt wird.

— **Philo** erörtert in seiner Schrift über Festungsbau und Festungskrieg (s. Bd. V seiner „Mechanica syntaxis") die Gestaltung der Festungsfronten (Länge derselben 50 bis 100 m = Bogenschußweite), die verschiedenen Flankierungsanlagen (Vorzüge der eckigen Flankentürme gegenüber den runden), sowie die Anlage von Außenwerken. Er empfiehlt eine ausgedehntere Anwendung des Erdbaus an Stelle des Mauerbaus.

— **Philo** erwähnt zuerst die Eisengallustinte, indem er von einer Art geheimer Schrift spricht, die darin besteht, daß man mit einer Galläpfelauflösung schreibt, die Schrift trocknen läßt und dann die Schriftzüge mit der Lösung eines eisenhaltigen Kupfersalzes betupft.

200 Der Grammatiker **Aristophanes** von Byzanz führt an Stelle der bis dahin gebräuchlichen, nur oratorischen Zwecken dienenden Interpunktionen ein neues, mehr dem Satzbau und den Regeln der Grammatik angepaßtes Interpunktionssystem ein, aus welchem sich, nachdem zu Karls d. Gr. Zeit sich auch Warnefried und Alkuin damit beschäftigt hatten, die heutigen Interpunktionen herausbilden. (S. 1495 Aldus Manutius).

184 Marcus Porcius **Cato** der Ältere gibt ein viele wertvolle Angaben über die römische Landwirtschaft enthaltendes Buch „De agricultura" heraus. Er äußert darin zuerst, den Grundgedanken des Wasserbades, indem er von der Zubereitung von Speisen in irdenen Gefäßen spricht, die in andere Gefäße eingehängt werden, in welchen Wasser im Kochen erhalten wird.

— Die aus Kalk und Sand bestehenden gewöhnlichen Luftmörtel waren wahrscheinlich schon den alten Ägyptern und Assyriern bekannt. Doch gibt erst **Cato** eine genauere Beschreibung von der Zusammensetzung, Zubereitung und Anwendung des Luftmörtels, für den er eine Mischung von 1 Teil gelöschtem Kalk und 2 Teilen Sand empfiehlt. Cato erwähnt auch schon Kalkbrennöfen.

— **Cato** beschreibt die römische Hebelpresse und erwähnt den Flaschenzug (Trochlea Graecica). Er empfiehlt für die obere Schere je acht, für die untere je sechs Rollen. Er gibt ein abgekürztes Verfahren zur Fabrikation der Weizenstärke an.

180 **Diokles** erfindet die Zissoide (Efeulinie), mit der er eine Lösung des delischen Problems versucht. Die Gleichung der Zissoide $(y^2 + z^2)\, x - a y^2 = 0$ ist noch gegenwärtig ein beliebtes Beispiel der Anwendung der Differential- und Integralrechnung auf die Geometrie.

— **Eumenes II.** von Pergamon läßt zur Wasserversorgung der Burg Pergamon eine mehrere Kilometer lange Druckwasserleitung von einem auf dem Hagios-Georgios-Berge (367 m über dem Meere) befindlichen Sammelbecken nach der Burg (332 m über dem Meere) anlegen, welche auf ihrem Wege eine 172 m über dem Meere gelegene Einsattelung durchlief, so daß demzufolge die Rohrleitung einen Druck bis zu 20 Atmosphären auszuhalten hatte.

170 **Hypsikles** von Alexandria verfaßt eine Schrift „Ἀναφορικός", in welcher sich zuerst die Einteilung des Kreises in 360 Grade sowie eine richtige allgemeine Definition der Polygonalzahlen und die Summenformel für arithmetische Reihen findet. Hypsikles ist der Verfasser des 14. Buchs der Euklidischen „Elemente". (S. 300 v. Chr.)

168 Paulus **Aemilius** läßt in Mazedonien in einer Wüste für seine durstenden Soldaten einen artesischen Brunnen erbohren. (S. a. 320 v. Chr.)

— Daß in Rom bereits im 2. Jahrhundert v. Chr. eine Fleischbeschau besteht, wird durch die „Acta populi Romani diurna" bewiesen, in denen es heißt: „Der Ädil **Tetinius** hat die Kleinschlächter bestraft, weil sie Fleisch an das Volk verkauft haben, das nicht vorher von den Ädilen besichtigt war."

159 Der Stoiker **Krates** von Mallos entwirft einen Erdglobus, auf dem vier halbkreisförmige, durch einen meridionalen und einen äquatorialen Gürtelozean geschiedene Inseln eingezeichnet sind. Das Bild dieses in Pergamon aufgestellten Globus wird später das Symbol der Weltherrschaft: in der byzantinischen Zeit wird auf den Globus ein Kreuz gesetzt und derselbe so als Reichsapfel benutzt. (S. a. 547 v. Chr.)

150 **Schiba-schojo,** ein Diener des Kaisers Bu-tel von China, verwendet zuerst den Tee als Getränk. Von China gelangt der Tee 810 n. Chr. durch den buddhistischen Priester Tenkiyodaschi nach Japan und von da nach Korea. In Europa gedenkt seiner zuerst Giovanni Pietro Maffei. (S. 1588.)

— **Seleukos** von Seleukia liefert den Beweis für die heliozentrische Theorie des Aristarchos (s. 260 v. Chr.) und erklärt die Gezeiten aus der rotierenden Erdatmosphäre, deren Bewegung durch die jeweilige Stellung des Mondes bedingt werde.

150 **Seleukos** schließt aus der vermeintlichen Abwesenheit der Gezeiten im Indischen Ozean auf den Abschluß dieses Meeresbeckens durch ein großes Südland. Es ist dies die erste geschichtliche Äußerung über das mutmaßliche Vorhandensein eines Südpolargebiets.

146 **Hipparchos** von Nicäa in Bithynien, der größte Astronom des Altertums, begründet die ebene und sphärische Trigonometrie unter Anwendung der Sehnenrechnung. (Sehnentafel. S. 150 Ptolemaeus.) Er entdeckt die Präzession (das Vorrücken der Nachtgleichen), erfindet die stereographische Projektion, indem er die Himmelskugel von einem Pole aus auf die Äquatorebene abbildet, und bestimmt zuerst die Mondparallaxe. Er führt die geographische Länge und Breite zur Bestimmung der Lage eines Punktes auf der Erde ein, wobei er als Ausgangspunkt für die Zählung der Längengrade den durch seinen Beobachtungsort, die Insel Rhodos, gehenden Meridian wählt. (Vgl. 1634 Ludwig XIII.)

138 **Nikandros** von Kolophon verfaßt zwei Lehrgedichte über Mittel gegen Tier- und Pflanzengifte.

136 Der Chinese **Chô-ko** erfindet einen Apparat zur Bestimmung der Stoßrichtung der Erdbeben (Seismoskop). Der Apparat besteht aus mehreren nach verschiedenen Richtungen hin labil aufgestellten Kugeln, die beim Stoße herabfallen.

135 **Attalos Philometor,** König von Pergamon, erfindet ein bleiweißhaltiges Wundpflaster.

134 **Hipparchos** beobachtet das Aufleuchten eines neuen Sternes.

132 **Agatharchides** von Knidos beschreibt eingehend den Betrieb der oberägyptischen Goldbergwerke seiner Zeit. Die Aufbereitung der Erze wird bereits in einer hippokratischen Schrift erwähnt.

127—114 Der chinesische General **Tschang-kiën** dringt, vom Kaiser Hsia-wuti ausgesandt, bis in die turanischen Lande vor und öffnet auch handelspolitisch den Weg nach dem Tarymbecken.

126 **Hipparchos** stellt einen Sternkatalog auf, der 3 Helligkeitsgrade unterscheidet und den Ort jedes einzelnen Sternes möglichst genau nach Längen- und Breitengraden (und Brüchen von Graden) bestimmt.

101 Wie Plutarch (in „Marius") berichtet, führt der römische Feldherr Gajus **Marius** unmittelbar vor der Zimbernschlacht ein Pilum ein, bei dem das Eisen mit dem Schafte nur durch einen eisernen und einen hölzernen Nagel verbunden ist, von denen der letztere beim Auftreffen des Pilum auf den Feindesschild zerbrechen sollte, um das Pilum für den Gegner unbenutzbar zu machen. Ähnlich ist das cäsarische Pilum eingerichtet, dessen Klinge aus sehr weichem Eisen geschmiedet und nur in der Spitze gehärtet ist, so daß sich diese beim Auftreffen verbiegt und nur mit Mühe aus dem Schilde entfernen läßt.

100 **Demetrios** von Apamea erwähnt zuerst den Diabetes.

— **Poseidonios** verfaßt eine Meteorologie, die für die Folgezeit maßgebend wird.

— **Poseidonios** erwägt die Umschiffung Afrikas sowie die Möglichkeit, Indien durch eine Erdumschiffung in westlicher Richtung zu erreichen.

— **Poseidonios** macht eine Erdmessung und verfaßt eine Monographie über den Ozean, in der er auch die Lehre von Ebbe und Flut wissenschaftlich darstellt. Er legt in dieser Schrift den Grund zu einer neuen Menschen-, Tier- und Pflanzengeographie, indem er nicht wie Hippokrates und Theophrast an die Differenz der Länder und Kontinente, sondern der Breitengrade anknüpft. Er unterscheidet die gemäßigte und die Tropenzone und berechnet den Durchmesser der Sonne auf 3 Millionen Stadien, die Entfernung des Mondes auf 2 Millionen, die der Sonne auf

500 Millionen Stadien. Den Erdumfang berechnet er auf 240000 Stadien.

100 Der römische Prokonsul **Sergius Orata** legt zur künstlichen Austernzucht die ersten Austernbassins in der Bucht von Bajae an.

87 Wie Gellius erzählt, soll **Archelaos,** ein General des Mithridates, in dessen Kriege mit den Römern, einen hölzernen Belagerungsturm durch Überstreichen mit Alaun (Alumen) feuerfest gemacht haben.

— Der römische Diktator L. Cornelius **Sulla** unternimmt bei der Belagerung von Athen einen Minenangriff, der als einer der am besten durchgeführten Angriffe dieser Art im Altertume gilt. Er läßt einen Minengang bis unter die Stadtmauer vortreiben, dessen Bekleidungshölzer mit Werg umwickelt und mit Harz und Schwefel getränkt sind. Kurz vor dem Sturm entzündet, verbrennen dieselben rasch, und durch das Zusammenbrechen der Stadtmauer bildet sich eine Bresche. (Nach Appianus.) Über ähnliche Minenangriffe im Altertum berichtet Livius (V, XX und XXXVIII).

80 **Mithridates** von Pontos soll aus Furcht, von den Römern vergiftet zu werden, sich mit Blut von Enten immunisiert haben, welche längere Zeit mit den damals bekannten Giften gefüttert worden waren. Diese Angabe ist die Veranlassung, daß die Lehre von den verschiedenen Immunisierungsmethoden in Frankreich „Le Mithridatisme" genannt wird.

— **Mithridates** richtet in seiner Residenz die erste Wassermühle ein. Die Wassermühlen verbreiten sich unter Augustus auch in Italien.

70 Der Naturarzt **Asklepiades** von Prusa empfiehlt kalte Abreibungen, Fasten, Reiten und Schwitzbäder zu Heilzwecken. Seine Panacee ist der Wein. Er soll die Tracheotomie bei Angina ausgeführt haben. Sein auf atomistischer Grundlage beruhendes System (Solidarpathologie) steht der Humoralpathologie der Hippokratiker entgegen.

63 Nachdem sich schon bei den Griechen (nach einer Marmorinschrift von 350 v. Chr.) eine Art von Kurzschrift gebildet hatte, erfindet Marcus Tullius **Tiro** die altrömische Kurzschrift, die sich bis zur Karolingerzeit erhält (Tironische Noten).

60 **Apollonios** von Kition verfaßt für den König Ptolemaeos von Cypern einen Kommentar zu der Schrift des Hippokrates über die Gelenke. Die beigegebenen Abbildungen veranschaulichen die Behandlungsmethoden bei den verschiedenen Verrenkungen. Das Werk ist wertvoll für die Kenntnis der antiken Chirurgie.

56 Beginn der Aera des **Vikramaditja.** Auf dieselbe gründet sich die indische Zeitrechnung.

55 Titus **Lucretius Carus** führt in seinem Lehrgedichte „De rerum natura" die Ansichten des Epikuros (s. 305 v. Chr.) über die Atomenlehre und die Entstehung und Erhaltung der Welt weiter aus.

54 Cajus Julius **Caesar** geht nach Britannien und berichtigt die Nachrichten des Pytheas. (S. 320 v. Chr.) Er berichtet zuerst aus eigener Anschauung über Deutschland und seine Bewohner. Er schlägt zum Zweck des Rheinübergangs zwischen Koblenz und Andernach die erste bekannte Bockbrücke, die durch hölzerne Brückenträger unterstützt ist.

50 **Ammonios** Lithotomos von Alexandria erfindet die Zerstückelung des Blasensteins.

— Marcus **Terentius Varro** führt in Rom die nach ihm benannte Zeitrechnung (Varronische Aera) ein, welche annimmt, daß Rom im Frühling des 3. Jahres der 6. Olympiade (d. i. im Jahre 753 v. Chr.) gegründet worden ist. Weniger gebräuchlich als die Varronische ist die Catonische Aera, welche von jener um 1 Jahr abweicht.

46 Cajus Julius **Caesar** führt auf Grund der von dem alexandrinischen Astronomen **Sosigenes** ausgeführten Berechnungen die nach ihm benannte Kalender-

reform durch, indem er zunächst das Jahr 708 a. u. c. (46 v. Chr.) auf im ganzen 445 Tage verlängert, und für die Folgezeit festsetzt, daß immer auf 3 gemeine Jahre von 365 Tagen ein Schaltjahr von 366 Tagen folgen soll. (Julianischer Kalender.)

44 Wenn auch schon im alten Ägypten die Seeleute, sobald sie sich der Küste näherten, durch Tauben ihrer Familie ihre bevorstehende Ankunft meldeten und auch in Griechenland schon im 5. Jahrhundert v. Chr. Tauben zur Meldung des Erfolges der Kampfspiele benutzt wurden, so ist eine regelmäßige Taubenpost doch zuerst von Decimus Junius **Brutus** bei der Belagerung von Mutina eingerichtet worden.

40 Der König **Juba II.** von Mauretanien entsendet eine Gesandtschaft nach den Canarischen Inseln, die indes in der alten Geschichte schon früher erwähnt werden und wahrscheinlich schon den Phöniziern bekannt waren.

— Publius **Vergilius** Maro erwähnt im 7. Gesange der Aeneide, wo er von dem campanischen Volke der Abeller spricht, „Teutonico ritu soliti torquere catejas". Neueren Forschungen zufolge ist unter der hier als „Cateja" bezeichneten „gewirbelten" Wurfwaffe eine Kehrwiederkeule, ganz entsprechend dem australischen Bumerang, zu verstehen.

37 Marcus **Terentius Varro** verfaßt 3 Bücher „Rerum rusticarum". Das erste handelt von Ackerbau, das zweite von der Viehzucht, das dritte von der Vogel- und Fischzucht, von den Hasen, Wildschweinen, Schnecken, Bienen usw.

— Marcus **Terentius Varro** kann als Vorläufer der von Plenciz (s. 1762) gegebenen Theorie der Entstehung der Infektionskrankheiten durch Mikroorganismen angesehen werden. Er schreibt in Buch I seiner „Rerum rusticarum libri III", man solle ein Landgut nicht in sumpfiger Gegend anlegen: Quod crescunt animalia quaedam minuta, quae non possunt oculis consequi, et per aera intus in corpus per os ac nares perveniunt atque efficiunt difficiles morbos.

30 **Themison** von Laodikeia, der Stifter der methodischen Ärzteschule, scheint zuerst Blutegel zu Heilzwecken angewendet zu haben.

— Publius **Vergilius** Maro vollendet sein Lehrgedicht „Georgica" in 4 Büchern. Das erste behandelt den Ackerbau, das zweite die Baumzucht, das dritte die Viehzucht, das vierte die Bienenzucht, Im 3. Buche ist auch die Tierheilkunde abgehandelt. Er gibt hier Ratschläge für die Beschaffenheit der zur Zucht bestimmten Stuten, Hengste und Stiere. Er kennt die Schafräude.

27 Nachdem schon bei den Griechen kuppelartige Decken ausgeführt und in der Diadochenzeit (seit 323 v. Chr.) die ersten regelrecht gewölbten Kuppeln erbaut worden waren, bildet sich bei den Römern der Bau solcher Kuppeln immer weiter aus. Eine der ältesten Kuppeln ist die des von Marcus **Agrippa** im Anschluß an seine Thermen errichteten Pantheons, die unter Trajan durch Brand zerstört, von Hadrian erneuert wird und in Höhe und Durchmesser 43,5 m mißt.

23 Antonius **Musa** begründet mit der glücklichen Heilung des Augustus durch kalte Bäder die Hydrotherapie.

19—9 **Herodes der Große** legt in Caesarea (Palästina) einen geräumigen Hafen an, der als ein Wunderwerk des Altertums gerühmt wird. Der Schutzdamm hatte eine Tiefe von 20 Ellen und diente als Wellenbrecher und zur Aufnahme einer Mauer, deren Höhe über dem Meeresspiegel angeblich 65 m betrug.

18 Eines der hervorragendsten römischen Bauwerke in Gallien ist der Pont du Gard bei Nîmes, der erbaut wird, als Marcus **Agrippa** Statthalter von Gallien ist. Er diente ursprünglich für die Überführung einer Wasser-

leitung. Die Gewölbe bestehen aus stumpf aneinander stoßenden Bogenstücken, die aus durchgehenden Quadern gebildet sind.

13 Marcus **Vitruvius,** Architekt und Ingenieur des Augustus, vollendet sein Werk „De architectura", worin Hoch- und Tiefbau, sowie die Maschinentechnik auf Grund eigener Erfahrung und nach römischen und griechischen Quellen dargestellt sind.

— **Vitruvius** beschreibt die sogenannte Eimerkunst, bei welcher über eine entsprechend geformte Scheibe auf der horizontalen Welle eines Göpelvorgeleges eine eiserne Kette ohne Ende läuft, die bis in das zu fördernde Wasser hinabreicht und an welcher kupferne Eimer hängen, die, sobald sie über die Welle emporkommen, umstürzen und das Wasser in einem Behälter ausgießen, von dem es in Rinnen fortgeführt wird.

— **Vitruvius** beschreibt unter dem Namen „Tympanum" eine Wasserfördermaschine, bei welcher die Umdrehung eines Trommelrades durch ein Laufrad erfolgt, das von Menschen in Bewegung gesetzt wird. Diese Maschine hat einigen der neueren Zeit angehörigen Konstruktionen (Lafaye 1717, Perronet 1788, Caré 1856) als Muster gedient.

— **Vitruvius** beschreibt eine Getreidemühle, welche durch unterschlächtige Wasserräder betrieben wird, eine Wasserorgel und einen Wassermesser. Er kennt die Schwere des Quecksilbers und das Gesetz der kommunizierenden Röhren. Er erklärt die Entstehung der Thermalquellen aus einem unterirdischen Feuerherd; nach seiner Meinung haben auch die kalten Quellen die vulkanischen Herde durchlaufen, sind aber dann in weiten Höhlen abgekühlt worden; die eingepreßte Luft treibt sie dann empor.

— Nach Angabe des **Vitruvius** (in „De architectura", Lib. VII, 3) umfaßt das zu seiner Zeit angewendete Verfahren der Freskomalerei folgende Arbeiten: Berohren der Decken, drei- bis viermaligen Verputz aller zu bemalenden Flächen mit jedesmal feinerem Kalkmörtel, Aufbringen einer Marmorschicht in drei Lagen und — nach Bemalung des noch feuchten Grundes mit Wasserfarben — Bearbeiten der Bildfläche mit dem Putzhobel zur Erzielung von Glanz und größerer Festigkeit.

— **Vitruvius** beschreibt einen Wegemesser-Wagen von folgender Einrichtung: Mit einem der Wagenräder ist eine Stiftscheibe verbunden, durch welche ein Zahnrad bei jeder Wagenradumdrehung um einen Zahn vorgerückt wird. Durch Anordnung mehrerer Zahnräder wird diese Übertragung mehrmals wiederholt. Auf dem Umfange des letzten, wagerecht liegenden Zahnrades sind steinerne Marken derart lose aneinandergereiht, daß je nach einer Wegestrecke von 1 röm. Meile eine Marke in einen Zählkasten hinabfällt. („De architectura", Lib. X, 9.)

10 Der Geschichtsschreiber **Diodoros** von Agyrion in Sizilien berichtet, daß phönizische Schiffer, vom Sturm verschlagen, weit westwärts von Afrika ein fruchtbares, wohlbewässertes und waldreiches Eiland aufgefunden haben sollen. Einzelne Geographen erblicken hierin eine Hindeutung auf Amerika.

— Claudius **Drusus** veranlaßt nach der Eroberung Hollands die kunstgerechte Eindeichung und planmäßige Kanalisierung des Landes. Doch sind wahrscheinlich schon vor dem Erscheinen der Römer von den Batavern Deichbauten an den Nordseeküsten ausgeführt worden.

Christliche Zeit.

Erstes bis zehntes Jahrhundert.

10 Im Zeitalter des römischen Kaisers **Augustus** bestehen in verschiedenen Orten Italiens Zentralheizungsanlagen, bei denen in einem unterirdischen Heizraume (Hypocaustum) die Luft erwärmt und durch senkrechte, in den Mauern befindliche Kanäle in die oberen Stockwerke geleitet wird, — also eine Art von Kanalheizung. Auch Warmwasserheizungen werden um diese Zeit erwähnt.

14 **Menekrates** von Zeophleta erfindet das Diachylonpflaster (Emplastrum lithargyri), das er aus Bleiglätte, Schmalz und Öl darstellt.

18 **Strabo** von Amasia vollendet seine „Geographica" in 17 Büchern, worin er die alexandrinischen Forschungen über Länder- und Völkerkunde zusammenfaßt. Ein besonderes Kapitel widmet er der Gebirgsbildung, die durch unterirdische Reaktionskraft bedingt sei, sowie den Gletschern und Eisbergen. Er hat richtige Vorstellungen von der erodierenden Tätigkeit des Wassers und von Ebbe und Flut.

— **Strabo** gibt die frühesten Nachrichten von der Benutzung von Solquellen für die Gewinnung von Kochsalz. Er spricht auch zuerst von der bergmännischen Gewinnung im Steinsalz.

20 Aulus Cornelius **Celsus** behandelt nach griechischen Quellen die gesamte Medizin mit besonderer Berücksichtigung der Chirurgie. Beachtenswert sind namentlich die Kapitel über die Wundheilung, über die Amputation, die Unterbindung von Amputationswunden und blutenden Gefäßen, den Steinschnitt, die Trepanation, die Hauttransplantation, die Anatomie und Heilkunde des Ohres und die Zahnheilkunde. Er spricht zuerst vom Nutzen der Nährklystiere.

— Aulus Cornelius **Celsus** gibt dem Studium der äußern Formen der Hautkrankheiten einen großen Aufschwung und macht in deren Beurteilung bereits pathogenetische Gesichtspunkte geltend. Auch die Systematik erfährt durch ihn große Fortschritte. Seine Anschauungen und die des Hippokrates bleiben für die ganze mittelalterliche Epoche, sowohl bei den Arabern als auch im Abendlande grundlegend.

— Nachdem bis dahin die innern Augenkrankheiten, selbst von Hippokrates, mit wenig Verständnis beschrieben waren, entwickelt Aulus Cornelius **Celsus** nicht nur eine gute Kenntnis der anatomischen Verhältnisse des Auges, sondern schildert auch eine Reihe von bis dahin unbekannten

Krankheitsformen des Auges und vervollkommnet in bemerkenswerter Weise das operative Verfahren.

20 Aulus Cornelius **Celsus** führt die Gicht, über die die ersten sicheren Nachrichten sich bei Hippokrates finden, auf üppiges Leben zurück und behandelt eingehend die Therapie dieser Krankheit.

— Marcus **Vitruvius** empfiehlt, für Wasserbauten zum gewöhnlichen Mörtel einen Zusatz von der bei Puteoli vorkommenden Puzzolanerde zu machen und muß als der erste angesehen werden, der die Herstellung des hydraulischen Mörtels beschreibt. Er spricht auch bereits von der Anwendung des Grobmörtels (Betons), d. i. Wassermörtel mit Zusatz von Steinbrocken.

— **Vitruvius** kennt bereits die Bleivergiftung und erwähnt, daß die Bleihüttenarbeiter bleich aussehen und von den Dämpfen krank werden.

— **Vitruvius** spricht klar aus, daß der Ton in einer Bewegung der Luft besteht. Dabei bewegt sich seiner Ansicht nach die Luft in zahllosen konzentrischen Kreisen, gleich den Wellen des Wassers in welches ein Stein geworfen wird. Wie diese fortschreiten, bis sie von einer Begrenzung des Raumes aufgehalten werden, so schreitet auch der Schall in Kreisen durch die Luft fort. Allein im Wasser pflanzen sich diese Kreise bloß in horizontaler Richtung fort, während der Schall nicht nur in der Breite, sondern auch in senkrechter Richtung immer weiterschreitet.

— **Vitruvius** kennt bereits die Zugramme und erwähnt dieselbe im 3. Buche, Kapitel 3 seines Werkes über die Baukunst.

48 **Scribonius Largus,** Leibarzt des Kaisers Claudius, verfaßt eine Sammlung von Rezepten (Compositiones medicamentorum), von denen noch 271 erhalten sind. Unter den von ihm angegebenen Salben und Pflastern befinden sich u. a. die Vorbilder des Unguentum basilicum nigrum und des Emplastrum fuscum Hamburgense.

— **Scribonius Largus** beschreibt zuerst die Gewinnung des echten Opiums und benutzt zuerst die Elektrizität in der Medizin, indem er bei langwierigen Kopfschmerzen und bei Podagra den Zitterrochen auflegen läßt.

— **Scribonius Largus** unterscheidet bereits genau den Morbus articularis (akuten Gelenkrheumatismus) von der Gicht und beschreibt auch die Erscheinungen des chronischen Rheumatismus.

50 Der Baumeister **Andronikos** von Kyrrhos in Syrien stellt auf dem von ihm erbauten Turm der Winde in Athen den ersten meteorologischen Apparat, eine Windfahne, auf.

— **Aretaeos** aus Kappadocien führt den Gebrauch der Kuhmilch in die Krankendiätetik ein.

— **Athenaeos** von Attalia in Pamphylien, Stifter der pneumatischen Ärzteschule, bearbeitet die öffentliche Gesundheitspflege. Er gibt Methoden zur Filtration des Trinkwassers an und stellt Grundsätze über den gesundheitlichen Einfluß der Lage der Wohnungen auf. Die Katalepsis erkennt er als besondere Krankheitsform.

54 Kaiser **Nero** rüstet eine Nilexpedition aus, die auf dem weißen Nil bis zu den Verengungen des Stroms durch Ambatschinseln und Papyrusschilf gelangt und die zur Kenntnis der Negerstämme beiträgt.

60 Der römische Ackerbauschriftsteller Lucius Junius Moderatus **Columella** von Gades beschreibt (in „De re rustica", lib. IX. 6—7) Bienenstöcke aus Korkholz, geflochtene Bienenkörbe aus Weiden- oder Ferulazweigen, sowie aus Brettern gezimmerte oder auch aus Ziegelsteinen gemauerte, feuer- und diebessichere Bienenhäuser. Auch behandelt er in dem genannten Werke (lib. VI, VII und VIII) die Veterinärmedizin der Nutztiere in ausführlicher Weise und liefert namentlich eine vorzügliche Beschreibung der Rindviehkrankheiten.

60 Lucius Junius Moderatus **Columella** beschreibt eine Art von Drainage zur Bodenentwässerung, bei welcher neben offenen Abzugsgräben auch bedeckte Drainagekanäle angewendet werden, die mit einer aus Steinen oder Kies, im Notfalle auch aus Strauchwerk bestehenden Sickerschicht verfüllt und mit Erde überdeckt sind. („De re rustica", lib. II. 2. — Vgl. auch 1600 Serres, und 1755 Anderson).

63 Lucius Annaeus **Seneca** vollendet seine „Naturales quaestiones". Er handelt darin vom Feuer, Wasser (Nil), Hagel, Gewitter, Wind, Erdbeben, Kometen usw. Er führt die Springfluten darauf zurück, daß bei ihnen außer dem Mond auch noch die Sonne zur Wirkung gelangt. Er erkennt zuerst, daß der Sitz der Erdstöße in gar nicht beträchtlicher Tiefe zu suchen sei

— Lucius Annaeus **Seneca** erwähnt, daß Buchstaben, durch eine gläserne, mit Wasser gefüllte Kugel betrachtet, größer und klarer erscheinen.

64 Pedanios **Dioskorides** von Anazarba in Kilikien verfaßt das Karonische Lehrbuch über die Materia medica (Pflanzen, Tiere und Mineralien). Er schreibt auch ein Buch über Gifte und Gegengifte.

— Pedanios **Dioskorides** beschreibt ein Verfahren zur Gewinnung von Quecksilber aus Zinnober, sowie die Darstellung von Bleiacetat, Kalkwasser und Kupfervitriol. Er erwähnt das Zinkoxyd, das bei dem Bearbeiten zinkhaltiger Substanzen sublimiert und vergleicht dasselbe mit Büscheln von Wolle, auf welchen Vergleich die Alchimisten die Bezeichnung „Lana philosophica" gründen. Er kennt das Chlorblei, und führt an, daß Bleiglätte mit Steinsalz und warmem Wasser weiß werde.

— Pedanios **Dioskorides** gibt die ältesten Notizen über die Benutzung des Seesalzes und erwähnt, daß das beste Seesalz von Cypern, Sizilien, Afrika und Phrygien kommt.

— Pedanios **Dioskorides** spricht von einer aus der Holzasche auszulaugenden, im Wasser löslichen Substanz, erwähnt jedoch nicht ihre Darstellung in fester Gestalt, d. h. als Pottasche. Dagegen kennt er die feste Soda, die er als Ἄνθος ἁλός (Flos salis) bezeichnet und deren Verwendung er u. a. in der Glasfabrikation erwähnt. Er gibt ausführliche Nachrichten über den von ihm nach dem Vorgange des Aristoteles „Sandarah" genannten Realgar (Schwefelarsenik).

— Pedanios **Dioskorides** beschreibt die Bereitung des Ätzkalks aus Muschelschalen, Kalksteinen oder Marmor, die man bis zum Weißwerden glühe, und sagt, daß man den Kalk aus Marmor vorziehe. Er spricht von den kaustischen Eigenschaften des gebrannten Kalks und von der Behandlung desselben mit Wasser. Er bezeichnet das Gipsen des Weins als verwerflich.

— Pedanios **Dioskorides** kennt den Indigo und sagt, daß derjenige Indigo, mit welchem gefärbt werde, ein purpurfarbiger Schaum sei, der in den Kesseln oben stehe und welchen die Künstler absonderten und trockneten. Für den besten werde der gehalten, der bläulich, saftig und zart sei. Auch gibt er Nachrichten über das natürlich vorkommende Schwefelantimon, das zum Färben der Augenbrauen verwendet wird.

— Pedanios **Dioskorides** stellt zuerst die auch für die Augenheilkunde wichtige wundärztliche Betäubung (Anaesthesie) vermittels eingekochten Spiritusextrakts der Mandragorawurzel wissenschaftlich dar.

— Pedanios **Dioskorides** kennt das Wollfett (Οἴσυπος), das seiner Angabe nach durch Auskochen von Schafwolle und Abschöpfen, Auswaschen, Umschmelzen, Abpressen und Bleichen des obenauf schwimmenden Fettes dargestellt wird. Er empfiehlt dasselbe — sowohl für sich, als auch in Verbindung mit anderen Stoffen — als Heilmittel gegen die verschiedenartigsten Krankheiten. Er beschreibt ein rohes Destillationsverfahren zur Darstellung des Terpentinöls, bei dem ein Topf als Retorte und ein Bündel darüber aufgehängter Wolle als Rezipient dient.

64 Pedanios **Dioskorides** kennt den Enzian, der, wie Fraas meint, vermutlich, da Gentiana lutea in Griechenland nicht vorkommt, aus Illyrien bezogen wurde. Er kennt auch den Wurmsamen, den Samen einer Artemisiaart, aus der später das Santonin (s. 1830 K.), der Hauptrepräsentant der anthelminthischen Wirkung der Droge, gewonnen wird. Dioskorides spricht bereits von der Artischocke, die er Σκόλυμος nennt und die schon zu seiner Zeit eine Speise der Reichen war. Der Name Artischocke ist arabischen Ursprungs und entspricht dem syrischen Ardischauki, Erddorn. Auch erwähnt er unter dem Namen „Πτέρις" den von alters her als Wurmmittel gebrauchten männlichen Farren (Radix filicis maris).

— Pedanios **Dioskorides** kennt Rizinusöl, Mandelöl, Nußöl usw. und gibt an, daß man sich zur Darstellung der Öle zweier Methoden, des Auspressens und des Kochens mit Wasser, bediene, wobei sich das Öl oben abscheidet. Jedoch dürfte es sich bei diesem Verfahren mehr um die Darstellung von fetten Ölen als um die von ätherischen handeln.

66 Nach dem Berichte des älteren Plinius („Historia naturalis", lib. XXXVII) bedient sich der römische Kaiser **Nero** bei den Gladiatorenkämpfen eines geschliffenen Smaragden zum Zusehen. Da — anderen Nachrichten zufolge — der Kaiser Nero kurzsichtig gewesen ist, scheint es sich hier um eine Art von Augenglas gehandelt zu haben, — das erste geschichtliche Beispiel dieser Art.

68 Nachdem schon Periandros die Absicht gehabt haben soll, den Isthmus von Korinth zu durchstechen, läßt der Kaiser **Nero** die Kanallinie feststellen und den Bau durch jüdische Sklaven in Angriff nehmen. Die Vollendung wird indes durch den Aufstand des Julius Vindex gehemmt, und erst in neuester Zeit ist der Kanal an der von Nero gewählten Stelle durch eine französische bez. griechische Baugesellschaft tatsächlich ausgeführt worden.

77 Gajus **Plinius** der Ältere behandelt in seiner 37 Bücher umfassenden „Historia naturalis" zunächst die Physik und Astronomie, demnächst Geographie und Ethnographie, ferner Naturgeschichte, Heilmittellehre, Mineralogie und Kunstgeschichte. Das Werk ist eine vielfach unzuverlässige Ausbeutung älterer Schriften, aber dennoch eine unschätzbare Fundgrube für die Kenntnis antiker Wissenschaft.

— **Plinius** beschreibt die bergbauliche Silbergewinnung und die Silbergewinnung durch Abtreiben des Werkbleis. (Über die Aufbereitung der Silbererze, die teils durch Stoßen in Mörsern, teils durch Mahlen erfolgte, hatten bereits Strabo und Diodor berichtet.) Auch gibt Plinius eine Schilderung des in großartigem Maßstabe in Spanien betriebenen Goldbergbaus.

— **Plinius** kennt die Scheidung von Gold und Silber durch Quecksilber (Amalgamation). Zur Goldgewinnung wird seiner Angabe nach der goldhaltige Stoff mit Quecksilber in einem irdenen Gefäße geschüttelt, und aus dem entstandenen Amalgam das Quecksilber durch Destillation entfernt. Auch die Vergoldung des Kupfers mittels Goldamalgams wird von Plinius erwähnt. („Hist. nat." lib. XXXIII. 32.)

— Daß schon im Altertum Diamanten zum Steingravieren dienten, beweist die Äußerung des **Plinius** („Hist. nat." XXXVII, 5, 15), daß „die Steinschneider die Diamantsplitter in Eisen fassen und ohne Schwierigkeit damit in jeden andern Stoff graben".

— **Plinius** kennt die Steinsägen, wie aus „Hist. nat." XXXVI, 44 „In Belgica provincia serra lapidem secant" hervorgeht. (Vgl. auch 352 v. Chr.)

77 Neben Aristoteles („Problemata" LXI) und Plutarch („Quaest. nat." XII) erwähnt im Altertume auch **Plinius** („Historia naturalis", lib. II) als eine allbekannte Tatsache, daß sich die Meereswellen durch Öl beruhigen lassen. Er führt als Beweis für die Krümmung der Erdoberfläche die Tatsache an, daß auf dem Meere zuerst der Mast, und erst später der Rumpf der Schiffe sichtbar wird.

— **Plinius** erwähnt Becher, in denen das Trinkwasser durch Wolle filtriert wird. Ganz in gleicher Weise läßt (1020) Avicenna Wasser mehrmals aus einem Gefäß in das andere durch Wolle hinüberleiten, um es zu reinigen.

— **Plinius** berichtet in seiner „Historia naturalis" (lib. XIX) von Tischtüchern, welche aus unverbrennlichem Steinflachs, d. i. Asbest, gefertigt waren, und durch Ausglühen im Feuer gereinigt werden konnten. Auch erwähnt er die Verwendung von Asbestlaken als Totenkleider bei Feuerbestattungen, so daß die Asche der Leiche getrennt von der Holzasche gesammelt werden konnte. (Vgl. 430 v. Chr. Kallimachos.)

— **Plinius** erwähnt den Kattundruck mit gebeizten Mustern als ägyptisches Fabrikationsverfahren. Diese Erwähnung findet ihre Bestätigung durch die im Gräberfeld von Achmîm (Panopolis) in Ägypten durch R. Forrer aufgefundenen Druckformen für Zeugdruck, welche die Muster in erhabenen Konturen enthalten. Auch kennt Plinius bereits das rote Bleioxyd (Mennige), dessen Überführung in braunes Bleioxyd durch wässeriges Chlor zuerst Scheele beschreibt.

— **Plinius** kennt die Seife und unterscheidet bereits weiche und harte Seifen. Aus seinen Angaben scheint hervorzugehen, daß die Seife zu seiner Zeit namentlich als haarverschönerndes Mittel angewendet wird. Auch erwähnt er das Schwefeln der Weinfässer zur Konservierung und Verbesserung des Weins als eine bekannte Tatsache.

— **Plinius** erwähnt zuerst die Operation des Kaiserschnittes an einer Toten, die nach seiner Zeit erst 1305 wieder von Bernard de Gordon und später von Guy de Chauliac ausgeführt wird, welch letzterer genaue Angaben über Instrumente und Schnittrichtung gibt.

78 **Plinius** weiß, daß die Geschwindigkeit des Lichts keine unendlich große ist. Er sagt („Historia naturalis", lib. II, 56): „Daß der Blitz eher gesehen, als der Donner gehört wird, obgleich beide zu gleicher Zeit entstehen, ist kein Wunder. Denn das Licht pflanzt sich weit schneller fort, als der Schall."

— **Plinius** erwähnt die Brunnenkresse (von ihm Sisymbrium genannt), deren Saft als Heilmittel gebraucht wird, und den Wasserfenchel, der auf Empfehlung von Ernsting seit 1739 als Fiebermittel und gegen Lungenschwindsucht verwendet wird. Auch kennt Plinius die Banane, die in Indien seit den ältesten Zeiten bekannt ist, unter dem Namen „Pala" bez. „Ariena". Ihren Namen „Musa" erhält sie von Linné. Er spricht auch von der Artemisia als Mittel gegen Epilepsie.

— **Plinius** gibt die ersten Nachrichten über die Anwendung von Mähmaschinen. Er berichtet, daß auf den großen gallischen Landgütern ein Mähapparat in Gebrauch ist, der aus einem mit scharfen Zähnen besetzten, beiderseits in Rädern laufenden Balken besteht. Der durch Zugtiere bewegte Apparat reißt nur die Ähren ab und läßt die Halme stehen. (Vgl. 350 Palladius.)

— Neben den schwarzen Tinten, die im Altertum meist aus Ruß und Öl hergestellt wurden, und den farbigen Tinten, die sowohl aus echtem Purpur als auch aus Kermesbeeren bereitet wurden, spielt eine wichtige Rolle im Altertum die Goldschreibkunst (Chrysographie), die bereits **Plutarch** erwähnt, und die im 2. Jahrhundert n. Chr. in Byzanz zu einem ausgebreiteten Kunsthandwerk wird. Noch im Mittelalter wird Goldtinte viel gebraucht und daneben Silbertinte angewendet, welche u. a. für den Codex argenteus in Upsala verwendet worden ist.

78 Die Verwendung der Geschütze auf Kriegsschiffen reicht im Altertume weit zurück. Vgl. die Angaben des gegen Ende des 3. Jahrhunderts v. Chr. lebenden Mechanikers Athenaeos. Die ältesten Nachrichten über Geschütztürme auf Schiffen finden sich bei **Plutarch,** welcher (in „Marcus Antonius", Kap. 66) berichtet, daß die Schiffe des Marcus Antonius zum Gebrauche der Katapulten mit hölzernen Türmen versehen waren.

— **Plutarch** erwähnt den Fall eines Aerolithen und sagt, daß solche Körper von außerhalb unseres Erdballs kommen.

80 Der Anatom **Marinus** entdeckt, wie Galenus anführt, die Darmdrüsen, die Gaumennerven und die Stimmnerven. Er gibt eine vollständige, systematische Anatomie heraus.

— Der römische Kaiser **Titus** vollendet das von seinem Vater Vespasianus begonnene riesenhafte Flavische Amphitheater in Rom (Kolosseum), das, jetzt durch Abbruch in seiner Ausdehnung teilweise verringert, ursprünglich eine Ellipse von 524 m Umfang (große Achse 185 m, kleine Achse 156 m) umschloß, und 50000, angeblich sogar 85000 Zuschauer faßte.

84 Gnaeus Julius **Agricola** läßt als Statthalter Britanniens von seiner Flotte die ganze Insel umschiffen, wobei die Orkney-Inseln (Orkaden) entdeckt werden.

90 Der römische Arzt **Herodotus** teilt den Fieberverlauf in 4 Stadien, das des Anfangs, der Zunahme, der Höhe und der Abnahme.

97 Sextus Julius **Frontinus** entwickelt eine epochemachende Tätigkeit im Bau von Aquädukten und begründet durch seine Schrift „De aquis urbis Romae" eine neue Aera für die Wasserversorgung der Städte. Er erwähnt, daß die zu den Wasserleitungen erforderlichen Bleiröhren in 17 Kalibern angewendet werden. Die Bleiröhren werden aus Streifen zusammengehämmert und äußerlich verlötet.

— **Frontinus** kennt die Abhängigkeit der Ausflußgeschwindigkeit des Wassers von der Druckhöhe der Wassersäule.

— **Heliodorus** schreibt eine Abhandlung über die Unterleibsbrüche, die er in Nabel-, Scrotal- und Inguinalbrüche einteilt und als deren Ursache ihm die abnorme Verlängerung und Zerreißung des Bauchfells gilt.

— **Rufus** von Ephesos übt die Zergliederungskunst an Tieren, insbesondere an Affen aus, und unterscheidet die Nerven, deren Ursprung er ins Gehirn legt, nach dem Vorgang des Erasistratos (s. 300 v. Chr.), in empfindende und bewegende. Er sagt, das Herz sei der Sitz des Lebens, der tierischen Wärme und des Pulsschlages.

100 **Archigenes** von Apamea gibt in seiner Abhandlung „$\Pi\varepsilon\varrho\grave{\iota}\ \sigma\varphi\upsilon\gamma\mu\tilde{\omega}\nu$" eine ausführliche Pulslehre und unterscheidet zwischen der normalen Bewegung der Arterien, die den Puls ausmachen, und abnormen Bewegungen derselben. Die Pulslehre des Galenus ist nur eine Ausführung derjenigen des Archigenes.

— Der Chinese **Cho-chiu-kei** schreibt mit Benutzung der Lehren des Nan-Kiyo (s. 300 v. Chr.) zwei Bücher, das Sho-kan-ron und das Kin-ki, die eine vollständige Darstellung der Therapie geben. Er wird als der Hippokrates der Chinesen gepriesen.

— **Heron** von Alexandria kennt die vier physikalischen Grundeigenschaften der Körper (Ausdehnung, Undurchdringlichkeit, Porosität und Teilbarkeit), und untersucht die Elastizität. Er stellt hygroskopische Beobachtungen an. Er kennt das Grundgesetz der Reflexion (Gleichheit des Einfalls- und Ausfallswinkels) und die Eigenschaft der Sehstrahlen (Lichtstrahlen), den kürzesten Weg einzuschlagen und sich in demselben Medium geradlinig fortzupflanzen. Er weiß, daß Quecksilber schwerer ist als Wasser.

100 **Heron** kennt die fünf einfachen Maschinen und die goldene Regel der Mechanik, sowie die Zusammensetzung zweier Bewegungen zu einer resultierenden. (Ähnliches findet sich schon bei Aristoteles.) Er stellt Schwerpunktsuntersuchungen an. Auch kennt er das Gesetz des Hebers und der kommunizierenden Röhren und die Abhängigkeit der Ausflußgeschwindigkeit von der Druckhöhe, d. h. von der Höhe der Flüssigkeitsoberfläche über der Ausflußöffnung. (Vgl. 97 Frontinus.)

— **Heron** gibt ein Thermoskop an (s. ῞Ηρωνος Ἀλεξανδρέως Πνευματικῶν β′), bei welchem durch Erwärmung (Aufstellung in der Sonne) oder Abkühlung (Aufstellung im Schatten) Wasser in einer Röhre emporgepreßt oder abgesaugt wird, und welches somit den Grundgedanken des Thermometers enthält. — Eine ähnliche Vorrichtung beschreibt Philo von Byzanz in seiner Schrift „De ingeniis spiritualibus“.

— **Heron** konstruiert Pressen verschiedener Art (Öl- und Weinpressen) und beschreibt eine Seilbahn, sowie Krane und andere Hebevorrichtungen. Er erwähnt einen Geisterspiegel und beschreibt einen Weihwasserautomaten, welcher gegen Einwurf eines Fünfdrachmenstücks eine bestimmte Menge Weihwasser abgibt. (S. ῞Ηρωνος Ἀλεξανδρέως Πνευματικῶν ά).

— **Heron** fördert das von Ktesibios (s. 230 v. Chr.) erschlossene Gebiet der pneumatischen Maschinen. Er erfindet den Heronsbrunnen und den Windkessel und vervollkommnet viele der von Ktesibios und Philo (s. 210 v. Chr.) angegebenen pneumatischen Apparate. Er kennt die Reaktionsdampfkugel (Aeolipile) und das Reaktionsröhrenkreuz (eine Turbine nach Art des Segner'schen Wasserrades) und verwendet in einem Dampfkessel Innenfeuerung und Quersieder.

— **Heron** kennt ein geometrisches Instrument, welches sich als Vorläufer des Storchschnabels darstellt, und ein anderes, das zur Konstruktion ähnlicher körperlicher Figuren dient. Er soll die Grundlage für die Markscheidekunst gelegt haben.

— **Heron** zeigt in seiner Lehre vom Geschützbau, wie die Biegungselastizität der Bogenarme weit von der Torsionselastizität gedrehter Stränge übertroffen wird und wie man solche Stränge mit der zum Fortschleudern des Geschosses bestimmten Sehne in Verbindung setzt. Seine theoretischen und praktischen Ausführungen fußen vielfach auf der Mechanik der Alexandriner (Ktesibios und Philo).

— **Heron** kennt einen Wegemesser für Wagen. Bei demselben wird die Umdrehung der Wagenräder mittels Zahnradübersetzung auf ein Zählwerk übertragen, dessen Zeiger auf einer mit Entfernungsmarken versehenen Scheibe die von dem Wagen zurückgelegten Entfernungen in Stadien anzeigt. In dieser Konstruktion ist der Grundgedanke der heutigen Fahrpreisanzeiger-Fuhrwerke deutlich zu erkennen. Heron kennt auch einen Wegemesser für Schiffe, bei welchem die Umdrehungen einer im Wasser fortbewegten Flügelschraube in ähnlicher Weise auf ein Zählwerk übertragen werden. (Vgl. a. 13 v. Chr. Vitruvius.)

— **Heron** kennt die Auflösung quadratischer Gleichungen. Wenigstens ist die Berechnung einer unreinen quadratischen Gleichung an seinen Namen geknüpft.

— **Heron** konstruiert die „Dioptra“, ein Feldmeßinstrument als Vorläufer unseres Theodoliten und schreibt ein Lehrbuch über die Inhaltsberechnung von Flächen (darunter Vielecken) und Körpern und über ihre Teilung. Er verwendet die sog. Heron'sche Dreiecksformel (Inhaltsberechnung des Dreiecks aus den drei Seiten).

3*

100 **Kleomedes** schreibt einen Auszug aus des Poseidonios' Astronomie und erwähnt bereits die astronomische Strahlenbrechung, die alle Sterne, mit Ausnahme der im Zenit befindlichen (s. 1604 K.) höher erscheinen läßt, als sie stehen. Er weiß, daß der Lichtstrahl beim Übergang aus einem dichteren Stoff in einen dünneren nach dem Lot hin gebrochen wird (*Κατάκλασις*).

— **Menelaos** von Alexandria behandelt in seinem Werke „Sphaericorum libri IV" die wichtigsten Sätze der sphärischen Trigonometrie, worin auch der nach ihm benannte Satz von den Abschnitten der durch eine Transversale geschnittenen Dreiecksseiten enthalten ist. (Vgl. 1250 Nassir-Eddin.)

104—5 **Apollodoros** von Damaskus baut im Auftrage Trajans die berühmte Brücke über die Donau.

105 Nachdem die Chinesen schon im 3. Jahrhundert v. Chr. Papier aus Hanf hergestellt hatten, erfindet **Tsai-lun** die Herstellung von Papier aus Seiden- und Leinenlumpen.

106 Cajus Julius **Lacer** erbaut im Auftrage des Kaisers Trajan die berühmte Brücke über den Tagus (Tajo) bei Alcantara, die aus Granitquadern ohne Mörtel hergestellt ist.

107—13 **Apollodoros** erbaut das Trajansforum.

110 **Marinos** von Tyros entwirft eine neue, die römischen Entdeckungen berücksichtigende Erdkarte (Gradnetzkarte).

— **Soranos** von Ephesos, Hauptvertreter der methodischen Ärzteschule, schreibt über Frauenkrankheiten (erstes Hebammenbuch) und über akute und chronische Krankheiten. Seine Verbandlehre veranschaulicht eine mit Abbildungen versehene Handschrift der Bibliotheca Laurentiana in Florenz.

120 **Apollodoros** widmet dem Kaiser Hadrian sein Werk „Poliorketika".

— **Athenaeos** von Alexandria berichtet, daß man zu den Lebzeiten seines Großvaters angefangen habe, die Citrone, die Theophrastos bereits kannte, die aber erst späterhin veredelt wurde, zu den genießbaren Früchten zu rechnen.

140 **Antyllos** beschreibt zuerst die Aneurysmen, die er vermittels Spaltung der sackförmigen Erweiterung des Arterienrohres und doppelter Unterbindung (Antyllische Methode) behandelt und ist der erste, der seit Asklepiades (s. 70 v. Chr.) die Tracheotomie nicht nur vornimmt, sondern auch die Regeln aufstellt, nach welchen sie vorgenommen werden müsse.

150 Die älteste Bezeichnung der Zahlenziffern ist in Griechenland diejenige durch die Anfangsbuchstaben der Zahlwörter (die Ziffern 1—4 durch Striche). Diese Bezeichnungsart, die bis 300 v. Chr. allgemein, bis 100 v. Chr. noch vereinzelt in Gebrauch war, wird von dem byzantinischen Grammatiker **Herodianos** i. J. 150 n. Chr. beschrieben, woher die Benennung „Herodianische Zahlen" stammt. Seit dem Jahre 500 v. Chr. bildet sich daneben in Griechenland die später ausschließlich angewendete Bezeichnung der Ziffern durch die Buchstaben des ionischen Alphabets aus.

— **Nikomachos** von Gerasa (Arabien) schreibt in neupythagoreischem Sinn das erste Lehrbuch der Arithmetik, beschäftigt sich mit zahlentheoretischen Problemen und gibt eine vollständige Theorie der Polygonalzahlen (figurierten Zahlen).

— Claudius **Ptolemaeus** von Alexandria, gleich bedeutend als Astronom, Mathematiker und Geograph, faßt seine Trigonometrie, welche die Hauptsätze der ebenen und sphärischen Trigonometrie behandelt, und seine astronomischen Lehren zusammen in dem großen Werke *Μεγάλη σύνταξις*, bekannter unter dem Namen „Almagest" (entstanden aus dem Titel der um 827 entstandenen arabischen Übersetzung „Tabrir al magesthi"). Die Lehrsätze des Almagest beherrschen weit über ein Jahrtausend die Wissenschaft.

150 Die Astronomen des Altertums bestimmten den Winkel durch die Sehne. (Vgl. 146 v. Chr. Hipparchos.) Anstatt der Sinustafeln wurden daher Sehnentafeln benutzt, deren berühmteste **Ptolemaeus** im 9. Kapitel des I. Buches des Almagest gibt. Dieselbe enthält die Sehnen der Winkel von halben zu halben Graden. Aus der lateinischen Übersetzung der Untereinteilungen „Partes minutae primae" bez. „Partes minutae secundae" sind die Bezeichnungen „Minute" und „Sekunde" entstanden.

— **Ptolemaeus** gibt in seinem Almagest einen Sternkatalog mit 1028 Nummern heraus. Er untersucht mit Hilfe des von ihm erfundenen Triquetrum die Mondparallaxe, die er etwas zu groß findet, und versucht eine Bestimmung der Sonnenparallaxe, die allerdings 20 mal zu hoch ausfällt. Er entdeckt die Evektion, die beträchtlichste der Ungleichheiten der Mondbahn.

— **Ptolemaeus** behandelt in seinen „Opticorum sermones quinque" die Theorie des Sehens, die Reflexion, die Theorie der ebenen und sphärischen Spiegel, die Refraktion und mißt ziemlich genau die Winkel, die der einfallende und der gebrochene Strahl mit dem Einfallslot bilden, für Luft und Wasser, Wasser und Glas, sowie Luft und Glas. In dem für das Verständnis der griechischen Musik höchst wichtigen Werke „Harmonica" bringt er die musikalische Akustik des Altertums zum Abschlusse.

— **Ptolemaeus** gibt die erste Theorie des wissenschaftlichen Kartenzeichnens, das er als Registrierung der durch astronomische Beobachtung gewonnenen Positionsbestimmungen in einer nach mathematischen Gesichtspunkten bestimmten Projektionsart der konischen Projektion auffaßt. Das Gradnetz umfaßt die bewohnte Erde vom 10^0 s. Br. bis 26^0 n. Br., und von Irland bis Java und Sumatra. Erwähnt sind 8000 Orte.

— Nachdem Hipparchos mit der Präzession die Veränderlichkeit der Deklination und die Konstanz der Breite entdeckt hatte (s. 146 v. Chr.), ändert **Ptolemaeus** die Armillarsphäre (s. 240 v. Chr.) so ab, daß auch die Lage gegen die nun als Hauptgrundebene gewählte Ekliptik unmittelbar bestimmt werden kann. Das so geänderte Instrument erhält den Namen Astrolabium.

160 **Apulejus** erwähnt bereits die Verwendung von Kerzenlicht bei kirchlichen Zeremonien und unterscheidet Wachs- und Talgkerzen als Cerei und Sebacei. Im 9. Jahrhundert jedoch beginnen erst die Kerzen den Kienspan im bürgerlichen Haushalte zu verdrängen.

167 Claudius **Galenus** von Pergamon, der berühmteste Arzt des Altertums nach Hippokrates, dessen Schriften er erklärt, und dessen Dogmatismus er erneuert, verfaßt über 200 Schriften, in denen alle Teile der Medizin (daneben Philosophisches und Philologisches) abgehandelt sind. Besonders erforscht er die Anatomie, Physiologie und Pathologie und spricht Anschauungen aus, die bis zu Vesals Zeit ihre Gültigkeit bewahren. Galenus weiß bereits, daß die Empfindungen durch die sensiblen Nerven vermittelt werden und daß dieselben durch Kompression der Nerven vorübergehend, durch Unterbindung oder Durchschneidung dauernd verloren gehen.

— **Galenus** handelt in seinen Schriften „Von den örtlichen Leiden", „Von den Ursachen der Symptome", „System der Heilkunst" und „Über die örtlichen Heilmittel" vielfach auch über Augenheilkunde. Seine eigentlichen augenärztlichen Schriften „Ὀπτικοὶ λόγοι" (Optik) und „Τῶν ἐν ὀφθαλμοῖς παθῶν διάγνωσις" (Diagnostik der Augenkrankheiten) sind verloren gegangen. Nach jenen Schriften ist zu schließen, daß die alten Griechen im wesentlichen nur die Niederdrückung des Stares kannten. Nur gelegentlich lief dieses Verfahren auf eine Zerstückelung hinaus. Beim Milchstar kam es zuweilen bei der Niederdrückung zu einer einfachen Kapselzerschneidung und Entleerung der Starmasse. Eine Ausziehung wurde nur bei weichen und zerstückelten Staren gewagt. Der Hornhautstich und die Extraktion des harten Vollstars waren den Alten unbekannt.

167 **Galenus** schreibt Werke über die Arzneimittel „De simplicium medicamentorum temperaturis et facultatibus" und „De compositione medicamentorum", die Jahrhunderte hindurch den höchsten Rang behaupten. Nach ihm heißen noch heute Mengungen, wie Pflaster, Salben, sowie Infusa, Decocta usw. „Galenische Arzneimittel".

— **Galenus** bearbeitet in seiner Schrift „De sanitate tuenda" die Diätetik des Erwachsenen, des Kindes und des Jünglings. Auch gibt er eingehende Vorschriften über das Massieren und verwendet die Massage vielfach in Verbindung mit gymnastischen Übungen. Zu seiner Zeit soll es in Rom besondere Ärzte für Massage gegeben haben. Er empfiehlt als erster die klimatische Kur, namentlich auch Seereisen gegen Schwindsucht.

169 **Galenus** kennt den Unterschied der Arterien und Venen, lehrt, daß die Arterien normalerweise Blut enthalten, dem Luft beigemengt sei, und behandelt in hervorragender Weise die Lehre von der Blutstillung. Er erkennt es als zweckmäßig, dem blutenden Teil eine erhöhte Lage zu geben und beschreibt den Druckverband, die Digitalkompression, die Unterbindung, die Drehung und das Durchschneiden des blutenden Gefäßes. Bei der Wundheilung unterscheidet er Vereinigung der Wunde durch die eigene Substanz ohne Narbe, einfache Verklebung (Prima intentio) und durch Vermittelung einer Narbe neu entstehende Substanz (Secunda intentio). (Vgl. auch 400 v. Chr.)

— **Galenus** kennt und beschreibt die Anatomie und Physiologie der Nase. Er beschreibt anatomisch richtig das Verhältnis von Nasenhöhle und Augenhöhle, die Lage des Tränennasenkanals und seine Mündung in den Nasenhöhlen. Er nimmt an, die Funktion der Nase sei eine dreifache, zum Durchtritt und der Erwärmung der Luft beim Atmen, zum Abfluß der Exkrete des Gehirns und zur Ventilation des Gehirns, und als Weg für die Gerüche. Er beschreibt eingehend den Kehlkopf und teilt die inneren Muskeln desselben in solche, die ihn öffnen, und solche, die ihn schließen. Er gibt der Stimmritze den Namen „Glottis" und stellt Betrachtungen über deren Einrichtungen für Kehlkopfschluß und Tonerzeugung an.

— **Galenus** unterscheidet die Blasensteine als angewachsene und bewegliche, als harte und weiche, und rät, die weichen Steine durch medikamentöse Behandlung aufzulösen, während er bei den harten Steinen als einziges Mittel der Heilung die Extraktion durch den Schnitt am Blasenhalse betrachtet. Er führt die erste Resektion des Brustbeins unter Freilegung des Herzens mit glücklichem Erfolge aus.

180 Unter dem Namen **„Physiologus"** ist eine Klasse von Zusammenstellungen über das zoologische Wissen zu verstehen, deren erste in griechischer Sprache in Alexandria erscheint. Die Werkchen beschreiben teils bekannte, teils sagenhafte Tiere und deuten die Eigenschaften derselben in religiöschristlichem Sinne. Sie werden im Mittelalter vielfach ins Lateinische und auch ins Althochdeutsche übersetzt, sind aber mehr als symbolische denn als wissenschaftliche Literatur anzusprechen.

193 Wie **Tertullian** berichtet, ist der Muschelbyssus, eine fadenförmige Sekretion der Byssusdrüse zahlreicher Acephalen, zu seiner Zeit zu industriellen Zwecken, namentlich zu Stickereien und Webereien, verwendet worden. (Vgl. a. 450 v. Chr.)

200 **Aretaeos** aus Kappadozien gibt an, daß das Blut der Arterien hell, das der Venen dunkel sei.

210 **Caelius Aurelianus** fördert die Orthopädie. Er empfiehlt zuerst passive Gymnastik und Schwimmen bei Gelähmten.

220 **Sextus Julius Africanus** gibt eine Methode an, die Breite eines Flusses ohne unmittelbare Messung durch Absteckung ähnlicher rechtwinkliger Dreiecke zu ermitteln. Das Verfahren wird noch jetzt in der Kriegstechnik (z. B. bei der raschen Feststellung einer Flußbreite) angewendet.

230 **Claudius Aelianus** von Praeneste erwähnt, daß die betäubenden Eigenschaften des Zitterrochens, die bereits von Aristophanes, Plato, Aristoteles, Straton, Scribonius Largus, Plinius, Plutarch, Galen und Oppian erwähnt worden sind, sich noch geltend machen, wenn man Wasser aus einem Gefäß, in dem sich ein Zitterrochen befindet, über die Hand oder den Fuß gießt.

250 **Diophantos** aus Alexandria befreit die Arithmetik aus den Fesseln der Geometrie und begründet nach ägyptischem Muster eine neue Arithmetik und Algebra. Er behandelt ganzzahlige Gleichungen mit ganzzahligen Unbekannten. Doch kommt das, was man jetzt unter „Diophantischen Gleichungen" versteht, bei Diophantos selbst nicht vor. Er bezeichnet x mit dem griechischen ς.

281 Der römische Kaiser **Probus** führt die Kultur der Weinrebe am Rheine ein.

284 In Alexandria kommt die Diocletianische Aera, auch Aera der Märtyrer genannt, in Gebrauch, die mit der Thronbesteigung des Kaisers Cajus Valerius **Diocletianus** (29. August 284) beginnt. Die christlichen Kopten bedienen sich dieser Aera noch jetzt. (Vgl. auch 525 Dionysius.)

290 Der lateinische Kirchenschriftsteller Lucius Coelius **Lactantius** Firmianus ist der erste, welcher der Glasfenster mit Bestimmtheit Erwähnung tut. Ältere Nachrichten über den Gebrauch der Glasfenster sind unsicher.

300 Dar römische Kaiser Cajus Valerius **Diocletianus** richtet eine Art regelmäßiger Taubenpost ein.

— **Pappos** von Alexandria gibt in seinem Sammelwerke „$\Sigma \nu \nu \alpha \gamma \omega \gamma \acute{\eta}$" eine Beschreibung von Kurven doppelter Krümmung auf der Kugel, sowie den Fundamentalsatz der für die neuere (projektive) Geometrie maßgebend gewordenen Theorie der Doppelverhältnisse. Er erörtert die als „vollständiges" Viereck und Vierseit bezeichnete Kombination von Linien und Punkten, und behandelt zahlreiche Sätze der Lehre von den Kegelschnitten, darunter die Involution von sechs Punkten. In dem Sammelwerk ist auch die sog. „Aufgabe des Pappos", den Ort zu 3 oder mehreren Geraden zu finden, enthalten, sowie der seit dem 17. Jahrhundert als „Guldin'sche Regel" benannte Satz zur Bestimmung des Raum- und Oberflächeninhalts eines Umdrehungskörpers. (Vgl. 1640 Guldin.) Pappos versucht, jedoch ohne Erfolg, das Problem der schiefen Ebene durch das Hebelgesetz zu erklären.

325 Das **Konzil zu Nicaea** setzt das Osterfest auf den Sonntag nach dem Frühlingsvollmond fest.

340 Der griechische Tierarzt **Apsyrtus** von Prusa in Bithynien beschreibt eine Anzahl von Tierkrankheiten, wie die Druse, Ruhr, Mauke, Flußgalle, Koller usw. und gibt Mittel zu ihrer Heilung an. Er kennt auch den Rotz, die Dämpfigkeit und die Rehe der Pferde, und betont bereits das Fehlen der Gallenblase bei letzteren.

350 Lucius **Apulejus Barbarus** erwähnt zuerst die Tormentillwurzel, die Wurzel einer Potentilla, die als Pulver oder Aufguß medizinische Verwendung, insbesondere bei Zahnschmerzen findet.

— Aemilianus **Palladius** erwähnt in seiner Schrift „De re rustica" die Verwendung von Meeresalgen, Tang und andern Seegewächsen als Düngerersatz. Diese Meeresgewächse werden auch heute noch vielfach an den Küsten Frankreichs und Italiens als Dünger verwendet.

350 **Palladius** erwähnt in seiner Schrift „De re rustica" eine Art von Mähmaschine, welche mit der von Plinius beschriebenen (s. 78) in der Hauptsache übereinstimmt, so daß sich demzufolge diese Art des Maschinenmähens mehrere Jahrhunderte hindurch erhalten zu haben scheint.

— **Palladius** gibt eine Beschreibung von Arbeiten, welche zur Römerzeit zur Trockenlegung (Drainage) versumpfter Landstrecken ausgeführt wurden. Solche Drainierungsanlagen sind u. a. in Alatri aufgefunden worden.

— **Philagrios** ist der erste, der die vollständige Exstirpation eines Aneurysma vornimmt. Die nach ihm benannte Methode wird lange Zeit völlig verlassen, und erst im 17. Jahrhundert von Matthias Gottfried Purmann wieder aufgenommen.

359 Der jüdische Kalender, für den sich weder aus der Bibel, noch aus der älteren jüdischen Literatur übersichtliche Regeln aufstellen lassen, findet die erste systematische Bearbeitung durch den Patriarchen **Hillel Hanassi** den Jüngeren in Tiberias. Hillel ist auch der Urheber der noch heute gebräuchlichen jüdischen Aera, die von dem Jahre 3761 v. Chr. ausgeht. (Vgl. auch 312 v. Chr. Seleukos Nikator.)

360 Der Bischof **Basilius** der Große folgert die Zusammengehörigkeit gewisser durch das Meer getrennter Teile des Festlandes auf Grund zoogeographischer Erwägungen.

361 **Oribasius** gibt in den 70 Büchern seiner ’Ιατρικαὶ συναγωγαί, von denen 25 Bücher noch erhalten sind, eine Darstellung der gesamten Heilkunde seiner Zeit, der inneren Medizin sowohl als auch der Chirurgie. Er empfiehlt zur Wundbehandlung die konstante Irrigation mit Rotwein.

368 **Basilius** der Große errichtet vor den Toren von Cäsarea in Kappadozien eine Fremdenherberge großen Stils, welche, neben Armenhäusern und Asylen für gefallene Mädchen, auch eine umfangreiche Hospitalanlage mit Ärzten und Krankenpflegern enthält. Diese Schöpfung ist als der erste Anfang einer geregelten öffentlichen Krankenpflege im bürgerlichen Leben anzusehen.

370 Der Bischof **Ambrosius** von Mailand unterscheidet die vier sogenannten authentischen Tonleitern, denen Papst Gregor der Große um 600 die vier plagalischen Tonreihen, die im heutigen Sinne indes keine Tonleitern sind, hinzufügt.

378 Der lateinische [Kirchenvater **Hieronymus** der Heilige erwähnt in seiner Schrift „Wortwechsel zwischen einem Luziferaner und einem Rechtgläubigen", daß beide in den Straßen von Antiochia so lange mit einander disputiert hätten, „bis man Licht auf den Gassen angezündet habe". Es ist dies die älteste verbürgte Nachricht über öffentliche Straßenbeleuchtung.

380 Unter der Dynastie der **Tsin** besuchen chinesische Schiffe, vom Kompaß geleitet, indische Häfen und die Ostküste von Afrika.

— Publius **Vegetius** vergleicht in seinem Werke „Digestorum artis mulomedicinae libri IV" zuerst die Tierkrankheiten mit den Krankheiten des Menschen, so daß er gewissermaßen als der Begründer der vergleichenden Pathologie anzusehen ist. Er bezieht sich in seinen Darlegungen wiederholt auf die Pferde der damals gerade in Europa eingedrungenen Hunnen.

385 Der Reitsattel hat sich aus den schon im frühen Altertum vorkommenden sattelähnlichen Vorrichtungen (Decken, Teppichen u. dgl.) allmählich entwickelt. Als erste geschichtliche Erwähnung eines wirklichen Sattels gilt eine Verordnung des römischen Kaisers **Theodosius I.,** in welcher das zulässige Höchstgewicht der den öffentlichen Postpferden aufzulegenden Reitsättel vorgeschrieben ist.

390 Der römische Geschichtsschreiber **Ammianus Marcellinus** beschreibt Feuerpfeile (Malleoli), die aus Katapulten abgeschossen werden („Res gestae" lib. 23). Der Brandsatz dieser Geschosse besteht, wie Vegetius Renatus (in „Epitome rei militaris") angibt, aus Werg, Harz, Schwefel und Erdöl.

390 Der römische Schriftsteller Decimus Magnus **Ausonius** berichtet von Wassermühlen an der Roer, die zum Schneiden von Steinblöcken in Betrieb waren. Eine nähere Beschreibung der Einrichtung dieser Sägemühlen fehlt. Doch geht aus anderweitigen gleichzeitigen Nachrichten hervor, daß man bereits zu jener Zeit Steinsägen kannte, die aus Holzlatten bestanden, an deren Schleifkante Feuersteinspitzen mit Kitt befestigt waren. (Vgl. 352 v. Chr. und 77 n. Chr.)

400 Der römische Schriftsteller Ambrosius Theodosius **Macrobius** gebraucht in seinem Werke „Commentarius in Somnium Scipionis" zuerst das Wort „Ekliptik".

— **Synesios,** Bischof von Ptolemais, erwähnt in einem Brief an Hypatia zum ersten Male das Skalenaraeometer (Volumaraeometer) unter dem Namen Baryllium. Diesem Brief nach zu urteilen muß damals das Instrument neu gewesen sein, so daß dessen Erfindung wohl in die erste Hälfte des 4. Jahrhunderts zu setzen ist. (Andere schreiben das Instrument dem Priscianus zu.)

— Der römische Militärschriftsteller Flavius **Vegetius Renatus** beschreibt optische Telegraphen auf den Warttürmen der Festungen, welche aus beweglichen Balkenstücken bestehen, denen zwecks Zeichengabe eine verschiedene Stellung gegeben werden konnte und die als die ersten Semaphoren anzusehen sind. (S. 1763 Edgeworth und 1793 Chappe.)

— Flavius **Vegetius Renatus** erwähnt bereits eine Maschine zum Wasserheben, bei der ein gewöhnlicher Lederblasebalg als Pumpe benutzt wird. Solche Pumpen werden später insbesondere als Schiffspumpen unter dem Namen Sackpumpen (Priesterpumpen, Pumpen ohne Kolben) gebaut.

— Flavius **Vegetius Renatus** beschreibt in seinen „Abhandlungen über die Kriegskunst" den später als „Nürnberger Schere" bezeichneten Apparat als zusammenlegbare und leicht transportable Festungsleiter für Belagerungszwecke. Genau nach diesem Prinzip wird zu Anfang des 20. Jahrhunderts eine Feuerwehrleiter konstruiert, die auf einem Motorwagen steht und durch einen zweiten Motor aufgeklappt wird.

405 Der Dichter Aurelius **Prudentius** Clemens vergleicht in seinen Märtyrer-Hymnen die mit mehrfarbigen Glasscheiben gefüllten Bogenfenster der Paulskirche in Rom mit Wiesen voll Frühlingsblumen. Doch handelt es sich hier anscheinend noch nicht um eine eigentliche Glasmalerei, sondern nur um eine Zusammensetzung verschiedenfarbiger Glasstücke zu einer gewissen koloristischen Wirkung. (Vgl. 880 Ratpert).

409 Während die Glocken anfangs geschmiedet oder getrieben wurden, soll **Paulinus,** Bischof von Nola, den Glockenguß erfunden haben. Die Kirche in Cimitile bei Nola rühmt sich, den „ältesten Glockenturm in der Christenheit zu besitzen". Ein sicherer Nachweis über die Erfindung des Glockengusses ist nicht zu erbringen.

430 **Zosimos** von Panopolis gibt der chemischen Forschung einen großen Aufschwung durch Verbesserung der Destillation sowie der metallurgischen Prozesse. Durch ihn kommt die Bezeichnung „Chemie" in allgemeinen Gebrauch.

447 Cassius **Felix,** lateinischer Übersetzer ärztlicher Schriften, gibt an, daß die Verletzung der einen Hirnhälfte Lähmung der entgegengesetzten Körperhälfte bedingt.

450 **Olympiodor** spricht schon von den — später so genannten — artesischen Brunnen in Ägypten, die eine Tiefe von 200 bis 500 Ellen hätten und das Wasser über der Erdoberfläche ausgössen, woselbst man es zur Berieselung der Äcker benutze. (Vgl. auch 320 v. Chr. und 168 v. Chr.)

500 Der indische Astronom **Arya-Bhatta** fördert die Algebra derart, daß er als der Vater der indischen Algebra bezeichnet werden muß. Er gibt ein Verfahren zum Ausziehen von Quadrat- und Kubikwurzeln an, welches mit dem gegenwärtig gebräuchlichen fast völlig übereinstimmt.

— Der Ostgotenkönig **Theoderich** baut einen Aquädukt bei Spoleto in der Provinz Umbrien, der bei 89 m Kämpferhöhe aus zwei Stockwerken mit 10 unteren Öffnungen von je 21,4 m Spannung und 30 oberen Bogen besteht.

510 Anicius Manlius Severinus **Boëthius** gibt in seiner Schrift „De musica" eine ausführliche, aber zumeist auf ältere griechische Schriftsteller gestützte Abhandlung über die Musik.

520 Der Philosoph **Simplicius** spricht den Grundsatz aus, das Nichtherabfallen der himmlischen Körper werde dadurch bewirkt, daß der Umschwung (die Zentrifugalkraft) die Oberhand habe über den Zug nach unten (die eigene Fallkraft).

525 Der Architekt **Anthemios** von Tralles in Lydien ist wahrscheinlich der Verfasser des „Fragmentum mathematicum Bobiense", in welchem die Ermittelung des Brennpunktes der Parabel behandelt ist.

— Der römische Abt **Dionysius Exiguus** wendet in seiner Ostertafel vom Jahre 525 an Stelle der Diocletianischen Aera (s. 284) zuerst die nach ihm benannte Dionysische Aera an, und wird damit der Begründer der heutigen christlichen Zeitrechnung. Das erste Jahr derselben läuft vom 1. Januar bis 31. Dezember 754 nach Gründung Roms. Die Geburt Christi setzt Dionysius auf den 25. Dezember des Jahres 1. (Vgl. 715 Beda.)

532 Während die Nachricht, daß Archimedes bei der Belagerung von Syrakus die feindlichen Schiffe durch Brennspiegel in Brand gesteckt habe, als irrig bezeichnet werden muß, berichtet **Anthemios** von Tralles (in seiner Schrift „$\Pi\varepsilon\varrho\grave{\iota}$ $\pi\alpha\varrho\alpha\delta\acute{o}\xi\omega\nu$ $\mu\eta\chi\alpha\nu\eta\mu\acute{a}\tau\omega\nu$"), daß man im Altertum tatsächlich wiederholt versucht hat, feindliche Schiffe mit großen Brennspiegeln anzuzünden, die aus einer großen Zahl kleiner Planspiegel zusammengesetzt waren. (Vgl. auch 1747 B.)

532—537 **Anthemios** von Tralles und **Isidoros** von Milet erbauen im Auftrage Justinians die Sophienkirche in Konstantinopel, die mit ihrer 32 m weiten Kuppel für viele Kirchenkuppeln des Abendlandes vorbildlich wird. Nachdem dieselbe 558 infolge eines Erdbebens eingestürzt war, wird sie von Isidoros aufs neue hergestellt.

536 Der Feldherr Justinians **Belisar** legt während der Belagerung Roms durch die Ostgoten unter Vitiges die ersten öffentlichen Schiffsmühlen auf dem Tiber an. (Vgl. 80 v. Chr. Mithridates.)

550 **Aëtius** von Amida erwähnt zuerst die Nelken, die übrigens schon von den alten Ägyptern bei podagrischen Beschwerden und als magenstärkendes Mittel gebraucht wurden. Paulus von Aegina bemerkt, daß sie von einem indischen Baume kämen und nicht nur als Medikament, sondern auch zum Würzen der Speisen geeignet seien.

— **Aëtius** erörtert in seinem Werke „Jatrica" die von ihm beobachteten Epidemien und die zu gleicher Zeit aufgetretenen Epizootien, und erwähnt, daß die Pest auch die Tiere befallen könne.

— **Aëtius** gibt an, daß im Verlauf der Erhärtung von Nieren Wassersucht eintrete.

550 **Aëtius** schreibt über Geburtshilfe und ist der erste, der ausdrücklich von der Wendung auf die Füße spricht. Dieses Verfahren gerät in Vergessenheit und wird erst um 1280 von Arnoldus Villanovanus und um 1507 von Antonio Benivieni wieder geübt.

— **Alexander** von Tralles führt den Rhabarber als Heilmittel ein.

553 Der griechische Geschichtsschreiber **Prokopios** von Cäsarea erwähnt zuerst die Mitternachtssonne. Er berichtet darüber, daß auf der Insel Thule (d. i. Skandinavien) die Sonne im Sommer 40 Tage lang auch um Mitternacht über dem Horizonte bleibt.

556 Der Kaiser **Justinian** bemüht sich, die Seidenzucht in Griechenland einzuführen und errichtet großartige Maulbeerplantagen im Peloponnes, wovon derselbe den Namen „Morea" erhält.

590 Das dem oströmischen Kaiser **Maurikios** zugeschriebene, 12 Bände umfassende Werk über das Kriegswesen („Ars militaris") erwähnt zuerst den Steigbügel. Die Alten kannten den Steigbügel nicht. In allgemeinen Gebrauch gekommen ist er erst zur Zeit des Kaisers Otto I.

593 Die **Chinesen** drucken zuerst Bilder und Schrift von Holzstöcken. Von ihnen gelangt diese Kunst durch die Araber nach Europa. Arabische Drucke auf Papier, die bis 1000 n. Chr. zurückreichen, finden sich in der Papyros-Sammlung des Erzherzogs Rainer.

609 **Venantius Fortunatus** (Venance Fortunat), Bischof von Poitiers, erwähnt zuerst die Chrotta (Crowd, Crouth), ein altbritannisches 3- oder 5saitiges Streichinstrument, mit Schalllöchern und Steg, das sich von den im 9. Jahrhundert auftretenden anderweitigen Streichinstrumenten (Lyra, Rubeba, Viella) durch einen vom Wirbelkopf auf beiden Seiten zum Schallkörper hinabreichenden Bügel unterscheidet.

617 Nach Forschungen von Stanislas Julien scheint das Porzellan in China unter einem Kaiser der Dynastie **Tang** erfunden zu sein.

622 **Mohammed** flieht am vierten Tage des ersten Rabîa (d. i. am 20. Juni 622) von Mekka nach Medina. Nach dieser Flucht (Hidschrat ar nabî — Hedschra) datiert die mohammedanische Zeitrechnung. Die Einführung dieser Aera erfolgt 17 Jahre später durch den Kalifen Omar, wobei ihr Anfang auf den 15. Juli 622 verlegt wird.

624 **Isidorus** Hispalensis gibt die erste positive historische Kunde vom Gebrauche des Hopfens zur Bierbereitung.

— **Isidorus** Hispalensis erwähnt die Eisengallustinte, indem er angibt, daß man Galläpfel zur Tinte (ad incaustum) verwende.

— **Isidorus** Hispalensis gedenkt zuerst in der von ihm herausgegebenen Enzyklopädie „Originum s. etymologiarum libri XX" der Feder als Schreibwerkzeugs.

— **Isidorus** Hispalensis führt die Benennung „Alumen" für Alaun auf die Anwendung dieser Substanz zum Färben zurück: „Alumen vocatur a lumine, quod lumen coloribus praestat tingendis".

627 Obwohl das indische Zuckerrohr bereits zur Zeit Alexanders d. Gr. im Abendlande bekannt war, findet sich die erste Erwähnung des aus dem Zuckerrohre gewonnenen festen Zuckers erst i. J. 627 n. Chr., in welchem Jahre der oströmische Kaiser **Heraklios** auf seinem Feldzuge gegen den Perserkönig Chosroes II. bei der Zerstörung eines persischen Königsschlosses u. a. auch Rohr-Stückzucker erbeutet.

638 Der indische Mathematiker **Brahmagupta** gibt in seiner Schrift „Brâhma-sphuta-siddhânta" zahlreiche Lehren der Mathematik, entwickelt die Elemente der Trigonometrie unter Beifügung einer den späteren Sinustafeln entsprechenden Tafel und berechnet den Inhalt des Kreisvierecks. Er kennt bereits die symbolische Positionsarithmetik, welche den er-

höhten Wert der einzelnen Ziffern durch ihre Stellung andeutet, und sich der Null bedient, die fehlenden Stellen auszufüllen, wenngleich eine planmäßige Durchbildung des Systems bei Brahmagupta noch fehlt.

645 Der arabische Feldherr **Amr ibn el Ass** stellt unter Benutzung von Arbeiten, die bereits unter Kaiser Trajan begonnen waren (vgl. auch 1250 v. Chr. Ramses II. und 610 v. Chr. Necho), einen Schiffahrtskanal zwischen Kairo und dem Roten Meere her, und benutzt ihn zu Getreidetransporten zwischen El Fostât (Alt-Kairo) und Kolzum.

650 Der arabische Arzt **Ahroun** erwähnt zuerst mit Sicherheit die Muskatnuß, die dann insbesondere von Isaak Ibn Amran um 900 genauer beschrieben wird.

660 **Paulus von Aegina** erweitert den Kreis der seit alten Zeiten (s. 400 v. Chr.) gegen Verbrennung (Combustio) gebrauchten Mittel durch eine große Anzahl von Stoffen, die vor allem bezwecken, einen schützenden und lindernden Überzug herzustellen.

— **Paulus von Aegina** ist nächst den Hippokratikern der erste Schriftsteller, der die Operation der Herausnahme der Nasenpolypen beschreibt. Er beschreibt ferner die Staphyllotomie, Tonsillotomie, Paracentese des Unterleibes und die operative Beseitigung des Verschlusses der Vulva und Vagina. Daß er die Gelenkresektionen gekannt hat, steht außer Zweifel.

678 Wie Theophanes berichtet, erfindet der griechische Baumeister **Kallinikos** von Heliopolis einen Brandsatz von außerordentlicher Wirksamkeit, der in dem Kampf der Oströmer gegen die Araber — namentlich in der Seeschlacht bei Kyzikos — von entscheidender Bedeutung wird. Die große Wirkung dieses „griechischen Feuers" ($Π\tilde{v}ρ$ $\dot{v}γρόν$ oder $Π\tilde{v}ρ$ $\vartheta αλάσσιον$) beruht darauf, daß Kallinikos den bisher angewendeten Brandstoffen (Kohle, Pech, Schwefel, Erdöl u. dgl. — vgl. auch 424 v. Chr. Thukydides, 360 v. Chr. Aeneas und 390 n. Chr. Ammianus Marcellinus) einen neuen Bestandteil (wahrscheinlich ungelöschten Kalk) beimischt, der beim Hinzutritt von Wasser eine explosionsähnliche Wirkung hervorruft.

681 Das **Konzil zu Konstantinopel** führt die byzantinische Weltaera ein, deren Jahresanfang der 1. September und deren 5509. Jahr das erste unserer Zeitrechnung ist, aber vier Monate früher anfängt. Diese Zeitrechnung ist bei den Griechen im Volke vielfach noch jetzt im Gebrauch.

715 Der englische Priester **Beda,** mit dem Beinamen Venerabilis, führt durch seine Schrift „De sex aetatibus mundi" die Zeitrechnung des Dionysius (s. 525) in die Geschichtsschreibung ein und wendet dieselbe auch in seinen Ostertafeln an. Erst hierdurch erhält die dionysische Aera ihre weitere Verbreitung und ihre Eigenschaft als allgemein christliche Zeitrechnung. Von mitbestimmendem Einflusse wird auch der Umstand, daß Karl der Große zuerst Urkunden nach ihr datiert.

745 **Virgilius** von Salzburg stellt eine richtige Ansicht über die Gestalt der Erde auf.

750 Der arabische Alchimist **Geber** (Dschabir) wendet zuerst die Krystallisation zur Reinigung chemischer Präparate an und beschreibt die Filtration. Er lehrt den Alaun durch Umkrystallisieren reinigen und auch gebrannten Alaun herstellen. Er beschreibt die Darstellung der Schwefelsäure durch Destillation von Alaun, sowie die der Salpetersäure durch Erhitzen eines Gemisches von Salpeter, Kupfervitriol und Alaun, und entdeckt das Königswasser sowie dessen Fähigkeit, das Gold aufzulösen. Er stellt zuerst den Höllenstein und das Sublimat dar, zu dessen Reinigung er sich der Sublimation bedient. Er lehrt die Reinigung des Essigs durch Destillation, kennt den Bleiessig und stellt den Salmiak aus gefaultem Harn und Kochsalz dar.

750 **Geber** kennt den weißen Arsenik (arsenige Säure), den er durch Verbrennen von Schwefelarsenik und Auffangen des Sublimats erhält. Er scheint den Eisenvitriol gekannt zu haben; denn er schreibt vor, zur Bereitung des Ätzsublimats „Vitriolum rubificatum" zu nehmen, was nur als gerösteter Eisenvitriol gedeutet werden kann. Er versucht zuerst das Kochsalz zum chemischen Gebrauche zu reinigen.

— **Geber** lehrt Quecksilber mit Gold, Silber, Blei, Zinn und Kupfer verbinden und erwähnt, wie ungleich dasselbe die verschiedenen Metalle angreift. Er stellt Legierungen her und kennt viele Metalloxyde, wie er u. a. eine Vorschrift zur Herstellung von rotem Quecksilberoxyd gibt. Er kennt die Verbindungen der Metalle mit Schwefel und erwähnt, daß Kupfer durch Schwefel gelb, Quecksilber rot gefärbt wird. Er überstreut, um die Oberflächenoxydation geschmolzener Metallmassen zu verhindern, dieselben mit Glaspulver und Borax.

768 In einem Schenkungsbriefe des Frankenkönigs **Pipin des Kleinen** geschieht der Hopfengärten Erwähnung. Es scheint demnach der Hopfen schon damals, wenn auch nur in geringem Maße, angebaut worden zu sein. (S. a. 624 I.)

800 **Alkuin,** Bischof von Tours, sendet um das Jahr 800 dem Bischof von Salzburg „ein Schutzdach, damit es Euer verehrungswürdiges Haupt vor Regengüssen bewahre". Es ist dies die erste geschichtliche Erwähnung des Regenschirms. Über den Sonnenschirm s. 1170 v. Chr.

— Der Däne **Wulfstan** erforscht zuerst die baltischen Küsten des heutigen Deutschlands.

805 **Karl der Große** erläßt das für die Bewirtschaftung seiner Meierhöfe wichtige „Capitulare de villis vel curtis imperatoris".

807 Wie der Biograph Karls des Großen, Einhard, berichtet, sendet **Harun al Raschid** an Kaiser Karl eine Wasseruhr (Klepsydra, s. 450 und 230 v. Chr.), die aus einem Gefäß besteht, das unten so durchbohrt ist, daß das Wasser in einer bestimmten Zeit abfließt.

810 **Karl der Große** führt unter Wiederaufnahme der schon bei den Alten gebräuchlichen Zwölfteilung der Windrose deutsche Bezeichnungen für die Himmelsrichtungen ein, nämlich: Ostronivint, Ostsundroni, Sundostroni, — Sundroni, Sundwestroni, Westsundroni, — Westroni, Westnordroni, Nordwestroni, — Nordroni, Nordostroni, Ostnordroni. (S. Einharti Vita Caroli Magni.)

820 **Abu Dschafar Mohamed** verfaßt eine Schrift „System der Erde" (Rasm-al-Ardh), worin jeder Ort nach Länge und Breite bestimmt ist.

827 Der Kalif **Abdallah al Mamun** läßt in der Wüste Sindjar am Roten Meere eine Gradmessung ausführen, bei der zum ersten Male die Meßkette gebraucht wird. Seine Sternwarte in Bagdad ist bereits mit Astrolabien, Armillarsphären und Quadranten ausgerüstet.

839 **Alkhindi** macht die erste Beobachtung eines Durchgangs der Venus durch die Sonnenscheibe. Doch wird die Richtigkeit dieser Angabe neuerdings vielfach bestritten. (Vgl. 1639 H.)

850 **Pacificus,** ein in Verona lebender Priester, konstruiert zuerst Räderuhren, die durch ein Gewicht in Bewegung gesetzt werden. (Vgl. über die Anwendung von Zahnrädern an Wasseruhren 230 v. Chr. Ktesibios.)

860 Der Schwede Gardar **Svavarsson** findet Island und erkennt, indem er es umschifft, dessen Inselnatur. Nach ihm erhält Island ursprünglich den Namen „Gardarshölmi".

868 Der Benediktinermönch **Otfried** zu Weißenburg im Elsaß erwähnt in seiner Evangelienharmonie zuerst die Streichinstrumente Leier und Fiedel. („Sih thas ouh al ruarit — thaz organa fuarit — lira, ioh fidula — ioh managfaltu

suegula." Hochdeutsch: „Da rührt sich alles, was Instrumente führt, Leier und Fiedel und mannigfaltige Pfeifen.")

870 Der norwegische Edelmann **Othar** fährt die norwegische Küste entlang nach Norden und umsegelt das Nordkap. Daß er bis zur Mündung der Dwina im Weißen Meere vorgedrungen sei, wird in neuerer Zeit bestritten.

878 Die Araber **Wahab** und **Abu Seid** gelangen zu Schiff bis nach China.

880 **Alfred der Große** von England erfindet einen Stundenmesser, der auf der gleichmäßig fortschreitenden Verkürzung einer brennenden Kerze beruht.

— **Ibn Khordadbeh** erwähnt zuerst Kiautschou. Dieser jetzt unansehnliche Ort nordwestlich von Tsingtau, nach welchem das deutsche Pachtgebiet in China seinen Namen hat, war früher, vor der Versandung der Kiautschoubucht, eine blühende Hafenstadt und namentlich von Bedeutung als Zwischenplatz des arabischen Verkehrs zwischen Schantung und Korea.

— Der Mönch **Ratpert** von Sankt Gallen feiert die um das Jahr 875 geweihte Frauenmünsterkirche zu Zürich in einem Gedichte, in dem er neben den Deckengemälden und den skulptierten Säulen auch die farbig geschmückten Fenster rühmt. Da die betreffende Stelle des Gedichts auf wirklich gemalte Fenster hindeutet, so liegt hier das erste geschichtliche Zeugnis für das Vorhandensein einer eigentlichen Glasmalerei vor. (Vgl. 405 Prudentius und 999 Gozbert.)

900 **Albategnius** (Mohamed Al Batani), arabischer Statthalter in Syrien, kennt die Exzentrizität der Erdbahn und die Präzession der Tag- und Nachtgleiche. (S. 146 v. Chr. Hipparchos.) In der Trigonometrie führt er die halbe Sehne des doppelten Winkels statt der ganzen Sehne des einfachen Winkels ein, schafft somit diejenige goniometrische Funktion, die im 12. Jahrhundert „Sinus" genannt wird. (Vgl. aber auch 638.) Auch fügt er die Kotangente (Umbra recta) hinzu.

910 Der flandrische Mönch **Hucbald** führt die polyphone Musik ein, indem er eine Melodie in transponierter Lage beantwortend wiederholen läßt, ein Prinzip, das später in der Fuge und Sonate wichtig wird (Diaphonie).

— Nachdem schon in der altgriechischen Musik die Buchstaben zur Bezeichnung der Tonhöhe benutzt worden waren (Buchstabentonschrift), wendet **Hucbald** zuerst die lateinischen Buchstaben A, B, C, D, E, F, G zur Bezeichnung der sieben Töne der diatonischen Skala an, woraus sich allmählich die heutige Buchstabenbezeichnung der Tonleiter entwickelt.

945 **Massudi,** der Herodot des Orients, bereist die ganze zu seiner Zeit bekannte Welt und schreibt über dieselbe sein berühmtes Werk „Die goldenen Wiesen".

— **Massudi** beweist zuerst auf experimentellem Wege die schon von Aristoteles behauptete Verdunstung des Wassers aus dem Meere, indem er bei Verdampfung einer Salzlösung in einem Destillierkolben feststellt, daß sich dabei süßes Wasser niederschlägt. Der Salzgehalt des Meeres stammt nach ihm von den Flüssen, die während ihres Laufes Salze und Erden auflösen und ins Meer hinabführen. (Vgl. auch 330 v. Chr.)

950 Der arabische Arzt **Rhazes** macht wichtige Untersuchungen über die Pocken und Masern, welche Krankheiten er in einer eingehenden Abhandlung beschreibt.

— **Rhazes** gibt eine Beschreibung der Herstellung des Alkohols, erwähnt aber nicht einmal dessen Brennbarkeit. Er ist der erste, der eine Quecksilbersalbe erwähnt.

975 Der Perser **Abu Mansur Muwaffat** verfaßt das Werk „Buch der pharmakologischen Grundsätze", die älteste Arzneimittellehre der Perser. In derselben wird zuerst die Verwendung des destillierten Wassers zu pharma-

zeutischen Zwecken sowie der Gipsverband zur Heilung von Knochenbrüchen erwähnt.

976 Der arabische Geograph **Ibn Haukal** bereist den Orient und gibt eine Beschreibung seiner Reise heraus, die sich vielfach auf die Berichte von Balchis (gest. 934) und Istachri (um 950) stützt.

980 **Abul Wefa** soll die zweite große Ungleichheit der Mondbahn, die Variation, gefunden haben. (S. 150 P.) Er führt die Tangente (Umbra versa) in die Trigonometrie ein.

— **Abul Wefa** konstruiert den ersten Mauerquadranten, der an einer in die Mittagsfläche fallenden Mauer festliegt und für Beobachtungen der Gestirne zur Zeit ihrer Kulmination sehr vorteilhaft ist. Später wird von Nassir-Eddin ein solcher Quadrant in Kupfer von etwa $3^{1}/_{2}$ m Radius gebaut, der in Grade und einzelne Minuten geteilt ist und eine in einem stählernen Zapfen drehbare Alhidade mit Dioptern besitzt.

— Der Abt **Gerbert** von Rheims (Papst Sylvester II.) soll die Gewichtsuhren verbessert haben. (Vgl. 850 Pacificus.)

— Die Nonne **Hroswitha** im Benediktinerkloster zu Gandersheim gibt in dem Drama „Sapientia" eine Reihe von Zahlenrätseln aus dem Gebiete der Vielecks- und ähnlicher Zahlen, welche als Beitrag zur Entwickelung der Zahlentheorie nicht ohne geschichtliches Interesse sind.

983 Der von Island verbannte Normanne **Erik der Rote** (Eirikr hinn Raudi Thorvaldson) entdeckt Grönland, nachdem schon um 900 der isländische Pirat Gunnbjörn von den von ihm entdeckten Danellsinseln aus die Südostküste Grönlands gesehen hatte.

986 Der Isländer Bjarne **Herjulfson** erblickt als erster Europäer die Küste Amerikas, indem er zur Aufsuchung seines Vaters, der mit Erik dem Roten nach Grönland gezogen war, in die Nähe des „Weinlandes", des heutigen Massachusetts und Rhode-Island, gelangt, ohne indes zu landen.

990 Die griechische Prinzessin **Eudoxia Makrembolitissa**, Tochter Kaiser Constantins VIII., beschreibt die Entwicklung der Purpurfarbe auf der Wolle unter der Einwirkung der Sonnenstrahlen. (Wiederentdeckt 1684 von William Cole.)

— **Ibn Yunis** stellt auf der vom Kalifen Hakim auf dem Berge Mokattam bei Kairo erbauten Sternwarte astronomische Beobachtungen an und benutzt zu seinen Berechnungen die trigonometrischen Tangenten, für welche er die sog. hakemitischen Tafeln herausgibt. Er bedient sich zuerst zur Zeitbestimmung der Schwingungen des Pendels.

996 **Gerbert** von Rheims gibt in seinem Werke „De musica sacra" die älteste bekannte Abbildung eines Streichinstruments, einer einsaitigen Lyra von einer der späteren Gigue (Geige) sehr ähnlichen Form.

999 Wie aus einem Briefe des Abtes **Gozbert** von Tegernsee hervorgeht, ist um diese Zeit eine Glasmalerwerkstatt im Kloster zu Tegernsee eingerichtet, in der sich die Klosterschüler auf die Herstellung gemalter Fenster verstehen. Über das erste geschichtliche Zeugnis für die Glasmalerei vgl. 880 Ratpert.

1000 **Mesue** der Jüngere spricht von den der Cassiagattung zugehörigen Sennesblättern, von denen er zwei Arten kennt. Die Sennesblätter werden gegen Augenleiden und Lepra, später auch als Abführmittel benutzt.

Elftes bis fünfzehntes Jahrhundert.

1001 Der Normanne **Leif,** Sohn Erik's des Roten (s. 983), wird auf einer Fahrt
nach Grönland an die Küste von Labrador — von ihm Helluland genannt
— verschlagen, und scheint längs der Küste von Neufundland und Neu-
schottland bis in die Gegend des heutigen New York gelangt zu sein.
(S. a. 986.)

1010 **Ali ben Isa** verfaßt das beste Werk des Mittelalters über Augenkrankheiten.
Er soll bei schmerzhaften Operationen betäubende Mischungen zur Linde-
rung des Schmerzes benutzt haben, die vermutlich aus Mandragora und
Opium bestanden. (S. a. 64, Dioskorides.)

1020 Der Araber **Avicenna** (Ibn Sîna) stellt die Lehre auf, daß die Versteinerungen lediglich Produkte der sog. „Vis plastica" seien, eines der Natur
innewohnenden Triebes, Organisches aus Unorganischem zu erzeugen, wobei ihr aber die Kraft gefehlt habe, ihre Schöpfungen zu beleben. Die
Theorie der Vis plastica hat trotz Widerspruch (s. 1517 Fracastoro) lange
Zeit hindurch gegolten.

— **Avicenna** behandelt in seinem berühmten „Canon medicinae" die Kunst
der Zusammensetzung der Medikamente.

— **Avicenna** kennt bereits die Kockelskörner, die zu seiner Zeit zur Tötung
von Ungeziefer benutzt werden.

1025 **Albiruni** (Abul Rîhân Mohamed ben Ahmed) fördert die sphärische Trigonometrie und summiert die geometrische Reihe, wobei er das Beispiel der
Schachfelderprogression wählt, die, mit Eins beginnend, auf jedem folgenden Felde eine Verdoppelung vorschreibt. Er löst die Aufgabe der Dreiteilung des Winkels mittels der Konchoide.

— Der Benediktinermönch **Guido,** genannt Guido von Arezzo (nach neueren
Forschungen jedoch gebürtig aus der Gegend von Paris), verschmilzt die
zu seiner Zeit vorhandenen unvollkommenen Elemente der Musiknoten-
schrift, und erfindet ein Notensystem, das die Grundlage der heutigen
Notation bildet. Er fügt der schon vor ihm vorhandenen roten f-Linie
und der gelben c-Linie zwei schwarze Linien hinzu, schreibt die Noten
sowohl auf als auch zwischen die Linien, und macht die Tonhöhe durch
vorgesetzte Schlüsselbuchstaben leicht erkennbar.

1030 Der Araber **Alhazen** (Ibn al Haitam) macht sich eine richtige Vorstellung
vom Druck der Luft, dessen Existenz schon Aristoteles kannte.

— **Alhazen** berechnet zuerst aus den in dem Augenblick, wo die Sonne soeben
untergegangen ist, noch beleuchteten Wolken die Höhe der Atmosphäre.
Nach demselben Verfahren machen später Kepler, Delahire und Mariotte
selbständige Bestimmungen, die eine Höhe von 60—80 km ergeben.

1038 **Alhazen** spricht ganz bestimmt aus, daß nicht das Auge die Quelle des Lichtes sei, sondern daß das Licht von den leuchtenden Gegenständen ausgehe. Er wendet zuerst eigentliche Linsen, und zwar in der Form von Kugelsegmenten, als Vergrößerungsgläser an und kennt die Lage des Brennpunktes bei Hohlspiegeln. Er macht eingehende Untersuchungen über die Reflexion und über die Brechung des Lichtes.

1050 Der griechische Schriftsteller **Suidas** kennt den Vorgang des Anlassens des Stahls in Öl. (Vgl. auch 800 v. Chr.)

— **Theophilus** Presbyter gibt in seiner „Schedula diversarum artium" die erste Vorschrift, das Trocknen des Leinöls auf dem Wege des Kochens zu beschleunigen.

— **Theophilus** Presbyter beschreibt in seiner „Schedula diversarum artium" die Herstellung des Tafelglases durch Blasen und Strecken, ohne zu erwähnen, daß es sich dabei um etwas Neues handelt. In der von ihm beschriebenen Herstellungsart erkennt man leicht die Anfänge der Fabrikation des Zylinder- und Walzenglases, die, allmählich vervollkommnet, jetzt wieder das übliche Verfahren für Gewinnung des Tafelglases ist.

— **Theophilus** Presbyter begründet die Glasmalerei auf technisch-wissenschaftlicher Grundlage. (Über die ersten Anfänge vgl. 405 Prudentius, 880 Ratpert, und 999 Gozbert.) Seine Darlegungen lassen erkennen, daß die Glasmaler jener Zeit zugleich Glasmacher, Farbenverfertiger, Kartonzeichner und Glaser waren. Theophilus bedient sich ausschließlich des gleichmäßig gefärbten Hüttenglases, auf welches Umrisse und Schatten mit „Schwarzlot" (Kupferoxyd mit pulverisiertem blauen und roten Glase) aufgetragen und alsdann eingebrannt werden. Das Zuschneiden der Glasstücke erfolgt mit einem glühenden Eisen. (Das Glasschneiden mit dem Diamanten kommt erst im 16. Jahrhundert in Gebrauch.)

1067 Der Araber **Obeïd el Bekri** schreibt die erste Geographie der afrikanischen Negerländer.

1070 **Adam** von Bremen, der erste deutsche Geograph, gibt in seinen „Gesta Hammaburgensis ecclesiae pontificum" eine Beschreibung von Dänemark, Skandinavien und Rußland.

— Simon **Seth** erwähnt zuerst in Europa den Kampfer, der aus dem Holz des auf Formosa und in Japan vorkommenden Kampferbaums gewonnen wird, indem man das zerschnittene Holz mit Wasserdampf behandelt und die Dämpfe in passenden Gefäßen verdichtet.

1078 Der Araber Omar **Alchaijami** löst kubische Gleichungen mit Hilfe der Durchschnitte zweier Kegelschnitte, behandelt überhaupt zuerst Gleichungen von höherem als dem zweiten Grade systematisch, und unterscheidet zwischen arithmetischer und geometrischer Auflösung der Gleichungen. Er findet die Binomialreihe für ganze positive Exponenten.

1080 **Alsaharavi,** ein arabischer Arzt, erwähnt zum ersten Male die Bluterkrankheit (Haemophilie, wie Schönlein die Krankheit nennt) und bezeichnet als deren Hauptsymptom die tödliche Blutung, selbst nach den geringsten Verletzungen.

1100 **Abulcasis** empfiehlt die Trepanation bei Frakturen und Fissuren des Schädelgewölbes. Als Bohrer verwendet er den gewöhnlichen Perforativtrepan.

— **Abulcasis** schreibt ein berühmtes Werk über chirurgische Operationen und das Buch „Servitor" über die Bereitung der Arzneien.

— Der Benediktiner **Theophilus** beschreibt zuerst die Technik des Glockengusses, wonach man erst den Lehmkern formt und eine Fettschicht so dick auf denselben aufträgt, daß der Fettmantel dem spätern Metall der Glocke entspricht. Auf den Fettmantel wird wieder Lehm aufgetragen, das Ganze mit Eisenreifen umgeben und in die Gießgrube gesenkt. Das Fett

Darmstaedter.

wird alsdann herausgeschmolzen und die Glockenspeise in den entstandenen Hohlraum gegossen.

1101 König **Heinrich I.** von England ersetzt die damals als Normalmaß übliche
Elle (Gyrd) durch die Länge seines Armes bis zur Spitze des Mittel-
fingers (Yard).

1113 Wie J. Büttgenbach mitteilt, spricht bereits die Chronik des Klosters
Klosterroda im Herzogtum Limburg von einem dort durch die Mönche betriebenen Steinkohlenbergbau, so daß keinenfalls der Hufschmied Hulloz
oder Hullas in Lüttich, der 1198 Steinkohle gefördert haben soll, als der
erste Verwender derselben zu betrachten ist.

1115 Der Kaiser **Heinrich V.** verleiht der Stadt Bremen das Recht, Tonnen in
der Weser auszulegen und Baken daselbst aufzustellen. Von da datiert
die planmäßige Ausstattung der Nord- und Ostseeküste mit Seezeichen,
obwohl man an der guten Bezeichnung der Küstenuntiefen u. dgl. damals
kein allgemeines Interesse hatte, da jedes gestrandete Schiff Eigentum
der Strandbewohner war.

1121 Der arabische Gelehrte **Alkhazini** konstruiert eine sehr empfindliche Schnellwage, die er unter dem Namen „Wage der Weisheit" beschreibt. (S. a.
1400 v. Chr.) Er untersucht das spezifische Gewicht der Flüssigkeiten
mittelst eines Araeometers, das ähnlich dem des Synesios war, und wendet
zur Bestimmung des spezifischen Gewichts auch ein Gefäß an, das als
erstes Pyknometer zu bezeichnen ist, und welchem Homberg (s. 1699)
die noch jetzt übliche Form gibt.

1126 Im Karthäuserkloster zu Lillers in der Grafschaft **Artois** wird der erste
Tiefbrunnen Mitteleuropas erbohrt. Derartige Brunnen, seitdem „artesische" genannt, waren indes schon im Altertum bekannt. (Vgl. 320 und
168 v. Chr., 450 n. Chr.)

1139 Die zuerst im 9. Jahrhundert erwähnte Armbrust erfährt in den folgenden Jahrhunderten eine wesentliche Vervollkommnung und wird von
so bedeutender Wirkung, daß ihr Gebrauch gegen Christen auf dem von
Papst **Innozenz II.** berufenen zweiten lateranischen Konzil verboten wird.

1140 **Johannes von Sevilla** (Johannes Hispalensis) gibt in der von ihm veran-
stalteten Übersetzung eines von einem unbekannten Verfasser herstammen-
den arabischen Mathematikwerkes ein Verfahren an, die Quadratwurzel
mit Hilfe von Brüchen auszuziehen, die mit den späteren Dezimalbrüchen,
wenn auch nicht in der Schreibweise, so doch dem Sinne nach übereinstimmen.

1150 Die von **Albrecht dem Bären** zwischen 1150 und 1160 in der Altmark und
im Havellande angesiedelten niederländischen Kolonisten bringen an Stelle
des in Mitteldeutschland bis dahin bevorzugten Baus mit natürlichen
Steinen die Ziegelfabrikation und den Ziegelsteinbau in Aufnahme und zu
hoher technischer Vollkommenheit.

— **Avenzoar** bereichert durch seine Arbeiten die innere Medizin und die
Chirurgie.

— Der indische Mathematiker **Bhaskara Acarya** kennt die Anzahl der Kombinationen von n Elementen zur p-ten Klasse ohne Wiederholung, ferner
die der Permutationen einer gegebenen Elementengruppe mit und ohne
Wiederholung.

— Die Zisterzienser Mönche des Klosters **Chiaravalle** bei Mailand machen die
erste Anwendung der Abfallwässer zur Berieselung von Wiesen.

— **Nicolaus,** Vorsteher der Schule in Salerno, schreibt ein Dispensatorium mit
150 zusammengesetzten Arzneiformeln mit Angabe der medizinischen
Kräfte und der Gebrauchsweise, Antidotarium genannt, welches als die
erste europäische Pharmakopöe anzusehen ist. (Vgl. 975.) Er ist der

erste, der der Schlafschwämme Erwähnung tut, das sind Schwämme, die mit narkotischen Pflanzensäften getränkt und getrocknet wurden und dann, bevor man sie zur Inhalation gebrauchte, in warmem Wasser angefeuchtet wurden. (S. a. 1010.)

1153 **Edrisi** (Scherif al Edrisi) schreibt ein großes geographisches Werk über Nubien „Geographia nubiensis", in dem er mehrere für die allgemeine Auffassung der Verteilung tierischer Formen auf der Erdoberfläche nicht uninteressante Angaben macht. Doch weist das meiste, wie überhaupt die gesamten zoologischen Kenntnisse der Araber, noch auf Aristoteles hin.

1160 **Averrhoës** beobachtet zuerst in Marokko Sonnenflecke. Freilich sind auch in den chinesischen Annalen viele Sonnenflecke erwähnt, die mit bloßem Auge gesehen und als „Raben in der Sonne" bezeichnet wurden.

— **Averrhoës** erkennt zuerst die lichtwahrnehmende Funktion der Netzhaut.

— Benevenutus **Grapheus** schreibt über Augenheilkunde und ist der bedeutendste Star-Operateur seiner Zeit.

1167 Der Sultan **Nureddin** richtet nach Eroberung von Ägypten, um eine Verbindung mit den Städten seines großen Reiches zu haben, eine ständige Verbindung vermittels abgerichteter Brieftauben ein und dehnt diesen Luftpostverkehr auch auf ganz Syrien aus. Seine Nachfolger halten diese Einrichtung bis zur Zerstörung Bagdads durch die Mongolen aufrecht.

1180 **Roger** von Parma (Ruggiero), der bedeutendste Wundarzt der Salernitanischen Schule, behandelt in seiner „Practica chirurgiae" die Lehre von der Wundheilung.

1181 Der provenzalische Troubadour **Guyot de Provins** beschreibt in seinem satirischen Gedichte „La bible" eine Wasserbussole, bestehend aus einer auf Strohhalmen schwimmenden Magnetnadel, — die älteste verbürgte Nachricht im Abendlande über die Verwendung des Magneten zur Bestimmung der Himmelsrichtung. Ob hier eine selbständige Erfindung vorliegt, oder das Verfahren durch Vermittelung der Araber von den Chinesen übernommen ist, ist nicht festzustellen. Daß die Araber um das Jahr 854 den Kompaß gekannt haben, ist nach E. Wiedemanns Forschungen unzweifelhaft.

1185 **Saxo Grammaticus** gibt die erste Nachricht von dem Geysirn auf Island. „In Island ist eine Quelle, welche durch die Kraft dampfenden Wassers die natürliche Beschaffenheit aller Gegenstände ändert. Was von dem dampfenden Wasser berührt wird, wird hart wie Stein."

1198 Der schon im Altertume (bei Salomo, Homer, Hippokrates u. a.) erwähnte Safran wird durch die Kreuzfahrer nach dem Abendlande gebracht und nach Österreich durch einen Ritter **von Rauhenast** im Jahre 1198 eingeführt.

1200 **Abd-el-Letif** lehrt in Kairo und Damaskus Medizin und tut den Ausspruch, daß selbst Galens Angaben gegenüber der eigenen Beobachtung zurückstehen müssen.

1202 **Fibonacci** (Leonardo von Pisa) führt den Gebrauch der indischen, sogenannten arabischen Ziffern im Abendlande ein und spricht in seinem „Liber abaci" zum ersten Male die Reihensummationsformel allgemein in Worten aus. Er behandelt auch die geometrischen Reihen, wenn auch nicht in derselben Allgemeinheit wie die arithmetischen, und stellt zum ersten Male Aufgaben über die Zinseszinsrechnung auf.

1210 Der Dauphin **Humbert II.** von Savoyen hält sich, wie berichtet wird, längere Zeit in Brandes in der Auvergne auf, um zur Wiederherstellung seiner Gesundheit die frische Luft der Berge einatmen zu können. Es ist dies eines der ersten geschichtlich überlieferten Beispiele einer Luftkur.

4*

1210 Der Erfinder des Fingerhuts ist unbekannt. Die erste Erwähnung des Fingerhuts geschieht bei **Walter von der Vogelweide,** der bei dem Anblicke einer Fingerhutblume eines anderen Fingerhuts gedenkt, „der schmückte den schönsten Finger". Da hiernach damals auch der botanische Fingerhut (Digitalis) unter diesem Namen bereits allgemein bekannt war, muß die Erfindung des Fingerhuts zeitlich sehr viel weiter zurückliegen.

1220 **Fibonacci** gibt in seinem Werke „Practica geometriae" einen Wert für $\pi = 1440 : 458^{1}/_{3}$ ($= 3,1418$). Zwei andere Schriften („Liber quadratorum" und „Flos") behandeln die Gleichungen. Von besonderem Interesse ist die Lösung der kubischen Gleichung $x^3 + 2x^2 + 10x = 20$, für die Fibonacci den außerordentlich genauen Näherungswert $x = 1^0 22^{I} 7^{II} 42^{III} 33^{IV} 4^{V} 40^{VI}$ angibt, leider ohne zu verraten, wie er ihn erhielt.

— Hugo **von Lucca** führt eine einfache und rationelle Wundbehandlung ein, wegen deren er „Vir mirabilis" genannt wird. Er und sein Sohn Theoderich sollen, wie Guy de Chauliac berichtet, ihre Patienten bei Operationen in primitiver Weise, wahrscheinlich mit Schlafschwämmen (s. 1150 N.), narkotisiert haben. Für diese einfache, schonende Methode der Wundbehandlung tritt auch Henri de Mondeville mit Entschiedenheit ein. (S. 1320.).

— Jordanus **Nemorarius,** Ordensmeister der Dominikaner, verfaßt mehrere für die Entwicklung der Arithmetik und der gesamten Mathematik bedeutsame Schriften, darunter „Arithmetica decem libris demonstrata", „De triangulis", „Tractatus de sphaera" u. a. Er gibt neue Methoden zur Lösung algebraischer Gleichungen an.

1225 Raymundus **Lullus** lehrt die Salpetersäure durch Destillation einer Mischung von Ton und Salpeter darstellen.

1228 Nachdem das im Altertume vielfach geübte Veredeln der Bäume und Sträucher durch Pfropfen später in Vergessenheit geraten war, erwähnt im Mittelalter zuerst **Freidank** (in seiner „Bescheidenheit") dieses Verfahren wieder. („Wer linden zwîget — zweiget, d. i. propfet — ûf den Dorn, der hât ir beider reht verlorn.")

— Im Staatsarchiv zu Wien befindet sich eine Urkunde des Kaisers **Friedrich II.,** betreffend die Entscheidung der Streitigkeiten des Klosters Göß mit dem Herzog von Kärnthen, eine der ältesten noch vorhandenen Urkunden auf Papier. Das Papier ist im vorliegenden Falle ein mit Leinenfasern (Leinenlumpen) gemischtes Baumwollenpapier.

1232 Der Sultan **Saladin** schenkt dem Kaiser Friedrich II. eine Räderuhr, welche die Stunden, den Lauf der Sonne, des Mondes und der Sterne anzeigt. Es ist dies die erste sichere Kunde von einer Räderuhr in Deutschland. (S. a. 850 Pacificus.)

— Während man sich bis gegen das Ende des 12. Jahrhunderts sowohl im Abendlande wie in China darauf beschränkte, die Wirkung der Brandgeschosse durch Beimengung von ungelöschtem Kalk und ähnlichen Stoffen zu den Feuerwerkssätzen zu erhöhen (s. 678 Kallinikos), verwenden, wie der Auszug aus den chinesischen Reichsannalen **Tung-kiang-kang-mu** berichtet, zuerst die Chinesen i. J. 1232 bei der Verteidigung von Pien-king gegen die Mongolen einen wirklichen Explosivstoff, indem hier zum ersten Male dem üblichen Brandsatze (Pech, Schwefel, Kohle u. dgl.) Salpeter zugesetzt wird. Damit ist die Erfindung des Schießpulvers gegeben. Der Erfinder selbst ist nicht zu ermitteln. Möglicherweise war es der chinesische Heerführer Weï-sching.

1233 Thomas **von Cantimpré** gibt in seiner Schrift „De naturis rerum" eine ziemlich richtige Tierbeschreibung, die sich indes vielfach noch an Aristoteles anlehnt. 1269 gibt er noch eine Sonderschrift über die Bienen heraus.

1242 Der maurische Gelehrte **Bailak** aus Kisgak berichtet, daß sich zu seiner
Zeit die Seefahrer des syrischen und indischen Meeres der Magnetnadel
als Wegweiser bedienten, indem sie eine magnetische Eisenröhre von Fisch-
form (nach anderen Nachrichten einen auf ein Holzkreuz gelegten Magnet-
stein) in einer Schale mit Wasser schwimmen ließen. Diese Angabe stimmt
fast vollständig mit der von Guyot de Provins (s. 1181) gegebenen Beschreibung überein.

1245 Giovanni **de Plano Carpini**, ein Franziskanermönch aus Neapel, reist durch
Rußland, die weiten Steppen von Turkestan und gelangt bis Karakorum.

1250 Johannes **Actuarius** erwähnt zuerst die Myrobalanen, die ihres Gerbsäure-
gehaltes wegen bei der Ruhr angewendet wurden, jetzt dagegen lediglich
als Gerbmaterial dienen. Er spricht auch von der Anwendung der Tama-
rinden als eines kühlenden Abführmittels, namentlich bei Gallenkrank-
heiten. Die Tamarinde ist bereits dem Theophrastos bekannt gewesen,
doch wird ihre purgierende Wirkung nicht von ihm erwähnt.

— **Albertus Magnus** erwähnt mit Bestimmtheit den grünen Vitriol (Eisenvitriol),
ohne sich jedoch über seine Darstellung auszulassen.

— **Albertus Magnus** gibt in seinem „Opus naturarum" eine sich vielfach an
Aristoteles anlehnende Beschreibung des Tierreichs, das er nach dem Maße
des Menschen und nach dessen seelischer Begabung mißt, das jedoch in
der systematischen Durcharbeitung über Thomas von Cantimpré (s. 1233)
hinausgeht.

— Der englische Franziskanermönch Roger **Bacon** erwähnt die Eigenschaft
des Salpeters, mit brennenden Körpern zu verpuffen. (S. auch 1232 T.
und 1250 M.)

— Roger **Bacon** stellt durch Versuche die Veränderungen des Gesichtswinkels
fest, welche durch konkav oder konvex gekrümmte sphärische Gläser bewirkt werden, und empfiehlt schwachsichtigen Menschen, ein konvexes
Glas auf das Objekt zu legen, womit er den Grundgedanken der Brille
andeutet. (S. 1300 Armati. Vgl. auch 1038 Alhazen.)

— Fast gleichzeitig mit der Erfindung des Schießpulvers in China (s. 1232,
Tung-kiang-kang-mu) wird auch im Abendlande bekannt, daß sich den
von altersher verwendeten Feuerwerkssätzen (Schwefel, Kohle, Pech u. dgl.)
durch Zusatz von Salpeter explosive Eigenschaften verleihen lassen.
Marchus Graecus gibt in der lateinischen, allein erhaltenen Übersetzung
seines griechischen „Feuerbuchs" folgende Beschreibung von der Zusammensetzung eines derartigen Explosivstoffes: „Accipias lib. I sulphuris vivi,
lib. II carbonum vitis vel salicis, lib. VI salis petrosi. Quae tria subti-
lissime terantur in lapide marmoreo." (Vgl. auch 1250 Roger Bacon.)

— **Marchus Graecus** gibt eine eingehende Beschreibung der Darstellung des
Terpentinöls, das er unter dem Namen „Aqua ardens" beschreibt. (S. a.
64 D.) Dasselbe wird bis spät in das 16. Jahrhundert als eine dem Weingeist ähnliche Substanz betrachtet und auch statt des letzteren angewendet.

— Der arabische Astronom **Nassir-Eddin al Thusi** behandelt in seiner Schrift
„Über die Figur der Schneidenden" (d. h. über den Satz des Menelaos —
s. 100) die sphärische Trigonometrie in ihren Fundamentalaufgaben am
schiefwinkligen Dreieck in vollendeter Weise.

— **Nassir-Eddin al Thusi** fertigt als Vorstand der von dem Mongolenfürsten
Hulagu (Ilek-Khan) gegründeten Sternwarte zu Meragah in Persien den
in den ilekkhanischen Tafeln niedergelegten Fixsternkatalog nebst Planetentafeln an.

— Willem **de Rubruquis** (Ruysbroek) gelangt auf einer etwas südlicheren Route
als Plano Carpini (s. 1245) bis Karakorum und kehrt durch Persien und
die Türkei nach der Heimat zurück.

1250 Jordanus **Ruffus,** Oberstallmeister des Kaisers Friedrich II., gibt in seinem Werke „De medicina equorum" eine genaue Anleitung zum Hufbeschlag und eine Beschreibung der chirurgischen Krankheiten der Extremitäten der Pferde. Eine große Zahl seiner sanitären Vorschriften hat bis zur Gegenwart ihre Gültigkeit behalten.

— **Vincenz von Beauvais** spricht zuerst von den allerdings schon früher bekannten belegten Spiegeln und hält die gläsernen mit Blei überzogenen Spiegel für die besten.

— **Vincenz von Beauvais** veröffentlicht sein „Speculum majus", das eine den Kenntnissen der Zeit entsprechende, sehr vollständige Beschreibung der bekannten Tierwelt gibt, im wesentlichen aber wie die Schriften von Thomas von Cantimpré und Albertus Magnus auf Aristoteles fußt.

1252 **Alfons X.** von Castilien läßt durch christliche und jüdische Gelehrte, die er nach Toledo beruft (darunter den Rabbiner Isaak Aben Said), die Alfonsinischen Tafeln herstellen, die von da ab an die Stelle der Ptolemaeischen Tafeln (s. 150 Ptolemaeus) treten. Die alfonsinischen Tafeln werden zuerst i. J. 1483 durch Ratdold in Venedig (s. 1487) gedruckt.

1253 **Wilhelm von Holland** läßt den ersten bekannten Bau einer Kammerschleuse bei Spaarndam ausführen. Demnach sind weder Leone Battista Alberti noch Simon Stevin als deren Erfinder anzusehen.

1256 Nachdem schon in den heiligen Büchern der Inder der Magneteisenstein zum Ausziehen von Pfeilspitzen empfohlen worden ist (s. 500 v. Chr.), gibt der Araber **Halifa** aus Aleppo dies Mittel an, um beim Abbrechen der Spitze der Aderlaßlanzette diese aus der Wunde zu ziehen.

— Joannes **de Sacrobusto** (John Holywood) gibt seinen „Tractatus de sphaera mundi" heraus, der für mehr als drei Jahrhunderte das Hauptlehrbuch der mathematischen Geographie bildet.

1259 Die Annalen der chinesischen **Sung-Dynastie** beschreiben eine Feuerlanze (Lanze des ungestümen Feuers, To-huo-tsiang), ein Bambusrohr, das mit abwechselnden Lagen von einem schießpulverähnlichen Brandsatze und „Körnern" geladen war, welche letzteren unter heftiger Flammenentwicklung 150 Schritte weit geschleudert wurden. Anscheinend sind diese „Körner" keine Geschosse (Schrot u. dgl.) gewesen, sondern Brandsatzklümpchen, so daß der Apparat etwa wie eine heutige Leuchtkugelrakete gewirkt haben mag, andrerseits aber die Elemente der Pulver-Schußwaffe deutlich erkennen läßt.

1260 **Albertus Magnus** schildert als zu seiner Zeit bereits üblich die Scheidung des Goldes vom Silber durch Salpetersäure (Scheidung durch die Quart). Die Legierung wird auf das Verhältnis von 1 Teil Gold zu 2 Teilen Silber gebracht, granuliert und mit der $1^1/_2$ fachen Menge starker Salpetersäure erwärmt. Die entstehende Lösung wird verdünnt, um ein Auskrystallisieren des Silbernitrats zu verhindern, am nächsten Tage abgezogen und das zurückbleibende Gold mit heißem Wasser gewaschen.

— **Albertus Magnus** reinigt das Gold durch Zementation und stellt zuerst regulinischen Arsenik durch Erhitzen des weißen Arseniks mit reduzierenden Körpern (Seife) dar.

— **Albertus Magnus** erörtert das zu seiner Zeit wieder in Gebrauch kommende Veredelungsverfahren der Bäume usw. durch Pfropfen (vgl. 1228 Freidank), wobei er freilich sehr wunderliche Kombinationen in Vorschlag bringt, z. B. das Pfropfen einer Rose auf einen Kohlstrunk zur Erzielung grüner geruchloser Blumen.

— Roger **Bacon** bespricht das Verlöschen brennender Körper in verschlossenen Gefäßen und schreibt dies dem Umstand zu, daß die Luft fehle.

1260 Roger **Bacon** gibt zuerst die Lage des Brennpunktes bei einem sphärischen Hohlspiegel richtig an und weist nach, daß die von einem leuchtenden Punkt stammenden Lichtstrahlen nach ihrer Reflexion von einem Hohlspiegel sich nicht in einem Punkte des Hauptstrahls, sondern in vielen nebeneinander liegenden Punkten treffen. (Sphärische Aberration.)

— Die venetianischen Kaufleute Marco und Maffeo **Polo,** Oheime des berühmten Marco Polo (s. 1271) reisen über Konstantinopel nach Kiptschak und Turkestan, um mit den Tataren Handel zu treiben.

— **Vincenz von Beauvais** spricht bei der Geburtshilfe zum ersten Male in zweifelloser Weise von der Wendung des Foetus auf den Kopf durch direkten inneren Handgriff.

1269 Petrus Peregrinus **de Marécourt** macht die ersten bekannten experimentellen Forschungen über den Magnetismus, indem er die beiden Pole unterscheidet und die verteilende Wirkung des Magneten, wie auch die Anziehung ungleichnamiger Pole nachweist.

1270 Der Kanonikus Giovanni **Campano** (Johannes Campanus) von Novara bewirkt eine Ausgabe der „Elemente" des Euklid, und lehrt in den von ihm gemachten Zusätzen die Berechnung der Winkelsumme im Sternfünfeck. Auch beweist er die Irrationalität des goldenen Schnitts.

— Raymundus **Lullus** entdeckt das kohlensaure Ammoniak, das er durch Destillation aus gefaultem Harn darstellt, und verbessert die Destillationsvorrichtungen, indem er zum ersten Male behufs besserer und schnellerer Kondensation der Dämpfe eine besondere Kühlung der Vorlage anwendet. Er kennt auch das ätzende Ammoniak.

— Raymundus **Lullus** berichtet zuerst über die Verwendung des Astrolabiums zu astronomischen Ortsbestimmungen auf See.

— Nachdem die Canarischen Inseln (s. 40 v. Chr.) im Mittelalter zuerst bei den Arabern erwähnt worden waren, gelangt Lancelot **Malocello** dorthin und errichtet ein Kastell auf Lancerote.

— Der polnische Physiker **Witelo** spricht für die Optik den Satz aus, daß die Natur stets nach der Richtung der kürzesten Linie wirke.

1271 Marco und Maffeo **Polo** unternehmen, von ihrem siebzehnjährigen Neffen Marco, dem nachmals berühmten Reisenden, begleitet, eine zweite Reise (s. 1260), auf der sie Persien durchqueren, das Pamirplateau überschreiten, ins Tarymbecken niedersteigen und ganz China durchziehen. Der jüngere Marco Polo tritt in die Dienste des Kaisers Kublai und lernt auf seinen Kreuz- und Querzügen den größten Teil Chinas kennen. Im Jahre 1292 begeben sich die drei Reisenden über Cochinchina, Sumatra und Ceylon nach Ormuz, von wo sie über Trapezunt und Konstantinopel im Jahre 1295 Venedig wieder erreichen. Der jüngere Marco legt die Erfahrungen dieser Reise in einem ausführlichen Bericht (s. 1298) nieder.

1272 Der Bologneser **Borghesano** vervollkommnet den Seidenhaspel und konstruiert die erste maschinelle Vorrichtung zum Zwirnen der Seide in dem sog. runden Mulinierstuhl (Seidenmühle). Bis dahin war die Drehung der einfachen und die Zusammenzwirnung mehrerer Fäden stets mit der Hand erfolgt.

1279 Guilelmus **de Saliceto** fördert mit seiner „Summa conservationis et curationis" die Chirurgie. Seine Wundbehandlungsmethode ist, wie die des Hugo von Lucca (s. 1220) eine einfache und rationelle; er reinigt die Wunde mit Öl und legt nach der ·Blutstillung sehr sorgfältige Verbände an, wie überhaupt seine Theorie mustergültig ist. Er weist zuerst auf die giftigen Eigenschaften faulender tierischer Substanzen hin.

1280 Christophoro **Briani** in Venedig erfindet den künstlichen Aventurin, ein von zahllosen goldglänzenden Krystallen durchsetztes, meist lichtgelbbraunes bis grünliches Glas, das den natürlichen Aventurin, eine flimmernde Quarzmodifikation, an Glanz übertrifft und in neuerer Zeit von Bizaglia in Venedig (1872) wieder unübertrefflich hergestellt wird. Wöhler spricht sich dahin aus, daß die Krystallblättchen in diesem Produkt ausgeschiedenes metallisches Kupfer seien.

1280 Petrus **de Crescentiis** schreibt ein Werk „Opus ruralium commodorum", das in 12 Abteilungen das gesamte Gebiet der Landwirtschaftslehre behandelt.

— Der chinesische Kaiser **Cubilai-chan** (Kublai) vertieft und verlängert den Kaiserkanal (großen Kanal), der sich von Peking bis Hang-tschou durch zehn Breitengrade erstreckt und den Pei-ho mit dem Hoang-ho und Jangtse-kiang in Verbindung setzt. Der Kanal war im 7. Jahrhundert n. Chr. begonnen worden.

— **Kazwini** hebt hervor, daß die Wasserdämpfe der Luft sich an hohen Bergen zu Regen kondensieren. Er weiß, daß die Gießbäche allmählich Berge abtragen und den Schutt ins Meer befördern, während der Schlamm auf dem Meerboden sich ausbreite und fest werde.

— Arnoldus **Villanovanus** lehrt die Bereitung der ätherischen Öle in seinem Traktat „De vinis".

— Arnoldus **Villanovanus** spricht zuerst von den Heilkräften des Waldmeisters.

1285 In dem von dem Araber **Hassan-al-Rammah** verfaßten Feuerwerksbuche wird der Salpeter als die Grundlage der gesamten Feuerwerkerei bezeichnet. Al-Rammah lehrt die Läuterung des Salpeters durch ein wiederholtes Krystallisationsverfahren, hat aber von den eigentlichen Feuerwaffen noch keinerlei Kenntnis.

1290 Während Dioskorides zuerst des aus Rosen und Olivenöl bereiteten Rosenöls Erwähnung getan hatte, wird das destillierte Rosenöl zuerst von Johannes **Actuarius** beschrieben. Es scheint zu dieser Zeit schon in Nisibis in Mesopotamien bereitet worden zu sein.

— Die älteste Glashütte, deren Existenz nachweisbar ist, ist die durch **van Leempoel** angelegte Flaschen- und Grünglasfabrik zu Quiquengrogne bei La Chapelle.

— Giovanni **de Monte Corvino** geht über Persien nach Indien und besucht von da China, das er eingehend beschreibt.

1292 Die Ingwerpflanze (Zingiber), welche auch Marco Polo gekannt zu haben scheint, wird zuerst beschrieben von Giovanni **de Monte Corvino.**

1295 **Lanfranchi** fördert durch seine „Chirurgia magna", in welcher er zahlreiche von ihm ausgeführte Operationen beschreibt, die praktische Chirurgie.

1298 Marco **Polo** (s. 1271) berichtet von der von ihm besuchten Landschaft Badachschan am Nordabhange des Hindukusch, einem Hauptfundorte des von alters her bekannten Lasursteins (Lapis lazuli), aus dem durch Pulverisieren und Schlemmen der natürliche Ultramarin gewonnen wird.

— Marco **Polo** spricht bei Beschreibung der chinesischen Provinz Fo-kien von dem Anbau der Baumwolle und deren technischer Verwendung als von etwas längst Bekanntem. Trotzdem muß Indien als die Heimat der Baumwolle angesehen werden. (S. auch 800 und 327 v. Chr.)

— Marco **Polo** bringt die ersten ausführlichen Nachrichten über die chinesische Porzellanfabrikation nach Europa. Seine Darlegungen beruhen indes in ihrem technischen Teil auf unrichtigen Informationen.

— Marco **Polo** gibt die ersten Nachrichten über den großartig organisierten chinesischen Staatskurierdienst, eine Art von Post, die sich bis auf den heutigen Tag erhalten hat. Möglicherweise hat Marco Polo das Wort „Poste" — zur Bezeichnung der chinesischen Relaisstationen — zuerst gebraucht. (Vgl. jedoch 1464 Ludwig XI.)

1300 Nachdem die Kunst, in Stukko, einer aus Gips, Kalk und Sand hergestellten Masse zu arbeiten, bereits von den Alten, namentlich von den Äthiopiern und später in Syrien, Cypern und in Rom geübt, aber allmählich in Vergessenheit geraten war (vgl. auch 450 v. Chr. Herodot und 330 v. Chr. Lysistratos), erneuert **Margaritone** dieselbe in Italien, wo sie alsdann von dem Maler Nani um 1514 wesentlich vervollkommnet wird, wie die Stuckarbeiten der Loggien des Vatikans beweisen.

— Giovanni **Pisani** erfindet den Farbenschmelz im Tiefschnitt (Email de basse-taille).

— Der Florentiner **Ruccellai** entdeckt den Farbstoff der Orseille, der nach ihm Roccella genannt wird.

— Alessandro **de Spina** aus Pisa verfertigt, wie die Chronik des S. Caterina-Klosters zu Pisa meldet, Augengläser, die indes, wie die Chronik gleichfalls sagt, schon vor ihm erfunden worden seien. Ob der wirkliche Erfinder, wie aus seiner Grabschrift in der Kirche Santa Maria Maggiore in Florenz hervorgeht, Salvino **degli Armati** war, läßt sich mit Sicherheit nicht nachweisen Sicher ist nur soviel, daß die konvexen Brillen um 1300 erfunden, und daß sie in der zweiten Hälfte des 14. Jahrhunderts allgemein bekannt sind. (S. in dieser Beziehung 1363 Guy de Chauliac).

— Hugo **von Trimberg** erwähnt in seinem Lehrgedicht „Der Renner" zuerst Fiedelbogen aus Roßhaaren.

1301 Der italienische Maler **Giotto di Bondone** bringt mit seinen Schöpfungen in Florenz, Padua u. a. a. O. die Freskomalerei durch sorgfältige Ausbildung ihrer Technik zu neuer Blüte und weiter Verbreitung.

1302 **Flavio Gioja** aus Amalfi hat mutmaßlich zuerst die nach den Windstrichen geteilte Kompaßrose mit der schwingenden Magnetnadel verbunden und dadurch den Kompaß für die Seeschiffahrt brauchbar gemacht.

1306 Der Waffenschmied **Rudolf** zu Nürnberg erfindet die Drahtziehmaschine, die von besonderer Bedeutung für die Herstellung der Ritterrüstungen (Ringelpanzer) wird.

1307 Der Gebrauch des Wachstuchs, eines mit Leinölfirnis überzogenen Zeuges, ist mindestens seit Anfang des 14. Jahrhunderts bekannt, wie daraus hervorgeht, daß man beim Öffnen des Grabes des 1307 gestorbenen Königs **Eduard I.** von England im Jahre 1774 dessen Leiche mit feinem Wachstuch umwickelt fand, das so konservierend eingewirkt hatte, daß man die Bildung der Hände und des Gesichts noch vollkommen erkennen konnte.

1310 **Abulfeda** lehrt, daß, wenn zwei Leute, der eine gegen Osten, der andere gegen Westen um die Erde wandern und an ihrem Ausgangspunkt zusammentreffen, der erste der Kalenderfolge um einen Tag voraus, der andere um einen Tag hinter ihr zurück sein müsse.

— **Abulfeda** berechnet zuerst die Größe der gesamten Erdoberfläche auf 20 360 000 Quadratparasangen.

— Matthaeus **Sylvaticus**, Verfasser des dem Könige Robert von Sizilien gewidmeten pharmakologischen Werkes „Pandectae medicinae" legt in Salerno den ersten europäischen botanischen Garten an. Ihm folgt 1333 die Stadt Venedig mit Anlage eines öffentlichen medizinisch-botanischen Gartens.

— Der Mönch **Theodoricus Teutonicus** bahnt, ohne das eigentliche Refraktionsgesetz zu kennen, zum ersten Male eine richtige Erklärung des Haupt- und Neben-Regenbogens an, während ihm die Deutung der Farbenfolge noch mißlingt. E. Wiedemann schreibt die erste richtige Erklärung des Regenbogens dem' arabischen Gelehrten Al Fârisi zu, der um das Jahr 1280 gewirkt haben muß.

1311 Jean **Pitard,** nacheinander Wundarzt Ludwigs des Heiligen, Philipps des Starken und Philipps des Schönen, fördert die praktische Chirurgie und errichtet das erste chirurgisch-medizinische Institut.

1312 Das Sternbild „Südliches Kreuz" wird im Abendlande zuerst von **Dante Alighieri** erwähnt, der es wahrscheinlich aus arabischen Quellen kennen gelernt hatte. (Purgatorio I.: „Jo mi volsi, a man destra, e posi mente all' altro polo, e vidi quattro stelle non viste mai fuor che alla prima gente. — O settentrional vedovo sito, poichè privato sei di mirar quelle!") Die erste Beschreibung des Sternbildes auf Grund eigener Beobachtung gibt in Europa Amerigo Vespucci (1501).

1313 Nachdem in der bisherigen Entwicklung der Kriegsfeuerwerkerei (vgl. u. a. 424 v. Chr. Thukydides; 678 Kallinikos; 1232 Tung-kiang-kang-mu; 1250 Marchus Graecus; 1259 Sung-Dynastie) sämtliche Elemente der Pulver-Schußwaffe gegeben waren, wird in Deutschland der letzte entscheidende Schritt getan, indem nunmehr das Schießpulver als Treib- mittel des Geschosses verwendet und damit die wirkliche Feuerwaffe ge- schaffen wird. Die Überlieferung knüpft diesen Schritt an den Namen des **Berthold Schwarz** (eigentlich Bertholdus niger, d. i. der schwarze — Schwarzkünstler — Berthold), eines Mönchs aus dem westlichen Deutschland (vielleicht Köln oder Freiburg). Die Genter Annalen berichten dazu: „In dit jaer (1313) was aldereerst ghewonden in Duutschland het ghebruuk der bussen (Büchsen) von einem mueninck."

1314 Raimondo **de Luzzi** aus Bologna, genannt Mondinus, begründet durch die Sektion menschlicher Leichen die wissenschaftliche Anatomie. Sein Werk über die Anatomie wird grundlegend für die Universitäten des Mittelalters.

1316 Odorico **de Pordenone** segelt von Ormuz über Ceylon, die Nikobaren, Sumatra und Java nach Nanking. Seine Rückreise scheint durch West- china, Tibet und Persien gegangen zu sein.

1317 Das Brasilienholz (Rotholz), das zuerst aus Sumatra nach Europa gelangt, wird von Matthaeus **Sylvaticus** in seinen „Pandectae medicinae" unter dem Namen „Lignum presillum" erwähnt.

1318 **Dante Alighieri** erwähnt in seiner „Divina Commedia" die Schlaguhren. (Paradiso X: „Indi come orologio, che ne chiami nell' ora . . . tin tin sonando co si dolce nota.")

— Pietro **Vesconte** entwirft die älteste datierte Seekarte.

1320 Henri **de Mondeville** zeichnet sich als Chirurg und Anatom aus. Er kennt die Geschoßextraktion mittels des Magneten. (S. 1256.) Er tritt insbe- sondere mit Entschiedenheit für die einfache und schonende Wundbehand- lung des Hugo und des Theoderich von Lucca ein. (S. 1220.)

1321 **Levi ben Gerson** beschreibt in seinem hebräisch geschriebenen Buche, das 1342 von Petrus de Alexandria unter dem Titel „De sinibus, chordis et arcubus" übersetzt wird, zuerst die Camera obscura, d. i. nahezu 200 Jahre vor Leonardo, dem bisher diese Erfindung zugeschrieben wurde. Das Prinzip der Camera obscura war bereits von Aristoteles ausgesprochen worden.

1325 **Levi ben Gerson** erfindet den Jakobsstab, der durch das ganze Mittelalter zu geographischen Ortsbestimmungen auf See dient.

1325—1352 **Ibn Batuta** besucht die Inseln des Persischen Golfs, die bis dahin unbekannten Gegenden des innern Arabiens, Syrien, Mesopotamien, Persien, Klein-Asien, die Bucharei, Chorasan, Kandahar, die Malediven, Ceylon, Sumatra, Java und China und führt 1352 eine Mission des Sultans von Marokko ins Innere von Afrika bis Timbuktu.

1330 Thomas **de Bradwardina** veröffentlicht seine „Geometria speculativa". in der er sich mit den Sternvielecken, der Lehre von den isoperimetrischen

Figuren, der Lehre von den irrationalen Größen und der Stereometrie beschäftigt.

1330 Philippe **de Cacquerai** stellt zuerst Mondglas her, eine Art Butzenscheibe von 8—10 cm Durchmesser mit einem Nabel in der Mitte. Das Mondglas wurde im Mittelalter vielfach neben dem Tafelglas (s. 1050 T.) als Fensterglas verwendet und ist neuerdings wieder stark in Aufnahme gekommen.

1331 Wie Muratori berichtet, erscheinen zwei deutsche Ritter, **von Crusberg** und **von Spilimberg,** bei der Belagerung von Cividale in Friaul mit Geschütz und Handfeuerwaffen. („Ponentes vasa versus civitatem, balistabant cum sclopo".) Es ist dies die erste geschichtlich beglaubigte Erwähnung eigentlicher Feuerwaffen.

1340 Jan **van Eyck** macht die Ölmalerei für größere Aufgaben verwendbar, indem er durch Zusatz von Harzfirnis eine gleichmäßige Trocknung der Pigmente ermöglicht, Leuchtkraft, Glanz und Tiefe der Farben steigert und die Dauerhaftigkeit der Bilder sichert.

— Jean **de Meurs** schreibt eine Arithmetik, die Jahrhunderte lang ein vielgebrauchtes Schulbuch bleibt. Er macht als einer der Ersten Vorschläge für eine Kalenderreform, die darin gipfelt, man solle, um den wirklichen und den kalendermäßigen Frühlingsanfang in Übereinstimmung zu bringen, 40 Jahre lang die Schalttage ausfallen lassen.

1341 Donato **Gentile da Foligno** tut zuerst eines Gallensteins Erwähnung, den er bei einer Sektion entdeckt. Die erste chemische Untersuchung solcher Steine geschieht 1748 durch Galeotti; wissenschaftlich werden die Steine zuerst durch Fourcroy und Thénard bearbeitet.

1350 Der deutsche Kaiser **Karl IV.** erteilt den Imker-Innungen besondere, zum Teil sehr weitgehende Privilegien, und wird damit zum Begründer der deutschen Volksbienenzucht.

— Conrad **von Megenberg** gibt in seinem „Buch der Natur" eine Schilderung zahlreicher Tierformen. Dies Buch, das sich an Cantimpré (s. 1233) anschließt, findet als erste naturgeschichtliche Enzyklopädie in deutscher Sprache eine sehr weite Verbreitung.

— Der englische Geistliche **Merle** führt ein Beobachtungsregister, welches als das älteste Wetterjournal anzusehen ist und wirkliche Nachweise über die Witterung enthält.

— In der Weltchronik des **Rudolf von Hohenembs** findet sich die erste Zeichnung einer Taucherglocke. (Vgl. allerdings 210 v. Chr. Philo.)

1354 **Peter IV.** von Aragonien läßt zum Schutze gegen die feindlichen Waffen einige seiner Schiffe mit einem Lederbezuge versehen. Übrigens sollen schon die Normannen im 12. Jahrhundert einen Versuch zur Schiffspanzerung gemacht haben, indem sie ihre Schiffe mit einem Eisenbeschlage in der Wasserlinie versahen. (Vgl. auch 1782).

1360 Der französische Schriftsteller und Mathematiker Nicole **Oresme** gibt ein Verfahren an, die Zu- und Abnahme der Temperatur, die Änderung des Feuchtigkeitsgehalts der Luft, und die bei anderen Naturerscheinungen vor sich gehenden Veränderungen durch Kurven darzustellen. Er wendet in seinem Werke „Algorismus proportionum" Potenzen mit gebrochenem Exponenten an, die erst in viel späterer Zeit wissenschaftliches Gemeingut werden.

— Johann **von Rocquetaillade** stellt zuerst schwefelsaures Quecksilberoxydul dar und erhält zuerst den Kalomel auf nassem Wege aus Quecksilber, Salpetersäure und Salmiak.

1363 Guy **de Chauliac** schreibt sehr wertvolle wissenschaftliche Abhandlungen über Chirurgie. Er gibt u. a. neue Methoden für die Operation der Nasenpolypen an und bläst bei Kehlkopfkatarrhen adstringierende Pulver in den Kehlkopf ein.

1363 Guy **de Chauliac** behandelt in seiner „Chirurgia magna" das Kapitel der Wundheilung, die Verbandweise, die verschiedenen Formen der Naht, die er namentlich als Blutstillungsmittel anwendet. Er ist der erste, der, wenn Augenwässer bei Sehschwäche nicht helfen, Brillen empfiehlt.

1364 Heinrich **von Wick** versieht die Räderuhr mit Hemmung und Unruhe und stellt eine so verbesserte Uhr, die auch mit Schlagwerk versehen ist, auf Bestellung von Karl V. in Paris auf. Als früheste, mit Schlagwerk versehene Uhr wird die 1288 auf Westminster Hall in London aufgestellte erwähnt. (S. a. 850, 1232, 1318.)

1375 **Catalani** entwirft eine Erdkarte, welche als die bedeutendste ihrer Zeit galt. Sie gibt die Mittelmeerküsten in einer verhältnismäßig sehr genauen Darstellung, während die übrigen Länder skizzenhaft behandelt sind.

1376 Nicholas **Bataille** in Arras stellt in den Jahren 1376—79 für Louis I. von Anjou den sog. „Gobelin von Angres" her, den größten jemals gewebten Gobelinteppich. Derselbe hat 156 m Länge und 6 m Höhe, und stellt Szenen aus der Apokalypse dar. (Wegen des Namens „Gobelin" vgl. 1662 Colbert.)

1378 Während die Geschütze anfänglich nur Steinkugeln (in der Regel aus Granit oder Marmor) verfeuerten, werden zuerst i. J. 1326 in Florenz schmiedeeiserne Kugeln angefertigt. Besondere Verdienste um den Guß eiserner und eherner (kupferner) Kanonenkugeln erwirbt sich seit 1378 der Stückgießer Hans **Aarau** in Augsburg. Aber erst unter den französischen Königen Ludwig XI. (1471) und Karl VIII. (1494) kommen die eisernen Geschosse allgemein in Gebrauch.

1380 Damensättel werden zuerst im 12. Jahrhundert n. Chr. erwähnt, während die Frauen bis dahin nach Männerart zu Pferde saßen. Eine allgemeine Verbreitung erhält der Damensattel mit Quersitz durch **Anna von Luxemburg**, Gemahlin Richards II. von England.

— Isaak **Hollandus** stellt zuerst durch Erhitzen von Salmiak mit Kalk Chlorcalcium dar, welches er als „Sal ammoniacum fixum" bezeichnet. Er gewinnt auch zuerst aus dem Rückstand der Scheidewasserbereitung das schwefelsaure Kali, das von Paracelsus zuerst medizinisch angewendet wird.

— **Valescus de Taranta** gibt die erste eigentliche Klassifikation der Verbrennungen nach ihrer Intensität, und zwar nach 3 Graden: Schmerzempfindung, Blasenbildung, Ulceration, die im wesentlichen später von Alexis Boyer (1814) wieder aufgenommen wird, während Guillaume Dupuytren (1830) eine Skala von 6 Graden aufstellt.

1387 Der Leibarzt König Wenzels, **Albich** fördert durch seinen „Tractatulus de regimine hominis" die Diätetik.

1390 Ulman **Stromer** in Nürnberg soll zuerst zur Zerkleinerung des Stoffes für die Papierfabrikation Stampfen angewendet haben.

1392 Spielkartenähnliche bemalte Täfelchen waren bei den Chinesen und Japanern schon in früher Zeit bekannt. In Europa ist der erste nachweisbare Verfertiger von Spielkarten der Maler Jacquemin **Gringonneur**, wie dies aus einem Ausgabebuche des Schatzmeisters Karls VI. von Frankreich hervorgeht, in welchem die Auszahlung eines Betrags an den genannten Maler für die Anfertigung von 3 Spielen Karten in Gold und Farben gebucht ist. Die erste Erwähnung der Spielkarten in Deutschland überhaupt geschieht i. J. 1321 in einem gegen dieselben gerichteten Verbot des Bischofs von Würzburg.

— Nicolo **Zeno** gelangt, nachdem er 1390 die Faröer und 1391 die Shetlandsinseln besucht hatte, nach Island und wahrscheinlich auch nach Grönland.

1399 Die **Visconti** in Mailand erlassen die erste bekannte Desinfektionsordnung für Pestkranke, woran sich 1403 die erste Quarantäneanstalt anschließt.

1400 **Moschopulos** beschäftigt sich eingehend mit dem schon den alten Indern bekannten magischen Quadrat, wodurch dasselbe allgemeiner bekannt wird. Unter einem magischen Quadrat versteht man ein in mehrere kleinere Quadrate geteiltes Quadrat, in dessen Felder eine Anzahl von Zahlen so eingeschrieben sind, daß alle Quer-, Längs- und Diagonalreihen die gleiche Summe ergeben. Auch Dürer, Lahire, Sauveur, Euler u. a. beschäftigen sich später mit dem magischen Quadrat.

1402 Johann **von Béthencourt** gelangt als erster nach Malocello (s. 1270) wieder nach den Canarischen Inseln.

1403 Wie Pitti angibt, ist der Ingenieur Domenico **di Matteo** der erste gewesen, der — in dem Kampfe der Florentiner gegen Pisa — Kriegssprengminen vorgeschlagen hat. Die ersten Zeichnungen und Beschreibungen von Sprengminen gibt (1430) Mariano.

1405 Der Kriegsbaumeister Konrad **Kyeser** gibt die Abbildung eines Schiffes, das an jeder Seite ein Schaufelrad trägt. Diese Räder sollten durch die Strömung gedreht werden und dadurch ein flußaufwärts befestigtes Seil aufwinden, wodurch das Schiff den Strom hinaufgezogen werden sollte. In diesem Vorschlag sind die Anfänge der Tauerei und Kettenschiffahrt zu erblicken.

— Konrad **Kyeser** erwähnt in seinem Buche „Bellifortis" (Handschrift in der Universitätsbibliothek zu Göttingen) zuerst Hohlgeschosse, die mit festgestampftem Pulversatze gefüllt sind, und aus Hinterladern im Bogenwurfe verfeuert werden, die erste geschichtlich beglaubigte Erwähnung der Sprenggeschosse.

1411 Seilbahnen zur Beförderung von Lasten und Menschen über Flüsse und Schluchten wurden in China schon im Altertume benutzt. Die erste Erwähnung derselben in der Literatur geschieht in einer Handschrift der **Wiener Hofbibliothek** vom Jahre 1411, in welcher eine Seilbahn mit Hanfseil und Förderkörben aufgezeichnet ist. (Vgl. indes auch 100.)

1419 Die Insel Madeira war wahrscheinlich schon den Alten bekannt und wurde von den Portugiesen unter genuesischen Kapitänen schon früh besucht. (Auf einer florentinischen Karte vom Jahre 1351 erscheint die Insel unter den Namen „Isola di legname"). Die eigentliche Entdeckungsgeschichte beginnt mit dem Jahre 1419, wo die Portugiesen João **Gonzales** und Martin **Vaz** daselbst landen.

1420 Wilhelm **Beukelsz** erfindet das Einsalzen der Heringe, wodurch dieselben transportfähig und zur Handelsware gemacht werden. Hierdurch entwickelt sich der Heringsfang für Holland zu einem sehr lukrativen Erwerbszweige, der fortan durch strenge Gesetze über die Zeit des Fangs, die Weite der Netzmaschen, das Einsalzen usw. geregelt wird. Beukelsz, dessen Name häufig auch in Bökel oder Pökel umgewandelt wird, soll zuerst auch das Salzen des Fleisches mit Kochsalz oder Salpeter ausgeführt haben, das nach ihm Pökeln genannt wird.

— Filippo **Brunelleschi** knüpft an die Kuppelbauten des klassischen Altertums, insbesondere an die Kuppel des Pantheons (s. 27 v. Chr.) an und erbaut mit Hilfe neuer technischer Methoden die gewaltige $39^1/_2$ m weite Kuppel des Doms zu Florenz, die das Vorbild für die von Michelangelo entworfene Kuppel der Peterskirche in Rom (s. 1546) wird.

— Der italienische Ingenieur Giovanni **de Fontana** soll (nach Romocki, „Geschichte der Explosivstoffe") der erste gewesen sein, der treibende Seeminen (Streuminen) in Vorschlag bringt.

1424 Johann **Ziska von Trocnow,** Feldherr der Hussiten, verwendet zuerst die Haubitze (Hauffnitz), ein hinsichtlich der Rohrlänge zwischen den Mörsern und den Kanonen stehendes Wurfgeschütz, welches Steinkugeln verfeuert.

1426 Wie berichtet wird, soll Marco Polo einige dem Blockdrucke ähnliche Holztafeln von China nach Italien gebracht haben. Der Italiener Pamfilo **Castaldi** habe dieselben gesehen, Nachahmungen zum Buchdruck verwendet und i. J. 1426 sogar Druckversuche mit einzeln in Holz geschnittenen Typen unternommen. Für die Richtigkeit dieser Annahme fehlt indes jeder beglaubigte Nachweis.

1431 Der Portugiese Gonzalo Velho **Cabral** entdeckt die Formigasgruppe der Azoren. Die übrigen Azoreninseln werden in den Jahren 1432—1453 aufgefunden. Da man daselbst auf punische Münzen gestoßen ist, müssen die Azoren schon den Karthagern, wahrscheinlich auch den Arabern und Normannen, bekannt gewesen sein.

1433 Gil **Eannes** gelingt es, im Auftrag des Prinzen Heinrich des Seefahrers, nach 20 jährigen vergeblichen Versuchen das Cap Bojador zu umfahren.

1435 Der italienische Künstler Leon Battista **Alberti,** von seinen Zeitgenossen wegen seiner alles umfassenden Bildung ein „enzyklopädischer Mensch" genannt, erfindet einen Apparat zur perspektivischen Abzeichnung bez. zur Verkleinerung von Zeichnungen, der aus einem durchsichtigen, mit dicken Fäden quadrierten Schleier besteht (Alberti nennt seinen Apparat auch „Velo", Schleier) und demnach mit dem Storchschnabel (s. 1631 Scheiner) nicht identisch ist.

1436 **Baldaya** gelangt bis zur Mündung des heutigen Rio d'Ouro.

1438 **Marianus Jacobus** von Siena bildet ein Boot ab, dessen zwei Schaufelräder von vier Mann bewegt werden, sowie einen Taucheranzug mit Helm und Bleisohlen. (Kodex der Münchener Bibliothek. — Vgl. auch 1405.)

— Luca **della Robbia** bringt die vermutlich schon von den Arabern gehandhabte Kunst, die Majolika mit einer zinnoxydhaltigen Glasur zu überziehen, zu hoher Vollendung.

— Dom Henrique Herzog **von Viseu** errichtet in seiner portugiesischen Residenz Sagres eine Steuermannsschule, auf welcher namentlich die Weiterentwicklung des Kompasses in hervorragender Weise gefördert wird.

1439 **Johannes von Gmünd** (de Gamundia) gibt den ersten gedruckten deutschen Kalender heraus. Es ist dies ein in Blockdruck (Holztafeldruck) hergestellter immerwährender Kalender mit Planetentafel. Derselbe befindet sich im Kupferstichkabinett des Kgl. Museums zu Berlin.

1440 Lourens Janszoon **Coster** in Haarlem soll (nach dem von Junius verfaßten, i. J. 1588 in Leiden erschienenen Werke „Batavia") seit dem Jahre 1440 mit hölzernen und metallenen Lettern gedruckt haben. Später sei sein Druckgerät gestohlen und nach Mainz übergeführt worden. Auf Grund dieser Darstellung wird Coster in Holland vielfach als der Erfinder der Buckdruckerkunst betrachtet, und einzelne holländische Forscher haben die Erfindung sogar bis in das Jahr 1423 zurückverlegt. Neuere Untersuchungen lassen indes keinen Zweifel, daß die Angaben des Junius auf einem Irrtum beruhen.

— Nicolaus **von Cusa** (eigentlich Niklaus Krebs aus Cues a. d. Mosel) zählt zuerst den Puls mit einer Uhr (Wasseruhr).

— Nicolaus **von Cusa** gibt die erste Anregung, das Senkblei beim Loten mit einem spezifisch leichten Körper zu verbinden, der sofort, wenn ersteres am Grunde angelangt ist, sich abtrennt und nach oben zurückkehrt. Ähnliche Vorschläge machen Alberti in seinem Werke „De architectura" und der um 1550 lebende Mathematiker Puehler.

1440 Nicolaus **von Cusa** konstruiert das erste rohe Hygrometer aus trockener Wolle und bestimmt den Feuchtigkeitsgrad der Luft aus der Feuchtigkeitszunahme der Wolle.

— Nicolaus **von Cusa** faßt das Weltganze als eine unendliche, unbegrenzte Einheit auf und lehrt, daß die Erde schon darum nicht im Mittelpunkte der Welt stehen könne, weil der unendliche Raum keinen Mittelpunkt habe. Seine Auslassungen über die Achsendrehung der Erde (in der Schrift „De docta ignorantia") sind dunkel.

— **Marianus Jacobus** gibt die erste Beschreibung von fahrbaren Kranen und Winden.

— Giovanni Michele **Savonarola** verfaßt eine ausführliche Schrift über den Branntwein und lehrt die Prüfung desselben auf den Gehalt an Alkohol.

— Der Tatarenfürst **Ulugh-Beigh** errichtet in Samarkand eine Sternwarte von außerordentlicher Größe, und verbessert auf Grund eigener Beobachtungen die Angaben des Ptolemaeischen Sternkatalogs. (S. 150 Ptolemaeus.)

1441 Nuno **Tristam** erreicht das Kap Blanco und zwei Jahre später die Bucht von Arguin.

1445 Dinis **Diaz** entdeckt das Kap Verde.

1446 Die erste bekannte Datierung eines Kupferstichs befindet sich auf einem Blatt „Die Geißelung", das zur Passionsserie von sieben Blättern gehört und sich im Berliner Kupferstichkabinett befindet. Es rührt von einem **Deutschen Meister** her und beweist, daß schon eine längere Praxis in diesem Druckverfahren, das offenbar auf Goldschmiede, die mit dem Stichel in Metall stachen, zurückzuführen ist, bestanden haben muß.

— Prokop **Waldvogel** in Avignon scheint nach seiner „Ars artificialiter scribendi" ein Verfahren geübt zu haben, das darin bestand, daß er linksseitig geschnittene Buchstabenstempel einfärbte und einzeln auf das Papier abdrückte. Es ist somit in dem Vorschlage Waldvogels kein eigentlicher Buchdruck, sondern lediglich eine besondere Methode des Schreibens zu erblicken.

1447 Alvaro **Fernandez** erreicht das Nordende der Küste von Sierra Leone.

1450 **Bernardo di Rapallo** erfindet die Steinoperation mit der großen Gerätschaft „Apparatus magnus", auch Perinealschnitt genannt, die von ihm auf Giovanni di Romani und schließlich auf Mariano Santo di Barletta übergeht, welcher sie 1537 bekannt macht.

— Antonio **Branca** in Catania führt zuerst die seit Celsus verlassenen Transplantationen gesunder Haut aus Gesicht und Oberarm zum Ersatz verstümmelter Nasen wieder aus.

— **Finiguerra** pflegt in hervorragender Weise das schon seit einiger Zeit bekannte Niello, d. i. eine Verzierung auf Silber, die in eingravierten, mit einer Art schwarzer Farbe ausgefüllten Zeichnungen besteht.

— Johann **Gutenberg** tritt mit seiner Erfindung der Buchdruckerkunst in die Öffentlichkeit. Der große Gedanke Gutenbergs spricht sich vornehmlich aus in der Erfindung der mechanischen Vervielfältigung der Buchstaben, mit der er sich schon seit 1436 getragen hatte, in der Herstellung einer Druckerpresse und in der Erfindung eines Gießinstruments zur Erzielung völlig gleicher Kegelhöhen.

— Die Kupfergewinnung aus deutschen Kupferlagerstätten (Harz) beginnt um das Jahr 968. Einen besonderen Aufschwung nimmt die Kupfergewinnung in Deutschland, seit der Schmelzer **Neßler** aus Joachimsthal lehrt, kiesige Erze zu verarbeiten, indem er dieselben röstet, aus dem gewonnenen Stein den Vitriol auslaugt und aus der gewonnenen Lauge das Kupfer durch Eisen fällt.

1450 Georg **von Peurbach** erfindet das „geometrische Quadrat", welches als der
älteste Distanzmesser anzusehen ist, dem 1750 der von Pacecco ab Ucedos
erfundene Pantometer, ein Distanzmesser ohne Latte folgt.

— **Piero della Francesca** macht in seinem Werke „De prospectiva pingendi" zuerst
auf die Bedeutung des Verschwindungspunktes (Fluchtpunktes) aufmerksam.

— Während im Altertum und frühen Mittelalter die Behandlung der Krampf-
adern (Varicen) vorzugsweise eine operative (Incision — Hippokrates, Glühhitze — Celsius, Ätzung — Guy de Chauliac, Excision — Oribasius und Aëtius)
war, verwendet Giovanni Michele **Savonarola** lediglich einen festen Verband
und läßt dabei ruhige Lage mit erhobenen Füßen einhalten. Er wird damit der Vorläufer der neuzeitlichen, überwiegend palliativen Behandlung
mit elastischen Strümpfen und Binden.

1452 Die freie Stadt **Regensburg** erläßt eine Hebeammen-Ordnung, die jedoch
noch nichts über die Ausbildung der Hebeammen und über die Ärzte als
Geburtshelfer enthält. Erst eine im Jahr 1555 im Druck herausgegebene
Ordnung spricht von Prüfung der Hebeammen und weist dieselben an die
Doktoren der „Arzney".

1454 Georg **von Peurbach** entwirft eine Sinustafel von 10 zu 10 Minuten und für
den Halbmesser $60 \cdot 10^1$, welche zwar noch eine Vermengung des sexagesi-
malen und des dezimalen Systems enthält, aber doch das reine Dezimalsystem vorbereitet, wie es Peurbachs Schüler Regiomontanus in seiner
Trigonometrie bald darauf planmäßig durchführt. (S. 1463 Regiomontanus.)

1455 Alvise **da Cada Mosto** entdeckt auf seiner im Auftrage des Prinzen Heinrich
des Seefahrers unternommenen Reise die Insel Arguin und den Senegal
und gelangt bis an die Mündung des Gambia, von wo er 1456 bis zum
Rio Grande kommt.

1456 Ludwig **van Berquem** zu Brügge begründet eine neue Art der Edelsteinschleiferei, indem er sich nicht darauf beschränkt, die natürlichen
Flächen der Steine weiter zu bearbeiten und zu glätten, sondern durch
zweckmäßig angeordnete künstliche Flächen außerordentliche, bis dahin
unbekannte Effekte erzielt. (Rosettenschliff.)

1457 Diogo **Gomez** gibt bei seiner Rückkehr aus dem Innern von Afrika die
erste Andeutung von einem gegen Osten strömenden Flusse, dem Niger.

— Diogo **Gomez** und Antonio **de Noli** entdecken gleichzeitig die Inseln des
grünen Vorgebirges (Kapverdische Inseln).

— Der Camaldulensermönch Fra **Mauro** zeichnet die im Dogenpalast zu Venedig
befindliche Weltkarte, welche durch die Fülle ihres Inhalts und die überaus sorgsame Darstellungsweise das hervorragendste Denkmal der mittel-
alterlichen Kartographie darstellt.

— Peter **Schöffer** hat zuerst den Gedanken, die aus Stahl geschnittenen Patrizen
in Messing oder Kupfer zu treiben und auf diese Weise eine schärfere und
dauerhaftere Matrize für den Guß herzustellen. (Vgl. sein in dieser Weise
gedrucktes Psalterium von 1457.)

1460 Der maurische Mathematiker Abul Hasan Ali ben Mohammed **Alkalsâdi**
verfaßt eine Arithmetik, in welcher sich zum ersten Male eine Art von
Wurzelzeichen und von Gleichheitszeichen vorfindet. (S. a. 1524 Riese
und 1556 Recorde.)

— Nicolaus **von Cusa** verfertigt eine Karte von Deutschland, die erst nach
seinem Tode 1491 erscheint und die erste gedruckte Karte von Deutschland darstellt. Er verwendet dabei die konische Projektion des Ptolemaeus.
(S. 150.)

— Der Glasmaler Jacob **Griesinger** aus Ulm, genannt Jacobus Alemannus,
fördert die Glasmalerei, indem er der von Theophilus (s. 1050) erfundenen

ersten metallischen Farbe, dem „Schwarzlot", eine zweite Metallfarbe, das „Kunstgelb", hinzufügt, welches er aus schwefelsaurem Silber und gebranntem Ocker darstellt. Um diese Zeit kennt man auch schon das Überdecken (Überfangen) des gewöhnlichen Glases mit einer dünnen farbigen Glasschicht, welche zur Erzeugung der Nuancen und Schattenwirkungen alsdann nach Bedarf mehr oder weniger wieder abgeschliffen wird.

1460 Heinrich **von Pfolspeundt** gibt in seiner „Bünd-Aerzney" Vorschriften über den Verband bei Verletzungen und Verwundungen und erwähnt darin als erster Arzt die durch Feuerwaffen bewirkten Verletzungen.

— Giovanni Michele **Savonarola** schreibt über Geburtshilfe und spricht zuerst von einer Raumbeengung des Beckens für ein großes durchtretendes Kind bei einer Kreißenden mit schmalen Hüften. Er empfiehlt demzufolge den Hebammen, sich über etwa schon früher stattgehabte Geburten zu unterrichten.

1463 **Regiomontanus** (Johannes Müller) behandelt in seinem Werke „De triangulis omnimodis libri V"', das nach seinem Tode von Johann Schöner 1533 herausgegeben wird, die ebene und sphärische Trigonometrie in so umfassender Weise, daß er als Schöpfer der modernen Trigonometrie bezeichnet werden kann. Das Werk enthält u. a. den Sinussatz und die Formel für die Dreiecksfläche: $^1/_2$ a b sin γ. Von besonderer Bedeutung ist der von Regiomontanus zuerst aufgestellte Hauptsatz der sphärischen Trigonometrie, daß sich aus den 3 Winkeln des sphärischen Dreiecks die 3 Seiten berechnen lassen.

1464 König **Ludwig XI.** von Frankreich ruft einen umfangreichen ständigen Reitbotendienst ins Leben, dessen Inanspruchnahme indes für Private bei Todesstrafe verboten war. Karl VIII. bezeichnet in einem Patente vom Jahre 1487 die Kuriere dieses Botendienstes als „Chevaucheurs en poste", — die erste geschichtlich sicher beglaubigte Verwendung des Wortes „Post" im heutigen Sinne. (Vgl. jedoch 1298 Marco Polo.)

1467 Claudius **Clavus** stellt die erste Karte her, auf der Grönland in richtiger Lage westlich von Norwegen und Island wiedergegeben ist.

— Der Glockengießer Bartholomäus **Kneck** zu Alost in Flandern erfindet die durch Räderwerk getriebenen Kirchturm-Glockenspiele. Der berühmteste spätere Erbauer von Glockenspielen ist der Holländer Matthias van den Gheyn (1721—1785).

— Konrad **Sweynheim** und Arnold **Pannartz,** welche im Jahre 1464 die Buchdruckerkunst in Italien einführten, drucken Ciceros Briefe mit einer Schriftgattung und Letterngröße, welche seitdem den Namen „Cicero" führt.

1468 Der Arzt und Geograph Paolo **Toscanelli** errichtet einen 277 Fuß hohen Gnomon an der Kirche St. Maria del Fiore in Florenz, mit dem sich der Mittag bis auf eine halbe Sekunde genau bestimmen läßt. Toscanelli benutzt den Apparat zur Berichtigung der Alfonsinischen Tafeln. (S. 1252 Alfons).

1470 **Bernhard** in Venedig erfindet das Pedal an der Orgel, durch welches die für das Spiel der Füße bestimmte untere Klaviatur gehandhabt wird.

— Die deutschen Buchdrucker Ulrich **Gering,** Martin **Crantz** und Michael **Friburger** errichten auf Wunsch der Pariser Universität die erste Buchdruckerei Frankreichs in der Sorbonne.

— Der aus Deutschland gebürtige Buchdrucker Johannes **de Spira** (Johann von Speier) in Venedig stellt die erste Ausgabe des Tacitus in Buchdruck her. Das Buch ist das erste mit arabischen Blattziffern versehene Druckwerk.

Darmstaedter. 5

1471 Der aus Tours gebürtige Stempelschneider Nikolaus **Jenson** in Venedig
führt an Stelle der gotischen oder Mönchsschrift die römische oder Antiqua-
Type, den sogenannten „lateinischen" Druck, in den Buchdruck ein. (Über
die Fraktur oder „deutsche" Druckschrift s. 1522 Dürer).

— João **de Santarem** und Pedro **de Escovar** entdecken unter Beihilfe des Piloten
Alvaro Esteves die Goldküste und dringen über die Nigermündungen und
den Äquator hinaus bis zum Kap Santa Katarina (1º 51' s. Br.) vor.

— Der Nürnberger Patrizier Bernhard **Walther** begründet auf Veranlassung
von **Regiomontanus** (Johannes Müller) in seiner Vaterstadt die erste deutsche
Sternwarte, wahrscheinlich überhaupt die erste Sternwarte im christlichen
Europa. Die zweite Sternwarte in Deutschland wird von Wilhelm IV.,
Landgrafen von Hessen, i. J. 1561 in Kassel errichtet.

1472 Fernão **da Po** entdeckt an der westafrikanischen Küste die nach ihm benannte Insel Fernando Po, die er selbst aber Formosa nennt.

— Robertus **Valturius** gibt die Abbildung zweier Galeeren, welche als Bewegungsmechanismus Schaufelräder (fünf an jeder Seite des Schiffs) zeigen.
Doch datieren die ersten Versuche mit einer Schaufelradbewegung der
Schiffe aus einer viel früheren Zeit, und es sollen sich die Römer schon
um 260 v. Chr. mit dieser Idee befaßt haben. (Vgl. auch 1405 Kyeser).

— Robertus **Valturius** gibt die Zeichnung eines unterseeischen Fahrzeugs in
der Form eines vorn und hinten zugespitzten Zylinders, welches durch
Ruderräder mittels Handbetriebes fortbewegt werden sollte. Aus der
Skizze geht die praktische Unausführbarkeit des Gedankens ohne weiteres
hervor. Doch wird hier, soweit geschichtlich nachweisbar, zum erstenmal
die Idee eines Unterseebotes geäußert.

1474 Paolo **Toscanelli** bezeichnet in einem schriftlichen Gutachten an den Dom-
herrn Fernão Martinez den atlantischen Seeweg nach Indien um vieles
kürzer als die Seefahrt um das afrikanische Festland, und fügt eine Karte
bei, auf der er diesen Weg einträgt. Von diesem Gutachten und von dieser
Karte erhält Columbus Kunde und nimmt eine Kopie der Karte mit auf
seine Entdeckungsfahrt.

— **Karl der Kühne,** Herzog von Burgund, verwendet zuerst in der Kriegführung
ein Flußkanonenboot, welches bei der Belagerung von Neuß zur Beschießung der Stadt von der Rheinseite her in Tätigkeit tritt. (Das Rhein-
bett lag damals der Stadt Neuß näher als jetzt.)

— Nachdem zuerst Pierre d'Ailly und Nikolaus von Cusa auf den Übelstand
der stetig zunehmenden Abweichungen des julianischen Kalenders (s. 46
v. Chr.) hingewiesen hatten, nimmt der Papst **Sixtus IV.** eine Kalenderreform in die Hand, die indes infolge des Todes des mit den Berechnungen
beauftragten Regiomontanus nicht zustande kommt. (Vgl. 1582 Gregor XIII.)

1475 **Regiomontanus** (Johannes Müller) gibt neue astronomische Tafeln heraus, die
bald die seit der Mitte des 13. Jahrhunderts im Gebrauch befindlichen
alfonsinischen Tafeln (s. 1252 Alfons X.) verdrängen, auch für Ent-
deckungsreisen ein wichtiges Hilfsmittel werden und nachweislich von
Columbus und Vasco da Gama benutzt worden sind.

— **Regiomontanus** (Johannes Müller) konstruiert ein verbessertes Astrolabium,
das er „Torquetum" nennt und dessen Orientierung und Gebrauch im
wesentlichen dieselben sind wie beim älteren Astrolabium.

1476 William **Caxton,** der, ursprünglich Kaufmann, in Cöln die Buchdruckerkunst erlernt hatte, führt dieselbe in England ein.

— Der Buchdrucker Ulrich **Hahn** in Rom, gebürtig aus Ingolstadt, erfindet
den Musiknotendruck. Sein Druckverfahren besteht darin, daß er zunächst
die fünf (roten) Notenlinien und in einem zweiten Gange die Noten selbst

druckt. (Sog. zweifaches Druckverfahren.) Hahns Noten sind Choralnoten, noch keine Mensuralnoten. Eine weitere Verbreitung findet das Verfahren durch Jörg Reyser in Würzburg (1481).

1476 Der Buchdrucker Johannes **Veldener** zu Löwen und Utrecht wendet in dem Buche „Fasciculus temporum" zuerst die als „Vignette" bezeichnete Buchverzierung an.

1480 Alessandro **Achillini** entdeckt im menschlichen Ohr das knöcherne Labyrinth, sowie den Hammer und den Amboß.

— Der italienische Maler, Architekt und Bildhauer **Leonardo da Vinci** entwickelt auf fast allen naturwissenschaftlichen Gebieten eine epochemachende Tätigkeit. Die Malkunst vervollkommnet er durch Ausbildung der zuerst von Alberti (s. 1435) angewendeten Perspektive.

— **Leonardo da Vinci** spricht zuerst die Idee des Lampenzylinders aus, der als Rauchfang der Flamme Gelegenheit geben soll, zu exhalieren und sich durch Luftzufuhr zu ernähren. (S. 1756 Quinquet.) Er beschreibt zuerst den Fallschirm, mit dem sich jeder von beliebiger Höhe, so groß sie auch sei, herunterlassen könne.

— **Lorenzo von Medici** gibt den Anstoß zur allgemeinen Neubelebung einer umfassenden Gartenkultur.

— Der König **Matthias Corvinus** führt den Maroquin-Einband ein. Er hält sich stets eine Anzahl Künstler, die seine Bücher in Maroquin binden, vergolden und bemalen. Jeder Band erhält den Stempel eines Raben (Corvinus) mit einem Ring im Schnabel.

— Der Büchsenmacher Kaspar **Zöllner** in Wien schneidet zuerst Züge in die Seelenwand des Gewehrlaufs ein. Die Züge verliefen geradlinig (ohne Drall); die erwartete Steigerung der Schußleistungen blieb daher aus. Doch sind derartige gerade Züge, besonders in der Form der sogenannten Haarzüge, auch bei neueren Handfeuerwaffen mehrfach angewendet worden, aber nur noch zu dem Zwecke, das Laden (Eintreiben des Geschosses in den Lauf) zu erleichtern.

1483 Domenico Maria **Novara da Ferrara** bemerkt zuerst, daß seit Ptolemaeus der Pol der Weltachse sich dem Zenit um 1^0 genähert hat.

— **Wenceslaus** von Olmütz erfindet die Radierkunst auf Kupfer.

1484 Diogo **Cão** gelangt zur Mündung des Kongo $6^0\,6'$ s. Br., zum Cap Santo Agostinho (jetzt Santa Maria) $13^0\,27'\,15''$ s. Br. und zum Cap Negro $15^0\,40'\,30''$ s. Br.

— Nicolas **Chuquet** veröffentlicht ein Rechenbuch „Le Triparty en la science des nombres", welches die Potenzen zum ersten Male in der heutigen Schreibweise enthält. Er hat eine klare Einsicht in das Wesen einer unbestimmten Gleichung. Er wendet zuerst die Bezeichnungen „Million", „Byllion", „Tryllion" an, die aber erst durch Paciolus (s. 1487) allgemein gebräuchlich werden.

— Bernhard **Walther** in Nürnberg versucht zuerst die Verwendung von Uhren mit gezähnten Rädern zu astronomischen Beobachtungen Doch hat dieser Versuch infolge des unregelmäßigen Ganges der damaligen Räderuhren keinen wesentlichen Erfolg.

1486 Der König **Jakob III.** von Schottland kauft ein in Mons in Belgien gefertigtes schweres Geschütz an, dessen Rohr aus aufgewickelten Eisenstäben („wie man ein Tau aufwickelt") hergestellt ist — ein Vorläufer der heutigen Longridge-Geschütze. (S. 1884 L.) Das Geschütz befindet sich noch jetzt in Edinburg.

1487 Der Buchdrucker Hanns **Briefmaler** in Nürnberg (auch Maler Hans Sporer oder Hans Buchdrucker genannt) verfaßt das erste „Visierbüchlein",

5*

eine Anleitung zur Bestimmung des Rauminhalts von Hohlmaßen und Fässern.

1487 Bartolomeo **Diaz** umfährt zuerst das Kap der guten Hoffnung, das er als Kap der Stürme benannte und das seinen jetzigen Namen erst vom König João von Portugal erhält.

— Der Mathematiker Lucas **Paciolus** zu Perugia verfaßt ein im Jahre 1494 in Venedig gedrucktes epochemachendes Werk „Summa de Arithmetica, Geometria, Proportioni et Proportionalità", welches fast die gesamte Mathematik umfaßt. Bemerkenswert sind die algebraisch gelösten Aufgaben der Geometrie, die den Zusammenhang von Geometrie und Algebra zum ersten Male klar zum Ausdruck bringen. Auch enthält das Werk eine Anleitung zur doppelten Buchführung und einen Münz-, Maß- und Gewichtstarif.

— Der aus Augsburg gebürtige Buchdrucker Erhard **Ratdold** (Rathold) in Venedig führt die mit Blumen verzierten oder aus Blumen gebildeten, namentlich als Initialen verwendeten Kunstbuchstaben (Litterae florentes) in den Buchdruck ein. Er wendet zuerst den Golddruck an und druckt zuerst geometrische Figuren in einem mathematischen Werke. (S. auch 1252 Alfons.) Von anderer Seite wird Johann Zainer als derjenige genannt, der zuerst die eingedruckten Initialen verwendet habe.

1489 Johann **Widmann** in Eger verfaßt eine mathematische Schrift „Behennd und hübsch Rechnung uff allen kauffmannschaften", in welcher zuerst die Zeichen $+$ und $-$ erscheinen.

1490 Paul **Eck** von Salzbach spricht in seinem „Clavis philosophorum" bestimmt davon, daß die Metalle bei der Verkalkung schwerer werden und beschreibt seine über diesen Gegenstand am Quecksilber und Quecksilberamalgam angestellten Verkalkungsversuche.

— **Leonardo da Vinci** erklärt das aschgraue Licht des Mondes, welches auftritt, wenn die Sichel nur noch eine sehr schmale ist, für doppelt reflektiertes Licht, nämlich solches, welches von der Sonne kommt, von der Erde nach dem Mond und von diesem zur Erde geworfen wird. Er erwähnt zuerst die Kontrasterscheinungen, die sich in simultane Farbenkontraste und in sukzessive Kontraste (komplementäre Nachbilder) scheiden lassen.

— **Leonardo da Vinci** beobachtet zuerst das Ansteigen der Flüssigkeiten in engen Röhren. Es muß demnach ihm und nicht Aggiunti die Entdeckung der Capillarität zugeschrieben werden.

— **Leonardo da Vinci** konstruiert ein Hygrometer.

1492 Martin **Behaim**, Kaufmann aus Nürnberg und lange Zeit als Geograph in Diensten des Königs João II. von Portugal, zeichnet am Vorabend der Entdeckung der Neuen Welt seinen Erdapfel, den ersten vollkommenen Erdglobus. (S. auch 159 v. Chr.)

— Christoph **Columbus** beobachtet am 13. September auf seiner Fahrt 300 Meilen westlich von Ferro eine Abweichung der Magnetnadel in nordwestlicher Richtung, die $5°$ beträgt und sich am nächsten Tage noch vergrößert. Es ist dies die erste bekannte Beobachtung der Deklination. Allerdings gibt der Befund von Taschensonnenuhren, welche, obwohl sie aus der Mitte des 15. Jahrhunderts stammen, bereits eine Art von Deklinationsmarke aufweisen, der Vermutung Raum, daß die magnetische Deklination möglicherweise schon ein halbes Jahrhundert vor Columbus bekannt gewesen ist.

— Christoph **Columbus** erreicht am 12. Oktober die Insel Guanahani, eine der Bahama-Inseln, und entdeckt damit die Neue Welt.

— Christoph **Columbus** entdeckt am 27. Oktober 1492 Cuba, dessen Inselnatur jedoch erst i. J. 1508 durch Ocampo festgestellt wird. Am 6. Dezember 1492 entdeckt Columbus die Insel Haiti (von ihm Española genannt).

1492 Der Reisende **Leo Africanus** (Alhusan Ibn Mohammed Alwazzan) bereist Nordafrika und gibt Aufschlüsse über die Geographie des Sudan.

— Christian **Mumme** in Braunschweig erfindet das nach ihm benannte, sehr würzreiche dunkle Bier. („Schiffsmumme" und „Stadtmumme".)

1493 Christoph **Columbus** schildert das Ereignis der Entdeckung Amerikas in einem Briefe an den Schatzmeister Rafael Sanchez. Dieser Brief, fast in alle europäischen Sprachen übersetzt und überallhin in einer zeitungsähnlichen Form durch den Druck verbreitet, kann als erstes Glied in der Entwicklung des Zeitungswesens angesehen werden.

— Christoph **Columbus** entdeckt auf seiner zweiten Reise am 15. November 1493 die Insel Portorico, die er „Isla de San Juan" nennt.

1494 Der Arzt **Chanca,** ein Begleiter des Columbus, erwähnt zuerst den spanischen Pfeffer.

— Christoph **Columbus** entdeckt am 5. Mai 1494 auf seiner zweiten Reise die Insel Jamaica, von ihm „Santiago" genannt.

1495—96 Das erste Trockendock in England und vermutlich das erste der Welt wird auf Befehl des Königs **Heinrich VII.** von England in Portsmouth errichtet. Es wird aus Holz gebaut und sein Eingang durch zwei Pfeilerreihen, deren Zwischenraum mit Steinen und Kies ausgefüllt wird, geschlossen. Naturgemäß wird durch diese Einrichtung des Dockeinganges, an dessen Stelle erst später die beweglichen Docktore treten, das Docken der Schiffe sehr umständlich und zeitraubend.

1495 Der Gelehrte und Buchdrucker Aldus **Manutius** in Venedig verbessert die von Jenson (s. 1471) eingeführte Antiqua- oder „lateinische" Druckschrift. Er unterscheidet zuerst die stehende lateinische (eigentliche Antiqua-) Type und die liegende (Kursiv-) Schrift. Sein Druckwerk „Bembus, de Aetna" ist für den Antiquadruck vorbildlich. Er ist der Urheber der heutigen Art der Interpunktion (Komma, Kolon). (Vgl. 200 v. Chr.)

— Pedro **Navarro** bildet die Technik der Sprengminen weiter aus, die unter anderm bei der Einnahme des Castel Nuovo in Neapel eine Rolle spielen.

1497—98 Der Seefahrer Giovanni **Cabot** entdeckt Neu-Fundland und befährt auf einer zweiten Reise die Küste bis Florida.

1497 Vasco **da Gama** wird im Juli 1497 von König Manuel mit der Aufsuchung des Seewegs nach Indien betraut. Er umschifft am 22. November 1497 das Kap der Guten Hoffnung, erreicht im Januar 1498 die Mündung des Sambesi und gelangt über Mosambik und Mombas am 20. Mai 1498 nach Kalikut an der Küste von Malabar.

— Das Benzoeharz (Myrrha troglodytica) gelangt zuerst nach Europa, nachdem Vasco **da Gama** den Seeweg nach Indien gefunden hatte. Der Baum wird später von Garcias de Orta (s. 1560) beschrieben.

— Nachdem schon Columbus auf seiner ersten Reise die Eingeborenen von Guanahani zylinderförmige, mit einem Maisblatte umwickelte Rollen von Tabaksblättern hatte rauchen sehen, gibt der von ihm bei seiner zweiten Reise auf Haiti zurückgelassene Mönch Fra **Romano Pane** die erste Nachricht von der Tabakspflanze nach Europa, die er „Herba inebrians" (berauschendes Kraut) nennt. (S. 1565.)

1498 Christoph **Columbus** entdeckt auf seiner dritten Reise das Festland von Südamerika (Golf von Paria).

— Nachdem durch die Einführung der Druckerpresse auch die Ausbildung des Kunstdruckes ermöglicht war, pflegt und verbessert Albrecht **Dürer** den Holzschnitt sowohl in technischer, als auch in künstlerischer Beziehung.

Als Druckplatten dienen gut geglättete, gehobelte und abgeschliffene Holz-
platten von Birnbaum, Kirschbaum oder Ahorn.

1498 Der Italiener Ottaviano **dei Petrucci** da Fossombrone wendet im Musiknotendruck an Stelle der Choralnoten (s. 1476 Hahn) zuerst die Mensuralnoten an.

1499—1500 Alonso **de Hojeda** befährt die Küste Südamerikas zwischen der Halbinsel Guajira und 6° s. Br., wobei er den Amazonenstrom entdeckt. Unter
seinen Begleitern befindet sich Vespucci.

1499 Alonso **de Hojeda** entdeckt Pfahlbauten an der Nordküste von Südamerika.
Hiernach wird der ganze Küstenstrich, nach Analogie des ebenfalls auf
Pfählen erbauten Venedig, „Venezuela" genannt.

— Amerigo **Vespucci** macht den Vorschlag, die Abstände des Mondes von gewissen Fixsternen zur astronomischen Längenbestimmung anzuwenden.
Ob der 1514 von Johann Werner gemachte gleiche Vorschlag unabhängig
hiervon war, ist nicht zu entscheiden.

1500 Jacopo **Berengar von Carpi** wendet zuerst die Schmierkur mit Unguentum
cinereum gegen Syphilis an. Über den Ursprung der Krankheit selbst ist
man noch im unklaren. Einzelne nehmen an, daß sie durch die Mannschaft des Columbus in Europa eingeschleppt worden sei, weil ihr erstes
heftiges Auftreten in die Zeit der Entdeckung Amerikas fällt; andere
glauben, daß die Syphilis seit den ältesten Zeiten bekannt sei und wollen
bei Hippokrates, Celsus, Galenus, Aëtius und Aretaeus mehr oder weniger
genaue Beschreibungen finden. Die erste systematische Anwendung von
Quecksilber gegen die Syphilis ist in der Chronik des Matarazza aus Perugia
1494 erwähnt.

— Der portugiesische Seefahrer Pedro Alvarez **Cabral** entdeckt, indem er auf
einer Fahrt ums Kap verschlagen wird, Brasilien.

— M. Giovanni **Cavallina** von Bologna erfindet die Reihensäemaschine, 150 Jahre
vor Locatelli, dem diese Erfindung fälschlich zugeschrieben wurde.

— Konrad **Celtes** findet die im Jahre 375 entworfene Karte der weströmischen
Militärstraßen auf, die er Konrad Peutinger überläßt und die daher „Ta-
bula Peutingeriana" heißt.

— Die Portugiesen Gaspar und Miguel **Cortereal** unternehmen in den Jahren
1500 und 1501 zwei Reisen zur Aufsuchung der nordwestlichen Durchfahrt,
wobei sie Labrador (Terra del lavorado) entdecken. (S. auch 1001 Leif.)

— Der spanische Seefahrer Juan **de la Cosa,** ein Begleiter des Columbus auf
dessen erster Amerikareise, verfaßt die für die Entdeckungsgeschichte der
neuen Welt wichtige, im Museo naval in Madrid aufbewahrte „Mapa mundi".

— Der französische Ingenieur **Descharges** in Brest schneidet zuerst Geschütz-
scharten in die Bordwände der Kriegsschiffe ein. Während die Schiffs-
geschütze bis dahin nur auf dem Oberdeck, und daher nur in beschränkter
Anzahl, aufgestellt waren, wird durch die Einführung der Stückpforten
die Möglichkeit einer massenhaften und dabei besser gesicherten Geschütz-
aufstellung auf mehreren Decks übereinander gegeben. Die Bestückung
der Fregatten steigert sich infolge dieser Anordnung mit der Zeit bis auf
130 Kanonen.

— Paul **Grommenstetter** aus Schwaz in Tirol erfindet das Handsetzsieb, das
1519 in Joachimsthal eingeführt wird und dessen Prinzip sich mit dem
der Naß-Setz-Siebmaschine deckt, in welcher durch den Stoß der Wasserstrahlen die Gemenge geringeren Eigengewichts mehr gehoben werden, als
die schwereren, so daß eine Trennung der leichteren Bestandteile von den
schwereren rasch vor sich geht.

— Jacob **Nufer** aus Siegershausen macht den ersten Kaiserschnitt an einer
Lebenden, und zwar an seiner eigenen Frau, mit vollem Erfolge. (S. a. 64.)

1500 Der venezianische Klavierbauer Giovanni **Spinetti** stellt ein Klavicymbal in
Tafelform her, welches nach ihm den Namen „Spinett" erhält.

— Der Abt Johannes **Trithemius** gibt die ersten Andeutungen einer Allgemein-
schrift (Pasigraphie), welche, von der Lautsprache völlig unabhängig, sich
als Begriffsschrift darstellt und sich lediglich durch bestimmte Zeichen, in
der Regel mit Hilfe der Zahlen, allen Völkern verständlich machen soll.
(Vgl. seine Schrift „Polygraphiae libri VI".) Diesem Gedanken sind später
auch Bacon (s. 1605), Descartes, Leibniz (s. 1666), Wilkins u. a. näher
getreten. Doch hat der Vorschlag weniger Aussicht auf Verwirklichung,
als eine Weltsprache im engeren Sinne. (S. 1652 L., 1879 S., 1887 S.,
1906 M.)

Sechzehntes Jahrhundert.

1501 Girolamo **Fracastoro** beschreibt den Flecktyphus als ein neues, zuerst in Cypern aufgetretenes und von da nach Italien eingeschlepptes Leiden. Es ist dies die erste sichere Kunde dieser Krankheit.

— Der Name „Anthropologie" als der der Wissenschaft vom Menschen in zoologischer Beziehung kommt zuerst durch das von Magnus **Hund** verfaßte Werk „Anthropologia de natura hominis" auf.

— João **da Nova** entdeckt die Insel Ascension.

1501—1502 Eine portugiesische Expedition bei der sich auch Amerigo **Vespucci** befindet, befährt die Küste Südamerikas vom Kap San Roque bis angeblich 52° s. Br., sicher bis zur Mündung des La Plata.

1502 Nicolaus **de Canerio** veröffentlicht die erste bekannte nautische Karte „Portulan", die am Rand eine Breitenskala trägt.

— Christoph **Columbus** entdeckt auf seiner vierten Reise das Festland von Zentralamerika.

— João **da Nova** entdeckt die Insel St. Helena.

1504 **Leonardo da Vinci** entwirft eine Feilenhaumaschine, deren Hauptwelle er mechanisch bewegen will, und sucht gleichzeitig den Schmiedehammer selbsttätig herzurichten.

1505 Der italienische Mathematiker Scipione **dal Ferro** löst zuerst die Gleichungen dritten Grades von der Form: $x^3 + ax = b$. (S. 1545 Cardanus.)

— Antão **Gonçalves** entdeckt Madagaskar, dem er zuerst den Namen San Lourenço gibt.

— Der Ritter **Götz von Berlichingen** läßt sich zum Ersatz der ihm im Jahre 1504 vor Landshut abgeschossenen rechten Hand nach seinen eigenen Angaben die bekannte künstliche „eiserne Hand" anfertigen. Dieselbe, 1,50 kg schwer und noch jetzt in Jagsthausen aufbewahrt, ist eines der ältesten Beispiele künstlicher Gliedmaßen. Übrigens erwähnt auch schon Cajus Plinius Secundus den Gebrauch einer eisernen Hand im zweiten punischen Kriege.

— Peter **Hele** (Henlein) in Nürnberg setzt bei der Uhr die Feder an die Stelle des Gewichts und stellt so kleine Uhren her, daß dieselben in der Tasche getragen werden können. Johannes Coclaeus sagt im Jahre 1511 darüber; „Aus Eisen machte er kleine Uhren mit vielen Rädern, die 40 Stunden anzeigen und schlagen und im Busen oder Geldbeutel getragen werden können." Diese ersten Taschenuhren erhalten, da sie in Eiform gefertigt werden, den Namen „Nürnberger Eier".

— Sigismund **von Maltiz** erfindet das Naßpochwerk und die Mehlführung und legt dadurch den Grund zur bergmännischen Aufbereitung von Grubenklein und armen Erzen.

1505 **Rynmann** gibt ein Wetterbuch heraus, das sich als eine Sammlung prognostischer Bauernregeln darstellt und in 34 Jahren 17 Auflagen erlebt.

1507 Pero **de Mascarenhas** entdeckt die Inseln Mauritius und Reunion und beschreibt die dort massenhaft vorkommenden Dronten (Taubenvögel), die jetzt gänzlich ausgerottet sind.

— Martin **Waldseemüller** (Hylacomylus) veröffentlicht eine große aus zwölf exakt ausgeführten Holzschnittbildern bestehende Weltkarte, in der an Stelle des heutigen Südamerika der Name „Amerika" sich zum ersten Male findet. Wahrscheinlich ist es Waldseemüller, der den Anstoß gegeben hat, daß der neu entdeckte Weltteil diesen Namen erhält.

1508 Francisco **de Almeida** entdeckt die Lakkadiven.

— Die **Dominikaner** gründen in Santa Maria Novella in Florenz wohl die älteste Anstalt zur Gewinnung wohlriechender Wässer und Öle, die sich bis auf den heutigen Tag erhalten hat.

— **Heini** von Uri soll die Bauernpraktik verfaßt haben, die aus der Witterung des Christtags und der 12 Tage von Weihnachten bis Epiphanias die Witterung des ganzen Jahres voraussagt und den Wetteraberglauben nach allen Ländern verbreitet.

— Der Portugiese **Lopez de Figueira** bringt i. J. 1508 die erste Kunde von der Insel Sumatra nach Europa. (Vgl. auch 1325.)

— Jobst **de Negker** pflegt mit Erfolg den Holzschnitt-Farbendruck. Er fügt außer der die Zeichnung ergebenden schwarzgefärbten Platte eine andere hinzu, aus der die Lichter ausgeschnitten werden und die mit graugelben oder graugrünen Tönen eingewalzt wird; manchmal fügt er eine dritte Platte hinzu, die mittlere Schattentöne in abweichender Farbe enthält. (Helldunkelschnitt — Clair obscur.)

— Nachdem schon Julius Caesar eine Buchstaben-Geheimschrift angewendet hatte, indem er die Buchstaben in einer anderen als ihrer eigentlichen Bedeutung verwendete, erfindet der Abt Johannes **Trithemius** eine ähnliche Geheimschrift, indem er unter Benutzung mehrerer Alphabete mit wechselnder Buchstabenfolge jedes neue Wort nach vorheriger Verabredung in einem anderen Alphabete ausdrückt. (S. seine „Steganographia".)

1509 **Leonardo da Vinci** erhält als Belohnung für die von ihm beim Triumpheinzuge Königs Ludwig XII. in Mailand ausgeführten Schmuckanlagen eine Strecke Wasser aus dem Naviglio bei San Christoforo als Eigentum, wo er einen Schleusenbau ausführt, der als technisches Meisterwerk weithin berühmt wird. (Vgl. auch 1253.)

— Vicente Yañez **Pinzon** und Juan Diaz **de Solis** befahren die Küste Südamerikas von der Cananeabucht (26° 3′ s. Br.) bis zu dem heutigen Rio de la Plata.

1510 Der Neapolitaner Alessandro **degli Alessandri** spricht (in einer Rhapsodie) zuerst die Ansicht aus, daß alle Versteinerungen ausschließlich von der Sintflut herstammen. Diese von der Kirche ausdrücklich unterstützte Hypothese beherrscht, trotz lebhaftem Widerspruche vieler Gelehrter (s. 1517 Fracastoro), die nächsten Jahrhunderte.

— Paolo **Azzimina** (der nach Fioravanti eigentlich Paolo Rizzo hieß) erneuert die im Mittelalter in Europa verloren gegangene Kunst des Tauschierens, die er durch Aufschlagen von dünnen Fäden von Gold und Silber oder durch Auslegen von eingegrabenen Linien mit Gold, Silber oder Messing bewirkt. Nach ihm werden derartige Arbeiten „Lavoro all' Azzimina" genannt.

— Paul **Dox** erfindet die Reliefkarte, d. i. die plastische Nachbildung von Teilen der Erdoberfläche als Ersatz der weniger anschaulichen ebenen Landkarte. Dox' Reliefkarte umfaßt die Umgebung von Kufstein.

1510 Georg **Hartmann** aus Nürnberg macht während eines Aufenthaltes in Rom die erste Beobachtung der Abweichung der Magnetnadel (Deklination) auf dem Festlande und bestimmt diese Abweichung zu 6° östlich.

— **Leonardo da Vinci** erfindet die horizontalen Wasserräder.

— Jacobus **Sylvius** erfindet die anatomische Injektion der Gefäße und beschreibt die nach ihm benannte Spalte im Gehirn — Fossa Sylvii —, sowie die Klappen der Venen.

— Victor **Trincavella,** Arzt in Bologna, stellt fest, daß erbliche Krankheiten oft Generationen überspringen.

1511 Antonio **d'Abreu** und Francisco **Serrão** versuchen mit drei Segeln die Ursprungsländer der Muskatbäume und Gewürze aufzufinden. Sie gelangen nach den Bandainseln und nach Amboina, einer der Molukken, welch letztere 1506 zuerst von dem Bologneser **Bartema** besucht worden waren.

— Wer die Kunst der Intarsia begründet hat, ist nicht festzustellen. Der erste aber, der dabei gefärbte Hölzer in Anwendung bringt, ist **Giovanni da Verona,** Schöpfer der noch jetzt vorhandenen Tafeln im Dom und in der Kirche San Benedetto in Siena.

— Sebastian **Virdung** in Basel beschreibt in seinem Werke „Musica getutscht" (d. i. „deutsche Musik") alle zu seiner Zeit gebräuchlichen Musikinstrumente, und unterscheidet bei den Streichinstrumenten die Groß- und die Klein-Geige, welche letztere der heutigen Violine ähnelt, aber bei Virdung noch die mandolinenartige Wölbung des Körpers zeigt. Die mondsichelförmigen Schalllöcher weisen auf mohammedanischen Ursprung hin.

1512 Simon **d'Andrade** entdeckt die Malediven wieder. (Vgl. auch 1325.)

— König **Heinrich VIII.** von England läßt in Erith bei London den Zweidecker Henry-Grâce-à-Dieu, genannt „Great Harry" (Verdrängung 1000 Tonnen, 70 Geschütze) bauen, als erstes Kriegsschiff nach dem Typ der Segellinienschiffe.

— **Ponce de Leon** entdeckt den Golf von Mexiko und die Halbinsel Florida.

1513 Der spanische Seefahrer Vasco Nuñez **de Balboa** überschreitet die Landenge von Panama und entdeckt die Südsee.

— Albrecht **Dürer** fördert technisch und künstlerisch den Kupferstich. Er versucht sich auch im Kaltnadelstich und gleichzeitig mit Urs Graf (s. 1513) im Ätzen von Metallplatten.

— Urs **Graf** scheint der Erfinder der Radierung zu sein, die sich vom Kupferstich darin unterscheidet, daß zum Eingraben der Zeichnung neben dem Stichel auch das Ätzwasser dient. (S. a. 1513, Dürer.)

— Martin **Waldseemüller** (Hylacomylus) fügt der Straßburger Ausgabe des seit einem Menschenalter wieder bekannten „Almagest" des Ptolemaeus 20 von ihm gezeichnete „Tabulae modernae" hinzu, welche den ersten modernen Atlas darstellen.

1514 Jacob **Köbel** von Heidelberg verfaßt in den Jahren 1514—1531 verschiedene Rechenbücher, in welchen die römischen Zahlzeichen noch vielfach angewendet, und als die „gewenlich teutsch Zal" — im Gegensatz zu der „Ziffern Zal", d. i. der arabischen Ziffer — bezeichnet werden.

— Giovanni **da Vigo** scheint zur Blutstillung zuerst das Verfahren der Umstechung geübt zu haben, welches bis zum 18. Jahrhundert im Schwunge bleibt und 1861 von Middeldorpf als perkutane Umstechung aufs neue empfohlen wird.

1515 Der portugiesische Admiral Affonso **d'Albuquerque,** genannt der Große, erweitert die portugiesische Seeherrschaft durch zahlreiche Erwerbungen und Entdeckungen. Von besonderem Interesse ist das damalige Aufblühen der heute in deutschem Besitze befindlichen ostafrikanischen Küste mit der Hauptstadt Kilwa — Kisiwani. Dieser jetzt unbedeutende Ort, die überhaupt älteste europäische Niederlassung in Ostafrika, wird schon unter der altarabischen und persischen Herrschaft (987—1498) als eine blühende Handelsempore (mit 300 Moscheen) erwähnt.

1515 **Leonardo da Vinci** löst das Problem des schiefen Hebels und erkennt bei der Erforschung der Hebelgesetze die Wichtigkeit des allgemeinen Begriffs der statischen Momente.

1516 **Petrus Martyr de Anghiera** erkennt, daß die Verschiebung der Schneegrenze von verschiedener Erwärmung und Befeuchtung abhängig ist.

— Franz **von Thurn und Taxis** errichtet die erste wirkliche (öffentliche) Post zwischen Wien und Brüssel, welche durch reitende Boten betrieben wird. Für die Zwecke der königlichen Hofhaltung bestand eine derartige Postverbindung schon seit dem Jahre 1504. Neben dem Postkurse zwischen Wien und Brüssel werden alsbald ähnliche Verbindungen noch nach Rom und Neapel, Nürnberg, Frankfurt a. M., Schaffhausen, Paris und Südfrankreich geschaffen.

1517 Albrecht **Dürer** entwickelt unter Berücksichtigung der Wirkung der Pulvergeschütze ein polygonales Befestigungssystem mit Basteien und umfangreichen Kasemattierungen, in welchem die Grundgedanken der späteren preußischen Befestigung bereits deutlich enthalten sind.

— Girolamo **Fracastoro** wendet sich scharf, wie auch schon vor ihm Leonardo da Vinci, gegen die Lehre Avicenna's von der Vis plastica (s. 1020), sowie gegen die Sintflut-Hypothese Alessandri's (s. 1510). Er erklärt die Versteinerungen als Überreste von Tieren, welche nicht herbeigeschwemmt sind, sondern da gelebt haben, wo sich die Überreste finden.

— Hans **von Gersdorff** gibt sein „Feldbuch der Wundarzney" heraus, welches den ganzen Umfang der Chirurgie mit Einschluß der in den Bereich des Wundarztes fallenden Hautaffektionen umfaßt und namentlich in bezug auf die Behandlung der Schußwunden neue Gesichtspunkte enthält.

— Ulrich **von Hutten** gibt in seiner klassischen Schrift „De Guajaci medicina et morbo Gallica liber unus" nach eigenen Erfahrungen eine eingehende Beschreibung der syphilitischen Affektionen und hält der Kur mit dem Guajakholz eine begeisterte Lobrede. Über die Heilkraft des Guajak, das 1508 aus Amerika nach Spanien gekommen war, hatte Nicolaus Poll zuerst geschrieben.

— Der Nürnberger Uhrmacher Johann **Kiefus** („Kuhfuß") erfindet (oder verbessert) das Radschloß für Feuergewehre, bei welchem die Zündung dadurch erfolgt, daß ein in Drehspannung versetztes, beim Abdrücken rasch rotierendes Stahlrad an einem Stück Feuerstein Funken bildet. Durch das Radschloß wird das bis dahin gebräuchliche Luntenschloß, bei welchem die Ladung durch eine in den Hahn eingeklemmte Lunte entzündet wird, allmählich verdrängt. Andererseits tritt an die Stelle des Radschlosses das um das Jahr 1630 erfundene, aus dem Schnapphahnschloß entstandene Stein- oder Batterieschloß, bei dem ein in den Hahn geklemmter Feuerstein durch seinen Schlag gegen den Pfannendeckel Funken erzeugt und so die Pulverladung in Brand setzt.

— Ein von Raffael gemaltes Porträt des Papstes **Leo X.** zeigt, daß um diese Zeit die Konkavgläser für Kurzsichtige bereits bekannt sind, da der Papst mit einem solchen Glas dargestellt ist.

1518 Jacopo **Berengar von Carpi** gibt auf Grund eigener Beobachtungen eine eingehende Darstellung der menschlichen Anatomie, wobei er u. a. zuerst den Blinddarm und die Conjunctiva beschreibt. Er erkennt auch zuerst die Zusammensetzung des Beckens.

— Pierre **Brissot** tritt mit Entschiedenheit für den Aderlaß nach altgriechischer Art (Aderlaß in der Nähe der Entzündung, Derivation) ein und kämpft gegen den Aderlaß an entfernten Stellen (Revulsion), der von Galen und den Arabern empfohlen worden war. Er trägt durch sein Wirken wesentlich zur Befreiung der Medizin von den scholastischen Fesseln bei.

1518 **Leonardo da Vinci** stellt zuerst ausgedehnte Versuche über die Reibung an und beschäftigt sich nicht allein mit der gleitenden Reibung, sondern auch mit der drehenden (Zapfen-) Reibung.

— Der Rechenmeister und Bergbeamte Adam **Riese,** dessen Name in der Rechenkunst jetzt noch sprichwörtlich ist, verfaßt sein Lehrbuch „Rechnung auff der Linihen", sowie später (1550) „Rechnung nach der Lenge auff der Linichen und Feder".

1519 Nachdem bereits Ponce de Leon 1513 den Golfstrom gekreuzt hatte, ohne ihn zu erkennen, entdeckt ihn Francisco **de Alaminas,** der Steuermann des Cortez, nahe an seiner floridanischen Enge und nennt ihn Floridastrom. Den Namen Golfstrom erhält er 1772 durch Benjamin Franklin. (S. d.)

1519—21 Fernando **Cortez** unternimmt einen Eroberungszug nach Mexiko, der mit der gänzlichen Unterwerfung des Aztekenreiches endet. Teils persönlich, teils durch seine Unterbefehlshaber gliedert er dem großen neuspanischen Kolonialreich Mexiko, Guatemala und Honduras an. Er gibt die Anregung zu zwei 1530 und 1532 zur Erkundung Kaliforniens unternommenen Seefahrten. Der erste Europäer, der Mexiko betreten hat, war Juan de Grisalva 1518.

1519 Die **Spanier** finden den Gebrauch des Kakaos bei den Mexikanern vor und bringen das Jahr darauf den ersten Kakao nach Europa.

1520 Der portugiesische Missionar Francisco **Alvarez** bereist Abessinien und gibt die ersten ausführlichen Berichte über dieses Land.

— João **de Castro** soll den ersten Orangenbaum nach Portugal gebracht haben, von wo er sich weiter über Europa verbreitet. Den Griechen und Römern war nur die bittere Orange bekannt, während die veredelte und eßbare durch künstliche Zucht in China entstanden zu sein scheint.

— Girolamo **Fracastoro** leitet mit seiner Schrift „De morbis contagiosis" eine neue Periode in der Epidemiographie ein. Er ist der Urheber der Bezeichnung „Syphilis" für die bis dahin als „Lues venerea" bezeichnete Krankheit.

— Fernão de **Magalhães** entdeckt die Magalhäesstraße sowie die Ladronen und erreicht am 16. März 1521 die Philippinen, womit der unmittelbare Beweis, daß die Erde rund ist, erbracht ist. Nach seinem am 27. April 1521 auf der Insel Matan erfolgten Tode fahren zwei Schiffe des Geschwaders weiter und erreichen nach Entdeckung von Borneo die Molukken. Von hier tritt die allein noch seetüchtige Viktoria, geführt von Sebastiano d'Elcano, die Heimfahrt an und erreicht am 6. September 1522 die Heimat wieder. (Erste Erdumsegelung.)

— Theophrastus **Paracelsus** bezeichnet zuerst mit Bestimmtheit das Zink als ein eigentümliches Metall.

— Theophrastus **Paracelsus** unterscheidet zuerst den Alaun von dem Eisenvitriol nach der darin enthaltenen Basis. Er lehrt bereits die Bestimmung des Eisengehalts im Wasser durch Gallussäure.

— Der Astronom Johann **Schöner** in Nürnberg stellt einen Erdglobus her, bei welchem Nordamerika und Südamerika als zwei durch eine Meeresstraße voneinander getrennte Inseln dargestellt sind. Auf seinem Globus vom Jahre 1533 sind die beiden Stücke vereinigt. Dagegen ist das ganze Amerika als ein großer halbinselartiger Ansatz dem asiatischen Kontinente angehängt.

1522 Albrecht **Dürer,** und etwa gleichzeitig Vinzenz **Röckner,** Hofsekretär des Kaisers Maximilian I., sowie Johann Georg **Neudörfer** in Nürnberg, der Begründer der deutschen Kalligraphie, führen die Frakturschrift, d. i. die sogenannte „deutsche" Druckschrift (im Gegensatz zum „lateinischen" oder Antiqua-Druck [s. 1471 Jenson, und 1495 Manutius]) in den Buchdruck ein. (Vgl. auch 1760 Breitkopf.)

— Der Nürnberger Astronom Johann **Werner** legt ein meteorologisches Beobachtungsbuch an, in dem er regelmäßige Notizen über den jeweiligen Stand der Witterung gibt.

1523 Alonzo Alvarez **de Pinedo** dringt tief in das Delta des Mississippi ein, den er „Fluß des heiligen Geistes" nennt und der von Hernando de Soto genauer erforscht wird. (Vgl. 1539.)

1524 Adam **Riese** (s. 1518) versieht das bis dahin in der Arithmetik als Wurzelzeichen dienende Viereck rechts oben mit einem schrägen Haken, und wird so der Urheber des noch heute gebräuchlichen Wurzelzeichens. (Vgl. auch 1460 Alkalsâdî.)

— Giovanni **da Verrazzano** entdeckt die Mündung des Hudsonstromes und gelangt zuerst nach Rhode Island, der Narrangasettbai und nach Neu-Fundland.

1525 Albrecht **Dürer** entwickelt in seinem Werke „Underweysung der messung mit dem zirkel und richtscheyt in linien, ebnen vnd gantzen corporen" in exakter Weise die Regeln der Perspektive. Er erwähnt daselbst auch die Epizykloide.

— Jean **Fernel** ermittelt die Größe eines Meridiangrades der Erde, indem er den Breitenunterschied zwischen Paris und Amiens astronomisch bestimmt und die Entfernung beider Orte vermittels des Meßrades mißt. Er erhält, durch den Zufall begünstigt, den nahezu richtigen Wert von 56746 Toisen, was einem Erdumfange von fast genau 40000 km entspricht. (Vgl. auch 220 v. Chr.)

— Lopez **de Gomara** gibt die erste Beschreibung der in Mexiko schon lange vor der Entdeckung Amerikas durch die Eingeborenen benutzten und gezüchteten Cochenille. Er hält die Cochenille noch für ein vegetabilisches Produkt; erst der Holländer Ruyscher beseitigt in seinen Berichten aus Mexiko 1729 diese irrtümliche Ansicht und legt dar, daß dieser Farbstoff aus den getöteten und getrockneten Weibchen einer Schildlausart, Coccus cacti, bestehe.

— Der Apotheker Felipe **Guillen** in Sevilla konstruiert ein sonnenuhrartiges Instrument mit Magnetnadel (Brujula de variación) zur Bestimmung der Deklination auf dem Meere, das 1537 durch Pedro Nuñez noch wesentliche Verbesserungen erfährt.

— Pierre **Haultin** in Paris verbessert den Musiknotendruck, indem er an Stelle des doppelten Druckverfahrens (s. 1476 Hahn, 1498 Petrucci) den einfachen Typendruck einführt, bei welchem jede Type eine Note nebst einem Stücke des Liniensystems enthält.

— Gonzalo Hernandez Oviedo **de Valles** erwähnt zuerst in seiner Geschichte von Amerika den Orleanbaum unter den Namen Bixa. Als offizinelles Mittel wird der Orlean erst um 1650 eingeführt, dagegen dient er schon früh zum Färben der Wolle und Seide, der Butter, des Käse und der Seifen.

1526 **Blackadder** erfindet das Nachtlicht, das aus einem Glas- oder Messingschälchen besteht, durch dessen tiefsten Punkt eine in einem Stöpsel befestigte kurze feine Glasröhre hindurchgeht. Setzt man das Schälchen auf Öl, so steigt dieses in der Röhre wie in einem Dochte infolge Capillarwirkung in die Höhe, läßt sich oben entzünden und zum selbständigen Fortbrennen bringen.

1526 Der Brauer Kurt **Broihan** (Broyhan) in Stöcken bei Hannover erfindet das nach ihm benannte Bier, angeblich als Ergebnis eines Fehlversuchs, Weizenbier nach englisch-hamburgischer Art in Hannover nachzubrauen. Aus dem „Broihan" entwickelt sich gegen das Ende des 16. Jahrhunderts das Berliner Weißbier.

— Benvenuto **Cellini** leistet Hervorragendes in der aus dem Altertum stammenden, durch ihn aber zur höchsten Blüte entwickelten Glyptik, d. i. der Kunst, aus Schmiedeeisen oder Stahl Verzierungen und Figuren mit Meißel und Grabstichel herauszuarbeiten.

— Jorge **de Meneses** entdeckt Neuguinea, und benennt die Insel nach den Bewohnern „Papua". Den jetzigen Namen empfängt sie von dem Spanier de Ortiz wegen ihrer vermeintlichen Ähnlichkeit mit der afrikanischen Guineaküste.

— Theophrastus **Paracelsus** betrachtet die Krankheit nicht, wie Galen, als die Folge einer Mischungsänderung, sondern als einen von der Norm abweichenden Lebensvorgang. Er schafft durch Einführung der eigentlichen Chemikalien in die Therapeutik für die Arzneimittellehre eine ganz neue Aera. Er setzt den Wert des äußerlichen Gebrauchs von Quecksilber bei Syphilis (s. 1500 Berengar von Carpi) in das richtige Licht und wendet unter anderem Bleipräparate, spießglanzhaltige Arzneien, Schwefelmilch, Kupfervitriol und Eisenpräparate zuerst als Heilmittel an.

— Das neutrale weinsteinsaure Kali (Weinstein) ist vermutlich zuerst durch Theophrastus **Paracelsus** dargestellt worden; dahin deutet vor allem seine frühere Bezeichnung als Samech Paracelsi. Das saure weinsteinsaure Kali war bei den Griechen als $T\varrho\acute{v}\xi$ $o\check{\iota}vov$, bei den Römern als Faex vini bekannt. Auch stellt Paracelsus durch Erhitzen von weißem Arsenik mit Salpetersäure Arseniksäure dar und wendet dieselbe als „Arsenicum fixum" arzneilich an.

— Nachdem schon Isaac Hollandus im 14. Jahrhundert Vorschriften zur Herstellung von schwefelsaurem Kali gegeben hatte, wendet Theophrastus **Paracelsus** dieses Salz zuerst arzneilich an. In der Folge wird dasselbe mit dem Namen „Specificum purgans Paracelsi" belegt.

— Theophrastus **Paracelsus** nimmt zuerst das Dampfbad in Gebrauch, das um 1600 von Johann Costaeus zur Destillation der feineren aromatischen Wässer empfohlen wird.

— Christoff **Rudolff** von Jauer gibt ein epochemachendes Rechenbuch heraus, welches das Vorbild für alle späteren Rechenbücher ist. Das von Riese eingeführte Wurzelzeichen (s. 1524) bildet er in der Weise weiter aus, daß er mit einem einfachen Haken an dem Viereck die Quadratwurzel, mit einem zweifachen Haken die vierte, mit einem dreifachen die dritte Wurzel bezeichnet. Die Beifügung einer Potenzzahl zum Wurzelzeichen stammt von Michael Stifel.

1527 Der Italiener **Micheli** in Verona macht im Hinblick auf den ausgedehnteren Gebrauch der Pulvergeschütze Vorschläge für eine Umgestaltung der permanenten Befestigungen. (Sog. altitalienische Befestigung.)

— Alvarado **de Saavedra** entdeckt die Sandwichinseln.

1528 Alvarado **de Saavedra** entdeckt die Karolinen und im folgenden Jahre die Marshallinseln, die 1788 von Gilbert und Marshall wieder aufgefunden werden und von diesen ihren Namen erhalten.

1529 **Bezerru** und **Grijalva** entdecken Kalifornien.

1530 Otto **Brunfels** veröffentlicht ein Kräuterbuch mit von Künstlerhand nach der Natur entworfenen naturgetreuen Bildern.

— Hans **Bullmann** in Nürnberg soll angeblich das Kombinationsschloß ohne Schlüssel (Vorlegeschloß) erfunden haben, welches 1557 von Hieronymus

Cardanus eingehend beschrieben wird. Vielfach wird diese Erfindung auch dem Nürnberger Meister Hans **Ehemann** zugeschrieben, der um die gleiche Zeit wie Hans Bullmann wirkte.

1530 Girolamo **Fracastoro** spricht zuerst vom magnetischen Pol der Erde. (Vgl. 1588 Sanuto.)

— Der Bildschnitzer Johann **Jürgens** in Wattenbüttel bei Braunschweig führt die Tretvorrichtung am Spinnrad ein, das bis dahin mit der Hand gedreht wurde.

— Johannes **Ruellius** gibt dem Spinat, der vermutlich von den Arabern in Spanien eingeführt wurde und der sich erst von dort nach den anderen europäischen Ländern verbreitete, dieses Ursprungs wegen den Namen „Olus hispanicum". In England wird er 1568 von Sweet eingeführt.

1531 Peter **Apianus** erkennt, daß die Schweifachse der Kometen vom Sonnenkörper abgekehrt erscheint. Er ist der erste, der vorschlägt, zur Beobachtung von Sonnenfinsternissen Blendgläser zu verwenden und verbessert die Planisphären und Quadranten.

1532 Wie Penzig in seinen Beiträgen zur Geschichte der Botanik berichtet, werden in Rom zwei Herbarien des Gherardo **Cibo** aufbewahrt, die 1442 Pflanzenarten enthalten und als die ersten Herbarien zu betrachten sind. Somit ist weder Luca Ghini, der 1540 getrocknete und aufgeleimte Pflanzen an Matthiolus sendet, noch auch John Falconer, der 1545 eine große Sammlung von getrockneten Wurzeln, Kräutern und Früchten, die in der Medizin benutzt werden, anlegt, der Erfinder des Herbariums. Herbarien im heutigen Sinn, das sind Sammlungen gepreßter Pflanzen, kommen erst im 17. Jahrhundert auf.

— Eobanus **Hessus** erwähnt bei Beschreibung der Nürnberger Eisenmühle, daß „durch das Gewicht der sich drehenden Räder das Eisen mit Kraft gestreckt werde" und erwähnt auch die Werkzeuge, mit denen das Schwarzblech geschnitten wird. Es ist dies die älteste Beschreibung eines Walzwerks mit Streck- und Schneidewerk.

— Die ersten gesetzlichen Bestimmungen über Zuziehung von Ärzten zur Ermittelung des Tatbestandes bei Tötungen, Verletzungen usw. finden sich in der peinlichen Halsgerichtsordnung des Kaisers **Karl V.** (der sogenannten Carolina).

1532—34 Francisco **Pizarro,** der i. J. 1529 zum Statthalter des von Spanien beanspruchten, aber bis dahin noch nicht unterworfenen Peru ernannt worden war, schifft sich 1531 dahin ein und nimmt 1532 bis 1534 von dem ganzen Gebiete Besitz. Er gründet Lima als zukünftige Hauptstadt des Landes.

1533 **Buonafede** tritt als erster Lehrer der Arzneimittellehre in Padua auf.

1534 Jean **Fernel** bekämpft den Galenismus und das scholastische Treiben und verlangt, daß man sich nicht auf Autoritäten, sondern nur auf die Natur und auf Beobachtungen stützen solle. Er tritt mit scharfer Kritik gegen die überhandnehmende Uroskopie auf, bei der der Arzt seine Diagnose oft aufstellte, ohne den Kranken zu sehen. Er schildert in durchaus zutreffender und selbst vom heutigen Standpunkt noch richtiger Weise das Wesen der Syphilis.

— F. **Fitzherbert** verfaßt „The book of husbandry", das erste englische Werk über Landwirtschaft.

1534—36 Cabeça **de Vaca** durchquert den amerikanischen Kontinent von Texas bis zum Golf von Kalifornien.

1535 Diego **de Almagro** durchzieht das Hochland von Chile.

— Jacques **Cartier,** der 1534 den St. Lorenzgolf befahren hat, entdeckt den St. Lorenzstrom, auf dem er bis zu einer Indianeransiedelung, der er den Namen Mont Royal (jetzt Montreal) gibt, hinauffährt und

sucht in den Jahren bis 1544 wiederholt die für die französische Koloni-
sation ausersehene Landschaft Canada auf. Er gibt die erste Kunde von
dem Vorhandensein des großen Seenkomplexes. (S. 1635 C.)

1535 Der französische Seefahrer Jean **Fonteneau** aus Saintonge verbessert das
Hochsee-Segelschiff in mehrfacher Beziehung. Er ist der Erfinder der
Bramstenge.

— Die erste Erwähnung der Ananas geschieht durch Petrus Martyr (i. J. 1514),
der die Frucht mit einem Tannenzapfen vergleicht, aber noch keinen
Namen für sie hat. Die erste eingehende Beschreibung, Benennung und
Abbildung gibt Gonzalo Hernandez **de Oviedo y Valdas** in seiner „Allge-
gemeinen Geschichte Indiens".

1536 Gonzalo Hernandez **de Oviedo y Valdas** erwähnt zuerst in seiner „Allgemeinen
Geschichte Indiens, Band V, Kap. II, S. 165" den Kautschuk als Material
der bei dem Batosspiel der Inder benutzten Bälle. Der Name „Gummi"
kommt zuerst in der gegen 1580 erscheinenden „Allgemeinen Geschichte
der Reisen und Eroberungen der Kastilianer" von Antonio de Herrera
Tordesillas vor.

— Ambroise **Paré** führt die erste Exartikulation im Ellenbogengelenk aus,
die 135 Jahre später von Christoph Ramphtun zum zweiten Male vorgenommen wird.

1537 Der Mathematiker Niccolo Fontana, genannt **Tartaglia,** gibt in seinen
Schriften „Della nuova scienza" und „Quesiti et inventioni diverse" eingehende Berechnungen der Flugbahn der Geschosse (Schußtafeln). Entgegen der damaligen Meinung, daß die Geschoßbahn aus 2 geradlinigen,
durch eine Scheitelkurve verbundenen Ästen bestehe, nimmt er eine kreis-
bogenförmige Flugbahn an. (Vgl. 1602 Galilei.) Die größten Schußweiten
werden nach seiner Angabe bei einer Erhöhung des Rohres von 45^0 erreicht.

1538 João **de Castro** macht die erste größere Reihe von Deklinationsbestimmungen
mit dem von Nuñez verbesserten Guillen'schen Instrument und entdeckt
den Gesteinsmagnetismus an frei und hoch gelegenen Felsen der Ilha de
Chaul bei Bombay.

1539 Der Kanonikus **Afranio degli Albonesi** zu Ferrara stellt aus dem Bomhart,
einem Holzblasinstrumente von unförmlicher Länge, ein handlicheres
Instrument, das Fagott — im 16. und 17. Jahrhundert auch Dolcian
genannt — her.

— Robert **Broke,** ein Sekretär Heinrich VIII. von England, erfindet die Herstellung gegossener Bleiröhren für Wasserleitungen. (Vgl. 97 Frontinus.)

— Nachdem sich schon Bhaskara (1150), Paciolus (1487), Buckley (1530) und
Tartaglia (1534) mit der Lehre von den Kombinationen und Permutationen
beschäftigt hatten, tritt namentlich Hieronymus **Cardanus** der Lösung von
Wahrscheinlichkeitsproblemen näher. (Vgl. seine Schrift „Practica Arithmeticae et mensurandi generalis".) Er erörtert das einen Streit zwischen
zwei Schülern behandelnde, später als „Petersburger Aufgabe" bezeichnete
Problem und berechnet die Gesamtzahl aller Kombinationen aus n Elementen zu allen möglichen Klassen von der ersten bis zur n-ten auf $2^n - 1$.
Er zeigt, wie man ein beliebiges Glied einer arithmetischen Reihe bilden
kann, ohne die dazwischen liegenden Glieder zu berechnen.

— Alessandro **Piccolomini** veröffentlicht die erste Sternkarte.

— Der Astronom **Rhaeticus** (eigentlich Georg Joachim von Lauchen) gibt die
erste Anweisung, die Kompaßnadel durch Streichen zu magnetisieren.

1539—41 Hernando **de Soto** erforscht den Südosten der Vereinigten Staaten und
das Gebiet des Mississippi.

1540 Antonio **Benivieni** führt mit bestem Erfolg die Resektion eines großen
Teils des Unterschenkelknochens ohne Narkose aus.

1540 Vanuccio **Biringuccio** aus Siena lehrt in seiner „Pirotechnia‟ die Herstellung von Modellen und Gußformen für den Geschützguß, das Bohren der Geschütze, die Lafettierung derselben und den Guß der eisernen Kugeln, sowie den Glockenguß in der heute noch üblichen Art. Zur Anfertigung der Formen bedient er sich ausschließlich des Lehms.

— Vanuccio **Biringuccio** sagt in seiner „Pirotechnia‟, daß Legierungen aus Kupfer und Zinn mit dem Namen „Bronzo‟ bezeichnet werden, ohne jedoch eine Begründung dieser Benennung zu geben, die kurz vorher eingeführt zu sein scheint. Bis dahin war nach dem Vorgang der Alten die Bronze als „Erz‟ bezeichnet worden.

— Vanuccio **Biringuccio** beschreibt die Entsilberung von Schwarzkupfer durch den Saigerprozeß. Das Verfahren stammt wahrscheinlich aus dem 12. Jahrhundert und setzt sich aus folgenden Operationen zusammen: 1. Frischen (Zusammenschmelzen) des silberhaltigen Kupfers mit Blei, 2. Saigern auf dem Saigerherd, wobei silberhaltiges Blei mit einem Kupfergehalt von 2—3 Prozent ausfließt, 3. Darren, d. i. weiteres Erhitzen unter Luftzutritt, wobei ein stark silberhaltiges Gemenge von Bleioxyd und Kupferoxydul erhalten wird, und 4. Verarbeitung des Gemenges, der sog. Darrlinse auf Handelskupfer.

— Vanuccio **Biringuccio** gibt eine genaue Beschreibung des technischen Vorganges bei der Holzverkohlung, von der er zwei Arten, die in Meilern und die in Gräben, unterscheidet. Auch gibt er eine Beschreibung des damals üblichen Stahlfrischprozesses.

— Hieronymus **Cardanus** macht die ersten Versuche, das Gewicht der Luft zu bestimmen.

— Valerius **Cordus** entdeckt den Schwefeläther (Äthyläther) bei Behandlung von Weingeist mit Vitriolöl und beschreibt denselben unter dem Namen „Oleum dulce vitrioli‟. Er erklärt zuerst die Entstehung der Braunkohle und Steinkohle aus Pflanzen.

— Der Bitterklee (Menyanthes trifoliata) taucht als Heilmittel zuerst im Mittelalter auf. Näher beschrieben wird er zuerst von Valerius **Cordus.**

1540—43 Francesco **de Coronado** erforscht den Südwesten der Vereinigten Staaten bis zu den heutigen Staaten Kansas und Arkansas.

1540 Philibert **Delorme,** Architekt in Paris, erfindet das Bohlendach, eine neue Art des Dachgerüsts.

— Conrad **Gesner** führt die Belladonna, die, wie es scheint, Dioskorides und Oribasius schon gegen Krebsgeschwülste verwendet hatten, wieder in den Arzneischatz ein, und zwar als schmerzstillendes Mittel bei Ruhr.

— Georg **Hartmann** in Nürnberg erfindet den Kaliberstab (Kalibermaßstab), ein zirkelartiges Instrument zur einfachen Ermittelung des Verhältnisses zwischen dem Durchmesser und dem Gewichte der steinernen, eisernen und bleiernen Rundgeschosse. Durch den Kaliberstab, der sich in fast allen deutschen Artillerien einführt, wird das Nürnberger Maß und Gewicht weit verbreitet. Die Erfindung wird oft, jedoch mit Unrecht, dem Tartaglia zugeschrieben.

— Peter Andreas **Matthiolus** wendet zuerst das Quecksilber in der Medizin innerlich, und zwar bei Syphilis an.

— Bernard **Palissy** entdeckt die Kunst, farbige Emails auf Tonwaren anzubringen und stellt die nach ihm benannten hoch reliefierten Fayencen her.

— Ambroise **Paré** macht die ersten ausführlichen Mitteilungen über die zuerst von Paracelsus beobachtete Erblichkeit der Syphilis, über die später Maximilian Stoll, Nils Rosen von Rosenstein und Joseph Jacob von Plenck, sowie insbesondere Antonio Ribeiro Nunez Sanchez eingehende Untersuchungen anstellen.

Darmstaedter.   6

1540 Giovanni Ventura **Rosetti** publiziert das erste Kompendium über die Färbe-
kunst unter dem Titel „Plieto dell' arte de' tentori". Das Buch ist dadurch bemerkenswert, daß es ein Urteil über den Zustand der Färberei in
Europa vor ihrer Neugestaltung durch Einfuhr amerikanischer Farbstoffe
gestattet.

— Der Glasmacher Christoph **Schürer** in Neudeck erhält durch Zusatz von
geröstetem Kobalterz zur Glasmasse das blaue Kobaltglas. Dieses geröstete
Kobalterz, das aus wechselnden Mengen von Kobaltoxydul und Kobaltoxyduloxyd, zum Teil mit anderen Metallen gemengt, besteht, wird Zaffer,
Saflor oder Kobaltsaflor genannt. Das gemahlene Kobaltglas kommt unter
dem Namen Smalte in den Handel und wird späterhin zum Blauen des
Papiers und der weißen Zeuge benutzt.

— Nachdem Mondino de Luzzi 1315 die erste Andeutung gemacht hatte, daß
das Blut vom Herzen nach den Lungen geschickt werde, spricht Miguel
Serveto zuerst bestimmt aus, daß das Blut durch einen merkwürdigen
Kunstgriff (magno artificio) von der rechten Herzkammer auf einem Um-
weg durch die Lunge geführt und von der Vena arteriosa in die Arteria
venosa geleitet wird (kleiner Blutkreislauf). Realdo Colombo bestätigt
dies ausdrücklich im Jahre 1559.

1541 Francisco **de Orellana** befährt den ganzen Amazonenstrom von Ekuador aus.
(S. a. 1499.)

— Die Türken sind unter den Völkern Europas dasjenige, das seit dem Altertum zuerst wieder von der Einrichtung der Taubenpost Gebrauch macht.
So läßt der Sultan **Soliman** zwischen Konstantinopel und dem von ihm er-
oberten Ofen eine Taubenpost einrichten. (Vgl. auch 300 und 1167.)

1542 Leonhard **Fuchs** macht in seiner „Historia stirpium" den ersten Versuch
einer botanischen Nomenklatur.

— Der Portugiese Mendez **Pinto** erreicht Japan, über das bald die Missionare
weitere Nachrichten geben.

1543 **Blasco de Garay** führt dem Kaiser Karl V. im Hafen von Barcelona ein
Schiff vor, das sich ohne Segel bewegt. Mißverständliche Berichte, in
denen von „einem großen Kessel mit siedendem Wasser" die Rede ist,
haben dahin geführt, daß dieses Schiff lange Zeit hindurch als der erste
Fall einer Verwendung der Dampfkraft zur See angesehen worden ist.
Neuere Forschungen, und namentlich auch die aufgefundenen Original-
berichte Garay's, lassen keinen Zweifel, daß hier lediglich eine Schaufelrad-
konstruktion im Sinne der Vorschläge von Kyeser (s. 1405) und Valturius
(s. 1472) vorliegt.

— Die Stadt **Bunzlau** richtet eine Kanalisationsanlage mit Rieselfeldern ein.

— Nikolaus **Kopernikus** lehrt, daß die Sonne den Mittelpunkt des Planeten-
systems bildet, um den sich die Erde mit den andern Planeten dreht.
Kopernikus hat seine neue kosmische Lehre bereits um das Jahr 1507 aufgestellt. Eine Verbreitung erfolgt zunächst nur mündlich und handschriftlich. Die Drucklegung des Werkes „De revolutionibus orbium coelestium"
erfolgt erst unmittelbar vor Kopernikus' Tode.

— Nikolaus **Kopernikus** findet die Ursache der von Hipparch entdeckten
Präzession in der Anziehung, die Sonne, Mond und Planeten auf das an
den Polen abgeplattete Erdsphäroid ausüben.

— Andreas **Vesalius** begründet durch sein großes Werk „De humani corporis
fabrica", das herrliche Zeichnungen von Tizian und Johann von Calcar
enthält, die neuere menschliche Anatomie. Nur der eigenen Beobachtung
vertrauend, liefert er die erste, fast durchaus zuverlässige, systematische
Anatomie, die zugleich zahllose neue Angaben enthält. Insbesondere

wendet er sich gegen die Lehre Galen's, daß die Herzscheidewand für das Blut durchlässig sei.

1543 Andreas **Vesalius** beschreibt in seinem vorgenannten Werke u. a. den Vorhof des Labyrinths, die Kiefer-, die Stirn- und die Keilbeinhöhle, die Gelenkmanisken von Unterkiefer, Hand und Kinn, und den langen Fortsatz des Gaumens und gibt eine gute Schilderung des anatomischen Baues des Auges.

— Andreas **Vesalius** liefert als erster eine genaue Darstellung der menschlichen Beckenhöhle, ihrer Knochen, Bänder usw., und demonstriert zuerst die anatomische Unmöglichkeit eines Auseinanderweichens in der Schambeinverbindung während des Geburtsaktes. Er beobachtet zuerst vorzeitige Atembewegungen am Säugetierfötus.

1544 Oronce **Finée** erfindet die Methode, die geographische Länge durch Bestimmung der Rektaszension des Mondes in seiner Kulmination zu bestimmen.

— Die Herstellung gußeiserner Gegenstände beschränkte sich im Mittelalter zunächst auf die Verfertigung der Kanonenkugeln. In größerem Umfange und zur Herstellung von Geräten verschiedener Art soll das Gußeisen zuerst von den Engländern Ralph **Hage** und Peter **Bowde** i. J. 1544 verwendet worden sein.

— Georg **Hartmann** entdeckt die Neigung der Magnetnadel gegen den Horizont (Inklination), ohne jedoch Messungen auszuführen. (S. seinen Briefwechsel mit dem Herzog Albrecht von Preußen. — Vgl. auch 1576 Norman.)

— Sebastian **Münster**, Professor in Basel, gibt die „Cosmographia universalis" heraus, deren 26 neue Karten mit den Waldseemüller'schen „Tabulae modernae" (s. 1513) die Grundlage und den Ausgangspunkt des deutschen Kartenwesens bilden. Er ist der erste, der nach Strabo der Gletscher wieder Erwähnung tut.

— Der Augustinermönch Michael **Stifel** (sein Hauptwerk ist die „Arithmetica integra") gibt der Algebra mittels planmäßiger Durchführung der Zeichensprache diejenige Gestalt, die seitdem fast unverändert dafür beibehalten worden ist. Er entwickelt eine neue Summierungsmethode für geometrische Reihen, die auch Tartaglia in seiner Schrift „General trattato" v. J. 1556 wiedergibt, ohne jedoch Stifel zu nennen. Ferner entdeckt er unabhängig von Alchaijami (s. 1078) die additive Bildung der Binomialkoeffizienten und untersucht die Diametralzahlen. (Vgl. auch 1526.)

1545 Hieronymus **Cardanus** beschreibt das nach ihm benannte Universal- oder Kreuzgelenk, das er zuerst zur Aufhängung der Schiffskompasse anwendet. (S. a. 210 v. Chr.) Er veröffentlicht im gleichen Jahre eine Formel zur Lösung der kubischen Gleichungen, die indes von dal Ferro (s. 1505) zuerst aufgefunden worden und auch Tartaglia schon vorher bekannt gewesen war.

— Nachdem schon im Altertum (s. 20 Celsus) zur Lokalanaesthesierung die Kompression der Nervenstämme geübt worden war und die arabischen Ärzte die Abschnürung mittels eines Knebels vorgenommen hatten, verwendet erst Ambroise **Paré** wieder die Unterbindung sowohl hierfür, als auch bei Amputationswunden, an Stelle der bis dahin gebräuchlichen blutstillenden Glüheisenapplikation.

— Nachdem Celsus und Abulcasis zuerst in roher Weise die Heilung der Hasenscharte versucht hatten, unternimmt es Ambroise **Paré** zuerst, sie zu operieren, indem er die Spaltränder reseziert. Die Operation wird späterhin u. a. namentlich von Malgaigne und Bernhard Langenbeck wesentlich vervollkommnet.

— Ambroise **Paré** verbessert neben der Amputation die Behandlung der Frakturen und lehrt als erster die rationelle Chirurgie der Schußwunden. Er

6*

bekämpft zuerst die Irrlehre, daß die erhitzte Kugel Vergiftungen bewirke; schlagende Beweise gegen diesen Irrtum werden 1550 von Bartolomeo Maggi auf experimentellem Wege erbracht. Paré verwendet vielfach die seit Abulcasis (s. 1100) in Vergessenheit geratene Trepanation.

1546 Georg **Agricola** gibt zuerst in seiner Schrift „De re metallica" eine genaue Aufklärung über die Chemie der Metalle und lehrt die Zubereitung der Erze durch Rösten. Er gibt genaue Anweisungen für die Reinigung des Kupfers, für das Auslaugen des Silbers aus Kupfer und Eisen mittels Blei, für die Gewinnung des Spießglanzes und des Wismuts. Er beschreibt die Probierung der Erze und die dazu nötigen Geräte, wie Muffeln, Tiegel und Aschenkapellen.

— Georg **Agricola** stellt die Markscheidekunst auf geometrische Grundlagen. Er erfindet den Grubenkompaß, wobei er zuerst erwähnt, daß sich die Bergleute bei ihren Arbeiten der Deklinationsnadel zu bedienen wissen, und gibt eine Reihe von Ventilatoren für Bergwerke an. Im 6. Buche seines Werks „De re metallica" findet sich die älteste Abbildung einer Kettenpumpe (vertikales Paternosterwerk, Püschelkunst) und die Empfehlung dieser Maschine zur Wasserförderung in Bergwerken. Er erwähnt ferner, daß die Pferdegöpel seit 1504 in den Bergwerksbetrieb eingeführt seien. (Die Einführung der Wassergöpel erfolgt um 1556.)

— Georg **Agricola** erwähnt die Entstehung des Eisenvitriols aus Eisenkies und kennt den weißen Vitriol oder Erzalaun, d. i. Zinkvitriol, der bereits seit dem 14. Jahrhundert in Kärnten gesotten werde. Daß dessen Basis Zink sei, wird jedoch erst im Jahre 1735 gleichzeitig von Hellot, Neumann und G. Brandt mit Bestimmtheit erwiesen. Auch gibt Agricola Beschreibungen des Salpetersiedens sowie der Bereitung der Schwefelblumen durch Kondensation von Schwefeldämpfen an kalten Wandungen, und kennt das beim Erhitzen des Wismuts entstehende gelbe Wismutoxyd, das als Farbe benutzt worden zu sein scheint.

— Georg **Agricola** erklärt es in seinem Buche „De re metallica" für wahrscheinlich, daß man aus der Färbung einer Flamme die darin verbrennende Substanz zu erkennen lernen werde. Er beschreibt das zu seiner Zeit schon viel gehandhabte Verzinnen des Eisens (s. auch 1551) und gibt eine genaue Beschreibung des Stahlfrischprozesses, die so große Ähnlichkeit mit der von Biringuccio (s. 1540) gegebenen Darstellung aufweist, daß Ludwig Beck in seiner „Geschichte des Eisens" zu der Annahme neigt, daß Agricola's Beschreibung von Biringuccio entlehnt sei.

— Peter **Belon** entdeckt den Kirschlorbeerbaum und bezeichnet ihn bereits mit „Laurocerasus". Auf die giftige Wirkung des aus Kirschlorbeerblättern destillierten Wassers wird man sehr früh aufmerksam, offizinell wird dasselbe insbesondere durch den Arzt Thilenius.

— Antonio Musa **Brassavola** führt die seit dem Altertum (s. 70 v. Chr.) verlassene Tracheotomie wieder aus. Diese Operation wird 1590 von Santorio und 1610 von Nicolas Habicot wesentlich verbessert und fortan als eine berechtigte Operation angesehen.

— Valerius **Cordus** schreibt auf Verlangen des Nürnberger Rates sein „Pharmacorum conficiendorum ratio, vulgo vacant, Dispensatorium", das als die erste deutsche Pharmakopöe angesehen werden muß, und lehrt die arzneilichen Rohstoffe in eingehender Art kennen.

— Giovanni Filippo **Ingrassias** entdeckt das dritte Gehörknöchelchen, das er als Steigbügel bezeichnet. (S. 1480.)

— Nachdem 1506 der Neubau der Peterskirche in Rom von Bramante begonnen und später von Raffael und Peruzzi fortgeführt worden war, übernimmt **Michelangelo Buonarroti** die Bauleitung und entwirft für die Kuppel ausführliche Pläne und ein großes Hilfsmodell. Die Kuppel, die bei einem Durchmesser von 42½ m 127 m Höhe aufweist, wird erst nach Michelangelo's Tod vollendet.

1546 Pedro **Nuñez** (Nonius) untersucht die Linie doppelter Krümmung (von ihm „Linea rhombica", von W. Snellius später „Loxodrome" genannt), welche auf der Erdkugel alle Meridiane, denen sie begegnet, unter gleichem Winkel schneidet und sich in schraubenförmigen Windungen dem Pole immer mehr nähert, ohne ihn jemals zu erreichen.

1547 Der Mediziner Rainer **Gemma-Frisius** spricht zuerst die Idee aus, Längenunterschiede mittels der Uhr zu bestimmen.

— **Glareanus** sucht in seinem „Dodeka chordon" die in den Kirchentonarten unter dem Einfluß der polyphonen Musik eingerissene Verwirrung wieder zu lösen und unterscheidet 12 Tonarten, und zwar 6 authentische und 6 plagalische. (S. auch 370 Ambrosius.)

— Der Dominikaner Georges Bernard **Penot** in Toulouse verfaßt eine Schrift „De aquae naturalis virtute", in welcher bereits die leitenden Grundsätze der heutigen Kaltwasserkur (Umhergehen mit nackten Füßen im feuchten Gras usw.) klar enthalten sind.

1548 D. C. **Piccolpasso** gibt in seinem Werke „I tre libri dell' arte del Vasajo" die Mittel an, um metallische Reflexe auf Töpferware zu erhalten. Seine Arbeiten werden den in neuerer Zeit von Ginori in Doccia u. a. gemachten Versuchen zur Erzielung solcher Metallreflexe auf Majoliken zugrunde gelegt.

1549 Sigmund **von Herberstein** fügt seinem Werke „Rerum Moscovitarum Commentarii" eine Karte bei, die einen Teil von Sibirien umfaßt und zu ihrer Zeit für die Kenntnis des nördlichen Rußlands von großer Bedeutung war. Das Weiße Meer führt auf dieser Karte den Namen „Mare glaciale".

— **Zoccarello** und **Fioravanti,** zwei neapolitanische Bader, machen die erste Milzexstirpation bei einer wassersüchtigen Frau, und zwar mit vollem Erfolg. Es kommt daher nicht Viard, der erst 32 Jahre später diese Operation ausführt, die Priorität zu.

1550 Georg **Agricola** gibt in seiner Schrift „De natura fossilium" die erste systematische Beschreibung der Mineralien und bezeichnet das fossile Holz und die Fischabdrücke des Mansfelder Kupferschiefers als Überreste von Organismen. Er untersucht die geologische Tätigkeit des Windes und hebt hervor, daß ähnliche Verhältnisse, wie bei der Dünenbildung, in kleinem Maßstabe auch in der Lüneburger Heide vorliegen.

— **Blasius** von Villafranca soll zuerst die Erscheinung, daß sich die Lösung gewisser Stoffe im Wasser stark abkühlt, am Salpeter erkannt haben.

— Thomas **Candi** bringt den Stern-Anis von den Philippinen nach Europa. Die Frucht beschreibt zuerst Clusius, den Baum Plukenet und Kaempfer.

— Hieronymus **Cardanus** gibt eine Theorie des Verbrennungsvorganges, wobei er die Notwendigkeit der Anwesenheit der Luft betont. (S. 1260 Bacon.) Er verbessert die Einrichtung der Öllampen durch Höherlegen des Ölbehälters. In seiner Beschreibung einer Mehlsichtmaschine weist er auf die sichtende Wirkung der Luftbewegung hin, ein Gedanke, der in neuester Zeit von Friedrich Georg Winkler in Zschopau wieder aufgenommen worden ist.

— Bartolommeo **Eustachio** entdeckt die Tuba Eustachii (Eustachische Röhre), die Spindel der Schnecke, die häutige Schnecke, den Ursprung der Sehnerven und beobachtet die Zahnentwicklung.

— Gabriele **Falloppia,** Anatom in Padua, macht wichtige Beobachtungen auf dem Gebiet der Osteologie und der Muskellehre. Er entdeckt die Bogengänge, den nach ihm benannten Kanal des Schläfenbeins, und den Schließmuskel der Blase. Er beschreibt ferner die Muskeln des Kehlkopfes in richtiger Weise. Er verwendet seit den Zeiten der Griechen und Araber zuerst wieder in der Medizin das Arsen äußerlich, und zwar in Form von Realgar.

1550 Wie mehrere im **Germanischen Museum** in Nürnberg ausgestellte Kästchen und Schachteln beweisen, beginnt man um die Mitte des 16. Jahrhunderts, das Papier mit kleineren Mustern in häufiger Wiederholung zu bedrucken, um verzierte Flächen zu erlangen, die sich zum Überziehen großer und kleiner Gegenstände eignen. Die Vorläufer dieser Technik sind die bunten Holzschnitte, die zu solcher Verzierung schon vor dem 16. Jahrhundert benutzt wurden.

— Konrad **Gesner** erfaßt in seiner „Historia animalium" das Tierreich nicht nur als Gegenstand der Naturbetrachtung, sondern auch in seiner Beziehung zur Medizin und Kulturgeschichte und trägt dadurch zur Begründung der neueren Zoologie bei.

— **Hollerius** ist der erste Arzt, der den Kurzsichtigen regelmäßig Brillen verordnet.

— Das **Joachimsthaler Silberbergwerk** benutzt für Bergwerkszwecke, insbesondere zur Wasserhaltung, Pumpwerke mit sogenannten Stangenkünsten. Die Triebkraft wird durch ein oberschlächtiges Wasserrad geliefert, mit dem die Lenkstange verbunden ist, die ihre Bewegung auf die Schwinge eines Doppelgestänges überträgt, von wo sie durch ein sogenanntes Kunstkreuz auf die Schachtgestänge fortgepflanzt wird.

— Adam **Lonicerus** beschreibt zuerst die Arnica, die er an Matthiolus sendet, der sie unter dem Namen Alisma abbildet. Ihren Gebrauch bei Koliken und äußeren Verletzungen veranlaßt zuerst Tabernaemontanus. (S. 1613.)

— Hans **Lobsinger** zu Nürnberg verbessert die im Jahre 1430 von einem Nürnberger Bürger Guter erfundene Windbüchse. Er soll auch an Stelle der seit alters her üblichen Lederbälge (s. 1475 v. Chr.) die ersten hölzernen und kupfernen Blasebälge mit ununterbrochenem Windstrom für Schmelzhütten, sowie für Orgeln, und die erste Messinghobelmaschine verfertigt haben.

— Nicolaus **Massa** beschreibt die Muskeln des Antlitzes und speziell des Unterkinns, die Lymphgefäße der Nieren und die Lagerung des Magens. Er nennt zuerst die Syphilis als Ursache von Geisteskrankheiten. Er liefert gleichzeitig mit Berengario die erste Beschreibung der Bindehaut des Auges (Conjunctiva).

— Bernard **Palissy** spricht sich entschieden dafür aus, daß die im Kalk und anderen Gesteinen gefundenen Muscheln „versteinerte" Reste von Tieren seien. Er weist darauf hin, daß manche dieser Versteinerungen den noch lebenden Gattungen vollkommen gleichen.

— Bernard **Palissy** macht zuerst darauf aufmerksam, daß der Dünger durch seinen Gehalt an löslichen Salzen den Boden verbessere und daß der Boden durch fortgesetzten Anbau unfruchtbar werde, weil ihm dadurch alle löslichen Stoffe entzogen würden.

— Bernard **Palissy** soll nach der Angabe des Vicomte Héricourt de Thury den Erd- oder Bergbohrer erfunden haben.

— Andrea **Palladio** baut die erste bekannte Hängebrücke (über den Fluß Cismone).

— **Vicentino** erfindet das Archicembalo, ein Klavierinstrument mit 31 Werten innerhalb der Oktaven, das für alle Töne der drei antiken Tongeschlechter (diatonisch, chromatisch und enharmonisch) besondere Tasten und Saiten zur Verfügung hat.

1551 Pierre **Belon** erweitert die spezielle Tierkenntnis durch Herausgabe seiner auf seinen zahlreichen Reisen gesammelten Erfahrungen, die sich nament-

lich auf die Fische beziehen, die zum Teil durch gute Holzschnitte wiedergegeben werden.

1551 Erasmus **Reinhold**, Professor der Mathematik in Wittenberg, berechnet auf
Grund der neuen Kopernikanischen Lehre die ersten Planetentafeln, die
er zu Ehren des Herzogs Albrecht von Preußen die prutenischen (Tabulae
prutenicae coelestium motuum) nennt. Sie werden der gregorianischen
Kalenderreform zugrunde gelegt.

— Der Astronom **Rhaeticus** verfaßt zehnstellige, von 10 zu 10 Sekunden fortschreitende Tafeln der trigonometrischen Funktionen, die genauesten und
umfangreichsten trigonometrischen Tafeln des Mittelalters. Er berücksichtigt darin zum ersten Male sämtliche 6 trigonometrische Funktionen.
Die Herausgabe des Werkes unter dem Titel „Opus Palatinum de triangulis" erfolgt im Jahre 1596 durch Valentin Otho.

— Freiherr Hans **Ungnad,** Landeshauptmann von Steiermark, erhält vom König
Ferdinand am 5. August die Gerechtsame, zu Waltenstein Hammerwerke
anzulegen, daselbst schwarzes Blech zu schlagen und dasselbe zu verzinnen.
(Älteste Erwähnung des Weißblechs. Vgl. indes auch 1546.)

1552 Der französische Stempelschneider Antoine **Brulier** konstruiert ein Walzwerk zum Strecken der Gußstücke (Zaine) und eröffnet dadurch die Möglichkeit, gleichwichtige Münzen zu erhalten.

— Edward **Wotton** verfaßt ein zoologisches Werk „De differentiis animalium".
Das Buch zeichnet sich namentlich dadurch aus, daß darin versucht wird,
die verwandten Formen in möglichst natürliche Vereinigung zu bringen.
Er wendet in diesem Buche als erster die Benennung „Zoophyten" (Tier-
pflanzen) an.

1553 Hieronymus **Cardanus** nimmt zuerst die Gewichtszunahme des Bleies bei
der Verkalkung wahr, schreibt dieselbe jedoch der Entweichung der Feuermaterie zu. Ähnliche Ansichten werden 1660 von Lefèvre und 1666 von
Tachenius geäußert.

— Nachdem Sebastian Cabot um 1550 mit der Idee eines nordöstlichen See-
weges hervorgetreten war, wird unter dem Oberbefehl von Sir Hugh
Willoughby eine Expedition entsandt, die aus drei Schiffen besteht. Zwei
der Schiffe gehen auf der Fahrt zugrunde, während das dritte, „der Edward
Bonaventure" unter dem Befehl von Richard **Chancellor** den Seeweg nach
dem Weißen Meere entdeckt.

— Nach Emil Naumann ist die aus den älteren unvollkommneren Streichinstrumenten Rota, Giga, Rebecchina und den verschiedenen Arten der
Viola hervorgegangene heutige Violine zuerst von Caspar **Tieffenbrucker**
(Gaspard Duiffoprugcar) in Lyon, einem Tiroler von Geburt, gebaut worden.
Antoine Vidal hebt demgegenüber in seinem Buche „La lutherie et les
luthiers" hervor, daß die Violine das Ergebnis der Arbeit vieler Instrumentenmacher sei und kein einzelner Erfinder dafür namhaft gemacht werden
könne. (Vgl. auch 1585 da Salò.)

1554 Gerhardt **Hermann,** Geschäftsträger des Rheingrafen Philipp Franz von
Daun, sendet aus London am 3. August 1554 an seinen Herrn ein Doku-
ment, an welchem sich ein Siegel aus rotem Siegellack befindet, das älteste
bekannte Beispiel von dem Gebrauche des Siegellacks heutiger Beschaffenheit.

— Gerhard **Mercator** verbessert die konische Projektion des Ptolemaeus (s. 150),
indem er die Längengrade nicht auf dem mittleren Parallelkreis aufträgt,
sondern zwei in der Mitte zwischen diesem und den Rändern der Karte gelegene Parallelkreise abweitungstreu zieht, wodurch die Abweichung der
Projektion vom Kugelnetz auf die halbe Fehlergröße verringert wird. Auch

Delisle macht erneut 1745 auf die Wichtigkeit dieser Art der Projektion aufmerksam.

1554 Guillaume **Rondelet** liefert in seinem „Fischbuch" eine sorgfältige Beschreibung einer großen Zahl von Fischen und gibt für sie gute Unterscheidungsmerkmale. (Vgl. auch 1551.)

— **Tartaglia** führt den gedeckten Weg im Festungsbau ein.

— Franz **Traucat** in Nîmes macht die ersten eingehenden Beobachtungen über die Nahrung, die Krankheiten, die Entwicklung der Seidenraupe, die richtige Temperatur und Lüftung der Seidenhäuser und den Anbau des Maulbeerbaumes.

1555 Pierre **Belon** schreibt eine Monographie über die Vögel und weist auf die Übereinstimmung ihres Baus mit dem anderer Landtiere hin. Er macht seit Aristoteles (s. 330 v. Chr.) die erste Andeutung von vergleichender Anatomie, indem er das Skelett eines Menschen und eines Vogels mit gleichartiger Bezeichnung der einander entsprechenden Teile abbildet, und, um die Vergleichung zu erleichtern, den Vogel mit derselben Stellung der Glieder, wie den Menschen darstellt.

— Leonhart **Fronsperger** gibt in seinem „Kriegsbuch" die erste Beschreibung von mitrailleusenartigen Geschützen, die er Orgel- oder Hagelgeschütze nennt. Ein aus der Zeit zwischen 1480 und 1550 stammendes, aus 5 Eisenrohren zusammengesetztes Orgelgeschütz befindet sich im Berliner Zeughaus.

— Konrad **Gesner** gibt die erste Beschreibung des Kanarienvogels. Da Belon um die gleiche Zeit (s. oben 1555) ein Verzeichnis aller damals bekannten Vögel liefert, ohne den Kanarienvogel zu erwähnen, so ist anzunehmen, daß diese Vogelart erst zu jener Zeit neu in Europa erscheint.

1556 Stephen **Burrough** unternimmt auf dem Fahrzeug „Searchthrift" die erste westeuropäische Nowaja-Semlja-Fahrt, durch welche erst in Westeuropa bekannt wird, daß das Weiße Meer durch die Inseln Nowaja Semlja und Waigatsch von dem sibirischen Eismeer getrennt wird.

— Georg **Fabricius** beobachtet zuerst die Schwärzung des Chlorsilbers durch das Sonnenlicht.

— Cesare **Fiaschi** in Bologna stellt umfangreiche Untersuchungen über den Bau des Pferdehufes an und gründet auf dieselben ein dem anatomischen Bau entsprechendes Beschlagverfahren, das lange in Gebrauch bleibt. Das von ihm verfaßte hippologische Werk enthält im 1. Buche die Zaumkunst, im 2. die Reitkunst und im 3. den Hufbeschlag.

1557 Jodocus **Lommius** gelingt es, durch seine klassische Monographie über die Behandlung kontinuierlicher Fieber die Krankendiätetik zu einer bis dahin noch nicht erreichten Höhe zu erheben.

— Bartolomé **de Medina** lehrt die Gewinnung von Silber und Gold aus ihren Erzen vermittels Quecksilber in Form einer Quecksilberlegierung, aus der durch Destillation das Quecksilber abgeschieden wird (Haufenamalgamation, Patioprozeß). Eine vage Andeutung über Gewinnung von Silber aus Erzen unter Anwendung von Quecksilbersublimat findet sich in der 1540 erschienenen Pirotechnia des Biringuccio, so daß doch vielleicht die Anregung zu der Erfindung des Amalgamationsprozesses auf europäischem Boden zu suchen ist. (Vgl. indes auch 77 und 750.)

— Robert **Recorde** führt die systematische Anwendung des Gleichheitszeichens (=) in die Mathematik ein. (Vgl. 1460 Alkalsâdi.)

— Hieronymus **Rosello** (Alexius Pedemontanus) lehrt zuerst im Abendland die Bereitung einer Mischung von Auripigment und Kalk, die im Orient seit lange zwecks Enthaarung von Fellen unter dem Namen Rhusma angewendet wurde, bereiten. Die Tatsache, daß Schwefelarsenik ein Ausfallen der Haare bewirke, berichtet bereits Dioskorides.

1558 Antoine **Brulier** erfindet das Stoß- oder Spindelwerk zum Prägen der Münzen, welches später von H. Boulton und I. P. Droz (1781) und Ph. Gengembre (1810) vielfach verbessert wird.

— Giambattista **della Porta** verbessert die Camera obscura durch Anbringung einer Sammellinse, die er in die erweiterte Öffnung der Camera einsetzt und vergleicht zuerst das Auge seinem Bau und seiner Funktion nach mit der Camera obscura.

1559 **Heinrich II.,** König von Frankreich, trägt auf der Hochzeit seiner Tochter Elisabeth (er findet dabei im Turnierkampfe mit dem Grafen Montgomery seinen Tod) gestrickte seidene, wahrscheinlich in Spanien angefertigte Strümpfe. Es ist dies die erste Erwähnung gestrickter Strümpfe. (Vgl. 1564 Rider.)

— Matteo **Realdo Colombo** gibt zuerst eine korrekte Beschreibung von der Lage und Haltung des Foetus im Uterus und bezeichnet ihn als längliche Kugel (Ovoid).

— Graf Reinhardt **zu Solms** beschreibt im 7. Buch seiner „Kriegsregierung“ ein „Khartenspiel“, mit welchem die Marsch- und Schlachtordnungen zweier gegeneinander kämpfender Heere (Römer — rot, Karthager — schwarz) dargestellt werden können. Es ist dies die erste Erwähnung des Kriegsspiels. (Vgl. 1824 R.)

1560 Hieronymus **Bock** (Tragus) unterscheidet in seinem „Kräuterbuch“ zuerst die Familien der Lippenblütler, Kreuzblütler und Korbblütler.

— Hieronymus **Bock** (Tragus) beschreibt zuerst den Seidelbast unter dem Namen „Mesereum germanicum“; eine eingehendere Beschreibung liefert 1609 Peter Uffenbach. Andere Daphnearten waren den Römern und Griechen bekannt und sind u. a. gegen Wassersucht und als Brechmittel verwendet worden.

— Die in Armenien, Kurdistan und der Krim heimische Tulpe wird um die Mitte des 16. Jahrhunderts von **Busbecq,** Gesandten Ferdinands I. in Konstantinopel, nach dem westlichen Europa gebracht. Im Jahre 1560 blüht sie in Augsburg.

— Pietro **Franco** bildet den hohen Steinschnitt (Lithotomie) aus und verbessert den von Bernardo de Rapallo angegebenen Apparatus altus. Er verbessert auch die Radikaloperation der Unterleibsbrüche.

— Franciscus **Maurolykus** erklärt unter Benutzung von Vesals Beschreibung des Baues des Auges (1543) die Wirkung der Krystalllinse im Auge in richtiger Weise, indem er darlegt, daß sich die Strahlen hinter derselben schneiden. Er gibt eine Erklärung der Kurz- und Weitsichtigkeit.

— Nicolo **Monardes** beschreibt die Gewinnung des Perubalsams, die bei der Entdeckung Amerikas schon unter den Eingeborenen im Gebrauche war. Der Baum gelangt erst 1781 durch Mutis in die europäischen botanischen Gärten. Auch der Tolubalsam wird zuerst von Monardes beschrieben.

— Garcias **de Orta** gibt gute Beschreibungen vieler in Indien gebrauchter Drogen und bereichert dadurch die Arzneimittellehre. Er beschreibt u. a. auch zuerst den Benzoebaum (Styrax Benzoïn).

— Garcias **de Orta** gibt die erste Nachricht über Catechu, das in der Medizin und mehr noch in der Färberei und Gerberei angewendet wird. Das in den Handel kommende Produkt ist der aus den Blättern erhaltene eingedickte Extrakt.

— G. P. A. Pierluigi **da Palestrina** vereinfacht die polyphone Musik, indem er durch passende Abschnitte und Einteilungen die Masse der Töne und die Masse der Stimmen gliedert, welche letztere bei ihm meist in Chören gesondert erscheinen.

— Erasmus **Reinhold** erkennt die Elliptizität der Mond- und der Merkurbahn.

1560 Josias **Simler** begründet die wissenschaftliche Kunde der Alpen und ihrer Gletscher. (S. a. 1544 M.)

— Daniel **Speckle,** Kriegsbaumeister in Straßburg, fordert Befestigungsanlagen mit stark entwickelter Feuerkraft und völliger Deckung der Grabenmauern gegen Sicht. Er führt den gedeckten Weg sägeförmig (en cremaillère).

— Pergamentblättchen, mit Namen und Wohnort versehen, haben zuerst die in Italien studierenden deutschen Studenten in Gebrauch genommen. Die älteste derartige Besuchskarte (Visitenkarte), die bekannt ist, befindet sich im Staatsarchive zu Venedig und lautet auf den Namen eines i. J. 1560 zu Padua studierenden Rechtsbeflissenen Johannes **Westerhof** aus Westfalen.

1561 Gabriele **Falloppia** beschreibt zuerst die später nach ihm benannten Tuben (Eileiter), die Ligamenta rotunda und die Ovarien. Er führt die Namen Vagina und Placenta ein.

— Gabriele **Falloppia** zeigt zuerst, daß sich die Hornhaut des Auges nicht nur durch das ihr eigentümliche Gewebe, sondern auch durch ihre sphärische Krümmung von der Sklera unterscheidet und daß der Ciliarkörper keine Membran, sondern ein die Uvea mit der Linse verbindendes Band ist. Er beschreibt auch zuerst die Hyaloidea.

— Konrad **Gesner** gibt die erste eingehendere Beschreibung eines Nordlichts. (S. 320 v. Chr. Pytheas.)

— Adam **Lonicerus** macht die ersten Angaben über den Gebrauch des, wie es scheint, schon von den Chinesen als geburtförderndes und blutstillendes Mittel angewandten Mutterkorns.

— Ambroise **Paré** zieht die Orthopädie, die seit der Römerzeit geruht hatte, wieder ans Tageslicht. Er gibt Apparate zur Klumpfußbehandlung an und schreibt das erste Werk über die Ursachen und Behandlung der Spinaldeformitäten, wobei er ein Korsett von durchlochtem Eisenblech zur Aufrechthaltung des Körpers empfiehlt.

— Ambroise **Paré** fertigt aus Gold- und Silberplatten Obturatoren zum Verschluß von Gaumendefekten, nachdem eine Veröffentlichung über solche Obturatoren das Jahr vorher von Amatus Lusitanus gemacht worden war. Es scheint nach J. Christ's Mitteilungen, daß beide selbständig auf diese Idee gekommen sind.

— Barbara **Uttmann** führt die Klöppelspitzenfabrikation im sächsischen Erzgebirge ein. Ob sie die Fabrikation der Klöppelspitzen erfunden hat, ist nicht sicher zu erweisen. Daß diese Kunst in Brabant vorher existiert habe, will Mrs. Palliser aus einem Bild von Quentin Messys von 1495 schließen, auf dem ein spitzenklöppelndes Mädchen dargestellt sei.

1563 Der spanische Seefahrer Juan **Fernandez** entdeckt die nach ihm benannte Insel im Stillen Ozean, welche später durch die Abenteuer des Schotten Alexander Selkirk (Robinson Crusoe) berühmt geworden ist.

1564 **August,** Kurfürst von Sachsen, gibt in seinem „künstlich Obstgarten Büchlein" eine auf eigener Erfahrung beruhende Anweisung zur Obstkultur.

— Bartolomeo **Eustachio** entdeckt den Hauptstamm der Milchgefäße bei einem Pferde (Ductus thoracicus). Er gibt die erste richtige Abbildung des weiblichen Uterus und entdeckt die Nebennieren.

— Das im Altertum unbekannte Strumpfstricken ist wahrscheinlich im 16. Jahrhundert zuerst in Spanien aufgekommen. (Vgl. auch 1559 Heinrich II.) Von da gelangt diese Fertigkeit nach England, wo William **Rider** i. J. 1564 als erster Strumpfstricker genannt wird.

1565 Giulio Cesare **Aranzio,** Arzt in Bologna, untersucht die Veränderung des Blutlaufs, die bei der Geburt im Foetus vor sich geht und entdeckt den Ductus venosus Arantii und die Muskeln des oberen Augenlids.

— Peter Andreas **Matthiolus** gibt die erste Nachricht vom Roßkastanienbaum, der durch ihn nach Wien gelangt und der eingehender 1588 von Clusius beschrieben wird. Die Frucht wird 1768 von Heideloff als Kaffeesurrogat empfohlen.

1565 Jean **Nicot,** französischer Gesandter in Portugal, bringt die Tabakpflanze nach Frankreich. (Vgl. auch 1497.) Bereits im gleichen Jahre gelangt sie durch den Stadtphysikus Occo nach Augsburg. Nach Nicot heißt die Tabakpflanze Nicotiana, ihr Alkaloid Nicotin. (S. 1828 P.)

— Während alle früheren Versuche, vom westlichen Stillen Ozean nach Osten zu segeln, mißlungen waren, weil der entgegenwehende Passat dies hinderte, segelt der spanische Mönch und Seefahrer Fray Antonio **de Urdaneta** von Manila erst nach Norden, wo er unter 32° n. Br. günstigen Westwind antrifft, der ihn binnen 4 Monaten durch die Südsee bis in den mexikanischen Hafen Acapulco befördert. Diese Reiseroute trägt Jahrhunderte lang Urdanetas Namen.

1566 Der englische Schriftsteller Thomas **Blundevill** veröffentlicht sein Werk „The foure chiefest offices belonging to horsemanship", das durch seine gründlichen, wenn auch zum Teil auf Kompilation beruhenden Angaben bis zum Anfang des 18. Jahrhunderts seinen Ruf als Musterwerk auf dem Gebiet der Pferdekunde behauptet.

— Konrad **Gesner** in Zürich gibt in seinem Werke „De omni rerum fossilium genere", woselbst er auch das Reißblei erwähnt, die erste Abbildung eines Bleistifts. Er bemerkt dazu: Stylus inferius depictus ad scribendum factus est, plumbi cujusdam genere, in mucronem derasi, in manubrium ligneum inserti.

— Theophrastus **Paracelsus** gibt sein Buch von den Meteoren heraus, das sich als eine Art Meteorologie kennzeichnet.

— **Wilhelm IV.,** Landgraf von Hessen, gibt einen Sternkatalog heraus, bei dem zum ersten Male die Zeit als eigentliches Beobachtungselement benutzt und die Uhr zu einem brauchbaren astronomischen Instrument erhoben wird. (S. 1484 W.)

1567 Herzog **von Alba** führt an Stelle der Arkebuse oder des halben Hakens den ganzen Haken unter dem Namen „Muskete" ein, welche an Stelle der bisherigen vierlötigen Kugeln achtlötige Geschosse zur Durchbohrung der verstärkten Ritterrüstungen verfeuert, aber zu ihrer Handhabung der Gabel bedarf.

— Die Gewehrpatrone wird zuerst i. J. 1550 erwähnt. Zur regelmäßigen Ausrüstung des Fußvolks wird dieselbe durch den Herzog **von Alba** i. J. 1567 gemacht.

1567—69 Alvaro de **Mendaña** entdeckt die Salomon-, die Marquesas- und die St. Cruz-Inseln.

1568 Auf Veranlassung des Herzogs **von Alba** werden an der niederländischen Küste zuerst die sog. Duc d'Alben angelegt, das sind Gruppen eingerammter Pfähle, die als Seezeichen und zum Festlegen der Schiffe dienen. Möglicherweise ist indes die Bezugnahme auf Alba eine irrige, und es sind die betreffenden Vorrichtungen besser als „Dukdalben" zu bezeichnen, niederdeutsch „Dickdollen", d. i. Deichpfähle.

— Philipp **Apianus,** Professor in Tübingen, der erste Topograph der neueren Zeit, liefert in seinen 24 „bayrischen Landtaffeln" das topographische Meisterwerk des 16. Jahrhunderts. Diese Karte ist auch von großer Bedeutung für die Geländedarstellung.

— Der Danziger Zeugmeister Veit Wulff **von Senftenberg** beschreibt in seinem Buche „Von allerlei Kriegsgewehr und Geschütz" in ausführlicher Weise Pulverminen mit Fern- und Zeitzündung, Selbstschüsse, Sprengbriefe, torpedoartige Sprenganlagen u. dgl.

1568 Bernardino **Telesio** begründet eine neue Naturlehre, wobei er die gesamte Erscheinungswelt auf drei Hauptprinzipien zurückführt, nämlich ein passives körperliches (die Materie) und zwei tätige unkörperliche (Wärme und Kälte). Durch den Kampf der Prinzipien bilden sich Himmel und Erde und alle Einzeldinge. (Vgl. sein Hauptwerk „De rerum natura juxta propria principia".)

— Constantin **Varolio** von Bologna bearbeitet die Anatomie des Zentralnervensystems.

1569 Egnatio **Danti** von Bologna entdeckt die Verminderung der Schiefe der Ekliptik.

— Gerhard **Mercator** erfindet die nach ihm „Mercator-Projektion" benannte winkeltreue Zylinderprojektion mit wachsenden Breiten, die noch heute die Projektion aller Seekarten ist.

1570 Die Königin **Elisabeth von England** beruft behufs der Verhüttung des Zinns deutsche Unternehmer und Arbeiter und versieht dieselben mit Privilegien. Von dieser Zeit datiert der Aufschwung der Zinngewinnung in Cornwall. Der Zinnstein wird dort in sog. Handkrählöfen, später in rotierenden Telleröfen und Zylinderöfen geröstet, das Röstgut durch Waschen und Behandlung mit Salzsäure oder verdünnter Schwefelsäure, welche die fremden Metalloxyde lösen, angereichert und das angereicherte Zinnerz mit Kohle in Schachtöfen oder Flammöfen reduziert. Das rohe Zinn (Werkzinn) wird einem Raffinationsprozeß unterworfen.

— Hieronymus **Fabricius** ab Acquapendente entdeckt, daß alle Klappen in den Venen sich nach dem Herzen hin öffnen, erkennt aber deren Bedeutung für die Erleichterung des Blutstromes zum Herzen zurück noch nicht.

— **Fournier** führt die Fabrikation der Leonischen Ware (d. s. aus feinem Draht hergestellter Tressen, Borten, Stickereien, Fransen, Quasten usw.) in Nürnberg ein, das von da ab der Hauptsitz dieser zuerst in Leon in Kastilien betriebenen Industrie wird. In neuerer Zeit ist diese Fabrikation durch Benutzung der Galvanoplastik, durch Erfindung der Überspinnmaschine und der Vergoldmaschine wesentlich vervollkommnet worden.

— Der Arzt Volcker **Koyter** fördert die beschreibende und vergleichende Anatomie der Tiere, äußert richtige Ansichten über den Nutzen des äußeren Ohrs als reflektierenden Organs, über das Trommelfell und die Gehörknöchelchen als Schallleiter und die Leitung der Gehörsempfindung durch den Nervus acusticus ins Gehirn.

— Abraham **Ortelius** veröffentlicht in seinem „Theatrum orbis terrarum" 53 Karten in Kupferstich, die für die Geschichte der Kartographie von großem Werte sind.

— Felix **Plater** macht zuerst den Versuch einer Systematik der Geisteskrankheiten und tritt für eine psychische Behandlung der Irren und gegen Zwangsmaßregeln, namentlich gegen die Einsperrung in Gefängnisse ein.

— Der Benediktinermönch Petro **de Ponce** zeigt zuerst, daß die Taubstummheit nicht auf einer mangelhaften Bildung der Sprachorgane beruht, sondern daß die Stummheit nur eine Folge der Taubheit ist und liefert den praktischen Beweis hierfür, indem er Taubstummen zeigt, wie artikulierte Töne gebildet werden und ihnen so die Sprache wieder schenkt.

1571 Konrad **Heresbach** aus Speyer schreibt sein berühmtes Buch „Rei rusticae libri quatuor", das erste **deutsche** Buch über Landwirtschaft, das den Keim der späteren kameralistischen Richtung der landwirtschaftlichen Studien enthält.

1572 Der Italiener Raffaele **Bombelli** zu Bologna lehrt in seiner 1572 zu Venedig erschienenen „Algebra" ein Verfahren zum Quadratwurzelausziehen, das auf die Berechnung von Näherungswerten mittels Kettenbrüchen hinauskommt. Pietro Antonio Cataldi (s. 1613) und Daniel Schwenter (s. 1618) verbessern dieses Verfahren. (Vgl. auch 1659 Brouncker.)

1572 Tycho **Brahe** beobachtet am 11. November einen neuen Stern im Sternbild der Kassiopeia, der im März 1574 wieder unsichtbar wird.

1572—74 Isaac **Habrecht** aus Schaffhausen erbaut die berühmte Kunstuhr im Straßburger Münster, welche bis zum Jahre 1889 im Gange war.

1572 Nicolo **Monardes** erwähnt zuerst die Sabadilla, aus deren offizinell angewendetem Samen das Veratrin hergestellt wird.

— Leonhard **Thurneysser** macht die ersten systematischen Mineralwasseranalysen und hebt in seiner Schrift „De frigidis et calidis aquis mineralibus et metallicis" zuerst die Möglichkeit der Darstellung künstlicher Mineralwässer hervor.

— **Wilhelm von Oranien** bedient sich während der Belagerung von Harlem durch Herzog Alba der Brieftauben, um sich mit seinen Landsleuten außerhalb der Stadt zu verständigen. Dasselbe tut er im folgenden Jahre bei der Belagerung von Leiden.

1573 Lorent **Jubert** entdeckt die Blinddarmplatte und die knorpelige Rolle für den oberen schrägen Augenwinkel.

— Ambroise **Paré** ist der erste, der den objektiven Nachweis von Kindesbewegungen zur Diagnose des Lebens der Frucht verwertet. (S. a. 1543 Vesalius.) Er gibt eine genaue Darstellung der Wendung auf die Füße mit nachfolgender Extraktion. (S a. 536 n. Chr.)

— Jacques **Peletier** erfindet einen Distanzmesser, den er in seiner Schrift „De l'usage de la géometrie" beschreibt.

— Samuel **Zimmermann** in Augsburg gibt in seinem „Dialogus" eine ausführliche Beschreibung der Kartätschgranate, die danach mit dem spätern Schrapnell (s. 1803 S.) fast völlig identisch ist.

1574 Lazarus **Ercker** gibt in seiner „Probekunst" an, „wie das Eysen in langwieriger starker Hitze mit harten oder buchenen Kohlen ohne Abgang geglühet zu hartem Stahl kann gemachet werden"; es handelt sich aber dabei nur um eine Härtung kleiner geschmiedeter Gegenstände. (Erste Erwähnung des Zementstahls.) (Vgl. auch 1627.) Er gibt Anweisung zu einer partiellen Mineralanalyse auf trockenem Wege und weist auf die Wichtigkeit einer feinen Wage hin, die er beschreibt.

1575 J. **Mendoza** gibt in seinem Kompendium, in dem er die Winde, Meeresströmungen, Schiffskurse usw. abhandelt, bereits besondere Segelanweisungen für einzelne Meere und Meeresteile.

— Ambroise **Paré** spricht zuerst von der Anwendung künstlicher Augen, die aus Gold und Silber gefertigt werden. Nächst ihm gedenkt Geronimo Fabricio (1617) der Anwendung künstlicher Augen und hält gläserne Augen für die am meisten geeigneten.

— Ambroise **Paré** bespricht in seinem „Tractatus de renunciationibus et cadaverum embaumatibus" die Lehre von den Wunden, deren Gefahr und Tötlichkeit, ihre gerichtliche Feststellung usw. und gibt 1583 eine Anleitung zur Erstattung von gerichtlichen Gutachten.

— Ambroise **Paré** beschreibt, nachdem im Mittelalter die Massage vergessen worden war, dieselbe wieder in ihren verschiedenen Arten und Wirkungen und legt großen Wert auf dieses Heilverfahren in Fällen, wo die Patienten lange Zeit das Bett hüten müssen und keine Bewegungen machen können.

— Der Bologneser Arzt Caspar **Tagliacozza** vervollkommnet die plastischen Operationen noch weiter als es Celsus und Branca vor ihm getan hatten und bildet namentlich auch künstliche Ohren.

1576 Tycho **Brahe** bewirkt eine wesentliche Verbesserung der astronomischen Instrumente und fügt am Okularrande der Alhidade ein besonderes Visier hinzu, das ihm gestattet, sein Instrument mit größter Genauigkeit auf einen Stern einzustellen. Obwohl seine Apparate mit Fernrohren noch nicht versehen sind, verleiht er seinen astronomischen Messungen auf der Insel Hveen (Uranienburg und Sternenburg) einen bis zu seiner Zeit noch nicht gekannten Grad von Genauigkeit und schafft dadurch die Grundlagen für die weiteren astronomischen Fortschritte, namentlich für Kepler's Berechnungen.

1576 Tycho **Brahe** verbessert die Armillarsphäre und benutzt dieselbe zur Beobachtung der Stundenwinkel und Deklinationen der Sterne. (S. 150 P.) Er stellt im gleichen Jahre das gleichförmige Wachsen der Präzession fest.

1576—78 Der englische Seefahrer Sir Martin **Frobisher** macht auf drei Reisen den Versuch, die nordwestliche Durchfahrt zu finden, doch gelangt er von der Ostküste Grönlands nur bis Baffinsland, das man in England „Meta incognita" nannte. Er entdeckt die Hudsonstraße, die er jedoch nicht weiter verfolgt.

1576 Matthias **Lobelius** (de l'Obel) aus Lille ordnet die Pflanzen habituell, und zwar nach der Blattform. Er unterscheidet bereits die Monokotylen und Dikotylen, eine der vorzüglichsten Abgrenzungslinien in der Botanik.

— Der englische Seemann Robert **Norman** erfindet den Inklinationskompaß zur Messung der Neigung der Magnetnadel gegen den Horizont. Für London ermittelt er eine Inklination von 71^0 50^0. (Vgl. seine i. J. 1580 erschienene Schrift „The new attractive". — S. auch 1544 Hartmann.)

1577 Nachdem schon Nicolaus von Cusa den Vorschlag gemacht hatte, die Schiffsgeschwindigkeit nach derjenigen Zeit zu bestimmen, in der das Schiff an einem kleinen über Bord geworfenen Gegenstande vorbeiläuft, beschreibt zuerst William **Bourne** das Log in der noch jetzt üblichen Gestalt. Die Ansicht Humboldts, daß Magalhães schon 1520 das Log benutzt habe, ist durch Breusing widerlegt.

1577—80 Sir Francis **Drake** vollführt mit einem Geschwader von 5 Schiffen die zweite Erdumseglung. (Vgl. 1520 Magalhães.) Er durchfährt die Magalhãesstraße, erblickt Kap Hoorn und segelt an der Westküste Amerikas entlang bis 43^0 n. Br. Er durchquert alsdann den Stillen Ozean, erreicht im Jahre 1579 die Insel Ternate, läuft Java und das Kap der Guten Hoffnung an und gelangt im September 1580 nach England zurück.

1577 Guido **Ubaldi** (Guidobaldo del Monte) findet das Gesetz, daß Last und Kraft zueinander im umgekehrten Verhältnis der Wege stehen, welche sie in derselben Zeit durchlaufen, geht aber über die Anwendung beim Flaschenzuge und dem Rad an der Welle nicht hinaus. (Vgl. 1594 Galilei.)

1578 Guillaume **de Baillou** beschreibt unter dem Namen „Quinta" eine in Paris vorwiegend unter den Kindern aufgetretene Hustenepidemie, die sich mit dem Krankheitsbilde des Keuchhustens deckt und die früheste Erwähnung dieser Krankheit ist. Die nach Mézerai im Jahre 1414 aufgetretene Coqueluche-Epidemie stellt sich eher als Influenza dar.

— Jacques **Besson** beschreibt in seinem „Theatrum instrumentorum et machinarum" eine Passigdrehbank und eine Drehbank zum Gewindeschneiden, welche mit einer Art Leitspindel versehen ist. Eine Drehbank zum Gewindeschneiden, die mit 2 Leitspindeln ausgestattet war, war schon von Leonardo da Vinci beschrieben worden.

— Egnatio **Danti** in Bologna konstruiert zuerst „durchgehende" Windfahnen, bei denen die Windrichtungen zu jeder Zeit auf einer im Hause selbst befestigten Windrose abgelesen werden können.

— Marx **Fugger** aus der Familie der Fugger zu Augsburg, Rat Kaisers Rudolf II., gibt der Züchtungs- und Gestütskunde durch sein Werk „Von der Gestüterei" eine wesentliche Bereicherung. Er betont in seinem Buch auch die Notwendigkeit einer Pflege der Tierheilkunde für die Landwirtschaft und Viehzucht.

1578 Der Kosake Jermak **Timofejew** dringt in Sibirien ein, begründet die Herrschaft Rußlands vom Uralgebirge bis zum Irtysch und trägt durch seine Kriegszüge viel zur Kenntnis des Landes bei.

— Gerhard **Mercator** verwendet in seiner Ausgabe der ptolemaeischen Kartensammlung sowohl die abweitungstreue unechte Kegelprojektion mit konzentrische Kreise bildenden Breitenlinien, die vielfach Bonne zugeschrieben wird, als auch die abweitungstreue unechte Zylinderprojektion mit geradlinigen parallelen Breitenkreisen, die 1650 Sanson und 1729 Flamsteed anwenden und die häufig die Sanson-Flamsteedsche Projektion genannt wird.

— Die Erdwalze oder völlige Sappe (d. i. die Ausführung der Laufgräben derart, daß der gegen die Festung vorarbeitende Pioniertrupp eine Erddeckung vor sich errichtet und diese beim Weitervortreiben der Sappe stetig weiterwälzt) ist eine türkische Erfindung. Im Abendlande wendet zuerst der niederländische Oberst **Sonnoy** bei der Belagerung von Deventer die Erdwalze an.

1579 Nachdem bereits bei den Römern eine gelegentliche Verwendung kupferner und bronzener Schreibfedern erwähnt wird, die aus dünnem Bleche geschnitten und dann hohl gebogen waren, versucht Andreas **Ludwig,** gebürtig aus der Umgegend von Reichenhall in Oberbayern, eine Herstellung von Schreibfedern aus Messingblech. Auch Johann Neudörffer aus Nürnberg soll ähnliche Versuche gemacht haben, die jedoch ebensowenig wie die Ludwig'schen praktische Folge hatten. (Vgl. 1780.)

— Mathaeus **Meth,** ein Arzt aus Langensalza, erfindet die Gradierhäuser zur Anreicherung der Salzsolen behufs Gewinnung von Kochsalz und baut das erste Gradierhaus in Nauheim. (Vgl. auch 1726 B.)

— Der italienische Architekt Giacomo **della Porta** macht den Vorschlag, die menschliche Stimme durch Röhren auf weite Entfernungen fortzuleiten. (Akustische Telegraphie.)

— François **Vieta** begründet durch seine Schrift „Universalium inspectionum ad canonem mathematicum liber singularis" innerhalb der Trigonometrie die Goniometrie als vorbereitende Wissenschaft.

1580 Prosper **Albinus** veröffentlicht die erste Abbildung und Beschreibung der Kaffeepflanze in Europa.

— Prosper **Albinus** lernt im Orient die Moxen kennen und bringt dieselben nach Europa. Die Moxa ist ein kleiner aus leicht verglimmendem Stoffe angefertigter Kegel oder Zylinder, der bei Gicht, chronischem Rheumatismus usw. zum Zweck energischer Ableitung auf der Haut verbrannt wird. Jetzt sind die Moxen allgemein durch Brennapparate verdrängt.

— Nachdem nächst Kleomedes (s. 100 n. Chr.) auch von Alhazen und Bernhard Walther einzelne Beobachtungen der astronomischen Strahlenbrechung mitgeteilt worden waren, behandelt Tycho **Brahe** dieselbe wissenschaftlich und bestimmt zum ersten Male auf empirischem Wege ihre Größe.

— Der Botaniker Fabio **Columna** führt den bereits Plinius dem Älteren bekannten offizinellen Baldrian in den Arzneischatz ein, nachdem er ihn an sich selbst gegen Epilepsie angewandt hatte.

— Rembertus **Dodonaeus** führt die Tomate, die den Griechen bereits als Genußpflanze bekannt war, in die medizinische Praxis ein.

— Rembertus **Dodonaeus** beschreibt die Kapuzinerkresse, die zu seiner Zeit gegen Skorbut verwendet wird.

— Obschon die Stärke seit den ältesten Zeiten bekannt und auch schon 800 v. Chr. zu Appreturzwecken verwendet worden war, wird sie doch in

England erst um die Mitte des 16. Jahrhunderts eingeführt. Das Stärken der Wäsche ebensowohl, wie das Blauen derselben wird durch die Holländerin Abigail **Guilham,** die Frau eines königlichen Leibkutschers, zuerst bewirkt. Das Blauen wird derart zur Modesache, daß die Königin Elisabeth, in der Absicht, sich dasselbe allein zu reservieren, durch ein Manifest vom 23. Juni 1596 es ihren Untertanen verbietet.

1580 Arthur **Pet** dringt auf dem Schiffe „Georg" bis in das Karische Meer vor und fördert die Lösung der Frage eines nordöstlichen Seewegs nach dem Stillen Ozean in nicht unbedeutendem Maße.

— **Ratcliffe** in Plymouth begründet zum ersten Male, seitdem die Tironischen Noten (s. 63 v. Chr. Tiro) außer Gebrauch kamen, ein Kurzschriftsystem (Stenographie), das jedoch zur Andeutung der einzelnen Wörter bestimmte Zeichen einführt, daher große Anforderungen an das Gedächtnis stellt, und nicht zur allgemeinen Anwendung gelangt. Ein ähnliches System stellt 1588 Timothy Bright auf.

— Paolo **Sarpi** weiß, daß ein Eisenstab durch Influenz seitens eines Magneten selbst zum Magneten wird.

— Pompeo **Targone,** Ingenieur des Marchese Ambrogio Spinola, erfindet die Feldmühlen. (Wagenmühlen, fahrbare Mühlen.)

— Garcilaso **de la Vega** spricht von dem Gebrauch der Inkas, auf den Hochebenen von Peru zum Schutz der Pflanzungen gegen Frost durch Verbrennen von Mist Rauch zu erzeugen, der wie eine Wolkendecke wirke und den Frost abhalte. (S. a. 1757 und 1867 T.)

— François **Vieta** begründet die Buchstabenrechnung, indem er, wenngleich auch schon vor ihm Buchstaben zur Bezeichnung von Zahlengrößen gelegentlich verwendet worden waren (s. 330 v. Chr., 150 n. Chr.), die folgerichtige und systematische Anwendung der Buchstaben in die Algebra einführt und dieses Verfahren auch auf die Geometrie ausdehnt.

1582 Tycho **Brahe** führt in Uranienburg 15 Jahre hindurch ein meteorologisches Tagebuch, in dem er regelmäßig den Gang der Witterung verzeichnet. Ähnliche Aufzeichnungen werden von Kepler gemeldet.

— Der Papst **Gregor XIII.** führt nach sechsjährigen Verhandlungen mit den katholischen Mächten mittels der Bulle „Inter gravissimas" die nach ihm benannte Kalenderreform durch, zu welcher der italienische Arzt Luigi Lilio die Anregung gegeben (vgl. jedoch 1474 Sixtus) und der Bamberger Mathematiker Clavius die Berechnungen ausgeführt hatte. Die i. J. 1582 gegen das tropische Jahr bestehende Abweichung von 13 Tagen wird dadurch beseitigt, daß nach Donnerstag d. 4. Oktober gleich Freitag d. 15. Oktober gezählt wird. Ferner wird in Abänderung des julianischen Kalenders (s. 46 v. Chr.) bestimmt, daß für die Folge nur diejenigen Säkularjahre Schaltjahre sein sollen, die durch 400 teilbar sind.

— Der aus Deutschland gebürtige Techniker Peter **Maurice** legt unter der London Bridge ein durch ein Wasserrad getriebenes Pumpwerk an, das als die erste Anlage dieser Art in England bezeichnet wird und lange Zeit hindurch für die Wasserversorgungseinrichtungen der Städte vorbildlich gewesen ist.

— Paul **Wittich** findet das als Prosthaphaeresis bezeichnete Rechnungsverfahren, das vor Erfindung der Logarithmen sehr gebräuchlich war, um Multiplikationen durch Additionen und Subtraktionen zu ersetzen.

1583 Georg **Bartisch** gibt seinen „Augendienst" heraus, in welchem er sich als tüchtiger Beobachter und geschickter Augenarzt zeigt, und in dem er auch verschiedene neue Instrumente und neue Operationen beschreibt.

— Andreas **Caesalpinus** sucht die Pflanzen nach ihren Fruktifikationsorganen in ein System zu bringen und gibt eine inhaltreiche theoretische Botanik.

1583 Andreas **Caesalpinus** bemerkt zuerst das Anschwellen der Venen unterhalb
des Verbandes und zieht daraus den Schluß auf ein Zurückfließen des
Blutes in den Gefäßen.

— In der in Basel gedruckten „Geometria rotundi" des Mathematikers Thomas
Finck aus Flensburg finden sich zuerst die Namen „Tangente" und „Sekante".
(Die Einführung der Sekante in die Trigonometrie erfolgt durch Kopernikus.)

— Pieter **van Foreest** fördert die Medizin durch die Herausgabe seiner Beobachtungen und tritt gegen die sehr verbreitete Uromantie auf, indem
er hervorhebt, daß Temperatur, Lebensalter, Lebensart usw. auf die Beschaffenheit des Harns großen Einfluß äußern. (Vgl. auch 1534 Fernel.)

— Galileo **Galilei** beginnt seine bedeutsame, fast sechs Jahrzehnte fortgesetzte
Tätigkeit als Physiker und Astronom. Er legt die Ergebnisse seiner Forschungen in den in den Jahren 1612, 1623, 1632 und 1638 verfaßten, erst
nach seinem Tode herausgegebenen vier Hauptwerken nieder. Dieselben
enthalten viele von ihm schon lange vorher erkannte Tatsachen, so daß
es bei den meisten Entdeckungen Galileis nicht möglich ist, eine bestimmte
Jahreszahl anzugeben. Die hier folgenden, auf Galilei bezüglichen Artikel
sind deshalb hinsichtlich der Jahreszahlen, obwohl auf Grund der besten
Quellen geprüft, trotzdem zum Teil unsicher.

— Galileo **Galilei** soll — bei Beobachtung der Schwingungen einer Lampe im
Dom zu Pisa — den Isochronismus der Pendelschwingungen erkannt haben.
Doch ist das Jahr unsicher und der ganze Vorgang historisch nicht scharf
nachweisbar. Auch soll Galilei auf Grund jener Entdeckung einen Apparat
zur Messung der Häufigkeit des Pulsschlages ersonnen haben.

— Felix **Plater** spricht klar aus, daß die Krystalllinse des Auges die Bilder der
äußern Gegenstände auf der Netzhaut entwirft, daß die letztere also den
Hauptteil des Sehwerkzeuges darstellt. (S. a. 1160.) Der Irrtum Platers,
daß die Bilder auf der Netzhaut vergrößert werden, wird von Kepler (vgl.
1604 K.) richtig gestellt.

— Joseph Justus **Scaliger** veröffentlicht sein Werk „De emendatione temporum",
ein bahnbrechendes Lehrbuch der Chronologie, das Ordnung und Licht in
diese Wissenschaft bringt und ihm den Namen des Vaters der Chronologie
einbringt.

— Joseph Justus **Scaliger** schlägt eine, die ganze bekannte Geschichte umfassende Zeitrechnung vor, indem er durch Multiplikation der zyklischen
Zahlen 28, 19 und 15 eine Periode von 7980 Jahren bildet, die er „julia-
nische Periode" nennt. Das 4713. Jahr dieser Periode entspricht dem
ersten unserer christlichen Zeitrechnung.

1584 Sir Walter **Raleigh** bringt zuerst das Curare, das im wesentlichen aus dem
eingedickten Saft gewisser Strychnusarten besteht, nach Europa und berichtet, daß dasselbe unter dem Namen Ourari von den Indianern Guyanas
benutzt werde, um die Pfeilspitzen zu vergiften. Nähere Mitteilungen über
das Curare macht insbesondere Appun (1871).

— Die Kartoffel soll um 1565 bereits durch einen Sklavenhändler Hawkins
nach Irland gebracht worden sein, ohne jedoch Beachtung zu finden. Nachdem sie inzwischen durch die Spanier auch nach Italien und Burgund
gebracht worden war, führt sie 1584 Sir Walter **Raleigh** zum zweiten Male,
und zwar aus Virginien nach Irland ein. Von da an datiert ihre allgemeine
Verbreitung, um die sich u. a. auch Drake verdient gemacht hat. Dagegen
ist, wie schon Humboldt nachgewiesen hat, die Annahme irrig, daß Drake
die Kartoffel nach Europa eingeführt habe.

— Johann **Schenck von Grafenberg** wendet zuerst bei asphyktisch Verunglückten
nach Entfernung aller Atmungs-Hindernisse künstliche Respiration an.

Darmstaedter.   7

1584 Michael **Varro** äußert in seinem „Tractatus de motu" richtige Vorstellungen von der mechanischen Kräftezusammensetzung.

— Nikolaus **Zurkinden** in Bern verfertigt ein Schnellladegewehr, an dem eine drehbare Ladetrommel, ähnlich wie bei dem heutigen Revolver, angebracht ist. Die Versuche mit dem Schnellladegewehr fallen zwar nicht besonders günstig aus, doch hat die Idee eine entwicklungsgeschichtliche Bedeutung.

1585 William **Borough** gibt ausführliche Anweisungen zur Bestimmung der Deklination und bespricht ihre Wichtigkeit für die Navigation.

— Tycho **Brahe** stellt ein Weltsystem auf, bei dem die Erde den Mittelpunkt der Welt bildet. Sie wird von Sonne und Mond umkreist, während die Planeten sich um die Sonne bewegen.

1585—87 John **Davis** unternimmt drei Reisen zur Auffindung einer nordwestlichen Durchfahrt, sichtet den südlichsten Abschnitt von Ostgrönland, das er „Land of Desolation" nennt, und kommt an der Westküste von Grönland durch die nach ihm benannte Davisstraße bis über 72" n. Br., worauf er quer über den Meerbusen zur Hudsonstraße steuert.

1585 John **Davis** erfindet den Davis-Quadranten (Backstaff), welcher sich in der Seeschiffahrt rasch einbürgert, ohne indes den Jakobsstab (s. 1325) ganz zu verdrängen.

— Von Philipp II. abgewiesen, begibt sich der italienische Kriegsbaumeister Federigo **Gianibelli** nach Antwerpen, wo er mit den von ihm erfundenen Minenschiffen die Brücke sprengt, mit der die spanischen Belagerer die Schelde gesperrt hielten. Anderen Nachrichten zufolge hat Gianibelli Sprengladungen von 60 und 75 Zentnern zum Wegräumen der Sperren angewendet. Hiernach hätte man es mit einer Art von Seeminen zu tun.

— Durch den aus der Grafschaft Buckingham gebürtigen Engländer **Grenville,** welcher den Gebrauch der Tonpfeife bei den Eingeborenen Virginias kennen gelernt hatte, wird die tönerne Tabakspfeife in Europa bekannt.

— Jaques **Guillemeau** liefert in seinem Buche „Des maladies de l'œil qui sont en nombre de cent treize auxquelles il est subject" das beste Lehrbuch der Augenheilkunde des Mittelalters.

— Christoph **Rothmann** in Cassel beobachtet zuerst das Zodiakallicht (Tierkreislicht), das 1661 im Druck von Joshua Childrey beschrieben wird und dessen räumliche Verhältnisse 1685 von Jean Dominique Cassini bestimmt werden.

— Gasparo Bertolotti aus Brescia, genannt **da Salò,** hat einen wesentlichen Anteil an der technischen Ausbildung der heutigen Violine, deren Erfindung ihm bisweilen zugeschrieben wird. (Vgl. 1553 Tieffenbrucker.) Unter den späteren Violinenmachern sind namentlich Niccolo Amati in Cremona und — als berühmtester und in der Folgezeit nicht wieder erreicht — Antonio Stradivari zu nennen.

— Wenn auch nicht mehr zu ermitteln ist, wer die erste Zinseszinstafel aufgestellt hat, so sind doch als erste derartige, im Druck erschienene Tabellen die von Simon **Stevinus** in seiner „Practique d'Arithmétique" gegebenen anzusehen.

1586 Galileo **Galilei** konstruiert eine hydrostatische Wage (Bilancetta), die, auf dem archimedischen Prinzip von dem Gewichtsverlust eines in die Flüssigkeit eintauchenden Körpers beruhend, das spezifische Gewicht fester Körper zu bestimmen erlaubt.

— Simon **Stevinus** stellt die erste richtige Theorie der schiefen Ebene auf und deutet den Satz vom Parallelogramm der Kräfte an.

— Simon **Stevinus** spricht, unter Anlehnung an Ubaldi (s. 1577) bei Gelegenheit der Untersuchung des Gleichgewichtszustandes der Rollen und Rollensysteme das Prinzip der virtuellen Verschiebungen aus.

1586 Simone **Verovio** führt den Kupferstich in den Musiknotendruck ein, welcher sich seitdem dauernd neben dem Typendruck (s. 1476 Hahn, 1498 Petrucci, 1525 Haultin und 1755 Breitkopf) erhalten hat.

1587 Giulio Cesare **Aranzio** demonstriert zuerst das Netzhautbildchen an einem ausgeschnittenen Tierauge nach Abpräparieren der Lederhaut und Aderhaut. (S. 1625 S.)

— Giulio Cesare **Aranzio** weist zuerst auf eine Difformität des Beckens hin, eine Beobachtung, die der eigentliche Ausgangspunkt der Lehre vom engen Becken wird. (S. a. 1460.)

— Giovanni Battista **Benedetti** ahnt die Ursache der Fallbeschleunigung und hat eine gewisse Kenntnis von der Beharrung der Körper, nicht bloß in Ruhe, sondern auch in Bewegung. Er spricht aus, daß ein im Kreis geschwungener Gegenstand beim Aufhören der Zentralbewegung sich in tangentialer Richtung fortbewegt.

— Tycho **Brahe** stellt in Uranienburg seinen „Quadrans muralis sive Tichonicus" auf, der mittels Transversaleneinrichtung Sechstelminuten abzulesen erlaubt und viele Ähnlichkeit mit dem Quadranten des Nassir-Eddin (s. 980) aufweist. Später werden große Mauerquadranten namentlich von Bird (1775), Ramsden (1780), Troughton, Reichenbach (1819) u. a. gebaut.

— Nachdem der Gedanke, Winkelinstrumente mit zwei zueinander senkrechten Kreisen zu konstruieren, an welchen sich beliebige Visierrichtungen nach Höhe und Azimut festlegen lassen, zuerst von den Arabern verwirklicht worden war, konstruiert Tycho **Brahe** einen Quadrans azimutalis, der aus einem Höhenquadranten von $1^1/_2$ Ellen Höhe besteht, der über einem horizontalen Vollkreis von 2 Ellen Durchmesser spielt.

— Simon **Stevinus** entwickelt aus den Sätzen des Archimedes das sogenannte hydrostatische Parodoxon, wonach Flüssigkeiten einen viel größeren Druck als ihr eigenes Gewicht auf den Boden der Gefäße ausüben können, und bestimmt auch den Druck der Flüssigkeiten auf vertikale und geneigte Seitenwände. Er stellt ferner den Satz vom Gleichgewicht des Wassers in kommunizierenden Röhren auf.

1588 Carolus **Clusius** pflanzt in Wien und Frankfurt a. M. Kartoffeln als botanische Seltenheit an. (S. 1584 Raleigh.) Ihren botanischen Namen Solanum tuberosum erhält die Kartoffel durch Caspar Bauhin.

— Der Jesuit Giovanni Pietro **Maffei** in Florenz beschreibt in seiner Schrift „Historiarum indicarum libri XVI" die Teepflanze. Der Name „Tee" stammt von den Arabern, welche die chinesische Bezeichnung „Tscha" übernahmen, das Wort aber „Tiä" aussprachen. (Vgl. 150 v. Chr.)

— Livio **Sanuto** spricht zuerst von zwei magnetischen Polen der Erde. (Vgl. 1530 Fracastoro.)

1589 Galileo **Galilei** weist nach, daß Körper verschiedenen Gewichts, die er von der Höhe des schiefen Turmes in Pisa herabfallen läßt, ihren Weg in beinahe gleichen Zeiten zurücklegen.

— Der englische Student der Theologie William **Lee** baut den ersten Handkulierstuhl für Strumpfwirkerei in solcher Vollkommenheit, daß derselbe auch heute noch in seiner ursprünglichen Form Verwendung finden kann.

— Giambattista **della Porta** gibt an, daß man mit Eis und Salpeter eine weit höhere Kälte als mit Wasser und Salpeter (s. 1550) erzeugen könne.

— Giambattista **della Porta** gibt in seiner „Magia naturalis" die älteste Beschreibung eines Wassertrommelgebläses. In seinem Werke schildert er, wie Eisenfeilicht vom Magneten angezogen wird, an diesem wie ein Bart hängen bleibt und selbst, solange es nicht aus seiner Lage gebracht wird,

7*

magnetische Wirkungen äußert, daß diese Wirkung aber gestört wird, sobald man es vom Magneten abschüttelt.

1589 Daniel **Speckle** beschreibt in seiner „Architectura" den ersten Proportionalzirkel. Der Zweck des Proportionalzirkels, welcher aus zwei nach Zirkelart miteinander verbundenen, in mannigfacher Weise mit Marken versehenen Linealen besteht, ist der einer graphischen Tabelle. Mit der Verbesserung des Proportionalzirkels hat sich im Mittelalter eine große Anzahl Mathematiker beschäftigt.

1590 Der Jesuit G. **di Acosta** gibt die erste Beschreibung der Bergkrankheit und führt dieselbe auf die Dünne der Luft zurück.

— Tycho **Brahe** entdeckt die dritte große Ungleichheit des Mondes, die jährliche Gleichung, die daraus entspringt, daß die Erde sich nicht immer in der gleichen Entfernung von der Sonne befindet. (S. 150 und 980.)

— Nachdem sich die Wasseruhr (s. 450 v. Chr.) im Mittelalter auch im Hausgebrauche eingebürgert hatte, verbessert Tycho **Brahe** diese Konstruktion zu astronomischen Zwecken, indem er das Wasser durch Quecksilber ersetzt.

— Domenico **Fontana** soll zur Hebung des ägyptischen Obelisken auf dem Petersplatze in Rom von der Verkürzung der Taue durch Benässung Gebrauch gemacht haben.

— William **Gilbert** stellt sich — nach der von Lasswitz herrührenden, allerdings sehr freien Deutung — die Wärme als Bewegung eines sehr feinen materiellen Äthers vor. Gilbert selbst bezeichnet in seinem posthumen, erst 1651 veröffentlichten Werke die Wärme nur als „Actio corporis".

— Der holländische Optiker Zacharias **Janssen** erfindet das zusammengesetzte Mikroskop, welches aus der Vereinigung einer Bikonvexlinse (Sammellinse) und einer Bikonkavlinse (Zerstreuungslinse) besteht, von denen die erstere als Objektiv, die letztere als Okular dient.

— Johann **Praetorius**, Professor in Altdorf bei Nürnberg, erfindet das Diopterlineal und den Meßtisch. (Mensula Praetoriana.)

— Simon **Stevinus** legt mit seiner „Hylocynesie" den Keim zur tellurischen Morphologie. Er behandelt darin bereits den Bau der Ebenen und Berge, den Lauf der Flüsse und die Beziehungen zwischen festem und flüssigem Element.

— Simon **Stevinus** stellt eine Theorie der Gezeiten auf, die es ihm ermöglicht, für gegebene Erdorte die Eintrittszeiten für Ebbe und Flut mit Rücksicht auf den Mondlauf vorauszubestimmen.

1591 Johannes **Coler** gibt einen ökonomischen Kalender heraus, der neben den in Kalendern üblichen Angaben über Tage, Monate, Sonnenaufgang und Sonnenuntergang ausführliche Angaben über die Arbeiten enthält, die während eines jeden Monats im Hause, in den Ställen, auf den Feldern usw. ausgeführt werden müssen und der die Veranlassung zu dem 1593 von Coler veröffentlichten Werke „Oeconomia oder Hausbuch des Johannis Colers" wird, das den Weinbau, Gartenbau, Obstbau, Waldbau, Ackerbau, die gesamte Viehhaltung, Jagd, Vogelfang und Fischerei behandelt.

— Federigo **Gianibelli** bietet dem Lord Burleigh eine Erfindung an, durch welche er das Wasser der Londoner Straßengossen klären und für eine anderweitige Verwendung geeignet machen will. Der Vorschlag — eines der ersten geschichtlich nachweisbaren Beispiele des Versuchs einer Klärung der städtischen Abwässer — bleibt unbeachtet.

— Faustus **Varantius** baut die erste bekannte Baggermaschine, bei welcher die auf Stielbagger übertragene Kraft durch eine Anzahl in einem Laufrade tätiger Menschen hervorgebracht wird. Er entwirft eine Hängebrücke, die jedoch nicht zur Ausführung gelangt.

1592 Hieronymus **Fabricius** ab Acquapendente erwähnt zuerst das Leuchten des Schlachtfleisches (Lamm- und Bockfleisch). Das Leuchten an dem Schleim, den Köpfen, den Augen, sowie den Schuppen der Fische hatte zuerst Aristoteles erwähnt. Robert Boyle stellt 1667 fest, daß diese Eigenschaft im luftleeren Raume aufhört, im lufterfüllten Raume aber wieder beginnt.

— Georg **Hoefnagel** in Frankfurt a. M. macht die ersten bekannten mikroskopischen Beobachtungen und veröffentlicht auf 50 Kupfertafeln eine größere Anzahl von Abbildungen von Insekten als Ergebnis seiner Beobachtungen.

— Der Holländer Cornelis Cornelisz **van Uitgeest** erbaut die ersten durch Windräder getriebenen Holzsägemühlen, nachdem bis dahin solche Mühlen nur durch Wasserräder betrieben worden waren.

1593 **Servière** erfindet die Kapselpumpe, bei der die Wasserbewegung durch zwei entgegengesetzte Drehbewegungen oder durch die Verbindung einer Drehbewegung mit einer geradlinigen Bewegung der an Stelle der Kolben wirkenden Scheiben und Platten bedingt wird. Trotz der Schwierigkeit, eine haltbare Dichtung für die Drehscheiben und Platten herzustellen, wird diese Art von Pumpen in der Folge vielfach angewendet und auch noch vervollkommnet.

1594 Wie durch eine Regensburger Handschrift neuerdings festgestellt worden ist, bezeichnet es Galileo **Galilei** als einen allgemein gültigen Satz, daß bei allen mechanischen Vorrichtungen in demselben Verhältnisse an Weg und Zeit verloren, wie an Kraft gewonnen wird. (Vgl. 1577 Ubaldi.)

1595 Wer zuerst den Calomel in der Medizin angewandt hat, ist nicht zu ermitteln; so viel aber steht fest, daß Joseph **du Chesne** (Quercetanus) denselben öfters benutzt hat, weshalb er im 17. Jahrhundert auch Panchymagogum Quercetani hieß.

— Andreas **Jessner** gibt in seiner „Kunstkammer" an, der Wein bleibe süß, wenn man 3—4 Pfund Blei in das Faß lege. Die Verfälschung des Weines mit Bleiglätte ist neueren Datums und zuerst in Frankreich aufgekommen, wo man ihr durch eine Verordnung von 1696 zu steuern sucht.

— Andreas **Libavius** gibt das erste Lehrbuch der Chemie „Alchemia e dispersis passim optimorum auctorum etc. collecta." heraus und entdeckt bei Destillation von Quecksilbersublimat mit Zinn das Doppelt-Chlorzinn (Spiritus fumans Libavii).

— Andreas **Libavius** beschreibt das wahrscheinlich schon früher bekannte neutrale essigsaure Bleioxyd und bezeichnet dasselbe zuerst als Bleizucker.

— Andreas **Libavius** macht zuerst auf die Reaktion zwischen Salzsäure und silberhaltigen Lösungen aufmerksam.

— Andreas **Libavius** erwähnt zuerst das schwefelsaure Ammoniak, dessen Darstellung aus Schwefelsäure und Spiritus Urinae er beschreibt. Gegen Ende des 17. Jahrhunderts wird das Salz ein beliebtes und viel gebrauchtes Arzneimittel und späterhin, nachdem die Gasbeleuchtung sich allgemein verbreitet und man das Teerwasser (Gaswasser) zur Bereitung der Ammoniaksalze anzuwenden gelernt hat, ein großer Handelsartikel.

— Bartholomäus **Pitiscus** veröffentlicht seine „Trigonometria", welche Bezeichnung bei ihm zum ersten Male vorkommt. Er gibt derselben trigonometrische Tabellen bei, und zwar in der Auflage vom Jahre 1612 mit Dezimalstellen, welche durch einen Punkt von den übrigen Stellen getrennt sind. (Vgl. aber 1600 B.) Sein Hauptverdienst ist die im Jahre 1613 unter dem Titel „Thesaurus mathematicus" erfolgte Herausgabe des großen Kanon des Rhaeticus.

1596—97 Nachdem Willem Barents bereits im Jahre 1594 eine Expedition zur Auffindung des nordöstlichen Seewegs unternommen hatte, die ihn bis 77° nördlicher Breite führte, und nachdem im Jahre 1595 eine zweite holländische Entdeckungsfahrt gemacht worden war, die ergebnislos verlief, unternehmen Willem **Barents**, Jacob **van Heemskerk** und Jan Cornelisz **Rijp** eine neue Expedition, auf der sie unter 74°30' die Bäreninsel und unter 80° Spitzbergen entdecken.

1596 Willem **Barents** und Jacob **van Heemskerk** (s. vorigen Artikel) beobachten auf ihrer Reise im nördlichen Eismeer, daß die Barnakel- (Bernakel-) gänse Eier legen und bebrüten wie andere Vögel. Die Annahme der klerikalen Schriftsteller, welche, um diese Gänse als Fastenspeise zulassen zu können, dieselben aus der Entenmuschel (Lepas anatifera) entstehen lassen, ist damit endgültig widerlegt.

— Andreas **Caesalpinus** bespricht in seiner Schrift „De metallicis", daß Alaun, Salpeter, Vitriol, Zucker usw. aus ihren Auflösungen immer in denselben Formen anschießen und dürfte damit wohl der erste Beobachter der Tatsache sein, daß Salze eine verschiedene Krystallgestalt haben. Er hält indes die Krystallgestalt nicht für ein konstantes Kennzeichen der Körper, weil er die vorgefaßte Meinung hat, daß nur die organisierende Kraft bestimmte Gestalten erzeugen könne, was bei leblosen Substanzen nicht der Fall sei.

— Der Mathematiker **Ludolf van Ceulen** in Leiden berechnet die nach ihm benannte Kreisumfangszahl π auf elementarem Wege (aus dem umschriebenen und eingeschriebenen 1073,741284-Eck) auf 35 Dezimalstellen.

— David **Fabricius** entdeckt den 13. August an dem Fixstern o Ceti eine auffallende Lichtveränderung und nennt diesen veränderlichen Stern, der im Oktober wieder verschwindet, später aber mit wechselnder Helligkeit wiederholt beobachtet wird, „Mira Ceti".

— Sebastian **Hälle** regelt zuerst die Brennzeit des Zünders nach der Flugzeit des Geschosses und wendet einen Fall- und Aufschlagzünder an.

— Simon **Stevinus** führt die Dezimalbruchrechnung in die Rechenkunst ein, indem er volle Klarheit über das Wesen der Dezimalbrüche schafft und die vorhandenen Keime (s. 1140) zu einem klar durchgebildeten System vereinigt. Stevinus hatte schon i. J. 1585 in seiner Abhandlung „La Disme" ausgesprochen, daß sich alle Berechnungen des Geschäftslebens ohne Brüche, nur mittels ganzer Zahlen ausführen lassen. (Vgl. 1600 Bürgi.)

1597 William **Barlowe** in Easton bei Winchester erkennt zuerst den störenden Einfluß der im Schiffskörper befindlichen Eisenmassen auf den Kompaß: Deviation. (S. seine Schrift „The navigator's supply". — Vgl. auch 1798 Flinders.)

— **Capo Bianco** erwähnt zuerst in seiner Schrift „Corona e palma militare" die Anwendung der Kartusche in der Artillerie, welche das bis dahin unbequeme, zeitraubende und gefährliche Laden der Geschütze mit losem Pulver aus einer Ladeschaufel entbehrlich macht.

— **Heinrich IV.** von Frankreich soll vor Amiens das erste Feldlazarett errichtet haben.

— Andreas **Libavius** macht die erste bestimmte Beobachtung über die blaue Färbung des Ammoniaks mit Kupfer.

— Buonajuto **Lorini** beschreibt in seinem Werke „Delle fortificationi" Hinterladungsgeschütze, die auf Galeeren und Kriegsschiffen zur Bequemlichkeit der Kanoniere sehr gebräuchlich seien. Er gibt u. a. auch die Beschreibung einer Seilbahn zur Bewegung von Erdmassen. (S. a. 1411.)

— Sir Walter **Raleigh** benutzt das Mahagoniholz auf Trinidad zur Ausbesserung seiner Schiffe, doch wird das Holz in England erst 1724 eingeführt. Die Rinde wird 1787 von Wright in Jamaika als Chinasurrogat empfohlen.

1598 Fortunato **Fedele** in Palermo ist der erste, der den Wert der Sektion zum Erweise eines Giftmordes erkennt und zu dem Behufe die Eröffnung und Untersuchung der Leichen vorschlägt.

— Der Senator Carlo **Ruini** in Bologna gibt die „Anatomia del Cavallo" heraus, ein Werk, das durch die anschauliche Beschreibung der Krankheiten des Pferdes und deren Heilung einen großen Ruf erlangt. Neuerdings wird bezüglich des genannten Buches die Autorschaft Ruinis, der ein Jurist war, in Zweifel gezogen.

— Nach William **Shakespeare** ist es eine zu seiner Zeit bereits allgemein bekannte Tatsache, daß der Mond die Ursache von Ebbe und Flut ist. (S. Heinrich IV. [1. Teil, I, 2]; Lear [V, 3: „Wir überstehen List und Zwist der Großen, die Flut und Ebbe haben nach dem Mond"]; Wintermärchen [I, 1]; Sturm [V, 1]).

1599 Ulisses **Aldrovandi** gibt die drei ersten Bände seiner großen Tiergeschichte heraus, die der Naturgeschichte der Vögel gewidmet sind. Die ferneren Bände werden erst nach seinem Tode von Uterverius, Dempster und Bartholomaeus Ambrosinus herausgegeben. Das Werk geht wenig über Gesner (s. 1550) hinaus, der im allgemeinen kritischer als Aldrovandi ist.

— Dirk **Gerritsz** wird auf einer Fahrt durch die Magalhães-Straße durch einen Orkan angeblich bis 64° s. Br. verschlagen, wo er schneebedecktes Land (Grahamland?) erblickt haben will. Doch haben Ruge und Wichmann nachgewiesen, daß er nur bis 56° s. Br. gelangt ist und den nach ihm benannten Dirk Gerritsz-Archipel nie gesehen hat.

— Der Italiener Ferrante **Imperato** erwähnt in seiner „Naturgeschichte" das Reißblei, das er „Grafio piombino" nennt. Die Bezeichnung „Graphit" stammt von Abraham Gottlob Werner.

1600 Tycho **Brahe** entdeckt die säkulare Beschleunigung der Mondbewegung.

— Tycho **Brahe** berechnet die erste Refraktionstafel und benutzt dieselbe, um die astronomischen Beobachtungen zu korrigieren.

— Just **Bürgi** erfindet unabhängig von Stevinus (s. 1596) die Dezimalbruchrechnung. Er wendet zuerst einen Punkt zur Abgrenzung der Dezimalstellen an. (Vgl. aber 1595 Pitiscus.) Er konstruiert ein Triangularinstrument, das aus 3 Linealen mit Dioptern besteht und zur Verwendung bei den Feldmeßarbeiten bestimmt ist.

— Hieronymus **Fabricius** ab Acquapendente macht hervorragende entwicklungsgeschichtliche Arbeiten und gibt die ersten Abbildungen von Embryonen, von der Decidua, dem schwangern Uterus und der Placenta. Er stellt auch als Erster die Lage der Krystalllinse in einer Umrißzeichnung richtig dar.

— Hieronymus **Fabricius** ab Acquapendente gibt in seiner Schrift „De larynge vocis organo" die erste Monographie über den Kehlkopf.

— William **Gilbert** erforscht die Eigenschaften der natürlichen Magnete, gibt der Lehre vom Magnetismus eine wissenschaftliche Grundlage und begründet die Lehre vom Erdmagnetismus (vom großen Magneten Erde). Durch die Annahme des Erdmagnetismus gelingt es ihm, die Deklination und Inklination zu erklären. Er behauptet schon, daß jeder unmagnetische, aber durch seine Richtung im Raume der Erdeinwirkung zugängliche Eisenstab mit der Zeit selbst zum Magneten werden müsse. (Vgl. auch 1530 und 1588.)

— William **Gilbert** betrachtet zuerst die Anziehungskraft des Bernsteins als eine neue selbständige Naturkraft und gibt ihr nach dem Ἤλεκτρον (Bernstein) den Namen „elektrische Kraft". Neben dem Bernstein führt er eine Menge Körper an, die durch Reiben elektrisch werden. Er ist der Erfinder des ersten elektrischen Meßinstruments (Elektrometers) zum Nachweis der Elektrisierung durch die Anziehung eines schwingenden Metallstäbchens.

1600 Hans **Heyden** in Nürnberg baut ein Klavier (Geigen - Klavizimbel), bei welchem die Klaviersaiten nicht durch Hämmeranschlagen, sondern durch kleine mit Kolophonium bestrichene Räder zum Tönen gebracht werden. Ähnliche Versuche, den Effekt von Streichinstrumenten vermittels einer Klaviatur zu erreichen, werden später u. a. gemacht von Gleichmann in Ilmenau, Le Voirs in Paris, Hohlfeld in Berlin, Kunze in Prag und Röllig in Wien.

— Fabriz **von Hilden** erneuert die alte Kunst der Inder und Araber (s. 500 v. Chr. und 1256), Eisen mit dem Magneten auszuziehen, indem er mit dem Magneteisenstein einen kleinen Eisensplitter aus der äußeren Schicht der Hornhaut entfernt.

— Die erste Nachricht über Feldapotheken, die man mit in den Krieg führte, stammt von Fabriz **von Hilden,** der erwähnt, daß der Marschall Moritz von Sachsen einen sogenannten „Feldkasten" mit sich geführt habe.

— Fabriz **von Hilden** beschäftigt sich mit der Untersuchung des äußeren Gehörganges und mit dessen krankhaften Zuständen und erfindet das erste Speculum auris zur Erforschung des Gehörganges.

— Anton **Moller** in Danzig erfindet die Bandmühle, die es ermöglicht, daß ein Arbeiter auf dem Webstuhl 16 oder auch mehr Bänder gleichzeitig herstellen kann.

— Olivier **de Serres** behandelt in seiner Schrift „Théâtre d'agriculture" die Obstzucht in methodischer Weise. Auch beschreibt und empfiehlt er die seit dem Altertume (s. 60 Columella) nicht mehr angewendete Drainage.

— Simon **Stevinus** baut einen Segelwagen, welcher, nur durch die Kraft des Windes getrieben, mit 28 Personen besetzt günstig verlaufende Probefahrten zwischen Scheveningen und Petten unternimmt.

— Johann **Thölden** in Frankenhausen konstruiert ein Skalenaraeometer zum Spindeln von Salzlauge, das jedoch die Grenzen der Frankenhausener Saline nicht überschritten zu haben scheint. Thölden ist wahrscheinlich der Verfasser der früher dem Erfurter Mönch Basilius Valentinus zugeschriebenen Schriften, welche von Thölden untergeschoben worden sind, während Basilius Valentinus überhaupt keine geschichtliche Person ist.

— Guido **Ubaldi** fördert durch seine „Perspectivae libri sex" die Perspektive. Er beweist, daß die Bilder aller mit der Tafel nicht gleichlaufenden Parallellinien des wagerechten Grundrisses im Horizonte des Auges zusammenlaufen.

Siebzehntes Jahrhundert.

1601 Der Portugiese Godinho **de Eredia** landet an der Nordwestküste Australiens in der Gegend des Vandiemen-Golfs und ist der erste Europäer, der Australien betreten hat. Die Westküste wird 1616 von Dirk Hartog, die Südküste 1627 von Nuyts erreicht. (Vgl. 1606 J. und T.)

— Der Ostindienfahrer James **Lancaster** leitet die erste Expedition der 1600 gegründeten Ostindischen Kompagnie und legt den Grund zu dem Verkehr mit Ostindien. Die Holländer, deren ostindische Kompagnie 1602 gegründet wird, beteiligen sich besonders an der Erforschung von Ostindiens Inselwelt.

— Giambattista **della Porta** macht den frühesten bekannten Versuch zur quantitativen Bestimmung, in wieviel Dampf eine bestimmte Wassermenge sich auflöst.

— Giambattista **della Porta** macht den Vorschlag, zur Überleitung des Wassers in Wasserleitungen über Berge hinweg den Heber zu benutzen.

— Nach William **Shakespeare** zeigt sich das St. Elmsfeuer unter Umständen auch an einem Menschen. (Julius Caesar, I, 3: „Ein Sklave hob seine linke Hand empor; sie flammte wie zwanzig Fackeln auf ein Mal, und doch, die Glut nicht fühlend, blieb sie unverletzt.“)

1602 Trotz der Einführung der Feuerwaffen erfährt das Bogenschießen und die Konstruktion von Pfeil und Bogen auch im späteren Mittelalter eine stete Vervollkommnung. **Carew** berichtet in seiner Geschichte von Cornwallis, daß sich die Bogenschützen seines Landes darauf verstanden, mit Pfeilen von Ellenlänge eine Rüstung auf 500 Schritt zu durchschießen.

— Julius **Casserius** macht zahlreiche anatomische Entdeckungen im Gehörorgan und fördert dessen Kenntnis, sowie die des Gehirns und der Nerven durch seine im vierten Buche seines „Pentaesthesion“ enthaltenen vortrefflichen Zeichnungen und Beschreibungen.

— Galileo **Galilei,** der die Tatsache des Isochronismus der Pendelschwingungen kennt (s. 1583), beweist das Gesetz des Falls durch die Sehnen des vertikal gestellten Kreises. Er weist nach, daß der Fall durch den Bogen kürzere Zeit erfordert, als durch jede zum gleichen Bogen gehörige Folge von Sehnen.

— Galileo **Galilei** findet für die Wurflinie eine parabolische Gestalt, die sie indes, was Galilei nicht erkennt, tatsächlich nur im luftleeren Raume besitzt. (Vgl. 1537 Tartaglia.) — Das Jahr 1602 ist ganz unsicher.

— Der Bakkalaureus der Theologie John **Willis** stellt das erste stenographische Alphabet auf (vgl. 1580 Ratcliffe), welches indes noch der Einfachheit und Leichtigkeit der Darstellung entbehrt. William **Mason** verbessert dieses System wesentlich, indem er 1672 auf alphabetischer Grundlage die Worte nach ihrem Laute schreibt, daneben aber eine Anzahl von symbolischen

Charakteren einführt. Sein System wird von Thomas Gurney vereinfacht und danach zeitweise viel benutzt. Die Bezeichnung „Stenography" ist zuerst von John Willis gebraucht worden.

1603 Johann **Bayer** veröffentlicht den ersten Sternatlas „Uranometria"; die Sterne werden zum ersten Male der Helligkeit nach in jedem Sternbilde mit den Buchstaben des griechischen Alphabets bezeichnet. Diese Bayer'schen Bezeichnungen sind noch heute gebräuchlich.

— Carolus **Clusius** gibt die erste eingehendere Kunde von dem Gummigutt, das 1295 bereits aus China nach Europa gelangt, aber wenig beachtet worden war. Seine medizinische Einführung als drastisch wirkendes Abführmittel erfolgt gegen 1610.

— Joseph **du Chesne** (Quercetanus) nennt zuerst in seiner Pharmakopöe ein aus spießglanzhaltiger Schwefelleberlösung mit Säure niedergeschlagenes Präparat Goldschwefel (Sulphur auratum). Das Präparat wird später als Fünffach-Schwefelantimon erkannt.

— Marino **Ghetaldi** stellt in seinem „Promotus Archimedes etc." die ersten Tabellen der Volumgewichte von Flüssigkeiten und Metallen zusammen.

1604 Galileo **Galilei** versucht, das von ihm schon vorher erkannte Gesetz der Fallräume durch die (unrichtige) Annahme zu erklären, daß die Geschwindigkeiten des fallenden Körpers den zurückgelegten Wegen proportional seien. Die richtige Erklärung, daß die Geschwindigkeitszunahme der Zeit proportional ist, fällt in die Zeit nach 1604 und vor 1609.

— Johann **Kepler** hat eine klarere Vorstellung von der Brechung der Strahlen im Auge als Maurolykus (s. 1560) und Plater (s. 1583). Kepler läßt auf der Netzhaut ein umgekehrtes Bild entstehen und stellt als Bedingung des deutlichen Sehens hin, daß die Strahlen eines leuchtenden Punktes auf einem Punkt der Netzhaut vereinigt werden. Er gibt eine vollständige und richtige Theorie von dem Nutzen der Brillen. Er untersucht ferner den Durchgang der Lichtstrahlen durch brechende Medien und streift nahe an die Erkenntnis des Brechungsgesetzes.

— Johann **Kepler** bestimmt auf theoretischem Wege die astronomische Strahlenbrechung und stellt Formeln dafür auf, die 1661 von Jean Dominique Cassini auf geometrischem Wege vervollständigt werden. Er erkennt mit voller Klarheit, daß nur Zenitalstrahlen ganz ungebrochen zur Erde kommen können.

— Johann **Kepler** entdeckt im Sternbild des Ophiuchus einen neuen Stern. Derselbe übertrifft an Glanz alle Fixsterne 1. Größe, nimmt zu Anfang des folgenden Jahres an Glanz ab und verschwindet zu Anfang des Jahres 1606 spurlos.

— Garcilaso **de la Vega** bringt mit seiner Schrift „Comentarios reales" die erste Kunde von dem Vorkommen des Guano (huano) nach Europa. Er berichtet, daß der Guano im Inkareiche von alters her als Düngmittel im Gebrauch gewesen sei, und die einzelnen Guanolager auf die Provinzen des Landes verteilt waren.

1605 Francis **Bacon** von Verulam schlägt die Beschaffung einer europäischen Universalsprache nach dem Muster des Chinesischen vor. Es sollen durch Formeln, welche die Ideen der Dinge repräsentieren, die Gedanken in etwa derselben Weise zum Ausdruck gebracht werden, wie man die Ideen durch die artikulierte Sprache wiedergibt.

— Pedro **de Quiros** entdeckt Tahiti und andere Südseeinseln.

— Simon **Stevinus** ist der Erste, der seit al Mamun (vgl. 827) die Meßkette wieder erwähnt und sie abbildet.

— Der französische Minister Maximilien **de Sully** veranlaßt den Bau des Kanals von Briare, der die Loire mit der Seine verbindet. Der Kanal, dessen

Länge 59 km ist, wird 1642 unter Ludwig XIII. beendet; er stellt den ältesten französischen Kanal dar.

1606 Sir Bevis **Bulmer** erhält ein Patent für das erste Eisenschneidewerk in England, bei dem das Schneiden durch Schneidescheiben geschieht. (S. auch 1532 Hessus.)

— Der Florentiner Antonio **Carletti**, welcher die Herstellung der Schokolade in Westindien kennen gelernt hat, führt diese Fabrikation in Italien ein.

— Willem **Jansz** entdeckt mit seinem Schiffe „Duyfken" die Ostseite des Carpentariagolfs.

— Der Spanier Luis Vaz **de Torres** entdeckt die Niedrigen Inseln und durchfährt die nach ihm benannte Torresstraße. Die von Torres befahrene Linie ist wegen der zahlreichen Korallenriffe gefährlich. Für die Schiffahrt wichtiger ist daher der 1802 von Flinders gefundene Prince of Wales-Kanal.

1607 Galileo **Galilei** versucht eine Messung der Lichtgeschwindigkeit, indem er zwei mit Laternen versehene Beobachter in der Dunkelheit einige Kilometer voneinander entfernt aufstellt, von denen der eine seine Laterne zu bedecken hatte, sobald er das Licht des anderen verschwinden sah. Aus dem Zeitunterschiede der Bedeckung sollte die Lichtgeschwindigkeit ermittelt werden. Diese rohe Methode konnte zu einem brauchbaren Ergebnisse nicht führen, enthält aber den Grundgedanken des Meßverfahrens von Fizeau (s. 1849) und Foucault (s. 1854).

1607—11 Der englische Seefahrer Henry **Hudson** entdeckt und erforscht bei seinen vier Versuchen, eine nordwestliche Durchfahrt zu finden, den Hudsonfluß, die schon von Frobisher (s. 1576) befahrene Hudsonstraße und die Hudsonbai, wo er von seinen meuternden Matrosen in einem Boote ausgesetzt wird und verschollen bleibt.

1607 Claudio **Monteverde** gestaltet die Tonarten des Glareanus (s. 1547) in die moderne Molltonart um.

1608 **Beguin** erwähnt in seinem „Tirocinium chimicum" das mittels Schwefel, Kalk und Salmiak hergestellten „Oleum sulphuris" oder „Liquor Beguini", das im wesentlichen aus Polysulfureten besteht. Auch van Helmont und namentlich Boyle (1663) tun dessen Erwähnung; der letztere mit dem Zusatz, daß die Dämpfe jener Komposition Blei- und Silberlösung schwärzen.

— Thomas **Coryate** sucht die (nach Petrus Damianus) gegen 1080 in Italien aufgekommenen, aber auch dort wenig gebräuchlichen Gabeln in England einzuführen, erntet aber nur Hohn und Spott. In Frankreich werden die Gabeln 1589 am Hofe Heinrichs III. eingeführt, aber ebenfalls als weibische Ziererei insbesondere in der 1589 erschienenen Schrift (L'isle des Hermaphrodites) verspottet.

— Oswald **Croll** führt durch seine „Basilica chimica" eine große Anzahl organisch chemischer Präparate in den Arzneischatz ein.

— Oswald **Croll** erwähnt in seiner „Basilica chimica" das Knallgold-Ammoniak, dem Beguin den Namen „Aurum fulminans" gibt und dessen Zusammensetzung von Kunckel um 1700 angedeutet und von Bergmann (1769) und Scheele (1777) bestätigt wird, während seine Konstitution erst von Dumas (1830) ermittelt wird.

— Oswald **Croll** gibt dem geschmolzenen Chlorsilber den Namen „Luna cornea, Hornsilber". Die Löslichkeit des Chlorsilbers in Ammoniak wird zuerst 1648 von Glauber erwähnt.

— Galileo **Galilei** erkennt (etwa in der Zeit zwischen 1604 und 1609), daß der Fall auf der schiefen Ebene eine gleichförmig beschleunigte Bewegung ist.

— Im Jahre 1608 gelangen durch Vermittelung der **holländischen Ostindienkompagnie** zum ersten Male indische bedruckte Kattune in das Abendland. Dieses Ursprungs halber erhalten solche Kattune den Namen „Indiennes".

1608 Der holländische Brillenmacher Johann **Lipperhey** in Middelburg sucht am 2. Oktober um ein Patent für das sogenannte holländische Fernrohr nach, das aus einer bikonvexen und einer bikonkaven Linse zusammengesetzt ist.

— Ludovico **Mercato** beschreibt in seinen „Opera medica" zuerst die perniziösen dreitägig intermittierenden Fieber.

— Blaise **de Vigenère** entdeckt die Benzoesäure, die er aus Benzoeharz in krystallinisch sublimiertem Zustande herstellen lehrt.

1609 Alonzo Saavedra **Barba** führt die warme Amalgamation der Silbererze unter Benutzung von kupfernen Kesseln ein. Er erwähnt auch die Verarbeitung geschwefelter Erze und macht auf den Nutzen des vorherigen Röstens derselben aufmerksam. (Cazoprozeß.)

— Wie Caspar **Bauhin** berichtet, ist die Jalape, die als Drastikum viel gebraucht wird, unter [dem Namen „Bryonia mechoacanna nigricans" aus Mexiko zuerst nach England eingeführt worden.

— Galileo **Galilei** erkennt im Jahre 1609 (vielleicht jedoch schon sehr viel früher) das Prinzip der Trägheit, wonach ein Körper, auf welchen keine Kräfte wirken, in Ruhe oder gleichförmig geradliniger Bewegung verharrt.

— Als Galileo **Galilei** im Frühjahr 1609 von der holländischen Erfindung des Fernrohrs (s. 1608 Lipperhey) Kunde erhalten hatte, gelingt es ihm, in kürzester Zeit (nach seiner eigenen Angabe in einer Nacht) ein dreimal vergrößerndes Fernrohr selbständig zu fertigen. Doch behaupten Zeitgenossen, wie Fontana, Galilei habe in Venedig ein holländisches Fernrohr gesehen und dasselbe zum Muster genommen.

— **Karl IX.** beginnt mit dem Bau des Karlsgrabens, der Wener- und Wettersee mit dem Kattegat verbindet, die Reihe der Kanäle, die sich von der Ostsee zur Nordsee erstrecken und deren Hauptglied der Trollhättakanal bildet, der bezüglich der Stauhöhe seiner Schleusen auch heute von keiner anderen Kanalanlage überholt worden ist. Die Verbindung zwischen Hjelmar- und Mälarsee, der Kanal von Arboga, wird unter Gustav Adolf und Christine erbaut; der ganze Kanal wird 1832 vollendet.

— Johann **Kepler** entdeckt durch sechsjährige Rechenarbeit auf Grund von Tycho Brahe's Beobachtungen die ersten beiden seiner drei Gesetze: Die Planeten beschreiben Ellipsen um die Sonne als Brennpunkt; und: Die Verbindungslinie (Radius vector) zwischen Sonne und Planet bestreicht in gleicher Zeit gleiche Flächenräume.

— Johann **Kepler** gibt in seinem Buche „De Stella Martis" zuerst zahlenmäßige Angaben von den Anziehungskräften, welche nach Verhältnis ihrer Massen Erde und Mond gegeneinander ausüben und führt Ebbe und Flut als einen Beweis an, daß die anziehende Kraft des Mondes sich bis zur Erde erstrecke.

— Johann **Lipperhey** führt auf Wunsch der holländischen Generalstaaten, die ihm nur unter der Bedingung der Einrichtung eines Fernrohrs zum Gebrauch für beide Augen ein Privileg erteilen wollen, die Verbindung zweier Fernrohre zu binokularer Benutzung aus. (Doppelfernrohr.)

1610 Der französische Baumeister Louis **de Foix** beendet den im Jahre 1584 begonnenen Bau des Leuchtturms auf Cordouan. Dieser jetzt noch tätige Leuchtturm war lange Zeit hindurch für derartige Bauten vorbildlich. (Vgl. auch 1821 Fresnel.)

— **Französische Buchbinder** verwenden zuerst an Stelle der hölzernen Buchdeckel Pappe, die anstatt mit Maroquin, Saffian oder Schweinsleder mit Kalbleder überzogen wird. An den Ursprung erinnern die Namen „Franzband" und „Halbfranzband".

— Galileo **Galilei** entdeckt am 7. Januar 1610 drei Jupitertrabanten und bald darauf den vierten. (Vgl. 1610 Marius.)

1610 Galileo **Galilei** entdeckt den Ring des Saturn, den er jedoch für eine Dreiteilung des Planeten hält. (Vgl. 1657 Huygens). Er hat zuerst eine
richtige Vorstellung von der Natur der Mondoberfläche und schätzt aus
den Gebirgsschatten die Höhe der höchsten Mondberge auf 8000 m.

— Galileo **Galilei** spricht zuerst die Ansicht aus, daß die Milchstraße eine Anhäufung unzähliger nahe aneinander befindlicher Sternchen sei. Er teilt
die teleskopischen Sterne in sechs Größen ein.

— Johann Baptist **van Helmont** kennzeichnet zuerst die bis dahin nicht für
wesentlich verschieden von der Luft angesehenen luftförmigen Körper als
verschiedenartig von der Luft und untereinander und gibt ihnen den
Namen „Gase". Namentlich lehrt er den Wasserstoff, die schweflige Säure,
die Kohlensäure usw. kennen. Er spricht zuerst aus, daß die Wirkung
des Pulvers auf einer Gasentwicklung beruhe.

— Johann Baptist **van Helmont** spricht zuerst aus, daß bei der Atmung die
Luft eine ähnliche Rolle spiele, wie bei der Unterhaltung der Flamme.

— Simon **Marius** bezeichnet sich als den Entdecker der vier Jupitertrabanten.
Doch tritt er mit seiner angeblichen Entdeckung erst im Jahre 1614, also
4 Jahre nach Galilei (s. d. 1610) in die Öffentlichkeit, wobei er als Datum
der Auffindung den 29. Dezember 1609 alten Stils, d. i. 8. Januar 1610
neuen Stils, angibt.

— Raymund **Minderer** führt das essigsaure Ammoniak als „Spiritus ophtalmicus
Mindereri" in den Arzneischatz ein.

— **Trautmann** gibt die erste genaue Beschreibung eines Kaiserschnittes, den
er am 21. April an einer Lebenden ausgeführt hat. (S. a. 1500.) Paré
hatte auf Grund eigener Erfahrung und der Resultate seines Schülers
Guillemeau sowie derjenigen von Viart, Brunet und Charbonnet ausdrücklich vor dieser Operation gewarnt.

1611 Die Sonnenflecke (s. 1160 Averrhoës) werden von Johann **Fabricius,** Galileo
Galilei und Christoph **Scheiner** fast gleichzeitig wieder entdeckt, ein Zu-
sammentreffen, welches sich aus der kurz zuvor erfolgten Erfindung des
Fernrohrs (s. 1608 Lipperhey und 1609 Galilei) erklärt.

— Galileo **Galilei** spricht zur Unterstützung der Kopernikanischen Lehre die
Tatsache öffentlich aus, daß die Planeten keine selbstleuchtenden Himmelskörper seien und daß Venus und Mars sich um die Sonne drehen. Er
lehrt im folgenden Jahre die Achsendrehung der Sonne.

— Johann **Kepler** erfindet das astromomische oder Kepler'sche Fernrohr, das
in seiner einfachsten Gestalt eine Bikonvexlinse als Objektiv und eine
ebensolche als Okular hat und umgekehrte Bilder liefert. Er beschreibt
das Fernrohr in seiner „Dioptrik", in der er diese Wissenschaft so darstellt,
wie wir sie auch heute noch behandeln. Die Begriffe „Prisma, Linse,
Meniskus usw." werden hier zum ersten Male aufgestellt.

— Nachdem schon Aretaeus, Severinus und Foreest Notizen über die Diphtherie gegeben hatten, gibt **Villa Real** mit der Schilderung des in Spanien
herrschenden Jarotillo ein wohl zu erkennendes Bild dieser Krankheit.
Insbesondere erwähnt er auch die zähe Membran als Characteristikum.

1612 **Aguilonius** (François Aguillon) begründet die Horopterlehre, die namentlich von J. Müller 1826, Prévost 1843, Helmholtz 1862, Hering 1863 und
Volkmann 1863 gefördert wird. Horopter ist für eine bestimmte Augenstellung der Inbegriff aller derjenigen Punkte im Raum, deren Abbildungen
bei dieser Augenstellung auf identische Punkte der beiden Netzhäute fallen.

— Claude Gaspard **Bachet de Méziriac** kündigt in seinen „Problèmes plaisants
et délectables qui se font par les nombres" die Auflösung der unbestimmten
Gleichungen vom ersten Grade an, die er 1624 allgemein und vollständig
gibt. (Vgl. auch 1484 Chuquet.)

1612 **Button** und **Ingram** unternehmen eine Hilfsexpedition zur Aufsuchung des verschollenen Hudson. (S. 1607.) Sie schließen aus den Erscheinungen der Ebbe und Flut auf einen Zusammenhang des von Hudson aufgefundenen Meeres mit einem westlichen Weltmeere und leisten dadurch den Bestrebungen für die Auffindung einer Nordwestpassage Vorschub.

— Johann **Faulhaber** fördert die Lehre von den arithmetischen Reihen, indem er Summenformeln für die Potenzen der aufeinanderfolgenden Zahlen der natürlichen Zahlenreihe bis zur Summe der 11 Potenzen einschließlich gibt.

— Simon **Marius** entdeckt als ersten Nebelfleck den Nebelfleck in der Andromeda, zu dem Hartwig 1885 eine Nova findet.

— Der Florentiner Antonio **Neri** trägt durch sein Buch „De arte vitraria" zur Entwicklung der Glasbereitung bei. Er kennt bereits das Bleikrystallglas, das er von allen Gläsern das allerschönste und edelste nennt.

1613 Christoph **Scheiner** bestimmt aus der Beobachtung der Sonnenflecke die Rotationszeit der Sonne und die Lage ihres Äquators und beobachtet zuerst die Sonnenfackeln.

— Jacob Theodor **Tabernaemontanus** gebraucht zuerst die Arnica medizinisch gegen die Hämorrhoidalkoliken; größere Verbreitung findet dieselbe jedoch erst seit 1667 durch Johann Michael Fehr. (Vgl. auch 1550.)

1614 Robert **Bylot** und William **Baffin** machen eine Expedition zur Auffindung der Nordwestpassage und gelangen aus der Hudsonstraße in den Foxkanal, wo sie indes durch Packeis an der Weiterfahrt verhindert werden. (S. a. 1616 B.)

— Roderich **a Castro** beschäftigt sich in seinem „Tractatus Medico-Politicus sive de officiis medico-politicis tractatus" sehr eingehend mit den Aufgaben des Gerichtsarztes und muß als der Schöpfer der wissenschaftlichen gerichtlichen Medizin bezeichnet werden.

— Der Grieche **Demiscianus** wendet zuerst die Benennungen „Teleskop" und „Mikroskop" an, an Stelle der für diese Instrumente bis dahin gebräuchlichen Bezeichnungen „Perspicilia", „Conspicilia" und „Occhiali".

— Der schottische Mathematiker John **Napier of Merchiston** wird mit seinem Werke „Descriptio mirifici logarithmorum canonis" der geschichtliche Erfinder und zugleich Namengeber der Logarithmen, welchen Ruhm sich Bürgi hat entgehen lassen. (S. 1620.) Er stellt die als Napier'sche Analogien bezeichneten Formeln zur Berechnung sphärischer Dreiecke auf.

— Der italienische Arzt Santorio **Santoro** weist die Perspiration (die unmerkliche Stoffausgabe durch Lunge und Haut) und andere Erscheinungen des Stoffwechsels und Wachstums durch jahrelang fortgesetzte Wägungen nach.

1615 William **Baffin** wendet zu Ortsbestimmungen zuerst die Methode der Mondkulminationen an, welche sich auf die Beobachtung der Meridiandurchgangszeit des Mondes gründet.

— Fabrizio **Bartolotti** entdeckt den Milchzucker, den er durch Eindampfen von Molken gewinnt. Die Herstellung des Milchzuckers wird seit den letzten Dezennien des 18. Jahrhunderts ausschließlich in der Schweiz betrieben und bleibt bis gegen 1880 das Monopol der Berggemeinde Marbach im Kanton Luzern. Erst seitdem entstehen auch Fabriken in Deutschland und Amerika.

— Der Werkmeister an der Pariser Münze Nicolas **Briot** konstruiert ein Prägewerk, welches in seiner Einrichtung einem Walzwerk gleicht, auf dessen Walzenbahnen sich die Gravierungen der Münzen befinden. Er verkauft später seine Erfindung an Warin, der sie noch verbessert und zur Einführung bringt. (S. a. 1552.)

1615 Johann Baptist **van Helmont** weiß, daß die Dämpfe des brennenden Schwefels die Flamme erlöschen machen.

— Johann Baptist **van Helmont** bewirkt durch sein „Pharmacopolium ac dispensatorium modernum", in dem viel Belehrung über die richtige Darstellung der Arzneien und über die Schädlichkeit mancher damals gebrauchter Mittel enthalten ist, einen wesentlichen Fortschritt der Arzneimittellehre. Er macht zuerst auf die stärkende, erhitzende Kraft des Mohnsaftes aufmerksam.

— Johann Baptist **van Helmont** erwähnt zuerst die Feuererscheinung, unter welcher sich der Schwefel mit den Metallen vereinigt. Er gibt an, beim Rösten von Blei mit Schwefel Feuer wahrgenommen zu haben, ohne daß ein brennender Körper die Mischung berührt habe. Deimann, Paets von Troostwyk, Nieuwlandt, Bondt und Lauwerenburgh zeigen 1793, daß die Feuererscheinung auch dann eintritt, wenn die Verbindung von Schwefel mit Metallen in sauerstofffreien Gasen stattfindet.

— Andreas **Libavius** schreibt eine „Chirurgia transfusoria", aus der hervorgeht, daß er es für möglich hält, zu Heilzwecken Blut von einem jugendlichen Individuum in die Gefäße eines älteren zu leiten. Ähnliche Ansichten waren vor ihm schon von Hieronymus Cardanus und Magnus Pegelius geäußert worden.

— Christoph **Scheiner** beobachtet, daß durch zwei im Abstand von $1—1^{1}/_{2}$ mm in ein Kartenblatt gestochene feine Öffnungen, welche dicht vor das Auge gehalten werden, eine Nadel sowohl in sehr geringer, als auch in sehr weiter Entfernung vom Auge, d. h. über den Nah- und über den Fernpunkt hinaus, doppelt, innerhalb dieser beiden Grenzen aber einfach gesehen wird. Auf dieser Beobachtung, dem Scheinerschen Versuch, beruhen die Methoden der Optometrie, der Messung der Sehweite, für welche man Optometer (s. d.) konstruiert hat.

1616 William **Baffin** erforscht bei Versuchen, einen Wasserweg zwischen Hudsonbai und Stillem Ozean zu finden, die Baffinbai und entdeckt den Smith-, St. Johns- und Lancaster-Sund. Er beobachtet in der Baffinbai die größte damals bekannte Deklination von 56^{0} westlich.

— Fabio **Colonna** unterscheidet bei den Fossilien scharf zwischen den Resten von Süßwasser- und Seewasser-Tieren.

— Galileo **Galilei** formuliert seine Theorie der Ebbe und Flut, die er im wesentlichen auf die doppelte Bewegung der Erde (Umdrehung um sich selbst und Umlauf um die Sonne) zurückführt.

— In einem Briefe des Thomas Bartholinus an J. L. Hannemann aus der 2. Hälfte des 17. Jahrhunderts findet sich folgende Stelle: „Singulare instrumentum invenit descripsitque Franciscus **Kesler** Wetzlariensis 1616, quod „Wasserharnisch" vocat, quo tuto ambulemus in fundo maris, legamus ibidem, scribamus, edamus etc. sine periculo vitae longiori tempore." Ob der damit gemeinte Apparat, der nach der beigefügten Figur eine wirkliche Taucherglocke darstellt, nur theoretisch entworfen, oder auch praktisch erprobt ist, wird nicht gesagt. (Vgl. a. 210 v. Chr., 1350 und 1664.)

— Jacob **Le Maire** und Willem Cornelisz **Schouten** entdecken die Le Maire-Straße und umsegeln das nach ihrem Schiffe „Hoorn" Kap Hoorn benannte Südende von Feuerland. Sie stellen zuerst die Gestaltung der Südspitze Amerikas fest.

— Cesare **Magati** tritt für eine einfachere und mehr exspektative Wundbehandlung, insbesondere bei Schußwunden und Fisteln ein und spricht sich gegen die zu häufigen Verbanderneuerungen als eine schädliche, die Heilung verzögernde Maßregel aus.

1616 Jean Baptiste **Morin** macht zuerst in ungarischen Bergwerken die Entdeckung, daß die Temperatur mit der Tiefe zunimmt. (S. a. 1763 Ott).

1617 Der Mathematiker Henry **Briggs** (latinisiert Briggius) in Oxford, bestimmt die Werte der von Napier of Merchiston (s. 1614) erfundenen Logarithmen bis zu großer Genauigkeit und gibt die ersten Tafeln 8-stelliger Logarithmen heraus, die er später zu 14-stelligen vervollständigt. Briggs wählt die Zahl 10 als Basis der Logarithmen, weshalb die dekadischen Logarithmen auch als „Briggs'sche Logarithmen" bezeichnet werden.

— **Napier of Merchiston** erfindet ein Rechenbrett (Abakus) mit beweglichen Gliedern (Napiers bones. — Napier'sche Rechenstäbchen). (Vgl. seine Schrift „Rabdologiae seu numerationis per virgulas libri duo".)

— Willebrord **Snellius** in Leiden schafft durch Einführung der Triangulationsmethode die Grundlage der heutigen geodätischen Erdmessung, indem er zeigt, daß die Entfernung zweier weit entfernter Punkte mit Hilfe einer verhältnismäßig kurzen (20 bis 30 km langen) Standlinie, nur durch Winkelmessung und trigonometrische Ausrechnung, bestimmt werden kann. (S. 1822 Schwerd).

— Willebrord **Snellius** stellt gleichzeitig mit Wilhelm Schickhart die fälschlich „Pothenotsche Aufgabe" genannte geodätische Aufgabe auf und gibt deren Lösung.

— Simon **Stevinus** schafft mit Hilfe von Schleusen und unter weitgehender Anwendung der Bewegung des Wassers neue wertvolle Mittel des Festungsbaus.

— Eine der frühesten Abbildungen und Beschreibungen einer Hebelade findet sich in dem „Recueil de machines" von François **Thybourel** und Jean **Appier.** Von hier ist die Abbildung in Leurechons „Recreationes" und aus diesen in Schwenters „Mathematische Erquickstunden" übergegangen. (S. 1723 L.)

1618 Während das Tierheilwesen im Mittelalter in der Hauptsache in den Händen der Hirten und Schmiede lag und im besonderen ein Militärveterinärwesen nirgends organisiert war, verfaßt zuerst der kurbrandenburgische Militärroßarzt Martin **Böhme** ein, wenn auch vom heutigen wissenschaftlichen Standpunkte aus sehr unvollkommenes Werk über die Pferdearzneikunde („Ein Neu Buch von bewehrten Roß-Artzeneyen"), welches fast 100 Jahre (1618—1710) im Gebrauch bleibt.

— Johann Baptist **Cysat** entdeckt bei Gelegenheit der Beobachtung des Kometen vom Jahre 1618 den Orionnebel.

— Galileo **Galilei** konstruiert ein Perspektiv für zwei Augen, das vollkommener als das Lipperhey'sche Instrument (s. 1609) ist.

— Johann **Kepler** stellt sein drittes Gesetz der Planetenbewegungen auf: Die Quadrate der Umlaufszeiten der Planeten verhalten sich wie die Kuben ihrer mittleren Entfernungen von der Sonne. — Begeistert fügt er hinzu: „Endlich habe ich es ans Licht gebracht und über all mein Hoffen als wahr befunden, daß die ganze Natur der Harmonien in den himmlischen Bewegungen vorhanden ist."

— David **Ramsey** und Thomas **Wildgoose** nehmen ein Patent auf eine landwirtschaftliche Maschine, die ohne Anwendung von Pferden oder Ochsen pflügt, „as well as to ploughe grounds without horses or oxen". Demselben Ramsey wird 1630 ein Patent auf eine Vorrichtung, „durch Feuer Wasser in Bergwerke zu heben", erteilt.

— Willebrord **Snellius** entdeckt das Gesetz des konstanten Verhältnisses zwischen dem Sinus des Einfallwinkels und dem des Brechungswinkels der Lichtstrahlen.

1619 Der Engländer Dud **Dudley** verwendet zur Eisengewinnung zuerst Steinkohle an Stelle der bis dahin gebräuchlichen Holzkohle.

— John **Etherington** stellt die erste Ziegelformmaschine her.

1619 Christoph **Scheiner** führt den Beweis, daß die Netzhaut das eigentliche Sehorgan ist und die Krystalllinse und der Glaskörper nur dazu dienen, die Lichtstrahlen dergestalt zu brechen, daß der Gegenstand sich auf der Netzhaut darstellt. (S. a. 1160.) Er bemerkt die mit der Akkommodation verbundene Pupillenveränderung und gibt die erste Abbildung des Auges, mit welcher auch die heutige Anschauung sich befriedigt erklären kann.

1620 Francis **Bacon** von Verulam definiert in seinem „Novum Organum" die Wärme als eine Bewegung der kleinsten Körperteilchen.

— Francis **Bacon** von Verulam bezeichnet in seinem „Novum Organum" die Südspitzen Afrikas und Südamerikas als homologe Bildungen (Similitudines physicae in configuratione mundi). (Vgl. auch 1772 C.)

— Caspar **Bauhin** bewirkt eine neue Anordnung der Pflanzen nach habituellen Ähnlichkeiten. Er stellt die ersten wissenschaftlichen Speziesdiagnosen auf und benennt die Gattungen, ohne jedoch für diese eine Diagnose zu geben.

— Nachdem Danner in Nürnberg etwa 100 Jahre nach Gutenberg die Buchdruckpresse verbessert hatte, indem er die bisher aus Holz angefertigte Spindel durch eine solche aus Messing ersetzte, bringt der Holländer Willem Janszoon **Blaeu** wesentliche Verbesserungen an der Presse an, indem er namentlich unter der sog. Brücke eine nach unten gebogene stark federnde Platte anbringt, die durch ihr Geradewerden beim Druck demselben seine stoßartige Plötzlichkeit nimmt und ihn verstärkt, zugleich aber bei dessen Nachlassen den Preßbengel zurückschnellt.

— Just **Bürgi** veröffentlicht seine Schrift „Arithmetische und Geometrische Progress-Tabulen", eine Logarithmentafel, die in den Jahren 1603—1611 entstanden ist, zu deren Herausgabe sich aber Bürgi trotz Kepler's Aufforderung nicht früher entschließen konnte. Bürgi hat sich damit den Ruhm, der geschichtliche Erfinder der Logarithmen zu sein, entgehen lassen. (Vgl. 1614 Napier.)

— **François** in Rouen stellt zuerst die sogenannten Flocktapeten her, das sind Tapeten aus Leinwand, auf die das Muster durch Schablonen oder Stempel mit einem Klebemittel aufgetragen und mit Scherwolle der Tuchmacher, oder auch mit Seidenstaub bedeckt ist. 1634 wird diese Industrie von Lanyer nach England überführt.

— Edmund **Gunter** berechnet die trigonometrischen Logarithmen und veröffentlicht die ersten Tafeln der Logarithmen für Sinus und Tangenten für die Grade und Minuten im ersten Quadranten. Er gebraucht zuerst an Stelle der bis dahin üblichen Bezeichnung „Sinus complementi" die durch Wortumsetzung und Abkürzung entstandene Benennung „Cosinus".

— Johann Baptist **van Helmont** lehrt das Weiterbestehen eines Körpers in seinen Verbindungen, wie der Kieselerde in dem Wasserglas, des Silbers in seinen Salzen, erfaßt demnach den Satz von der Erhaltung des Stoffes klarer als seine Zeitgenossen.

— Johann Baptist **van Helmont** verwirft die Idee Galen's, daß die Verdauung im Magen durch die Wärme geschehe und setzt an ihre Stelle die bessere Vorstellung, daß das an die Magensäure gebundene Fermentum die Verdauung bewirke. Er betrachtet die Galle nicht mehr, wie Galen, als bloßes Exkrement, sondern als wichtigen Faktor der Verdauung, der im Duodenum auf den Speisebrei einwirke, und da sie alkalisch sei, diesem die Säure nehme.

— Fabriz **von Hilden** macht in seinen „Observationes" darauf aufmerksam, daß Schädelverletzungen häufig die Ursache von Geisteskrankheiten seien.

Darmstaedter.

8

1620 Der Kupferstecher Theodor **Meyer** erfindet den weichen Ätzgrund, der im wesentlichen aus Wachs und Asphalt besteht. (Für den bisher ausschließlich benutzten harten Ätzgrund war ein hoher Prozentsatz von hartem Pech verwendet worden.) Der Grund wird durch Lampenruß geschwärzt, damit die durch die Nadel bloßgelegten Striche der Metallfläche deutlich sichtbar werden.

1621 Der neulateinische Satiriker John **Barclay** in Rom spricht in seinem zu Paris gedruckten Romane „Argenis" von künstlich gefrorenem Weine und in Hohlformen gefrorenen Fruchtsäften als Tafelgenüssen. (Vgl. 1660 Couteaux.)

— Pierre **Gassendi** begründet mit der Beobachtung des großen Nordlichts vom 12. September 1621 — er nennt die Erscheinung „Aurora borealis" — die wissenschaftliche Nordlichtbeobachtung.

— Francesco **Plazzoni** beschreibt zuerst die Ausführungsgänge der heute gewöhnlich nach Bartholinus benannten Drüsen. (S. 1661.)

1622 Gasparo **Aselli** aus Cremona, Anatom in Pavia, entdeckt die Mesenterialdrüsen, die als „Pancreas Asellii" bezeichnet werden und beschreibt die schon dem Erasistratos (s. 300 v. Chr.) bekannten Chylusgefäße in eingehender Weise.

— Cornelius **Drebbel** konstruiert ein Unterseeboot, mit welchem er zwei Stunden lang unter dem Themsespiegel mit zwölf Ruderern herumfährt. Die Rudergriffe sind durch wasserdichte Lederschläuche ins Innere des Fahrzeugs geleitet. Eine Spiere am Bug sollte einen Torpedo gegen den feindlichen Schiffskörper stoßen. Sobald das Deck geschlossen war, konnte das Fahrzeug 15 Fuß tauchen. Doch bewährte sich das Boot ebensowenig als die Spieren- und Treibtorpedos, die 1628 von den Engländern bei La Rochelle versucht wurden.

1623 Der Landgraf **Hermann von Hessen-Cassel** (Uranophilus Cyriandrus) macht tägliche, regelmäßig gebuchte Wetternotierungen durch 23 Jahre hindurch.

1624 Francis **Bacon** von Verulam schlägt vor, die Schallgeschwindigkeit durch Abfeuern von Geschützen (Messung des Zeitunterschiedes zwischen dem Blitz des Geschützes und dem Knalle) zu ermitteln.

— Philipp **Clüver** bereitet durch seine „Introductio in Geographiam universam" den Boden für die später „Historische Geographie" benannte erdkundliche Disziplin.

— Pierre **Gassendi** begründet aufs neue die atomistische Naturerklärung, indem er an die Atomenlehre des Epikuros anknüpft.

— Der Jesuit Jean **Leurechon** gebraucht zuerst (in seiner Schrift „Récréations mathématiques") das Wort „Thermometer".

1625 Als Erfinderin des unter dem Namen „Aqua Tofana" bekannten Gifttrankes, welcher mit Sicherheit wirkte, ohne den Verdacht einer Vergiftung zu erregen, wird die Italienerin Teofania **di Adamo** genannt (hingerichtet 1633 zu Palermo). Das Gift soll durch Kochen von weißem Arsenik mit Blei und Antimon hergestellt worden sein.

— W. **Beale** schlägt zum Schutze von hölzeren Schiffsböden gegen den Bohrwurm Schießpulver, Zement und einen Auszug aus Kupferarsenerzen vor, die er zusammen verkocht. Ihm folgt anfangs des 18. Jahrhunderts Emerson mit einem aus gekochtem Leinöl, Glaspulver und Sand bestehenden Überzug.

— Christoph **Scheiner** liefert den experimentellen Nachweis des umgekehrten Netzhautbildchens. (Vgl. 1587.)

— Francesco **Stelluti** verwendet das Mikroskop zur Untersuchung von Teilen der Bienen. (S. a. 1592.)

1625 Der kaiserliche, später schwedische Oberst **von Wurmbrand** konstruiert leichte Kartätschgeschütze aus dünnen Kupferrohren mit Tauumwicklung und Lederumhüllung, die sog. ledernen Kanonen Gustav Adolfs. Die Geschütze wurden bereits 1631 wieder abgeschafft, weil die zu rasche Erhitzung der Rohre eine Selbstentzündung der Ladung herbeiführte. Doch wurde der Gedanke, wenn auch in veränderter Gestalt, später von Hannoteau und alsdann von Longridge (s. 1884 L.) wieder aufgenommen.

1626 Der König **Gustav Adolf** vermindert das Gewicht der Muskete auf 5 kg, wodurch die Gabel entbehrlich und die Beweglichkeit der mit der Muskete bewaffneten Truppen eine größere wird. (S. 1567 Alba.)

— Jean **Riolan** entdeckt, daß die Ursache der Hautfarbe der Neger in dem Pigmentreichtum der Epidermis liegt, welche mit der Rasse wechselt.

— Santorio **Santoro** gibt in seinem Kommentar zum Kanon des Avicenna an, daß man zur Kälteerzeugung das Gemisch von Eis und Salpeter durch ein Gemisch von 3 Teilen Schnee und 1 Teil Kochsalz ersetzen könne.

1627 Bei der Belagerung von La Rochelle durch Richelieu werden von der Artillerie an Stelle der Rundkugeln zylinderförmige Langgeschosse verwendet, eine Erfindung von **Clarner** in Nürnberg. Da diese Geschosse aus glatten Geschützen verfeuert werden und ihnen daher die Drehung um eine stabile Längsachse fehlt, ist ihre Trefffähigkeit gering. Doch hat der Vorschlag Clarners eine entwicklungsgeschichtliche Bedeutung.

— Mathurin **Jousse de la Flêche** erwähnt in seiner „La fidelle ouverture de l'art du serrurier" ein in Piemont gebräuchliches Verfahren zur Umwandlung von Eisen in Stahl, welches darin besteht, daß mit Holzkohlenpulver bestreute schmale Stücke weichen Eisens lagenweise in einen feuerfesten, gut verschlossenen Tiegel eingeschichtet werden, worauf das Ganze längere Zeit der Weißglühhitze ausgesetzt wird. Danach ist zu Anfang des 17. Jahrhunderts die früher bekannte Tatsache der Zementstahlbereitung fabrikmäßig ausgenutzt worden, wie auch aus Athanasius Kirchers „De Magnete" (1641) und Dud Dudley's „Metallum Martis" (1665) hervorgeht.

— Nach langen Verzögerungen erscheinen Johann **Kepler's** astronomische, auf Grund der Beobachtungen Tycho Brahe's berechnete Tafeln unter dem Titel „Tabulae Rudolphinae" zu Ulm im Drucke. Sie treten an die Stelle der prutenischen Tafeln. (S. 1551 Reinhold.)

— Der Tiroler Caspar **Weindl** führt am 8. Februar die erste erweisliche Sprengung in Bergwerken im Oberbieberstollen zu Schemnitz aus.

1628 Benedetto **Castelli** verfaßt das erste wissenschaftliche Werk über die Bewegung des Wassers in Flüssen und Kanälen („Della Misura dell' acque correnti") und findet den Satz, daß in einem Kanal von konstantem Querschnitt die Flüssigkeitsquerschnitte des im stationären Zustande fließenden Wassers sich umgekehrt wie die entsprechenden Geschwindigkeiten verhalten.

— William **Harvey** findet, daß die Venen bei der Unterbindung unterhalb des Bandes, d. h. dem Herzen am fernsten, anschwellen, während die Arterien auf der dem Herzen nächsten Seite aufgetrieben werden. Er kombiniert diese Beobachtung mit der des Fabricius ab Acquapendente, daß sich die Klappen der Venen nach dem Herzen öffnen (s. 1570) und spricht aus, daß das Blut von der linken Herzkammer in die Arterien bis an deren Ende getrieben wird und von da durch die Venen zur rechten Herzkammer zurückkehre. Er beweist in seiner Schrift „Exercitatio anatomica de motu cordis et sanguinis in animalibus", daß der Lungenkreislauf nur eine Fortsetzung dieser großen Bewegung ist und zeigt, daß seine Entdeckung durch die Pulserscheinungen und die Resultate bei Öffnung der Adern bestätigt wird. (Großer Blutkreislauf.)

8*

1628 Jean **Liébault** berichtet in seinem Werke „Quatre livres de Secrets de Médecine et de la Philosophie chimique", daß Puder, Schminken und Pomaden sich am französischen Hofe einzuführen beginnen. In Italien hatte sich deren Gebrauch ungefähr von 1550 an verbreitet, nachdem die seit den ältesten Zeiten geübte Anwendung von Parfüms, die von den Juden über Griechenland nach Rom gekommen und dort große Ausbreitung gewonnen hatte, seit der Völkerwanderung fast ganz verschwunden war.

1629 Der Franziskanermönch **De la Roche d'Allion** gibt die erste Nachricht über das Erdöl in Amerika.

— Albert **Girard** verfaßt eine Schrift „Invention nouvelle en l'algèbre", in der zum ersten Male Formeln für den Inhalt sphärischer Dreiecke und Polygone entwickelt werden. Er weiß, daß jede Gleichung so viele Wurzeln hat, als ihr Grad anzeigt, und daß die Koeffizienten aus den Kombinationen der Wurzeln sich darstellen lassen. Gleichfalls neu ist die Berechnung symmetrischer Funktionen der Gleichungswurzeln (bis zur 4. Potenz) aus den Koeffizienten. Auch führt er den Gebrauch der Klammern in die Buchstabenrechnung ein.

— Wilhelm **Schickhart** gibt in seiner „Kurzen Anweisung, wie künstliche Landtafeln aus rechtem Grund zu machen", im Anschluß an Snellius' Methode (s. 1617) an, zur Anfertigung von Karten das aufzunehmende Gelände mit einem zusammenhängenden trigonometrischen Netz von Dreiecken zu überziehen, diese nach astronomischen Beobachtungen zu orientieren und nachher mit dem topographischen Detail auszufüllen. 1671 werden diese Anweisungen von Jean Picard, unter dessen Namen sie vielfach gehen, wiederholt.

— Marco Aurelio **Severino** macht die erste Resektion des Handgelenks, die nach ihm von Breschet und Gooch mehrfach ausgeführt wird. (S. auch 1786 M.)

1630 Der englische Ingenieur **Beaumont** soll zuerst Holzbahnen auf den Steinkohlengruben von Newcastle upon Tyne für Kohlen- und Steintransporte angewendet haben.

— Vincenzo **Cascariolo** entdeckt den Bononischen Leuchtstein, indem er einen am Berg Paterno bei Bologna gebrochenen Schwerspat, den er zwischen Kohlen kalziniert hatte, im Finstern leuchten sieht. (Phosphoreszenz.)

— Cornelius **Drebbel** lehrt die Scharlachfärberei mittels Cochenille unter Zusatz von wässerigem Zinnchlorid, das er durch Auflösen von Zinn in Königswasser erhält. Durch seine Methode erhält man Fabrikate, die dem Purpur des Altertums an Schönheit gleichkommen.

— Der Niederländer **Freytag** macht Vorschläge über eine rasche und billige Herstellung von Festungswerken mit Benutzung des Wassers als Hindernis und unter Verzicht auf Mauerwerk. (Altniederländische Befestigung.)

— Nach dem Zeugnisse von G. P. Harsdörfer und A. Böhm (Magazin für Ingenieure und Artilleristen, 1782) ist der König **Gustav Adolf** der Urheber einer, der Dürer'schen Befestigung (s. 1517) ähnlichen „kreisrunden Befestigungsmanier", bei welcher bereits das Eisen als Panzermaterial zur Herstellung von Panzerschirmen in Vorschlag gebracht wird. Die Schirme sollen mit Hilfe von Gegengewichten hebbar oder versenkbar sein, — ein in der Gegenwart tatsächlich praktisch nutzbar gemachter Gedanke.

— Samuel **Hafenreffer** gibt in seinem „Nosodochium in quo cutis affectus tractantur" der Dermatologie bereits einen reichen und umfassenden Inhalt und berücksichtigt bei Diagnose und klinischer Betrachtung der einzelnen Hautkrankheiten sogar Temperatur, Puls und Urin.

1630 Zur Zeit **Karl's I.** von Großbritannien werden dort bereits Düngungsversuche mit Salpeterlösungen ausgeführt; doch wird die Verwendung salpetersaurer Salze in der Landwirtschaft erst etwas allgemeiner, nachdem der Chilisalpeter auf den Markt kommt, was etwa um das Jahr 1831 geschieht.

— Der Büchsenmacher Augustin **Kutter** in Nürnberg schneidet zuerst schraubenförmig gewundene, also mit Drall geführte Züge in den Büchsenlauf ein. Die Rundkugeln werden zur Beseitigung des Spielraums in getalgte Leinwandpflaster gehüllt und gewaltsam in den Lauf eingekeilt. Noch die preußischen freiwilligen Jäger von 1813 führen solche Büchsen. (S. 1480 Z. und 1826 D.)

— Jean **Rey** beobachtet, daß Zinn und Blei beim Kalzinieren an Gewicht zunehmen und leitet diese Gewichtszunahme von dem Zutritt der Luft zu dem Metallkalk her, erkennt also nicht, daß der Metallkalk eine Verbindung von Metall und Luft ist.

— Christoph **Scheiner,** einer der ersten Beobachter der Sonnenflecke (s. 1611), fertigt zu seinen Sonnenbeobachtungen ein Fernrohr mit Blendglas an, das er Helioskop nennt. Ein verbessertes Helioskop wird später von Merz hergestellt.

— Der französische Arzt **Thuillier** weist zuerst nach, daß der unter dem Namen „Ignis sacer" seit dem Altertum bekannte Ergotismus (Kriebelkrankheit) durch das Mutterkorn verursacht ist, dessen Giftigkeit er bei Tieren dartut.

1631 Pierre **Gassendi** und Johann Baptist **Cysat** beobachten am 7. November 1631 zum ersten Male einen Vorübergang des Merkur vor der Sonne.

— Thomas **Harriot** (gest. 1621) wendet in seinem (erst 10 Jahre nach seinem Tode gedruckten) Werke „Artis analyticae praxis" zuerst die mathematischen Zeichen für „größer" und „kleiner" ($>$ und $<$) an.

— Adrian **van Mynsicht** führt den Brechweinstein in den Arzneischatz ein.

— Jean **Rey** scheint zuerst die Ausdehnung des Wassers zur Temperaturbestimmung verwendet zu haben.

— Christoph **Scheiner** beschreibt in seiner „Pantographice seu Ars delineandi res quaslibet per parallelogrammum" zuerst den Storchschnabel (Pantograph), ein aus einem Systeme drehbarer Lineale bestehendes Instrument zur Vergrößerung und Verkleinerung von Zeichnungen. (Vgl. 1435 Alberti.)

— Der französische Mathematiker Pierre **Vernier** erfindet eine Einrichtung zur Ablesung sehr kleiner Teile an den Maßstäben mathematischer Instrumente. Die Vorrichtung wird meist nach dem Mathematiker Pedro Nuñez „Nonius" genannt, obwohl dieser nur eine unklare Andeutung jenes Hilfsapparats (in seiner Schrift „De crepusculis liber", v. J. 1542) gemacht hatte.

1632 Jean **Toutin** vervollkommnet die Technik der Emailmalerei, indem er lehrt, auf weißem Schmelzgrund mit verglasbaren Farben zu malen. Der Hauptvertreter dieser Technik, die bis zu Anfang des 19. Jahrhunderts für Uhren, Dosen usw. sehr beliebt war, war Jean Petitot in Genf (1607—1691).

1633 Alonzo Saavedra **Barba** zu Huancavelica in Peru erfindet den Aludelofen zur Destillation des Quecksilbers, der in Almaden von Bustamente eingeführt wird. Die Kondensation der Metalldämpfe erfolgt in sog. Aludeln, etwas ausgebauchten Tonröhren von ca. 40—45 cm Länge und 20—25 cm größtem Durchmesser, welche zu 40—45 Stück aneinander gesteckt und gedichtet, einen Strang bilden, der nach der Mitte zu geneigt ist. Die Aludeln der absteigenden Hälfte des Stranges haben an der Unterseite der Ausbauchung kleine Löcher, durch welche das kondensierte Quecksilber in eine Sammelrinne und aus dieser in Behälter gelangt.

— Johannes **Jonstonus** gibt in seiner „Thaumatographia" und später in seinem „Theatrum universale" eine enzyklopädische Darstellung des Tierreichs, die indes nicht über Gesner (s. 1550) und Aldrovandi (s. 1599) hinausgeht.

1633—36 Richard **Norwood** stellt die Entfernung zwischen London und York vermittels der Meßkette fest und ermittelt dadurch die Länge eines Meridiangrades auf 57300 alte Toisen, woraus sich, die Erde als vollkommene Kugel angenommen, ein Erdumfang von 40437 km errechnet.

1633 Balthasar **Rössler** erfindet das Hängezeug zum Grubenkompaß, wodurch dessen Verwendbarkeit im Bergbau eine wesentliche Erweiterung erfährt. (Vgl. 1785 S.)

— Der Marquis **von Worcester** erfindet einen optischen Telegraphen und teilt dies in der Schrift ,,A century of inventions" mit.

1634 König **Ludwig XIII.** von Frankreich setzt auf Grund eines vom Geographenkongresse in Paris am 25. April gefaßten Beschlusses die Westspitze der westlichsten canarischen Insel, Ferro, als Ausgangspunkt der Meridianzählung für die Kartographie fest. Übrigens hatte schon Ptolemaeus den Nullpunkt der Längengradzählung auf die Glückseligen Inseln (Canara) verlegt, ebenso auch Mercator.

— Nicolas Claude Fabri **Peiresc** beschreibt zuerst die positiven und negativen Nachbilder, aus denen Newton die Dauer des Lichteindrucks berechnet.

— Giles Persone **de Roberval** vollzieht die Quadratur der Zykloide mit Hilfe der etwas später als Sinuslinie erkannten Kurve.

— Philipp **White** führt auf den Schiffen Ankerketten anstatt der Ankertaue ein. Allerdings berichtet über eine Verwendung von Ankerketten schon im Altertume Caesar (De bello gallico, III, 13), sowie Strabo (Geographica, IV, 4).

1635 Niccolo **Aggiunti** stellt zu wissenschaftlichen Zwecken Gefrierversuche mittels Wassers und verschiedener Salze an und bestätigt, daß das Wasser beim Frieren sich nicht zusammenziehe, sondern ausdehne, wie dies Galilei daraus, daß Eis auf Wasser schwimmt, gefolgert hatte.

— Der Mathematiker Francesco Buonaventura **Cavalieri** gelangt bei den Untersuchungen über die von krummen Linien und gekrümmten Flächen eingeschlossenen Räume zu dem Begriffe der nach ihm benannten ,,unteilbaren Elemente", indem er annimmt, daß beispielsweise die Linie nicht aus einer unendlichen Menge von Punkten, sondern aus unteilbaren Linienelementen besteht. Seine Auffassung streift mehrfach den Grundgedanken der Infinitesimalrechnung. (Vgl. seine ,,Geometria indivisibilium continuorum nova quadam ratione promota".)

— Samuel **de Champlain,** der Gründer Quebecs, entdeckt den großen canadischen Seenkomplex, von dem die erste Kunde von Cartier (s. 1535) gegeben worden war. Nach ihm wird der 1608 vom ihm entdeckte See ,,Champlainsee" benannt.

— Henry **Gellibrand** gibt den ersten sicheren Nachweis von der Säkularvariation der magnetischen Deklination.

— Robert **Mansell** schmilzt zuerst das Glas mit Steinkohle anstatt mit Holz und wendet zum Schutz des Glases vor Verunreinigung durch den Kohlenruß bedeckte Tiegel an. Zu seiner Zeit kommt zu dem Zweck, das Schmelzen in den Tiegeln zu erleichtern, die Verwendung von Bleioxydzusätzen auf, woraus sich allmählich die Bleiglasindustrie entwickelt.

1636 William **Briggs** beschreibt als erster die Papilla nervi optici und stellt fest, daß sich die Retina bis an das Ligamentum ciliare erstreckt.

— Pierre **Fermat** braucht in seinem ,,Methodus ad disquirendum maximum et minimum" zur Bestimmung des größten oder kleinsten Wertes einer Funktion eine Rechnung, bei der er die Differenz zweier Größen und dadurch mittelbar auch die Differenz zweier zugehöriger Größen verschwindend setzt. Er wird so der Erfinder eines Teils der Infinitesimalrechnung.

— Galileo **Galilei** setzt in einem Briefe vom 5. Juni den Gedanken, ein Pendel mit einem Zählwerk zu verbinden und das Ganze zur Zeitmessung zu ver-

wenden, dem Gouverneur von Niederländisch-Indien, Lourenço Rcaal auseinander und ändert 1641 seine Idee dahin, daß er das Räderwerk wie
bisher durch Gewichte in Bewegung setzt und das Pendel als Regulator
benutzt. Der Gedanke wird aber infolge der Erblindung Galilei's und
des vorzeitigen Todes seines Sohnes Vincenzo nicht vollständig durchgeführt.

1636 Der Mathematiker Marin **Mersenne** ermittelt die Gesetze der Vibration der
Saiten, entdeckt das sympathetische Mitklingen gleichgestimmter Saiten
und bestimmt, einem Vorschlag von Bacon entsprechend (vgl. 1624 B.), die
Geschwindigkeit des Schalls in der Luft durch die Beobachtung des Zeitunterschiedes zwischen dem Aufblitzen und Hören eines abgefeuerten Geschützes zu 1380 Pariser Fuß. Pierre Gassendi findet i. J. 1640 bei einem
ganz ähnlichen Verfahren 1473 Pariser Fuß.

1637 René **Descartes** begründet durch seine epochemachende „Géométrie" die
analytische Geometrie. Pierre **Fermat** soll sich gleichzeitig erfolgreich mit
analytischer Geometrie beschäftigt haben; seine Abhandlung „Isagoge ad
locos planos et solidos" soll, wie ein Nachruf im Journal des sçavans
1665 behauptet, sogar vor Erscheinen des Cartesischen Werkes vollendet
gewesen sein.

— René **Descartes** eröffnet durch die in seiner „Géométrie" angegebene Koordinatenmethode einen neuen Weg zur Untersuchung der Kegelschnitte. (Vgl.
auch 1655 W.)

— René **Descartes** erfindet die Methode der unbestimmten Koeffizienten, die
sich von größter Fruchtbarkeit erweist, und wendet dieselbe zuerst zur
Lösung des Tangentenproblems an.

— René **Descartes** bringt durch seine „Géométrie" die Anwendung der Buchstaben x, y und z zur Bezeichnung unbekannter Größen in allgemeinen
Gebrauch. Auch die Bezeichnungen „reell" und „imaginär" stammen aus
diesem Werke.

— René **Descartes** gibt dem von Willebrord Snellius gefundenen Brechungs-
gesetz den heute noch gebräuchlichen Ausdruck.

— René **Descartes** gibt eine Beschreibung von Lupen für mikroskopische Untersuchungen (kleine Organismen u. dgl.), die er „Perspicilia pulicaria ex uno
vitro" (Flohgläser mit einfacher Linse) nennt. Nach den noch vorhandenen
Abbildungen waren diese Lupen bereits mit Spiegeln zur Beleuchtung des
Objekts versehen.

— René **Descartes** weist darauf hin, daß die Akkommodation des Auges — wenigstens zum Teil — auf Formveränderungen der Linse zurückgeführt
werden muß.

— Galileo **Galilei** entdeckt die Libration des Mondes in Breite und die pa-
rallaktische Libration.

— Johann **Hevelius** (eigentlich Höwelcke) in Danzig erfindet die Grundform des
heutigen Wallspiegels, bez. derjenigen Spiegelinstrumente, welche dazu
dienen, den Gegner (Schützen) von einer Deckung (Wall, Anzeigerdeckung
u. dgl.) aus ungefährdet und ungesehen zu beobachten. Hevel's Apparat,
den er Polemoskop oder Kriegsperspektiv nennt, ist ein Fernrohr, welches
am Okular- und Objektivende je einen unter 45^0 geneigten Planspiegel
trägt, so daß die Sehlinie zweimal unter 90^0 gebrochen wird.

— Phineas **Pett** erbaut in Woolwich den ersten Dreidecker „The Sovereign of
the Seas", der eine Gesamtlänge von 232 Fuß, eine größte Breite von
48 Fuß und einen Tonnengehalt von 1637 t besitzt und 100 Geschütze
führt, wovon 30 im untern, 30 im mittlern, 26 im obern Deck sich befinden, während die übrigen auf dem Oberdeck der Back und der Hütte
verteilt sind. Bis dahin waren die Kriegsschiffe als Zweidecker gebaut.

1638 Nachdem der Copaivabaum zuerst um 1600 von einem unbekannten portugiesischen Mönch erwähnt worden war, spricht Pater **Acugna** zuerst von
dem Copaivaöl, das als wundheilendes Mittel angewendet werde. 1677
figuriert das Mittel bereits als „Balsamum copaivae" in der Londoner
Pharmakopöe.

— Galileo **Galilei** dehnt etwa i. J. 1638 seine Untersuchungen der Pendelschwingungen (s. 1583) auf Pendel verschiedener Länge aus und findet
das Gesetz, daß die Pendellängen sich wie die Quadrate der Schwingungs-
zeiten verhalten.

— Galileo **Galilei** begründet die Elastizitätslehre und die Festigkeitslehre, indem er zuerst die Natur des Widerstandes fester Körper gegen Bruch
zu erforschen trachtet. (Vgl. seine Schrift „Discorsi e Dimostrazioni matematiche".)

— Nicolo **Sabattini** macht in seinem Werke über die italienischen Theater den
Vorschlag, die durch die leicht entzündlichen Dekorationen bedingte Feuers-
gefahr dadurch zu mindern, daß die zum Anstriche der Hölzer, Gewebe usw.
dienenden Farben mit Ton oder Gips gemischt werden.

— **Watkins** und **Baughe** erhalten in England das ausschließliche Recht, Ziegelsteine mit Steinkohlen zu brennen. Bis dahin war für diesen Zweck nur
Holz benutzt worden.

— Benedetto **Castelli** führt die ersten Regenmessungen aus, 31 Jahre vor Erfindung des ersten selbstregistrierenden Regenmessers von Robert Hooke.

— Der französische Ingenieur Gérard **Desargues** weist darauf hin, daß die
ästhetischen Maßverhältnisse in der Kunst vielfach von geometrischen Gesetzen abhängig sind, und führt in der Untersuchung der Kegelschnitte
eine perspektivische Beweisführung ein. Von ihm stammt die der nichteuklidischen Geometrie zugrunde liegende Vorstellung, daß sich zwei parallele Linien in unendlicher Entfernung schneiden.

— John **Horrox** und **Crabtree** beobachten am 4. Dezember einen Durchgang
der Venus durch die Sonnenscheibe. (Vgl. hierzu 839.)

— Giles Persone **de Roberval** veröffentlicht eine Tangentenkonstruktion, bei
welcher er das Parallelogramm der Kräfte verwendet, indem er die Kurve
durch Zusammensetzung zweier Bewegungen entstehen läßt. 1643 löst
Torricelli dieselbe Aufgabe, ohne Roberval's Lösung zu kennen.

1640 Marcus **Banzer** substituiert als erster dem verletzten Trommelfell ein künstliches und beschreibt dies in seiner Schrift „De auditione laesa".

— Alonzo Saavedra **Barba** empfiehlt zuerst die Anwendung der Flammöfen für
das Rösten und Schmelzen der Bleierze. Die erste praktische Anwendung
erfolgt 1698 durch Wright in England.

— William **Gascoigne** erfindet den ersten mikrometrischen Apparat, indem er
in der Fokalebene eines Fernrohrs zwei parallele Lamellen anbringt, deren
einander zugekehrte scharfe Kanten durch Schrauben genähert oder entfernt werden können. (Schraubenmikrometer.)

— Der Goldschmied, spätere Mathematiker Paul **Guldin** in Wien gibt in seiner
Schrift „Centrobaryca" die nach ihm benannte Guldin'sche Regel (baryzentrische oder zentrobarische Regel) zur Bestimmung des Rauminhalts
und der Oberfläche eines Umdrehungskörpers an. Die Regel war indes
schon Pappos (s. 300) bekannt. Guldin legt den Grund zur Kombinationstheorie und berechnet die Anzahl der aus 23 Buchstaben kombinierbaren
Wörter.

— Johann Baptist **van Helmont** gibt an, daß bei der Verbindung von Alkalien
mit Säuren die charakteristischen Eigenschaften der ersteren sowohl, wie
der letzteren verschwinden.

— Blaise **Pascal** verfaßt im Alter von 16 Jahren unter Anlehnung an die Untersuchungen von Desargues (s. 1639 D.) eine Schrift über die Kegelschnitte, die auch den nach ihm benannten Satz vom „Pascal'schen Sechseck" (Hexagramma mysticum) enthält.

1640 Giovanni Battista **Riccioli** und Francesco Maria **Grimaldi** unternehmen in den Jahren bis 1654 auf dem Turme degli Asinelli in Bologna eine Reihe von Versuchen, mit Hilfe fallender Körper die Wirkung des Luftwiderstandes zu bestimmen.

— Nachdem das Sezieren von Leichen Jahrhunderte hindurch als sündhaft gegolten hatte, und seit Raimondo de Luzzi (s. 1314) kaum mehr geübt worden war, erhält Werner **Rolfink** zuerst wieder die Erlaubnis, menschliche Leichen — von Verbrechern — sezieren zu dürfen, woher die Bezeichnung „rolfinken, rolfincare" rührt.

— Daniel **Stumpfelt** soll angeblich die Steinkohlenverkokung erfunden haben.

— Nachdem die Gräfin del Cinchon, die Gemahlin des Vizekönigs von Peru, 1618 durch die in Peru seit langer Zeit benutzte Chinarinde von einem Wechselfieber geheilt worden war, führt Juan **del Vego,** der Leibarzt der Gräfin del Chinchon, die Rinde in Spanien ein, wo 1642 Peter Barba ein Werk zu ihrer Empfehlung schreibt.

1641 Madame Marion Delorme erwähnt in einem Brief vom Jahre 1641, daß ein Mann namens Salomon **de Caus** lange Zeit hindurch den Kardinal Richelieu mit der „verrückten" Idee verfolgt habe, man könne Schiffe durch Dampf fortbewegen. Neuere Forschungen lassen es als sehr wahrscheinlich erscheinen, daß diese Angabe ihre Richtigkeit hat, so daß demnach hier die erste — wenn auch nur theoretische — Erfindung des Dampfschiffs vorliegt.

— Nach einer Angabe von Christian Kramp in „Hindenburgs Archiv der reinen und angewandten Mathematik" hat Otto **von Guericke** die Erfindung der Luftpumpe i. J. 1641 gemacht und das erste Instrument dem Magistrat von Köln geschenkt. Diese Luftpumpe soll sich 1799 noch in Köln befunden haben. Eine einwandfreie Bestätigung dieser Kramp'schen Angabe liegt nicht vor. (Vgl. 1654 G.)

— Athanasius **Kircher** gebraucht zuerst das Wort „Elektromagnetismus", selbstverständlich in einem sich mit der heutigen Bedeutung des Wortes nicht deckenden Sinne. Vgl. seine Schrift „Magnes seu de arte magnetica opus tripartitum", woselbst in Lib. III folgende Bemerkung enthalten ist: „Ἠλεκτρομαγνήτισμος i. e. de magnetismo electri seu electricis attractionibus".

— In der „Pharmakopeia Medico-Chymika" des Johann **Schröder** findet sich die Bemerkung, daß geglühte Granaten in Salzsäure löslich sind: eine der ersten wichtigen Beobachtungen in der Mineralchemie.

1642 Blaise **Pascal** erfindet die erste Rechenmaschine zum Rechnen der 4 Spezies.

— Ludwig **von Siegen** erfindet die Schabkunst, eine Abart des Kupferstichs, die sich namentlich in England sehr schnell verbreitet; bei ihr werden aus dem mit dem Granierstrahl aufgerauhten Grunde der Platte die mehr oder weniger lichten Stellen herausgeschabt.

— Der holländische Seefahrer Abel Jansz **Tasman** entdeckt Vandiemensland (jetzt Tasmania genannt), umfährt Australien in weitem Umkreis und stellt fest, daß Australien tatsächlich ein neuer Kontinent ist, daß aber das hier angenommene große Südland nicht existiert. Er entdeckt bei seiner Fahrt die Westküste Neu-Seelands, an welche sich fortan für lange Zeit die Phantasie als an das große südliche Festland anklammert.

1643 **Chabarow** entdeckt den Amur.

— **Dubic** erbaut den Kanal von Dixmünden und Fortknoke nach Ypern. Die bei Boesynge errichtete Doppelschleuse, bei der es gilt, ein Gefälle von über 6 m zu überwinden, wird lange Zeit als ein Meisterwerk der Baukunst betrachtet.

1643 Georges **Fournier** trägt in seinem großen Werke „L'Hydrographie contenant la théorie et la pratique de toutes parties de la navigation" eine große Anzahl von Tatsachen zum Aufbau einer wissenschaftlichen Ozeanographie zusammen.

— Abel Jansz **Tasman** erblickt zuerst die Fidschiinseln. Dieselben werden i. J. 1773 von Cook wiedergefunden, aber erst i. J. 1827 durch Dumont d'Urville ausführlich beschrieben.

— Evangelista **Torricelli** führt, durch Viviani's Erklärung des Luftdrucks (s. 1643 V.) angeregt, den Versuch aus, den Luftdruck mit einer Quecksilbersäule zu messen, und gelangt so zur Erfindung des Barometers. Die Bezeichnung „Barometer" erscheint zuerst in einem anonymen, wahrscheinlich von R. Boyle herrührenden Aufsatz in den „Phil. Transactions" von 1665.

— Evangelista **Torricelli** bestimmt den Flächeninhalt der Zykloide und beschreibt eine von Viviani gefundene Konstruktion der Tangenten an diese Kurve, die auch Roberval (s. 1639 R.) für sich beansprucht.

— Vincenzo **Viviani** erklärt zuerst aus dem Luftdruck, weshalb es nicht gelingen will, mit einer Saugepumpe das Wasser höher als nahezu 32 Fuß zu heben. Er schließt, daß der Luftdruck das Wasser nur bis zu einer Höhe von 32 Fuß $= 10,25$ m heben kann und deshalb das Quecksilber, das $13^1/_2$ mal schwerer als Wasser ist, nur bis zu einer $13^1/_2$ mal kleineren Höhe, d. i. bis ungefähr 28 Zoll $= 760$ mm emportreiben würde.

— Der Holländer Maarten Gerritsz **de Vries** entdeckt die Ostküste Japans, die Kurilen und Sachalin.

1644 Florimond **de Beaune** in Blois bestimmt die Eigenschaften einer Kurve aus ihrer Gleichung. Er lehrt die Grenzen finden, zwischen denen die reellen Wurzeln einer Gleichung liegen.

— René **Descartes** führt die Entstehung der hervorragendsten Unebenheiten der Erdoberfläche zuerst auf das Zusammenstürzen innerer Hohlräume zurück und spricht sich über die Entstehung der Erde im wesentlichen in plutonistischem Sinne aus. Er spricht in seinen „Principia" von der „Beharrlichkeit des Quantitativen in der mechanischen Aktion" und ist damit der Vorläufer des Gesetzes von der Erhaltung der Kraft.

— René **Descartes** begründet die Theorie der Reflexbewegungen, indem er sagt, es würden Impulse von der Peripherie nach dem Zentrum fortgeführt und in letzterem auf motorische Nerven reflektiert. Er betrachtet den Tierkörper als eine Art Maschine, für welche dieselben Gesetze gültig seien, wie für Arbeitsmaschinen von Menschenhand.

— Johann Baptist **van Helmont** stellt die festen Bestandteile des Harns dar und findet unter ihnen Kochsalz. Er konstatiert das höhere spezifische Gewicht des Fieberharns und erklärt das Entstehen der Harnsteine aus den festen Bestandteilen des Harns.

— Evangelista **Torricelli** veröffentlicht ein mathematisches Sammelwerk „Opera geometrica", in welchem er die Rektifikation der logarithmischen Spirale angibt und zuerst den Begriff der „einhüllenden Kurve" aufstellt.

1645 Ismael **Boulliau** spricht, wie Newton angibt, zuerst von einer Anziehungskraft der Sonne, die in umgekehrtem Verhältnis der Entfernung abnehme.

— **Ferdinand II.** von Toskana erfindet das Kondensationshygrometer, bei welchem der Feuchtigkeitsgehalt der Luft durch die Verminderung der Temperatur angezeigt wird, die nötig ist, um den atmosphärischen Wasserdampf auf der Oberfläche eines polierten Körpers als Tau niederzuschlagen. (S. a. 1820 D.)

1645 Nachdem schon Kepler darauf hingewiesen hatte, daß man das in seinem
Fernrohr umgekehrt erscheinende Bild durch Hinzufügung einer dritten
Linse zwischen Objektiv und Okular wieder aufrichten könne, konstruiert
der Kapuziner Anton Maria **Schyrlaeus de Rheita** zuerst ein solches terrestri-
sches Fernrohr. Er ist der erste, der die Bezeichnungen Okular und Objektiv gebraucht.

1646 Francesco **Fontana** beobachtet zuerst die Flecken des Mars und veröffentlicht unter dem Titel „Novae coelestium terrarumque rerum observationes"
die beiden ersten Marszeichnungen, deren erste im Jahre 1636 gemacht ist,
während die zweite vom 24. August 1638 herrührt. Die zweite Zeichnung
beweist, daß Fontana auch als Entdecker der Phasengestalt des Mars anzusehen ist.

— Der Kurfürst **Friedrich Wilhelm** von Brandenburg richtet für die Zwecke
der westfälischen Friedensverhandlungen eine Dragonerpost zwischen Berlin,
Osnabrück und Münster ein. (Vgl. 560 v. Chr.)

— Marco Aurelio **Severino** bedient sich bei chirurgischen Operationen zur
Anästhesierung des Operationsgebietes der Kälte, indem er Schnee und
Eis auflegt.

— Evangelista **Torricelli** weist nach, daß die Geschwindigkeiten des aus der
Bodenöffnung eines Gefäßes fließenden Wassers sich wie die Quadratwurzeln
aus den entsprechenden Druckhöhen verhalten (Torricelli'sches Theorem).

1647 Buonaventura **Cavalieri** berechnet die Lage der Brennpunkte aller verschiedenen Formen von Linsen.

— Johann **Hevelius** in Danzig entdeckt die Libration in der Ebene des Mond-
äquators (in Länge) und gibt seine noch jetzt wertvolle Selenographie
heraus. Er liefert eine Nomenklatur der Mondflecken, aus der man auch
heute noch die Bezeichnung „Mare" benutzt.

— Jean **Pecquet** entdeckt die Chyluszisterne und deren Zusammenhang mit
dem von Eustachio (s. 1564) entdeckten Milchbrustgang und weist nach,
daß dieser seinen Inhalt in die linke Schlüsselbeinvene ergießt, der Chylus
also vom Darm durch die Chylusgefäße und Mesenterialdrüsen ins Blut
gelangt.

— Angelo **Sala** kennt die Bestandteile des Salmiaks und die Eigenschaften des
flüssigen Laugensalzes und lehrt die Anwendung des Sublimats in der
Medizin. Er entdeckt das Sauerkleesalz beim Konzentrieren des durch Eiweiß geklärten Saftes des Sauerampfers.

— Nachdem Moritz Hofmann aus Fürstenwalde schon sechs Jahre zuvor den
Ausführungsgang des Pankreas am Truthahn entdeckt hatte, findet ihn
Georg **Wirsung** aus Bayern am Menschen.

1648 Simeon **Deshnew** umfährt das Ostkap von Asien und dringt durch die
Beringstraße bis zum Anadyr vor, wodurch die Trennung der Alten Welt von
der Neuen Welt bewiesen wird. 1898 erhält das Ostkap durch kaiserliche
Verordnung den Namen „Kap Deshnew".

— Johann Rudolf **Glauber** erwirbt sich große Verdienste um die Darstellung
der Mineralsäuren. Die Salzsäure war bisher immer durch Destillation
des Eisenvitriols mit Kochsalz, die Salpetersäure durch Destillation desselben Körpers mit Salpeter erhalten worden. Glauber erkennt, daß die
aus dem Vitriol freiwerdende Schwefelsäure es ist, welche die Austreibung
der Säure aus Kochsalz und Salpeter bewirkt und versucht nun unmittelbar die Schwefelsäure auf diese Salze einwirken zu lassen, wodurch er die
Säuren reiner und stärker als bisher erhält. Die rauchende Salzsäure erhält nach ihm den Namen „Spiritus salis Glauberianus".

— Johann Rudolf **Glauber** erhält bei direkter Darstellung von Salzsäure und
Salpetersäure die Salze, welche durch die Verbindung der Schwefelsäure

mit den Alkalien des Kochsalzes und des Salpeters entstehen. Das schwefelsaure Natron namentlich zieht seine Aufmerksamkeit auf sich; seine medizinische Wirksamkeit erscheint ihm so bedeutend, daß er ihm den Namen „Sal mirabile" beilegt.

1648 Johann Rudolf **Glauber** stellt zahlreiche Chlormetalle her, indem er das Metall mit Vitriol und Kochsalz destilliert. So erhält er außer den schon bekannten Chloriden, wie Antimonbutter und Spiritus fumans Libavii (s. 1595) das ätzende Arseniköl und das Chlorzink. Auch stellt er wässeriges Eisenchlorid durch Lösen von Eisen in Salzsäure und Abdampfen der Lösung dar.

— Johann Rudolf **Glauber** erhält zuerst eine Lösung von salpetriger Säure durch Reduktion von Salpetersäure mit Arsenigsäureanhydrid. Seine Beobachtung wird 1694 von Kunckel bestätigt.

— Johann Rudolf **Glauber** scheint zuerst das Chloräthyl in weingeistiger Lösung erhalten zu haben. In reinem Zustand stellt es Rouelle 1759 durch Destillation von Zinnchlorid mit Weingeist dar. Diese Darstellungsmethode wird vom Marquis de Courtenvaux veröffentlicht, der deswegen öfters als Entdecker des wasserfreien Chloräthyls genannt wird.

— Athanasius **Kircher** gibt eine Beschreibung des Hörrohrs.

— Jan **de Laet** gibt die von Wilhelm **Piso** und Georg **Marcgrav** auf ihrer brasilianischen Reise gesammelten naturgeschichtlichen Daten heraus, welche die spezielle Tierkenntnis wesentlich bereichern.

— **Magiotti** erfindet den, fälschlich nach Descartes benannten Cartesianischen Taucher.

— Emanuel **Maignan** gibt die erste Theorie der Lichtbrechung.

— Der Mediziner Johann Marcus **Marci von Kronland** sieht zuerst die prismatische Dispersion des Lichts, ohne jedoch eine Erklärung derselben geben zu können. Nach Gerland und Traumüller hat auch Descartes 1649 die prismatischen Farben beobachtet.

— Blaise **Pascal** läßt durch seinen Schwager Périer am 9. September die erste barometrische Höhenmessung auf dem Puy de Dôme ausführen, wodurch das Vorhandensein des Luftdrucks endgültig bewiesen wird.

— Francesco **Redi** tritt zuerst gegen die Annahme einer Generatio aequivoca in den niederen Tierklassen auf, indem er zeigt, daß, wenn man die Ablagerung der Eier in faulende Substanzen verhütet, sich in diesen keine lebenden Wesen entwickeln. Er macht (1664) die ersten methodischen Arbeiten über Schlangengift.

— Jean **Riolan** macht den Versuch, die Hautkrankheiten nach ihrer äußern Form zu klassifizieren. Auch Thomas Willis macht 1670 einen dahingehenden Versuch.

1649 René **Descartes** erklärt mit Gilbert (s. 1590) und mit Bacon (s. 1620 B.) die Wärme als Bewegung der Körperteilchen. Je stärker die Vibration der Teilchen ist, um so höher steigt die Wärme. Die Bewegung der Himmelskörper erklärt er durch seine Wirbeltheorie.

— René **Descartes** wendet das Refraktionsgesetz (s. 1614 S. und 1637 D.) zuerst zur Erklärung des Regenbogens an.

— Nachdem zuerst 1447 in der Memminger Chronik eine fahrradähnliche Fortbewegungsmaschine (ein Wagen ohn Roß, Rindter und Leutt) erwähnt worden war, baut der Nürnberger Zirkelschmied Johann **Hautzsch** einen Wagen, der durch die eigene Kraft des Fahrenden getrieben wird, jedoch nur 2000 Schritte in der Stunde zurücklegt.

— Nachdem Franciscus de Pedemontinus die erste Beschreibung der Wanderniere gegeben hatte, gibt Jean **Riolan** auf Grund von Sektionen ein vollständiges klares anatomisches Bild davon. Im gleichen Jahre weist er als

der Erste bestimmt auf den Zusammenhang des Kropfes mit der Schilddrüse hin.

1649 Während man in der Artillerie bis dahin die Bomben noch „mit zwei
Feuern" warf, indem zunächst der Zünder des in das Rohr eingesetzten
Geschosses und sogleich darauf die Geschützladung entzündet wurde, lehrt
Kasimir **Simienowicz** in seiner „Ars magna Artilleriae" das Bombenwerfen
„mit einem Feuer", wobei der Geschoßzünder von der Flamme der Ge-
schützladung gleichzeitig mit in Brand gesetzt wird.

1650 François **de le Boë** (Sylvius) begründet das chemiatrische System in der
Medizin. Er glaubt an dem Chlorkalium besondere medizinische Eigen-
schaften zu finden, nach welchen es lange Zeit als Sal febrifugium oder
Digestivum Sylvii bezeichnet wird. Otto Tachenius betrachtet bereits als
Bestandteile dieses Salzes Kali und Salzsäure.

— François **de le Boë** (Sylvius) findet zuerst Lymphgefäße in der Leber
und gibt die erste Beschreibung von Tuberkeln, deren genetischen Zusammenhang mit Phthisis pulmonalis er annimmt.

— Maria **Cunitia** gibt Planetentafeln unter dem Namen „Urania" heraus, die
sich auf Keplers rudolphinische Tafeln (s. 1627 K.) stützen.

— Honoratius **Fabry** untersucht die Erscheinungen der Capillarität in engen
zylindrischen Röhren und findet, daß die Steighöhen oder Depressionen
einer Flüssigkeit dem Halbmesser der Röhren — gleiches Material der
Röhren vorausgesetzt — umgekehrt proportional sind. Dieser Satz wird
von Gay Lussac (1799) bestätigt. Auch Brunner (1846), E. F. Désains
(1857), Bède (1861) u. a. gelangen zu gleichen Ergebnissen.

— Der englische Anatom Francis **Glisson** gibt in seiner Schrift „De rachitide"
die erste erschöpfende, noch heute klassische Darstellung der Rachitis
(englischen Krankheit), die eine Entwicklungsstörung des frühen Kindes-
alters darstellt und zu eigenartigen Schädigungen des kindlichen Skeletts
führt. Er empfiehlt zu deren Behandlung Gymnastik und Unterstützungs-
apparate und gelegentlich auch Massage.

— Joachim **Jungius** bemängelt zuerst die altherkömmliche Einteilung der
Pflanzen in Bäume und Kräuter als das Wesen nicht treffend und be-
zweifelt wie Redi (s. 1648 R.) die Generatio aequivoca.

— Athanasius **Kircher** beschreibt die Aeolsharfe (Anemochord), die aus einem
langen, schmalen Resonanzkasten besteht, auf dem eine Anzahl im Einklang abgestimmter Darmsaiten über zwei niedrige Stege gespannt sind.
Streift ein Luftzug die Saiten, so fangen dieselben an zu tönen. Da das
Prinzip der Aeolsharfe bereits im Altertum bekannt war, kann die Erfindung nicht dem heiligen Dunstan zugeschrieben werden.

— François **Mansart** erfindet die gebrochenen oder Mansardendächer, die aus
einem steilen unteren und einem flachen oberen Walmdachteil bestehen.

— Domenico **Panaroli** beobachtet zuerst Finnen im Corpus Callosum eines
epileptischen Priesters in Rom; den Namen „Finnen" führt 1782 Paul
Friedrich Christian Werner ein, der auch die Einstülpung des Kopfes in
die Blase zuerst beobachtet.

— **Pappenheim** konstruiert das erste der Kapselpumpe (vgl. 1593) analoge
Kapselgebläse mit zwei Drehachsen zur Förderung von Luft und Wasser,
das aus zwei Zahnrädern von je sechs an allen Ecken des Profils abgerundeten Zähnen besteht und die Grundlage aller derartigen Konstruktionen ist.

— Nicolas **Sanson** erfindet die sogenannte flächentreue Projektion, die, weil
sie sich in dem Atlas coelestis von Flamsteed 1712 findet, vielfach auch
nach Flamsteed benannt wird.

— Nicolas **Sauvage** hält im Hôtel de Fiacre in der Rue St. Martin in Paris zuerst Wagen und Pferde zum Vermieten bereit, die von seinem Hause den Namen „Fiacre" erhalten.

1650 Johann **Sperling** gibt in seiner erst nach seinem Tode veröffentlichten „Zoologia physica" die erste Andeutung einer richtigen Auffassung von der Stellung des Menschen innerhalb des Tierreichs, die später zur Bildung eines besonderen Naturreichs für denselben führt. (Vgl. indes auch 1501.)

— Bernhard **Varenius** gibt in seiner „Geographia generalis" die erste allgemeine systematische Darstellung des Formenschatzes der Erde. Er klassifiziert zuerst die großen Meere und unterscheidet den Atlantischen, Pazifischen und Indischen Ozean, eine Einteilung, die sich allmählich einbürgert.

— Bernhard **Varenius** gibt die erste eingehendere Beschreibung der Windverhältnisse auf der Erde.

— Thomas **Wharton** aus Yorkshire publiziert das erste bedeutende Werk über Drüsen, beschreibt darin die Thymus-, Pankreas- und Submaxillardrüse und entdeckt den Ausführungsgang der letzteren.

1651 Johann Rudolf **Glauber** macht die erste chemische Analyse von Meteorsteinen.

— William **Harvey** erklärt in seiner Schrift „De generatione animalium", daß die Theorie der Generatio aequivoca ein Irrtum sei und jedes lebende Wesen sich aus einem Ei entwickle, welches vom weiblichen Individuum stamme und auf dessen Entwicklung der Same als belebender Reiz einwirke. Der von Harvey aufgestellte Satz „Omne vivum ex ovo" bildet den Ausgangspunkt aller seitdem auf entwicklungsgeschichtlichem Gebiete unternommenen Forschungen.

— Nathanael **de Highmore** beschreibt die nach ihm Highmorehöhle genannte Oberkieferhöhle, welche bereits Galen als Sinus maxillaris kannte. Es gelingt ihm, viele bis dahin unerklärliche Zahnerkrankungen als Erkrankungen des Antrum Highmori nachzuweisen.

— Giovanni Battista **Riccioli** macht die ersten trigonometrischen Höhenbestimmungen der Wolken.

— Der schwedische Arzt Olaus **Rudbeck** entdeckt als Student in Padua die von ihm „seröse Gefäße" benannten Lymphgefäße des Darms und zeigt 1652, daß diese Gefäße mit den Chylusgefäßen identisch sind und daß sie in den Ductus thoracicus einmünden. Die Bezeichnung Lymphgefäße führt 1653 Thomas **Bartholinus** ein.

1652 **Le Gendre** begründet die Spalierbaumzucht und macht wichtige Angaben über Unterlage und Reis in der Obstbaumkultur.

— Francis **Lodwick** entwickelt in seinem „Groundwork or Foundation laid for the Framing of a new perfect Language" das Programm einer Universalsprache, das alle die Eigenschaften in sich vereint, von denen spätere Versuche (s. 1879 S., 1887 S., 1906 M.) stets nur einen Teil wiedergeben.

— Domenico **de Marchetti** erkennt zuerst am Herzen und Darm die Fähigkeit aktiver Bewegung.

— Isaak **Minnius** führt zum ersten Male die Durchtrennung des Kopfnickers bei Caput obstipum (Schiefhals) aus, eine Operation, die 1668 von Meister Florian in Holland, 1670 von Hendryk van Roonhuyze, 1738 von Tulp und dann öfter wiederholt wird.

— Sir Hugh **Platt** macht zuerst den Vorschlag, den Dampf zum Heizen eines Treibhauses zu verwenden.

1653 Pierre **Borel** entdeckt die sympathetische Tinte, indem er die Schwärzung der mit essigsaurem Blei gemachten unsichtbaren Schriftzüge durch eine Abkochung von Auripigment und Kalk bewirkt.

— André **Le Nôtre** ist der Schöpfer des französischen Stils in der Gartenkunst. Er gibt den Gärten das, was ihnen bisher fehlte, die Perspektive, vereinfacht die Wasserkünste, hebt darin, wie in der Baumformung, alle Spiele-

reien auf und bringt Symmetrie in die durch Schnitt hergestellten Lauben-
gänge, Hecken und Nischen.

1653 Jean **Riolan** erfaßt zuerst den Gedanken, bei Wassersucht des Herzbeutels
diesen zu öffnen.

— Johann **Scultetus** benutzt für den Verband der unteren Gliedmaßen die
nach ihm benannte Binde, die aus einer beliebigen Anzahl von Streifen
besteht, welche dachziegelartig übereinander gelegt werden, und so lang
sein müssen, daß sie das betreffende Glied $1^1/_2$ mal umgreifen.

— Der französische Staatsrat M. **de Vélayer** erhält von Ludwig XIV. das
Privileg, in Paris eine Stadtpost einzurichten. Hierbei führt er zwecks
freier Beförderung die „Billets de port payé" ein, welche um die Briefe
herumgeschlagen oder auf irgend eine andere Weise an denselben befestigt
werden. Sie ähneln den späteren Streifbändern und sind als Vorläufer
der Briefmarken anzusehen. Auch stellt er die ersten Postbriefkasten auf.

1654 Johann Rudolf **Glauber** hat eine annähernd richtige Vorstellung von den
Wirkungen der chemischen Verwandtschaft. Er zeigt, daß die Zersetzung
des Kochsalzes und Salpeters durch Schwefelsäure sowie die des Salmiaks
durch Kalk oder Kali (s. 1648 G.) darauf beruht, daß der eine Bestandteil zu dem Zersetzungsmittel eine größere Verwandtschaft hat (es liebt
und auch von ihm geliebt wird). Er erläutert, wie Schwefelantimon sich
mit Sublimat zersetzt, hat also auch Einsicht von dem Vorgang der doppelten Wahlverwandtschaft.

— Francis **Glisson** in London bearbeitet die Anatomie und Physiologie der
Leber in hervorragender Weise und erwähnt in seiner Schrift „Anatomia
hepatis" zuerst die nach ihm benannte Glisson'sche Kapsel.

— Otto **von Guericke** führt dem Reichstag zu Regensburg sein berühmtes Experiment mit den sogenannten Magdeburger Halbkugeln vor. Diese Halbkugeln werden durch eine, mit einem Hahn verschließbare Röhre mit der
Luftpumpe in Verbindung gesetzt. Nachdem die Luft ausgepumpt ist, haften
sie mit solcher Kraft aneinander, daß 16 Pferde kaum imstande sind, den
Druck der Luft zu überwinden, während sie ohne Schwierigkeit ausein-
anderzuziehen sind, sobald durch Öffnen des Hahns die Luft wieder ein-
gelassen wird. (Vgl. 1641 G.)

— Otto **von Guericke** wird durch seine Versuche bahnbrechend für die Lehre
von der Aerostatik. Die Elastizität der Luft ist seitdem bewiesene Tatsache und es ergibt sich der wichtige Schluß, daß die unteren Schichten der Atmosphäre dichter als die oberen sein müssen. Er erkennt auch
die Bedeutung des Wasserdampfes für die Nebel- und Wolkenbildung.

1654—88 Der französische Matrose Henri **Hamel,** der als Schiffbrüchiger in
Korea gefangen gehalten wird, gibt nach seiner Rückkehr die erste ausführliche Kunde von diesem Lande.

1654 Blaise **Pascal** baut in seiner erst nach seinem Tode i. J. 1665 gedruckten
Schrift „Traité du triangle arithmétique" die Kombinationslehre und
Wahrscheinlichkeitsrechnung weiter aus, und erörtert im besonderen das
nach ihm benannte arithmetische Dreieck, eine Tafel der Binomialkoeffizienten zur Auffindung höherer arithmetischer Reihen und der Kombina-
tionszahlen. Neben Pascal ist namentlich auch Fermat ein Förderer der
Wahrscheinlichkeitsrechnung.

1655 Nachdem schon Anton Platner in Augsburg 1518 die Feuerspritze verbessert hatte, versieht, wie aus einem Briefe von Leibniz an Papin vom
4. Februar 1707 hervorgeht, Johann **Hautzsch** dieselbe wieder mit dem von
Heron (s. 100) erfundenen Windkessel.

— Christian **Huygens** entdeckt den Titan, den größten der acht Satelliten
des Saturn.

1655 Der Jesuit Martin **Martini,** der 1651 aus China heimgekehrt ist, publiziert seinen neuen Atlas von China, auf den sich das neuere Wissen von diesem Reiche gründet. In diesem Atlas erscheint auch zuerst das Bild der Halbinsel Korea. (Vgl. auch 1654.)

— John **Wallis** in Oxford baut die Lehre von den Kegelschnitten unter Anwendung der von Descartes angegebenen neuen Methode (s. 1637 D.) weiter aus. Vgl. seine Schrift „Tractatus de sectionibus conicis nova methodo expositis".

1656 Johann Rudolf **Glauber** rät in seinem „Miraculum mundi", den Niederschlag, den kohlensaures Kali in Kupferlösungen bewirkt, statt des seit alters her bekannten Grünspans zum Malen anzuwenden. Proust zeigt 1799, daß diese grünen Niederschläge, die man bei unvollkommener Fällung erhält, basische Salze sind und daß der blaue Niederschlag, der bei vollständiger Fällung entsteht, Kupferoxydhydrat ist. Das salpetersaure Kupfer scheint Glauber bereits 1648 erhalten zu haben.

— Christian **Huygens** erfindet die Pendeluhr. Hat auch, wie aus dem Artikel unter 1636 G. hervorgeht, schon Galilei den Gedanken gehabt, das Pendel bei Uhren anzuwenden, so ist doch, wie jene Notiz ergibt, eine praktische Ausführung dieses Gedankens nicht erfolgt.

— Werner **Rolfink** führt an den Leichen zweier im Leben mit Katarakt Behafteter den anatomischen Nachweis, daß der graue Staar auf einer Trübung der Krystalllinse beruht.

— John **Tradescant** bringt die erste Probe von Guttapercha unter dem Namen „Mazer wood" nach London.

— Jsaak **Vossius** begründet selbständig die meteorische Quellenlehre durch den von ihm aufgestellten Satz „Omnia flumina ex collectione aquae pluvialis oriri".

1657 Der polnische Feldarzt Janus Abraham **a Gehema** macht zuerst bestimmte Vorschläge, um die Vorbildung, die Leistungen und damit auch die Stellung des militärärztlichen Personals zu verbessern. Er tut Schritte zur Reformierung der bisher mitgeführten Feldapotheken (Feldkästen), die nicht mehr vom Arzt, sondern vom Staat angeschafft werden sollen.

— Wolfgang **Höfer** gibt in seinem „Hercules medicus" die erste Beschreibung des Kretinismus.

— Johannes **Hudde** fördert die Lehre von den Gleichungen und gibt eine Methode zur Erkennung der mehrfachen Wurzeln einer Gleichung, die nach ihm die „Hudde'sche Regel" genannt wird. Auch findet er die einfachste und übersichtlichste Ableitung der Cardanischen Formel.

— Christian **Huygens** erkennt die wahre Gestalt des Saturnringes (s. 1610 G.), veröffentlicht jedoch seine Entdeckung, um weitere Beobachtungen abzuwarten und sich dennoch die Priorität zu sichern, zunächst nur in folgendem Anagramm: aaaaaaa ccccc d eeee g h iiiiiii llll mm nnnnnnnnn oooo pp q rr s ttttt uuuuu, welches, richtig gelesen, heißt: Annulo cingitur, tenui, plano, nusquam cohaerente, ad eclipticam inclinato.

1658 Pierre **Fermat** fördert die Zahlentheorie durch Aufstellung einer großen Reihe bemerkenswerter, zum Teil berühmt gewordener Sätze. Hierhin gehört das „Fermat'sche Problem", welches den elementaren Beweis fordert, daß die Gleichung $x^n + y^n = z^n$ für $n > 2$ nicht in ganzen Zahlen lösbar ist. Fermat behauptet, einen „wahrhaft wunderbaren" Beweis zu besitzen; doch ist es bisher nicht gelungen, diesen Beweis wiederzufinden. Andere zahlentheoretische Sätze beziehen sich auf die Polygonalzahlen, die Primzahlen usw.

— Johann Rudolf **Glauber** beschreibt die Bildung des übrigens schon vorher bekannten Holzessigs durch trockene Destillation des Holzes.

1658 Johann Rudolf **Glauber** wendet zuerst die Sicherheitsröhren als Sicherheitsventile an. Durch Welter (1820), nach dem sie auch benannt werden, kommen dieselben in regelmäßigen Gebrauch.

—   Der kurfürstlich brandenburgische Ingenieur Johann Gregor **Memhard** beginnt die Befestigung Berlins nach dem altniederländischen bastionierten System. Die Festungswerke laufen etwa in der Linie der heutigen Oberwall-, Niederwall- und Neuen Friedrichstraße und bestehen aus 13 durch Kurtinen verbundenen Bastionen und 5 (später hinzugefügten) Ravelinen. Die Sturmfreiheit beruht auf einem 45 m breiten nassen Graben.

—   Jan **Swammerdam** entdeckt die roten Blutkörperchen im Froschblut.

—   Johann Jacob **Wepfer** gibt in seiner Schrift über die Apoplexie gute Untersuchungen über das Gefäßsystem des Gehirns und weist zuerst die Vernarbung apoplektischer Hirnherde nach.

1659 William **Brouncker,** Viscount of Castle Lyons, bringt die Faktorenfolge, welche John Wallis (s. d. 1668) in seinem berühmten „Wallis'schen Produkt" zur Darstellung von π verwendet, in die Form eines unendlichen Kettenbruchs.

—   Oberst **Gentkant** wendet zuerst Steinminen (Erdmörser) an, indem er bei der Belagerung von Thorn schräg in das feste Erdreich eingegrabene röhrenartige Löcher nach Art eines Geschützes mit Pulver ladet und Steine als Geschosse daraufsetzt.

1660 Robert **Boyle,** der durch Kaspar Schott's Werk von Guericke's Versuch (s. 1641 G. und 1654 G.) Kenntnis erhalten hatte, konstruiert mit Robert **Hooke** eine Luftpumpe, die in der Handhabung wesentlich bequemer als Guericke's Pumpe ist. Der Rezipient besteht aus Glas und ist mit einem abhebbaren Deckel versehen, der gestattet, den Versuchskörper bequem hineinzubringen.

—   Hermann **Conring** wird mit seinem „Examen rerum publicarum" der Schöpfer der Statistik, die bis dahin nur ganz oberflächlich von dem Venetianer Sansovino und dem Franzosen Pierre d'Avity behandelt worden war.

—   Procope **Conteaux,** Limonadier in Paris, stellt zuerst gewerbsmäßig durch Kältemischungen gefrorene Limonaden und Fruchtsäfte her. Diese Fabrikation verbreitet sich so schnell, daß sich 1676 eine Innung der Meister der Kunst „des glaces de fruits et de fleurs" mit 250 Mitgliedern bildet. (S. a. 1621 B.)

—   John **Harrington** führt die Wasserklosetts aus Frankreich nach England ein. Doch sind dieselben keine französische Erfindung, und es unterliegt keinem Zweifel, daß die Wasserklosetts schon im Altertum im Orient in Gebrauch gewesen sind.

—   Blaise **Pascal** wendet das Prinzip der virtuellen Verschiebungen zum Beweis des Satzes an, daß ein an einem Punkte der Oberfläche einer flüssigen Masse ausgeübter Druck sich gleichmäßig nach allen andern Punkten der Flüssigkeit verbreitet, wofern diese nicht auszuweichen imstande ist (Pascal'sches Gesetz).

—   Conrad Victor **Schneider** in Wittenberg beweist anatomisch und klinisch, daß nicht das Gehirn, sondern die Nasenschleimhaut (Membrana Schneideri) den Schleim absondert, der in Krankheiten abfließt, und stößt damit endgültig die Lehre der Alten von den zahlreichen katarrhoischen Krankheiten um.

—   Nicolaus **Stenonis** erkennt die Muskeln als die eigentlichen tätigen Bewegungswerkzeuge und findet, daß sie sich bei ihrer Zusammenziehung selbst verkürzen, eine Erscheinung, die Borelli auf die Elastizität der

Darmstaedter.9

Muskeln zurückführt, welche unter dem Einfluß der Nerven in Tätigkeit trete.

1660 Thomas **Sydenham,** der „englische Hippokrates", faßt zuerst den Gedanken, daß die Krankheit eine Folge eines Krankheitsprozesses sei, ein Begriff, den er als erster streng durchführt. Er betrachtet das Fieber als einen Akt zur Entfernung der Schädlichkeiten, welche Lehre bis gegen Ende des 18. Jahrhunderts die herrschende bleibt. „Fieber ist ein Werkzeug der Natur, durch welches dieselbe die unreinen Teile von den reinen sondert."

— Thomas **Sydenham** gibt diätetische Anordnungen je nach der Konstitution des Patienten und zeigt, daß eine große Zahl von Erkrankungen lediglich durch richtige Lebensweise und verständige Ernährung zum guten Ende geführt werden können.

— Thomas **Sydenham** gibt der Seuchenlehre einen gewaltigen Umschwung durch die Ausbildung des Begriffes epidemischer Konstitution, bei deren Entstehung kosmische und tellurische Einflüsse, Miasmen, die aus dem Erdinnern emporsteigen, Unreinigkeiten der Atmosphäre und ähnliche Faktoren mitspielen.

1661 Die **Academia del Cimento** in Florenz macht Versuche über die Zusammendrückbarkeit des Wassers in Silberkugeln. Die Versuche ergeben zwar kein brauchbares Resultat, erweisen aber die Porosität des Silbers.

— Henry **Bishop,** Generalpächter des englischen Postwesens, führt den Aufgabestempel für Briefe ein.

— Der englische Naturforscher Robert **Boyle** stellt im Anschluß an Demokritos und Gassendi (s. diese) eine Korpuskulartheorie auf, nach welcher alle Körper aus kleinsten Teilchen bestehen. Durch Aneinanderlagerung der sich gegenseitig anziehenden Teilchen verschiedener Stoffe kommt die Verbindung zustande. Tritt mit einem Körper ein anderer in Wechselwirkung, dessen kleinste Teilchen zu denen eines Komponenten mehr Anziehung haben, als die Komponenten unter sich, so erfolgt Zersetzung.

— Robert **Boyle** stellt den Begriff der chemischen Elemente auf, als welche man Stoffe anzusehen habe, die man nicht weiter zerlegen, aus denen man aber die anderen Stoffe zusammensetzen könne. Ähnliche Ansichten hatte Joachim Jungius in seinen 1642 erschienenen „Principia corporum naturalium" ausgesprochen, die jedoch unbeachtet geblieben waren.

— Gegenüber den Alchemisten, welche die Verwandlung von Eisen in Kupfer annahmen, zeigt Robert **Boyle,** daß Kupfer aus seinen Lösungen durch Zink und durch Eisen metallisch gefällt wird, und erklärt den Vorgang dahin, daß das Auflösungsmittel ein aufgelöstes Metall fallen lasse, um das die Ausfällung veranlassende Metall aufzunehmen.

— Robert **Boyle** hebt zuerst ausdrücklich hervor, daß auf die Hervorbringung von mehr oder weniger regelmäßigen Krystallen langsame oder schnelle Abkühlung der Lösung bedeutenden Einfluß ausübt.

— Die Jesuiten Albert **Dorville** und Johannes **Grueber** machen einen Zug durch Tibet, erreichen die Hauptstadt Lhassa und steigen von da über den Himalaja nach Agra hinab.

— Guichard Joseph **Du Verney** führt die Untersuchungen von Aranzio (s. 1565) über den foetalen Blutkreislauf weiter, findet im Verein mit Caspar **Bartholinus** die nach dem letztern benannten Drüsen (Glandulae Bartholinianae) und liefert davon eine genaue Beschreibung.

— Johann **Hevelius** beobachtet 1553 Sterne für die Epochen 1661 und 1701, die nach seinem Tode 1690 in einem Katalog zusammengefaßt werden, der auch 335 südliche Sterne enthält, die Halley auf seiner Expedition nach St. Helena aufgenommen hatte.

1661 Christian **Huygens** verwendet zuerst ein abgekürztes Heberbarometer zur Beurteilung der Luftverdünnung unter dem Rezipienten der Luftpumpe. (Barometerprobe, Manometer für niedrigen Druck.)

— Marcello **Malpighi** beobachtet zuerst an Lunge und Mesenterium des Frosches den Capillarkreislauf. Er setzt den Übergang der Arterien in die Venen ins richtige Licht und liefert damit die wichtigste Ergänzung zu Harvey's Entdeckung des großen Blutkreislaufes.

— Marcello **Malpighi** entdeckt den Bau der Lungen. Das Innere der Lungen besteht aus Säckchen oder Läppchen, welche mit den Ästen der Luftröhre und miteinander in Gemeinschaft stehen. Die Bläschen, die mit Gefäß-netzen umgeben sind, dienen dazu, durch den Druck der in ihnen ent-haltenen Luft das Blut inniger zu mischen; in die Gefäße selbst scheint keine Luft überzugehen.

— Giovanni Battista **Riccioli** stellt eine Berechnung der Größe der Erdoberfläche an, die er auf seine mit Grimaldi ausgeführte Gradmessung gründet und die 170 981 012 bononische Quadratmeilen ergibt.

— Der französische Astronom Melchisedec **Thevenot** erfindet die Röhrenlibelle, auch Wasserwage oder Niveau genannt.

1662 Adrian **Auzout** bemerkt zuerst den Schatten des Saturn auf seinem Ring.

— Lorenzo **Bellini** untersucht den Bau der Nieren und findet die Ausführungs-gänge in den Papillen, den „Tubuli Belliniani". Er erkennt die Zungen-papillen als Geschmacksorgan und beschreibt deren Verbindung mit den Nerven.

— Robert **Boyle** und Edme **Mariotte** stellen unabhängig voneinander das Boyle-Mariotte'sche Gesetz auf: „Der Raum, den eine eingeschlossene Gasmenge einnimmt, steht im umgekehrten Verhältnis zum Druck"; oder „je geringer der Druck, um so größer der Rauminhalt, je größer der Druck, um so geringer der Rauminhalt." An den Boyle'schen Forschungen hat Richard Townley einen hervorragenden Anteil.

1662—68 Nachdem schon 1558 vom Kurfürsten Joachim II. die Grabung eines Kanals von der Spree nach der Oder projektiert worden war, läßt der Große Kurfürst durch Philipp **de Chiese** dieses Werk ausführen. Anfangs bedient man sich bei demselben hölzerner Schleusen, die aber 1699 durch steinerne Schleusen ersetzt werden.

1662 Jean Baptiste **Colbert** vereinigt die bis dahin in Paris zerstreuten Werk-stätten von Haute- und Basselisse-Weberei in der Teppichfabrik der Nach-kommen des im 15. Jahrhundert verstorbenen Färbers Jehan Gobelin. Die Manufaktur erhält nach diesem den Namen „Aux Gobelins", welcher Name sich auch auf die dort fabrizierten Wandteppiche überträgt.

— Regnier **de Graaf** entdeckt die nach ihm benannten Follikel im Eierstock und stellt fest, daß die Ovarien die Eier erzeugen und reifen lassen und daß die Eier nach der Befruchtung durch die Tuben in den Uterus gelangen.

— John **Graunt** in London begründet die medizinische Statistik.

— Marcello **Malpighi** erforscht zuerst die Entwicklung des Hühnchens im Ei mit dem Mikroskop und trägt zur näheren Kenntnis aller Teile des Foetus, seiner Hüllen und seiner Umgebung bei. Er begründet die mikroskopische Anatomie der Tiere.

— Der Marquis **von Malvasia** beschreibt in seinen „Ephemerides novissimae motuum coelestium" das Fadennetzmikrometer, dessen Erfindung Venturi zufolge von **Montanari** gemacht sein soll. Es besteht aus einem System von mehreren feinen und senkrecht einander durchkreuzenden Silberfäden.

1663 François **de le Boë** (Sylvius) weist auf die Alkohol- und Essigsäuregärung als die Typen der Vorgänge hin, deren Vorkommen er im Verdauungskanal annimmt. Die Verdauung ist ihm ein chemischer Prozeß. Die alkalische

9*

Galle dient dazu, den Speisebrei zu neutralisieren, und ihn in Chylus und Faeces zu sondern. Zur Bildung des Chylus trägt andrerseits auch der Pankreassaft bei, dem Sylvius saure Reaktion zuschreibt. Er kennt auch bereits den Speichel als Verdauungssaft.

1663 Nachdem Albertus Magnus (1260) zuerst das Zusammenschmelzen von Schwefel mit Alkalien erwähnt und Libavius (1595) gelegentlich eine Vorschrift für die Auflösung des Schwefels in wässerigem Alkali gegeben hatte, gibt Robert **Boyle** genaue Anweisungen für Bereitung der Schwefelleber sowohl durch Auflösung von Schwefel in kochendem wässerigem als auch in schmelzendem trocknem Kali. Er weiß bereits, daß sich Metalle in Schwefelleber lösen und erwähnt auch die Auflösung des Spießglanzes in derselben sowie die Schwärzung des Silbers durch Schwefelleberlösung. Bei spätern Untersuchungen ergibt sich, daß die Schwefelleber nicht, wie man früher glaubte, aus Schwefelkalium besteht, sondern ein Gemenge von Kaliumsupersulfureten und unterschwefligsaurem oder schwefelsaurem Kali darstellt. (Vgl. auch 1608-B.)

— Robert **Boyle** spricht in seinen „Experiments and considerations touching colours" von den Niederschlägen, welche Alaun und Pottasche oder Bleiessig mit Farben hervorbringen. Der Gebrauch des Alauns, um die Farben auf Stoffen zu fixieren, war schon lange vorher allgemein bekannt. (S. a. 624.)

— Robert **Boyle** bereitet zuerst das Chlorwismut (Wismutbutter) durch Erhitzen von Quecksilbersublimat mit Wismut.

— Otto **von Guericke** macht elektrische Versuche mit einer Schwefelkugel, die in schnelle Rotation versetzt und mit der flachen Hand gerieben wird. Er sieht, daß sie leichte Körper nicht nur anzieht, sondern, was Gilbert (s. 1600 G.) noch übersehen hatte, nach einiger Zeit wieder abstößt, und bemerkt zuerst das elektrische Leuchten der Kugel, aber nicht den elektrischen Funken.

— Nicolas **Lequin** erfindet die elastischen Bruchbänder.

— Giles Persone **de Roberval** erfindet das Gewichtsaraeometer, welchem Fahrenheit (1724) einen Teller zum Auflegen der Gewichte hinzufügt. Die heutige Form erhält das Instrument durch William Nicholson. (S. 1787 N.)

— Hendryk **van Roonhuyze** veröffentlicht ein Buch über die Frauenkrankheiten, worin er ausführlich den Scheidenprolaps, die Blasenscheidenfistel, die er zuerst durch Operation (Blasenscheidenfistelnaht) schließt, die operative Öffnung der Vagina u. a. beschreibt.

— Nicolaus **Stenonis** weist nach, daß sich das Herz wie ein Muskel verhält und leitet seine Zusammenziehung von der Kontraktion der Muskeln her. Er entdeckt den Ausführungsgang der Ohrspeicheldrüse (Ductus Stenonianus) und den Ausführungsgang der Tränendrüse.

1664 Robert **Boyle** beschreibt die Krystalle von wasserhaltigem Kupferchlorid, welche aus einer Auflösung von Kupfer in Salzsäure sich bilden und in Weingeist löslich sind, und kennt das Kupferchlorür.

— Da die hygrometrische Methode des Nicolaus de Cusa (s. 1440) sich als ungenau erweist, bestimmt **Folli da Poppi** den Feuchtigkeitsgrad der Luft mit Hilfe der Längenveränderung eines Papierstreifens, der in der Mitte mit einem Gewicht belastet ist und den er später durch einen Pergamentstreifen ersetzt (Hygrometer).

— Regnier **de Graaf** sammelt und untersucht den Pankreassaft aus Fisteln. Die Alkalinität des Saftes finden jedoch erst Tiedemann und Gmelin (s. 1823 T.), die Speichelähnlichkeit Leuret und Lassaigne.

— Der englische Arzt **Henshaw** konstruiert den ersten pneumatischen Apparat in Form einer gemauerten Kammer, in welcher durch von außen wirkende

Blasebälge und Ventile die Luft je nach Belieben verdichtet oder verdünnt werden kann.

1664 Der Mathematiker Kaspar **Schott** in Würzburg beschreibt in seinem Werke „Technica curiosa" eine Taucherglocke. Eine Beschreibung derjenigen Taucherglocke, mit der i. J. 1665 eine Hebung der Schätze der versunkenen spanischen Armada versucht wurde, gibt Sinclair 1669 in seiner „Ars nova et magna gravitatis et levitatis".

— Jacques Labessie **de Soleysel,** französischer Stallmeister und Tierarzt, behandelt in seinem Werke „Véritable parfait Maréchal" ausführlich die Krankheiten des Pferdes. Er verwendet Ringe von Blei und Pasten von Arsenik und Kupfervitriol zu Fontanellen, und greift in die gesamte Tierheilkunde vielfach reformatorisch ein. Sein Werk wird in fast sämtliche Sprachen Europas übersetzt.

— Jacques Labessie **de Soleysel** weist die Übertragbarkeit des Rotzes von Pferd auf Pferd nach. Die Übertragbarkeit der Krankheit auf den Menschen wird zuerst eingehend von Schilling (1821) begründet.

— Nicolaus **Stenonis** untersucht zuerst das Gefäßsystem der Choroidea und erkennt den venösen Charakter der Venae vorticosae.

1665 Giuseppe **Campani** macht sich durch die Konstruktion seiner Fernrohre berühmt. Die Brennweite seiner Objektive, die den vollkommensten heutigen Erzeugnissen kaum nachstehen, ist so bedeutend, daß die Instrumente nicht mit Röhren (Tuben) versehen werden können, vielmehr das Objektiv auf der Spitze eines Mastes befestigt werden muß, während der Beobachter das Okular in die Hand nimmt. Campani liefert auch die Gläser, mit denen Giovanni Domenico Cassini seine großen Entdeckungen macht. Er setzt, zur Vermeidung der sphärischen und chromatischen Aberration, seine Okulare und Objektive schon aus mehreren Linsen zusammen. Auch Huygens und Divini zeichnen sich durch den Bau von Fernrohren, deren Brennweite ein erhebliches Vielfaches von ihrer Öffnung ist, aus. (Luftfernrohre.)

— Francesco Maria **Grimaldi** ist der erste, der Interferenzerscheinungen beobachtet und auf diese hin den Satz ausspricht, daß Licht, zu Licht hinzugefügt, Dunkelheit erzeugen könne. Er beobachtet auch zuerst die Beugungserscheinungen des Lichtes und beschreibt zuerst das durch ein Prisma erzeugte Sonnenspektrum.

— Robert **Hooke** entdeckt und erklärt die Farben dünner Blättchen, die er auf eine Verwirrung der an den Grenzflächen der dünnen Schicht reflektierten Schwingungen zurückführt und erfindet das „Newton'sche Farbenglas". Er spricht zuerst aus, daß das Licht aus einer schnellen und kurzen, vibrierenden Bewegung bestehe.

— Robert **Hooke** konstruiert ein Mikroskop, dessen Okular und Objektiv aus je einer Sammellinse bestehen, und setzt zwischen diese beiden Linsen nahe dem Okular eine dritte, das sogenannte Kollektivglas.

— Robert **Hooke** bemerkt zuerst den Farbenwechsel in der Szintillation (Funkeln) der Sterne.

— Christian **Huygens** macht 29 Jahre vor Carlo Renaldini, dem man bisher diese Idee zuschrieb, den Vorschlag, als Fundamentalpunkte für das Thermometer den Schmelzpunkt des Eises und den Siedepunkt des Wassers zu benutzen.

— Christian **Huygens** beobachtet, daß zwei auf einer gemeinsamen Unterlage befestigte Pendeluhren nach einiger Zeit gleichen Gang annehmen. Spätere Untersuchungen über die „sympathetischen Pendeluhren" werden von Ellicot (1739), Breguet, Laplace, Savart, Poisson und Resal (1873) gemacht.

1665 Athanasius **Kircher** gibt die ersten Karten der Meeresströmungen heraus.

— Friedrich **Ruysch** in Amsterdam untersucht durch künstliche Injektion die Gefäßverteilung in den verschiedenen Organen des Körpers und fertigt mit Hilfe seiner Methode eine ausgedehnte Sammlung anatomischer Präparate an.

— Nicolaus **Stenonis** entdeckt die Ohrenschmalzdrüsen.

— Der dänische Mathematiker Thomas **Walgenstein** erfindet die Laterna magica und die Projektionskunst (s. Prometheus 1904 S. 314). Athanasius Kircher kann somit nicht mehr als der Erfinder gelten, indem er erst in der 1671 erschienenen zweiten Auflage seiner „Ars magna lucis et umbrae" eine überdies z. T. unklare Beschreibung der Laterna magica gibt.

— Der Prämonstratensermönch Johann **Zahn** beschreibt zuerst eine transportable Camera obscura. Seine Camera besitzt in Röhren gefaßte Linsen. Er berücksichtigt den Einfluß der Brennweiten seiner Sammellinsen auf Bildgröße und Bildabstand. Er verwendet auch einen schräg gestellten Umkehrungsspiegel.

1666 Der Ingenieur François **Andréossy** baut auf Kosten von Pierre Paul Riquet den Canal du Midi (Languedoc-Kanal), der den Atlantischen Ozean mit dem Mittelländischen Meere verbindet, 20 m breit, 239,5 km lang ist und 100 Schleusen und über 100 Brücken hat. Für diesen Kanal wird von 1679—1681 der Malpas-Tunnel als erster Tunnel mit Sprengarbeit ausgeführt, der bei einer Breite von 6,9 m und einer Höhe von 8,4 m eine Länge von 157 m hat.

— Der englische Rektor John **Beal** macht die ersten Beobachtungen über die täglichen Barometerschwankungen.

— Giovanni Alfonso **Borelli** spricht zuerst den Gedanken einer parabolischen Form der Kometenbahn aus. Er erfindet den Heliostat, der den Zweck hat, ein Strahlenbündel Lichtes unveränderlich in einer gewissen Richtung zu reflektieren und dessen Erfindung mit Unrecht W. J. s' Gravesande zugeschrieben wird.

— Das **Germanische Museum** in Nürnberg bewahrt das älteste bekannte einfarbige Buntpapier, das handschriftlich die Jahreszahl 1666 trägt, von braunroter Farbe ist und deutlich das Auftragen der Farbeflüssigkeit mit dem Pinsel erkennen läßt. Es ist aber nach älteren Rezeptbüchern anzunehmen, daß solches Papier bereits im 15. Jahrhundert angefertigt wurde.

— Jean **de La Quintinye** betont die Wichtigkeit des Veredelns der Obstbäume und verbreitet die Kunst des Pfropfens und Okulierens in weiteren Kreisen.

— Gottfried Wilhelm **von Leibniz** erörtert in seinem Werke „De arte combinatoria" neben einer pasigraphischen, nur für wissenschaftliche Zwecke geeigneten Begriffsschrift (s. 1500 Trithemius) auch eine auf der Lautsprache beruhende, für den bürgerlichen Gebrauch verwendbare Universalsprache. (Vgl. auch 1652 L.)

— Der französische Chemiker Nicolas **Lemery** schlägt vor, zur Darstellung der Schwefelsäure Schwefel mit Salpeter gemischt in einer feuchten Flasche zu verbrennen.

— Richard **Lower,** der vorher schon an Hunden mit Bier-, Wein- und Milchinfusionen experimentiert hat, führt die nachweislich erste direkte Transfusion an Tieren aus, indem er das Blut aus der Arteria cervicalis eines Hundes in die Vena jugularis eines andereren, dem vorher bis zu gänzlicher Ermattung Blut abgeimpft war, leitet. (S. 1615 L.)

— Heinrich **Meibom** beschreibt die Augenliddrüsen, die nach ihm die Meibomschen Drüsen genannt werden.

— Isaac **Newton** stellt zur Erklärung der optischen Erscheinungen die sogenannte Emissions- oder Emanationstheorie des Lichtes auf, wonach das

Licht aus sehr kleinen, mit ungeheurer Geschwindigkeit von den leuchtenden Körpern fortgeschleuderten Teilchen der Lichtkörperchen bestehen sollte.

1666 Isaac **Newton** stellt, von der Emanationstheorie ausgehend, als erster ein Maß für die lichtbrechende Kraft der Stoffe auf in dem Ausdruck $n^2-1:d$, wo n^2 das Quadrat des Brechungsindex und d die Dichte des Körpers bedeutet. Er nennt die lichtbrechende Kraft „Absolute refractive power".

— Isaac **Newton** findet durch Rechnung die Größe der Abplattung der Erde zu $1/_{289}$.

— Otto **Tachenius** empfiehlt als das reinste kohlensaure Ammoniak (flüchtiges Laugensalz) das aus Salmiak mit kohlensaurem Kali bereitete. Die Darstellung aus Blut oder Urin mit einem Zusatz von Pottasche erwähnt Mayow 1669.

— Otto **Tachenius** erweitert die Kenntnisse in der chemischen Analyse mehr als irgend einer seiner Vorgänger und macht darauf aufmerksam, daß der wesentliche Charakter einer Säure darin bestehe, daß sie sich mit Alkalien zu Salzen verbinde, daß die Benennung „Salz" also auf die Verbindung von Säuren und Alkalien zu beschränken sei.

— Isaac **Vossius** ermittelt die Depression des Quecksilbers in sorgfältig gereinigten Capillarröhrchen.

1667 Adrien **Auzout** verbessert das von Malvasia angegebene Fadennetzmikrometer, indem er dasselbe mit der von Gascoigne für Mikrometerzwecke zuerst benutzten Schraube versieht, die gestattet, die auf einem Rahmen befestigten Fäden beliebig zu verschieben.

— Robert **Boyle** vertieft die analytische Untersuchung der Substanzen auf nassem Wege. Er benutzt zum Nachweis von Schwefelsäure und Salzsäure die Lösung von Kalk- und Silbersalzen und macht systematische Untersuchungen über die Reaktion der Galläpfel und anderer pflanzlicher Stoffe auf die Lösungen der Vitriole. Diese Untersuchungen bilden die Grundlage der Tintenchemie. Er charakterisiert die Säuren noch genauer als Tachenius nach ihrer auflösenden Kraft, die sie auf verschiedene Substanzen üben und dadurch, daß sie die Farben vieler Pflanzen in andere Farben umwandeln und die durch Alkalien veränderten Pflanzenfarben wieder herstellen. Er wird hiermit der Entdecker der Farbindikatoren und schafft dadurch die Vorbedingungen für die Alkalimetrie. Er schildert namentlich das Verhalten von Blauholz, Fernambuk, Cochenille, Curcuma, Veilchensirup, welch letzterer durch Säuren gerötet und durch Alkalien grün gefärbt wird.

— Robert **Boyle** veröffentlicht ausführliche Versuchsreihen von Kältemischungen. Er erwähnt, daß die Vermischung von Schwefelsäure, Salzsäure und besonders Salpetersäure mit Schnee Kälte erzeugt und daß Salmiak, in Wasser gelöst, dieselbe Erscheinung hervorruft. Er gibt die richtige Erklärung, daß das Auftreten der Kälte darauf beruhe, daß die Salze den Aggregatzustand des Eises und Schnees ändern, indem sie Schmelzung bewirken. (S. a. 1550.)

— Giovanni Domenico **Cassini** berechnet auf Grund der Beobachtung einiger Flecke auf der Oberfläche der Venus eine Rotation dieses Planeten, die er zu 23—24 Stunden findet.

— Jean **Dénis** und **Emmerez** führen am 14. Juni die erste direkte Bluttransfusion mit Überleitung von Lammsblut an einem entkräfteten Menschen durch, dessen Kräftezustand sich sichtlich gehoben haben soll. (S. 1666. L.)

— Robert **Hooke** äußert in seiner „Mikrographie" klare Anschauungen über das Wesen der Wärme: „Die Wärme ist nichts weiter, als eine sehr lebhafte und heftige Bewegung der Körpermoleküle." Ebenso urteilt er ziemlich klar über die Materie und die Bewegung, von denen er sagt: „Sie sind, was sie sind, Mächte, geschaffen vom Allmächtigen, zu sein, was sie sind und zu wirken, wie sie tun, welche unveränderlich sind im Ganzen, weder sich vermehren, noch sich vermindern."

1667 Robert **Hooke** konstruiert zuerst das Pendel-Anemometer, welches durch den Winkelausschlag einer dem Winde senkrecht entgegenstehenden pendelnd aufgehängten Tafel die relative Windstärke zu messen gestattet. Von manchen Seiten wird diese Erfindung Christopher Wren oder auch Rooke zugeschrieben.

— Robert **Hooke** beobachtet mit dem Mikroskop den zelligen Bau der Pflanzen und gebraucht zuerst den Ausdruck „Zelle".

— Robert **Hooke** gibt zuerst die Idee an, die menschliche Stimme durch einen straff gespannten Faden auf entferntere Strecken zu übertragen.

— Christian **Huygens** beweist die Tatsache, daß sich das Wasser beim Gefrieren ausdehnt und daß die Kraft, mit der sich das Wasser beim Gefrieren auszudehnen bestrebt ist, sehr beträchtlich ist, dadurch, daß er ein eisernes mit Wasser gefülltes Geschützrohr durch die Kraft des frierenden Wassers sprengt. (S. 1635 A.)

— Gottfried Wilhelm **von Leibniz** erfindet eine Rechenmaschine, welche die Pascal'sche (s. 1642 P.) an Leistungsfähigkeit noch übertrifft.

— Walter **Needham** tritt in seiner „Disquisitio de formato foetu" zuerst dafür ein, daß der Foetus nicht durch die lymphatischen Gefäße, sondern durch die Placenta ernährt werde.

— Karl **Rayger,** Physikus der Stadt Preßburg, macht in einem forensischen Fall die erste praktische Anwendung von der Galen'schen Lungenschwimmprobe, die beim Verdacht eines Kindsmords aus dem Schwimmen oder Niedersinken der Lunge im Wasser dartun soll, ob das Kind nach der Geburt Luft geatmet hat oder nicht. Der zweite praktische Versuch wird 1682 von Johann Schreyer in Zeitz gemacht.

— Nicolaus **Stenonis** weist auf das Vorkommen von Eiern in den immer noch als Testes bezeichneten weiblichen Geschlechtsdrüsen der viviparen Tiere und auf deren Analogie mit den Ovarien der eierlegenden Tiere hin.

— Richard **Townley** konstruiert die erste bekannte Teilmaschine.

— Thomas **Willis** erforscht den Bau des Gehirns und entdeckt den nach ihm benannten „Circulus" der Hirnarterien. Er beschreibt den Nervus accessorius und den Nervus laryngeus superior und die Funktion des Kehlkopfes. Das schon von Aretaeus gekannte Bronchialasthma erklärt er als Bronchialkrampf. Er versucht die Hirnfunktionen zu trennen und sie verschiedenen Hirnteilen zuzuschreiben, womit er ein Vorläufer der Lokalisation wird.

1668 Unter Benutzung der von Desargues gegebenen Anregungen begründet **Bosse** die räumliche oder Reliefperspektive, die für den Bildhauer das leistet, was für den Maler die gewöhnliche Perspektive bietet. Eine weitere Ausbildung erfährt die Reliefperspektive durch Petitot (1758) und J. A. Breysig (1798).

— William **Brouncker,** Viscount of Castle Lyons, fördert die Reihenlehre durch seine Abhandlung „The squaring of the Hyperbola by an infinite series of rational numbers". Er gibt zuerst eine Quadratur der Hyperbel durch Reihen (Brouncker'sche Reihen.)

— Eustachio **Divini** verbessert das zusammengesetzte Mikroskop, indem er dasselbe mit einem aus zwei plankonvexen Linsen bestehenden Okular versieht, welches die Gegenstände flach anstatt gekrümmt sehen läßt, d. h. die sphärische Aberration vermindert.

— Denis **Dodart** spricht sich über die Mittel, die Eigenschaften einer Pflanze zu entdecken, aus. Er empfiehlt in erster Linie die Prüfung der Dekokte mit Eisenvitriol und Bleiweiß, in zweiter Linie die Klärung und Eindampfung der Säfte. (S. a. 1647 Sala.) Er wendet vielfach auch noch die Pyroanalyse an, gegen welche als unzweckmäßig schon Robert Boyle 1661 zu Feld gezogen war.

1668 Edme **Mariotte** entdeckt gelegentlich seiner Studien über den Gesichtssinn den blinden Fleck der Netzhaut (Mariotte'scher Fleck). (S. a. 1852 L.)

— François **Mauriceau** gibt ein ausführliches Buch über Geburtshilfe heraus, das namentlich auf technischem Gebiete einen großen Fortschritt bedeutet. Er erörtert darin u. a. die Herkunft des Fruchtwassers, die Bildung der Milch in den Brüsten, die Tubengravidität, das Puerperalfieber.

— John **Wallis** in Oxford ermittelt die Stoßgesetze völlig unelastischer Körper und tut in seiner Methode der Quadration den ersten Schritt zur Integralrechnung. Er unterscheidet zuerst Potenzen mit gebrochenen und negativen Exponenten.

1669 Erasmus **Bartholinus** entdeckt, daß ein Lichtstrahl, wenn er durch isländischen Doppelspat geht, in zwei Strahlenbündel zerlegt wird. (Doppelbrechung des Lichts.)

— Johann Joachim **Becher** hebt in seiner „Physica subterranea" als erster die chemischen Kennzeichen der Mineralien hervor.

— **Brand** entdeckt den Phosphor und stellt ihn aus Harn dar.

— Christian **Huygens** gibt in seiner Abhandlung „De motu corporum ex percussione" die Gesetze für den Stoß elastischer Körper.

— Richard **Lower** schildert in seinem „Tractatus de corde" genau die Muskelfasern des Herzens und deren Bestimmung, leitet die Bewegung des Herzens vom Einfluß der Nerven her und gibt an, daß dasselbe Blut fast dreizehnmal in einer Stunde durch das Herz hindurchgehe. Er führt die helle Farbe des arteriellen Blutes auf dessen Mischung mit Luft zurück.

— John **Mayow** ermittelt als erster das spezifische Gewicht eines künstlich dargestellten Gases, indem er von dem Rückstand der atmosphärischen Luft, die zur Unterhaltung der Verbrennung gedient hat, soweit er von Wasser nicht aufgenommen wird, angibt, er sei etwas leichter als gemeine Luft.

— John **Mayow** zeigt durch das Experiment, daß bei der Verbrennung wie beim Atmen das Volum der Luft vermindert wird und betrachtet das Atmen als einen dem Verbrennen ähnlichen Prozeß; die Entstehung der Blutwärme betrachtet er als auf einer Gärung beruhend. Die Substanz, die aus der Luft hinweg genommen wird, bezeichnet er als eine salpetrige (Particulae nitro-aëreae).

— Isaac **Newton** veröffentlicht seine Abhandlung „De analysi per aequationes numero terminorum infinitas", deren wesentlichen Inhalt der binomische Lehrsatz bei beliebiger Annahme des Exponenten und die Auflösung von Gleichungen bildet.

1669—70 Die durch Jean **Picard** zwischen Sourdan bei Amiens und Malvoisine bei Paris durchgeführte Gradmessung, bei welcher zum ersten Male das Fernrohr mit Fadenkreuz (s. 1662 M. und 1667 Auzout) Anwendung findet, wird dadurch bedeutungsvoll, daß sie Newton in den Stand setzt, sein Gravitationsgesetz als richtig zu erkennen.

1669 Nicolaus **Stenonis** begründet mit seiner Schrift „De solido intra solidum naturaliter contento" die Krystallographie und die Stratigraphie (Lehre von den Erdschichten) und gibt eine Theorie von der Entstehung der Erde, die ihn als Begründer des Neptunismus erscheinen läßt. Er stellt am Bergkrystall die Konstanz der Kantenwinkel der Krystalle fest, eine Beobachtung, die nach Q. Sella schon 1540 Biringuccio am Pyrit gemacht haben soll.

1669 Jan **Swammerdam** macht bahnbrechende Untersuchungen über den Bau und
die Entwicklung der Bienen und die Fortpflanzung und Verwandlung der
Insekten überhaupt und stellt, indem er die bis dahin bestehende Ansicht
von der Urzeugung niederer Tiere beseitigt, die Theorie auf, daß die Entstehung der Wesen eine Enthüllung (Evolution) ihrer schon vorhandenen
Keime sei.

1670 Der Landwirt **von Amboten** in Paddern in Kurland konstruiert eine Mühle,
die das Getreide durch einen runden Boden den durch Wasser angetriebenen
Flegeln zuführt, wobei das Dreschgut auch ausgesiebt wird (Dreschmaschine).

— Nachdem das Lötrohr zuerst um das Jahr 40 und danach in den Berichten der Academia del Cimento zu Florenz (1660) flüchtig erwähnt
worden war, benutzt Erasmus **Bartholinus** das Lötrohr zuerst zu Zwecken
der Mineralchemie.

— Nachdem bis dahin der Glaube verbreitet gewesen war, daß die im Wasser
lebenden Tiere anstatt Luft Wasser atmen, zeigt zuerst Robert **Boyle,** daß
Luft auch für das Leben der Wassertiere erforderlich sei.

— Thomas **Hale** in Deptford baut die erste Walzmaschine zur Herstellung von
Bleiplatten. Bis dahin waren die Bleiplatten lediglich gegossen worden.

— **Hobbes** und **Montanari** erklären gleichzeitig das Zerspringen der Glastränen
beim Ritzen aus den Spannungsverhältnissen. Die Ansicht, daß Asmadeï
die Tränen resp. die Bologneser Fläschchen 1716 erfunden habe, kann
demgegenüber und weil nach dem Bremer Rektor Schulenburg dieselben
in mecklenburgischen Glashütten schon um 1625 bekannt waren, nicht
aufrecht erhalten werden.

— Robert **Hooke** konstruiert den ersten selbstregistrierenden Regenmesser. Unter
den später konstruierten derartigen Apparaten (Ombrographen) findet der
von Hottinger die weiteste Verbreitung. (S. a. 1639 C.)

— Francesco **Lana** bildet eine fliegende Barke ab, die durch (luftleer gemachte?)
metallene Kugeln getragen wird.

— Marcello **Malpighi** entdeckt die Malpighi'schen Körperchen der Milz, das
Malpighi'sche Netz (Rete Malpighii) und die Malpighi'schen Knäuel in der
Niere.

— Marcello **Malpighi** entdeckt, unabhängig von Robert Hooke, die Pflanzenzellen, die er Utriculi nennt und findet, daß die Blätter diejenigen Organe
sind, welche die Nahrung der Pflanzen bereiten. (Vgl. 1667 H.)

— Samuel **Morland** erfindet das Sprachrohr, das eine Anwendung der Reflexions-
gesetze des Schalls darstellt. Er bringt dasselbe zur Nachrichtenüber-
mittelung auf weite Entfernungen, namentlich im Schiffsdienste, zur Anwendung.

— Der französische Theologe Gabriel **Mouton** äußert zuerst die Idee eines
natürlichen Grundmaßes. Er will als solches die Minute eines Meridiangrades annehmen und dieselbe „Mille" nennen.

— Isaac **Newton** zerlegt durch ein Glasprisma das Sonnenlicht in seine farbigen
Bestandteile und weist nach, daß Lichtstrahlen von verschiedener Farbe
verschieden brechbar und die prismatischen Farben wirklich einfache
Farben sind (Dispersion des Lichts).

— Der Töpfer **Palmer** in Burslem erfindet das „Salzen", ein Verfahren zum
Glasieren des Steinzeugs, das darin besteht, daß man während des Brandes,
namentlich am Ende desselben, Salz in die Feuerung wirft.

— Jean **Picard** entdeckt, daß alle Pendeluhren im Sommer, wegen der Verlängerung des Pendels durch die Wärme, langsamer, im Winter, wegen
der Verkürzung des Pendels durch die Kälte, schneller gehen.

— Giovanni Battista **Riccioli** berechnet zuerst aus der Breite, der mittleren
Tiefe und der Geschwindigkeit eines Stromes dessen Wasserfülle.

1670 Giles Persone **de Roberval** erfindet die Roberval'sche oberschalige Wage.

— Heinrich **Schwankhardt** (oder Schwanhard) in Nürnberg erfindet die Glas-
ätzung mit Flußspat und Schwefelsäure.

— Der sizilianische Maler Agostino **Scilla** weist an einer Reihe von Beispielen
die nahe Übereinstimmung fossiler Gebilde mit Teilen lebender Tiere nach
und tritt entschieden dafür ein, daß sie wirkliche Reste von Tieren seien,
die einst gelebt haben.

— Jan **Swammerdam** entdeckt den Muskelton.

— Thomas **Willis** spricht in seiner Abhandlung „De medicamentorum opera-
tionibus" zuerst klar aus, daß der diabetische Harn von wunderbarer Süßig-
keit, gleichsam wie von Honig oder Zucker durchtränkt sei, doch schreibt
er den süßen Geschmack einer „Veränderung der Salze" zu.

— Nachdem schon Brunfels und Bauhin wahrgenommen hatten, daß aus
dem Ameisenhaufen ein saurer Dunst aufsteige, der Pflanzenfarben röte,
gewinnt zuerst John **Wray** die Ameisensäure durch Destillation und vergleicht dieselbe mit der Essigsäure.

1671 Giovanni Domenico **Cassini** entdeckt im Oktober den achten Satelliten des
Saturn, der den Namen Japetus erhält.

— Athanasius **Kircher** sucht die Ursache der meisten Krankheiten, insbesondere
der Pest, in mikroskopischen Organismen der Luft.

— Isaac **Newton** schreibt seine Abhandlung „Methodus fluxionum", die später
von John Colson in englischer Übersetzung herausgegeben wird. Die
Fluxionsrechnung ist nichts anderes, als die von Leibniz (s. 1676 L.)
selbständig erfundene Differentialrechnung. Newton hat diese Methode im
Wesentlichen nur für seine eigenen Rechnungen entwickelt, während erst
Leibniz sie der Allgemeinheit zugänglich macht.

— Nachdem Zucchius 1608 den Vorschlag gemacht hatte, Hohlspiegel als
Fernrohrobjektive zu verwenden und Mersenne 1639, Gregory 1661 Instrumente verfertigt hatten, die aber wegen der verwendeten parabolischen
Spiegel keinen Erfolg hatten, gelingt es Isaac **Newton,** durch Anwendung
eines sphärischen Spiegels das erste brauchbare Spiegelteleskop zu konstruieren.

— Thomas **Willis** betrachtet, wie John Mayow, das Atmen und die Verbrennung als gleiche Prozesse, erklärt aber die Entstehung der Blutwärme als
von der Verbrennung herrührend. Auch er betrachtet den Bestandteil
der Luft, der die Verbrennung unterhält, als „Particulae nitrosae". Ähnliche
Ansichten äußert 1680 Robert Boyle, der indes davon spricht, daß es
nicht nachgewiesen sei, daß jener Bestandteil der Luft salpeterartig ist.

— Jan de **Witt**, Ratspensionär von Holland, wendet zuerst die Wahrscheinlichkeitsrechnung auf die Berechnung der Lebensrente an. Vgl. seine
Schrift „Waerdye van lyfrenten nar proportie van los-renten".

1672 André Charles **Boulle** wird durch seine musivischen Arbeiten mit farbigen
Hölzern, die er in die Möbel einlegt und mit Bronzen umgibt, der Begründer einer neuen Richtung in der Möbeltischlerei (Boulle-Möbel).

— Robert **Boyle** beobachtet die Krystallisation des Wismuts aus dem
Schmelzflusse.

— Giovanni Domenico **Cassini** entdeckt am 23. Dezember den fünften Satelliten
des Saturn, der den Namen Rhea erhält.

— Francis **Glisson** in London lehrt in seiner Schrift „Tractatus de natura
substantiae energetica" die Irritabilität der belebten tierischen und pflanzlichen Gewebe, d. h. deren Fähigkeit, auf Reize zu reagieren. Glisson
schafft damit wichtige Grundlagen für das von Brown (s. 1780 B.) aufgestellte physiologische System. (S. auch 1757 H.) Er stellt experimentell
fest, daß sich das Volumen des Muskels bei der Kontraktion nicht ändert.

1672 Otto **von Guericke** erwähnt zuerst die farbigen Schatten, eine Kontrast-
erscheinung, die z. B. auftritt, wenn ein Gegenstand von gelbem Lampenlicht und von Mondlicht gleichzeitig beleuchtet wird.

— Jan **van der Heyde** in Amsterdam erfindet den genähten Segeltuchschlauch,
der als Druck- und Saugeschlauch für Feuerspritzen dient. Erst später
entwickelt sich hieraus der genähte, dann der genietete Lederschlauch, weiterhin die gewirkten Hanfschläuche ohne Naht und endlich die Hanfschläuche
mit Gummieinlage.

— Christian **Huygens** schlägt als Längenmaßeinheit ein Drittel des Sekundenpendels unter dem Namen „Pes horarius" vor, wobei er die Länge des
Sekundenpendels damals noch (vgl. dagegen 1673 H.) unter allen Breiten
für gleich hält. (S. auch 1749 B.)

— **Le Gras** führt die von Wilhelm Piso 1648 zuerst als ein in Brasilien gebräuchliches Mittel erwähnte Ipecacuanha (Ruhrwurzel) in die Medizin ein.

— Gottfried Wilhelm **von Leibniz** entdeckt an einer ihm von Otto von Guericke
zugeschickten Schwefelkugel den elektrischen Funken. Diese Entdeckung
ist also nicht Hawksbee zuzuschreiben, wie dies vielfach geschieht

— Isaac **Newton** schlägt das mit einem Spiegel als Objektiv ausgerüstete kata-
dioptrische Mikroskop vor, das später von Barker, Brewster, Amici u. a.
vervollkommnet wird, heute aber nur noch historischen Wert besitzt.

— Nach den Plänen des Holländers **Ranneken** wird in den Jahren 1672—1682
in Marly bei Paris für die Gärten von Versailles eine Wasserleitungsanlage
geschaffen, welche zu den größten Leistungen auf diesem Gebiet gehört.
Das Hochreservoir liegt 163 m über dem Spiegel der Seine und 5 km
davon entfernt. Zum Betrieb sind 14 Wasserräder und 250 Saug- und
Druckpumpen erforderlich. Hier werden auch zum ersten Male gußeiserne
Flanschenröhren verwendet. Von anderer Seite wird die Erfindung der
gußeisernen Flanschenröhren David Zeltner in Nürnberg zugeschrieben.

— Jean **Richer** entdeckt, daß ein in Paris genau eingestelltes Sekundenpendel
in Cayenne merklich langsamer schwingt. Er muß dasselbe um $^5/_4$ Linien
verkürzen, um den richtigen Gang wieder herzustellen.

— Pierre **Seignette** entdeckt das „Seignettesalz", Kaliumnatrium-Tartrat, als er
zufällig Soda statt Pottasche zur Neutralisation von Weinsäure benutzt.
Er verwertet das Salz als mildes Laxans.

— Francis **Willoughby** macht umfangreiche Arbeiten über die Naturgeschichte
der Vögel und der Fische, die nach seinem Tode in den Jahren 1675 bez.
1686 von John Ray veröffentlicht werden.

1673 Olaus **Borrichius** führt das isländische Moos, welches in Island und Lappland als Nahrungsmittel bekannt war, als Arzneimittel ein.

— Johann **Hevelius** verbessert den Azimutalquadranten (s. 1576), indem er die
vorher mit der Hand ausgeführten Einstellungen durch Mikrometer-
schrauben und Schnurzüge bewirkt. Sein Azimutalkreis hat 4 Fuß, sein
Quadrant 5 Fuß Radius und beide sind unmittelbar in Minuten eingeteilt,
während Transversalen ermöglichen, noch kleinere Teile bis zu 5 Sekunden
abzuschätzen.

— Christian **Huygens** stellt den Satz auf, daß die Summe der Produkte der
Massen und der Quadrate der von ihnen erreichten Geschwindigkeiten
dieselben bleiben, die Massen mögen sich verbunden fortbewegen oder
getrennt dieselbe Bewegung ausführen.

— Christian **Huygens** begründet die Theorie der Zentrifugalkraft und liefert
den Beweis, daß die Zentrifugalkraft wie das Quadrat der Geschwindigkeit zunimmt und in dem Verhältnis kleiner wird, wie der Radius
zunimmt.

— Christian **Huygens** bestimmt durch Pendelbeobachtungen die Größe der

Beschleunigung für den freien Fall und stellt fest, daß der Geschwindigkeitszuwachs rund 10 m in der Sekunde beträgt, so daß ein Körper nach Ablauf der 1., 2., 3. usw. Sekunde eine Geschwindigkeit von rund 10, 20, 30 usw. Metern besitzt.

1673 Christian **Huygens** löst die von Mersenne gestellte Aufgabe über den Schwingungsmittelpunkt des zusammengesetzten Pendels, entwickelt die Theorie des Pendels, insbesondere die Abweichungen vom Galilei'schen Pendelgesetz, entdeckt die wahre Gestalt der Kettenlinie und behandelt die Eigenschaften der Zykloide und die Lehre von den Evoluten.

— Christian **Huygens** erklärt die Beobachtung des Astronomen **Richer** (s. 1672), daß das Sekundenpendel in Cayenne sich langsamer bewegt als in Paris, durch die Abnahme der Schwere von den Polen nach dem Aequator, die davon herrühre, daß die Erde nicht eine reine Kugel, sondern ein an den Polen abgeplattetes Rotationssphäroid sei.

1673—87 Robert **La Salle** erforscht das Stromgebiet des Mississippi, sowie die Gebiete des Illinois und des Ohio. (Vgl. 1523 und 1539.)

1673 Antony **Leeuwenhoek** entdeckt die roten Blutkörperchen beim Menschen. Er macht seine Beobachtungen mit einem einfachen Mikroskop, das von ihm selbst geschliffene Linsen enthält und mit welchem er nur in durchfallendem Licht beobachten kann. Ähnliche durch vorzügliche Arbeit ausgezeichnete einfache Mikroskope stellt insbesondere Jan van Musschenbroek her.

— **Marquette** und **Jolliet** fahren am 17. Juni vom Obern See aus den Mississippi abwärts, wobei sie den Missouri entdecken.

— Der Pater Ignatius Gaston **Pardies** macht zuerst den Versuch, den Widerstand, den ein Schiff im Wasser zu überwinden hat, rechnerisch festzustellen und die Lehren der Hydrostatik auf den Schiffbau anzuwenden.

— Der französische Marschall Sebastien Leprêtre **de Vauban** wirkt bahnbrechend für das französische und das gesamte europäische Festungswesen, indem er den bastionierten Grundriß in einfachster Anordnung aller Teile mit ausschließlicher Grabenflankierung vom hohen Walle, unter Ausschluß der Kasematten, einführt.

1674 Christoph Adolph **Baldewein** (Balduinus) bemerkt, als eine Retorte, in der er salpetersauren Kalk zum Trocknen kalziniert, zufällig zerbricht, daß die den Trümmern anhängende Masse im Dunkeln leuchtet, wenn sie vorher den Sonnenstrahlen ausgesetzt wird. (Balduin'scher Phosphor.)

— Robert **Boyle** erforscht die Eigenschaften der Luft in physikalischer und chemischer Beziehung und bestätigt durch zahlreiche Versuche die von Jean Rey gefundene Tatsache, daß die Metalle bei der Kalzination an Gewicht zunehmen.

— Robert **Boyle** erkennt zuerst, daß die Luft durch die Atmung verdorben wird und der Erneuerung bedarf. (Vgl. auch 1669 M.)

— Robert **Hooke** erfindet die Kreisteilmaschine, die im Jahre 1775 durch den Mechaniker Jesse Ramsden vervollkommnet wird.

— Robert **Hooke** erfindet die Schwimmerlampe, welche sich auf das von Archimedes (s. 250 v. Chr.) entdeckte Gesetz des hydrostatischen Auftriebs gründet. Es ist dies die älteste Form der sogenannten statischen Lampen (Feder- oder Kolbenlampen), zu welchen auch die Moderateurlampe (s. 1836 F.) gehört.

— Die Sehschärfe wird gemessen durch den kleinsten Unterscheidungswinkel, d. h. den kleinsten Winkel, unter dem wir zwei leuchtende Punkte noch etwa als gesondert zu unterscheiden imstande sind. Diese von Euklid schon theoretisch angegebene Untersuchung wird von Robert **Hooke** zuerst praktisch ausgeführt.

1674 Christian **Huygens** ersetzt die Borstenfeder der Taschenuhrunruhe durch eine stählerne ebene Spiralfeder, deren Schwingungszeit regulierbar ist und gibt der bis dahin balkenförmigen Unruhe die runde Rädchenform, auf die der Luftwiderstand weniger Einfluß hat. Der Prioritätsanspruch von Hooke ist ungerechtfertigt, da eine Uhr nach seiner Angabe erst 1675 fertig wird.

— Der französische Chirurg **Morel** erfindet die Aderpresse (Tourniquet) zur Blutstillung durch Kompression.

— Samuel **Morland** wendet zum ersten Male die Taucher- oder Plungerkolben zur Wasserförderung in Pumpen an.

— Denis **Papin** beobachtet, daß die Siedetemperatur vom Druck abhängt und das Wasser viel weniger erwärmt zu werden braucht, wenn es unter niedrigerem Druck kochen soll als bei höherem. Die Erhöhung der Siedetemperatur durch Druck benutzt Papin 1681 in dem nach ihm benannten Papin'schen Dampfkochtopf, an dem er bemerkenswerterweise schon ein Sicherheitsventil anbringt.

— George **Ravenscroft** in England erfindet das Bleialkaliglas für optische Zwecke (Flintglas), vermag dasselbe aber nur in kleinen Stücken herzustellen.

— Der dänische Astronom Olaf **Römer** wendet zuerst die epizykloidische Gestalt für die Zähne von Zahnrädern an.

— **Velsch** entdeckt die Ursache der seit langer Zeit bekannten Dracunculosis in dem Medinawurm, Dracunculus medinensis, der späterhin von Manson 1893—1903 unter dem Namen „Guineawurm" eingehend untersucht und beschrieben wird.

1675 Robert **Boyle** entdeckt, daß alle Körper eine größere elektrische Anziehungskraft haben, wenn man sie vor dem Reiben erwärmt und daß die elektrischen Versuche auch im luftleeren Raume von statten gehen. Im gleichen Jahre erfindet er ein Skalenaraeometer, mit dem er das spezifische Gewicht zahlreicher Körper bestimmt.

— Giovanni Domenico **Cassini** entdeckt eine dunkle Linie auf dem Saturnringe (die sog. Cassini'sche Trennung), die sich als ein Spalt zwischen zwei konzentrischen Ringen herausstellt. Genauere Untersuchungen dieser Erscheinung hat später F. W. Herschel (s. 1787 H.) vorgenommen.

— **Dekkers** in Amsterdam erfindet das erste Bronchotom zur Vornahme der Tracheotomie, das aus einem kleinen Troikart besteht, dessen Kanüle am hinteren Ende zwei Handhaben besitzt.

— Antony **Leeuwenhoek** entdeckt mit Hilfe des Mikroskops im Süßwasser winzige Lebewesen, die er „Infusoria" (Aufgußtierchen) nennt, und beschreibt eine Anzahl Formen derselben.

— Nicolas **Leméry** erkennt die saure Natur der Bernsteinsäure, die 1550 von Georg Agricola als flüchtiges Bernsteinsalz beschrieben worden war und deren Zusammensetzung später von Berzelius richtig erkannt wird.

— Nicolas **Leméry** untersucht das Arsen genauer und stellt es zu den Halbmetallen oder Bastardmetallen.

— Nicolas **Leméry** teilt die Chemie ein in mineralische, vegetabilische und animalische. Er unterscheidet die Metalle, Mineralien und Erden als mineralische, die Pflanzen, Gummi- und Harzarten, Schwämme, Früchte, Säfte usw. als vegetabilische und die Tiere, ihre einzelnen Teile und Exkremente als animalische Substanzen.

— Friedrich **Martens,** Schiffsarzt auf einem hamburgischen Walfischfänger, gibt die erste eingehende Beschreibung der landschaftlichen und klimatischen Verhältnisse von Spitzbergen, sowie der Tiere und Pflanzen des hohen Nordens.

1675 Samuel **Morland** konstruiert ein selbstregistrierendes Barometer, auch Wage-
barometer genannt, das auf dem Archimedischen Prinzip beruht, daß jeder
in eine Flüssigkeit getauchte feste Körper so viel von seinem Gewicht verliert, als das Gewicht der von ihm verdrängten Flüssigkeit beträgt. Der
vergessene Apparat wird 1857 wieder von Pater Secchi in den wissenschaftlichen Beobachtungskreis gezogen.

— Denis **Papin** trägt durch Erfindung des doppelt durchbohrten Hahns
(Wechselhahn), der 1679 von Senguerd noch verbessert wird, wesentlich
zur Vervollkommnung der Hahnluftpumpe bei.

— Jean **Picard** bemerkt zufällig, daß das Quecksilber in der Torricelli'schen
Leere des Barometers leuchtend wird, wenn man es im Dunkeln schüttelt.
Er nennt diese Erscheinung merkurialischen Phosphor, weiß aber dafür
keine Erklärung. Hawksbee erklärt das Leuchten 1708 durch die Reibung
des Glases am Quecksilber, was 1767 von Aepinus und 1772 von Deluc
bestätigt wird.

— Olaf **Römer** ersetzt in dem Tycho'schen Azimutalinstrument (s. 1576) den
Quadranten durch einen Vollkreis.

1676 Der englische Geistliche Isaac **Barlow** erfindet die Repetieruhr.

— Gottfried Wilhelm **von Leibniz** legt in einem Brief an Newton die Auflösung
des Tangentenproblems mit Hilfe der Differentialrechnung dar. Er ist es,
der zuerst der Differentialrechnung eine pädagogisch brauchbare Form
gibt und sie auf einfache Regeln zurückführt, was bei Newtons Fluxionsrechnung (s. 1671 N.) noch nicht geschehen war.

— Gottfried Wilhelm **von Leibniz** löst (in einem Briefe an Collins) den irre-
duziblen Fall der Gleichungen dritten Grades durch eine Reihenentwick-
lung.

— William **Molyneux** konstruiert ein Hygrometer aus Hanfseil, bei welchem die
Beobachtung verwertet ist, daß solche Seile sich mit zu- und abnehmender
Feuchtigkeit ausdehnen und verkürzen oder sich auf- und zudrehen. Diese
Erfahrung wird auch zur Konstruktion der bekannten Wetterhäuschen
verwendet.

— Isaac **Newton** findet die Gesetze der Farben dünner Blättchen. (Newton'sche
Ringe.)

— Olaf **Römer** (damals in Paris) nimmt bei der Beobachtung des ersten
Jupitermondes wahr, daß dessen Verfinsterungen, im Widerspruche zu
dem durch die Berechnung ermittelten Zeitpunkte der Verfinsterung, auf
der Erde um so später gesehen werden, je weiter der Jupiter von der
Erde entfernt ist. Römer schließt hieraus, daß die Geschwindigkeit des
Lichtes nicht, wie bis dahin fast allgemein (vgl. indes 78) angenommen,
eine unendlich große, sondern daß sie eine endliche sei, und berechnet dieselbe auf 40 000 geographische Meilen (etwa 300 000 km) in 1 Sekunde. (S.
a. 1607 G., 1849 F., 1854 F., 1874 C.)

— Johann Christian **Sturm** erfindet das Differentialthermometer und konstruiert
die erste Ventilluftpumpe, die Papin vervollkommnet, indem er an ihr im
Gegensatz zu allen früheren Luftpumpen zwei Stiefel, sowie Ventile am
Grunde eines jeden Pumpenstiefels anbringt. Er, und nicht wie man bisher
annahm Hawksbee, ist also der Erfinder der zweistiefligen Luftpumpe.

— Richard **Wisemann** gibt das erste genaue Krankheitsbild der tuberkulösen
Gelenkerkrankungen. Er faßt unter dem Namen „Tumor albus" eine
Anzahl chronischer Gelenkleiden zusammen, welche auch heute noch die
häufigste Form der tuberkulösen Gelenkleiden darstellen. Er führt diese
Krankheiten hauptsächlich auf Skrofulose zurück. Er gibt bestimmte
Indikationen für die frühzeitige oder spätere Amputation.

1677 Israel **Conradi** in Olivence beschreibt zuerst die Unterkühlung des Wassers

(Gefrierverzögerung), die später von Fahrenheit (1721), Deluc und Musschenbroek untersucht wird und deren Gesetze von Blagden (s. 1788 B.) ermittelt werden.

1677 J. F. **Elsholz** erwähnt zuerst in den „Ephemeriden der Gesellschaft deutscher Naturforscher" die Eigenschaft des Flußspats, durch Erwärmung noch v o r dem Erglühen leuchtend zu werden.

— Der englische Astronom Edmund **Halley** weist bei Gelegenheit der Beobachtung eines Merkurdurchganges darauf hin, daß Venusdurchgänge (s. 1639 H.) noch besser als Merkurdurchgänge zu einer guten Bestimmung der Sonnenparallaxe geeignet seien. (Vgl. 1770 D.)

— Ludwig **van Hammen** sieht bei mikroskopischer Untersuchung des tierischen Samens die sich lebhaft bewegenden Samenfäden und teilt seine Beobachtung an Leeuwenhoek mit, der genauere Untersuchungen anstellt und veröffentlicht.

— Edme **Mariotte** gibt den noch heute im Gebrauch befindlichen Perkussions-Apparat zum Nachweis der Gesetze über den Stoß elastischer Körper an.

— William **Noble** und Thomas **Pigott** entdecken die durch Mitschwingen entstehenden Flageolettöne.

— Der Anatom J. C. **Peyer** entdeckt die Peyer'schen Drüsen, die sog. geschlossenen Lymphdrüsen, die sich von den eigentlichen Lymphdrüsen dadurch unterscheiden, daß sie keine einführenden und ausführenden Lymphgefäße besitzen. Sie stehen jedoch mit den sie umspinnenden Lymphgefäßen der Darmschleimhaut in Verbindung und füllen sich nach den Mahlzeiten mit Chylus, wie auch die in ihnen erzeugten Lymphzellen in das Lymphgefäßsystem auswandern können.

1678 Giovanni Domenico **Cassini** beobachtet zuerst Doppelsterne, die er jedoch nur als optisch zusammengehörig ansieht. (Vgl. 1778 M.)

— Robert **Hooke** verkündet in seiner Schrift „De potentia restitutiva" das Gesetz der Proportionalität von Spannung und Verlängerung mit den Worten: „Ut tensio sic vis." Es ist dies das Grundgesetz der Elastizitätslehre.

— Christian **Huygens** stellt die Undulationstheorie des Lichtes auf, wonach das Licht in einer elastischen Wellenbewegung des Äthers besteht.

— Christian **Huygens** stellt für den Kalkspat fest, daß die Strahlenfläche des von ihm ausgehenden Lichtes aus einer Kugel und einem Rotationsellipsoid besteht. Kugel und Rotationsellipsoid berühren einander in den Endpunkten der Rotationsachse.

— Domenico **de Marchetti** weist zuerst mit Sicherheit durch Injektion nach, daß die feinsten Zweige der Venen und Arterien miteinander kommunizieren.

— C. A. **Ramsay** begründet mit seiner auf englischer Grundlage aufgebauten „Tacheographia" die erste deutsche Stenographie, ohne jedoch Nachfolger seiner Bestrebungen zu finden.

— Olaf **Römer** konstruiert ein automatisches Planetarium (zur Darstellung der Bewegung der Himmelskörper), bei dem er zuerst von seinen konischen Spiralrädern (s. 1674 R.) Gebrauch macht, bei denen die ineinandergreifenden Radzähne in Spirallinien auf Kegeln von verschiedenem Durchmesser nebeneinander stehen. Das erste Planetarium soll 2697 v. Chr. in China ausgeführt worden sein; später soll Archimedes ein solches aus Glas hergestellt haben.

1679 Giovanni Alfonso **Borelli** begründet die Schule der Iatromathematiker. Er macht hervorragende Arbeiten über die Verdauung, schildert deren mechanischen Vorgang und spricht sich über die Existenz eines Magensaftes und dessen Beziehung zu den Drüsen des Magens klar aus.

1679 Giovanni Alfonso **Borelli** gibt in seinem Werke „De motu animalium" eine bahnbrechende und erschöpfende Theorie der Körperbewegung der Tiere und Menschen. (S. 1644 D.) Er untersucht namentlich auch den Kontraktionsvorgang der Muskeln, dessen Einwirkung auf das Skelett und seine Kraft und bestimmt den Schwerpunkt des menschlichen Körpers bei gestreckter Lage. Er veröffentlicht in dieser Schrift auch die ersten wissenschaftlichen Untersuchungen über den Vogelflug.

— Giovanni Alfonso **Borelli** beschreibt die Atembewegung und die Passivität der Lungen in richtiger Weise.

— **Grienberger** wendet zuerst die sogenannte gnomonische Projektion, und zwar für Sternkarten an. Für Seekarten wird sie zuerst von Sturmy benutzt; ihre Theorie wird 1718 von Borgondio entwickelt.

— Der Chemiker Johann **Kunckel von Löwenstern** erfindet das echte Rubinglas, aus dem er im Dienste des Großen Kurfürsten auf der Pfaueninsel bei Potsdam farbenprächtige Gefäße (Kunckelgläser) herstellt, die auch bei großer Wandstärke die Rubinfarbe deutlich hervortreten lassen. (Vgl. 1888 R.) Seit der Entdeckung des Goldpurpurs (s. 1685 C.) wird meist dieses Präparat zur Herstellung des Rubinglases verwendet.

— Johann **Kunckel von Löwenstern** beschreibt in seiner „Ars vitraria experimentalis" den Glasblasetisch mit dem doppelten Blasebalg und führt an, daß eine derartige Vorrichtung für den Chemiker sehr nützlich sei; so dürfe man, um Metallkalke zu reduzieren, nur eine Kohle aushöhlen, den Metallkalk in die Höhlung legen und vermittels jener Vorrichtung die Flamme darauf richten.

— Antony **Leeuwenhoek** entdeckt die Querstreifung der Muskeln.

— Isaac **Newton** erkennt theoretisch, daß frei fallende Körper infolge der Achsendrehung der Erde von der Senkrechten östlich abgelenkt werden müssen.

— Samuel **Reyher** verwendet für sein Mikroskop Sonnenlicht und erhält, da es mit ihm möglich wird, die vergrößerten Gegenstände auf einer Wand sichtbar zu machen, das Sonnenmikroskop.

1680 Caspar **Bartholinus** in Kopenhagen entdeckt den Ausführungsgang der Unterzungendrüse. (S. a. 1661 D.)

— Hieronymus **Brassavola** weist aufs neue auf die Wirksamkeit von Nährklystieren hin. (S. 20.)

— Giovanni Domenico **Cassini** entdeckt die Rotation des Planeten Mars. (S. a. 1667 C.)

— Der Engländer **Clement** erfindet die Ankerhemmung oder die Hemmung mit dem englischen Haken an Stelle der bis dahin gebrauchten Spindelhemmung der Uhren.

— Tommaso **Cornelio** in Neapel erkennt zuerst die eigene Irritabilität der Muskeln und die peristaltische Bewegung des Darmes.

— Dominique **Duclos** beschreibt zuerst den Lackmus und dessen Verwendung als Farbindikator in der chemischen Analyse.

— Christian **Huygens** beschreibt in einer Eingabe an die Pariser Akademie seine 1673 erfundene Pulvermaschine. Der Hubzylinder derselben hat Seitenröhren mit Ventilklappen. Durch eine im Zylinder zur Explosion gebrachte Pulverpatrone wird der Kolben bis über die Öffnungen der Seitenröhren geschleudert, aus denen alsdann die Gase entweichen. Fährt nun die Luft zurück, so schließt sie die Klappen und preßt den Kolben mit so großer Kraft herab, daß dadurch Lasten gehoben werden können. Die Hautefeuille'sche Pulvermaschine ist erst 1678, d. i. fünf Jahre nach der Huygens'schen Maschine erfunden worden. Man wird nicht verkennen,

Darmstaedter.   10

daß in der Huygens'schen Pulvermaschine schon die Grundidee der Gasmaschine enthalten ist.

1680 Der Franzose **Jacquin** erfindet die künstlichen Perlen, die er in der Weise darstellt, daß er hohle Glaskügelchen inwendig mit dem silberfarbenen Bodensatz kleiner gewaschener Fische überzieht und die Perlen mit Wachs ausgießt.

— Antony **Leeuwenhoek** untersucht die Bierhefe unter dem Mikroskop und findet, daß sie aus kleinen kugel- oder eiförmigen Körperchen besteht, über deren Natur er jedoch nicht ins Reine zu kommen vermag.

— Gottfried Wilhelm **von Leibniz** stellt in seiner „Protogaea" eine Theorie über die Bildung der Erde auf, die im wesentlichen ein plutonistisches Gepräge trägt und nicht völlig unbeeinflußt von den Descartes'schen Ansichten ist.

— Der Engländer Martin **Lister** erkennt den Wert der Petrefakten für die Bestimmung der Altersfolge der Sedimente. Er schlägt zuerst die Anfertigung geologischer Karten vor, ein Gedanke, der jedoch erst später von Packe (s. 1743 P.) verwirklicht wird.

— Domenico **de Marchetti** macht den ersten beglaubigten Nierenschnitt (Nephrotomie) an dem englischen Konsul in Venedig, Hobson, wobei es ihm gelingt, mehrere Nierensteine zu entfernen.

— Bernardino **Ramazzini** behandelt in seinem Werke „De morbis artificum diatribe" als erster die Gewerbehygiene.

— J. G. **Volckamer** liefert die erste Beschreibung des Bergamottöles und des Bergamottenbaumes.

1681 Johann Joachim **Becher** denkt zuerst an Gewinnung und Verwendung des Steinkohlenteers, wie aus einem von ihm in Gemeinschaft mit Henry Serle am 19. August genommenen Patente hervorgeht.

— Der Kapitän **Blonck** vom brandenburgischen Schiff „Morian" schließt mit drei Negerfürsten in der Nähe des Dreispitzenkaps an der afrikanischen Goldküste einen Vertrag ab, wodurch die Errichtung einer brandenburgischen Kolonie daselbst eingeleitet wird. (S. 1683 G.)

— Giovanni Domenico **Cassini** betreibt in rationeller Weise Bohrversuche auf artesische Brunnen und bespricht sie in seiner Abhandlung „Sur la manière de faire des puits et des jets d'eau à Modène".

— Georg Samuel **Dörfel** weist an dem Kometen von 1680 die von Borelli (s. 1666 B.) vermutete parabolische Form der Bewegung nach.

— Robert **Hooke** beobachtet, daß ein musikalischer Ton entsteht, wenn man ein Kartenblatt an die Kante eines schnell rotierenden Zahnrades bringt, und findet damit das Prinzip der Zahnradsirene, die 1820 von Savart hergestellt wird.

— Johann **Kunckel von Löwenstern** entdeckt den Salpetrigsäureäther bei Destillation von Alkohol mit Salpetersäure und gibt ihm den Namen Salpeternaphtha.

— Johann **Kunckel von Löwenstern** spricht von der Verbindung des geschmolzenen Zinnes mit Schwefel, die später unter dem Namen „Musivgold" als Malerfarbe gebraucht und von Peter Woulfe, Proust und namentlich J. Davy und Berzelius näher untersucht wird.

— Nachdem Libavius (1600) schon angegeben hatte, daß die Lösung des Wismuts in Salpetersäure durch Wasser gefällt werde, lehrt Nicolas **Lemery** die Bereitung des „Magisterium bismuti", das unter dem Namen „Blanc d'Espagne" als Schminkweiß verwendet wird, durch Auflösen von Wismut in Salpetersäure und Fällen mit kochsalzhaltigem Wasser. Daß kochsalzhaltiges Wasser hierzu nötig sei, wird von Pott (1739) widerlegt.

1681 Nachdem bis dahin im allgemeinen die Vorstellung geherrscht hatte, daß auf der Erde das Land gegen das Wasser überwiege, welche Ansicht namentlich Gerhard Mercator (1569), Varenius (1650) und insbesondere Riccioli (s. 1661 R.) vertreten hatten, zeigt Sir Jonas **Moore,** daß die bekannte Wasserfläche größer als die des Landes ist.

1682 **Bacher** erwähnt zuerst die Möglichkeit, auch aus Kartoffeln Branntwein zu gewinnen. (S. a. 1750 M.)

—   Johann Joachim **Becher** gibt eine umfassende Theorie über die Zusammensetzung der Körper. Er nimmt in den Metallen und den andern entzündlichen Körpern eine brennbare Erde an, auf deren Vertreibung die Verbrennung beruhe, und legt dadurch den Grund zur phlogistischen Theorie.

—   Johann Joachim **Becher** erwähnt in seiner „Großen chymischen Concordantz" die Brennbarkeit des Steinkohlengases.

—   Johann Joachim **Becher** behauptet, daß nur zuckerhaltige Flüssigkeiten der alkoholischen Gärung fähig seien und zeigt, daß der Alkohol nicht in dem ursprünglichen Weinmost existiert, sondern erst während des Gärungsprozesses entsteht.

—   Nehemiah **Grew** begründet die Pflanzenhistologie. Er erkennt den zelligen Bau der Pflanzen und unterscheidet das parenchymatische Gewebe und die longitudinal gestreckten Faserformen, die echten Gefäße und die saftführenden Kanäle.

—   Emanuel **König** teilt die gesamte Natur in die drei Reiche (regna): das Mineralreich, das Pflanzenreich und das Tierreich.

—   Edme **Mariotte** macht die ersten Beobachtungen über strahlende Wärme, indem er die Durchlässigkeit von Glas für Wärmestrahlen untersucht.

—   Isaac **Newton** spricht, nachdem er bereits 1666 die ersten Versuche gemacht hatte, die Bewegung der Himmelskörper aus den Gesetzen der Mechanik zu erklären, das Gesetz der allgemeinen Gravitation aus, demzufolge sich die Materien gegenseitig im direkten Verhältnis ihrer Massen und im umgekehrten Verhältnis des Quadrates ihrer Entfernungen anziehen, und erbringt dafür den mathematisch genauen Nachweis.

—   Der Holländer **van Santen** benutzt zuerst zur Bereitung von Wassermörte den am Laachersee, im Nette- und Brohltal vorkommenden Tuffstein, der zu diesem Zweck zu Pulver vermahlen wird. Der gemahlene Tuffstein, auch Traß genannt, dient auch heute noch zur Bereitung von Wassermörtel. Der Stein ist der schon von Vitruvius (s. 20) erwähnten Puzzolanerde ähnlich.

1683 Johann **Bohn** spricht zuerst deutlich von dem würfligen Salpeter (salpetersaures Natron), der bei der Bereitung von Königswasser durch Destillation von Kochsalz mit Salpetersäure entsteht.

—   Guichard Joseph **Du Verney** veröffentlicht das Werk „Traité de l'organe de l'ouie", in welchem er die Anatomie des Ohres ausführlich behandelt und das als erster Versuch einer wissenschaftlichen Abhandlung über die gesamte Ohrenheilkunde anzusehen ist. Er gibt in seinem Werke die ersten genaueren Abbildungen der Bogengänge und der Ohrenschmalzdrüsen.

—   Der preußische Major Otto Friedrich **von der Gröben** hißt die kurbrandenburgische Flagge auf Groß-Friedrichsburg an der Guineaküste. (Vgl. 1681 Blonck.) Im Jahre 1684 erwirbt Brandenburg die Arguin-Inseln am Weißen Vorgebirge. Aber schon im Jahre 1717 gehen die sämtlichen preußisch-afrikanischen Besitzungen durch Kauf an die Holländer über.

—   Edmund **Halley** entwirft seine Theorie von vier magnetischen Polen oder Konvergenzpunkten und von der periodischen Bewegung der magnetischen Linien ohne Abweichung.

10*

1683 **de Heide** beobachtet zuerst die Flimmerbewegung an den Kiemen der Muscheln. Diese Bewegung besteht darin, daß die feinen Haare, mit denen die Zellen an ihrer Oberfläche besetzt sind, in unaufhörlicher schwingender Bewegung begriffen sind.

— Antony **Leeuwenhoek** beobachtet in dem Speichel des Menschen verschiedene sich lebhaft bewegende kleine Tierchen, nach Abbildung und Beschreibung die ersten gesehenen Bakterien.

— **Maundrell** und **Williams** erhalten ein Patent zur Anfertigung von gegossenen hohlen Zinnknöpfen, in welchem sie sich selbst als deren „erste Erfinder" bezeichnen.

— Der Engländer **Pettus** spricht in seiner Schrift „The laws of art and nature" zuerst davon, daß das beste Holz zur Einfassung der Bleistifte das Zedernholz ist.

— Andrews **Snape**, Kurschmied Königs Karl II. von England, verfaßt eine Schrift „The Anatomy of an Horse", in der er kurze, aber wertvolle Angaben über Rotz und Rehe des Pferdes macht. Seine Darlegungen zeugen von guter Beobachtung, sind jedoch mehrfach durch Ruini (s. 1598 R.) und Soleysel (s. 1664 S.) beeinflußt.

— Thomas **Sydenham** unterscheidet zuerst ausdrücklich die chronischen Formen des Gelenkrheumatismus und erwähnt auch die charakteristischen Verkrümmungen der Fingergelenke. Er gibt in seinem „Tractatus de podagra et hydrope" eine auch jetzt noch mustergültige Schilderung des gesamten Krankheitsbildes der Gicht.

— Thomas **Sydenham** gibt die erste eingehende Beschreibung des Veitstanzes (Chorea St. Viti), dessen Natur trotz vieler Arbeiten darüber (Romberg, Litten, Westphal, Bright, Seeligmüller, Heubner, Henoch u. a.) noch nicht geklärt ist.

— Thomas **Sydenham** bringt zuerst klar zum Ausdruck, daß die Hysterie eine Erkrankung des Nervensystems ist. Er gibt eine genaue Schilderung der konvulsivischen Anfälle und der intervallaren Symptome.

— Wilhelm **Ten Rhyne** bringt die seit langer Zeit von den Chinesen und Japanern geübte Akupunktur (Einstechen von Nadeln in die Weichteile als Excitans oder Derivans) nach Europa.

— Ehrenfried Walter **von Tschirnhaus** arbeitet über das Tangentenproblem, und löst Gleichungen dritten und vierten Grades, indem er alle Glieder zwischen denjenigen höchsten und niedrigsten Grades wegschafft.

— Edward **Tyson** gibt in den „Philosophical Transactions" eine genaue anatomische Beschreibung der Eingeweidewürmer.

1684 Der holländische Arzt **Bentekoe** empfiehlt in seiner Schrift „Korte verhandeling van't menschenleven" den Teeaufguß als ein untrügliches Mittel, das menschliche Leben zu verlängern. (S. a. 1588.)

— F. **Bernier** unternimmt einen Versuch, die Menschen in Klassen einzuteilen und unterscheidet die Weißen in Europa, die Gelben in Asien, die Schwarzen in Afrika und die Lappen im Norden.

— Robert **Boyle** hat klarere und richtigere Ansichten über die verschiedenen Grade der chemischen Verwandtschaft als irgend einer seiner Vorgänger, selbst Glauber. (S. 1654 G.) Er weiß, daß Kali das Ammoniak aus seinen Verbindungen austreibt, weil die Säure zu dem fixen Alkali mehr Verwandtschaft hat als zu dem flüchtigen und daß die ätzenden Alkalien die stärkste Affinität haben zu starken Säuren.

— Giovanni Domenico **Cassini** entdeckt im März den dritten und den vierten Satelliten des Saturn, welche die Namen Dione und Tethys erhalten.

— Der englische Techniker James **Delabadie** konstruiert die erste Rauhmaschine für Stoffe und betreibt die erste Tuchschere mit Wasserkraft.

1684 Robert **Hooke** legt am 20. Mai der Royal Society ein fertig ausgearbeitetes optisches Telegraphensystem vor, das er insbesondere zur Verwendung im Seeverkehr empfiehlt, und bei dem zuerst die Ausnutzung von Fernrohren zur Aufnahme der Fernzeichen vorgeschlagen wird. Der Gedanke findet erst ein Jahrhundert später praktische Würdigung. (S. 1793 C.)

— Christian **Huygens** konstruiert ein Fernrohrokular, bei welchem er zuerst in bewußter Weise Achromasie anstrebt und zwei mit ihren Krümmungen nach dem Objektiv gewandte plankonvexe Crownglaslinsen benutzt.

— Der französische Ingenieur **Lebion** bewirkt zuerst die Verbindung von Fernrohr und Libelle, aus der die späteren Nivellierinstrumente hervorgehen.

— Edme **Mariotte** macht die Lehre von dem meteorischen Ursprung des in den Quellen austretenden Wassers durch Experimente und rechnerisch statistische Nachweise seinen Zeitgenossen einleuchtend.

— Edme **Mariotte** konstruiert ein Manometer, bei dem die Flüssigkeit unter der Wirkung des zu messenden Drucks in ein oben geschlossenes, zum Teil mit Luft gefülltes Rohr hineingetrieben und der Druck nach dem Grade der Zusammenpressung dieser Luft gemessen wird (Kompressionsmanometer, Mariotte'sche Röhre).

— Edme **Mariotte** erfindet die nach ihm benannte Flasche (erst nach seinem Tode 1686 bekannt gemacht), die den Zweck hat, eine größere Wassermenge ohne Änderung der Druckhöhe ablaufen lassen zu können.

1685 Jacob **Bernouli** bearbeitet die Kombinationstheorie in so umfassender Weise, daß alles, was den heutigen Inhalt dieser Lehre ausmacht, sich in dem nach seinem Tode i. J. 1713 erschienenen Werke „Ars conjectandi" — sogar in moderner Form — vorfindet. Er gebraucht zuerst das Wort „Permutation", während der Ausdruck „Kombination" zuerst von Pascal gebraucht wird.

— Der Arzt und Alchemist Andreas **Cassius** in Leiden entdeckt den Goldpurpur (Cassius-Gold), welcher durch Fällung von Goldchlorid mit einer dünnen Lösung von Zinnchlorür und Zinnchlorid erhalten wird. (Vgl. auch 1679 K.) Eine Beschreibung des Darstellungsverfahrens gibt Cassius' Sohn.

— Der französische Ingenieur **Castaing** erfindet die Münzrändelmaschine zur Anbringung erhabener oder vertiefter Schrift auf dem Rande der Münzen, welche in neuerer Zeit (z. B. durch Ludwig Löwe in Berlin) derart verbessert worden ist, daß sie in 1 Stunde bis zu 14000 Münzen selbsttätig rändelt.

— Der niederländische General Menno **von Coehoorn** verstärkt die Festungen seines Landes durch Einführung eines bis auf das Grundwasser gesenkten und daher mit der Sappe nicht überschreitbaren Grabens und vermehrt die Anlagen zur Durchführung einer zähen abschnittsweisen Verteidigung. Er ist der Erfinder der kleinen, beweglichen, zum Massengebrauche bestimmten sog. Coehoorn'schen Mörser.

— Hendryk **van Deventer** bearbeitet die Lehre vom engen Becken und gibt die erste Einteilung der abnormen Verhältnisse des Beckens. Er erwirbt sich große Verdienste um die Therapie des engen Beckens.

— Der gelähmte Uhrmacher Stephan **Farfler** in Altdorf macht eine praktische Anwendung von der von Hautzsch (s. 1649 H.) gemachten Erfindung, indem er sich zur eignen Beförderung einen kleinen Wagen baut, dessen Räder er durch eine Handkurbel bewegt. Sein Gefährt ist zuerst vierrädrig, wird aber später dreirädrig umgebaut.

— Christian **Förner** erfindet die Windwage, durch die es möglich wird, den Wind für die Orgel zu regulieren und die Dichte der eingeschlossenen Luft zu messen.

1685 Johann **Hevelius** konstruiert den Oktanten, einen mit einem geteilten Achtelkreis versehenen Winkelmesser.

— Der italienische Arzt Giovanni **Lancisi** benutzt als erster die Perkussion des Sternum bei Aneurysma am Herzen.

— Giovanni **Lancisi** unterscheidet zuerst zwischen wahrem und falschem Aneurysma und nennt als hauptsächliche Ursache der Aneurysmen mechanische Einwirkungen und die Syphilis.

— Isaac **Newton** findet den Satz, daß die Dichte der Luft sich in geometrischer Progression vermindert, wenn die Höhe in arithmetrischer Progression wächst und gibt dadurch die Unterlage zu Halleys barometischen Forschungen. (S. 1686 H.)

— Verbindet man ein Fernrohr so mit einer Achse, daß dasselbe unter jedem beliebigen Winkel zu derselben festgehalten werden kann und bringt sodann die Achse mit Hilfe der bereits gemachten Bestimmungen in die Richtung der Weltachse, so heißt das Fernrohr parallaktisch montiert, zumal wenn damit ein Uhrwerk, das die Achse in einem Tage einmal umdreht und anderseits zwei geteilte Kreise, der sog. Stundenkreis und der Deklinationskreis verbunden sind. Ein solches Instrument wird zuerst von Scheiner und etwas später von Grünberger, in vollkommener Weise aber erst von Olaf **Römer** in seiner „Machina acquatorea" verwirklicht.

— Der französische Anatom Raymond **de Vieussens** beschreibt zuerst die Pyramiden und Oliven im verlängerten Mark.

— Johann **Zahn** schlägt vor, statt des Fadenkreuzes (s. 1667 A.) mittels Diamant auf Glas eingeritzte Gitter zu verwenden; dieselben werden 1739 von Benjamin Martin und 1796 von Brander noch wesentlich vervollkommnet und von Lambert warm empfohlen.

1686 Nachdem die erste unzweifelhafte Angabe über das Vorhandensein von kleinen Tierchen in der Haut von Krätzekranken in der „Physica Sanctae Hildegardis" um 1150 gemacht worden war, weisen Giovanni Cosimo **Bonomo** und Hyacinth **Cestoni** nach, daß die Milben das einzige ursächliche Moment der Krätze sind, eine Angabe, die 1786 durch Wichmann bestätigt wird.

— Johann Conrad **Brunner,** Anatom in Heidelberg, entdeckt die Brunner'schen Drüsen und stellt (s. 1709 B.) Versuche über partielle Exstirpation von Pankreas und Milz bei Tieren an, die zeigen, daß nach solcher Operation Tiere weiter leben können.

— Nachdem Newton (s. 1685 N.) die allgemeinen Regeln für die Abnahme der Dichte der Luft mit der Höhe festgestellt hatte, gibt Edmund **Halley** eine Barometerformel für die barometrische Höhenmessung, die von Jean Cassini, Celsius, Lambert, namentlich aber von Deluc (s. 1772 D.) wesentlich verbessert wird.

— Edmund **Halley** entwirft eine Windkarte, zugleich die älteste aller meteorologischen Karten.

— Henning **Hutmann** ist nachweislich der erste, der Maschinenbohrung für die Sprengarbeit in Bergwerken einführt.

— Gottfried Wilhelm **von Leibniz** begründet mit seiner Abhandlung „De geometria recondita et analysi indivisibilium atque infinitorum" die Integralrechnung. Hier erscheint zum ersten Male das Integralzeichen $\int$ im Drucke, das Leibniz schon i. J. 1675 an Stelle der von Cavalieri herrührenden Bezeichnung „Omnia" vorgeschlagen hatte. Das Wort „Integral" wird zuerst 1689 von Jacob Bernoulli gebraucht. Auch die Benennung „Funktion" rührt von Leibniz her, desgl. die Einführung des einfachen Punktes als Multiplikations-, des Doppelpunktes als Divisionszeichen.

— Marcello **Malpighi** entdeckt bei der Untersuchung des Seidenschmetterlings das Rückengefäß und das Nervensystem der Insekten, sowie die Spinndrüsen und die Malpighi'schen Blindsäcke.

1686 John **Ray** erkennt die Bedeutung der Kotyledonen (Samenlappen) für eine natürliche Systematik der blühenden Pflanzen.

— John **Ray** erkennt zuerst das Etiolement (die Vergeilung) von Pflanzen als einen vom Lichtmangel abhängigen Vorgang. Nähere Untersuchungen hierüber werden von Senebier (1785), A. P. de Candolle (1832) und namentlich von Sachs (1863) gemacht.

1687 Giovanni Domenico **Cassini** findet das nach ihm benannte Gesetz der Bewegung des Mondes um seine Achse.

— William **Cowper** entdeckt die „Cowper'sche Drüsen" genannten Harnröhrendrüsen.

— Isaac **Newton** spricht in der Einleitung zu seinen „Philosophiae naturalis principia mathematica" klar aus, daß alle Erscheinungen in der Natur von gewissen Kräften hervorgebracht werden, durch welche entweder die Körper und die Atome der Körper einander genähert oder voneinander entfernt werden. „Da aber diese Kräfte bisher unbekannt gewesen sind, so sind auch alle unsere Bemühungen, die Ursachen jener Erscheinung zu finden, vergeblich gewesen!"

— Isaac **Newton** formuliert in seinen „Principia" das Prinzip der Gleichheit zwischen Wirkung und Gegenwirkung, das übrigens Huygens bereits bekannt war und von ihm bei Aufstellung der Gesetze der Zentrifugalkraft benutzt wurde. „Die Wirkung ist stets der Gegenwirkung gleich" oder „die Wirkungen zweier Kräfte aufeinander sind stets gleich und von entgegengesetzter Richtung." (Drittes Bewegungsgesetz.)

— Isaac **Newton** beweist zuerst auf synthetischem Wege den 1586 von Stevinus nur angedeuteten Satz vom Parallelogramm der Kräfte.

— Isaac **Newton** zeigt, daß gleichlange Pendel aus dem verschiedensten Material im luftleeren Raume gleiche Schwingungsdauer haben, die Oszillationsdauer eines Pendels somit unabhängig von der Natur des schwingenden Körpers ist. Auch gibt er eine Formel zur Berechnung der Schallgeschwindigkeit, die später von Laplace (s. 1816 L.) berichtigt wird.

— Isaac **Newton** begründet die Theorie wellenförmiger Bewegungen in elastisch-flüssigen Mitteln und behandelt sehr eingehend den Widerstand des Mittels, der nach ihm dem Quadrat der Geschwindigkeit des Körpers proportional ist.

— Isaac **Newton** nimmt an, daß zur relativen Verschiebung zweier Schichten einer Flüssigkeit eine gewisse Kraft erforderlich sei, daß somit ungleich schnell bewegte Flüssigkeitsschichten einander wechselweise in ihren Bewegungen beschleunigend oder verzögernd beeinflussen. Diese Wechselwirkung nennt er R e i b u n g der Flüssigkeitsschichten untereinander und nimmt an, daß, wenn sich zwei unendlich dünne Flüssigkeitsschichten übereinander bewegen, die Kraft, mit welcher die schnellere Schicht verzögert und die langsamere beschleunigt wird, proportional ist der Bewegungsfläche der beiden Schichten und der Differenz ihrer Geschwindigkeiten.

— Isaac **Newton** begründet die statische Theorie von Ebbe und Flut, die durch ihn ein Kapitel der allgemeinen Lehre vom Gleichgewicht und der Bewegung der Flüssigkeiten wird.

— Isaac **Newton** äußert die Vermutung, daß die Stoffe, welche zu einer Gruppe von Weltkörpern (zu einem Planetensystem) gehören, dieselben seien.

— Denis **Papin** kommt zuerst auf die Idee, Arbeitskraft mittels verdichteter atmosphärischer Luft auf größere Entfernungen fortzuleiten, und entwirft eine Kompressionsmaschine, die diesem Zwecke dienen soll, von deren Ausführung jedoch nichts bekannt geworden ist.

— Gottfried **Schulz** entdeckt die Darstellung des Zinnobers auf nassem Wege durch Schütteln von Quecksilber mit Boyle's flüchtiger Schwefeltinktur (Schwefelammonium).

1687 Der Pater **Steinkopf** erwähnt im „Schweizerischen Botaniker" zuerst die Winterveredlung, d. h. die Ausführung des Pfropfens im Herbst oder Winter, also zu einer Zeit, wo die Bäume ohne Saft und daher weniger empfindlich gegen Einschnitte sind.

— Ehrenfried Walter **von Tschirnhaus** gelingt es, mit Hilfe eines Brennspiegels glasartige Massen zu schmelzen, welche als Vorläufer des Böttger'schen Porzellans gelten können.

— Der Marschall Sebastien Leprêtre **de Vauban** ändert bei der Befestigung von Belfort und Landau, später auch bei Neubreisach sein sog. erstes System um, indem er einen polygonalen Hauptwall mit flankierenden, durch detaschierte Bastione gedeckten Türmen einführt.

— Die erste Erwähnung eines Personenaufzugs (Fahrstuhls) findet sich in Jablonsky's allgemeinem Lexikon. Hiernach hat der Mathematiker Erhard **Weigel** in Jena i. J. 1687 einen „Fahrsessel" erfunden, der in einer 3 Fuß weiten Wandnische derart angebracht ist, daß man sich mit Hilfe von Gegengewichten schnell aus einem Stockwerk in das andere befördern kann.

— Carol **Zumbe** schlägt zuerst vor, statt der Holzpflöcke, die bislang zum Besatz der mit Pulver gefüllten Bohrlöcher benutzt wurden, Letten (Ton) als Besatzmittel zu verwenden, wodurch die bergmännische Schießarbeit wesentlich gefördert wird.

1688 Der Holländer Meeuves Meindertszoon **Bakker** erfindet die „Kamel" genannte Hebevorrichtung für große Schiffe, die dazu dient, tiefgehende Schiffe aus der Zuidersee über den Pompus in das Y zu bringen.

1688—98 **Gerbillon** erforscht China im Auftrage Rußlands.

1688 Robert **Hooke** erklärt die Versteinerungen als wertvolle Denkmäler der Natur. Er weist auf den Widerspruch zwischen den in England aufgefundenen Petrefakten und dem in der historischen Zeit daselbst herrschenden Klima hin und deutet an, daß die Versteinerungen vielleicht zu einer chronologischen Gliederung der sie umgebenden Ablagerungen dienen könnten. (Vgl. 1680 L.)

— Abraham **Thevart** in Paris erfindet die Methode des Gießens des Spiegelglases, welche die bis dahin übliche Methode des Blasens verdrängt. Vielfach wird als Erfinder dieser Methode auch Louis Lucas de Nehou genannt.

1689 Jacob **Bernoulli** ist der erste, der nächst Leibniz die Differential- und Integralrechnung (bei seiner Abhandlung über die Isochrone) anwendet.

— Johann **Bohn** beschäftigt sich eingehend mit allen Fragen der gerichtlichen Medizin und führt einen großen Aufschwung derselben herbei. Er führt für diese Disziplin die Bezeichnung „Medicina forensis" ein. (S. a. 1614 C.)

— Der große Salzsee in Nordamerika wird zuerst vom Baron **La Hotan** i. J. 1689 erwähnt. Genauer erforscht wird der See durch H. Stansbury 1849—50.

— Antony **Leeuwenhoek,** der das Mikroskop zuerst zum Studium des feineren Baues des Auges verwendet, entdeckt die Stäbchenschicht der Netzhaut, die faserige Zusammensetzung und den Epithelüberzug der Hornhaut und vermutet auch die faserige Beschaffenheit der Linse.

— Richard **Morton** führt an, daß die Lungenschwindsucht stets aus Tuberkeln und nie auf andere Weise entstehe.

— Denis **Papin** erfindet die Zentrifugalpumpe, die indes nicht zur Verwendung kommt, da es an einem Motor fehlt, der ihr die nötige rasche Bewegung mitteilt. Der Apparat wird jedoch fortan als Ventilator, insbesondere um Wind für Öfen zu geben, und auch als Kornreinigungsmaschine benutzt.

— Olaf **Römer** konstruiert das Passageinstrument (Durchgangsinstrument), das in die Meridianebene eingestellt wird und das Hauptinstrument für die astronomische Zeitbestimmung bildet. Er erkennt auch die Vorzüge des ersten Vertikales für gewisse Bestimmungen und konstruiert ein besonderes Passageinstrument für Bestimmungen im ersten Vertikal.

1690 Nachdem Zambeccari 1670 in einem Briefe an F. Redi erwähnt hatte, daß er zwei Nephrektomien an Hunden vorgenommen habe, von denen der eine den Eingriff überstanden habe, macht Stephen **Blankaart** die gleiche Operation an anderen Tieren und spricht davon, daß steinhaltige, in Verschwärung übergegangene Nieren nach Unterbindung der Gefäße ebenso, wie die Milz, exstirpiert werden können.

— Rudolph Jacob **Camerarius** liefert die erste Abbildung des Stechapfels, der, wie er glaubt, aus dem Orient stamme, der aber sicher schon Theophrastos bekannt war. Das Alkaloid aus dem Stechapfel wird 1833 von Geiger und Hesse hergestellt. (S. 1831 M.)

— Peter **Emony** in Amsterdam gibt für den Dreiklang der Kirchenglocken die noch heute gültigen Gesetze an.

— John **Flamsteed,** Astronom an der durch ihn ins Leben gerufenen Sternwarte von Greenwich, hat zuerst i. J. 1690, also fast 100 Jahre vor Herschel (s. 1781 H.), und, wie aus seinen Aufzeichnungen hervorgeht, später noch viermal den Uranus beobachtet, ohne aber dessen planetarische Natur zu erkennen.

— John **Floyer** führt als Hilfsmittel zur sicheren Pulszählung die Sekundenuhr ein und berechnet das Verhältnis der Geschwindigkeit des Pulses zur Schnelligkeit des Atmens.

— Domenico **Guglielmini** bedient sich zu seinen hydrometrischen Bestimmungen des Stromquadranten, bei dem aus der Richtung, den das Bleilot durch den Wasserstoß erhält, die Stoßkraft des Wassers berechnet wird. Zendrini (1717), Manfredi (1723), Michelotti (1767) bedienen sich sämtlich dieses Apparates zu ihren hydrometrischen Messungen. Das Hydrotachometer von Raucourt (1828), die Wasserfahne von Ximenez (1780), das Tachometer von Brünning (1798) sind sämtlich Abarten des Wasserquadranten.

— Der erste Nebelfleckenkatalog, welcher Johann **Hevelius** zu verdanken ist, wird im Jahre 1690 posthum veröffentlicht.

— Christian **Huygens** stellt in seiner Schrift „Traité de la lumière" sein Prinzip der Elementarflächen (einhüllenden Flächen) auf, nach welchem jeder Punkt eines in Wellenbewegung begriffenen materiellen Systems durch seine Bewegung der Ursprung sogenannter Elementarwellen wird, aus deren Übereinanderlagerung und Interferenz die tatsächlichen Wellen hervorgehen. Durch dieses Prinzip gelingt es ihm, die Reflexion und Brechnng des Lichts auf Grund der Undulationstheorie zu erklären. Auch für die Erdbebenphysik gewinnt dieses Prinzip später fundamentale Bedeutung.

— Christian **Huygens** ist der erste, welcher beim Durchgang des Lichts durch isländischen Doppelspat (s. a. 1669 B.) ein verschiedenes Verhalten der Lichtstrahlen beobachtet (Polarisation des Lichts).

1690—92 Der deutsche Mediziner Engelbrecht **Kämpfer** erforscht Japan. (Vgl. sein zuerst in englischer Sprache erschienenes Werk „History of Japan and Siam".)

1690 Denis **Papin** schlägt vor, in geschlossenen Gefäßen durch Kondensation darin enthaltenen Dampfes ein Vakuum zu erzeugen, wie dies später in der Newcomen'schen Dampfmaschine geschieht.

— Dom **Pérignon,** der Pater Kellermeister der Benediktinerabtei Hautvillers, erfindet den Flaschenverschluß durch Korken. Auch zeigt er, wie sich die bei der Gärung in der Flasche gebildete Hefe entfernen läßt, ohne den Kohlensäuregehalt des Weins wesentlich zu vermindern, womit er den Grund zur Champagnerfabrikation legt.

1690 Michel **Rolle** veröffentlicht in seiner Schrift „Traité d'Algèbre" außer eine wirklichen Methode zur Auflösung unbestimmter Gleichungen auch Näherungsmethoden zur Bestimmung der Gleichungswurzeln, unter denen die Methode der Kaskaden hervorragt. (Die Kaskaden sind, in die heutige mathematische Sprache übersetzt, die aufeinanderfolgenden Ableitungen der gegebenen Gleichung.)

— Der Mediziner Christian Günther **Schellhammer** spricht zuerst aus, daß der Ton durch Schallwellen entsteht.

— **Stisser** in Braunschweig führt die Cascarillarinde in den medizinischen Gebrauch ein.

1691 Jacob **Bernoulli** behandelt mit der Integralrechnung die Kettenlinie, die von Nuñez (s. 1546) gefundene Loxodrome, sowie die logarithmische und parabolische Spirale. Er benutzt bei seiner Arbeit über die parabolische Spirale das, was Leibniz 1692 krummlinige Koordinaten nennt.

— William **Cock** gibt seine „Meteorologica" heraus, in welcher er von der Beurteilung der Veränderung der Luft und des Wechsels des Wetters in verschiedenen Ländern spricht.

— Nachdem die dionysische Aera (s. 525 Dionysius und 715 Beda) allgemeinen Eingang gefunden hatte, sich aber trotzdem häufige Widersprüche herausgestellt hatten, weil die Kaiser und Päpste in ihren Erlassen und Bullen vielfach den 25. Dezember als Jahresanfang gebrauchten, setzt der Papst **Innocenz XII.** fest, daß das Jahr lediglich mit dem 1. Januar beginnen solle.

— Friedrich **Ruysch** beschreibt genau die Bronchialäste, welche Galen dunkel erwähnt, und Philipp Verheyen (1705) oberflächlich beschrieben hatte. Er entdeckt das Periost der Gehörknöchelchen und gibt eine genaue Darstellung der Gefäßversorgung der Paukenhöhle.

— John **Tyzacke** erhält ein englisches Patent auf eine Waschmaschine zur Befreiung der Gewebe (Leinen, Wolle usw.) von den durch das Fabrikationsverfahren verursachten Verunreinigungen.

1692 Johann Konrad **Amman** aus Schaffhausen lehrt Taubstumme sprechen, indem er sie gewöhnt, auf die bei jedem Laut veränderte Stellung der Organe des Mundes zu achten, dieselben mit dem Gesicht aufzufassen und vor dem Spiegel nachzuahmen. Seine Methode wird von Samuel Heinicke 1768 wesentlich vervollkommnet. (Vgl. auch 1570 P.)

— Giovanni Domenico **Cassini** erkennt aus den Flecken der Jupiteroberfläche eine Rotation dieses Planeten, die er zu $9^\mathrm{h}\,50^\mathrm{m}$ berechnet.

— Clopton **Havers** veröffentlicht in seiner „Osteologia nova" seine Untersuchungen über die Anatomie und Histologie der Knochen und macht sich namentlich durch die Entdeckung der Knochengefäßkanälchen „Canalculi Haversiani" sehr bekannt.

— Wilhelm **Homberg** zeigt die Nutzlosigkeit der trockenen Destillation (Pyroanalyse) für die Pflanzenanalyse, indem er nachweist, daß zwei ganz verschiedene Pflanzen, wie Belladonna und Kohl, so ähnliche pyroanalytische Produkte haben, als ob man eine dieser Pflanzen zweimal destilliert hätte. (S. a. 1668 Dodart.)

— Denis **Papin** verwirklicht seine in einem Briefe vom Jahre 1691 an Christian Huygens geäußerte Idee, indem er ein Taucherschiff baut, mit dem er sich im Mai mehrmals unter den Spiegel der Fulda hinab läßt, von wo er ein angezündetes Licht wieder mit hinauf bringt. Die Lufterneuerung besorgt er durch einen Zentrifugalventilator. Es scheint damit seine Priorität vor Halley, der die Luftzuführung in die Taucherglocke (1724) vermittelst eines Schlauches bewirkt, zweifellos erwiesen.

1692 John **Ray** ist der erste Schriftsteller nach Strabo, der über die Wirkung der fließenden Gewässer im Binnenlande und die Angriffe des Meeres auf die Küste spricht.

— Georg Ernst **Stahl** gibt die Anregung zur Erforschung vom Psychischen und Physischen in allen physiologischen und pathologischen Vorgängen, sowie zu deren therapeutischer Verwertung und bedingt hierdurch einen Fortschritt in der Auffassung und Behandlung der psychischen Krankheiten.

— Vincenzo **Viviani** stellt das als „Florentiner Aufgabe" berühmte Problem: In eine Halbkugel vier gleichgroße Öffnungen derart herauszubrechen, daß der Rest der Halbkugelfläche quadrierbar sei. Die Lösung geschieht durch Leibniz, Bernoulli und L'Hospital mit Hilfe der Differentialrechnung.

1693 **Acoluthus** in Breslau führt die erste Resektion am Oberkiefer aus. Daß Oribasius eine solche gemacht habe, ist zweifelhaft, wie auch die angeblich um die Mitte des 17. Jahrhunderts von Molinetti gemachte Resektion sich lediglich auf Entleerung von Eiteransammlung bezog.

— Edmund **Halley** macht den ersten Versuch der geographischen Flächenmessung durch Wägung der aus der Landkarte mit der Schere ausgeschnittenen Flächenstücke, ein Versuch, der von dem Jesuiten Scherer (1710) mit Erfolg wiederholt wird.

— Der Engländer J. **Hardley** erhält das erste Patent auf einen Wellenmotor, bei welchem die Bewegung der Brandung zur Gewinnung von motorischer Kraft in der Weise benutzt wird, daß ein Schwimmgefäß mit der Welle auf und ab geht, wodurch eine Mühle in Betrieb gesetzt wird.

— Georg **Holyk** gibt in seinem Gartenbuche zuerst die Veredelung der Bäume und Sträucher durch Kopulieren an.

— Wilhelm **Homberg** entdeckt, daß geschmolzenes Chlorcalcium phosphoreszierend ist; das Präparat wird nach ihm als Homberg'scher Phosphor bezeichnet.

— John **Ray** führt in die Zoologie den naturhistorischen Begriff der Art ein und berücksichtigt die Anatomie der Thiere als Grundlage der Klassifikation.

1694 Johann **Bernoulli** weist nach, daß Fische in Wasser, das vorher von Luft befreit ist, nicht leben können. (S. a. 1670 B.)

— Jacob Rudolf **Camerarius** weist experimentell die Sexualität im Pflanzenreiche nach, die schon Grew und Ray vermuteten.

— Philippe **Delahire** behandelt zuerst die Theorie der Epizykloide in systematischer Weise.

— João **Ferreyra da Rosa** gibt eine genaue Beschreibung des gelben Fiebers und beschäftigt sich mit dessen Ursachen, seiner Verbreitung, seinen Symptomen, der Prognose und Behandlung der Krankheit. Die frühest bekannte Beschreibung des gelben Fiebers rührt von Thukydides her, der selbst von der Krankheit befallen war.

— Engelbert **Kämpfer** beschreibt die Naphthaquellen und die ewigen Feuer der Apscheronhalbinsel an der Westküste des Kaspischen Meeres (Baku), die zuerst um 930 von Massudi erwähnt worden waren.

— Gottfried Wilhelm **von Leibniz** macht in einem Briefe vom Mai 1694 darauf aufmerksam, daß zur Integration von Differentialgleichungen vor allem die Variablen getrennt werden müssen.

— Christopher **Polhem** gibt für den Bergwerksbetrieb die Förderung mit starren Gestängen an, die ähnlich wie die Gestänge der Fahrkunst auf und ab bewegt werden, und führt eine solche Förderung in Falun ein. Diese Art der Förderung wird 1776 von Hubert Sarton in Belgien verbessert und neuerdings von Méhu wieder aufgenommen.

1695 Nehemiah **Grew** entdeckt im Epsomer Bitterwasser das Bittersalz (Schwefelsaure Magnesia), welches infolge seines Ursprungs auch Epsomsalz heißt und 1710 von Friedrich Hoffmann zur milden Abführung empfohlen wird.

— Gottfried Wilhelm **von Leibniz** definiert in den Act. Erud. von 1695 die lebendige Kraft als Produkt aus Masse und Quadrat der Geschwindigkeit und betrachtet dieselbe als das wahre Kraftmaß eines in Bewegung befindlichen Körpers.

— Der Werkführer **Morin** in St. Cloud erfindet das Frittenporzellan (Porcelaine tendre).

— **Tompion** äußert die erste Idee der Zylinderhemmung für Taschenuhren.

— John **Woodward** in London tritt mit Entschiedenheit der zu seiner Zeit noch verbreiteten Meinung entgegen, wonach die Versteinerungen nur müßige Naturspiele seien. Er nimmt als Ursache der Sintflut den Ausbruch eines unterirdischen Meeres an. Seine Versuche, die von ihm beobachteten Erscheinungen mit der heiligen Schrift in Übereinstimmung zu bringen, führen ihn mehrfach zu seltsamen Hypothesen.

1696 Der von Wolodomir **Atlassow,** Befehlshaber in Anadyrsk, entsandte Kosak Morosko erreicht zuerst Kamschatka. Atlassow selbst folgt im nächsten Jahre mit einer größeren Truppenabteilung und errichtet am 13. Juli 1697 am Kamschatka-Fluß ein Kreuz zum Zeichen, daß das Land von ihm in Besitz genommen sei.

— Augustin **Belloste** rät bei der Behandlung der Wunden vor allem die Luft fernzuhalten, weil dieselbe kleine Atome mit sich führe, welche die Ansteckung der Wunden vermittle. Er empfiehlt bei der Wundbehandlung Mittel, welche die Eiterung beschränken und die Zersetzung verhindern und nennt als solches Mittel vor allem den Alkohol, der später in Batailhé (1859) einen eifrigen Fürsprecher findet.

— Johann **Bernoulli** stellt die Aufgabe, die Brachistochrone zu finden, d. h. diejenige Kurve, auf der ein Körper herabfallen muß, um in möglichst kurzer Zeit zu einem tiefer gelegenen Punkte zu gelangen. Mit diesem Probleme beginnt die Entwicklung der Variationsrechnung.

— Der französische Akademiker Guillaume François **de l'Hospital** veröffentlicht das erste Lehrbuch der Differentialrechnung „Analyse des infiniment petits pour l'intelligence des lignes courbes".

— Johann **Lotting** stellt zuerst Fingerhüte fabrikmäßig her, die man aber damals auf dem Daumen trug. Die Annahme, daß Nicolaas van Beschooten in Amsterdam (um 1684) den Fingerhut erfunden habe, ist widerlegt. (Vgl. hierzu 1210 Walter von der Vogelweide.)

— John **Ray** liefert die erste Beschreibung der Pfefferminze, die als Arzneipflanze zuerst in England und erst viel später (1777) in Deutschland gebraucht wird. Er erwähnt auch zuerst die Senegapflanze, deren Wurzel von den Indianern gegen den Biß der Klapperschlangen verwendet werde.

1697 Pantaleon **Hebenstreit** versieht ein dem Hackebrett ähnliches, mit Darmsaiten und Drahtsaiten überzogenes Instrument mit Dockenaufschlag und wird der Vorläufer der Hammermechanik, indem er durch dies Instrument Schröter (s. 1711 C.) zu seiner Erfindung anregt.

— Johann Christian **Jacobi** verwendet weißen Arsenik mit Pottasche neutralisiert und in Wasser gelöst innerlich bei Wechselfiebern.

— Richard **Morton** in London erkennt zuerst, daß die perniziösen Fieber durch die Ausdünstungen sumpfiger Gegenden veranlaßt werden und schreibt deren Behandlung mit Chinarinde vor, die auch Sydenham 1723 empfiehlt.

1697 Antonio **Pacchioni** entdeckt die sogenannten „Pacchioni'schen Drüsen" der harten Hirnhaut.

1698 Johann **Bernoulli** nimmt zuerst das Problem der kürzesten Linie zwischen zwei Punkten einer krummen Fläche mit Erfolg in Angriff. Er gelangt dabei zu Raumkurven, die später als „geodätische Linien" bezeichnet werden.

— **Langford** kennt den Wirbelcharakter der indischen Stürme.

— Während das Bajonett im Gebrauchsfalle anfangs in den Gewehrlauf hineingesteckt wurde, und daher ein Schießen mit aufgepflanztem Bajonett unmöglich war, erfindet der englische General **Mackey** das Düllenbajonett, welches mittels einer um den Lauf herumgreifenden Hülse an dem Gewehre dauernd befestigt ist.

— Thomas **Savery** baut eine Dampfmaschine, in welcher er den in einem besondern Kessel erzeugten Dampf abwechselnd in zwei Behältern benutzt; während er das Wasser aus dem einen heraustreibt, saugt er gleichzeitig im andern durch Kondensation des Dampfes Wasser an (Wasserhebemaschine).

— **Southwell** führt in England die kalte Vergoldung durch Anreiben mit Goldzunder ein, die angeblich schon vorher von deutschen Goldschmieden geübt worden sein soll.

— Der Arzt und Chemiker Georg Ernst **Stahl** begründet durch seine Schrift „De venae portae porta malorum etc", die wissenschaftliche Lehre von den Pfortaderleiden, die seit den ältesten Zeiten bekannt und größtenteils mit dem Glüheisen oder vermittels Ätzung und Ligatur behandelt worden waren. Nach ihm kann das Blut im Gebiete der klappenlosen Pfortader leicht hin und her versetzt werden und sich bald im Magen, bald in der Milz, bald im Dünndarm anhäufen.

1699 Guillaume **Amontons** macht ausgedehnte Versuche über den Reibungswiderstand und stellt die Gesetze für die gleitende Reibung auf.

— Simon **Boulduc** führt die von Dodart (s. 1668 D.) vorgeschlagene Extraktionsmethode für die Pflanzenanalyse durch und wendet dieselbe zuerst auf eine vergleichende Untersuchung der verschiedenen im Handel befindlichen Ipecacuanhasorten an. Als Extraktionsmittel verwendet er bald Wasser, bald Weingeist.

1699—1701 Der englische Seefahrer William **Dampier** unternimmt eine Entdeckungsreise nach Australien. Im Jahre 1700 entdeckt er die Dampierstraße und stellt fest, daß das östlich gelegene, von ihm Neubritannien genannte Land von der Küste von Neuguinea getrennt ist.

1699 Wilhelm **Homberg** sucht zuerst den Säuregehalt einer Substanz durch die Gewichtszunahme einer bestimmten Menge Pottasche zu ermitteln. Er gibt dem Flaschenpyknometer, das er Araeometer nennt, die noch jetzt übliche Form. (S. a. 1121.)

1700 Guillaume **Amontons** schlägt als unteren Punkt des Thermometers den absoluten Nullpunkt vor, den er auf $-239{,}5^{0}$ (umgerechnet auf die heutige hundertteilige Skala) berechnet. Er konstruiert ein Luftthermometer, bei welchem das Volum der eingeschlossenen Luft konstant gehalten wird und die Höhe des erforderlichen Quecksilberdruckes als Maß der Temperatur gilt.

— Guillaume **Delisle** macht sich als erster völlig frei von den Positionsbestimmungen des Ptolemaeus und legt seiner Weltkarte und den Karten der Erdteile die neueren astronomischen Bestimmungen zugrunde. Seine Karte von Europa (1725) gibt zuerst ein naturwahres Bild dieses Erdteils.

1700 Johann Christoph **Denner** in Nürnberg entwickelt die Klarinette aus einer französischen Schalmeienart mit neun Tonlöchern.

— Hendryk **van Deventer** fördert die Orthopädie, indem er Beinkrümmungen, Sehnenverkürzungen und Muskelatrophien mit Bandagen und Maschinen behandelt und Apparate für Rachitische konstruiert.

— Der Chemiker Johann Konrad **Dippel** erfindet das nach ihm benannte Öl, auch „Tierisches Stinköl" genannt.

— Denis **Dodart** untersucht die Schwingungen der Stimmbänder, deren Bedingungen er an dem Lippenverschluß eingehend erörtert, und stellt fest, daß der Ton an der Glottis entsteht und im Mund und in der Nase zum Klange wird.

— Nachdem Hutchinson schon 1640 eine unvollkommene Karte von Orten gleicher Deklination (Isogonenkarte nach Humboldts Benennung) gezeichnet hatte, gibt Edmund **Halley** die erste vollkommene Karte der Isogonen heraus.

— Gottfried **Kirch** in Guben macht regelmäßige Witterungsaufzeichnungen und pflegt sein Thermometer regelmäßig, sogar mehrmals am Tage abzulesen.

— Johann **Kunckel von Löwenstern** macht in seinem posthum gedruckten „Laboratorium chymicum" zuerst auf das kaustische Ammoniak (Salmiakgeist) aufmerksam, das er mit der Ätzlauge vergleicht.

— **Liger** erwähnt in seinem Werke „La nouvelle maison rustique" zum erstenmal die Verwendung der Ölkuchen als Futtermittel. Nach der Art der Erwähnung kann angenommen werden, daß diese Verwendung namentlich in Holland schon seit längerer Zeit üblich war.

— Georg **Memmendörfer** in Nürnberg ist (nach Doppelmeyer) der erste, der Stahl zu schmelzen und in Formen zu gießen versteht und somit als Erfinder des Stahlgusses anzusehen ist, welche Kunst aber mit ihm verloren geht.

— Antoine **Parent** wendet die Koordinatenmethode zuerst auf den Raum von drei Dimensionen an, indem er Oberflächen durch eine Gleichung zwischen den drei Koordinaten eines Raumpunktes darstellt. Einen weiteren Ausbau dieses Gebiets bewirkt Clairaut in seinen Raumkurven. (S. 1729 C.)

— Joseph **Sauveur** stellt die Theorie der Schwebungen auf, stellt die Hörbarkeitsgrenzen fest und erfindet die noch jetzt üblichen Mittel, die Teilschwingungen einer Saite durch Berührung der Knotenpunkte hörbar und durch aufgesetzte Papierreiterchen sichtbar zu machen. Er gibt der Lehre vom Schall den Namen „Akustik".

— Johann Jacob **Scheuchzer** in Zürich setzt mit seiner Schrift „Historiae helveticae naturalis prolegomena" die von Simler (s. 1560) begründete wissenschaftliche Alpenkunde fort und fördert die Versteinerungskunde. Er ist ein Anhänger der Woodward'schen Sintfluttheorie. (S. 1695 W.)

— Johann Jakob **Scheuchzer** findet im Tertiärschiefer von Öningen in Baden ein fossiles Skelett, welches er i. J. 1726 als Sintflutmenschen (Homo diluvii testis) deutet. Das Skelett wird indes später als dasjenige eines Lurches (Riesensalamanders — später als „Andrias Scheuchzeri" bezeichnet) erkannt.

— Georg Ernst **Stahl** empfiehlt die medizinische Anwendung der moschusduftenden Schafgarbe, aus der in neuerer Zeit im Engadin der „Iva" genannte Likör bereitet wird.

— Als Erfinder des Violoncello wird in der Regel **Tardieu** (1700) genannt. Doch ist demgegenüber zu bemerken, daß bereits der um 1690 gestorbene Domenico Gabrieli den Beinamen „Del Violoncello" hatte. Auch scheinen die Amati, Magini u. a. schon im 16. Jahrhundert Streichinstrumente von Cellogröße gebaut zu haben.

— Lorenzo **Terraneo** fördert die Pathologie der Gonorrhöe und gibt eine systematische Einteilung der verschiedenen Arten dieser Krankheit. Seine Befunde über den Gang des Krankheitsprozesses werden von Cockburn (1713), Morgagni (1719) und Boerhaave bestätigt.

1700 Joseph Pitton **de Tournefort** gibt in seinen „Institutiones rei herbariae" ein auf Bau und Form der Blüte begründetes Pflanzensystem, das jedoch lediglich den formalen Vorzug hat, daß in demselben strenge Ordnung herrscht und bestimmt begrenzte Gattungen eingeführt werden.

— Raymond **de Vieussens** entdeckt die „neurolymphatischen Arterien" und nimmt an, daß dieselben den ununterbrochenen Fortgang des Blutes aus den Arterien in die Venen vermitteln.

— Andreas **Werkmeister** stellt die gleichschwebende zwölfstufige Tonleiter auf. Um die Einbürgerung der gleichschwebenden Temperatur machen sich später verdient J. G. Neidhardt, J. A. Sorge, J. H. Lambert, C. G. Schröter, Rameau, d'Alembert, Bach u. a.

Achtzehntes Jahrhundert.

1701 Michelangelo **Andrioli** verwendet den Mohnsaft zuerst bei der Ruhr; bei Wechselfiebern wird er 1710 zuerst von Jacob Minot und, um die Gewalt der Schmerzen bei Entzündungen und ähnlichen Krankheiten zu besänftigen, 1739 von John Huxham empfohlen.

— Nachdem man, insbesondere seit Galen der Meinung war, daß bei Entstehung eines Unterleibsbruches das Bauchfell zerreiße und daher auch die Bezeichnung „Ruptura" eingeführt hatte, lehrt Jean **Mercy** zuerst, daß bei Brüchen das Bauchfell ausgedehnt sei, sonach die Eingeweide in einem Bruchsack liegen.

— Isaac **Newton** erfindet den Spiegelsextanten und sendet eine Beschreibung und Zeichnung seines Instrumentes an Hadley. Die diesem zugeschriebene Erfindung des Instruments (1731) beruht somit auf einem Irrtum.

— Olaf **Römer** vereinigt zur Erzielung sicherer Stern-Durchgangsbeobachtungen Mauerkreis und Passageninstrument zu einem einheitlichen Instrument, dem sog. Meridiankreis. Sein eigenes Instrument, die berühmte „Rota meridiana" bleibt bis 1728 im Dienst, wo es bei einem Brand vernichtet wird.

— William **Whiston** bringt die erste Isoklinenkarte, die Orte gleicher Inklination verzeichnet, für den Kanal und das südliche England zustande.

— Jacob **Bernoulli** stellt das „isoperimetrische Problem" auf, das für die Entwicklung der Variationsrechnung von Bedeutung ist, und welches verlangt, unter allen isoperimetrischen Kurven diejenige zu finden, für die ein bestimmter Ausdruck möglichst groß oder möglichst klein wird. Elementare isoperimetrische Untersuchungen finden sich schon bei Zenodotos (um 180 v. Chr.), M. Fabius Quintilianus (70 n. Chr.) und Bradwardina. (S. d. 1330.)

1702 Urban **Hiärne** bemerkt zuerst eine langsame, aber stetige Veränderung der Küstenlinien zugunsten des Landes, die später von Swedenborg, Celsius und Linné bestätigt wird, welche daraus auf einen Rückzug des Meeres schließen, während sich viele Stimmen schon damals anders äußern und eine Hebung des Landes über den unverändert bleibenden Spiegel des Meeres annehmen.

— Wilhelm **Homberg** beschreibt zuerst die Borsäure in bestimmter Weise. Über den Borax spricht er sich noch sehr unklar aus.

— Gottfried Wilhelm **von Leibniz** äußert in einem Briefe an Johann Bernoulli bereits die Gesamtidee des Feder-(Aneroid-)Barometers, die durch Vidi (s. 1848 V.) ausgeführt wird.

1702—10 Johann Jacob **Scheuchzer** macht zahlreiche der wissenschaftlichen Landeskunde gewidmete Alpenreisen und führt die Gletscher als Naturerscheinung in die wissenschaftliche Betrachtungsweise ein; namentlich kennt er deren Bewegung und sucht sie zu erklären.

1702 Johann Jacob **Scheuchzer** macht auf die Einschlüsse in Krystallen aufmerksam und benutzt sie für die Theorie der Genesis der Mineralien.

— Georg Ernst **Stahl** untersucht die verschiedene Stärke in der Verwandtschaft der Säuren zu den Alkalien und Metallen und findet, daß unter allen Säuren die Schwefelsäure, dann die Salpetersäure die mächtigsten seien, welche alle anderen Säuren aus ihren Verbindungen austreiben. Er erweitert die Kenntnis der Abstufungen in der Verwandtschaft der verschiedenen Materien zueinander und bereitet so die Aufstellung von Affinitätstabellen vor. (S. 1718 G.)

— Georg Ernst **Stahl** stellt die Phlogistontheorie auf, nach welcher bei der Verbrennung aus den verbrennenden Körpern ein hypothetischer Stoff, das Phlogiston, entweicht. (S. 1682 B.)

— Georg Ernst **Stahl** überträgt Boyle's Ansichten über die Elemente (s. 1661 B.) in die ausübende Chemie und faßt das, was wir heute „chemische Elemente" nennen, klar auf, indem er als eigentümliche Körper diejenigen bezeichnet, aus deren Vereinigung untereinander oder mit Phlogiston er alle Substanzen gebildet glaubt.

1703 Johann **Bernoulli** erklärt die von Huygens (s. 1673 H.) aufgestellte Theorie über die Bewegung schwerer Körper für ein allgemeines Naturgesetz und nennt dasselbe „Das Prinzip von der Erhaltung der lebendigen Kräfte".

— Der Abbé Jean **de Hautefeuille** konstruiert einen Apparat (Quecksilberhorizont), um bei Erdbeben die Abweichung der Bodenteilchen von ihrer Ruhelage zu messen (Seismometer).

— Antony **Leeuwenhoek** entdeckt die parthenogenetische Fortpflanzung der Blattläuse.

1704 **Diesbach,** Färber in Berlin, entdeckt bei Fällung eines mit Alaun und Eisenvitriol versetzten Cochenilleabsuds durch fixes Alkali das Berlinerblau. Daß er dieses und nicht den erwarteten roten Niederschlag von Florentiner Lack erhielt, erklärt sich daraus, daß er von Dippel (vgl. 1700 D.) ein fixes Alkali erhalten hatte, über welches mehrfach tierisches Stinköl zur Reinigung destilliert worden war. Eine Vorschrift zur Bereitung des Berlinerblau durch Kalzinieren von Blut mit Alkali veröffentlicht 1724 Woodward. John Brown zeigt in demselben Jahre, daß man auch geröstetes Fleisch verwenden könne und Geoffroy wendet 1725 zu gleichem Zweck Wolle und gebranntes Hirschhorn an.

— Gottfried **Hautzsch** in Nürnberg erfindet das konische Zündloch, bei dem die Pfanne sich selbst beschüttet, und gibt dadurch seinen Pistolen eine um das Dreifache gesteigerte Ladegeschwindigkeit.

— Jean **Mery** untersucht das Augenleuchten an einer unter Wasser gebrachten Katze und sieht dabei sogar die Netzhautgefäße. Delahire erklärt dies 1709 daraus, daß die Brechung der Lichtstrahlen an der Vorderfläche des Auges durch die Bedingungen des Experimentes geändert werde.

— Isaac **Newton** zieht zur Erklärung der Entstehung der Farben des Regenbogens die Dispersion des Lichtes heran. (S. a. 1649 D.)

— Isaac **Newton** interessiert sich zuerst für die Farbe des Wassers und gibt als Grundfarbe desselben „grün" an.

— Antonio Maria **Valsalva** empfiehlt in seinem „De aure humana Tractatus" als bestes Mittel, Eiter aus dem Ohr zu entfernen, bei verschlossenem Munde und Nase Luft durch die Eustachische Röhre zu pressen. (Valsalvascher Versuch, s. auch 1741 C.) Er macht darauf aufmerksam, daß die Ursache der Taubheit häufig in einer Verstopfung der Eustachischen Röhre liegt und fördert die Lehre vom Bau, der Funktion und den Krankheiten

Darmstaedter.   11

des Gehörorgans, an welchem er u. a. die Muskeln des Tragus und Anti-
tragus und das Valsalva'sche Band entdeckt.

1705 Jacob **Bernoulli** führt die elastische Linie (Elastica) in die Festigkeitslehre ein.

— Pierre **Brisseau** gewinnt auf Grund von Experimenten an der Leiche eines
Starblinden die Überzeugung, daß die Katarakt nicht, wie bis dahin angenommen worden war, auf einer Trübung in der vorderen Augenkammer
beruhe, sondern die getrübte Krystalllinse selbst sei. (S. a. 1656 R.) Dieser
Ansicht treten insbesondere Maître-Jean und Heister bei, welch letzterer
namentlich mit dazu beiträgt, daß die Ansicht von Brisseau als richtig
anerkannt wird.

— Edmund **Halley** gibt in seiner Schrift „Of compound interest" eine systematische Behandlung der Zinseszinsrechnung. (S. a. 1202.)

— Edmund **Halley** weist nach, daß der i. J. 1682 erschienene Komet mit den
in den Jahren 1456, 1531 und 1607 beobachteten Kometen identisch
ist. Seine Voraussage, daß der — später nach ihm benannte — Komet
im Jahre 1759 wiederkehren werde, hat sich bestätigt. Auch i. J. 1835
erscheint er wieder.

— Gottfried Wilhelm **von Leibniz** äußert in einem Briefe an Papin den Gedanken, den Dampf in der atmosphärischen Maschine behufs Verstärkung
der Expansion der Luft um den Dampfzylinder zu führen, eine Idee, die
von Stirling (s. 1816 S.) der Konstruktion seiner Heißluftmaschine zugrunde
gelegt wird.

— Thomas **Newcomen** und John **Cawley** führen den Papin'schen Versuch (s. 1690 P.)
bis zur wirtschaftlich brauchbaren Betriebsmaschine durch und schaffen
die fast anderthalb Jahrhunderte hindurch gebräuchlichste Form der
Balanciermaschine. (S. a. 1707 P.)

— Der Pater **de Scissa** und J. J. **Scheuchzer** machen zuerst barometrische Simultanbeobachtungen in Zürich und auf dem St. Gotthardhospiz.

— Henry **Sully** erfindet die Friktionsrollen (Friktionsscheiben).

— Jacob **Waitz** erwähnt zuerst die sympathetische Tinte aus Kobaltchlorür,
die 1731 durch Teichmeyer und 1737 durch Hellot größere Verbreitung
findet. Wird das mit der blaßroten Lösung beschriebene Papier erwärmt,
so erscheinen blaue Schriftzüge. Durch Tränkung von Fließpapier mit
Kobaltchlorür erhält man die bekannten chemischen Wetteranzeiger, die
bei nassem Wetter rosenrot, bei sehr trocknem Wetter blau erscheinen.

1706 Pierre **Brisseau** macht auf Grund seiner anatomischen Untersuchung über die
Ursache des grauen Stars (s. 1705 B.) wichtige Arbeiten zur Behandlung
dieser Krankheit und veröffentlicht dieselben in seinen „Nouvelles obser-
vations sur la cataracte". (S. a. 1656 R.)

— Der englische Physiker Francis **Hawksbee** bemerkt, daß Glas ebenso, wie Bernstein, wenn es mit Wollenzeug gerieben wird, Licht ausstrahlt und erhält,
indem er eine luftleer gemachte Glaskugel an seiner Hand reibt und einen
seiner Finger der Kugel nähert, zolllange Funken. (S. 1672 L.)

— Urban **Hiärne** untersucht seit 1679 eine große Anzahl von Mineralwässern
und fördert durch seine Untersuchungen die Mineralwasseranalyse, die
von Friedrich Hoffmann noch weiter vervollkommnet wird.

— Johann Heinrich **Hottinger** sieht zuerst die Schichtung oder Struktur im Eise
der Gletscher.

— William **Jones** braucht zuerst das Zeichen π, das von 1737 ab von Euler
regelmäßig benutzt wird und namentlich durch Euler's „Introductio" allgemein Verbreitung findet.

— Luigi Ferdinando **de Marsili** errichtet das erste maritime Laboratorium
zum Studium von Meertieren in Marseille. (S. a. 1870 D.)

1706 Der Kapitän **Stannyan** entdeckt die Chromosphäre der Sonne, d. i. jene zarte rosarot gefärbte Gashülle, die bei Verfinsterungen konzentrisch um die Sonne gelagert sichtbar wird.

1707 William **Dampier** gibt in einem Reisewerk über seine Weltumsegelung eine Fülle von wertvollen Segelanweisungen und beschäftigt sich mit einer Theorie der tellurischen regelmäßigen Windsysteme.

— Der sächsische Stabsmedikus **Daumius** beobachtet, daß erhitzter Turmalin Ascheteilchen an sich zieht und wieder von sich stößt.

— Philippe **Delahire** verbindet zuerst die Zugramme mit Laufrädern, Göpeln usw. und bahnt so den Übergang zu den Kunstrammen an. Wesentliche Verbesserungen der Ramme werden dann von Vanloué, Bélidor (1760) und namentlich von Perronel (1780) ausgeführt.

— Domenico **Guglielmini** spricht in seiner „Dissertatio de Salibus“ aus, daß die kleinsten Partikeln der Salze eine beständige und unveränderliche Form haben und daß die Verschiedenheit von Kochsalz, Vitriol, Alaun, Salpeter auf einer Verschiedenheit der Krystallgestalt ihrer kleinsten Teilchen beruhen.

— Nicolas **Lemery** macht eingehende Untersuchungen über das Antimon und dessen Verbindungen. Er ist der erste, der die vulkanischen Erscheinungen als auf einem chemischen Prozeß beruhend ansieht.

— Denis **Papin** konstruiert nach dem von ihm gefundenen Prinzip (s. 1690 P.) eine Hochdruckdampfmaschine zum Pumpen von Wasser. Wegen der Undichtigkeit der einzelnen Teile wird mit der von Papin damals in Cassel aufgestellten Maschine, die in der Schrift „Ars nova ad aquam igni adminiculo efficacissime clarandam“ beschrieben und abgebildet ist, nur ein einziger Versuch unternommen. (S. a. 1705 N.)

— Denis **Papin** fährt am 24. September auf einem Boote auf der Fulda von Cassel nach Münden. Da Papin ein Vorkämpfer für die motorische Ausnutzung der Dampfkraft gewesen ist, hat man in jenem Boote öfters ein D a m p f b o o t erblicken wollen. Es ist indes erwiesen, daß es sich hierbei nur um eine Konstruktion gehandelt hat, wie sie schon vorher von Kyeser, Valturius, Blasco de Garay (s. diese) und anderen in Vorschlag gebracht worden war.

1708 Abraham **Darby** erfindet für den Eisenguß die Kastenformerei in nassem Sand. Nur für kleine verzierte Gegenstände hatte man bis dahin hier und da das Formen in fetter Erde angewendet, so daß Darby's Verfahren einen wesentlichen Fortschritt bedeutet.

— William **Derham** untersucht die verschiedenen Einflüsse, welche die Geschwindigkeit des Schalls ändern, und findet, daß namentlich die Windstärke von Einfluß darauf ist. Er findet für die Schallgeschwindigkeit den Wert von 1071 Pariser Fuß in der Sekunde.

— Der englische Physiker **Wall** hebt in einer Abhandlung in den Philos. Transactions hervor, daß der elektrische Funke und sein Knistern einigermaßen Blitz und Donner vorstelle. (S. 1746 W. und 1749 F.)

1709 Nachdem durch die Feststellung, daß der Star eine Krankheit der Linse sei, der Name Glaukom dafür überflüssig geworden war, bezeichnet Pierre **Brisseau** als Glaukom eine Sehstörung, die unabhängig von der Linsentrübung auftritt und den Augengrund oft bläulich oder grünlich schillernd erscheinen läßt und wahrscheinlich von der Entartung des Glaskörpers herrührt.

— Johann Maria **Farina,** geb. in Santa Maria Maggiore im Tal Vigezza, der sich i. J. 1709 in Köln niederläßt, wird als Erfinder des Kölnischen Wassers (Eau de Cologne) genannt. Zur gleichen Zeit soll in Köln ein ähnliches

11*

Produkt von einem Verwandten Farina's, Paul Feminis, hergestellt worden sein.

1709 Der Pater Bartholomeo Lourenço **de Gusmão** baut ein Luftschiff, bestehend aus einem mit Papier überzogenen, unten offenen Korb aus Weidenholz von ca. 8 Fuß Durchmesser. Durch ein unter dem Korb angezündetes Feuer wird in diesem die Luft verdünnt, und so soll es Gusmão gelungen sein, am 8. August in Lissabon mit seinem Apparat bis auf 200 Fuß Höhe zu steigen und unbeschädigt herunter zu kommen.

— **Le Bon de Saint-Hilaire,** Präsident der Handelskammer von Montpellier, legt der Pariser Akademie der Wissenschaften einige Bekleidungsstücke (Strümpfe und Handschuhe) vor, die aus den Spinnenfäden verschiedener südfranzösischer Spinnenarten hergestellt sind. Die Hoffnung auf eine praktische Verwertung der Spinnenseide wird freilich durch Réaumur stark herabgemindert, welcher nachweist, daß 18 000 Fäden der Kreuzspinne erst einen Faden in der Stärke der Nähseide liefern. Doch ist eine Benutzung der Spinnenseide in neuerer Zeit mehrfach wieder versucht worden.

— René Antoine F. **de Réaumur** zeigt, daß die Schalen der Schnecken und Muscheln durch Erhärten eines Saftes entstehen, der aus den Poren dieser Tiere hervordringt.

— Christian **von Wolf** gibt der Aerometrie eine wissenschaftliche Grundlage und beschreibt in Deutschland das erste Anemometer.

1710 **Dominique Anel** führt am 30. Januar zuerst die nach ihm benannte Aneurysmenoperation bei einem Aneurysma der Ellenbogenbeuge aus, bei dem er, ohne den Sack zu öffnen, so nahe als möglich oberhalb desselben die Arteria brachialis unterbindet.

— Hermann **Boerhaave** beschäftigt sich mit der Anlage von Treibhäusern (die übrigens den Römern schon bekannt waren) im Leidener Pflanzengarten und bestimmt, unter welchem Winkel die Glasdächer unter jeder Breite gegen den Horizont geneigt sein müssen, um möglichst viel Sonnenstrahlen aufzufangen.

— Johann Friedrich **Böttger** stellt in Meißen das erste Hart-Porzellan in Europa her.

— Roger **Cotes** verfaßt das erste vollständige Werk über die Integralrechnung „Harmonia mensurarum", in welchem sich der nach ihm benannte „Cotes'-sche Lehrsatz" findet.

— William **Derham** beobachtet zuerst das aschfarbene Licht der Venus.

— Wilhelm **Homberg** beschreibt zuerst das Effloreszieren einiger Salzlösungen, das 1722 auch von François Petit erörtert wird.

— Wilhelm **Homberg** gibt das Verfahren zur Verfertigung des aus dem Niederschlage des Silbers entstehenden Dianenbaums (Silberbaums) an.

— Jacob Christoph **Le Blon** aus Frankfurt a. M. versucht, farbige Bilder mit den sieben Farben des Spektrums zu drucken und findet dabei, daß man mit d r e i Farben, rot, blau und gelb, auskommen kann. Er ist somit der Erfinder des Dreifarbendrucks, den er in der Weise ausführt, daß er drei Kupferplatten mit den entsprechenden Farben übereinander druckt.

— Gottfried Wilhelm **von Leibniz** unterscheidet zuerst zwischen gleitender und rollender Reibung.

— Der Astronom Giacomo Filippo **Maraldi** entdeckt, daß die rautenförmigen Platten der Bienenwaben immer dieselben Winkel zeigen, nämlich $109^0\,28'$ für den stumpfen und $70^0\,32'$ für den spitzen Winkel.

— Der Gießer Johann **Maritz** in Bern gießt massive Kanonen und bohrt sie mit einer selbst erfundenen horizontalen Bohrmaschine so aus, daß der Kern als ein massives Stück herausgenommen werden kann.

— Der Holländer J. **van der Mey** und der deutsche Prediger Johannes **Müller** in Leiden führen die Stereotypie in den Buchdruck ein. Doch beschränkt sich ihr Verfahren darauf, daß sie den fertigen Letternsatz auf der Rückseite mit einem dünnen Überzuge von Mastix, Gips oder leichtflüssigem Metall versehen, wodurch der Schriftsatz zu einer stereotypartigen Druckplatte zusammengekittet wird.

1710 François Sauveur **Morand** und Henri François **Le Dran** machen die erste Exartikulation des Schultergelenkes (Exarticulatio humeri).

— Thomas **Newcomen** erfindet die Einspritzkondensation und wendet dieselbe sofort bei seiner atmosphärischen Maschine an.

— Christopher **Polhem** fördert die praktische Mechanik in allen ihren Zweigen, insbesondere aber die mechanische Bearbeitung des Eisens.

— François **Pourfour du Petit** lenkt zuerst die Aufmerksamkeit auf die psychomotorische Leistung der Hirnrinde. Er sieht bei Trepanierungsexperimenten an Hunden je nach der Lage der verletzten Hirnmasse stets Lähmung der Extremitäten der gegenüberliegenden Seite auftreten, die dann vollständig war, wenn das Corpus striatum verletzt war, wogegen alleinige Verletzung der Hirnoberfläche keine eigentliche Lähmung, sondern bloß Schwäche der kontralateralen Extremitäten hervorrief. Diese Experimente werden 1721 von Pietro Paolo Molinelli bestätigt und begründen die Lehre von der kontralateralen Innervation (Kreuzung der Fasern).

— Der Anatom Giovanni Domenico **Santorini** entdeckt den Lachmuskel und die Santorini'schen Knorpel des Kehlkopfes.

— Pierre **Varignon** leitet die statischen Gesetze der einfachen Maschinen aus dem Satz vom Kräfteparallelogramm ab, weist den Zusammenhang von Seilpolygon und Kräftepolygon nach und erfindet die Seilwage.

1711 Bartolommeo **Cristofori** in Padua erfindet angeblich die Hammermechanik des Pianoforte, indem er die Hämmer durch Tasten verbindet, durch welche sie an die Saiten geschnellt werden. Von anderer Seite wird die Priorität dieser Erfindung Christoph Gottlieb **Schröter** vindiziert. Insbesondere Pauli tritt in seiner Geschichte des Klaviers für Schröter ein und behauptet, daß Cristofori's Mechanik nur eine Nachahmung der viel vollkommneren Schröter'schen gewesen sei.

— Der Geistliche L. D. **Hermann** in Massel in Schlesien erkennt, daß die Blitzröhren (Fulguritbildungen) nichts anderes sind als unter der Einwirkung des Blitzes zusammengebackene Körner verschiedenen Mineralcharakters.

— Wilhelm **Homberg** stellt durch Verkohlen von Alaun mit Zucker den „Homberg's Phosphor“ genannten Pyrophor dar, dessen Erglühen, wie Scheele 1777 feststellt, daher rührt, daß er an der Luft begierig Sauerstoff aufnimmt und durch die bei dieser Oxydation entwickelte Wärme stark erhitzt wird.

— Gottfried Wilhelm **von Leibniz** sucht Peter den Großen von Rußland zur Sammlung von Vokabularien der im weiten Umfang seines Reiches zerstreuten Völkerstämme zu veranlassen und wird so ein Vorläufer der Ethnologie. Er unternimmt einen Versuch, die Menschen in Klassen einzuteilen und unterscheidet eine japetische (die keltischen und szythischen Stämme umfassende) und eine aramäische Hauptvölkergruppe. (S. a. 1684 B.)

— Johann Justus **Partels** in Zellerfeld im Harz konstruiert einen Aspirations-Ventilator für Bergwerke. Durch seine Idee, die Luft in geschlossenen Räumen durch Abführung der verdorbenen Luft und Zuführung frischer Luft zu erneuern, hat er zweifellos die Priorität vor Stephen Hales und Martin Triewald, die beide erst 1741 die Ventilation für Krankenzimmer und für Schiffe anwenden.

— René Antoine F. **de Réaumur** gibt an, daß sich eine Unze Gold zu $146^1/_2$

Pariser Quadratfuß aushämmern lasse. Nach neueren Angaben kann 1 g zu etwa 5675 qcm ausgeschlagen werden. (S. Homer 800 v. Chr.)

1711 John **Shore** in London erfindet die Stimmgabel.

1712 Nachdem der Asphalt schon in Babylon und Ninive als Baumaterial benutzt worden, aber seitdem gänzlich abgekommen war, nimmt der griechische Arzt **Eirinis** dessen Verwendung wieder auf und beutet die Lagerstätten des Val de Travers im Fürstentum Neuchâtel dafür aus.

— John **Flamsteed** gibt den ersten umfassenderen Sternkatalog heraus. (S. seine „Historia coelestis Britanniae".)

1712—19 John **Flamsteed** arbeitet bis zu seinem 1719 erfolgten Tode an dem erst posthum i. J. 1729 herausgegebenen „Atlas coelestis", dessen 27 Karten vielfach, zuletzt i. J. 1781, neu aufgelegt werden und im 18. Jahrhundert fast allein maßgebend sind.

1712 Engelbert **Kämpfer** erwähnt zuerst die unter dem Namen „Madurafuß" bekannte, in Indien endemische Krankheit, die besonders die Füße, seltener die Hände befällt und zu elefantiastischen Verdickungen mit Fistelbildungen führt. Kämpfer beschreibt die Krankheit unter dem Namen „Perical" (großer Fuß).

— Jan **Kruse** betreibt zuerst in Wildervank, Provinz Groningen, die Moorbrandkultur mit großem Erfolg und führt dieselbe auch in Ostfriesland ein. Sie besteht darin, daß vor jeder Ernte die oberste Moorschicht in Stärke von einigen Zentimetern losgerissen, nach dem Trocknen in Brand gesteckt und danach in die geröstete Decke der Same (meist Buchweizen) gestreut und etwas eingeeggt wird.

— Humphry **Potter,** ein jugendlicher Arbeiter, welcher das Drehen des Hahnes an der Newcomen'schen Maschine zu besorgen hatte, soll die Selbststeuerung erfunden haben, indem er die Hähne mit dem Balancier in Verbindung setzt, durch dessen Spiel sie fortan geöffnet und geschlossen werden. Ein Beleg für die Richtigkeit dieser Angabe ist nicht zu erbringen.

— Nachdem die Chinarinde seit ihrer Einführung in Europa (s. 1640 V.) abwechselnde Beurteilung erfahren hatte und infolgedessen nicht in allgemeine Anwendung gekommen war, zeigt Francesco **Torti** in Modena in seiner Abhandlung „Therapeutice specialis ad febres quasdam perniciosas" den Nutzen derselben bei den Zehr- und Wechselfiebern und trägt dadurch zu ihrer allgemeinen Einführung wesentlich bei.

— Laurent **Verduc** weist zuerst darauf hin, daß die bei Flüssigkeitserguß in die Schädelhöhle oder bei Knocheneindruck am Schädel zu beobachtenden schweren Zufälle auf Kompression des Gehirns (Gehirndruck) zurückzuführen seien.

1713 Dominique **Anel** führt zuerst den Katheterismus der Tränenwege aus. Er führt eine goldene Sonde täglich durch den obern Tränenpunkt in den Tränennasenkanal ein und injiziert mit der nach ihm benannten Spritze eine adstringierende Flüssigkeit in den Tränensack.

— Abraham **Darby** gelingt es, durch Abschwefeln guter backender Kohle in Meilern brauchbaren Koks zu erzeugen, mit welchem er in Coalbrookdale einen Hochofen betreibt. Diese Erfindung bedeutet für die Roheisenerzeugung einen der praktisch bedeutsamsten Fortschritte.

— Der Zimmermeister **Perse** zu Dünkirchen erfindet Flutmühlen, die sowohl auf die Verwertung des Ebbe- als auch des Flutstroms eingerichtet sind und die nach Bélidor gegen 30 Jahre in vollem Betrieb standen.

1714 Gabriel Daniel **Fahrenheit** konstruiert die ersten brauchbaren Quecksilberthermometer mit der nach ihm benannten Skala von 212 Graden, bei welchem er die von Huygens 1665 vorgeschlagenen Fundamentalpunkte, nämlich den Schmelzpunkt des Eises und den Siedepunkt des Wassers verwendet.

1714 Der französische Gelehrte N. **Gauger** verfaßt eine Abhandlung über die Mechanik des Feuers und wird damit der Begründer einer wissenschaftlichen Behandlung des Gebietes der Ventilation. Er wirkt durch seine Schrift namentlich für die Erkenntnis der sanitären Wichtigkeit einer guten Lüftung der Wohnungen. (S. a. 1750 H.)

— Edmund **Halley** spricht die Vermutung aus, daß das Nordlicht eine magnetische Erscheinung sei, welche Hypothese durch Faraday's Entdeckung der Magnetisation des Lichtes (s. 1846 F.) zur Gewißheit erhoben wird.

— Gottfried Wilhelm **von Leibniz** weist (in einer jetzt in Hannover befindlichen Wiener Handschrift) darauf hin, wie sehr die großen Lazarettbauten die Verbreitung ansteckender Krankheiten begünstigen. Er empfiehlt kleinere Einzelbauten, „Baraquen also, daß sie nicht contiguae seyn oder an einander hengen, sondern von einander geschieden, damit die Luft durchstreiche". Leibniz ist somit der eigentliche Vater des Pavillonsystems im Lazarettbau.

— Gottfried Wilhelm **von Leibniz** erwähnt zuerst den Fleischextrakt. Er erörtert in den „Utrechter Denkschriften" die Mittel, Truppen auf langen Märschen bei Kräften zu erhalten und empfiehlt dazu die „Kraft-Compositiones" (Konserven) und besonders „das Extrakt aus Fleisch, dessen Komposition mir bekannt". Die Anregung zu diesen Vorschlägen hat Leibniz wahrscheinlich durch Papin erhalten.

— **De la Ligerie** lenkt zuerst die Aufmerksamkeit auf das 1658 von Glauber bereitete rote Schwefelantimon (Dreifach-Schwefelantimon), dessen Bereitung er angeblich von einem französischen Offizier Chastenay und dieser wiederum von einem Schüler Glauber's erfahren hatte. Das Präparat wird als „Poudre des Chartreux" und später als „Alkermes minerale" (Kermes) viel verkauft und erst von Berzelius 1821 in seiner wahren Zusammensetzung erkannt. — Am besten wird es aus dem 1821 von Schlippe dargestellten Natriumsulfantimoniat (Schlippe'schen Salz) hergestellt.

— Henry **Mill** nimmt ein englisches Patent auf eine Schreibmaschine, mit deren Hilfe er erhabene Schrift erzeugt. Diese Maschine hat einen praktischen Erfolg nicht aufzuweisen, ebensowenig ein 1784 in Frankreich patentierter ähnlicher Apparat.

1715 **Van Ghelen** in Wien gibt in seiner „Aeromanteïa" fortlaufende Angaben über Temperatur, Luftdruck und allgemeine Wetterlage.

— Johann Thomas **Hensing** in Gießen findet Phosphor im Gehirn.

— Christian Gottlieb **Hertel** in Halle führt für das Mikroskop den lichtreflektierenden Spiegel (Beleuchtungsspiegel), der die Vorteile der vertikalen Stellung und der Beobachtung bei durchfallendem Licht vereinigt, zu allgemeinem Gebrauch ein. (Vgl. 1637 D.)

— William **Kent** verwirft das Symmetrische und geometrisch Berechnete der französischen Gärten (s. 1653 L.) und spricht den Grundsatz aus, daß ein Lustgarten nichts sein dürfe, als eine schöne Landschaft in geschmackvoller, den Formen der Natur angepaßter Gestalt. (Englische Gärten.)

— **Peter der Große** veranlaßt den i. J. 1732 beendigten Bau des 110 km langen Ladogakanals, der die Verbindung zwischen der Ostsee und dem Kaspischen Meere herstellt, indem er die mit der Wolga vereinigte Wolchow von Neu-Ladoga ab mit Schlüsselburg verbindet.

— Jean Louis **Petit** spricht sich eingehend über Wundheilung aus und unterscheidet Vereinigung nach der ersten und zweiten Intention (s. 169), von welch letzterer er vier Arten angibt. Er wendet zuerst den Ausdruck „chairs grenues", körnige Fleischbildungen, an, woraus die Bezeichnung

Granulation entsteht. Er unterscheidet zuerst zwischen Gehirnerschütterung und Gehirndruck und betrachtet den letzteren für so gefährlich, daß er in allen Fällen die Trepanation empfiehlt, die durch ihn große Verbreitung erlangt.

1715 Der Mathematiker Brook **Taylor** stellt den nach ihm benannten Satz (Taylor'sche Reihe) auf, wobei auch schon diejenige Einzelform seiner Reihe, die später den Namen „Maclaurin'sche Reihe" erhält, erwähnt ist. (S. seine Schrift „Methodus incrementorum".)

— Raymond **de Vieussons** legt den Grund zu einer strengeren wissenschaftlichen Behandlung der Herzkrankheiten. (S. a. 1726 A.)

1716 Philippe **Delahire** erfindet die noch heute nach ihm benannte doppeltwirkende Pumpe.

— Johann Caspar **Funck** behandelt in seinem Buche „De coloribus coeli" als erster die Dämmerungsfarben, die 1754 auch Mairan in seinem „Traité physique et historique de l' aurore boréale" beschreibt. Funck beschreibt auch zuerst die Gegendämmerung.

— Dr. **Hook** soll die erste Räderfräsmaschine zum Einschneiden der Zahnlücken der Uhrräder erfunden haben, die von Henry **Sully** in England eingeführt wird.

— Giacomo Filippo **Maraldi** bemerkt zuerst einen weißen Fleck an dem einen Pole des Mars.

— Abraham **de Moivre** trägt durch seine „Doctrine of chances" und durch seine später (1724) erschienenen „Annuities upon Lives" wesentlich zur Entwicklung der Wahrscheinlichkeitsrechnung bei.

— Der Schwede Martin **Triewald** konstruiert die erste Wasserheizanlage für Gewächshäuser in Newcastle on Tyne.

1717 Johann **Bernoulli** erkennt die allgemeine Bedeutung des Prinzips der virtuellen Verschiebungen für alle Gleichgewichtsfälle.

— Nachdem schon Gedetden 1516 die Destillation als ein Mittel, Seewasser trinkbar zu machen, empfohlen und Houton 1670 diesen Vorschlag wiederholt hatte, konstruiert der französische Schiffsarzt **Gauthier** den ersten Destillationsapparat für Bordzwecke.

— Lady **Montague** läßt ihren Sohn in Konstantinopel zum Schutz vor den Pocken nach orientalischem Brauch mit menschlicher Lymphe impfen und führt dieses Verfahren (1721) in England und dadurch in ganz Europa ein. Zuerst hatten der in Konstantinopel ansässige Arzt Timoni und der venetianische Konsul Pylarini 1714 auf diese im Orient verbreitete Methode hingewiesen. (S. 1797 J.)

— Giovanni **Poleni** veröffentlicht die wichtigen Resultate seiner mehrjährigen Versuche über die Erscheinungen beim Ausfluß des Wassers.

1718 Henry **Beighton** gestaltet die selbsttätige Steuerung der atmosphärischen Maschine gebrauchsfähig aus.

— **De la Balme** erwähnt in seinen „Machines approuvées" die Sackbagger, Schaufelbagger und Radbagger, welche, wie er hinzufügt, „zur Gattung der Schöpfräder mit sich drehenden Eimern am Radumfang gehören".

— Jean Théophile **Desaguliers** versieht den Dampfkessel zuerst mit dem von Papin (s. 1674 P.) erfundenen Sicherheitsventil.

— Pierre **Dionis** gibt ein Buch über Geburtshilfe heraus, in dem er u. a. eine eingehende Beschreibung der Tubengravidität gibt (s. a. 1668 M.) und das enge Becken als Geburtshindernis bezeichnet. (S. a. 1587.) Sein Buch steht auf der Höhe der anatomischen und entwicklungsgeschichtlichen Lehren seiner Zeit.

— Der französische Chemiker Etienne François **Geoffroy** ordnet die verschiedenen Körper nach ihrem Verwandtschaftsgrad zu einer bestimmten Substanz und stellt damit die ersten Affinitätstabellen auf.

1718 Edmund **Halley** entdeckt auf Grund einer Vergleichung neuerer Beobachtungen mit den Sternörtern des Almagest die Eigenbewegung der Fixsterne, im besonderen des Sirius, Aldebaran und Arkturus. Die wahre Geschwindigkeit des letztgenannten Sternes hat Kobold in neuerer Zeit auf 674 km in 1 Sekunde bestimmt.

— Der Mediziner Friedrich **Hoffmann** erfindet die aus 1 Teil Äther und 3 Teilen Weingeist zusammengesetzten Hoffmannstropfen (Liquor anodynus mineralis).

— Giovanni **Lancisi** schreibt die Schädlichkeit der Sumpfluft unsichtbaren Tierchen zu, wie bereits Varro vor ihm.

— Der Finanzmann John **Law** erfindet die Banknote als Ersatzmittel des Metallgeldes.

— **Sturm** erwähnt in seinem Werk „Vollständige Mühlenbaukunst" als erster in Deutschland die im 17. Jahrhundert aufgekommenen sogenannten holländischen Ölmühlen, in denen der Same vor dem Stampfen erst mittels aufrecht gehender Steine zerquetscht, in Stampflöchern feingepocht, hierauf in Pfannen erwärmt wird, wonach erst das Öl mittels sogenannter Rammeln (Rammpressen) herausgepreßt wird. In England werden diese Mühlen von Smeaton (1770) eingeführt.

— Emanuel **Swedenborg** erfindet eine Rollenmaschine zum Transport schwerer Lasten über Berg und Tal.

1719 Johann **Bernoulli** macht mit seinem Neffen Nikolaus Bernoulli ausgedehnte Versuche über den Widerstand der Luft, namentlich bei Wurfbewegungen. Über den Widerstand des umgebenden Mittels arbeiten später insbesondere Hawksbee (1719), Desaguliers (1721), W. J. s'Gravesande (1721), d'Alembert (1752) und J. C. Borda (1763).

— Giambattista **Morgagni** entdeckt die syphilitische Erkrankung der Gehirnarterien, schildert die Lungensyphilis, die syphilitischen Knochenerkrankungen, die syphilitische Erkrankung des Herzens und der großen Gefäße und die Gehirnsyphilis. Auch die Leber-, Milz- und Nierensyphilis kennt er bereits.

— Kaspar **Neumann** scheidet zuerst das Thymol aus dem Oleum thymi ab.

— Christopher **Polhem** erfindet ein Verfahren, um das Holz vor Fäulnis zu schützen, welches darin besteht, daß er es mit Eisenvitriol und Kalk „metallisiert".

1720 **Astbury** in Bedford entdeckt, daß durch Zusatz von gebranntem gemahlenem Feuerstein zum Ton sich ein wesentlich besseres Steingut erzielen läßt.

— William **Cheselden** in London führt die von Woolhouse bereits 1711 angedeutete künstliche Pupillenbildung aus, indem er die Iris einschneidet. (Iridektomie.)

— John **Cumberland** in England erhält ein Patent auf ein Verfahren zum Biegen von Holz für den Schiffbau.

— Claude Joseph **Geoffroy** macht die ersten Angaben über die quantitative Zusammensetzung des Sal ammoniacum (Salmiak) aus Salzsäure und flüssigem Alkali; das genaue Zusammensetzungsverhältnis wird indes erst festgestellt, als am Ende des 18. Jahrhunderts die quantitative Analyse an der Stöchiometrie einen Anhaltspunkt findet.

— George **Graham** führt die auch heute noch für Taschenuhren sehr gebräuchliche Zylinderhemmung aus, eine ruhende Hemmung, deren erste Idee von Tompion (s. 1695 T.) herrührt.

— Der Wundarzt Lorenz **Heister** erfindet den Mundspiegel. Er gibt das erste vollständige und systematische Handbuch der Chirurgie heraus und macht sich namentlich auch als Verfechter des Sitzes des Stars in der Linse bekannt.

1720 Johann Friedrich **Henkel** entwickelt die chemische Analyse, indem er bei der Untersuchung der Schlackenbäder zu Freiberg Galläpfelaufguß, Veilchensaft, Säuren und Alkalien anwendet.

— Jacob **Leupold** erwähnt in seinem „Theatrum machinarum" den Vierweghahn als Dampfsteuerorgan, wie solcher zuerst von Cugnot bei seinem Dampffuhrwerke (s. 1769 C.) praktisch angewendet wird.

— Abraham **de Moivre** führt den Begriff und den Namen der rekurrenten Reihen für solche Reihen ein, bei welchen die einzelnen Koeffizienten mit einer bestimmten Anzahl ihnen vorausgehender Koeffizienten in einem von Glied zu Glied unverändert bleibenden Zusammenhange stehen.

— Alexander **Monro** begründet die wissenschaftliche Kenntnis der beiden Formen des Wasserbruchs, welche dem Hydrops des Zellgewebes am Samenstrang und der zuerst von Abulcasem und Guy de Chauliac erwähnten Hydrocele cystica entsprechen. Er heilt die letztere Form durch Punktion und Einspritzung einer starken Auflösung eines Ätzmittels, wie dies 1677 zuerst der Marseiller Wundarzt Lambert angegeben hatte. Jod zur Injektion wird 1839 zuerst von Velpeau verwendet.

— Jonathan **Sisson** macht das Azimutalinstrument (s. 1675 R.) zu einem tragbaren und dennoch leistungsfähigen Apparat und stellt so den ersten Theodoliten her.

— Der spanische Maler Palomino de Castro y **Velasco** macht Versuche zur Wiedererfindung der Technik der bereits im Altertume bekannten, später verloren gegangenen Wachsmalerei (s. 350 v. Chr. Pausias), indem er zur Ausführung der Bildnisse einen Wachsgrund herstellt, die in denselben eingegrabenen Umrisse der Figuren mit geschmolzenen Wachsfarben füllt und alsdann die Oberfläche des Bildes glättet.

1721 Der norwegische Landpfarrer Hans **Egede** gründet Godhavn, die erste dänische Kolonie auf Grönland, und widmet sich mit Erfolg der Bekehrung und der Zivilisation der Eskimos. Er gibt die erste genaue Beschreibung des Landes sowie der Gebräuche seiner Bewohner.

— Jean Baptiste **Goiffon** sucht die Ursachen der Beulenpest zu ergründen und weist darauf hin, daß die wahrscheinlichste Erklärung für die Verbreitung dieser Krankheit darin bestehe, daß sie durch kleine mit dem bloßen Auge unsichtbare Lebewesen verursacht werde.

— George **Graham** erfindet das Quecksilberpendel, die erste Erscheinung im Gebiete der Kompensationspendel, bei denen die ungleiche Ausdehnung verschiedener Metalle zur Kompensation dient.

— Der holländische Chirurg John **Palfyn** erfindet die Geburtszange, die angeblich schon im 17. Jahrhundert als Geheimnis von den Gebrüdern Chamberlen in England angewendet wurde. Die Zange wird 1724 von Lorenz Heister wesentlich verbessert. (S. a. 1753 L.)

— Der Holländer Jacob **Roggeveen** entdeckt die Samoainseln und nennt dieselben Beimannsinseln; 1768 werden sie von Bougainville (s. 1766 B.) näher erforscht, der ihnen den Namen „Navigatoreninseln" (Schifferinseln) gibt.

1722 George **Graham** nimmt zuerst wahr, daß nicht nur die Deklination, sondern auch die Inklination von Stunde zu Stunde variiert.

— Der Braumeister **Harwood** in London erfindet die Porterbrauerei. Das Bier wird Porter genannt, weil dasselbe anfangs hauptsächlich von Lastträgern (Porter) getrunken wird.

— René Antoine F. **de Réaumur** gibt auf Grund ausgedehnter Versuche genaue Vorschriften zur Bereitung des Zementstahls, für die Mischung des Zementpulvers, den Grad und die Dauer der Hitze und die Form der Zementöfen. Da bisher das Verfahren, Zementstahl zu gewinnen, geheim gehalten wurde, bedeutet diese Veröffentlichung einen großen Fortschritt für die Eisenindustrie.

1722 René Antoine F. **de Réaumur** gibt in seiner Schrift „Nouvel art d'adoucir le fer fondu" ein Verfahren an, zur Gewinnung von schmiedebarem Gußeisen das Roheisen durch Glühen in sauerstoffabgebenden Körpern ohne Schmelzung zu entkohlen.

— René Antoine F. **de Réaumur** gibt in seiner Schrift „L'art de convertir le fer forgé en acier" eine Anweisung, durch Zusammenschmelzen von Gußeisen und Schmiedeeisen Stahl zu bereiten (Tempern). (S. a. 1728 P.)

— Jacopo **Riccati** fördert die Lehre von den Differentialgleichungen und macht sich durch die von ihm aufgestellte „Riccati'sche Differentialgleichung" bekannt.

1723 Jacob **Leupold** unterscheidet in seinem „Theatrum machinarum" die deutsche Hebelade, die schon 1651 von Daniel Schwenter beschrieben worden sei und bei welcher die veränderlichen Drehpunkte des wirksamen Hebels durch zwei Bolzen gebildet werden, die man in geeignete Löcher steckt, und die französische Hebelade, die zuerst in Frankreich (s. 1617 T.) bekannt geworden sei und bei welcher die veränderlichen Drehpunkte durch die Einschnitte einer sägeartig auf zwei gegenüberliegenden Seiten verzahnten und senkrecht stehenden Stange gebildet werden.

— Jean Antoine **Peyssonel** führt zuerst den Nachweis von der tierischen Natur der Polypen, die bald allgemeine Anerkennung erlangt.

— Jean Antoine **Peyssonel** stellt die tierische Natur der Korallen fest.

1724 J. F. **Lafiteau,** der in Kanada als Missionar wirkt, ist als einer der ersten Vertreter der ethnologischen Ideen anzusehen, indem er nicht nur Einzeltatsachen über die Sitten der Wilden sammelt, sondern auch die gemachten Beobachtungen unter sich und mit den hypothetischen Schlüssen über das Leben und die Lebensbedingungen der Völker vergangener Zeiten in Verbindung bringt. (S. auch 1711 L.)

— René Antoine F. **de Réaumur** beobachtet zuerst die Entglasung (die Bildung krystallisierter Körper inmitten eines Glasflusses) und führt derartige Glasflüsse unter dem Namen Réaumur-Porzellan ein. Später beschäftigen sich namentlich d'Arcet, Keir, Kersten u. a. mit diesem Prozeß, der indes für die Technik Bedeutung nicht gewinnt.

1725 Charles François de Cisternay **Dufay** beobachtet, daß die Luft in der Nähe rotglühenden Metalles elektrisch leitend wird. Entsprechende Beobachtungen werden von Du Tour (1745), Watson (1746), Priestley (1767) und Cavallo (1785) gemacht.

— John **Harrison** erfindet das Rostpendel, ein Kompensationspendel, das von George Graham noch verbessert wird.

— Johann Friedrich **Henkel** gibt in seiner „Pyritologia" an, daß der Pyrit bisweilen Silber und Gold enthält.

— Stephan Ludwig **Jacobi** zu Hohenhausen in Lippe-Detmold erfindet nach langjähriger Beobachtung des Laichvorganges die künstliche Befruchtung der Fische, indem er reifen Forellen die Geschlechtsprodukte abstreift, die Eier durch Vermischung mit der Milch künstlich befruchtet und sie dann in einem Kasten ausbrüten läßt. Doch bleiben seine Anregungen lange Zeit unbeachtet. (S. 1853 C.)

— Samuel **Molyneux** findet, daß der Stern γ Draconis seinen Platz scheinbar verändert. Untersuchungen, die er mit James Bradley unternimmt, ergeben, daß der Stern innerhalb eines Jahres eine geschlossene ringförmige

Bahn beschreibt und führen Bradley zur Entdeckung der Aberration des Lichts. (S. 1727 B.)

1725 Die von **Newcomen** konstruierte Maschine (s. 1705 N.) führt sich, nachdem sie bereits seit 1710 als Bergbaupumpe Verwendung gefunden hat, in den Kohlengruben Englands als Wasserhaltungsmaschine ein und bleibt ohne wesentliche Änderung vorbildlich für den Bau von Wasserhaltungsmaschinen, bis Maudslay (s. 1807 M.) seine erste balancierlose Maschine baut.

— Christopher **Polhem** legt auf seinem Eisenwerke zu Sternsjund eine Blechschere an, die er durch Wasser betreibt.

— Der russische Großkanzler und Feldmarschall Graf **Bestuscheff** findet die Lichtempfindlichkeit der Eisensalze.

1726 Hippolito Francesco **Albertini** bemüht sich, an der Hand einer umfangreich pathologisch-anatomischen Erfahrung die Krankheitszustände des Herzens, der Lungen und die aus ihnen entspringenden pathologischen Verhältnisse dieser Organe während des Lebens nachzuweisen und die Grundsätze ihrer Behandlung festzustellen. Er führt zuerst pathologische Experimente aus.

— Friedrich Constantin **von Beust** führt auf der Saline Glücksbrunnen bei Eisenach statt der für Gradierhäuser bis dahin üblichen Strohwände (s. 1579 M.) Wände aus Schwarzdorn (Prunus spinosa) ein. (Dor;ngradierung.)

— Guichard Joseph **Du Verney**, Bernhard Siegfried **Albinus** und Jacob Benignus **Winslow** beschreiben gleichzeitig die Sehnenscheiden, deren Entzündung — die Tendovaginitis crepitans — zuerst von Boyer, Velpeau und Rognetta charakterisiert wird.

— Stephen **Hales** teilt in seinem Werke „Vegetable Staticks" Versuche mit einem aus Steinkohlen gewonnenen Gase (Elastic inflammable air of coals) mit.

— Stephen **Hales** macht die erste exakte Messung des Blutdrucks.

— Alexander **Monro** bearbeitet die Anatomie der Knochen, des Gehirns und der weiblichen Geschlechtsorgane und stellt den muskulösen Bau der Gebärmutter fest.

— Der Musiker Jean Philippe **Rameau** in Paris bildet durch sein „Nouveau système de musique théorique" eine neue vereinfachte Harmonielehre aus.

— Wie Schramm in seinem Werke „Saxonia monumentis viarum illustrata" mitteilt, konstruiert der kursächsische Kartograph Friedrich **Zürn** einen „geometrischen Wagen", welcher die Länge des zurückgelegten Weges selbsttätig aufzeichnet.

1727 Johann Konrad **Amman** ist der erste, der die Sprache des Menschen wissenschaftlich untersucht.

— Der englische Astronom James **Bradley** beobachtet zuerst das Phänomen der Aberration des Lichtes und erkennt sofort, daß die Aberration nicht Folge einer Parallaxe der Fixsterne ist, sondern daß dieselbe durch die vereinigte Wirkung der Fortpflanzung des Lichts und der Bewegung der Erde zustande kommt. Weil das Licht sich nicht unendlich rasch fortpflanzt und weil zugleich die Erde sich bewegt, muß eine Verschiebung der Lichtquelle nach der Seite, nach welcher hin sich die Erde bewegt, stattfinden. (S. a. 1725 M.) Er ermittelt aus der Größe der Abweichung der Fixsterne die Geschwindigkeit des Lichtes zu der gleichen Größe, wie sie Römer (s. 1676 R.) gefunden hatte.

— Leonhard **Euler** erhält, 20 Jahre alt, für seine Abhandlung über die beste Art des Bemastens der Schiffe den Preis der Pariser Akademie.

— Stephen **Gray** beobachtet die Fortpflanzung der Elektrizität auf einem auf

Seidenfäden aufgehängten 400 Fuß langen Draht, der die erste elektrische Drahtleitung darstellt.

1727 Stephen **Hales** mißt zuerst die Größe und Kraft des Saftstromes an angebohrten oder abgeschnittenen Pflanzenstengeln und Zweigen.

— Jacob **Leupold** beschreibt in seinem „Theatri Machinarum Supplementum" Instrumente zur Schrittzählung und Wegmessung, Hodometer, Gyrometer und Pedometer. (S. a. 100.) Er beschreibt auch eine größere Anzahl von Treträdern, Tretscheiben und Göpeln.

— François **Pourfour du Petit** arbeitet über die Funktionen des Halssympathikus, über die später Claude Bernard eingehende Untersuchungen macht.

— Der Philologe Johann Heinrich **Schulze** in Halle benutzt die von Fabricius (s. 1556) entdeckte Schwärzung des Chlorsilbers durch das Licht, um aus einer undurchsichtigen Schablone ausgeschnittene Schriftzüge im Licht auf weißen Kreideschlamm zu kopieren. Er ist also der erste, der, wenn auch vergängliche, Lichtbilder erzeugt.

— **Weidler** schlägt als Längenmaßeinheit den Abstand der Pupillen des erwachsenen Menschen vor.

1728 Nachdem Ballon zuerst im 16. Jahrhundert über den Keuchhusten berichtet hatte, gibt **Alberty** ausführliche Mitteilungen darüber und legt das klinische Bild der Krankheit in seinen Hauptzügen richtig dar.

— Veit **Bering** unternimmt mit Morten Spangberg und Alexei Tschirikow eine Entdeckungsreise, bei der er die Küste von Kamschatka kartographisch festlegt, die St. Lawrence-Insel entdeckt, an der nordöstlichen Spitze von Asien vorübersegelt und nachdem er bemerkt, daß die Küste sich nach Westen wendet, daß also Asien und Amerika durch einen Meeresarm getrennt seien, umkehrt und nach seinem Ausgangspunkt Nishnij-Kamschatskoj-Ostroj zurückkehrt. (Vgl. auch 1648 D.)

— Der niederländische Ingenieur **Cruquius** verwirklicht zuerst den Gedanken der Darstellung des Bodenreliefs durch Niveaulinien in einer Tiefenlinienkarte des Merwedeflusses.

— Leonhard **Euler** führt in seiner Abhandlung „Nova methodus innumerabiles aequationes differentiales secundi gradus reducendi ad aequationes differentiales primi gradus" die Differentialgleichungen zweiter Ordnung mit zwei Variablen auf die erste Ordnung zurück. Mit dem gleichen Gegenstand beschäftigt sich später von 1747 ab d'Alembert.

— **Falcon** konstruiert einen Seidenwebstuhl, bei dem nach Vorschrift des Dessins durchbohrte Karten verwendet werden. Schon 3 Jahre vorher hatte Bonchon durchbohrtes Papier zum gleichen Zwecke angewendet, das sich jedoch als nicht haltbar erwies.

— Pierre **Fauchard** wird durch sein Werk „Le chirurgien dentiste ou traité des dents" der Begründer der selbständigen wissenschaftlichen Zahnheilkunde.

— John **Payne** schmilzt im offenen Frischherd Roheisen und Eisenschlacke mit Zuschlägen und antizipiert damit eine Grundidee des späteren Martinprozesses. (Vgl. 1864 M.) Er führt gleichzeitig mit Major Hanbury das Walzen der Eisenbleche in England ein.

— Henri **Pitot** erfindet das Verfahren, die Stromgeschwindigkeit durch die Steighöhe der Flüssigkeit in dem lotrechten Schenkel einer rechtwinklig gebogenen Röhre zu messen, deren wagerechter Schenkel mit der Mündung dem Strom zugewendet wird.

— Antonio **Vallisneri** deutet das Auftreten zahlreicher versteinerter Überreste von Wassertieren in den verschiedenen Schichten der Erde dahin, daß das Festland nicht nur einmal (durch die Sintflut), sondern mehrmals vom Meere bedeckt gewesen sei. (Vgl. 520 v. Chr. Xenophanes.)

1729 Alexis Claude **Clairaut** veröffentlicht, 18 Jahre alt, in seinen „Recherches sur les courbes à double courbure" eine bedeutsame Schrift über Raumkurven von doppelter Krümmung und erörtert darin in systematischer Weise die Gleichungen mit mehreren Unbekannten.

— Nachdem schon Galilei und nach ihm Newton über die Bewegung der Saiten Untersuchungen angestellt hatten, ermittelt Leonhard **Euler** die Gesetze dieser Bewegungen. Er gibt an, daß die einfachen Verhältnisse der Saitenlängen auch ebenso für die Schwingungen der Töne bestehen, somit den Tonintervallen aller musikalischen Instrumente zukommen und nicht allein denen der Saiten, an denen die Gesetze entdeckt wurden.

— Der Goldschmied William **Ged** in Edinburg, welcher seit d. J. 1725 versucht hatte, Schriftsatz in Gips abzuformen und nach den so erhaltenen Matrizen Druckplatten zu gießen, verbindet sich mit dem Schriftgießer **Fenner** und dem Architekten **James** in London zur weiteren Ausbildung dieses Verfahrens und wird damit der Erfinder der eigentlichen Stereo-typie. (Als Vorläufer s. 1710 Mey und Müller.)

— Stephen **Gray** entdeckt den Unterschied zwischen elektrischen Leitern und Nichtleitern und erkennt, daß bei gleich großen Körpern die Menge der Elektrizität unabhängig von der Masse ist. Die Bezeichnung „Konduktoren" für Leiter führt 1742 Desaguliers ein.

— Chester More **Hall** aus der Grafschaft Essex stellt eine achromatische Linse her, ohne jedoch das Geheimnis der Darstellung derselben zu offenbaren. So kommt es, daß erst durch Dollond (s. 1757 D.) die Herstellung solcher Linsen öffentlich bekannt wird. Der Name „Achromasie" wird erst später von Lalande 1764 erfunden.

— François **Petit** erklärt, warum Salpeter aus einer kochsalzhaltigen Flüssigkeit rein auskrystallisiert und so von dem Kochsalz getrennt werden kann, damit, daß Kochsalz in heißem und kaltem Wasser gleich löslich ist, Salpeter aber nicht.

— Thomas **Templemann** stellt eine umfassende Messung aller Teile der Erde an, die alle früheren Leistungen (s. 1310 und 1661 R.) bei weitem übertrifft und für die gesamte Erde 148 510 627 Quadratmeilen (Nautical square miles) ergibt. Seine Berechnung erfolgt in der Weise, daß er die Fläche der Landgebiete in Quadrate einteilt und durch Abzählung dieser Quadrate die Anzahl der Flächeneinheiten erhält.

— Der Ingenieur **Terral** verwendet das Zentrifugalgebläse (s. 1689 P.) zuerst zum Betriebe von Feuerungen. Die erste größere Anwendung zur Ventilation macht Desaguliers (1730) im „House of commons", nachdem sich die zuerst (1715) von ihm angebrachte Aspirationsventilation nicht bewährt hatte.

1730 Johann Philipp **Breyn** schreibt ein systematisches Werk über Konchylien und versucht zuerst, die fossilen Formen in das System mit einzureihen.

— Magnus **von Bromell** führt die verschiedene Schmelzbarkeit als Kennzeichen der Mineralien an. (Fast gleichzeitig, nämlich 1734, tut dies auch J. Fr. Henkel.)

— Der spanische Arzt Caspar **Casal** gibt die erste Beschreibung der insbesondere in den Heimatsländern des Mais weit verbreiteten Pellagra (Mal de la Rosa), die nach neueren Forschungen als eine chronische und periodisch wiederkehrende Intoxikationskrankheit, verursacht durch eine spezifisch giftige im Mais enthaltene Substanz, aufgefaßt wird.

— Jacques **Daviel** verbessert die Technik der Staroperation, indem er den Lappenschnitt einführt und die dazu nötigen Instrumente konstruiert.

— Charles François de Cisternay **Dufay** leitet die Elektrizität durch einen nassen Bindfaden 1256 Pariser Fuß weit fort und unterscheidet zwei

Elektrizitäten, von denen er die eine Glaselektrizität, die andere Harz-elektrizität nennt. (S. a. 1727 G.)

1730 Professor **Eccardus** in Braunschweig gibt in seinem Werke „De origine Germanorum" an, daß bei allen Völkern vor der Kenntnis der Metalle Steinwerkzeuge im Gebrauch waren, und daß von den Metallen zuerst die Bronze benutzt wurde.

— Leonhard **Euler** führt die nach ihm benannten Integrale, die Betafunktion und die Gammafunktion, ein, welche auf die Entwicklung der Theorie der Transzendenten von erheblichem Einflusse sind.

— Nicolas **Fatio de Duillier** lenkt zuerst die Aufmerksamkeit auf die perio-dischen Seespiegelschwankungen des Genfer Sees, für die er als erster den Namen „Seiches" gebraucht.

— Sigismund August **Frobenius** beschreibt die Darstellungsweise des zu seiner Zeit noch nicht allbekannten Schwefeläthers und führt dafür die Bezeich-nung „Äther" ein. (S. 1540.)

— Thomas **Godfrey,** ein Glaser in Philadelphia, erfindet den Spiegelquadranten.

— Die französischen Wundärzte **Goursault** und **Roland** führen die erste Oeso-phagotomie (operative Eröffnung der Speiseröhre) aus. Die Operation war bereits 1611 von Verduc empfohlen worden.

— Stephen **Hales** weist auf Grund seiner Untersuchungen über die Saftbewegung in den Pflanzen (s. 1727 H.) und über die Transpiration und Wasserbewegung im Holz auf die Notwendigkeit hin, die Imprägnierung des Holzes unter Druck vorzunehmen.

— Friedrich **Hoffmann** und Anton Elias **Büchner** klären die Lehre von der Apoplexie durch den Nachweis des Blutergusses auf.

— Wie Fauchard berichtet, hat **Lambert,** Chirurg bei Ludwig XV., zuerst die Resektion des Unterkiefers bei einem jungen Edelmann, De Barces, bewirkt.

— **Leopold I.** von Anhalt-Dessau führt den eisernen Ladestock an Stelle des bis dahin gebrauchten hölzernen ein. Die eisernen Ladestöcke erlauben ein viel rascheres Laden und tragen 1741 wesentlich zum Siege von Moll-witz bei.

— Georges **Mareschal** und Jan Daniel **Schlichting** machen gleichzeitig, aber un-abhängig voneinander, die ersten Neurotomien zur Beseitigung der Tri-geminusneuralgie, indes ohne durchgreifenden Erfolg.

— **Mathieu** lehrt zuerst in Frankreich die Hasenhaare zum Zweck des Filzens mit salpetersaurem Quecksilber behandeln. Da er die Methode, die er in England kennen lernte, geheim hält, kommt für diese Arbeit das Wort „Secrétage" auf. Bis dahin war zum Verfilzen nur Salpetersäure ver-wendet worden.

— Abraham **de Moivre** veröffentlicht in seinem Hauptwerk „Miscellanea ana-lytica" den nach ihm benannten Moivre'schen Satz, der einen wichtigen Fortschritt in der Lehre der imaginären Größen bedeutet und die völlige Lösung der kubischen Gleichung gestattet.

— Nach dem Vorgang eines gewissen Lummis bauen **Pashley** und dessen in Rotherham ansässiger Sohn Pflüge von mathematisch berechneter Form, welche den Namen „Rotherhamer Pflüge" erhalten und 1760 von James Small noch wesentlich vervollkommnet werden.

— Jean Philippe **Rameau** in Paris benutzt die Flageolettöne zur Erklärung der Konsonanz, indem er annimmt, daß konsonierende Töne solche sind, welche übereinstimmende Flageolettöne besitzen.

— René Antoine F. **de Réaumur** verfertigt sein Weingeistthermometer mit Tei-lung in 80 Grade, wobei der Eispunkt mit 0^0, der Siedepunkt des Wassers mit 80^0 bezeichnet wird.

1730 Servington **Savery** gibt die Art des Magnetisierens von Eisenstäben durch einfaches Streichen mit natürlichen Magneten an, eine Methode, die von Gilbert erwähnt, aber wieder in Vergessenheit geraten war.

— Jethro **Tull** führt die Drillwirtschaft ein, d. i. Reihenbehackung durch Maschinen nach vorhergehender Maschinensaat. Dies führt dazu, daß von jetzt ab mehr auf die Bauart der Ackergeräte geachtet wird.

1731 **Goetz** und **Trew** führen das von Rumphius zuerst beschriebene Cajeputöl in den Arzneischatz ein.

— Henri François **Le Dran** verbessert die Operation des Steinschnitts und die Behandlung der Schußwunden, lehrt die charakteristischen Zeichen des Empyems und gibt Vorschriften über die Behandlung des Krebses.

— Johann Joosten **van Musschenbroek** konstruiert das erste Pyrometer, das auf der Ausdehnung eines einzelnen Metallstabes beruht. Der Apparat wird 1736 von Ellicott verbessert.

— Jean Louis **Petit** erwirbt sich große Verdienste um die Amputation. Er beschreibt die Vorgänge der natürlichen Blutstillung bei verletzten Arterien und gibt dadurch die Anregung zu vielen Forschungen auf diesem Gebiet. (S. a. 1805 J.) Im gleichen Jahr begründet er die chirurgische Therapie bei der Erkrankung der Gallenwege. Er empfiehlt bei Stauung der Galle die Entleerung der Gallenblase durch Punktion, bei durch Steinbildung veranlaßten Leiden Eröffnung der Gallenblase durch den Schnitt zwecks Extraktion der Steine.

1732 Hermann **Boerhaave** hebt den Unterschied zwischen chemischen Verbindungen und chemischen Mischungen hervor. Er sagt, chemische Verbindungen liegen dann vor, wenn sich in der Ruhe die Bestandteile, auch wenn sie verschiedenes spezifisches Gewicht haben, nicht sondern und wenn dieselben in ihren kleinsten Teilchen überall homogene Zusammensetzung zeigen. Er bespricht die Wärmeentwicklung und das Verschwinden der charakteristischen Bestandteile beim Entstehen einer chemischen Verbindung als etwas Bekanntes.

— Hermann **Boerhaave** beweist die Unrichtigkeit der Annahme einer ponderabelen Feuermaterie, indem er große Massen von Metall kalt und glühend wiegt und keinerlei Veränderung des Gewichts dabei wahrnimmt.

— Hermann **Boerhaave** gibt das Prinzip der Schnellessigfabrikation an. (Vgl. 1823 S.)

— Hermann **Boerhaave** macht, wie G. Berthold in den Ann. der Phys. und Chemie nachweist, die erste Beobachtung und Beschreibung des Leidenfrost'schen Phänomens, d. i. des sphäroidalen Zustandes verdampfender Flüssigkeitstropfen, den Johann Eller erst 14 Jahre später beschreibt. (S. a. 1756 L.)

— Christlieb **von Clausberg** gibt in seiner „Demonstrativen Rechenkunst" eine eingehende Behandlung der Wechsel- und Arbitragerechnung. Der Name „Arbitrage" hat sich von da ab im Börsenverkehr dauernd erhalten.

— Stephen **Gray** erfindet den Isolierschemel, indem er einen Knaben, mit dem er elektrische Versuche unternimmt, zur Isolierung auf einen Harzkuchen stellt.

— Auf Veranlassung des Marschalls **Moritz von Sachsen** werden die ersten Versuche mit der Kettenschiffahrt unternommen.

1733 Hermann **Boerhaave** prüft die Frage der Fixierung des Quecksilbers zu einem feuerbeständigen Metalle, die den Gegenstand der Bemühung der Alchemisten gebildet hatte und nimmt, nachdem er Quecksilber 15 Jahre lang in einem offenen Gefäß bei wenig erhöhter Temperatur gehalten hatte, keine Veränderung wahr. Auch in verschlossenen Gefäßen bleibt Quecksilber, das 6 Monate lang stärkerer Hitze ausgesetzt wird, unverändert. Dies gibt

Boerhaave Veranlassung, die Fixierung des Quecksilbers für unmöglich und die Prozesse der Alchemisten, die darauf beruhen, für unrichtig und betrügerisch zu erklären.

1733 Der schwedische Chemiker Georg **Brandt** entdeckt das metallische Kobalt, das in ganz reinem Zustand jedoch erst 1780 von Bergman erhalten wird. Er lehrt im Verein mit J. F. Henckel die Herstellung des Arsens durch Sublimation.

— Jacques **Cassini** und Giovanni Domenico **Maraldi** messen das Stück des Parallelkreises zwischen Brest und Straßburg und finden dasselbe 1037 Toisen kleiner, als es bei vollkommener Kugelgestalt der Erde hätte sein müssen. (Erste eigentliche Längengradmessung.)

— John **Kay** verbessert den Webstuhl durch Einführung des mechanisch bewegten Schnell-Schützen an Stelle des Hand-Schützen oder -Schiffchens.

— John **Kay** konstruiert eine Schlagmaschine zur Auflockerung der Wolle.

— Jean Jacques **Mairan** spricht in seinem „Traité physique de l'aurore boréale" von einem wahrscheinlichen und engen Zusammenhang zwischen dem an die Ekliptik gebundenen Zodiakallicht und dem auf polare und subpolare Bezirke beschränkten Nordlicht.

— Der Mathematiker Girolamo **Saccheri** entwickelt in seinem Werk „Euklides ab omni naevo vindicatus", das lange vergessen war und dessen Bedeutung erst Beltrami 1889 hervorgehoben hat, eine große Anzahl von Sätzen der nichteuklidischen Geometrie, obwohl er schließlich doch die euklidische Geometrie als die einzig wahre erklärt.

— Johann Andreas **von Segner** kommt auf den Gedanken, Newtons Untersuchungen über Ebbe und Flut auch auf die Lufthülle der Erde anzuwenden. Der von ihm behauptete Einfluß des Mondes auf die Barometerschwankungen, der insbesondere auch von Toaldo 1774 verfochten wird, ist nach neueren Untersuchungen für unsere Breiten wenigstens nicht nachweisbar.

— Der schwedische Gymnasiallehrer **Vassenius** erwähnt zuerst die Protuberanzen der Sonne.

1734 **Friedrich Wilhelm I.** von Preußen erläßt eine eingehende Instruktion über die Ausrüstung der Feldlazarette und die Verpflegung der Kranken, mit dem Befehl, auf alles, was der Gesundheit der Soldaten nachteilig sein könne, zu achten. (Erstes Feldlazarettreglement.)

— Da durch Verwilderung des Flußlaufes der Weser bei Hameln die Schiffahrt eine gefahrvolle war, wird von der Stadt **Hameln** neben dem Hamelner Wehr eine Schleuse gebaut, durch welche die Weser gleichsam den Charakter eines kanalisierten Flußlaufes erhält.

— **Mahudel** spricht zuerst aus, daß die Blitzsteine (Lapides fulminis der Römer) die Waffen der vorsintflutlichen Menschen seien, welche Ansicht nach ihm auch von Mercati geteilt wird.

— **D'Ons-en-Bray,** der Generalpostdirektor von Frankreich, konstruiert in seinem Anemographen (Windgeschwindigkeitsmesser) den ersten Apparat zur selbsttätigen graphischen Registrierung der zeitlichen Aufeinanderfolge von Erscheinungen.

1734—42 René Antoine F. **de Réaumur** gibt in seinen „Abhandlungen zur Naturgeschichte der Insekten" wertvolle Mitteilungen über die Lebensweise, das gesellige Leben der Insekten, die Pflanzen, auf denen sie leben, über ihre Feinde usw.

1734 Der schwedische Theosoph Emanuel **von Swedenborg** entwickelt in seinen „Opera philosophica et mineralogica" ein System der Natur, dessen Mittelpunkt die Idee eines notwendigen mechanischen und organischen Zusammen-

<table>
<tr><td>Darmstaedter.</td><td>12</td></tr>
</table>

hanges aller Dinge ist. In demselben Jahr schreibt er sein Buch „De Ferro", das älteste Handbuch der Eisenhüttenkunde.

1735 Peter **Artedi** bringt durch seine nach seinem Tode f1738) von Linné publizierten Arbeiten über die Fische eine Reform in der zoologischen Systematik und Terminologie hervor.

— Johann Friedrich **Cassebohm** faßt die Anatomie des Ohres in einer ausführlichen Monographie zusammen und gibt zuerst die Einteilung des äußern Gehörgangs in einen knorpeligen und einen knöchernen Teil. Er erwirbt sich große Verdienste um die genaue Erforschung der Schnecke und berichtigt die frühern Irrtümer über eine angebliche Verbindung zwischen Schädel und Paukenhöhle.

— Von den unzähligen Versuchen, das Feilenhauen auf mechanischem Wege auszuführen und dazu Maschinen zu konstruieren, ist der erste bekannte der von **Duverger** in Paris, dessen Maschine jedoch ihrem Zweck nicht vollständig entsprochen zu haben scheint. Ebenso wie die Unzahl der nachher erfundenen Maschinen beruht sie auf dem Prinzip, eine den Meißel tragende, vertikal geführte Stange durch einen Daumen zu heben und durch eine Feder abwärts schnellen zu lassen, so daß der Meißel in dem auf dem Schlitten ruhenden Feilenkörper einen Hieb hervorbringt, worauf der Schlitten um den Abstand zweier Hiebe vorrückt. (S. 1504.)

— Nachdem schon Halley 1686 eine Theorie der Passatwinde aufgestellt hatte, die ungenügend war, da er auf die Rotationsablenkung keine Rücksicht nahm, findet der Physiker George **Hadley** das Hadley'sche Gesetz der Passate. wonach alle Windströmungen durch die Erdrotation abgelenkt werden, und zwar auf der nördlichen Halbkugel nach rechts, auf der südlichen nach links.

— Nachdem Dr. Willis in London 1688 ein Sauerwasser bereitet hatte, das gleiche Wirkungen wie das natürliche gehabt haben soll (s. a. 1572 T.). stellt Friedrich **Hoffmann** verschiedene künstliche Mineralwässer her und gibt Vorschriften zur Herstellung von Säuerlingen, Bitterwässern und von Karlsbader Salz. Ihm folgt 1750 Gabriel François Venel in Paris, bei dem es jedoch ebensowenig, wie bei Hoffmann, zu einem regelmäßigen Absatz kommt. Ähnliche Vorschläge werden 1772 von Priestley und 1774 von Bergman gemacht, welch letzterer auf Grund von Analysen Vorschriften zur Nachahmung der Wässer von Selters und Pyrmont gibt.

— Roland **Houghton** in Massachusetts verbessert den Theodolit soweit, daß er fortan für die Zwecke des Landmessers ein handliches Instrument darstellt. Er erhält für seine Konstruktion ein siebenjähriges Patent.

— Wennschon die Römer den Meerschaum, ein aus kieselsaurer Magnesia bestehendes Mineral, zur Herstellung kostbarer Gefäße hier und da benutzt hatten, so wird dessen Verarbeitung erst eine allgemeine, als **Kowatsch** in Budapest seine Behandlung mit Fett lehrt, wodurch er fester, dauerhafter und politurfähiger wird und sich zu Pfeifen verarbeiten läßt, die sich gleichmäßig anrauchen. Die Kunst, die Meerschaumabfälle durch Zerreiben und Schlämmen nutzbar zu machen, wird von Christoph Dreiß in Ruhla erfunden.

— Karl **von Linné** teilt in seinem „Systema naturae" die Tiere in sechs Klassen ein: Säugetiere, Vögel, Lurche, Fische, Kerbtiere und Würmer, und führt die schärfere morphologische Definierung der Gattung allgemein durch.

— Karl **von Linné** weist in seinem „Systema naturae" dem Menschen seinen Platz in der Klasse der Säugetiere (Mammalia) an. Er versucht es, die gesamte Menschheit in ihre natürlichen Gruppen zu zerlegen und unterscheidet nach der Farbe vier Menschenrassen, den schwarzen Afrikaner, den roten Amerikaner, den gelben Asiaten und den weißen Europäer. (Vgl. 1684 B. und 1711 L.)

1735 Jean Jacques **Mairan** schlägt zur Bestimmung der Größe der Beschleunigung beim freien Fall die Methode der Koinzidenzen vor, die darin besteht, daß man die Schwingungsdauer eines Pendels beobachtet, die Länge eines mathematischen isochron schwingenden Pendels berechnet und aus diesen Werten die zu prüfende Größe herleitet.

— **Manchart** in Tübingen bezeichnet in einer i. J. 1735 geschriebenen Dissertation die Kakaobutter als ein „Novum medicamentum". Hieraus geht hervor, daß die Verwendung der Kakaobutter zu Heilzwecken erst um diese Zeit aufgekommen ist.

1736 Daniel **Bernoulli** entwickelt zuerst die Theorie des Wasserstoßes, die dann von Coriolis (1829), Navier (1838) und Weisbach (1846) weiter ausgebaut wird.

— Daniel **Bernoulli** beschäftigt sich zuerst mit Untersuchungen über den Ausfluß von elastischen Flüssigkeiten aus Gefäßmündungen.

— Hermann **Boerhaave** begründet die wissenschaftliche Medizin mit dem Satze: der Arzt ist Diener der Natur. Er untersucht systematisch bei Krankheiten den Harn, benutzt das Thermometer in rationeller Weise, insbesondere auch bei Fieber, und vereinfacht die Rezeptur.

— Der französische Mathematiker Charles Marie **de la Condamine** sendet von seiner Gradmessungsreise aus Peru der Pariser Akademie einige Rollen einer schwärzlichen, harzigen Masse, die unter dem Namen Kautschuk bekannt war, ein, gibt nähere Mitteilungen über deren Gewinnung und setzt seine Untersuchungen über den Kautschukbaum mit dem französischen Ingenieur Fresneau (s. 1751 F.), der sich in Cayenne niedergelassen hatte, in eingehender Weise fort.

— Henri Louis **Duhamel du Monceau** erkennt zuerst die besondere und vom Kali verschiedene alkalische Natur der Basis des Kochsalzes, die er als identisch mit der Basis des ägyptischen Natrum und der spanischen Soda bezeichnet. Seinen Beweis für die Eigentümlichkeit der Soda gründet er hauptsächlich auf ihre von der Pottasche verschiedene Löslichkeit. Er stellt zuerst das essigsaure Natron dar.

— Henri Louis **Duhamel du Monceau** stellt fest, daß die alkalische Basis des Borax Natron ist. Er findet ferner das Natron in geringer Menge im Harn und dem Blute, in großen Mengen dagegen in der Asche der Strandgewächse. Er gibt 1747 an, daß bei der Verpflanzung solcher Gewächse ins Binnenland deren Natrongehalt abnehme, der Kaligehalt dagegen zunehme, was von Cadet später bestätigt wird.

— Leonhard **Euler** wendet in seiner „Mechanik" die Analysis zuerst auf die Untersuchung der Bewegung an.

— Die in Königsberg seiner Zeit als Scherzaufgabe gestellte Frage, ob man die dortigen 7 Pregelbrücken hintereinander überschreiten könne, ohne eine derselben zweimal zu passieren, veranlaßt Leonhard **Euler** zu einer wissenschaftlichen Behandlung dieser Aufgabe („Brückenaufgabe"), und auf diesem Wege zum weiteren Ausbau der Kombinatorik und Wahrscheinlichkeitsrechnung.

— Albrecht **von Haller** gibt in seiner „Dissertatio de vasis cordis propriis" eine eingehende Beschreibung des Mechanismus der Bewegung des Herzens.

— Albrecht **von Haller** betont den Nutzen der Galle für die Fettverdauung.

— Nachdem Huygens 1660 eine durch Federkraft bewegte Pendeluhr zum Gebrauch auf See konstruiert und Sully seit 1703 sich vergebens mit der Anfertigung von Längenuhren mit Unruhe abgemüht hatte, verfertigt John **Harrison** nach Vorschlägen des holländischen Uhrmachers Massy vorzügliche, zur Längenbestimmung geeignete Seeuhren (Chronometer), die allerdings von der Temperatur noch nicht unabhängig waren. Harrison erhält für seine Chronometer einen von der englischen Regierung ausgesetzten Preis.

1736 Der Engländer Jonathan **Hulls** nimmt ein Patent auf ein durch eine New-comen'sche Dampfmaschine bewegtes Ruderradschiff, welches indes nicht zur Ausführung gelangt.

— Nachdem Bouguer, de la Condamine und Godin auf der Hochebene von Quito 7300 Fuß über dem Meere i. J. 1735 eine Gradmessung ausgeführt hatten, die die Länge des Meridianbogens zu 56753 Toisen ergab und zur Einführung der Toise von Peru führte, unternimmt Pierre Louis Moreau **de Maupertuis** mit Clairault, Lemonnier, Outhier und Celsius eine Gradmessung in der Gegend von Torneå in Lappland, bei der die Länge des Meridianbogens zu 57437 Toisen festgestellt wird. Mit der Picard'schen Messung (s. 1669 P.) verglichen, ergibt sich das Resultat, daß die Breitengrade vom Äquator nach den Polen zu wachsen, womit der Beweis geliefert ist, daß die Erde nach den Polen zu abgeplattet ist.

— Jean Louis **Petit** eröffnet zuerst zur Entleerung von Eiter aus der Mittelohrhöhle den Warzenfortsatz. Diese Operation wird 1776 von dem preußischen Militärarzt Fasser wiederholt, gerät dann aber völlig in Vergessenheit.

— Caspar Franz **de Rees** fördert die Rechenkunst durch sein Buch „Allgemeine Regel der Rechenkunst", das insbesondere durch die nach ihm benannte Rees'sche Regel (Kettenregel, Kettensatz) bekannt wird. Doch stammt die Kettenregel nicht von ihm selber; sie wird schon von Fibonacci (1202) erwähnt.

— Der praktische Arzt **Tennant** in Philadelphia führt Radix Senegae in den Arzneischatz ein. (Vgl. 1636 R.)

1737—80 Jean Baptiste Bourguignon **d'Anville** gibt eine Anzahl von Landkarten heraus, die sich durch kritischen Scharfsinn in der Benutzung des Quellenmaterials auszeichnen. Er zuerst säubert die Karte von Afrika von den fabelhaften Gebirgen und Flüssen, die auf früheren Karten das Innere erfüllen.

1737 Bernard Forrest **de Bélidor** berichtet in seiner „Architectura hydraulica" von Maschinen zur Vertiefung der Seehäfen, insbesondere von denen, welche man zu Toulon braucht. Die von ihm erwähnten Baggermaschinen gehören zur Gattung der Stielschaufel — und der Stiellöffelbagger. (S. a. 1718 D.) Er berichtet ferner über die Anwendung horizontaler Wasserräder in der Provence und dem Dauphiné.

— Philippe **Buache** entwirft eine Karte des englischen Kanals, in der er die Punkte gleicher Tiefe durch Kurven (Isobathen) darstellt.

— Leonhard **Euler** begründet in seiner Schrift „De fractionibus continuis" eine eigene Theorie der Kettenbrüche und zeigt, daß jeder rationelle Bruch sich in einen endlichen, jeder irrationelle Bruch sich in einen unendlichen Kettenbruch verwandeln läßt. (Das Wort „Kettenbruch" rührt überhaupt erst aus der Verdeutschung der von Euler zuerst angewendeten Bezeichnung „Fractio continua" her.)

1737—43 Johann Georg **Gmelin** erforscht Sibirien. Er stellt fest, daß der Spiegel des Kaspischen Meeres tiefer liegt als der des Schwarzen Meeres. Er macht zuerst auf den sibirischen „Eisboden" aufmerksam, d. i. die das ganze Jahr hindurch vorhandene, auch im Sommer nur oberflächlich auftauende Frostschicht in der Erde, welche z. B. in Jakutsk bis zu 186 m Tiefe reicht. Er rückt die natürliche Grenze zwischen Asien und Europa bis zum Jenissei, wo eine neue Fauna und Flora an die Stelle der bisher beobachteten tritt. Gmelin wird hiermit der Schöpfer der vergleichenden Geographie.

1737 Jean **Hellot** benutzt Silbernitrat als sympathetische Tinte und läßt die damit auf Papier gebrachte Schrift durch das Sonnenlicht schwärzen.

— Nicolas Louis **de Lacaille** macht zuerst auf die Vorteile der Kreislinie für mikrometrische Zwecke aufmerksam, die unabhängig von Lacaille auch von Boscovich 1739 für diesen Zweck empfohlen wird. Das darauf gegründete Kreis- und Ringmikrometer wird insbesondere von J. G. Repsold und Fraunhofer wesentlich vervollkommnet und seine große Brauchbarkeit namentlich von Olbers und Bessel erwiesen, die besondere Regeln für seine Benutzung auf theoretischem Wege ableiten.

1738 Daniel **Bernoulli** spricht zuerst die Ansicht aus, daß die Gasmolekeln ganz unabhängig voneinander nach allen Richtungen im Raum umherfliegen und daß es dabei zu mannigfachen Stößen derselben gegeneinander, wie gegen die sie einschließenden Wände kommt, von denen sie wie elastische Kugeln zurückgeworfen werden (kinetische Gastheorie).

— Daniel **Bernoulli** schlägt zuerst vor, die Reaktionswirkung des aus Röhren ausströmenden Wassers zum Antrieb von Schiffen zu verwenden. (Reaktionspropeller.)

— Daniel **Bernoulli** veröffentlicht seine „Hydrodynamik", in der er die Theorie der Wasser- und Windräder, Wasserpumpen und -Schrauben zum Wasserheben entwickelt. Er unterscheidet zuerst zwischen dem Druck der ruhenden Flüssigkeit (hydrostatischem Druck) und dem der bewegten Flüssigkeit (hydrodynamischem Druck). Bezüglich der Windräder ist zu bemerken, daß sie wahrscheinlich am Ende des 11. Jahrhunderts in Deutschland erfunden worden sind. Die früheste Erwähnung derselben geschieht in einem Diplom vom Jahre 1105, in welchem einem französischen Kloster die Erlaubnis zur Anlage von Windmühlen (Malendina ad ventum) erteilt wird.

— **Cassini de Thury, Maraldi** und **Lacaille** machen auf Veranlassung der Academie des sciences Versuche zur Messung der Geschwindigkeit des Schalls. Als Stationen werden das Observatorium, der Montmartre, Fontenay-aux-Roses und Monthlery gewählt. Von 10 zu 10 Minuten wird auf einer bestimmten Station eine Kanone gelöst und auf den andern Stationen die Zeit zwischen Wahrnehmung des Lichtblitzes und der Ankunft des Schalles beobachtet. Die sich ergebende Geschwindigkeit ist 332 m/sec.

— Friedrich **Hoffmann** unterscheidet zuerst zwischen dem Sitz des Fiebers (den fieberhaften Symptomen) und dem Ausgangspunkt der febrilen Krankheit; erstere verlegt er ins Herz und in weiterer Verfolgung ins Zentralnervensystem, letztere findet er in den verschiedensten Organen, namentlich im Magen- und Darmkanal. Er betrachtet die vermehrte Pulsfrequenz als das wichtigste Fiebersymptom.

1738—41 Der deutsche Botaniker Georg Wilhelm **Steller** bereist im Dienste der russischen Regierung Kamschatka und gibt eine treffliche Beschreibung des Landes. Durch ihn wird die Kenntnis der Organisation und Lebensweise der seitdem ausgerotteten Seekuh (Rhytina Stelleri) erhalten.

1738 Der spanische Staatsmann Don Antonio **da Ulloa** entdeckt in dem goldführenden Sand des Flusses Pinto in Neugranada das Platin.

— Jacques **de Vaucanson** konstruiert durch Uhrwerk betriebene Automaten, einen Flötenspieler, einen Pfeifer und eine Ente, welche den Anstoß zu einer großen Anzahl von Nachbildungen im 18. und zu Anfang des 19. Jahrhunderts geben.

— John **Wyatt** erfindet das Spinnen mit Walzen, wobei mehrere neben- und übereinanderliegende kleine geriefte Walzen (Streckwalzen) die Baumwolle zwischen sich hinziehen und ausdehnen. Mangel an Kapital hindert ihn, die Idee im Großen auszuführen, was dann durch Lewis Paul von 1741 ab geschieht.

1739 Bernard Forrest **de Bélidor** wendet zuerst die Differential- und Integralrechnung für technische Zwecke, namentlich zur Berechnung der Ausflußgeschwindigkeit des Wassers aus senkrecht stehenden Röhren von kreisförmigem Querschnitte an.

— John **Clayton** erhält bei der Destillation der Steinkohle ein brennbares Gas, dessen Brennbarkeit, wie Richard Watson 1767 konstatiert, auch beim Durchleiten durch Wasser und lange Röhren erhalten bleibt. Er macht über den Steinkohlenteer ausführliche Angaben. (Vgl. auch 1681 B.)

— Leonhard **Euler** führt den Buchstaben e zur Bezeichnung der Reihe:

$$1 + \frac{1}{1} + \frac{1}{1 \cdot 2} + \frac{1}{1 \cdot 2 \cdot 3} + \ldots = 2,7182818 \ldots \text{ in die Mathematik ein.}$$

— François Sauveur **Morand** macht die erte Exartikulation des Oberschenkels (Hüftgelenks) und gibt die erste Beschreibung der Osteomalacie, die von Lobstein 1819 ergänzt wird.

— Johann Heinrich **Pott** bearbeitet eingehend das Wismut und seine Präparate; die hüttenmäßige Gewinnung des Metalls erfolgt indes erst zu Anfang des 19. Jahrhunderts in Sachsen aus sächsischen und österreichischen und in England aus südamerikanischen und australischen Erzen.

— Der Dubliner Arzt **Rutty** gibt die erste verläßliche Beschreibung des Rückfallfiebers. (Febris recurrens.)

1740 Jean **Astruc** schreibt ein Werk „De morbis venereis libri novem", in welchem er die Geschichte, die Ätiologie und die Therapie der Syphilis so behandelt, daß diese Schrift auch heute noch für den medizinischen Geschichtsschreiber unentbehrlich ist.

— Der Bergrat Johann Christian **Barth** in Freiberg macht die Beobachtung, daß Indigo sich mit Schwefelsäure zu einem wasserlöslichen Farbstoff vereinigt, welcher alsbald zur Erzeugung von Sächsischblau und Sächsischgrün Verwendung findet.

1740—42 Veit **Bering** unternimmt mit Tschirikow eine weitere Reise (s. 1728 B.), auf der er, von Ochotsk ausfahrend, den Peter-Pauls-Hafen in der Avatscha-Bai zur Überwinterung anläuft. Die Gesellschaft, die durch Georg Wilhelm Steller vergrößert wird, verläßt ihr Winterquartier am 4. Juni 1741, durchfährt die Beringstraße und erreicht am 15. Juli die nordwestliche Küste Amerikas zwischen 58 und 59^0 n. Br., entdeckt den Mount St. Elias, die Aleuten, umfährt dann Alaska und ankert am 5. November 1741 bei der Beringinsel. Nach dem am 8. Dezember eingetretenen Tode von Bering kehren die übrigen Teilnehmer auf einem aus den Resten des alten Schiffs selbstgezimmerten Fahrzeug nach Kamschatka zurück.

1740 Charles Marie **de la Condamine** mißt in Quito die Schallgeschwindigkeit zu 339 m, in dem beträchtlich wärmeren Cayenne zu 357 m. (Vgl. 1738 C.)

— William **Cullen**, Professor in Edinburg, gründet die gesamte Lehre von den Erkrankungen auf die Neuropathologie.

— **Demaillet** führt in seinen unter dem Pseudonym „Telliamed" erschienenen „Entretiens d'un philosophe indien" die Idee aus, daß das Festland durch Ablagerung aus dem Meere entstanden sei, dessen beständiges Zurückweichen die Kontinente frei gelegt habe (Neptunismus).

— Thomas **Dover** erfindet das nach ihm benannte, aus Opium, Ipecacuanha und Milchzucker bestehende Dover'sche Pulver, welches gegen Durchfälle und als schweißbringendes und schlafbeförderndes Mittel angewendet wird.

— Henry Louis **Duhamel du Monceau** macht zuerst auf die Beziehungen zwischen der Entwicklung der Vegetation und dem Klima aufmerksam.

1740 Jean Charles **François** erfindet die Kreidetechnik (Manière du crayon), eine Abart des Kupferstichs, mittels welcher eine Zeichnung ähnlich der Kreidezeichnung erzielt werden kann.

— Jean Paul **de Gua de Malves** veröffentlicht seine „Usages de l'Analyse de Descartes", worin er u. a. die Anzahl der komplexen Gleichungswurzeln auf geometrischem Wege bestimmt.

— Die Brüder **Havart** zu Rouen erfinden den Baumwollsamt (Manchester oder Velvet).

— Jean **Hellot** in Paris gibt die erste Theorie des Färbeprozesses.

— Benjamin **Huntsman** in Sheffield erzeugt zuerst Tiegelgußstahl, indem er Schweißstahl, den er durch Zementieren (Glühen weicher Schmiedeeisenstäbe in Holzkohle) erhält, in Tiegeln umschmilzt.

— Jean Jacques **Mairan** bestimmt die Höhe des Nordlichtes, die er auf mehr als 100 Meilen berechnet.

— Der Pariser Möbelfabrikant **Martin,** dem auch die Vernis-Martin-Arbeit (d. i. eine Art japanischer Lackmalerei auf Kutschwagen usw.) zu verdanken ist, erfindet das Papier maché.

— Der Marschall **Moritz von Sachsen** erfindet die Amüsetten, einpfündige, der Infanterie als Regimentsgeschütze beigegebene Kanonen.

— Lazzaro **Moro** führt, von der Neubildung einer Insel im Golf von Santorin im Jahre 1707 ausgehend, alle Veränderungen der Erdoberfläche auf die durch unterirdische Hebungskräfte bewirkte Auftreibung einzelner Teile der Erdrinde zurück.

— Christopher **Polhem** erfindet den Support der Drehbank und die schwedische Hebelade.

— Esaias **Ward** errichtet die erste Schwefelsäurefabrik in Richmond. Er erhitzt ein Gemenge von Schwefel und Salpeter in eisernen Kapseln und fängt die Schwefelsäuredämpfe in gläsernen Vorlagen auf.

— Josias **Weitbrecht** erforscht in methodischer Weise die Gelenke und Bänder des menschlichen Körpers. Er macht darauf aufmerksam, daß die Pulswelle in den dem Herzen näher gelegenen Arterien etwas früher auftritt als in den entfernteren, wie namentlich in der Arteria dorsalis pedis.

— Der Mediziner Paul Gottlieb **Werlhof** macht die Blutfleckenkrankheit zum Gegenstand eines besonderen Studiums und schildert zuerst die nach ihm benannte Krankheit „Morbus maculosus Werlhofii". Im Anschluß an die Torti'schen Arbeiten über Wechselfieber (s. 1712 T.) bemüht er sich um die weitere Einführung der Chinarinde.

1741 Nicolaus **Andry** bewirkt durch sein Werk „Die Kunst bei den Kindern die Ungestaltheit des Körpers zu verhüten und zu verbessern" einen großen Aufschwung der Orthopädie, der er auch den Namen gibt.

— Der englische Militärarzt Archibald **Cleland** führt bei Ohrenkranken eine silberne Röhrensonde durch die Nase in die Eustachische Röhre ein, um Luft oder Flüssigkeit einzuspritzen. Eine derartige Katheterisierung an sich selbst, und zwar vom Munde aus, hatte vorher (1724) der Postmeister Guyot in Versailles gemacht. (S. 1704 V.)

— Pierre **Demours** untersucht die Struktur des Glaskörpers an gefrorenen Augen und findet, daß derselbe aus muschelförmig aneinander gelagerten Teilchen besteht, welche sich schichtenartig an die hintere Fläche der Linse anlegen und durch eine sehr feine Membran von ihr getrennt sind.

— Henry Louis **Duhamel du Monceau** betont zuerst, daß die Neubildung von Knochengeweben vorzugsweise aus dem Periosteum (Knochenhaut) stattfinde, eine Ansicht, die auch von Flourens (1847) geteilt wird.

— Antoine **Ferrein** stellt zuerst akustische Experimente an dem herausgeschnittenen Kehlkopf an und entdeckt, daß die Vibration der Stimmbänder der hauptsächlichste Faktor bei der Erzeugung der Stimme ist. Er vergleicht die Stimmbänder mit den Saiten der Streichinstrumente und bezeichnet sie als Chordae vocales.

1741 Claude Joseph **Geoffroy** zeigt, daß sich die medizinische Seife in dem drei-fachen Gewicht Weingeist löst und die Auflösung bei niedriger Temperatur zu einer durchscheinenden Masse — Seifenspiritus — gesteht. Bergman führt den Gebrauch dieses Seifenspiritus zur Untersuchung von Mineral-wässern ein.

— Olaf Peter **Hjörter** in Upsala erkennt den störenden Einfluß des Nordlichts auf die Magnetnadel.

— **Middleton** stellt zuerst außer Zweifel, daß die Hudsonbai ein Mittelmeer des Atlantischen Ozeans ist.

— Lewis **Paul** verwendet zum Lockern der Baumwolle an Stelle der bisher verwandten Stockkarden zylindrische Karden, denen er eine drehende Be-wegung gibt, und vereinigt durch eine sinnreiche Vorrichtung die erhaltenen, der Breite des Kardenbeschlags entsprechenden Locken zu einem Bande von beliebiger Länge.

— Johann Peter **Süßmilch** begründet durch sein Werk „Die göttliche Ordnung in den Veränderungen des menschlichen Geschlechts aus der Geburt, dem Tode und der Fortpflanzung desselben erwiesen“ die statistische Sozial-wissenschaft.

1742 Thomas **Bolsover** erfindet die Kunst des Silberplattierens, die 1758 von Joseph Hancock in Sheffield zuerst in großem Maßstabe betrieben wird. Eine Silberplatte wird auf eine etwa achtmal so starke Kupferplatte ge-legt, nachdem die Berührungsflächen der beiden Platten gut gereinigt und mit Borax bestreut worden sind. Nun werden sie ausgeglüht und so lange zwischen starken Stahlwalzen gestreckt, bis sie die gewünschte Dünne er-langt haben.

1742—1753 Johann Gottfried **Brendel** und Johann Gottfried **Zinn** machen im An-schluß an die Cassebohm'schen Arbeiten über die Schnecke (s. 1735 C.) epochemachende Forschungen über den Nervenapparat der Schnecke.

1742 Anders **Celsius** schlägt die heute für wissenschaftliche Zwecke allgemein adoptierte hundertteilige, nach ihm benannte, Celsius'sche Thermometer-skala vor. Er setzt den Siedepunkt bei 0^0 und den Gefrierpunkt bei 100^0, welche Skala 1745 von Linné umgekehrt wird. Daß Morton Strömer die Skala verändert habe, ist irrtümlich.

— Louis **de Cormontaigne** verbessert Vauban's sog. 1. System (s. 1673 V.) durch Vergrößerung der Bastione und Raveline, völlige Sichtdeckung der Graben-mauern und Verminderung des Kommandements des Hauptwalls. Er be-herrscht mit seinen Ideen auf lange Zeit den Festungsbau Europas.

— Albrecht **von Haller** führt die in Surinam schon lange arzneilich verwendete Quassia in den europäischen Arzneischatz ein.

— Joseph **Lieutaud** begründet durch seine anatomischen Werke die sog. chirur-gische Anatomie. Er entdeckt das nach ihm benannte Dreieck am Grunde der Harnblase.

— Roger **Long** versucht nach der zuerst von Halley (s. 1693 H.) angewendeten Wägemethode das Verhältnis von Wasser und Festland auf der Erde fest-zustellen. Er nimmt von einem Erdglobus die Papierbedeckung ab, trennt Land und Wasser voneinander und findet so das Verhältnis von Land zu Wasser $= 124 : 349$, also ungefähr $1 : 3$.

— Colin **Maclaurin** stellt die Maclaurin'sche Formel zur Entwicklung der Funk-tionen in Reihen auf und macht bahnbrechende Untersuchungen über den Stoß und über Ebbe und Flut. Vgl. seine Schriften „Geometria organica“ (1720) und „Treatise of fluxions“ (1742).

1742 Andreas **von Swab** stellt Zink durch Reduktion von Galmei und Destillation aus geschlossenen Gefäßen her und macht hierdurch dieses Metall der Industrie zugänglich. Er gibt Anweisungen für rationelle Herstellung von Messing durch Zusammenschmelzen von Zink und Kupfer.

— **Tscheljuskin** umwandert die Nordspitze Asiens, die nach ihm Kap Tscheljuskin genannt wird und erst 1878 wieder von Nordenskjöld erreicht wird, der am 19. und 20. August dort mit der Vega verweilt.

1743 Jean le Rond **D'Alembert** stellt den Satz auf: Wirken auf ein System miteinander verbundener Punkte Kräfte, die eine gewisse Beschleunigung hervorrufen, und fügt man solche Kräfte hinzu, welche, wenn die Punkte frei wären, die entgegengesetzten Beschleunigungen bewirken würden, so tritt Gleichgewicht ein (D'Alembert'sches Prinzip).

— Daniel **Bernoulli** veranlaßt den Baseler Mechaniker Johann **Dietrich** Hufeisenmagnete herzustellen und entdeckt Beziehungen zwischen der Tragkraft solcher Magnete und ihren Oberflächen und Gewichten.

— Alexis **Clairault** entwickelt in seiner „Théorie de la figure de la terre tirée des principes de l'hydrostatique" zuerst die partiellen Differentialgleichungen, durch welche man die Gesetze des Gleichgewichts einer flüssigen Masse ausdrücken kann, wenn auf ihre Teile beliebige Kräfte einwirken. Er stellt das Clairault'sche Theorem auf, wonach die Änderung der Schwere auf der Oberfläche der als elliptisches Sphäroid gedachten Erde von der Art, wie die Dichte der inneren Schichten sich ändert, unabhängig ist, somit bloß von der Form der Oberfläche abhängt und zeigt, wie man mittels einer einfachen Formel aus dem Unterschied der Schwerkraft am Äquator und an den Polen der Erde deren Abplattung berechnen kann.

— **Friedrich der Große** erläßt ein Feldlazarettreglement (vgl. auch 1734 F.), in welchem er die Hauptlazarette von den mobilen oder fliegenden Ambulanzen scheidet.

— Christian August **Hausen** führt auf Veranlassung seines Schülers Litzendorf eine Elektrisiermaschine aus, die aus einer durch eine Kurbel drehbaren Glaskugel besteht, welche mit der Hand gerieben wird. Diese Maschine gibt schon wesentlich bessere Resultate als Guericke's Schwefelkugel (s. 1663 G.) und Hawksbee's Glaskugel. (S. 1706 H.)

— R. **Jennings** legt bei Howden York die ersten Überschlämmungswiesen an. Rieselungswiesen existierten schon vorher in England, und zwar in Wiltshire, wo von 1690 bis 1700 gegen 20000 Acres berieselt und unter Aufsicht eines Wässerungsvorstandes gestellt wurden.

— Andreas Sigismund **Marggraf** bestreitet Stahl's Ansicht, daß die Phosphorsäure phlogistierte Salzsäure sei und zeigt, daß sie durch Erhitzen mit brennbaren Stoffen stets wieder zu Phosphor wird, worin er einen Beweis sieht, daß Phosphor aus Säure und Phlogiston besteht. Er gibt ein Verfahren der Phosphorfabrikation an, indem er gefaulten Harn zur Honigdicke verdunstet, 10 Teile des Rückstandes mit 1 Teil Hornblei und $\frac{1}{2}$ Teil Kohle mischt und das Ganze erhitzt, bis es sich in ein schwarzes Pulver verwandelt hat, aus dem alsdann der Phosphor abdestilliert wird.

— Christopher **Packe** veröffentlicht die älteste, überhaupt existierende, allerdings noch unvollkommene geologische Karte, die ein Areal von 32 englischen Meilen im Osten der Grafschaft Kent umfaßt.

— **Pringle** und **Huxham** bezeichnen zuerst die bis dahin mit Catarrhus epidemicus, Tussis epidemica usw. bezeichneten Krankheit mit dem Namen Influenza (influxus). Bemerkenswert ist, daß Christian Calenus in Greifswald, der die Ansteckungsfähigkeit der Krankheit schon hervorhebt, dieselbe „Ob occulta quadam coeli influentia" hervorgehen läßt.

— Servington **Savery** gibt das für die Entwicklung der Mikrometrie ungemein

wichtige Prinzip der Doppelbilder an, auf Grund dessen das erste Doppel-
bildmikrometer 1752 von John Dollond konstruiert wird. Andere Doppel-
bildmikrometer werden von Amici (gegen 1820), Airy (1840), Steinheil
(gegen 1840), Clausen (1841), Bigourdan (1896) und vielen anderen
angegeben.

1743 Thomas **Simpson** stellt zur Korrektion des durch die astronomische Strahlenbrechung gegebenen Fehlers Formeln zusammen, die durch Zusammenwirken von Theorie und Empirie erhalten sind und von Lalande (1792)
und Hennert (1796) verbessert werden.

1744 Auf Empfehlung des Bischofs **Berkeley** wird das Teerwasser erst in England und dann auf dem Kontinent vielfach zu Heilzwecken angewendet.

— Georg Matthias **Bose** bemerkt, daß man die elektrische Wirkung der
Hausen'schen Elektrisiermaschine (s. 1743 H.) verstärken kann, wenn man
die Elektrizität von der Kugel durch eine blecherne Röhre (Konduktor) auf-
sammelt.

— Pierre **Bouguer** teilt in den „Memoires de l'Académie royale" seine Beob-
achtungen über die Schneegrenze in den Anden mit und knüpft wichtige
Betrachtungen über die Gesetze, denen ihr Verlauf unterworfen ist, an.
Er faßt diese Grenze im wesentlichen als eine klimatische auf. (S. 1516 M.)

— Leonhard **Euler** behandelt die ersten Probleme der Variationsrechnung und
gibt das erste Lehrbuch der Variationsrechnung heraus. („Methodus inveniendi curvas maximi minimive proprietate gaudentes".)

— Johann Heinrich **Lambert** findet, 16 Jahre alt, bei der Berechnung des
Kometen von 1744 das „Lambert'sche Theorem", den für die parabolische
Bahn eines Himmelskörpers gültigen Satz, daß die Zeit, in der ein Bogen
durchlaufen wird, nur von der Sehne des Bogens und der Summe der zugehörigen Radienvektoren abhängig ist. Auf das Lambert'sche Theorem
gründet Olbers seine berühmte Methode zur Berechnung der Kometenbahnen.

— Jean Ph. **Loys de Cheseaux** behauptet zuerst die Absorption des Lichtes
beim Durchgang durch den Weltraum, welcher Behauptung 1823 Olbers
beitritt.

— Pierre Louis Moreau **de Maupertuis** stellt das Prinzip der kleinsten Wirkung
auf: „Wenn in der Natur eine Veränderung vor sich geht, so ist die für diese
Veränderung notwendige Tätigkeitsmenge die kleinstmöglichste." Dieses
nach Maupertuis benannte Prinzip wird durch Euler (1753) noch weiter
ausgebaut.

— Alexander **Monro** veröffentlicht das erste Handbuch der vergleichenden
Anatomie.

— Der Organist Georg Andreas **Sorge** in Hamburg entdeckt die Kombinationstöne, die 1754 unabhängig von ihm von Tartini entdeckt und
nach dem letzteren „Tartini'sche Töne" genannt werden. Den Namen
Kombinationstöne erhalten sie 1805 durch G. U. A. Vieth.

— Der Naturforscher Abraham **Trembley** in Leiden erkennt die Süßwasserpolypen als tierische Organismen, und entdeckt, daß sich dieselben ohne
Beeinträchtigung ihrer Lebensfähigkeit zerschneiden, beispielsweise der
Länge nach halbieren lassen. Auch zeigt er die Möglichkeit einer
dauernden Vereinigung verschiedener getrennter Teile, indem er den abgeschnittenen Tentakelteil eines kleinen Süßwasserpolypen Hydra mit der
entgegengesetzten Hälfte eines anderen Exemplars verwachsen läßt.

— Antonio **da Ulloa** und Pierre **Bouguer** geben die erste Beschreibung der von
ihnen auf dem peruanischen Hochland beobachteten, später „Brocken-
gespenst" genannten Erscheinung, sowie die des weißen Regenbogens.

— Johann Heinrich **Winkler** in Leipzig konstatiert zuerst, daß die Erde als

Leiter der Elektrizität zu gelten hat und daß das Wasser ein guter Leiter ist, was beides später für die Telegraphie von Wichtigkeit wird.

1745 Bernhard Siegfried **Albinus**, Anatom in Leiden, entwirft die von Wandelaar gestochenen anatomischen Tafeln, von denen Haller sagt „Albinus seu natura". Seine Untersuchungen über das Muskelsystem bilden für lange Zeit die Grundlage der Kenntnis dieses Organsystems.

— Der englische Techniker **Barker** erfindet, wie Desaguliers angibt, das Reaktionswasserrad.

— Jacopo Bartolommeo **Beccari** zeigt zuerst, daß das Mehl aus Stärkemehl und Kleber, dem Eiweißkörper der Getreidearten zusammengesetzt ist. Spätere Forschungen ergeben, daß das Weizenmehl ungefähr 12, das Roggenmehl 9—10 Prozent Kleber enthält. Die Hauptmenge des Klebers befindet sich in der Kleie.

— Charles **Bonnet** stellt den Satz auf, daß eine ununterbrochene Stufenfolge zwischen dem vollkommensten Tier und dem niedrigsten pflanzlichen Lebewesen bestehe.

— Charles **Bonnet** weist durch zahlreiche exakte Versuche nach, daß bei gewissen Würmern zerschnittene Stücke wieder zu vollständigen Tieren auswachsen und untersucht eingehend die zuerst von Leeuwenhoek (s. 1703 L.) beobachtete, ohne Befruchtung durch Männchen stattfindende Fortpflanzung (Parthenogenesis) der Blattläuse.

— Der Oberst William **Cooke** gibt im Anschluß an den Vorschlag von Sir William Platt (s. 1652 P.) ein Schema für eine Dampfheizung, bei welchem durch ein schlangenförmig angeordnetes System von Kupferröhren der Dampf durch sämtliche Zimmer eines Hauses geleitet werden soll. Die erste Anwendung dieser Heizung macht 1784 James Watt zur Heizung seines Arbeitszimmers.

— **Creed** erfindet den Melograph, eine Vorrichtung am Pianoforte, die alles, was auf demselben gespielt wird, zu Papier bringt, so daß beispielsweise Improvisationen damit festgehalten werden können. Der Apparat, seitdem in den verschiedensten Formen ausgeführt, hat bisher noch keinen durchschlagenden Erfolg gehabt. (S. a. 1900 K.)

— Der Dekan Ewald Jürgen **von Kleist** in Cammin erfindet die elektrische Verstärkungsflasche, die 1746 durch Musschenbroek in Leiden allgemein bekannt und infolgedessen als Leidener Flasche bezeichnet wird. In ihrer frühesten Form besteht sie aus einem Fläschchen, das zum Teil mit Wasser gefüllt ist und in der Hand gehalten wird. Die Hand bildet die äußere, das Wasser die innere Belegung; ein hinein gestellter Nagel macht die innere Belegung von außen zugänglich.

— Der Arzt Christian Gottlieb **Kratzenstein** verwendet die Leidener Flasche zu Heilzwecken, indem er versucht, die Lähmung eines Fingers durch elektrische Schläge zu heilen.

— Johann Nathaniel **Lieberkühn** erfindet das sogenannte Korrosionsverfahren zur Herstellung anatomischer Präparate. Er füllt die feinen Gefäße mit gefärbter Harzmasse aus und ätzt das die Gefäßausgüsse trennende Gewebe mit Schwefelsäure fort. Diese Methode wird von Hyrtl noch verbessert.

— Johann Nathaniel **Lieberkühn** entdeckt die Lieberkühn'schen Drüsen, welche den für den Verdauungsvorgang wichtigen Darmsaft absondern.

— Nachdem die Academia del Cimento in Florenz bereits i. J. 1667 Veröffentlichungen über die elektrische Leitungsfähigkeit der Flamme gemacht hatte, die aber wieder in Vergessenheit geraten waren, entdeckt Henry **Miles,** Pfarrer zu Tovting in der Grafschaft Surrey, i. J. 1745 die Leitungsfähigkeit der Flamme für die Elektrizität wieder.

1745 Percival **Pott** erfindet für die Mastdarmfistel, die früher meist durch Ätzung oder Ligatur, später auch mit dem Messer behandelt worden war, ein besonderes Bistouri und verbessert dadurch die chirurgische Behandlung wesentlich. Er studiert im gleichen Jahre die Caries der Wirbelsäule, die nach ihm „Malum Pottii" genannt wird.

— Benjamin **Robins** konstatiert bei seinen umfangreichen, mit Hilfe des von ihm erfundenen ballistischen Pendels unternommenen Versuchen, daß sich das Newton'sche Luftwiderstandsgesetz für mit großer Anfangsgeschwindigkeit abgeschossene Körper nicht anwendbar zeigt, weshalb Leonhard Euler i. J. 1753 die Einführung geeigneter Hilfstafeln zur Korrektur der Resultate vorschlägt. (S. a. 1859 N. und 1863 B.)

— Johann Christian Anton **Theden** macht bei Operationen die Glieder durch feste Umschnürung unempfindlich.

— Antonio **da Ulloa** sieht zuerst ein Südlicht (Aurora australis) am Kap Hoorn. Späterhin werden solche Südlichter von Cook und seinem Begleiter J. R. Forster als eine fast alltägliche Sache beschrieben.

— Johann Heinrich **Winkler** verbessert die Elektrisiermaschine, indem er, statt die Kugel mit den Händen zu reiben, auf den Rat des Leipziger Drechslers Giessing Kissen als Reibzeuge verwendet, welche er durch Federn gegen die Glaskugel drückt.

1746 Pierre **Bouguer** veröffentlicht sein Werk „Traité de navire", welches als die eigentliche Grundlage des theoretischen Schiffbaues anzusehen ist.

— Antoine **Deparcieux** erwirbt sich durch sein Buch „Essai sur les probabilités de la vie humaine" große Verdienste um die Statistik. Er führt in diesem Buche zuerst den Begriff der mittleren Lebensdauer eines Neugeborenen ein.

— Albrecht **von Haller** gibt in seiner Abhandlung „De respiratione experimenta anatomica" eine Darstellung der Mechanik der Atembewegungen, die von Georg Erhard Hamberger bekämpft wird, der in der Folge bezüglich der Rippenbewegung Recht behält.

— Henry **Haskins** nimmt ein englisches Patent, um aus Teer (Holzteer?) eine Essenz (Spirit) zu extrahieren und das Pech aus dem Rückstande zu gewinnen.

— Pierre Joseph **Macquer** zeigt, daß sich der weiße Arsenik mit wässerigen Alkalien verbindet und nennt die so entstehenden arsenigsauren Salze irrtümlich Arseniklebern.

— Johann Heinrich **Pott** entdeckt bei Untersuchung der im Feuer verglasbaren Steine eine eigentümliche Erde, die wie Carthäuser, Scheele und Bergman nachweisen, sich weder in Kalk noch in Tonerde verwandeln läßt. 1811 wird dieselbe von L. M. Smithson als Kieselsäure erkannt. (S. 1811 S.)

— Johann Heinrich **Pott** fördert die chemische Analyse durch seine „Chymischen Untersuchungen, welche vorzüglich von der Lithogeognosie, ingleichen vom Feuer und dem Licht handeln".

— John **Roebuck** wendet zuerst zur Fabrikation der Schwefelsäure Bleikammern an, in welchem er ein Gemisch von Schwefel und Salpeter verbrennt.

— Nachdem Varenius schon erkannt hatte, daß ein Fluß sein Bett bei gesteigerter Strömung tiefer einschneiden kann, spricht sich zuerst der Ästhetiker Johann Georg **Sulzer** für die Talbildung durch fließendes Wasser aus, welcher Ansicht 1774 Guettard, 1791 J. L. Heim folgen, worauf dann 1795 James Hutton mit aller Bestimmtheit die Theorie der Talbildung durch fließendes Wasser erörtert, eine Lehre, die 1849 durch J. D. Dana und 1857 durch George Greenwood zu allgemeiner Geltung gebracht wird.

1746 Benjamin **Wilson** erkennt, daß die auf der Leidener Flasche angesammelte Elektrizitätsmenge mit der Größe der Belegungen direkt proportional, mit der Dicke der isolierenden Zwischenschicht umgekehrt proportional ist, wobei er gleiche Spannung voraussetzt. Dies Gesetz wird 1773 von H. Cavendish experimentell bewiesen.

— Johann Heinrich **Winkler** weist durch Analogieschlüsse überzeugend nach, daß Schlag und Funken der verstärkten Elektrizität für eine Art des Donners und Blitzes zu halten sind. (Vgl. 1708 W.)

— **Wirz** in Zürich erfindet die Spiralpumpe, eine zur Wasserförderung dienende Maschine, bei welcher ein um eine horizontale Welle schraubenförmig gewundenes Rohr mit dem einen Ende aus einem Wasserbehälter abwechselnd Wasser und Luft schöpft, wobei der Inhalt des Spiralrohrs durch die fortgesetzte Umdrehung in einem Steigerohre in die Höhe geschraubt und eine verhältnismäßig große Hubhöhe des Wassers erreicht wird. (S. a. 1897 G.)

1747—48 Théodore **Baron** lehrt zuerst die Konstitution des Borax genauer kennen und stellt denselben aus seinen Bestandteilen dar; er zeigt, daß derselbe an sich nicht flüchtig ist, sondern nur unter Beihilfe von Wasserdampf sublimiert.

1747 Nachdem die große, einen Zeitraum von 26000 Jahren umfassende Pendelung der Erdachse (Präzession) schon im Altertume (s. 146 v. Chr. Hipparchos) beobachtet worden war, entdeckt James **Bradley** die Nutation der Erdachse, eine durch die Anziehung des Mondes bedingte kleinere Achsenschwankung von etwa 19jähriger Periode.

— George Louis Leclerc **de Buffon** stellt einen Brennspiegel von bedeutender Größe dadurch her, daß er 168 kleine, 16 zu 21 cm messende Planspiegel zu einem einzigen Hohlspiegel vereinigt. Es gelingt ihm damit, ein geteertes Tannenbrett auf 47 m Entfernung in Brand zu setzen. Der Vorschlag zur Herstellung großer Brennspiegel durch Zusammensetzung zahlreicher kleinerer Spiegel ist zuerst von Anthemios (s. 532) erwähnt worden.

— Leonhard **Euler** entwickelt zuerst in vollständiger Weise die Theorie der Wage.

— Leonhard **Euler** schlägt zur Erzielung der Achromasie und Verminderung der sphärischen Aberration vor, das Objektiv des Mikroskops aus mehreren geeignet angeordneten einfachen Linsen zusammenzusetzen und schlägt auch schon vor, solche Linsen mit Wasser zu füllen. (S. 1729 H. und 1757 D.)

— **Lautingshausen** macht in den Abhandlungen der schwedischen Akademie der Wissenschaften die ersten Mitteilungen über die Erzeugung von Alkohol aus Kartoffeln. (S. a. 1750 M.)

— Andreas Sigismund **Marggraf** entdeckt den Zuckergehalt der Runkelrübe und weist nach, daß der darin enthaltene Zucker Rohrzucker ist. Seine diesbezügliche Abhandlung führt den Titel „Chymische Versuche, einen wahren Zucker aus verschiedenen Pflanzen, die in unsern Ländern wachsen, zu ziehen".

— Thomas **Simpson** behandelt in seinen „Elements of plane geometry" eine Reihe elementarer Maxima- und Minimaaufgaben auf geometrischem Wege. Er gibt die nach ihm benannte, in der Technik viel verwendete Simpson'sche Regel zur angenäherten Berechnung des Inhalts von Flächen und Körpern an.

— William **Watson** bemerkt, daß die Elektrizität im luftleeren Raume mit glänzenden Strahlen, wie das Nordlicht, und auf größere Abstände als im lufterfüllten Raume von einem Körper zum andern geht und macht den Versuch, die Geschwindigkeit der Elektrizität zu bestimmen, wobei er findet, daß der Entladungsschlag einer Leidener Flasche eine Drahtleitung von ungefähr einer halben geographischen Meilenlänge mit unmeßbarer Geschwindigkeit durchläuft. Ähnliche Versuche hatte Le Monnier das Jahr zuvor unternommen.

1748 Jean le Rond **d'Alembert** hehandelt simultane Differentialgleichungen und löst Differentialgleichungen durch Eliminationen zwischen der Gleichung und der differentiierten Gleichung, wobei er auf singuläre Lösungen kommt.

— Jean le Rond **d'Alembert** behandelt außer den simultanen Differentialgleichungen auch die Lehre von den partiellen Differentialgleichungen, die von Euler, der sich zuerst — 1734 — mit den partiellen Differentialgleichungen beschäftigt hatte, in seiner 1762 erschienenen „Investigatio functionum ex data differentialium conditione" weiter geführt, und auch von Condorcet, Monge, Laplace und Legendre gefördert wird.

— Pierre **Bouguer** bringt die Herstellung eines Heliometers in Vorschlag. Er will übereinstimmend mit der jetzigen Form dieses Instrumentes ein Objektiv mittels eines Schnittes durch die optische Achse in zwei Hälften zerlegen und den beiden Linsenhälften eine meßbare Bewegung in der Richtung des gemeinsamen Halbmessers geben.

— Wie Johann Baptista **Du Halde** in seiner Beschreibung des Chinesischen Reiches mitteilt, bedienen sich die Chinesen zur Wasserförderung eines geneigten Paternosterwerkes (Schaufelwerkes). Du Halde hebt hervor, daß der Betrieb dieser Maschine in China ebenso alt sei, wie der Ackerbau selbst.

— Leonhard **Euler** in seiner „Introductio in analysin infinitorum", und zwei Jahre später Gabriel **Cramer** in seiner „Introduction à l'analyse des lignes courbes algébriques" bauen in systematischer Weise die höhere Kurvenlehre aus. Der von Euler und Cramer bemerkte, und erst von Lamé (1818) gelöste scheinbare Widerspruch zwischen der Anzahl der eine ebene algebraische Kurve bestimmenden Punkte und der Zahl der unabhängigen Schnittpunkte zweier Kurven derselben Ordnung heißt das „Euler-Cramer'-sche Paradoxon".

— **Friedrich der Große** führt im preußischen Festungsbau, im Gegensatz zu der damals fast unbeschränkt herrschenden französischen Befestigung, die kasemattierte Grabenflankierung und die kasemattierte Batterie (s. 1826 H.) ein, und sorgt für permanente Abschnitte zur abschnittsweisen Verteidigung und für gesicherte Unterbringung der Besatzung.

— Christian Ludwig **Gersten** entwickelt zuerst die Anschauung, daß das den Tau bildende Wasser aus dem Boden hervortrete.

— Stephen **Hales** erfindet das Eudiometer, welches aus einem oben geschlossenen graduierten Glasrohr besteht und zur Bestimmung des Sauerstoffgehaltes der atmosphärischen Luft dient.

— Peter **Kretschmer** schlägt eine neue Methode des Rajolens vor, die darin besteht, daß er durch Bearbeiten des Bodens in die Tiefe abwechselnd den Untergrund, der, wie er meint, fruchtbarer als die Krume sei, nach oben bringt. (Beginn der Tiefkultur.)

— Jullien **La Mettrie** weist in seinem Buche „L'homme machine" zuerst auf die Einheit des Bauplans aller Wirbeltiere hin.

— Pierre **Le Roy** in Paris erfindet die freie Hemmung für Unruhuhren.

— Pierre Joseph **Macquer** stellt aus dem Rückstand der Darstellung von Salpetersäure (durch Destillation von Salpeter mit weißem Arsenik) das arseniksaure Natron in reinem Zustande dar.

— Johann Friedrich **Meckel** der Ältere entdeckt das „Ganglion Meckelii" und fördert die Anatomie des Kehlkopfes, des Bauchfells, der Lymph- und Chylusgefäße.

— Der Abbé Jean Antoine **Nollet** entdeckt die Diffusion von Flüssigkeiten, welche durch Scheidewände getrennt sind, indem er den Austausch von Wasser und Alkohol durch eine Schweinsblase beobachtet.

1748 Robert **Simson** trägt im Verein mit seinem Schüler Matthew **Stewart** durch seine elementar-geometrischen Untersuchungen und durch Neuherausgabe der Euklid'schen „Porismata" und der „Loci plani" des Apollonios zur Weiterentwicklung der Geometrie in hervorragender Weise bei.

— Jacques **de Vaucanson** führt dem König Ludwig XV. einen Wagen vor, der vom Wagenlenker durch Kurbeldrehung in Bewegung gesetzt wird — ein Vorläufer der Selbstfahrer.

1749 Jean le Rond **d'Alembert** macht die Bewegungen der Erdachse, welche daher rühren, daß der Erdkörper nicht rein sphärisch, sondern ein abgeplattetes Ellipsoid ist, zum Gegenstand einer eingehenden Untersuchung, die auch für die Folgezeit maßgebend bleibt. (Vgl. 1747 B.)

— Durch William Watsons Beobachtung, daß der Schlag der Leidener Flasche um so stärker sei, an je mehr Punkten man die Außenfläche berühre, kommt Dr. **Bevis** auf den Gedanken, die Außenfläche anfangs mit dünnen Bleiplatten und dann mit Zinnfolie zu belegen. **Watson** fügt dann noch die innere Belegung mit Zinnfolie hinzu und gibt so der Flasche ihre endgültige Gestalt. Dr. Bevis erkennt dann, daß die Form der Flasche nicht wesentlich ist, belegt Glasscheiben auf beiden Seiten bis einen Zoll breit vom Rande mit Zinnfolie und erhält mit diesen Tafeln dieselben Wirkungen wie mit Flaschen. Diese Tafeln werden später Franklin'sche Tafeln genannt.

— Pierre **Bouguer** schlägt unter Berichtigung des Huygens'schen Vorschlags (s. 1672 H.) die Pendellänge unter dem 45. Breitengrade als Längenmaßeinheit vor. De la Condamine will die Pendellänge am Äquator als Maßeinheit angewendet wissen. (Die von ihm nach Beendigung der peruanischen Gradmessung daselbst veranlaßte Denkmalsinschrift lautet „Mensurae naturalis exemplar, utinam et universalis".)

1749—88 Georges Louis Leclerc **de Buffon** gibt seine „Histoire naturelle generale et particulière" heraus, die, wenn ihr auch die streng wissenschaftliche Methode Linné's fehlt, doch in bezug auf die Wahrheit der Beschreibung und die Schönheit der Bilder so anregend wirkt, daß sie in fast alle lebenden Sprachen übersetzt wird.

1749 Georges Louis Leclerc **de Buffon** betont zuerst die wesentliche Artverschiedenheit der (süd)amerikanischen Tierarten von den altweltlichen.

— Georges Louis Leclerc **de Buffon** macht auf den Parallelismus in der Gestalt der einander zugewendeten Grenzen der Alten und Neuen Welt aufmerksam, auf den Humboldt (1845), der von einem atlantischen Tale spricht, ein großes Gewicht legt.

— Georges Louis Leclerc **de Buffon** macht die von Descartes, Stenonis und Leibniz (s. d.) bereits geäußerte Idee eines zentralen Wärmeherdes zur Basis eines Systems der Entstehung der Erde, das er in seiner „Théorie de la terre" eingehend auseinander setzt und erklärt damit die auf der Erdoberfläche vor sich gehenden mechanischen Veränderungen, wie namentlich die Erdbeben und vulkanischen Erscheinungen.

— Georges Louis Leclerc **de Buffon** bekämpft in seiner „Théorie de la terre" die Hypothese einer universellen Sintflut. (S. 1510 A. und 1517 F.) Er rechnet der Erde ein viel höheres Alter als das biblische nach und erblickt in den Fossilien die Reste erloschener Arten von Lebewesen. In seinen 1778 erscheinenden „Époques de la nature" führt er seine Theorien im einzelnen noch weiter aus.

— John **Ellis** unternimmt es als erster, die Wärme größerer Seetiefen zu messen.

1749 James **Ferguson** konstruiert die erste Schwung- oder Zentrifugalmaschine, bei welcher die Rotation einer Kurbel vermittels eines Treibriemens auf eine vertikale Achse übertragen wird, mit welcher allerlei Hilfsapparate in Verbindung gebracht werden können.

— Benjamin **Franklin** schlägt — von der schon von Wall (s. 1708 W.) und später von Grey, Nollet, Beccaria und Winkler (s. 1746 W.) geäußerten Ansicht der Ähnlichkeit zwischen dem elektrischen Funken und dem Blitz ausgehend — in einem Briefe an Peter Collinson in London Versuche über die Elektrizität der Gewitterwolken vor, zu deren Ausführung er den elektrischen Drachen empfiehlt. (S. 1752 D.)

— Der französische General Jean Baptiste Vaquette **de Gribeauval** erfindet die hohen Rahmenlafetten für Belagerungs- und Festungsgeschütze.

— Der Tierarzt Etienne Guillaume **Lafosse** in Paris stellt durch seine Untersuchungen den Sitz des Rotzes fest. Vgl. die Schrift „Traité sur le veritable siège de la morve". Er wirkt bahnbrechend auf dem Gebiete des Hufbeschlags und betont die Wichtigkeit der schon von Apsyrtus (s. 340), Vegetius (s. 380), Ruini (s. 1598) und Soleysel (s. 1664 S.) erwähnten Fontanelle, sowie des Haarseils.

— Pierre Joseph **Macquer** stellt zuerst durch Einwirkung von Ätzkalilauge auf Berliner Blau das gelbe Blutlaugensalz dar, in dem Berthollet 1787 das Eisen als notwendigen Bestandteil erkennt.

— Der Schweizer Arzt **Meyer** verordnet bei Lungenkranken Gebirgskuren, indem er dieselben nach Appenzell sendet, wo er sie neben der Luftkur auch Milchkuren brauchen läßt. (Vgl. auch 1750 S.)

— Caspar **Neumann** vervollkommnet die analytische Chemie und veröffentlicht seine Forschungen in einem Werke „Chymiae medicae dogmatico experimentalis Tomi primi Pars prima et secunda". Von ihm rühren die Anfänge der Acidimetrie her.

— **Plumier** beschreibt in seiner „Art de tourner" eine Patronendrehbank.

— Der Arzt François **Sauvages de la Croix** macht umfassende Anwendung von der Elektrizität in der Medizin. (Vgl. 1745 K.)

— Jean Baptiste **Senac** behandelt in seinem klassischen Werke „Traité de la structure du cœur, de son action et de ses maladies" die Anatomie, die Physiologie und namentlich auch die Pathologie und Therapie des Herzens.

— James **Short** verbessert das Äquatoreal (s. 1685 R.), indem er ein tragbares, auch unter jeder Breite brauchbares Instrument konstruiert, das er durch Beigabe von vier geteilten Kreisen für Azimut, Höhe, Stundenwinkel und Deklination sehr vielseitig gestaltet. Eine wesentliche Verbesserung des Instruments erfolgt 1793 durch Ramsden, der für G. Shuckburgh ein Äquatoreal mit $5\frac{1}{2}$ füßigem Fernrohr und zwei vierfüßigen Vollkreisen baut.

— Alexander **Wilson** soll zuerst an Drachen Thermometer angehängt haben, um die Temperatur der oberen Luftschichten zu messen, was die erste wissenschaftliche Verwendung des Drachens darstellen würde. (Vgl. auch 1749 F.)

— Charles **Wood** beschreibt zuerst das Platin in eingehender Weise, worin ihm Lewis, Marggraf und Macquer folgen.

1750 George **Adams** in London erfindet den Winkelspiegel, der aus zwei kleinen, in einem prismatischen Gehäuse mit ausgeschnittenen Fenstern unter einem Winkel von 45° gegeneinander gestellten Spiegeln besteht und zum Abstecken gerader Linien oder zum Festlegen rechter Winkel dient.

— Nachdem Wasserzeichen in Papier schon seit 1301 angewendet waren, führt J. **Baskerville** Drahtgewebe als Unterlagen für deren Erzeugung ein. Das Wasserzeichen wird durch die Verschiedenheit der Transparenz der eingepreßten Zeichnung und des Hintergrundes sichtbar und hat Bedeutung namentlich für Banknoten, Schecks, Briefmarken u. dgl.

1750 André Rhodiwonowitsch **Bataschef** verbessert den zuerst von Réaumur 1722 angegebenen Stürzofen derart, daß derselbe in den Eisengießereien eine gewisse Bedeutung erlangt.

— **Bordier** schreibt dem Gletschereis trotz seiner Sprödigkeit eine gewisse Plastizität zu.

— James **Brindley** erfindet die selbsttätige Kesselspeisung.

— John **Canton** und John **Michell** schlagen unabhängig von einander die Methode der Magnetisierung von Eisenstäben durch doppelten Strich mit Magneten vor.

— César François **Cassini de Thury** beginnt die Bearbeitung der großen Karte von Frankreich im Maßstab 1: 86400, welche auf einer großen und genauen Landesvermessung beruht. Auf den Karten der französischen Alpenländer zeigt sich hier ein wesentlicher Fortschritt in der Entwicklung der perspektivischen zur Schraffenzeichnung.

— Gabriel **Cramer** beschreibt in seiner „Introduction à l'analyse des lignes courbes algébriques" die Gleichungsauflösung mittels Determinanten, auf die zuerst Leibniz 1693 in einem Briefe an den Marquis de l'Hospital hingewiesen hatte.

— Der Bürgermeister **Dresler** begründet in Deutschland den rationellen Wiesenbau durch die von ihm im Siegener Lande angewendeten Rückenbauten.

— Leonhard **Euler** behandelt ausführlich die Theorie der Wasserräder, schlägt gekrümmte Schaufeln vor und erfindet die Leitapparate.

— Leonhard **Euler** beschäftigt sich in seinen Aufsätzen „De serierum determinatione seu nova methodus inveniendi terminos generales serierum" und „Consideratio quarumdam serierum quae singularibus proprietatibus sunt praeditae" mit den unendlichen Reihen. Er leitet die Exponentialreihe aus der Binomialreihe her und entwickelt rationale Funktionen in Reihen, die nach sin. und cos. der ganzen Vielfachen des Argumentes fortschreiten, wobei er die Koeffizienten dieser trigonometrischen Reihen durch bestimmte Integrale definiert.

— Nachdem Döring in Breslau 1627, Sydenham und Morton (1661 bez. 1678) zur schärferen Ausschälung des Begriffs Scharlach beigetragen und letzterer den Namen Scarlatina geschaffen hatte, äußert John **Fothergill** zuerst klare Anschauungen über die Existenz eines kontagiösen Giftes bei dieser Krankheit.

— **Granger,** der sich längere Zeit im Orient aufhält, gelingt es, das Verfahren der Darstellung des Saffianleders (Maroquin), eines mit Sumach gegerbten, auf der Narbenseite gefärbten Ziegenleders, ausfindig zu machen. Unter seiner Beihilfe wird in Paris die erste Saffiangerberei eingerichtet.

— Stephen **Hales** stellt in den englischen Gefängnissen Versuche mit künstlicher Lüftung her, um der übergroßen Sterblichkeit Einhalt zu tun, und mindert durch verhältnismäßig einfache Ventilationseinrichtungen die Sterblichkeit binnen kurzer Zeit von 30 Todesfällen täglich auf einen einzigen. Er liefert damit den augenscheinlichen Nachweis für die damals noch wenig gewürdigte Wichtigkeit einer guten Lüftung der Wohnräume für die Gesundheit. (Vgl. a. 1714 G.)

— Nachdem bis dahin die baumwollenen Zeuge, bevor man sie auf die Bleichwiese zum Bleichen brachte, in saurer Milch eingeweicht worden waren, ersetzt Dr. **Home** in Edinburg die saure Milch, die das Verfahren sehr umständlich macht, durch verdünnte Schwefelsäure.

— Andreas **Huber** in Fürth stellt zuerst Bronzefarben aus Blattmetall her. Anfangs verarbeitete man dazu vier verschiedene Legierungen, Kupferrot,

Reichgold, Bleichgold und Silber, wovon die drei ersteren aus Kupfer mit wechselnden Zinkmengen bestanden, die letztere aus 98 Teilen Zinn und 2 Teilen Zink. In neuerer Zeit werden die Bronzefarben mit Teerfarben gefärbt.

1750 Samuel **Klingenstjerna,** Professor in Upsala, wiederholt Newtons Versuche über die Farbenzerstreuung, findet aber im Gegensatz zu letzterem, daß die Zerstreuung für verschiedene Glassorten verschieden ist. Diese, sowie Eulers Untersuchungen (s. 1747 E.) geben dem Optiker Dollond Veranlassung, die Herstellung achromatischer Linsen in die Hand zu nehmen. (S. 1757 D.)

— Der Mediziner **Köderlk** ist der erste, der eine Wucherung aus dem Kehlkopf durch den Mund herausnimmt und mehrere Fälle von Kehlkopfpolypen eingehend beschreibt.

— Joseph Bartholomeus **Kuchenreuter** in Regensburg erwirbt sich durch zahlreiche Vervollkommnungen an den Handfeuerwaffen einen Weltruf.

— Pierre **Lalouette** macht eingehende anatomische Forschungen über die auch von Realdo Colombo, Eustachio, Morgagni und Bidloo erforschte Schilddrüse und beschreibt den Processus pyramidalis, der nach ihm auch „Pyramide de Lalouette" genannt wird. (Recherches anat. sur la glande thyroide.)

— Johann Georg **Leopoldt** bemüht sich in seinem Werke „Nützliche und auf die Erfahrung gegründete Einleitung zu der Landwirtschaft" alles das zu geben, was der Landwirt für eine gute Wirtschaftsführung wissen muß und praktisch verwerten kann und bringt darin viel tatsächliches, namentlich zahlenmäßiges Material über die verschiedenen Teile der Landwirtschaft, während dies bei der Hausväterliteratur, die sich im Anschluß an das Coler'sche Werk (s. 1591) entwickelt hatte, sehr mangelhaft war.

— Andreas Sigismund **Marggraf** beweist, daß der Gips aus Kalkerde und Schwefelsäure besteht, durch Zerlegung desselben mit Weinsteinsalz und durch Vergleichung der Eigenschaften des Gipses mit dem künstlich erhaltenen Niederschlag von schwefelsaurem Kalk.

— Johann Gabriel **Mentz** verwendet zuerst den Phosphor in der Medizin, und zwar als Erregungsmittel.

— **Möllinger** errichtet die erste Kartoffelbrennerei in Monsheim.

— Jean Louis **Petit** führt die zuerst von Fabriz von Hilden gemachte Exartikulation im Kniegelenk wieder aus, die nach ihm von Pierre Brasdor (1774) öfter geübt wird.

— John **Pringle** verbessert das Hospitalwesen und macht namentlich auf den Nutzen frischer und reiner Luft in den Hospitälern aufmerksam. Er stellt die Grundsätze für die Unterbringung und Verpflegung von Truppenmassen und für die Anlegung von Militärhospitälern auf und gibt eine gute Darstellung des Flecktyphus, der 1742 und 1745 in den englischen Armeen stark gewütet hatte.

— René Antoine F. **de Réaumur** fördert die künstliche Brütung, indem er Hühnereier in einen hölzernen, mit frischem Pferdemist umgebenen Kasten bringt.

— Georg Wilhelm **Richmann** in Petersburg stellt die nach ihm benannte Regel auf, daß beim Mischen von ungleich erwärmten Mengen einer Flüssigkeit die Temperaturen sich im Verhältnis ihrer Höhe und im Verhältnis der Flüssigkeitsmengen ausgleichen.

— August Johann **Rösel von Rosenhof** gibt eine Geschichte der Insekten heraus, die eine reiche Fundgrube für die Lebens- und Verwandlungsgeschichte dieser Tierklasse bildet und einen Fortschritt gegenüber den Kenntnissen von Réaumur (s. 1734 R.) bedeutet.

1750 Richard **Russel** in London empfiehlt Seetangasche als „Aethiops vegetabilis"
gegen Drüsenerkrankungen.

— **Russel, Hasselquist, Holland** und **Volney** beschreiben zuerst die endemische
Beulenkrankheit, die sie als Beule von Aleppo bezeichnen. Näher studiert
wird die Krankheit von Alibert, Requin u. a. (1820.)

— Der Petersburger Arzt A. N. R. **Sanchez** führt die Sublimatbehandlung der
Syphilis ein. Er erweist die Existenz der erblichen Syphilis, die zuerst
von Paracelsus behauptet worden war.

— Der sächsische Pfarrer **Schirach** in Klein-Bautzen, Reformator der Bienenzucht, entdeckt, daß die Bienen durch Vergrößerung der Zellen willkürlich aus jeder befruchteten (Arbeitsbienen-) Larve eine Königin machen
können.

— Johann Andreas **von Segner** konstruiert das nach ihm benannte Reaktionswasserrad, welches das Vorbild für die Reaktionsturbinen abgibt, von
denen insbesondere Burdin (s. 1824 B.), Poncelet und Fourneyron (s. 1827 F.)
neue Konstruktionen liefern. (Vgl. a. 1745 B.)

— Der englische Architekt John **Smeaton** macht nachdrücklich auf den großen
Wert des Eisens für Bau- und Maschinen-Konstruktionen aufmerksam.

— Archibald **Smith** läßt sich in Lima nieder und findet dort die Tatsache
vor, daß seit alters her die Ärzte die Lungenleidenden aus den Niederungen
in die Berge schicken. Er findet selbst die Methode bewährt und tritt in
der Literatur für sie ein.

— Major **von Treu** in Braunschweig schlägt vor, das Holz zur Entfernung
der Saftstoffe durch Dampf auszulaugen. Eine rationelle Auslaugung nach
dieser Methode wird aber erst 1815 durch den Pianofortebauer Andreas
Streicher ausgeführt.

— Jacques **de Vaucanson** erfindet die Bandketten zum Antriebe von Maschinen
und konstruiert eine Maschine zu deren Verfertigung.

— Thomas **Wright** aus Durham gibt in seinem Werke „An original theory
or new Hypothese of the Universe" eine Ansicht über die Entstehung des
Sonnensystems, welche die Anregung zu Kants Hypothese gibt. Er sagt
in seiner Abhandlung, daß die Sonne aus flammender Materie bestehe.

— Johann Friedrich **Zittmann** stellt ein Dekokt aus Sarsaparilla her, das sich
in der Syphilistherapie unter dem Namen „Decoctum Zittmanni" dauernd
einbürgert.

1751 Der Botaniker Michel **Adanson** aus Paris tut die elektrische Natur des
Schlages des Zitterwelses dar und vergleicht denselben mit dem Schlage
einer Leidener Flasche. Bezüglich des Zitteraales erfolgt der gleiche Nachweis 1755 durch L. S. van s'Gravesande.

— Axel Fredrik **Cronstedt** entdeckt das Nickel, das 1775 von Torbern **Bergman** in reinem Zustand erhalten wird.

— Axel Fredrik **Cronstedt** stellt Nickeloxydul und den demselben entsprechenden Nickelvitriol dar. Das Nickeloxyd wird 1803 von Proust hergestellt
und 1824 von Berzelius genauer untersucht.

— Der Astronom Joseph Jerome **Delalande** macht eine genaue Bestimmung
der Parallaxe des Mondes.

— **Dupety, Theurey-Gueuvin, Bouchon et Compagnie** begründen die erste Mühlstein-
fabrik in La Ferté-sous-Jouarre (Seine et Marne), dessen poröse Süßwasser-
quarzsteine nach Piot seit Jahrhunderten in der Müllerei für die besten
Mühlsteine gelten und denen sonst nur noch die Steine von Fony in
Ungarn an die Seite gestellt werden können.

— Der Ingenieur **Fresneau** macht eingehende Mitteilungen über den kautschuk-
liefernden Baum und vervollständigt die Angaben von De la Condamine

13*

(s. 1736 C.) über das Verfahren, welches die Indianer bei Gewinnung des Kautschuks einschlagen.

1751 Jean Etienne **Guettard** erkennt in dem zu Straßen- und Baumaterial verwendeten schwarzen Gestein von Volvic vulkanische Lava, geht der Spur nach und findet die bis dahin unbekannten erloschenen Vulkane der Auvergne. Er lernt am Mont d'Or den säulenförmigen Basalt kennen, dem er neptunischen Ursprung zuschreibt.

1751—53 Nicolas Louis **de Lacaille** nimmt eine Gradmessung am Kap der guten Hoffnung vor, welche in Übereinstimmung mit den von Maupertuis angestellten Untersuchungen (s. 1736 M.) dartut, daß die Erde die Gestalt eines Rotationsellipsoids hat.

1751 Karl **von Linné** stellt in seiner „Philosophia botanica" zuerst die Zeiten des Eintritts einer Pflanze in eine maßgebende Entwicklungsphase als Funktion des Klimas hin und muß danach als Begründer der Phänologie, d. i. der Lehre von der Gesetzmäßigkeit zwischen den Entwicklungsstadien der Organismen und der ihnen entsprechenden Klimaphasen angesehen werden. Er äußert auch bereits den Gedanken phänologischer Karten.

— Andreas Sigismund **Marggraf** weist zuerst das Vorkommen der Salpetersäure im Regenwasser nach und glaubt, dieselbe auch im Schneewasser zu finden. 1761 gelingt ihm auch der Nachweis der Salpetersäure im Brunnenwasser, den unabhängig 1767 auch Cavendish liefert.

— Der Ästhetiker Johann Georg **Sulzer** bemerkt, daß bei der Berührung der Zunge mit zwei verschiedenen Metallen eine eigenartige Geschmacksempfindung hervorgerufen wird, welche nicht entsteht, wenn nur eines der Metalle an die Zunge gebracht wird. Er entdeckt damit den charakteristischen Geschmack des Galvani'schen Stroms, wenn auch ohne Verständnis des wissenschaftlichen Zusammenhangs.

1752 Der Pariser Arzt Théophile **de Bordeu** begründet den Vitalismus, die Lehre von der Lebenskraft.

— Im Anschluß an Franklins Brief (s. 1749 F.) an Collinson stellen Thomas François **Dalibard** durch einen am 10. Mai während eines Gewitters in Marly bei Paris mit einem Metallgestänge unternommenen Versuch und Benjamin **Franklin** durch einen im Juni unternommenen Drachenversuch die Identität der Luftelektrizität mit der Scheibenelektrizität außer Zweifel.

— Der Repetitionstheodolit beruht auf dem von Johann Tobias **Mayer** angegebenen Verfahren der doppelten Repetition oder Multiplikation und unterscheidet sich von dem einfachen Theodolit dadurch, daß er bei einmaliger Aufstellung und zweimaliger Ablesung ein beliebig großes Vielfaches eines gegebenen Winkels zu messen gestattet, aus dem man durch Division leicht den einfachen Winkel bestimmen kann. Dies Verfahren vermindert den Einfluß der Beobachtungsfehler.

— Louis Guillaume **Le Monnier** bestätigt die von Cassini de Thury beiläufig gemachte Beobachtung, daß die Luft, auch wenn kein Gewitter am Himmel steht, elektrisch ist.

— René Antoine F. **de Réaumur** macht Experimente über die Verdauungskraft bei Vögeln, indem er denselben kleine mit verschiedenen Nahrungsmitteln gefüllte Metallröhren zu schlucken gibt, und erzielt durch diese Versuche eine wesentliche Aufhellung der Natur und der Leistungen des Magensaftes. Ähnliche Versuche werden 1777 von Stevens in Edinburg an einem ungarischen Künstler vorgenommen, dem er mit Nahrung gefüllte kleine durchlöcherte silberne Kugeln zu verschlucken gibt, deren Nahrungsinhalt unter dem Einfluß des Magensaftes aufgelöst wird.

— John **Smeaton** in England fördert durch Versuche die Lehre vom Bau der Wasserräder und Windräder.

1753 John **Canton** entdeckt die elektrische Influenz und konstruiert zum Nachweis derselben sein Korkkugel-Elektroskop. Die Theorie der Influenz wird im gleichen Jahre von Wilcke aufgestellt.

— Antoine **Deparcieux** weist nach, daß Wasser durch Druck viel mehr leistet, als durch Stoß, daß daher oberschlächtige Räder den unterschlächtigen vorzuziehen sind.

— Edward **Dighton** wendet das beim Kattundruck übliche Druckverfahren mit gestochenen oder geätzten Kupferplatten, die aus freier Hand mit dem Pinsel ausgemalt werden, an, um Papiertapeten herzustellen. Die Papiertapeten, die in China schon lange üblich waren, kamen in Europa erst im 18. Jahrhundert auf; anfangs hatte man die Muster mit Hilfe von Papierschablonen gemalt.

— John **Dollond** stellt nach den Vorschlägen von Bouguer (s. 1748 B.) das erste Heliometer her. Die ersten umfangreicheren Beobachtungen mit diesem Instrument, die sich namentlich auf die Stellung der Jupitertrabanten gegen den Planeten beziehen, macht 1796 Franz von Paula Triesnecker in Wien.

— Leonhard **Euler** berechnet unter dem Gesichtspunkt des Problems von den drei Körpern die Bewegung des Mondes und ermöglicht dadurch Johann Tobias Mayer (s. 1760 M.) die Herausgabe seiner berühmten Mondtafeln.

— Leonhard **Euler** fördert durch seine „Principes de la trigonométrie sphérique tirés de la méthode des plus grands et des plus petits" die sphärische Trigonometrie. Er geht darin von den Eigenschaften kürzester Linien auf krummen Flächen aus und spezialisiert die gefundenen Sätze für die größten Kreise der Kugelfläche. Er macht ferner zuerst auf den Zusammenhang der Formeln in der sphärischen und ebenen Trigonometrie aufmerksam, der 1765 von Lambert in seinen „Beyträgen zum Gebrauch der Mathematik" genauer auseinander gesetzt wird.

— Leonhard **Euler** wirkt bahnbrechend in der Kartographie, indem er allgemeine Regeln für das Projizieren aufstellt und vor allem auch die Größe der Verzerrung in gewissen Fällen mathematisch bestimmen lehrt.

— Benjamin **Franklin** zeigt, daß man ein Gebäude mit Hilfe einer dasselbe überragenden und andrerseits bis in die leitenden Schichten der Erde reichenden Metallstange vor dem Einschlagen des Blitzes sichern kann und erfindet damit den Blitzableiter. (Vgl. jedoch 1170 v. Chr.)

— Nachdem Denisard und De la Douaille 1731 eine Wassersäulenmaschine projektiert hatten und Bélidor in seiner „Architecture hydraulique" 1736 von einer solchen gesprochen hatte, führt **Höll** die erste nach ihm benannte Höll'sche Luftmaschine (Wassersäulenmaschine), bei welcher durch niederfallendes Wasser Druckluft erzeugt wird, im Amaliaschacht zu Schemnitz in Ober-Ungarn aus. Im gleichen Jahre bringt (nach Calvör) der Artilleriemajor Winterschmidt eine kleine Wassersäulenmaschine auf der Grube Carlsgnade in Gang, erbaut dann aber 1761 eine größere Maschine mit wesentlich verbesserter Steuerung auf dem „Treuer Schacht" bei Clausthal.

— André **Levret** vervollkommnet die geburtshilflichen Operationen, die er vielleicht zu häufig anwendet, so daß durch seinen Schüler Boer (s. 1791 B.) eine Einschränkung erfolgt. Er verbessert die Geburtszange, vervollkommnet die Operation der Wendung und den Kaiserschnitt, und wagt es zuerst, die Polypen des Uterus zu operieren.

— Karl **von Linné** führt die schärfere Bestimmung der Arten und ihre binäre Benennung für alle ihm bekannten Pflanzen durch (Species plantarum).

— Nachdem Schlafbewegungen einzelner Pflanzen schon von Plinius und Albertus Magnus erwähnt worden waren, weist Karl **von Linné** zuerst auf die Häufigkeit solcher Bewegungen bei Blättern und Blüten hin.

1753 Karl **von Linné** führt die bereits den Griechen und Römern bekannte Pfefferwurzel „Pimpinella" als Medikament ein.

— Pierre Joseph **Macquer** erkennt die Bedeutung der Beizen für die Färberei und unterscheidet in seinem Buch „Art de la teinture" deutlich zwischen substantiven und adjektiven Farbstoffen, eine Unterscheidung, welche den ferneren Untersuchungen über den Zeugdruck die Wege ebnet.

— Georg Wilhelm **Richmann** wird am 6. August vom Blitz erschlagen, als er sich bei einem aufsteigenden Gewitter einer auf seinem Hause angebrachten isolierten Eisenstange, die ohne alle Ableitung war, auf einen Fuß Entfernung genähert hatte. Die Gefahren der Franklin'schen Experimente werden durch dieses Vorkommnis erwiesen.

— Der Schotte Dionysius **Robertson,** Bereiter und Tierarzt in englischen, österreichischen, württembergischen und sächsischen Diensten, gibt ein Pferdearzneibuch heraus, in welchem viele neue Beobachtungen niedergelegt sind. Er ist namentlich auch als Operateur (d. h. als Kastrator) tätig und erfindet die Methode der Kastration mit Kluppen.

1754 Anton Friedrich **Büsching** gibt in seiner „Neuen Erdbeschreibung" den ersten grundlegenden Versuch einer wissenschaftlichen Behandlung der politisch-statistischen Geographie.

— John **Canton** und 1757 Franz Ulrich Theodor **Aepinus** erweisen, daß Turmalin (s. 1707 D.) durch Erwärmen tatsächlich elektrisch wird, was später, insbesondere von Hankel (1839), auch für Krystalle von Kalkspat, Gips, Feldspat usw. nachgewiesen wird (Pyroelektrizität).

— Der Pfarrer Prokop **Divisch** in Brenditz in Mähren kommt unabhängig von Franklin auf die Idee, durch die Wirkung vieler Metallspitzen einen ruhigen Ausgleich der Elektrizität herbeizuführen.

— Nachdem das Schießpulver bis dahin in Stampfmühlen hergestellt worden war, errichtet **Ferri** die erste Walzmühle in Essone (Frankreich). Im gleichen Jahre gibt Karl **Knutberg** die Kollermühlen an, die zum Kleinen der einzelnen Bestandteile 1787 von Cossigny allgemein eingeführt werden.

— Immanuel **Kant** in Königsberg weist zuerst darauf hin, daß die Umdrehungsgeschwindigkeit der Erde durch die der Erdrotation entgegenwirkende Kraft von Ebbe und Flut stetig verkleinert werden muß. Robert Mayer führt diesen Gedanken später weiter aus.

— Jean Jacques **Mairan** spricht zuerst die Ansicht aus, daß die Nebelflecke gasförmiger Natur sind.

— Nachdem J. H. Pott 1744 aus Ton und Schwefelsäure Alaun dargestellt hatte, zeigt Andreas Sigismund **Marggraf,** daß die Alaunerde von Kalk verschieden und im Ton mit Kieselsäure verbunden ist. Er gibt die Flammenreaktion der Kaliumsalze (violett) und Natriumsalze (gelb) an.

— Guillaume François **Rouelle** in Paris unterscheidet zuerst zwischen sauren, neutralen und basischen Salzen. Er stellt zuerst das saure schwefelsaure Kali dar.

— William **Smellie** erwirbt sich unvergängliche Verdienste um die Lehre von der natürlichen Geburt und vom Geburtsmechanismus. Zum Unterricht verwendet er zuerst ein Phantom, dessen Grundlage ein natürliches Becken darstellt.

1755 James **Anderson** führt die Trockenlegung nasser Acker- und Wiesengrundstücke in großem Maßstabe in ähnlicher Weise durch, wie dies bereits von Columella (s. d.) i. J. 60 n. Chr. beschrieben worden ist, indem er unterirdische Abzugskanäle anlegt. Drainröhren kennt er noch nicht.

— Johann Christian **Bernhardt** beschreibt die fabrikmäßige Gewinnung des Vitriolöls (Schwefelsäure) aus Eisenvitriol. Er stellt zuerst die wasserfreie Schwefelsäure dar, die er „Sal volatile olei vitrioli" nennt und von der wässerigen Vitriolsäure unterscheidet, welche schon über dem Gefrierpunkt des Wassers fest wird.

1755 Joseph **Black** untersucht die Kaustizität der Alkalien und erklärt zuerst richtig den Unterschied zwischen milden und ätzenden Alkalien und ihre Umwandlung ineinander.

— Joseph **Black** beweist die Verschiedenheit der Magnesia, welche er durch Präzipitation aus Bittersalz darstellt, von der Kalkerde. Als unterscheidende Merkmale betrachtet er die verschiedene Löslichkeit der schwefelsauren Salze sowie des gebrannten Kalks und der gebrannten Magnesia im Wasser. Die Verschiedenheit an sich war bereits 1724 von Friedrich Hoffmann behauptet worden.

— **Bourdelin** gibt zuerst an, daß Kupferniederschläge die Flamme des darüber abbrennenden Weingeistes grün färben.

— Der Buchhändler und Buchdrucker Johann Gottlob Immanuel **Breitkopf** in Leipzig erfindet den Musiknotendruck mit beweglichen und zerlegbaren Typen, welcher sich von dem bisherigen Verfahren (s. 1476 H., 1498 P. und 1525 H.), das gleichfalls als „beweglich" („Caratteri mobili") bezeichnet wurde, dadurch unterscheidet, daß alle einzelnen Teile der Note (z. B. an einer Achtelnote der Kopf, die Cauda und das Fähnchen) für sich getrennt gesetzt werden.

— Der Schweizer Michély **du Crest,** der lange Jahre auf der Feste Aarburg als Staatsgefangener interniert ist, ist der erste, der ein Landschaftspanorama (Gesamtansicht der Alpen) nach geometrischen Regeln richtig darstellt.

— Jean André **Deluc** beobachtet zuerst, daß, um Eis zu schmelzen, es nicht ausreichend ist, dasselbe bis auf seine Schmelztemperatur zu erwärmen, sondern daß noch eine gewisse Quantität Wärme hinzugefügt werden muß, um die Arbeit, welche die Überführung in den zweiten Aggregatzustand bedingt, zu leisten. Clausius hat vorgeschlagen, die hierzu verbrauchte Wärme als Schmelzungswärme zu bezeichnen.

— Leonhard **Euler** gelingt es, die Clairault'schen partiellen Differentialgleichungen auf einfachere Weise abzuleiten und in diejenige Form zu bringen, in der sie heute noch zur Beantwortung der wissenschaftlichen Gleichgewichtsfragen flüssiger Körper angewendet werden.

— Leonhard **Euler** gibt in seiner Schrift „Institutiones calculi differentialis" die nach ihm benannten Zahlen (Euler'sche Zahlen, Sekantenkoeffizienten) an, gewisse Zahlen, die als Koeffizienten auftreten, wenn man sec x in eine Potenzreihe von x entwickelt. Die sechs ersten sind: 1, 5, 61, 1385, 50 521, 270 715.

— Immanuel **Kant** in Königsberg entwickelt in seiner „Allgemeinen Naturgeschichte und Theorie des Himmels" eine neue Anschauung von der Entstehung des Sonnensystems, wobei er die mechanische Theorie mit der teleologischen zu vereinigen sucht. (Vgl. 1750 W. und 1796 L.)

— Während Galilei (s. 1610 G.) die Ansicht ausgesprochen hatte, daß die Milchstraße eine Anhäufung unzähliger, nahe aneinander befindlicher Sternchen sei, spricht Nicolas Louis **de Lacaille** bei Gelegenheit der Durchmusterung der Nebel des Südfirmaments den Gedanken aus, daß dieselbe teils aus kleinen Sternen, teils aus unauflösbaren Nebeln bestehe, auf denen sich die Sterne projizieren, ein Gedanke, der durch die neuesten Forschungen, besonders die von Kapteyn Bestätigung findet.

— Der schweizer Physiker Martin **von Planta** erfindet die Glasscheiben-Elektrisiermaschine, elf Jahre vor Jesse Ramsden, dem mit Unrecht diese Erfindung zugeschrieben wird.

— Percival **Pott** führt zuerst eine Exstirpation beider Ovarien wegen irreponibler doppelseitiger Ovarialhernie aus.

1755 Johann Gottfried **Zinn** macht Untersuchungen über das Gefäßsystem im Auge und über den Glaskörper und bestätigt Demours' Befund. (S. 1741 D.) Er beschreibt zuerst das vom Rande der Retina zum Rande der Linsenkapsel gehende, nach ihm „Zonula Zinnii" benannte Aufhängeband der Linse, über das später Döllinger, M. F. Weber (1827) und Eugen Schneider (1827) Untersuchungen machen.

1756 Marco Antonio **Caldani** beobachtet 33 Jahr vor Galvani das Zucken der Froschschenkel in der Nähe der Elektrisiermaschine, ohne die Wichtigkeit dieser Beobachtung zu ahnen.

— Nicolas **Desmarest** untersucht die Verhältnisse der Vulkane der Auvergne, bekämpft die Meinung Guettards (s. 1751 G.), wonach der säulenförmige Basalt neptunischen Ursprungs sei, und erkennt zuerst mit Bestimmtheit die vulkanische Natur des Basalts, wie des Porphyrs und Granits.

— Leonhard **Euler** vervollkommnet die Theorie der Windräder (s. 1738 B.) und entwickelt namentlich auf analytischem Wege den Ausdruck für die vom Winde auf eine doppelt gekrümmte Fläche übertragene mechanische Arbeit, wobei er zeigt, wieviel vorteilhafter eine solche Fläche ist, als eine Ebene. Zu ähnlichen Resultaten war Maclaurin 1752 auf geometrischem Wege gelangt. Die Theorie wird später von Coriolis (1829) und von Weisbach (1836) noch vervollkommnet.

— Während bisher die Umwandlung des Bleiweißes, die hauptsächlich nach dem holländischen oder deutschen Verfahren erfolgte, in großen Töpfen vorgenommen wurde, schlägt Michael **von Herbert** in Klagenfurt dafür zuerst begehbare Kammern vor. Der unter Anwendung solcher Kammern vor sich gehende Prozeß heißt von da ab die „Klagenfurter Methode".

— **Hohlfeld** aus Hennerndorf konstruiert die erste Häckselschneidemaschine.

— Immanuel **Kant** stellt in seiner „Theorie der Winde" das Drehungsgesetz des Windes auf, das später von Dove (s. 1835 D.) weiter entwickelt wird.

— Johann Gottlieb **Leidenfrost** wiederholt das von Boerhaave angegebene Experiment des sphäroidalen Zustands der Flüssigkeitstropfen, der nach ihm Leidenfrost'sches Phänomen genannt wird. (Vgl. 1732 B.)

— Thomas **Macaulay** führt die erste künstliche Frühgeburt mit glücklichem Erfolge aus.

— Pieter **van Musschenbroek** macht bemerkenswerte Arbeiten über die Festigkeit der Baumaterialien.

— Nachdem seit Hippokrates (s. 400 v. Chr.) die Kenntnisse der Skrofulose wenig Fortschritte gemacht hatte, obschon Ärzte, wie Cullen, Wisemann u. a. sich damit befaßt hatten, erläßt die **Pariser Akademie für Chirurgie** ein Preisausschreiben, das Studien von Faure, Bordeu, Majault u. a. hervorruft. Aber auch sie tragen ebensowenig wie die infolge eines zweiten Preisausschreibens der Académie de médecine i. J. 1786 gemachten Arbeiten von Hufeland, Weber u. a. zur Klärung der Frage bei.

— Philipp **Pfaff** in Berlin veröffentlicht ein epochemachendes Werk über die Zähne und deren Krankheiten. Er kennt drei Füllungsmaterialien, Blei, Gold und Stanniol, von denen das Gold das beste, seiner Kostspieligkeit wegen aber nur wenig zu brauchen sei. Er spricht auch von künstlichen Zähnen aus Kupfer, auf die er ein zartes Email aufträgt, und von Gipsmodellen nach Wachsabdrücken des Kiefers. (Vgl. auch 400 v. Chr.)

— Der Pariser Apotheker **Quinquet** verwendet zuerst den gläsernen Lampenzylinder, dessen Idee schon zwei Jahrhunderte vorher von Leonardo da Vinci ausgesprochen wurde.

— Der Londoner Architekt **Ravehead** bringt bei dem Krankenhaus für alte Seeleute zu Stonehouse bei Plymouth zuerst das Pavillonsystem zur Durchführung. (S. a. 1714 L.)

1756 Benjamin **Robins** macht in La Fère den Versuch, eiförmig gestaltete Granaten an Stelle der Rundkugeln aus glatten Geschützen zu verfeuern. Der Versuch mißlingt aus dem gleichen Grunde, wie bei Clarner. (S. 1627 C.) Doch gelangt das eiförmige Geschoß später bei dem Langblei des Dreyseschen Zündnadelgewehrs (s. 1836 D.) zu praktischer Bedeutung.

— Nach einer Aufzeichnung des preußischen Majors von Scheele a. d. J. 1756 hat der Regimentsfeldscher **Schmuckert** von der Garde ein Pulver erfunden, „davon man ohne Brot und ander Essen 14 Tage leben kann". Der vom König Friedrich II. angeordnete Versuch, wobei man das Pulver in Wasser einige Minuten aufkochen ließ, hatte ein günstiges Ergebnis. Die Anregung zur Herstellung seines „Pulvers wider den Hunger" scheint Schmuckert aus Frankreich erhalten zu haben. Man wird dieses Fabrikat als Vorläufer der Erbswurst (s. a. 1867 G.) und ähnlicher Konserven anzusehen haben.

— John **Smeaton** macht die Beobachtung, daß der aus tonhaltigen Kalksteinen gebrannte Kalk die Eigenschaft besitzt, unter Wasser zu erhärten, und benutzt einen solchen Kalk mit Zuschlag von Sand und Eisenschlacken als Mörtel beim Bau des Eddystone-Leuchtturms. (S. 1757 S.)

1757 Michel **Adanson** konstatiert, daß Schwalben und andere Zugvögel im Oktober an der Westküste des tropischen Afrika eintreffen, aber nicht daselbst brüten.

— Michel **Adanson** berücksichtigt bei der Beschreibung der am Senegal gefundenen Conchylien zum ersten Male nicht bloß die Schalen, sondern auch das Tier. Er teilt die Conchylien in Schnecken und Muscheln, in welcher Einteilung ihm 1767 Geoffroy und 1774 Otto Friedrich Müller folgen.

— Joseph **Black** lehrt die von Helmont zuerst charakterisierte Kohlensäure, die er als fixe Luft bezeichnet, näher kennen und hebt deren saure, Alkalien neutralisierende Eigenschaft hervor. Er beobachtet auch zuerst die Ausscheidung von Kohlensäure bei der Atmung.

— Friedrich August **Cartheuser** stellt das doppeltkohlensaure Kali dar, dessen Natur durch G. F. Rouelle, Cavendish und Bergman aufgeklärt wird.

— Charles **Cavendish** konstruiert das erste Maximumthermometer, sowie das erste Minimumthermometer.

— Nachdem durch Chester More Hall (s. 1729 H.) die Möglichkeit der Herstellung einer achromatischen Linse gegeben war, beschäftigt sich John **Dollond** mit der Herstellung von Objektivgläsern, die er aus bikonvexen Crownglas- und konkaven Flintglaslinsen in vorzüglicher Qualität herstellt und durch die er seinen dioptrischen Fernrohren eine große Überlegenheit über die bisherigen Instrumente gibt.

— John **Fothergill** empfiehlt Kino als „Novum gummi rubrum adstringens gambiense" zur Aufnahme in den Arzneischatz.

— Albrecht **von Haller** beschäftigt sich eingehend mit der Ernährungsfrage und sucht die Mengen der Einnahmen und Ausgaben des Körpers zu ermitteln. Er spricht klar aus, daß durch die Arbeitstätigkeit Stoffe des Körpers aufgezehrt werden, welche durch Nahrung wieder ersetzt werden müssen.

— Albrecht **von Haller** macht Beobachtungen über die Entwicklung des Keims im bebrüteten Ei und über das Knochenwachstum. Er vertieft die Anschauungen von Glisson (s. 1672) und Cornelio (s. 1680) in bezug auf die Kontraktionsfähigkeit der Muskeln und Gewebe und zeigt, daß die Lebensleistung eines jeden Organs ihren Sitz in dem Organ selbst hat, und daß die Kräfte, welche die charakteristische Tätigkeit eines Organs bedingen, in diesem selbst gegeben sind. Er trägt durch diese seine Irritabilitätslehre dazu bei, daß die Lehre von der Lebenskraft allmählich an Boden verliert. (Vgl. auch 1780 B.)

1757 Peter **Hogström** macht in seiner Abhandlung „Von der Verwahrung des Getreides und der Gewächse vor Frost durch Rauch" den Vorschlag, Getreidefelder u. dgl. vor den übeln Folgen der Nachtfröste durch Raucherzeugung zu schützen, wie dies in alten Zeiten vielfach geübt wurde. (S. 1580.)

— John **Smeaton** erbaut in den Jahren 1757—1759 einen steinernen Leuchtturm auf den Eddystone Rocks, etwa 14 englische Meilen südlich von Plymouth. Der Bau, unter großen Schwierigkeiten ausgeführt, darf als eines der kühnsten Werke der Wasserbaukunst gelten. Von der Brandung mit der Zeit unterspült, ist der Turm später abgebrochen und 1878—82 durch einen 51 m hohen Neubau ersetzt worden. (Vgl. a. 1756 S.)

— Alexander **Wilson** erfindet die araeometrischen Glasperlen, kleine hohle Glaskugeln von ungleichem Gewicht, numeriert nach den Abstufungen der Dichte der Flüssigkeiten, in welchen sie einen ihrem Gewicht gleichen Gewichtsverlust erleiden. Wirft man eine Anzahl solcher Kugeln in die zu untersuchende Flüssigkeit, so sinken sie teils zu Boden, teils steigen sie empor, teils erhalten sie sich schwebend in der Flüssigkeit. Die letztern geben die gesuchte Dichte an.

1758—71 James **Brindley** baut auf Kosten des Herzogs von Bridgewater den 61 km langen Bridgewater-Kanal, der die Steinkohlengruben des Herzogs mit Manchester und Liverpool verbindet und dadurch besonders bemerkenswert ist, daß er vermöge eines 183 m langen und 12 m hohen Aquädukts über den schiffbaren Irwell und den Mersey führt.

1758 Der englische Militärarzt **Brocklesby** macht die ersten Versuche einer Behandlung der Kranken in behelfsweise hergestellten Hütten leichtester Bauart. Er konstruiert zu diesem Zwecke auf einer Art von Pfahlrost in Holzbau ausgeführte kleine Feldlazarette (für 24—30 Kranke), welche zur Unterstützung der Luftzirkulation mit Öffnungen im Dach versehen sind. Er ist damit der erste, der die Dezentralisation bei den Krankenhausanlagen anbahnt. (Vgl. indes auch 1714 L.)

— John **Champion** in England ermöglicht die Verarbeitung der Zinkblende auf Zink, indem er die Röstung derselben einführt, bei welcher der Schwefel ausgetrieben und das Zink oxydiert wird.

— Nachdem E. Bartholinus (s. d. 1670), sowie der schwedische Bergrat Andreas von Swab (1738) gelegentlich das Lötrohr bei mineralogischen Untersuchungen angewendet hatten, begründet Axel Fredrik **Cronstedt** in Stockholm die planmäßige Anwendung des Lötrohrs in der Mineralanalyse. Er gibt eine Klassifikation der Mineralien, in welcher er dem Sand keine besondere Klasse zuerkennt, da derselbe ein Gemisch kleiner Steine sei.

— Jean **Descemet** entdeckt die hintere Basalmembran der Hornhaut, die nach ihm „Membrana Descemetii" genannt wird. Auf die Priorität dieser Entdeckung machte auch Pierre Demours, indes mit weniger Recht, Anspruch.

— Henri Louis **Duhamel du Monceau** begründet mit seiner „Physique d'arbres" die wissenschaftliche Epoche des Forstwesens.

— Henri Louis **Duhamel du Monceau** macht die ersten Versuche, Pflanzen in destilliertem Wasser zu kultivieren, dem er die Nährstoffe in passender Form und abgewogener Menge zusetzt. Es gelingt ihm, wie später Théodore de Saussure (1804), Humphry Davy (1804), Julius Sachs (1859) und Knop (1861) auf diese Weise Pflanzen in vollkommen normaler Ausbildung und mit reifem, fortpflanzungsfähigem Samen zu gewinnen.

1758 Leonhard **Euler** veröffentlicht den nach ihm benannten Satz: In jedem von Ebenen begrenzten, einfach zusammenhängenden Körper („Euler'schem Polyeder") ist die Anzahl der Ecken, vermehrt um die der Flächen, gleich der um 2 vermehrten Anzahl der Kanten. Indes haben Descartes und vermutlich auch Archimedes diesen Satz schon gekannt, da der letztere sonst schwerlich die Sternpolyeder vollständig hätte angeben können.

— Der Engländer **Everett** baut die erste durch Wasserkraft betriebene Tuchschermaschine, deren Scheren den Handscheren nachgeahmt sind.

— Benjamin **Franklin** studiert in eingehender Weise und auf streng wissenschaftlicher Grundlage den durch den Schornstein hervorgerufenen Luftzug und empfiehlt die Schornsteine zur natürlichen Lüftung und Kühlung der Wohnungen. Eine Erweiterung seiner Untersuchungen findet sich in seiner i. J. 1785 erscheinenden Schrift „Beobachtungen über die Ursachen und die Abhilfe von rauchenden Kaminen".

— Der Wiener Arzt Anthony **de Haen** verwendet das Thermometer in größerem Maßstab in der Medizin und benutzt dasselbe namentlich zur Messung der Fiebertemperatur.

— Karl **von Linné** führt die schärfere Bestimmung der Arten und ihre binäre Benennung für alle ihm bekannten Tiere durch. (10. Auflage seines „Systema naturae".)

— Andreas Sigismund **Marggraf** weist nach, daß die Farbe des Lasursteins (Lapis lazuli) nicht von einem Gehalt an Kupfer herrühre, daß das färbende Prinzip vielmehr Eisen sei. Klaproth findet 1795 als seine Bestandteile Kieselerde, kohlensauren Kalk, Alaunerde, schwefelsauren Kalk, Eisenoxyd und Wasser.

— Jedediah **Strutt** baut den Handkulierstuhl von Lee (s. 1589) zur Erzeugung von durchbrochenen Wirkwaren (Derby-rib machine) um.

— Andreas **von Swab** macht bei Gelegenheit der Untersuchung eines Zeoliths zuerst auf das Gelatinieren der Kieselsäure (Kieselgallerte) aufmerksam, über das Bergman 1777 genaue Angaben macht.

1759 Franz Ulrich Theodor **Aepinus** eliminiert aus der Elektrizitätslehre die Cartesianischen Vorstellungen von Ausflüssen und führt in dieselbe die Newton'sche Anschauungsweise der Kraftäußerung, die „Actio in distans" ein.

— Giovanni **Arduino** teilt zuerst in seiner Abhandlung über die Gebirge von Padua, Vicenza und Verona die Berge nach ihren Lagerungsverhältnissen und nach ihrer Entstehung in primitive (ohne Versteinerungen), sekundäre und tertiäre (mit Überresten von Pflanzen und Tieren) und in vulkanische ein.

— Nachdem bereits 1736 zu Irkutsk in Sibirien bei strenger Kälte ein Gefrieren des Quecksilbers im Thermometer beobachtet worden war, gelingt es zuerst Josias Adam **Braun** in Petersburg, das Quecksilber durch eine künstliche Kältemischung (Schnee und verdünnte Salpetersäure) zum Gefrieren zu bringen.

— Johann Heinrich **Lambert** gibt in seiner Schrift „Die freie Perspektive" die Grundlehren der Zentral- und Parallelprojektion.

— L. L. F. **de Lauraguais** entdeckt den Essigäther bei Destillation starker Essigsäure mit Weingeist, wobei vermutlich eine Mineralsäure zugegen war.

— Andreas Sigismund **Marggraf** bestätigt, daß die Magnesia eine besondere Erde ist (vgl. auch 1755 B.) und erkennt deren Vorkommen in verschiedenen Mineralien, wie im Serpentin, Speckstein, Amianth und Talk. Das Vorkommen der phosphorsauren Magnesia in den Knochen stellen 1803 Fourcroy und Vauquelin fest.

— José Celestino **Mutis** wendet zuerst die Angosturarinde als Heilmittel an.

Nach Deutschland gelangt sie erst 1788 durch die englischen Ärzte Ewer und Williams, die sie von Trinidad mitgebracht hatten.

1759 William **Porterfield** gründet auf den Scheiner'schen Versuch (s. 1615 S.) ein Optometer, d. i. ein Instrument, welches durch Bestimmung des Fernpunktes des Auges den Refraktionszustand und durch gleichzeitige Bestimmung seines Nahepunktes die Akkommodationsbreite festzustellen gestattet.

— John **Robison** ist der erste, der die Anwendung der Dampfkraft für Straßenwagen, und zwar seinem Freunde James Watt vorschlägt.

— François **Sauvages de la Croix** bringt den Ausdruck „Typhus" für eine bestimmte Gruppe von Affektionen, und zwar einerseits den nervösen, gastrischen und Abdominaltyphus, andererseits den Flecktyphus zur allgemeinen Anwendung in der Pathologie, doch werden Abdominal- und Flecktyphus erst 1810 durch Hildenbrand und namentlich 1836 durch Gerhard und Pennock genauer unterschieden und gegeneinander abgegrenzt.

— Johann Heinrich **von Schüle** in Augsburg scheint zuerst die gestochenen Kupferplatten zum Drucken in der Kattundruckerei verwandt zu haben.

— John **Smeaton** findet in seinen Untersuchungen über die Friktion beim Eingriff von Rad- und Getriebezähnen als beste Gestalt der Zähne für die Kammräder die zykloidische, für die Stirnräder die epizykloidische.

— Robert **Symmer** begründet die dualistische Theorie der Elektrizität, in welcher die auch heute noch vielfach benutzte Hilfsvorstellung von den zwei elektrischen Fluiden zum Ausdruck gebracht ist.

— Josiah **Wedgwood** gelingt es, unter Vervollkommnung der Astburyschen Entdeckung (s. 1720 A.) aus weißem Tone von Devonshire und gemahlenem Feuerstein milchweißes Steinzeug und Geschirr herzustellen, das er mit einer glänzenden Glasur versieht und unter dem Namen „Queen-Ware" in den Handel bringt.

— Josiah **Wedgwood** erhält durch Brennen einer mit verschiedenen Metalloxyden gemischten Tonmasse Nachahmungen von farbigen Steinen (namentlich Achat) und erfindet die sog. Jaspistöpferei, welche auf der Herstellung einer besonders zarten und schönen weißen Masse beruht, die sich durch Zusatz von Metalloxyden in der ganzen Substanz färben läßt. Durch Anbringung von Reliefs in weißer Masse auf gefärbter Unterlage stellt er die nach ihm benannte „Wedgwood-Ware" her.

— Johann Heinrich **Ziegler** bestimmt die Spannkraft des Wasserdampfs, indem er Dampf in einem abgeschlossenen Raum erzeugt und feststellt, welcher Druck bei einer bestimmten Temperatur entsteht. Von gleichem Prinzip gehen Watt (s. 1764 W.), Bétancourt (s. 1792 B.) und G. Schmidt bei ihren Bestimmungen aus.

1760 Robert **Bakewell** bewirkt durch sein Züchtungsverfahren die Verbesserung des Leicesterschafes und des „Longhorn"-Rindes in so vollendeter Weise, daß er eine ausgezeichnete Grundlage zu allen weitern Fortschritten legt.

— Johann Gottlob Immanuel **Breitkopf** in Leipzig unterzieht die Formen der Fraktur- oder sog. „deutschen" Druckschrift (vgl. 1522 Dürer), welche im 17. Jahrhundert alle Schönheit verloren hatte, einer durchgreifenden Verbesserung. Durch seine Bestrebungen, die im Anfang des 19. Jahrhunderts durch die Schriftschneider Gebrüder Walbaum fortgesetzt werden, hat der Frakturdruck seine heutige Form erhalten.

— Pieter **Camper** weist zuerst nach, daß die Linse des Auges, wie Leeuwenhoek vermutet hatte, aus Fasern besteht.

— Pieter **Camper** stellt den Gesichtswinkel als Rassenmerkmal auf und macht die ersten Versuche der Messung von Schädeln, über welche er in seiner Schrift „Über die Verschiedenheit der Gesichtszüge des Menschen" berichtet.

1760 Domenico **Cotugno** entdeckt beim Kochen des Harns von Wassersüchtigen und Diabetikern eine gerinnbare Substanz, die sich als Eiweiß erweist. Er entdeckt den „Aquaeductus Cottunnii" im Felsenteil des Schläfenbeins und liefert zuerst den sicheren Nachweis, daß das Labyrinth Flüssigkeit enthält, während bis dahin die aristotelische Ansicht galt, daß dasselbe Luft enthalte.

— **Goulard** führt eine Lösung von basisch essigsaurem Blei als äußerlich zu benutzendes Mittel in den Arzneischatz ein. (Goulard'sches Wasser.)

— Wer der erste Erfinder der Kunsthefe ist, läßt sich nicht mit Sicherheit feststellen. Die ersten Nachrichten darüber gibt Ferdinand **Justi** in seinen „Ökonomischen Schriften über die wichtigsten Gegenstände der Stadt- und Landwirtschaft".

— Robert **Kay**, Sohn von John Kay, ermöglicht durch die Doppel- oder Wechsellade im Webstuhl das Einschießen verschiedenfarbiger Fäden.

— **Knoop** in Holland behandelt in seinem „Hortulanus mathematicus" die Obstzucht und gibt eine ausführliche Beschreibung der europäischen Obstsorten.

— Der Mathematiker Joseph Louis **Lagrange** in Turin gibt ein Verfahren zur Lösung der Aufgaben der Variationsrechnung an, das im wesentlichen noch heute benutzt wird. Eine weitere Förderung hat die Variationsrechnung gefunden durch Jacobi, Weierstraß, Schwarz und A. Mayer.

— Johann Heinrich **Lambert** zeigt, daß die durch einen Körper hindurchgehende Lichtmenge in geometrischer Reihe abnimmt, wenn die Dicke des Körpers in arithmetischer Reihe wächst. Dieses nach Lambert benannte Gesetz wird 1828 von J. F. W. Herschel und 1853 von Beer (s. d.) bestätigt. (S. a. 1857 B.)

— Johann Heinrich **Lambert** erfindet gleichzeitig mit Pierre **Bouguer** das Photometer (Schattenphotometer) und begründet die Lehre von der Messung des Lichts (Photometrie).

— Martin Frobenius **Ledermüller** gebraucht zuerst die Bezeichnung „Infusionstiere", die später in Infusorien abgekürzt wird.

— Anne Charles **Lorry** macht die ersten Untersuchungen über das Atmungszentrum. (S. a. 1812 L.)

— Johann Tobias **Mayer** der Ältere gibt seine auf die Theorie der Mondbewegung (s. 1753 E.) gegründeten Mondtafeln heraus, aus welchen man den Ort des Mondes am Himmel für jede gegebene Zeit ohne Schwierigkeit herleiten kann. Diese Mondtafeln ermöglichen erst die Ausführung der von Vespucci vorgeschlagenen Längenbestimmung nach Monddistanzen. (Vgl. 1499 V. und 1766 W.)

— John **Michell** stellt eine Hypothese über die Fortpflanzung der unterirdischen Bewegungen auf, wobei er annimmt, daß die Ursache dieser Bewegungen in den im Erdinnern erzeugten Dämpfen zu suchen ist. Er hat eine richtige Vorstellung von dem Wesen der geologischen Schichtung und weiß, daß die Schichten in der Niederung meist wagerecht, im Gebirge dagegen vielfach gebogen und gebrochen sind.

— Johann Joosten **Musschenbroek** erwähnt zuerst den Farbenkreisel, der auf ähnlichem Prinzip wie die stereoskopischen Scheiben (s. 1832 P.) beruht.

— Der französische Chirurg Hugues **Ravaton** benutzt zuerst einen an vier Ringen aufgehängten Stiefel aus Blech zur „schwebenden" Lagerung gebrochener Beine, eine Erfindung, die gewöhnlich Sauter zugeschrieben wird.

— John **Smeaton** erfindet das Zylindergebläse und führt zuerst ein solches mit vier gußeisernen Zylindern für den Hochofen des schottischen Eisenwerkes Carron aus.

— Lazzaro **Spallanzani** macht Forschungen über die Infusionstierchen, den

Kreislauf des Blutes und die Zeugungslehre und führt insbesondere den Nachweis, daß die Befruchtung durch die Samenkörper stattfindet.

1760 Anton **von Störk** wendet zuerst den Schierling, den man bis dahin durchgehends als Gift betrachtet hatte, in der Medizin und zwar innerlich gegen Rhachitis, Beinfraß und gegen Kachexie an.

— Clifton **Wintringham,** Arzt in London, führt die von Borelli begründete Jatromathematik in bahnbrechender Weise weiter.

1761 Jean **Astruc** bearbeitet die Hautkrankheiten und sucht schon fast ganz im modernen Sinne den anatomischen Sitz der einzelnen Hautaffektionen festzustellen. Er unterscheidet Epidermis, Schleimmembran, Cutis, Schweißdrüsen, Talgdrüsen, Haarbälge und Nervenpapillen.

— Joseph Leopold **Auenbrugger** begründet in seinem Buche „Inventum novum ex percussione thoracis humani ut signo abstrusos interni pectoris morbos detegendi" in wissenschaftlicher Weise die Perkussion des Thorax, die er systematisch zur Diagnose der Krankheiten der Brusthöhle benutzt. (S. a. 1685 L.)

— Johann Ullrich **Bilguer** liefert den Nachweis, daß sehr viele Gliederverletzungen, die nach den bis dahin geltenden Grundsätzen dem Amputationsmesser verfallen waren, zur Heilung zu bringen sind und wird damit der Vorläufer der konservativen Chirurgie.

— Der Wagner **Birner** in München konstruiert die erste Schubfeuerleiter, bei der zwei gleich breite und gleich lange Leitern aufeinander liegen und durch eiserne Hülsen verbunden sind. Die Verlängerung geschieht durch Ausziehen der obern Leiter und Befestigung derselben in ihrer Lage durch eine einfache Hakenkonstruktion.

— Henri Louis **Duhamel du Monceau** erwähnt zuerst, daß im Norden Frankreichs und in England Ölkuchen (besonders Raps-, Lein-, Hanf- und Rizinuskuchen als Düngemittel Verwendung finden; doch wird diese Art der Düngung erst um 1850 allgemeiner.

— Die **englische Admiralität** beginnt mit der Kupferbeplattung der Schiffe zum Schutz gegen Bohrmuscheln.

— Der französische Orientalist Joseph **de Guignes** weist in seiner „Histoire générale des Mogols" auf die Möglichkeit hin, daß vielleicht schon im 5. Jahrhundert n. Chr. von China aus über Kamtschatka und die Aleuten Verbindungen mit Amerika stattgefunden haben können. Er sucht zu beweisen, daß die Chinesen Amerika unter dem Namen „Fusang" gekannt hätten. Nach neueren Forschungen ist indes Fusang identisch mit Sachalin.

— Gottlieb **Kölreuter** macht die ersten Untersuchungen über die Bastardbefruchtung und über die Bestäubungseinrichtungen der Pflanzen.

— Der auch sonst um die Schiffshygiene verdiente Dr. James **Lind** befürwortet dringend die Wasserdestillation an Bord der Schiffe (s. a. 1717 G.) und gibt die erste Idee zur Vereinigung des Kochapparates mit dem Destillationsapparat; er stellt zuerst die Behauptung auf, daß kein Zusatz von Salzen nötig sei, um destilliertes Seewasser trinkbar zu machen.

— Andreas Sigismund **Marggraf** fördert durch seine „Chymischen Schriften" die analytische Chemie in allen ihren Zweigen.

— Nevil **Maskelyne** beobachtet zuerst beim Venusdurchgang am 6. Juni die Erscheinung einer dunklen brückenartigen Verbindung zwischen Venus- und Sonnenwand an der Stelle, wo die innere Berührung stattfindet, den sog. „Schwarzen Tropfen".

— Giambattista **Morgagni** stellt die pathologische Anatomie des Ohres auf eine feste wissenschaftliche Grundlage. Er beschreibt das Antrum mastoideum, den Inhalt der Paukenhöhle der Neugeborenen und die Bedeutung der Tuben und verbreitet sich über die Beziehungen der Mittelohreiterungen und Gehirnabszesse und über den Wert der Knochenleitung.

1761 Giambattista **Morgagni** handelt in seinem Buche „De sedibus et causis morborum per anatomen indagatis" in epochemachender Weise von den Frauenkrankheiten und gibt Mittel zu deren Bekämpfung an.

— Giambattista **Morgagni** beschreibt das nach ihm benannte Taschenband im Kehlkopf, erwähnt dessen Appendix, die Drüsen im Ventrikel und präpariert den später nach Wrisberg benannten keilförmigen Knorpel. Er untersucht als erster den Kehlkopf pathologisch-anatomisch.

— Carsten **Niebuhr** bereist im Auftrage der dänischen Regierung Arabien, Persien, Palästina und Kleinasien und wird durch seine Schilderungen und Karten, die Fülle von Beobachtungen und die Aufnahmen von Denkmälern der Bahnbrecher für das tiefere Eindringen in die Kunde des Orients.

— Johann Gottskalk **Wallerius** stützt in seiner Schrift „Agriculturae fundamenta chemica" die Grundsätze des Ackerbaus auf die Vergleichung der Bestandteile der Pflanzen mit den Bestandteilen des Bodens.

1762 Charles **Bonnet** untersucht in seinen „Considérations sur les corps organisés" die Zeugungstheorien und nimmt eine Präformation der Keime an, welche namentlich auch durch Albrecht von Haller und Spallanzani vertreten wird.

— Auf Anregung des französischen Tierarztes Claude **Bourgelat** wird zu Lyon die erste europäische Tierarzneischule gegründet. Bourgelat schreibt über die Proportionen des Pferdekörpers und erfindet das Hippometer zur Bestimmung derselben.

— James **Bradley** gibt einen mustergültigen Sternkatalog mit 3222 Sternörtern heraus.

— John **Canton** gelingt der Nachweis, daß das Wasser durch einen äußeren Druck eine Verminderung des Volums erfährt, daß es also kompressibel ist. (S. a. 1661 A.) Im gleichen Jahre verbessert er das Reibzeug der Elektrisiermaschine, indem er das dazu dienende geölte Seidenzeug mit einer Mischung von Zinnamalgam und Kreide bestreicht und so die Wirkung erheblich erhöht. Dies Amalgam wird 1788 von Kienmayer in Wien noch verbessert und nach ihm benannt.

— **Filkin** in Northwich macht die erste Resektion des Kniegelenks, die dann von Park (1781), Moreau (1792) und namentlich von William Fergusson (1850) wesentliche Verbesserungen erfährt.

— Der Geolog G. Christian **Füchsel** stellt eine scharf ausgeprägte Terminologie der Geologie auf und definiert zuerst die Begriffe „Schicht", „Lager" und „Formation". Sein Hinweis, daß jede Schicht (sowie Formation) zugleich eine bestimmte Periode in der Entwicklung der Erde bezeichne, ist in der Folge grundlegend geworden.

— Charles **Le Roy** widerlegt die durch das ganze Mittelalter verbreitete Lehre, daß der Tau von oben herabkomme und deutet den später bestätigten Gedanken an, daß bei der Kälte der Nacht die Luft den bei Tage verschluckten Wasserdampf nicht bei sich zu behalten vermöge.

— Elisabet Christina **von Linné** berichtet an die schwedische Akademie der Wissenschaften über die von ihr gemachte Entdeckung des Leuchtens der Blüte der Kapuzinerkresse, das sie zuerst im väterlichen Garten in Upsala beobachtet hat.

— Marcus Antonius **Plenciz** stellt die erste, der heutigen sehr ähnliche Theorie der ätiologischen Bedeutung der Mikroorganismen für die Entstehung der Infektionskrankheiten auf und erklärt die Fäulnis durch die Entwicklung und Vermehrung der Keime „wurmartiger" Wesen.

— Anton **von Störk** wendet den Eisenhut (Aconitum) zuerst medizinisch gegen Wechselfieber, Geschwülste und gegen rheumatische Zustände an. Er führt das von den Alten bereits angewendete Bilsenkraut wieder ein, wie er auch zuerst den Stechapfelextrakt und im Jahre 1763 auch das Colchicum autumnale medizinisch anwendet.

1762 Johann Karl **Wilcke** spricht das Prinzip des Elektrophors aus, dessen Wirksamkeit auf der Influenz (vgl. 1753 C.) beruht.

1763 Der vom Gouverneur von Sibirien, Tschitscherin, auf eine Entdeckungsfahrt nach Norden ausgesandte Sergeant **Andrejew** erreicht die südwestliche Fortsetzung des jetzt als Wrangell-Land bezeichneten, aus zahlreichen kleineren und größeren Inseln bestehenden Landkomplexes.

— Joseph **Black** bestimmt zuerst die spezifische Wärme einer Anzahl von Körpern nach der Mischungsmethode. Ausgedehnte Versuche nach dieser Methode machen auch Wilcke (1764) und Crawford (1778).

— Joseph **Black** bestimmt zuerst die Verdampfungswärme (latente Wärme) in roher Weise, indem er ein kleines eisernes Gefäß mit Wasser auf einen möglichst gleichmäßig brennenden Ofen stellt und die Zeit beobachtet, in welcher das Wasser auf 100° steigt, und die, in der es verdampft.

1763—67 Nachdem Pardies (s. 1673 P.), Newton (1687), Jean Bernoulli (1742) und Leonhard Euler (1747) die Probleme des Schiffswiderstandes zu lösen versucht hatten, ohne jedoch befriedigende Resultate zu erzielen, macht Jean Charles **Borda** ausgedehnte Experimente mit Schiffsmodellen, Prismen und Zylindern, die den Weg zur Aufstellung einer Widerstandsformel zeigen sollen, jedoch ebensowenig als die Nachprüfung dieser Versuche durch Thévenard, Bezout, Condorcet und Bossut (1775—78) zum Ziel führen.

1763 Richard Lovell **Edgeworth,** Mitglied des englischen Parlaments, läßt einen optischen Telegraphen zwischen London und Newmarket zu seinem Privatgebrauche herstellen, soweit bekannt die erste neuzeitliche Anwendung der optischen Telegraphie. (Vgl. 400 Vegetius und 1793 Chappe.)

— Albrecht **von Haller** spricht in seinen „Elementa physiologiae" die Überzeugung aus, daß man aus den anatomischen Veränderungen, die man an den Leichen Tobsüchtiger und Blödsinniger finde, manchen nützlichen Schluß auf die Funktionen der verschiedenen Hirnteile ziehen könne.

— Nachdem die Zichorie schon längere Zeit hindurch am Harze als Kaffeesurrogat verwendet worden war, lenkt der Major **von Heine** die Aufmerksamkeit weiterer Kreise auf dieses Präparat. Seitdem bürgert sich die geröstete Zichorie als Zusatz zum Kaffee und als Ersatz desselben immer mehr, zunächst in Norddeutschland, ein.

— **Hulot** konstruiert einen Schraubstock, der sich um eine horizontale Achse drehen und sich außerdem in der Vertikalebene neigen läßt, wodurch dem eingespannten Arbeitsstück die verschiedenste Lage gegeben werden kann.

— Johann Heinrich **Lambert** gibt eine Theorie des Sprachrohrs und schlägt vor, das konische Sprachrohr durch ein anderes zu ersetzen, das aus einem Ellipsoid und einem Paraboloid zusammengesetzt ist.

— Giambattista **Morgagni** behandelt zuerst in umfassender Weise die pathologische Anatomie der Geisteskrankheiten und teilt sowohl Krankengeschichten als auch Leichenbefunde mit.

— Der Kaufmann Johann Jacob **Ott** in Zürich macht die ersten konsequenten Messungen der Bodentemperatur in verschiedenen Tiefen. (S. 1616 M.)

— Der Schichtmeister Johann J. **Polsunow** zu Barnaul in Sibirien erbaut eine Dampf-Gebläsemaschine zur Winderzeugung bei metallurgischen Operationen.

— Johann Gottskalk **Wallerius** gibt eine umfassende Kritik der Kennzeichen der Mineralien, die dem mineralogischen Studium eine neue Richtung gibt und die systematische Einteilung der Mineralien erleichtert.

— John **Wilson** aus Ainsworth verbessert die Baumwollsamtfabrikation, indem er das die Samtstoffe charakterisierende Haar aus einem Polschusse bildet.

Um das Haar abzugleichen, bearbeitet er zuerst den Stoff aus freier Hand mit dem Rasiermesser, führt aber dann das Absengen, erst mit der Weingeistflamme, dann mit glühendem Eisen ein. In neuerer Zeit wird statt dessen das Abscheren auf der Schermaschine angewendet.

1764 Louis Claude **Cadet de Gassicourt** entdeckt die rauchende arsenikalische Flüssigkeit, flüssiger Pyrophor genannt, von der Bunsen bei seiner Arbeit über das Kakodyl ausgeht.

— Domenico **Cotugno** beschreibt zuerst die Neuralgie der Hüftnerven, Ischias, die nach ihm „Malum Cotunnii" genannt wird.

— Während man in der Buchdruckerei den „Kegel" (d. i. die Stärke des Typenkörpers in der Richtung der Höhe des Buchstabenbildes) bis dahin in willkürlichen Abstufungen wählte, stellt zuerst der französische Schriftgießer **Fournier le jeune** bestimmte Regeln auf und gibt in seiner Schrift „Manuel typographique" eine nach sog. typographischen Punkten gestaltete Einteilung der Typen. (Vgl. 1879 B.)

— Die Brüder **Gravenhorst** in Braunschweig erfinden das Braunschweiger Grün (basisches Kupfercarbonat).

— Erik **Laxmann** in St. Petersburg benutzt zuerst in rationeller Weise das Glaubersalz als Flußmittel bei der Glasbereitung. Durch Baader (1803), Scholz und Kirn (1839) wird die Verwendung des Glaubersalzes weiter gefördert, doch erst durch Pelouze's Bemühungen, der das Glaubersalz völlig eisenfrei herstellt, wird dessen Verwendung auch für weißes Glas ermöglicht.

— Antoine **Louis** empfiehlt bei Blutungen nach Amputationen statt der Tourniquets die Digitalkompression.

— David **Macbride** erkennt die bei der Gärung auftretende Gasart als Kohlensäure. Die Quantität der entstehenden Kohlensäure wird zuerst 1766 von Cavendish bestimmt.

— Andreas Sigismund **Marggraf** führt den exakten Beweis für die viel bestrittene Präexistenz des Alkalis in der Pflanze, der 1774 durch Wiegleb noch vervollkommnet wird. Urban Hiärne hatte diese Präexistenz schon 1707 behauptet, während Helmont, Boyle, Lemery und Stahl sie geleugnet hatten.

— James **Watt** macht Versuche über die Abhängigkeit der Spannkraft des Wasserdampfs von der Temperatur und über den Dampfverbrauch der Newcomen'schen Maschine.

1765 Im Gegensatz zu der 1604 erschienenen Karte Tirols von Warmund Ygl und den Kartenbildern der Alpen von Matthias Seutter gibt Peter **Anich** in seinem „Atlas Tirolensis" die Berge und Gletscher in richtiger Weise und in naturtreuer Darstellung wieder.

— Der englische Techniker **Crager** erfindet die Kettenspulmaschine.

— Leonhard **Euler,** der 1736 eine Theorie der Präzession gegeben hatte, gibt in seinem Werke „Theoria motus corporum solidorum seu rigidorum" eine grundlegende Theorie der Hauptachsen der Drehung im allgemeinen, sowie die Darstellung der Bewegungen um beliebige Achsen in spezielleren Fällen. Er entwickelt daselbst zuerst den Begriff des Trägheitsmoments und gibt ihm auch den Namen. („Momentum inertiae.")

— Felice **Fontana** publiziert eine wertvolle Arbeit über das Viperngift und beobachtet die nach ihm benannte Bänderung an den Nervenstämmen.

— Albrecht **von Haller** lehrt auf experimentellem Wege die große Schädlichkeit faulender Substanzen kennen und führt die seit dem Altertum bekannten und von Hippokrates, Celsus und Boerhaave beschriebenen „Fibrae pestiferae" (Septichaemie) auf Fäulnisstoffe der Luft zurück.

— Francis **Home** beschreibt — unter dem von Patrik Blair 1713 geschaffenen

Darmstaedter.   14

Namen Croup — die Diphtherie als eine Krankheit entzündlicher Art und weist auch wie Villa Real (s. 1611 V.) auf die charakteristische Membranbildung hin. So vorzüglich die Abhandlung ist, so trägt sie doch zu Verwechslungen zwischen Croup und Diphtherie bei, die erst durch Bretonneau's Eingreifen (s. 1818 B.) beseitigt werden.

1765 **La Salle** erfindet das Papier, auf welches man die Muster für Weberei und Stickerei zeichnet (Patronenpapier) und bemüht sich, den Zugstuhl für größere Dessins, namentlich auch für Möbelstoffe, zu verbessern.

— Otto **von Münchhausen** entwickelt in seinem „Hausvater" die Theorie des Pfluges.

— Jakob Christian **Schäffer,** evangelischer Prediger in Regensburg, erfindet das Holzstoffpapier, das er aus feinen, mit Wasser zu Brei verriebenen Sägespänen herstellt. Seine Erfindung verfällt der Vergessenheit. Doch ist seine Priorität gegenüber Keller (s. 1843 K.) unbestritten, wie dies durch seine Schrift „Sämtliche Papierversuche, sechs Bände, nebst 81 Mustern, Regensburg 1765" klar bewiesen wird. Schäffer hat auch zuerst ein unverbrennliches Asbestpapier hergestellt, und die Verwendung des Papiers zu Kleider- und Wäschestoffen empfohlen.

— Lazzaro **Spallanzani** erfindet im Laufe seiner Untersuchungen über die von John Tuberville Needham (1745) behauptete Generatio spontanea (Urzeugung) die Methode, zersetzungsfähige Flüssigkeiten dadurch vor der Zersetzung zu schützen, daß er sie kocht und nur erhitzter Luft den Zutritt gestattet.

— James **Watt** trennt bei der Dampfmaschine den Kondensator mit der Luftpumpe vom Zylinder, befreit dadurch den Zylinder von der schädlichen Abkühlung durch das Einspritzwasser und gibt dem Zylinder einen schützenden Mantel.

1766 Der schwedische Chemiker Torbern **Bergman** setzt die Experimente von Canton und Aepinus über Pyroelektrizität fort und erkennt das Umspringen der Pole beim Abkühlen des Turmalins.

1766—69 Louis Antoine **de Bougainville** macht die erste von Franzosen ausgeführte Weltumsegelung, entdeckt die Korallenriffe an der Ostküste Australiens und die Louisiaden und findet einige der Salomoninseln wieder auf.

1766 Henry **Cavendish** entdeckt, daß das Wasserstoffgas eine eigentümliche Luftart ist, welche entsteht, wenn man Eisen, Zinn oder Zink in verdünnter Schwefelsäure oder Salzsäure auflöst. (S. a. 1783 L.) Er untersucht die Kohlensäure noch eingehender als es Black (s. 1757 B.) getan hatte und konstatiert namentlich auch, daß sich bei der Weingärung Kohlensäure entwickelt, und daß dieses Gas identisch mit dem aus Marmor und Salzsäure erhaltenen ist. (Vgl. a. 1764 M.)

— Henry **Cavendish** macht eingehende Untersuchungen über die spezifischen Gewichte der bekannten Gasarten, wie der Kohlensäure und des Wasserstoffs. In umfangreichem Maße werden solche Bestimmungen 1787 von Kirwan unternommen. (S. a. 1669 M.)

— Johann Gottlieb **Gahn** entdeckt, daß die Knochen größtenteils aus phosphorsaurem Kalk bestehen. Diese Entdeckung erst ermöglicht die Darstellung des Phosphors in größerem Maßstabe.

— Johann Heinrich **Lambert** wird durch seine (erst i. J. 1786 veröffentlichte) „Theorie der Parallellinien" ein Vorläufer der nichteuklidischen Geometrie. (S. 1826 L.) Er führt die hyperbolischen Funktionen ein und beweist die Irrationalität der Zahl π.

— Amédée **Lullin** beschreibt in seiner „Dissertatio physica de electricitate" den nach ihm benannten Versuch der Durchbohrung eines Kartenblattes durch den Entladungsschlag einer Franklin'schen Tafel, wobei der Funke von der Spitze, die mit der positiv elektrischen Belegung verbunden ist, über die Fläche der Karte fortgeht und dieselbe in der Nähe der negativen Spitze durchbohrt.

1766 Peter Simon **Pallas** bahnt zuerst eine mehr naturgemäße Einteilung der Linné'schen Tierklasse Vermes an, indem er die Nacktschnecken und Sepien mit den Schaltieren, die Ringelwürmer mit Gordius und den Eingeweidewürmern zusammenstellt und eine eigene Hauptabteilung „Centronias" für die strahlig gebauten Tiere, wie Seeigel, Seesterne und Aktinien aufstellt. Es ist dies die erste Andeutung der später von Cuvier, Leuckart u. a. aufgestellten Hauptkreise unter den wirbellosen Tieren.

1766—85 Ludwig **Pfyffer** verfertigt die erste auf geometrischen Grundsätzen beruhende, in Wachs ausgeführte Reliefkarte, und zwar der Zentral-Schweiz. (Vgl. auch 1510 Dox.)

1766 John **Purnell** nimmt das erste Patent auf Herstellung von Draht durch Walzen. Ungefähr gleichzeitig wird die Walzendrahtzieherei von Fleur, Direktor der Münze in Besançon, in Frankreich eingeführt.

— Der österreichische Stallmeister und Tierarzt J. **von Sind** gibt in seinem Werke „Der im Felde und auf der Reise geschwind heilende Pferdearzt" viele zweckmäßige, wenn auch — der Zeitrichtung entsprechend — noch sehr umständliche Rezepte und ist als Autorität in bezug auf den Hufbeschlag zu bezeichnen.

— Der Wittenberger Professor Johann Daniel **Titius** weist darauf hin, daß der Abstand der Planeten von der Sonne annähernd durch die Formel $4 + 3 \cdot 2n$ ausgedrückt wird, wobei der Wert von n für Merkur $= 0$, für Venus $= \frac{1}{2}$, für die Erde $= 1$, für Mars $= 2$ und so weiter für jeden entfernteren Planeten das Doppelte des vorhergehenden beträgt. Die Reihe läßt erkennen, daß für $n = 4$ ein Planet (der Ort der tatsächlich später entdeckten Planetoiden) fehlt. Auch hat sich die Formel bei der Auffindung des Uranus, dagegen nicht mehr bei dem Neptun bewährt. Die Titius'sche Regel, erst durch Bode 1772 allgemein bekannt geworden, heißt daher auch Titius-Bode'sche Reihe.

1766—68 Samuel **Wallis** führt auf seiner in Gemeinschaft mit Philipp **Carteret** unternommenen Weltumsegelung die erste Längenbestimmung nach Mondabständen aus, die schon 1499 von Vespucci (s. d.) vorgeschlagen worden war, aber erst praktisch ausgeführt werden konnte, nachdem die Mondtafeln von J. T. Mayer (s. 1760 M.) erschienen waren. Im Verfolg dieser Reise wird die Pitcairn-Insel entdeckt, die Carteret-Straße durchfahren und die Lage der Salomons- und der Gesellschaftsinseln festgestellt.

1767 John **Berkenhout** führt die Musierung der Spielkarten auf der Rückseite ein; bis dahin war dieselbe stets weiß geblieben.

— Henry **Cavendish** entdeckt die Löslichkeit des kohlensauren Kalks in kohlensäurehaltigem Wasser.

— Joseph Louis **Lagrange** wendet die Kettenbrüche auf die Lösung unbestimmter Gleichungen und auf die näherungsweise Berechnung der Wurzelwerte höherer algebraischer Gleichungen an.

— Timothy **Lane** bildet die Leidener Flasche zu der nach ihm benannten Maßflasche aus, indem er beide Belegungen mit Funkenkugeln verbindet, die in einen beliebig bestimmten Abstand gebracht werden können. Sobald die Maßflasche mit einer bestimmten Elektrizitätsmenge geladen ist, findet Selbstentladung statt, so daß man durch die Zahl dieser Selbstentladungen ein Maß der entwickelten Elektrizitätsmenge gewinnt.

— **Reynolds**, Mitbesitzer der Coalbrookdale-Eisenwerke, baut die erste eiserne Spurbahn. Die gußeisernen Schienen, 1,5 m lang, 11 cm breit und

14*

beiderseits in ⌐ - Form aufgekrempt, werden auf hölzernen Längs-schwellen verlegt. (Vgl. 1776 C.)

1767 James **Watt** konstruiert die doppeltwirkende Dampfmaschine, indem er beide Kolbenhübe als Arbeitshübe benutzt und erreicht dadurch, wenigstens bei geringen Umdrehzahlen, eine größere Gleichförmigkeit des Ganges der Maschine als bisher.

1768 William **Alexander** untersucht die Wirkung der verschiedenen antiseptischen Mittel, wie Chinarinde, Salpeter, Sublimat, Kalomel, Campher, Kalkwasser auf Infusorien und erwähnt, daß es außer diesen Stoffen noch viele gibt, womit man diese Tierchen töten könne. Er geht jedoch nicht dazu über, seine Untersuchungen in der Praxis der Wundbehandlung zu verwerten.

— Antoine **Baumé** konstruiert ein Skalenaraeometer, welches späterhin in der chemischen Technik so große Verwendung findet, daß die Bezeich-nung der Konzentration der Flüssigkeiten nach Baumégraden eine ganz allgemeine wird.

— Der italienische Physiker Giacomo Battista **Beccaria** weist bei Gelegenheit einer in Piemont ausgeführten Gradmessung den Einfluß der Alpen auf die Pendelabweichungen nach.

1768—73 Der Schotte James **Bruce** unternimmt die erste wissenschaftliche Afrika-reise, hält sich drei Jahre in Abessinien auf und entdeckt 1770 den Ur-sprung des blauen Nils aus dem Tanasee wieder, nachdem bereits Ptole-maeus den Ursprung des Blauen und Weißen Nils angegeben hatte, diese Kunde jedoch in Vergessenheit geraten war. (Vgl. seine Schrift „Travels to discover the Sources of the Nile".)

1768 Nachdem schon Marggraf 1750 ein Leuchten des mit brennbaren Sub-stanzen kalzinierten Gipses hatte wahrnehmen wollen, bereitet John **Canton** durch Glühen von Austernschalen mit Schwefel den nach ihm be-nannten Canton'schen Phosphor (Schwefelcalcium).

— Michel Ferdinand Duc **de Chaulnes** wendet zuerst das Mikroskop zur Be-stimmung von Brechungsindices an.

1768—71 James **Cook** umfährt auf seiner ersten Reise Neuseeland, entdeckt die Cookstraße und die Ostküste Australiens und findet die Torresstraße wieder auf. Außerdem schafft er Klarheit über die Inselwelt der Südsee. Unter anderem entdeckt er die Botanybai, die er nach der reichen botanischen Ausbeute seiner Begleiter Banks und Solander benennt.

1768 Leonhard **Euler** führt in die Undulationstheorie die Periodizität der Schwin-gungen ein (Begriff der Wellenlänge).

— Johann Heinrich **Hagen** findet, daß Natron weniger Affinität zu Säuren hat, als das Alkali der Pottasche, und zeigt, daß bei der Zersetzung von Glaubersalzlösung mit Pottasche zuerst schwefelsaures Kali und dann Soda auskrystallisiert. Die Methode, die für die Sodadarstellung bestimmt war, ergab indes dafür keinen praktischen Nutzen.

— Der englische Weber James **Hargreaves** erfindet die Mule-Jenny-Spinn-maschine.

— **Hérissant** und **Macquer** teilen der Pariser Akademie der Wissenschaften mit, daß es ihnen gelungen sei, den Kautschuk in Dippelöl, Terpentinöl und reinem Äther aufzulösen. Sie machen den Vorschlag, denselben zur Herstellung medizinischer Sonden und kleiner Röhren, wie solche in Laboratorien ge-braucht werden, zu verwenden, welche Idee von Grossart in die Praxis übersetzt wird.

1768—73 Peter Simon **Pallas** erkennt während seiner auf Befehl der Kaiserin Katharina gemachten wissenschaftlichen Reise durch Sibirien die allge-meine Übereinstimmung der Tier- und Pflanzenwelt des nördlichen und gemäßigten Asiens bis zum Baikalsee mit der europäischen und ist damit

der Begründer des Begriffs eines paläarktischen Reiches für Tier-
und Pflanzengeographie, wenn er auch diesen Ausdruck noch nicht
gebraucht.

1768 Peter Simon **Pallas** konstatiert während seiner Reise (s. vorstehend) die
auffallende Häufigkeit der Überreste vom Mammut, Rhinozeros und Bison
in der sibirischen Ebene, wobei er u. a. eine noch mit Haut und Haaren
erhaltene, am Wilniflusse gefundene Rhinozerosleiche beschreibt. Pallas
bezeichnet den Granit als den Kern aller Hauptgebirge.

— **Powers** in Coventry faßt zuerst den Gedanken, Leder seiner Dicke nach
derart zu spalten, daß die Narbenseite von der Fleischseite getrennt wird
und zwei Blätter entstehen, deren jedes für sich zu geeigneten Zwecken
verwendet wird.

— Jean René **Sigault** macht zuerst den Vorschlag, bei Beckenenge die Symphyseotomie vorzunehmen und führt 1777 die erste derartige Operation
an einer Kreißenden mit relativ günstigem Erfolge aus.

— Johann Daniel **Titius** empfiehlt zur Bepflanzung der Dünen das Sandrohr
(Arundo arenaria), und äußert hinsichtlich des Dünenbaus in einer durch
die naturforschende Gesellschaft in Danzig veranlaßten Preisschrift eine
Reihe von Gedanken, die später von Björn (s. 1796 B.) weiter ausgebaut und
nutzbar gemacht werden.

— Johann Gottskalk **Wallerius** beschreibt verschiedene für die Mineralchemie
wichtige Tatsachen: Destillation des Quecksilbers aus dem Zinnober,
Knoblauchgeruch der Arsenverbindungen beim Erhitzen auf Kohle, Blau-
färbung des Boraxglases durch Kobalt.

— Charles **White** erkennt den großen therapeutischen Wert der Gelenkresektion
und gibt bestimmte Regeln für deren Ausführung. Er schreibt eine wertvolle Arbeit über die Luxation des Schultergelenks und macht am 14. April
die erste Resektion des Schultergelenks.

— Johann Karl **Wilcke** gibt die erste Isoklinenkarte der g a n z e n Erde heraus.
(Vgl. 1701 W.)

— Kaspar Friedrich **Wolff** zeigt in seiner grundlegenden Untersuchung über
die Bildung des Darmkanals des Hühnchens, die in der Schrift „Über
die Bildung des Darmkanals der Tiere" niedergelegt ist, daß der Darmkanal im Ei anfänglich als ein blattförmiges Gebilde (Keimblatt) angelegt
ist, daß dieses sich darauf zu einer Halbrinne einkrümmt und endlich
zu einem Rohr umgestaltet wird. Er vermutet, daß in ähnlicher Weise
die übrigen Organsysteme entstehen.

— Kaspar Friedrich **Wolff** tritt dem Dogma der Evolutionstheorie (s. 1669 S.
und 1762 B.) entgegen und stellt den Grundsatz auf, daß, was man nicht
mit seinen Sinnen wahrnehmen könne, auch nicht im Keim präformiert
vorhanden sei. Er wird hierdurch der Begründer der Lehre von der
Epigenesis.

1769 Richard **Arkwright** baut in Nottingham die erste praktische, mit Wasserkraft betriebene Spinnmaschine (Waterspinnmaschine).

— Nachdem schon 1690 Elie Richard einen Straßenwagen gebaut hatte, der
von einer hinten sitzenden Person vermittels eines Zahnradgetriebes mit
den Füßen in Bewegung gesetzt wurde, baut der französische Offizier
Joseph **Cugnot** einen dreirädrigen Dampfwagen, bei dem er die Richard'sche
Übertragung durch Zahnräder und den Vierwegehahn (1720) verwendet,
und der zum Transport von Kanonen benutzt wird.

— John **Ellis** gibt in einem Briefe an Linné die erste Nachricht über eine
fleischfressende (insektenfressende) Pflanze, die Dionaea (Venusfliegenfalle),
die in ihren bei Berührungen lebhaft zusammenklappenden, gewimperten

und borstigen Blättern Insekten fängt und aussaugt. Ein ähnliches Verhalten beobachtet 1782 Roth an der Drosera. (S. a. 1875 D.)

1769 Robert **Frost** und **Holmes** gelingt es, auf einem abgeänderten Handkulierstuhl eine Art Tüll mit sechseckigen Maschen zu erzeugen, der sich unter dem Namen „Point net" gut einführt und vielfach zum Aufsticken von Blumen verwendet wird.

— Jean Baptiste **Leprince** erfindet die Aquatinta-Technik, eine Abart des Kupferstichs, bei der, wie bei der Schabekunst, die Grundlage Schatten ist, aus dem das Licht mittels Ätzen herausgearbeitet wird.

— David **Macbride** führt die Schnellgerberei mittels Lohbrühe ein und benutzt zuerst verdünnte Schwefelsäure zum Schwellen der Häute.

— Als erstes Beispiel der Anwendung der Luftheizung in der neueren Zeit gilt die Einrichtung der Heizung im Arbeitszimmer Friedrichs des Großen im Neuen Palais zu Potsdam, ausgeführt durch den Schloßbaumeister **Manger.** Die Heizkammer befand sich im Keller; die auf 50° erwärmte Luft stieg von selbst in Heizkanälen in die oberen Räume.

— Der Pfarrer **Mayer** zu Kupferzell macht nachdrücklich auf die den Römern bereits bekannte Wirkung des Gipses als Düngungsmaterial aufmerksam, die dann B. Franklin seinen Landsleuten praktisch vor Augen führt.

— **Playfair** erhält am 24. Mai ein Patent, feineres Formeisen durch Walzen herzustellen, und am 17. Dezember ein weiteres Patent, um die Stücke spitz zulaufend zu machen und um Schaufeln zu walzen.

— Der Chemiker Karl Wilhelm **Scheele** erhält durch Zerlegung von weinsteinsaurem Kalk mit Schwefelsäure die Weinsteinsäure, die jedoch erst 1770 von Retzius krystallinisch erhalten wird. Er zeigt hierdurch und durch seine ferneren Arbeiten, daß man die Pflanzenbestandteile systematisch in Form chemischer Individuen darstellen könne und wird so der Begründer der modernen Pflanzenchemie.

— Jacques **de Vaucanson** verbessert die Maschinen zum Moirieren (Wässern) der Stoffe. Das Moirieren war zu Beginn des 18. Jahrhunderts in England aufgekommen und in der Weise ausgeübt worden, daß der gummierte Stoff zwischen heißen Walzen so gepreßt wurde, daß ein wellenartiges Muster entstand.

— James **Watt** erhält ein Patent auf ein Verfahren, den Dampfverbrauch bei Feuermaschinen zu vermindern und baut eine dementsprechende Maschine.

— James **Watt** spricht zuerst von den Vorteilen, die mit der Expansion des Dampfes verbunden sind. Er benutzt die Expansion (1776) bei einer Versuchsmaschine in Soho.

— Samuel **Wise** nimmt ein englisches Patent auf den ersten mechanischen Kulierstuhl, welcher der Ausgangspunkt einer Reihe von Erfindungen auf dem Gebiete des mechanischen Wirkstuhlbaus wird. (S. a. 1589 Lee.)

1770 Charles und Robert **Colling** setzen die Tätigkeit Bakewells (s. 1760 B.) auf dem Gebiete der Viehzucht weiter fort und veredeln das einheimische, englische Rind derart, daß es als „improved Shorthorn" zur Vollblutrasse wird und als solche einzig dasteht.

— Der französische Astronom Joseph Jerome **Delalande** bestimmt die Sonnenparallaxe zu 8,5—8,6 Sekunden und findet, daß die Kraft, mit welcher ein Körper in der Nähe der Sonnenoberfläche angezogen wird, 29 mal die auf der Oberfläche der Erde wirksame Anziehungskraft übertrifft.

— **Dumoutier** erfindet ein pneumatisches Feuerzeug, das aus einem an einem Ende verschlossenen Hohlzylinder besteht, in dem sich ein luftdicht schließender Kolben durch einen Stab niederstoßen läßt. Geschieht dies sehr schnell, so wird durch die bei der Kompression erzeugte Wärme ein am

Kolben befestigtes Stück Feuerschwamm entzündet. Dies pneumatische Feuerzeug wird von Mollet (s. 1803 M.) in verbesserter Form als Tachypyrion vorgeführt. Das pneumatische Feuerzeug wird von Portugiesen nach Hinterindien gebracht, wo es sich bis auf den heutigen Tag in Gebrauch erhalten hat.

1770 Der Abbé Charles Michel **de l'Epée** erzielt mit Hilfe einer methodisch entwickelten Gebärdensprache und des Fingeralphabets große Erfolge im Unterricht der Taubstummen.

— Pascal Joseph **Ferro** verordnet zuerst kalte Bäder bei Fieber.

— Der Mediziner **Hewson** entdeckt die weißen Blutkörperchen (Leukocyten) und liefert wichtige Beobachtungen zur Lehre von der Gerinnung des Blutes.

— Antoine Laurent **Lavoisier** kommt bei Untersuchung der vermeintlichen Umwandlung von Wasser in Erde, wie dies noch van Helmont und Boyle angenommen hatten, zu dem Ergebnis, daß das Gewicht des verschlossenen Glasgefäßes nebst dem lange im Kochen erhaltenen Wasser unverändert geblieben war, daß aber die entstandene Erde ebensoviel wog, als das Gefäß an Gewicht abgenommen hatte, und zieht den Schluß, daß die Erde aus dem Glase und nicht aus dem Wasser stamme. Dies führt ihn zur Aufstellung des Satzes, daß bei chemischen Vorgängen nichts neu entsteht und nichts vergeht, sondern daß die Summe der in den Prozeß eintretenden Materien eine konstante Größe ist. (Gesetz der Erhaltung des Stoffes.)

— Der amerikanische Arzt **Macari** entdeckt die anthelmintische Wirkung der Rinde des Wurmrindenbaums und teilt dieselbe dem surinam'schen Arzte van Struiyvesant mit, durch den die Rinde nach Europa gelangt.

— Johann Tobias **Mayer** der Jüngere erkennt klar die Mängel des Spiegelsextanten, namentlich die geringe Helligkeit der Bilder, die Beschränkung in der Größe der zu messenden Winkel und die Unmöglichkeit, den Einfluß der Exzentrizität der Alhidade auf die Winkelmessung zu beseitigen, und gelangt dadurch zur Erfindung des Spiegelkreises, der von Borda noch verbessert und 1833 von Steinheil in einen mit großen Vorzügen ausgestatteten Prismenkreis umgewandelt wird.

— Der französische Ingenieur Jean Rodolphe **Perronnet** entwickelt eine epochemachende Tätigkeit im Bau von steinernen Brücken. Als sein Meisterwerk gilt die Seinebrücke von Neuilly, die fünf Öffnungen mit je 39 m Spannweite hat.

— Joseph **Priestley** empfiehlt zuerst den Kautschuk, um Bleistiftstriche auszuwischen. In Frankreich werden schon im Jahre 1775 in den Papierhandlungen kleine Kautschukwürfel unter dem Namen „Peaux de nègres" verkauft.

— Der erste bewegliche Herd, der Lang-Stoß-Herd, findet im **Sächsischen Bergbau** zum Verwaschen der Erzschlamme Anwendung.

— Nachdem Schwankhardt schon 1670 die ätzenden Eigenschaften des aus Flußspat mit Schwefelsäure entstehenden Gases zum Ätzen des Glases benutzt hatte, untersucht Karl Wilhelm **Scheele** eingehend die dabei entstehende Flußsäure, die er indes erst 1781 in reinem Zustande erhält.

— Johann Andreas **Stein** verbessert die Hammermechanik des Pianofortes (s. 1711 C.) in der Weise, daß er den Hammer mittels eines Stieles auf dem hinteren Teil der Taste selbst befestigt, so daß beim Niederdrücken der Taste ein am hinteren Ende des Hammerstieles angebrachter Schnabel gegen den sogenannten Auslöser stößt und dadurch den Hammer in die Höhe schnellt.

— Max **Stoll** begründet die Lehre von der biliösen Pneumonie und übt in großem Umfang die Perkussion. (S. 1761 A.)

1770 Charles **Taylor** und Thomas **Walker** nehmen ein Patent auf eine Walzendruckmaschine für die Kattundruckerei, das indes keine praktische Folge hat.

— Simon André **Tissot** lehrt zuerst, daß bei der Epilepsie der Krampfanfall nur eine Teilerscheinung einer meist unheilbaren, langwierigen Krankheit ist, welche, wie die Beobachtung lehrt, auch anders geartete, insbesondere geistige Störungen mit sich bringt.

— James **Watt** führt die Pferdestärke PS = 75 Meterkilogramm als Maß für die Einheit der Arbeitskraft ein.

— Arthur **Young** begründet die wissenschaftliche Richtung in der Landwirtschaft und macht dieselbe auch bei den höheren Bevölkerungsschichten populär.

1771 Richard **Arkwright** erfindet die Walzen-Krempelmaschine, bei welcher der Hauptteil ein Walzenapparat ist, dessen Bestimmung es ist, die Baumwollbänder in ihrem Laufe zur Spule und zur Spindel zu strecken.

— Joseph **Ashton** erhält ein Patent für die Herstellung gegossener eiserner Nägel, deren Fabrikation um 1785 in England in großem Maßstabe betrieben wird.

— Torbern **Bergman** gebraucht Glaskolben für verknisternde Substanzen. Er gibt die wichtigen Reaktionen in der Boraxperle an und kennt das Ausfällen von Kupfer aus dem Schmelzfluß durch einen Eisendraht. Er beschreibt ferner die Reaktion von Eisensalzen mit gelbem Blutlaugensalz (phlogistiertem Laugensalz).

— Andreas **Böhm** schlägt als Längenmaßeinheit den Fallraum eines Körpers in der ersten Sekunde vor.

— Der französische Ingenieur **Du Carla** bildet die von Cruquius (s. 1728 C.) zuerst verwirklichte Darstellung des Bodenreliefs durch Niveaulinien weiter aus und zeichnet die erste Isohypsenkarte (einer imaginären Insel), die 1777 publiziert wird.

— Der praktische Arzt Hieronymus David **Gaub** in Leiden empfiehlt Radix Calumbae bei Verdauungsstörungen u. dgl.

— Samuel **Hearne** erforscht den Kupferminenfluß in Nordamerika und folgt seinem Lauf, bis er ihn in der Ferne in ein geschlossenes Eismeer (den Coronation-Golf) münden sieht.

— John **Hunter** stellt als unumgängliche Bedingung zur erfolgreichen Füllung und Erhaltung der Zähne zum erstenmal die gänzliche Entfernung des Pulpa-Restes fest. Er versucht mit Erfolg das Regulieren schiefstehender Zähne und ist auch wissenschaftlich in der Zahnheilkunde hervorragend tätig.

— Johann Philipp **Kirnberger** erfindet die nach ihm benannte ungleichschwebende Temperatur der chromatischen Tonleiter, die es ermöglicht, eine vollkommene Reinheit der Tonintervalle zu erzielen.

— Johann Heinrich **Lambert** weist zuerst auf den großen Nutzen korrespondierender meteorologischer Beobachtungen hin.

— Charles **Messier** entdeckt einen Nebel im nördlichen Jagdhund, der jedoch erst durch Rosse's Teleskop als Spiralnebel erkannt wird, das denselben als eine leuchtende Spirale, oder als ein schneckenartig gewundenes Tau zeigt, dessen Windungen uneben erscheinen und sowohl im Zentrum als auswärts in dichte, körnige, kugelrunde Knoten auslaufen. Er veröffentlicht einen Katalog der Nebelflecke und Sternhaufen mit 103 Objekten, von denen er 61 selbst entdeckt hat.

— Joseph **Priestley** und Karl Wilhelm **Scheele** entdecken gleichzeitig, aber unabhängig voneinander den Sauerstoff, der erstere durch Erhitzen von Salpeter in einem Flintenlauf, der letztere aus kohlensaurem Quecksilberoxyd. Die nähere Kenntnis [des Gases erlangen aber beide Forscher erst 1774, als sie es aus rotem Quecksilberoxyd in ganz reinem Zustande dargestellt haben.

1771 Joseph **Priestley** entdeckt, daß die fixe Luft, welche sich beim Atmen bildet und die atmosphärische Luft zur Unterhaltung des Lebensprozesses untauglich macht, durch die Pflanzen in solche verwandelt wird, welche wieder zum Atmen tauglich ist. Die eingehende Deutung des Vorgangs gibt erst Ingenhouss. (S. 1779 I.)

— Louis **Vitet** vermindert die durch die bisherige empirische Behandlung der Tierkrankheiten ins Ungemessene gehende Anzahl der Arzneimittel, empfiehlt die Anwendung von einfachen Stoffen und wird dadurch der Begründer der wissenschaftlichen tierärztlichen Arzneimittellehre. (S. seine Schrift „Médecine véterinaire".

— Christian Ehrenfried **Weigel** erfindet den später fälschlich nach Liebig benannten, zur Destillation viel benutzten Kühler, den er erst aus Blech, 1773 aber bereits aus Glas herstellt.

— Peter **Woulfe** stellt Pikrinsäure aus Indigo her und bewirkt damit die erste Darstellung eines künstlichen Farbstoffs. Welter erhält die Pikrinsäure 1799 aus Seide mit Salpetersäure und bemerkt, daß das Kalisalz in der Hitze verpufft. Den Namen „Pikrinsäure" gibt dem Produkte Dumas 1836.

1772 **Alderton** und **Stewart** in Northumberland bauen eine Dreschmaschine mit einer größeren und mehreren kleineren gerippten Trommeln, zwischen denen die Körner ausgerieben werden.

— Nachdem P. Leroy in Paris für das Chronometer (s. 1736 H.) eine bessere Kompensation eingeführt hatte, die dasselbe unabhängiger von der Temperatur machte, gelingt es **Arnold** und **Kendal,** Chronometer herzustellen, welche die Länge auf 0,2⁰ genau angeben.

— Johann **Beckmann** in Göttingen begründet die Technologie als Wissenschaft und gibt derselben ihren Namen.

— Charles **Bossut** fördert durch seine Untersuchungen und durch sein Buch „Traité elementaire d'hydrodynamique" die Hydrodynamik.

1772—1775 James **Cook** umfährt auf seiner zweiten Reise auf der „Resolution" den ganzen Erdball zwischen 55⁰ und 60⁰ südlicher Breite, überschreitet dreimal den Polarkreis und dringt unter 106⁰ 54′ westlicher Länge bis 71⁰ 10′ nach Süden vor. Er findet überall, abgesehen von kleineren Inseln, wie den von ihm entdeckten Cookinseln, freien Ozean und zerstört die Vorstellung von dem großen Südland (vgl. 1772 K.) gänzlich. Seine Begleiter sind Johann Reinhold Forster und dessen Sohn Georg, in deren Reisebeschreibung Australien zuerst als fünfter Kontinent auftritt, dessen große Ähnlichkeit mit den Umrissen von Südamerika und Afrika Johann Reinhold Forster speziell hervorhebt.

1772—75 James **Cook,** Johann Reinhold **Forster** und Georg **Forster** sammeln zuerst planmäßig Geräte, Waffen, Kleidungsstücke usw. fremder Völker, legen dadurch deren Eigentümlichkeiten fest und begründen so die b e s c h r e i b e n d e Ethnographie.

1772 Der Botaniker **Corti** entdeckt die Zirkulation, d. i. die kontinuierliche Bewegung der von Purkinje 1840 Protoplasma genannten zähflüssigen Substanz in der Zelle der Chara. (S. a. 1846 M.) Seine Beobachtungen werden von Meyen 1827 an Vallisneria und von R. Brown an Tradescantia ergänzt.

— Jean André **Deluc** scheint die Anomalie in der Ausdehnung des Wassers (d. h. die größte Dichte nicht unmittelbar am Gefrierpunkt, sondern bei 4⁰ Wärme) zuerst erkannt zu haben.

— Jean André **Deluc** betont die Notwendigkeit, in der barometrischen Höhenmessungsformel (s. 1686 H.) der Temperaturverschiedenheit innerhalb der die beiden Stationen trennenden Luftsäule gerecht zu werden. Er macht eingehende Versuche über die Abhängigkeit des Siedepunktes vom Luftdruck und legt dadurch den Keim zur thermometrischen Höhenmessung.

1772 Leonhard **Euler** sucht für die Folge der artikulierten Töne, welche ein Echo wiedergibt, ein Gesetz auszumitteln, in dem er die Schwingungen einer in eine Röhre von beliebiger Gestalt eingeschlossenen Luftsäule mathematisch untersucht.

— Reinhold **Forster** macht die ersten ernstlichen Versuche, die Tiefen des Ozeans zu messen, wenn auch mit unzulänglichen Mitteln; ebensowenig Erfolg wie er hat das Jahr darauf Kapitän C. J. Phipps in der Nähe von Spitzbergen.

— Benjamin **Franklin** lehrt durch Thermometerbeobachtungen die Ufer des Golfstroms bestimmen und veröffentlicht 1785 die erste genauere Karte desselben. (S. 1519.)

— Der Schriftgießer Wilhelm **Haas** in Basel konstruiert eine fast ausschließlich aus Eisen bestehende Buchdruckpresse, die einem Prägewerk nachgebildet ist, und bei der sich der den Druck vermittelnde Bengel oberhalb des gußeisernen Preßgestells befindet.

— William **Heberden** gibt zuerst ein genaueres Krankheitsbild der 1768 von Rougnon beobachteten Brustbräune (Angina pectoris).

— Ives Joseph **de Kerguelen-Tremarec** entdeckt im südlichen Indischen Ozean die später nach ihm benannte Kerguelen-Insel und erklärt, das große Südland gefunden zu haben, das er „La France Australe" nennt. (Vgl. 1772 C.)

— Der französische Tierarzt Philippe Etienne **Lafosse,** Sohn von E. G. Lafosse (s. 1749 L.), zeichnet sich durch sein Wirken auf dem Gebiete der Pferdeheilkunde aus und gibt in seinem „Cours d'Hippiatrique" eine vortreffliche Beschreibung der Krankheiten des Pferdes. Er erörtert u. a. die Durchschneidung der Fascien und die Behandlung der Hornwarzen der Pferde.

— Johann Heinrich **Lambert** stellt in seinen „Beyträgen zum Gebrauch der Mathematik und deren Anwendung" die ersten allgemeinen Untersuchungen über Kartenprojektionen an und stellt gewisse Normen auf, denen die Abbildungen entsprechen müssen, wie insbesondere bezüglich der Winkelsumme oder Konformität und der Flächensumme oder Äquivalenz.

— Antoine Laurent **Lavoisier** weist nach, daß bei der Verkalkung von Metallen ebenso, wie bei der Verbrennung von Phosphor und Schwefel, eine Gewichtszunahme stattfindet, die von der Absorption einer großen Menge Luft herrührt, und daß bei der Reduktion von Metallkalken sich andrerseits Luft in großer Menge entwickelt.

— John **Lees** ermöglicht den ununterbrochenen Betrieb der Kratzmaschine (s. 1741 P.), indem er das endlose Speisetuch zur Zuführung der Baumwolle hinzufügt. Der mechanisch bewegte Kamm zum Abnehmen der Baumwolle nebst Trichter wird von Arkwright angegeben.

— Der Schotte Andrew **Meikle** in Tyrringham versieht die ganze Flügelfläche der Windräder mit rektangulären, jalousieartigen Klappen, die durch den Wind geöffnet und durch Federkraft geschlossen werden. Cubitt verbessert diese Anordnung noch, indem er die Federn durch Zahnstange und Getriebe ersetzt.

— Joseph **Priestley** stellt das Stickoxyd durch Erhitzen von Kupfer mit Salpetersäure her und schlägt es unter dem Namen „Salpetergas" zur Eudiometrie vor. Seine Zusammensetzung wird jedoch erst aus Cavendish's Entdeckung der Elementarkonstitution der Salpetersäure (s. 1784 C.) erkannt.

— J. B. L. **Romé de l'Isle** beschäftigt sich mit dem Krystallisationsvorgang.

Er erkennt das Vorkommen pseudomorpher Krystalle, die sich über andern gebildet und deren Form angenommen haben. Er macht Versuche über das Krystallwasser der Salze.

1772 Valentin **Rose** der Ältere erfindet die nach ihm „Rose's Metall" genannte leichtflüssige, bei 93,75° C schmelzende, aus 2 Teilen Wismut, 1 Teil Blei, 1 Teil Zinn bestehende Metalllegierung.

— Daniel **Rutherford** entdeckt den Stickstoff.

— John **Smeaton** bestimmt zuerst die Verdampfungskraft der Steinkohle und findet, daß 1 kg Kohle 7,88 kg Wasser von 100° C verdampft.

— James **Watt** erfindet den Indikator, einen selbsttätigen Registrierapparat zur Darstellung der vom Wasserdampf bei Dampfmaschinen geleisteten Arbeit. Es ist dies die erste verbürgte Anwendung des Registrierapparats in der Mechanik. (S. a. 1805 E.)

— Johann Karl **Wilcke** bestimmt zuerst die Schmelzwärme des Wassers, indem er Wasser und Schnee miteinander mischt, und kommt zu dem Resultat, daß, um 1 kg Schnee in Wasser von 0° zu verwandeln, 72 Wärmeeinheiten nötig sind. Lavoisier und Laplace finden nach der gleichen Methode die Zahl von 75 Einheiten. (Vgl. a. 1755 D.)

— Thomas **Wood** bringt an der Watermaschine Arkwright's (s. 1769 A.) eine Tretvorrichtung an, um den Faden längs der Spule auf und nieder zu führen, wodurch das bisher nötige Stillstehenlassen der Maschine während des Weiterhängens vermieden wird. Andere um die gleiche Zeit gemachte Verbesserungen betreffen die bessere Lagerung der Spindeln, um dem Schleudern derselben vorzubeugen und die Abnutzung zu vermindern, spätere Verbesserungen den Ersatz der die Spindeln treibenden endlosen Schnüre durch Friktionsscheiben. (S. 1846 D.)

1773 Peter Christian **Abildgaard** zeichnet sich durch sein Wirken in der Veterinärkunde aus und begründet die später zur großen Blüte heranwachsende Königliche Veterinär- und landwirtschaftliche Hochschule zu Kopenhagen. Seine Hauptverdienste liegen auf dem Gebiete der Tierpathologie.

— Charles Augustin **Coulomb** entwickelt seine lange Zeit maßgebend gebliebene Theorie der Brückengewölbe, sowie seine Theorie des Erddrucks auf Stützmauern.

1773—79 Abraham **Darby** III, ein Enkel von Abraham Darby (s. 1713 D.), erbaut als erste eiserne Brücke der Welt die jetzt noch vorhandene Straßenbrücke über den Severn bei Coalbrookdale (Gußeisen).

1773 Johann Ignaz **von Felbiger** gibt mit seiner Schrift „Anleitung, jede Art von Witterung genau zu beobachten und in Karten zu verzeichnen" die Anregung zur Herstellung synoptischer Karten, die heutzutage die Grundlage der Wettervorhersage sind.

— John **Fothergill** beschreibt sehr genau die nach ihm benannte Form der Neuralgie des Trigeminus, von der zuerst Nicolas André in Versailles 1756 unter der Bezeichnung „Tic douloureux" gesprochen hatte.

— John **Hunter** veröffentlicht Untersuchungen über das elektrische Organ der Zitterfische.

— Joseph Louis **Lagrange** schafft den mathematischen Begriff der Invariante. (Über den weiteren Ausbau dieses Gebiets s. 1845 C.)

— Nachdem schon 1694 und 1695 auf Veranlassung des Großherzogs Cosmus III. von Toskana Averani und Targioni konstatiert hatten, daß der Diamant im Fokus eines starken Brennglases völlig verschwinde und d'Arcet 1766, Macquer und Rouelle 1771 ähnliche Experimente unternommen hatten, stellt Antoine Laurent **Lavoisier** im Verein mit Macquer, Cadet, Brisson und Baumé fest, daß der Diamant zu seiner Verbrennung des Zutritts von Luft bedarf, daß er wirklich verbrennt und sich nicht etwa verflüchtigt, und daß bei der Verbrennung ebenso, wie bei der Verbrennung der Holzkohle, fixe Luft (Kohlensäure) entsteht.

1773 James Bennett **Monboddo** macht zuerst auf die Verwandtschaft im Bau des Menschen und des Orang-Utangs aufmerksam.

— Der Engländer **Nooth** erfindet die Taftflügel am Reibzeug der Elektrisiermaschine, nachdem Beccaria auf das Zurückströmen der Elektrizität von der Scheibe nach dem Isolator hingewiesen hatte.

— Fr. P. **Savary** untersucht das Sauerkleesalz, das seit lange bekannt (s. 1674 S.), jedoch meist mit Weinstein verwechselt worden war, und erhält durch dessen Destillation eine saure Flüssigkeit, mittels deren er das neutrale oxalsaure Kali darstellt. Die Säure in reinem Zustand stellt erst Scheele dar. (S. 1776 S.)

— Fr. P. **Savary** erhält zuerst Oxaläther bei Destillation der aus Sauerkleesalz durch Destillation erhaltenen sauren Flüssigkeit mit Weingeist. Aus reiner Oxalsäure und Weingeist stellt den Oxaläther zuerst 1776 Bergman her.

— Johann Gottlieb **Wolstein,** ein Hauptförderer der wissenschaftlichen Tierheilkunde in Deutschland, bekämpft den Mißbrauch des Aderlasses und fördert die Tierheilkunde durch Begründung eines Instituts zur Ausbildung von Militärtierärzten und Militärhufschmieden. Er behandelt das Verhalten der Kriegspferde in Winterquartieren, die Pferdeseuchen, Krankheiten der Füllen, Leisten- und Nabelbrüche u. a.

1774 Karl Samuel **Andersch** untersucht die Hirnnerven, den Halsteil des Nervus sympathicus, die Herznerven und entdeckt den Nervus glossopharyngeus.

— Der Chemiker Pierre **Bayen** in Paris zeigt, daß Quecksilberoxyd nur durch Temperaturerhöhung, ohne Zusatz von phlogistonhaltigen Substanzen reduziert werden kann, und unterstützt dadurch Lavoisier in seinem Kampfe gegen die Phlogistontheorie.

— Torbern **Bergman** zeigt in seiner Abhandlung „De acido aëreo", daß Bleiweiß nur kohlensaures Blei (Calx plumbi aërata) sei.

— Louis **Cotte** gibt sein Werk „Traité de météorologie" heraus, das für alle Gebiete der Meteorologie reichliches Beobachtungsmaterial liefert.

— Der Naturforscher Eugen Johann Christoph **Esper** deutet in seiner Schrift „Nachricht von den neu entdeckten Zoolithen" die in der Gailenreuther Höhle gefundenen fossilen Tierknochen richtig und begründet, damit die in geologischer, zoologischer und anthropologischer Beziehung wichtige wissenschaftliche Höhlenkunde, wenn auch zunächst nur in elementarem Sinne.

— Felice **Fontana** bestimmt gemäß Priestley's Vorschlag (s. 1772 P.) mittels des Salpetergases (Stickoxyd) die Menge des Sauerstoffgases in der Atmosphäre und bedient sich dazu des von Hales (s. 1748 H.) angegebenen Eudiometers.

— Benjamin **Franklin** stellt Versuche zur Beruhigung der Meereswellen durch Öl an und legt die gemachten Erfahrungen in einer besonderen Schrift („Of the stilling of waves by the means of oil") nieder. (Vgl. 78 Plinius.)

— Jean Etienne **Guettard** führt die „Degradation" der Berge und die Modellierung der gesamten Erdoberfläche auf Abspülung und Erosion durch Regen, Flüsse und den Ozean zurück.

— Der englische Chemiker James **Hunter** führt Knochenschrot als Düngemittel ein.

— Der englische Anatom William **Hunter,** Erfinder des Hunter'schen Verbands, veröffentlicht sein epochemachendes Werk über die Anatomie des schwangeren Uterus.

— Johann Heinrich **Jung-Stilling,** zuerst Kohlenbrenner und Schneider, später Lehrer und Arzt in Elberfeld, zeichnet sich durch Staroperationen aus.

1774 Martin Heinrich **Klaproth** erfindet ein Verfahren, aus bedrucktem Papier die Druckerfarbe völlig herauszuwaschen und daraus neues Papier herzustellen, und läßt dieses Verfahren bei dem Papiermüller Schmidt in Kleinen-Lengden ausarbeiten.

— **de La Follie** verbessert die Schwefelsäurefabrikation, indem er während der Verbrennung des Schwefels durch den beigemischten Salpeter gleichzeitig auch Wasserdampf in die Bleikammern einströmen läßt.

— Joseph Louis **Lagrange** veröffentlicht als Ergebnis seiner Untersuchungen auf dem Gebiete der Zahlentheorie die Fundamentalsätze der quadratischen Formen.

— Pierre Simon **de Laplace** vertieft die Newton'sche Theorie von Ebbe und Flut dadurch, daß er nicht allein die Niveaufläche des Meeres ins Auge faßt, sondern die von Euler und Lagrange aufgestellten hydrodynamischen Grundgleichungen auf die Vorausbestimmung der Oszillationen des Meeres anwendet. Er weist nach, daß die Erdrotation als ein wesentlicher Faktor der Gezeiten anzusehen ist.

— Antoine Laurent **Lavoisier** stellt durch die Wage fest, daß die Gewichtszunahme bei der Verkalkung der Metalle (s. 1772 L.) dem Gewicht der absorbierten Luft genau gleich ist. Er äußert sich bei Gelegenheit der Veröffentlichung dieser Arbeit zuerst bestimmter über die Zusammensetzung der Luft aus zwei verschiedenen Gasen.

— Antoine Laurent **Lavoisier** behandelt in seinen „Opuscules physiques et chymiques" die Kaustizität der Alkalien und entwickelt darin vollständig die Ansichten, die Black bereits früher (s. 1755 B.) geäußert hatte.

— Georges Louis **Lesage** versucht die von einer Reibungselektrisiermaschine gelieferte Elektrizität zum Zeichengeben zu verwenden, scheitert aber an der Unmöglichkeit einer bei jedem Wetter genügenden Isolierung.

— Nevil **Maskelyne** und Charles **Hutton** bestimmen durch ihre am Berge Shehallien in Schottland angestellten Messungen der Ablenkung des Bleilotes die mittlere Dichte der Erde auf 4,929, einen Wert, der durch spätere Messungen (s. 1887 W. und 1896 K.) wesentlich korrigiert wird.

— Scipione **Piatelli** empfiehlt die Wiederaufnahme der im Altertum üblichen Leichenverbrennung.

— Der Wiener Arzt **Posch** gibt eine als Fußbett bezeichnete Aufhängevorrichtung zur Behandlung des Beinbruchs an. (S. a. 1760 R.)

— Joseph **Priestley** wendet zuerst Quecksilber zum Absperren von Gasen an und erfindet die pneumatische Wanne.

— Joseph **Priestley** stellt Ammoniakgas durch Erhitzen von Salmiak mit Ätzkalk und Auffangen der entweichenden Luftart über Quecksilber dar.

— Karl Wilhelm **Scheele** entdeckt bei der Digestion von Braunstein mit Salzsäure das Chlor, das von Helmont und Glauber als Exhalation aus Königswasser beobachtet, aber nicht als eigentümlicher Körper erkannt worden war. Im gleichen Jahre stellt er aus einem barythaltigen Braunstein die Baryterde rein dar, die Jahn dann als Basis des Schwerspats erkennt. Bei Gelegenheit dieser Untersuchungen bringt er genügende Beweise für den Gehalt des Braunsteins an einem eigentümlichen Metall dar, dessen Reindarstellung ihm aber nicht gelingt. Er macht wieder auf die von Jacob Waitz 1705 zuerst beobachtete Farbenänderung der Lösung der Schmelze von Braunstein und Salpeter aufmerksam und nennt das Schmelzprodukt mineralisches Chamäleon.

— Der Landwirt Johann Christian **Schubart von Kleefeld** führt den Kleebau in die mitteleuropäische Landwirtschaft ein. Er schafft Brache und Weidegang ab und führt Kunstfutterbau und Stallfütterung ein.

— J. C. Ph. **Trudaine de Montigny** verfertigt ein aus einer Hohllinse bestehen-

des Brennglas, welches er anfangs mit Weingeist, später aber mit Terpentinöl anfüllt und bei welchem der durch die bedeutende Dicke der massiven Glaslinsen verursachte Strahlenverlust vermieden werden sollte. Die
damit von Lavoisier, Macquer u. a. im Jardin de l'Infante in Paris unternommenen Versuche ergeben sehr gute Resultate.

1774 Anne Robert Jacques **Turgot**, Finanzminister Ludwigs XVI., erfindet die
Turgotine, das Vorbild der späteren Postkutsche.

1775 Richard **Arkwright** konstruiert zum Vorspinnen die Kannenmaschine (Laternenband), die jedoch wie alle nach ihr erfundenen Vorspinnmaschinen
durch den Flyer (s. 1821 C.) verdrängt wird.

— **Bancroft** bringt zuerst die „Quercitronrinde" genannte Rinde von Quercus
tinctoria nach England, die bis zur Entdeckung der Anilinfarben eine sehr
große Bedeutung zum Gelbfärben von Wolle und Baumwolle und zum
Grundieren von Stoffen, die man später braun oder grün färben oder
bedrucken will, erlangt. Der in unreiner Form daraus hergestellte Farbstoff
kommt auch unter dem Namen „Flavin" in den Handel.

— Jean Louis **Baudelocque** macht sich um die Lehre vom Becken und insbesondere um dessen Messung sehr verdient, lehrt die Unterstützung des
Dammes zur Vermeidung von Dammrissen und stellt Indikationen für die
Entfernung der Placenta auf.

— Torbern **Bergman** erkennt den Einfluß der Wärme auf die chemische Verwandtschaft und stellt Affinitätstabellen auf, die allgemein als die richtigsten und vollständigsten anerkannt werden. Er führt den Begriff der
doppelten Wahlverwandtschaft ein, deren Wirkungen zuerst Glauber (s.
1654 G.) richtig aufgefaßt hatte.

— Nachdem N. Lemery schon auf die Verschiedenheit der kalt und heiß bereiteten Lösung von Quecksilber in Salpetersäure aufmerksam gemacht
hatte, zeigt Torbern **Bergman,** daß in der kalten Auflösung Quecksilberoxydulsalz, in der heißen Quecksilberoxydsalz vorhanden ist.

— Johann Friedrich **Blumenbach** fügt in seiner Dissertation „De generis humani
varietate nativa" zu den vier Rassen Linnés (s. 1735 L.), die er, wenn auch
zum Teil unter anderer Bezeichnung als Kaukasier, Mongolen, Äthiopier,
Amerikaner anerkennt, für die durch Cooks Entdeckungen erschlossene
Inselwelt des fünften Erdteils noch eine fünfte Rasse, die malaiische hinzu.
Er fördert durch seine mit Sömmering herausgegebenen „Collectionis craniorum diversarum gentium decades" die Kraniologie.

— **Burrows** konstruiert die erste bekannte Spiegelschleifmaschine, mit der er
eine Vorrichtung zum Polieren verbindet. Welche Arbeitsersparnis dieselbe bewirkt, geht daraus hervor, daß man vor ihrer Erfindung zum Rauh-
und Klarschleifen von 2 qm Ebenfläche 41 Stunden, nachher 10 Stunden,
zum Polieren vorher 72 Stunden, nachher nur noch 12 Stunden Zeit brauchte.

— Fredrik **af Chapman** in Stockholm gibt eine vollständige Theorie des Schiffbaus sowie Regeln für die Ermittelung des Schwerpunkts der Schiffe, für
deren Ausmessung und Belastung.

— **Conradi** entdeckt in der Galle das Cholesterin, das von Chevreul 1824 näher
charakterisiert und beschrieben wird.

— **Crane** in Edmonton gelingt es, den Handkulierstuhl so zu verändern, daß
er auf demselben Kettentüll (Warp laces) erzeugen kann, der dauerhafter ist,
als die von Strutt (s. 1758 S.) und Frost (s. 1769 F.) hergestellten Gewebe.
Der Kettenstuhl wird auch zur Erzeugung von Modewaren aptiert und
1791 von William Dawson noch verbessert.

— Der Weber Samuel **Crompton** in England konstruiert durch Verbindung der
Streckvorrichtung Arkwrights und des Spindelwagens von Hargreaves seine
Mule-Spinnmaschine.

1775 William **Cruikshank,** Anatom in Edinburg, gibt eine Anatomie der Lymphgefäße heraus. Er teilt infolge der Cotugni'schen Entdeckung (s. 1760 C.) die Fälle von Wassersucht ein in solche mit und solche ohne Eiweiß im Urin.

— Pierre Joseph **Desault** fördert die von Lieutaud (s. 1742 L.) begründete chirurgische Anatomie. Er schränkt die Amputation und Trepanation auf das Äußerste ein und bringt die seit Paré in Vergessenheit geratene Unterbindung der Arterien, insbesondere auch bei Aneurysmen wieder zu Ehren. Er bringt zur Eröffnung der Luftwege die Laryngotomie in Vorschlag, die bei Entfernung von Fremdkörpern vielfach an die Stelle der Tracheotomie tritt.

— Matthew **Dobson** und **Pool** stellen in ihren „Medizinischen Untersuchungen" fest, daß der Harn aller Diabetiker süßen Geschmack zeige und bei vorsichtigem Eindampfen stets eine weiße Masse, die süß schmecke wie Zucker, zurücklasse. Sie folgern aus dem süßen Geschmack des Blutserums der Diabetiker, daß der Zucker nicht erst in der Niere entstehe, sondern schon im Blut angehäuft sei. (S. a. 1670 W.)

— Felice **Fontana** verwendet zum Füllen feinerer Libellen Äther oder Naphtha und macht die Röhre vor dem Verschließen durch Erwärmen luftleer. (S. 1661 T.)

— Der Maschinendirektor **Friedrich** zu Clausthal legt eiserne Schienen von der Grube Dorothee bis zum Pochwerk und baut den dazu nötigen Hunt (vierrädrigen Förderwagen) mit Spurkranzrädern, welche Wagenkonstruktion später von Stephenson (s. 1825 S.) übernommen wird.

— Nachdem Karl Wilhelm Scheele (s. 1774 S.) nachgewiesen hatte, daß in dem Braunstein ein eigentümliches Metall enthalten sei, gelingt es Johann Gottlieb **Gahn,** dieses Metall — das Mangan — in regulinischem Zustand zu erhalten.

— Der sächsische Bergmeister Gottlieb **Gläser** veröffentlicht eine geologische Karte, auf welcher die Verbreitung der verschiedenen Hauptgesteine (Granit, Sandstein, Kalkstein) durch Farben veranschaulicht wird.

— Louis Bernard **Guyton de Morveau** wendet zuerst, um den Leichengeruch aus der Kirche St. Médarde zu Dijon zu entfernen, eine Chlorräucherung (Fumigatio Chlori) aus feuchtem Kochsalz und Schwefelsäure an.

— Antoine Laurent **Lavoisier,** der von Priestley mit dem Sauerstoffgas bekannt gemacht ist, zeigt, daß der Sauerstoff zur Verkalkung unerläßlich und eine notwendige Bedingung des Verbrennungsprozesses ist.

— Antoine Laurent **Lavoisier** macht eingehende Untersuchungen über die Natur der Kohlensäure. Er beschreibt, wie Quecksilberoxyd für sich erhitzt Sauerstoffgas, mit Kohle erhitzt hingegen Kohlensäuregas entwickelt und schließt aus diesem Versuch, daß das kohlensaure Gas das Resultat der Verbindung von Kohle mit dem zum Atmen tauglichen Teil der Atmosphäre sei. 1780 bestimmt er dann in annähernd richtiger Weise die quantitative Zusammensetzung der Kohlensäure,

— Franz Anton **Mesmer** findet, daß sein bloßer auf die Kranken gerichteter Wille (die heutige Suggestion) sich heilkräftig erweist. Er führt zweifellos die ersten Hypnosen herbei.

— Peter Simon **Pallas** liefert die erste umfassende naturgeschichtliche Abhandlung über die mongolische Rasse und offenbart sich damit als einer der ersten sachkundigen Bearbeiter der wissenschaftlichen Ethnographie. (Vgl. auch 1772 C.)

— Die **Pariser Akademie** faßt den Beschluß, in Zukunft alle Vorschläge eines Perpetuum mobile abzuweisen.

— Joseph **Priestley** entdeckt das Knallgas. Das Knallgasgebläse soll, wie Lavoisier angibt, zuerst vom Präsidenten de Saron angewendet worden sein.

1775 Joseph **Priestley** entdeckt das Salzsäuregas, die gasförmige schweflige Säure und das Fluorkieselgas, aus welchem er mit Wasser die Kieselfluorwasserstoffsäure erhält.

— Jesse **Ramsden** vervollkommnet die von Hooke (s. 1674 H.) erfundene Kreisteilmaschine so, daß mit derselben ein Kreis von Sekunde zu Sekunde, also der ganze Umfang in 1296000 Teile geteilt werden kann. Indes war die Herstellung der bei der Bewegung zusammengreifenden Teile so schwierig, daß oftmals die Genauigkeit der Maschine darunter litt.

— Jesse **Ramsden** verwendet einen wurmartigen Fräser zur Herstellung des Wurmrades seiner Kreisteilmaschine.

— Karl Wilhelm **Scheele** erhält, indem er Kochsalzlösung langsam durch Bleiglätte filtrieren läßt, Ätznatron, das an der Luft zu Soda wird. Kirwan gibt 1782 an, daß in London Soda nach dieser Methode fabriziert werde. Eine andere Methode der Sodadarstellung wird 1784 von Johann Karl Friedrich Meyer in Stettin angegeben. Er schlägt vor, Kochsalzlösung direkt durch Pottasche zu zersetzen, wo beim Abdampfen zuerst Chlorkalium und dann Soda anschieße. Mit dem Bekanntwerden der Leblanc'schen Methode (s. 1791 L.) werden diese Verfahren wertlos.

— Karl Wilhelm **Scheele** erhält, indem er in ein Gemenge von weißem Arsenik und Wasser Chlor einleitet, sowie durch Behandlung von weißem Arsenik mit Königswasser die Arseniksäure in reinem Zustande und beschreibt deren Salze, sowie ihr Verhalten zu anderen Substanzen.

— Karl Wilhelm **Scheele** entdeckt bei Einwirkung von Zink auf Arseniksäure den Arsenwasserstoff.

— Alexander **Tilloch** und der Buchdrucker Andreas **Foulis** in Glasgow machen Versuche zur Herstellung von Stereotypdruckplatten, und gelangen, ohne von Ged's Erfindung (s. 1729 G.) Kenntnis zu haben, zu einem ähnlichen Verfahren.

— **Trevithick** der Ältere ersetzt den bis dahin flachen Deckel des Dampfkessels der atmosphärischen Maschine durch eine kugelförmige Haube, die den Dampfraum vergrößert und auch eine Drucksteigerung in der Maschine zuläßt.

— Michele **Troja** macht seine berühmt gewordenen Versuche, die dartun, daß bei ausgewachsenen Tieren nach Zerstörung des Knochenmarkes eine Nekrose des Knochens und rings um dieselbe unter dem Periost eine Neubildung von jungen Knochen stattfindet. (S. auch 1741 D.)

1775—81 Felix **Vicq d'Azyr** macht im Süden von Frankreich eingehende Untersuchungen über die Rinderzucht und gibt Schutzmittel gegen die Ansteckung und Vorschriften für die Desinfektion der Ställe und für die Unschädlichmachung der Häute der gefallenen Tiere, wodurch er sich große Verdienste um die Bekämpfung der Viehseuchen erwirbt.

1775 Alessandro **Volta** konstruiert nach dem von Wilcke (s. 1762 W.) angegebenen Prinzip das Elektrophor, welches dazu dient, während längerer Zeit wiederholt kleine Mengen Elektrizität zu liefern, und aus einem Harzkuchen besteht, auf den eine mit einer isolierenden Handhabe versehene Metallscheibe paßt. Der Harzkuchen wird durch Peitschen mit einem Fuchsschwanz elektrisch gemacht und gibt durch Influenz seine Elektrizität an den Deckel ab, von dem die positive Elektrizität entnommen werden kann, nachdem man ihn vor dem Abheben mit der Erde in Verbindung gesetzt und so die negative Elektrizität abgeleitet hat.

— Abraham Gottlob **Werner** begründet die empirische Methode der Mineralbeschreibung und klassifiziert die Mineralien namentlich nach äußeren Kennzeichen.

— John **Wilkinson** wendet zuerst das Zylindergebläse mit Dampfbetrieb an.

1776 Torbern **Bergman** entdeckt die Lichtempfindlichkeit der Oxalsäure.

— Der Amerikaner D. **Bushnell** konstruiert ein Unterseeboot (s. a. 1622 D.) und erfindet die ersten Offensivtorpedos, die er gegen das englische Linienschiff „Eagle", jedoch ohne wesentlichen Erfolg verwendet.

1776—79 James **Cook** entdeckt auf seiner dritten Reise die Sandwich-Inseln wieder (vgl. 1527 S.), erforscht die Nordwestküste Amerikas und das Beringsmeer und gelangt durch die Beringstraße bis zum Eiskap. Auf der Rückkehr wird er in Hawaii ermordet.

1776 William **Cruikshank** beobachtet am Menschen, daß durchschnittene Nerven wieder zusammenwachsen. Dies wird von Fontana und Michaelis auch an Tieren bestätigt.

— Benjamin **Curr** verbessert die Reynolds'sche Schienenkonstruktion (s. 1767 R.), bei welcher die Wagen leicht entgleisten, indem er den gußeisernen Schienen den Querschnitt des einfachen Winkeleisens, mit senkrecht stehender äußerer Flansche, gibt.

— **Duchateau,** Apotheker in St. Germain, läßt künstliche Zähne aus Porzellan in der Porzellanmanufaktur von Guerhardt und Dihl in Paris herstellen. (S. a. 1756 P.)

— Der englische Ingenieur **Hatton** erfindet die Holzhobelmaschine.

— H. F. **Höfer** entdeckt die Borsäure in den Lagunen von Toskana, aus denen sie seit 1818 fabrikmäßig gewonnen wird.

— Jonathan **Hornblower** führt die erste, sehr kleine zweizylindrische Zweifach-Expansions-Dampfmaschine aus, auf die er 1781 ein Patent erhält. 1790 baut er eine größere Zweifach-Expansionsmaschine für die Wasserhaltung einer Grube in Cornwallis.

— Antoine Laurent **Lavoisier** zersetzt die Salpetersäure in Sauerstoff und Stickoxyd, erkennt jedoch nicht die Zusammensetzung des letzteren; doch folgert er aus seinen Versuchen, daß die roten Dämpfe der Untersalpetersäure eine in der Mitte zwischen Stickoxyd und Salpetersäure stehende Verbindung seien. (S. a. 1786 L.)

— Antoine Laurent **Lavoisier** arbeitet über die Phosphoreszenz der Mineralien, über die späterhin Macquer (1777) und Wedgwood (1792) Untersuchungen anstellen.

— **Lepileur d'Apligny** beschreibt in seinem Werke „L'art de la teinture des fils et étoffes de coton" zum ersten Male die Türkischrotfärberei (Rouge des Indes), die zuerst in Indien aufgekommen ist und von da ihren Weg durch Asien und alle Länder der Levante nach Westen genommen hat.

— Der französische Marschall Marc René **von Montalembert** betont die Notwendigkeit eines überlegenen Geschützfeuers der Festungen, entwickelt dazu anfangs das tenaillierte, später das polygonale Tracé, fordert zahlreiche Kasematten sowie die Anlage einer einfachen oder doppelten Kette detaschierter Forts um die Kernumwallung.

— Der Ziegelbrenner Johann Georg **Müller** überreicht dem Königlichen Oberbaudepartement in Berlin den Entwurf eines Ziegelbrennofens, der aus 6 Einzelöfen besteht, die der Reihe nach derart angeheizt werden sollen, daß die abziehenden Gase zum Vorwärmen der noch nicht angeheizten Abteile dienen. In diesem Vorschlage ist der Grundgedanke der späteren kontinuierlichen Ziegelöfen (s. 1839 A. und 1857 H.) enthalten.

— Joseph **Priestley** entdeckt das Stickstoffoxydul (Lachgas) bei Einwirkung von Eisen auf salpetrige Säure.

— Alexis Marie **de Rochon** erfindet das nach ihm benannte doppelbrechende Prisma, das eine Anwendung der Doppelbrechung des Lichts in einachsigen Krystallen darstellt und als Mikrometer und Distanzmesser verwendet werden kann.

Darmstaedter.   15

1776 Karl Wilhelm **Scheele** erhält bei Einwirkung von Salpetersäure auf Zucker eine eigentümliche Säure, die er 1784 als identisch mit der von Savary (s. 1773 S.) aus Sauerkleesalz erhaltenen Säure erkennt und Zuckersäure nennt, welcher Name später durch Oxalsäure ersetzt wird. Im gleichen Jahre entdeckt er in den Harnsteinen die zuerst Blasensteinsäure, dann Harnsäure genannte Säure und veröffentlicht seine Untersuchungen über den schon lange bekannten Schwefelwasserstoff, dessen Bereitung aus Schwefeleisen mit Säuren er lehrt.

— Alessandro **Volta** untersucht das Sumpfgas, entdeckt dessen Entzündlichkeit und findet, daß es bei der Verbrennung Kohlensäure liefert.

— Thomas **Wood** konstruiert eine unter den Namen „Billy" bekannte Spinnmaschine, die sich von Hargreaves' Jenny (s. 1768 H.) dadurch unterscheidet, daß ihre Spindeln auf einem aus- und einfahrenden Wagen stehen, die Presse aber an ihrem Platz bleibt, während es bei der Jenny umgekehrt ist.

1777 Johann **Arvidson** (Afzelius) stellt zuerst Ameisenäther in unreinem Zustande her; rein erhält ihn 1782 W. H. S. Bucholz, indem er ihn aus dem Destillat von konzentrierter Ameisensäure mit Weingeist durch Wasser abscheidet.

— In der Abhandlung „De Terra Gemmarum" gibt Torbern **Bergman** die Härte (ermittelt durch Ritzen der Mineralien mit Stücken von bekannter Härte) und das spezifische Gewicht der Mineralien als beachtungswerte Kennzeichen an.

— Nachdem Haas in Basel i. J. 1770 die ersten Versuche zur Herstellung von Landkarten auf typographischem Wege gemacht hatte, bringt Johann Gottlob Immanuel **Breitkopf** in Leipzig dieses Verfahren zu weiterer praktischer Brauchbarkeit. (Vgl. 1840 R.)

— George Louis Leclerc **de Buffon** stellt das mathematische Nadelproblem auf. Hierzu wird eine Tafel mit gleichweit voneinander entfernten Parallellinien bedeckt und eine Nadel von bestimmter Länge darauf geworfen. Mit Hilfe der Wahrscheinlichkeitsrechnung ist nun zu ermitteln, wie oft die Nadel die Parallelen schneidet und wie oft sie dazwischen zu liegen kommt. Durch das Nadelproblem läßt sich ein Annäherungswert von π empirisch finden.

— Tiberius **Cavallo** macht das von John Canton angegebene Elektroskop erst zu einem wirklichen Elektrometer, indem er die pendelnden Kügelchen in ein Glasgefäß einschließt und sie so gegen Luftzug und andere zufällige Störungen schützt.

— William **Cullen** gibt zuerst die richtige Erklärung für die Erscheinung, daß das Quecksilber im Thermometer infolge des Wärmeverbrauchs bei der Verdunstung sinkt, wenn die Kugel befeuchtet wird. (S. 1825 A.)

— **Gordon** bereist das südafrikanische Dreieck und entdeckt den Orangefluß.

— Der englische Chemiker Bryan **Higgins** erfindet die chemische Harmonika. Indem er in ein an beiden Enden offenes Glasrohr von unten eine Flamme einführt, gibt die Röhre, wenn die Flamme entsprechend weit eingeschoben ist und eine passende Größe hat, einen kräftigen Ton, der in Höhe gleich ist dem Grundton, den die Röhre als offene Pfeife gibt.

— John **Howard** erreicht teils durch persönliche Bemühungen, teils durch seine Schriften, deren erste „State of the prisons in England and Wales" namentlich großes Aufsehen macht, die sanitäre Reform der Gefängnisse.

— Johann Heinrich **Lambert** dehnt sein für das Licht gefundenes Gesetz (s. 1760 L.) auch auf die Wärmestrahlen aus, für die es 1837 von Melloni mit dem Thermomultiplikator bestätigt wird.

— Antoine Laurent **Lavoisier** zeigt, daß der Sauerstoff der einzige Bestandteil der Atmosphäre ist, der das Atmen unterhält und daß er sich hierbei in Kohlensäure umwandelt, daß somit der Atmungsprozeß der Verbrennung organischer Substanzen analog ist, und folglich auch als Wärmequelle angesehen werden kann. (S. a. 1669 M.)

1777 Antoine Laurent **Lavoisier** macht zuerst eine strenge Unterscheidung der organischen Körper von den anorganischen, und zeigt, daß bei vollständiger Verbrennung organischer Körper, wie Alkohol, Öl, Wachs usw. sich nur Kohlensäure und Wasser bilden, daß diese Körper somit nur aus Kohlenstoff, Wasserstoff und Sauerstoff bestehen können. Er legt den Grund zur quantitativen Analyse organischer Körper und benutzt schon für schwer verbrennliche Substanzen statt freien Sauerstoffs Stoffe, wie Quecksilberoxyd und Mennige, welche in der Hitze ihren Sauerstoff abgeben.

— Antoine Laurent **Lavoisier** entdeckt durch exakte Versuche, daß die Schwefelsäure sich von der schwefligen Säure nur durch einen größeren Gehalt an Sauerstoff unterscheidet und gibt eine Erklärung über die Umwandlung, die der Eisenkies an der Luft erleidet.

— Nachdem Marggraf (s. 1743 M.) zuerst die Eigenschaften der Phosphorsäure angegeben hatte, stellt Antoine Laurent **Lavoisier** bemerkenswerte Untersuchungen über die Phosphorsäure an, indem er dieselbe als aus Phosphor und Sauerstoff bestehend betrachtet. Er lehrt die Herstellung der Phosphorsäure durch Behandlung von Phosphor mit Salpetersäure, die auch Scheele in seiner „Chemischen Abhandlung von der Luft und dem Feuer" erwähnt. (S. 1777 S.) Die Pyrophosphorsäure unterscheidet zuerst Clark. (S. 1828 C.)

— Der Physiker Georg Christian **Lichtenberg** entdeckt die auf elektrischen Isolatoren (Harzkuchen) entstehenden elektrischen Staubfiguren (Lichtenberg'sche Figuren), die zur Untersuchung der elektrischen Natur pulverförmiger Körper führen.

— Nachdem bis dahin die formale und systematisierende Richtung in der Dermopathologie obgewaltet hatte, die auch noch J. J. von Plenck in seiner 1776 erschienenen „Doctrina de morbis cutaneis" vertrat, gibt Anne Charles **Lorry** das erste, echt moderne Lehrbuch der Dermatologie heraus, in welchem er die Haut nicht bloß als Decke betrachtet, sondern in der von Astruc (s. 1761 A.) inaugurierten Richtung sie als ein physiologisches Werkzeug, ein Organ des Körpers ansieht, das die innigsten Beziehungen zum Darmtraktus und zum Nervensystem hat.

— Simon Peter **Pallas** gibt die erste eingehende geognostische Beschreibung des Baus der Gebirge, sowie Andeutungen über deren Entstehung und Altersbestimmung. (S. 1760 M.)

— Joseph **Priestley** zeigt, daß sich die roten Dämpfe, die sich bei Vermischung von Stickoxyd mit Luft bilden, wie eine Säure verhalten, und nennt dieselben „Nitrous acid air".

— Jesse **Ramsden** verbessert den Sextanten (s. 1701 N.), indem er nicht bloß der Bewegung der Alhildade und des drehbaren Spiegels einen gleichmäßigen und sichern Gang verleiht, sondern den Limbus und Nonius mit seiner Kreisteilmaschine (s. 1775 R.) viel feiner und genauer teilt, als es früher der Fall war.

— August Gottlob **Richter,** der sich auch in der Augenheilkunde auszeichnet (s. a. 1804 R.), bearbeitet in hervorragender Weise das Gebiet der Schußwunden, gibt eine gediegene Darstellung der Lehre von den Unterleibsbrüchen, und vervollkommnet die Herniotomie ganz wesentlich.

— Karl Wilhelm **Scheele** macht umfangreiche Untersuchungen über strahlende Wärme.

— Karl Wilhelm **Scheele** lehrt gleichzeitig mit Lavoisier (s. 1777 L.) die Darstellung der Phosphorsäure aus Phosphor und Salpetersäure und gründet auf Gahns Entdeckung (s. 1766 G.) ein neues Verfahren der Phosphordarstellung, indem er weißgebrannte Knochen durch Digerieren mit verdünnter

15*

Salpetersäure löst, durch Schwefelsäure den Kalk entfernt, die Flüssigkeit zur Sirupsdicke verdunstet, mit Kohlenstaub mischt und in irdenen Destillationsgefäßen glüht. Das Verfahren wird 1780 durch Nicolas und Pelletier und 1797 durch Fourcroy und Vauquelin noch verbessert.

1777 Karl Wilhelm **Scheele** benutzt mit Chlorsilber überzogenes Papier, um die chemische Wirkung des Sonnenspektrums zu prüfen, und findet, daß das violette Licht am stärksten darauf einwirkt.

— Karl Wilhelm **Scheele** und Felice **Fontana** entdecken gleichzeitig die Absorption der Gase durch starre Körper, insbesondere durch frisch geglühte und unter Quecksilber erkaltete Holzkohle.

— Der Generalstabsarzt Johann Christian Anton **Theden** in Berlin läßt elastische Bougies und Katheter aus Draht mit Kautschuk überzogen herstellen (Theden'sche Katheter). Der Goldschmied Bernard in Paris nimmt 1780 zu diesem Zweck Kamelhaargeflecht, das er mit Kautschuk überzieht. Die Anregung hierzu ging von Macquer aus. (Vgl. 1768 H.)

— Carl Friedrich **Wenzel** erklärt die Fortdauer der Neutralität bei wechselseitiger Zersetzung neutraler Salze damit, daß die verschiedenen Mengen der verschiedenen Basen, welche ein und dasselbe Gewicht irgend einer Säure neutralisieren, auch von jeder anderen Säure ein und dasselbe Gewicht zur Neutralisation bedürfen. Er beobachtet, daß die Geschwindigkeit, mit der ein und dieselbe Menge Metall von einer Säure gelöst wird, von deren Menge und Konzentration abhängt und zieht hieraus den Schluß, daß die Stärke der chemischen Wirkung von der Konzentration und Menge des wirkenden Stoffs abhängt.

— Eberhard August Wilhelm **von Zimmermann** entwirft die erste Erdkarte für die Verbreitung der Säugetiere und gibt das erste zoogeographische Lehrbuch heraus. Er schließt auf Grund seiner Untersuchungen über die geographische Verbreitung der Tiere auf vormalige Änderungen der Verteilung von Land und Meer.

1778 Benjamin **Bell** zeichnet sich durch die Behandlung der Geschwülste und insbesondere deren Exstirpation aus. Er macht die Brustparacentese bei Empyem, Brustwassersucht und bei der Wassersucht des Herzbeutels zu einer Spezialität und übt die Drainagebehandlung der Wunden, bei der er sich zur Ableitung des Eiters silberner oder bleierner Röhrchen bedient, die übrigens auch schon von Brunus von Longoburgo 1252, Guy de Chauliac 1363 und von Paré 1550, von letzterem unter dem Namen „Tentes cannulées" benutzt worden waren.

— Georges Louis Leclerc **de Buffon** erklärt im Anschluß an Mahudel (s. 1734 M.) die Blitz- oder Donnersteine für die ältesten Kunstprodukte des Urmenschen.

— Charles Augustin **Coulomb** erfindet den Taucherschacht, der die Taucherglocke vielfach in den Hintergrund drängt.

— Barthélemy **Faujas de Saint-Fond** liefert in seiner Schrift „Recherches sur les volcans éteints du Vivarais et du Velay" entscheidende Beweise für den vulkanischen Ursprung des Basalts. (S. 1751 G. und 1756 D.)

— Der Engländer **Green** erfindet die „Tachymetrie" genannte Methode der Distanzmessung und konstruiert dazu das Tachymeter, einen Theodolit, der außer zum Messen von Horizontal- und Vertikalwinkeln auch zum Messen von Entfernungen (vermittels einer Distanzlatte) bestimmt ist. Die Methode wird insbesondere von Porro (s. 1847 P.) und Kaltbrunner (1882) weiter ausgebildet, in neuester Zeit aber durch die Photogrammetrie (s. d.) in den Hintergrund gedrängt.

1778—89 Der Schweizer Johann Ullrich **Grubenmann** erreicht beim Bau der hölzernen Straßenbrücke über die Limmat bei Wettingen die größte bisher im Holzbau ausgeführte Spannweite von 118,90 Metern.

1778 Der ehemalige kurhessische Roßarzt Johann Adam **Kersting** organisiert in Hannover ein vorbildlich gewordenes tierärztliches Unterrichtswesen und ist auf verschiedenen Gebieten der Tierheilkunde von bahnbrechender Bedeutung.

— Der Chef des preußischen Mineurkorps Heinrich **von der Lahr** erfindet ein Verteidigungsminensystem für den Festungsbau, welches für alle späteren Festungsminenanlagen vorbildlich wird.

— Antoine Laurent **Lavoisier** erkennt, wie das Jahr zuvor in der Schwefelsäure, so auch in den wichtigsten anderen Säuren (Phosphorsäure, schweflige Säure usw.) den Sauerstoff als Bestandteil und erklärt den Sauerstoff für das säurebildende Prinzip.

— Georg Christian **Lichtenberg** führt für die beiden Elektrizitäten (s. 1730 D.) die Namen positive und negative Elektrizität ein und bezeichnet dieselben mit den Zeichen $+$ und $-$.

— Der Benediktiner Pater **Malherbe** macht den ersten industriellen Versuch zur Herstellung von künstlicher Soda. Er geht vom Glaubersalz aus, das er mit metallischem Eisen und Holzkohle glüht und nach dem Erkalten durch Auslaugen auf Soda verarbeitet. Im wesentlichen hiermit übereinstimmend ist das 1781 von Bryan Higgins in England patentierte Verfahren, wonach Glaubersalz mit Kohle geschmolzen und dann Blei oder Eisen zugesetzt wird. (S. a. 1775 S.)

— Während die Doppelsterne bis dahin nur als optisch einander nahestehend angesehen wurden, weist der Astronom Christian **Mayer** in Mannheim zuerst auf die Wahrscheinlichkeit einer physischen Zusammengehörigkeit der Einzelsterne hin. Eine genauere Untersuchung dieser Frage wird von Herschel (s. 1781 H.) angestellt.

— Nachdem zuerst Appius Claudius (312 v. Chr.) und später die Päpste Bonifacius VIII. (1300), Martin V. (1417) und Sixtus V. (1585) die Urbarmachung der Pontinischen Sümpfe ins Auge gefaßt hatten, führt der Papst **Pius VI.** seit dem Jahre 1778 die Trockenlegung derselben durch. Zur Beseitigung der Mängel, die sich hinsichtlich der Entwässerung mit der Zeit herausstellten, hat neuerdings (1887) v. Donat ein Projekt aufgestellt.

— **Planer** und **Trommsdorf** stellen zuerst die Übereinstimmung der blauen Farbe im Waid mit dem Indigo fest und bemerken an der Farbe aus dem Waid auch die Sublimierbarkeit, die bald darauf für den Indigo O'Brien in seiner Schrift „On calico printing" erwähnt.

— Joseph **Priestley** untersucht zuerst die Absorption der Gase durch Flüssigkeiten und weist nach, daß unter gewöhnlichem Barometerdruck ein gegebenes Volum Wasser ein gleiches Volum Kohlensäure absorbiert.

— Benjamin Thompson Graf **von Rumford** läßt zur Widerlegung der zu seiner Zeit herrschenden Ansicht, daß sich Wärme nur bei Luftzutritt zu entwickeln vermöge, ein Metallstück (Kanonenrohr) bei völligem Luftabschlusse unter Wasser bohren und beobachtet die damals überraschende Erscheinung, daß das bei der Bohrarbeit den Metallkörper umgebende Wasser bis zum Sieden erhitzt wird. Er gelangt dadurch zu der Erkenntnis, daß alle Wärmeerscheinungen in Wirklichkeit Bewegungserscheinungen sind.

— Karl Wilhelm **Scheele** lehrt arseniksaures Kupfer durch Fällen einer Kupfervitriollösung mit einer Lösung von weißem Arsenik in Pottasche herstellen (Scheele'sches oder schwedisches Grün).

— John **Smeaton** wendet bei der Brücke von Hexham in Northumberland zum ersten Male die Gründung der Pfeiler mit Luftdruck (Luftdruckgründung oder pneumatische Gründung) an.

— Samuel Thomas **von Sömmering** fördert die Anatomie des Zentralnervensystems und der Sinne.

1778 James **Watt** führt für ein Londoner Wasserwerk eine Expansionsmaschine mit $^2/_3$ Füllung aus.

1779 Leonhard **Euler** stellt die Gesetze der Fortpflanzung transversaler Wellen in gespannten dünnen Schnüren oder Saiten auf, wonach die Fortpflanzungsgeschwindigkeit der Bewegung der Quadratwurzel aus dem spannenden Gewichte direkt, derjenigen aus dem Querschnitt der Saite und ihrem spezifischen Gewicht umgekehrt proportional ist.

— Friedrich Wilhelm **Herschel** beginnt die planmäßige Erforschung der Nebelflecke.

— Carl Friedrich **Hindenburg** in Leipzig zeigt, wie Kombinationen und Variationen an sich nach sicheren einfachen, rein kombinatorischen Gesetzen in Klassen und Ordnungen vollständig aufgestellt werden und lehrt die Kombinationen und Variationen zu bestimmten Summen aussondern und aufzählen. Er wird damit der Schöpfer der kombinatorischen Analysis und der einflußreichste Vertreter der sog. kombinatorischen Schule. Doch wird dieser Schule der ihr früher beigemessene Wert in der Gegenwart nicht mehr zuerkannt.

— Jan **Ingenhouss** entdeckt die Kohlenstoffassimilation und Atmung der Pflanzen und weist nach, daß die grünen Blätter und Schößlinge im Sonnenschein und hellen Tageslicht Kohlensäure aufnehmen und Sauerstoff abgeben, während sie bei Nacht Kohlensäure abgeben und Sauerstoff aufnehmen. (S. 1771 P.)

— James **Keir** zu Westbromwich beobachtet zuerst, daß Messing bei einem hohen Zinkgehalt sich im Glühen strecken läßt. Er und nicht Muntz, der dieselbe Beobachtung 1832 wieder macht, ist als Erfinder des schmiedebaren Messings anzusehen.

— Joseph Louis **de Lagrange** verallgemeinert die Euler'sche Verzerrungsformel (s. 1753 E.) und studiert auch bereits die Abbildung des Umdrehungsellipsoides.

— Otto Friedrich **Müller** bedient sich zuerst des mit Gewichten beschwerten Schleppnetzes, um die Tierarten des Meeresgrundes ans Licht zu ziehen, doch beschränkt er seine Versuche nur auf mäßige Tiefen an der Küste.

— **Ruiz** entdeckt die Krameria triandra, deren Wurzel unter dem Namen Ratanhia in Huanako längst als zahnkonservierendes Mittel im Gebrauch war und empfiehlt dieselbe als Adstringens.

— Karl Wilhelm **Scheele** erkennt zuerst, daß der Graphit mineralische Kohle ist.

— John **Smeaton** führt die direkte und kontinuierliche Luftzuführung für die Taucherglocke mit der Luftpumpe aus. Eine aus Gußeisen hergestellte Glocke mit Luftzuführung, unter der zwei Mann Platz haben, wird zuerst beim Bau des Hafens in Ramsgate benutzt.

— **Zallinger zum Thurn** beleuchtet das Wesen der Wildbäche, gibt die Regeln für eine rationelle Wildbachverbauung und eine Erklärung für die Entstehung der Erdpyramiden durch erosive Aktion des Wassers auf Schutt oder Lehmanhäufungen, welcher Erklärung sich Lyell anschließt. (Vgl. auch 1897 K.)

1780 Torbern **Bergman** gibt die erste vollständige Anleitung zur Prüfung von Mineralien, insbesondere von Erzen. Er schließt unlösliche Mineralien zum Zweck der Analyse durch Schmelzen mit Alkali auf und führt in die analytische Chemie das Verfahren ein, einen Mischungsteil nicht isoliert, sondern in einer genau bekannten konstanten Verbindung zu bestimmen.

— Torbern **Bergman** beschäftigt sich eingehend mit Untersuchungen über das metallische Wismut und dessen Verbindungen, von denen er eine große Anzahl darstellt. (S. a. 1546, 1663, 1672, 1681, 1739.)

— Torbern **Bergman** benutzt die löslichen Barytsalze als Reagens auf Schwefelsäure.

1780 **Bonnemain** verbessert das von Réaumur vorgeschlagene künstliche Brutverfahren (s. 1750 R.), indem er die Warmwasserheizung des Brutapparats einführt.

— Jean Charles **Borda** spricht die Meinung aus, daß die Kenntnis der Tatsachen, durch welche die Wetterveränderung bewirkt wird, gestatten werde, diese Änderungen vorherzusagen.

— Der Mediziner John **Brown** in Edinburg entwickelt in seiner Schrift „Elementa medicinae" die Grundsätze eines neuen Systems (Brownianismus), nach dem sich die belebten Organismen von den leblosen Substanzen allein durch die Eigenschaft der Irritabilität (Reizbarkeit, vgl. auch 1672 G.) unterscheiden. Browns Lehre hat sich in der Folge zwar als einseitig und vielfach irrig erwiesen, aber doch ein klareres Erkennen des tierischen und pflanzlichen Lebens angebahnt.

— **Carangeot,** Gehilfe des Mineralogen Romé de l'Isle, erfindet das Anlegegoniometer, eine einfache Art von Winkelmesser, bestehend aus einem Transporteur mit einem im Mittelpunkte angebrachten radial drehbaren Lineale. Das Anlegegoniometer findet namentlich in der Krystallographie zur Winkelmessung der Krystallkanten Anwendung.

— **Carcel** konstruiert die Carcel-Uhrlampe, bei welcher neben der Anwendung eines zur stetigen Kolbenverschiebung dienenden Triebfederwerks die Einrichtung getroffen ist, daß ein Überfließen und Zurückkehren des überflüssigen Öls in den Lampenfuß stattfindet. Eine unvollkommenere Pumplampe soll 1765 von Grosse in Meißen konstruiert worden sein.

— Jacques Alexandre César **Charles** nimmt Schattenrisse in der Camera auf Chlorsilber auf.

— Andrea **Comparetti** macht vergleichende und anatomische Beobachtungen über das Gehörorgan und entdeckt das Ganglion nervi vagi im Foramen lacerum sowie den Ramus auricularis nervi vagi, dessen beide Äste er angibt.

— Hapel **de la Chenaye** legt die erste Speichelfistel an einem Pferde an und macht eingehende Untersuchungen über den so erhaltenen Speichel.

— Oliver **Evans** in Amerika erfindet den Elevator.

— Felice **Fontana** entdeckt das Wassergas (Hydrocarbongas), indem er Wasserdampf auf glühende Kohle einwirken läßt.

— Benjamin **Franklin** gibt ein Brillenglas an, das aus zwei in einer wagerechten Scheidelinie zusammenstoßenden Hälften derart zusammengesetzt ist, daß die obere Hälfte des Glases zum Sehen in die Ferne, die untere zum Sehen in die Nähe, namentlich zum Lesen, benutzt wird. Hieraus haben sich die heutigen Augengläser mit Doppelfokus entwickelt.

— **Fürstenberger** in Basel erfindet das elektrische Feuerzeug, bei welchem aus Zink und verdünnter Schwefelsäure Wasserstoffgas entwickelt wird, das in dem Augenblicke, wo es beim Öffnen eines Hahns entweicht, durch den elektrischen Funken eines Elektrophors entzündet wird. Die entstandene Flamme überträgt sich auf den Docht einer Kerze.

— Johann Gottlieb **Gahn** weist zuerst die Phosphorsäure im Mineralreich, und zwar an Bleioxyd gebunden nach; 1788 finden sie Klaproth und Proust auch an Kalk gebunden.

— Luigi **Galvani** entdeckt die Berührungselektrizität (1796 von Volta „Galvanismus" genannt), indem er zufällig beobachtet, daß ein frisch präparierter Froschschenkel in starke Zuckungen gerät, wenn man einen Muskel und einen entblößten Nerv mit zwei verschiedenen Metallen berührt, die ein leitender Bogen verbindet. Galvani erklärt in einer 1791 erscheinenden Mitteilung diese Erscheinung irrtümlich aus der tierischen Elektrizität. (S. a. 1756 C.)

— Nachdem schon Avicenna (1020) und der deutsche Arzt Stockmann auf die gefährlichen Wirkungen der Bleiverbindungen hingewiesen hatten, beschreibt Louis Bernard **Guyton de Morveau** eingehend die Giftigkeit des Bleiweißes, welche Warnung jedoch unbeachtet bleibt, bis Tanquerel des Planches 1830 aufs neue eindringlich darauf hinweist und gesetzliche Regelung der Herstellung von Bleifarben verlangt, die 1849 zuerst in Frankreich erfolgt.

1780 **Hamblin** und David **Avery** errichten bei Nore an der Mündung der Themse eine schwimmende Leuchte. (Leuchtschiff, Feuerschiff.) Anderen Nachrichten zufolge sollen die ersten Feuerschiffe schon i. J. 1732 in England in Gebrauch gekommen sein.

— **Harrison** in Birmingham fabriziert die ersten, noch sehr mangelhaften Stahlfedern, die von 1803 ab von Wise in London zuerst zu 5 Shillings das Stück in den Handel gebracht werden, deren Preis jedoch bald auf 6 Pence das Stück reduziert wird. Die neuerdings öfters auftretende Behauptung, daß Alois Senefelder der Erfinder der Stahlfedern sei, ist somit irrig. Die vor Harrison von Johann Janssen in Aachen (1748) und Johann Heinrich Bürger in Königsberg (s. 1808 B.) gemachten Versuche ergaben ebensowenig, wie die Versuche des 16. Jahrhunderts (s. 1579) praktische Resultate.

— Nachdem der Kurfürst Karl Theodor von der Pfalz der seit 1783 in Mannheim bestehenden Akademie der Wissenschaften eine meteorologische Klasse zugefügt und dieselbe mit geeigneten Instrumenten ausgestattet hatte, errichtet der Hofkaplan Johann Jacob **Hemmer** mit Hilfe dieser Instrumente ein Beobachtungsnetz von 39 Stationen, die von Bologna bis Grönland, vom Ural bis nach Nordamerika reichen. (S. 1771 L.)

— John **Hunter** fördert die wissenschaftliche Chirurgie nach jeder Richtung hin und übt zu dem Behufe in ausgedehnter Weise die Vivisektion und das Tierexperiment. Er schreibt den Entzündungsvorgängen einen reorganisierenden Einfluß zu, beschreibt zuerst die Phlebitis (Venenentzündung) und macht ausgedehnte Untersuchungen über die Muskelschicht der Iris.

— John **Landen** zeigt durch die nach ihm benannten Substitutionen, daß ein Ellipsenbogen durch einen andern Ellipsenbogen und einen Kreisbogen, sowie ein Hyperbelbogen durch zwei Ellipsenbogen dargestellt werden kann. Mit der Zurückführung der Lemniskate (der Cassini'schen Kurve) auf die Ellipse und Hyperbel hatte sich vorher 1718—1750 bereits Graf Fagnano beschäftigt.

— Nachdem die Definition des Begriffes „Salz", die Tachenius (s. 1666 T.) gegeben hatte, völlig in Vergessenheit geraten und die Bedeutung dieses Wortes von den verschiedenen Chemikern, wie Lemery, Stahl, Boerhaave, Kirwan u. a. in willkürlicher Weise aufgefaßt worden war, trennt Antoine Laurent **Lavoisier** durch seine Entdeckungen über die Natur der Säuren (s. 1777 L. und 1778 L.) diese als eine eigentümliche Klasse von Verbindungen scharf von den Salzen ab und gibt zu einer gesonderten Betrachtung der Säuren, Alkalien und Salze Veranlassung, die sich jedoch nur langsam Bahn bricht.

— A. L. **Lavoisier** und P. S. **de Laplace** stellen die ersten genaueren Versuche über die Ausdehnung fester Körper an und schließen aus diesen Versuchen, daß ein Körper, wenn er vom Nullpunkt bis zum Siedepunkt des Wassers erhitzt und nachher wieder bis zum Nullpunkt abgekühlt wird, genau seine frühere Länge wieder annimmt, und daß zwischen Nullpunkt und Siedepunkt die Ausdehnung des Körpers der am Quecksilberthermometer gemessenen Temperatur proportional ist.

— A. L. **Lavoisier** und P. S. **de Laplace** bestimmen die spezifische Wärme einer größeren Anzahl von Körpern nach der zuerst von Black angegebenen Methode des Eisschmelzens und konstruieren dafür einen eigenen Apparat, das Eiskalorimeter.

1780 A. L. **Lavoisier** und P. S. **de Laplace** leiten als Resultat ihrer gemeinsamen Studien über spezifische, latente und Verbrennungswärme den Satz ab: „Die bei einer Verbindung oder Zustandsänderung frei gewordene Wärme wird bei der Zerlegung oder Rückkehr in den ursprünglichen Zustand wieder verbraucht und umgekehrt."

— Antoine Laurent **Lavoisier** macht den ersten Versuch, zu beweisen, daß die Summen der dem tierischen Organismus in der Nahrung zugeführten, und der vom Organismus produzierten Energiemengen einander genau äquivalent sind. Ähnliche Versuche werden 1824 von Despretz und 1841 von Dulong unternommen.

— A. L. **Lavoisier** und P. S. **de Laplace** finden bei Gelegenheit ihrer Versuche, die Gewitterelektrizität zu erklären, die Elektrizitätserregung durch Verdampfung. Es ergibt sich, daß bei der Verdampfung von Wasser in Metallgefäßen der Dampf positiv, das Gefäß negativ elektrisch wird. Daß auch die Reibung hierbei eine Rolle spielt, wird 1843 von Faraday nachgewiesen. (S. a. 1840 A.)

— Der französische Techniker **Levrier-Delisle** stellt Papier aus Pflanzen und Rinden her.

— Während man sich bei der Darstellung des Geländes auf Karten und Plänen bis in das 18. Jahrhundert darauf beschränkte, die Berge und Gebirgszüge ohne Rücksicht auf ihre wirkliche Gestalt durch gleichförmig aneinander gereihte, schräg beleuchtete Pyramidensignaturen („Heuhaufensignaturen") zu skizzieren, versucht zuerst der preußische Ingenieur-Kapitän **Müller** eine der Wirklichkeit näher kommende Geländedarstellung, indem er die Bergabhänge ihrer Neigung nach in 9 Klassen (sanft, flach, prall, steil usw.) einteilt, und jede Neigung durch eine besondere Art von „Schwungstrichen" kenntlich macht.

— José Celestino **Mutis** in Bogota macht nachdrücklich auf die Kultur des Chinarindenbaumes aufmerksam.

— Während das von Charles Taylor und Thomas Walker (s. 1770 T.) auf eine Walzendruckmaschine genommene Patent Erfolge nicht gezeitigt hatte, gelingt es Christian Philipp **Oberkampf** in Jouy bei Versailles, den Walzendruck in die Praxis der Kattunfabrikation einzuführen.

— Der französische Mechaniker **Reignier** stellt zuerst handgedrehte Seile aus Eisendraht her und verwendet sie namentlich für Blitzableiter. Wenige Jahre darauf werden dieselben vom Berghauptmann von Reden zu Zwecken der Grubenförderung in den Harzer Bergwerken eingeführt.

— Sven **Rinmann** stellt zuerst das nach ihm benannte Rinmann'sche Kobaltgrün her, indem er kohlensaures Kobaltoxydulhydrat mit Zinkweiß vermischt, trocknet und anhaltend glüht.

— Der italienische Anatom Antonio **Scarpa** macht sich durch seine Arbeiten über Augenkrankheiten und über die Brüche (1809) einen unvergänglichen Namen. Insbesondere macht er die Discission und die Abreißung der Iris an ihrer Randinsertion (Iridodialyse).

— Karl Wilhelm **Scheele** stellt zuerst schwefelsaures Manganoxydul her.

— Karl Wilhelm **Scheele** entdeckt in der sauer gewordenen Milch eine besondere Säure, die er als Milchsäure bezeichnet. Bei der Einwirkung von Salpeter auf Milchzucker erhält er neben Oxalsäure ein weißes, schwer lösliches Pulver, daß er als eigentümliche Säure erkennt und dem Fourcroy den Namen Schleimsäure gibt.

— K. W. **Scheele** und F. A. C. **Gren** beobachten gleichzeitig, daß, wenn mehrere Salze zugleich in Wasser gelöst sind, bei verschiedenen Temperaturen verschiedene Produkte herauskrystallisieren.

1780 Graf Charles **von Stanhope** stellt das Prinzip vom Rückschlag bei Gewittern auf.

— Jean Baptiste **Thibaut de Chanvalot** stellt fest, daß die regelmäßigen Barometerschwankungen (s. 1666 B.) in keinem Zusammenhang mit der Witterung stehen.

— Der Italiener **Vera** erfindet eine Vorrichtung, durch ein Seil ohne Ende Wasser in großen Mengen auf beträchtliche Höhen zu heben (Vera's Funikularmaschine). (S. a. 1597.)

— James **Watt** erfindet die Schreibkopiermaschine und die Kopiertinte.

— Der Schwede **Windholm** erfindet das nach ihm benannte schwedische Windholmgebläse, einen hölzernen Blasebalg mit beweglichem Unterkasten und festem Oberkasten.

— Heinrich August **Wrisberg** studiert die Anatomie des Peritonaeums, des Netzes und der männlichen Geschlechtsorgane.

1781 Felix **de Azara** erforscht in siebenjähriger Reise die Pampas von Südamerika vom atlantischen Gestade bis zu den Anden.

— Henry **Cavendish** zeigt, daß bei der Vereinigung von Wasserstoff und Sauerstoff ausschließlich Wasser entsteht und liefert so den Beweis für die Zusammensetzung des Wassers. Gleichzeitig mit Cavendish gelangt auch James **Watt** zur Erkenntnis der richtigen Konstitution des Wassers.

— L. F. F. **von Crell** teilt in den „Neuesten Entdeckungen in der Chemie" mit, daß die Stärke, welche bis dahin nur aus Weizen gewonnen wurde, auch aus knolligen Wurzeln (d. i. Kartoffeln) bereitet werden kann.

— Nicolas **Deyeux** weist zuerst das Vorkommen des Schwefels in Pflanzen nach.

— Graf Archibald **Dundonald** erhält am 30. April ein Patent auf einen geschlossenen Verkokungsofen mit gleichzeitiger Gewinnung der Nebenprodukte. In dem Patent werden neben Cinders (Koks) als zu gewinnende Produkte aufgeführt: Teer, Pech, ätherische Öle (essential oils), flüchtiges Alkali, mineralische Säuren und Salze. Praktische Verwendung finden die Öfen aber nur, um neben dem Schmelzkoks den Teer zu gewinnen. Bemerkenswert ist, daß sowohl Lord Dundonald als auch seine Arbeiter das sich entwickelnde Gas gelegentlich auffangen, um es zu Beleuchtungszwecken zu benutzen.

— Nachdem Swabs Vorschlag, Messing durch Zusammenschmelzen von Kupfer und Zink herzustellen, fast vergessen worden war, nimmt Jacob **Emerson** denselben wieder auf und stellt zuerst im großen Messing nach dieser Methode her; doch hält man auch dann noch das nach uralter Methode durch Schmelzen von Kupfer mit Galmei und Kohle erhaltene Messing lange Zeit für vorzüglicher.

— Felice **Fontana** erkennt den Zellkern als gesonderten Inhaltsbestandteil der Zellen.

— René Just **Hauy** und Torbern **Bergman** erkennen gleichzeitig die Konstanz der Spaltungsgestalt des Kalkspats und ermitteln deren Zusammenhang mit den äußern Formen.

— Friedrich Wilhelm **Herschel** entdeckt am 13. März einen neuen Planeten, den Uranus. Das Jahr darauf veröffentlicht er seinen ersten Doppelsternkatalog und nimmt eine wahre Eigenbewegung der Sonne mitsamt ihrem ganzen Systeme nach der Richtung des Sternbildes des Herkules und der Leyer an. Noch im Jahre 1781 gibt Delambre die ersten Tafeln des Uranus heraus.

— Nachdem K. W. Scheele 1778 in der von ihm entdeckten Molybdänsäure ein eigentümliches Metall erkannt hatte, gelingt es Peter Jakob **Hjelm,** dieses — das Molybdän — zu isolieren.

1781 W. **Hunter** konstruiert eine Differentialschraubenwinde, der dasselbe Konstruktionsprinzip, wie beim Weston'schen Differentialflaschenzuge (s. 1861 W.) zugrunde liegt. Auch Prony wendet dieses Prinzip für eine Mikrometerschraube an.

— Antoine Laurent **Lavoisier** sucht zuerst die beim Verbrennungsprozeß entwickelte Wärme zu messen, indem er bestimmte Quantitäten der verschiedenen Körper in dem Eiskalorimeter verbrennt und die Menge des geschmolzenen Eises beobachtet. Ähnliche Versuche werden von Crawford (1788), Rumford (1813) und Dalton (1818) mit Hilfe des Wasserkalorimeters unternommen.

— Antoine Laurent **Lavoisier** macht kalorimetrische Messungen der Wärmeproduktion des Tieres. 1849 werden solche Messungen von Scharling auf den Menschen ausgedehnt, wobei derselbe findet, daß der menschliche Körper in 24 Stunden etwa 2 400 000 Kalorien zu erzeugen vermag.

— Philipp Friedrich Theodor **Meckel** gibt in seiner Schrift „De labyrinthis auris contentis" wertvolle Aufschlüsse über das Gehörorgan und erkennt die „Zonae sonorae", die Valsalva für Nerven gehalten hatte, als Periost der Bogengänge. Er stellt hervorragende anatomische Präparate her, zu deren Füllung er Quecksilber benutzt.

— **Melville** macht in den „Philosophical transactions" eine Verbesserung der von W. Hunter (s. 1781 H.) erfundenen Differentialschraubenwinde (Doppelschraube) bekannt. Diese Winde wird für besondere Fälle zum Heben und Senken von Lasten benutzt, doch ist ihr Wirkungsgrad wegen des bedeutenden Reibungswiderstands ein geringer.

— Peter Simon **Pallas** weist nach, daß die Eier der Eingeweidewürmer von außen in den Körper ihrer Wirte gelangen.

— Henry **Park** macht die erste Resektion des Ellenbogengelenks an einer Leiche.

— **Reaves** in Chesterfield stellt zuerst aus Eisen gegossene Messer, Gabeln und Scheren her, die nach dem Guß noch einer Adoucierung unterworfen werden. Sein Unternehmen hatte wenig Erfolg und es blieb der neuesten Zeit vorbehalten, diese Idee, jedoch nur für billige Artikel und auf Kosten der Qualität (u. a. auch für Rasiermesser), durchzuführen.

— John **Smeaton** konstruiert eine Mehlbeutelmaschine (Dressing machine).

— James **Watt** führt in die Dampfmaschine die Kurbel und das Schwungrad zur Umsetzung der auf und ab gehenden Bewegung in drehende Bewegung ein und erfindet das Planetenrädergetriebe.

— James **Watt** gibt seinen Dampfkesseln eine rechteckige Gestalt. Nach ihrer einem Koffer oder Lastwagen ähnlichen Form werden sie als Koffer- oder Wagenkessel bezeichnet.

1782 Nachdem schon seit dem 12. Jahrhundert Versuche zur Schiffspanzerung gemacht worden waren (s. 1354 Peter von Aragonien), und auch Karl V. 1535 eine mit Blei gepanzerte Fregatte, die „Santa Anna", mit Erfolg gegen Tunis verwendet hatte, baut bei der Belagerung von Gibraltar der französische Ingenieuroberst Jean Claude Eléonore **d'Arçon** zehn schwimmende, mit Eisenplatten gepanzerte Batterien, die aber schließlich der Wirkung der glühenden Kugeln erliegen.

— Torbern **Bergman** sucht an der Hand seiner zahlreichen Mineralanalysen in seiner „Sciagraphia regni mineralis" eine Klassifikation der Mineralien nach rein chemischen Prinzipien durchzuführen.

— Jean Pierre **David** weist zuerst mit Nachdruck darauf hin, daß die von alters her unter verschiedenen Namen, wie Spina ventosa, Paedarthrocace bekannte Nekrosis der Knochen (Knochenbrand) durch konservative Maßnahmen. wie Eröffnung der Totenladen und Entfernung der Sequester zu heilen ist.

1782 Der Apotheker J. H. **Flügger** in Cassel erfindet das Casseler Gelb (Blei-oxychlorid).

— Nachdem bereits Montanari (1667) einen periodischen Lichtwechsel beim Algol (β im Sternbilde des Perseus) wahrgenommen hatte, stellt John **Goodrike** fest, daß der Fixstern jedesmal $59^1/_2$ Stunden hindurch seine größte Helligkeit (2. Größe) behält, dann in $4^1/_2$ Stunden zur 4. Größe herabsinkt und ebenso rasch zur 2. Größe wieder aufsteigt, eine Erscheinung, die das Vorhandensein eines den Algol umkreisenden dunklen Begleiters wahrscheinlich macht.

— Louis Bernard **Guyton de Morveau** entdeckt das Zinkweiß (Zinkoxyd), das schon 1786 von Courtois im großen fabriziert wird.

— A. **Hagemann** in Bremen erhält zuerst bei Einwirkung von Chlor auf Schwefel ein Gemisch von Schwefelchlorür und Schwefelchlorid, welch beide Körper 1816 gleichzeitig von Humphry Davy und von Christian Friedrich Bucholz isoliert werden.

— A. **Hagemann** in Bremen findet die Lichtempfindlichkeit des Guajakharzes.

— René Just **Hauy** entdeckt das Vermögen einiger Mineralien, durch Druck elektrisch zu werden (Piezoelektrizität) und benutzt diese Eigenschaft des Doppelspates zur Konstruktion eines sehr einfachen und doch empfindlichen Elektroskopes.

— Georges Louis **Lesage** spricht aus, daß die kosmische Schwere auf den Stoß von Ätheratomen zurückzuführen sei. Seine Gravitationstheorie wird 1872 von W. Thomson wieder aufgenommen und weitergeführt.

— Joseph Etienne **Montgolfier** in Annonay stellt mit seinem Bruder Joseph Michel **Montgolfier** einen Luftballon — Montgolfière — her, der seine Steigkraft durch warme Luft (Entzündung eines Strohfeuers an der unteren offenen Basis des Ballons) erhält. (Vgl. auch 1709 G.)

— J. H. **Müller** erfindet eine Rechenmaschine, die für Addition, Subtraktion und Multiplikation geeignet ist. Die Maschine ist im Museum von Darmstadt aufbewahrt.

— Der Chemiker Franz Joseph **Müller von Reichenstein** in Wien entdeckt das Tellur.

— Karl Wilhelm **Scheele** zeigt, daß sich das färbende Prinzip des Blutlaugensalzes isolieren läßt, wenn man das Salz mit Schwefelsäure destilliert. Er nennt die übergehende Luftart Berlinerblau-Säure oder abgekürzt Blausäure und stellt die Verbindung dieser Säure mit Kalium, das Cyankalium her.

— Karl Wilhelm **Scheele** stellt durch Destillation von Benzoesäure mit Weingeist und Salzsäure den Benzoeäther her.

— Der Physiker Jean **Senebier** findet bei seinen Untersuchungen über den Einfluß des Lichtes auf die Pflanzen, daß das Chlorophyll schon nach wenigen Minuten durch das Licht gebleicht wird. Er bestätigt im wesentlichen die von Ingenhouss gefundenen Tatsachen (vgl. 1779 I.) und verwertet seine Befunde über den Einfluß des Lichtes auf die Vegetation in seiner Ernährungstheorie, die er in seiner „Physiologie végetale" veröffentlicht.

— Jean **Senebier** wird durch Hagemanns Arbeit (s. 1782 H.) angeregt, die Veränderungen der Harze im Lichte zu untersuchen. Einige Harze, wie Mastix, Sandarak usw. bleichen aus, andere, wie Gummigutt, Ammoniakharz, Guajakharz werden dunkler. Er findet ferner, daß verschiedene Harze durch Belichtung ihre Löslichkeit in Terpentin und flüchtigen Ölen verlieren, welche Tatsache später in den Reproduktionsverfahren der Autotypie und des Asphaltzinkprozesses Verwendung findet.

1782 James **Six** konstruiert den Thermometrograph (Registrierthermometer), ein Instrument zur selbsttätigen Aufzeichnung der höchsten und tiefsten Temperatur für einen beliebigen Zeitraum. (S. a. 1757 C.) Das Registrierthermometer wird 1794 von Daniel Rutherford in eine bequemere und handlichere Form gebracht, in welcher es aus einem Quecksilberthermometer (Maximumthermometer) und einem Weingeistthermometer (Minimumthermometer) besteht und ist in dieser Form heute noch gebräuchlich.

— James **Watt** projektiert die erste rotierende Dampfmaschine, die später von Murdoch (1799), Rider (1821) u. a. verbessert wird, aber an dem Fehler leidet, daß die Gleitflächen nicht dauernd dicht halten. (Vgl. auch 1899 H.)

— Josiah **Wedgwood** erfindet ein speziell für die Steingutfabrikation geeignetes Pyrometer, welches auf der Eigenschaft mancher Tonarten, beim Erhitzen zu schwinden, beruht. Das Pyrometer besteht aus einer Anzahl kleiner Tonzylinder und einer Vorrichtung, deren Dicke zu messen.

— William **Wetts** in Bristol erfindet die Herstellung des Patentschrots. Indem das geschmolzene Blei von der Höhe eines Schrotturms 30—40 Meter tief in ein untenstehendes Wassergefäß fällt, wird erreicht, daß die Tropfen sich in der Luft runden und abkühlen.

1783 Der Schweizer Aimé **Argand** erfindet den nach ihm benannten Rundbrenner für Leuchtflammen mit röhrenförmigem Docht und innerer Luftzuführung, der eine vorher ungekannte Stetigkeit des Lichtes und volle Unabhängigkeit desselben von der Luftbewegung bewirkt.

— Pieter **Camper** veranlaßt, nachdem die erste, 1777 von Sigault (s. 1768 S.) an Madame Somhot ausgeführte Operation zwar mit der Erhaltung des Kindes, aber mit dem Tode der Mutter geendet hatte, auf Grund von Tierversuchen, den Geburtshelfer Damen im Haag, in einem Falle von engem Becken die Symphyseotomie zu machen, was auch vollen Erfolg hat.

— Henry **Cavendish** bestimmt die quantitative Zusammensetzung der Luft und stellt deren Gehalt an Sauerstoff auf 20,85$^0/_0$ fest.

— Jacques Alexandre César **Charles** ersetzt die erwärmte Luft der Montgolfière (s. 1782 M.) durch Wasserstoffgas und läßt am 27. August die erste Charlière in die Lüfte steigen. Er ist der erste, der meteorologische Beobachtungen mittels des Luftballons ausführt, indem er am 1. Dezember am Barometer den Wert von 500,8 mm, am Thermometer —8,8^0 abliest und daraus die vom Ballon erreichte Höhe auf 3467 m berechnet.

— Nachdem infolge der Powers'schen Entdeckung (s. 1768 P.) Crowley eine Lederspaltmaschine, die sich jedoch nicht bewährte, angegeben hatte, konstruiert **Choumert** in London eine solche Maschine, die von Parr und Bevington (1806), Newberry (1808), Dyer (1811) und vielen späteren verbessert wird.

— James **Cooke** erfindet die mit Löffeln (Bechern) versehene Säemaschine (Löffelsystem).

— Henry **Cort** in Lancaster erfindet das unter dem Namen „Puddeln" bekannte Verfahren der Verarbeitung von Roheisen zu Schmiedeeisen und Stahl, das an die Stelle des Herdfrischens tritt. Durch die Verwendung von Steinkohle wird nicht nur die teurere Holzkohle, sondern auch ein Teil der Menschenarbeit entbehrlich.

— Henry **Cort** schafft Einrichtungen, durch welche es ihm zuerst gelingt, Luppeneisen unter gefurchten Walzen zu verarbeiten und trägt dadurch zur Entwicklung der Formwalzerei bei. Seine Einrichtungen geben Veranlassung, auch den Draht in Walzwerken herzustellen.

— Nachdem Scheele 1781 in der von ihm entdeckten Wolframsäure ein eigentümliches Metall konstatiert hatte, isolieren die Brüder Fausto und Juan José **d'Elhuyar** daraus das Wolfram.

1783 Philippe **Gengembre** entdeckt das selbstentzündliche Phosphorwasserstoffgas beim Erhitzen von Phosphor mit Kalilauge.

— Jean Paul **de Gua de Malves** beweist den schon 1727 von F. C. Maien aufgestellten Satz, daß man die ganze Trigonometrie aus dem Kosinussatz herleiten könne, ein Beweis, den Lagrange (1799) und Gauß (1810) vereinfachen.

— Nachdem die 1774/75 von Jacques Constantin Périer und dem Grafen Auxiron auf der Seine in Betrieb gesetzten Dampfboote ihrer Langsamkeit wegen verworfen worden waren, unternimmt der Marquis Claude **de Jouffroy** einen neuen Versuch auf der Saône bei Lyon, wobei es ihm gegelingt, mit seinem Dampfboot eine volle Stunde stromaufwärts zu fahren. Trotzdem wird die Erfindung, deren hoher praktischer Wert unverstanden blieb, vergessen.

— Antoine Laurent **Lavoisier** unternimmt es, an der Hand seiner Erfahrungen über die Verbrennung die Phlogistonlehre zu stürzen, und errreicht, daß um 1785 seine antiphlogistische Lehre allgemein anerkannt wird.

— Antoine Laurent **Lavoisier** betrachtet diejenigen Körper als einfache, die, wie Lichtstoff, Wärmestoff, Sauerstoff, Wasserstoff, Stickstoff, nicht weiter zerlegt werden können, und diejenigen als zerlegbare, deren Zerlegung wahrscheinlich ist, wie die Alkalien, die Erden und die Metalle.

— Antoine Laurent **Lavoisier** zerlegt das Wasser, indem er Wasserdampf über glühendes Eisen streichen läßt, mit dem sich der Sauerstoff des Wassers verbindet, während Wasserstoff frei wird.

— **Leger** in Paris schlägt an Stelle des bis dahin angewandten massiven Dochtes den bandförmigen Flachdocht für die Brennlampe vor. (Vgl. 1783 A.)

— Sebastian **Lenormand** verwirklicht den Gedanken Leonardo's (s. 1480), indem er den Versuch macht, sich mit einem aufgespannten und gegen Umkippen gesicherten Regenschirm von seiner Wohnung auf die Straße herabzulassen. Infolge dieses Experimentes konstruiert er einen kegelförmigen Fallschirm, mit dem sich am 22. Oktober 1797 Jacques Garnerin aus einer Höhe von 1000 m herunterläßt.

— **Marschall** in Straßburg exstirpiert zum ersten Male einen carcinomatösen prolabierten Uterus mit Erfolg.

— Jan Pieter **Minckelaers** stellt aus Steinkohle erzeugtes künstliches Gas zu Beleuchtungszwecken und technischen Zwecken her und begründet damit die Industrie des Leuchtgases. Er berichtet darüber in einer 1784 erschienenen Denkschrift, in der er auch die Reinigung des Gases durch Kalk beschreibt. 1785 erleuchtet er damit seinen Hörsaal in Louvain.

— Jan Pieter **Minckelaers** füllt den ersten Luftballon mit Leuchtgas und läßt denselben am 21. November im Park des Herzogs von Arenberg zu Heverlé bei Louvain aufsteigen. (Vgl. 1783 C.)

— J. E. und J. M. **Montgolfier** lassen am 5. Juni den ersten größeren Luftballon in Annonay aufsteigen, der mit erwärmter Luft gefüllt ist. (S. a. 1782 M.)

— Jesse **Ramsden** verbessert das Fernrohrokular und benutzt für dasselbe zwei plankonvexe Crownglaslinsen, die mit ihren konvexen Flächen einander zugewandt sind.

— Sven **Rinmann** in Eskilstuna versucht zuerst das Emaillieren gußeiserner Gefäße, ohne jedoch eine hinreichende Haltbarkeit zu erzielen. Die Herstellung haltbarer emaillierter Geschirre gelingt erst Adolph Pleischl. (S. 1836 P.)

— J. B. L. **Romé de l'Isle** spricht das Prinzip aus, daß jedem festen Körper von bestimmter chemischer Zusammensetzung eine eigene Krystallgestalt zukomme und erkennt das bereits (s. 1669 S.) von Stenonis ausgesprochene Grundgesetz der Krystallographie, das Gesetz von der Konstanz der Kantenwinkel, in seiner allgemeinen Gültigkeit.

1783 Der französische Naturforscher Pilâtre **de Rozier** und der Marquis **d'Arlandes** wagen es, am 19. Oktober von den Gärten von La Muette aus in einer Montgolfière selbst in die Lüfte zu steigen. Bis dahin hatte man nur versuchsweise Tiere in Käfigen mit in die Lüfte genommen.

— Horace Benedict **de Saussure** erfindet ein Haarhygrometer, welches dem 1774 von Deluc konstruierten Hygrometer, zu dem letzterer erst Elfenbein, dann Fischbein verwandte, wesentlich überlegen ist und später von Koppe und namentlich von Klinkerfues verbessert wird.

— Karl Wilhelm **Scheele** entdeckt, daß bei Einwirkung von Bleioxyd auf Brennöl eine eigentümliche süße Substanz ausgeschieden wird, und zeigt 1784, daß diese Substanz, das Ölsüß oder, wie Chevreul es später nennt, das Glycerin auch in andern Fetten und Ölen enthalten ist.

— Lazzaro **Spallanzani** stellt die eiweißlösende Wirkung des Magensaftes fest und weist nach, daß der Magensaft unter geeigneten Bedingungen auch außerhalb des Körpers dieselben Umwandlungen wie im Körper bewerkstelligt. Er erkennt auch die saure Reaktion des Magensaftes.

— Alessandro **Volta** gelangt vom Elektrophor (s. 1762 V.) durch Verringerung der Dicke der Isolierschicht zum sog. Kondensator, der aus zwei Metallplatten mit schwacher Isolierschicht, am besten Firnis, besteht und zum Nachweis geringer Elektrizitätsmengen dient. Das Instrument wird 1847 von Kohlrausch wesentlich verbessert.

— Die im Jahre 1543 entdeckten und im Jahre 1710 von dem Spanier Padilla wieder aufgefundenen, jetzt deutschen Palauinseln werden in Europa erst bekannt im Jahre 1783 durch A. **Wilson,** der dort Schiffbruch erleidet und längere Zeit verweilt.

— William **Withering** entdeckt den aus kohlensaurem Baryt bestehenden Witherit (dem Werner den Namen gibt) bei Leadhills in Schottlands.

— E. A. W. **Zimmermann** schätzt auf Grund der Cook'schen Entdeckungsfahrten das Verhältnis von Wasser zu Land auf der Erde wie 2,7 : 1. (S. a. 1681 M.)

1784 Nachdem Graf Karl von Sickingen 1772 die Schweißbarkeit des Platins erkannt hatte, stellt Franz Karl **Achard** zuerst Platintiegel her, indem er durch Zusammenschmelzen mit Arsen schmiedbares Platin erzeugt.

— George **Atwood** beschreibt in seiner Schrift „On the rectilinear motion and rotation of bodies" die nach ihm benannte Fallmaschine, die im Prinzip schon 1746 von C. G. **Schober** in Wieliczka angegeben worden war.

— Joseph **Bramah** erfindet ein Kombinationsschloß mit Schlüssel, das schnell eine große Verbreitung erlangt und nach seinem Erfinder „Bramah-Schloß" genannt wird. Zur Bearbeitung der Teile dieses Schlosses verwendet er Fräsen.

— Nachdem der französische Seeoffizier De Genne (1678) einen mechanischen Webstuhl entworfen hatte, der ebenso wie die von Jacques de Vaucanson (1745) erfundene Webemaschine sich nicht als gebrauchsfähig erwies, baut Edmond **Cartwright** den ersten brauchbaren mechanischen Webstuhl.

— Jean Dominique **Cassini de Thury** zeigt, daß im Keller der Pariser Sternwarte im Verlaufe eines Jahrhunderts die Veränderungen des Thermometerstandes sich auf wenig über 0,02° beliefen; der stabile Stand war 11,82°.

— Henry **Cavendish** beobachtet, daß auf reine dephlogistierte Luft (Sauerstoff) und auf reine phlogistierte Luft (Stickstoff) der elektrische Funken nicht wirkt, daß dagegen in einem Gemisch von beiden eine chemische Verbindung entsteht, die er als identisch mit Salpetersäure erkennt.

1784 Charles Augustin **Coulomb** untersucht die Gesetze der Torsionselastizität an feinen Fäden und Drähten und wendet zu seinen Versuchen die Methode der sogenannten Oszillationen an. Er findet, daß die Torsionskraft dem Torsionswinkel proportional ist, was mit gewissen Einschränkungen (für einige Metalle) von Warburg 1880 bestätigt wird.

— Oliver **Evans** baut ein vielfach in Anwendung gebrachtes Getreidereinigungs-Siebwerk (Rolling Screen and Fan).

— Johann Peter Franz Xaver **Fauken** macht Reformvorschläge für die Hospitäler und verlangt namentlich Evakuation und Lüftung der längere Zeit mit Kranken belegt gewesenen Räume.

— Johann Wolfgang **von Goe'he** entdeckt gleichzeitig mit Felix **Vicq d'Azyr** den Zwischenkiefer am Schädel des Menschen. Durch diese Entdeckung wird Goethes Überzeugung von der Kontinuität des osteologischen Typus durch alle Gestalten hindurch bestätigt, eine Idee, auf der die vergleichende Anatomie beruht. (Goethe: Osteologie.) Diese Entdeckung soll übrigens 1626 schon von dem Holländer S. van den Spickel gemacht worden, aber unbeachtet geblieben sein.

— Christian Friedrich Samuel **Hahnemann** stellt den Grundsatz auf, daß bei chemischen Prozessen die verschiedene Löslichkeit die wechselseitige Zersetzung bedinge, indem stets die für die statthabende Temperatur schwerlöslichsten Salze herauskrystallisieren. (S. a. 1780 S.) In Berthollet's Affinitätslehre wird dieser Satz sehr erweitert.

— René Just **Hauy** stellt das Gesetz der Symmetrie (nach dem die Veränderung einer Krystallform durch Kombination mit andern Formen sich stets auf alle gleichartigen Teile erstreckt) und das Gesetz der Achsenveränderung durch rationale Ableitungskoeffizienten auf.

— Friedrich Wilhelm **Herschel** stellt in seinem Buche „On the construction of heavens" die Theorie auf, daß die sichtbaren Sterne samt der Milchstraße einen linsenförmigen Haufen bilden und die Sonne sich etwas außerhalb der Mitte desselben befindet.

— John **Jeffries** aus Boston und Nicolas François **Blanchard** unternehmen in London die erste, ausschließlich wissenschaftlichen Zwecken dienende Luftschiffahrt und erreichen eine Höhe von 2740 m. Sie konstatieren daselbst eine Temperatur von $-1{,}9^0$, während auf der Erdoberfläche eine solche von 10,6" herrscht.

— Mikroskopische Präparate werden in der Art aufbewahrt, daß man sie zwischen einem Glasstreifen, auf welchem das Objekt präpariert worden ist und dem Deckglas, einem sehr dünnen Glasplättchen, luftdicht einkittet. Das Deckglas ist von Jan **Ingenhouss** erfunden.

— Christian **Kramp** unternimmt es zuerst, Ballonbeobachtungen für die Lehre von der barometrischen Höhenmessung fruchtbar zu machen. (Vgl. auch 1749 W.)

— **Lambert** setzt in St. Cloud den ersten Krystallglasofen in Frankreich in Betrieb und legt damit den Grund zu der Fabrikation des berühmten französischen Bleikrystallglases. (S. a. 1612 N.)

— Antoine Laurent **Lavoisier** zeigt, daß der Weingeist aus Kohlenstoff, Wasserstoff und Sauerstoff besteht.

— Der Mathematiker Simon Antoine Jean **Lhuilier** begründet rechnerisch den zweckmäßigen Bau der Bienenzellen.

— Capel **Lloft** aus Bury konstruiert eine mähmaschinenartige Vorrichtung, die als Schneideapparat einen einfachen Messerkamm enthält, wie solcher bereits von Palladius (s. 78 und 390) beschrieben worden war.

— Der Engländer Lionel **Lukin** baut das erste Rettungsboot zur Bergung Schiffbrüchiger. Das Boot ist mit Luftkästen, Korkeinlagen und einem schweren Eisenkiel versehen. Ein verbessertes Rettungsboot dieser Art stellt 1789 Henry Greathead her.

1784 John **Michell** erfindet die Torsionswage, die auch Coulomb'sche Drehwage genannt wird, weil Coulomb sie zum Messen magnetischer und elektrischer Kräfte zuerst benutzte. (Vgl. 1785 C.)

— James **Moore** komprimiert bei einer Amputation des Unterschenkels den Nervus ischiadicus und cruralis mit einem Kompressorium, wodurch die Operation schmerzlos verläuft.

— William **Murdoch** verfertigt das Modell eines Dampfwagens und führt tatsächlich Fahrten damit aus. Das Fahrzeug hat drei Räder. Aus dem senkrechten Dampfkessel ragt der Arbeitszylinder heraus, dessen Kolbenstange einen einarmigen langen Hebel bewegt, der seinerseits durch eine Lenkstange die Radachse in Umdrehung versetzt.

— Der Mechaniker **Salsano** in Neapel konstruiert einen, wenn auch primitiven, Pendelseismographen und bereitet dadurch der Verwendung des Pendels für seismische Zwecke den Weg. Vor ihm sollen (nach Mario Baratto) Apparate zu seismischen Beobachtungen von Andrea Bina (1751), Graf Catanti (1751), Michele Augusti (1779) und Nicola Cirillo (1781) konstruiert worden sein. (Vgl. auch 1703 H.)

— Karl Wilhelm **Scheele** erkennt zuerst, daß die aus Weingeist und organischen Säuren entstehenden Äther bei Einwirkung passender Agentien leicht wieder in Weingeist und die angewandte Säure zerfallen, was von Chenevix, Thénard u. a. bestätigt wird.

— Karl Wilhelm **Scheele** stellt zuerst die Citronensäure in reinem krystallisiertem Zustand aus Citronensaft her, und zeigt, daß der Saft der Ribes grossularia neben Citronensäure auch eine Säure enthält, die auch in den sauren Äpfeln vorkommt, und der er den Namen Äpfelsäure gibt.

— James **Six** würdigt zuerst die Bedeutung der nächtlichen Strahlung, über die nach ihm Melloni (1831), Pouillet (1838), Maurer (1887) und viele andere arbeiten. Maurer findet, daß die nächtliche Strahlung 0,13 Kalorien beträgt, d. i. ungefähr den zehnten Teil des Strahlungsbetrags, welchen die Flächeneinheit (1 qcm) bei normaler Bestrahlung und hohem Sonnenstand in der Zeiteinheit von der Sonne empfängt.

— Moritz Gerhard **Thilenius** macht den ersten Versuch, den Klumpfuß durch Durchschneidung der Achillessehne zu heilen, der jedoch keinen vollen Erfolg hat.

— James **Watt** erfindet die Parallelogrammführung und wendet für die Dampfmaschine den Zentrifugalregulator an, der vereinzelt schon im Mühlenbetrieb gebraucht worden war. Mit diesen letzten Vervollkommnungen ist die Dampfmaschine nunmehr befähigt, ihren Siegeszug durch die Welt anzutreten.

— James **Watt** spricht zuerst den Gedanken des Dampfhammers aus, indem er ein Projekt entwirft, ein Gewicht durch Dampfdruck wiederholt auf gewisse Höhe zu heben, um es wieder auf das Schmiedestück zurückfallen zu lassen. Ein ähnlicher Entwurf wird 1806 von W. Deverell gemacht.

1785 Franz Karl **Achard** beschreibt zuerst den Siedeverzug (die Erscheinung, daß Flüssigkeiten erst bei höherer Temperatur, als dies ihrem normalen Siedepunkt entspricht, zu sieden beginnen). Eingehendere Untersuchungen darüber werden von Gay-Lussac (s. 1818 G.), Rudberg (1837), Marcet (1842), Donny (s. 1843 D.), Dufour (1865), von welch letzterem auch der Name Siedeverzug (Retard d'ébullition) herrührt, angestellt.

— Der Architekt **Ango** führt in einem Hause in Boulogne die erste bekannte schmiedeeiserne Deckenkonstruktion aus, die sprengewerkartig 6,50 m überspannt und als Vorläufer der eisernen Balkendächer anzusehen ist, aber zunächst wenig Beachtung findet.

1785 Der französische Chemiker Claude Louis **Berthollet** erfindet die Chlorbleiche und entdeckt 1792 das unterchlorigsaure Kali. Im gleichen Jahre veröffentlicht er seine Untersuchungen über das Ammoniak; er zeigt, daß die Volumvergrößerung, die der elektrische Funke beim Durchschlagen durch Ammoniakgas bewirkt, durch die Zerlegung des Gases bedingt ist und findet in dem entstehenden Gasgemenge Stickstoff und Wasserstoff als alleinige Bestandteile, deren Mengeverhältnis er feststellt.

— Nicolas François **Blanchard,** der erste berufsmäßige Luftschiffer, fährt nach einem vorher überlegten Plane am 7. Januar im Luftballon von Dover nach Calais: die erste Luftreise nach einem bestimmten Ziele. (S. a. 1784 J.)

— Joseph **Bramah** erfindet die Flügelpumpe, bei welcher sich die Kolben in einem zylindrischen Gehäuse, mit dessen Mittelachse die Schwingungsachse des Kolbens zusammenfällt, schwingend bewegen.

— Charles Augustin **Coulomb** führt mittels der Drehwage (s. 1784 M.) die für die Elektrotechnik fundamentalen Untersuchungen über die ponderomotorischen Wirkungen elektrisch geladener Körper aus und findet als Ergebnis das auch für die heutige elektrische Meßtechnik noch den Ausgangspunkt bildende, seinen Namen tragende Grundgesetz, wonach zwei elektrische Teilchen sich gegenseitig anziehen oder abstoßen mit einer Kraft, die im geraden Verhältnis der wirkenden Elektrizitätsmengen und im umgekehrten Verhältnis des Quadrats ihrer Entfernung steht.

— Charles Augustin **Coulomb** konstruiert das erste Magnetometer zur Ermittlung der Änderungen der Deklination.

— Charles Augustin **Coulomb** untersucht mittels der Drehwage, welcher Art die Kräfte sind, die auf den Magneten einwirken, nach welcher Richtung dieselben tätig sind und bestimmt mittels dieses Apparates auch die Größe des Drehungsmoments, welches den Magnet in den Meridian zurückführt.

— Charles Augustin **Coulomb** untersucht die Fernwirkung magnetischer Massen aufeinander mit Hilfe der Drehwage und gelangt bei dieser Untersuchung zur Auffindung der nach ihm benannten Grundgesetze der Fernwirkung, wonach die magnetischen Anziehungen und Abstoßungen dem Quadrate der Entfernungen umgekehrt proportional sind.

— Charles Augustin **Coulomb** stellt Untersuchungen über den Elektrizitätsverlust eines geladenen und isoliert aufgehängten Körpers in Luft an.

— Charles Augustin **Coulomb** ermittelt durch ausgedehnte Versuchsreihen, bei denen er sich des von ihm erfundenen Tribometers bedient, die Gesetze der gleitenden und der drehenden Reibung und erlangt mit seiner Arbeit den 1779 von der Académie des sciences ausgesetzten Preis.

— Thomas **Fowler** führt an Stelle der bisher gebrauchten Arsensäure (s. 1697 J.) eine Lösung von arseniksaurem Kali in die Medizin ein, die unter dem Namen „Fowler'sche Lösung" das am meisten angewandte Arsenikpräparat darstellt.

— Friedrich Wilhelm **Herschel** vervollkommnet das Spiegelteleskop (s. 1666 N.), indem er behufs Steigerung der Helligkeit den Auffangspiegel wegläßt und dem Hauptspiegel eine geringe Neigung gegen die einfallenden Büschel gibt. Er konstruiert ein derartiges Instrument von 12,2 m Länge bei 1,22 m Öffnung.

— John **Hunter** entdeckt den Kollateralkreislauf, der sich nach Unterbindung oder Verstopfung einer größeren Arterie entwickelt, indem das Blut dann mit größerer Kraft und in größerer Menge in die Seitenäste des geschlossenen Gefäßes eingetrieben und auf Seitenwegen zu dem Teil gelangt, der eigentlich von dem geschlossenen Gefäß versorgt werden sollte. Er gründet hierauf seine Aneurysmabehandlung durch proximale Ligatur in größerer Entfernung vom Aneurysma, die bis zur Periode der Antiseptik das vorherrschende Verfahren bleibt, während alsdann die Exstirpation immer mehr in den Vordergrund tritt.

1785 Richard **Kirwan** fördert durch seine physisch-chemischen Schriften die analytische Chemie.

1785—88 Der Seefahrer Jean François de Galaup **Lapérouse** entdeckt auf seiner Weltreise die Lapérouse-Straße zwischen Jesso und Sachalin und erforscht die nordjapanischen Inseln sowie die Küste der Mandschurei.

1785 Robert Paul **de Lamanon,** Begleiter von Lapérouse, erkennt zuerst die schon von Borda gemutmaßte Änderung der Intensität des Erdmagnetismus mit der magnetischen Breite. (S. a. 1804 H.)

— Adolph Friedrich **Löffler** lagert verletzte Körperteile auf eine Hängevorrichtung, die Löffler'sche Schwebe, aus der später die Sauter'sche (1812) und die Mayor'sche Schwebe (1827) zur Heilung der Beinbrüche hervorgehen. Die Schwebe wird später von Volkmann, Esmarch, Bergmann, Beely u. a. abgeändert. (Vgl. 400 v. Chr., 1450, 1760 R., 1774 P.)

— Der Chemiker Johann Tobias **Lowitz** entdeckt das Entfärbungsvermögen der Holzkohle, die er zuerst zur Reinigung des Branntweins anwendet.

— Nevil **Maskelyne** nimmt zuerst wahr, daß bei der Bestimmung von Sterndurchgangszeiten nach dem Gehör (Pendelschläge) die Angaben zweier Beobachter um eine konstante Zeitgröße differieren. (S. a. 1823 B.)

— Andrew **Meikle** in Tyrringham erfindet die erste mit Schlagleisten versehene Dreschmaschine (schottische Dreschmaschine), aus der sich die auch heute noch vielfach neben der Stiftendreschmaschine (s. 1831 T.) benutzte Schlagleistendreschmaschine entwickelt.

— William **Murdoch** erfindet die Dampfmaschine mit schwingendem Zylinder, dessen hohle Drehachsen die Kanäle für den aus- und eintretenden Dampf bilden. (Oszillierende Dampfmaschine. Vgl. 1820 C.)

— Robert **Ransome** erhält das erste Patent für die Verfertigung der Pflugschar aus Gußeisen und später für das Stählen der Gußeisenschar.

— Benjamin Thompson Graf **von Rumford** ruft in München eine wohlorganisierte Hygiene und Wohlfahrtspflege ins Leben und baut Arbeiterhäuser und öffentliche Speiseanstalten.

— Karl Wilhelm **Scheele** entdeckt den Amylalkohol, das eigentliche Fuselöl, das der hauptsächliche verunreinigende Bestandteil des Rohspiritus ist.

— Nachdem Mangetus (1700) zuerst die Miliartuberkeln beschrieben hatte, geraten dieselben wieder in Vergessenheit und werden von Johann Christian **Stark** neu entdeckt und in ihrer Bedeutung erkannt.

— J. G. **Studer** gibt dem von Rößler (s. 1633 R.) erfundenen Hängezeug zum Grubenkompaß die noch heute gebräuchliche Form.

— François **Tourte** in Paris verbessert — unter teilweiser Anlehnung an die Vorschläge seines Vaters und seines Bruders — den Violinbogen und gibt demselben seine bis zur Gegenwart unverändert gebliebene Form und Einrichtung. Er erkennt in dem Fernambukholz das geeignetste Material für die Bogenstange, die er aus Geradholz schneidet und über Kohlenfeuer biegt; durch entsprechende Vorrichtungen am Bogenfrosch und an der Bogenspitze gelingt es ihm, die Haare beim Drucke auf die Saiten in gleichmäßiger Lage zu fixieren.

— Der Abt **Vogler** baut eine vereinfachte Orgel mit drei Klaviaturen von je 63 Tasten und 39 Pedaltasten nebst einem Schweller zur Hervorbringung verschiedener Tonstärken. Er nennt dieses Instrument Orchestrion. (Über andere Musikinstrumente dieses Namens s. 1791 K. und 1850 K.)

16*

1785 James **Watt** läßt sich eine rauchlose Feuerung schützen, bei welcher durch ein zweites Feuer der Rauch verbrannt werden sollte.

— Karl Friedrich **Wenzel** stellt durch Fällung eines Gemischs von eisenfreier Alaun- und Kobaltoxydullösung durch kohlensaures Natron und starkes Glühen des Niederschlags das Kobaltultramarin dar, das nach Thénard, welcher es 1804 aufs neue herstellt, Thénard's Blau genannt wird.

— Abraham Gottlob **Werner** in Freiberg begründet die Geognosie. Er nimmt die Abscheidung des ganzen Bodenreliefs aus dem Meere als eine unzweifelhafte Tatsache an und wird damit der Begründer des Neptunismus. Die Vulkane hält er nur für Resultate lokaler Entzündung brennbarer Stoffe im Erdinnern, die Laven nur für umgeschmolzene Steinmassen.

— Abraham Gottlob **Werner** teilt die Gebirge ein in Urgebirge (jetzt archaeische Bildungen genannt), zu denen Granit, Gneis, Glimmerschiefer u. dgl. gehören, in Übergangsgebirge (jetzt palaeozoische oder Primärbildungen genannt, s. 1835 M.), in Flözgebirge (jetzt mesozoische oder Sekundärbildungen genannt), zu denen Kreide, Jura und die in Keuper, Muschelkalk und Buntsandstein eingeteilte Trias gehören, in Braunkohlengebirge (jetzt känozoische oder Tertiärbildungen genannt, s. 1838 L.) und in aufgeschwemmtes Land oder Sedimentbildungen (jetzt Quartärbildungen genannt).

1786 Aimé **Argand** konstruiert eine Öllampe, bei welcher die Ölzufuhr zum Dochte dadurch geschieht, daß der Ölbehälter als Stürzflasche ausgebildet ist, deren untere Öffnung in gleicher Höhe mit dem Dochtende liegt.

— Abraham **Bennet** konstruiert das auch heute noch gebräuchliche sehr empfindliche Goldblatt-Elektroskop.

— Abraham **Bennet** erkennt zuerst die Wichtigkeit der Leitungsfähigkeit einer Flamme für die Untersuchung der Luftelektrizität in einer bestimmten Luftschicht und führt genauere Untersuchungen mit der den starren Metallspitzen überlegenen Flammenspitze aus.

— Nachdem Glauber das chlorsaure Kali bereits unter den Händen gehabt hatte, ohne jedoch dessen Natur zu erkennen, stellt Claude Louis **Berthollet** dieses Salz in reinem Zustande her und stellt fest, daß eine Säure darin enthalten ist, die mehr Sauerstoff als das Chlor enthält. Er zeigt, daß die chlorsauren Salze in Vermengung mit brennbaren Stoffen allein durch Druck oder Stoß unter Feuererscheinung explodieren, was für die Tauch- und Tunkfeuerzeuge ausgenutzt wird.

— Das von Claude Louis **Berthollet** (s. 1785 B.) erfundene Chlorbleichverfahren wird in die englischen Baumwoll-Bleichereien eingeführt und dadurch der Bleichvorgang auf 2—3 Tage abgekürzt. (S. a. 1750 H.)

— Jean Charles **Borda** gibt ein Annäherungsverfahren zur Stabilitätsbestimmung der Schiffe an, indem er eine nach der Schiffsgröße zu bemessende Zahl von Mannschaften an der einen und alsdann an der anderen Bordwand aufstellt, und aus der dadurch bewirkten größeren oder geringeren Schrägstellung des Schiffs die genügende, bzw. zu große oder zu kleine Stabilität ableitet. (Borda'sche Regel.)

1786—88 Charles Augustin **Coulomb** weist experimentell nach, daß die den Körpern mitgeteilte Elektrizität nicht in das Innere der Körper eindringt, sondern sich nur auf deren Oberfläche ansammelt. Auch Faraday weist dies 1839 durch schlagende Versuche nach. Diese Versuche bestätigen die aus der Potentialtheorie sich ergebende Folgerung, daß die Potentialfunktion im Innern der Körper überall gleich Null sein muß.

1786 Nachdem bereits 1621 die ersten Anbauversuche von Baumwolle in Louisiana und Texas gemacht worden waren, wirkt der amerikanische Advokat **Coxe** für die allgemeine Einführung der Baumwollenkultur in den Südstaaten der Union.

1786 Louis Gabriel **Dubuat** entwickelt die Gesetze der Wasserbewegung in Kanälen, Flußbetten und Röhrenleitungen.

— Oliver **Evans** baut walzenförmige Dampfkessel mit Unterfeuerung und durchgehendem Rauchrohr, das, um größeren Dampfraum zu erzielen, aus der Mitte etwas nach unten versetzt wird. Er baut auch Walzenkessel mit im Flammrohr angeordneter Feuerung, die, weil sie in den Gruben- bezirken von Cornwall vielfach verwendet werden, den Namen Cornwall- kessel erhalten.

— **Fourcroy** und **Thouret** entdecken gleichzeitig bei Gelegenheit der Räumung des Pariser Kirchhofs der „Saints Innocents" das Adipocire (Leichenfett), eine wachsartige Masse, in welche sich die Leichen beim Liegen in feuchter Erde bisweilen derart verwandeln, daß dieselbe die Form der früheren Gewebsteile zeigt. Fourcroy erkennt das Leichenfett als ein Gemenge von Seifen und Basen.

— **Giraud** und **Gérand** empfehlen die direkte Einleitung der menschlichen Ab- fallstoffe in bewegliche Behälter (Fosses mobiles) und die Abfuhr der letzteren (Tonnensystem).

— Johann Wolfgang **von Goethe** führt die von Kaspar Friedrich Wolff (s. 1768 W.) zuerst ausgesprochene Idee der Metamorphose der Pflanzen klarer aus, welche in der Vielheit der Pflanzenformen nur Umbildungen einiger weniger Grundorgane, nämlich des Stengels und des Blattes, sieht. Die Veröffent- lichung erfolgt im Jahre 1790.

— Johann Friedrich **Guts Muths** führt das Klettergerüst (Holzgerüst mit Leitern, Kletterstangen, Klettertauen, Schwingseilen usw.) für den Turn- unterricht ein. Den Schwebebaum (Balancierbaum) wendet zuerst Johann Bernhard Basedow beim Turnen an.

— Nachdem der englische Mathematiker N. Saunderson (1730), Weißenburg in Mannheim (1780) und das blinde Fräulein M. Th. von Paradis (1784) Lese- und Schreibmaschinen für Blinde ersonnen hatten, verbessert Valentin **Hauy** diese Apparate und stellt auch den ersten Druck von Blindenbüchern her.

— Friedrich Wilhelm **Herschel** veröffentlicht seinen ersten Nebelkatalog, dem er das Jahr darauf einen zweiten folgen läßt. Bis zum Jahre 1802 entdeckt er insgesamt 2303 Nebel (in 8 Klassen) und 197 Sternhaufen.

— John **Hunter** veröffentlicht sein epochemachendes Werk „A treatise on the venereal diseases", in welchem er die Theorie der Identität der Syphilis mit dem Ulcus molle begründet, die erst durch Ricord (s. 1831 R.) ge- stürzt wird.

— Richard **Kirwan** lehrt durch Verbindung von Schwefelwasserstoff mit Ammoniak bei gewöhnlicher Temperatur das Schwefelammonium her- stellen.

— Nachdem Antoine Laurent **Lavoisier** schon 1776 (s. d.) bewiesen hatte, daß die Salpetersäure aus Sauerstoff und Stickoxyd bestehe, wobei er jedoch die Zusammensetzung des letzteren noch nicht kannte, verbrennt er jetzt den Salpeter mit Kohle, bestimmt aus der sich bildenden Kohlensäure den Sauerstoffgehalt der Säure, läßt die Kohlensäure absorbieren und er- mittelt aus dem Rest des Gasvolums den Stickstoff. Er findet 20,5 Ge- wichtsteile Stickstoff auf 79,5 Gewichtsteile Sauerstoff (richtig ist 25,9 zu 74,1).

— P. F. **Moreau** führt systematisch und erfolgreich Gelenkresektionen aus und erwirbt sich namentlich große Verdienste um die Resektion des Schulter- gelenks und von 1792 ab auch des Ellenbogen-, Hand- und Fußgelenks.

— Der dänische Arzt Otto Friedrich **Müller** macht den ersten Versuch einer wissenschaftlichen Systematik der mikroskopischen Lebewesen.

1786 L. **Odier** verwendet zuerst das basisch salpetersaure Wismut (Magisterium
  bismuti) in der Medizin.

— Nachdem bis dahin die Gletschererscheinungen im wesentlichen nur eine
  deskriptive Behandlung (von Wolf, Scheuchzer, Altmann, Gruner etc.)
  erfahren hatten, studiert Horace Bénedict **de Saussure** dieselben zuerst vom
  geologischen und physikalischen Standpunkt aus. Er erklärt die Gletscherbewegung aus der Schwere und beschreibt die Bildung und Zusammensetzung der Gletschermoränen, wie auch der eigenartigen gerundeten Fels-
  buckel, die später als Zeichen der Gletscherbewegung erkannt werden.

— Karl Wilhelm **Scheele** stellt aus den Galläpfeln die Gallussäure dar und
  findet, daß das bei Destillation der Gallussäure erhaltene Sublimat verschieden von der ursprünglichen Säure ist. Erst 1831 wird diese Substanz
  von Gmelin und Braconnot näher untersucht und erhält von diesen den
  Namen „Pyrogallussäure".

— Lazzaro **Spallanzani** stellt fest, daß durchspeichelte Speisen leichter verdaut
  werden, als mit Wasser durchfeuchtete.

— Samuel **Taylor** erstrebt in seinem Kurzschriftsystem auf phonetischer
  Grundlage die möglichste Vereinfachung der Laut- und Buchstabenzeichen.
  Er entlehnt seine 19 Zeichen der geraden Linie und dem Halbkreis mit
  und ohne Schleife. Der Punkt dient zur Bezeichnung der Vokale. Das
  System wird die Grundlage für viele andere Systeme.

— Felix **Vicq d'Azyr** fördert durch sein großes anatomisches Werk die vergleichende Anatomie. Insbesondere bearbeitet er die Struktur des Gehirns,
  den Ursprung der Nerven, die Struktur der vier Extremitäten des Menschen
  und der Vierfüßler.

— Nachdem Malouin schon i. J. 1742 darauf hingewiesen hatte, daß man
  durch Behandeln von Eisen mit Zink, anstatt mit Zinn, eine Art von
  Weißblech erhalten könne, beschreibt William **Watson** das Verzinkungs-
  verfahren so, wie es im wesentlichen noch gegenwärtig gehandhabt wird,
  nämlich: Scheuern der zu verzinkenden Gegenstände, Beizen derselben mit
  einer Säure (jetzt in der Regel verdünnte Schwefelsäure), Eintauchen in
  eine Salmiaklösung und demnächst in ein stark erhitztes Zinkbad.

1787 Der Münchener Arzt Joseph **von Baader** erfindet das nach ihm genannte
  Gebläse, bei welchem ein unten offener Holzkasten in einem zweiten,
  oben offenen, mit Wasser gefüllten Holzkasten auf und nieder bewegt
  wird.

— Claude Louis **Berthollet** untersucht die von Scheele (s. 1782 S.) entdeckte
  Blausäure und findet darin nur Kohlenstoff, Stickstoff und Wasserstoff.
  Er hält sich danach für berechtigt, gegenüber Lavoisiers Ansicht auch
  andere Elemente neben dem Sauerstoff als säureerzeugend anzusehen.

— Jean Charles **Borda** konstruiert, indem er nach Römers Vorgang (s. 1775 R.)
  den Quadranten durch einen Vollkreis ersetzt, den sogenannten Borda-
  kreis, der zu den Azimutinstrumenten gehört und sich bei der als Grundlage
  des metrischen Systems angeordneten französischen Gradmessung (s. 1792 M.)
  vortrefflich bewährt.

— Ignaz **von Born** entdeckt das erste bekannte natürliche Mineralwachs (Erdwachs), das 1822 von Conybeare mit dem Namen „Hatchettin" belegt
  wird.

— **Bridet** in Montfaucon trocknet zuerst die Fäkalstoffe, um sie in pulverförmige Form bringen zu können, und verkauft das pulverförmige Produkt
  unter dem Namen „Poudrette" als Dünger. Unter diesem Namen waren
  in Frankreich nach dem „Dictionnaire de Trevoux von 1732" schon seit
  dieser Zeit an der Luft getrocknete und zu Pulver zerfallene Fäkalstoffe
  verwendet worden.

1787 L. G. **Brugnatelli** entdeckt die bei Behandlung des Korks mit verdünnter Salpetersäure entstehende Korksäure, deren Eigentümlichkeit von Bouillon-Lagrange, der auch ihre Sublimierbarkeit entdeckt, 1797 bestätigt wird.

— Der Forstmann Friedrich August Ludwig **von Burgsdorf,** der Vater der deutschen Wildbaumzucht, verbessert das Veredelungsverfahren des Okulierens, Pfropfens und Kopulierens, und prüft die Zweckmäßigkeit desselben durch zahlreiche Kreuzungen und Kombinationen.

— De **Cessart,** General-Inspekteur des französischen Wegebaus, gibt die erste Anregung zur Konstruktion und Verwendung schwerer, und zwar hohler gußeiserner Walzen für Wegebauzwecke.

— Ernst Friedrich **Chladni** gelingt es, die Tatsache, daß eine Platte niemals als Ganzes schwingen kann, sondern sich immer in mehrere durch Knotenlinien getrennte schwingende Teile zerlegt, durch die nach ihm benannten Klangfiguren sichtbar zu machen. Er bestreut die Platte mit trocknem, staubfreiem Quarzsand, der von den schwingenden Teilen der Platte fortgeworfen wird und sich auf den ruhenden Stellen, den Knotenlinien, ansammelt, wodurch auf der Platte scharfe, regelmäßige Figuren entstehen.

— **Collinger** erfindet die Patentachse, eine auch noch heute bei Luxusfuhrwerken angewendete Konstruktion der Achsen und Naben, bei der ein dichter Abschluß der Achsenschenkel nach außen hin und infolgedessen die Anwendung flüssiger Schmiere ermöglicht und das Eindringen von Schmutz und Staub verhindert wird. Er konstruiert auch die erste Patentbuchse für Fuhrwerke.

— G. V. M. **Fabbroni** zählt in seiner Abhandlung über die Gärungsvorgänge die Hefe den animalischen Substanzen zu.

— Der amerikanische Ingenieur John **Fitch** fährt mit dem von ihm erfundenen, zum erstenmal mit einer Schiffsschraube versehenen, durch Dampf betriebenen Boot „Perseverance" auf dem Delaware, ohne daß jedoch dieser Versuch eine Folge hatte. Bemerkenswert ist, daß er bereits einen aus einem großen Schlangenrohr bestehenden Wasserrohrkessel und einen ähnlich gebauten Oberflächenkondensator verwendet.

— Fr. E. **Foderé** veröffentlicht umfangreiche Arbeiten über den Kropf und den Kretinismus und sieht das Primäre der veränderten Kopfform in einer Verhärtung und Verkleinerung des Gehirns, deren Folge die fehlerhafte Bildung der Kopfknochen sei.

— **Fourcroy** und **Hahnemann** empfehlen gleichzeitig zum Nachweis des Bleis das Schwefelwasserstoffwasser. Zum Nachweis des Bleis im Wein empfiehlt Hahnemann dasselbe sauer anzuwenden, damit es nicht Eisen niederschlage. Später (1795) empfiehlt er Probeflüssigkeiten aus Kalkschwefelleber und Weinsäure (Hahnemann'sche Weinprobe).

— Friedrich Wilhelm **Herschel** entdeckt am 11. Januar zwei Satelliten des Uranus und bestätigt im gleichen Jahre die zuerst von J. D. Cassini (s. 1675 C.) gemachte Beobachtung, daß der Saturnring in zwei Ringe von ungleicher Breite geteilt ist.

— Bernhard Friedrich **Kuhn** erklärt in seiner Schrift „Versuch über den Mechanismus der Gletscher" die Bewegung durch den Druck der oben liegenden Firnmassen, erörtert die Entstehung der Moränen und verfolgt alte Moränen weit über das jetzige Eisgebiet hinaus. Er schließt aus seinen Befunden auf eine frühere ungewöhnlich große Ausdehnung der Gletscher.

— Antoine Laurent **Lavoisier** untersucht quantitativ die Beziehungen des Zuckers zu den während der Gärung gebildeten Produkten und kommt zu dem Schlusse, daß der Vorgang in einer Spaltung des Zuckers in zwei

Teile beruht, von denen der eine zu Kohlensäure oxydiert, während der andere in Alkohol umgewandelt wird.

1787 Antoine Laurent **Lavoisier** vergleicht den Wert einer Anzahl Brennmaterialien in Beziehung auf die durch gleiche Gewichtsmengen erzeugte Wärme.

— **Lavoisier, Berthollet** und **Fourcroy** geben gemeinsam mit Guyton **de Morveau** die „Nomenclature chimique" heraus, in der bereits die Prinzipien der heutigen chemischen Sprache enthalten sind.

— **Leithner** in Idria führt an Stelle der Aludelöfen zur Destillation des Quecksilbers (s. 1633 B.) gemauerte, innen zementierte Kondensationskammern ein, welche zu mehreren zu beiden Seiten des Ofens, abwechselnd oben und unten miteinander in Verbindung stehen. Später wird dann der kontinuierliche Betrieb mit Schachtöfen und in neuester Zeit mit Fortschaufelungsöfen eingeführt.

— Paolo **Mascagni** gibt in seiner Schrift „Vasorum lymphaticorum corporis humani historia et iconographia" die Resultate seiner Forschungen über das Lymphgefäßsystem aller Tierklassen wieder.

— Der Schotte Patrick **Miller** baut ein Doppelboot, das durch zwei von Menschenhand gedrehte Schaufelräder bewegt wird. Auf Anraten von James Taylor benutzt er zum Antreiben der Räder später eine von William Symington gebaute atmosphärische Maschine, und unternimmt in den Jahren 1788 und 1789 mehrere gut gelungene Probefahrten. Trotzdem hat sein Vorschlag keinen dauernden Erfolg. (Vgl. a. 1783 J. und 1787 F.)

— William **Nicholson** konstruiert ein Gewichtsaraeometer, das aus einem zylindrischen oben und unten zugespitzten Schwimmer aus Messingblech besteht, der an seinem oberen und unteren Ende mit Wagschalen versehen ist, so daß man einen Körper unter oder über Wasser von dem Schwimmer tragen lassen kann. Durch oben aufgelegte Gewichte wird der Schwimmer beide Male bis zur gleichen Marke versenkt. Indem der Körper so über und unter Wasser gewogen wird, erhält man sein spezifisches Gewicht.

— Nachdem das Mutterkorn in der Bekämpfung von Frauenkrankheiten 1561 bereits von Lonicerus erwähnt worden war, berichtet **Paulitzky** in Kirn zuerst über dessen Anwendung als Pulvis ad partum.

— Der irische Maler Robert **Parker** führt zuerst ein Panorama zu Zwecken der Schaustellung aus, indem er in London eine 45 Fuß im Durchmesser haltende Rotunde errichtet, in der die russische Flotte auf der Reede von Spithead dargestellt ist. (Vgl. 1792 B.)

— Nachdem der Anbau der Kartoffel trotz der seit 1663 fortgesetzten Bemühungen der Royal Society nur langsam fortgeschritten war, gelingt es Antoine Augustin **Parmentier** durch seine Schriften „Instruction sur la conservation et les usages de la pomme de terre" und „Traité sur la culture et les usages des pommes de terre" ihr die weiteste Verbreitung zu schaffen.

— Joseph Louis **Proust** erkennt zuerst den Silbergehalt des Meerwassers, der 1850 von Malaguti, Durocher und Sarzeaud mit 1 mg in 100 Liter Meerwasser nachgewiesen wird.

— James **Rumsey,** ein amerikanischer Ingenieur, wendet zuerst die von Bernoulli (vgl. 1738 B.) geäußerte Idee des Reaktionspropellers zum Betriebe eines Dampfschiffes an, welchem indes ein praktischer Erfolg nicht beschieden war.

— Nachdem am 8. August 1786 der Montblanc zum erstenmal von Dr. Pacard mit Jacques Balmat bestiegen worden war, macht am 1. August 1787 Horace Bénedict **de Saussure** seine epochemachende Besteigung dieses Berges, die die alpine Touristik einleitet und gleichzeitig durch die dabei erzielten wissenschaftlichen Resultate von Bedeutung ist. Seine barometrischen

Simultanbeobachtungen auf dem Gipfel und in Chamouny werden für die Höhenmeteorologie wertvoll. (S. a. 1705 D.)

1787 Horace Bénedict **de Saussure** gibt ein anschauliches Bild des Symptomenkomplexes der zuerst von Acosta (s. 1590) und später (1730) von Bouguer, De la Condamine, Godin und Ulloa beschriebenen Bergkrankheit. Auf die Blutungen aus Lippen und Augen, die zuweilen dabei auftreten, macht zuerst Alexander von Humboldt aufmerksam.

— John **Smeaton** erfindet für die atmosphärische Maschine die Kataraktsteuerung, deren Bestimmung ist, bei jedem Hubwechsel eine beliebig lange Pause zu erzeugen und die Anzahl der Hübe nach dem Wasserzufluß in der Grube zu regulieren. Der Katarakt läßt sich auch als Hubzähler benutzen.

— Nachdem Ekeberg (1767) in seiner Abhandlung „Die chinesische Ölpresse und Pressungsart" das bei den Chinesen übliche Verfahren beschrieben hatte, die Saat vor dem Pressen über kochendem Wasser zu wärmen, führt sich diese Art der Erwärmung anstatt der bisherigen über freiem Feuer, auch in Europa ein. John **Smeaton** nimmt ein Patent auf einen Wasserheizapparat für Ölsaaten, und vielfach ist von sogenannten Dunstbädern die Rede. Diese Wärmvorrichtungen fallen jedoch mit der Einführung der Dampfmaschinen in die Ölmühlen fort. (S. a. 1830 C.)

— Graf Charles **von Stanhope** in London konstruiert mit Hilfe des Technikers Walker die nach ihm benannte Buchdruckerpresse, eine ganz aus Eisen hergestellte Maschine, deren kräftig wirkender Mechanismus den Druck einer Form mit einer Hand und in einem Zuge gestattet, während die damaligen Holzpressen deren zwei, und überdies das Ziehen des Bengels mit beiden Händen, erforderten. Er verwendet zuerst Walzen zum Einfärben des Satzes.

— Alessandro **Volta** erkennt unabhängig von Bennet (s. 1786 B.) die Spitzenwirkung der Flamme und findet, daß das Bestreichen der Oberfläche elektrisierter Körper mit einer Flamme das beste Mittel zur Entfernung der elektrischen Ladung ist.

— Adam **Walker** empfiehlt zur künstlichen Kälteerzeugung Glaubersalz in verdünnter Schwefelsäure zu lösen.

— J. **Wilkinson** erbaut das erste eiserne Schiff. Doch beschränkt sich in der Folgezeit die Verwendung des Eisens im Schiffbau auf vereinzelte Fälle, und erst in den Jahren 1812 und 1813 werden wieder eiserne Boote für die Kanalfahrt in Staffordshire erwähnt. (S. 1820 M.)

1788 Claude Louis **Berthollet** entdeckt das nach ihm benannte Knallsilber, indem er den Niederschlag, den Kalkwasser in einer Lösung des Silbers mit Salpetersäure gibt, längere Zeit mit Ammoniak überschichtet. Im gleichen Jahre stellt er fest, daß Schwefelwasserstoffgas keinen Sauerstoff enthält. (S. a. 1787 B.)

— Charles **Blagden** veröffentlicht seine Untersuchungen über die Gesetze der zuerst von J. Conradi (s. 1677 C.) beobachteten Unterkühlung (Gefrierverzögerung) und stellt quantitative Versuche über Gefrierpunktserniedrigungen bei Salzen an. Die Beobachtungen über die Unterkühlung werden 1861 von Dufour noch vertieft. Auf der Tatsache der Unterkühlung des Wassers beruht die Bildung des Reifes und des Rauhfrostes, die entstehen, sobald das in der Luft befindliche unterkühlte Wasser die leiseste Erschütterung an einem festen Gegenstande erfährt.

— Jean Charles **Borda** gibt die Methode der doppelten Wägung an, bei welcher das Wägestück zuerst durch beliebiges Material, z. B. Schrot, ausgewogen wird, während nach Entfernung des Wägestücks die leer gewordene Schale mit so viel Gewichten besetzt wird, daß die Wage wieder einspielt. Bei dieser Methode (Tariermethode) ist man von der Gleichheit der Armlängen der Wage unabhängig.

1788 Tiberius **Cavallo** ersetzt das feste Dielektrikum bei Voltas Kondensator (s. 1782 V.) durch eine Luftschicht und gelangt so zum Luftkondensator, der zwar schwächer wirkt als Volta's Instrument, dafür aber keine Fälschung durch unfreiwillige reibungselektrische Erregung veranlaßt.

— Charles Augustin **Coulomb** macht Versuche über die Menge der erregten Influenzelektrizität und stellt den Satz auf, daß unter sonst gleichen Umständen die Menge der Influenzelektrizität der Menge der erregenden Elektrizität proportional ist.

— Erasmus **Darwin** betrachtet zuerst die Dornen, Rindengifte, scharfriechenden Ausdünstungen, Schleimdrüsen und andere Einrichtungen der Pflanzen als Schutzmittel gegen die Angriffe räuberischer Insekten und den nackten Mund der Vierfüßler.

— Thomas **Denman** empfiehlt nach dem Vorgang Macaulays (s. 1756 M.) die künstliche Frühgeburt. Er macht die ersten Beobachtungen über die Selbstwendung und spricht zuerst aus, daß das Kindbettfieber durch Arzt und Hebamme verschleppt werden könne.

— Während man sich beim Waschprozesse bis dahin zum Einreiben der Leinwand mit Seife gekerbter Bretter bediente, geht William **Fulton** zuerst dazu über, diese Bretter durch einen Mechanismus zu bewegen, was die Anfänge der Seifmaschine vorstellt.

— James **Hutton** veröffentlicht seine „Theory of the Earth", in der er gegenüber dem von Werner seit 1785 gelehrten Neptunismus eine scharfe Grenze zwischen den sedimentären und den aus magmatischem Glutbrei erstarrten Gesteinen zieht, womit er der Schöpfer der wissenschaftlichen plutonischen Lehre wird.

— Nachdem man bis dahin der Ansicht gewesen war, daß Wasser und Luft eine chemische Verbindung miteinander eingingen, die sich bei einer gewissen Abkühlung wieder in ihre Urbestandteile trenne, stellt James **Hutton** die moderne Theorie des Auflösungs- und Kondensationsprozesses auf, wonach das Wasser in der Luft wirkliches Wasser bleibt, das nur dem Auge zeitweilig entzogen ist und erst durch Koagulation sich den Sinnen wieder bemerklich macht, während geeignete Apparate und Beobachtungen von seinem Vorhandensein auch in der Zwischenzeit Rechenschaft geben. (S. a. 1280 K.)

— Der Mechaniker Wolfgang **von Kempelen** baut eine Sprechmaschine, welche die Stimme eines Kindes von 3 bis 4 Jahren nachahmt. (Vgl. 1843 F.)

— Joseph Louis **Lagrange** stellt in seiner „Mécanique analytique" das Prinzip der virtuellen Verschiebungen als ein Axiom an die Spitze der ganzen Mechanik und leitet aus dessen Verbindung mit dem d'Alembert'schen Prinzip die Hauptprinzipien der allgemeinen Mechanik ab.

— Antoine Laurent **Lavoisier** behauptet zuerst, daß die Essigsäure aus dem Weingeist durch Sauerstoffaufnahme entstehe. Die quantitative Zusammensetzung der Säure wird erst durch Berzelius (s. 1814 B.) bestimmt.

— Johann Tobias **Lowitz** erhält durch wiederholte Destillation der konzentrierten Essigsäure über Kohlenpulver den Eisessig.

— Vincenzo **Malacarne** begründet die pathologische Anatomie des Kretinismus. (Vgl. 1657 H. und 1787 F.)

— Nachdem 1740 Marggraf die ersten Versuche gemacht hatte, durch Erhitzen der fein zerteilten Metalle mit Phosphor Phosphormetalle herzustellen, wobei ihm jedoch nur die Herstellung von Phosphorkupfer und Phosphorzink gelang, stellt Bertrand **Pelletier** durch Erhitzen der Metalle mit Phosphorsäure und Kohle eine größere Zahl von Phosphormetallen her. Das Phosphorcalcium erhält zuerst Smithson Tennant 1791.

1788 Pater **Pilgram** gibt in seinen „Untersuchungen über das Wahrscheinliche der Wetterkunde" treffliche Grundlagen für die Beurteilung der Wärme-, Niederschlags- und Windverhältnisse in Wien während der Jahre 1762 bis 1786 und zieht bereits aus seinen Beobachtungsregistern Schlüsse auf den Normalcharakter der Witterung.

— Horace Bénedict **de Saussure** macht wichtige Untersuchungen über die Luftbewegung, die eine neue Epoche der Meteorologie einleiten.

— Horace Bénedict **de Saussure** veröffentlicht die bei seiner Montblancbesteigung (s. 1787 S.) gemachten Beobachtungen über die Veränderung der Lufttemperatur mit der Höhe, die als Resultat ergeben, daß ein Höhenunterschied von 100 m eine Temperaturerniedrigung um 0,63° bewirkt.

— Karl Wilhelm **Scheele** entwickelt die analytische Chemie derart, daß seine Analysen des Flußspates, des Schwersteins, des Braunsteins usw. auch heute noch schätzbare Unterlagen für den Analytiker bilden.

— Jean André **Venel** fördert die Orthopädie insbesondere durch die in seinem großen Werke „Descriptions de plusieurs nouveaux moyens méchaniques propres à corriger les courbures latérales etc." niedergelegten Untersuchungen über die Beschaffenheit und Ursache der Verkrümmungen und Deviationen am menschlichen Körper. Er begründet die erste orthopädische Heilanstalt in Orb in der Schweiz.

1789 Der Karlsbader Arzt David **Becher** macht zur Bestimmung des kohlensauren Natrons im Rückstand von Karlsbader Sprudelwasser die nachweislich erste wirkliche Titrierung mit einer auf reine Soda gestellten verdünnten Schwefelsäure, wobei er sich des Veilchensaftes (s. 1667 B.) als Indikators bedient.

1789—92 Edmond **Cartwright** nimmt vier Patente auf Wollkämmmaschinen, ohne dieselben jedoch zu einem praktisch brauchbaren Zustande fördern zu können.

1789 Charles Augustin **Coulomb** sucht zuerst die Verteilung des freien Magnetismus in Stahlstäben experimentell zu bestimmen, indem er eine 15 mm lange Magnetnadel von hartem Stahl sehr nahe bei einem vertikal aufgestellten Magnete schwingen läßt, erhält hierbei jedoch ein nur sehr angenähertes Resultat. (Vgl. auch 1846 R.)

— Der französische Gesandte in Genf, **Hennin,** veranlaßt, wie Ramond erzählt, mit Hilfe von Tannen, die er in Gletscherspalten einsetzt, die ersten Messungen über das Vorrücken der Gletscher im Faucigny (Pyrenäen).

— C. G. **Hermann** beschreibt den ersten selbsttätigen Regenaufzeichner, mit dem der 1842 von C. F. Mohr konstruierte Regenmesser im Prinzip übereinstimmt.

— Friedrich Wilhelm **Herschel** entdeckt am 28. August den ersten und am 17. September den zweiten Satelliten des Saturn, welche die Namen Mimas und Enceladus erhalten.

— William **Jessop** wendet zuerst gußeiserne Eisenbahnschienen in ⊥-Form mit verdicktem Kopfe an. In dieser Konstruktion sind die ersten Anfänge in der Entwicklung der heutigen Breitfuß-Eisenbahnschienen zu erblicken. (Vgl. 1832 S.) Im Jahre 1798 versucht Jessop die hölzernen Eisenbahnschwellen durch Steinwürfel zu ersetzen, eine Konstruktion, die vielfach nachgeahmt worden ist und sich auf einigen deutschen Bahnlinien bis zum Jahre 1880 erhalten hat.

— Antoine Laurent **de Jussieu** stellt im Anschluß an die Arbeiten seines Onkels Bernard de Jussieu ein natürliches Pflanzensystem (System von

Trianon) auf, in welchem er die Gattungen nach ihrer Ähnlichkeit zu größeren Gruppen — natürlichen Familien — vereinigt, die er (etwa 100) durch Merkmale umschreibt. Er macht als einer der ersten auf die Verschiedenheit zwischen den fossilen Pflanzen aus Kohlenbergwerken und den Pflanzen unserer Klimate und andrerseits auf deren Analogie zu den äquatorialen Pflanzen aufmerksam.

1789 Nachdem Rösel von Rosenhof 1758 eine Beschreibung der bis zu seiner Zeit bekannten Amphibien und wichtige Notizen über deren Fortpflanzung gegeben hatte, veröffentlicht Bernard Germain Etienne **de Lacépède** seine „Histoire naturelle des reptiles", die sich durch sorgfältige Schilderung der einzelnen Arten der Amphibien auszeichnet.

— Alexander **Mackenzie** erforscht den Mackenziefluß in Kanada und verfolgt diesen Strom bis zu seiner Mündung. Er stellt die ersten genaueren Ortsbestimmungen im amerikanischen Norden an.

— Isaac **Milner** entdeckt, daß beim Überleiten von Ammoniak über glühenden Braunstein Stickoxyd und Salpetersäure entstehen.

— James **Moore** empfiehlt die Wundheilung unter dem Schorf. Seine Preisschrift wird von John Hunter bekannt gemacht und in Deutschland 1862 von Volkmann der Vergessenheit entrissen.

— **O'Brien** erhält zuerst das Indigblau durch Sublimation aus dem Indigo; in krystallisiertem Zustande wird dasselbe 1843 von Fritzsche aus einer alkalischen Lösung des Indigweiß (Indigküpe) gewonnen.

— Jesse **Ramsden** konstruiert für Palermo ein Azimutalinstrument mit Vollkreis (s. 1675 R.), bei welchem über einem dreifüßigen Horizontalkreis ein fünffüßiger Vertikalkreis spielt.

— Humphry **Repton** entfernt alles Mechanische und Formelle aus der Anlage der englischen Gärten und wird der Schöpfer der Landschaftsgärtnerei, die auch in Deutschland, insbesondere durch den Fürsten Pückler Muskau und durch Skell in großartiger Weise gepflegt wird.

— Antonio **Scarpa** entdeckt das membranöse Ohrlabyrinth, den Nervus nasopalatinus und das seinen Namen tragende Dreieck am vorderen Teil des Oberschenkels.

— Der Pianofortefabrikant **Schnell** in Paris stellt ein „Anemochord" genanntes pneumatisches Musikinstrument her, bei dem mittels künstlich (durch Bälge) erzeugten Windes die Töne der Äolsharfe nachgeahmt werden. Die Idee wird später von Kalkbrenner und von Henri Herz wieder aufgenommen.

— Paets **van Troostwijk** und **Deimann** beobachten die erste unzweideutige Zerlegung eines zusammengesetzten Stoffes durch die Wirkung der Elektrizität, indem sie Wasser in brennbare Luft und Lebensluft scheiden, wie sie in einem Briefe an Delamétherie mitteilen.

— Nicolas **Vauquelin** erwirbt sich Verdienste um die analytische Chemie, die er vereinfacht und zu einem hohen Grad von Präzision führt.

— Alessandro **Volta** wiederholt den Galvani'schen Versuch (s. 1780 G.) und findet, daß die Zuckungen des Froschschenkels nur dann eintreten, sobald derselbe mit zweierlei sich berührenden Metallen verbunden wird. Er schließt daraus, daß die Berührung verschiedener Metalle die Quelle der Elektrizität sei, die sich in dem Froschkörper ausgleiche und ihn in Zuckungen versetze.

1790 Matthew **Baillie** fördert durch genaue Beobachtung und Darstellung die pathologische Anatomie.

— Thomas **Bewick** setzt an die Stelle des Holzschnitts den Holzstich, indem er anstatt des Schneidemessers den Grabstichel zur Bearbeitung der aus bestem jungem Buchsbaumholz präparierten Platte benutzt.

— Jean Charles **Borda** bestimmt mit einem Pendel, welches einem mathe-

matischen Pendel möglichst nahe kommt, nach der von Mairan (s. 1735 M.)
vorgeschlagenen Methode der Koinzidenzen die Größe der Beschleunigung,
welche ein frei fallender Körper durch die Schwere erlangt und findet
deren Wert für die Breite von Paris und die Höhe der Meeresfläche zu
9,80896 m/sec. (S. 1673 H.)

1790 Wann die Kalander (Glacier- und Satiniermaschinen) erfunden worden sind,
ist nicht festzustellen; jedenfalls findet sich in Leonardo da Vinci's Papieren
die Skizze eines solchen, aus zwei Zylindern bestehenden Apparats. Den
ersten dreiwelligen Kalander mit zwei hölzernen und einer Metallwalze
mit Glühbolzenheizung hat nach den „Transactions of the Soc. for Encour.‟
XV, S. 269 **Bunting** konstruiert.

— Ernst Friedrich **Chladni** erfindet das Euphonium, ein Musikinstrument,
welches aus Glasröhren (Gläsern) mit harmonisch abgestimmten Tönen besteht, die mit benetzten Fingerspitzen zum Klingen gebracht werden. Das
Euphonium dient auch zur wissenschaftlichen Untersuchung der Schallschwingungen.

— Der Engländer Thomas **Clifford** baut die erste Maschine zur Herstellung
von Eisennägeln. Bei derselben wird das glühende Metall zwischen zwei
mit entsprechenden Vertiefungen versehenen Walzen zu Nägeln geformt.

— Dem Mechaniker Nicolas Jacques **Conté** in Paris gelingt es, gleichzeitig mit
Joseph **Hardtmuth,** durch Mischen von geschlemmtem Graphit mit Ton eine
Komposition von jedem gewünschten Härtegrad zu erzeugen und damit
die Bleistiftfabrikation zu begründen.

— Déodat G. S. T. Gratet **de Dolomieu** unterscheidet zuerst zwischen gewöhnlichem Kalk und Bitterspat, der nach ihm Dolomit genannt wird.

— H. L. J. **Droz** konstruiert ein Prägestoßwerk, bei welchem ein aus drei Teilen
bestehender, sogenannter gebrochener Prägering dem unter dem Prägedruck
stattfindenden Ausbreiten der Platte eine stets gleiche Grenze setzt und
so Gestalt, wie Größe der Münze genau bestimmt. Gengembre verbessert
diese Vorrichtung, indem er den Ring nicht teilt, sondern als ein ganzes
Stück herrichtet. H. L. J. Droz ist mit seinem Bruder P. J. Droz der Verfertiger der unter dem Namen „Androiden‟ bekannten Automaten, die
i. J. 1904 von Emil Frölich in Berlin wieder hergestellt werden.

— Oliver **Evans** konstruiert eine Gipsmühle zum Zerkleinern des Rohgipses.
Dieselbe besteht im wesentlichen aus einer horizontal liegenden eisernen
Schraube, die sich in einem Trog dreht, dessen Boden rostförmig ge-
staltet ist.

— **Gellert** in Freiberg führt die Fässeramalgamation ein, indem er die Erze mit
Quecksilber und Wasser in stehenden hölzernen Fässern mit eisernen oder
kupfernen Scheiben lebhaft bewegt. Ruprecht verbessert diese Art der Amalgamation, indem er um eine horizontale Achse drehbare hölzerne Fässer
anwendet und die Erze vor der Behandlung mit Quecksilber und zuge-
gebenen Metallplatten röstet. Später kommt als Vorbehandlung vielfach
das chlorierende Rösten der Silbererze in Anwendung, wobei ein inniges
Gemisch von Erzteilchen und Kochsalz in Gegenwart von Schwefelsäure
abgebenden Sulfaten einer höhern Temperatur ausgesetzt wird. Eine Abart
der Fässeramalgamation ist die Bottichamalgamation (Tinaprozeß), die in
Südamerika viel angewendet wird und neuerdings von Francke (1884) dahin verbessert worden ist, daß er die Erze chlorierend röstet und die Zersetzung durch Zusatz von Kochsalz, Berührung mit Kupfer und Einleiten
von Wasserdampf in die Bottiche befördert.

— Der Kunstsammler und Händler **Glomy** in Paris erneuert die aus dem
12. Jahrhundert stammende Technik, mittels Öl-, Tempera- oder Wasserfarben Bilder auf die Rückseite von Glasplatten oder Glasgefäßen auf-

zutragen und durch eine Firnisschicht zu schützen. Derartige Gläser werden seitdem nach ihm „Verres eglomisés" genannt.

1790 Der englische Chemiker Charles **Gowen** entdeckt, daß durch Behandlung des rohen Rüböls mit 1 bis $1^1/_2$ Prozent konzentrierter Schwefelsäure die schleimige Substanz, die das Öl dickflüssig und undurchsichtig macht, verkohlt wird und daß das so behandelte Öl durch Waschen mit Wasser und Filtration klar und leichtflüssig wird. Das Verfahren wird von Thénard, Cogan, Michaud u. a. verbessert und auch für andere Öle und Fette angewendet.

— Friedrich Albert Carl **Gren** braucht zuerst die Bezeichnung „Pharmakologie" für die Lehre von den Arzneimitteln. Später wird das Wort in anderem, spez
iellerem Sinn für die Lehre von der Wirkung der Arzneimittel auf den tierischen Organismus gebraucht.

— James **Hall** in Edinburg macht die ersten geologischen Experimente und liefert den Nachweis, daß geschmolzene Gesteinmassen glasartig oder krystallinisch erstarren, je nachdem sie rasch oder langsam abgekühlt werden. So erhält er beim Erhitzen von Kreide im verschlossenen Flintenlauf ein krystallinisches, marmorähnliches Erstarrungsprodukt; so gelingt es ihm, feuerflüssigen Basalt durch langsame Abkühlung krystallinisch erstarren zu lassen.

— F. C. **Hofmann** entdeckt in der Chinarinde die Chinasäure, deren Formel von Liebig 1837 zu $C_7H_{12}O_6$ festgestellt wird, und die nach ihrem ganzen Verhalten eine Hexahydrotetraoxybenzoesäure darstellt.

— John **Hunter** schafft im Anschluß an die Lehren von James Moore, wie aus seinem posthum veröffentlichten Werke „On the nature of the blood, inflammation and gun shot wounds" hervorgeht, die wissenschaftlichen Grundlagen für die Erkenntnis des Vorgangs der Heilung getrennter Teile und tritt mehr für das unblutige Verfahren mit Anlegung von Binden, Heft- und englischem Pflaster, als für das Nähen ein.

— **Jäger** wendet zuerst die Polyederprojektion an, die bei der neueren preußischen Landesaufnahme, bei der Karte des Deutschen Reichs 1:100000 und der neuen Spezialkarte der österreichisch-ungarischen Monarchie 1:75000 angewendet wird.

— Der englische Fabrikant James **Keir** zu Westbromwich entdeckt die von Schönbein 1836 näher untersuchte „Passivität" des Eisens, welche darin besteht, daß das Eisen, welches an sich durch schwache Salpetersäure leicht zersetzt wird, von der schwachen Säure nicht mehr angegriffen wird, wenn es zuvor in konzentrierte Salpetersäure eingetaucht wurde.

— **Keith** konstruiert eine als Nivellierinstrument dienende Quecksilberwage, bei welcher zwei vierseitige prismatische Gefäße von 3 cm Weite durch eine 50 cm lange Röhre von 1 cm Durchmesser, die mit Quecksilber gefüllt ist, verbunden sind. Auf den Oberflächen der Quecksilbersäulen schwimmen zwei mit Dioptern versehene Elfenbeinwürfel, die, wie die Diopter selbst, gleich hoch und schwer gewählt sein müssen. Das Instrument erlaubt sehr genaues Nivellieren.

— William **Kelly** in Lanark betreibt die erste Mulemaschine (s. 1775 C.) mit Wasserkraft.

— Martin Heinrich **Klaproth** entdeckt in der Pechblende ein neues Metalloxyd, das Uranoxydul, und im Zirkon von Ceylon eine neue Erde, die Zirkonerde.

— Martin Heinrich **Klaproth** bedient sich bei der Analyse des Karlsbader Sprudels, wie Becher das Jahr zuvor (s. d.), der alkalimetrischen Titrierung, deren Methode er wesentlich verbessert.

— Die von Antoine Laurent **Lavoisier** aufgestellten Grundsätze, daß von dem Gewicht der Materie durch chemische Operationen nichts verloren gehe und nichts neu erzeugt werde, fangen jetzt an, allgemeine Geltung zu gewinnen und üben einen großen Einfluß auf die quantitative chemische Analyse aus, der vor allem jetzt Kirwan, Richter (1790—1800), Black (1794), Klaproth (1795), Valentin Rose d. J. (1803—05), Bucholz (1803), Vauquelin und Proust (1805) ihre Bestrebungen zuwenden.

1790 Der Oberst-Stallmeister Graf **von Lindenau** gründet in Berlin die erste Tierarzneischule (die jetzige tierärztliche Hochschule).

— Joseph Michel **Montgolfier** äußert bereits den Gedanken der Äquivalenz der Wärme und mechanischen Arbeit.

— Der englische Uhrmacher **Mudge** erfindet an der Uhr die freie Hemmung mit konstanter Kraft, bei welcher der Regulator seine Oszillationen fortsetzt, während das Hemmungsrad von einem besondern Einfall aufgehalten wird.

— Bertrand **Pelletier** entdeckt das im Gegensatz zu dem von Gengembre (s. 1783 G.) dargestellten leichtentzündlichen Gas schwerentzündliche Phosphorwasserstoffgas, das 1812 von Davy näher untersucht wird. Auf die Analogie des Phosphorwasserstoffs mit dem Ammoniak macht 1826 H. Rose aufmerksam.

— Marc Auguste **Pictet** gibt in seinem „Versuch über das Feuer" eine Erklärung der Taubildung, wonach der Boden sich durch nächtliche Ausstrahlung um so ausgiebiger abkühle, je weniger er von einer schützenden Wolkendecke daran verhindert werde und wonach der sogenannte Taufall am meisten in mondhellen, klaren Nächten stattfinde.

— Edme **Regnier** erfindet das Feder-Dynamometer, das eine praktische Anwendung, namentlich zur Messung der Zugkraft der Pferde, des Widerstands der Wagen auf Straßen, der Ackergeräte usw. findet, und das 1805 von Burg wesentlich verbessert wird.

— Der Engländer Thomas **Saint** nimmt ein Patent auf eine Kettenstichmaschine, die zur Herstellung von Schuhen und Stiefeln bestimmt und als Vorläuferin der Nähmaschine zu betrachten ist.

— Horace Bénedict **de Saussure** konstruiert ein Diaphanometer, um ein Maß für die optische Durchlässigkeit der Luft zu gewinnen und erfindet im folgenden Jahre das Cyanometer, eine Vorrichtung, die es ermöglicht, eine annäherungsweise Messung der Intensität des Himmelsblau zu machen. Andere Cyanometer werden von Parrot (Rotationscyanometer) und Arago (Polarisationscyanometer) konstruiert.

— John **Sinclair** erfaßt zuerst die Aufgabe einer nationalökonomischen Betrachtung der Landwirtschaft und betritt zuerst den Weg der statistischen Forschung auf diesem Gebiete.

— Christian Konrad **Sprengel** macht die Entdeckung der Dichogamie, d. i. des ungleichzeitigen Reifwerdens von Staubgefäßen und Narben in Zwitterblüten, einer Einrichtung, die auf Fremdbestäubung (s. 1793 S.) abzielt.

— Der Engländer Thomas **Turnbull** erfindet das Glätten (Satinieren) des Papiers.

— James **Watt** soll die zum Rauh- und Klarschleifen der Spiegel noch jetzt viel benutzte Fliegrahmenmaschine (Fly frame machine) erfunden haben. Eigentümlich ist dieser Maschine, die zwei Schleifstände gleichzeitig bedient, die mechanische Führung ihrer, die Obergläser tragenden Schleifkisten, d. i. der Fliegrahmen, durch die Glas auf Glas mit doppelter Drehung in der Horizontale herumgeführt wird.

— Nachdem schon 1728 von Fayolle der Vorschlag gemacht worden war, Bleiröhren durch Walzen zu strecken, wird dies Verfahren mit vollem Erfolg und in beträchtlichem Umfang von John **Wilkinson** durchgeführt.

— Robert **Willan** in London nimmt eine vollständige Reformation in der systematischen Einteilung und Klassifizierung der Hautpathologie auf Grundlage der primären Effloreszenzen vor. Er beschränkt den Krankheitsbegriff „Herpes" zuerst durch exakte Unterscheidung auf gruppenweise auftauchende akut verlaufende Bläscheneruptionen, die sein Schüler Thomas Bateman dann in sechs verschiedene Klassen einteilt. Desgleichen gibt er eine eingehende Charakteristik des Krankheitsbegriffes „Ekzema", der vor ihm vielfach, insbesondere von Aëtius von Amida, Paulus Aegineta, Gorraeus u. a. beschrieben worden war.

1790 Reinhard **Woltmann** erfindet den nach ihm benannten hydrometrischen Flügel zur Bestimmung der Geschwindigkeit von Wasserläufen und Berechnung der Wassermengen daraus.

— Peter **Woulfe** benutzt zuerst die nach ihm benannte zwei- oder dreihalsige Woulfe'sche Flasche, die als Kondensations-, Waschflasche usw. benutzt wird und in der Technik aus Steingut hergestellt als Bombonne vielfach, namentlich in der Fabrikation der Salzsäure gebraucht wird.

— Der Kattundrucker Johann **Zuber** in Mühlhausen betreibt zuerst das Aneinanderkleben echelonnierter Papierbogen zur Tapetenfabrikation fabrikmäßig.

1791 **Aken** empfiehlt ein Löschpulver aus schwefelsaurem Eisen, Alaun, rotem Eisenoxyd und pulverisiertem Lehm, das mit Wasser angerührt zum raschen Löschen des Feuers dienen soll.

— Der englische Ingenieur John **Barber** erfindet eine Maschine, in welcher er ein Gemisch von Luft und Gas als treibende Kraft benutzt, wobei das Gas in einer besonderen Retorte durch Erhitzen von Holz, Öl, Kohle usw. erzeugt wird. (S. a. 1680 H.) Eine ähnliche Maschine gibt 1794 Robert Street an.

— Charles François **Beautemps-Beaupré** entwickelt zuerst auf seiner bis 1793 unternommenen Forschungsreise aus perspektivischen Handzeichnungen der von ihm berührten Küstenstriche topographische Pläne derselben. Auf diese Weise stellt er u. a. eine Karte eines Teiles von Vandiemensland und von der Insel Santa Cruz her.

— Claude Louis **Berthollet** erkennt zuerst, daß der Indigo durch Sauerstoffentziehung löslich wird und die blaue Farbe verliert, an der Luft dieselbe aber durch Sauerstoffabsorption wieder erhält. Eingehender wird der Vorgang 1817 von Döbereiner und Chevreul studiert, die das Indigweiß als aus dem Indigblau durch Zutritt von Wasserstoff entstehend betrachten.

— Johann Lucas **Boër**, Kaiserlicher Wundarzt in Wien, begründet eine neue Epoche der Geburtshilfe durch Einschränkung der operativen Eingriffe.

— Der französische Baumeister François **Cointeraux** führt den bereits im Altertume bekannten, seitdem vergessenen Pisébau wieder in die Bautechnik ein. Der Pisébau wird mit lehmiger Erde oder einer Mischung von Kalkbrei und Kies in der Weise ausgeführt, daß zunächst doppelte, einander parallele Bretterwände errichtet werden, zwischen denen die Pisémasse festgestampft wird. Nach ihrer Erhärtung werden die Bretterwände beseitigt. (S. a. 1828 R.)

— Pierre Joseph **Desault** erfindet den nach ihm benannten Verband zur Behandlung des Schlüsselbeinbruches.

— Nachdem A. F. Vogel 1771 eine partielle Operation eines Kropfes mit vorausgehender Unterbindung der zuführenden Gefäße ausgeführt hatte, macht Pierre Joseph **Desault** am 20. Mai zum erstenmal eine völlig typische Exstirpation einer Kropfhälfte an einer Frau.

— Nachdem poröse oder aus Bergmehl (Infusorienerde) hergestellte Steine schon den Alten unter dem Namen „schwimmende Ziegel" bekannt waren, nimmt Giovanni **Fabbroni** deren Fabrikation aus einem bei Santa Fiora in Toskana vorkommenden Bergmehl wieder auf, die dann überall da, wo Infusorienerde sich findet, angefertigt werden.

1791 Der französische Kartograph **Dupain-Triel** veröffentlicht die erste Höhen-
schichtenkarte eines Landes, nämlich Frankreichs. Er gibt in feiner Punk-
tierung die Niveaulinien von zehn Toisen Schichthöhe, während er die 50-
und 100-Toisenkurven kräftiger hervorhebt. (Vgl. auch 1728 C.)

— **Grangier** in Annonay entwirft eine Rauhmaschine, die aus einer schnell
umlaufenden zylindrischen Trommel besteht, auf der rundherum reihenweise Karden angebracht sind. Eine ähnliche Maschine wird von John
Douglas 1802 nach Frankreich gebracht und seit 1807 auch in Deutschland viel gebraucht. (S. a. 1684 D.)

— William **Gregor** entdeckt das Titanoxyd (Titansäure) im Titaneisen (Mena-
chanit).

— John **Hoyle** verbessert die Cooke'sche Dampfheizung (s. 1745 C.), indem er
den Dampf durch Röhren in, rundum oder über den zu erwärmenden
Raum führt. Der Dampf steigt bis an den höchsten Punkt und wird, indem er langsam niedersinkt, zu Wasser verdichtet, das sich in einer
Zisterne sammelt.

— Alexander **von Humboldt** führt die ersten Bestimmungen des Kohlensäure-
gehalts der Luft aus, denen später solche von Fourcroy (1801) und
Thénard (1813) folgen. (S. a. 1804 S. und 1872 S.)

— Michael **Kag** in Mühldorf am Inn verfertigt zuerst Dachpappe, die er mit
einer Mischung von Steinkohlenteer, Firnis und Staubmehl versieht. Ungefähr gleichzeitig wird dieselbe Erfindung von dem schwedischen Admi-
ralitätsrat Faxa gemacht.

— Wolfgang **von Kempelen** beschreibt in seinem „Mechanismus der menschlichen Sprache" die Sprechwerkzeuge und die Art, wie die in den europäischen Sprachen vorkommenden Laute gebildet werden.

— **Kunz** in Prag konstruiert ein mit einem Orgelwerke verbundenes Pianoforte,
das aus einem flügelförmigen Kasten mit zwei Manualklavieren von je
65 Tasten und einem Pedalklavier von 25 Tasten besteht, und im ganzen
230 Saiten und 21 Register umfaßt. Kunz nennt sein Instrument Orchestrion. (Über andere Instrumente dieses Namens s. 1785 V. und 1850 K.)

— Dem französischen Chemiker Nicolas **Leblanc** gelingt es, die Soda auf
künstlichem Wege aus dem Kochsalz herzustellen, indem er zu dem Gemisch von Glaubersalz und Kohle einen Zuschlag von Kreide macht, wodurch erst die Bildung von kohlensaurem Salz ermöglicht wird. Mit
dieser Entdeckung wird nicht nur im allgemeinen dem dringenden Be-
dürfnis der Industrie nach erleichtertem Bezug von Soda abgeholfen,
sondern namentlich auch der gewaltige Aufschwung der Seifenindustrie
bedingt, die jetzt imstande ist, statt vorzugsweise mit Holzasche und
Pottasche zu arbeiten, feste Natronseifen herzustellen. Nach St. Maurice
Cabany's in der „Revue génerale biographique" 1845 gemachten Angaben
wäre nicht Leblanc, sondern Michel Jean Jérome Dizé der Erfinder des
Leblancprozesses. (S. a. den betreffenden Aufsatz von Schelenz, Chem.
Ztg. 1906, 1191.)

— James **Parker** verwendet zuerst zum Brennen der Ziegelsteine Torf. (S.
1638 W.)

— Nathan **Read** beschäftigt sich mit der Dampfschiffahrt und dem Bau von
Dampfwagen. Er erfindet einen stehenden Wasserröhrenkessel, bei dem
eine Anzahl dünner unten geschlossener Röhren in den Feuerraum herabhängen. Ein derartiger Kessel wird von George Stephenson in seiner Lokomotive „Rocket" verwendet. Später führt sich diese Art von Kesseln fast
ausnahmslos für Lokomotiven und Lokomobilen ein.

— James **Sadler** beschreibt eine nach Art des Segner'schen Rades gebaute
Reaktionsturbine, die indes nicht zu praktischer Anwendung gelangt.

Darmstaedter. 17

1791 Smithson **Tennant** isoliert den Kohlenstoff aus Kohlensäure, indem er
Phosphordämpfe über glühenden kohlensauren Kalk leitet. Dieser Versuch
bewirkt im Zusammenhang mit Lavoisier's Angaben (1773 L. und 1775 L.),
daß die meisten Chemiker endlich die wahre Zusammensetzung der Kohlensäure anerkennen.

1792 Georg Joseph **Beer** begründet mit seinem Buche „Lehre der Augenkrankheiten" eine neue Aera in der Augenheilkunde.

— Théodore Pierre **Bertin** verbessert das Taylor'sche Stenographiesystem
(s. 1786 T.) und begründet damit die französische Kurzschrift, wie sie in
Frankreich, namentlich mit den Umarbeitungen von Prévost (1827) und
Delauny (1866), noch jetzt angewendet wird. Daneben hat sich neuerdings das System von Duployé (s. 1867 D.) entwickelt.

— Augustin **de Bétancourt** publiziert in seinem „Mémoire sur la force expan-
sive de la vapeur" ausgedehnte Versuche über die Spannkraft des gesättigten Wasserdampfes und ist der erste, der seine Untersuchungen auch
auf die Spannkraft anderer Dämpfe, wie des Alkoholdampfes ausdehnt.

— **Bonnemain** konstruiert im Anschluß an Triewald's Vorschläge (s. 1716 T.) ein
Warmwassersystem zu Heizzwecken, dessen erste Ausführung 1812 in
Petersburg erfolgt, das dann von Braithwaite in seinem Hause in Kendal
benutzt und von 1816 ab durch den Marquis de Chabannes allgemeiner
bekannt wird.

— Zu etwa gleicher Zeit wie Parker (s. 1787 P.) stellt Johann Adam **Breysig** —
unter Anlehnung an die Panorama-Zeichnung von Michély du Crest
(s. 1755 C.) — ein Panorama-Rundgemälde her. Derartige Rundgemälde
werden fortan häufig Gegenstand der öffentlichen Schaustellung.

— Der Artillerieleutnant **Cell** schlägt dem englischen Gewerbeverein vor, die
Verbindung eines gestrandeten Schiffs mit der Küste mittels eines Ge-
schützes (Mörsers) zu bewirken, an dessen Kugel ein Seil befestigt ist.
Es ist dies die erste Erwähnung des Rettungsmörsers.

— Die Gebrüder Claude und Ignace Urbain **Chappe** schaffen gemeinsam mit
Delaunay und **Breguet** ein System optischer Telegraphen, wozu sie behufs
Wahrung des Geheimnisses die Modelle in Frankfurt a. M. anfertigen
lassen, und legen dasselbe dem Konvente der Französischen Republik vor;
sie machen die ersten eingehenden Versuche über die Sichtbarkeit verschiedenartig gefärbter Körper und farbiger Lichter und stellen dabei die
heute noch geltenden Grundsätze für die Anordnung optischer Signale fest.

— Die **Chemische Fabrik zu Javel** bringt unterchlorigsaures Kali in Lösung als
Bleichflüssigkeit in den Handel, die als „Eau de Javel" oder „Eau de
Javelle" bezeichnet wird.

— Ernst Friedrich **Chladni** zeigt zuerst, daß außer den Transversal-
schwingungen bei Saiten Longitudinalschwingungen vorkommen, bei
denen die einzelnen Teile der Saite nicht aus der Richtung der Saite
heraustreten.

— Johann Peter **Frank** legt durch sein „System der medizinischen Polizei" die
Grundlage für alle späteren Arbeiten auf dem Gebiete der öffentlichen Ge-
sundheitspflege, namentlich auch der Hygiene der Städte, wie er auch als
Autorität auf dem Gebiet der gerichtlichen Medizin zu betrachten ist.

— Nachdem schon im Altertum Celsus, Aretaeus und Galenus Leidenden
geeignete klimatische Gegenden, wie z. B. Ägypten, oder längere Seefahrten
vorgeschrieben hatten, tritt **Gregory** mit seinem Buche „De morbis coeli
mutatione medendis" für die klimatischen Kuren ein, die bald vielfach
empfohlen werden, und um die sich in der Neuzeit insbesondere Niemeyer,
Beneke und Oertel große Verdienste erwerben. (Vgl. auch 1210, 1749 M.)

1792 René Just **Hauy** macht genaue Versuche über das spezifische Gewicht der Mineralien mit Hilfe der Nicholson'schen Senkwage und berichtigt die bis dahin geltenden Angaben von Brisson.

— Thomas Charles **Hope** entdeckt in einem 1787 bei Strontian in Argyleshire aufgefundenen Mineral eine neue eigentümliche Erde, die er nach dem Ursprung Strontianerde nennt.

— François **Huber** macht wichtige Untersuchungen über die sozial lebenden Insekten, namentlich die Ameisen und Bienen, mit denen sich später auch sein Sohn Jean Pierre (1810) beschäftigt.

— Pierre Simon **de Laplace** schlägt vor, den Tag in 10 Stunden zu 100 Minuten zu 100 Sekunden einzuteilen.

— Johann Tobias **Lowitz** entdeckt den Traubenzucker.

— Der Physiker Martin **von Marum** bemerkt, daß, wenn durch eine mit Sauerstoff gefüllte Röhre ein elektrischer Funke schlägt, eine Veränderung des Sauerstoffes mit eigentümlichem Geruch vor sich geht. (S. 1839 S.)

— Nachdem im Anschluß an Mouton's (s. 1670 M.) Ideen Brisson den Vorschlag gemacht hatte, das ganze Maßsystem auf eine natürliche Länge zu gründen, beschließt eine aus Borda, Lagrange, Laplace, Monge und Condorcet zusammengesetzte Kommission der Akademie, den vierzigmillionsten Teil des durch Paris gehenden Erdmeridians als Maßeinheit festzusetzen. Im Anschluß hieran beginnen **Mechain** und **Delambre** die Gradmessung zwischen Dünkirchen und Barcelona, die später durch eine größere Kommission, an deren Spitze Laplace steht, beendet wird und 1800 (s. Prieur) zur definitiven Einführung des Meters führt.

— William **Murdoch** verwendet das Steinkohlengas zur Beleuchtung der Maschinenfabrik von Boulton & Watt in kleinerem und von 1798 ab in großem Maßstabe. Er hat demnach zweifellos die Priorität vor Philippe Lebon, der das Leuchtgas, welches er durch Vergasung von Holz erhält, 1792 nur in seiner Thermolampe und erst 1799 in dem Feuer eines Leuchtturms des Hafens von Havre anwendet. Wohl aber kann Minckelaers (s. 1783 M.) als der eigentliche Urheber der Idee bezeichnet werden.

— Johann Friedrich Wilhelm **Otto** erklärt zuerst in seinem „Abriß einer Naturgeschichte des Meeres" eine Zirkulationsbewegung zwischen polaren und äquatorialen Meeresräumen, die sogenannte Vertikalzirkulation der Ozeane, für wahrscheinlich.

— Bertrand **Pelletier** zeigt, daß sich das Zinn in zwei Verhältnissen mit Sauerstoff vereinigt und so zwei Reihen von Salzen bildet. Berzelius nimmt 1812 drei Verbindungen an, widerruft dies aber 1817, so daß die Frage erst 1832 durch Fuchs, der die Existenz von Zinnoxyd nachweist, völlig geklärt wird.

— Bertrand **Pelletier** stellt das Zinnchlorür (Zinnsalz) durch Lösen von Zinn in konzentrierter Salzsäure dar. Später findet dieses Salz ausgedehnte Verwendung in der Färberei.

— Jacques Constantin **Périer** nimmt ein Patent auf die „liegende" Dampfmaschine.

— Der französische Mediziner Philippe **Pinel** spricht zuerst den Gedanken von der analytischen Methode der pathologischen Forschung aus und wendet denselben praktisch in der Lehre von der Entzündung an. Er ist als der Reformator der Irrenbehandlung zu bezeichnen. Er beseitigt die Ketten der Geisteskranken, öffnet ihre Kerker und schafft ihnen ein menschenwürdiges Dasein, indem er eine zweckmäßige physische Behandlung einführt.

— Jeremias Benjamin **Richter** weist für die Vereinigung von Säuren und Basen

17*

unter Bildung von neutralen Salzen die Konstanz der Gewichtsverhältnisse nach. (S. 1777 W.)

1792 Jeremias Benjamin **Richter** stellt zuerst die relativen Gewichtsmengen, in welchen sich die Säuren und die Basen miteinander verbinden, in Form von Reihen zusammen. Die Gewichtsmengen aller alkalischen und erdigen Basen, welche einerlei Menge einer gewissen Säure, z. B. 1000 Gewichtsteile Schwefelsäure sättigen, nennt er die Massenreihe oder Neutralitätsreihe der Basen. Ebenso sucht er die Neutralitätsreihe für die verschiedenen Säuren in bezug auf dieselbe Menge einer Base. Er führt den Namen Stöchiometrie für die „Meßkunst chymischer Elemente" ein.

— Johann Daniel **Starck** nimmt die Fabrikation von rauchender Schwefelsäure (Oleum) durch Destillation anfangs von kalziniertem Eisenvitriol, dann von kalziniertem Vitriolstein in Galeerenöfen in großem Maßstabe auf und bleibt der einzige Verfertiger dieses Produktes, bis ihm 1877 Clemm (s. 1877 C.) und später die badische Anilin- und Sodafabrik Konkurrenz machen.

— W. **Strutt** verwendet die Luftheizung zur Heizung seiner Fabrikräume in Belper und das Jahr darauf zur Heizung des Krankenhauses von Derbyshire. Er konstruiert zu dem Zwecke einen Ofen, der von ihm selbst und von Boulton und Watt (1808) wesentlich verbessert wird. (S. a. 1769 M.)

— Johann Bartholomäus **Trommsdorf** fördert durch seine gründlichen Untersuchungen das Gesamtgebiet der Pharmazie nach allen Richtungen und schreibt ein Handbuch der pharmazeutischen Warenkunde.

— George **Vancouver** erforscht die Nordwestküste von Amerika und Vancouversland.

— William Charles **Wells** kennt bereits die prismatische Wirkung dezentrierter Gläser und schlägt in seiner Schrift „An essay upon single vision with two eyes" vor, Prismen mit flachen Seiten, Winkel nach innen, gegen Fernsichtigkeit, solche mit der Basis nach innen gegen Kurzsichtigkeit zu gebrauchen.

— Johann Friedrich **Westrumb** beschreibt ausführlich die Bereitung der Kunsthefe (s. 1760 J.); ein Jahr darauf werden von Riem verschiedene Methoden der Hefebereitung in seinem Buche „Entdecktes Geheimnis der Gärungsmittel" mitgeteilt.

— Der englische Techniker John **Wilkinson** erfindet das Kehrwalzwerk zur Blecherzeugung.

— „Dividivi" sind die Schoten eines in Südamerika einheimischen Baumes. Das Produkt wird seit lange zum Gerben und Schwarzfärben gebraucht. Den Namen Caesalpinia coriaria erhält der Baum durch Karl Ludwig **Willdenow.**

— Thomas **Young** stellt mit Sicherheit das schon von Descartes (s. 1637 D.) und Huygens geahnte Akkommodationsvermögen des Auges fest und erklärt dasselbe durch die Fähigkeit der Augenmuskeln, die Krümmung der Linse zu verändern.

1793 John **Abernethy** setzt an die Stelle der meist erfolglosen Neurotomie die Resektion der Nerven, die Neurektomie, die darin besteht, daß, um die Leitung der Nerven zu verhüten, ein Stück derselben herausgeschnitten wird.

— Marc **Beaufoy** macht eingehende Untersuchungen über den Schiffswiderstand mit Modellen, und macht zuerst auf den bei der Fortbewegung eines Körpers im Wasser auftretenden Reibungswiderstand aufmerksam, den alle früheren Beobachter nicht berücksichtigt hatten. (S. 1763 B.)

— Unter Bezugnahme auf ein schon 1750 von Bennet ausgesprochenes Prinzip verordnet Thomas **Beddoes** zuerst die Inhalation von Gasen und Dämpfen zu Heilzwecken. (S. a. 1856 S.)

1793 Benjamin **Bell** erweist in seinem „Treatise on gonorrhoea virulenta and lues venerea" die Verschiedenheit des Gonorrhöe- und Syphiliskontagiums. (Vgl. 1786 H.)

— Samuel **Bentham** gibt die erste Anregung zum Bau von Langlochbohrmaschinen für die Holzbearbeitungswerkstätten, die jedoch erst gegen das Jahr 1820 in allgemeinere Anwendung kommen.

— Samuel **Bentham** projektiert die ersten Holzstemmmaschinen, welche die Handarbeit mit Meißel und Schlägel ersetzen sollen. Wirklich praktische Ausführungen solcher Maschinen gelingen erst 1827 Mac Clintick in Pennsylvania.

— Scipione **Breislak** macht wichtige Arbeiten über die vulkanischen und seismischen Zustände Unteritaliens.

— **Browne** gelangt als erster Europäer nach Darfur.

— In das Jahr 1793 fällt die Herstellung der ersten öffentlichen optischen Telegraphenlinie (über einen Privattelegraphen s. 1763 E.) zwischen Paris und Lille. Die Einrichtung, nach den Vorschlägen der Ingenieure Gebrüder Claude und Ignace Urbain **Chappe** (s. 1792 C.) ausgeführt, besteht aus weit sichtbaren, mit beweglichen Balkenflügeln versehenen Gerüsten, deren Stellung mit dem Fernrohr von der nächsten Station beobachtet wird. (S. 1684 H.) Die Beförderung eines einzelnen Zeichens von Paris nach Lille (240 km, 20 Zwischenstationen) erfordert etwa 6 Minuten.

— **Clément** und **Désormes** zeigen, daß der Salpeter im Schwefelsäureprozeß nur die Rolle eines Vermittlers zwischen schwefliger Säure und Luftsauerstoff bildet, und daß man dessen Verbrauch bedeutend ermäßigen kann, indem man einen kontinuierlichen Luftstrom durch die Bleikammern (s. 1746 R.) schickt.

— Nicolas **Deyeux** erkennt zuerst, daß der gerbende Bestandteil der Galläpfel, der Eichenrinde usw. ein eigentümlicher Körper, die Gerbsäure ist.

— Johann Gottfried **Ebel** beschäftigt sich zuerst mit dem Studium der Föhnerscheinungen und gelangt zu ziemlich richtigen Ansichten darüber.

— **Fothergill** scheint die erste Flachshechelmaschine konstruiert zu haben, bei der mit Hecheln besetzte Walzen oder Trommeln Anwendung finden. Eine wesentliche Verbesserung der Hechelmaschine findet 1801 durch Archibald Thomson statt, welcher es erreicht, daß die Hecheln den Flachs in geradliniger Bewegung durchstreichen.

— Franz Joseph **von Gerstner** verwendet bei dem von ihm für die Eisengrube Krussna Hora in Böhmen konstruierten Pferdegöpel (Fördermaschine) einen konischen Seilkorb an Stelle des bisherigen zylindrischen. Der Zweck dieser Vorrichtung ist der, das Drehungsmoment der Achse während der ganzen Dauer der Förderung ebenso konstant zu machen, wie dies bei der Schnecke tragbarer Uhren in bezug auf die abnehmende Zugkraft der Triebfeder der Fall ist.

— Der Militärarzt Johann **Görcke** führt für die preußische Armee ein „fliegendes Feldlazarett" für 1000 Verwundete ein (s. a. 1758 B.) und organisiert das Krankentransportwesen (Krankenträgerkompagnien), das später von Percy durch die Schaffung der Brancardiers, das sind Träger, welche die Verwundeten aus der Gefechtslinie holen, eine wesentliche Verbesserung erfährt. Gleichzeitig werden derartige Lazarette unter dem Namen „Ambulances volantes" auch von Jean Dominique Larrey eingeführt.

— Joseph **Huddart** nimmt ein Patent auf eine Seilspinnmaschine. Er geht dabei von dem Prinzip aus, daß die Fäden eine um so größere Länge haben müssen, je weiter sie von der Achse entfernt liegen, zu welchem

Zwecke die Maschine Platten mit Löcherkreisen (sog. Register) enthält, welche den einzelnen Garnfäden ihre Anordnung in der Litze vorschreiben. Von diesem Patent schreibt sich der Name „Patenttaue" für die so dargestellten Erzeugnisse her.

1793 **Kehls** entdeckt, daß die Knochenkohle ein Entfärbungsvermögen besitzt, welches dasjenige der Holzkohle bei weitem übertrifft. (S. 1785 L.)

— Karl Friedrich **Kielmeyer** spricht zuerst den später von Ernst Haeckel als biogenetisches Grundgesetz bezeichneten Satz aus, daß der Embryo höherer Tiere während der Entwicklung die Organisationszustände der niederen Tiere durchlaufe.

— Tobias **Lowitz** entdeckt, daß das Kochsalz bei strenger Kälte mit Wasser verbunden krystallisieren kann.

— Gaspard **Monge** macht eingehende Untersuchungen über die Natur des Filzens der Haare, das, da dieselben (namentlich die Hasen-, Kaninchen-, Biberhaare usw.) von Natur ganz gerade sind, nicht ohne Beizung (Secrétage s. 1730 M.) möglich ist. Erst durch die Beizung schlingen sich die Härchen durcheinander.

— Der **Nationalkonvent** führt am 6. Oktober 1793 die Aera der französischen Revolution in Frankreich ein. Dieselbe hebt mit dem 22. September 1792 an, dem Tage, an dem die Einführung der Republik dem französischen Volke verkündet worden war. Die Aera wird durch Gesetz vom 8. September 1805 mit dem 1. Januar 1806 wieder abgeschafft.

— Benjamin **Outram** legt die Schienen — er verwendet die Jessop'schen Fischbauchschienen (s. 1789 J.) — auf steinerne Schwellen und konstruiert in Coalbrookdale zahlreiche Bahnen, die nach ihm den Namen Outram-roads oder abgekürzt Tram-roads erhalten.

— Gilbert **Romme** denkt an die Möglichkeit, den optischen Telegraphen zu Wetterwarnungen zu benutzen.

— Der Spanier **Sala y Gomez** entdeckt die nach ihm benannte Felseninsel im Stillen Ozean, welche den östlichsten Punkt Polynesiens bildet.

— Christian Konrad **Sprengel** entdeckt die Fremdbestäubung in der Natur (Allogamie) und erklärt den Bau der Blüte aus ihren Beziehungen zu den sie besuchenden und bestäubenden Insekten.

— Die Brüder C. und G. **Taylor** wenden zuerst die Papier-Halbzeugbleiche an, die sie mit Chlor im Beisein von Wasser ausführen.

— Der englische Ingenieur Thomas **Telford** verwendet beim Bau des Ellesmerekanals zuerst das Gußeisen zur Herstellung von Schleusentoren. Er versucht später, ganze Schleusen in Gußeisen auszuführen.

— Alessandro **Volta** legt ebene Platten aus verschiedenen Metallen mit isolierenden Griffen aneinander und findet bei der nach der Trennung erfolgenden Prüfung an seinem Kondensationselektroskop, daß durch die Berührung das eine Metall stets schwach positiv, das andere ebenso negativ elektrisch geworden war.

— Alessandro **Volta** stellt die nach ihm benannte Spannungsreihe der Metalle auf. Eine ähnliche Reihe wird gleichzeitig von C. H. Pfaff angegeben.

— Der amerikanische Mechaniker Eli **Whitney** erfindet die für die Verarbeitung der Baumwolle epochemachende Sägenentkörnungsmaschine (Egreniermaschine).

1794 Matthew **Baillie** liefert die erste Beschreibung von der Eruption junger Tuberkeln im Lungenparenchym, ihrer Gruppierung, ihrem Anwachsen und Verschmelzen zu größeren Knoten. Er lehrt, daß diese Tuberkeln skrofulöser Natur seien, später zerfallen und die Lungenschwindsucht bedingen.

— Charles **Blagden** und George **Gilpin** stellen auf Veranlassung der englischen Regierung umfangreiche und genaue Untersuchungen über den Alkoholgehalt des Spiritus an und geben Tabellen heraus, die den Alkoholgehalt in Gewichtsprozenten angeben.

1794 Nachdem Bergsträsser bereits i. J. 1785 für die Einführung öffentlicher optischer Telegraphen in Deutschland eingetreten war, baut der Mechaniker **Böckmann** in Karlsruhe die erste deutsche Telegraphenlinie (s. 1793 C.), auf welcher er am 22. November 1794 als erstes Telegramm aus einer Entfernung von $1^1/_2$ Wegstunden dem Markgraf Karl Friedrich von Baden einen Geburtstagsglückwunsch übermittelt. Die erste deutsche Telegraphenlinie von größerer Ausdehnung, zwischen Berlin und Frankfurt a. M., wird i. J. 1798, der optische Telegraph Berlin-Köln-Trier erst i. J. 1832 gebaut.

— Nachdem schon 1771 in der „Encyclopédie des arts et métiers" ähnliche Vorrichtungen beschrieben worden waren, wendet Joseph **Bramah** zuerst in größerem Maßstabe nachstellbare Führungen und Schrauben zum Bewegen des Stichels der Drehbank an.

— Gegenüber der namentlich von der französischen Akademie hartnäckig festgehaltenen Ansicht, daß die Meteorsteine irdischen Ursprungs seien, weist der Physiker Ernst Friedrich **Chladni** an der Hand des von Pallas 1772 in Sibirien aufgefundenen Meteoreisens die kosmische Natur der Meteoriten nach. (S. 461 v. Chr. Plutarch und 1803 B.)

— John **Dalton** beschreibt, nachdem schon von Tuberville (1684), Huddart (1777), Whiston (1778) und Scott (1779) Mitteilungen über Farbenblindheit gemacht worden waren, eingehend nach Beobachtungen an seinen eignen Augen diesen Zustand, den T. Young (1807) auf eine teilweise Lähmung der für die Perzeption der einzelnen Grundfarben bestimmten Retinaelemente zurückführt. Die Farbenblindheit erhält nach Dalton den Namen „Daltonismus".

— Erasmus **Darwin** stellt die Hypothese vom förderlichen Einfluß des Gebrauchs oder Nichtgebrauchs der Organe auf und weist zuerst darauf hin, daß viele Tiere die Farben ihrer gewöhnlichen Umgebung haben, damit sie nicht so leicht erkennbar sind. (Mimikry s. a. 1860 B.)

— Johann **Gadolin** untersucht eine schwarze, vom Hauptmann Arrhenius gefundene Steinart, in der er eine unbekannte Erdart entdeckt. Das Mineral, auf das Bergmeister Geyer 1788 zum erstenmal die Aufmerksamkeit gelenkt hatte, war bei Ytterby in Schweden gefunden und ursprünglich Ytterbit, später (1800) von Klaproth Gadolinit genannt worden. Dagegen erhält die neue Erdart, deren Existenz von Ekeberg in Upsala 1797 bestätigt wird, den Namen Yttererde. Die Yttererde — in der übrigens Klaproth 1802 ein Gemisch von Yttererde und Beryllerde erkennt — ist das erste Element aus der Gruppe der „seltenen Erden".

— Christoph **Girtanner** arbeitet über die Ernährungsverhältnisse des Kindes und hebt die Verschiedenheit der menschlichen und tierischen Milch hervor.

— **Heaton** in Birmingham erfindet die erste brauchbare Maschine zur Anfertigung von Öhren aus Draht für Knöpfe.

— Friedrich Wilhelm **Herschel** bestimmt die Umdrehungsdauer des Saturn auf 10 Stunden und 16 Minuten.

— **Mead** regt zum ersten Male den Gedanken an, allein durch erhitzte Luft eine Maschine zu betreiben. Doch hat seine Idee niemals praktische Gestalt angenommen.

— Gaspard **Monge** und Lazare Nicolas Marguerite **Carnot** sondern die Lehre von den Bewegungsmechanismen von der allgemeinen Maschinenlehre.

— Benjamin Thompson Graf **von Rumford** konstruiert das nach ihm benannte Photometer, das eine Verbesserung des Lambert'schen Schattenphotometers (s. 1760 L.) darstellt.

— Daniel **Rutherford** konstruiert einen selbsttätigen Thermometrographen, bei welchem ein Stift die durch Wärme hervorgerufenen Bewegungen auf ein Papier aufzeichnet.

1794 Erdmann Friedrich **Senff** führt in Dürrenberg die Sonnengradierung ein, indem er die Sole in großen, flachen, stufenweise übereinander errichteten Behältern von der Sonne bescheinen läßt, wobei sie sich durch allmähliche Verdunstung mehr und mehr anreichert. Joseph von Baader verbessert diese Art der Gradierung, indem er die Sole durch zahlreiche Löcher im Boden der Behälter aus einem Behälter in den andern, darunterstehenden, tröpfeln läßt.

— **Vidler** in London nimmt ein Patent auf ein Verfahren, Holz zu biegen, nachdem es durch Dämpfen oder Kochen in Wasser, Salzlösungen oder Säure schmiegsam gemacht ist. Ein ähnliches Patent wird 1820 von Sargent in Paris genommen.

— Robert **Welden** konstruiert eine Tauchschleuse, die als Übergang von den Schleusen zu den Hebewerken anzusehen ist. Diese Schleuse wird später von Rowley vervollkommnet.

— John **Wilkinson** erfindet die Kupolöfen zum Umschmelzen des Roheisens für die Gießerei in derjenigen Bauart, die sie im wesentlichen auch jetzt noch inne haben.

1795 Daniel **Barnes** führt den wasserdichten Grubenausbau mittels Gußeisenzylinder ein.

1795—1802 J. **Barrow** bereist Südafrika und dringt bis zum Oranjefluß vor.

1795 **Connop** erfindet die zur Reinigung und Auflockerung der Baumwolle dienende Schlagmaschine (Klopfmaschine), worin die zum Klopfen derselben dienenden Stäbchen mechanisch in Bewegung gesetzt werden.

— Georges **Cuvier** fördert die vergleichende Anatomie, indem er die verschiedensten Tiere anatomisch studiert, um den Bau und Zweck einzelner Organe durch das ganze Tierreich zu verfolgen. Er beginnt seine Untersuchungen über den Bau ausgestorbener Tiere. (S. a. 1812 C.)

— Georges **Cuvier** beschreibt die Mollusken (Weichtiere) in klassischer Weise Ihre eingehende Untersuchung in systematischer und entwicklungsgeschichtlicher Beziehung nimmt 1850 H. Milne Edwards vor, dem van Beneden, Owen, Huxley, Spengel, Martens und viele andere folgen.

— **Deimann, Paets von Troostwyk, Bondt** und **Lauwerenburgh** entdecken bei Destillation des Weingeists und des Äthers mit konzentrierter Schwefelsäure das ölbildende Gas (Äthylen) und stellen dessen Verbindung mit Chlor, Chloräthylen, Elaylchlorür (auch Öl der holländischen Chemiker genannt) her, das 1831 von Dumas und 1835 von Regnault eingehend untersucht wird.

— Wie nach der Entdeckung des Neptun durch Leverrier und Adams nachträglich festgestellt worden ist, hat der französische Astronom Joseph Jérôme **De Lalande** in Paris zweimal, am 8. und 10. Mai 1795, den Neptun beobachtet, ohne ihn als einen Planeten zu erkennen.

— François Antoine Henri **Descroizilles** wendet die Volummessung bei der Prüfung der Berthollet'schen Bleichflüssigkeit durch Indigolösung an. (Chlorometrie.)

— Der Landwirt Joseph **Elkingston** in der Grafschaft Warwick wird vom englischen Parlament durch eine Nationalbelohnung für seine Verdienste um das Drainagewesen ausgezeichnet. Er bediente sich namentlich der unterirdischen Abwässerungskanäle ohne Verwendung von Drainröhren (vgl. auch 1755 A.), sowie der Ableitung des überflüssigen Wassers durch Bohrungen. Der englische Professor John **Johnstone** hat das Verdienst, die Ideen Elkingstons veröffentlicht zu haben.

— Karl Friedrich **Gauß** findet als Student die Methode der kleinsten Quadrate, ohne sie zunächst zu veröffentlichen, erwähnt sie aber in einem Briefe an Schumacher. Die Publikation erfolgt erst viel später in der „Theoria combinationis observationum erroribus minimis obnoxiae". Als Vorläufer der Methode sind Euler (1748), Tobias Mayer (1750), Lambert (1765), Boscovich (1770) und Lagrange (1770) zu nennen. (Vgl. auch 1806 L.)

1795 Sigismund Friedrich **Hermbstädt** gibt in seiner „Kurzen Einleitung zur chemischen Zergliederung der Vegetabilien" ein zusammenfassendes Bild der Methodik der Pflanzenchemie.

— Alexander **von Humboldt** macht die ersten galvanischen Reizversuche an seinem eignen, vorher durch Canthariden an der Applikationsstelle excoriierten Körper und veranlaßt 1800 nach Entdeckung der Volta'schen Säule Lichtenstein und Bischoff, Versuche mit diesem Apparat vorzunehmen.

— **Jubb** in Lewes (England) bringt an der schottischen Dreschmaschine (s. 1785 M.) Speisewalzen zum Zuführen des Getreides an.

— Abraham Gotthelf **Kaestner** gibt in seinem Buche „Weitere Ausführung der mathematischen Geographie" Anweisungen zur geographischen Flächenmessung mit Hilfe der sphärischen Trigonometrie. Für diese Art der Messung werden späterhin von Klügel und Bode Tafeln herausgegeben.

— Martin Heinrich **Klaproth** entdeckt unabhängig von Gregor die Titansäure im Rutil, doch gelingt es ihm nicht, dieselbe ganz frei von Kali und Eisenoxyd zu erhalten.

— Martin Heinrich **Klaproth** führt in die analytische Chemie die Anwendung des Ätzkalis zur Aufschließung der härteren Mineralien ein.

— Tobias **Lowitz** gibt zuerst die Kältemischung aus Schnee mit Chlorcalcium an.

— Tobias **Lowitz** entdeckt, daß in den meisten Schwerspaten auch schwefelsaurer Strontian vorhanden ist.

— **Mögling** stellt mittels einer von ihm erfundenen Webemaschine schlauchförmig gewebte Seile her. Er überläßt seine Erfindung den Gebrüdern Landauer in Stuttgart, die nach dieser Methode vortreffliche Seile erzielen, ohne daß sich das Verfahren jedoch allgemein verbreitet.

— Gaspard **Monge** begründet die darstellende (deskriptive) Geometrie und die Infinitesimalgeometrie als Wissenschaften. (Vgl. 1639 Desargues, der bisweilen bereits als Begründer der deskriptiven Geometrie bezeichnet wird.) Er gibt die erste wissenschaftliche Erklärung der „Fata morgana" genannten Luftspiegelung.

1795—97 Mungo **Park** verfolgt den Gambia aufwärts, erforscht den südwestlichen Sudan und bringt die erste Kunde vom Niger nach Europa.

1795 Alexander Nicolaus **von Scherer** sucht zuerst das Ranzigwerden der Fette zu erklären und leitet dasselbe von dem „Beitritt des Sauerstoffs" ab.

1796 Augustin **de Bétancourt** legt einen mit Leidener Flaschen betriebenen elektrischen Telegraphen zwischen Madrid und Aranjuez an.

— Während bis dahin der Dünenbau seine Aufgabe hauptsächlich in der Befestigung und Kultur der kahlen Sandflächen gesehen hatte, spricht Sören **Björn,** der für die Stadt Danzig den Dünenbau ausführt, zuerst in einer Denkschrift aus, daß es nicht nur Aufgabe sei, das bestehende Ufer gegen ferneren Abbruch zu sichern, sondern daß man namentlich den aus der See ausgeworfenen Sand unmittelbar am Strand vor den natürlichen Dünen durch Strandgräser, die durch den Sand hindurchwachsen, auffangen müsse, daß er nicht weiter landwärts fliege. Dieser Grundsatz führt zur Schaffung der nunmehr sich allgemein einführenden Vordünen. (Vgl. 1768 T.)

— Joseph **Bramah** verwertet das Pascal'sche Prinzip der gleichförmigen Druckfortpflanzung in flüssigen Medien (s. 1660 P.) zur Herstellung der hydraulischen Presse, die er zuerst als Ersatz der Schraubenpresse in den verschiedensten Gewerben, wie zum Heben der Lasten, als Packpresse, zum Ausziehen eingerammter Pfähle usw. empfiehlt.

1796 Joseph **Bramah** versucht die Herstellung eines hydraulischen Telegraphen (s. 360 v. Chr. Aeneas) nach dem Prinzip der kommunizierenden Röhren. Durch Vermehrung oder Verminderung der Wasserfüllung wird der Wasserspiegel in den beiden senkrecht stehenden Endrohren auf verschiedene Teilstriche eingestellt, deren jeder einen Buchstaben bedeutet.

— Charles Augustin **Coulomb** sucht die Flüssigkeitsreibung experimentell zu bestimmen, indem er die Abnahme der Schwingungen einer in eine Flüssigkeit eingetauchten und an einem dünnen Draht aufgehängten Kreisscheibe beobachtet und daraus die Abhängigkeit des Widerstandes von der Geschwindigkeit berechnet. Bei nicht sehr bedeutender Geschwindigkeit ist der Widerstand der Geschwindigkeit proportional. In der Folgezeit werden die Coulomb'schen Versuche vielfach modifiziert, so von Moritz (1847), Helmholtz und Piotrowsky (1860) und anderen.

— Louis Jean Marie **Daubenton** in Paris stellt ein zoologisches System auf, in welchem er die Wirbeltiere als Tiere mit Knochen den Insekten und Würmern als Tiere ohne Knochen gegenüberstellt.

— Karl Friedrich **Gauß** zeigt, daß sich ein regelmäßiges 17-Eck im Kreise geometrisch konstruieren läßt, womit er zum ersten Male seit 2000 Jahren der schon den alten Griechen bekannten Konstruktion des regelmäßigen 5-Ecks etwas Neues hinzufügt.

— Der Ingenieur **Grimshaw** konstruiert den ersten durch Dampfkraft betriebenen Eimerkettenbagger für die Arbeiten im Sunderlandhafen. Eimerkettenbagger, die durch Menschenkraft betrieben wurden, scheinen zuerst 1771 beim Bau der Allierbrücke bei Moulin durch Regesmortes angewendet worden zu sein.

— Christian Wilhelm **Hufeland** zu Berlin gibt seine „Makrobiotik oder die Kunst, das menschliche Leben zu verlängern" heraus. Er empfiehlt unter anderm auch das tägliche Luftbad für die Kinderpflege.

— Edward **Jenner** stellt die Schutzkraft des Kuhpockenkontagiums gegen die Menschenblattern experimentell fest und gründet darauf die Schutzpockenimpfung des Menschen. (Vaccination — s. a. 1717 M.)

— **Laboulaye** in Pont-Audemer verbindet zuerst, um eine durchaus gleiche Dichtigkeit des Gewebes zu erzielen, mit dem Webstuhl einen Regulator, der selbsttätig bewirkt, daß stets eine gleiche und genau vorauszubestimmende Anzahl Einschußfäden auf gleichen Raum zu liegen kommen. In England führt einen solchen Regulator 1803 James Hall ein. Spätere Konstruktionen werden von Prost 1813, Haussig 1822 u. a. angegeben.

— Der Chemiker Wilhelm August **Lampadius** entdeckt den Schwefelkohlenstoff, der 1838 von Schrötter fabrikmäßig erzeugt und seit 1843 von A. Parkes in großen Mengen zum Reinigen von Guttapercha und andern Gummiarten benutzt wird. (S. a. 1856 D.)

— Pierre Simon **de Laplace** bestimmt auf rein astronomischem Wege die Figur der Erde.

— Pierre Simon **de Laplace** bildet die Kant'sche (s. 1755 K.) Hypothese der Entstehung des Weltgebäudes (Kant-Laplace'sche Nebularhypothese) weiter aus, indem er seine Anschauungen vornehmlich auf mathematisch-physikalischer Grundlage aufbaut.

— Pierre Antoine **Latreille** macht die ersten Versuche einer Klassifikation der Arthropoden, welche die Spinnen, Krebse, Insekten und Tausendfüße umfassen, und deren Anatomie und Entwicklungsgeschichte namentlich Treviranus,

Ratzeburg, Siebold, Blanchard, Odier, Lovén, F. und J. P. Huber und viele andere bearbeiten.

1796 Tobias **Lowitz** stellt zuerst absoluten Alkohol mit frisch geglühtem Kalk und absoluten Äther mit geschmolzenem Chlorcalcium her, dessen Anwendung von Richter im gleichen Jahre auch zur Darstellung von absolutem Alkohol empfohlen wird.

— Johann Tobias **Mayer** der Jüngere schlägt vor, zur Bestimmung der spezifischen Wärme die Erkaltungszeiten der zu prüfenden Substanzen zu benutzen.

— Robert **Miller** in Glasgow bringt am mechanischen Webstuhl eine Sicherung für den Fall des Steckenbleibens des Schützen im geöffneten Fach an (Schützenwächter oder Protektor). Er wandelt den Federschlagstuhl in den Exzenterschlagstuhl um und bewirkt so eine wesentliche Erhöhung der Arbeitsleistung des Apparats.

— Joseph Michel **Montgolfier** erfindet den hydraulischen Widder (Stoßheber), eine Wasserfördervorrichtung, bei welcher der Stoß, der durch ein mit starkem Gefälle fließendes Wasser, z. B. den Abfluß eines Teiches, erzeugt wird, dazu benutzt wird, einen Teil des Wassers über den ursprünglichen Wasserspiegel zu heben. Der hydraulische Widder wird jetzt nur noch selten angewendet.

— William **Murdoch** verbessert die Plungerpumpen. (S. a. 1674 M.)

— Eröffnung der ersten optischen Telegraphenlinie in England von London nach Dover und Portsmouth (s. 1793 C. und 1794 B.), nach dem System **Murray**. Die Zeichengebung geschieht durch Tafeln, welche dem Beobachter je nach ihrer Stellung die volle Fläche oder die schmale Kante zuwenden.

— James **Parker** erzeugt aus natürlichem hydraulischem Kalk durch Brennen und Pulverisieren einen Wassermörtel, dem er wegen seiner Ähnlichkeit mit den altberühmten römischen Mörteln den Namen „Roman-Zement" beilegt.

— Benjamin Thompson Graf **von Rumford** beschäftigt sich in wissenschaftlicher Weise mit Untersuchung der Kaminfeuerung und ermittelt den Wärmeeffekt der verschiedenen Brennstoffe. Er verringert die Tiefe des Kamins, schrägt die Seitenwandungen unter 45⁰ ab und verringert die Rauchabzugsöffnung auf 15 cm Weite. (Rumford'sche Kamine.)

— Alois **Senefelder** erfindet die Lithographie.

— Smithson **Tennant** zeigt, daß Kohle und Diamant bei Verbrennung mit Salpeter gleichviel Kohlensäure ergeben.

— Samuel Gottlieb **von Vogel** empfiehlt die Benutzung der Seebäder zu gesundheitlichen Zwecken, auf die G. E. Lichtenberg 1803 nachdrücklich wieder hinweist, nachdem der Vorschlag bereits in Vergessenheit gekommen war.

— Alessandro **Volta** führt die Bezeichnung „Galvanismus" in die Wissenschaft ein.

1797 Johann Heinrich Ferdinand von **Autenrieth** in Tübingen fördert durch seine „Supplementa ad historiam embryonis humani" die Lehre vom menschlichen Embryo und leistet Hervorragendes in der gerichtlichen Medizin.

— E. J. **Bouillon-Lagrange** und L. N. **Vauquelin** zeigen, daß die von Kosegarten 1785 aus Campher mit Salpetersäure erhaltene Säure eine eigentümliche ist, was von Bucholz, der ihr den Namen Camphersäure gibt, bestätigt wird.

— Edmond **Cartwright** erfindet für die Dampfmaschine den Metallkolben mit metallener Liderung, der heute noch im Gebrauch ist. (Vgl. auch 1852 R.)

— J. A. C. **Chaptal** und L. N. **Vauquelin** beweisen zuerst überzeugend den wesentlichen Gehalt des Alaun an Alkali und erkennen, daß sich in demselben schwefelsaures Kali und schwefelsaures Ammoniak vertreten können.

1797 Jean Claude **Delamétherie** formuliert die von Vossius (1656) und Mariotte (1717) begründete Quellenlehre in dem hydrologischen Fundamentalsatz, daß von allem aus der Luft zur Erde gelangenden Wasser der Erde ein Teil gleich wieder durch Verdunstung entzogen werde, ein weiterer Teil oberirdisch zu größeren Wasseransammlungen abrinne, ein dritter Teil endlich in den Erdboden eindringe und den Stoff zu den Quellen liefere.

— Jean Claude **Delamétherie** gibt eine der ersten Klassifikationen der Seen nach ihrer Entstehung und führt in erster Linie die Seen auf, die das Meer bei seinem Rückzuge auf dem festen Lande zurückgelassen hat.

— Firmin **Didot** in Paris erfindet ein neues Stereotypdruckverfahren, indem er den aus Hartmetalltypen hergestellten Schriftsatz mit einer Schraubenpresse in weiches Blei eindrückt und die auf diese Weise erhaltenen Matrizen durch die Klischiermaschine in Schriftzeug abklatscht. Didot gebraucht zuerst die Bezeichnung „Stereotypie".

— Der französische Mechaniker **Fortin** erfindet ein Normalbarometer für Observatorien, dessen Gefäß die Eigentümlichkeit aufweist, daß der Boden beweglich und der obere Teil ein Glaszylinder ist. Diese Einrichtung gestattet dem Beobachter, die Oberfläche des Quecksilbers in dem Gefäß bei jeder Beobachtung auf den Nullpunkt der Skala einzustellen, so daß das Instrument keine Kapazitätsfehler hat.

— Der Buchdrucker Louis Etienne **Herhan** in Paris erfindet ein Stereotypdruckverfahren, bei welchem die Schrift nicht in erhabenen, sondern vertieften, und zwar rechts geschnittenen Typen derart gesetzt wird, daß der auf diese Weise entstandene Schriftsatz ohne weiteres die Matrize zum Guß der Stereotypdruckplatte bildet.

— Bryan **Higgins** stellt Knallgold (Fulminat) zuerst in reinem Zustande dar, das später von Liebig als knallsaures Gold erkannt wird. (S. 1823 L.)

— **Kennedy** in Edinburg findet zuerst Natron in Mineralien, und zwar in Basalt, was von Klaproth bestätigt wird; Vauquelin u. a. finden es bald noch in verschiedenen anderen Mineralien.

— Joseph Louis **Lagrange** begründet die Theorie der analytischen Funktionen, durch welche die Differentialrechnung nicht, wie von Leibniz, auf den Begriff des unendlich Kleinen, sondern auf die Betrachtung von lediglich endlichen Größen zurückgeführt wird. (Vgl. die Schrift „Théorie des fonctions analytiques, contenant les principes du calcul différentiel".)

— Der englische Bischof **Landloff** erfindet das Verfahren der Verkohlung des Holzes in Zylindern, das anfangs geheim gehalten wird, aber 1802 durch Collmann's Beschreibung der Zylinderverkohlung sich auch nach andern Ländern verbreitet.

— Henry **Maudslay** verbessert den Support der Drehbank, namentlich mit Rücksicht auf die Möglichkeit, größere Werkstücke in Angriff zu nehmen, und baut zuerst die sogenannten Prismendrehbänke, deren Bett aus einer einzigen prismatischen Eisenstange besteht. (Vgl. 1740 P.)

— Heinrich Wilhelm Matthaeus **Olbers** veröffentlicht eine Methode zur bequemen Berechnung von Kometenbahnen.

— Dénis Bernard **Quatremère-Disjonval** stellt seine Erfahrungen über die Naturgeschichte der Spinnen in seiner „Araneologie" zusammen, in der er auch, wie schon vor ihm Plinius, die Spinnen als Wetterpropheten angesehen wissen will.

— Horace **Say** beschreibt einen Apparat zur Messung der Volumina von Körpern und zur indirekten Bestimmung ihrer Dichtigkeit, ohne daß es einer Wägung in Wasser bedarf. Er nennt seinen Apparat Stereometer. Ein ähnlicher Apparat wird (1823) von Leslie unter dem Namen Volumenometer beschrieben und später von Regnault (1845) und Paalzow (1881) verbessert. Kopp gibt 1840 ein noch einfacheres Volumenometer an.

1797 Armand **Séguin** versucht zuerst eine Erklärung des Gerbprozesses und namentlich der Lohgerbung (s. 1769 M.) zu geben, die darauf hinausläuft, daß das Leder eine chemische Verbindung von Gerbstoff mit leimgebendem Gewebe sei.

— Louis Nicolaus **Vauquelin** entdeckt das Chrom im roten sibirischen Bleispat und im gleichen Jahre im Beryll die Beryllerde, deren Verschiedenheit von Tonerde er erweist.

— L. N. **Vauquelin** und A. F. **de Fourcroy** finden im Harn der grasfressenden Vierfüßler eine Säure, die sie für Benzoesäure halten, die Liebig jedoch 1829 als Hippursäure erkennt. Schon 1776 wollte H. M. Rouelle im Harn der Kühe und Kamele ein den Benzoeblumen analoges Salz erhalten haben.

— William Hyde **Wollaston** weist zuerst in den gichtischen Ablagerungen Harnsäure nach, welcher Befund durch Pearson und Smithson Tennant bestätigt wird und zur Begründung der Lehre der besonderen Rolle der Harnsäure bei der Gicht beiträgt, die 1847 von Garrod noch erweitert, in der Folge aber vielfach bestritten wird.

1798 Aimé **Argand** macht die ersten Versuche einer wirksamen Dephlegmation, Rektifikation und Vorwärmung bei Spiritusdestillationsblasen, indem er die aus der Maische entwickelten Dämpfe durch eine stehende Schlange, welche sich in einem mit Wein gefüllten Gefäße befindet, in der Richtung von unten nach oben streichen läßt und sie dann erst in die eigentliche Kühlschlange, und zwar in umgekehrter Richtung einführt. In der ersten Schlange erleiden die Dämpfe, indem sie den zu destillierenden Wein erwärmen, Dephlegmation und zugleich infolge wiederholter Destillation des entgegenfließenden Phlegmas Rektifikation.

— Paul Joseph **Barthez** in Montpellier, von d'Alembert „Puits de science" genannt, erforscht die Mechanik der Bewegungsorgane und trägt zur Begründung der Lehre von der Lebenskraft bei. (S. 1752 B.)

— Nachdem Morozzo in Turin konstatiert hatte, daß Sauerstoffgas asphyktische Tiere wieder belebt, und Chaussier und Ingenhouss Sauerstoffeinatmungen bei Fieber empfohlen hatten, verwendet Thomas **Beddoes** in ausgedehnter Weise den Sauerstoff zu therapeutischen Zwecken und eröffnet das erste pneumatische Hospital in Bristol.

— Heinrich Wilhelm **Brandes** und Johann Friedrich **Benzenberg** versuchen die Entfernung der Sternschnuppen zu bestimmen.

— Anton **Brugmans** spricht in seinem Werke „Magnetismus seu de affinitatibus magneticis observationes" folgende Mineralien als magnetisch an: Sämtliche Eisenmineralien, Kobalt, Grün- und Buntkupfererz, Quarz, Zinnober, Zinkblüte und Bernstein.

— Henry **Cavendish** bestimmt mit Hilfe der Coulomb'schen Drehwage die Dichtigkeit der Erde zu 5,18. Diese Bestimmung ist, wie die von Maskelyne und Hutton (s. 1774 M.) zu niedrig und wird später wesentlich korrigiert. (S. 1887 W. und 1896 K.)

— Claude und Ignace Urbain **Chappe** (s. 1793 C.) stellen eine optische Telegraphenlinie zwischen Paris und Straßburg her und verbinden nach und nach 29 französische Städte durch 534 Stationen für optische Telegraphie, welche zum Teil bis zum Jahre 1855 im Gebrauch bleiben.

— Benjamin **Curr** verfertigt die ersten Plattenseile, die er aus mehreren nebeneinandergelegten und durch Hanfschnur oder Draht zusammengenähten Seilen herstellt. Maschinen zur Herstellung solcher Seile werden 1807 von William Chapman, 1826 von F. E. Molard u. a. angegeben.

1798 James **Currie** wendet kalte Begießungen bei allen akuten Krankheiten, wie Scharlach, Masern, vor allem aber bei Typhus an. Er nimmt regelmäßige Temperaturmessungen seiner Kranken vor und läßt die Übergießungen um so häufiger und um so kälter machen, je höher die Fiebertemperatur ist. (S. a. 1770 F.)

— **Decroix** kommt zuerst auf die Idee, die gewirkten Waren schlauchförmig zu erzeugen und nimmt das erste Patent auf einen Rundstuhl, bei dem die Nadeln im Kreise angeordnet sind und horizontal in der Richtung der Radien eines Kreises stehen. Im Gegensatz zu diesem Stuhl, dem französischen Rundstuhl, werden beim englischen Rundstuhl die Nadeln vertikal und parallel zueinander angeordnet. Der Rundstuhl wird 1815 von Andrieux so verbessert, daß er auch das Mehren und Mindern der Maschenzahl gestattet, wie es beim Wirken der Strümpfe nötig ist.

— Der englische Seefahrer Matthew **Flinders** untersucht den störenden Einfluß des eisernen Schiffskörpers auf den Schiffskompaß (s. a. 1597 B.) in eingehender Weise. Er bringt eine senkrechtstehende Stange von weichem Eisen (die nach ihm benannte Flindersstange) neben dem Kompaß an, um dessen Ablenkung infolge von Vertikalinduktion im Schiffseisen aufzuheben.

— Nachdem Willis 1672 in seinem Werke „De anima brutorum" die erste Andeutung von der Paralyse der Irren (Dementia paralytica) gemacht hatte, gibt John **Haslam** ein genaueres Bild dieser Krankheit, die dann namentlich von Bayle 1822, Calmeil 1826 und von J. Falret 1853 in ihren bestimmten Symptomen und ihrem typischen Verlauf als besondere Krankheitsform gekennzeichnet wird.

— Friedrich Wilhelm **Herschel** entdeckt die rückläufige Bewegung der Uranusmonde.

1798—1801 Friedrich **Hornemann** reist im Auftrage einer englischen Gesellschaft von Kairo über die Oase Siwa und Fessan bis fast an den Niger und wird in Bokane ermordet.

1798 Alexander **von Humboldt** konstatiert den Magnetismus des Serpentins am Heidberg im Fichtelgebirge und findet später ähnliche lokalmagnetische Erscheinungen an Gesteinen auf Teneriffa und bei Cumana.

— Adrien Marie **Legendre** bildet, geleitet durch seine Behandlung des Problems von der Anziehung der Ellipsoide, neue Rechnungsmethoden für die Integration algebraischer und transzendenter Funktionen aus.

— Nachdem bereits im Altertume die Herstellung eines Schiffahrtskanals zwischen Rotem Meere und Mittelmeer mehrfach versucht worden war (s. 1250 v. Chr. Ramses II., 610 v. Chr. Necho, 645 n. Chr. Amr) und auch Leibniz, sowie der Sultan Mustafa III. dieser Frage näher getreten waren, veranlaßt Napoleon Bonaparte i. J. 1798 Geländeuntersuchungen zum Bau eines solchen Kanals, die von dem französischen Ingenieur **Lepère** ausgeführt werden und zu dem — irrigen — Ergebnisse führen, daß der Spiegel des Roten Meeres 9,908 m höher liege, als derjenige des Mittelmeers, und somit die Herstellung eines Kanals auf schwer zu überwindende Schwierigkeiten stoßen werde. Infolge dieses Irrtums ruht die Frage mehrere Jahrzehnte. (S. 1869 L.)

— Nachdem schon Peschel (s. 1798 P.) mit einer Bohrmaschine Steinröhren dargestellt hatte, konstruiert William **Murdoch** eine Bohrmaschine, mit welcher er die Wasserleitungsröhren der Stadt Manchester aus hartem Kalkstein herstellt.

— **Peschel** in Dresden baut eine Steinbohrmaschine, bei welcher der Meißel von unten nach oben arbeitet, so daß das Bohrmehl von selbst aus dem Bohrloche fällt.

1798 Joseph Louis **Proust** zeigt, daß außer dem schwarzen Kupferoxyd, das
bereits den Alten bekannt war, noch eine niedrigere Oxydationsstufe des
Metalls, das Kupferoxydul, existiere, welches er aus dem von ihm durch
Einwirkung von Zinnchlorür auf Kupferoxydsalze dargestellten Kupferchlorür durch Erhitzen mit Kali darstellt. Das Kupferchlorür war übrigens
schon Boyle bekannt, wie derselbe auch das Kupferchlorid beschreibt.
(Vgl. 1664 B.)

— Johann Wilhelm **Ritter** entdeckt, daß die Volta'sche Spannungsreihe mit
der Reihenfolge der chemischen Verwandtschaft der Metalle zum Sauerstoff zusammenfällt.

— **Robertson** in Paris stellt mit Hilfe optischer Vorrichtungen auf der Bühne
Gespenstererscheinungen („Phantasmagorien") dar, wobei er sich einer
Laterna magica bedient. Um dieselbe Zeit benutzt Enslen in Berlin
statt der Glasmalereien der Laterne lebende Personen, von denen ein Hohlspiegel ein verkleinertes Bild für die Linse der Zauberlaterne bietet. Ähnliche Zauberkunststücke werden schon von Heron von Alexandria (s. 100)
erwähnt.

— Während man in früherer Zeit zur Reduktion des Galmei resp. der Zinkblende mit Steinkohle oder Koks Öfen mit stehenden Röhren benutzt
hatte, welche, oben geschlossen, unten einen Ansatz hatten, durch den die
Zinkdämpfe in einen gemeinsamen Behälter entwichen, führt **Ruberg** die
Destillation in Muffeln aus feuerfestem Ton ein, aus denen die Metalldämpfe in Vorlagen eintreten. Neben diesem schlesischen Prozeß wird
heute noch der belgische Prozeß benutzt, bei welchem geneigtliegende
Tonröhren verwendet werden, die in Schachtflammöfen in mehreren
Reihen übereinander liegen und direkt oder mit Gasfeuerung geheizt
werden.

— Charles **Tennant** beschreibt die Anwendung von Kalkmilch zur Absorption
von Chlor und beginnt erst allein, dann in Gemeinschaft mit Mac Intosh,
die Fabrikation von Bleichflüssigkeit mit großem Erfolge.

— Louis Nicolas **Vauquelin** stellt die Chromsäure, das einfach- und doppelt-
chromsaure Kali und das grüne Chromoxyd dar und entdeckt das Vorkommen des Chroms in dem Smaragd und Spinell; im Serpentin wird es
1800 von V. Rose d. J., im Chromeisenstein 1799 von Tassaert nachgewiesen.

— Louis Nicolas **Vauquelin** stellt das dem Rotbleierz analoge chromsaure Bleioxyd durch Fällen einer Lösung von Bleizucker mit zweifach chromsaurem
Kali dar. Der Niederschlag ist der unter dem Namen „Chromgelb" viel angewendete Farbstoff. Er stellt ferner das chromsaure Silberoxyd her,
ein karminrotes Salz, das, wie er findet, im Lichte sich dunkler färbt.

1799 Wer die Schuß-Spulmaschine erfunden hat, läßt sich nicht feststellen; eine
der ersten bekannten und zugleich vortrefflichsten Maschinen für Abroll-
spulen ist jedoch die von **Arzt** in Wien erfundene, von **Chwalla** daselbst
verbesserte.

— Der französische Ingenieur **Bouchard** findet in Ägypten die „Inschrift von
Rosette" auf, eine Granittafel, welche eine Bekanntmachung der ägyptischen Priesterschaft aus dem Jahre 196 v. Chr. in 3 Sprachen — ägyptischer Bilderschrift, ägyptischer Kursivschrift und griechischer Sprache —
enthält, und für die Entzifferung der Hieroglyphen von entscheidender
Bedeutung geworden ist. Die Tafel befindet sich gegenwärtig im britischen Museum in London.

— Der Engländer Joseph **Boyce** erhält ein Patent auf eine — anscheinend noch
ziemlich unvollkommene — Mähmaschine. (Vgl. 78, 350, 1784 L.)

— François **Chaussier** und Louis Nicolas **Vauquelin** stellen zuerst das unterschwefligsaure Natron her, das jetzt als Antichlor vielfache Verwendung findet. (S. 1820 H.)

1799 Ernst Friedrich **Chladni** entdeckt die drehenden Schwingungen an Stäben, die er hervorbringt, indem er glatte zylindrische Stäbe in drehender Richtung reibt.

— Ernst Friedrich **Chladni** untersucht die durch Schwingungen von Stäben und Platten hervorgebrachten Klänge und findet, daß dieselben der Theorie entsprechend von Elastizität und Dichtigkeit des Materials abhängig sind.

— **Cochot** setzt an die Stelle der ältern Furnierschneidemaschine mit Vertikalsäge eine solche mit horizontaler Säge, wodurch die ganze Maschine eine neue Gestalt und einen festern Stand, also selbst bei großer Geschwindigkeit der Säge einen gesicherteren Gang erhält. Nach vielen Versuchen gewinnt diese Art der Furnierschneidemaschinen um 1814 eine völlig brauchbare Gestalt.

— Humphry **Davy** findet, daß zwei Eisstücke durch Aneinanderreiben im Vakuum geschmolzen werden können, trotzdem die Temperatur des Rezipienten unter dem Gefrierpunkt erhalten wird. Er schließt daraus, daß Wärme unmöglich ein Stoff sein könne.

— Humphry **Davy** entdeckt die anästhetische Wirkung des von Priestley (1776) zuerst erhaltenen Stickstoffoxyduls (Lachgases), mit dem Horace Wells 1844 die erste Narkose vornimmt.

— A. F. **de Fourcroy** und L. N. **Vauquelin** stellen Harnstoff, das Endprodukt der Zersetzung des Eiweißes, im Tierkörper, zuerst in reinem Zustande her und geben ihm den Namen „Urée".

— Karl Friedrich **Gauß** gibt den ersten Beweis für den Fundamentalsatz der Algebra, daß jede algebraische Gleichung eine Wurzel hat.

— Joseph **Huddart** nimmt ein Patent auf Vervollkommnung seiner Seilspinnmaschine. (S. 1793 H.) Die Vorbereitung für die verschiedenen Grade der Drehung erfolgt hierbei durch Auswechseln von Rädern an den Registern; um eine lockere Nummer zu spinnen, muß das Getriebe des Registers, bei gleichbleibender Geschwindigkeit der allgemeinen Umdrehung, schneller gehen; das Garn wird schneller durchgezogen und erhält weniger Draht, als im umgekehrten Fall, der einen harten Strang erzeugt.

1799—1804 Alexander **von Humboldt** macht seine grundlegenden Forschungsreisen im Gebiet des Orinoko, des Rio Negro und des Amazonenstromes und entdeckt die Neue Welt für die Wissenschaft. Auf dieser Reise begleitet ihn der französische Naturforscher Aimé Bonpland, der 3500 bis dahin noch unbekannte Pflanzenarten sammelt.

1799 Alexander **von Humboldt** beobachtet am 12. November zu Cumana zum erstenmal den Sternschnuppenschwarm der Leoniden, dessen Wiederkehr am 12/13. November 1833 in Nordamerika und am 13/14. November 1866 in Europa beobachtet wird, während die für das Jahr 1899 erwartete Wiederholung der Erscheinung in der Hauptsache ausbleibt.

— Alexander **von Humboldt** konstruiert für Bergarbeiter eine Maske zum Einatmen von atmosphärischer Luft aus einem Tornister oder einem, auf einem Wagen nachgefahrenen Sack. Er stellt auch bereits Versuche an, Bergleuten den Aufenthalt in schlecht ventilierten Grubenbauen durch Sauerstoffgas möglich zu machen.

— Joseph Marie **Jacquard** erfindet einen mechanischen Apparat, der an den Zugstühlen für gemusterte Stoffe den Arbeiter entbehrlich macht, der bis dahin die vorgerichteten Schnüre nach bestimmter Ordnung anziehen mußte, um die Kettenfäden des Gewebes zu jedem Einschuß zu heben (Litzenzugmaschine).

— **Kinsley** erfindet eine Ziegelmaschine, welche die Handarbeit nachahmt. Eine

Form gelangt zunächst unter die Tonschneidemaschine, kommt gefüllt unter eine Presse und tritt dann über oder unter einen Stempel, welcher den Stein aus der Form drückt. Nach dem gleichen Prinzip sind die Maschinen von Doolittle (1819), Delamorinière (1824), Carville zu Issy (1840), Huguenin und Ducommun (1844) usw. konstruiert.

1799 Martin Heinrich **Klaproth** entdeckt, daß der Honigstein das Tonerdesalz der Mellitsäure (auch Honigsteinsäure genannt) ist.

— Pierre Simon **de Laplace** gründet in seiner „Mécanique céleste" die Hydrostatik auf die vollkommene Beweglichkeit der kleinsten Flüssigkeitsteilchen und führt die betreffenden Entwicklungen mit alleiniger Zuziehung des Prinzips der virtuellen Verschiebungen aus.

— Pierre Simon **de Laplace**, der 1787 die Acceleration des Mondes erklärt hat, bestimmt die gegenseitigen Störungen der Hauptplaneten und beweist auf analytischem Wege die Unveränderlichkeit der mittleren Entfernungen der Planeten von der Sonne. Seine Rechnungen werden von Lagrange bestätigt, der ausspricht, daß in unserem Sonnensystem die Stabilität vorherrscht und daß dessen Bestand auf die fernsten Zeiten hinaus gesichert ist.

— Pierre Simon **de Laplace** behandelt ausführlich die Gleichung für barometrische Höhenmessungen, auf die noch insbesondere Poisson (1811), Pernter (1881) und Hann (1874) näher eingehen.

— Der französische Ingenieur Philippe **Lebon** nimmt die fabrikmäßige Herstellung von Holzessig und Holzteer in Angriff und empfiehlt die Benutzung des Teers zur Konservirung des Holzes, sowohl für Zwecke des Schiffbaus als auch für die in die Erde einzurammenden oder einzubettenden Säulen, Schwellen usw.

— Der sächsische Militärtopograph Johann Georg **Lehmann** in Dresden führt zuerst auf wissenschaftlicher Grundlage die Methode des Schraffierens mittels einfacher Striche von verschiedener Stärke zur Bezeichnung der Neigung des Bodens unter Annahme einer senkrechten Beleuchtung ein und verwendet in umfangreicher Weise die äquidistanten Höhenschichtlinien. (S. a. 1782 M. und 1791 D.)

— Der preußische Fabrikenkommissär August **von Marquardt** erfindet eine Lötlampe, bei welcher eine Stichflamme dadurch erzeugt wird, daß Weingeistdampf in einem feinen Strahle durch eine Weingeistflamme hindurchgeblasen wird.

— George **Medhurst** in Clerkenwall setzt bei den Windrädern zuerst die Flügel in der Weise sternförmig, wie sie die später als amerikanische Konstruktion bezeichneten Räder (z. B. die Halladay-Räder s. 1876 H.) zeigen.

— William **Murdoch** erfindet den Dampfmaschinenschieber (D-Schieber) und den Kreisexzenter.

— Nachdem Lassone 1776 und Lavoisier 1777 das Kohlenoxyd in unreinem Zustande erhalten hatten, stellt Joseph **Priestley** dieses Gas, mit welchem er sich schon seit 1783 beschäftigt hat, in reinem Zustande dar.

— Jesse **Ramsden** verbessert die Längenteilmaschine, indem er eine sehr sorgfältig mit einer besonderen Maschine geschnittene kurze Schraube ohne Ende verwendet, durch deren Umdrehung eine lange Mutter (eine Art Zahnstange) und durch diese der zu teilende Gegenstand unter dem Reißerwerke fortbewegt wird.

— Louis **Robert**, Arbeiter in der Papierfabrik von François Didot in Essonne erfindet die Papierschüttelmaschine und erhält am 18. Januar ein Patent auf die Dauer von 15 Jahren, das er am 27. Juni 1800 an seinen Chef Léger Didot zediert. Dieser verkauft das Patent 1804 an die Brüder

Darmstaedter.   18

Henry und Sealy **Fourdrinier**, die nunmehr die Ausführung und Ausbeutung tatkräftig betreiben.

1799 Der englische Ingenieur William **Smith** erkennt die Wichtigkeit der Leitfossilien als Hilfsmittel zur Altersbestimmung der Erdschichtungen in ihrer vollen Bedeutung, indem er petrographisch verschiedene Schichten gemäß den daselbst vorhandenen gleichartigen organischen Resten als gleichaltrig nachweist. (Andeutungen hierüber s. bei 1680 L., 1688 H. und 1762 F.)

— Charles **Tennant** nimmt ein Patent auf Absorption von Chlor durch trockenes Kalkhydrat und errichtet zur Gewinnung von Chlorkalk eine Fabrik in St. Rollox, die lange Zeit die größte Chlorfabrik der Welt bleibt. Er bedient sich zuerst der Chlorkalkkammern aus Holz, die jedoch bald durch steinerne Kammern ersetzt werden. Später werden die großen Kammern aus Blei oder auch aus Gußeißen genommen.

— James **Watt** ersetzt den hölzernen Balancier durch einen gußeißernen und führt zum ersten Male die Dampfmaschine ganz aus Eisen aus.

— Reinhard **Woltmann** stellt die beste Profilform der Deiche fest und berechnet die Wirkung des Wasserstoßes gegen dieselben. Er stellt zuerst eine richtige Theorie der Rammmaschine auf.

1800 Marie Xavier **Bichat** lehrt zuerst systematisch den makroskopischen Bau des ganzen Körpers. Corvisart berichtet über ihn an Napoleon I. „Personne avant lui n'a fait en si peu de temps tant de choses et aussi bien.''

— Delabere **Blaine** in London begründet die Pathologie und Therapie des Hundes und schreibt eine berühmt gewordene Schrift über die Staupe der Hunde.

— Ludwig Heinrich **Bojanus** verfaßt seine Anatomie der Schildkröte und entdeckt das nach ihm benannte Organ der Muscheltiere.

— Jean Charles **de Borda** erfindet einen Wärmemesser, der die Ausdehnung eines Metallstabes als Maßstab für die Temperatur benutzt.

— Joseph **Bramah** baut eine rotierende Pumpe, die ohne jedes Ventil ausgeführt wird, die jedoch an dem Übelstand leidet, daß die Dichtung der Rotationskörper schon nach kurzer Zeit beeinträchtigt wird.

— Anthony **Carlisle** und William **Nicholson** führen die zuerst von Troostwijk und Deimann 1789 beobachtete Zersetzung des Wassers durch den elektrischen Strom in rationeller Weise aus.

— William **Chapman** konstruiert eine Senkmaschine, die er beim Niederlassen und Entladen kleiner Steinkohlenwagen in Anwendung bringt und nach deren Vorbild später die auch als Senkbremsen bezeichneten Coal Droops gebaut werden, die dazu dienen, die beladenen Kohlenwagen von der Hafenquaimauer auf die Schiffe hinabzulassen.

— William **Cruikshank** erfindet den elektrischen Trogapparat, der aus einer Anzahl von Doppelplatten besteht, die in die Rillen eines länglichen Troges so eingesetzt sind, daß sie diesen in eine Anzahl von Abteilungen teilen, in welche die Flüssigkeit gegossen wird.

— William **Cruikshank** bemerkt, daß bei Elektrolyse einer Kochsalzlösung am negativen Pole Ätznatron auftritt, was 1803 von Berzelius und Hisinger bestätigt wird.

— Pierre **Duret** legt zuerst einen künstlichen After an, indem er die geöffnete Darmschlinge mit dem Bauchrand vernäht.

— Der Ingenieur Johann Albert **Eytelwein** macht bahnbrechende Arbeiten über Stromkunde, Strom- und Deichbau und die Bewegung des Wassers.

— A. F. **de Fourcroy** und L. N. **Vauquelin** zeigen, daß die Holzsäure nur mit brenzlichem Öl verunreinigte Essigsäure sei, desgleichen zeigt Thénard 1802, daß die bei trockener Destillation tierischer Substanzen entstehende Säure, die Berthollet noch 1798 für eine eigentümliche Säure gehalten und „Acide zoonique" benannt hatte, verunreinigte Essigsäure sei.

1800 **Fourcroy, Vauquelin, Thénard** und **Hachette** finden gemeinsam, daß ein schlecht leitender dünner Draht (im gegebenen Fall ein dünner Eisendraht), durch Vermittlung guter Leiter in eine galvanische Kette eingeschaltet, erglüht, und geben auch schon die richtige Erklärung, daß der Grund für die thermische Wirkung im Leitungswiderstand zu suchen ist.

— J. A. W. **Hedenus** führt am 8. Oktober die erste Totalexstirpation des Kropfes und Ligatur des Kropfstieles mit glücklichem Erfolg aus. Er muß als Begründer der operativen Technik der modernen Kropfexstirpation angesehen werden.

— Friedrich Wilhelm **Herschel** entdeckt die ultraroten Strahlen, indem er ein Thermometer jenseits des roten Endes des Spektrums am meisten steigen sieht.

— Jonathan **Hornblower** erfindet das Doppelsitzventil, das später von Bodmer und Brown durch Hinzufügung der doppelten Dampfeinströmung noch vervollkommnet wird. Aus dem Doppelsitzventil entsteht auch das um 1820 von Woolf konstruierte Glockenventil.

— Der englische Chemiker Edward **Howard** erhält bei Behandlung von Quecksilber mit Salpetersäure und Weingeist das Knallquecksilber (Quecksilberfulminat), das später von Liebig als Salz der Knallsäure charakterisiert wird. (S. 1823 L.)

1800—1802 Nachdem schon 1660 in London der erste Dockhafen auf dem südlichen Themseufer errichtet worden war, erbaut William **Jessop** die West India Import- und Export-Docks, an die sich 1805 die von Rennie erbauten London-Docks anschließen. Es folgen 1806 die East India-Docks, 1811—15 die Surrey Commercial-Docks, 1828 die St. Catherine-Docks, 1855 die Viktoria-Docks, 1868 die Millwall-Docks, 1880 das Royal Albert-Dock und 1870 die Tilbury-Docks. Die gesamten Docks haben eine Fläche von 256,2 ha.

1800 Der Uhrmacher **Jörgensen** in Kopenhagen erfindet das Metallthermometer, welches um 1817 durch Abraham Louis Breguet größere Verbreitung findet.

— Martin Heinrich **Klaproth** entdeckt, daß das Kali ein Bestandteil vieler Mineralien ist, nachdem bis dahin diese Substanz als nur im Pflanzenreich vorkommend angesehen und deshalb auch Pflanzenalkali genannt worden war. Er schlägt die Namen Kali und Natron vor.

— Der Chemiker **Knight** in London erfindet, 4 Jahre vor Wollaston, das Verfahren, durch Zusammenschweißen von Platinschwamm Zaine und Bleche dieses Metalls herzustellen. Das Verfahren wird schon 1809 für die Schwefelsäurekonzentration nutzbar gemacht, in der an Stelle der Glasretorten nunmehr Platinblasen Anwendung finden.

— Graf A. **Moussin-Puschkin** erhält zuerst durch Zufall den Chromalaun, indem er Chromeisenstein mit Salpeter glüht und dann Salpetersäure und Schwefelsäure zusetzt. Die filtrierte Lösung, die wahrscheinlich durch das Papier chromoxydhaltig geworden ist, setzt Krystalle von Chromalaun ab.

— J. R. **Meyer** von Aarau verfertigt Reliefkarten aus Papiermaché, die sich durch richtige Darstellung der Gebirgsformen auszeichnen.

— Robert **Meares** in Frome (Somersetshire) baut einen mechanischen Mähapparat, bei welchem nicht, wie bei den früheren Versuchen, das Schneiden in Nachahmung der Handarbeit durch rotierende Sichelmesser, sondern mittels Scheren bewirkt wird. Dieses System bildet die Grundlage aller späteren Konstruktionen von Mähmaschinen.

— William **Moorcroft** wirkt bahnbrechend in bezug auf den Hufbeschlag. Er legt eine Fabrik zum Gießen von Hufeisen an.

18*

1800—1806 Von dem Netze fahrbarer Alpenstraßen, zu welchen **Napoleon I.** durch seine Feldzüge den Anstoß gibt, wird als erste die Simplonstraße gebaut. Ihr folgen 1802 die Straße über den Mont Genèvre, 1803—1810 die Straße über den Mont Cenis. Später werden 1818—1823 die Splügenstraße, 1820—1826 die Julierstraße, 1820—1830 die Gotthardstraße, 1820—1825 die Stilfserjochstraße, 1861—1866 die Furkastraße gebaut.

1800 Der Mechaniker **Neubauer** in Hundisburg verwendet die hydraulische Presse (s. 1796 B.) zum Ölpressen.

— Durch Gesetz vom 29. November 1800 wird in Frankreich als Längennormalmaß das Meter eingeführt, dessen Name auf Vorschlag des Deputierten Claude Antoine **Prieur-Duvernois** (1795) angenommen und dessen Größe nach dem Bericht der Untersuchungskommission (s. 1792 M.) auf 443,296 Pariser Linien der eisernen Toise von Peru bei 13^0 R. bestimmt wird. Das Prototyp der Längeneinheit, ein von Etienne Lenoir aus Platin verfertigter Meterstab (étalon à bouts), sowie das Prototyp der Gewichtseinheit, ein von Fortin, gleichfalls aus Platin verfertigtes Kilogramm, waren bereits am 22. Juni 1799 in den Archives de l'état deponiert worden. (S. 1875 H.)

— Georg **Prochaska** und ungefähr gleichzeitig Samuel Thomas **von Soemmering** weisen darauf hin, daß nur die hintere Wurzel der Rückenmarksnerven das Intervertebralganglion durchzieht, während die vordere damit keine Berührung hat und daß der fünfte Gehirnnerv analog den Rückenmarksnerven aus einer doppelten Wurzel entspringt, einer hinteren, die ein Ganglion besitzt, und einer vorderen, die direkt in den Stamm übergeht.

— Georg **von Reichenbach** vervollkommnet die Ramsden'sche Kreisteilmaschine (vgl. 1775 R.), wobei er von der Anschauung ausgeht, daß eine vollkommene Einteilung nur erreicht werden könne, wenn man sie ohne alle vorgängigen sichtbaren Marken vollführe, sie also gleichsam in der Luft vornehme, ehe die Teilungslinien gezogen werden.

— Der Buchdrucker François **Reinhard** in Straßburg wendet zuerst die Stereotypie auf den Musiknotendruck an.

— Joseph Carl **Schuster,** Apotheker in Tyrnau in Ungarn, erfindet die jetzt allgemein in den Apotheken im Gebrauch befindlichen Tropfgläser.

— **Vauquelin** und **Buniva** entdecken das Allantoin in der Amniosflüssigkeit von Kühen und später auch im Harn verschiedener Tiere. 1834 wird es von Schulze und Barbieri aus den Platanenknospen gewonnen.

— Alessandro **Volta** entdeckt die unbegrenzte Steigerung, welche man der Berührungselektrizität durch angemessene Schichtung der wirksamen Bestandteile, Metalle und feuchte Leiter, erteilen kann und konstruiert die Volta'sche Säule.

— Der Mathematiker Johann Friedrich **Werneburg** fordert die gesetzliche Einführung des „vollkommensten" Zahlensystems „Teleosadik", nämlich des duodezimalen mit der Grundzahl 12, dessen Anwendung er „jedem redlichen Manne, ja jeder gebildeten, vernünftigen Regierung zur Pflicht macht".

— Thomas **Young** lehrt zuerst die Ursache für die Verschiedenheit der Klangfarben einer und derselben schwingenden Saite kennen. Er empfiehlt zuerst, die Schwingungen tönender Körper in ihren besonderen Eigentümlichkeiten und Gesetzmäßigkeiten auch optisch zu verfolgen und gibt eine Anzahl Zeichnungen von Kurven belichteter Saiten.

Neunzehntes Jahrhundert.

1801 Franz Karl **Achard** erfindet die Rübenzuckerfabrikation und baut die erste
Zuckerfabrik auf dem Gute Kunern in Schlesien.

— Edouard **Adam,** Arbeiter in Montpellier, konstruiert den ersten Destillationsapparat für Spiritus mit Rektifikatoren und Dephlegmatoren.
(S. a. 1798 A.)

— Claude Louis **Berthollet** macht darauf aufmerksam, daß die Geschwindigkeit, mit der zwei Stoffe chemisch aufeinander einwirken, nicht nur von
den gegenseitigen Affinitäten, sondern auch von den angewendeten Massen
abhängt.

— Marie Xavier **Bichat** begründet die anatomische und pathologisch anatomische Gewebelehre, indem er die Bestandteile des Körpers nach den
überall oder speziell auftretenden Geweben zerlegt. Er unterscheidet allgemeine (Nerven, Arterien, Venen, Lymphgefäße und Zellgewebe) und
besondere (Knochen, Knorpel, Drüsen, Oberhaut, Muskelgewebe usw.),
im ganzen 21 Gewebe, die er als Elemente des Körpers bezeichnet. Wenn
auch viele seiner vermeintlichen einfachen Gewebe komplizierter Natur
sind und sein histologisches System sich nicht halten konnte, hat er
doch zuerst Methode in die Histologie gebracht und die richtige Behandlung des Stoffes gelehrt.

— Nachdem bis dahin die Betrachtung der Geschwülste eine lediglich empirische gewesen war, zieht Marie Xavier **Bichat** infolge seiner Studien über
die Gewebelehre auch die pathologisch neugebildeten Gewebe (Geschwülste)
in den Kreis der wissenschaftlichen Behandlung und teilt die Geschwülste
in homöoplastische und heteroplastische ein, welche letztere kein Analogon
in den normalen Geweben des Körpers finden.

— Nachdem das Eisen, namentlich Gußeisen, gegen das Ende des 18. Jahrhunderts in Deutschland und England wiederholt zum Brückenbau verwendet worden war, benutzen **Boulton** und **Watt** dasselbe zum ersten Male
auch zum Hochbau in ausgedehnter Weise, indem sie die Zwischen-
decken einer sieben Stockwerke hohen Spinnerei mit Hilfe von gußeisernen, ⊥-förmigen Deckenträgern herstellen. (Vgl. 1785 A.)

— Marc Isambard **Brunel** erfindet die Kronsäge, die aus einem zum Vollkreise
gebogenen gewöhnlichen Sägeblatt besteht, welches bei der Drehung um
den Mittelpunkt seiner Krümmung mit der gezahnten Kante eindringt
und je nach der Einstellung einen Kreis- oder Bogenschnitt macht.

— **Clément** und **Désormes** entdecken, daß sich Kohlensäure in Kohlenoxyd verwandeln läßt, wenn man sie über glühende Kohlen leitet, bestimmen die
Zusammensetzung des Kohlenoxyds genau und bekämpfen siegreich die

Behauptung Berthollet's, daß in die Zusammensetzung derselben auch Wasserstoff eingehe.

1801 **Clément** und **Désormes** geben die Zusammensetzung der Schwefelsäure an und stellen eine Theorie für deren Fabrikation auf. (S. 1793 C.)

— Nachdem Cheselden (1720) und Busson (1748) auf die operative Perforation des Trommelfells hingewiesen hatten, macht Sir Astley Paston **Cooper** bei Verschluß der Tuba Eustachii die erste derartige glückliche Operation. Die zweite Operation wird von Himly ausgeführt.

— Georges **Cuvier** findet für das Tierreich das Gesetz der Korrelation, wonach die plastischen Eigenschaften eines Organs besondere Eigentümlichkeiten eines anderen Organs bedingen, also von einem Organ auf das andere Schlüsse gezogen werden können.

— **Darracq** zeigt, daß bei Mitanwendung von Ammoniak Oxalsäure ein sicheres Reagens auf Kalk ist.

— Oliver **Evans** baut, nachdem er seit 1772 fortdauernde Versuche unternommen und 1786 schon ein Patent nachgesucht hatte, die erste Hochdruckdampfmaschine und verwendet dieselbe zum Betriebe eines sich selbst bewegenden Wagens. (S. a. 1769 C.)

— Robert **Fulton** konstruiert ein Unterwasserboot „Nautilus" und versieht dasselbe mit torpedoartigen Sprengladungen. Seine Erfindung wird weder von Frankreich, wo er sie zuerst anbietet, noch von England akzeptiert, „da die Beherrscher der See dieselbe nicht wünschten, weil sie ihnen, wenn sie Erfolg hätte, die Herrschaft rauben könnte" (Worte des Lord Jervis).

— Karl Friedrich **Gauß** legt in seinem Werke „Disquisitiones arithmeticae" bahnbrechende zahlentheoretische Untersuchungsergebnisse nieder und bringt das Problem der Kreisteilungsgleichung zur endgültigen Lösung, indem er nachweist, daß durch eine endliche Anzahl von Operationen mit Zirkel und Lineal ein regelmäßiges n-Eck nur dann konstruiert werden kann, wenn $n-1 = 2^p$ ist, wobei n eine Primzahl und p eine beliebige ganze Zahl bedeutet.

— Karl Friedrich **Gauß** findet eine neue Methode, die Bahn eines Planeten aus vier verhältnismäßig naheliegenden Beobachtungen zu bestimmen. Diese Methode bewährte sich, als es galt, die am 1. Januar 1801 (s. Piazzi) entdeckte, aber alsdann in der Sonnennähe wieder verschwundene Ceres von neuem aufzufinden.

— Charles **Hatchett** entdeckt in einem dem Wolfram ähnlichen schwarzen Mineral von Massachusetts das Oxyd eines neuen Metalls, das er „Columbium" nennt, während das Mineral den Namen „Columbit" erhält. (Vgl. a. 1809 W.)

— Jean Baptiste Antoine Pierre Monet **de Lamarck** führt die Bezeichnung „Wirbeltiere" ein. Er begründet die Ansicht von La Mettrie (s. 1748 L.) noch eingehender, daß in sämtlichen Wirbeltieren, von den niedrigsten Fischen und Amphibien aufwärts bis zu den Affen und Menschen der typische Körperbau, die charakteristische Lage und Beziehung der wichtigsten Organe dieselbe und wesentlich verschieden von derjenigen aller anderen Tiere ist.

— Philippe **Lebon** nimmt ein Patent auf eine durch ein Gemisch von Gas und Luft betriebene, doppeltwirkende Zylindermaschine.

— **Léfébure** macht die ersten Versuche über die Beeinflussung des Wachstums der Pflanze durch die Temperatur und stellt die Kardinalpunkte (Minimum und Maximum dieser Beeinflussung) fest. A. P. de Candolle (1835) sowie insbesondere Sachs (1860) stellen außer diesen Extremen auch das Optimum für zahlreiche Keimpflanzen auf.

— Nachdem seit Hohlfeld's Häckselschneidemaschine (s. 1756 H.) noch 1794 die Cooke'sche nach dem Säbelprinzip konstruierte Maschine und 1799 die

Salmon'sche Maschine aufgekommen waren, konstruiert **Lester** in Nottingham unter Verwendung des Säbelprinzips eine Häckselschneidemaschine
mit einem einzigen gekrümmten Messer am Schwungrad, welches bei Umdrehung des letzteren in vertikaler Ebene an dem Strohkasten herab-
schneidet, dessen untere Mündungskante mit einem geraden Gegenmesser
ausgestattet ist. Die Lester'sche Maschine wird später von Richmond und
Chandler und von Bentall noch vervollkommnet und findet die weiteste
Verbreitung.

1801 F. B. **Osiander** führt am 5. Mai zum ersten Male die Amputation des
krebsig entarteten Halses der nicht prolabierten Gebärmutter aus.

— Giuseppe **Piazzi** entdeckt am 1. Januar den ersten Asteroiden, Ceres. Das
Vorhandensein eines Planeten zwischen Mars und Jupiter hatte schon
Kepler vermutet, welcher 1596 in seinem „Mysterium cosmographicum"
schreibt: „Inter Jovem et Martem planetam interposui". (S. a. 1801 G.)

— Joseph Louis **Proust** macht sich um den Nachweis des Gesetzes von der
Konstanz der Gewichtsverhältnisse sehr verdient, indem es ihm gelingt,
die Ansicht Berthollets, daß die Elemente sich in stetig veränderlichen,
von den äußeren Umständen abhängigen Verhältnissen verbinden, nach
langem Streit siegreich zu widerlegen und nachzuweisen, daß, wenn
zwischen zwei Elementen mehrere Verbindungen existieren, die Änderung in der Zusammensetzung nie allmählich, sondern stets sprung-
weise erfolgt.

— Nachdem die Ansichten über die Zusammensetzung des Zinnobers seit
Geber, der als Bestandteile desselben Quecksilber und Schwefel annahm,
viele Wandlungen durchgemacht hatten und nachdem noch Fourcroy denselben für geschwefeltes Quecksilberoxyd erklärt hatte, erweist Joseph Louis
Proust, daß er lediglich aus Quecksilber und Schwefel besteht, worin ihm
Bucholz 1803 und Seguin 1814 beipflichten. Den Unterschied zwischen
dem schwarzen Schwefelquecksilber, das Turquet de Mayerne im Anfang
des 17. Jahrhunderts darstellte und dem Zinnober erläutert 1833 J. N.
Fuchs. Die Bereitung des Zinnobers auf nassem Wege beschrieb zuerst
1687 Gottfried Schulz.

— Johann Georg **Repsold** erbaut für seine Privatsternwarte in Hamburg einen
Meridiankreis von 4 m Durchmesser, mit welchem Schumacher viele Beobachtungen anstellt.

— Johann Wilhelm **Ritter** findet, daß im Spektrum das Reduktionsmaximum
für Chlorsilber jenseits der sichtbaren violetten Strahlen liegt und ist somit der Entdecker der chemischen Strahlen im Ultraviolett.

— Johann Wilhelm **Ritter** entdeckt die Eigenschaft des galvanischen Stroms,
Flüssigkeitsbewegungen zu veranlassen. Emil du Bois-Reymond gebraucht
für diese Eigenschaft zuerst (1860) den Ausdruck „kataphorische Wirkung".

— Valentin **Rose** der Jüngere in Berlin entdeckt das doppeltkohlensaure Natron.

— Nicolas **Saucerotte** knüpft an die Versuche von Pourfour du Petit (s. 1710 P.)
an und ist der Vorläufer der Bestrebungen, eine gesonderte Lokalisation
der Bewegungsstellen für die vorderen und hinteren Extremitäten zu finden.
Er erkennt zuerst bei Kleinhirnverletzungen die auffallenden Bewegungs-
störungen der Augen, den Nystagmus, mit dessen Erklärung sich später
Albrecht von Graefe beschäftigt.

— Paul Louis **Simon** konstruiert das erste praktische, auf der galvanischen
Wasserzerlegung beruhende Galvanoskop und stellt fest, daß bei der Elektrolyse des Wassers nur Sauerstoffgas und Wasserstoffgas erhalten werden,
und daß die von frühern Beobachtern gefundenen Produkte, Alkali und
Säuren, von Verunreinigungen herstammen.

— Der englische Ingenieur William **Symington** verwendet zuerst den unbeweglichen, liegenden Zylinder, welchen Périer (vgl. 1792 P.) in einem Patent angegeben, aber nicht ausgeführt hatte, für die direkt wirkende Dampfmaschine.

1801 Louis Jacques **Thénard** führt ein von den drei bisher existierenden Methoden der Bleiweißfabrikation, die als holländische, englische und österreichische oder Kremser Methode unterschieden wurden, völlig abweichendes Verfahren (Methode von Clichy) ein, wonach zuerst dreifach basisch essigsaures Bleioxyd bereitet wird, welches durch Kohlensäure zersetzt wird, wobei sich Bleiweiß als Niederschlag abscheidet, während neutrales Bleiacetat in Lösung bleibt, das sofort mit Bleiglätte wieder in basisches Salz umgewandelt wird. Auf demselben Prinzip beruht der neuere englische von Benson eingeführte Prozeß. (S. 1840 B.)

— Erik Nissen **Viborg,** neben Abildgaard (s. 1773 A.) an der Kopenhagener Veterinärschule tätig und später dessen Nachfolger daselbst, erwirbt sich große Verdienste in allen Zweigen des Veterinär- und Gestütwesens und macht sich durch seine „Abhandlungen für Tierärzte und Ökonomen" (1795—1807) in ganz Europa bekannt.

— Alessandro **Volta** stellt das Spannungsgesetz der Metalle auf, wonach sich die untersuchten Körper in die Reihe „Zink, Blei, Zinn, Eisen, Kupfer, Silber, Kohle" ordnen lassen, welche die Eigenschaft hat, daß jeder voranstehende Stoff bei der Berührung mit einem nachfolgenden positiv elektrisch wird, und daß der elektrische Unterschied um so größer wird, je weiter die Glieder in der Reihe voneinander abstehen.

— Thomas **Young** entdeckt den Astigmatismus, einen Brechungsfehler des Auges, bei dem Strahlen, die von einem Punkte ausgehen, sich nicht wieder in einem Punkte vereinigen können.

— Thomas **Young** konstruiert ein Optometer, bei welchem als Sehobjekt ein feiner weißer Faden auf schwarzem Grunde dient, dessen eines Ende sich nahe unter dem Auge befindet. Blickt man durch einen passenden Schirm mit zwei Löchern nach dem Faden, so erscheint derselbe nur in der Strecke, für die das Auge akkommodiert ist, einfach, an allen übrigen Stellen doppelt. (S. a. 1759 P.)

1802 Nachdem schon Kunckel (1678) und namentlich Scheffer (1753) gezeigt hatten, daß die Schwefelsäure das Silber auflöse, das Gold aber nicht, gründet Jean Pierre Joseph **d'Arcet** auf dieses Verhalten die Scheidung dieser beiden Metalle und führt dieselbe im großen durch. Die Methode wird 1876 von Rißler und 1881 von Gutzkow wesentlich verbessert (Affination).

— Die portugiesischen Händler (Pombeiros) Pedro Joas **Batista** und Antonio **José** durchqueren zum ersten Male Afrika von Angola über Lunda nach Mozambique.

— Lodovico Gasparo **Brugnatelli** entdeckt das dem Howard'schen Knallquecksilber entsprechende, von dem Berthollet'schen Präparat (s. 1788 B.) verschiedene Knallsilber (Silberfulminat), welches sich bei Liebig's Untersuchung als Salz der Knallsäure erweist. (S. 1823 L.)

— Jacques Alexandre César **Charles** konstruiert den ersten Apparat zur Projektion undurchscheinender Objekte, bei welchem die Beleuchtung von vorn geschieht, und der später in dem „Megaskop", auch „Wunderkamera" genannt, in vollendeterer Form wieder erscheint.

— John **Dalton** stellt das nach ihm benannte Gesetz auf, daß in einem Gasgemisch jeder Bestandteil auf die Gefäßwandung denselben Druck ausübt, als wenn er allein vorhanden wäre, und daß der Druck des Gemisches auf die Wandung gleich der Summe der Partialdrucke der einzelnen Gase ist (Diffusionsgesetz der Gase).

— Humphry **Davy** nimmt optische Bilder im Sonnenmikroskop auf Papier auf, das er mit Chlorsilber präpariert hatte.

1802 Anders Gustav **Ekeberg** findet in dem Yttrotantalit, den er zur Herstellung von Yttererde benutzt, das Oxyd eines neuen Metalls, das er auch in dem Tantalit findet und Tantalsäure nennt. (Vgl. a. 1809 W.)

— Ernst Gottfried **Fischer** hebt in seiner Übersetzung von Berthollet's „Recherches sur les lois de l'affinité" hervor, daß man alle Reihen Richter's (s. 1792 R.) auf eine einzige reduzieren könne und berechnet aus Richter's Angaben eine solche Tafel, welche die erste Tafel der Äquivalentgewichte darstellt, bei welcher von der Schwefelsäure mit dem Äquivalentgewicht 1000 ausgegangen wird. Im folgenden Jahre publiziert dann Richter selbst eine ausführlichere Tabelle.

— Franz Joseph **Gall** spricht aus, daß die Gehirnrinde der Sitz der Seelentätigkeit sein müsse, daß diese aber nicht gleichmäßig über die ganze Rinde verteilt sei, sondern daß die einzelnen Abschnitte derselben eine verschiedene Bedeutung hätten.

1802—16 Im Anschluß an die von Lambert, Deluc und T. Mayer gemachten Arbeiten über die Ausdehnung der Luft und einiger Gase macht Louis Joseph **Gay-Lussac** hierüber eingehende Untersuchungen und zeigt, daß alle Gase ihren Druck oder ihr Volumen bei gleichen Änderungen der Temperatur in demselben Verhältnis ändern (ein Gesetz, das später dahin eingeschränkt wird, daß es für die koerziblen Gase nur bei Temperaturen, die weit vom Kondensationspunkt abliegen, gilt).

1802 Nicolas **Gautherot** macht die erste Beobachtung einer Polarisationsspannung, womit der Anstoß zu den heute wichtigen Sekundärelementen gegeben ist.

— Georg Friedrich **Grotefend** gelingt es zuerst, den Lautwert von 12 Zeichen der altpersischen Keilinschriften mit Sicherheit zu bestimmen und dadurch den Grund zur vollständigen Entzifferung dieser Schrift zu legen, an der insbesondere de Saulcy, Henry Rawlinson, Jules Oppert und Hincks teilnehmen.

— Gustav Gabriel **Hällström** macht die ersten genaueren Versuche über die Temperatur, bei welcher das Wasser seine größte Dichtigkeit hat, und überhaupt über die Ausdehnung des Wassers zwischen 0^0 und 30^0 C. Seine Methode besteht darin, daß er den Gewichtsverlust einer Glaskugel in Wasser verschiedener Temperatur beobachtet. Weitere Versuche werden von Despretz, Isidore Pierre, Kopp, Jolly, Rossetti u. a. unternommen. Bei Despretz erstrecken sich diese Versuche auch auf Salzlösungen, wasserhaltigen Alkohol, bei Kopp und Pierre auf eine große Anzahl anderer Flüssigkeiten.

— Der englische Meteorolog Luke **Howard** schafft eine einheitliche Wolkennomenklatur. Er unterscheidet drei Grundformen: die Cirrus- oder Federwolken, den Cumulus (die Haufenwolke) und die Stratus- oder Schichtwolken und setzt diese drei Grundformen durch verschiedene Zwischenformen, wie Cirrostratus, Cirrocumulus usw. in Verbindung.

— **Loysel** gibt in seinem „Essai" Ratschläge für die Anlage und den Bau der Glasöfen und ist der erste, der bestimmte Maße der einzelnen Ofenteile, namentlich auch der Luftzuzüge und Vorschriften für die zu verwendenden Materialien, gibt.

— Nevil **Maskelyne** gibt unter Beiseitelassung aller anderen Sterne nach seinen am Greenwicher Meridiankreis gemachten Beobachtungen der Sonne, des Mondes, der Planeten und von 36 Hauptsternen den ersten, sogenannten Fundamentalkatalog heraus. Diese Hauptsterne tragen nach ihm fortan den Namen „Maskelyne'sche Fundamentalsterne".

— Der Ingenieur **Mathieu** ist der erste, der die Idee einer Untertunnelung des Kanals zwischen England und Frankreich ausspricht.

1802 Der italienische Chemiker Domenico Pio **Morichini** entdeckt Flußsäure in den Zähnen.

— Matthew **Murray** erhält ein Patent auf Schieberkonstruktionen für Dampfmaschinen, aus denen sich der Muschelschieber entwickelt. (Vgl. auch 1799 M.)

— William **Nicholson** beobachtet die erste Lichtwirkung des Galvanischen Stromes, indem er den metallischen Stromkreis unterbricht, wobei an der Unterbrechungsstelle ein Funke überspringt, der, wie er sagt, dem elektrischen Funken zwar sehr ähnlich, jedoch nicht die in der Schlagweite überspringende Elektrizität selbst ist, sondern eine Erscheinung des galvanischen Glühens darstellt. Wie Jacobi 1838 konstatiert, erhält man nämlich beim Schließen eines Stromkreises, der sehr kräftige Öffnungsfunken gibt, durchaus keine Funken.

— Heinrich Wilhelm Matthaeus **Olbers** entdeckt am 28. März den zweiten Asteroiden, Pallas.

— William Hasledine **Pepys** erfindet den Gasometer (Gasbehälter) in seiner heutigen Form. Einen Gasometer für Laboratorienzwecke hatte 1787 Lavoisier konstruiert.

— Ignaz Joseph **Pessina von Czechorod** stellt anknüpfend an die schon von Xenophon (vgl. 370 v. Chr.) gemachte Beobachtung die Grundsätze für die Ermittlung des Alters der Pferde aus den Zähnen fest. Er empfiehlt zuerst eisenhaltige Salzsäure als Mittel gegen die Rinderpest.

— Philippe **Pinel** stellt unter Zugrundelegung der Bichat'schen Anatomie eine Einteilung der Fiebererscheinungen nach den vorzugsweise ergriffenen organischen Systemen auf und weist die Ähnlichkeit der Symptome bei ähnlicher Textur der leidenden Teile nach.

— John **Playfair** bezeichnet mit aller Bestimmtheit die Gletscher als ein Transportmittel großer Steinblöcke und stellt 1815 die erratischen Blöcke Schottlands und des Schweizer Jura mit dem Moränenschutt der heutigen Gletscher in Parallele. In ganz ähnlicher Weise äußern sich 1827 H. M. Esmark und 1832 J. J. Bernhardi.

— John **Playfair** macht zuerst auf den prinzipiellen Unterschied zwischen der ursprünglichen aktiven Bildung der Unebenheiten der Erde durch Hebung der Schichten und der folgenden passiven Umbildung derselben infolge der Abtragung aufmerksam. (S. a. 1650 V.)

1802—04 Marie Riche **de Prony** gewinnt durch seine Werke „Mémoire sur le jaugeage des eaux courantes" und „Recherches physico-mathématiques sur la théorie des eaux courantes" einen sehr bedeutenden Einfluß auf die Wasserbaukunst seiner Zeit.

1802 Valentin **Rose** der Jüngere wendet bei der Analyse des Feldspats zuerst die Aufschließung des Minerals durch Schmelzen mit salpetersaurem Baryt an, an dessen Stelle später der kohlensaure Baryt tritt.

— J. A. **Schmidt** arbeitet über die Krankheiten des Tränenapparates und unterscheidet die Krankheiten des tränenbereitenden, des tränenzuführenden und tränenabführenden Apparates, eine Lehre, die von Beer 1818 noch derart weiter ausgeführt wird, daß die von ihm aufgestellten Indikationen auch jetzt noch befolgt werden.

— Karl Friedrich **Struve** macht in seiner „Physiognomik der Erde" den ersten Versuch, aus der Oberfläche der Erde auf deren Inhalt zu schließen.

— William **Symington** baut für die Clyde-Kanal-Gesellschaft ein Dampfboot „Charlotte Dundas" genannt, das im März trotz heftigem Wind zwei Boote von je 70 t in 6 Stunden 36 m weit schleppt. Aus Furcht, die Kanalufer würden durch die vom Dampfboot aufgeworfenen Wellen beschädigt werden, wird von weiteren Fahrten Abstand genommen.

1802 **Trevithick** und **Vivian** nehmen ein Patent auf eine Hochdruckdampfmaschine ohne Kondensation, benutzen dann aber von 1812 ab bei ihren Hochdruckdampfmaschinen die Expansion.

— Der Werkszimmermeister **Ursz** zu Nagyag in Siebenbürgen erfindet die zylindrische Sortiertrommel, die gegen 1840 auf dem Staatsbergwerk Friedrichsgrube bei Tarnowitz verbessert wird und sich dann rasch verbreitet.

— Thomas **Wedgwood** macht Lichtpausen nach Naturobjekten, z. B. nach Pflanzenblättern auf mit Silbernitrat behandeltem Papier. Er versucht, jedoch ohne Erfolg, das Bild der Camera obscura durch lichtempfindliches Papier zu fixieren.

— Friedrich **Winzler** aus Znaim (anglisiert Winsor) geht, mit einem Privileg von Georg III. ausgestattet, zuerst daran, das Leuchtgas zur Städtebeleuchtung zu verwenden. 1810 wird die erste Gasgesellschaft Londons, die Chartered Company, vom Parlament bestätigt, und am 1. April 1814 werden die ersten Gaslaternen in London angezündet.

— William Hyde **Wollaston** taucht einen Silberdraht, der mit dem Konduktor einer Elektrisiermaschine in leitender Verbindung steht und an seinem freien Ende mit Siegellack überzogen ist, in eine Lösung von Kupfervitriol, in welche zugleich ein mit dem Reibzeug verbundener Draht eingeführt wird. Nach hundertmaliger Umdrehung der Scheibe der Maschine zeigt sich die metallische Oberfläche des mit dem Reibzeug verbundenen Drahtes mit Kupfer bedeckt. Er liefert hierdurch den Nachweis, daß der Entladungsstrom chemische Verbindungen zerlegt.

— William Hyde **Wollaston** schlägt eine Methode zur Messung des Brechungsindex von festen Körpern vor, die darauf beruht, daß man die zu untersuchende Substanz mit einem Prisma von bekanntem, aber größerem Brechungsindex als dem der zu untersuchenden Substanz in Berührung bringt und durch das Prisma den Eintritt der Totalreflexion beobachtet, den die an der Trennungsfläche reflektierten Strahlen erleiden.

— William Hyde **Wollaston** macht die erste Beobachtung der dunkeln Streifen im Sonnenspektrum.

— Thomas **Young** benutzt die von Grimaldi gemachte und von ihm vervollkommnete Beobachtung der Interferenzerscheinungen (s. 1665 G.) zum Beweise der Richtigkeit der Wellentheorie.

1803 Der Geistliche Sigmund **Adam** im Kloster St. Zeno bei Reichenhall erfindet die Liniiermaschine.

— Der Pariser Schokoladefabrikant **Auger** konstruiert eine Schokoladereibmaschine mit zylindrischen Walzen, die 1834 von Ratisseau, und insbesondere 1840 von Chomant wesentliche Verbesserungen erfährt.

— Johann Jacob **von Berzelius** und Wilhelm **Hisinger** führen zuerst die Zersetzung von Salzen durch den Voltastrom zwecks Gewinnung der Metalle wissenschaftlich aus und bestätigen die Beobachtung von Cruikshank (s. 1800 C.), wonach bei Zersetzung von Kochsalz am negativen Pole Ätznatron auftritt.

— Nachdem John Smeaton (1765) und John Wilkinson zuerst Dampfmaschinenzylinder mit mechanischen Schneid- oder richtiger gesagt Schabwerkzeugen ausgebohrt hatten, werden gleichzeitig von **Billingsley** die erste vertikale, von John **Dixon** die erste horizontale Zylinderbohrmaschine konstruiert.

— Die französische Akademie entsendet auf die Nachricht eines in L'Aigle in der Normandie am 26. April 1803 niedergegangenen Steinregens eine Kommission dahin, welche — unter dem Vorsitze des Physikers Jean Baptiste **Biot** — die kosmische Natur der Meteorsteine endlich (s. 1794 C.) anerkennt.

— John **Dalton** ermittelt durch Messung, wie die Menge der in ruhender Luft verdunstenden Flüssigkeit von den verschiedenen Faktoren (Temperatur, Druck usw.) abhängt. Genauer als von ihm wird die Verdampfungsgeschwindigkeit 1873 von Josef Stefan untersucht.

1803 John **Dalton** zeigt in seiner Abhandlung „On the absorption of gases by water and other liquids", daß, wenn sich über einer Flüssigkeit ein Gemenge von Gasen befindet, die aufeinander nicht chemisch wirken, die Flüssigkeit alsdann jeden Bestandteil des Gemenges so absorbiert, als ob er allein und unter einem Druck vorhanden wäre, welcher dem im Gemenge ihm zukommenden Partialwert gleich ist.

— Humphry **Davy** erkennt, daß bei Elektrolyse von Kaliumsulfat Ätzkali am negativen und Schwefelsäure am positiven Pol gebildet wird. (Vgl. 1803 B.)

— Charles **Derosne** erhält aus einem wässerigen Opiumauszug eine eigentümliche, krystallinische Substanz von narkotischer Wirkung, die als Derosne'sches Salz bezeichnet wird und, wenn sie auch kein reines Morphin war, doch den ersten aus einer Pflanze isolierten, spezifisch wirkenden Pflanzenbestandteil darstellt.

— Bryan **Donkin** verbessert die Robert'sche Papiermaschine. (S. 1799 R.) In seiner in St. Nuits aufgestellten Maschine ist die Form zur Bildung des Papiers ein endloses, über mehrere Walzen laufendes Drahtgewebe, auf welches sich das Ganzzeug in einem gleichförmigen breiten Strome ergießt.

— **Ducket** konstruiert die sog. Walzendrill- oder Säemaschine, bei der statt der Löffel (s. 1783 C.) zylindrische Walzen mit mannigfachen Vertiefungen im Mantel zur Aufnahme des auszustreuenden Samens angebracht sind. Um die Einführung dieser Art von Säemaschinen macht sich insbesondere Albrecht Thaer verdient.

— Der erste Tunnel von größerer Breite durch sandiges, druckreiches Gebirge ist die für den Kanal von St. Quentin erbaute Galerie de Tronquoy. In ihr ist der Anfang des heutigen Tunnelbaus zu erblicken. Begonnen war das Werk 1769 vom Ingenieur Laurent. Die Arbeiten wurden indes 1773 eingestellt und erst 1801 vom Ingenieur **Gayant,** dem seine Durchführung zu danken ist, wieder aufgenommen.

— William **Henry** stellt für Lösungen von Gasen in Flüssigkeiten das Gesetz auf, daß von einem Gase umsomehr gelöst wird, je größer der Druck des Gases über der Flüssigkeit ist. Das Gesetz wird 1891 von Nernst für den Fall erweitert, daß mehrere Molekelgattungen sich zwischen Lösung und Dampfphase verteilen.

— Nachdem man in der Landwirtschaft aller Länder die Exkremente zur Düngung nicht für sich allein aufgesammelt hatte, sondern dazu eigenartige poröse Materialien wie Stroh, Waldstreu usw. angewendet hatte, die man Streu oder Einstreu nannte, und die wesentlich mit zur Konservierung der Exkremente beitrugen, wird, wie Sigismund Friedrich **Hermbstädt** in seinem „Archiv der Agrikulturchemie" anführt, allmählich mehr und mehr für diesen Zweck die Torfstreu empfohlen, die vorzugsweise befähigt ist, das Ammoniak, das durch Zersetzung von Harnstoff und Hippursäure entsteht, in sich festzuhalten, wie später mehrfach, u. a. auch 1884 von Fleischer, konstatiert wird.

— Alexander **von Humboldt** beobachtet zuerst den Gegenschein des Zodiakallichts.

— Auf Anregung des Spinnereibesitzers William Redcliffe konstruiert Thomas **Johnson** die erste Kettenschermaschine, wie auch die erste Schlichtmaschine. Durch die letztere wird erst die Anwendung des mechanischen Webstuhls verallgemeinert, da jetzt nicht mehr wie bisher, behufs Schlichtens der Kette, die Arbeit oft unterbrochen werden muß, was bisher für jeden Stuhl einen eigenen Arbeiter erfordert hatte.

1803   Heinrich Hugo **Kindt** erhält bei der Einwirkung von Chlorwasserstoff auf Terpentinöl das Pinenchlorhydrat, das er seiner Ähnlichkeit mit Campher wegen für künstlichen Campher hält

—   Der Italiener **Leonelli** erfindet die Additons- und Subtraktionslogarithmen, mit denen man aus log a und log b den Logarithmus von a + b und von a — b bequemer finden kann, als dies bei Benutzung der gewöhnlichen Lorgarithmentafeln möglich wäre. Das Verfahren wird erst durch Gauß (1812) allgemein bekannt, weshalb man diese Logarithmen auch „Gauß'sche Logarithmen" nennt.

1803—08   **Lewis** und **Clarke** erforschen das Felsengebirge und erreichen die Quellen des Missouri und Columbia.

1803—06   Der Hamburger Heinrich **Lichtenstein** bereist das südafrikanische Drei- eck und besucht namentlich das Gebiet der Betschuanen, in welchem er durch die Karrooebenen bis Kuruman gelangt.

1803   Johann Friedrich Daniel **Lobstein** erbringt den Beweis für den muskulösen Bau der Gebärmutter (s. 1726 M.) auch an dem ungeschwängerten Uterus und zeigt, daß die Muskeln im Uterus eigentümlicher Art und mehr den Faser- elementen in den Wandungen der Blutgefäße ähnlich sind. Erst Kölliker (s. 1847 K.) stellt die Natur dieser Muskelfasern fest.

—   Joseph **Mollet** konstruiert ein verbessertes pneumatisches Feuerzeug, das unter dem Namen „Tachypyrion" sich eines gewissen Rufes erfreute. (S 1770 D.)

—   Der Ingenieur C. **Nixon** wendet zuerst Schienen aus Schmiedeeisen auf der Wallbottle Mine bei Newcastle on Tyne an.

—   Johann Wilhelm **Ritter** verfolgt die Beobachtungen von Gautherot (1802 G.) über die galvanische Polarisation weiter und beobachtet bei wechselnder Spannung ein Maximum der Polarisation. Er stellt eine Sekundärbatterie aus 50 Kupferscheiben mit feuchten Zwischenlagen auf (Ladungssäule), mit der er nach erfolgter Ladung ziemlich alle Versuche wie mit der Volta'schen Säule ausführen kann.

—   Johann Wilhelm **Ritter** macht die Beobachtung, daß auch wenn die feuchten Zwischenleiter durch trockene (Schafleder) ersetzt werden, die Ladungs- säule die gleiche Spannung besitzt, wie die Volta'sche, daß dagegen alle mit einer solchen Säule ausgeführten Ladungen viel längere Zeit brauchen. Diese sogenannte trockene Säule, die 1805 und 1806 unabhängig von Ritter von Maréchaux in Wesel und G. B. Behrens gebaut wird, wird 1813 durch Zamboni's Versuche so allgemein bekannt, daß sie den Namen Zamboni'- sche Säule erhält.

—   Antonio **Scarpa** konstruiert einen Klumpfußschuh, der in seiner einfachsten Form aus einem Schnürschuh besteht, von dessen Sohle an der Außenseite eine Schiene abgeht, die in der Höhe des Knöchelgelenks durch ein Scharnier mit einer Unterschenkelschiene artikuliert, die durch eine Halb- rinne und einen Riemen unter dem Knie befestigt wird. Sie federt nach außen und redressiert dadurch den Fuß. Auf dem gleichen Prinzip be- ruhen fast alle späteren Klumpfußapparate.

—   Der englische Oberst Henry **Shrapnel** ändert die bereits im 16. Jahrhundert bekannten (z. B. im Dialogus des Augsburger Feuerwerkers Zümermann — s. 1573 — erwähnten) Granatkartätschen, d. s. gußeiserne Hohlgeschosse mit Bleikugelfüllung, dahin um, daß sie nicht mehr, wie bisher, am Ziele auf dem Boden krepieren, sondern mit Hilfe eines mit entsprechender Brennzeit versehenen (tempierten) Zünders schon in der Luft platzen und ihren Kugelinhalt von oben her auf den Gegner schleudern. Die seitdem Schrapnell genannte Geschoßkonstruktion findet ihre erste Anwendung 1808 in der Schlacht bei Vimeira und bildet jetzt, freilich in wesentlicher Umgestaltung, das Hauptgeschoß der Feldartillerie.

1803   Smithson **Tennant** entdeckt das Iridium und das Osmium.

—   Gottfried Reinhold **Treviranus** führt für die Tiergeographie zuerst die Methode des statistischen Vergleichs der Arten ein und entwirft nicht nur die Grundzüge für die klimatischen Verschiedenheiten der Tierwelt, sondern stellt auch die Faunencharaktere größerer Ländergebiete fest. (S. a. 1777Z.) Für die Säugetiere gibt eine solche statistische Zusammenstellung für die großen Reviere der Erde Illiger 1811, für die Amphibien Schlegel 1837.

—   Jean Pierre Etienne **Vaucher** erkennt die Konjugation an der später nach ihm benannten Süßwasseralge als einen sexuellen Vorgang.

—   Jean Pierre Etienne **Vaucher** zeigt, daß Seiches auch an anderen Seen, als dem Genfer See, nichts ganz Unbekanntes seien. Nach Ratzel und Forel sind Schwankungen für die großen nordamerikanischen Seen seit Ende des 17. Jahrhunderts nachgewiesen, doch ist mit Sicherheit nicht dargetan, ob diese Schwankungen in die Kategorie der Seiches gehören.

—   William Hyde **Wollaston** entdeckt das Palladium und 1804 das Rhodium.

—   Der Ingenieur **Woodhouse** gibt der Curr'schen Schiene (vgl. 1776 C.) eine Kastenform, so daß sie direkt auf den Boden in die Straßenoberfläche gelegt werden kann. Die von ihm angelegte Bahn auf den Kohlengruben in Sheffield besteht bis 1812 und bildet den Vorläufer der Barlow'schen Idee (s. 1835 B.), die auf direkte Lagerung des eisernen Oberbaus auf das Fundament abzielt.

—   Franz Xaver **von Zach** macht den Spiegelsextanten, der bisher ausschließlich zu Ortsbestimmungen auf See verwendet wurde, auch zur Winkelmessung auf dem Lande brauchbar, indem er die künstlichen Horizonte anwendet. Solche Instrumente werden zuerst von der Firma Brander in Augsburg gebaut.

1804   **Alderson** gießt die Bleiröhren, bevor er sie auf der Ziehbank streckt, inwendig mit einer Schicht Zinn aus und ermöglicht dadurch die Herstellung von wesentlich längeren Röhren als bisher.

—   Nachdem Hooke's und Guglielmini's Fallversuche ohne sicheres Ergebnis verlaufen waren, gelingt es Johann Friedrich **Benzenberg,** die östliche Abweichung fallender Körper infolge der Erddrehung, die Newton 1679 theoretisch erkannt hatte, durch Versuche am Turm der St. Michaeliskirche in Hamburg und in dem Rheinischen Kohlenbergwerk in Schlebusch zu beweisen.

—   **Berzelius** und unabhängig von ihm **Hisinger** und **Klaproth** entdecken in einem schwedischen Mineral eine Erdart, die Klaproth Ochroiterde, Hisinger und Berzelius — nach dem kurz zuvor entdeckten Planeten (s. 1801 P.) — Cerium nennen. Später (1815) findet Berzelius, daß das Cerium, resp. sein Oxyd, in der rohen Yttererde (s. 1794 G.) enthalten ist.

—   Richard **Chenevix** fördert durch seine Arbeiten die analytische Chemie.

—   Sir Astley Paston **Cooper** lehrt die operative Behandlung der Hernien und führt zum ersten Male die Unterbindung der Carotis aus.

—   John **Dalton** gibt dem von Wenzel, Richter und Proust mitbegründeten Gesetz der konstanten Proportionen den festen Ausdruck: Verbindet sich ein Körper A mit einem Körper B zu einem Körper C, so stehen die Massen von A, B und C in einem unabänderlichen konstanten Verhältnis.

—   John **Dalton** bestimmt die Spannkraft des Dampfes in höheren Temperaturen, indem er die Flüssigkeiten unter einem bestimmten Druck sieden läßt und die Temperatur der siedenden Dämpfe beobachtet. Er dehnt seine Untersuchungen auf sechs Flüssigkeiten aus und leitet daraus das nach ihm benannte Gesetz der Dampfspannungen verschiedener Flüssigkeiten ab, welches, wenn es streng gültig wäre, nur die Kenntnis der Spannkräfte der Wasserdämpfe und des Siedepunkts einer Flüssigkeit verlangen würde, um daraus sofort die Spannkraft der Dämpfe dieser Flüssigkeit für alle Temperaturen zu kennen. Als gültig bewährt sich das Gesetz nur für Flüssigkeiten, die zu einer homologen Reihe gehören. (S. 1855 K.)

1804 **Deschamps** fils gibt in seinem Werke „Traité des maladies des fosses nasales et de leurs sinuses" die erste systematische Anordnung der Krankheiten der Nase und beschreibt auch die Krankheiten der Stirn- und der Kieferhöhlen.

— Sydenham **Edwards** entdeckt die Sensibilität der sechs kleinen Borsten auf der Oberseite des Blattes der Dionaea muscipula. (Venusfliegenfalle.)

— Der Glasmaler Michael Siegmund **Frank** in Nürnberg beginnt i. J. 1804 seine Versuche zur Wiederbelebung der Glasmalerei und zur Wiederauffindung ihrer namentlich hinsichtlich der Schönheit und Dauerhaftigkeit der Farben seit dem 17. Jahrhundert verloren gegangenen Technik; er wird dadurch zum Wiederentdecker dieser Kunst. Im Jahre 1827 wird ihm die technische Leitung der neu gegründeten Anstalt für Glasmalerei in München übertragen. (Vgl. 1848 A.)

— Robert **Fulton** schlägt dem Kaiser Napoleon vor, die Dampfkraft in die kaiserliche Marine einzuführen, ohne daß dieser Vorschlag eine Folge hat.

— James **Gardette** aus Bordeaux, als Zahnarzt in Philadelphia tätig, erfindet die Goldplatten als Basis für künstliche Zähne, sowie die Adhäsionsplatten und die breiten Goldklammern. Er fertigt nach den Gipsmodellen Metallstanzen, auf denen er seine Goldplatten stanzt.

— **Gay Lussac** und **Biot** unternehmen Luftfahrten zur Untersuchung der atmosphärischen Temperatur und Feuchtigkeit. Bei einer dieser Luftfahrten erreichen sie am 9. September die Höhe von 7376 m und nehmen dort Luftproben, bei deren Analyse durch Gay-Lussac und Thénard festgestellt wird, daß Dalton's Annahme, wonach in den höheren Regionen die Zusammensetzung der Luft eine andere sein müsse als in den niederen, falsch ist. Bei dieser Luftfahrt beobachten sie eine Temperaturabnahme von je 1° für 174 m Höhe. Eine erkennbare Zunahme der Schwingungsdauer einer Magnetnadel, die gleichbedeutend mit einer Abnahme der Horizontalintensität wäre, können sie nicht beobachten.

— Samuel **Guppy** stellt Eisennägel auf kaltem Wege (vgl. dagegen 1790 C.) her, indem er Eisenschienen in einem Walzwerke mit entsprechendem Querschnitt zunächst vorwalzt, und die Zaine alsdann durch Zerschneiden in Nägel zerlegt. Das Anköpfen der Nägel bewirkt er durch eine besondere Maschine.

— Karl Ludwig **Harding** entdeckt am 2. September den dritten Asteroiden „Juno".

— Alexander **von Humboldt** macht zuerst wieder auf den im Inkareich von den Chinchainseln geholten und viel gebrauchten Guano (huano) aufmerksam; doch gelingt es erst Liebig, demselben die allgemeine Anerkennung zu verschaffen. Der wichtigste Repräsentant der Guanosorten, welche aus den Auswurfstoffen von Seevögeln hervorgegangen sind und sich auf einer Reihe .von Inseln im Ozean nach und nach zu ungeheuern Massen angesammelt haben, ist der Peruguano. (S. a. 1530.)

— Alexander **von Humboldt** zeigt, wie eine Art beständige Fortpflanzung der vulkanischen Erscheinungen bald in der Richtung von Nord nach Süd, bald in entgegengesetzter Richtung stattfindet und wie die Wirkungen unterirdischer Erschütterungen auf einem Raum von mehreren tausenden von Quadratmeilen gleichzeitig empfunden werden.

1804 Alexander **von Humboldt** bestätigt die von Lamanon (s. 1785 L.) gefundene
Änderung der Intensität des Erdmagnetismus mit der magnetischen Breite
durch seine seit 1799 fortgesetzten Beobachtungen im südlichen Frankreich,
in Spanien, auf den Canarischen Inseln, im tropischen Amerika, dem Atlantischen Ozean und der Südsee.

— Joseph Marie **Jacquard** erfindet eine Maschine zur Herstellung von Netzen.

— John **Leslie** vergleicht zuerst das Emissionsvermögen verschiedener Substanzen
mit demjenigen einer mit Ruß überzogenen Fläche. Er stellt vor einem
Hohlspiegel einen mit kochendem Wasser gefüllten Metallwürfel (Leslie'schen
Würfel) auf, dessen eine Seite mit Ruß und dessen andere Seiten mit denjenigen Substanzen überzogen sind, deren Emissionsvermögen mit dem
des Rußes verglichen werden sollte. Genauere Versuche hierüber werden
von Melloni (1835), von Knoblauch (1847), Magnus (1848), Röntgen (1881)
u. a. gemacht und ergeben, daß das Emissionsvermögen der Körper kleiner wird, wenn die Oberflächen derselben dichter und härter werden.

— John **Leslie** macht, wie die ersten Versuche über das Emissionsvermögen, so
auch solche über das Absorptionsvermögen verschiedener athermaner Körper,
indem er sich dazu seines Metallwürfels bedient, den er mit kochendem
Wasser gefüllt einem Hohlspiegel gegenüberstellt, in dessen Brennpunkt
sich die mit den zu untersuchenden Substanzen überzogene Kugel eines
Luftthermometers befindet. Genauere Versuche werden von Melloni (1835),
de la Provostaye und Desains (1844) u. a. gemacht.

— Samuel **Lucas** in England führt das Réaumur'sche Verfahren der Bereitung
von schmiedbarem Guß durch Glühen von Gußeisen in Erzen mit Erfolg
in die Praxis ein.

— Louis **Poinsot** führt in die Mechanik den Begriff der Kräftepaare (Couple)
ein, eine Idee, welche das Verständnis aller Rotationseffekte wesentlich
erleichtert.

— Siméon Denis **Poisson** in Paris lehrt eine Methode zur Bildung symmetrischer Funktionen der gemeinsamen Werte der Wurzeln eines Gleichungs-
systems. Seine Hauptverdienste liegen auf dem Gebiete der mathematischen
Physik. (Vgl. sein vielverbreitetes Werk ,,Traité de mécanique".)

— Georg **von Reichenbach** faßt zuerst den Gedanken, die mittels Feilen auszuführende Handarbeit durch Maschinenarbeit auszuführen und konstruiert
die erste Feilmaschine.

— Nachdem Sharp 1740 eine ausführliche Beschreibung des Verfahrens der
Cheselden'schen künstlichen Pupillenbildung (vgl. 1720 C.) gegeben und
ausgesprochen hatte, daß dieses Operationsverfahren nicht immer zum
Ziele führe, modifiziert August Gottlob **Richter** dieses Verfahren derart,
daß er damit einen wesentlichen Fortschritt in der Operation der künstlichen Pupille anbahnt.

— Nicolas Théodore **de Saussure** begründet mit seinem Werke ,,Recherches
chimiques sur la végétation" die Humustheorie.

— Nicolas Théodore **de Saussure** studiert zuerst die Gesetze der Stoffaufnahme
der Pflanzen an einzelnen Luftpflanzen und stellt das nach ihm benannte
Gesetz auf, daß die Wurzeln der Pflanzen die Stoffe in einem anderen
Verhältnis aufnehmen, als sie in der Lösung geboten sind.

— Nicolas Théodore **de Saussure** findet, daß die Pflanzen nur in intensivem
Lichte die Kohlensäure zerlegen, daß im Finstern dagegen jede Vermehrung des Kohlensäuregehaltes der Luft auf den Pflanzenorganismus schäd-
lich wirkt. Er findet ferner, daß die Vermehrung der Trockensubstanz
bei der Kohlensäureassimilation nur von der gleichzeitigen Bindung der
Bestandteile des Wassers herrührt und ergründet die Abhängigkeit des
Wachstums von der Sauerstoffatmung der Pflanzen. Er macht zuerst dar-

auf aufmerksam, daß Ammoniak in der Luft vorhanden ist, das dann von Liebig (s. 1826 S.) auch im Regenwasser nachgewiesen wird.

1804 Nicolas Théodore **de Saussure** hat die ersten richtigen Ansichten über die Bedeutung der Aschenbestandteile für die Ernährung der Pflanzen.

— Antonio **Scarpa** ist der erste, welcher die Entstehung der Arteriosklerose auf eine Zerstörung der inneren Häute der Arterien zurückführt. Er schildert treffend die Bildung gelber Flecken auf der Intima der Aorta, die nach und nach in körnige Erhebungen und kalkige Plättchen übergehen.

— Der Geolog Ernst Friedrich **von Schlotheim** gibt in seiner Schrift „Beschreibung merkwürdiger Kräuterabdrücke" (1804), sowie in dem Werke „Petrefaktenkunde" (1820) die wissenschaftliche Grundlage für die Kenntnis der fossilen Pflanzen. (Vgl. 1822 B.)

— Graf Charles **von Stanhope** in London erfindet in Anlehnung an Ged's Ideen (s. 1729 G.) die Gipsstereotypie. Bei diesem Verfahren wird der in gewöhnlicher Weise gesetzte Letternsatz in einen an den Rändern übergreifenden Rahmen eingespannt, alsdann eingeölt und mit Gipsbrei übergossen. Die erhärtete Gipsplatte dient als Matrize für den Guß der Druckplatte. Eine mehrmalige Verwendung der Gipsmatrize ist — im Gegensatze zur Papierstereotypie — nicht möglich.

— John **Stevens** in Hoboken beschäftigt sich eingehend mit der Dampfschiffahrt und baut ein Modell eines Dampfschiffes, das im Stevens Institute in Hoboken aufbewahrt wird. Er wendet, wie vor ihm Fitch (s. 1787) und Read (s. 1791), Wasserröhrenkessel an, die bis 100 zweizöllige Röhren enthalten. Seine Arbeiten werden von seinem Sohne Robert L. Stevens mit Erfolg fortgesetzt.

— Richard **Trevithick,** der nach siebenjährigen Versuchen bereits 1801 mit einem durch Dampf betriebenen Feuerwagen die Straßen von Camborne ohne Benutzung einer Spurbahn befahren hatte, baut mit Andrew **Vivian** unter Verwendung einer selbst konstruierten Hochdruckdampfmaschine (vgl. 1802 T), zu welcher Dampf von 6—7 Atmosphären Spannung verwendet wird, eine auf eisernen Schienen laufende Lokomotive, die auf der Merthyr Tydfil Eisenbahn mit Erfolg große Roheisenlasten schleppt. Trevithick baut gleichzeitig einen Dampfwagen, dem er den Namen „Feuerdrache" gibt und zeigt, indem er mit demselben die unebenen Straßen von Cornwallis befährt, daß mit einem solchen Wagen selbst größere Steigungen überwunden werden können. Bemerkenswert ist, daß Trevithick sowohl bei diesem Dampfwagen, als auch bei seinen Lokomotiven bereits das Blasrohr benutzt, bei welchem die saugende Wirkung eines stetigen Dampfstrahls verwendet wird, die zuerst 1570 von Philibert Delorme erkannt worden war.

— Der englische Ingenieur **Walter** stellt den ersten Entwurf einer eisernen Drehbrücke auf.

— William Hyde **Wollaston** beschäftigt sich mit den Vorzügen der Meniskusform für Brillengläser und weist durch Versuche nach, daß diese Form der Gläser den Weitsichtigen ein größeres Bildfeld gleichmäßig scharf zeigt, als dies bei der Bikonvexlinse der Fall ist. Er gibt der Meniskuslinse den Namen Periskop und überträgt 1812 das Prinzip des Periskops auch auf das Objektiv der Camera obscura. (S. 1812 W.)

— William Hyde **Wollaston** beobachtet zuerst an einachsigen Krystallen von Palladiumsalzen, daß das parallel der Achse durch sie hindurchtretende Licht tiefrot gefärbt ist, während das senkrecht zur Achse einfallende Licht gelblichgrün ist und entdeckt damit den Dichroismus.

— Arthur **Woolf** verbessert die von Jonathan Hornblower (s. 1776 H.) erfundene

Doppelt-Expansions-Maschine durch Einführung der doppeltwirkenden Zylinder, der Kondensation und des hohen Dampfdrucks und gibt dadurch die Grundlage zu der nach ihm benannten Woolf'schen Dampfmaschine.

1805 John **Abernethy** in London weist die Hautrespiration nach.

— William **Bell** in Derby benutzt zuerst das Walzwerk zur Herstellung der bislang nur durch Ausschmieden fabrizierten Messerklingen. Diesem unvollkommenen Versuch folgen mehrere Erfindungen ähnlicher Art, doch erzielt erst Mermillod 1853 volle Erfolge.

— Joseph **Bramah** nimmt ein Patent auf eine Rundsiebpapiermaschine, welche 1809 von Joseph **Dickinson** und 1814 von F. **Leistenschneider** wesentlich vervollkommnet wird. Aus diesen Maschinen entwickelt sich allmählich eine praktische Rundsiebpapiermaschine. Das Prinzip dieser Maschine weicht von dem der Langsiebmaschine (s. 1803 D.) insofern ab, als hier die Form ein mit Drahtsieb umkleideter Zylinder ist, der in dem Gangzeugbehälter selbst liegt und sich um seine Achse dreht. (Daher auch der Name „Zylindermaschine".)

— Lodovico Gasparo **Brugnatelli** führt die erste galvanische Vergoldung aus, indem er eine silberne Medaille in einem durch Lösung von Knallgold in Cyankalium hergestellten Goldbad mit Hilfe der Volta'schen Batterie vergoldet. Bis dahin hatte man die Vergoldung in der Weise vorgenommen, daß man entweder Goldblättchen aufklebte oder Goldamalgam aufstrich und bis zum schwachen Glühen erhitzte (Feuervergoldung), oder daß man die zu vergoldenden Gegenstände in ein entsprechendes Goldbad eintauchte (nasse Vergoldung).

— Marc Isambard **Brunel** verbessert die seit langer Zeit in Holland bekannte und nicht erst, wie man bisher annahm, von Patrick Miller erfundene Kreissäge, indem er dieselbe aus Stahl anfertigt und aus mehreren segmentartigen Teilen zusammensetzt.

— Der Franzose **Chancel** erfindet die Tauch- oder Tunkzündhölzchen. Ein Stückchen Holz wird mit einem Überzug von Schwefel, Gummi und chlorsaurem Kali versehen. Taucht man nun das überzogene Ende in konzentrierte Schwefelsäure, so entzündet sich das chlorsaure Kali und setzt den Schwefel und das Hölzchen in Brand. (S. 1786 B.)

— Der englische General William **Congreve** stellt Versuche mit den von ihm um 1800 erfundenen, nach ihm benannten Brandraketen an, welche, nach Art der heutigen Leuchtraketen hergestellt, als Brandgeschosse (zuerst 1807 gegen Kopenhagen) vielfache Verwendung finden und in verschiedenen Armeen die Aufstellung besonderer Raketenabteilungen veranlassen.

— **Derodé-Biémont** ersetzt in der zum Feinspinnen eingerichteten Billymaschine (s. 1776 W.) die Presse durch ein Walzenpaar und erhält so die Zylinderspinnmaschine, bei der die Walzen dazu bestimmt sind, den Spindeln das Vorgespinst zuzuführen, welches allein durch die Wagenbewegung gestreckt wird. Diese Maschine wird in der Streichwollspinnerei sehr viel gebraucht.

— Johann Albert **Eytelwein** läßt bei seinen Versuchen mit dem Stoßheber auf bewegte Papierstreifen die entsprechenden Linien aufzeichnen, wendet also damit als erster nach James Watt den Registrier-Apparat in der Mechanik an.

— **Gay-Lussac** und **Humboldt** machen epochemachende Arbeiten über die eudiometrischen Mittel und das Verhältnis der Bestandteile der Atmosphäre. Bei dieser Gelegenheit bestimmen sie auch die Volumverhältnisse, in welchen sich Wasserstoff und Sauerstoff verbinden, und finden, daß 2 Volumina Wasserstoff sich mit einem Volum Sauerstoff zu Wasser vereinigen.

— **Gensoul** in Lyon, dem viele Verbesserungen in der Seidenzucht zu danken sind, führt beim Abhaspeln der Kokons die Heizung der Wasserbecken durch Wasserdampf ein.

1805 **Gillot** gibt in seiner Schrift „Traité de la guerre souterraine" die erste Andeutung darüber, daß es möglich sein wird, die durch den elektrischen Strom erzeugte Wärme dazu zu benutzen, leicht entzündliche Stoffe auf weite Entfernungen zu entzünden. (Erste Anfänge der elektrischen Fernzündung von Minen.)

— Ch. J. D. **von Grothuss** stellt die Theorie auf, daß der galvanische Strom in Elektrolyten als erste Arbeit eine Trennung der Jonen aus ihrem Molekularverband zu bewirken habe, und daß erst in zweiter Linie ihr Transport in Richtung auf die Elektroden in Betracht komme.

— Nachdem 1782 Scheele die Löslichkeit des Goldcyanids in Cyankalium konstatiert hatte, findet Karl Gottfried **Hagen,** daß metallisches Gold bei Luftzutritt sich in Cyankaliumlösung löst, eine Beobachtung, die in Vergessenheit gerät und 1843 von Fürst Bagration und später von Faraday aufs neue gemacht wird und die Grundlage des Mac Arthur Forrest-Prozesses (s. 1887 F.) abgibt.

— John **Hartop** konstruiert die erste Luppenquetsche, die dazu dient, die vom Frischherd kommenden Luppen von der Schlacke zu befreien und zu einer kompakten Masse zusammenzudrücken.

— **Hobson** und **Sylvester** in Sheffield entdecken, daß Zink bei einer Erwärmung auf 100 bis 150° C walzbar ist, und vermehren dadurch den Verbrauch dieses Metalls in erheblicher Weise.

— **Hollenweger** in Colmar lehrt das mechanische Verspinnen schlechter Kokons und der Seidenabfälle (Florett-, Bourrette-, Chappeseide).

— John Frederick **Jones** vervollkommnet durch seine Abhandlung über den Prozeß, den die Natur einschlägt, Blutungen aus zerschnittenen und angestochenen Arterien zu stillen, die von Jean Louis Petit (s. 1731 P.) angeregte Lehre von der spontanen Blutstillung und begründet durch zahlreiche Versuche die wissenschaftliche Erkenntnis der Wirkungsweise der Unterbindung (Ligatur).

— Justus Christian **von Loder** beschäftigt sich zuerst mit der inneren Architektur der Knochen und gibt in seinen „Tabulae anatomicae" Abbildungen der Spongiosen des Oberschenkelknochens, mehrerer Wirbel usw.

— Johann Hieronymus **Schröter** leitet aus den Veränderungen in der Sichelgestalt des Merkur eine Rotation von 24 h 5 m ab und schätzt die Höhe der Merkurgebirge auf 19 km. (Vgl. auch 1889 S.)

— Friedrich Wilhelm **Sertürner** verfolgt die Derosne'schen Studien über die Bestandteile des Opiums und isoliert das Morphin, das erste als solches erkannte Alkaloid, und die Mekonsäure.

— Der englische Techniker **Stone** erfindet den Schnittbrenner.

— Thomas **Telford** ist der Schöpfer des Caledonia-Kanals in Schottland, der die Nordsee mit dem Atlantischen Ozean verbindet. Der Kanal geht von Inverneß am Loch Beauly nach Fort William am Loch Eil; er ist 97 km lang, hat 5,2 m Tiefe und 28 Schleusen. Sein höchster Punkt liegt 28,6 m über dem Meere. Der Bau des Kanals wird i. J. 1847 vollendet.

— Friedrich **Tiedemann** untersucht unter Anleitung von Cuvier die zur Klasse der Echinodermen (Stachelhäuter) gehörigen Holothurien, Seesterne und Seeigel. Die anatomische und entwicklungsgeschichtliche Erforschung wird später, insbesondere von Agassiz und Desor (1837), Ludwig, Seeliger u. a. fortgesetzt.

— **Vauquelin** und **Robiquet** entdecken das Links-Asparagin in jungen Spargelkeimlingen.

— F. H. **Wright** stellt steinerne Röhren, statt mit dem Murdoch'schen Bohr-

19*

verfahren (s. 1798 M.), mit der Säge her. Hierbei müssen zunächst zwei Löcher durch die ganze Länge des Steins gebohrt werden, das eine, um die Säge einzuführen, das andere in der Mitte, um der Säge bei ihrem Kreisgange die richtige Führung zu geben.

1805 Thomas **Young** führt die Capillarerscheinungen auf die Oberflächenspannung zurück und wird damit der eigentliche Begründer der modernen Capillaritätstheorie.

1806 Nachdem P. S. Pallas im Gebiet der Lena schon 1772 ein eingefrorenes, vollständig erhaltenes Rhinozeros gefunden hatte, wird 1799 dortselbst ein Mammut entdeckt, das i. J. 1806 von dem Akademiker **Adams**, den die Petersburger Akademie dorthin entsendet, nach Petersburg gebracht wird.

— **Arago** und **Biot** beschäftigen sich zuerst mit genaueren Versuchen zur Messung der Dichtigkeit der Gase in bezug auf atmosphärische Luft und der Dichtigkeit der Luft in bezug auf Wasser, welch letztere sie zu 0,001299075 finden. Die Nachprüfung der von diesen Forschern gefundenen Werte durch Berzelius und Dulong (1820) sowie Dumas und Boussingault (1841) ergibt nur wenig abweichende Zahlen.

— **Arago** und **Biot** bestimmen den Brechungsexponenten von Gasen, indem sie die Ablenkung messen, die ein Lichtstrahl durch ein mit dem Gase gefülltes Hohlprisma erfährt, und leiten das Gesetz ab, daß die brechenden Kräfte der Gase ihren Dichtigkeiten proportional sind, und daß für Gasgemische die brechende Kraft gleich der Summe der brechenden Kräfte der Bestandteile ist.

— Soweit es sich ermitteln läßt, ist **Böhm** in Straßburg der erste, der in seinem Marokinpapier ein gaufriertes Papier hergestellt hat. Wer das Gaufrieren in die Textilindustrie übertragen hat, läßt sich nicht feststellen.

— **Clément** und **Désormes** entdecken die sogenannten Bleikammerkrystalle, die sie für schwefelsaures Stickstoffoxyd halten. Sie nehmen an, diese Krystalle seien ein wesentliches Zwischenprodukt des Kammerprozesses und würden durch Wasser zu Schwefelsäure.

— **Clément** und **Désormes** finden bei der ersten quantitativen Analyse des natürlichen Ultramarins (Lasursteins, s. 1271), daß derselbe frei von Schwermetallen ist. Durch ihre Untersuchung wird die künstliche Nachbildung des Ultramarins angeregt.

— Der amerikanische Trapper **Colter** berichtet von einem Wunderlande im nordamerikanischen Staate Wyoming, wo Seen brennenden Pechs, heiße Quellen, aus dem Erdboden sprudelnde Springbrunnen und viele andere wunderbare Dinge zu sehen seien. Seine Angaben werden von den Zeitgenossen als unglaubwürdig erklärt, und erst in neuerer Zeit ist erkannt worden, daß es sich hierbei um den Yellowstone-Park handelt.

— **Cuchet** und **Montfort** in Paris nehmen ein Patent auf einen Wasserfiltrierapparat. Um diese Zeit tauchen in Paris die „Fontaines marchandes" auf, aus welchen filtriertes Seinewasser verkauft wird.

— Humphry **Davy** stellt durch seine ausgedehnten elektrochemischen Untersuchungen fest, daß elektrische wie chemische Attraktionen durch die gleiche Ursache hervorgebracht werden, die nur im ersteren Fall zwischen den Massen selbst, im zweiten Fall aber zwischen deren Atomen wirkt.

— Jean Baptiste Joseph **Delambre** bestimmt den absoluten Brechungsexponenten für Licht auf astronomischem Wege und kommt zu einem Wert, der genau mit dem von Arago und Biot mittels der Ablenkung durch Prismen gefundenen Werte übereinstimmt. Auch Bessel kommt zu ganz gleichen Zahlen.

— François Antoine Henri **Descroizilles** führt in die Alkalimetrie die Volummessung ein, die das Verfahren wesentlich beschleunigt. Als Instrument dient ihm eine zylindrische Glasröhre mit einem eingeschnürten Hals und einem Ausguß, das Alkalimeter, die erste Burette, die ursprünglich mit 72, später mit 100 Teilungen versehen wird, deren jede 0,05 g konzentrierter Schwefelsäure von 66° Bé entspricht.

1806 R. J. H. **Dutrochet** wiederholt die Experimente von Ferrein (s. 1741 F.) und versucht zuerst, das Verhältnis zwischen Erhöhung des Tons und Spannung der Stimmbänder durch Anhängung verschiedener Gewichte an dieselben abzuschätzen.

— Nachdem John Playfair (s. 1802 P.) die Ansicht aufgestellt hatte, daß die großen Felsblöcke, welche in vielen Ländern auf Bergen und Ebenen vorhanden, dem örtlichen Charakter aber fremd sind, durch Eis fortbewegt seien, untersucht Johann Friedrich Ludwig **Hausmann** die erratischen Verhältnisse auf das eingehendste und erkennt die Nord-Südrichtung des erratischen Transports.

— Alexander **von Humboldt** stellt das Gesetz der Wärmeabnahme mit der Höhe auf. (S. a. 1788 S.)

— Der Papierfabrikant Moritz Friedrich **Illig** in Erbach erfindet die Harzleimung des Papiers.

— Frédéric **Japy** in Colmar verfertigt die erste Maschine zur Anfertigung von Holzschrauben und eine Fräsmaschine zur Anfertigung der runden und eckigen Taschenuhrpfeilerchen.

— Thomas Andrew **Knight** weist nach, daß der senkrechte Wuchs des Baumstamms und das Wachsen der Hauptwurzel in entgegengesetzter Richtung durch die Schwerkraft verursacht werden (positiver und negativer Geotropismus).

— Pierre Simon **de Laplace** sucht in seiner „Théorie de l'action capillaire" die Ergebnisse der Beobachtung der Capillarität mit den mathematischen Betrachtungen in Einklang zu bringen. Er spricht zuerst den Satz von der Konstanz des Randwinkels aus, für den Gauß 1829 den Beweis liefert.

— Adrien Marie **Legendre** findet unabhängig von Gauß (s. 1795 G.) die Methode der kleinsten Quadrate und hat sie vor Gauß veröffentlicht.

— Der englische Gewehrfabrikant Henri **Nock** erfindet die Patentschwanzschraube für Vorderladegewehre, wodurch das Ausbrennen des Zündloches vermieden und eine längere Dauer der Gewehre erreicht wird.

— Lorenz **Oken** verfolgt die Bildung des Darms aus der Dotterblase und entdeckt die Primordialnieren.

— Joseph Louis **Proust** lehrt das zuerst von Bergman in unreinem Zustand hergestellte Goldoxyd näher kennen, über das auch Oberkampf (1811) eine Untersuchung macht, in deren Verlauf er das Schwefelgold entdeckt.

— Joseph Louis **Proust** stellt zuerst Kobaltoxydul her, das später insbesondere von Frémy (1852) genauer untersucht wird. Das Oxyd, das jedoch sehr unbeständig ist, wird 1856 von Schwarzenberg, das Kobaltoxyduloxyd 1832 von G. H. Heß dargestellt.

— Joseph Louis **Proust** gewinnt zuerst das Kobaltchlorür durch Auflösen von Kobaltoxydulhydrat in Salzsäure und Auskrystallisierenlassen der eingedampften Lösung.

— Pierre François **Réal** erfindet die Réal'sche Extraktpresse, eine Vorrichtung, bei welcher der Druck einer höhern Wassersäule das raschere Extrahieren gestattet.

— Karl **Ritter** veröffentlicht in seinen „Sechs Karten von Europa" mit erklärendem Texte den ersten Versuch der Herstellung physikalischer Karten. Zwei dieser Karten enthalten in sechs Gürteln die Verbreitung der Wald- und Kulturgewächse und unter anderem auch die Polarbegrenzung der immergrünen Bäume und Gesträucher, für welche letztere Ritter den

47. Breitengrad findet. Er macht schon auf die Wichtigkeit der Kenntnis der Verbreitung solcher Pflanzen für die vergleichende Erdkunde aufmerksam. (Vgl. 1807 H.)

1806 William **Scoresby**, Vater und Sohn, erreichen von Spitzbergen aus die nördlichste bis dahin gewonnene Breite von 81° 30′.

— **Snodgraff** und **Johnston** erfinden den Batteur, eine Putzmaschine mit Windflügel, der die Baumwolle entweder direkt aus dem Ballen, oder aber nach Vorbehandlung in der Klopfmaschine oder in dem Wolf übergeben wird.

— Jacques René **Tenon** macht Untersuchungen über die Anatomie des Auges und entdeckt die nach ihm benannte Tenon'sche Kapsel.

— Joseph **von Utzschneider** legt in Benediktbeuern eine Kunstglashütte an, in der vorzügliches optisches Glas erzeugt wird. Hier machen auch Guinand und Fraunhofer die Versuche, die zur Darstellung eines vollkommenen Flintglases (s. 1815 G.) führen.

— Louis Nicolas **Vauquelin** untersucht die aus Chinarinde gewonnene Chinasäure (s. 1790 H.) und lehrt die Eigentümlichkeiten der Äpfelsäure, Camphersäure und anderer organischer Säuren kennen.

1807 Jean Louis **Alibert** gibt in seiner „Nosologie naturelle", indem er den Verlauf des Krankheitsprozesses als Grundlage einer Klassifikation und Terminologie wählt, eine natürliche Einteilung der Hautkrankheiten. Er erwähnt zuerst die Mycosis fungoides und verwendet in der Therapie der Hautkrankheiten vielfach die Schwefelpräparate.

— **Allen** und **Pepys** zeigen, daß Holzkohle, Graphit und Diamant bei ihrer Verbrennung nahezu die gleichen Mengen Kohlensäure ergeben.

— François **Appert**, Koch in Paris, erfindet das nach ihm benannte Verfahren zur Konservierung leicht verderbender Nahrungsmittel durch luftdichten Verschluß nach vorheriger Erwärmung bis 100°, eine Methode, die übrigens in bezug auf die Haltbarmachung des Essigs schon 1782 von Scheele empfohlen worden war.

— E. **Bell** stellt Tonröhren aus massiv geformten Tonblöcken durch Ausbohren oder durch Herausschneiden eines Zylinders mit einem Drahte her; doch scheint diese Fabrikation nie über das Versuchsstadium hinausgekommen zu sein.

— Johann Jacob **von Berzelius** und Wilhelm **Hisinger** stellen fest, daß Neutralsalze vom elektrischen Strom zerlegt werden, daß chemische Verbindungen im allgemeinen ebenfalls gespalten und ihre Bestandteile derart an den Polen angesammelt werden, daß zum negativen Pol die brennbaren Stoffe, Alkalien und Erden, nach dem positiven Pol der Sauerstoff, die Säuren und oxydierten Körper wandern, daß ferner die Mengen der zerlegten Stoffe sich wie die Mengen der Elektrizität verhalten und dem elektrischen Leitvermögen der Lösung proportional sind.

— **Boulton** und **Watt** bringen das erste doppeltwirkende Balancier-Zylindergebläse mit Balancier ohne Schwungrad zur Ausführung.

— Philipp **Bozzini**, Arzt in Frankfurt a. M., führt mit seinem „Lichtleiter" die erste Durchleuchtung einer Körperhöhle aus.

— Christian Friedrich **Bucholz** beweist, daß die Schwefelmilch (feinst verteilter Schwefel, wie man ihn durch Zersetzung der Supersulfide der stark basischen Metalle durch allmählichen Säurezusatz erhält) nicht, wie man bis dahin glaubte, oxydierter oder wasserhaltiger Schwefel ist.

— Nachdem Silvestre de Sacy (1801), der schwedische Diplomat Åkerblad (1802) und der englische Arzt Thomas Young (1814) Teile der Inschrift von Rosette entziffert hatten, gelingt es Jean François **Champollion** dem Jüngeren die Hieroglyphenschrift zu entziffern und ein hieroglyphisches Alphabet aufzustellen, welches sich bei der Erklärung von Inschriften als richtig bewährt. (Vgl. a. 1799 B.)

1807 John **Dalton** stellt das Gesetz der multipeln Proportionen auf: Verbindet sich ein Körper A mit einem Körper B in mehreren Verhältnissen, so stehen die Massen von B, welche sich mit der gleichen Masse von A vereinigen, untereinander in einfachem rationalem Verhältnis.

— Humphry **Davy** entdeckt das Kalium und das Natrium, indem er die Ätzalkalien galvanisch zersetzt, und begründet durch diese Versuche die heutige Lehre von der Zusammensetzung der fixen Alkalien.

1807—22 Hans Conrad **Escher von der Linth** führt die großartige hydrotechnische Arbeit der Linth(-oberen Limmat-)Kanalisation aus, durch welche ungefähr 7000 Hektare für den Anbau gewonnen und die häufigen Verwüstungen des Ufergeländes vermieden werden.

1807 Alexander John **Forsyth** zu Belhelvic erfindet das Perkussionsgewehr, bei welchem die Ladung nicht durch Funkenbildung von Stein auf Eisen (s. 1517 K.), sondern durch den Stoß eines Stahlstifts oder den Schlag eines Stechhahns auf ein leicht entzündliches Knallpräparat entzündet wird. Gegenüber dem Steinschloß, welches selbst bei trockener Witterung etwa 30% Versager gab, ist das Perkussionsschloß wesentlich zuverlässiger. (Vgl. auch 1815 E.)

— Robert **Fulton** macht nach vierjährigen Versuchen am 17. August seine erste Dauerfahrt auf dem Hudson von Newyork nach Albany mit dem von ihm gebauten Ruderraddampfboot „Claremont" mit seitlichen Ruderrädern. Der „Claremont" nimmt i. J. 1808 regelmäßige Fahrten zwischen Newyork und Albany auf und ist als das erste Dampfschiff, das für dauernden Betrieb geeignet war, zu betrachten.

— **Hattenberg** in Petersburg baut die erste Ziegelmaschine, die einen kontinuierlichen Tonstrang erzeugt, den sie mit einem Schneideapparat in einzelne Ziegel zerschneidet. In diese Kategorie gehören von späteren Maschinen die von Deyerlein (1810), Feilner (1828), Ainslie (1841), Ransome (1846), Schlickeysen (s. 1854 S.), Sachsenberg (1860), Borschmann u. a.

— Meier **Hirsch** bahnt durch seine „Sammlung geometrischer Aufgaben" die elementar-systematische Behandlung der analytischen Geometrie an.

— Alexander **von Humboldt** begründet durch seine Schrift „Ideen zu einer Geographie der Pflanzen" die wissenschaftliche Pflanzengeographie, nachdem Tournefort (1717), Gmelin (1747), Ramond (1789), Willdenow in seiner „Kräuterkunde" (1792) und Gottfried Reinhold Treviranus (1803) — wenn auch nicht in so umfassender Weise — die Verbreitung der Pflanzenformen über die Erde behandelt hatten. (Vgl. auch 1806 R.)

1807—08 Heinrich Julius **Klaproth** bereist den Kaukasus und Georgien und macht daselbst im Auftrag der Petersburger Akademie Forschungen über die Stammvölker Asiens.

1807 Henry **Maudslay** konstruiert eine Wasserhaltungsmaschine für Bergwerke, bei welcher er den Hauptbalancier ganz wegläßt und nur einen Gegengewichtsbalancier beibehält. (S. a. 1725 N.)

— H. W. M. **Olbers** entdeckt am 29. März den vierten Asteroiden „Vesta".

— Der Engländer S. **Orgill** erfindet den mechanischen Handkettenstuhl.

— Der Irrenarzt **Pienitz** in Pirna trennt zuerst die heilbaren Irren von den unheilbaren, worauf 1811 die Reihe der grundsätzlich getrennten Heil- und Pflegeanstalten mit der Heilanstalt Sonnenstein eröffnet wird.

— Nachdem Marggraf 1747 in dem eingedickten Birkensaft einen von dem gewöhnlichen Zucker verschiedenen Zucker vermutet, Vauquelin 1799 dies bestätigt und Deyeux 1799 den Schleimzucker von dem gewöhnlichen Zucker unterschieden hatte, stellt Joseph Louis **Proust** als verschiedene Zuckerarten den Rohrzucker, den Traubenzucker, den Schleimzucker, mit welchem der körnige Zucker aus Honig übereinstimmt, und den Mannit (Mannazucker) fest.

1807 Louis **Puissant** gibt der Geländezeichnung, der er den Namen „Topographie" beilegt, durch sein Werk „Traité de topographie d'arpentage et de nivellement" die wissenschaftliche Grundlage.

— Georg **von Reichenbach** verbessert das Aequatoreal, indem er die Deklinationsachse, welche an einem Ende den Refraktor, am andern den Deklinationskreis samt ergänzendem Gegengewicht trägt, in eine konische Büchse verlegt, die an das obere Ende der sich in zwei Ringen drehenden Stundenachse angeschraubt ist. Diese Anordnung wird auch bei dem großen 1825 von Fraunhofer für Dorpat gebauten Aequatoreal und später auch von Repsold beibehalten.

— Georg **von Reichenbach** gibt dem Repetitionstheodoliten (s. 1752 M.) seine mustergültige Gestalt, indem er zur Kontrolle des veränderten Standes ein Versicherungsfernrohr zufügt und durch Drehbarmachung der Limben beider Kreise die Multiplikation und Repetition der Winkel ermöglicht.

— **Reuß** und unabhängig von ihm **Porret** (1827) beobachten bei der Elektrolyse einer Flüssigkeit in einem Gefäß, in dem die beiden Elektroden durch ein Diaphragma getrennt sind, daß die Flüssigkeit an der Kathode an Volumen zunimmt, an der Anode dagegen abnimmt, daß somit von dem Strom Flüssigkeit durch die poröse Wand hindurchgeführt wird.

— Valentin **Rose** der Jüngere tut zuerst die Eigentümlichkeit der durch Destillation des Weinsteins erhaltenen Brenzweinsteinsäure dar, die von Fourcroy und Vauquelin noch 1800 für unreine Essigsäure gehalten worden war.

— Robert **Salmon** in Woburn baut eine Mähmaschine, welche auf dem von Meares (s. 1800 M.) angegebenen Prinzip beruht, aber wesentliche Verbesserungen aufweist.

— James **Smith** in Deanstone konstruiert eine Mähmaschine, deren Schneideapparat rotierende Sensen enthält und die ihr Ziel durch Übertragung der Handarbeit in die maschinelle Einrichtung zu erreichen sucht. Ähnliche Apparate, die indes nur geringe Bedeutung erlangen, erfinden 1799 Joseph Boyce, 1806 Scott in Ormiston.

— Der amerikanische Arzt **Stearns** veröffentlicht seine Erfahrungen mit Mutterkorn in der gynäkologischen Praxis und trägt dadurch viel zur raschen Verbreitung dieses Mittels bei. (Vgl. auch 1561 und 1787 P.)

— Der Ingenieur Robert **Stevenson** vervollkommnet die Feuerschiffe (s. 1780 H.), indem er eine Anzahl kranzförmig um den Mast gruppierter Laternen mit Hohlspiegeln aufhängt.

— Louis Jacques **Thénard** stellt zuerst Weinsteinsäureäther, Citronensäureäther und Äpfelsäureäther dar.

— Nachdem Scheele zuerst 1780 die Bildung von braunem Bleioxyd beobachtet hatte, stellt Louis Nicolas **Vauquelin** das Bleisuperoxyd durch Digerieren von Mennige mit Salpetersäure in reinem Zustande her und bestimmt seine Zusammensetzung.

— Der Ingenieur **Wiebeking** erbaut eine Reihe weitgespannter Holzbrücken.

— James **Winter** konstruiert die Handschuhnähmaschine, eine Art Zange, welche das Leder dicht am Rand faßt und der Nadel genau die Stellen anweist, wo sie einstechen muß. Der Apparat wird 1824 von Lunel und Aubry in Chaumont verbessert und 1829 von Jacquemar in Wien, einem der Hauptförderer der Handschuhfabrikation, eingeführt.

— Nachdem sich schon Humphry Davy (1799) zugunsten einer Vibrationstheorie der Wärme erklärt hatte, spricht Thomas **Young** sich dahin aus, daß Licht und Wärme aus ganz gleichartigen Schwingungen bestehen, die sich nur dadurch unterscheiden, daß die Wärmeschwingungen langsamer sind als die des Lichts.

1807 Thomas **Young** bildet die Elastizitätslehre weiter aus, indem er den Elastizitätsmodul einführt. Er ist der erste, der den Schub als eine elastische Formänderung betrachtet.

— Thomas **Young** spricht die Vermutung aus, daß das menschliche Auge drei verschieden empfindliche Nervenfasersysteme besitze, von denen das eine auf rote, das andere auf grüne und das dritte auf violette Strahlen reagiere. Durch Reizung nur eines der Nervenfasersysteme werden die Grundfarben rot, grün und violett wahrgenommen, durch Reizung zweier oder aller drei Systeme werden aber Mischfarben, je nach der Stärke der Reizung der einzelnen Systeme, zum Bewußtsein gebracht.

1808 Johann Jacob **von Berzelius** stellt die nach ihm benannte und noch heute in den Laboratorien viel benutzte Spirituslampe mit doppeltem Luftzug her.

— Augustin **de Bétancourt** konstruiert eine Erdwinde (Gangspill), bei der das Seil nicht aufgerollt, sondern einigemal um zwei Trommeln gewickelt wird, welche hierzu mit schraubenförmigen Rundhölzern versehen werden. Die Arbeiter wirken an langen Druckbäumen, die man durch den Kopf der stehenden Welle steckt, an deren unterem Ende sich ein Zahngetriebe befindet, welches mit den Rädern der beiden Windentrommeln in Verbindung gebracht wird.

— Henri **Braconnot** untersucht das Gummigutt, den eingetrockneten Milchsaft der Garciniaarten. (S. 1603 N.) Eingehendere Untersuchungen machen 1843 Johnston und Buchner. Das Harz wird als gelbe Wasserfarbe und vielfach auch als Abführmittel benutzt.

— François Joseph **Broussais,** Arzt in Paris, begründet den Broussaismus, der hauptsächlich durch Blutentziehung zu heilen sucht, auf die Lehre von lokal begrenzten Reizwirkungen. Im Zusammenhang hiermit begründet er die Lehre von der Nonessentialität der Fieber und sucht zu zeigen, daß der Ausgangspunkt derselben stets in einem Lokalaffekt zu suchen sei.

— Marc Isambard **Brunel** konstruiert Furnierschneidemaschinen, die er anfangs nicht mit Sägen, sondern mit einem horizontal liegenden Messer ausstattet, dessen Breite gleich der Länge der Bohle genommen wurde, woraus die Furniere hergestellt werden sollten. Später verwendet Brunel zu diesem Zweck die Kreissäge, Cochot (1814) horizontal liegende gerade Sägen mit nach unten gekehrter Zahnseite; doch werden 1869 wieder von A. Garrand die Messer in Anwendung gebracht.

— Marc Isambard **Brunel** und Henry **Maudslay** führen die erste von einer Dampfmaschine betriebene Holzsägemühle (Dampfsägemühle) für das Arsenal in Woolwich aus.

— Johann Heinrich **Bürger** in Königsberg faßt den Gedanken, durch Längshalbierung und weitere Zerlegung des Gänsekiels kleine Federschnäbel herzustellen, welche auf Griffel aufgesteckt als Schreibfedern dienen. Bürger hat sich auch mit Herstellung von Stahlfedern, jedoch ohne Erfolg, beschäftigt. (Vgl. 1780 H.)

— Der französische Chemiker Jean Antoine Claude **Chaptal** scheidet überschüssige Säure aus dem Traubensaft mittels Zusatzes von kohlensaurem Kalk ab und setzt vor der Gärung den fehlenden Zucker in Form von Rohr- oder Rübenzucker zu (Chaptalisieren). Neuerdings wird das Gallisieren des Weines (s. 1828 G.) vorgezogen.

— Samuel **Clegg** erfindet die chemische Reinigung des Leuchtgases mit Kalkmilch und führt dieselbe bei Einrichtung der Gasbeleuchtung im Stonehurst College in Lancashire durch.

— Benjamin **Cook** in Birmingham empfiehlt zuerst, zur Rohrform gebogene Eisenschienen unter dem Handhammer zu schweißen und dann mittels

Ziehens durch Zieheisen oder durch Auswalzen unter einem dem Stabwalzwerk ähnlichen Walzwerk zu strecken. Das Verfahren wird 1812/17 von Henry Osborne in Bordesly zur Herstellung von Gewehrläufen angewendet.

1808 Benjamin **Cook** läßt sich ein Verfahren patentieren, um kürzere Blechröhren ohne Fuge herzustellen, wobei eine kreisrunde Platte sukzessive durch immer engere Stahlringe gepreßt wird, welche deren Rand höher und höher aufstülpen. Schließlich wird das Rohr durch Ziehen auf gewöhnliche Weise gestreckt. Das Verfahren wird 1848 von Palmer wieder aufgenommen.

— John **Dalton** stellt die atomistische Theorie auf, wonach jedes Element aus gleichartigen Atomen von unveränderlichem Gewicht besteht und die chemischen Verbindungen sich durch Vereinigung der Atome verschiedener Elemente nach einfachsten Zahlenverhältnissen bilden. Er zeigt zuerst, auf welche Weise man die relativen Gewichte der Atome finden kann (Atomgewichtsbestimmung).

— John **Dalton** beschreibt im zweiten Bande seines „New System of Chemical Philosophy" ein scharf durchdachtes volumetrisches Verfahren. Er braucht zuerst die Ausdrücke „Test solution", „Test acid", die sein Übersetzer Wolff mit „Normallösung" und „Normalsäure" übersetzt.

— Humphry **Davy** stellt auf elektrischem Wege das Calcium, Barium, Strontium und Magnesium, sowie das Bor dar, welches letztere gleichzeitig auch von Gay-Lussac und Thénard erhalten wird. Durch die Darstellung der Erdmetalle wird erwiesen, daß auch die Erden die gleiche chemische Konstitution wie die Alkalien haben, daß also auch sie Oxyde darstellbarer Metalle sind.

— Charles **Derosne** entdeckt im Opium einen krystallisierbaren Körper, der von Robiquet (s. 1817 R.) als Narcotin bezeichnet wird.

— Bryan **Donkin** fabriziert Stahlfedern, die im Gegensatz zu den Harrison-Wise'schen Federn keinen zylindrischen, sondern einen winkeligen Querschnitt haben. Auf der Winkelkante ist zur Erzielung größerer Geschmeidigkeit ein Schlitz angebracht.

— Nachdem sich bis dahin die Ankerketten (vgl. 1634) wenig verbreitet hatten, stellt Robert **Flinn** die erste Ankerkette ohne Steg aus Schweißeisen her und verwendet dieselbe für das Schiff „Ann and Isabella".

— Louis Joseph **Gay-Lussac** findet im Anschluß an seine mit Humboldt unternommenen Untersuchungen (s. 1805 G.) das Gesetz, daß die Gase sich nicht nur nach einfachen Raumverhältnissen vereinigen, sondern daß auch das Volum der entstandenen Verbindung zu demjenigen der in die Verbindung eingegangenen Gase in einem einfachen Verhältnis steht (Gesetz der multipeln Volumina). Aus dem Gay-Lussac'schen Gesetz geht der Wert des absoluten Nullpunkts, den A. Crawford zuerst, jedoch zu tief berechnet hatte, ohne weiteres, und zwar zu — 273° C. hervor.

— **Gay-Lussac** und **Thénard** entdecken bei Gelegenheit der Bestimmung der Zusammensetzung des Ammoniaks die Amide des Natriums und Kaliums, die 1809 auch von H. Davy bearbeitet werden.

— **Gay-Lussac** und **Thénard** zeigen, daß Kaliumhydroxyd bei Weißglühhitze durch metallisches Eisen unter Entziehung von Sauerstoff und Bildung von Kalium und Wasserstoff zersetzt wird. Zur Darstellung dient ein mit einer Porzellanröhre umgebener Flintenlauf, in dem Eisendraht zum Glühen gebracht wird. Ist die erforderliche Temperatur erreicht, so wird Ätzkali eingebracht, die Röhre an einer Seite verschlossen und das dampfförmig entweichende metallische Kalium in einer mit Steinöl beschickten Vorlage aufgefangen.

— **Gay-Lussac** und **Thénard** entdecken das Phosphorchlorür.

1808 Philippe **Gengembre** in Paris verfertigt die erste Justiermaschine für Goldmünzen.

— Ludwig Wilhelm **Gilbert,** Herausgeber der „Annalen der Physik und Chemie", vervollständigt die von Volta gegebene Spannungsreihe der Metalle und bekämpft die Naturphilosophie von Johann Wilhelm Ritter.

— Alexander **von Humboldt** begründet die deskriptive Gebirgskunde und gibt zuerst eine korrekte orographische Terminologie.

— Joseph Marie **Jacquard** erfindet die nach ihm benannte Webemaschine für gemusterte Zeuge, bei welcher der Kordenaufzug durch einen einzigen Tritt und durch Platinen bewirkt, die folgerechte Bewegung der Platinen aber durch Musterkarten bewerkstelligt wird.

— Julien **Le Roy** in Paris erfindet eine Strickmaschine, die unter dem Namen „Tricoteur français" geht und ebenso, wie die durch Wilde 1834, Whitworth 1846 u. a. gemachten Verbesserungen die Ware flach ausgebreitet strickt, wie dies auf dem gewöhnlichen Strumpfwirkerstuhl geschieht.

— Joseph **Locket** in Manchester erfindet die Molette zum Gravieren der Kattundruckwalzen. Das Dessin wird nur auf einem kleinen Wälzchen von Stahl ausgeführt und von diesem dann mittels eines starken Druckes auf die ganze Oberfläche der kupfernen Druckwalze übertragen.

— Etienne Louis **Malus** findet bei seinen Untersuchungen über die Doppelbrechung, daß es noch andere Methoden als die Huygens'sche (s. 1690 H.) gibt, um polarisiertes Licht zu erhalten. Er zeigt, daß, wenn Licht von einer Glas- oder Wasserfläche unter einem bestimmten Winkel reflektiert wird, die reflektierten Strahlen alle die Eigenschaften erhalten, welche man bis dahin an dem durch einen Doppelspat hindurchgegangenen Lichte beobachtet hatte. Weiterhin zeigt er, daß nicht nur Glas und Wasser, sondern alle durchsichtigen Substanzen dem Lichte die gleiche Modifikation erteilen, daß jedoch der Einfallswinkel, unter dem dies geschieht, und den er Polarisationswinkel nennt, für die verschiedenen Substanzen verschieden ist.

— Nachdem der Artillerieleutnant Bell 1792 zum ersten Male den Versuch gemacht hatte, mit einer aus einer Kanone geschossenen Kugel eine Leine vom Lande nach einem Schiffe zu befördern, konstruiert George William **Manby** nach vielen mißglückten Versuchen einen Mörserapparat, durch den die Verbindung eines Rettungsbootes mit dem gestrandeten Schiff in ähnlicher Weise hergestellt wird.

— Der englische Ingenieur William **Newberry** erfindet die Bandsäge. (S. a. 1852 P.)

— Christian Heinrich **Pfaff** stellt aus dem Süßholz das Glycirrhizin dar, das von Berzelius, Vogel, Gorup-Besanez u. a. näher untersucht wird und sich als ein Glucosid erweist.

— Nachdem Winterl durch Ausziehen der Blutlaugenmasse mit Weingeist ein Salz bekommen hatte, das Eisenlösungen nicht blau, sondern rot färbt, wird die erste ausführliche Untersuchung dieses Salzes, das er durch Kochen von Berlinerblau und Schwefelkalium herstellt, und der daraus entstehenden Schwefelblausäure von **Porret** ausgeführt. Berzelius betrachtet dieselbe 1820 als die Wasserstoffsäure eines Radikals, das er Rhodan nennt; Liebig gibt diesem Radikal den Namen Sulfocyan und der Säure den Namen Sulfocyanwasserstoffsäure.

— Georg **von Reichenbach** vervollkommnet die Steuerung der Wassersäulenmaschine (s. 1753 H.), indem er die bis dahin gebräuchlichen Hähne durch Kolben ersetzt. Es gelingt ihm, mit seiner vervollkommneten Maschine Salzsole auf $12\frac{1}{2}$ Meilen Entfernung und auf die Vertikalhöhe von 953 m zu fördern.

1808 Georg **von Reichenbach** entwickelt das von Praetorius (1590) erfundene, von Lehmann verbesserte Diopterlineal zur Kippregel, die zur Messung von Horizontal- und Vertikalwinkeln, zum Distanzmessen, sowie zur Höhenmessung dient und insbesondere von Breithaupt in Kassel (s. 1866 B.) noch wesentlich verbessert wird.

— Johann Christian **Reil** stellt bei seinen Versuchen, den Bau des Gehirns zu entwirren, die gröbere Formbeschaffenheit des Kleingehirns fest und entdeckt die sogenannte Reil'sche Insel.

1808—19 Karl Asmund **Rudolphi** erweitert durch seine „Entozoorum historia naturalis" die Kenntnis von den Eingeweidewürmern, die Helminthologie, die später von Küchenmeister (s. 1852 K.), Siebold, Leuckart (s. 1860 L.) und Leydig vertieft wird.

1808 Thomas Johann **Seebeck** entdeckt, daß Ammoniak mit Quecksilber, dem Einfluß der galvanischen Elektrizität ausgesetzt, Ammoniumamalgam liefert. Wenige Monate darauf wird es auch von Berzelius und Pontin dargestellt, die ebensowohl wie Humphry Davy das Ammoniakgas für eine sauerstoffhaltige Verbindung halten, bis Amedée Berthollet (1809) diesen Irrtum erkennt.

— Der Bergingenieur **Taylor** konstruiert für die Kohlenaufbereitung auf den Gruben von Newcastle Walzwerke, die aus horizontal nebeneinander liegenden Walzenpaaren bestehen, die mit Höckern oder Rippen versehen werden, um grobe Erzstücke leichter zu fassen. Späterhin werden glatte Walzen von großem Durchmesser und geringer Länge als zweckmäßiger befunden. Diese Walzwerke finden gegen 1850 auch in der Erzaufbereitung Eingang.

— Der Ophtalmolog James **Wardrop** begründet die pathologische Anatomie des Auges.

— **Webb** gelangt auf seiner Reise im Himalaja bis zu den Gangesquellen.

— Aloys Beckh **von Widmannstetter** entdeckt die nach ihm benannten auf glattpoliertem Meteoreisen durch Ätzen mit Salpetersäure entstehenden Figuren.

1809 **Bordier-Marcet**, Mechaniker in Paris, konstruiert die unter dem Namen „Astrallampe" bekannte Kreuzlampe, die ein nur ganz allmähliches Sinken des Ölniveaus zeigt, aber den Fehler hat, daß der Kranz einen ringförmig nach allen Seiten sich ausbreitenden Schatten wirft.

— E. J. B. **Bouillon-Lagrange** und gleichzeitig L. N. **Vauquelin** beobachten, daß Stärkemehl beim Erhitzen bis zu einer Temperatur, bei welcher es sich der völligen Zersetzung nähert, in einen in Wasser löslichen Körper verwandelt wird. Die Lösung dieses Körpers zeigt im wesentlichen gleiche Eigenschaften, wie die Lösung des arabischen Gummis.

— Joseph **Bramah** baut für die Bank von England die erste Nummeriermaschine (Paginiermaschine), welche den Druck der fortlaufenden Nummern auf den Banknoten selbsttätig ausführt.

— Pierre Louis Antoine **Cordier** beobachtet an dem von ihm Dichroit, jetzt Cordierit genannten Mineral die von Wollaston entdeckte Erscheinung des Dichroismus, die 1821 von Soret auch am Topas und anderen Mineralien beobachtet wird.

— Humphry **Davy** weiß, daß Phosphor in reinem Sauerstoff nicht leuchtet, und daß man den Sauerstoff mit einem andern Gas oder in der Luftpumpe verdünnen muß, damit der Phosphor in ihm verbrennt.

— **Eckardt** schlägt zuerst den Zentrifugaiguß zum Gießen von Hohlkörpern ohne inneren Modellkern vor. Das Metall soll nach seinem Vorschlag in eine rasch rotierende Form gegossen werden, so daß sich dasselbe unter dem Einflusse der Zentrifugalkraft an die Innenwände der Form anlegt und im Innern des Gußstücks ein hohler Raum entsteht.

1809 Johann Nepomuk **Fuchs** findet im Erdöl von Tegernsee eine fettartige Substanz, deren Identität mit dem Paraffin (s. 1830 R.) erst später erkannt wird.

— Nachdem Scheele (s. 1775 S.) zuerst das Siliciumtetrafluorid (Kieselsuperfluorid) beobachtet und Priestley dasselbe als eine eigentümliche Verbindung erkannt hatte, stellen es **Gay-Lussac** und **Thénard** durch Erhitzen von gepulvertem Flußspat und gestoßenem Quarz mit konzentrierter Schwefelsäure in reinem Zustande dar und ermitteln seine Natur und Zusammensetzung.

— **Gay-Lussac** und **Thénard** entdecken bei ihren Versuchen, aus dem Flußspat mit Borsäure in der Hitze Flußsäure abzuscheiden, das Borsuperfluorid und stellen durch Behandlung von Flußspat mit Vitriolöl zuerst fast wasserfreie Flußsäure her, die ganz wasserfrei erst von Frémy (s. 1856 F.) erhalten wird.

— John **Heathcoat** in Nottingham erfindet die Bobbinetmaschine, durch welche die Fabrikation des englischen Tülls zu einem Großfabrikationszweige wird. (S. a. 1758, 1769 und 1775.)

— John Frederick William **Herschel** beobachtet die Interferenz des Lichts an planparallelen Platten.

— Vincenz **von Kern** tritt unter Verwerfung der bisher üblichen Pflaster- und Salbenbehandlung für eine vereinfachte Behandlung der Wunden ein, bei der er das größte Gewicht auf die Anwendung des kalten und warmen Wassers legt, das übliche Vollstopfen mit Scharpie gänzlich verwirft und das Ableiten des Wundsekretes empfiehlt (offene Wundbehandlung). Diese Art der Wundbehandlung empfiehlt später namentlich Burow (1875).

— Daniel **Koechlin** lehrt zuerst die Beizstoffe zugleich mit den Reserven anwenden, was für die Zeugdruckerei einen wesentlichen Fortschritt bedeutet (Lapisartikel).

— Jean Baptiste Antoine Pierre Monet **de Lamarck** stellt die Hypothese auf, daß der Grundplan der organischen Wesen und die Ähnlichkeit ihrer Organisation in den einzelnen Gruppen auf einer bald näheren, bald entfernteren Abstammung beruhe, und wird mit seiner Transmutationstheorie der Vorläufer der Darwin'schen Ideen; er sucht die Ursache der Abänderungen des organischen Baus in der Anpassung an eine besondere Lebensweise des erwachsenen Tieres.

— William **Losh** schlägt für die Schienenverbindung den schrägen Stoß vor, den 1814 G. Stephenson bei den gußeisernen Schienen der Killingworther Zechenbahn verwendet.

— Nachdem schon Felix Plater 1680 an die Möglichkeit gedacht hatte, den Eierstock zu exstirpieren, und Houstoun 1701 eine partielle Operation ausgeführt hatte, macht Ephraim **Mac Dowell** in Kentucky die erste totale Ovariotomie.

— Johann Friedrich **Meckel** der Jüngere liefert „Beiträge zur vergleichenden Anatomie". Er macht fundamentale Untersuchungen, insbesondere über die Entwicklung des Zentralnervensystems, der Wirbel- und Schädelknochen, der Zähne, des Darms und des Herzens.

— Daniel Karl Theodor **Merrem** macht die ersten erfolgreichen Versuche bei Tieren, die durch Trepanation entfernte Knochenscheibe wieder einzuheilen. Der erste Versuch einer solchen Transplantation beim Menschen wird 1821 von Philipp von Walther unternommen. (S. a. 1858 O.)

— **Patterson** entdeckt die Insel Jaluit, die größte und wichtigste der deutschen Marshallinseln.

1809 Luigi **Rolando** bestimmt die große Zentralfurche des Gehirns und beschreibt
genauer die Gestalt der grauen Rückenmarksubstanz. Er stellt zuerst die
Beziehung des Großhirns zur Intelligenz, zum Triebleben, zur Sinnes-
empfindung und die Beziehung des Kleinhirns zur Bewegung fest und
wird der bedeutendste unter den Vorläufern von Flourens.

— Samuel Thomas **von Sömmering** in München sucht die Wasserzersetzung
zur telegraphischen Übersendung von Nachrichten zu verwerten. Wenn
schon, selbst auf größere Entfernungen, Resultate erzielt werden, so haben
die Versuche doch keinen praktischen Erfolg. Der Apparat erforderte
35 Leitungsdrähte.

— Albrecht Philipp **Thaer,** Begründer der ersten höheren landwirtschaftlichen
Lehranstalt Möglin, wendet die Naturwissenschaften auf die Landwirtschaft an und ermöglicht dadurch eine rationelle Entwicklung derselben.
Er weist namentlich auf den Wert des Humusgehalts des Bodens für den
landwirtschaftlichen Betrieb hin.

— Nachdem schon Mayer in seinem Buch „Das Ganze der Landwirtschaft"
darauf aufmerksam gemacht hatte, daß die Pflanzenwurzeln sich in einer
tiefen Ackerkrume anders als in einer flachen entwickeln, leitet Albrecht
Philipp **Thaer** bestimmte Verhältniszahlen über die mit zunehmender Tiefe
der Ackerkrume wachsende Produktionsfähigkeit des Bodens ab.

— T. **Williamson** konstruiert die sogenannte Kapselsäemaschine, die fast ausschließlich zur Reihensaat kleinerer runder Körner (Raps, Mohn, Senf usw.)
verwendet wird und den Vorteil bietet, daß bei ihr durch Schieber, welche
die kleinen an der Kapsel befindlichen Löcher verschließen und öffnen,
die Menge des ausgestreuten Samens genau geregelt werden kann.

— William Hyde **Wollaston** erfindet die Camera lucida.

— William Hyde **Wollaston** erfindet das Reflexionsgoniometer zur genauen
Ausführung von Krystallwinkelmessungen.

— William Hyde **Wollaston** zeigt, daß die von Hatchett (s. 1801 H.) und
Ekeberg (s. 1802 E.) hergestellten Oxyde des Columbiums und Tanta-
liums identisch sind.

1810 André Marie **Ampère** betrachtet die Flußsäure — in Analogie der Salzsäure
(vgl. 1810 D.) — zuerst als Wasserstoffsäure.

— Der Amerikaner **Barnett** erfindet das Nageln der Schuhe, durch welches
die langwierige Arbeit des Nähens beseitigt wird. In Paris wird die Ausbeutung des Patents von Gergonne in die Hand genommen. Die Schuh-
stifte werden aus Eisen, Messing oder Kupfer und ohne Kopf hergestellt.
Erst 1839 werden die Metallstifte durch Holzstifte ersetzt, wahrscheinlich
zuerst von Krantz in Dresden. 1844 wird hierzu eine Maschine von
Lefèvre und Bost in Paris angegeben.

— Gaspard Laurent **Bayle** zeichnet sich durch seine Untersuchungen über
Tuberkulose aus. Er sieht die an den Lungen von Phthisikern vorhandenen hirsekorngroßen Knötchen als die charakteristischen tuberkulösen
Veränderungen an. Seine Anschauungen werden von R. T. H. Laënnec
noch erweitert, der namentlich auf die Häufigkeit der käsigen Umwandlung in den größeren Knoten hinweist und darin das spezifisch Tuber-
kulöse erblickt. (S. a. 1794 B.)

— Der Mechaniker Friedrich Wilhelm **Breithaupt** in Kassel vervollkommnet
den Grubenkompaß und die Nivellierinstrumente und baut später die
erste große Kreisteilmaschine in Deutschland. (Vgl. 1866 B.)

— Samuel **Brown** konstruiert die erste Kettenprüfungsmaschine, bei welcher
durch Belastung der fertigen Ketten die Fehler in der Arbeitsausführung
derart ausfindig gemacht werden, daß alsdann ein Neuersatz der mangelhaft geschweißten Schaken erfolgen kann. (S. a. 1816 B.)

1810 Michel Eugène **Chevreul** beginnt die wissenschaftliche Erforschung des Verseifungsprozesses, durch welche er den Grund zur neueren, rationellen Entwicklung der Seifenindustrie legt.

— Vincenzo **Dandolo** in Varese studiert die Nahrung und die sonstigen Bedürfnisse der Seidenraupe, verbessert die Einrichtung der Raupenzuchtanstalten und des Fütterungsverfahrens und bemüht sich um die Auswahl und Heranziehung geeigneter Arten des Maulbeerbaumes.

— Humphry **Davy** spricht zuerst die Ansicht aus, daß Chlor ein Element und die Salzsäure dessen Wasserstoffverbindung sei. Er erweist dies 1812 durch schlagende Versuche vor einer Anzahl englischer Chemiker in Edinburg, wo er zeigt, daß sich bei der Vereinigung des salzsauren Gases mit einer sauerstofffreien Basis kein Wasser abscheidet.

— Humphry **Davy** entdeckt das Phosphorchlorid.

— J. C. **Deyerlein** in London konstruiert die erste bekannte Röhrenpreßmaschine für Tonröhren. Dieselben dienen insbesondere als Wasserleitungsröhren, vermögen sich jedoch den gußeisernen Röhren gegenüber nicht zu behaupten.

— Der französische Irrenarzt Jean Etienne Dominique **Esquirol** wirkt im Sinne seines Lehrers Philippe Pinel für Beseitigung des Zwangs in der Irrenpflege.

— Der Wagner Melchior **Fink** in Bregenz übt das Biegen des Holzes, namentlich zur Herstellung von Radfelgen aus einem einzigen Stücke aus. Er erhält 1821 in Wien ein Privilegium für das Biegen des Holzes. (S. a. 1720 C. und 1794 V.)

— Johann Gottlieb **Gahn** erfindet die sogenannten Reitergewichte, deren man sich zur Ausgleichung der kleinsten Gewichtsdifferenzen beim Wägen auf der zweiarmigen Wage jetzt allgemein bedient.

— Louis Joseph **Gay-Lussac** und Louis Jacques **Thénard** finden, daß Baryt unter Mitwirkung von Wärme Sauerstoff absorbieren kann und stellen so das Bariumhyperoxyd her.

— Philippe Henri **de Girard** beschäftigt sich infolge des von Napoleon I. für die Flachs-Maschinenspinnerei ausgesetzten Preises von 1 Million Franken mit dieser Industrie und muß als der eigentliche Begründer der Flachs-Maschinenspinnerei angesehen werden, indem alle späteren Erfindungen nur Fortschritte auf dem von ihm gezeigten Wege sind. Seine Erfindungen erstrecken sich sowohl auf die Hechelmaschine als auch auf die Streck- und Spinnmaschine.

— Gabriel Joseph **Grenié** erfindet die mit freischwingenden Zungen konstruierte Orgue expressif, Expressivorgel, jetzt Harmonium genannt.

— Der Mediziner Christian Friedrich Samuel **Hahnemann** begründet sein neues, „Homöopathie" genanntes Heilsystem.

— **Kittel** in Berlin verbessert die Hefe und führt die Schlempehefe ein, die bessere Resultate als die ohne Vorsichtsmaßregeln gesäuerte Kunsthefe gibt.

— Daniel **Koechlin** und Johann Gottfried **Dingler** gelingt es zuerst, fertig gewebte Zeuge türkischrot (adrianopelrot) zu färben.

— Nachdem schon 1787 in Wien und in Holland Teigknetmaschinen aufgekommen waren, die ihrer primitiven Konstruktion wegen jedoch weitere Verbreitung nicht fanden, gelingt es **Lembert** in Paris, eine gebrauchsfähige Brotteigknetmaschine zu konstruieren, die 1830 von Roland und 1839 von Fontaine noch wesentlich verbessert wird.

— Nachdem Cullen 1755 die Beobachtung gemacht hatte, daß man durch Luftverdünnung die Verdunstung des Wassers so sehr beschleunigen könne, daß das Wasser selbst im Sommer infolge der Verdunstungskälte gefriere, und Nairne 1777 gefunden hatte, daß Schwefelsäure im luftverdünnten Raum die Feuchtigkeit anziehe, gelingt es John **Leslie**, durch Absaugen

der Dämpfe mit der Luftpumpe und Absorbieren in Schwefelsäure Wassermengen bis zu 750 g zum Gefrieren zu bringen. (Vgl. auch 1824 V.)

1810 Der französische Physiolog François **Magendie** ist der Hauptbegründer der
modernen experimentellen Richtung in Physiologie, Anatomie und Arzneimittellehre. Er bereichert durch seine Versuche an lebenden Tieren die
Gebiete der tierischen Wärme, der Verdauung und der Nervenphysiologie.

— François **Magendie** betont zuerst den Unterschied der stickstoffhaltigen
und stickstofffreien Nährstoffe und zeigt, daß letztere allein das Leben
nicht zu erhalten vermögen.

— George **Medhurst** macht den Vorschlag, die in einem geschlossenen Kanal
enthaltene Luft zu verdünnen und die hierdurch erzeugte Differenz zwischen dem Druck der äußeren und der im Kanal enthaltenen Luft zur
Fortbewegung von Gegenständen zu benutzen. Ähnliche Vorschläge werden
nach englischen Quellen 1826 von John Vallance gemacht. (Anfänge der
pneumatischen Post.)

— Ignaz **Pauer** in Leobersdorf verwendet zuerst zur Trennung der Griese von
den Schalen des Getreides eine Griesputzmaschine, in der die Griese ge-
siebt und durch einen künstlichen Luftzug von den Schalen befreit werden.

— **Pering** in Portsmouth konstruiert den sogenannten Admiralitätsanker, einen
Schiffsanker mit festen Armen. Der Admiralitätsanker hat lange Zeit hin-
durch eine ausschließliche Verwendung gefunden und ist in der deutschen
Handelsmarine auch jetzt noch in Gebrauch.

— **Pratt** ist der erste, der die Dampfmaschine in der Landwirtschaft zur Bearbeitung des Erdbodens und zum Betrieb der landwirtschaftlichen Geräte
heranzieht, und der sich als Zugzwischenmittel der endlosen Ketten bedient.

— Edme **Regnier** bringt eine dynamometrische Kurbel in Vorschlag, die von
Morin verbessert und 1850 durch Clair ausgeführt wird.

— Thomas Johann **Seebeck** entdeckt, wie Goethe im Anhang zur „Geschichte
der Farbenlehre" mitteilt, daß feuchtes Chlorsilber im farbigen Licht annähernd die Belichtungsfarben annimmt.

— Robert **Seppings** ermöglicht den Bau längerer Schiffe, als bisher, dadurch,
daß er angesichts der Fortschritte der Eisenindustrie darangeht, die Deck-
balken mit den Spanten durch eiserne Kniee zu verbinden und eiserne
Diagonalbänder anzuwenden, um die hölzernen Verbandteile zu entlasten.

— Joseph **Strasser** in Wien erfindet den nach ihm benannten Straß, der durch
Schmelzen von gepulvertem Bergkrystall, gereinigtem Ätzkali, chemisch
reiner Mennige und gereinigtem Borax hergestellt wird und sich durch
seinen Glanz und sein Feuer auch in Frankreich, wo Wieland-Donault 1819
die Fabrikation dieser Edelstein-Imitation aufnimmt, einführt und dauernd
hält.

— André **Thouïn** spricht aus, daß das Okulieren des Obstes nur dann mit Erfolg betrieben werden könne, wenn das zu inokulierende Reis und der zu
veredelnde Stamm verwandt sind.

— Nachdem zuerst der Färber Apel in Bautzen das Dampfkochen für Farb-
extrakte in die Praxis eingeführt hatte, extrahiert Johann Bartholomäus
Trommsdorf zuerst in den Apotheken mit Dampf und dickt auch die Extrakte mit Dampf ein.

— William Hyde **Wollaston** entdeckt das Cystin in einem Blasensteine. Später
wird dasselbe von E. Külz (1890) aus der Verdauungsflüssigkeit von Fibrin
gewonnen und dessen große Verbreitung als schwefelhaltiges Abbauprodukt
der Eiweißstoffe nachgewiesen. Seiner Zusammensetzung nach ist es
α-Diamino-β-Dithiolaktylsäure.

— A. **Zeum** verfertigt Reliefgloben aus Gips, die, ursprünglich für den Blindenunterricht bestimmt, sich später allgemein einführen, wenn sie auch an dem Übelstand leiden, daß die Höhen wegen des kleinen Maßstabes unverhältnismäßig übertrieben werden müssen.

1811 François Dominique **Arago** beobachtet zuerst, daß Quarz, wenn weißes Licht parallel der Achse hindurchgeht, ein anderes Verhalten zeigt, als andere einachsige Krystalle. Die Erklärung dieser Erscheinung gibt erst Biot. (Vgl. 1817 B.)

— Amadeo **Avogadro di Quaregna** spricht das nach ihm benannte Gesetz aus: „Gleiche Mengen aller Substanzen enthalten im gasförmigen Zustand und unter gleichen Bedingungen die gleiche Anzahl Moleküle." 1814 kommt Ampère von ähnlichen Ansichten wie Avogadro ausgehend zur Bestätigung dieses Gesetzes.

— Jean Pierre **Barruel** in Paris empfiehlt die Kohlensäure zur Abscheidung des überschüssigen Kalks aus den Rübensäften.

— Charles **Bell** macht die Beobachtung, daß Reizung der vorderen Rückenmarkswurzeln die Muskeln zur Kontraktion bringt, während dies bei den hinteren Wurzeln nicht gelingt.

— **Bellangé** und **Brunet** konstruieren die erste aus Eisen erbaute Kuppel von 39 m lichter Spannweite über der Kornhalle zu Paris. Die Anregung zur Verwendung des Eisens war von Rondelet ausgegangen.

— Johann Jacob **von Berzelius** gibt der chemischen Nomenklatur (s. 1787 L.) bei Gelegenheit seiner Herausgabe der schwedischen Pharmakopöe die Form, in der dieselbe jetzt noch besteht.

— Johann Jacob **von Berzelius** stellt zuerst das Goldoxydul und das Goldchlorür dar.

— Johann Jacob **von Berzelius** hebt die Übereinstimmung hervor, welche zwischen den Oxydations- und den Schwefelungsstufen der Metalle stattzufinden pflegt, und macht 1821 darauf aufmerksam, daß sich Schwefelverbindungen untereinander ähnlich wie Sauerstoffverbindungen zu Salzen vereinigen können.

— John **Blenkinsop** nimmt ein Patent auf eine Lokomotive, die mittels eines Zahnrades bewegt wird, das in eine längs der Schienen gelegte Zahnstange eingreift. Nach diesem Prinzip, das später bei Bergbahnen Verwendung findet, wird im Jahre 1812 die Leeds-Middleton-Eisenbahn als nachweislich erste Zahnradbahn erbaut.

— Auf Vorschlag von Laplace bewirken die Obersten **Brousseaud** und M. **Henry** sowie **Nicollet** und **Largeteau** eine vollständige Triangulation des 45. Parallelkreises, soweit derselbe zu Frankreich gehört, während **Carlini** und **Plana** im Auftrag der sardinischen und österreichischen Regierung die Arbeit von der französischen Grenze über Turin und Mailand bis Fiume übernehmen. Als Resultat ergibt sich die Länge eines Parallelgrades unter dieser Breite zu 39970 Toisen.

— Christian Friedrich **Bucholz** stellt aus der Vanille eine krystallinische Substanz her, die er für Benzoesäure hält, und die erst 1858 von Gobley in reiner Form dargestellt und als Vanillin charakterisiert wird.

— Michel Eugène **Chevreul** stellt zuerst den Farbstoff des seit dem 16. Jahrhundert von den Spaniern in den Handel gebrachten Blauholzes in freier Form dar und nennt denselben „Hämatoxylin". Derselbe wird von Erdmann und Hesse näher untersucht. Es gelingt ihm ferner aus Rotholz „Brasilin" zu isolieren, das er für identisch mit Hämatoxylin hält, das aber, wie Liebermann und Burg (1876) zeigen, eine niedrigere Oxydationsstufe als Hämatoxylin darstellt.

— Michel Eugène **Chevreul** stellt aus der Quercitronrinde (s. 1775 B.) einen gelben Farbstoff her, welchen er Quercitrin nennt. Der Farbstoff wird

später von Rochleder in den Kastanienblüten, von Wagner im Hopfen aufgefunden und ist in der Natur sehr verbreitet. Rigaud charakterisiert ihn
1853 als Glucosid, das sich beim Kochen mit verdünnten Säuren in Quer-
cetin und eine von Hlasiwetz und Pfaundler 1880 als Isodulcit erkannte
Zuckerart spaltet.

1811 Heinrich **Cotta,** der 1795 die Privatforstlehranstalt in Zillbach begründet
hat, stellt zuerst den organischen Zusammenhang der Forsteinrichtung mit
der praktischen Wirtschaftsführung klar und bahnt die naturwissenschaftliche Begründung der Waldwirtschaftslehre an.

— Bernard **Courtois** in Paris entdeckt das Jod, welches er aus der Mutterlauge
der „Varec“ genannten Asche von Seepflanzen darstellt.

— John **Davy** entdeckt bei Behandlung von Kohlenoxyd mit Chlor das Chlor-
kohlenoxyd, auch Phosgengas genannt.

— Der französische Chemiker Pierre Louis **Dulong** entdeckt den Chlorstickstoff,
einen äußerst explosibeln Körper. Er verliert bei seiner Entdeckung ein
Auge und drei Finger, und auch Davy und Faraday, obschon mit der Ge-
fährlichkeit des Körpers bekannt, tragen (1813) bei seiner Untersuchung
nicht unerhebliche Verletzungen davon.

— John **Dyer** erfindet eine Maschine, die selbsttätig die Anfertigung von Eisen-
drahthäkchen für die Beschläge der Woll-, Baumwoll- und Wergkratzen-
maschinen (Kratzenbeschläge) vornimmt und vorbildlich wird für die vielen
spätern Erfindungen dieser Art.

— Nachdem i. J. 1720 Hochbrucker die Harfe mit Hilfe einer Pedaleinrich-
tung dahin verbessert hatte, daß durch einen Pedaltritt ein gemeinsames
Umstimmen aller gleichnamigen Töne möglich wurde, wodurch beide Hände
des Spielers für das Spiel frei blieben, erfindet der Instrumentenmacher
Sébastien **Erard** in Paris (eigentlich Sebastian Erhard aus Straßburg) die
Doppelpedalharfe (à double mouvement), bei der jede Saite durch Pedale
zweimal um einen Halbton höher gestimmt werden kann.

— Nachdem bis dahin große Verschiedenheit der Ansichten in betr
Anzahl der Oxydationsstufen des Eisens geherrscht hatte, nimmt Louis
Joseph **Gay-Lussac** außer dem Eisenoxyd und dem Eisenoxydul noch eine
intermediäre Oxydationsstufe, das Eisenoxyduloxyd an. (Vgl. auch
1840 F.)

— Louis Joseph **Gay-Lussac** verbessert im Verein mit Louis Jacques **Thénard**
die 1777 von Lavoisier begründete organische Analyse (Elementaranalyse),
die von Berzelius und Liebig in die heute noch übliche Form gebracht
wird. Zur Verbrennung der organischen Körper wenden sie das chlorsaure Kali an.

— Louis Joseph **Gay-Lussac** und Louis Jacques **Thénard** konstatieren, daß
Kalium sowohl, wie Natrium bei erhöhter Temperatur Wasserstoff absorbieren.

— **Hamond** in London scheint bei den Sägemühlen zuerst die Walzen zum
Vorschieben des Holzes angewendet zu haben; in Frankreich wird das
Verfahren erst 1830 durch Santreuil eingeführt.

— Johann Georg **Heine** wendet zuerst den Druckverband an, indem er bei
„Hydrops genu“ Badeschwämme von vorn und von den Seiten her so gegen
das Kniegelenk legt, daß sie die Kniescheibe wie zwei flach nebenein-
andergelegte Hände umfassen, und eine straffe Bindeneinwicklung darüber
folgen läßt. Zu diesen Verbänden, die späterhin auf die verschiedenste
Weise modifiziert werden, finden, abgesehen von Heftpflastereinwicklungen,
die Hahn'schen Binden, Trikotschlauch-, Ideal-, Kreppbinden usw. Verwendung.

— Der Pater Placidus **Heinrich** untersucht die Phosphoreszenz.

1811 **Jlisch** entdeckt das Salbeiöl, das er durch Destillation des frischgetrockneten Krautes von Salvia officinalis gewinnt. Von sonstigen flüchtigen Ölen [wird das Majoranöl von Kane (1834), das Spiraeaöl von Dumas (1833), das Olibanumöl von Stenhouse (1835), das Meisterwurzöl von Wackenroder, das Muskatnußöl von Bley, das Öl aus Iris florentina von Vogel (1814) und Dumas (1829), das Sassafrasöl von Binder (1821) untersucht. (S. a. 1820 S., 1824 B., 1840 V.)

— Friedrich Ludwig **Jahn** macht die Turnübungen volkstümlich und wendet zuerst Barren und Reck als Turngeräte an. Er gibt ihnen auch ihre (aus dem Niederdeutschen entlehnten) Namen und verwendet wahrscheinlich auch als erster die Hanteln.

— Gottlieb Sigismund Constantin **Kirchhoff** in Petersburg stellt Traubenzucker durch Kochen von Stärkemehl mit verdünnter Schwefelsäure her. Er entdeckt damit die erste katalytische Wirkung, d. i. diejenige Wirkung, die ein Körper, ohne sich chemisch zu verändern, lediglich durch seine Anwesenheit, auf den Verlauf von Reaktionen ausübt. Der Name und Begriff „katalytisch" wird 1835 von Berzelius aufgestellt.

— Thomas Andrew **Knight** weist nach, daß die Wurzeln durch feuchte Erde von ihrem senkrechten Wachstum abgelenkt werden (Hydrotropismus), und daß die Ranken des Weinstocks sich von der Lichtquelle abwenden (negativer Heliotropismus).

— Nachdem William Nicholson's erste Idee einer Druckmaschine (1790) gänzlich verschollen war, kommt Friedrich **König** selbständig auf die Verbesserung der Buchdruckerpresse durch Anbringung eines Farbenauftrageapparats und baut nach mehreren mißlungenen Versuchen in Gemeinschaft mit Andreas Friedrich **Bauer** seine Zylinderdruckmaschine oder Schnellpresse, die sich rasch durch die ganze Welt verbreitet.

— Peter Friedrich **Krupp** in Essen gelingt es zuerst, durch Vereinigung des Inhalts zahlreicher Tiegel in einer einzigen Gußform schwere Blöcke von Gußstahl zu gießen. Seine kleine Gußstahlfabrik bildet den Grundstock der späteren großartigen Anlagen der Firma Fried. Krupp.

— Etienne Louis **Malus** wendet seine Entdeckung der Doppelbrechung auf die Krystalle an und konstruiert für seine Untersuchungen verschiedene Polarisationsapparate, die teils aus einem Spiegel und einer Kalkspatplatte, teils aus zwei Spiegeln bestehen.

— Der Mineralog Friedrich **Mohs** stellt zur Mineralbestimmung seine Härteskala auf, welche sich aus zehn Nummern, deren erste Talk und deren zehnte Diamant ist, zusammensetzt, und legt zuerst Wert auf das spezifische Gewicht als Unterscheidungszeichen.

— Georg **von Reichenbach** erfindet den Fadendistanzmesser, einen Distanzmesser, der sich auf einen konstanten Sehwinkel und einen veränderlichen Lattenabschnitt gründet und seinen Namen daher hat, daß der konstante Winkel durch ein Fadenmikrometer hergestellt wird.

1811—33 Gustav **Schübler** macht eingehende Untersuchungen über atmosphärische Elektrizität und weist die tägliche und jährliche Periode des normalen elektrischen Luftpotentials nach. Bei der täglichen Periode zeigt sich ein Maximum um Sonnenuntergang, ein Minimum um die Mittagsstunde, bei der jährlichen Periode ein Maximum im Januar und Februar, ein Minimum im Mai und Juni.

1811 J. L. M. **Smithson** erklärt die Kieselerde für eine schwache Säure, was gleichzeitig auch von Berzelius gefunden wird, der 1814 zeigt, daß sich die Kieselsäure in bestimmten Verhältnissen mit Basen vereinigt, und daß die kieselhaltigen Mineralien sich als kieselsaure Salze, die nach be-

20*

stimmten stöchiometrischen Proportionen zusammengesetzt sind, ansehen lassen.

1811 Der bayrische Steuerrat **von Soldner** entwickelt sphärisch rechtwinklige Koordinaten für die Dreieckspunkte des Hauptnetzes eines Landes und führt sein Koordinatensystem für Bayern durch. Die Soldner'schen Koordinaten werden jetzt in den meisten deutschen Staaten und vielfach auch im Ausland als bequemstes Mittel, die Dreieckspunkte in die Maschen des geographischen Netzes einer Landesvermessung einzutragen, gebraucht.

— Nachdem ein Spanier Salva im Jahre 1795 zuerst vor der Akademie der Wissenschaften in Barcelona die Idee der submarinen Telegraphie ausgesprochen hatte, machen **Soemmering** und **Schilling von Canstadt** den ersten Versuch, mit isoliertem Draht durch die Isar zu telegraphieren, bei welcher Gelegenheit der letztere den Vorschlag macht, in die Leitung eine Wasserstrecke einzuschalten.

— Johann Georg **Tralles** revidiert die Alkoholbestimmungen von Blagden und Gilpin (s. 1794 B.) und stellt Tabellen auf, die den Alkoholgehalt des Spiritus in Volumprozenten angeben. Diese Tabellen werden in Preußen den amtlichen Vorschriften zugrunde gelegt.

— Der Engländer James **White** nimmt in Frankreich ein Patent auf eine Maschine zur Massenherstellung von Drahtstiften aus Eisendraht, die erste, wenn auch noch unvollkommene Maschine dieser Art. (S. 1846 W.)

— James **White** scheint zuerst die Kreisschere (Zirkelschere) zum Beschneiden von Blechtafeln in Anwendung gebracht zu haben.

1812 **Aubertôt** spricht zuerst den Gedanken aus, daß es zweckmäßig sein würde, beim Kalkbrennen an Stelle der festen Brennstoffe die Gase des Brennmaterials zu verwenden. (Vgl. 1830 L. und 1862 S.)

— Henry **Bell** läßt bei Wood & Co. in Glasgow ein 40 Fuß langes Schiff erbauen, das mit einer Maschine von John Robertson aus Glasgow versehen wird und den Namen „Comet" erhält. Nach der in den ersten Augusttagen unternommenen Probefahrt wird am 5. August die Dampfschiffahrt zwischen Glasgow und Greenock mit dem „Comet" eröffnet, womit die europäische Dampfschiffahrt beginnt.

— Jacques Etienne **Bérard** entdeckt die Polarisation der Wärme durch Reflexion an Glasspiegeln.

— Johann Jacob **von Berzelius** stellt im Anschluß an seine Arbeiten mit Hisinger (s. 1807 B.) und an die 1806 von Davy angedeuteten Ideen seine elektrochemische Theorie auf, nach der zusammengesetzte Körper durch Aneinanderlagerung von Bestandteilen hervorgebracht werden, deren Affinität eine Folge ihrer elektrischen Eigenschaften ist.

— Johann Jacob **von Berzelius** untersucht die Antimonverbindungen, bestimmt die Antimonoxyde, wie sie noch jetzt angenommen werden, und gibt den höheren Oxydationsstufen die Namen antimonige Säure und Antimonsäure.

— **Bradbury** und **Weaver** ersetzen die in Nürnberg um 1680 erfundene, unter dem Namen „Wippe" bekannte kleine Maschine zur Ausbildung der Köpfe für die Stecknadeln durch eine automatische Maschine, welche die Drähte zur Kugelgestalt formt, die so gebildeten Köpfe aufsteckt und die Nadeln vollständig fertig macht.

— David **Brewster** weist nach, wie mit zwei Prismen aus demselben Glas farblose Brechung erzielt werden kann. Daraus entsteht dann das Teinoskop, ein nur aus vier planen Prismen konstruiertes Vergrößerungsglas (von Dr. Blair hergestellt.)

— Charles **Cagniard de la Tour** erfindet das Schraubengebläse (auch Cagniardelle genannt), das aus einer schrägliegenden, zum Teil in Wasser getauchten Archimedischen Schraube besteht, deren Umdrehung einen ununterbrochenen Windstrom erzeugt.

1812 William und Edward **Chapman** ändern die Blenkinsop'sche Zahnradeisenbahn (s. 1811 B.) dahin ab, daß sie an Stelle der gezahnten Längsschiene eine eiserne Kette von Station zu Station ziehen, an der sich die Lokomotive nach Analogie der Kettenschiffahrt entlang holt.

— Michel Eugène **Chevreul** stellt das Indigweiß dar, das von Berzelius, Liebig und Dumas noch ferner untersucht wird.

— Ernst Friedrich **Chladni** macht die ersten Versuche über die Fortpflanzungsgeschwindigkeit des Schalls in Gasen.

— Georges **Cuvier** bringt die beiden durchgreifenden Kennzeichen der Ausbildung des tierischen Leibes, nämlich die Verschiedenheiten des Nervensystems und die Lagebeziehungen der wichtigeren Organe zur Geltung, indem er für die gesamte Tierwelt vier Typen aufstellt: Wirbeltiere, Weichtiere, Gliedertiere und Strahltiere.

— Georges **Cuvier** betont scharf die Bedeutung der Versteinerungen nicht nur für die Erforschung der Erdgeschichte, sondern ganz besonders auch für das Verständnis des tierischen Bauplans und für den Einblick in die gesamte organische Welt. Er betont als einer der ersten die oft grundsätzliche Verschiedenheit der tertiären und mesozoischen Tiere von den jetzt lebenden.

— Georges **Cuvier** nimmt zur Erklärung der geologischen Zeitalter eine Folge großer Umwälzungen an. (Katastrophentheorie.) Doch hat seine Lehre viele Gegner, selbst in den Reihen seiner Anhänger.

— Humphry **Davy** erhält zuerst die phosphorige Säure durch Behandlung von Phosphorchlorür mit Wasser.

— John **Davy** stellt die hauptsächlichen Verbindungen des Wismuts mit Schwefel dar, während die Chlor- und Bromverbindungen 1814 von Lagerhjelm und 1828 von Sérullas näher untersucht werden.

— John **Davy** findet bei Untersuchung der Zusammensetzung der Chlorverbindungen des Zinns, daß das Zinnchlorür dem Zinnoxydul und das Zinnchlorid dem durch Behandlung des Zinns mit Salpetersäure bereiteten Oxyd entspricht.

— **Ellis** verbessert den für geringere Gattungen von Baumwolle an Stelle des Klopfens seit Anfang des 19. Jahrhundert üblichen Wolf, der von den Tuchfabriken entlehnt ist und aus einer mit spitzen eisernen Zähnen besetzten Trommel besteht, indem er mehrere Trommeln nebeneinander legt und statt der Zähne Stacheln anwendet. (Doppelwolf.) Er nimmt das Dämpfen der Baumwolle, das der Behandlung im Wolf vorhergehen muß, im Wolf selber vor.

— **Figuier** und **Magnes** setzen die Versuche von Kehls (s. 1793 K.) fort und entdecken die entfärbende Wirkung der Knochenkohle auf gefärbte Pflanzensäfte, welche Entdeckung im gleichen Jahre Charles **Derosne** zur Einführung der Knochenkohle in die Zuckerfabrikation veranlaßt.

— Karl Friedrich **Gauß** veröffentlicht in den „Göttingischen Gelehrten Anzeigen" eine Abhandlung über die hypergeometrische Reihe, die fast sämtliche damals bekannte Reihen umfaßt, und untersucht die Konvergenz und Divergenz nicht nur für reelle, sondern auch für komplexe Werte.

— Johann Georg **Heine** verbessert das für orthopädische Zwecke viel angewandte Streckbrett und erfindet zahlreiche andere orthopädische Apparate. Er beschäftigt sich vorzüglich mit den Lähmungen und den Verkrümmungen der unteren Extremitäten.

— Adolf **Henke** gibt in seinem „Lehrbuch der gerichtlichen Medizin" eine umfassende gründliche Darstellung dieser Disziplin. Er weist nach, daß die Lungenprobe (s. 1667 R.), wenn sie auch in einzelnen Fällen von Wert ist, doch nicht unbedingt zuverlässig ist. Er arbeitet über die gerichtlich-medizinische Beurteilung der Vergiftungen, die Obduktion begrabener und faulender Leichen und sucht namentlich der Theorie der forensischen Medizin eine möglichst systematische Ausbildung zu geben.

1812 Eduard **Howard** führt den Vakuumapparat in die Technik und speziell in die Zuckerfabrikation ein.

— Johann Gottlieb **Koppe** trägt durch sein Buch „Unterricht im Ackerbau und der Viehzucht" viel zur Verbreitung der von Thaer aufgestellten Grundsätze der rationellen Landwirtschaft und deren Anwendung in der Praxis bei. Er legt namentlich die Notwendigkeit der Innehaltung eines festen Wirtschaftssystems dar.

— René Théophile Hyacinthe **Laënnec** gibt unter Zugrundelegung von Bichat's Gewebelehre (s. 1799 B.), durch welche zuerst die Bedeutung des Binde-gewebes als Keimstätte der Geschwülste hervorgehoben wird, ein Ein-teilungsprinzip für die seit alters her bekannten Krebsgeschwülste.

— Jean Dominique **Larrey** vervollkommnet die Kriegschirurgie, indem er rationelle Grundsätze für die Behandlung der Schußwunden aufstellt, die Technik verbessert, und von den konservativen Operationen (Resektion) Gebrauch macht.

— Der Techniker **Lee** sucht das Rösten des Flachses durch Dörren und noch-maliges Brechen in einer Bläuelmaschine zu ersetzen.

— Julien J. C. **Legallois** erkennt die Bedeutung des verlängerten Rückenmarks für Atembewegungen, Kreislauf und tierische Wärme. Ebenso erkennt er die Beziehung des Nervus vagus zur Atmung, die 1847 durch L. Traube, 1862 durch J. Rosenthal, vor allem aber durch Hering und Breuer (s. 1868 H.) weiter geklärt wird. (S. a. 1760 L.)

— Jean Pierre **Maunoir** in Genf entdeckt den Schließmuskel der Regenbogen-haut (Sphincter iridis), der die Verengerung der Pupille bei Lichtreiz bewirkt.

— Paul **Moldenhawer** gelingt es bei Untersuchung der Maispflanze, die Zellen und Gefäße durch Maceration in Wasser zu isolieren und die Verschieden-heit der dünnwandigen Zellen des Parenchymgewebes gegenüber den dick-wandigen des Holz-, Bast- und Rindengewebes darzutun.

— William **Moorcroft** erforscht das Gebiet des oberen Indus.

— William **Murdoch** verwendet zur Gaserzeugung stehende Tiegel, welche als Vorläufer der senkrechten Retorte anzusehen sind. (S. 1906 B.)

— **Napoleon I.** begründet durch mehrere Dekrete das Aufblühen der Rüben-zuckerfabrikation in Frankreich. Er bewilligt für den Rübenbau 32000 ha Ackerland, welche er nachträglich auf 100000 ha erhöht, und setzt eine Million Franken zu Aufmunterungszwecken aus.

— H. W. M. **Olbers** führt auf Grund der Beobachtungen des großen Kometen von 1811 das Bestreben der Schweifmaterie, sich sowohl vom Kometen-kern, als auch von der Sonne zu entfernen, auf eine „Repulsivkraft" zu-rück und deutet zuerst auf elektrische Vorgänge als deren Ursache hin.

— Georg **von Reichenbach** und Joseph **von Fraunhofer** wenden zuerst tonnenförmig ausgeschliffene Glasröhren zu Libellen an und vervollkommnen dadurch diese unentbehrlichen Hilfsmittel der Messung sehr wesentlich.

— John **Rennie,** der sich durch den Bau von Brücken, Kanälen, Häfen und Docks ausgezeichnet hat, beginnt den Bau des großen Wellenbrechers in Plymouth, durch welchen die Stadt gegen die vom Meer her andringenden Wogen geschützt wird. Das Werk, das 1840 vollendet wird, ist vor-bildlich für derartige Anlagen.

— Jean Pierre **Robiquet** stellt unter dem Namen „Cantharidin" den blasenziehenden Bestandteil der spanischen Fliege (Lytta vesicatoria) dar, der später namentlich von Regnault, Lavini und Sobrero näher untersucht wird. Die Anwendung der Lytta vesicatoria zu medizinischen Zwecken ist eine uralte; namentlich im Mittelalter spielten die aus Kanthariden gewonnenen Präparate eine sehr große Rolle.

1812 Nicolas Théodore **Saussure** macht ausgedehnte Versuche über die Absorption der Gase durch feste Körper und weist nach, daß nur geglühte und frisch abgelöschte Körper zu den Absorptionsversuchen brauchbar sind. Er stellt fest, daß die Gase, die man durch Druck verflüssigen kann, in weit höherem Maße absorbiert werden als die sogenannten permanenten Gase, was für eine Molekularanziehung der Moleküle des festen Körpers auf die ihn berührende Gasschicht spricht.

— P. L. **Schilling von Canstadt** verbessert die von Fontana (s. 1420) und Fulton (s. 1801 F.) erfundenen submarinen Minen und entzündet sie zuerst elektrisch vom Lande aus. (S. a. 1805 G.) Diese Art der Zündung von Seeminen wird 1843 von Samuel Colt, 1848 von Werner von Siemens und Karl Himly und 1858 von Moritz von Ebner noch wesentlich vervollkommnet.

— **Sheffield** führt das sogenannte englische Verfahren der Zinkdestillation (die niederwärts gehende Destillation in Töpfen oder Tiegeln) ein, die 1839 von Troughton, 1844 von Swansea verbessert wird. Dem gegenüber steht das schlesische Verfahren der seitwärts gehenden Destillation aus Muffeln und Retorten, das 1824 durch Benecke und Shields nach England verpflanzt wird, sowie das belgische Verfahren der Destillation aus Röhren.

— Der Naturforscher James **Sowerby** verfaßt ein, von seinem Sohne James de Carle Sowerby 1822—1845 fortgesetztes, Werk „Mineral Conchology of Great Britain", welches für die Kenntnis der fossilen Conchylien von Wichtigkeit ist.

— Johann Georg **Tralles** konstruiert das nach ihm benannte Volum-Alkoholometer. Andere Araeometer, die unmittelbar die spezifischen Gewichte des Alkohols, nicht die Raumverhältnisse angeben, sind das in England gebräuchliche Bate'sche Saccharometer, das Geißler'sche und Siemens'sche Alkoholometer. Als Volum-Alkoholometer sind zu nennen das in Frankreich gebräuchliche Cartier'sche Alkoholometer, das Beck'sche Alkoholometer usw.

— Richard **Trevithick,** der im Jahr zuvor eine mit dem Kessel vereinte Hochdruckmaschine einfachster Konstruktion zu Trewithen in Cornwallis zum Betrieb einer Dreschmaschine verwendet hatte (vgl. auch 1810 P.), ordnet eine solche Maschine auf einem Radgestell, also fahrbar an. Diese Maschine stellt die erste Lokomobile dar.

— Göran **Wahlenberg** fördert durch seine „Flora lapponica" die Pflanzengeographie und gibt namentlich musterhafte Vorbilder für die Behandlung der Pflanzenverbreitung in den Gebirgsländern. Er zeigt, daß nicht die Mitteltemperatur eines Gebiets, sondern die Verteilung der Wärme in den verschiedenen Jahreszeiten für die Vegetation maßgebend ist.

— William Hyde **Wollaston** bildet das Objektiv der Camera obscura dadurch aus, daß er an der rohen Form der Bikonvex- oder Plankonvexlinse ohne bestimmten Blendenort, wie sie durch Jahrhunderte bestanden hatte, durchgreifende Änderungen vornimmt, der Einzellinse die Form eines Meniskus mit der hohlen Fläche nach außen gibt und eine bestimmte Blendenstellung vorschreibt. Sein Objektiv stellt eine periskopische Lupe dar. (Vgl. 1804 W.)

1813 Nachdem Papin das Kochen der rohen Knochen in seinem Digestor unter Dampfdruck ohne Erfolg für die Leimfabrikation vorgenommen hatte, gelingt es Jean Pierre Joseph **d'Arcet,** die rohen mit Salzsäure behandelten Knochen durch Wasser zu Leim aufzulösen.

1813 Christopher **Blackett** und William **Hedley** erkennen zuerst, daß bei einer genügend schweren Lokomotive auf die Anwendung von Zahnrädern und Zahnschienen (s. 1811 Blenkinsop) verzichtet werden kann, und die Reibung zwischen glatter Schiene und Triebrad für das Anfahren und das Fortziehen von Fahrzeugen vollkommen ausreicht. Eine i. J. 1813 von Hedley gebaute Lokomotive, bei welcher Hedley auch das von Trevithick (vgl. 1804 T.) eingeführte Blasrohr benutzt, ist 50 Jahre im Gebrauch geblieben. (Jetzt im South-Kensington-Museum.)

— David **Brewster** beobachtet im polarisierten Licht die elliptischen, von einem schwarzen Strich durchzogenen Farbenringe am Topas und die kreisförmigen Ringe mit dem schwarzen Kreuz am Rubin usw. Die Erscheinungen der Farbenringe beobachtet gleichzeitig Wollaston am isländischen Kalkspat.

— Thomas **Brunton** konstruiert eine Maschine zur Anfertigung von Ankerketten und stellt Ankerketten mit Steg her, die sich schnell in allen Ländern einführen.

— Der schottische Ingenieur Robert **Buchanan** erfindet das nach ihm benannte Buchanan'sche Ruderrad mit drehbaren, stets lotrecht stehenden und senkrecht zur Wasserfläche eintauchenden Radschaufeln.

— Johann Ludwig **Burckhardt** erforscht vom Jahre 1809 ab Syrien und den Libanon und gelangt 1812 nach Kairo, wo er orientalische Kleidung annimmt und sich den Namen Scheich Ibrahim beilegt. Im Jahre 1813 geht er nach Nubien, gelangt über Berber nach Suakin und setzt von da nach Dschidda über. Auf Grund einer Prüfung vor zwei gelehrten Arabern, als Moslim anerkannt, geht er nach Mekka und 1815 nach Medina.

— Samuel **Clegg** erfindet die nasse Gasuhr mit rotierender Trommel, nachdem er bereits 1810 eine unvollkommenere Gasuhr mit abwechselnd vertikal auf- und absteigenden Glocken erfunden hatte. Unter den vielen späteren Konstruktionen ist eine der bekanntesten die 1893 von Warner und Cowan angegebene.

— Humphry **Davy** entdeckt, indem er den Strom der Volta'schen Säule durch Kohlenspitzen leitet, den elektrischen Lichtbogen (Davy'scher, auch Volta'scher Lichtbogen).

— Humphry **Davy** veröffentlicht mehrere wichtige Abhandlungen über die Flußsäure und beweist, daß die Auffassung von Ampère, der sie als eine Wasserstoffsäure bezeichnet hatte (s. 1810 A.), richtig ist. Er sucht vergeblich das Radikal der Flußsäure abzuscheiden, gelangt aber bei seinen Versuchen zu der Anschauung, daß die chemische Aktivität des Fluors größer sein müsse, als die der bis dahin bekannten Körper. Er weist schon darauf hin, daß die Versuche vielleicht von Erfolg gekrönt sein werden, wenn sie in Gefäßen von Flußspat ausgeführt würden.

— Nachdem Wallerius (s. 1761 W.), Kirwan (1796) u. a. auf den Nutzen hingewiesen hatten, den die chemische Untersuchung des Bodens haben müsse, führt Humphry **Davy** zuerst Bodenanalysen aus und macht Methoden ausfindig, um den Gehalt des Bodens an Wasser, Ton, Sand, Carbonaten usw. zu bestimmen. Er hat bereits, wie auch vor ihm (1804) Th. de Saussure, eine, wenn auch nicht scharfe, Ansicht darüber, daß die Aschenbestandteile etwas für die Pflanze Wesentliches sein dürften.

— **Deacon** in London wendet die ersten hohlen Ziegelsteine (Lochsteine) an, die später für Gewölbekonstruktionen, leichte Scheidemauern usw. vielfach Verwendung finden und namentlich durch Borie (s. 1850 B.) eine weitere Verbreitung erhalten.

1813 Auguste Pyrame **De Candolle** stellt ein neues, natürliches Pflanzensystem auf,
dessen Hauptabteilungen auf den morphologischen Charakteren der Pflanzen
beruhen (160 Familien), und macht auf die „Discordanz zwischen morpho-
logischer Verwandtschaft und physiologischem Habitus" aufmerksam.

— Nachdem Crawford (1778), sowie Lavoisier und Laplace (1780) Versuche zur Ermittlung der spezifischen Wärme von Gasen gemacht hatten,
machen F. **Delaroche** und Jacques Etienne **Bérard** die ersten genauen Bestimmungen, die von Regnault später unter Benutzung der Delaroche-
und Bérard'schen Methoden noch ergänzt werden.

— Charles **Dupin** bearbeitet die Ingenieur- und industrielle Mechanik, sowohl
in bezug auf das Brücken- und Straßenwesen, als auch auf die Schiffahrt.

— Der französische Chirurg Guillaume **Dupuytren** beschreibt zuerst die nach
ihm benannte Fingerkrümmung. Er erfindet zahlreiche Instrumente und
Operationsverfahren, führt die Resektion des Unterkiefers und die Unterbindung der großen Arterien öfters aus.

— Louis Joseph **Gay-Lussac** entdeckt die Jodwasserstoffsäure und erhält gleichzeitig mit Humphry Davy durch Einwirkung von Jod auf Kalilösung außer
Jodkalium das jodsaure Kali, dessen Säure er durch Zersetzung von jod-
saurem Baryt mit Schwefelsäure, indes nur in unreinem Zustande erhält.

— Louis Joseph **Gay-Lussac** stellt zuerst die Ansicht auf, daß die unterschweflig-
sauren Salze eine niedrigere Oxydationsstufe des Schwefels als die schweflige
Säure enthalten, und nennt deren Säure „Acide hyposulfureux". Seine Ansicht wird 1820 von Herschel bestätigt.

— Joseph Diaz **Gergonne** spricht das Prinzip der Dualität aus, das für die
synthetische Geometrie von hervorragender Bedeutung wird, und wonach
jedem Lagensatz, der für Punkte und gerade Linien gilt, sich sofort ein
zweiter dadurch beigesellen läßt, daß man in ihm die Begriffe Punkt und
Gerade miteinander vertauscht.

— Der Ingenieur Franz Joseph **von Gerstner** übt mit seiner Schrift „Ob und
in welchen Fällen der Bau schiffbarer Kanäle Eisenwegen oder gemachten
Straßen vorzuziehen sei" einen großen Einfluß auf die Entwicklung des
Eisenbahnwesens in Mitteleuropa aus. Sein i. J. 1831 erschienenes Werk
„Handbuch der Mechanik" behandelt verschiedene mechanische Probleme
(Kettenbrückenlinie, Theorie der Wellen u. a.) in mustergültiger Weise.

— Pierre Louis **Guinand** und Joseph **von Fraunhofer** bringen die von Ravenscroft
(s. 1674 R.) angegebene Flintglasbereitung zu solcher Vollkommenheit, daß
damit die größten dioptrischen Linsen dargestellt werden können.

— Johann Friedrich **John** beschäftigt sich zuerst mit dem Farbstoff der Al-
kanna, dem Alkannin, das 1832 von Joseph Pelletier, 1846 von Bolley und
Widler und 1888 von Liebermann und Römer näher untersucht wird.

— Konrad Johann Martin **Langenbeck** macht die schon in früheren Jahrhunderten ausgeführte Exstirpation des prolabierten Uterus nach längerer Zeit
zum ersten Male wieder.

— Benjamin **Law** begründet die Kunstwollfabrikation (Shoddy-Fabrikation)
aus gereinigten Wolllumpen und legt die erste Fabrik in Bally an.

— Nachdem man in älterer Zeit zur Verdunstungsmessung Apparate konstruiert hatte, welche direkt angaben, wieviel von einer gegebenen
Wassermenge durch Übertritt in die Atmosphäre verloren geht, ein Prinzip,
das später wieder in den Apparaten von H. Wild und Osnaghi (s. 1874 W.)
auflebt, setzt John **Leslie** bei seinem Atmometer mit Erfolg poröse Gegenstände der Verdunstung aus, ein Prinzip, das in dem Evaporimeter von
Piche (s. 1873 P.) seine Vervollkommnung erfährt.

— Peter Heinrich **Ling** begründet die sogenannte schwedische Heilgymnastik,
bei welcher neben der aktiven und passiven auch die duplizierte, d. h.

die unter Mitwirkung des Patienten auszuführende Widerstandsbewegung zur Geltung kommt.

1813 Joāo Antonio **Monteiro** zeigt an einem Calcitkrystall, wie eine Krystallfläche ohne Messung bestimmt werden könne, wenn sie mit parallelen Kombinationskanten zwischen anderen bekannten Flächen vorkommt. (S. a. 1813 W.)

— Mathieu Joseph Bonaventura **Orfila** zeichnet sich durch seine unermüdliche Tätigkeit und Förderung der Toxikologie (Giftlehre) aus. Sein Werk „Traité de toxicologie générale" bildet die Grundlage der experimentellen und gerichtlich-medizinischen Giftlehre.

— Der französische Ingenieuroffizier Jean Victor **Poncelet,** bei dem Rückzuge der französischen Armee aus Moskau als Gefangener nach Saratow gebracht, schafft hier, von allen wissenschaftlichen Hilfsmitteln entblößt, die Grundlagen der projektiven Geometrie. In weiteren Kreisen bekannt wird seine Lehre (1829) durch seine Schrift „Traité des propriétés projectives des figures". Er stellt die Theorie der reziproken Polare für einen beliebigen Kegelschnitt auf und entwickelt daraus das Gesetz der Reziprozität, einen besonderen Fall des Gergonne'schen Dualitätsprinzips. (S. 1813 G.) In Frankreich selbst weniger beachtet, hat Poncelet auf die Entwicklung der projektiven Geometrie in Deutschland einen starken Einfluß ausgeübt. (S. 1832 S.)

— Der englische Irrenarzt James Cowles **Prichard** gibt in seinem „Researches into the natural history of mankind" den ethnologischen und anthropologischen Wissenschaften ihr erstes Handbuch und wirkt für Aussendung ethnologischer Forscher.

— **Privat** in Lodève erfindet eine, nach dem Prinzip der Watermaschine für Baumwolle konstruierte Zwirnmaschine, die als bemerkenswerte Verbesserungen die Durchleitung der Garnfäden zwischen zwei einen engen Spalt offen lassenden Metallplättchen, um Knötchen und Flöckchen abzustreifen, die Einrichtung zum Naßzwirnen und die Imprägnation der Fäden mit Stärkekleister während des Zwirnens aufweist.

— Thomas Johann **Seebeck** entdeckt die polarisierende Eigenschaft des Turmalins, die 1814 auch von Biot nachgewiesen wird.

— Nachdem man trotz der schon ein Jahrhundert vorher erfolgten Erfindung der Sandformerei (vgl. 1708 D.) zum Formen von Kunstguß stets noch die Lehmformmethode unter Benutzung von Wachs zur Eisenstärke (Dicke) benutzt hatte, versucht **Stilarsky** zuerst in der Berliner Eisengießerei mit Erfolg eine in Wachs modellierte Statue von 30 cm Höhe im fetten Sand mit Kernstücken zu formen, und bildet das Verfahren so weit aus, daß er i. J. 1814 nicht nur lebensgroße Büsten, sondern auch 12 m hohe Standbilder in Sand formt.

— Thomas **Sutton** erkennt zuerst die Eigentümlichkeiten der Alkoholvergiftung und scheidet sie unter dem besonderen Namen „Delirium tremens" von der Gehirnentzündung (Phrenitis).

— Christian Samuel **Weiß** stellt die auch heute noch gültigen Krystallisationssysteme auf und begründet die mathematische Krystallometrie. Insbesondere gründet er den geometrischen Bau der Krystalle auf das dreidimensionale Achsenkreuz und erkennt das Gesetzmäßige der Hemiëdrie und die Zonenlehre. (S. a. 1813 M.)

— William Hyde **Wollaston** zieht Platindraht bis zu einer Feinheit aus, bei welcher er kaum noch mit den Augen wahrnehmbar ist. Er befestigt dicken Platindraht in der Achse einer hohlen zylindrischen Form, die er mit Silber ausgießt, zieht das Ganze durch einen Drahtzug und löst das Silber in Salpetersäure auf, wobei der Platindraht zurückbleibt. Erst bei einer Dünne von weniger als $^1/_{1000}$ mm ist der Draht nicht mehr ganz zusammenhängend.

1814 Der Ingenieur **Alard** zu Paris entdeckt, daß beim Anbeizen des Zinns eigentümliche Figurenbildungen auftreten, die als Moiré métallique (Metallmoiré) vielfach zur Verzierung von Weißblechwaren benutzt werden.

— **Aubertôt** macht im Verfolg seines Gedankens, statt der festen Brennstoffe deren Vergasungsprodukte als Heizmaterial zu benutzen (vgl. 1812 A.), den Vorschlag, die Gichtgase der Hochöfen zum Erzrösten, Kalkbrennen, Schweißen, Puddeln und zur Erwärmung des Gebläsewindes zu verwenden, ohne daß sich indes daran eine praktische Folge knüpft.

— Johann Jacob **von Berzelius** stellt zuerst die quantitative Zusammensetzung der Essigsäure fest.

— Nachdem im Anschluß an die Reihen Richter's und die darauf gegründeten Tabellen von Fischer (s. 1792 R., 1802 F.) noch Äquivalenttafeln von Thomson (1810) und Wollaston (1813) erschienen waren, veröffentlicht Johann Jacob **von Berzelius,** der seit 1808 sich unvergängliche Verdienste um die Stöchiometrie erworben hat, seine ersten Atomgewichtstafeln, die sich durch große Genauigkeit auszeichnen und auch bis heute nur wenig verändert worden sind.

— Johann Jacob **von Berzelius** wendet zuerst die Lehre von den bestimmten Proportionen auf die organischen Verbindungen an, analysiert diese genau und findet die genannten Gesetzmäßigkeiten auch bei ihnen gültig. Er lehrt den Weg, ihre Atomgewichte zu bestimmen, indem er ihre Verbindungen mit unorganischen Bestandteilen von bekanntem Atomgewicht analysiert.

— Johann Jacob **von Berzelius** bemüht sich mit Erfolg, durch Anwendung horizontalliegender Verbrennungsröhren und Aufsammlung des gebildeten Wassers die Elementaranalyse bequemer für die Ausführung und unabhängiger von den vielen Rechnungen zu machen. Er mengt das chlorsaure Kali mit Kochsalz, wodurch er die Verbrennung verlangsamt und es ermöglicht, die ganze Menge des zu verbrennenden Körpers von vornherein in die Verbrennungsröhren einzufüllen.

— **Clément** und **Désormes** führen einen Laugerei-Apparat ein, der auf dem Prinzip beruht, daß eine lösliche Substanz, z. B. Salz, Zucker u. dgl., sich rascher in Wasser löst, wenn man sie unmittelbar unter die Oberfläche desselben bringt, als wenn man sie auf den Boden des Gefäßes legt, weil sie im letztern Fall sich bald mit einer konzentrierten Lösung bedeckt, welche die Berührung mit dem Wasser verhindert. Sie wenden dies Prinzip bei der Sodafabrikation an, indem sie die Rohsoda in Sieben unmittelbar unter den Spiegel der Flüssigkeit bringen und die Siebe methodisch dem Strome des Auslaugewassers entgegen verschieben.

— **Colin** und **Gaultier de Claubry** beobachten zuerst die blaue Farbenreaktion, die Jod mit Stärkemehl zeigt. Durch diese Beobachtung wird Stromeyer veranlaßt, Jod als bestes Reagens auf Stärkemehl zu empfehlen.

— Humphry **Davy** entdeckt das Jodsilber und dessen Empfindlichkeit gegen das Licht.

— Humphry **Davy** erkennt zuerst, daß der Salpeter im Ackerboden sich auf Kosten des Ammoniakstickstoffs des Bodens und des Luftsauerstoffs bildet, und beschreibt auch klar den Prozeß der Denitrifikation, die darin besteht, daß im Boden bei der Zersetzung organischer Substanz sich gasförmiger Stickstoff entwickelt.

— Joseph **von Fraunhofer** findet die dunkeln Streifen im Sonnenspektrum unabhängig von Wollaston (s. 1802 W.) auf. Gleichwie man sonst die das Prisma verlassenden Strahlen auf einer Linse auffängt, welche auf einen

Schirm ein reelles Bild entwirft, läßt Fraunhofer dieselben auf das Objektiv eines Fernrohrs fallen und betrachtet das im Brennpunkt des Objektivs erzeugte reelle Bild durch das Okular des Fernrohrs. Auf diese Weise sieht er über 500 dunkle Linien, die mehr oder minder scharf, teils schmaler, teils breiter über das ganze Spektrum unregelmäßig verteilt sind.

1814 Joseph **von Fraunhofer** konstruiert ein Fernrohrobjektiv aus gewöhnlichem Silikatglase. Es besteht aus einer bikonvexen Crownglaslinse, die ihre schwächere Krümmung dem Objekt zukehrt, und einer sie im Scheitel berührenden konkav-konvexen Flintlinse, deren negative Krümmung nur wenig schwächer ist als die ihr zugewandte positive Krümmung der Crownglaslinse.

— Joseph **von Fraunhofer** bestimmt die Brechungsexponenten für eine Reihe von Substanzen, indem er sich dazu derselben Methode bedient, die er zur Beobachtung der dunkeln Linien des Spektrums angewendet hatte. (S. 1814 F.) Die festen Körper (Gläser und sonstige durchsichtige Substanzen) stellt er unmittelbar in Prismenform her, die zu untersuchenden Flüssigkeiten faßt er in Hohlprismen, deren Seiten aus planparallelen Glasplatten bestehen.

— Louis Joseph **Gay-Lussac** gelingt es zuerst, die Chlorsäure, die weder Berthollet noch später Chenevix, welcher die chlorsauren Salze 1802 untersuchte, in isoliertem Zustand erhalten konnten, in Verbindung mit Wasser herzustellen.

— Der bayrische Trigonometer J. M. **Hermann** erfindet das Linearplanimeter, welches den Flächeninhalt einer ebenen Figur durch bloßes Umfahren des Umfanges ergibt. Das Instrument wird von dem Ingenieur Wetli in Zürich verbessert, wodurch die Genauigkeit der Messung wesentlich erhöht wird. Die von T. Gonella 1824 und Oppikofer 1827 konstruierten Planimeter weichen nur wenig vom Hermann'schen Instrument ab.

— Während das planmäßige Studium der Höhlenfauna erst um die Mitte des 19. Jahrhunderts aufblüht, macht der Graf Franz **von Hohenwart** schon in den ersten Jahrzehnten des Jahrhunderts mehrere bemerkenswerte spelaeologische Entdeckungen: 1814 findet er den — schon i. J. 1768 erwähnten, aber später wieder vergessenen — Olm (Proteus anguineus Laurenti) in der Adelsberger Höhle wieder; 1831 entdeckt er den Leptoderus Hohenwarti und 1842 den Anophthalmus Schmidtii in der Lueger Höhle.

— Karl Johann Bernhard **Karsten** entdeckt den Einfluß des chemisch gebundenen und des freien Kohlenstoffs im Eisen.

— Gottlieb Sigismund Constantin **Kirchhoff** beobachtet, daß keimende Gerste einen Stoff enthält, der imstande ist, Stärkekleister zu verzuckern, und daß bei diesem Prozeß eine Art Zucker entsteht. Er beobachtet ferner, daß diese stärkeumwandelnde Kraft erheblich gestärkt wird, wenn die Getreidekörner vorher dem Mälzungsverfahren unterworfen werden. Er muß hiermit als der Entdecker des diastatischen Prozesses bezeichnet werden.

— Matthew **Murray** in Leeds vervollkommnet gleichzeitig mit James **Fox** in Derby die Metallhobelmaschine. Beide Erfinder lassen den Meißel während des Schnitts feststehen und das Arbeitsstück unter ihm durchgehen. (Vgl. auch 1550 L.)

— Joseph **Pelletier** isoliert zuerst aus dem Sandelholz dessen Farbstoff, den er „Santalin" nennt und der später von Bolley (1847) und vielen andern untersucht wird.

— Nicolas Théodore **de Saussure** erhält aus Stärke eine Zuckerart und stellt deren krystallinische Beschaffenheit fest. (S. a. 1814 K. und 1846 D.)

— George **Stephenson** setzt am 25. Juli 1814 seine erste Lokomotive „Blücher" auf der Killingworth-Eisenbahn in Tätigkeit. Er hat sich die Anschauung von Blackett und Hedley (s. 1813 B.) zu eigen gemacht, daß bei genügend schweren Lokomotiven die Reibung glatter Räder auf glatten Schienen vollauf genügt, um die Last fortzubewegen. Doch legt Stephenson's erste Lokomotive nur 6 km in der Stunde zurück.

1814 **Strauß** in Wien konstruiert eine Buchdruckwalzenpresse. Diese Art von Pressen wird 1819 auch von Durand in Frankreich und von Richard Watts in England gebaut, vermag sich jedoch im Gebrauch nicht einzubürgern.

— William Charles **Wells** gibt in seiner Schrift „An essay on dew" eine ausführliche Theorie der Taubildung, die sich an die Ansichten von Pictet (s. 1790 P.) anschließt, und wonach lediglich Kondensation von Wasserdampf aus der über dem Boden gelagerten, mit Wasserdampf gesättigten Luft stattfinde.

1815 Friedrich Christian **Accum** weist zuerst darauf hin, daß gelegentlich Ammoniak in Form von Salmiak bei der Leuchtgasfabrikation gewonnen werde.

— Johann Jacob **von Berzelius** führt, nachdem Dalton schon den Anfang dazu gemacht hatte, die chemischen Zeichen ein, durch welche die Deutlichkeit der Darstellung und die Leichtigkeit des Verständnisses gefördert werden.

— David **Brewster** gelingt es, mit Hilfe der Interferenz des polarisierten Lichts den innigen Zusammenhang zwischen der Doppelbrechung und den Elastizitätsverhältnissen der Körper auch an nicht krystallinischen Körpern nachzuweisen. Er findet, daß in allen Körpern, deren Substanz nach verschiedenen Richtungen verschiedene Elastizität hat, Interferenzerscheinungen auftreten, wenn man sie im polarisierten Licht betrachtet. Namentlich zeigen sich solche Erscheinungen bei gepreßten und gekühlten Gläsern.

— Christian Leopold **von Buch** stellt im Anschluß an Cuvier's Katastrophenlehre (s. 1812 C.) die Erhebungstheorie (Theorie der Erhebungskrater) auf, für deren Richtigkeit er einen entscheidenden Beweis in den südtiroler Dolomiten sieht.

1815—18 Adalbert **von Chamisso** entdeckt als Begleiter von Otto von Kotzebue auf dessen Weltumsegelung mit dem russischen Kriegsschiff „Rurik" (s. 1816 K.) den Generationswechsel bei den Salpen (Tunikaten) und macht auch andere bedeutsame Entdeckungen über die Tierwelt des offenen Ozeans.

1815 Michel Eugène **Chevreul** zeigt, daß der Zucker der Diabetiker identisch mit dem aus Stärke entstehenden Traubenzucker ist.

— Samuel **Clegg** erfindet einen Gasdruckregulator (Stadtdruckregler), durch welchen der Abgabedruck, d. h. die Menge des abgegebenen Gases dem Verbrauche gemäß reguliert wird. Der Apparat wird später von Giroud, Elster u. a. verbessert.

— Humphry **Davy** weist in Verallgemeinerung seiner Untersuchungen über die Chlorwasserstoffsäure (vgl. 1810 D.) darauf hin, daß die saure Eigenschaft einer Verbindung nicht, wie seit Lavoisier (s. 1778 L.) angenommen worden war, von ihrem Sauerstoffgehalt abhängig ist, und legt den Grund zu einer neuen Säuretheorie.

— Humphry **Davy** erfindet die Sicherheitslampe, die auf der Eigenschaft der Drahtnetze, die Fortpflanzung der Flamme zu verhindern, beruht. Da diese Eigenschaft auf der Abkühlung beruht, welche die Gase beim Passieren der Maschen erleiden, somit aufhört, wenn das Drahtnetz bis zur Rotglut erhitzt wird, erfährt die Lampe in der Folge eine große Anzahl von Verbesserungen. (Vgl. auch 1815 S.)

— H. W. **Eberhard** erfindet die Reproduktion von bildlichen Darstellungen, Formularen, Schriftdrucken usw. durch Ätzen auf Zinkplatten für Tief- und Hochdruck (Zinkographie).

— Joseph **Egg** in London erfindet die kupfernen Zündhütchen, welche mit einem aus Jagdpulver und chlorsaurem Kali bestehenden Zündsatze gefüllt sind und schnell alle anderen Arten der Perkussionszündung verdrängen. 1821 füllt Wright die Zündhütchen mit Knallquecksilber.

1815 Der französische Ingenieur **Emy** verbolzt die Bohlen des Daches, statt wie Delorme nebeneinander, platt übereinander und erzielt so viel größere Spannweiten.

— John **Ford** konstruiert das erste bekannte Biegewalzwerk zum Biegen von Kesselblechen, welches aus drei im Dreieck gelagerten Walzen besteht.

— Robert **Fulton,** der, nach seinem Mißerfolge in Frankreich (vgl. 1804 F.), dem amerikanischen Präsidenten seine Vorschläge für die Erbauung eines Kriegsdampfers unterbreitet und 1814 einen Auftrag erhalten hatte, konstruiert das erste Kriegsdampfschiff, das den Namen „Fulton the first" erhält, am 1. Juni seine Probefahrt macht und bis 1829 in Dienst bleibt, wo es durch eine Pulverexplosion zugrunde geht. Mit diesem Schiff tritt eine neue Epoche der Kriegführung zur See.

— Louis Joseph **Gay-Lussac** entdeckt das Cyan und faßt dasselbe als ein Radikal, d. i. als eine zusammengesetzte Gruppe auf, die sich wie ein Element verhält. Er stellt die quantitative Zusammensetzung der Blausäure fest und trägt durch die Feststellung, daß diese ebensowenig wie die von ihm entdeckte Jodwasserstoffsäure (s. 1814 G.) Sauerstoff enthält, zum Sturz der Lavoisier'schen Theorie der Sauerstoffsäuren bei. Bei seiner Analyse der Blausäure bedient er sich zum ersten Male des Kupferoxyds.

— Louis Joseph **Gay-Lussac** bringt zuerst die Bestimmung des spezifischen Gewichts des Dampfes als Kontrolle für die Analyse organischer Verbindungen in Anwendung. Er bestätigt die von ihm gefundene Zusammensetzung der Blausäure und des Cyans, indem er zeigt, daß die durch den Versuch erhaltene Dampfdichte mit der aus dem spezifischen Gewicht der Elemente und den Gesetzen für die Verbindungsverhältnisse der Gase berechneten übereinstimmt. Er führt eine genau abgewogene Menge der Substanz in Dampfform über und mißt das hierbei unter genau zu ermittelnden Bedingungen resultierende Gasvolum. Diese Art der Dampfdichtebestimmung wird von Hofmann (s. 1868 H.) verbessert.

— George James **Guthrie** zeichnet sich durch seine Publikationen über Kriegschirurgie aus und führt während des Feldzuges 1815 eine Exartikulation im Hüftgelenk bei einem französischen Soldaten aus.

— Maurice **Henry** zeigt, daß die Sonnenflecke weniger Wärme ausgeben als die klaren Teile der Sonnenscheibe.

— Nachdem Robert Brown (1814) sich bemüht hatte, in jeder Flora bestimmte Proportionen zwischen den großen Hauptabteilungen des Systems festzustellen, beschäftigt sich Alexander **von Humboldt** eingehend damit, das Verhältnis der einzelnen Familien zur Gesamtzahl der Pflanzen eines Florengebietes zu bestimmen, und behandelt diese Frage eingehend in seinem Aufsatze „De distributione plantarum secundum coeli temperiem et altitudinem montium".

— Nachdem der englische Arzt Shannon zuerst (1798) die Benutzung des Dampfes zum Maischen empfohlen hatte, überträgt der Brauer John **Kilby** die Anwendung des Dampfes zum Kochen der Maische in die Praxis. Gleichzeitig mit Shannon hatte auch Rumford einen ähnlichen Vorschlag gemacht.

— Wilhelm August **Lampadius** empfiehlt zuerst die Anwendung des Holzessigs in der Färberei und Kattundruckerei.

— Der französische Chirurg Jacques **Lisfranc** macht häufige Anwendung von der zuerst von F. S. Morand und Le Dran (s. 1710 M.) ausgeführten Exartikulation des Schultergelenks und führt die Amputation des vordern

Teils des Fußes in der Gelenklinie zwischen Fußwurzel und Mittelfuß aus (Lisfranc'sche Operation).

1815 Nachdem zuerst Hippokrates die Bedeutung des Lichtes für die Gesundheit hervorgehoben hatte, und bei den Griechen und Römern Sonnenbäder zur Behandlung von chronischen Hautkrankheiten in Übung gewesen waren, diese Behandlungsweise jedoch während des Mittelalters völlig verloren gegangen war, hebt Eduard Leopold **Loebenstein-Loebel** den Nutzen der Insolation bei allen Krankheitsformen, in denen das Vegetative des Organismus gelitten hat, hervor und verordnet zuerst wieder Sonnenbäder und als erster auch Kastenlichtbäder, die den Zweck haben, die Wirkung der Sonnenwärme zu vermehren.

— Samuel **Lucas** beobachtet zuerst, daß geschmolzenes Silber die Eigentümlichkeit besitzt, das 22fache seines Volums an Sauerstoff aus der Luft zu absorbieren. Hierauf beruht die Erscheinung des Spratzens, die darin besteht, daß bei rascher Abkühlung der plötzlich frei werdende Sauerstoff unter Aufsprudeln die erstarrte Kruste durchbricht.

— Der Wiener Instrumentenmacher Johann Nepomuk **Mälzel** erfindet den Taktmesser (Metronom). Eine ältere unvollkommene Konstruktion stammt von Loulié.

— Alexandre **Marcet** findet im Darm ein Ferment, das Steapsin (Lipase), das dann vielfach geleugnet, 1900 von Volhard im Pankreassaft des Hundes wie des Menschen sichergestellt wird.

— Der Bohrmeister **Nigge** führt die erste Rammpumpe aus, die später unter dem Namen „Abessinischer Röhrenbrunnen" große Verbreitung findet und um 1860 von dem Amerikaner Norton verbessert wird.

— Georg Friedrich **Parrot** erkennt, daß mischbare Flüssigkeiten bei der Berührung bis zur völlig gleichförmigen Verteilung ineinander wandern (freie Diffusion der Flüssigkeiten).

— **Pelletier** und **Vogel** stellen aus der Curcuma deren gelben Farbstoff, das Curcumin, her, das zum Färben von Holz und Firnissen dient.

— Nachdem Harmar (1794) und Douglass (1802) Konstruktionen von Longitudinalschermaschinen angegeben hatten, die sich als unbrauchbar erwiesen, tritt Stephen **Price** mit der Zylinder-Schermaschine auf, die sich bald allgemein einführt und sowohl als Transversalmaschine konstruiert wird, als auch als Longitudinalmaschine, die schneller als erstere arbeitet.

— Der englische Chemiker William **Prout** stellt die Hypothese auf, daß der Wasserstoff die Urmaterie in der Körperwelt ist und daß, wenn man das Atomgewicht des Wasserstoffs = 1 setzt, die Atomgewichte aller übrigen Elemente durch ganze Zahlen ausgedrückt werden können, eine Annahme, die sich später als hinfällig erweist.

— Das Bankhaus **Rothschild** in London soll angeblich die Nachricht vom Ausgang der Schlacht von Waterloo durch Brieftauben empfangen haben, die um diese Zeit nach sicheren Quellen in Gent gezüchtet wurden, wo damals auch bereits Wettflüge mit Kropftauben veranstaltet wurden. Von Gent geht diese Zucht nach Antwerpen über, wo 1825 Peter Pittoors vorzügliche Resultate mit seinen Zuchttauben erzielt.

— William **Smith** gibt die erste, auch den fossilen Einschlüssen der Schichten Rechnung tragende geologische Karte Englands heraus, welche für die späteren geologischen Karten dieser Art vorbildlich wird.

— Friedrich **von Stadion** und Humphry **Davy** entdecken unabhängig voneinander, daß das lebhaft gelb gefärbte Gas, das sich bei Einwirkung von Schwefelsäure auf chlorsaures Kali bildet, und das Chenevix 1802 zuerst beobachtet hatte, eine eigentümliche Oxydationsstufe des Chlors ist, die den Namen „Chlorige Säure" oder „Unterchlorsäure" erhält. Im gleichen Jahre entdeckt

Stadion in dem Rückstand der Entwicklung der chlorigen Säure das **Kali**-salz der Überchlorsäure, das Serullas 1831 durch Erhitzen von chlorsaurem Kali erhält.

1815 George **Stephenson** konstruiert, gleichzeitig mit Davy (s. 1815 D.), eine Sicherheitslampe für Bergwerke, die darauf beruht, daß der Zug in der Lampe schneller sein soll, als die Geschwindigkeit der nach außen zurück-schlagenden Flamme. Daher erlischt die Stephenson'sche Lampe, ehe ein Erglühen des Drahtnetzes erfolgt.

— John **Taylor** zu Stratford stellt aus Öl und wohlfeilen Fetten Ölgas und Fettgas her.

— Smithson **Tennant** fördert die analytische Chemie und ist insbesondere her-vorragend in der Untersuchung der Metalle mit dem Lötrohr.

— Der Walliser Ingenieur Ignace **Venetz** macht eingehende Untersuchungen über die Gletscher und deren später „Moränen" genannte wellenartige Streifen von Schutt und Felsblöcken, und stellt unabhängig von Playfair (s. 1802 P.) und Hausmann (s. 1806 H.) die Theorie auf, daß die erratischen Blöcke von den einst weiter ausgedehnten Gletschern herabgetragen worden seien.

— Johann Friedrich **Westrumb** fertigt zuerst die sogenannten Bouillon- oder Suppentafeln an.

1815—17 Prinz Maximilian **von Wied** erforscht in Begleitung der Naturforscher Freireiß und Sellow das Innere Brasiliens und bereist 1832—34 die Ver-einigten Staaten bis zum oberen Missouri.

1816 André Marie **Ampère** schließt aus Gründen der Analogie des Ammonium-amalgams (s. 1808 S.) mit den andern Amalgamen auf ein metallähnliches hypothetisches Radikal, das Ammonium, und nimmt auf Grund dieser An-sicht für die Ammoniaksalze eine ähnliche Konstitution wie für die Salze des Kaliums an.

— **Barton** führt in die Münztechnik die Zugmaschine ein, in welcher die Zaine nach Art des Drahtziehens zwischen zwei unbeweglichen Backen oder harten Stahlwalzen durchgezogen werden. Die aus solchen Zainen ge-schnittenen Münzen kommen der Vollwichtigkeit näher, als diejenigen aus Zainen, die auf dem Justierstreckwerk verarbeitet sind.

— Johann Jacob **von Berzelius** klassifiziert die Mineralien nach ihrer chemi-schen Zusammensetzung, worin ihm später namentlich Kobell und Blum mit ihren Systemen folgen, während Naumann neben der chemischen Zu-sammensetzung auch die äußeren Kennzeichen der Mineralien zu berück-sichtigen sucht. (S. a. 1782 B.)

— F. S. **Beudant** macht die ersten erfolgreichen Versuche, marine Mollusken an das Süßwasser zu gewöhnen und umgekehrt Süßwassermollusken durch allmählichen Zusatz von Kochsalz zum Süßwasser, einem Medium, dessen Salzgehalt den des Seewassers übersteigt, anzupassen.

— Jean Baptiste **Biot** gibt an, daß der Ton der menschlichen Stimme durch eine Reihe von Stößen und Erschütterungen erzeugt wird, welche dadurch entstehen, daß der Luftstrom durch die abwechselnde Öffnung und Schließung der Glottisränder unterbrochen wird. (S. auch 1741 F.)

— Der Mineralog Johann August Friedrich **Breithaupt** in Freiberg vervoll-kommnet die krystallographische Nomenklatur und stellt ein mineralogi-sches System auf, das namentlich der Mannigfaltigkeit der Krystallisations-formen der Mineralien Rechnung trägt.

— David **Brewster** beschreibt zuerst die Erscheinungen der metallischen Re-flexion, die später von Neumann, Mac Cullagh, Haidinger und insbesondere von Stokes (s. 1853 S.) genauer untersucht werden.

— Samuel **Brown** und Philipp **Thomas** in Liverpool verbessern die maschinelle

Fabrikation von Ketten (s. 1813 B.) so weit, daß ihre Methode in ihren Grundzügen noch heute in allen Kettenfabriken in Anwendung ist.

1816 Michel Eugène **Chevreul** erklärt die Verseifung als einen auf der Verbindung von Alkali mit den sauren Substanzen im Fett und auf der Ausscheidung von Glycerin beruhenden Vorgang.

— **Davis** in Brimscombe soll die erste Walzenwaschmaschine für wollene Gewebe gebaut haben, für welche 1822 von Flint in Uley an Stelle der glatten Walzen die kannelierten Zylinder eingeführt werden.

— Humphry **Davy** beobachtet zuerst das Entweichen von Sauerstoff aus dem Blute bei Erwärmung.

— Nachdem Roonhuyze (1670) und Thilenius (s. 1784 T.) die erste Durchschneidung der Achillessehne mit zweifelhaftem Erfolg gemacht hatten, führt Jacques Mathurin **Delpech** die erste s u b k u t a n e Durchschneidung der Achillessehne (Tenotomie) aus, die nach ihm von G. F. L. Stromeyer 1831 wieder ausgeführt, und namentlich von Dieffenbach ausgebildet wird.

— Jacques Mathurin **Delpech** betont die nahe Übereinstimmung des „Malum Pottii" mit der Lungenschwindsucht und den tuberkulösen Ursprung der Krankheit, der von Alexis Boyer (1836) bestätigt wird.

— Charles **Derosne** bringt als Zündmittel eine eigentümliche Phosphorkombination in Verwendung, welche die Grundlage für die Kammerer'sche Erfindung der Phosphorzündhölzchen wird. Auch Derepas und Peyla in Turin geben Phosphorkompositionen für Zündhölzer an, ohne daß diesen Erfindungen eine praktische Verwendung folgt.

— Pierre Louis **Dulong** entdeckt die unterphosphorige Säure.

— Pierre Louis **Dulong** und Alexis Thérèse **Petit** konstruieren zum Zweck der Messung kleinerer oder größerer Höhenunterschiede von Flüssigkeitssäulen für Fälle, in welchen man einen direkten Maßstab nicht anlegen kann, das Kathetometer, das sie zuerst bei ihren Versuchen über die Ausdehnung des Quecksilbers durch die Wärme verwenden. Die wesentlichen Bestandteile des Apparates sind ein vertikaler Maßstab und ein horizontales mit Faden versehenes Fernrohr, das an diesem auf- und abwärts geschoben werden kann. Stellt man den Faden auf die Kuppen zweier verschiedener Flüssigkeitssäulen ein, so geben die beiden Stellungen des Fernrohrs am Maßstab direkt die Höhendifferenz der beiden Flüssigkeitssäulen.

— Pierre Louis **Dulong** und Alexis Thérèse **Petit** wenden zur Bestimmung der Ausdehnung fester Körper eine indirekte Methode an, welche die Ausdehnung des Quecksilbers als bekannt voraussetzt. Eine ebenfalls indirekte Methode für diese Messungen, welche die Ausdehnung des Wassers als bekannt voraussetzt, wird (1866) von Matthiessen angewendet. Aus den ersteren Beobachtungen ergibt sich im Gegensatz zu Lavoisier und Laplace (s. 1816 L.), daß die Ausdehnung der festen Körper bei höheren Temperaturen den am Quecksilberthermometer gemessenen Temperaturen nicht mehr proportional ist, daß die Ausdehnung vielmehr rascher wächst; Matthiessen dehnt dies Resultat auch auf tiefe Temperaturen aus.

— Pierre Louis **Dulong** und Alexis Thérèse **Petit** wenden bei feinen Untersuchungen, um die Fehlerquelle der gewöhnlichen Quecksilberthermometer (ungleichmäßige Miterwärmung des aus der Kugel hervorragenden Quecksilberfadens) zu vermeiden, Gewichts- oder Ausflußthermometer an. Sie füllen ein Gefäß bei 0° vollständig mit Quecksilber und wiegen es. Bei der Erwärmung fließt eine gewisse Menge Quecksilber aus; eine neue Wägung ergibt den Gewichtsverlust, aus welchem die Temperatur, bis zu der das Gefäß erwärmt war, bestimmt wird.

— Pierre Louis **Dulong** und Alexis Thérèse **Petit** verwenden bei ihren feinen Untersuchungen neben den Gewichts- oder Ausflußthermometern (s. 1816 D.)

Darmstaedter.

21

auch Luftthermometer, bei welchen die Ausdehnung der Luft zur Bestimmung der Temperatur dient, und welche weit empfindlicher als die gewöhnlichen Quecksilberthermometer sind.

1816 Louis Joseph **Gay-Lussac** macht Bestimmungen der Spannkraft des Dampfes, indem er von dem Satze ausgeht, daß die Spannung der Dämpfe in einem ungleich erwärmten Raume gleich derjenigen ist, welche den Dämpfen an der Stelle der niedrigsten Temperatur zukommt.

— Louis Joseph **Gay-Lussac** zeigt, daß ein Krystall von Kalialaun, in eine Auflösung von Ammoniakalaun gelegt, sich vergrößert, ohne seine Form zu ändern, und daß auf diese Weise ein krystallisierter Körper aus übereinander geschichteten heterogenen Teilchen gebildet werden kann. Er spricht sich dahin aus, daß ohne Zweifel die Moleküle der beiden Arten Alaun dieselbe Form und dieselben Kräfte haben, daß es deswegen für das Wachstum des Krystalls unerheblich sei, ob sich das eine oder andere Molekül anlagere. (S. a. 1819 M.).

— Der Lehrer **Guggenmoos** errichtet in Salzburg die erste Kretinenschule.

— Alexander **von Humboldt** begründet die vergleichende Methode in der Klimatologie, indem er den Begriff der Isothermen (Linien gleicher mittlerer Jahrestemperatur) einführt.

— Der Arzt Johann Christian **Jörg,** Erfinder des vaginalen Kaiserschnittes, ist bemüht, überflüssige Eingriffe in der Geburtshilfe zu vermeiden, und fördert die Behandlung des Klumpfußes und der Verkrümmung.

— Thomas Andrew **Knight** macht wichtige Beobachtungen über das Verhältnis von Unterlage und Reis bei der Veredelung von Bäumen. (S. a. 1652 L. und 1810 T.)

— Der russische Kapitän Otto **von Kotzebue** entdeckt auf seiner auf dem Schiffe „Rurik" unternommenen Weltumsegelung die Romanzow-, Rurik- und Krusensterninseln, sowie den nach ihm benannten Kotzebuesund. (S. a. 1815 C.)

— Nach dem Entwurfe des Hütteninspektors **Kriegar** baut der Hütteninspektor **Schmahel** in der Königlichen Eisengießerei zu Berlin eine Dampflokomotive. Dieselbe ist nach dem Vorbilde der Blenkinsop'schen Zahnradlokomotive (s. 1811 B.) gebaut und zum Steinkohlentransport der Königshütte in Oberschlesien bestimmt. Die Lokomotive erweist sich zwar auf die Dauer nicht als brauchbar, ist aber die erste nicht nur in Deutschland, sondern überhaupt auf dem europäischen Festlande gebaute Dampflokomotive.

— René Théophile Hyacinthe **Laënnec** erfindet das Stethoskop und legt damit den Grund zur exakten physikalischen Diagnostik der Lungen- und Herzkrankheiten.

— René Théophile Hyacinthe **Laënnec** gibt in seinem „Traité de l'auscultation medicale et des maladies du poumon et du cœur" ein in klinischer und anatomischer Beziehung mustergültiges Bild der Brustfellentzündung (Pleuritis), das auch heute noch unverwischt geblieben ist. Die Pleuritis war vor ihm insbesondere von Hippokrates und später von Boerhaave klar charakterisiert worden. Bezüglich des Empyems des Thorax empfiehlt er die möglichst frühzeitige Operation, wie sie schon von den griechischen Ärzten geübt und, nachdem Galen und seine Nachfolger gegen sie aufgetreten waren, von Ambroise Paré wieder aufgenommen worden war.

— Nachdem zahlreiche von Chladni, Kästner, J. T. Mayer u. a. vorgenommene Messungen der Schallgeschwindigkeit stets Abweichungen von der Newton'schen Formel (s. 1687 N.) ergeben hatten, gelingt es Pierre Simon **de Laplace**, nachzuweisen, daß durch die Temperaturerhöhungen und Erniedrigungen, welche mit der Luftverdichtung und Luftverdünnung durch die Schallwellen verbunden sind, die Elastizität der Luft in stärkerem

Verhältnis als die Dichte geändert und dadurch die Geschwindigkeit des Schalls vergrößert wird. Hierauf gestützt, gibt er eine Korrektur der Newton'schen Formel, nach welcher J. Leconte 1864 unter Zugrundelegung der neuesten Werte der in der Rechnung vorkommenden Konstanten die Geschwindigkeit zu 332,34 m/sec ermittelt.

1816 **Matelin** in Paris scheint zuerst Porzellanwaren (Teller, Tassen usw.) durch Pressen aus dünnen Platten (sog. Schwarten) oder aus Klumpen in dünnen metallenen Formen hergestellt zu haben. Diese Pressung wird von Delpech 1838, Wall in Manchester 1854, Cochrane 1855 und vielen andern verbessert.

— Joseph Nicéphore **Niepce** untersucht systematisch viele Körper, wie Guajakharz, andere Harze und Asphalt auf ihre Lichtempfindlichkeit in der Camera. Am 9. Mai erhält er die ersten Bilder auf Asphalt, womit die Heliographie, das erste photographische Ätzdruckverfahren erfunden ist. (S. a. 1782 S. und 1802 W.)

— Siméon Denis **Poisson** stellt eine Aufsehen erregende Theorie über die Wellenbewegung fester Körper auf und untersucht die Bewegung der kugelförmigen Geschosse mit Berücksichtigung des Luftwiderstandes.

— Die **Porzellanmanufaktur zu Sèvres** führt das Verfahren des Gießens in Gipsformen zur Herstellung von Platten und 1850 auch für andere dünne Objekte, Tassen, Kabaretts usw. ein.

— **Pott** in Chelsea (London) fertigt für den Marquis von Anglesey, welcher als Führer der britischen Kavallerie bei Waterloo ein Bein verloren hatte, ein künstliches Bein an, welches unter dem Namen „Anglesey-Pott'sches Bein" für die späteren Konstruktionen dieser Art vorbildlich wird. Neuere Formen eines künstlichen Ersatzes der unteren Extremitäten rühren von Beckmann in Kiel, A. Marks in Philadelphia (Hartgummifabrikate) und den Berliner Mechanikern C. Geffers und C. E. Pfister her.

— Georg **von Reichenbach** verfertigt einen astronomischen Theodoliten, bei welchem das bewegliche Fernrohr unter einem rechten Winkel derart gebrochen ist, daß man zur Seite durch die Querachse hineinsieht. v. Zach gibt diesem astronomischen Theodoliten den Namen „Stumpfschwanz". Aus ihm geht später das sogenannte Universalinstrument hervor, das namentlich von A. und G. Repsold zur Vollkommenheit gebracht wird.

— Francis **Ronalds** in London konstruiert den ersten elektrischen Zeigertelegraphen, den er durch statische Elektrizität betreibt. Hinter einem mit einem Ausschnitt versehenen Schirme setzt er durch Uhrwerke zwei synchron rotierende Scheiben in Bewegung, auf deren Umfang 20 verschiedene Zeichen stehen. Vor dem Ausschnitte sind mit dem Leitungsdraht Hollunderkügelchen verbunden, die so lange einen Ausschlag zeigen, bis das gewünschte Zeichen bei der Drehung der hinteren Scheibe in die Schirmöffnung tritt. In diesem Augenblick entladet sich die Flasche, wodurch an beiden Stationen dasselbe Zeichen sichtbar wird.

— Robert **Salmon** in Wobarn konstruiert die erste brauchbare Maschine zum Streuen und Wenden des Heues.

— Graf Friedrich Carl Joseph **von Stadion** entdeckt die Überchlorsäure bei Einwirkung von Schwefelsäure auf chlorsaures Kali. Das reine Überchlorsäurehydrat wird 1862 von Roscoe dargestellt.

— George **Stephenson** verbessert seine erste Lokomotive (s. 1814 S.) und nimmt ein Patent auf eine neue Konstruktion „A method or methods of facilitating the conveyance of carriages and all manner of goods and materials along railways and tramways, by certain inventions and improvements in the construction of the machine, carriages, carriage wheels, railways and tramways for that purpose". Die Verbesserungen bestehen in einer neuen Art der Kuppelung und der Verteilung des Gewichts der Loko-

21*

motive auf 6 (statt 4) Räder. Auch das Blasrohr wird bei dieser Lokomotive verwendet. (Vgl. 1804 T. und 1813 B.)

1816 Nachdem George Cayley 1807 eine Feuerluftmaschine hergestellt hatte, über die Näheres nicht bekannt geworden ist, tritt Robert **Stirling** aus Galston mit einer Heißluftmaschine hervor, die er im Verein mit seinem Bruder James später noch wesentlich verbessert, und die erfolgreich und sparsam arbeitet. 1827 nehmen die Gebrüder Stirling ein Patent auf diese Maschine, deren Kolben nach der Patentbeschreibung den ersten Regenerator (Economiser) darstellt. Er bildet nämlich eine Vorrichtung, die geeignet ist, die in der Luft, welche ihre Arbeitsabgabe bewirkt hat, enthaltene Wärme aufzunehmen und sie darauf der gekühlten Luft bei der Umkehr der Bewegung zurückzuerstatten. (S. 1705 L.)

— Heinrich **Stölzel** aus Pleß in Schlesien erfindet die Ventile bei Blechblasinstrumenten.

— Richard **Wright** erhält ein Patent auf eine Zweifach-Expansionsmaschine mit zwei Zylindern und einem Kurbelmechanismus, dessen zwei Kurbeln unter 90° gegeneinander stehen. Wenn dieses Patent auch keine praktischen Folgen hatte, so ist darin doch der Anfang der heutigen Verbundmaschine zu erblicken.

— **Zellner** in Pleß stellt zuerst Natronalaun dar.

1817 Johann August **Arfvedson** entdeckt das Lithium.

— Der Mathematiker Peter **Barlow** in Woolwich stellt zuerst Versuche über die Festigkeit der Metalle, des Holzes, der Steine und des Zements auf wissenschaftlicher Grundlage an.

— Johann Jacob **von Berzelius** entdeckt das Selen im Bleikammerschlamm der Schwefelsäurefabrik zu Gripsholm, in welcher Schwefelkies von Falun verarbeitet wird. Er beobachtet bereits, daß geschmolzenes Selen beim langsamen Erkalten grau wird, was von Hittorf (s. 1851 H.) bestätigt wird.

— Johann Jacob **von Berzelius** erkennt die abweichenden Eigenschaften des durch Behandlung von Zinn mit Salpetersäure und des durch Fällung einer Zinnchloridlösung mit kohlensaurem Kalk erhaltenen Zinnoxydhydrats. Diese Modifikationen des Zinnoxyds sind die ersten bekannten Beispiele von Isomerie; sie werden später Metazinnoxydhydrat (für das mit Salpetersäure erhaltene Produkt) und Zinnoxydhydrat (für das Fällungsprodukt) genannt. In der Folge arbeiten darüber H. Rose (1848), Frémy (1848) und Löwenthal (1850).

— Jean Baptiste **Biot** gelingt es, das eigentümliche Verhalten des Quarzes gegen homogenes Licht (s. 1811 A.) aufzuklären und nachzuweisen, daß im Quarz eine Drehung der Polarisationsebene des Lichtes eintritt (Zirkularpolarisation), die abhängig von der Wellenlänge des Lichtes ist.

— Johann Gottlieb Friedrich **Bohnenberger** konstruiert das nach ihm benannte Maschinchen, ein Tellurium, welches die Gesetze der Umdrehung der Erde um ihre Achse erläutert und die Erhaltung der Rotationsebene veranschaulicht. Er ist auch der Erfinder des Reversionspendels. (Vgl. 1818 K.)

— Abraham Louis **Breguet** konstruiert ein Metallthermometer mit einer Spiralfeder, die aus drei zusammengelöteten dünnen Streifen von Platin, Gold und Silber besteht. Das durch Temperaturwechsel bewirkte Auf- und Zuwinden der Spirale wird zur Temperaturmessung benutzt.

— David **Brewster** entdeckt, daß die Polarisation durch Reflexion am vollkommensten bei dem Polarisationswinkel wird, bei dem der gebrochene Strahl senkrecht auf dem reflektierten Strahl steht. Er untersucht auch die Reflexion an Metallen und beobachtet zuerst die Erscheinung der elliptischen Polarisation, deren Theorie 1826 von F. E. Neumann entwickelt wird.

1817 David **Brewster** erfindet das Kaleidoskop. Doch haben unvollkommenere Apparate dieser Art schon in früherer Zeit existiert.

— David **Brewster** beobachtet am Beryll und alsdann bei einer Reihe von Mineralien aus den verschiedenen einachsigen Krystallsystemen die Erscheinung des Pleochroismus.

— Jean Baptiste **Caventou** und Joseph **Pelletier** untersuchen die Ambra, die von Madagaskar, Surinam und Java kommt und als ein pathologisches Produkt der Pottwale angesehen wird. Sie stellen daraus das Ambraïn, auch Ambraharz genannt, dar, das auch von Berthelot näher untersucht wird.

— Michel Eugène **Chevreul** weist im Verein mit Henri **Braconnot** nach, daß die meisten Fette, so namentlich der Talg, aus einem festen (Stearin) und einem ölartig flüssigen Bestandteil (Olein) bestehen, und daß die Konsistenz der Fette auf dem Verhältnis des darin enthaltenen Stearins und Oleins beruhe. Infolge dieser Arbeit gelingt es Chevreul, aus dem Stearin (Tristearin) die Stearinsäure herzustellen, welche Braconnot zur Kerzenfabrikation zu verwenden sucht, ohne jedoch wegen der hohen Kosten Resultate zu erzielen.

1817—25 Witt **Clinton** erbaut den Erie-Kanal zwischen Hudson und Eriesee, der eine außerordentliche technische Leistung darstellt, und dem New York seine Blüte und seine schnelle Überflügelung Philadelphia's verdankt.

1817 George **Clymer** konstruiert für den Buchdruck die sehr kräftig wirkende Columbiapresse, bei der die Schraubenspindel durch ein kombiniertes Hebelwerk ersetzt ist, das die Presse selbst zum Druck der schwersten Formen geeignet macht.

— Sir Astley Paston **Cooper** führt am 25. Juni die erste Unterbindung der Aorta abdominalis aus, eine Operation, die später von James und Murray wieder ausgeführt wird.

— John Frederick **Daniell** läßt, um die Struktur der Krystalle zu erforschen, nach dem Vorgang von Widmanstetter (s. 1808 W.) verschiedene Lösungsmittel auf deren Flächen einwirken und begründet somit diesen in der späteren Zeit so wichtig gewordenen Zweig der Lehre von den Ätzfiguren. (S. a. 1855 L.)

— Humphry **Davy** stellt die Theorie auf, daß das Leuchten der Flamme von zahllosen in derselben schwebenden festen Partikelchen herrühre, die durch die Hitze der Flamme zur Weißglut gebracht sind. Die Ursache des Leuchtens einer gewöhnlichen Kerze oder Gasflamme ist nach ihm fein verteilter Kohlenstoff, der sich aus jeder leuchtenden Flamme als Ruß abscheiden läßt, wenn man den Zutritt der Luft beschränkt.

— Humphry **Davy** findet, daß erwärmter Platindraht in Gemengen von Sauerstoff oder Luft mit Wasserstoff, Kohlenoxyd usw. erglüht, und daß dabei das Gasgemisch verbrennt. Er ist damit der Entdecker der katalytischen Wirkung des Platins.

— Ignaz **Döllinger** untersucht die Entwicklung des Gehirns auf das eingehendste und trägt durch seine entwicklungsgeschichtlichen Arbeiten zur Befestigung der Keimblättertheorie (s. 1768 W.) bei. Durch ihn erhält Pander (s. 1817 P.) die Anregung zu seinen Arbeiten.

— Der badische Forstmeister Carl Friedrich Christian Ludwig **von Drais** (Drais von Sauerbronn) stellt i. J. 1813 eine Art von Fahrrad her, für das indes die nachgesuchte Patentierung unter Hinweis auf ähnliche ältere Konstruktionen verweigert wird. (Vgl. 1650 Farfler.) Eine verbesserte Fahrmaschine führt Drais i. J. 1817 vor. Es ist dies ein Zweirad ohne Tretvorrichtung, welches der rittlings sitzende Fahrer vorwärts bewegt, indem er sich mit den Füßen am Erdboden abstößt.

— Joseph **von Fraunhofer** wendet bei der nach ihm benannten Lupe an Stelle einer starken zwei schwächere Linsen an, indem er zwei plankonvexe Gläser mit einander zugekehrten Wölbungen in geeignetem Abstande voneinander in einer Fassung vereinigt. Eine in ähnlicher Weise eingerichtete Lupe rührt von Wilson her.

1817 Nach den erfolglosen Versuchen von Mosengeil (1796) und Horstig (1797) schafft Franz Xaver **Gabelsberger** das graphische oder kursive Stenographiesystem (von ihm „Redezeichenkunst" genannt), dessen Alphabet im Gegensatz zu den englischen geometrischen Systemen aus Teilzügen der gewöhnlichen Schrift besteht, deren Lage, Liniensystem und Einzeiligkeit beibehalten ist.

— Ludwig **Gall** konstruiert die erste Dampfbrennerei mit indirektem Dampf, der späterhin in Frankreich fast ausschließlich verwendet wird. Über die Anwendung von direktem Dampf s. 1822 P.

— Der englische Techniker Samuel **Hall** in Nottingham erfindet die Gas-Sengemaschine für Gewebe, nachdem Molard, der schon 1811 versucht hatte, mit Gas zu sengen, damit keinen Erfolg gehabt hatte. Die Maschine trägt wesentlich zur Vereinfachung des Bleichprozesses bei.

— Der Chemiker Carl Samuel Leberecht **Hermann** in Schönebeck findet in einem Zinkoxyd, das mit Schwefelwasserstoff eine gelbe Fällung gibt, nicht Arsen, sondern einen noch unbekannten Stoff, aus dem Friedrich **Stromeyer** in Göttingen durch Reduktion das Cadmium erhält.

— Jacques Julien **Houton de Labillardière** erhält beim Zusammenbringen von Phosphorwasserstoff und trockener Jodwasserstoffsäure das Phosphoniumjodid, das von Gay-Lussac, Serullas und H. Rose näher untersucht wird. Die entsprechende Chlorverbindung wird 1832 von H. Rose, die Bromverbindung 1831 von Serullas dargestellt.

— Alexander **von Humboldt** gibt eine Isothermenkarte heraus (vgl. 1816 H.) und fördert dadurch die graphische Methode der Kartographie, die auch durch seine Bestrebungen nach Erkenntnis des innern und äußern Baus der Gebirge, denen er in seinen geognostischen Profilen der iberischen Halbinsel und des Hochlands von Mexiko Ausdruck gibt, neue Anregungen empfängt.

— Seth **Hunt** in Amerika erfindet die erste Stecknadelmaschine, welche die vollständige Herstellung der Stecknadeln aus dem Draht in einer Operation ausführt.

— Der Chemiker Wilhelm August **Lampadius** gibt das erste Lehrbuch der Elektrochemie heraus, die von ihm ihren Namen empfängt.

— **Marcet** entdeckt das Xanthin in einem Blasenstein. Später wird es in den Muskeln, der Leber, der Pankreasdrüse, sowie im menschlichen Harn gefunden und von Kossel beim Erhitzen der Nucleine mit Wasser gewonnen.

1817—20 Karl Philipp **von Martius** und Johann Baptist **von Spix** machen eine dreijährige wissenschaftliche Reise durch Brasilien, die insbesondere für die Botanik und Ethnographie bedeutende Resultate liefert.

1817 Der Naturforscher Christian Heinrich **Pander** zählt zu den Begründern der Keimblättertheorie. Er unterscheidet (vgl. seine „Beiträge zur Entwicklungsgeschichte des Hühnchens im Ei") bereits an der Keimhaut zwei dünne voneinander trennbare Lamellen als das seröse Blatt und das Schleimblatt, läßt sich zwischen ihnen eine dritte Schicht, das Gefäßblatt, entwickeln und zeigt, daß alles, was sich in der Folge zutrage, nur eine Metamorphose der Keimhaut und ihrer Blätter sei.

— James **Parkinson** entdeckt die Paralysis agitans (Schüttellähmung), eine zentrale Neurose mit eigentümlichem Zittern und zunehmender Schwäche der Muskelbewegungen.

— Nachdem schon vorher Basedow, Guts Muths, Frank und Vieth für den

Nutzen der Schwimmübungen eingetreten waren, begründet der preußische Generalstabsoffizier Ernst **von Pfuel** eine Methode des Schwimmunterrichts, die sowohl ihrem System, wie ihrer Technik nach noch heute gilt. Pfuel, der schon vorher in österreichischen Diensten Schwimmanstalten zu Wien und Prag errichtet hatte, macht die von ihm begründete Militärschwimmanstalt zu Berlin zu einer Musteranstalt von europäischem Rufe.

1817 Johann Heinrich Leberecht **Pistorius** erkennt zuerst die Notwendigkeit einer höheren Temperatur für die Säuerung der Hefe, nämlich 36⁰, die nach heutigen Begriffen unzureichend ist, aber bessere Resultate ergibt als die bis dahin gebräuchliche Methode, das Hefegut beim Säuern bis auf die Gärungstemperatur abzukühlen.

— Johann Heinrich Leberecht **Pistorius** erfindet den Zweiblasenapparat, der den kontinuierlichen Betrieb in seiner Anwendung auf dicke Maischen darstellt, und mit dem es gelingt, unmittelbar aus der Maische einen hochgrädigen reinen Spiritus zu ziehen. Dies Ziel wird durch kräftig wirkende Dephlegmatoren, die Pistorius'schen Becken, und durch gut angelegte Rektifikatoren erreicht.

— **Reuben** und **Philipps** schlagen vor, das Leuchtgas anstatt mit Kalkmilch (s. 1808 C.) mit Kalk auf trocknem Wege in der Weise zu reinigen, daß Kalkhydrat in geschlossenen kastenförmigen Gefäßen, welche vom Gas von unten nach oben durchstrichen werden, gelagert wird. Diese Art der Reinigung wird später von N. H. Schilling noch verbessert.

— Carl **Ritter** veröffentlicht seine „Erdkunde im Verhältnis zur Natur und Geschichte des Menschen", das bahnbrechende Werk für die vergleichende Geographie und die wissenschaftliche Länderkunde, in welchem er namentlich auch den ursächlichen Beziehungen zwischen der Natur des Landes und der Menschengeschichte nachgeht.

— **Robiquet** isoliert aus dem Opium das Narcotin, dessen Zusammensetzung von Matthiessen und Foster als $C_{22} H_{23} NO_7$ erkannt wird.

— **Roguin** in Paris konstruiert eine Tangentialhobelmaschine zur fabrikmäßigen Zurichtung der Fußböden. In der Folge wird dieser Art von Hobelmaschinen vor den Parallelhobelmaschinen, zu denen die Maschinen von Hatton (s. 1776 H.) und Bramah gehören, der Vorzug gegeben.

1817—30 Gustav **Schübler** behandelt in seinem Werk „Über die physikalischen Eigenschaften der Erden" die Agrikulturphysik. Er untersucht namentlich das spezifische Gewicht, die Wasserkapazität, die Adhäsion der Bodenarten, ihr Vermögen, Wasserdampf aus der Atmosphäre zu verdichten, ihr Ausstrahlungsvermögen, sowie die Beziehungen der Bodenarten zum Licht, zur Wärme und zur Elektrizität. Er macht vergleichende Beobachtungen über Lufttemperatur und Bodentemperatur und findet letztere im Durchschnitt um 22⁰ höher als erstere. Er zeigt auch, daß die dunkeln Bodenarten, wie Humus, Gartenerde usw., sich am schnellsten, die hellen, wie Gips und Quarzsand, sich am langsamsten erwärmen.

1817 Friedrich Karl Ludwig **Sickler** unternimmt es zuerst, die bei der Ausgrabung von Herculaneum aufgefundenen Bibliolithen (d. s. Handschriften, die, unter dem vulkanischen Auswurf begraben, mit der Zeit eine mineralische Beschaffenheit angenommen haben) aufzurollen und durch Behandlung mit Essigäther wieder lesbar zu machen.

— Adolf **Stieler** begründet mit der Herausgabe seines „Handatlas" (in der 1. Ausgabe, Gotha 1817—23, in 75 Blättern erschienen) die neuere gründliche und geschmackvolle Behandlung des Kartenwesens.

— Friedrich **Stromeyer** stellt das basische Oxyd des Cadmiums, das Chlorcadmium, Schwefelcadmium, Jodcadmium und aus dem ersteren eine große

Anzahl Salze, wie das schwefelsaure, salpetersaure, borsaure Cadmium-oxyd, dar.

1817 Friedrich August Adolf **Struve** in Dresden nimmt die Fabrikation der künstlichen Mineralwässer mit hervorragendem Erfolg in die Hand. Über die früheren Versuche ähnlicher Art vgl. 1735 H. Außer den dort genannten Persönlichkeiten haben sich u. a. auch Meyer in Stettin (1787) und Paul in Paris (1799) mit der Herstellung künstlicher Mineralwässer befaßt.

— Nachdem Plasket und Brown sowie George Smart schon dahingehende Vorschläge gemacht hatten, erhält **Thomas** in Caën das erste Patent für maschinelle Faßfabrikation. Er fertigt Dauben und Böden und läßt auch die ganzen Fässer von Maschinen zusammensetzen, während man sich später vielfach nur auf die maschinelle Anfertigung der Dauben beschränkt.

— Dietrich **Uhlhorn** in Grevenbroich verfertigt unter Verwendung des 1811 von Nevedomsky für Münzprägewerke eingeführten Kniehebels eine Münzprägemaschine (Hebelprägewerk), die sich schnell allgemein einbürgert. Eine verbesserte Prägemaschine nach dem gleichen Prinzip, welche in zehnstündiger Arbeitszeit 36000—42000 Münzen selbsttätig prägt, stellt in neuerer Zeit Ludwig Löwe in Berlin her.

— Dietrich **Uhlhorn** konstruiert Geschwindigkeitsmesser, die bestimmt sind, die Geschwindigkeit der Bewegung fester oder flüssiger Körper so anzugeben, daß man die geringsten Änderungen möglichst schnell und sicher wahrzunehmen imstande ist. Sein „Tachometer" genannter Apparat kommt in der Anordnung auf das Zentrifugalpendel hinaus. Das Tachometer wird 1844 von Deniel für Lokomotiven eingerichtet und später von Schäffer und Budenberg in Magdeburg zu einem vielseitig verwendbaren Apparat umgestaltet.

— William Hyde **Wollaston** macht den Vorschlag, das Thermometer zu Höhenmessungen zu benutzen, da die Temperatur, bei der das Wasser siedet, abhängig ist von dem auf dem Wasser lastenden Luftdruck. Da den Unterschieden im Barometerstand nur sehr geringe Unterschiede im Siedepunkt entsprechen (so z. B. bei 1 mm Barometerdifferenz nur $0,05^0$ im Siedepunkt), hat man zu diesem Zwecke sehr genaue Siedethermometer (Hypsothermometer) konstruiert, die insbesondere auf Forschungsreisen viel benutzt werden. (S 1772 D.)

1818 **Biot** und **Seebeck** zeigen, daß viele Substanzen, bei denen im krystallisierten Zustande keine Drehung der Polarisationsebene nachzuweisen ist, im amorphen oder im gelösten Zustand dieselbe drehen. Hierzu gehören u. a. Rohrzucker, Milchzucker, Traubenzucker, Dextrin usw., welche die Polarisationsebene rechts, und Lävulose, Inulin, Äpfelsäure, Chinin, Morphin, Strychnin usw., die dieselbe links drehen. Auch einige Flüssigkeiten werden von Biot und Seebeck entdeckt, die, wie Citronenöl rechts, wie Lorbeeröl die Polarisationsebene links drehen.

— Pierre **Bretonneau** beobachtet und benennt die Diphtherie, die er durch Alaunbehandlung und — bezüglich ihrer Begleiterscheinungen, Erstickungsgefahr usw. — durch die Tracheotomie bekämpft. Er erkennt als das Charakteristische der Erkrankung die Bildung einer entzündlichen Pseudomembran, eine „Diphtera", die er zur Unterscheidung der Krankheit von Croup benutzt, und weist nachdrücklich auf die Kontagiosität der Krankheit hin

— **Bucholz** und **Brandes** stellen zuerst durch Glühen von Wismutoxyd mit Kali die Wismutsäure dar.

— Christian Heinrich **Bünger** in Marburg erneuert die Operationsmethode der Rhinoplastik, indem er an Stelle einer durch Lupus zerstörten Nase eine neue aus einem abgetrennten Stück der Haut des Oberarms bildet.

1818 Jean Baptiste **Caventou** und Joseph **Pelletier** isolieren das Strychnin aus der Ignatiusbohne.

— Jean Baptiste **Caventou** und Joseph **Pelletier** stellen aus der Cochenille deren Farbstoff unter dem Namen „Carminsäure" dar, der später namentlich von Warren de la Rue (1847), Schützenberger (1858), Hlasiwetz und Grabowsky (1867) untersucht wird.

— Michel Eugène **Chevreul** entdeckt die Buttersäure als Produkt der Verseifung der Kuhbutter. Ihre Zusammensetzung wird 1844 von Pelouze und Gélis richtig ermittelt. Außerdem entdeckt er die Capronsäure und die Valeriansäure.

— **Chossat** veröffentlicht wichtige Untersuchungen über die Brechungsverhältnisse der durchsichtigen Medien des Auges.

— Jeremiah **Chubb** erfindet ein Kombinationsschloß, das nach ihm Chubbschloß genannt wird.

— Humphry **Davy** stellt durch elektrolytische Zersetzung von Lithiumoxyd metallisches Lithium dar, das später (1855) von Bunsen und Matthiesen in größerer Menge ebenfalls elektrolytisch aus dem Chlorid dargestellt wird.

— Johann Wolfgang **Döbereiner** empfiehlt zuerst die Verwendung von Baryt und Strontian zur Glasfabrikation. Wie Baudrimont und Pelouze berichten, wird 1833 in einer Glashütte bei Valenciennes Schwerspat mit günstigem Erfolg geschmolzen und ein Glas erhalten, das im Glanz Ähnlichkeit mit Bleiglas hat.

— Johann Franz **Encke** berechnet den nach ihm benannten, schon in den Jahren 1786, 1795 und 1805 gesehenen und 1818 von Pons (s. d.) wiederentdeckten Kometen, und folgert aus der sich stetig — bei jedem Umlaufe um $2^1/_2$ Stunden — verkürzenden Umlaufszeit desselben auf das Vorhandensein eines widerstehenden Mediums im Weltenraume. Neuere Untersuchungen lassen die Richtigkeit dieser Hypothese zweifelhaft erscheinen.

— F. **Erxleben** spricht die Ansicht aus, daß die Hefe ein lebender Organismus sei und die Gärung verursache (s. a. 1680 L.), verfolgt jedoch den Gedanken nicht weiter.

— **Faveryear** in London erfindet die Spiral-Furniermaschine, deren Prinzip darin besteht, daß ein zylindrischer Holzblock, auf einer eisernen Achse befestigt, mit derselben in langsame Umdrehung versetzt wird und nun ein gerades zur Zylinderachse paralleles Messer angesetzt wird, das einen spiralig der Achse sich nähernden Schnitt und damit ein sehr langes, leicht gerade zu pressendes Holzblatt erzeugt. Die Maschine wird 1844 von Garand wesentlich vervollkommnet.

— Karl Friedrich **Gauß** gibt Konstruktionen für Fernrohrobjektive an, bei welchen die sphärische Aberration für zwei Wellenlängen und die chromatische für mindestens zwei Zonen des Systems gehoben ist. Diese Konstruktionen werden später von Abbe auch auf das Mikroskop angewendet.

— Louis Joseph **Gay-Lussac** beobachtet zuerst, daß bei konstantem Druck die Temperatur des in einem Glasgefäß siedenden Wassers im allgemeinen höher ist, als diejenige des in einem Metallgefäße siedenden Wassers. Muncke (1817), Rudberg (1837) und Marcet (1842) bestätigen dies. Letzterer stellt fest, daß, je stärker die Adhäsion der Flüssigkeit zur Substanz des Gefäßes ist, um so höher die Temperatur der siedenden Flüssigkeit ist.

— Christian Gottlob **Gmelin** entdeckt die rote Färbung, die Lithium der Flamme mitteilt.

— Der Chirurg Karl Ferdinand **von Graefe** verbessert die Resektion des Unterkiefers und vervollkommnet die Technik des Kaiserschnitts. Er pflegt die Rhinoplastik (s. 1818 B.) und übt gleichzeitig mit Dzondi die Blepharoplastik, d. i. die Ersetzung von Teilen der Augenlider durch Aufwärtsklappen der zunächst gelegenen Wangenhaut.

1818 **Hill** in Deptford schlägt zuerst die Anwendung der Pyrite für die Schwefelsäurefabrikation vor, die indes erst durch die von Perret & Sohn und Ollivier (s. 1833 P.) konstruierten Kiesöfen praktische Bedeutung erlangt.

— Jacques Julien **Houton de Labillardière** gibt eine richtige Analyse des Terpentinöls und erkennt in ihm das Verhältnis der Kohlenstoffatome zu den Wasserstoffatomen wie 5 : 8.

— Nachdem schon Scheele (1780) und Hermbstädt (1784) bei trockener Destillation der Schleimsäure die Bildung eines sauren Sublimats wahrgenommen hatten, gelingt es Jacques Julien **Houton de Labillardière,** die Eigentümlichkeit dieser Säure, die er Brenzschleimsäure nennt, zu erweisen.

— Henry **Kater** benutzt zur Bestimmung der Länge des einfachen Sekundenpendels und der Beschleunigung beim freien Fall das von Bohnenberger 1811 zuerst angegebene Reversionspendel, das mit zwei Drehachsen versehen ist, von denen jede den Schwingungsmittelpunkt für die andere bildet. Er findet die Größe der Beschleunigung beim freien Fall $g = 9{,}80896$ m/sec. (S. a. 1673 H. und 1790 B.)

— Der Schweizer Chirurg François Isaac **Mayor** macht in seiner Arbeit „Bruits du cœur du fœtus" zuerst die Angabe, daß man durch Auskultation der kindlichen Herztöne mit Sicherheit auf das Leben des Fœtus schließen könne.

— Johann Friedrich **Meckel** der Jüngere liefert eine systematische Beschreibung der menschlichen Mißbildungen, die man seit alten Zeiten zu den Wundererscheinungen oder mindestens zu den Kuriositäten gerechnet hatte, und macht die Entdeckung, daß viele derselben frühere Bildungsstufen darstellen, die nicht normal waren und auf jener früheren Stufe verharrten.

— **Milner** nimmt ein Patent auf den ersten Lumpenwolf zum Zerreißen und Zerfasern wollener Lumpen für die Kunstwollfabrikation, die gegen 1830 einige Bedeutung erlangt, aber erst nach Köber's Erfindung (s. 1856 K.) zu einem großen Industriezweig wird.

— Graf **Mollien** entdeckt die Quellen des Senegal und des Gambia.

— Thomas **Morton** in Leith erfindet die nach ihm benannte Patentschleppe, eine Dockvorrichtung, bei welcher das schwimmende Schiff über einen Schlitten gebracht und dieser alsdann an Ketten mit Dampfwinden aufgeholt wird, bis das Schiff ganz trocken steht. In neuerer Zeit geschieht das Aufholen mit hydraulischen Pressen.

— Der amerikanische Chirurg Valentin **Mott** unterbindet als erster die Arteria anonyma bei einem Aneurysma der Subclavia und führt 1827 zuerst die Total-Exstirpation des Schlüsselbeins (der Clavicula) aus.

— Der Techniker Richard **Ormrod** stellt Kattundruckwalzen aus Kupfer und Messing durch Strecken von Hohlzylindern her. Zur Fabrikation von Röhren scheint das Verfahren zuerst 1838 von Green in Birmingham verwandt worden zu sein.

— Der Astronom Jean Louis **Pons** entdeckt während seiner Tätigkeit auf den Sternwarten in Marseille, Lucca und Florenz 37 Kometen, und ist auch i. J. 1818 der Wiederentdecker des nach Encke (s. d. 1818) benannten Kometen.

— Joseph Louis **Proust** entdeckt das Leucin im faulenden Käse.

— Joseph Claude Anthelme **Recamier** erfindet den Scheidenspiegel, der von Jörg und später von Marion Sims verbessert wird.

— Der Zahnarzt L. **Regnart** stellt das erste sogenannte Amalgam zum Füllen der Zähne her, das aus 8 Teilen Wismut, 5 Teilen Blei und 3 Teilen Zinn besteht.

1818 Franz **Reisinger** macht auf Anregung von Karl Himly den ersten Versuch, die Hornhaut von Kaninchen auf Tiere derselben Art, und sogar auf Katzen zu übertragen. Diese Versuche werden von Dieffenbach und insbesondere von Stilling 1830 fortgesetzt und ergeben die Möglichkeit einer erfolgreichen Transplantation.

— Der holländische Arzt Pieter **de Riemer** wendet zur anatomischen Untersuchung von Leichen zuerst die Gefrierschnitte an.

— Der englische Seeoffizier John **Ross** macht mit Edward **Parry** eine Polarfahrt zur Auffindung einer nordwestlichen Durchfahrt, kehrt aber in dem Lancastersund um, weil die Crokerberge scheinbar die Straße absperren. Er ist einer der ersten, der die Idee hat, den Meeresboden zu erforschen. Er holt in der Baffinsbai aus einer Tiefe von 1000 Faden $=$ 1970 m feinen grünlichen Grundschlamm herauf und weist darin lebende Schlangensterne nach. Damit ist die Auffassung von Péron widerlegt, daß der Boden der Ozeane mit Eis bedeckt sei.

— Das für die Fahrt New York—Liverpool—St. Petersburg bestimmte dreimastige Dampfboot **Savannah** durchkreuzt als erster Dampfer den Ozean. Es vollendet seine Fahrt von Savannah bis Liverpool in 26 Tagen, von denen es 18 Tage unter Dampf ist.

— Louis Jacques **Thénard** entdeckt das Wasserstoffsuperoxyd bei Einwirkung von Salzsäure auf Bariumsuperoxyd und stellt im gleichen Jahre das Kobaltblau (Kobaltaluminat) her.

— Louis Jacques **Thénard** gelingt es, mittels des von ihm entdeckten Wasserstoffsuperoxyds auch die Hyperoxyde von Calcium und Strontium darzustellen.

— **Thomas** in Kolmar konstruiert eine Multiplikationsmaschine (Arithmometer), welche die vollkommenste Anordnung dieser Art darstellt, sowohl Wurzelausziehen wie Potenzieren gestattet und auch bei trigonometrischen Rechnungen zu verwenden ist. Sie gibt richtige Resultate bis zu 20 Stellen.

— Johann Bartholomäus **Trommsdorf** stellt fest, daß das von der in Persien einheimischen Ferula Asa foetida stammende Asa-Foetida-Gummi ein Gemenge verschiedener Harze mit ätherischem Öl und verschiedenen Salzen ist. Hlasiwetz und Barth erhalten 1865 beim Schmelzen des Gummis mit Kali Resorcin, Protocatechusäure und flüchtige Fettsäuren. Die Asa foetida spielte früher eine große Rolle als Nervenmittel.

— L. J. **Vicat** in Paris macht (seit 1813) Versuche, den natürlichen hydraulischen Kalkstein, der die Grundlage des Parker'schen Romanzementes bildet (s. 1796 P.), durch künstliche Gemenge von Kalk und Ton zu ersetzen. Seine Vorschläge bleiben unbeachtet, und erst Aspdin (s. 1824 A.) bringt sie zur Geltung.

— Josiah **White** errichtet im Lehighflusse in Pennsylvanien ein Klappenwehr verbesserter Bauart, welches durch besondere Einrichtungen den nötigen Wasserdruck zum Aufstellen und Niederlegen der Klappen beschafft.

1819 **Arago** und **Dulong** finden bei ihrer auf Aufforderung der französischen Akademie unternommenen Prüfung des Boyle-Mariotte'schen Gesetzes (s. a. 1826 O.), daß das Gesetz für Luft streng gültig ist. Sie übersehen dabei, daß ihre eigenen Versuche stets wenn auch kleine Unterschiede ergeben und die beobachteten Volumina immer kleiner als die berechneten sind. (S. 1847 R.)

1819—21 Fabian Gottlieb **von Bellingshausen** unternimmt mit **Lazarew** auf den Schiffen „Wostok" und „Mirny" eine Südpolarfahrt, auf der sie am 2. Februar 1820 in $1^0\,11'$ w. L. $69^0\,25'$ s. Br. erreichen, von wo sie undurchdringlicher Eismassen wegen wieder nach Norden steuern müssen. Nach einer vorübergehenden Rückkehr nach Sydney nehmen sie ihre Fahrt wieder auf und erreichen am 22. Januar 1821 in $92^0\,19'$ w. L. $69^0\,53'$, wo ihnen von ungeheuren Eisbergen Halt geboten wird. Bei dieser Expedition wird der Pol in einer durchschnittlichen Entfernung von 30 Grad vollkommen umschifft und das erste Südpolarland, Peter I.- und Alexander I.-Land entdeckt.

1819 Friedrich Wilhelm **Bessel** gibt Tafeln zur Korrektion der durch die astronomische Strahlenbrechung bedingten Fehler heraus. Spätere Refraktionstafeln werden von Ivory (1823), Gylden (1866), Kowalski (1878), Radau (1882) u. a. herausgegeben.

— Polydore **Boullay** entdeckt in den Kockelskörnern (s. 1020) das Picrotoxin, das im Arzneischatz Aufnahme findet.

— Henri **Braconnot** stellt Glucose durch Einwirkung von Schwefelsäure auf Cellulose dar, auf welcher Reaktion die gegenwärtige Darstellung des Spiritus aus Holz und Flechten in Schweden und Rußland beruht. (S. 1898 S. und 1901 C.)

— David **Brewster** unterscheidet die optisch einachsigen und zweiachsigen Krystalle und zeigt die Zugehörigkeit der ersteren zum quadratischen und hexagonalen, die der letzteren zum rhombischen und zu den klinischen Systemen.

— **Brockedon** verwendet zur Fabrikation der Gold- und Silberdrähte gebohrte, harte Edelsteine (Rubine, Saphire) an Stelle der stählernen Zieheisen.

— Thomas **Brunton** konstruiert einen Drehrost, der aus einer großen Scheibe besteht, die von einem Fülltrichter aus regelmäßig beschickt, langsam von der Maschine aus gedreht wird. Die Einrichtung wird, als zu teuer, bald wieder aufgegeben.

— Johann Andreas **Buchner** stellt zuerst Salicin aus Cortex salicis her, das dann 1830 von Leroux in krystallisiertem Zustand erhalten wird.

— Charles **Cagniard de la Tour** verbessert die zuerst von L. F. W. A. Seebeck angegebene Löcher-Sirene soweit, daß man damit die absolute Tonhöhe zu bestimmen imstande ist.

1819—20 Der französische Reisende Frédéric **Cailliaud** macht eine Reise durch die libysche Wüste, die er ebenso wie den obern Nillauf kartographisch festlegt.

1819 Jean Baptiste **Caventou** und Joseph **Pelletier** isolieren das Brucin aus der falschen Angosturarinde und später aus der Nux vomica.

— Jean Baptiste **Caventou** und Joseph **Pelletier** einerseits und **Meißner** andererseits stellen gleichzeitig das Veratrin aus dem Sabadillsamen her.

— Jean Baptiste **Caventou** und Joseph **Pelletier** gewinnen aus Colchicum autumnale ein Alkaloid, das sie für Veratrin halten, das aber 1838 von Geiger und Hesse (s. 1838 G.) als ein neuer Körper erkannt und mit dem Namen „Colchicin" belegt wird, ohne daß es ihnen gelingt, es rein darzustellen.

— John **Cheyne**, Militärarzt in Dublin, beschreibt das nach ihm und Stokes benannte Atmungsphänomen.

— William **Congreve** erfindet eine Walzenkörnmaschine für Schießpulver.

— Nachdem G. **Dollfus** zur Fixation beim Zeugdruck seit 1810 t r o c k e n e Wärme (Überbügeln bedruckter Ware) angewendet hatte, geht er in Gemeinschaft mit **Loffet** dazu über, das Fixieren mit Wasserdampf auszuführen, welche Methode sich sehr rasch einbürgert.

— Pierre Louis **Dulong** und Alexis Thérèse **Petit** machen ausgedehnte Versuche über die spezifische Wärme und entdecken das nach ihnen benannte Gesetz, wonach das Produkt aus spezifischer Wärme und Atomgewicht für alle im festen Aggregatzustand befindlichen Elemente annähernd gleich ist. (S. a. 1831 N. und 1864 K.)

1819 **Gannal** führt an Stelle der festen Walzen zum Einfärben des Letternsatzes (s. 1787 S.) elastische Walzen ein, die sich gut bewähren. In der Folge werden diese Walzen mit einem Glycerin-Gelatine-Gemisch (Walzenmasse), mit welchem der hölzerne Kern heiß umgossen wird, überzogen. (S. 1859 D.)

— Der Italiener **Gazzeri** weist in seiner Düngerlehre zuerst auf das Vermögen des Bodens hin, den Lösungen, wie z. B. der Jauche, gewisse Substanzen zu entziehen.

— David **Gordon** nimmt ein Patent auf die Erzeugung von komprimiertem Gas, das er in diesem Zustande in die Wohnungen der Konsumenten liefert. (Transportables Gas.)

— Gustav Gabriel **Hällström** entdeckt das Gesetz der Schwingungszahlen der Kombinationstöne.

— Der dänische Astronom Christopher **Hansteen** untersucht theoretisch und experimentell die Einwirkung zweier Magnete aufeinander und leitet daraus das Gesetz der magnetischen Fernwirkung (s. 1785 C.) ab. In gleicher Weise leitet Gauß (1833) das Gesetz ab.

— Karl **Kestner** in Thann entdeckt die Traubensäure, die von J. F. John untersucht und Vogesensäure genannt wird, später aber, nachdem ihre gleiche Zusammensetzung mit der Weinsäure von Gay-Lussac und Berzelius (s. 1829 G.) erkannt worden ist, von L. Gmelin den Namen Traubensäure erhält.

— Der Bankier Jacques **Laffitte** in Paris führt den Omnibus ein. Angeblich soll sich mit der Idee des Omnibus bereits Blaise Pascal um 1672 getragen haben. Die Bezeichnung „Omnibus" bringt Baudry in Nantes auf, der sie dem Aushängeschild eines Kaufmanns mit Namen Omnès entnimmt, das die Worte enthält: „Omnès omnibus".

— Jean Louis **Lassaigne** stellt durch Destillation von Äpfelsäure auf synthetischem Wege Fumarsäure dar, die 1826 von Pfaff im Isländischen Moos, 1833 von Winkler in Fumaria officinalis aufgefunden wird; die natürlich gewonnene Säure wird 1834 von Demarçay mit der synthetisch hergestellten identifiziert.

— Der Tierarzt Carlo **Lessona**, Direktor der 1819 auf dem Schlosse zu La Vénerie errichteten Tierarzneischule, fördert die Kenntnis des Pferdes durch seine Werke über die Beurteilung und Wertbestimmung desselben und durch seine zu großer Popularität gelangende Pathologie des Pferdes.

— Der englische Ingenieur John Loudon **Mac Adam** beschreibt in seiner Schrift „A practical essay on the scientific repair and preservation of public roads" das nach ihm „Macadamisieren" benannte Straßenbausystem.

— **Manoury** führt für die Dampfmaschine eine selbsttätige Steuerung aus, bei welcher er die durch die Wärme bewirkte Längenänderung einer eisernen Stange, die in den Dampfbehälter hineinreicht, durch geeignete Hebelanordnung auf die Steuerung überträgt (Pyrorégulateur.)

— Eilhard **Mitscherlich** entdeckt die Isomorphie und erklärt das Auftreten isomorpher Krystalle bei verschiedenartigen Körpern durch den Nachweis, daß diese eine analoge chemische Zusammensetzung haben. Er zeigt, daß diese Erscheinung auch an künstlichen Verbindungen auftritt, und daß dieselbe von den physikalischen Umständen abhängt, unter welchen die Krystallisation vor sich geht. (S. a. 1816 G.)

— François Emanuel **Molard** erfindet eine Knäuelwickelmaschine für Zwirne.

— Der Mechaniker **Montgolfier** führt die hydraulische Packpresse ein, die sich noch jetzt in der Marseiller Ölindustrie behauptet und unter dem Namen „Marseiller Presse" bekannt ist. Die Preßpakete werden außerhalb der

Presse auf den direkt unter den Wärmpfannen stehenden einfachen Arbeitstischen gefüllt und fertig gemacht.

1819 Franz Carl **Naegele** fördert die Lehre vom Geburtsmechanismus und dem normalen und pathologischen, namentlich aber dem nach ihm benannten schräg und quer verengten Becken.

— Hans Christian **Oersted** stellt zuerst das Piperin aus dem schwarzen Pfeffer, Piper nigrum, her. Durch Destillation mit Natronkalk wird daraus das zuerst von Wertheim dargestellte Piperidin erhalten, das ein hexahydriertes Pyridin ist.

— **Parker** erfindet die Sinumbrallampe, bei welcher das Ölgefäß einen eigentümlichen Querschnitt des Kranzes, in Gestalt eines flachen Keiles mit der Schneide nach der Flamme zu, erhält, wodurch der Fehler der Schattenwerfung der Astrallampe (s. 1809 B.) vermieden wird.

— Edward **Parry,** der sich 1818 an der Nordpolfahrt von John Ross beteiligte, dringt mit den Schiffen „Hecla" und „Griper" zum Lancastersund vor, findet dort statt des sperrenden Gebirges (s. 1818 R.) eine breite Wasserstraße und gelangt durch die Barrowstraße bis zur Melville-Insel, wo er 10 Monate überwintert. Seine Reise bestätigt das Vorhandensein einer zusammenhängenden ostwestlich verlaufenden Meeresstraße.

— **Rehe** konstruiert eine Räderfräsmaschine und eine Fräserschleifmaschine, die beide in Rees' „Cyclopaedia" erwähnt werden. Den dort befindlichen Zeichnungen nach sind bei der ersteren Maschine auswechselbare Zähne angewendet worden.

— Georg **von Reichenbach** vervollkommnet den Meridiankreis und liefert für Bessel nach Königsberg einen dreifüßigen Kreis, der sich derart bewährt, daß der Meridiankreis das Hauptinstrument der Sternwarten wird.

— Georg **von Reichenbach** konstruiert einen Strommesser, der statt der einfachen Röhre des Pitot'schen Instruments (s. 1728 P.) zwei Röhren nebeneinander enthält, wovon eine die durch den Stoß gehobene, die andere die dem hydrostatischen Druck entsprechende Wassersäule enthält. Das Instrument wird von H. Darcy wesentlich vervollkommnet.

— Philibert Joseph **Roux** erfindet die Staphylorrhaphie (Gaumennaht) zur Heilung von Gaumendefekten.

— Mauro **Rusconi** in Pavia macht hervorragende Untersuchungen über die Anatomie der Fische, Frösche, Salamander und anderer Reptilien.

— Edward **Sabine** nimmt an Parry's Reise (s. 1819 P.) zur Auffindung einer nordwestlichen Durchfahrt teil und macht wichtige magnetische Beobachtungen, welche von Gauß später bei Aufstellung seiner Theorie des Erdmagnetismus benutzt werden. (S. a. 1822 S.)

— Jean Antoine **Saissy** macht bei eiterigen Prozessen mit Defekt des Trommelfells die ersten Versuche der Durchspülung von der Tube aus. Seine Katheter sind S-förmig gebogen und für das rechte und linke Ohr verschieden.

— Das Königreich **Sardinien** gibt die ersten Postwertzeichen (in Beträgen von 15, 25 und 50 Centesimi) in Form gestempelter, zum Einschlagen der Briefe bestimmter Viertelbogen weißen Papieres aus. Diese Wertzeichen bleiben bis zu Jahre 1836 in Gebrauch.

— Der Mathematiker Ferdinand Karl **Schweikart** gelangt, unabhängig von Gauß, Lobatschewsky und Bolyai (s. diese), zu der Erkenntnis, daß außer der Euklidischen Geometrie noch eine andere denkbar ist, die er „Astralgeometrie" nennt, und bei der die Winkelsumme im Dreieck kleiner als zwei Rechte ist.

— Friedrich Wilhelm **Sertürner** stellt die Ätherschwefelsäure dar, die von A. Vogel in München näher untersucht wird.

1819 Der Irländer Patrick **Shireff** fördert die Saatzucht, indem er durch Auswahl der besten Pflanzen das Saatgut verbessert und durch künstliche
Befruchtung neue Varietäten erzeugt.

— William **Smith** entdeckt am 19. Februar die Süd-Shetlandinseln, die 1820
von Bransfield, der gleichzeitig die Südorkney-Inseln entdeckt, wieder besucht werden.

— Der Schwede Henrik Johan **Walbeck** macht den ersten gelungenen Versuch,
die ellipsoidischen Dimensionen der Erde aus 6 verschiedenen Gradmessungen rein mathematisch zu berechnen, und findet die Abplattung zu
$1/_{302,8}$, den Meridianquadranten zu 10 000 268 m.

— **Wells** in Hartford baut eine Buchdruckpresse, die von Smith in New York
noch verbessert wird. Die Presse übt den Druck durch Geradestellung
eines oder mehrerer Kniee beim Anziehen des Bengels aus. Sie wird durch
den Buchdrucker W. **Hagar** in den Verkehr gebracht und nach diesem als
Hagarpresse bezeichnet. In Deutschland wird sie von 1836 ab von Chr.
Dingler in Zweibrücken fabriziert und wohl auch Dinglerpresse genannt.
Abarten dieser Presse sind die Washingtonpresse und die von R. C. Cope
gebaute Albionpresse.

— Jean Joseph **Welter** entdeckt die Unterschwefelsäure, indem er Braunstein
mit schwefliger Säure zusammenbringt und ein Salz erhält, dessen Säure
Baryt nicht fällt. Gay-Lussac weist nach, daß es sich dabei um eine neue
Oxydationsstufe des Schwefels handelt.

— Ferdinand **Wurzer** konstruiert das erste Wasserbad mit konstantem Niveau
für analytische und pharmazeutische Zwecke.

1820 André Marie **Ampère** entdeckt in Weiterführung der Oersted'schen Entdeckung (s. unten 1820 O.), daß bewegliche stromführende Leiter in der
Umgebung von Magneten Bewegungsantriebe erfahren, und daß auch ohne
Vorhandensein von Magneten stromdurchflossene Leiter aufeinander Kraft-
wirkungen äußern. Er zeigt die Möglichkeit, bezüglich der magnetischen
Fernwirkungen jeden Magneten durch entsprechend angeordnete Elementar-
ströme oder umgekehrt jeden stromführenden Leiter durch passend gewählte Magnete zu ersetzen.

— André Marie **Ampère** entdeckt das Gesetz des Ausschlags der Magnetnadel
unter dem Einfluß eines elektrischen Stroms (Ampère'sche Schwimmer-
regel). Im gleichen Jahre macht er den Vorschlag, solche Nadelablen-
kungen zur telegraphischen Zeichengebung auszunutzen, ein Vorschlag,
der 1828 von St. Amand und 1829 von Gustav Fechner in Leipzig wiederholt wird. (S. a. 1835 S.)

— François Dominique **Arago** entdeckt, daß Eisen und Stahl magnetisch
werden, wenn man sie in die Nähe eines von einem galvanischen Strom
durchflossenen Leiters bringt, und daß Nadeln, in das Innere eines
schraubenförmig gewundenen galvanischen Leitungsdrahtes gelegt, abwechselnd heterogene Magnetpole erhalten, je nachdem den Windungen
eine entgegengesetzte Richtung gegeben wird.

— Karl Ernst **von Baer** verfolgt in seiner „Entwicklungsgeschichte der Tiere"
die Entstehung der Keimblätter und ihre Umbildung in die einzelnen
Organe des fertigen Körpers, hauptsächlich beim Hühnchen, aber auch bei
einigen andern Wirbeltieren. Aus den Keimblättern entwickeln sich die
einzelnen Organe durch morphologische und durch histologische Sonderung.
Er unterscheidet in seinem Werke vier Grundtypen von Tieren: die gegliederten Tiere, die strahlenförmigen Tiere, die Mollusken und die Wirbeltiere. (S. a. 1817 P.)

— John **Birkinshaw** erzeugt auf dem Bedlington-Eisenwerk bei Durham die ersten gewalzten Schienen aus Schmiedeeisen und ebnet dadurch den Weg zur weiteren Entwicklung des Eisenbahnoberbaus.

1820 Johann Jacob **von Berzelius** verläßt seine Auffassung, daß jede Säure Sauerstoff enthalten müsse, und erkennt Humphry Davy's (s. 1810 D.) Ansicht über die Elementarnatur des Chlors, die Zusammensetzung der Salzsäure und über die Wasserstoffsäuren (s. 1815 D.) als richtig an. Er nimmt im Anschluß an Davy's elektrochemische Ansichten (s. 1806 D.) an, daß jedes Atom mindestens zwei Pole besitze, deren Elektrizitätsmenge verschieden groß seien, und daß, je nachdem die positive oder negative Elektrizität vorherrsche, die Atome bei der Elektrolyse nach der negativen oder positiven Elektrode wandern, und daß die chemische Vereinigung in der Neutralisation der verschiedenen Elektrizitäten bestehe (Elektrochemische Theorie).

— Unter Zugrundelegung der bedeutsamen Fortschritte, welche die Verwendung des Lötrohrs zur Mineralanalyse durch Johann Gottlieb Gahn in Stockholm gemacht hatte, schafft Johann Jacob **von Berzelius** in seinem Werke „Afhandling om blåsrörets användande i kemien och mineralogien" die Grundlage der heutigen Lötrohranalyse.

— **Biot** und **Savart** finden auf experimentellem Wege das nach ihnen benannte mathematische Gesetz der Wirkungen des galvanischen Stromes auf die Magnetnadel.

— Henri **Braconnot** stellt als erstes Spaltungsprodukt des Proteins das Glykokoll neben Leucin durch Kochen von Leim und Muskelfleisch dar. Dasselbe wird als Aminoessigsäure aufgefaßt.

— Heinrich Wilhelm **Brandes** fördert die synoptischen Wetterstudien. (Vgl. 1780 H. und 1846 L.)

— Der Papierhändler **Brewer** in Brighton schneidet zuerst Briefumschläge nach Schablonen und veranlaßt dadurch die Firma Dobbs & Co. in London zur Herstellung von Briefumschlägen (Briefkuverts) im Großen. (S. a. 1845 D.)

— David **Brewster** taucht Holzstäbe in Lösungen von Kalk und Magnesia und findet, daß sie nach dem Veraschen in dem heißen Saume einer Kerze ein starkes weißes Licht liefern.

— David **Brewster** fertigt eine Lupe an, deren aus einer Kugellinse hergestelltes Lupenglas mit einer ringsum laufenden hohlen Rinne so versehen ist, daß nur die zentralen Strahlen hindurchgehen können, wodurch der störende Einfluß der sphärischen und chromatischen Abweichung verringert wird. (Vgl. auch 1829 C.)

— Leopold **von Buch** führt die barometrischen Windrosen in die meteorologische Graphik ein und gibt dadurch Anlaß zur später aufgeworfenen Frage, wie die wechselnden Werte der meteorologischen Elemente mit den Windrichtungen zusammenhängen. Er macht hiermit die erste bekannte Anwendung von Polar-Koordinaten zur graphischen Darstellung von Naturerscheinungen. Angeblich soll auch Halley um 1700 bei seinen Untersuchungen über die logarithmische Spirale Polar-Koordinaten verwendet haben.

— Thomas **Burr** in Shrewsbury erfindet das Röhrenpressen. Er gießt Blei in einen starken hohlen Eisenzylinder und treibt dasselbe, nachdem es erstarrt ist, durch die Bewegung eines Kolbens aus einer Öffnung am Ende des Zylinders hervor, in welcher es beim Durchgang die Gestalt einer völlig fertigen Röhre annimmt.

— Augustin Louis **Cauchy** ist auf fast allen Gebieten der Mathematik mit ausgezeichnetem Erfolge tätig. Namentlich ist er der Begründer der heutigen Theorie der Funktionen einer komplexen Veränderlichen. Er bearbeitet die Reihen höherer Ordnung und legt in seine Schrift „Cours algébrique" den Grund zu einer wahren Reihentheorie.

1820 **Cavé** verbessert die von Murdoch (s. 1785 M.) erfundene Dampfmaschine mit schwingendem Zylinder und führt dieselbe in den praktischen Betrieb ein.

— Jean Baptiste **Caventou** und Joseph **Pelletier** finden in der Chinarinde das Chinin und das Cinchonin, durch deren Reindarstellung erst eine sichere Dosierung dieser Fiebermittel möglich und die bisher benutzte Chinarinde nach und nach aufgegeben wird. In unreinem Zustande war das Chinin 1792 von Fourcroy, 1809 von Vauquelin und 1814 von Pfaff erhalten worden.

— W. **Cecil** in Cambridge erfindet einen Verbrennungsmotor und berichtet darüber in den „Proceedings of the Philosophical Society of Cambridge".

— **Cellier Blumenthal** erfindet den später von Derosne verbesserten Kolonnenapparat zur Destillation des Spiritus.

— Der Genfer Arzt Charles W. C. **Coindet** führt das Jod in Form von Jodkalium in die medizinische Praxis ein und empfiehlt dasselbe namentlich innerlich und äußerlich gegen den Kropf.

— William **Congreve** erfindet den nach ihm benannten Buntdruck, der bis gegen 1860 im Gebrauch bleibt.

— John Frederick **Daniell** verbessert das Kondensationshygrometer. (S. 1645 F.) Sein Instrument besteht aus einem horizontalen Glasrohr, das an beiden Enden senkrecht nach unten gebogen ist und eine Kugel trägt. Die eine Kugel ist vergoldet, die andere wird mit Musselin umwickelt. Die vergoldete Kugel enthält etwas Äther und ein kleines Thermometer, das in die Röhre hineinreicht; der Apparat ist luftleer. Tröpfelt man auf den Musselin etwas Äther, so verdunstet er, erzeugt Kälte und bewirkt, daß der Äther aus der vergoldeten Kugel überdestilliert. Dadurch erniedrigt sich deren Temperatur so weit, daß die Kugel mit Wassertröpfchen beschlägt. Die in diesem Augenblick abgelesene Temperatur ist die des Taupunktes. Der Apparat wird 1822 von Döbereiner und 1845 von Regnault wesentlich verbessert.

— Auguste Pyrame **De Candolle** erschließt in seinem „Essai élémentaire de géographie botanique" das physiologische Verständnis von dem Einfluß der meteorologischen Kräfte auf die Pflanze.

— Charles **Derosne** schafft in den französischen Kolonien verbesserte Einrichtungen zur Gewinnung des Zuckers aus dem Zuckerrohr und führt namentlich daselbst moderne Abdampfapparate ein, welche die Fabrikation des Kolonialzuckers zu einer wesentlich einträglicheren gestalten.

— George **Dickinson,** Papierfabrikant in England, erfindet die Papier-Zylinderformmaschine, die einfacheren Bau und geringere Länge als die Langformmaschine aufweist.

— Léon **Duvoir** erfindet die Mitteldruckwasserheizung.

— Der Amerikaner **Eastman** ändert die Kreissäge ab, indem er nur an vier gleichweit voneinander abstehenden Stellen des Umkreises je zwei Zähne in das glattrandige, scheibenförmige Blatt einsetzt, dagegen aber eine außerordentlich große Umdrehungsgeschwindigkeit anwendet. Er und nicht Emerson ist der erste, der auswechselbare Zähne bei Sägen anwendet. (Vgl. auch 1819 R.)

— Nachdem Chevillot und Adams die erste Arbeit über die Verschiedenheit des grünen und roten Chamäleons gemacht und angegeben hatten, daß die grüne Auflösung einen größern Kaligehalt als die rote habe, unterscheidet Johann Georg **Forchhammer** zuerst mit Sicherheit die Mangansäure und Übermangansäure als zwei verschiedene Säuren.

— Das Tonnengebläse, bei welchem in einer durch Scheidewand geteilten, halb mit Wasser gefüllten Tonne bei der Oszillation um die horizontale Achse abwechselnd in beiden Räumen Luft angesaugt und verdichtet wird, kommt zuerst im südlichen **Frankreich** zur Anwendung. Bisher ist es nicht gelungen, seinen Erfinder zu ermitteln.

1820 **Garden** entdeckt das Naphtalin im Steinkohlenteer.

— Karl Friedrich **Gauß** erfindet das Heliotrop, ein Fernrohr mit Spiegelanordnung, welches dazu dient, die bei ausgedehnten geodätischen Messungen auf weit entfernten Standpunkten schwer erkennbaren Signale durch ein Reflexionsbild der Sonne zu ersetzen. (S. auch 1875 M.)

— Ernst August **Geitner** und Jean Louis **Lassaigne** benutzen zuerst die chromsauren Salze zum Färben von tierischen und pflanzlichen Stoffen.

— Der Ingenieur **Grafton** in Edinburg führt für die Leuchtgasfabrikation Retorten von feuerfestem Ton ein.

— Nicolas J. B. G. **Guibourt** gibt die „Histoire naturelle des drogues simples" heraus und wird damit der Begründer des Studiums der Materia medica in Frankreich.

— **Hallette** konstruiert für die Zwecke der Rübenzuckerfabrikation die nach ihm benannte offene Dampfpfanne mit doppelter Dampfschlange.

— Charles **Heath** macht das von Perkins und Fairman erfundene Verfahren (vgl. 1820 P.) des Drucks mit gravierten Stahlplatten zur Vervielfältigung von Zeichnungen und Gemälden nutzbar (Stahlstich).

— Die Gebrüder **Heim** in Offenbach bauen die erste praktisch brauchbare Schneidemaschine für die Buchbinderei, die dann vielfach verbessert wird.

— Der Oberbergrat **Henschel** erfindet ein Kettengebläse mit Wasserliderung, das ein in umgekehrter Richtung betriebenes Paternosterwerk darstellt.

— John Frederick William **Herschel** führt das unterschwefligsaure Natron zum Fixieren von Chlorsilberpapierbildern und zur Beseitigung der von der Chlorbleiche im Papier zurückgebliebenen Reste von Chlor ein. Das Präparat erhält infolge der letztern Anwendung den Namen „Antichlor".

— Nachdem seit Bouguer (s. 1744 B.) das Problem der Schneegrenze im wesentlichen nur für lokal begrenzte Gebiete (von Saussure, Ramond, Buch, Wahlenberg) untersucht worden war, spricht Alexander **von Humboldt** — im Anschluß an die Entdeckung von Webb und Moorcroft, daß die Schneegrenze am Nordabhang des Himalaja weit höher liege als unter dem Äquator — aus, daß ein inniger Zusammenhang zwischen der unteren Grenze des dauernden Schnees, der Oszillation der Schneegrenze und der unteren Grenze des Schneefalls bestehe. (S. a. 1880 R.)

— Horace **Koechlin** findet ein Verfahren, türkischrot gefärbte Gewebe weiß zu ätzen, indem er Citronensäure aufdruckt und nach dem Trocknen das Gewebe durch eine alkalische Chlorkalkbrühe, die „Cuve décolorante" zieht.

— **Long** erforscht das Felsengebirge (Rocky Mountains).

— Der Engländer **Malam** erhält ein Patent auf die erste trockene Gasuhr, welche jedoch erst 1842 von **Defries** durch Anwendung viereckiger Bälge zur praktischen Bedeutung gebracht wird.

— Nachdem der Versuch zur Verwendung des Eisens im Schiffbau schon mehrfach gemacht worden war (vgl. 1787 W.), konstruiert Aron **Manby** im Eisenwerk Tripton bei Birmingham ein Schiffsdeck, welches an Stelle der hölzernen Lagerbalken mit gewalzten schmiedeeisernen T-Trägern unterstützt ist, und das er bei dem Bau des Dampfers „Aron Manby" verwendet. Seitdem faßt das Eisen im Schiffbau mehr und mehr festen Fuß. Bemerkenswert ist, daß dieses Schiff mit einer oszillierenden Dampfmaschine ausgerüstet ist.

— Louis Marie Henri **Navier** wendet die Mechanik auf Baukunst, Maschinen und Gewerbe an und legt dadurch den Grund zu der neueren Ingenieurmechanik.

1820 Hans Christian **Oersted** macht die Entdeckung, daß ein Leiter, der von einem galvanischen, in sich selbst zurückkehrenden Strom durchflossen wird, während der ganzen Dauer des Stromes eine bestimmte Einwirkung auf die Richtung der Magnetnadel ausübt. Romagnosi und Mojon, denen diese Entdeckung von Aldini zugeschrieben wird, haben die Wichtigkeit dieses Fundes nicht genügend gewürdigt.

— Jacob **Perkins** und **Fairman** erfinden das Verfahren, Stahlplatten durch Ausglühen weich zu machen und nach erfolgter Gravierung durch Kohlenstoffzufuhr wieder zu härten, was sie für den Banknotendruck nutzbar machen. (Vgl. 1820 H.)

— Martin Heinrich **Rathke** gründet in seinen zahlreichen zoologischen Einzelarbeiten die morphologische Untersuchung der Tiere planmäßig auf deren Entwicklungsgeschichte und trägt dadurch wesentlich zur Aufklärung der Gesetzmäßigkeit des Baues der Wirbeltiere bei.

— Georg **von Reichenbach** verbessert den Meßtisch, der aber trotzdem in bezug auf Stabilität und leichte Handhabung noch so viel zu wünschen übrig läßt, daß immer wieder Mechaniker, wie u. a. Breithaupt, Ertel, Osterland, Starke, ihn zu verbessern bemüht sind.

— Léon **Rostan** erkennt zuerst den Zusammenhang zwischen der Gehirnerweichung und den atheromatösen Hirngefäßen, der das Jahr darauf auch von John Abercrombie betont wird. Spätere Forscher, wie Bouillaud, Romberg, Durand-Fardel nehmen an, daß die Krankheit von einer lokalen Entzündung ausgehe, und daß die damit verbundene Gefäßverstopfung nur ein sekundärer Vorgang sei.

— Der Schweinfurter Fabrikant Joseph **Sattler** entdeckt das Schweinfurter Grün, das eine Verbindung von arsenigsaurem und essigsaurem Kupfer ist und aus arseniger Säure und Grünspan hergestellt wird.

— Nicolas Théodore **de Saussure** untersucht das Rosmarinöl, über welches auch Kane 1836 arbeitet, und das Rosenöl, das auch von Blanchet (1833) und Guibourt (1849) näher untersucht wird. Er führt die butterartige Konsistenz des Rosenöls auf einen festen Kohlenwasserstoff zurück.

— Felix **Savart** in Paris erfindet die Zahnradsirene. (S. 1681 H.) Er macht bahnbrechende Forschungen über die Schwingungen gasförmiger, flüssiger und starrer Körper.

— Der Wiener Uhrmacher Fr. **Schuster** erfindet das Adiaphon, ein der Orgel und der Harmonika klangverwandtes Tasteninstrument.

— Salomo **Schweigger** findet, daß die Ablenkung der Magnetnadel verstärkt wird, wenn statt eines einzelnen Drahtringes, wie ihn Oersted (s. 1820 O.) verwendet, eine große Anzahl Drahtwindungen um die Nadel geführt werden, und verwirklicht dieses Prinzip im Multiplikator, der den Zweck hat, die Wirkung des Stromes auf die Nadel so zu verstärken, daß man auch ganz schwache Ströme an dem Ausschlag der Nadel erkennen und messen kann.

— Jonathan **Shoffield** wendet zuerst zum Trocknen der appretierten Stoffe die Trockentrommel an, die sich gleichzeitig mit dem sie bedeckenden Gewebe mit solcher Geschwindigkeit dreht, daß das Gewebe beim Verlassen der Trommel trocken ist.

— John **Sinclair** beschreibt unter dem Namen „Butterwiege" eine in England an Stelle des uralten Butterfasses konstruierte Buttermaschine, die aus einem schwingenden Kasten (Wiege) mit inwendig angebrachtem Gitter besteht, an welchem sich beim Schwingen die Flüssigkeit bricht, wobei die Fettkügelchen ausgeschieden werden und zu Butter zusammentreten. Wann diese Maschine erfunden wurde, ist nicht bekannt; die frühesten Buttermaschinen kamen aber gegen Mitte des 18. Jahrhunderts auf, so z. B.

22*

1768 eine von Titius in Wittenberg erfundene, jedoch noch sehr unvollkommene.

1820 **Stadler** in Wien gelingt es, Kautschuk zu Fäden zu ziehen, sie übersponnen zu elastischen Geweben zu verbinden, und so die bis dahin gebräuchlichen, aus dünnen Messingspiralen verfertigten Elastiks vorteilhaft zu ersetzen. Die Fabrikation wird 1828 in großem Maßstabe von Johann Nepomuk Reithoffer aufgenommen.

— Kaspar Maria Graf **von Sternberg** fördert auf der von Schlotheim (s. 1804 S.) geschaffenen Grundlage die Kenntnis der fossilen Pflanzen, und versucht, die fossilen Überreste in das botanische System einzufügen, indem er sie nach den für die jetzt lebenden Pflanzen gültigen Regeln bezeichnet. (Vgl. auch 1822 B.)

— John und Charles **Thompson,** beide Schüler des aus Bewick's Atelier hervorgegangenen Holzschneiders Branston, entwickeln den Faksimileschnitt, das getreue Nachstechen der vom Zeichner auf dem Holzstock vorgeschriebenen Zeichnung.

— Nachdem die ersten, auf Veranlassung des Marschalls Moritz von Sachsen (s. 1732 M.) unternommenen Versuche mit der Kettenschiffahrt ein nur zum Teil befriedigendes Ergebnis gehabt hatten, bilden **Tourasse** und **Courteaut** in Lyon die Tauerei auf der Saône praktisch weiter aus, von wo aus dieselbe überall rasch Eingang findet.

— Nachdem man bis dahin das Brennen der Ziegelsteine fast ausschließlich in frei aufgeführten Haufen (Meilern) ausgeführt hatte, für die noch 1722 von Thomas Miller und 1724 von W. Rhodes Patente genommen worden waren, geht man von etwa 1800 ab zu offenen Feldbrandöfen über, die aus vier Umfassungsmauern gebildet werden und oben offen bleiben, und erst später zu zugewölbten Ziegelöfen, von denen einer der frühesten 1820 der von **Walmann** in Ossenheim in Hessen ist, dem 1829 Merker in Essen, 1831 Cartereau in Frankreich und viele andere folgen.

— Jean Joseph **Welter** erfindet die nach ihm benannte Sicherheitsröhre für Gasentwicklungsgefäße.

1820—24 Der russische Reisende Ferdinand **von Wrangell** unternimmt eine mehrjährige Reise nach dem nördlichen Eismeer an der Nordküste Sibiriens. Er macht die wichtige Entdeckung, daß selbst im Winter ein Streifen offenen Wassers, wenn nicht ein offenes Meer sich nördlich von den Neusibirischen Inseln gegen Ostsüdost nach der Beringstraße erstreckt, das einen Zusammenhang mit dem Atlantischen Ozean zu besitzen scheint. Das von ihm vermutete, aber vergebens gesuchte Wrangell-Land wird erst 1881 von Hooper und Berry aufgefunden.

1821 André Marie **Ampère** verwendet, um die Wirkung des Erdmagnetismus auf die Magnetnadel auszuschließen, an Stelle einer Magnetnadel deren zwei, die er parallel, aber mit entgegengesetzten Polen übereinander auf einer messingnen Achse befestigt (Astatische Nadel).

— François Dominique **Arago** beobachtet, daß die tieferen artesischen Brunnen die wärmeren sind. Er wirft dadurch Licht auf den Ursprung der Thermalquellen und fördert die Auffindung des Gesetzes der mit der Tiefe zusammenhängenden Erdwärme.

— François Dominique **Arago** gibt den Astronomen die erste Anregung, bei Beobachtungen die Zeit statt nach dem gehörten Schlage des Uhrpendels durch Arretieruhren zu bestimmen und so durch Registrierung den Einfluß persönlicher Fehler zu verringern.

— **Arago** und **Biot** führen eine Bestimmung der Größe der Beschleunigung beim freien Fall nach der auch von Borda (s. 1790 B.) benutzten Methode der Koinzidenzen aus, wobei sie indes die Masse des Fadens, an der das

Pendel aufgehängt ist, die Borda vernachlässigte, mit in Rücksicht ziehen. Sie erhalten den Wert von 9,80896 m/sec. Bessel, der i. J. 1826 Bestimmungen nach derselben Methode ausführt, erhält den Wert von 9,81443 m/sec. Borda wie Bessel zeigen, daß der Wert von g. unverändert bleibt, aus welcher Substanz man auch die Kugel des Pendels nimmt, so daß daraus folgt, daß die Schwere auf alle Körper gleichmäßig wirkt, sie alle also beim freien Fall die gleiche Beschleunigung erhalten.

1821 Johann Jacob **Bernhardi** kommt bei Untersuchung der von Hauy gegebenen Theorie der Krystallformen auf die sechs Grundformen der heutigen Krystallsysteme, ohne aber deren Bedeutung richtig zu würdigen.

— Der Franzose **Berthier** erfindet den Chromstahl, welcher einen geringen Prozentsatz Chrom enthält, wodurch der Stahl außerordentliche Festigkeit und Härte erlangt, so daß er zu Werkzeugen, Sicherheitsplatten für Geldschränke usw. in hervorragendem Maße geeignet wird. (S. 1865 B.)

— Nachdem Vauquelin (1817) es wahrscheinlich gemacht hatte, daß in den Schwefelalkalien das Metall des Alkalis und nicht das Alkali enthalten sei, und Gay-Lussac (1817) untersucht hatte, wie Schwefel auf Alkali desoxydierend wirkt, vollendet Johann Jacob **von Berzelius** durch seine Untersuchungen die Begründung der heutigen Ansichten über die Schwefelalkalien.

— Johann Jacob **von Berzelius** lehrt die Darstellung des Ammoniumsulfurets, die 1839 von Amand Bineau noch näher dahin präzisiert wird, daß 2 Volumina Ammoniakgas und 1 Volum Schwefelwasserstoff aufeinander einwirken müssen und die beste Temperatur —18 ⁰ C sei.

— Henri Marie Ducrotay **de Blainville** legt der Versteinerungskunde die Benennung „Paläontologie" bei.

— Nachdem 1760 Pallas die Echinokokkenkrankheit bei Ochs und Schaf nachgewiesen und deren Zusammenhang mit dem Bandwurm erkannt hatte, beschreibt **Bremser** in Wien zuerst die Echinokokkenkrankheit beim Menschen, die nach ihm von Davaine, Frerichs, Küchenmeister u. a. näher untersucht wird.

— Der Mediziner Benjamin Collins **Brodie** bahnt die wissenschaftliche Erkenntnis der Gelenkkrankheiten an und bewirkt ihre Einteilung auf pathologisch-anatomischer Basis.

— Der Geolog William **Buckland** in Oxford beschreibt fossile Reste aus den Höhlen von Kirkdale. Er gebraucht zuerst (1823) die Bezeichnung „Diluvium" für die zwischen den tertiären und den noch jetzt im Entstehen begriffenen Bildungen befindlichen Ablagerungen.

— Hippolyte **Cloquet** gibt in seinem Buche „Ophrésiologie ou traité des odeurs, du sens et des organes de l'olfaction" neben einer Zusammenfassung alles dessen, was man vom Geruch weiß, eine exakte Darstellung der Chirurgie der Nase und ihrer Nebenhöhlen. Die Heilung eines Empyems der Kieferhöhle hängt nach ihm wesentlich vom freien Abfluß des Eiters ab; er empfiehlt daher, bei der Operation eine große Öffnung zu machen.

— Nachdem Green in Mansfield sich bereits 1815 mit Lösung des Problems der komplizierten selbständigen Drehung der Spulen beschäftigt hatte, gelingt es **Cocker** und **Higgins** in Manchester, den ersten brauchbaren Flyer (Spindelbank) für die Baumwollspinnerei zu konstruieren, der die vollkommenste aller Vorspinnmaschinen darstellt.

— Fast gleichzeitig mit den Gebrüdern Heim (vgl. 1820 H.) gelingt es **Crompton,** eine brauchbare Papierschneidemaschine herzustellen, die 1849 von Amos und Clarke wesentlich verbessert und später vielfach umkonstruiert wird.

— Edmund **Davy** entdeckt, daß Platinmohr beim Befeuchten mit Alkohol ins Glühen gerät und der Alkohol zu Essigsäure oxydiert wird (s. a.

1817 D.). Er konstruiert eine hierauf basierte Weingeistlampe, über deren Docht eine Platinschwammkugel oder auch eine durchbrochene Platinhülle schwebt. Nach Entzünden und Wiederauslöschen der Flamme glüht das Platin unter fortgesetzter Entwicklung der das Glühen unterhaltenden Alkoholdämpfe weiter. Die Lampe dient mit geeigneten Zusätzen z. B. als Ozogenlampe zur Zimmerparfümierung.

1821 Humphry **Davy** entdeckt bei Untersuchungen über die Wechselbeziehungen zwischen Magnet und Strom die Ablenkung des Lichtbogens durch den Magneten, die von ihm sowohl in Gestalt einer Ausbiegung als auch — bei entsprechender Bewegung des Magneten — einer Rotation des Lichtbogens beobachtet wird.

— **Desfosses** entdeckt in den Beeren der Kartoffel das Solanin, das später auch im Kraut und den Knollen der Frucht aufgefunden, von O. Gmelin als Glucosid erkannt und von Zwenger und Kind genau untersucht wird.

— August Friedrich Adrian **Diel** wirkt durch seine „Systematische Beschreibung der in Deutschland vorhandenen Kernobstsorten" für die Verbesserung und Förderung der Obstkultur.

— Johann Wolfgang **Döbereiner** in Jena erhält bei Oxydation von Weinsteinsäure die Ameisensäure, die bisher nur als Produkt des tierischen Lebens bekannt war.

— Johann Friedrich **Eschscholtz** findet zuerst die als Steineis bezeichnete glaziale Formation in Alaska auf.

— Michael **Faraday** liefert, angeregt durch die Untersuchungen von Ampère (s. 1820 Am.) und Arago (s. 1820 Ar.), den experimentellen Nachweis der dauernden Wechselwirkung zwischen Magnet und Strom, und zwar sowohl in bezug auf den um den festen Magnet kreisenden Stromleiter, als auch auf den um den festen Stromleiter kreisenden Magneten, und schafft so die ersten elektromagnetischen Rotationsapparate.

— Michael **Faraday** erhält bei Einwirkung von Chlorgas auf Äthylen den Anderthalbfach-Chlorkohlenstoff (Kohlenstoffsuperchlorür) und ermittelt dessen Eigenschaft und Zusammensetzung.

— Joseph **von Fraunhofer** untersucht die Beugungserscheinungen des Lichtes durch enge Öffnungen, welche er vor das Objektiv eines Fernrohrs befestigt, das auf einen entfernten leuchtenden Punkt eingestellt ist.

— Joseph **von Fraunhofer** benutzt zuerst die Gitterspektra (Beugungsspektra) zur Messung der Wellenlängen der verschiedenen Farben. Diese Methode wird weiter ausgebildet von Mascart, Ångström (1869), Rowland (1882), Cornu (1885), Bell (1887), Kurlbaum (1888), Rutherford (1896) u. a.

— Augustin Jean **Fresnel** führt in die Undulationstheorie die Anschauung transversaler Lichtschwingungen ein und erklärt die Reflexion und das Reflexionsgesetz nach dieser Theorie.

— Augustin Jean **Fresnel** konstruiert Leuchtturmfeuer, bei denen die Verdichtung der Strahlenmasse zu einer den ganzen Horizont bestreichenden Lichtzone mit Hilfe von aus ringförmigen Zonen gebildeten Linsen bewirkt wird. Der erste Apparat wird 1823 auf dem Cordouan-Leuchtturm (s. 1610 F.) aufgestellt. Als Brennstoff dient anfangs Rüböl, später geht man zu Petroleum und in der neuesten Zeit zu elektrischem Licht über.

— Louis Joseph **Gay-Lussac** schlägt vor, Gewebe und Holz gegen die Entzündlichkeit durch Imprägnierung mit Ammoniaksalzen und Borax zu schützen.

— Etienne **Geoffroy St. Hilaire** lehrt, daß die Einheit des Bauplans im Tierreich eine ganz allgemeine sei. Er beschränkt dieselbe nicht nur auf die erst von ihm untersuchten Wirbeltiere, sondern versucht auch nachzuweisen, daß die Gliedertiere und Mollusken nach einem mit den Wirbeltieren gleichen Plan gebaut seien. Dies führt zu dem seiner Zeit so berühmt gewordenen Streit mit Cuvier, in welchem Geoffroy sich von dem Ausdruck „Einheit des Bauplans" auf den weniger verfänglichen „Analogie der Zusammensetzung" zurückzieht. (Vgl. a. 1748 L.)

1821 Ernst Friedrich **Gurlt** in Berlin wird durch sein „Handbuch der vergleichenden Anatomie der Haussäugetiere", in dem er nicht, wie bisher üblich, nur das Pferd und das Rind, sondern auch das Schwein, den Hund und die Katze in Betracht zieht, der Schöpfer der vergleichenden Veterinär-Anatomie. Er führt die Physiologie und die pathologische Anatomie in die Tierheilkunde ein und schafft die Lehre von den Mißbildungen.

— Christopher **Hansteen** entdeckt die tägliche reguläre Variation der horizontalen magnetischen Intensität.

— René Just **Hauy** bringt zur Astasierung des Galvanometers oberhalb der Nadel einen Richtmagneten (den Hauy'schen Stab) an und stellt denselben parallel dem Meridian so ein, daß sein Nordpol nach Norden, sein Südpol nach Süden zeigt. Da die Einwirkung dieses Stabes der Richtkraft der Erde geradezu entgegenwirkt, kann man durch Regulieren des Abstandes dieses Stabes von dem Magneten des Galvanometers den letzteren beliebig astasieren.

— **Helfenberger** in Rorschach baut zuerst die von den allgemein gebräuchlichen Steinmühlen prinzipiell abweichenden Walzenmühlen, die von Sulzberger in Zürich 1835 noch vervollkommnet werden. Um die gleiche Zeit ungefähr findet auch die Einführung der Walzenmühlen in die Ölindustrie zum Zerkleinern der Ölsaat statt.

— Jean Marc Gaspard **Itard** fördert die Ohrenheilkunde und führt die Injektion von Flüssigkeiten durch die Ohrtrompete in die Praxis ein. (S. a. 1819 S.)

1821—24 Nachdem nach den Fahrten der Holländer (s. 1596 B.) eine größere Zahl von holländischen und englischen Expeditionen zur Auffindung der Nordostpassage unternommen worden waren, gelingt es dem russischen Admiral Friedrich Benjamin **von Lütke** auf seiner Expedition, reichhaltiges Material zur Kenntnis des Eismeeres zusammenzubringen, ohne daß er jedoch weiter vorzudringen vermag, als es bereits die Holländer getan hatten.

1821 François **Magendie** führt die Nux vomica sowie das 1818 von Caventou und Pelletier entdeckte Strychnin und das Veratrin in die Therapie ein.

— Paul Traugott **Meißner** findet die physikalischen Gesetze, nach denen die Kanäle für die Luftheizung zu konstruieren sind, und bewirkt hierdurch einen wesentlichen Fortschritt in dieser Heizung gegenüber den bisher angewendeten Systemen. Ihm namentlich ist es zuzuschreiben, daß die Luftheizung lange Zeit als die beste Art der Zentralheizung gegolten hat.

— Eilhard **Mitscherlich** entdeckt die Polymorphie, die insbesondere als Di- und Trimorphie auftritt, sowohl bei Verbindungen als auch bei einfachen Körpern, wie dem Schwefel. Spätere Forschungen über die Beziehungen der Polymorphie zur Temperatur werden 1836 von Frankenheim und 1889 von O. Lehmann angestellt.

— Der General Karl **von Müffling** führt als Chef des preußischen Generalstabes die nach ihm benannte Bergstrichmanier in die preußische Militärkartographie ein. Die Müffling'sche Methode bezweckt, das schwierige Lesen der Lehmann'schen Bergstriche (s. 1799 L.) durch die Wahl besonderer Strichformen zu erleichtern, indem neben den glatten vollen Strichen auch gerissene und geschlängelte Linien zur Verwendung kommen. Seit dem Jahre 1861 wendet der preußische Generalstab, unter teilweisem

Zurückgreifen auf Lehmann's Vorschläge, eine kombinierte Lehmann-Müffling'sche Manier an.

1821 Louis Marie Henri **Navier** erweitert die Elastizitätstheorie in bemerkenswerter Weise, indem er zuerst die allgemeinsten Differentialgleichungen des Gleichgewichts und der Schwingung elastischer Körper entwickelt.

— Hans Christian **Oersted** spricht zuerst den Gedanken aus, daß das Licht eine elektromagnetische Erscheinung sei.

— Henry Robinson **Palmer** stellt zuerst eine Spurbahn (Schwebebahn) nach dem Einschienensystem her, ohne daß indes dieser Gedanke zunächst weiter verfolgt wird. (Vgl. 1875 S. und 1880 L.)

— **Parker** in Boston konstruiert die erste Maschine, bei der das Prinzip des Passigdrehens (d. i. des Drechselns nicht runder Ziergegenstände) angewendet wird, und die zur Verfertigung von Artikeln dient, die sonst mit viel Zeitaufwand geschnitzt werden müssen, wie z. B. Gewehrschäfte, Hutformen, Stiefelformen, Schuhleisten usw.

— In Bremen wird die erste horizontale hydraulische Presse zur Ölgewinnung aus Samen für Henry **Plump** gebaut und von diesem mit Erfolg benutzt.

— Johann Christian **Poggendorff** macht den von Schweigger nur zur Erläuterung elektromagnetischer Erscheinungen benutzten Multiplikator erst zum wirklichen Meßapparat, indem er einen Kondensator von $^{1}/_{10}$ Linie starkem, mit Seide umsponnenem Draht herstellt und in dessen innerem Umfang eine Nadel spielen läßt, die von den inneren Gewinden des Drahtes überall um nur ungefähr zwei Linien absteht.

— Der Physiker Gaspard Claude F. M. **Prony** erfindet das Bremsdynamometer (auch Prony'scher Zaum genannt), das auf dem Gedanken beruht, die von einem Motor auf eine Welle übertragene mechanische Arbeit durch Reibung zu konsumieren und diese Reibung zu messen. An dem Prony'schen Zaum werden von Theis und Wirsing 1869 sehr bemerkenswerte Abänderungen getroffen.

— Mariano **da Rivero** beschreibt zuerst die großartigen Salpeterlager Chile's, die auf den zur Provinz Tarapaca und der Wüste Atacama gehörigen Hochebenen, der Pampa Tamarugál und der Pampa negra, liegen.

— Heinrich **Rose** stellt zuerst völlig reine wasserfreie Titansäure dar, die nach dem Glühen den Glanz und die rötlichbraune Farbe des Rutils zeigt.

— Claude Fortuni **Ruggieri** gibt seine „Elements de Pyrotechnique" heraus, die für die Entwicklung der Kunstfeuerwerkerei maßgebend werden.

— Ferdinand **Runge** beschäftigt sich vielfach mit pflanzenchemischen Untersuchungen und stellt zuerst das Caffein aus dem Kaffee rein dar. Fast gleichzeitig wird das Caffein auch von Pelletier, Caventou und Robiquet dargestellt. Seine nähere Kenntnis wird namentlich 1849 und 1850 durch Friedrich Rochleder gefördert. Das Alkaloid wird später auch in der Kolanuß von Attfield aufgefunden.

— Thomas Johann **Seebeck** sieht, als er eine Wismutscheibe auf eine Kupferscheibe legt und die Scheiben zwischen die Enden eines Multiplikatordrahtes bringt, daß jedesmal, wenn er mit der Hand gegen die Scheiben drückt, die Magnetnadel um einige Grade abweicht. Er erkennt, daß die Wärme der Hand das wirkende Element und die Temperaturdifferenz an den Berührungsstellen des metallischen Kreises die eigentliche Quelle der, wie er sich ausdrückt, „magnetischen Wirkungen" ist. Seebeck hat damit die Thermoelektrizität entdeckt, die er erst „Thermomagnetismus" nennt.

— Der Ingenieur Robert **Stevenson** erbaut den ersten eisernen Leuchtturm.

— Friedrich **Stromeyer** publiziert seine „Untersuchungen über die Mischung der Mineralkörper und anderer damit verwandter Substanzen" und übt dadurch einen großen Einfluß auf die Entwicklung der analytischen Chemie aus.

1821 Anthony **White** führt die erste Resektion des Hüftgelenks an einem Knaben mit Erfolg aus. 1781 hatte Vermandois diese Operation, die Charles White angeregt hatte, zuerst an einem Hunde gemacht.

— **Wilson** erfindet eine Maschine zur Herstellung der Jacquard-Musterkarten, bei welcher sämtliche Löcher einer Karte zugleich ausgestochen werden. Durch Verbindung einer solchen Maschine mit einem Jacquard, über dessen Prisma die zu einem Muster vorhandene Kette gelochter Karten gehängt wird, entsteht die Kartenkopiermaschine, mittels welcher diese Karten schnell in neuen gleichen Exemplaren hergestellt werden können.

1822 André Marie **Ampère** konstruiert zur Beobachtung der Wirkungen galvanischer Ströme das Solenoid, eine beweglich aufgehängte, vom Strom durchflossene Drahtspirale, welche sich nach Ampère's Gesetz so einstellt, daß ihre Achse mit dem magnetischen Meridian zusammenfällt. Er braucht den Kunstgriff, die Drahtenden in Quecksilber zu stellen.

— Die Schwierigkeit, größere Zahlentabellen im Drucke fehlerfrei herzustellen, bringt den Mathematiker Charles **Babbage** in London auf den in dem „Letter to Sir H. Davy on the application of machinery to mathematical tables" entwickelten Gedanken einer Rechenmaschine, die zugleich druckt. Auf dem gleichen Prinzip beruht die i. J. 1853 gebaute Rechenmaschine von Georg Scheutz in Stockholm.

— Nachdem Thomas Nash 1817 die erste Jute-Konsignation aus Indien erhalten, jedoch keinen Spinner dafür gefunden hatte, begründen **Balfour** und **Meldrum** in Dundee, die eine zweite Sendung erhalten und selbst verspinnen, damit die europäische Jutefabrikation.

— **Brecht** in Stuttgart gebraucht zuerst zur Verbindung des Oberleders der Schuhe mit der Sohle Schrauben an Stelle der Stifte. Da jedoch hierdurch die Sohle steif und der Schuh zu schwer wird, führt sich diese Befestigungsart nur für gröberes Schuhwerk ein.

— In teilweiser Anlehnung an die Untersuchungen von Schlotheim (s. 1804 S.) und Sternberg (s. 1820 S.) gibt Adolphe Théodore **Brongniart** in seiner Abhandlung über die Klassifikation und Verbreitung der fossilen Gewächse die vollständigste und wissenschaftlich beste Übersicht der gesamten, bis dahin bekannten fossilen Pflanzenwelt.

— Leopold **von Buch** bezeichnet den von Conybeare und Philipps als selbständige Formation abgegrenzten Oolith als Jura. (S. 1822 C.)

— Der englische Wundarzt F. **Bush** wendet zuerst eine mit einer Saugpumpe versehene Magensonde an, um bei Opiumvergiftungen den Magen zu entleeren.

— Charles **Cagniard de la Tour** macht die Beobachtung, daß Äther, Alkohol und Wasser in hermetisch verschlossenen Röhren bei sehr starker Erhitzung, trotzdem sich die Flüssigkeiten dabei nur auf höchstens das Vierfache ihres früheren Volums ausdehnen konnten, scheinbar vollständig in Dampf verwandelt werden (Cagniard-Latour'scher Zustand).

— Augustin Louis **Cauchy** führt in der Elastizitätstheorie den Begriff des Spannungszustandes ein.

— Nachdem Pierre Simon Ballanche in Paris i. J. 1815 die Idee einer Letternsetzmaschine ausgesprochen hatte, führt William **Church** die erste Maschine dieser Art aus. Bei derselben reihen sich die einzelnen Typen durch Handhabung einer Art von Klaviatur oder einer Reihe von Tasterknöpfen mechanisch in der Satzzeile aneinander. (Vgl. 1851 S.)

— Der englische Reisende Hugh **Clapperton** erforscht in den Jahren 1822—25 in Begleitung von **Denham** und **Oudney** von Tripolis aus den mittleren Sudan und den Tschadsee und stellt auf einer zweiten Reise (1826) von Guinea aus den Lauf des Niger auf eine weite Strecke hin fest. Er dringt als erster Europäer bis Sokoto vor.

1822 **Conybeare** und **Philipps** führen eine geologische Einteilung durch, in welcher der von Buch (vgl. oben) Jura genannte Oolith von Wichtigkeit wird und die Formation, die in normaler Lage die Oolithformation unterlaufen sollte, als Lias bezeichnet wird, während gleich unter dem Tertiär die Kreide folgt.

— Louis **Daguerre** in Paris erfindet das Diorama.

— Johann Friedrich **Dieffenbach** verbessert die Rhinoplastik, indem er zur Erneuerung der Nase einen Stirnhautlappen verwendet. Er betätigt sich auch auf anderen Gebieten der Hauttransplantation, namentlich auch in der Uranoplastik, der Heilung der angeborenen Spalte des weichen Gaumens.

— Johann Fr. Chr. **Dieterichs** in Berlin leitet durch sein Handbuch der Veterinärchirurgie, in dem die pathologischen Zustände der Tiere treffend definiert, beschrieben und beurteilt werden, eine neue Epoche der Tierheilkunde ein.

— Mathieu **de Dombasle** führt die Zucht der Merinoschafe in Frankreich ein.

— Johann Franz **Encke** berechnet aus den Venusdurchgängen von 1761 und 1769 die Parallaxe der Sonne zu 8″, 571. (Der neueste hierfür gefundene Wert ist 8″, 81.)

— Jean Baptiste Joseph **de Fourier** gibt in seinem Werke „Théorie analytique de la chaleur" eine mathematische Theorie der Wärmeverbreitung im Innern der Körper, zu deren Darstellung er die nach ihm benannten Reihen anwendet.

— Augustin Jean **Fresnel** erdenkt den nach ihm benannten Spiegelversuch, mit dem er die Interferenzstreifen zeigt und den unzweideutigen Beweis liefert, daß, wenn ein Punkt zugleich von zwei Lichtquellen beleuchtet wird, seine Helligkeit verschieden ist, je nach der Differenz der Abstände des Punktes von den beiden Lichtquellen.

— Marie Humbert Bernard **Gaspard** macht im Anschluß an die von Haller (s. 1765 H.) und Orfila (1808) vorgenommenen Experimente ausgedehnte Versuche, die zeigen, daß die am Menschen beobachteten Wirkungen der Fäulnisprodukte in beliebiger Variation beim Tier künstlich hervorgerufen werden können, und benutzt auch bereits das Blut von infizierten Tieren, um bei anderen Tieren dieselbe Erkrankung hervorzurufen.

— Louis Joseph **Gay-Lussac** erkennt zuerst die Dampfdruckerniedrigung des Wassers, in welchem Salze aufgelöst werden.

— Leopold **Gmelin** entdeckt das rote Blutlaugensalz (Ferridcyankalium), das aus dem Ferrocyankalium entsteht, wenn man demselben durch Chlor den vierten Teil seines Kaliumgehaltes entzieht. Das Chlor kann, wie Reichart (1869) nachweist, auch durch Brom, oder wie Böttger (1859) zeigt, durch Bleihyperoxyd oder Ozon ersetzt werden.

— **Hague** modifiziert das Burr'sche Verfahren des Röhrenpressens (s. 1820 B.) dahin, daß der Druck auf das Blei, den er mit einer Schraube statt eines Kolbens ausübt, angewendet wird, während das Metall noch im flüssigen Zustand ist. Das Blei erstarrt erst als fertige Röhre in der künstlich gekühlten Austrittsöffnung. Bei diesem „Heißpressen" wird Arbeit gespart, aber die Röhren sind weniger dauerhaft, als die Burr'schen kaltgepreßten Röhren.

— René Just **Hauy** nennt die Krystalle, deren eine Hälfte umgedreht erscheint, und die schon von Romé de l'Isle beobachtet worden waren, hemitropische. Er erkennt an ihrer Struktur, daß die Drehungsfläche eine bei den betreffenden Krystallen vorkommende oder nach den krystallographischen Gesetzen mögliche sei.

1822 Der Geolog Karl Ernst Adolf **von Hoff** beweist in seinem Werke „Geschichte der durch Überlieferung nachgewiesenen natürlichen Veränderungen der Erdoberfläche" an der Hand zahlreicher Beispiele die Grundlosigkeit der Annahme, daß die geologische Entwicklung der Erdoberfläche durch periodische gewaltsame Ereignisse bedingt sei. Hoff wird damit als Gegner der Katastrophentheorie ein Vorläufer von Lyell. (S. 1830 L.)

— Der Berliner Hofrat **Kremser** erhält die Erlaubnis zur Aufstellung vielsitziger Mietswagen vor dem Brandenburger Tor in Berlin. Diese Art von Wagen erhalten nach ihm den Namen „Kremser".

— Wilhelm Heinrich **von Kurrer** in Augsburg und James **Thomson** in Primrose bei Manchester verbessern die Methode des Dämpfens zur Befestigung von Farben auf baumwollenen Stoffen. (S. 1819 D.)

— Der Apotheker **Labarraque** stellt unter dem Namen „Eau de Labarraque" eine Lösung von unterchlorigsaurem Natron her, die als Bleichflüssigkeit vielfach angewendet wird.

— Johann Konrad Martin **Langenbeck** macht sich um die Technik der Amputationen, Arterienunterbindungen, Uterusoperationen, sowie um die Staroperation und künstliche Pupillenbildung verdient und tritt mit Entschiedenheit für die offene Wundbehandlung ein.

— Pierre Simon **de Laplace** beweist, daß die Schnelligkeit der Übertragung der Gravitation mindestens 50 000 000 mal diejenige des Lichts übertrifft.

— Jean Alexandre **Lejumeau de Kergaradec** baut die von Mayor begonnene Auskultation der foetalen Herztöne aus und entdeckt das Placentargeräusch.

— Nachdem Accum 1815 den Vorschlag gemacht hatte, den Teer zu destillieren und gewisse Fraktionen des Destillats zur Firnisbereitung zu verwenden, wird die erste Teerdestillation von **Longstaffe** und **Dalston** in der Nähe von Leith errichtet.

— Hans Christian **Oersted** gelingt es, mit Hilfe des von ihm erfundenen Piëzometers, die Größe der Kompressibilität des Wassers zu messen.

— Nachdem Claude Pouteau in seinem hinterlassenen Werke von 1783 zuerst den Hospitalbrand, der seit alters her bekannt war, als eine eigenartige und selbständige Erkrankungsform beschrieben hatte, beweist Alexander François **Ollivier** durch Selbstimpfung mit hospitalbrandigem Wundsekret, daß es sich dabei um eine lokale Infektionskrankheit, erzeugt durch Übertragung eines fixen Giftes, handelt.

— Der französische General H. J. **Paixhans** erfindet die „Paixhans-Kanone" benannte Bombenkanone, ein glattes kurzes Geschütz größten Kalibers, welches gegen Schiffe (Sinope 1853, Helgoland 1864) mit großer Wirkung, und auch zum Breschieren von Mauerwerk (Bomarsund 1854 — hier allerdings mit geringerem Erfolge) Verwendung findet.

— Anselme **Payen** empfiehlt zuerst die Tierkohle zur Reinigung von Trinkwasser. Sein Vorschlag findet vielfache Nachahmung. Auch die von H. Lorenz in Berlin neuerdings angefertigten Filter aus gepreßter Kohle gehören hierher.

— Anselme **Payen** findet, daß die Kohle aus kalkhaltigen Lösungen den Kalk entfernt, und daß zum Teil chemische Reaktionen zwischen Kohle und Metallsalz stattfinden.

— Nachdem schon Joseph Hately (1768) ein Patent auf Überhitzung von Dampf genommen hatte, macht Augier M. **Perkins** ausgedehnte Versuche mit solchem Dampf. Er verwendet denselben in seinen schnelllaufenden Maschinen, macht aber die Erfahrung, daß diese bei dem hohen Dampfdruck nicht dampfdicht zu halten sind. Auch Haycraft (1828), Howard (1830). Trevithick (1832), Kufahl (1834) machen ähnliche Erfahrungen.

1822 Sir Anthony **Perrier** aus Cork wendet zur Destillation der Maische zuerst die direkte Dampfdestillation an, indem er den Dampf unmittelbar in die Maische hineinleitet. Diese Art der Dampfdestillation verbreitet sich rasch in England und Deutschland und wird auch in den Pistorius'schen Apparat, sowie in die Apparate von Siemens, Coffey u. a. übernommen, während in Frankreich die indirekte Dampfdestillation (s. 1817 G.) vorgezogen wird.

— Christian Hendryk **Persoon** betrachtet zuerst die Essigmutter vom botanischen Standpunkt aus, beschreibt die auf verschiedenen Flüssigkeiten sich bildenden Häute und bezeichnet dieselben als Mycoderma (schleimige Haut).

— Claude S. M. **Pouillet** beobachtet beim Eindringen von Flüssigkeiten in sehr enge Capillaren, d. h. beim Benetzen pulverförmiger Körper, nicht unerhebliche Temperaturerhöhungen, welche Wahrnehmung 1860 von T. Tate an ungeleimtem Papier, 1865 von C. G. Jungk an Flußsand, 1872 von O. Maschke an amorpher Kieselerde bestätigt wird.

— Coelestin **Quintenz** und **Schwilgué** erfinden die Dezimal-Brückenwage, deren Arretierung durch Aufheben des Wagebalkens und gleichzeitiges Senken des Mittellagers Johann Friedrich H. **Rollé** 1827 einführt.

— Nachdem seit Cartwright's Erfindung (s. 1784 C.) die Verbesserung des mechanischen Webstuhls vielfach versucht worden war, und nachdem namentlich William Horrocks mit großer Beharrlichkeit an dem Problem gearbeitet hatte, gelingt es Richard **Roberts,** den Maschinenstuhl zum erwünschten Ziele zu fördern, so daß nun die aus der Fabrik von Sharp & Roberts in Manchester hervorgehenden Kraftstühle in den Manufakturen Englands und Schottlands raschen Eingang finden.

1822—23 Edward **Sabine** macht auf Veranlassung der englischen Regierung eine wissenschaftliche Expedition zum Zweck der Bestimmung der magnetischen Intensität und der Bestimmung der Figur der Erde durch Pendelmessungen, von denen er eine große Anzahl in Sierra Leone, St. Thomas, Ascension, in Südamerika von Bahia bis zum Ausfluß des Orinoco, in Westindien, Neuengland und im hohen arktischen Norden bis Spitzbergen, wie im östlichen Grönland ausführt. Ihm insbesondere ist die Aufklärung der Richtung der isodynamischen Linien zu danken. (Vgl. auch 1819 S.)

1822 Nicolas Théodore **de Saussure** erkennt die Beziehungen zwischen Selbsterwärmung der Blüte und Sauerstoffverbrauch.

— Johann Nepomuk **Sauter** in Konstanz macht am 28. Januar die erste Exstirpation des nicht prolabierten Uterus. Weitere derartige Operationen werden in den Jahren 1823 bis 1825 von Elias von Siebold und 1825 von Langenbeck ausgeführt, führen aber meist zum Tode der Patientinnen.

— Der Physiker Friedrich Magnus **Schwerd** in Speyer vereinfacht das Verfahren der Gradmessung, indem er nachweist, daß an Stelle der bisher benutzten mehrere Meilen langen Standlinie (s. 1617 S.) eine kürzere Basis von 2 bis 4 km Länge ausreicht.

— William **Scoresby** Vater und Sohn erforschen Ostgrönland und legen eine weite Strecke der Ostküste vom 69. bis 75. Grad n. Br. vom Schiff aus fest. Die ungünstigen Eisverhältnisse machen im Gegensatz zur leicht zugänglichen Westküste die Landung an der Ostküste äußerst schwierig, vielfach sogar unmöglich. (Vgl. 1806 S.)

— Georg Simon **Sérullas** entdeckt das Jodoform, das er durch Einwirkung von Kalium auf alkoholische Jodlösung herstellt.

— John **Taylor** in Stratford zeigt, daß der geistige Körper, welcher in der 1661 zuerst von Boyle bei Destillation des Holzes erhaltenen sauren

Flüssigkeit enthalten ist, dem Weingeist zwar ähnlich, aber doch davon verschieden ist, und daß er namentlich mit Schwefelsäure nicht Äther bildet; er nennt ihn „Aether pyrolignicus".

1822 Friedrich **Tiedemann** gibt eine umfassende Beschreibung der Entwicklung des Gehirns und eine grundlegende Beschreibung des Arteriensystems.

— Ignace **Venetz** gibt in seinem „Mémoire sur les variations de la temperature dans les alpes de la Suisse" eine große Reihe von Tatsachen, die beweisen, daß die Ab- und Zunahme von Kälte und Wärme und das dadurch bewirkte Vorrücken und Zurückweichen der Gletscher periodischen Veränderungen unterworfen sei, und daß in sehr viel früheren Zeiten die Temperatur wesentlich niedriger als jetzt gewesen sein müsse, wofür insbesondere die Moränen sprechen, welche weit über den jetzigen Fuß der Gletscher hinausreichen.

— H. **Weilhöfer** in Wien erfindet den Röhrchenhobel zur Erzeugung von Holzdrähten und fördert dadurch die Zündholzfabrikation.

— William Hyde **Wollaston** findet in Eisenschlacken von Merthyr Tydfil in Wales glänzend kupferrote, sehr harte und spröde Krystalle, die er für metallisches Titan hält, die jedoch Wöhler 1849 als Cyanstickstofftitan erkennt. Er fördert die analytische Chemie nach den verschiedensten Richtungen.

— Thomas **Young** gibt Veranlassung zur Fabrikation der Dinassteine (Dinas bricks), die aus dem Kalkstein des Vale of Neath in South Wales mit etwas Quarzpulver und Kalk als Bindemittel gebrannt werden und sich als feuerfestes Material, namentlich später für die Regenerativ-Gasöfen bewähren.

— William Christopher **Zeise** stellt durch Zusammenbringen von weingeistigem Kali mit Schwefelkohlenstoff die Xanthogensäure dar, deren Derivate von Desains (1847) und Debus (1849) näher studiert werden. 1824 erhält er durch Einwirkung von überschüssigem Schwefelkohlenstoff auf eine schwache Lösung von weingeistigem Ammoniak die Sulfocarbaminsäure.

1823 Giovanni Battista **Amici** entdeckt, daß aus dem Pollenkorn der Pflanzen ein Schlauch hervorwächst, dessen Hinabdringen durch den Griffel bis zur Samenknospe und dessen Eintritt durch die Mikropyle er 1830 entdeckt. Er weist 1842 und 1846 nach, daß sich, vor Eindringen des Pollenschlauchs, in der Samenknospe ein Keimbläschen ausbildet, welches durch Zutritt des Pollenschlauchs zur Ausbildung des Embryos angeregt wird.

— Giovanni Battista **Amici** erkennt die Bedeutung der großen Öffnungswinkel für die stärkeren Mikroskop-Objektive und wendet deshalb zuerst stark gewölbte plankonvexe Vorderlinsen an, wie sie für stärkere Objektive auch heute noch üblich sind.

— André Marie **Ampère** spricht die von ihm ergründeten Anziehungen und Abstoßungen zwischen stromdurchflossenen Leitern in einer Formel für die Fernkraft zwischen Stromelementen aus, die als Kardinalformel der Elektrodynamik bezeichnet werden kann.

— Jean Zulima **Amussat** schlägt gerade Katheter für den seitdem als „geradlinigen" bezeichneten Katheterismus, für die Extraktion und die Zerstörung von Fremdkörpern in der Blase vor. Er veröffentlicht 1829 seine berühmten Untersuchungen über die Torsion der Arterien.

— Der Kunsttischler **Barnes** in Cornwall macht den ersten Versuch, Eisen mittels einer schnell rotierenden eisernen Scheibe zu durchschneiden. (S. 1606 B.)

— Der italienische Reisende Giulio Constantino **Beltrami** entdeckt die Quellgegend des Mississippi.

— Pierre **Berthier** stellt, wie E. Mitscherlich berichtet, aus Kieselsäure, Kalk und Magnesia künstlichen, krystallisierten Pyroxen her.

1823 Johann Jacob **von Berzelius** stellt zuerst Tetrachlorsilicium durch Erhitzen von Silicium im Chlorstrom her. Näher untersucht wird dasselbe namentlich von Friedel und Ladenburg (1867), sowie von Troost und Hautefeuille (1871).

— Johann Jacob **von Berzelius** stellt Aluminiumfluorid in Lösung dar und gewinnt daraus Kalium-Aluminiumfluorid, Natrium-Aluminiumfluorid und Ammoniumfluorid. Durch Einleiten von Fluor-Wasserstoffgas in Tonerde, die er bis zum beginnenden Glühen erhitzt, gewinnt 1856 Brunner das Fluorid in trockenem Zustand. Im gleichen Jahr stellt Henri Sainte-Claire-Deville das Fluorid durch Schmelzen von Kryolith mit schwefelsaurer Tonerde und Auslaugen des schwefelsauren Natron aus der Schmelze dar.

— Johann Jacob **von Berzelius,** der bereits 1810 durch Glühen von Kieselerde, Eisen und Kohle unreines Silicium erhalten hatte, stellt reines metallisches Silicium aus Fluorsiliciumkalium in amorphem Zustand her; die krystallinische Modifikation wird 1854 von Henri Sainte-Claire-Deville erhalten.

— Johann Jacob **von Berzelius** wendet zuerst die Flußsäure in der Mineralanalyse zur Aufschließung der unlöslichen Silikate an.

— Friedrich Wilhelm **Bessel** stellt fest, daß der Eintritt eines Sternes in das Fadenkreuz des Fernrohrs von verschiedenen Beobachtern aus physiologischen Gründen verschieden aufgefaßt und registriert wird, daß indes die Ungenauigkeit der Registrierung für ein und denselben Beobachter meist eine gleichbleibende (sog. „persönliche Gleichung") ist, so daß sie bei der Reduktion der astronomischen Beobachtungen mit in Rechnung gestellt werden kann. Auch O. Struve hat diese Erscheinung eingehend studiert. (S. a. 1785 M., 1821 A. und 1863 H.)

— Friedrich Wilhelm **Bessel** spricht zuerst die Ansicht aus, daß die in der Bahnbewegung des Uranus beobachteten Unregelmäßigkeiten ihre Ursache ohne Zweifel in der Existenz eines noch unbekannten Planeten jenseits des Uranus haben. (Vgl. 1845 A. und 1846 L.)

— Jean Baptiste **Biot** bestimmt die Geschwindigkeit des Schalls für Gußeisen und findet den Wert von 3475,5 m/sec. Andere direkte Messungen liegen nicht vor, doch haben Wertheim (1884) durch Beobachtung der Longitudinaltöne von Stäben und Kundt durch die Methode der Staubfiguren die Fortpflanzungsgeschwindigkeit des Schalls für eine Anzahl fester Körper bestimmt und fast genau unter sich und mit der Theorie übereinstimmende Werte erhalten.

— Samuel **Brown** gibt die Idee einer atmosphärischen Gaskraftmaschine an und erhält ein englisches Patent auf eine Maschine, bei welcher eine außerhalb des Zylinders brennende Zündflamme das Gasgemisch entzündet.

— Carl Emanuel **Brunner** gibt ein Verfahren an, zur Gewinnung von Kalium kohlensaures Kali mit Kohle bei Weißglühhitze zu zersetzen. Die Methode wird von Donny und Mareska (1851) verbessert.

— Michel Eugène **Chevreul** stellt zuerst die Ölsäure, wenn auch in unreinem Zustande, dar, die von Gottlieb dann rein erhalten wird.

— Michel Eugène **Chevreul** stellt die Resultate seiner seit 1810 unternommenen Untersuchungen über die Fettarten und den Verseifungsprozeß in seinen „Recherches chimiques sur les corps gras d'origine animale" zusammen.

— Gérard Joseph **Christian** unterscheidet in seinem „Traité de mécanique industrielle" scharf zwischen der Expansion in einem Zylinder und der in mehreren und beschreibt die Mehrfach-Expansionsmaschine vom allgemeinen Gesichtspunkt in richtiger Weise.

— Humphry **Davy** und Michael **Faraday** gelingt es, die Kohlensäure durch eigenen Druck in den flüssigen Aggregatzustand überzuführen.

1823 Die Gebrüder **Dubinin** richten in Mosdok die erste Petroleumdestillation ein. Ihr Destillationsprozeß ist noch sehr primitiv. In Amerika werden die ersten Destillationsversuche von Silliman (1833) gemacht; nach Beginn der Petroleumindustrie im größern Maßstab geht Wilson zuerst (1860) zur Dampfdestillation über. Die erste Anwendung des überhitzten Dampfes zur Petroleumdestillation erfolgt 1870 durch Matscheko.

— Jean Baptiste **Dumas** und Jean Louis **Prévost** veröffentlichen ihre Untersuchungen über die Bildung und die Zirkulation des Blutes beim Menschen und bei einzelnen Tiergattungen.

— Der Instrumentenmacher Sébastien **Erard** in Paris erfindet für die Hammermechanik des Pianoforte die Repetition, durch welche derselbe Ton in raschester Aufeinanderfolge wiederholt angeschlagen werden kann.

— Michael **Faraday** beweist durch Verflüssigen des Chlors, daß das Dogma von der Permanenz der Gase unrichtig ist, und daß der Aggregatzustand von dem Druck und der Temperatur abhängt.

— **Faraday** und **Barlow** zeigen, wie man elektrischen Strom in Bewegung und damit Stromenergie in mechanische Energie umsetzen kann.

— Marie Jean Pierre **Flourens** unternimmt zuerst, methodisch die Leistungen der verschiedenen Hirnteile abzugrenzen, und erweist durch den Versuch, daß das Großhirn das Organ der höheren Seelentätigkeit ist.

— **Fontana** in Turin führt das Töten der Seidenkokons im Wasserbade ein, wobei er Blechbehälter verwendet, die mit kochendem Wasser umgeben sind, wodurch Überhitzung vermieden wird.

— Joseph **von Fraunhofer** sieht im Spektrum des Sirius und einiger anderer Sterne dunkle Linien, wie er solche im Sonnenspektrum (vgl. 1814 F.) aufgefunden hat.

— Joseph **von Fraunhofer** bestimmt mit einem von ihm konstruierten Spektrophotometer die relative Helligkeit verschiedener Teile des Sonnenspektrums. Seine Methode wird später von Abney u. a. verbessert.

— Augustin Jean **Fresnel** wendet das Young'sche Interferenzprinzip auf das Huygens'sche Prinzip (Theorie der Elementarwellen) an und gibt so die Erklärung für die Beugung und für die geradlinige Fortpflanzung und alle Ausbreitungserscheinungen des Lichtes.

— Der Chemiker und Mineralog Johann Nepomuk **von Fuchs** in München stellt zuerst das Wasserglas durch Zusammenschmelzen von kohlensauren Alkalien und Sand dar. (Vgl. 1846 Sch.)

— Der Arzt und Chemiker Ernst August **Geitner** zu Lößnitz erfindet die aus Nickel, Kupfer und Zink bestehende, von ihm „Argentan" genannte Legierung. Nachdem es Gersdorff (1823) gelungen war, das Nickel fabrikmäßig darzustellen, errichtet Geitner eine Argentanfabrik in Schneeberg, während das gleiche Produkt von Gebrüder Henninger in Berlin um dieselbe Zeit unter dem Namen „Neusilber" erzeugt wird. Andere Namen für diese Komposition sind Alpaka, Alfenide usw. Auch das seit dem 18. Jahrhundert von China unter dem Namen „Packfong" importierte Metall, dessen Zusammensetzung aus Nickel, Kupfer und Zink Engeström 1776 erkannte, ist identisch mit Argentan.

— William Snow **Harris** führt die erste elektrische Zündung für Sprengzwecke mit Reibungselektrizität aus. (Funkenzündung.)

— Nachdem Franz von Paula-Gruithuisen die Ausführung der schon von den Wundärzten der byzantinischen Schule gepflegten und zu Mitte des 17. Jahrhunderts namentlich von Antonio Ciucci ausgebildeten Lithotripsie wieder angeregt hatte, gibt Charles Louis Stanislas **Heurteloup** für die Steinzertrümmerung ein spezielles Instrument, den Percuteur (Steinbrecher) an. Sein

Streit mit Jean Civiale, der die Priorität der Erfindung beansprucht, bleibt unentschieden.

1823 Dr. **Krüger-Hansen** erfindet eine Pflasterwalze, die das Vorbild der noch jetzt in den Apotheken gebräuchlichen Pflasterstreichmaschinen bildet.

1823—26 Heinrich Friedrich Emil **Lenz** findet bei seinen Beobachtungen während der zweiten Weltumsegelung Kotzebue's, daß die Temperatur des Weltmeers von 45^0 n. Br. bis zum Äquator bis auf nahezu 2000 m Tiefe beständig abnimmt, und zwar anfangs schnell, dann langsamer und zuletzt ganz unmerklich, daß dagegen in Tiefen von ca. 120 m die Temperaturen von $48—27^0$ n. Br. wachsen und zwar von 12 auf $20,5^0$ C, daß sie sich dagegen von 15^0 n. Br. bis zum Äquator konstant auf $14,5^0$ C halten. Aus diesen Verhältnissen ergibt sich ein Abfließen des wärmeren Wassers vom Äquator zu den Polen an der Oberfläche und ein Zufließen kälteren Wassers aus hohen Breiten nach dem Äquator, anfangs in horizontaler Richtung, unter der Linie aber von unten nach oben (Theorie der ozeanischen Zirkulation).

1823 Justus **von Liebig** und Louis Joseph **Gay-Lussac** finden bei der Analyse der Knallsäure Werte, welche völlig mit denen der von Vauquelin 1818 entdeckten und von Wöhler 1822 näher untersuchten Cyansäure übereinstimmen. Liebig untersucht bei dieser Gelegenheit die von Higgins, Howard und Brugnatelli (s. d.) gefundenen Fulminate und konstatiert, daß sie sämtlich Salze der Knallsäure sind.

— François **Magendie** setzt die von Gaspard (s. 1822 G.) unternommenen Versuche fort und stellt durch seine umfassenden Experimente mit Jaucheeinspritzungen die Begriffe der Pyaemie, der Ichorrhaemie und der Metastasen fest.

— Nachdem die Versuche von Besson und Peal (1791), Johnson (1797), Champion (1811), Clark (1815) und Thomas Hancock (1820), Stoffe durch Kautschuk wasserdicht zu machen, ohne praktische Resultate geblieben waren, gelingt es Charles **Makintosh,** wasserdichte Stoffe herzustellen, indem er zwei Gewebeschichten durch dazwischen liegenden in Steinkohlenteeröl aufgelösten Kautschuk verbindet. Hieran schließt sich später das Verfahren der Milleraingesellschaft zum Wasserdichtmachen an.

— Friedrich **Mohs** bringt die von Hauy, Bernhardi und Weiß gefundenen krystallographischen Gesetze in klaren organischen Zusammenhang.

— Nach einem vorausgegangenen Versuche von W. S. Losh (1814) wird das Leblanc-Soda-Verfahren (s. 1791 L.) durch James **Muspratt** in großem Maßstabe eingeführt und damit der außerordentliche Aufschwung der englischen Sodafabrikation eingeleitet.

— Louis Marie Henri **Navier** wendet zuerst das Gesetz von der Erhaltung der lebendigen Kräfte auf das Gebiet der Hydraulik an und gibt eine Theorie der Kettenbrücken.

— Franz Ernst **Neumann** führt die Linearprojektion und die Kugelprojektion in die Krystallographie ein. (S. a. 1839 M.) Die Bezeichnung „Linearprojektion" rührt von Quenstedt her.

— A. **Odier** entdeckt in den Flügeln von Insekten und im Panzer von Crustaceen eine eigentümliche Substanz, der er den Namen „Chitin" beilegt. Lassaigne stellt 1843 fest, daß diese Substanz stickstoffhaltig ist.

— **Oersted** und **Fourier** bestätigen die Seebeck'schen Angaben über die Thermoelektrizität (vgl. 1821 S.) und konstruieren die erste Thermosäule (aus Wismut und Antimon), mit welcher sie auch schon chemische Wirkungen, nämlich die Zersetzung von Kupfersalzen erzielen.

— Der Techniker **Palmer** erfindet eine zum Buntpapierdruck dienende Model-Druckmaschine, die den Druck mit der Hand nachahmt, jedoch nicht kontinuierlich arbeitet und später von der im Prinzip den Maschinen für Kattundruck nachgebildeten Walzendruckmaschine verdrängt wird.

1823 Der Apotheker **Petit** in Corbeil konstruiert nach dem Muster der in den Pulverfabriken gebräuchlichen Mischtrommeln Pulverisiermaschinen für den pharmazeutischen Gebrauch.

— **Pow** und **Fawcus** konstruieren die Patentankerwinde (Gangspill mit vertikaler Achse) zum Aufwinden eiserner, auch schwerster Ankerketten.

— Für ein in Bordeaux veranstaltetes Ballett, in welchem ein gefrorener See mit Schlittschuhläufern vorkommt, konstruiert der Ballettmeister **Robillon** die Rollschlittschuhe, die später namentlich durch die Pariser Erstaufführung von Meyerbeer's „Prophet" (1849) in weiteren Kreisen bekannt werden. (Nach dem Gothaischen Hofkalender v. J. 1790 soll Vanlede in Paris der Erfinder der Rollschuhe sein.)

— **Robison** konstruiert eine viel gebrauchte Drahtlehre, die aus zwei stählernen zu einem sehr spitzen Winkel zusammengesetzten Linealen besteht. Man liest die Dicke eines Drahtes an einer Einteilung auf den Rändern der Lineale ab, indem man die Stelle beobachtet, bis zu welcher der Draht sich in den offenen Winkel einschieben läßt.

— Der Münchener Tischler Angelo **Sabadini** fertigt die ersten hölzernen Pillenmaschinen für Apotheken, die sich namentlich für die Sublimatpillen einbürgern.

— Johan Frederik **Schouw** macht den Versuch, die pflanzengeographische Einteilung der Erdoberfläche auf Karten darzustellen, und veröffentlicht gleichzeitig die „Grundzüge einer allgemeinen Pflanzengeographie".

— Der Fabrikant Karl Sebastian **Schüzenbach** in Baden-Baden führt die Schnellessigfabrikation ein, bei welcher die alkoholische Flüssigkeit in sehr großer Oberfläche der Einwirkung der Luft ausgesetzt wird.

1823—28 Johann Nepomuk **von Schwerz** zeigt in seiner „Anleitung zum praktischen Ackerbau" auf Grund der vielfältigen von ihm und anderen gemachten Beobachtungen und Erfahrungen, wie der Landwirt seinen Betrieb am vorteilhaftesten einrichten und führen könne. Er hebt namentlich hervor, daß die Verschiedenheit der natürlichen Verhältnisse, namentlich von Boden und Klima, auch eine Verschiedenheit in dem landwirtschaftlichen Betrieb bedinge und trägt dadurch zu dem Fortschritt des Acker- und Pflanzenbaus, insbesondere aber des Handelsgewächsbaus bei.

1823 Thomas Johann **Seebeck** stellt eine thermoelektrische Spannungsreihe auf, bei der in Analogie zur Volta'schen Spannungsreihe das vorhergehende Metall gegen das nachfolgende negativ ist. Hankel ändert 1844 diese Reihe etwas ab und fügt eine Anzahl Legierungen ein; am negativen Ende der Reihe steht das Wismut, am positiven das Tellur.

— **Segard** konstruiert eine der ersten bekannten Rundschneidemaschinen, um kreisförmig in sich zurückkehrende oder bogenförmige Schnitte zu machen, die namentlich zur Fabrikation der Faßböden, Radfelgen, geschweiften Bürstenhölzer, krummen Schiffbauhölzer usw. angewendet wird.

— Johannes Andreas **Streicher** erfindet die Pianinomechanik, d. h. den Anschlag auf die Saiten von oben. Seine Mechanik ist im wesentlichen der Stein'sche Mechanismus (s. 1770 S.) in umgekehrter Lage.

— Friedrich **Tiedemann** und Leopold **Gmelin** einerseits und François **Leuret** und Jean Louis **Lassaigne** andererseits arbeiten auf dem Gebiete der Verdauungsphysiologie. Die ersteren bestätigen die saure Reaktion des Magensaftes (s. 1783 S.) und entdecken die alkalische Reaktion des Pankreassaftes, dessen Speichelähnlichkeit die letzteren erkennen.

— Der Kapitän James **Weddell** segelt mit der „Jane" und dem „Beaufoy" von der Melvilleinsel nach Süden, durchschneidet den Polarkreis am 11. Januar

1823 in 33° 30′ w. L. und gelangt am 20. Februar zu der höchsten bis dahin erreichten Breite von 74° 15′ unter dem Meridian von 33° 20′. Der Ozean, dem er den Namen „Georg IV.‟ beilegt, ist hier frei von Eis. Am 12. März erreicht er Süd-Georgien.

1823 Ferdinand **Wurzer** macht die erste wissenschaftliche Untersuchung des Lebertrans (Oleum jecoris aselli), der, nachdem er in Skandinavien schon lange als Volksheilmittel gedient hatte, 1785 zuerst durch englische Ärzte angewendet und 1822 von Hofrat Scherer in Siegen auf dem Kontinent eingeführt worden war.

1824 G. B. **Airy** erörtert eingehend die Erfordernisse eines guten Fernrohrokulars, die nach ihm theoretisch von Littrow (1821), Santini (1841) u. a. behandelt werden, während in praktischer Hinsicht namentlich C. Kellner (1849), A. Steinheil (1867) und neuerdings Zeiß und Abbe an der Vervollkommnung dieser Okulare tätig sind.

— François Dominique **Arago** entdeckt die Erscheinungen des Rotationsmagnetismus.

— Der Maurermeister Joseph **Aspdin** in Leeds setzt die von Vicat (s. 1818 V.) begonnenen Versuche weiter fort und führt sie in seinem „Portlandzemente‟ zu vollem Erfolge. Er gibt seinem Fabrikate diesen Namen aus dem Grunde, weil der erhärtete Zement an Farbe und Haltbarkeit dem in England viel zu Bauten verwendeten Portlandstone ähnlich ist. Die Bezeichnung geht später auf alle künstlichen hydraulischen Kalke über.

— Johann Jacob **von Berzelius** stellt durch Erhitzen von Kalium-Zirkoniumfluorid mit Kalium in einem eisernen mit Deckel versehenen Rohr und Eingießen des Reaktionsprodukts in Wasser metallisches Zirkon her. (S. a. 1790 K.) Später erhält A. C. Becquerel das Metall auch elektrolytisch aus einer Zirkonchloridlösung in Form von stahlgrünen Lamellen.

— Johann Jacob **von Berzelius** stellt Borsuperchlorid (Chlorbor) durch Erhitzen von amorphem Bor in einem Strome trockenen Chlorgases her. Dasselbe wird später von Sainte-Claire-Deville und Wöhler zu einer farblosen Flüssigkeit vom Siedepunkt 17° C. verdichtet.

— Friedrich Wilhelm **Bessel** nimmt den von Römer (s. 1689 R.) verwirklichten Gedanken wieder auf und stellt für die Bestimmung der Polhöhe ein in der Richtung von Osten nach Westen orientiertes Passageinstrument auf. Auch Hansen (1828), Encke (1843), Struve (1868), M. Löwy (1881), Comstock (1883) u. a. betonen die Vorzüge der Polhöhebestimmung mit so aufgestellten Instrumenten.

— **Bonastre** unterwirft das Lorbeeröl und den Lorbeercampher, sowie das Neroliöl, den Nerolicampher und den Basilicumcampher einer eingehenden Untersuchung.

— Der französische Ingenieur M. **Burdin** gibt einem von ihm konstruierten Wasserrad den Namen „Turbine‟.

— Nicolas Léonard Sadi **Carnot** weist nach, daß die Menge der von der Dampfmaschine geleisteten Arbeit der Menge der aus dem Kessel in den Kondensator übergehenden Wärme proportional ist und stellt den Satz auf: „Die bewegende Kraft der Wärme ist unabhängig von den Wirkungsmitteln, welche dazu dienen, dieselbe hervorzubringen, ihre Menge ist lediglich durch die Temperatur der Körper bestimmt, zwischen denen sich als letztes Ergebnis die Übertragung der Wärme vollzieht.‟ (Carnot'scher Satz.) Durch die von ihm ausgebildete Lehre vom Kreisprozeß trägt er wesentlich zur Entwicklung der Heißluftmaschine bei.

— Nachdem nacheinander B. Martin (1759), J. und H. van Deyl (1807), Fraunhofer (1811), Amici (1816), Tulley (1824) versucht hatten, nach dem

Euler'schen Achromasieprinzip wirksame mikroskopische Objektive zu erzielen, gelingt dies V. und Ch. **Chevalier** durch Übereinanderschrauben mehrerer für sich achromatischer Linsen, welche zusammen, einzeln oder in beliebigen Kombinationen, benutzt werden können.

1824 **Crosley** in London konstruiert einen selbstregistrierenden Gasdruckmesser, welcher die Veränderungen des Gasdruckes, wie sie im Laufe des Tages stattfinden, fortlaufend in Kurven selbsttätig auf Papier verzeichnet. Der Apparat wird später von Ochwadt, Thorpe u. a. verbessert.

— **Dallas** in London erfindet die erste Steinhaumaschine zur Zurichtung größerer ebener Steinflächen.

— Humphry **Davy** sucht die kupfernen Schiffsbeschläge dadurch zu konservieren, daß er sie mit Platten eines elektropositiveren Metalls, Zink, Stabeisen oder Gußeisen in Berührung bringt, um durch die elektromotorische Kraft dieser Metalle das Kupfer in den elektronegativen Zustand zu versetzen und vor Oxydation zu schützen (Protektoren).

— César Mansuète **Despretz** in Paris stellt Versuche über den Ursprung der tierischen Wärme an und beweist, daß der Verbrennungsvorgang im tierischen Körper hinreicht, um die Wärmeerzeugung zu erklären.

— Johann Wolfgang **Döbereiner** in Jena entdeckt, daß schwammiges Platin in einem mit atmosphärischer Luft versetzten Wasserstoffstrom freiwillig glühend wird, und gründet darauf das nach ihm benannte Platinfeuerzeug.

— Augustin Pierre **Dubrunfaut** lehrt die Bereitung des Spiritus aus Zuckerrüben.

— Jean Baptiste **Dumas** bringt zuerst die Bildung von Kohlenhydraten aus Kohlensäure und Wasser unter Abscheidung von Sauerstoff in der Pflanze (Assimilationsprozeß) mit dem Chlorophyll im Zusammenhang, worin ihm 1872 Lommel beitritt. (S. a. 1879 P.)

— René Joaquin Henri **Dutrochet** betont, daß in der Pflanzenwelt Licht und Schwerkraft die Ursache der geotropischen und heliotropischen Reizbewegungen sind, daß dieselben also auslösend wirken, und daß die Orientierung, in welcher die Organe in der Natur gefunden werden, durch das verschiedenartige Zusammenwirken von Geotropismus, Heliotropismus, Eigengewicht und Eigenrichtung zustande kommt.

— Marie Jean Pierre **Flourens** legt den Grund zum physiologischen Verständnis des Ohrlabyrinths. Er weist durch Experimente an Vögeln und Säugetieren die Gleichgewichtsfunktion der halbkreisförmigen Kanäle und die Funktion der Schnecke als Hörorgan nach.

— Nachdem J. J. Welter 1817 die von Descroizilles (s. 1795 D.) zuerst angegebene Chlorometrie durch Indigolösung wieder aufgenommen hatte, vervollkommnet Louis Joseph **Gay-Lussac** durch seine „Instruction sur l'essai du chlorure de chaux" die Methoden der Chlorometrie, indem er an Stelle der ungenaue Resultate gebenden Indigolösung eine Lösung von arseniger Säure, die mit einigen Tropfen Indigsolution blau gefärbt wird, verwendet. Die arsenige Säure wird durch das freie Chlor in Arsensäure übergeführt und die Indigsolution erst gebleicht, sobald die letzte Spur arseniger Säure oxydiert ist.

— Louis Joseph **Gay-Lussac** stellt alkoholometrische Untersuchungen an, welche die gesetzliche Grundlage für die Gehaltsbestimmung weingeistiger Flüssigkeiten in Frankreich abgeben. Sie stimmen mit den Tralles'schen Angaben sehr nahe überein. Ihre Revision durch die aus Pouillet, Chevreul, Despretz und Frémy gebildete Kommission i. J. 1859 ergibt kein wesentlich anderes Resultat.

— John Frederick William **Herschel** gibt die erste genauere Zeichnung des Orionnebels, die er 1837 nach seinen am Kap der Guten Hoffnung

23*

gemachten Beobachtungen noch wesentlich vervollkommnet. Lord Rosse glaubt 1861 mit seinem Riesenteleskop in diesem Nebel Sterne zu sehen, was jedoch durch die Huggins'schen Forschungen (s. 1865 H.) widerlegt wird.

1824 J. **Ibbetson** nimmt das erste englische Patent auf Erzeugung von Wassergas. (S. 1780 F.) Die erste größere praktische Anwendung des Wassergases macht 1830 Donovan in Dublin. (Vgl. 1830 D.)

— Nachdem Johann Peter Frank 1792 unter dem Namen Peritonitis muscularis das Bild einer Blinddarmentzündung beschrieben hatte, gibt Jean Baptiste **Louyer-Villermay** zwei eingehende Beobachtungen einer solchen Krankheit, bei welcher jedesmal, wie er hervorhebt, der Processus vermicularis, Wurmfortsatz, in Mitleidenschaft gezogen war. Puchelt gibt 1829 einen festen Symptomenkomplex und bezeichnet die Krankheit als Perityphlitis.

— Th. F. L. **Nees von Esenbeck** untersucht zuerst das vielfach als Bandwurmmittel gebrauchte Kusso (aus Brayera anthelmintica), aus dem später (1859) das Kussin dargestellt wird.

— **Palotta** stellt aus der bereits im 16. Jahrhundert in den Arzneischatz übernommenen Sarsaparilla, die vielfach gegen Syphilis verwendet wird, einen krystallinischen Körper, das Parillin (Smilacin, Sarsaparillin) her. Die Sarsaparilla wird auch von Marquardt, Adrian, Ingenohl u. a. untersucht. Eine der Sarsaparilla nahe verwandte Droge ist die Chinawurzel, die 1525 von Gilius nach Europa gebracht wurde, jetzt aber wenig mehr benutzt wird.

— Alexandre Jean Baptiste **Parent-Duchatelet** fördert die Hygiene und bemüht sich insbesondere, die öffentlichen Sanitätseinrichtungen zur Verbesserung der Lebensverhältnisse in großen Städten zur Geltung zu bringen.

— Nachdem bereits der französische General Gérard Flintenrohre in Verbindung mit einem Dampfkessel gebracht und den stoßweise ausströmenden Dampf zum Fortschleudern von Gewehrkugeln benutzt hatte (nach Leonardo da Vinci soll sogar schon Archimedes auf die Verwendbarkeit der Dampfkraft zum Forttreiben von Geschossen hingewiesen haben), konstruiert der Amerikaner Jacob **Perkins** ein Dampfgewehr, mit welchem er 250 bis 420 Schuß in der Minute abgibt. Obwohl die Idee, mit der sich später auch Henry Bessemer beschäftigt, nicht zu kriegsbrauchbarer Verwertung führt, birgt sie doch möglicherweise die Keime einer fruchtbaren Weiterentwicklung. (Vgl. auch 1884 Z.)

— Der englische Ingenieur W. **Pontifex** erfindet den ersten Wassermesser für Wasserleitungen, einen Niederdruckmesser mit zwei Meßgefäßen, die sich abwechselnd füllen und durch Ventile geleert werden. Es folgen mit ähnlichen Konstruktionen Crosley, Bronton, Kennedy u. a.

— Nachdem Swammerdamm und Rösel von Rosenhof die ersten Beobachtungen des Furchungsprozesses am Froschei gemacht hatten, beschreiben **Prévost** und **Dumas,** wie an diesem Ei in gesetzmäßiger Weise Furchen entstehen, welche nach und nach die ganze Oberfläche in immer kleiner werdende Felder zerlegen. Sie glauben, daß diese Furchen sich auf die Oberfläche des Eies beschränken.

— Der Hofkriegsrat **von Reisswitz** erfindet das dem schon im 18. Jahrhundert bekannten Kriegsschachspiel nachgebildete Kriegsspiel. (Vgl. auch 1559 S.)

— Johann Nepomuk **Rust** bringt zuerst Klarheit in die Lehre des seit dem Altertum bekannten Erysipel, reduziert die zahlreichen Formen auf zwei Grundformen, die wahre und falsche Rose, und zeigt, daß zu der letzteren zahlreiche erysipelartige Erkrankungen gehören, die mit der echten Rose nichts zu tun haben.

1824 Der Astronom Felix **Savary** beobachtet zuerst die sogenannte anomale Magnetisierung von Stahlnadeln durch die Entladung Leidener Flaschen.

1824—30 Der Naturforscher Philipp Franz **von Siebold** erforscht Japan.

1824 Wilhelm **von Struve** macht Beobachtungen von Doppelsternen mit dem großen Fraunhofer'schen Refraktor der Dorpater Sternwarte und gibt 1837 sein großartiges Werk über die Doppelsterne heraus, das Mikrometermessungen von 2710 Doppelsternen enthält.

— **Thomas** und **Laurens** kombinieren bei der Anlage des Hospitals Lariboisière in Paris die Dampf- und Wasserheizung, um die Vorteile beider Systeme zu vereinigen und ihre Übelstände zu vermeiden. Ein anderes System einer gemischten Dampf- und Wasserheizung wird von Grouvelle für das Gefängnis Mazas in Paris angewendet.

— Thomas **Tredgold** schlägt für gußeiserne Träger die Form des $\top$-Trägers vor, der bald darauf von ihm und von Hodgkinson erprobt wird, wobei sich in Übereinstimmung mit der Theorie ergibt, daß bei der Ausführung in Gußeisen der untere Flansch stärker als der obere sein muß. Für Walzeisenträger war diese Form zuerst von Manby (vgl. 1820 M.) angewendet worden.

— **Tullock** in London konstruiert eine Schwertsäge zur Bearbeitung von Bausteinen, bei welcher das Gleitstück an dem schwingenden Pendel, von welchem aus dem Sägerahmen die Bewegung erteilt wird, dadurch stets in demselben Niveau mit dem Sägerahmen erhalten wird, daß ein an der oberhalb der Säge angebrachten Welle befindliches Rädergetriebe für die Steuerung des Gleitstücks entsprechend dem Sinken des Rahmens sorgt. Ähnliche Sägen werden 1871 von W. Stone, 1877 von F. Darby konstruiert.

— J. **Vallance** macht die ersten größeren Versuche, die Verdunstungskälte technisch zur Herstellung größerer Eismengen zu verwenden und läßt sich am 1. Januar einen Apparat patentieren, in welchem durch Schwefelsäure getrocknete, mit der Luftpumpe stark verdünnte atmosphärische Luft über eine etwa 1 cm hohe Wasserschicht gesaugt wird. (Vgl. auch 1810 L.)

1825 G. B. **Airy** führt die zylindrisch-sphärischen Brillen für astigmatische Augen ein.

— **Aitken** und **Steele** liefern für Benoît in St. Denis die erste, und zwar sechsgängige Dampfmahlmühle, in der sämtliche Balken, sowie das Dachgerüst des Fabrikgebäudes aus Eisen (Gußeisen) hergestellt sind.

— Nachdem sich schon Cullen (s. 1777 C.) mit den psychrometrischen Vorgängen beschäftigt und Hutton i. J. 1792 versucht hatte, den Feuchtigkeitsgehalt der Luft mit Hilfe des Thermometers zu bestimmen, gibt E. F. **August** in Berlin dem Psychrometer eine praktisch bequeme Form und entwickelt dessen Theorie. (S. a. 1887 A.)

— Matthew **Baillie** beobachtet zuerst die Wanderniere am lebenden Menschen. (S. a. 1649 R.)

— Johann Jacob **von Berzelius** erhält zuerst metallisches Tantal in unreinem Zustand durch Erhitzen von Fluortantalkalium mit Kalium.

— Johann Jacob **von Berzelius** findet das Lithion in den Mineralquellen von Karlsbad, Marienbad und Franzensbrunn.

— Nachdem die schon im Altertum bekannte Verfertigung künstlicher Blumen im Mittelalter, namentlich in Italien und Frankreich gepflegt worden war, begründet Magdalene **Bienert** in Nixdorf die Blumenmacherei in Deutschland und vervollkommnet deren Technik.

— Der österreichische Militäringenieur, spätere Chef des Pionier- und Pontonierkorps, Karl Freiherr **von Birago,** erfindet ein aus zerlegbaren Böcken und Pontons bestehendes Kriegsbrückengerät, welches zur Ausrüstung der Pionier-Brückentrains bei vielen Armeen Eingang gefunden hat.

1825 Der französische Mediziner Jean **Bouillaud** bemerkt zuerst, daß bei allen Personen, die infolge von Schlagfluß an Sprachstörungen leiden, die Sektion eine Gehirnveränderung in der Umgebung der sogenannten Reil'schen Insel (s. 1808 R.) zeigt, und erbringt damit die ersten positiven Tatsachen für eine Lokalisationslehre. Ähnliche Untersuchungen werden von Dax (1836) gemacht.

— Robert **Brown,** von Humboldt „Fürst der Botaniker" genannt, studiert zuerst die vergleichende Morphologie und Anatomie der Samenknospe und des aus ihr sich bildenden Samens bei Phanerogamen, Coniferen und Cycadeen.

— Marc Isambard **Brunel** entwirft für die Herstellung eines Themsetunnels zwischen Rotherhithe und Wapping einen Bohrschild, den ältesten Entwurf einer für die Durchbohrung weicher Massen bestimmten Maschine. Dem Schild sollte eine Eisenverkleidung folgen, welche dadurch weitergeführt werden sollte, daß man nach Maßgabe des Vorwärtsdringens des Schildes die Ausmauerung verlängern und die freiwerdende Eisenverkleidung vor Ort wieder einbringen wollte. Eine tatsächliche Verwertung findet diese Idee indes erst 1869 durch Beach in New York und durch P. W. Barlow für den Tower Subway in London.

1825—43 Marc Isambard **Brunel** erbaut den Themsetunnel nicht, wie erst projektiert (s. vorstehend), mit Hilfe des Bohrschilds als gemauerte Röhre. sondern als vierkantigen Mauerklotz mit zwei nebeneinanderliegenden Aussparungen von nahezu eiförmigem Querschnitt. Von diesem Bauwerk stammt der Name Tunnel (Röhre).

1825 Leopold **von Buch** gibt durch sein Werk über die Canarischen Inseln und durch seine Lehre von den Reihenvulkanen Anregung zur Erforschung der vulkanischen Erscheinungen und des Zusammenhangs der verschiedenen Vulkane der Erde.

— Der neapolitanische Erdbebenforscher Niccolo **Cacciatore** konstruiert seinen auf dem Überlaufen und Ausfließen von Quecksilber beruhenden seismischen Schalenapparat, der 1858 von Palmieri und Mallet und 1883 von Lepsius wesentlich verbessert wird.

— James **Copeland** wendet zuerst bei Syphilis das Jod, und zwar in Form von Jodkalium an.

— **Coyot** erfindet die konische Ausbreitmaschine, die dazu dient, den in der Bleicherei und Färberei auf Kosten der Breite in die Länge gezogenen Baumwollstoffen wieder ihre normale Breite zu geben. Eine andere derartige Maschine ist die von John Jones 1829 erfundene Sektorenausbreitwalze.

— Ernst Heinrich Karl **von Dechen** und Karl **von Oeynhausen** stellen fest, daß die unterste mächtigste Lage der oberhalb des Palaeozoikums liegenden mesozoischen Gruppe eine dreigeteilte sei und aus Buntsandstein. Muschelkalk und Keuper bestehe, die in ihrer Gesamtheit 1834 durch Alberti den Namen Trias erhalten.

— Peter Gustav Lejeune **Dirichlet** wendet die Analysis des Unendlichen auf die Zahlentheorie an und findet den Beweis des Satzes, daß jede unbegrenzte arithmetische Progression, deren erstes Glied und Differenz ganze Zahlen ohne gemeinschaftlichen Faktor sind, unendlich viele Primzahlen enthält.

— Bryan **Donkin** konstruiert ein Tachometer, bei welchem eine im Innern des Instruments befindliche Flüssigkeit (Quecksilber) durch die Zentrifugalkraft einen Zeiger auf einem Zifferblatt verschiebt.

— Nachdem angeblich schon Gaubius 1771 das Stearopten des Pfefferminzöls bemerkt hatte, stellen Jean Baptiste **Dumas** sowie **Blanchet** und **Sell** gleichzeitig aus diesem Öl das Menthol (Pfefferminzcamphor) dar, das von Kane noch näher untersucht und in neuerer Zeit vielfach als schmerzstillendes Mittel bei Migräne und als Schnupfenmittel gebraucht wird. Seine Alkoholnatur wird 1861 von Oppenheim erkannt, seine Konstitution wird insbesondere von Beckmann und Pleißner 1891 und Semmler (s. 1892 S.) genau festgestellt.

1825 **Elson,** ein Begleiter des Kapitäns Beechey auf dessen Reise im nordamerikanischen Eismeer, erreicht mit einem Boote am 22. August die nördlichste Festlandspitze des westlichen Amerikas, die Barrowspitze, von wo er zu Beechey's Schiff „Blossom" zurückkehrt. 1837 wird dieselbe Spitze zum zweiten Male von Dease und Simpson erreicht.

— Johann Friedrich Philipp **Engelhart** weist nach, daß das Eisen im Blute, das schon Haller vermutet und Berzelius mit Sicherheit festgestellt hatte, an den Blutfarbstoff gebunden ist, aus dem es durch Chlor frei gemacht werden kann.

— Michael **Faraday** entdeckt das Benzol unter den Produkten der Destillation der fetten Öle. Gleichzeitig erhält er bei Verdichtung des Ölgases einen bei mittlerer Temperatur unter gewöhnlichem Druck gasförmigen Kohlenwasserstoff, der bei gleicher Zusammensetzung mit ölbildendem Gas ein doppelt so großes spezifisches Gewicht besitzt und in seiner Chlorverbindung auf dieselbe Menge Chlor doppelt soviel Kohlenstoff und Wasserstoff enthält, als das Chlorid des ölbildenden Gases. Dieser für die Erkenntnis der Polymerie wichtige Kohlenwasserstoff wird später Butylen genannt.

— Moritz Ludwig **Frankenheim** konstatiert die merkwürdige Erscheinung, daß Krystalle aus einer Jodkaliumlauge sich auf einer frisch gespaltenen Glimmerplatte nach gewissen Richtungen orientiert ablagern.

1825—26 John **Franklin,** George **Back** und John **Richardson** erforschen, nachdem sie schon 1819—22 eine erste Expedition längs des Kupferminenflusses gemacht hatten, die amerikanische Polarküste, die sie in einer Ausdehnung von 35 Längengraden vollständig aufklären.

1825 Joseph **von Fraunhofer** erklärt die „Höfe" genannten diffusen Lichtkreise um Sonne und Mond als Beugungserscheinungen, eine Erklärung, die 1884 durch K. Exner bestätigt wird.

— Johann Nepomuk **von Fuchs** sucht das Holzwerk des Münchener Theaters gegen das Feuerfangen durch einen Wasserglas-Überzug zu schützen. Später wird zu gleichen Zwecken wolframsaures Natron empfohlen.

— Leopold **Gmelin** stellt aus den Rückständen der Kaliumbereitung ein Kaliumsalz dar, welches er krokonsaures Kali nennt, und dem er die Formel $C_5K_2O_5$ gibt.

— Der englische Physiker George **Green** untersucht die allgemeinen Eigenschaften der Potentialfunktion, die zur Bestimmung der Kraft dient, mit der zwei Massen einander anziehen, wenn das Newton'sche Gravitationsgesetz gilt. (Vgl. sein Hauptwerk „Essay on the application of mathematical analysis to the theories of electricity and magnetism".) Er führt die Energiefunktion der elastischen Kräfte ein.

— **Henry** und **Garot** entdecken das Sinapin im schwarzen Senf. Beim Spalten mit Barytwasser entsteht daraus Cholin und Sinapinsäure. (S. 1851 B.) Die Konstitution der Sinapinsäure wird 1897 durch Gadamer aufgeklärt.

— **Houldsworth** in Manchester erfindet das Differentialgetriebe zur Regulierung der Spulenbewegung, wonach die damit versehenen Baumwollspindelbänke „Differentialflyer" genannt werden.

— James **Kay** führt das Naßspinnen des Flachses mit warmem Wasser und nahe zusammenliegenden Streckwalzen ein und eröffnet dadurch den Weg zum Spinnen feiner Garne.

1825 Karl **Kestner** sammelt zuerst die Kondensationsprodukte der Schwefelsäure-Kammerwände, um darauf gestützt einen regelmäßigeren Kammerbetrieb einrichten zu können, eine Neuerung, die man für so wichtig ansieht, daß Kestner nach Glasgow berufen wird, um seine Methode in der Tennant'schen Fabrik einzuführen.

— Adolph Theodor **Kupffer** stellt fest, daß die Magnetisierbarkeit des weichen Eisens bei Erhöhung der Temperatur bis zu gewissen Grenzen zunimmt. Wiedemann findet diesen Satz bestätigt, schränkt ihn jedoch auf die erste Erwärmung des Eisens ein, während sich bei wiederholten Erwärmungen der Magnetismus kaum mehr ändert. Geht die Erwärmung des Eisens über die dunkle Rotglut hinaus, so nimmt die Magnetisierbarkeit nach Scoresby und Seebeck wieder ab, bei Weißglut soll sie ganz verschwinden.

— **Langton** erfindet eine künstliche Trocknung des Holzes, indem er dasselbe in einen gußeisernen Zylinder, der von außen durch Dampf auf 45—90° C. erwärmt wird, einschließt, aus dem Innern des Zylinders die Luft auspumpt und den entweichenden Wasserdampf in einem Kühlapparat kondensiert.

— Pierre Charles Alexandre **Louis** bringt bei allen Fragen der klinischen Medizin die „numerische Methode", mit anderen Worten die medizinische Statistik zur Geltung und fördert dadurch die Beobachtung an Stelle der bis dahin überwiegenden Spekulation.

— John **Mac Naught** verbessert den Indikator, indem er die geradlinig hin und her bewegte Ebene durch eine sich hin und her drehende Trommel ersetzt.

— Die **Mansfelder Kupfergewerkschaft** erbaut Getreide-Silos aus geformten Schlackenblöcken und greift damit wieder auf den von alters her bekannten, später aber verlassenen Grundsatz der Getreidelagerung unter Luftab-schluß zurück. Im Jahre 1846 werden in Amerika von Getreidehändlern große Silospeicher angelegt, die man jedoch nicht, wie bisher unter, sondern über die Erde legt. Von Amerika verbreiten sich die Silos rasch über die ganze Erde.

— Eilhard **Mitscherlich** zeigt, daß die Ausdehnung der Krystalle durch die Wärme mit der Art der Achsensysteme zusammenhängt, was später von Pfaff und 1859 von Grailich und von Lang bestätigt wird. Auch das Wärmeleitungsvermögen der Krystalle steht, wie Sénarmont 1848 zeigt, in Beziehung zu den Krystallsystemen.

— Nachdem in Paris 1822 von Humboldt, Arago u. a. unternommene Versuche für die Schallgeschwindigkeit in Luft den Wert von 331,20 m/sec ergeben hatten, bestimmen **Moll, van Beek** und **Kuytenbrouwer** die Geschwindigkeit des Schalls bei Amsterdam unter den größten Vorsichtsmaßregeln und finden den Wert von 332,77 m/sec. Zu einer fast gleichen Zahl (332,37 m/sec) gelangen 1845 Bravais und Martins bei ihren am Faulhorn und Brienzer See unternommenen Versuchen.

— Der Franzose **Montgéry** konstruiert ein Unterwasserboot, den „Invisible", wobei er dem wichtigen, bei den heutigen Unterseebooten allgemein an-genommenen Gedanken folgt, das Untertauchen auf den eigentlichen An-griff gegen feindliche Schiffe zu beschränken. Zu praktischer Verwendung gelangt das Boot nicht.

— **Moreau de Jonnès** behandelt zuerst ausführlich die klimatische Bedeutung des Waldes und macht auf die Veränderungen aufmerksam, die durch die Ausrottung der Wälder entstehen.

— Leopoldo **Nobili** vereinigt Ampère's astatische Nadel mit dem Multiplikator und macht diesen dadurch zu dem anerkannt besten Galvanometer, welches als Strommesser noch heute in unveränderter Form benutzt wird.

— Henry **Ogle** konstruiert zuerst den Walkkasten der althergebrachten Hammer-walke aus Eisen und richtet denselben zur Erwärmung mit Dampf ein.

1825 Anselme **Payen** bestimmt die entfärbende Kraft der Knochenkohle vermittels des von ihm konstruierten Decolorimeters, bei dem eine Schicht einer dunklern Normalflüssigkeit von bestimmter Dicke mit einer Schicht einer hellern Flüssigkeit verglichen wird, deren Dicke man so lange vergrößert, bis ihre Färbung gleich der dunklen erscheint. Das Maß der Vergrößerung der Schicht dient zur Berechnung der Entfärbung. Auf demselben oder ähnlichen Prinzipien beruhen die Apparate von Ventzke, Duboscq u. a. Ähnliche Entfärbungsversuche werden später (1852) von Edouard Filhol gemacht.

— Nachdem der Apotheker Krüger in Rostock die Gegenwart von Jod im Wasser der Ostsee als wahrscheinlich hingestellt hatte, liefert Christian Heinrich **Pfaff** den Beweis, daß dasselbe tatsächlich im Wasser der Ostsee enthalten ist, worauf Balard dasselbe auch im Wasser des Mittelländischen Meeres konstatiert.

— **Phipps** erfindet den Egoutteur (auch Dandyroller) genannt, eine hohle Walze, die vor dem Saugapparat über der Form der Papiermaschine angebracht wird und die Aufgabe hat, das gerippte, geschöpfte Papier zu imitieren oder auch in das Papier Wasserzeichen einzudrucken.

— Der französische Ingenieur Jean Victor **Poncelet** stellt ein neues Prinzip für die Wasserradkonstruktion auf, indem er unterschlächtige Räder mit gekrümmten Schaufeln versieht, wodurch bewirkt wird, daß das Wasser fast ohne Stoß und überwiegend durch Druck wirkt.

— George **Poulett Scrope** gibt in seiner Schrift „Volcanoes", eine Definition der vulkanischen Phänomene, unter denen er jedwedes Ausstoßen fester, flüssiger, halbflüssiger oder gasförmiger Massen durch Spalten der Erdrinde versteht. Er erklärt den Bau der Vulkane durch Aufschichtung der ausgeworfenen Massen und darüber hinwegfließender Lavaströme und bricht der Überzeugung Bahn, daß die Lehre von den Erhebungskratern (s. 1815 B.) den tatsächlichen Vorgängen nicht entspricht.

— Der Mediziner Johann Evangelista **Purkinje** macht wichtige Studien über das Hühnerei und beobachtet in demselben zuerst das Keimbläschen, den Kern der unbefruchteten Eizelle.

— Johann Evangelista **Purkinje** fördert durch seine „Beiträge zur Kenntnis des Sehens" die experimentelle Erforschung des Gesichtssinns. Er beschreibt das später nach ihm benannte Phänomen, daß zwei farbige Flächen, z. B. Zinnoberrot und Meergrün, die bei vollem Tageslicht gleich hell erscheinen, es nicht mehr in der Dämmerung sind. Das Rot ist dann fast schwarz, das Grün relativ hell und weißlich.

— Der Techniker **Purkinje** in Wien macht zuerst den Vorschlag zur Verwendung eines endlosen Seiles für Eisenbahnzwecke (Seilbahn). Seine Idee wird jedoch erst 1862 in Lyon verwirklicht, wo der erste Personentransport auf einer derartigen Seilbahn nach Croix Rousse erfolgt.

1825—48 Heinrich **Rathke** fördert die Entwicklungsgeschichte der Wirbellosen (Krebse, Insekten, Mollusken) wie auch die der Wirbeltiere (Fische, Schildkröten, Schlangen, Krokodile).

1825 Richard **Roberts** in Manchester erfindet eine selbsttätige Mule-Spinnmaschine, den „Selfaktor". (S. 1775 C. und 1790 K.)

— Samuel Baldwyn **Rogers** verbessert den Puddelofen, indem er den eisernen Herd einführt, der mit dem eigentlichen garenden Material: Eisenschlacke, Sand- oder Garschlacke ausgestampft wird, und der erheblich mehr Eisen liefert als der alte Ofen mit dem Sandherd.

— Der Dessauer Apotheker Samuel Heinrich **Schwabe** wird durch sein durch 50 Jahre fortgesetztes tägliches Studium der Sonnenoberfläche der Begründer der Sonnenphysik.

1825 Der englische Apotheker **Short** führt Crotonöl, das in Indien seit lange gebraucht wurde, in den Arzneischatz ein.

— George **Stephenson** befördert mit einer von ihm erbauten Lokomotive, der „Locomotion", bei welcher er Spurkranzräder anwendet (s. 1775 F.), am 27. September den ersten mit Personen besetzten Wagenzug auf der Stockton-Darlington-Bahn mit einer Geschwindigkeit von 10 km in der Stunde.

— Die für die Schienenwege übliche Spurweite von 4′ 8 1/2″ englisch = 1,435 m stammt von George **Stephenson** her, der zunächst für seine Eisenbahnanlagen eine Spurweite von 4′ 6″ englisch (d. i. die Spur der Straßenfahrzeuge) gewählt hatte, alsdann aber zu dem obigen größeren Maße übergegangen war. Da die Lokomotiven, auch für das Ausland, zunächst nur von Stephenson zu beziehen waren (auch die für die Eisenbahn Nürnberg-Fürth gebaute Lokomotive „Adler" stammt von Stephenson), hat sich das letztere Maß in der Mehrzahl der europäischen Staaten eingebürgert.

— S. W. **Stockton** in Philadelphia verfertigt künstliche Zähne, die den natürlichen weit ähnlicher sind, als die bis dahin erzeugten Porzellanzähne. (S. 1776 D.)

— Der Mathematiker Franz Adolf **Taurinus** in Köln weist in seinen in den Jahren 1825 bez. 1826 erschienenen Schriften „Theorie der Parallellinien" und „Geometriae prima elementa" die Möglichkeit einer nichteuklidischen Geometrie nach, und leitet die Formeln der nichteuklidischen Trigonometrie aus denen der sphärischen Trigonometrie ab, indem er die Seiten eines sphärischen Dreiecks imaginär setzt. Taurinus, dessen sehr selten gewordene Schriften ganz unbeachtet geblieben sind, muß somit als ein Mitbegründer der nichteuklidischen Geometrie gelten. (S. 1826 L.)

— Ernst Heinrich **Weber** begründet die Psychophysik.

— Wilhelm Eduard **Weber** weist die Interferenz der Schallwellen an Stimmgabeln nach.

— Wilhelm Eduard **Weber** und Ernst Heinrich **Weber** machen ihre glänzenden Forschungen zur Wellenlehre, die sie in dem Buche „Die Wellenlehre auf Experimente gegründet" publizieren. Unter anderem weisen sie durch Messungen nach, daß die Fortpflanzungsgeschwindigkeit transversaler Wellen auf dünnen Schnüren völlig mit den von Euler dafür entwickelten Gesetzen (s. 1779 E.) übereinstimmt. Es gelingt ihnen ferner, die Existenz der transversalen Wellen in Flüssigkeiten experimentell nachzuweisen, die Verhältnisse der Fortpflanzungsgeschwindigkeit von Wasserwellen klar zu stellen und klar zu legen, daß es der hydrostatische Druck der im Wellenberg gehobenen und durch die Schwere niedersinkenden Flüssigkeitssäule ist, welcher die Wellenbewegung in Flüssigkeiten veranlaßt. Ferner gelingt es ihnen, die Erscheinungen der Interferenz, der Reflexion der Wellenbewegung, sowie die Bildung der stehenden Wellen infolge der fortgepflanzten und reflektierten Wellen sehr anschaulich darzustellen.

— Nachdem bereits Benjamin Cook (s. 1808 C.) und Henry Osborne (s. 1808 C.) die Fabrikation von geschweißten, schmiedeeisernen Röhren versucht hatten, gelingt es **Whitehouse** in Wednesbury, diese Fabrikation zu vervollkommnen und mit vollem Erfolge zu betreiben.

1826 Niels Henrik **Abel** in Christiania beweist, daß Gleichungen von höherem als dem vierten Grade im allgemeinen durch rationale und Wurzeloperationen nicht lösbar sind. Er beteiligt sich in hervorragender Weise an der von Cauchy (s. 1820 C.) begründeten Bearbeitung der Reihentheorie.

— Jean François **d'Aubuisson** untersucht die Verhältnisse beim Ausströmen der Gase aus Öffnungen in der Wand von Gefäßen, in welchem sie unter stärkerem Druck stehen, als der Druck außerhalb des Gefäßes ist (s. a.

1736 B.), und findet, daß, wie bei den tropfbaren Flüssigkeiten, die wirkliche Ausflußmenge kleiner ist, als die theoretische. Ähnliche Resultate erhält Weisbach (1855).

1826 Antoine Jérome **Balard** entdeckt das Brom in der Mutterlauge, die bei der Seesalzgewinnung aus Meerwasser zurückbleibt.

— Antoine Jérome **Balard** stellt zuerst Bromnatrium, Bromkalium und Bromsilber her, dessen hohe Lichtempfindlichkeit von Talbot (s. 1839 T.) entdeckt wird.

— Antoine César **Becquerel** erfindet das Differentialgalvanometer, in welchem die Magnetnadel von zwei Drähten gleicher Dicke, deren jeder eine gleiche Anzahl von Windungen hat, umgeben ist. Dieser Apparat gibt Veranlassung zur Erfindung des Differentialgegensprechens von Siemens und Frischen. (S. 1854 S.)

— Charles **Bell** stellt den nach ihm benannten Lehrsatz auf, daß die vorderen Wurzeln der Spinalnerven ausschließlich motorische Fasern, die hinteren ausschließlich sensible Fasern enthalten.

— Patrick **Bell** in Carmyllie baut nach dem Scherenprinzip (s. 1800 M.) eine Mähmaschine, welche schon die hin und her gehende Messerstange und das 1822 von Henry Ogle erfundene Anlegrad (Haspel), sowie das Tuch ohne Ende zum Seitwärtsablegen aufweist. Die Konstruktion bleibt bis zum Auftreten von Mac Cormick und Hussey (s. d.) in Gebrauch.

— Wilhelm **von Biela** entdeckt am 27. Februar den nach ihm benannten Kometen, der 1832 wieder erscheint und sich 1846 unter den Augen der Astronomen von Yale College zerteilt und schließlich ganz auflöst.

— J. L. **Calmeil** gibt die erste eingehende klinische Beschreibung der allgemeinen Paralyse.

— **Chaussonet** in Paris erfindet eine Maschine für die Darstellung von metallenen Hohlknöpfen, die etwa um das Jahr 1825 an die Stelle der bis dahin gebrauchten massiven Knöpfe treten. Der Knopf wird aus einem Unter- und einem Oberboden von Blech, zwischen die eine Pappscheibe gelegt wird, zusammengesetzt, worauf beide Teile ohne Löten durch Umkrempen des Oberbodenrandes um den Unterboden vereinigt werden.

— **Chevalier** und **Pelletan** entdecken das Berberin in der Rinde von Xanthoxylum Clava Herculis. 1835 wird sein Vorkommen in der Berberitzenwurzel durch Büchner festgestellt.

— **Clément** und **Desormes** beschreiben das sogenannte aerodynamische Paradoxon, d. i. die Erscheinung, daß ein in einen Trichter gelegtes Papierfilter, wenn man es hinauszublasen versucht, sich nur um so fester an die Trichterwand anpreßt.

— Jean Jacques **Colin** entdeckt mit Pierre Jean **Robiquet** im Krapp das Alizarin.

— Jean Daniel **Colladon** weist nach, daß, wie der galvanische Strom (s. 1820 C.), so auch die Reibungselektrizität ablenkend auf eine Magnetnadel wirkt, was von Faraday (1833) bestätigt wird.

— John **Crawfurd** beschreibt die Petroleumquellen in Rangoon, die schon seit sehr langer Zeit ausgebeutet wurden, und macht nähere Angaben über deren Behandlung und Ertrag.

— Nachdem Gutberlet die Totalexstirpation des Uterus von der Bauchhöhle aus vorgeschlagen und K. J. M. Langenbeck sie einmal, jedoch nicht mit glücklichem Erfolge ausgeführt hatte, verbessert Jacques Mathurin **Delpech** die Methode durch Änderung des Schnittes und Eröffnung des Peritoneums. Doch sind weder seine, noch die Erfolge anderer Ärzte, wie Chelius, Granville u. a. günstige, so daß man die Methode allmählich aufgibt.

— Der französische Hauptmann Henri Gustave **Delvigne** vermeidet das gewaltsame Eintreiben der Geschosse bei gezogenen Vorderladebüchsen (s. 1630 K.)

dadurch, daß er die Pulverkammer im Rohre mit etwas geringerem Durchmesser gegen das übrige Rohrkaliber absetzt. Die zur Führung in den Zügen erforderliche Kalibervergrößerung der Bleigeschosse (Rundkugeln oder Spitzgeschosse) erfolgt durch festes Aufsetzen (Stauchen) auf den Kammerrand mit dem Ladestock. (Vgl. 1844 T. und 1849 M.)

1826 **Denett** von der Insel Wight benutzt zuerst zur Verbindung eines Rettungsbootes mit dem gestrandeten Schiff Raketen, die eine 9—12 Garn dicke Leine gegen 300—400 m weit schleudern (Raketenapparat).

— René **Desfosses** macht, anläßlich des kurz vorher erbrachten Nachweises für das Vorkommen von Cyankalium im Hochofen, zuerst auf die Tatsache aufmerksam, daß beim Überleiten von Stickstoff über glühende Holzkohle Cyankalium in bedeutenden Mengen gebildet wird.

— **Dublanc** findet im Opium das Mekonin, das im gleichen Jahre von Couërbe in reiner Form erhalten und später von Matthiesen und Foster durch Einwirkung von naszierendem Wasserstoff auf Opiansäure dargestellt wird.

— Joseph **Duile** empfiehlt nachdrücklich die Verbauung der Wildbäche, die in einzelnen Gegenden von Tirol schon im 16. Jahrhundert durchgeführt worden war, in seinem Buche „Über Verbauung der Wildbäche in Gebirgsländern“. Seinen Ansichten und Vorschlägen folgt die praktische Ausführung zuerst in Frankreich und der Schweiz, gegen 1870 im Algäu und 1882 in Tirol.

— Pierre Louis **Dulong** macht ausgedehnte Versuche über den Brechungsexponenten von Gasen und stellt fest, daß der Satz von Arago (s. 1806 A.) nur für solche Gasgemische gültig ist, die nicht chemisch aufeinander einwirken, und daß die brechenden Kräfte der Gase in keiner Beziehung zu deren Dichte stehen.

— Jean Baptiste **Dumas** gibt eine von der Gay-Lussac'schen Methode (s. 1815 G.) abweichende Art der Dampfdichtebestimmung an, indem er ein genau zu messendes Volum des betreffenden Dampfes bei bestimmter Temperatur und bestimmtem Druck wiegt. Da das Gewicht eines gleich großen Volums atmosphärischer Luft leicht zu berechnen ist, hat man alle Elemente zur Ermittelung des spezifischen Gewichts jenes Dampfes. Er konstruiert einen Apparat für diese Dampfdichtebestimmung.

— Nachdem schon B. G. Schreger durch sorgfältige anatomische Untersuchungen die Lehre von der angeborenen Hüftgelenkluxation (Hinken) bereichert hatte, entwirft Guillaume **Dupuytren** eine lichtvolle Darstellung dieses Leidens, schildert dessen Symptome und macht auch auf die Erblichkeit und häufige Doppelseitigkeit aufmerksam.

— René Joaquin Henri **Dutrochet** untersucht die von Nollet entdeckte Diffusion durch tierische Blase, bezeichnet das Wandern der Flüssigkeit mit dem Namen Endosmose und Exosmose und hebt die Bedeutung dieser Vorgänge für wichtige Lebenserscheinungen der Tiere und Pflanzen hervor.

— Adolf **Erman** macht die ersten genaueren Untersuchungen über Volumänderungen der Körper beim Schmelzen. Er untersucht die Ausdehnung des Eises (s. a. 1772 D.), des Wassers und bestimmt aus der Vergleichung der spezifischen Gewichte beider die Zusammenziehung des Wassers beim Schmelzen. Er findet, daß sich das Eis stärker ausdehnt, als das Wasser bei niedrigen Temperaturen, daß im Moment des Schmelzens das Wasser nur ungefähr 0,9 des Volums des Eises bei 0° einnimmt, und daß sich das Wasser dann noch bis 4° zusammenzieht, sich dann, anfangs fast ebenso rasch wie das Eis, später jedoch viel rascher ausdehnt. Bei seinen Versuchen mit andern Körpern findet er das auffallendste Verhalten bei dem Rose'schen Metallgemisch (vgl. 1772 R.), das bei 93,7° schmilzt und bei 69° ein Maximum der Dichte hat.

1826 Michael **Faraday** imprägniert zuerst wenig oder nicht leuchtende Gase mit beim Brennen leuchtenden Kohlenwasserstoffen (Carburierung). Später wird zum gleichen Zweck von Bowditch das Naphtalin (1862), von Brunk in Bochum das Benzol (1887) vorgeschlagen.

— Nachdem seit der Erfindung von d'Arcet (s. 1813 A.) der Leim häufig zur Anfertigung von Modellen, namentlich von Stukkateuren und Gipsgießern gebraucht worden war, wächst diese Verwendung beständig, als Douglas **Fox** ihn auch zur Nachbildung von anatomischen Gegenständen, Knochenpräparaten und Pflanzenteilen usw. benutzt.

— Augustin Jean **Fresnel** erweitert durch sein „Mémoire sur la diffraction de la lumière" die theoretisch-optischen Betrachtungen und führt u. a. den Begriff der elliptischen Schwingungen in die Optik ein.

— Nachdem seit Cartwright's Versuchen (s. 1789 C.) mehrere Wollkämmmaschinen, jedoch ohne Erfolg konstruiert worden waren, gelingt es **Godard** in Amiens, eine praktisch brauchbare Maschine herzustellen, die durch John Collier und John Platt in England eingeführt wird.

— Das Oxyhydrogen-Kalklicht, bei dem mit dem Sauerstoffgebläse ein Kalkzylinder zur heftigsten Weißglut erhitzt wird und dann blendend weißes Licht gibt, wird von Sir Goldsworthy **Guerney** entdeckt und in den Jahren 1826—27 von Thomas **Drummond** bei trigonometrischen Arbeiten auf Irland benutzt. Nach letzterem erhält es den Namen „Drummond'sches Kalklicht".

— John **Goulding** führt in die Wollspinnerei die Vorspinnkrempel ein, d. i. eine an die Stelle der Lockenkrempel gesetzte Kratzmaschine, welche unmittelbar eine Anzahl (20—40) Vorgespinstfäden aus der von der Kratztrommel abgenommenen Wolle bildet. Die Vorspinnkrempel wird 1839 von Götze in Chemnitz weiter vervollkommnet.

— **Grégoire** und **Lombard** in Nîmes verbinden das Prisma, welches die gelochten Karten des Jacquardstuhles enthält, mit dem Strumpfwirkerstuhl, um Muster zu wirken.

— Jean Baptiste **Guimet** und Christian Gottlob **Gmelin** gelangen beinahe gleichzeitig und unabhängig voneinander zur künstlichen Darstellung des Ultramarins. Der erstere stellt aus 35 Teilen Kieselsäure und 30 Teilen Tonerde mit so viel Natronlauge, als zur Lösung der Kieselsäure nötig ist, eine Ultramarinbasis her, von der er 2 Teile mit 1 Teil Schwefelblumen und 1 Teil kohlensaurem Natron zur Rotglut erhitzt; der letztere verwendet Ton, Soda und Schwefel in gleichen Teilen und erhält in einem Brand Ultramarinblau.

— Christopher **Hansteen** konstruiert Deklinationskarten (Isogonenkarten) für die Jahre 1600, 1700, 1800 und für das Jahr 1780. Später gibt Erman eine solche Karte für 1827—30, Barlow eine für 1833 heraus. Hieran schließen sich die Karte von Duperrey und der Atlas, den Gauß den Resultaten aus seinen Beobachtungen (1837) beifügt.

— Friedrich **Harkort** baut den ersten Hochofen ohne Rauchgemäuer, nur von eisernen Reifen umgeben, und gibt demselben eine Höhe von etwa 16 m.

— Der französische General **Haxo** führt die kasemattierten Batterien Friedrichs d. Gr., die er bei der Schleifung der Festung Schweidnitz (1807) kennen gelernt hatte, in Frankreich ein. Unter dem Einflusse der französischen Litteratur werden sie später allgemein als Haxo'sche Batterien bezeichnet.

— Der Dichter August **Kopisch** entdeckt die im Altertume bekannte, später vergessene blaue Grotte auf Capri bei Gelegenheit einer Schwimmfahrt wieder.

— Adolph Theodor **Kupffer** bespricht in seiner „Preisschrift über genaue Messung der Winkel an Krystallen" die gesamte Krystallmessung, ihre Fehlerquellen und die Mittel, ihnen zu begegnen. Er entwickelt später auch die Theorie der Reflexionsmessungen.

1826 René Théophile Hyacinthe **Laënnec** bringt zuerst die pathologische Anatomie der Lungenentzündung mit der klinischen von ihm ausgebauten Symptomatologie in Beziehung, fördert so die Beobachtung der Krankheit und führt im Gegensatz zu der bisherigen schwächenden Therapie eine rationelle Behandlung ein.

— René Théophile Hyacinthe **Laënnec** tritt auf das Entschiedenste für die Einheit von Skrofulose und Tuberkulose ein, indem er in den Skrofeln nichts weiter als eine Lokalisation der Tuberkulose in den Drüsen sieht. Diese Lehre wird später von Virchow entschieden bekämpft.

— Nachdem Mungo Park i. J. 1805 als erster Europäer bis nach Kabara. dem Hafenorte von Timbuktu, gelangt war, betritt diese Stadt zuerst Alexander Gordon **Laing** am 18. August 1826. Die Stadt wird 1828 von Caillé, 1853—54 von Barth und 1880 von Lenz genauer erforscht.

1826—60 Peter Joseph **Lenné** übt den wesentlichsten Einfluß auf die Umgestaltung des englischen Gartenbaustils in den modernen aus und begründet in Gemeinschaft mit dem Gartendirektor der Stadt Berlin, Gustav Meyer, den sog. Lenné-Meyer'schen Gartenbaustil, der bezweckt, der Natur ihre Schönheiten abzulauschen und sie auch im kleinen nachzuahmen.

1826 Justus **von Liebig** beweist die Anwesenheit von Ammoniak in der Luft, indem er dasselbe regelmäßig als salpetersaures Salz in den Verdampfungsrückständen von Regenwasser findet. In das Regenwasser konnte es selbstverständlich nicht anders als durch Aufnahme aus der Atmosphäre gekommen sein. (S. a. 1804 S.)

— Der Mathematiker Nikolaus Iwanowitsch **Lobatschewskij** in Kasan begründet die nichteuklidische Geometrie (von ihm selbst „imaginäre" oder „Pangeometrie" genannt), die das euklidische Parallelenaxiom aufgibt. Lobatschewskij hat die erste Anregung zu seiner Lehre nachgewiesenermaßen von Gauß erhalten, obwohl letzterer über diese Frage nichts veröffentlicht hat. (Vgl. 1636 D., 1766 L., 1825 T., 1831 B.)

— Eilhard **Mitscherlich** zeigt, daß das optische Verhalten der Krystalle eine Funktion der Temperatur ist. Seine Beobachtungen werden von Brewster und Descloizeaux bestätigt.

— Johannes **Müller** schreibt sein „Handbuch der Physiologie des Menschen" und begründet dadurch die physikalisch-chemische Schule in der Physiologie. Er stellt die Lehre von den spezifischen Energien der Sinnesnerven auf, wonach die verschiedensten Reize auf dasselbe Sinnesorgan, z. B. das Auge angewendet, immer nur ein und dieselbe Empfindung hervorrufen, nämlich die, welche durch das betreffende Organ bei Einwirkung seines natürlichen Reizes, in diesem Fall also des Lichtes vermittelt werden, und umgekehrt ein und derselbe Reiz auf verschiedene Sinnesorgane appliziert, ganz verschiedenartige Empfindungen hervorruft, je nach der Beschaffenheit des Organs, auf das er einwirkt.

— Johannes **Müller** publiziert seine Schrift „Zur vergleichenden Physiologie des Gesichtssinns", in welcher er die Frage von den Augenbewegungen und speziell von dem Drehpunkt des Auges behandelt.

— Leopoldo **Nobili** entdeckt die nach ihm benannten Farbenringe, die durch Interferenz der Lichtwellen an elektrisch abgeschiedenen Metallschichten entstehen.

— Nachdem die Versuche von Musschenbroek (1759) und Sulzer (1753) zur Prüfung, ob das Boyle-Mariotte'sche Gesetz für alle Drucke gültig ist, keine entscheidenden Resultate ergeben hatten, machen **Oersted** und **Schwendsen** Versuche, die gleich denen von Arago und Dulong (vgl. 1819 A.) für Luft die Gültigkeit bis zu hohen Drucken ergeben, für andere Gase das Gesetz jedoch nicht bestätigen, namentlich wenn die Gase durch Kompression flüssig zu machen sind. Schweflige Säure folgt dem Gesetz bis zu zwei Atmosphären, wird aber bei höheren Drucken stärker komprimiert.

1826 Georg Simon **Ohm** bestimmt die Leitungsfähigkeit einer Anzahl von Substanzen, indem er die Stromstärken im ungeteilten Stromkreis beobachtet. Ähnliche Messungen werden von Lenz (1835), Bosscha und Schröder von der Kolk (1861) u. a. ausgeführt; Widerstandsmessungen durch Anwendung von Stromverzweigungen, bei welchen die zu vergleichenden Widerstände gleichzeitig in zwei Zweigen eingeschaltet werden, führen Pouillet (1839), Wheatstone (1843), Edm. Becquerel (1846), Kirchhoff (1858 und 1880) und viele andere aus.

— Georg Simon **Ohm** stellt das Ohm'sche Gesetz auf: „Die Stromstärke ist proportional der elektromotorischen Kraft und umgekehrt proportional dem Widerstande."

— Johann Christian **Poggendorff** schlägt zum Messen der täglichen Änderungen der magnetischen Deklination die jetzt allgemein gebräuchliche Methode vor, kleine Winkel an Meßinstrumenten, deren messende Teile eine Drehung erfahren, mit Hilfe von Spiegel und Skala abzulesen.

— Jean Victor **Poncelet** und Gustav Gaspard **Coriolis** führen den Begriff der Arbeit als des Produktes aus der Kraft und der Wegstrecke in die theoretische Mechanik ein. Für den Arbeitsbegriff hatte bereits Johann Bernoulli den Namen „Energie" gebraucht (1717), für die lebendige Kraft, welche er der Arbeit gleichsetzt, verwendet Th. Young die gleiche Bezeichnung (1807). Rankine führt dann die Bezeichnungen Energie, potentielle und kinetische Energie definitiv in die Wissenschaft ein.

1826—32 Eduard Friedrich **Pöppig** bereist Brasilien, Chile, Peru und den Ucayali- und Amazonenstrom. Er kehrt mit reichen zoologischen und botanischen Sammlungen zurück und fördert dadurch diese Gebiete in bemerkenswerter Weise.

1826 Karl Friedrich **Quittenbaum** in Rostock ist der erste, der mit vollem Vorbedacht und in rationeller Weise bei einer wassersüchtigen Frau die Milz exstirpiert. (S. 1549.)

— François Vincent **Raspail** klärt durch seine mikroskopischen Forschungen die Struktur der Stärkekörner auf und gibt damit der Stärkefabrikation eine rationelle Unterlage.

— Pierre François **Rayer** gibt eine über Willan und Alibert hinausgehende Einteilung der Hautkrankheiten, in der er sowohl der äußern Erscheinung, als auch den pathogenetischen Beziehungen derselben zu der krankhaften Beschaffenheit des Blutes, des Nervensystems und anderer Organe Rechnung trägt.

— Major **Reiche** legt dem preußischen Kriegsministerium den Entwurf eines schmiedeeisernen gezogenen Hinterladers (3-Pfünders) vor. Das i. J. 1829 ausgeführte Geschütz zeigt folgende Einrichtungen: Kaliber 78 mm; 16 Züge; Verschluß durch eine abnehmbare Schwanzschraube. Die Geschosse sind eiserne, mit Blei umhüllte Rundkugeln. Da die Bedeutung der Hinterladung damals noch nicht erkannt war, wird dies Geschütz nicht praktisch verwendet. Es wird vom Erfinder an einen Berliner Gastwirt verkauft, von dem eine Wiedererwerbung i. J. 1841 nicht gelingt.

— Der Österreicher Joseph **Ressel** baut ein mit einer Schraube als Propeller getriebenes Dampfschiff, bei welchem die Schraube bereits in einem besonderen, zwischen Hintersteven und Steuerruder gelegenen Raume, dem „Schraubenbrunnen", gelagert ist. Eine erste im Hafen von Triest 1829 unternommene Probefahrt mißglückt zwar. Immerhin muß Ressel als der eigentliche Erfinder der Schiffsschraube gelten.

1826 Jean Noël **Roux** führt die erste eigentliche Metaplastik (Wangenersatz) aus, indem er bei einer ausgedehnten Zerstörung der linken Gesichtshälfte zuerst die Oberlippe mit einem Hautstück aus der Unterlippe ersetzt und nach nochmaliger Lösung damit die in die Nasenhöhle und den Sinus maxillaris führende Öffnung schließt.

— **Rusconi** einerseits und C. E. **von Baer** andererseits erkennen, daß den beim Furchungsprozeß (s. 1824 P.) an der Oberfläche sichtbaren Furchen Spalten entsprechen, welche durch die ganze Dottermasse hindurchgehen und sie in einzelne Stücke zerlegen. Baer bezeichnet den Furchungsprozeß, in dem er die erste Regung des Lebens erblickt, als Selbstteilung der Eizelle.

— Alois **Senefelder** entdeckt den Mosaikdruck, ein mittels einer der Buchdruckpresse ähnlichen Presse ausgeführtes Druckverfahren, bei dem farbige Bilder durch einen einzigen Druck hergestellt werden. Die Druckformen werden aus verschiedenfarbigen, der Vorlage entsprechenden Täfelchen zusammengesetzt, deren pastöse Masse beim Druck hinreichend Farbstoff an chemisch angefeuchtetes Papier abgibt.

— Christian **Sieber** führt das Kaltpressen der Bleiröhren (s. 1820 B.) zuerst mittels der hydraulischen Presse aus.

1826—30 George **Stephenson** erbaut auf der ersten für Lokomotivbetrieb bestimmten Schienenbahn Liverpool-Manchester den ersten Eisenbahntunnel. (Der Brunel'sche Themsetunnel, s. 1825 B., ist erst später für den Eisenbahnbetrieb eingerichtet worden.)

1826 Der Physiker William **Sturgeon** in Addiscombe erkennt, daß ein von Stromwindungen umgebener weicher Eisenkern zu einem Magneten gemacht wird, der die permanenten Magneten an Zugkraft übertrifft und durch Schließen und Öffnen des Stroms nach Belieben in oder außer Wirksamkeit gesetzt werden kann. Er erfindet damit den Elektromagneten.

— Thomas **Telford,** welcher sich auch im übrigen durch zahlreiche Schöpfungen auf dem Gebiete des Straßen-, Brücken-, Kanal- und Hafenbaus bekannt gemacht hat (s. 1793 T.), erbaut i. d. J. 1819 bis 1826 eine Kettenbrücke über den Menaikanal in England mit der bis dahin unerreichten Spannweite von 176 m.

— Johann Heinrich **von Thünen** zieht in seinem Werke „Der isolierte Staat in Beziehung auf Landwirtschaft und Nationalökonomie" die unter dem Namen „Thünen'sches Gesetz" bekannten Schlußfolgerungen, aus welchen sich ergibt, wie ein Landgut rationell zu bewirtschaften ist.

— Friedrich **Tiedemann** macht vergleichende Untersuchungen zwischen dem Gehirn des Menschen und des Affen und 1837 zwischen dem Gehirn des Negers und des Europäers und stellt fest, daß dem Gehirn des Menschen unter allen Säugetieren das relativ größte Gewicht zukommt, daß das Gehirn des Orang-Utang sich in manchen Punkten von dem Gehirn anderer Affenarten unterscheidet, aber wesentliche Verschiedenheiten vom Menschenhirn zeigt, und endlich, daß Hirn und Nerven beim Neger so wie bei andern Menschenrassen gestaltet sind.

— Thomas **Tredgold** fördert die Seilerei durch seine theoretischen Arbeiten über den Einfluß des Verfertigungsverfahrens auf die Güte der Seile.

— Otto **Unverdorben** untersucht und analysiert eine große Anzahl von Harzen, die meist durch Sauerstoffaufnahme aus flüchtigen Ölen entstehen und nicht chemische Individuen, sondern mehr oder minder komplizierte Stoffgemenge sind. Auch J. F. W. Johnston macht von 1830 bis 1840 eingehende Untersuchungen einer großen Anzahl von Harzen.

1826 Otto **Unverdorben** stellt fest, daß im Benzoeharz mehrere Harze vertreten sind, was später auch von van der Vliet bestätigt wird. Wie die Untersuchungen von Mulder, Kopp u. a. ergeben, sind in dem Benzoeharz vier Harze, daneben aromatische Säuren, namentlich Benzoesäure und zuweilen auch Zimtsäure enthalten.

— Otto **Unverdorben** entdeckt bei trockener Destillation des Indigos eine flüchtige organische Basis, die er „Krystallin" nennt.

— Otto **Unverdorben** stellt fest, daß der Copal aus verschiedenen Harzen besteht, die sich durch ihr Verhalten gegen verschiedene Lösungsmittel, ihren Schmelzpunkt usw. unterscheiden. Weitere Untersuchungen werden (1844) von Filhol, (1863) von Violette gemacht. In Leinöl gelöst gibt der Copal den Copalfirnis, der zum Schutz von Gemälden, zum Lackieren von Holz, insbesondere als Wagenlack ausgedehnte Verwendung findet.

— **Wackenroder** stellt aus der Wurzel von Corydalis cava das Corydalin her, dessen Konstitution neuerdings von Dobbie und Lander näher erkannt worden ist.

— **Wake** aus Worksop erfindet eine Stempelmaschine zum Ersatz des Handstempelns der ankommenden Briefe. Während bis dahin ein gewandter Handstempler etwa 80 Briefe in der Minute stempeln konnte, bringt es die Maschine auf 250 Stempelungen.

— Nachdem schon im Jahre 1783 in London die Ölgewinnung aus Baumwollsaatkernen versucht worden war, stellt Benjamin **Waring** aus Columbia zuerst in fabrikmäßiger Weise ein gutes Öl aus Baumwollsamenkörnern her, worauf dann 1832 die erste größere Ölmühle der Vereinigten Staaten auf einer Insel nahe der Küste von Georgia entsteht.

— **Williams** in London konstruiert einen, dem Batteur für Baumwolle (s. 1806 S.) ähnlichen Klettenwolf zur Reinigung der Wolle von groben Pflanzenteilen, wie Kletten usw.

1827 Giovanni Battista **Amici** erfindet die Immersionslinse, bei welcher der kleine Raum zwischen Objektiv und Deckglas durch ein stärker lichtbrechendes Medium als Luft, nämlich durch Wasser ersetzt ist. Auf dieser Erfindung beruhen die großen Errungenschaften der Neuzeit auf mikroskopischem Gebiete.

— André Marie **Ampère** gibt eine Theorie der elektromagnetischen Vorgänge und begründet die Elektrodynamik. Er entdeckt die gegenseitige Wirkung elektrischer Ströme aufeinander und stellt das elektrodynamische Fundamentalgesetz auf, wonach die Kraft, mit der zwei Stromelemente aufeinander wirken, den Längen der Elemente und den Intensitäten der Ströme direkt, dem Quadrat der die Mitte der Elemente verbindenden Strecke umgekehrt proportional ist.

— François **Appert** überträgt das von ihm gefundene Konservierungsverfahren auch auf die Milch und liefert nach seinem Verfahren konservierte Milch für die französische Marine. (S. a. 1807 A.)

— Karl Ernst **von Baer** entdeckt im Graaf'schen Follikel das menschliche Ei. Er betrachtet, wie dies schon de Graaf getan hatte, den ganzen Follikel als Ei und stellt das Ei in gleiche Linie mit dem Purkinje'schen Keimbläschen. (S. 1824 P.) Er entdeckt bei dieser Untersuchung als ein schon auf den ersten Stufen erkennbares, für alle Wirbeltiere typisches Organ die Chorda dorsalis, aus der sich die Wirbelsäule entwickelt.

— Wenzel **Batka** in Prag fertigt zuerst für die Apotheker Glas- und Porzellanstandgefäße mit eingebrannten Schildern an und führt die Emaille- und Porzellanschilder zum Anschrauben ein.

— Antoine César **Becquerel** macht die ersten Versuche, sonst schwer krystallisierbare Substanzen durch sehr langsame und namentlich durch sehr schwache Ströme in krystallinischer Form auszuscheiden.

1827 Johann Jacob **von Berzelius** untersucht zuerst die von Deyeux (s. 1793 D.) entdeckte Galläpfelgerbsäure (Tannin), die dann von Pelouze und Robiquet näher untersucht wird und deren Zerlegung in Zucker und Gallussäure 1854 Strecker gelingt.

— Johann Jacob **von Berzelius** stellt durch Überleiten von Chlor über erhitztes metallisches Chrom oder Chromchlorid das Chromylchlorid dar, das später in der organischen Chemie eine Rolle spielt. (S. 1877 E.)

— Friedrich Wilhelm **Breithaupt** konstruiert den Grubentheodolit, der sich von dem gewöhnlichen Theodolit nur dadurch unterscheidet, daß er mit einer Bussole verbunden und deswegen keiner seiner Bestandteile aus Eisen oder Stahl gefertigt ist. Das Instrument wird 1861 von Junge in Freiberg wesentlich verbessert. (S. a. 1546.)

— Der Londoner Arzt Richard **Bright** spricht mit Bestimmtheit aus, daß viele Fälle der Wassersucht durch eine Erkrankung der Nieren verursacht werden, die sich durch den Eiweißgehalt des Urins zu erkennen geben, und erforscht die nach ihm Bright'sche Nierenkrankheit benannte Nierenaffektion, sowie die gelbe Leberatrophie.

— Robert **Brown** entdeckt die nach ihm benannte Molekularbewegung kleinster fester Teilchen in Flüssigkeiten. Später wird diese Bewegung von Wiesner, Exner, Jevons auf Wärmeschwingungen der Flüssigkeit zurückgeführt.

— Charles **Cagniard de la Tour** bestimmt zuerst den Koeffizienten der Querkontraktion, indem er einen Draht in der Achse einer mit Wasser gefüllten Röhre ausspannt, denselben mit Hilfe von Hebelvorrichtungen verlängert und aus der Niveauänderung des Wassers in der Röhre die Änderung des Volums herleitet. Genauere Bestimmungen werden von Wertheim (1848), Kirchhoff (1859), Okatow, Schneebeli u. a. gemacht.

1827—28 Der französische Reisende René **Caillié** macht die zweite Durchquerung Afrikas von Senegambien über Timbuktu nach Marokko.

1827 Der Bauinspektor **Cantian** stellt in zweijähriger Arbeit aus einem auf den Rauen'schen Bergen bei Fürstenwalde gefundenen Riesen-Granitfindlinge, dem sogenannten Markgrafensteine, eine polierte Schale von 6,90 m Durchmesser und 1500 Zentnern Gewicht her, die vor dem alten Museum in Berlin aufgestellt wird. Goethe bemerkt dazu, daß zum Polieren der Schale eine eigens konstruierte Maschine benutzt worden sei.

— Jean Daniel **Colladon**, Professor der Mechanik in Genf, bestimmt mit Jacob Carl Franz **Sturm** die Fortpflanzungsgeschwindigkeit des Schalles im Wasser auf 1435 m/sec.

— **Cundy** konstruiert eine Ziegelmaschine, deren Form die Ziegeln aus einer Tonplatte aussticht. Zu dieser Kategorie von Maschinen gehören u. a. die von Bosq (1829), Vivebert (1831), die den Steinen architektonische Verzierungen aufpreßt, und die von Basford (1844).

— Jean Baptiste **Dumas** macht im Verein mit Polydore **Boullay** Untersuchungen über die zusammengesetzten Äther. Es gelingt ihnen zuerst, deren Konstitution zu ermitteln und das bestimmte Gewichtsverhältnis festzustellen, welches zwischen diesen Äthern, den sie erzeugenden Körpern und dem bei der Verbindung eliminierten Wasser stattfindet. Unter anderem ermitteln sie auch die Zusammensetzung des von Johann Kunckel (vgl. 1681 K.) entdeckten Salpetrigsäureäthers.

— Michael **Faraday** beobachtet flüssige Schwefeltröpfchen bei Zimmertemperatur, also etwa 100° unter dem Schmelzpunkt. Bei Berührung mit festen

Körpern beginnt die Flüssigkeit sofort zu erstarren, wobei sich die Temperatur jedoch höchstens auf den Schmelzpunkt erhöht.

1827 Benoît **Fourneyron** erfindet eine Wasserturbine, die nach dem Reaktionsprinzip (als Überdruckturbine) arbeitet.

— Der Techniker **Frankenfeld** in Rothehütte im Harz erfindet die mechanische Modellplattenformerei (11 Jahre vor Holmes, dem man bisher diese Erfindung zuschrieb), und führt dieselbe in Verbindung mit dem Modellmeister Justus Heyden und dem Formermeister Ludwig Flentje ein.

— Augustin Jean **Fresnel** erklärt die Polarisation durch die Annahme seitlicher Schwingungen und nimmt an, daß die Schwingungen senkrecht gegen die Polarisationsebene geschehen. Daß die von ihm gegebenen Gleichungen auch für die elektrischen Schwingungen Hertz'scher Wellen gelten, wird später von Klemenčić und Trouton erwiesen. (S. 1827 F. und 1892 K.)

— Augustin Jean **Fresnel** gibt die nach ihm benannte Fresnel'sche Wellenfläche an, eine Fläche vierter Ordnung, aus der ermittelt werden kann, wie ein Lichtstrahl, der einen optisch zweiachsigen Krystall trifft, sich im Innern des Krystalls und beim Wiederaustritt verhält.

— **Fresnel** und **Arago** bringen die beiden Lichtstrahlen, in welche das Licht bei seinem Durchtritt durch einen doppelbrechenden Krystall zerfällt, zur Interferenz, wobei die Strahlen zu den schönsten Farbenerscheinungen Anlaß geben, und leiten die Gesetze der Interferenz des polarisierten Lichtes ab. (S. a. 1827 F.)

— Antoine **Galy-Cazalat** konstruiert ein Kolbenmanometer, bei welchem das Manometerrohr in einem weiteren Gefäße angebracht ist, in welchem sich ein Doppelkolben bewegt. Auf den kleineren der beiden Kolben wirkt der Druck der zu messenden Flüssigkeit, während der größere den Druck auf das Quecksilber überträgt. Das Manometer wird von Journeux verbessert, der an Stelle der beiden Kolben zwei Metallscheiben einführt, die so miteinander verbunden werden, daß die Durchbiegung der einen sich auf die andere überträgt. Von der oberen Scheibe überträgt sich der Druck dann auf das Quecksilber.

— Nächst Euler begründet namentlich Karl Friedrich **Gauß** mit seinem Werke „Disquisitiones circa superficies curvas" die allgemeine Lehre von den Flächen. Er behandelt in diesem Werke insbesondere auch die krummen Flächen, die er nach dem Krümmungsmaß einteilt.

— Louis Joseph **Gay-Lussac** fördert die Fabrikation der Schwefelsäure durch die Einführung des Gay-Lussac-Turmes zur Absorption der nitrosen Dämpfe, sowie durch die Benutzung von Salpetersäure an Stelle des bis dahin gebrauchten Salpeters.

— Joseph **Gensoul** führt die erste totale Resektion des Oberkieferbeins aus, die nach ihm von Lizars in Edinburg wiederholt und dann oft gemacht wird. Den ganzen Oberkiefer entfernt zum ersten Male durch Resektion J. F. Heyfelder.

— **Giesecke** scheidet zuerst das Coniin in Form von unreinem schwefelsaurem Salz aus Schierling ab. In reiner Form wird die Base 1831 von Geiger gewonnen und als Alkaloid erkannt.

— Jean Nicolas Pierre **Hachette** konstruiert die sogenannte dynamometrische Schnellwage, bei der die Größe der Kraft, womit die Umdrehung einer horizontal gelagerten Welle erfolgt, aus dem Druck abgeleitet wird, welchen die Zapfen der Welle erfahren. Dieser Apparat wird später von White (1843) und namentlich von Batchelder (1862) verbessert.

— John Frederick William **Herschel** entdeckt, daß Strontium, Natrium, Kalium

24*

und andere Stoffe durch ihre Gegenwart in der Flamme bestimmte Linien im Spektrum hervorrufen.

1827 Der Tierarzt Carl Heinrich **Hertwig** in Berlin erwirbt sich durch seine mit eigener Lebensgefahr verbundenen Untersuchungen große Verdienste um die Kenntnis der Wutkrankheit. Vgl. seine Schrift „Beiträge zur näheren Kenntnis der Wutkrankheit".

— Jacques Julien **Houton de la Labillardière** konstruiert zur Ermittelung des relativen Wertes verschiedener Indigosorten das Colorimeter. Die Methode der Bestimmung beruht darauf, daß die Färbung einer zu untersuchenden Lösung mit einer Lösung von bekanntem Gehalt an dem färbenden Körper verglichen wird.

— **Hoyau** in Paris konstruiert eine automatische Maschine zur Anfertigung von Haken und Ösen, an welche sich viele ähnliche Erfindungen anschließen.

— Daniel **Köchlin** stellt fest, daß der hygroskopische Zustand der Luft in den Kattundruckereien eine wichtige Rolle beim Eintrocknen der aufgedruckten Beizen spielt. Er leitet deswegen Wasserdampf in die Luftkammern (die Räume, in welchen die Stücke nach dem Bedrucken mit Beizen der Luft ausgesetzt werden), und hält dieselben konstant auf einer Temperatur von 25—30° C. Dieses Verfahren wird bald in Frankreich und später auch in England allgemein.

— Der Hüttentechniker Per **Lagerhjelm** in Stockholm konstruiert eine Maschine zur Prüfung der Festigkeit des Eisens und muß als ein Mitbegründer des modernen mechanischen Materialprüfungsverfahrens angesehen werden.

— Pierre Simon **de Laplace** gelingt es, aus den Dimensionen des Erdsphäroides Werte für die Präzessionsbewegung abzuleiten, die im großen und ganzen auch heute noch gültig sind.

— Adrien Marie **Legendre** in Paris bearbeitet in scharfsinniger Weise die vorher durch Euler, Landen und Lagrange nur unvollkommen ausgebildete Theorie der elliptischen Funktionen.

— Karl Michael **Marx** konstruiert die Turmalinzange, die den einfachsten Polarisationsapparat darstellt. (S. auch 1813 S.)

— Der französische Chirurg François **Mélier** macht auf die Gefahren aufmerksam, welche dem Körper von seiten des erkrankten Wurmfortsatzes drohen, und weist darauf hin, daß bei einer sicheren Diagnose der Krankheit die operative Entfernung des Wurmfortsatzes das sicherste Mittel sein werde. (Vgl. 1824 L.)

— Eilhard **Mitscherlich** entdeckt die in ihrer Zusammensetzung mit der Schwefelsäure korrespondierende Selensäure.

— Der Mathematiker August Ferdinand **Moebius** in Leipzig unterwirft in seinem klassischen Werk „Der baryzentrische Kalkül" die analytische Geometrie einer ganz neuen Behandlungsweise. Er erörtert darin u. a. die Bedeutung des Doppelschnittverhältnisses sowie das Dualitätsprinzip.

— Hugo **von Mohl** studiert in einer preisgekrönten Arbeit die Bewegungen der Ranken und Schlingpflanzen und erkennt die Berührung mit der Stütze als den auf die Ranke wirkenden Reiz.

— Leopoldo **Nobili** entdeckt mit Hilfe seines empfindlichen Galvanometers (s. 1825 N.) im enthäuteten Frosch eine von den Füßen zum Kopf gerichtete elektromotorische Kraft, den sogenannten Froschstrom. (S. auch 1780 G. und 1789 V.)

— Georg Simon **Ohm** dehnt in seiner Schrift „Die galvanische Kette mathematisch bearbeitet" die Fourier'sche Theorie der Wärmeverbreitung (s. 1822 F.) auf die strömende Elektrizität aus und führt dafür den Begriff des Gefälles, speziell des Potentialgefälles ein. Die Analogie wird später 1871 von Wand eingehend begründet.

1827 Hans Christian **Oersted** stellt zuerst Chloraluminium her, indem er Tonerdehydrat mit Kohlenpulver und Zuckersirup zu Kugeln formt und diese
in einer Porzellanröhre in einem Chlorstrom auf mäßige Rotglut erhitzt.
Das Chlorid sublimiert als blättrig-krystallinische Masse in die außerhalb
des Feuers liegenden kälteren Teile der Röhre.

— Joseph Friedrich **Oesterlen** gibt dem von dem Wundarzt Bosch in Schlier-
bach eingeführten Verfahren, fehlerhaft geheilte Knochenbrüche wieder zu
brechen, die wissenschaftliche Form und begründet die Osteoklasie.

— **Oudry** entdeckt im Tee das Thein, das sich als identisch mit Caffein erweist. 1840 wird dasselbe Alkaloid von Martius auch in der Guarana,
1843 von Stenhouse im Paraguaytee aufgefunden.

— Der Abbé **Paramelles** geht mit Hilfe der Regierung daran, im Departement du Lot, das unter Wassermangel leidet, auf Grund geognostischer
Forschungen erbohrbare Quellen aufzufinden, bestimmt dort und in anderen
Gegenden im Laufe von 25 Jahren über 10 000 verborgene Wasserläufe und
legt seine Erfahrungen in einem Werke „Quellenkunde" nieder.

— John Ayrton **Paris** erfindet das Thaumatrop (Wunderscheibe), einen Apparat, der auf der Nachdauer genügend kräftiger Lichtempfindungen beruht,
nachdem die Lichtquelle bereits erloschen ist.

— Edward **Parry** macht, nachdem er 1821—23 seine zweite und 1824 seine dritte,
wenig vom Glück begünstigte Nordpolfahrt gemacht hatte, eine vierte
Nordpolfahrt, bei welcher der Schlitten zuerst in den Dienst der Polar-
forschung tritt. Er gelangt mit James Clarke Ross im Norden Spitz-
bergens auf 35 tägiger Schlittenfahrt bis zu 82^0 $45'$ n. Br.

— Der französische Physiker Jean Claude Eugène **Péclet** macht die ersten
theoretischen Versuche über Lichtstärke und Ölverbrauch der Lampen,
sowie die ersten Analysen von Verbrennungsgasen. Er ermittelt auch die
Einflüsse, welche der Durchmesser des Brenners und die Zugzylinder hinsichtlich ihrer Weite, Länge und Schulterhöhe, sowie die Länge des brennenden Dochtendes auf die Lichtentwicklung ausüben.

— **Plisson** stellt die Asparaginsäure, die als eine Aminosäure anzusehen ist,
aus dem Asparagin (s. 1805 V.) dar. Die Asparaginsäure wird später auch
in den Proteinen entdeckt.

— Claude Servais Mathias **Pouillet** findet im leuchtenden Teile einer Gasflamme
einen Überschuß positiver, in dem unverbrannter Gase einen Überschuß
negativer Elektrizität.

— **Real** und **Pichon** konstruieren die erste vielstufige Aktionsturbine.

— Joseph Anthelme Claude **Recamier** und Charles Gabriel **Pravaz** machen die
ersten Versuche, das von Fourcroy und Genossen (s. 1800 F.) gefundene
Erglühen eines dünnen Drahtes durch Elektrizität für operative Zwecke
nutzbar zu machen.

— **Reimann** macht zuerst den Vorschlag, die menschlichen Exkremente, nach
entsprechender Umwandlung, als Brennmaterial zu verwerten.

— Edward **Sabine** macht zuerst auf die Wichtigkeit des dynamischen Äquators (Kurve der schwächsten magnetischen Intensität) aufmerksam. Eine
Karte, die eine genaue Lage desselben darstellt, wird 1846—49 von Captain
Elliot in Madras herausgegeben. Vor Sabine hatte die sorgfältigsten Untersuchungen über den Äquator Louis Isidore Duperrey gemacht, der denselben zwischen 1822 und 1825 sechsmal berührte.

— Der Astronom Felix **Savary** in Paris untersucht zuerst, ob das Gravitationsgesetz auf die Bewegung der Doppelsterne anzuwenden sei. (Vgl. seine
Schrift „Sur la détermination des orbites que décrivent autour de leur
centre de gravité deux étoiles très rapprochées l'une de l'autre".)

1827 Johann Lucas **Schönlein** begründet die naturhistorische Schule der Medizin. Er benutzt, um in das Wesen der Krankheit einzudringen, alle bekannten physikalischen und naturwissenschaftlichen Methoden, wie Blut- und Urinuntersuchung, chemische Analyse, Auskultation, Perkussion und mikroskopische Untersuchung. Er teilt die Krankheiten in drei große Gruppen ein: Morphen, Hämatosen und Neurosen.

— **Schwartze** braucht bei Neubearbeitung der fünften Auflage der Ebermayerschen ,,Tabellarischen Übersicht der Kennzeichen, Echtheit und Güte usw. aller Arzneimittel'' den Ausdruck ,,Pharmakognostische Tabellen''. Von da ab bedeutet Pharmakognosie im allgemeinen die Lehre von den Kennzeichen der Arzneimittel.

— Marc **Séguin** kommt bei Versuchen mit englischen Lokomotiven zu der Überzeugung, daß nur durch Vergrößerung der Heizfläche bessere Resultate zu erzielen seien. Er macht den Vorschlag, eine größere Anzahl Röhren von geringer Wandstärke im Kessel anzubringen und läßt sich den Röhrenkessel patentieren, der 1829 mit Erfolg zuerst von George Stephenson bei der ,,Rocket'' verwendet wird. (S. auch 1829 S.)

— Georg Simon **Sérullas** entdeckt das starre Chlorcyan (Tricyanchlorid, Cyanurchlorid). Das gasförmige Cyanchlorid (Monocyanchlorid) war zuerst von Berthollet (1803) bei Einwirkung von Chlor auf Blausäure erhalten worden; das flüssige Chlorcyan (Dicyanchlorid) stellt 1866 Wurtz aus Chlorcyanwasserstoff mittels Quecksilberoxyd her.

— Thomas **Tredgold** macht Versuche über die Festigkeit der Baumaterialien und untersucht die physikalischen und mechanischen Eigenschaften des Wasserdampfes in bezug auf dessen Anwendbarkeit für Dampfmaschinen.

— James **Walker** macht die ersten Versuche, den Widerstand von in Wasser geschleppten Körpern mit Federdynamometern zu messen, die zwischen das Zugseil und das zu schleppende Schiffsmodell eingeschaltet werden.

— Ernst Heinrich **Weber** wendet die Resultate der mit seinem Bruder W. E. Weber gemachten Untersuchungen über die Wellenbewegung (vgl. 1825 W.) auf den Kreislauf des Blutes und namentlich auf die Lehre vom Pulse, d. i. die durch die Bewegung des Herzens in den Blutgefäßen erregten Wellen an.

— Gustav **Wetzlar** entdeckt die Löslichkeit des Chlorsilbers in Kochsalzlösung. Hierauf beruht die Augustin'sche Kochsalzlaugerei, die zur Entsilberung der Kupfersteine gegen 1845 auf den Mansfelder Kupferwerken und bald darauf auch in Freiberg eingeführt und später mit der 1841 von Ziervogel erfundenen Schwefelsäurelaugerei kombiniert wird.

— Charles **Wheatstone** erfindet das Kaleidophon, in welchem sich in einem und demselben Stabe senkrecht gegeneinander gerichtete Querschwingungen zu Figuren formen.

— **Winslow** erfindet den Rotafrotteur, eine Vorspinnmaschine zu falschem Draht (d. h. die dem Band nur eine vorübergehende Drehung erteilt), die jedoch heute nur noch in der Abfallspinnerei benutzt wird, wo geringwertigere Baumwolle nach Art der Streichgarnspinnerei verarbeitet wird.

— Friedrich **Wöhler** stellt Aluminium aus dem von Oersted (s. 1827 O.) zuerst erhaltenen Chloraluminium dar.

— Friedrich **Wöhler** stellt durch Erhitzen von Chromoxyd und Kohle in einem Strom von trockenem Chlorgas das Chromchlorid dar. Um größere Mengen zu erhalten, arbeitet er 1859 eine Methode aus, wonach kleine Kugeln, die aus Chromoxyd, Kohle und Kleister geknetet werden, in einem hessischen Tiegel im Chlorstrom geglüht werden. Aus dem violetten sublimierten Chromchlorid stellt Moberg 1842 durch Reduktion mit Wasserstoff das Chromchlorür dar.

1827 Nicholas **Wood** in England erfindet die schmiedeeisernen Radreifen, die anfangs aus vorgewalzten Schmiedeeisenstäben zusammengeschweißt werden.

— Johann Karl Wilhelm **Zahn** stellt die ersten Versuche mit der Chromolithographie für sein großes Werk „Pompeji, Herculaneum und Stabiä" an. Es werden hierbei, wie beim Tondruck im Gegensatz zur Lithographie, mehrere Platten verwendet, die sämtlich Teile derselben Zeichnung darstellen und nicht, wie beim Tondruck, bloß getont, sondern wirklich koloriert werden, und durch deren Zusammenwirken das fertige Gemälde reproduziert wird.

1828 Ernst **Alban** baut Hochdruckdampfmaschinen, bei welchen er zwei einfach-wirkende Zylinder verwendet, die, mit ihrer Öffnung einander zugekehrt, auf einer gußeisernen Platte liegen. Der Kolben ist ein Tauchkolben und wird durch den Dampfdruck abgedichtet. Die Dampfverteilung erfolgt durch je zwei an dem Ende des Zylinders angebrachte kleine Stahlventile mit dicker Ventilstange, durch welche eine möglichst große Entlastung vom Dampfdruck bewirkt wird.

— André Marie **Ampère** untersucht die Rotation von Strömen unter dem Einfluß von Magneten und entwickelt deren Gesetze. (S. auch 1821 F.)

1828—40 John James **Audubon** gibt in seinem Standardwerke „Birds of America" sorgfältige Beobachtungen und lebensvolle Schilderungen der Vögel Amerikas mit Abbildungen, die er nach dem Leben gezeichnet hat.

1828 Jean Pierre Joseph **d'Arcet** führt in die französische Seifensiederei das Vorsieden zur Bildung von Seifenleim ein. Er bringt ein gleiches Volum Öl mit schwacher Lauge von 10—11⁰ Baumé in einen langen flachen Kessel und erwärmt auf ungefähr 40⁰ unter beständigem Rühren, bis sich ein klarer Leim gebildet hat. Erst dann wird die Seifenmasse in den Siedekessel abgelassen und dort fertig versiedet.

— Nachdem Johann Jacob **von Berzelius** 1817 eine neue Erde gefunden zu haben glaubte, die er Thorine nannte, die sich aber später als basisch phosphorsaure Yttererde (vgl. 1794 G.) erweist, gelingt es ihm, eine neue Erde in einem bei Brevig in Norwegen gefundenen Mineral festzustellen. Das Mineral nennt er Thorit, die Erde Thorerde.

— Johann Jacob **von Berzelius** stellt Platinoxydul und Platinoxyd, sowie deren Salze dar und arbeitet auch zuerst über die Verbindungen des Platins mit Schwefel.

— Friedrich Wilhelm **Bessel** gibt, nachdem er bereits 1815 einen Sternkatalog bearbeitet hatte, einen neuen Katalog heraus, in welchem er seine Beobachtungen mit denen von Bradley vergleicht und diese neu reduziert.

— **Boussingault** und **Roulin** stellen aus dem Curare, dem Rindenextrakt eines in Guyana wachsenden Strauches, das Curarin her, das aber erst (1865) von Preyer in krystallisiertem Zustand erhalten wird.

— Nachdem man bis dahin die Wassermesser als sogenannte Niederdruckmesser konstruiert hatte, die man meist als Kippgefäße oder wohl auch als rotierende Trommeln gebaut hatte, und welche das Wasser unter keinem höheren Druck abgeben, als ihr eigenes Niveau es bedingte, baut W. **Brunton** den ersten Hochdruckwassermesser in seinem „Kolbenwassermesser", bei welchem ein Zylinder von bestimmtem kubischen Inhalt abwechselnd gefüllt und geleert wird, und die hierbei gemachten Hübe durch ein Zählwerk registriert werden. Diese Art Kapazitätsmesser werden vielfach verbessert, die bekanntesten sind die von Kennedy, Frost und Schmid.

— Der englische Chemiker **Clark** nimmt an dem durch Erhitzen aus neutralem phosphorsaurem Natron entstehenden Produkt andere Eigenschaften als an dem originalen Produkt wahr und nennt die daraus abgeschiedene

Säure Pyrophosphorsäure. 1825 hatte Engelhart diese Verschiedenheit schon behauptet.

1828 Jean Mathurin **Delpech** führt, von der Betrachtung ausgehend, daß das Prinzip der Widerstandsbewegung in der Ling'schen Gymnastik (s. 1813 L.) das geeignetste Mittel zur lokalen Bewegung sei, die Gymnastik in die Orthopädie ein.

— Heinrich Wilhelm **Dove** fügt den barischen Windrosen (s. 1820 B.) auch noch die thermische und atmische Windrose bei, welche darüber Aufschluß geben, wie beim Wehen eines bestimmten Windes die Wärme und Feuchtigkeitsverhältnisse sich gestalten. Noch kompliziertere Windrosen werden von Lamont, Lommel und Prestel konstruiert.

— **Dumont** verwendet für die Entfärbung des Zuckers die Knochenkohle zuerst in gekörntem Zustand und lehrt ihre Wiederbelebung, indem er vorschlägt, die Kohle, deren Absorptionsvermögen erschöpft ist, von den aufgenommenen Substanzen zu befreien und wieder nutzbar zu machen.

— Burkhard **Eble** macht wichtige Untersuchungen über die Bindehaut (Conjunctiva), weist deren Charakter als Schleimhaut nach und beschreibt den unter dem Epithel liegenden Papillarkörper.

— P. N. C. **Egen** verbessert den Prony'schen Zaum (s. 1821 P.) und liefert in seinem Universalbremsdynamometer einen Apparat, der für Wellen von sehr verschiedenen Durchmessern gebraucht werden kann. Der Apparat wird 1837 von Poncelet noch verbessert, wird jedoch dadurch sehr kompliziert und kostspielig.

— Das Verfahren der Alten, Glas durch Kupferoxydul rot zu färben, wovon schon Plinius und später Kunckel spricht, wird 1828 durch **Engelhardt**'s Lösung einer vom Berliner Gewerbeverein gestellten Preisaufgabe wieder allgemein bekannt (Kupferrubin).

— Adolph **Erman** glaubt durch Versuche, die sich an die von Deluc, Rumford und Marcet anschließen, nachweisen zu können, daß Meerwasser nicht demselben Gesetz folgt, wie süßes Wasser, daß es sich beim Gefrieren nicht ausdehnt, daß es, solange es flüssig ist, kein Maximum der Dichtigkeit hat, und daß selbst, wenn sich Eis darin bildet, der flüssig gebliebene Teil beständig und sehr stark an Dichtigkeit zunimmt. Diese Versuchsergebnisse werden später widerlegt. (S. namentlich 1867 R.)

— Marie Jean Pierre **Flourens** fördert im Verfolg seiner früheren Arbeiten (vgl. 1823 F.) die Kenntnis der Funktionen des Zentralnervensystems und die Lokalisationslehre, und verlegt die Koordination der Bewegungen in das Kleinhirn. Im gleichen Jahre entdeckt er die lokomotorische Koordinationsstörung nach Labyrinthexstirpationen bei Tauben.

— Jean Baptiste Joseph **Fourier** bestimmt die innere Leitfähigkeit verschiedener Körper, indem er die Wärmemenge beobachtet, die durch eine Metallplatte von bestimmter Dicke in gegebener Zeit hindurchgeht, wobei die Seitenflächen der Platte auf einer bestimmten Temperatur erhalten werden. In gleicher Weise geht Péclet (1842) vor.

— Heinrich Ludwig Lambert **Gall** in Trier lehrt die Verbesserung minderwertigen Weines durch Verdünnung und Zuckerzusatz vor der Vergärung (Gallisieren).

— Karl Friedrich **Gauß** stellt das unter dem Namen „Prinzip des kleinsten Zwanges" bekannte allgemeine Grundgesetz der Mechanik auf.

— Louis Joseph **Gay-Lussac** beobachtet, daß beim Bleichen des Wachses durch Chlor für jedes austretende Volum Wasserstoff ein gleiches Volum Chlor aufgenommen wird.

— Louis Joseph **Gay-Lussac** fördert durch seinen „Essai des potasses du commerce" und seine titrimetrischen Bestimmungen des Borax die rationelle

Alkalimetrie und Acidimetrie. (S. 1801 L.) Er verwendet als Indikator hauptsächlich Lackmustinktur. (Vgl. auch 1680 D.)

1828 Josua **Heilmann** erfindet die Plattstich-Stickmaschine, die 1841 durch Rittmeyer in St. Gallen so verbessert wird, daß sie auch für Mousseline-Stickerei gebraucht werden kann.

— Henry **Hennell** lehrt die synthetische Bildung von Alkohol aus ölbildendem Gas und Schwefelsäure, die von Berthelot 1855 zur Darstellung von Alkohol aus Leuchtgas benutzt wird.

— Der Tierarzt Moritz Eduard **Hering** veröffentlicht seine Untersuchungen über die Schnelligkeit des Blutumlaufs bei Pferden. (S. 1669 L.)

— John Frederick William **Herschel** behandelt die sphärische Aberration des Lichtes bei der Reflexion an spiegelnden Flächen.

— Nachdem Daries 1776 Belladonna und J. A. Schmidt 1804 Hyoscyamin in der Augenheilkunde verwendet hatten, führen Karl **Himly** und Franz **Reisinger** die Mydriaka allgemein in die ophthalmologische Praxis ein.

— Dem Grafen **Larderello** gelingt es, die Borsäurefabrikation, die seit dem Jahre 1818 mit steten Schwierigkeiten wegen Mangels an Brennmaterialien zu kämpfen hatte, durch Nutzbarmachung der latenten Wärme der Soffionen zur Konzentration der Laugen zu einer lohnenden zu gestalten. In eine neue Phase tritt die Fabrikation, als es 1854 Durval gelingt, in der Nähe der Fabrik von Monte Cerboli künstliche Soffionen zu erbohren. (S. a. 1776 H.)

— Theodor **Lüders** in Mägdesprung konstruiert das Zellenradgebläse, welches zuerst Radgebläse oder Schöpfradgebläse genannt wird.

— Gustav **Magnus** erhält durch Einwirkung von Ammoniak auf Platinchlorür das Platinchlorür-Ammoniak (sog. grünes Salz von Magnus) und gibt dadurch Anlaß zu einer großen Anzahl von Arbeiten über die sog. Platinbasen, die insbesondere von Reiset, Gros, Peyrone, Gerhardt, Raewski, Cleve untersucht werden. Über die Konstitution dieser Basen äußern sich namentlich Berzelius, Claus, Weltzien, Kolbe, Blomstrand.

— Martin **Mayrhofer** stellt zuerst Eichelkakao her, der später von Stollwerck aufs neue empfohlen wird.

— Ludwig Julius Caspar **Mende** erwirbt sich große Verdienste auf dem Gebiet der gerichtlichen Medizin, auf welchem er sich namentlich mit der Geburt in ihren rechtlichen Beziehungen und den Kunstfehlern von Hebammen beschäftigt, und wirkt ganz besonders für die Vervollkommnung des Hebammenwesens.

— Rudolf **Merian** gibt für die periodischen Seespiegelschwankungen eine einfache Formel, die 1891 von du Bois noch verbessert wird.

— **Needham** nimmt ein Patent auf ein Fachfilter, das in seinen wesentlichen Teilen der heutigen Filterpresse entspricht und zur Entwässerung von Bierhefe sowie von Tonbrei in Porzellanfabriken dient.

— James Beaumont **Neilson** macht die Entdeckung, daß durch Erhitzung des Windes vor seinem Eintritt ins Feuer die Kraft des letztern wesentlich verstärkt und so eine sehr erhebliche Ersparung an Brennmaterial herbeigeführt wird. Er führt im Verein mit **Macintosh, Dunlop** und **Wilson** sein Verfahren 1830 bei den Hochöfen der Clyde-Eisenwerke in Schottland ein.

— William **Nicol** erfindet das Nicol'sche Prisma, welches aus einer Kombination zweier Kalkspatprismen besteht und das sicherste Mittel ist, um ein ungefärbtes und vollkommen polarisiertes Strahlenbündel zu erhalten.

— Durch Ukas des Kaisers **Nikolaus I.** wird die Einführung von Platinmünzen in Rußland angeordnet. Wegen der unschönen Farbe des Metalls und des starken Preissturzes desselben wird 1845 die Wiedereinziehung der Münzen verfügt.

1828 Leopoldo **Nobili** weist zuerst nach, daß auch Flüssigkeiten bei der Berührung elektromotorisch aufeinander wirken. Ausgedehntere Versuche nach dieser Richtung werden 1839 von Fechner unternommen, der das elektromotorische Aufeinanderwirken der verschiedensten Salzlösungen konstatiert. Wild (1859) und L. Schmidt (1861) zeigen, daß sich gewisse Flüssigkeitsgruppen, wie die Haloidsalze, die neutralen schwefelsauren Salze und die salpetersauren Salze in Spannungsreihen ordnen lassen.

— Pierre Adolphe **Piorry** verfeinert die Perkussion durch Erfindung des Plessimeters und Herstellung eines bequemeren Stethoskops. Er führt die Perkussion des Bauches und seiner Organe, namentlich der Milz, ein.

— Georg Friedrich **Pohl** erfindet das Gyrotrop (Stromwender, Pohl'sche Wippe), eine Vorrichtung, um einen galvanischen Strom nach Belieben umzukehren, zu schließen und zu öffnen.

— J. L. M. **Poisseuille** macht Versuche und Beobachtungen über die physikalischen Bedingungen des Blutkreislaufs, insbesondere über den Einfluß der inneren Reibung des Blutes auf die Stromgeschwindigkeit.

— **Posselt** und **Reimann** isolieren zuerst in reinem Zustande das 1809 von Vauquelin gelegentlich seiner Arbeiten über Tabak beobachtete Nicotin, dessen basische Natur dieser jedoch nicht erkannte.

— **Prinsep** bestimmt hohe Temperaturen mittels Legierungen aus Gold, Silber und Platin, deren Schmelzpunkt vorher festgestellt wird; die Gebrüder Appolt verwenden dazu Legierungen aus Zinn und Kupfer. Von diesen Legierungen setzen sie erbsengroße Stücke mittels einer Eisenstange, die am vorderen Ende halbkugelförmige Vertiefungen hat, der zu messenden Temperatur aus; der Schmelzpunkt der am schwersten schmelzbaren Legierung, welche hierbei geflossen ist, gibt die gesuchte Temperatur.

— Karl **von Reichenbach** in Blansko scheidet das Kreosot aus dem Buchenholzteer ab.

— Der schwedische Baumeister **Rydin** bildet die Technik des Kalk-Pisébaues (s. 1791 C.) weiter aus. Auch der Baumeister Lebrun zu Alby fördert diese Bauart. In der Folgezeit entwickelt sich hieraus allmählich der moderne Betonbau.

— George Simon **Sérullas** zeigt, daß das von ihm das Jahr zuvor entdeckte Chlorcyan (s. 1827 S.) durch Erhitzen mit Wasser eine Säure gibt, die, wie Liebig und Wöhler 1830 ermitteln, mit der Cyansäure gleiche Zusammensetzung teilt und den Namen Cyanursäure erhält.

— James **Simpson** macht die ersten großen Versuche mit künstlicher Filtration des Wassers durch Sand und veranlaßt, daß diese Art der Wasserreinigung betriebsmäßig für die Chelsea-Wasserwerke in London eingeführt wird. Auch von Zeni werden gleichzeitig Sandfilter empfohlen.

— Charles **Sturt**, der i. J. 1827 zur Erforschung eines in Zentralaustralien vermuteten See's ausgesandt war, entdeckt i. J. 1828 den Darlingfluß. 1829 findet er auf einer neuen Reise den Murray, und auf einer dritten Expedition (1844—45) den Cooper Creek.

— **Tournal** und **Christol** entdecken in südfranzösischen Höhlen, namentlich in der von Gard und von Bize unter Knochen von ausgestorbenen Tierarten auch menschliche Überreste.

— Mit Rücksicht auf die Tatsache, daß Dampfkessel beim Erglühen der Blechteile leicht platzen, stellen **Tremery** und **Poirier** in St. Brice die ersten Versuche zur Ermittelung der Festigkeitseigenschaften des glühenden Schmiedeeisens an. Sie finden, daß dasselbe bei Rotglut etwa $75^0/_0$ seiner Zugfestigkeit verliert.

— Otto **Unverdorben** stellt fest, daß der Schellack ein Gemenge verschiedener Harze ist, die sich durch ihr Verhalten gegen Lösungsmittel unterscheiden.

Außerdem sind Wachs, Farbstoff u. a. darin enthalten. Der Schellack wird zur Darstellung von Firnissen, Siegellack, zum Lackieren von Holz usw. gebraucht.

1828 **Watson** schlägt zuerst vor, das Ammoniak durch Erhitzen aus dem Gaswasser auszutreiben und es durch Auffangen im Wasser als wässerige Lösung zu gewinnen und in den Handel zu bringen, ohne daß sich vorerst eine technische Verwertung daran knüpft. (S. 1840 C. und 1852 W.)

— Wilhelm Eduard **Weber** macht eingehende Untersuchungen über die Tonbildung in den Zungenpfeifen und stellt fest, daß die Töne hier, ähnlich wie bei der Sirene, durch die Stöße eines intermittierenden Luftstroms erzeugt werden, der bei jeder Öffnung der Zunge in das Rohr eintritt, bei jedem Verschließen des Rohres durch die Zunge unterbrochen wird.

— Robert **Willis** findet, daß eine elastische schwingende Metallfeder, je nach der Höhe oder Tiefe ihres Tons, die Vokale in der Reihe U O A E I angibt, und daß man durch Verlängerung oder Verkürzung eines künstlichen Ansatzrohres an einem Stimmwerk die Vokale in gleicher Reihenfolge erzeugen kann.

— Friedrich **Wöhler** bewerkstelligt durch Eindampfen der Lösung des Ammoniaksalzes der 1822 von ihm entdeckten Cyansäure die synthetische Darstellung des Harnstoffs, eines typischen Abscheidungsproduktes des Organismus. Mit dieser Synthese wird die Annahme der Lebenskraft hinfällig.

— Friedrich **Wöhler** und Antoine Alexandre Brutus **Bussy** gelingt es, aus der von Vauquelin (s. 1797 V.) entdeckten Beryllerde das Beryllium abzuscheiden. Sie führen zu diesem Behufe die Beryllerde nach der von Oersted (s. 1827 O.) für Chloraluminium benutzten Methode in Chlorberyllium über und reduzieren dieses durch Kalium. Später arbeitet über Beryllium und seine Salze namentlich Henry Debray (1855).

— William Hyde **Wollaston,** der kurz nach Knight (s. 1800 K.) selbständig das Verfahren gefunden hatte, durch Verschweißen von Platinschwamm dichtes Metall herzustellen, veröffentlicht seinen auch heute noch üblichen Prozeß der Herstellung des Platins durch Auflösen in Königswasser, Fällung durch Salmiak, Glühen des gepreßten und in Tonkapseln gebrachten Niederschlags in eigens dazu konstruierten Öfen und Verschweißen unter dem Hammer. Erst mit Veröffentlichung dieser Arbeit entwickelt sich eine grö ßere Industrie des Platins, das inzwischen auch (1822) in größeren Mengen im Ural aufgefunden worden war und eine Zeit lang auch als Münzmetall (s. 1828 N.) Verwendung findet.

1829 Niels Henrik **Abel** in Christiania schafft, unabhängig von Jakobi (s. 1829 J.), unter Anlehnung an Legendre (s. 1827 L.) eine neue Theorie der elliptischen Funktionen, die er namentlich durch Einführung des Imaginären ausgestaltet. Er begründet eine allgemeine Theorie der Integrale algebraischer Funktionen und gelangt zu einem Satz über diese Integrale, der unter dem Namen „Abel'sches Theorem" bekannt ist, und auf den gestützt Weierstraß (s. 1849 W.) und Riemann (s. 1857 R.) die Abel'schen Funktionen aufbauen.

— François **Appert** schlägt vor, das Schmelzen der Rohfette in Papin'schen Töpfen mit gespanntem Dampf vorzunehmen, ein Vorschlag, der 1863 von Buff dahin modifiziert wird, daß der Druck nicht durch Erhitzen von Wasser im Schmelzkessel erzeugt wird, sondern daß von einer Zentraldampferzeugungsstelle aus gespannte Dämpfe in ihn hineingeleitet werden.

— Neill **Arnott** schlägt zur Behandlung von Magenerkrankungen den Magenheber vor. (S. a. 1822 B.)

— Johann Jacob **von Berzelius** stellt metallisches Thorium (vgl. 1828 B.) aus dem

Doppelfluorid durch Reduktion mit Kalium her. Ein reines Präparat erhält aber erst 1882 Nilson aus dem Chlorid mit Natrium.

1829 Friedrich Wilhelm **Bessel** läßt durch Fraunhofer ein wesentlich verbessertes Heliometer von 16 cm Öffnung für die Königsberger Sternwarte herstellen, dessen Objektivlinse nach dem Vorschlag Bouguer's (vgl. 1748 B.) diametral durchschnitten und in ihren beiden Hälften gegeneinander verschiebbar ist.

— Die erste Idee eines die Landenge von Panama durchschneidenden Schifffahrtskanals tauchte i. J. 1551 auf. Nachdem jedoch Philipp II. von Spanien weitere Pläne dieser Art, als der göttlichen Ordnung zuwiderlaufend, bei Todesstrafe verboten hatte, nimmt erst Simon **Bolivar** i. J. 1829 diesen Gedanken wieder auf, und veranlaßt auf Anregung A. von Humboldt's eine Vermessung der Landenge.

— Der selbst blinde Lehrer an der Pariser Blindenanstalt Louis **Braille** führt die Punktierschrift für Blinde ein.

— Christian Leopold **von Buch** schlägt vor, zwischen dem heißen und gemäßigten Erdgürtel eine Übergangsregion — die subtropische Zone — einzuschieben.

— Der Amerikaner Austin **Burth** bringt eine Schreibmaschine unter dem Namen „Typographer" auf den Markt, die von dem Franzosen Poprin später noch verbessert wird. Bei dieser Maschine sind schon die einzelnen Buchstaben am Ende eines Hebels derart befestigt, daß beim Niederdrücken eines mit dem Hebel verbundenen Stabes der Buchstabe auf das zu beschreibende Papier aufgedruckt wird. Das zu beschreibende Papier mußte jedoch mit der Hand fortbewegt werden, was der Verbreitung der Maschine hinderlich war.

— Der französische Mathematiker Augustin Louis **Cauchy** findet auf theoretischem Wege die nach ihm benannte Formel für die Dispersion des Lichts.

— Robert **Christison** fördert die gerichtliche Medizin, namentlich auf dem Gebiet der Giftlehre, durch seine Forschungen und durch sein Werk „Treatise on poisons".

— Henry **Coddington** in Cambridge stellt die nach ihm benannte Zylinder-Lupe her, bestehend aus einem walzenförmigen Glaskörper mit kugelig abgerundeten Endflächen, welcher in dem gleichen Sinne wie bei der Brewster-Lupe (s. 1820 B.) mit einer ringsum laufenden tiefen Einkerbung versehen ist.

— Der englische Wundarzt Edward **Coleman** begründet eine neue Theorie der physiologischen Verhältnisse des Pferdehufs und führt ein neues Hufbeschlagsverfahren ein, das weite Verbreitung findet und auch in der englischen Armee eingeführt wird. Er weist zuerst auf die Notwendigkeit einer zweckmäßigen Ventilation der Pferdeställe hin.

— Gustave Gaspard **Coriolis** entwickelt die für die Mechanik der Bewegung dreier Körper wichtige nach ihm benannte Coriolis'sche Formel (zusammengesetzte Zentripetalbeschleunigung — Coriolis'sche Beschleunigung.)

— Nicolas **Deleau jeune** bringt die Lufteintreibung in die Paukenhöhle durch den Katheter zu allgemeiner Anwendung und führt die Auskultation des Ohres als neues diagnostisches Heilmittel ein. Die von ihm so benannte „Luftdusche" führt er erst mit einer Duschpumpe, später mit dem Gummiballon aus.

— John **Dickinson** nimmt ein Patent auf ein Verfahren, Baumwoll-, Flachs- oder Seidenfäden auf die Oberfläche des Papiers zu bringen und dieselben teilweise in das Papier einzubetten, ein Verfahren, das später bei den deutschen Banknoten in Anwendung kommt. (S. a. 1750 B.)

— Peter Gustav Lejeune **Dirichlet** in Berlin liefert die ersten exakten Untersuchungen über die trigonometrischen Reihen. Von ihm stammt der erste strenge Beweis für die Konvergenz der Fourier'schen Reihen. (S. 1822 F.)

1829 Johann Wolfgang **Döbereiner,** der 1817 auf Beziehungen zwischen den Atomgewichten und den Eigenschaften der Elemente hingewiesen hat, zeigt, daß es Gruppen von je drei Elementen, wie Chlor, Brom und Jod, Kalium, Strontium und Barium gibt, welche bei konstanter Differenz ihrer Atomgewichte in ihrem chemischen Verhalten sehr ähnlich sind (Triaden).

— W. Frédéric **Edwards** bereitet durch seine Schrift „Des caractères physiologiques des races humaines" und durch seinen Brief an Augustin Thierry, mit dem er diese Schrift überreicht, die Verbindung der Völkerkunde mit der Prähistorie vor und fördert die Ethnologie durch sein Wirken für Begründung der ethnologischen Gesellschaft zu Paris, die 1839 ins Leben tritt.

— Nachdem sich schon Fitch (s. 1787 F.) und nach ihm Cartwright mit der Oberflächenkondensation beschäftigt hatten, macht John **Ericsson** einen Entwurf für eine Hochdruckdampfmaschine mit Röhrenkessel und Oberflächenkondensation, welche letztere indes nicht zur Ausführung kommt.

— Gustav Theodor **Fechner** stellt unter Benutzung von Oersted's Entdeckung (s. 1820 O.) einen elektrischen Telegraphen mit 24 Nadeln und 48 Drähten her.

— Der Papierfabrikant Leopold **Franke** in Weddersleben erfindet für die Papierfabrikation einen Knotenfänger mit vertikalem, in der Papiermasse rotierendem Zylinder und erzielt dadurch ein wesentlich reineres Maschinenpapier.

— Moritz Ludwig **Frankenheim** sucht ein Maß für die Härte der Körper (s. auch 1811 M.) aufzustellen, indem er den Druck mißt, der auf eine Spitze wirken muß, damit sie den Körper, dessen Härte gemessen werden soll, zu ritzen imstande ist. Maßbestimmungen nach dieser Methode werden von Seebeck (s. 1833 S.), Franz (1849) und Pfaff (1883) unternommen; sie beschränken sich aber alle darauf, ein Mehr oder Weniger von Härte zu messen, ohne ein absolutes Maß zu geben.

— Elias **Fries** beschreibt die ersten echten Myxomyceten (Schleimpilze oder Pilztiere) und erkennt ihre Pilznatur. Eine erneute Untersuchung derselben veranstaltet A. de Bary (1858), ihre Entwicklungsgeschichte stellt generell L. Cienkowski (1863) fest.

— Louis Joseph **Gay-Lussac** stellt Oxalsäure durch Schmelzen von Sägespänen, Baumwolle, Zucker, Stärke, Gummi, Weinsäure und anderen organischen Säuren mit Kaliumhydroxyd dar.

— Louis Joseph **Gay-Lussac** und Johann Jacob **von Berzelius** erkennen gleichzeitig, daß die Weinsäure und die Traubensäure (s. 1819 K.) identische Zusammensetzung haben.

— Der Schriftsetzer **Genoux** in Lyon erhält ein Patent auf die von ihm erfundene Papierstereotypie. Bei diesem Verfahren werden 6 bis 8 Blätter Seidenpapier mit einer aus Weizenstärke und Kreide bestehenden Kleistermasse aufeinander geklebt und die auf diese Weise erhaltene Lage noch feucht mit einer Bürste in den Letternsatz eingeklopft. Die Papiermatrize dient nach erfolgtem Trocknen als Gußform für die Druckplatte und erlaubt eine mehrmalige Verwendung. Die Papierstereotypie, welche erst während des Krimkrieges (Stereotypdruck der Londoner „Times") weitere Beachtung fand, ist gegenwärtig das fast ausschließlich angewendete Stereotypdruckverfahren.

— Isidore **Geoffroy St. Hilaire** beschreibt die vorkommenden menschlichen und tierischen Mißbildungen auf das Vollständigste und führt sie, wie sein Vater Etienne Geoffroy St. Hilaire, im Gegensatz zu Meckel (s. 1818 M.), auf mechanische Störungen zurück.

— Da die Handarbeit für die richtige Gestaltung der Zähne bei Zahnrädern keine Gewähr bietet, werden für diesen Zweck schon früh Räderhobel-maschinen konstruiert, deren erste wohl die von **Glavet & Sohn** sein dürfte. Andere sehr sinnreiche Maschinen dieser Art werden von Joh. Zimmermann (1867), C. Deng & Co. (1881) u. a. hergestellt.

1829 Thomas **Graham** zeigt in seiner Schrift „Über das Eindringen der Gase in einander", daß verschiedene Gase verschieden schnell diffundieren. Er ergänzt diese Arbeit im Jahre 1864.

— Justus Günther **Graßmann** führt in seinem Werk „Zur physischen Krystallonomie" die Indices in die Krystallographie ein. (Näheres s. 1839 M.)

— Alexander **von Humboldt** gelingt es durch unermüdliche Tätigkeit, das Netz geomagnetischer Beobachtungen über die ganze Erde auszudehnen.

1829—30 Alexander **von Humboldt** erforscht West- und Südsibirien, namentlich den Ural, die Kirgisensteppe und das Gouvernement Tobolsk. Seine Begleiter auf dieser Reise sind der Chemiker Gustav Rose und der Zoolog Ch. G. Ehrenberg.

1829 Karl Gustav Jacob **Jacobi** in Königsberg entwickelt unabhängig von Abel (s. 1829 A.) eine neue Theorie der elliptischen Funktionen (vgl. 1827 L.) und eröffnet durch sein „Umkehrproblem" den Weg zu den Abel'schen Funktionen. (S. 1849 W. und 1857 R.) Vgl. Jacobi's Schrift „Fundamenta nova theoriae functionum ellipticarum".

— Karl Johann Bernhard **Karsten** gründet auf die Verschiedenheit des bei der Destillation der Steinkohlen hinterlassenen Koksrückstands seine Einteilung der Kohlen in Sandkohlen, Sinterkohlen und Backkohlen.

1829—34 Justus **von Liebig** stellt aus dem Rhodanammonium durch Erhitzen das Melam dar, aus welchem er durch Kalihydrat das Melamin gewinnt. Diese beiden Körper liefern ihm bei Zersetzung durch Säuren das Ammelin und das Ammelid. Bei vorsichtigem Erhitzen von Melam, Ammelin und Ammelid entsteht Mellan, das mit Metallen Salze, mit Wasserstoff eine Säure bildet und dem Cyan analog ist. Alle diese Produkte geben unter Einwirkung von Säuren oder Alkalien schließlich Cyanursäure unter gleichzeitiger Bildung von Ammoniak oder Ammoniumverbindungen.

1829 **Milne** in Edinburg konstruiert eine Steinfräsmaschine, bei welcher die Schneidwerkzeuge durch schnelle Drehbewegung wirken. Ähnliche Maschinen werden von Daniell in Wiltshire (1837), Eastman in New York (1851) u. a. gebaut.

— August Ferdinand **Moebius** entwickelt in seiner Arbeit über die Haupteigenschaften eines Systems von Linsengläsern die Theorie der Achromasie, die von Gauß (1840), Bessel (1840) u. a., namentlich aber von Abbe und Czapski (1893) weiter gefördert wird.

— Georg Wilhelm **Muncke** zieht aus den Beobachtungen von Cassini de Thury (s. 1786 C.), sowie aus denen von Saussure, Humboldt usw. den Schluß, daß bei 3 Fuß Tiefe die täglichen, bei 5 Fuß die monatlichen, bei 30 Fuß die jährlichen Temperaturverschiedenheiten aufhören.

— Louis Marie Henri **Navier** konstruiert das Banddynamometer, ein indirektes Dynamometer, das insbesondere bei horizontalen Wellen, und wenn der Raum nicht gestattet, das Prony'sche Dynamometer zu verwenden, Vorteile bietet. Das Banddynamometer wird später von Imray verbessert.

— Joseph Nicéphore **Niepce** und Louis **Daguerre** vereinigen sich durch Vertrag vom 14. Dezember zur weiteren Vervollkommnung des heliographischen Prozesses. (S. 1816 N.)

— **Opelt** in Harthau bei Chemnitz konstruiert eine Wollkämmmaschine, die durch Heinrich Wieck, Cockerill u. a. verbessert wird und als „Opelt-Wieck'-sches System" bekannt ist.

— Der Mediziner Emil **Osann** ist als Begründer der wissenschaftlichen Balneologie anzusehen. Vgl. seine Schrift „Physikalisch-medizinische Darstellung der bekannten Heilquellen, der vorzüglichsten Länder Europas".

1829 George **Rennie** stellt durch ausgedehnte Reibungsversuche die gegenseitige Abnutzung fest, welche durch das Abreiben oder Aneinanderreiben der verschiedensten Körper, wie Leder, Holz, Steine und Metalle, an deren Berührungsflächen stattfinden.

— Pierre Jean **Robiquet** entdeckt in der Orseille das Orcin, das vornehmlich von Schunck (1842), Stenhouse (s. 1848 S.) und Hesse (1861) näher untersucht und 1882 von Tiemann und Streng als Dioxytoluol erkannt wird. Das ebenfalls von Robiquet entdeckte Orcein wird insbesondere von Kane (1840) näher studiert. Andere Substanzen, die aus den Orseilleflechten erhalten wurden, sind die 1842 von Schunck entdeckte Lecanorsäure, die von Hesse (1861) entdeckte Orsellinsäure, das von Heeren (1830) entdeckte Erythrin und Picroerythrin.

— Gerhard Moritz **Roentgen** in Rotterdam erbaut die erste Verbundmaschine, eine Art der Expansionsmaschine, bei welcher Hoch- und Niederdruckzylinder auf Kurbeln arbeiten, die unter 90° versetzt sind, und bei der zwischen beiden Zylindern ein besonderer Behälter (Receiver) eingeschaltet wird, der den Dampf so lange aufnehmen kann, bis die Steuerung ihm den Zutritt in den Niederdruckzylinder freigibt. (Vgl. auch 1816 W.) Die ersten Verbundmaschinen sind Umbauten der Maschinen der Dampfer „Herkules" und „James Watt". Diese Maschinenart bürgert sich nach und nach für Schiffsmaschinen ein; Roentgen spricht aber auch schon aus, daß sich bei Übertragung der Verbundwirkung auf die Lokomotiven große Vorteile ergeben werden.

1829—33 John **Ross** gelangt auf seiner mit seinem Neffen John Clarke Ross unternommenen Nordpolfahrt auf der „Victory" durch den Lancastersund zu einer Halbinsel, die er zu Ehren von Felix Booth, der die Ausrüstung der Expedition bestritt, Boothia Felix nennt und auf welcher der magnetische Nordpol entdeckt wird (s. 1831 R.), der 1859 von M'Clintock wieder besucht wird. Nach vier Überwinterungen muß Ross das Schiff verlassen und auf Schlitten und Booten die Rückreise antreten, auf der er im Lancastersund von der „Isabella", mit der er 1818 seine erste Polarfahrt (s. 1818 R.) machte, aufgenommen wird.

1829 Georges Simon **Sérullas** beschäftigt sich mit der Untersuchung des Jodstickstoffs, der sich als ein noch explosiveres Produkt als Chlorstickstoff erweist und diesem analog zusammengesetzt ist. Spätere Untersuchungen von Millon, Marchand, Bineau und Bunsen machen das Vorkommen von Wasserstoff in demselben wahrscheinlich. Auch der Bromstickstoff, der ebenso explosiv als Chlorstickstoff ist, hat nach Millon die gleiche Konstitution wie der Jodstickstoff.

— Abel **Shawk** in New York erfindet die Dampffeuerspritze. (Vgl. a. 1830 B.)

— John **Smith** in Bradford konstruiert eine Beutelmaschine mit Drahtgewebe, deren Konstruktionsprinzip sich bis heute erhalten hat. Es besteht darin, daß sich der schrägliegende zylindrische, durch eiserne Rippen versteifte Drahtmantel sehr langsam um seine geometrische Achse dreht, während im Innern ein Bürstensystem rasch um dieselbe Achse rotiert und außen eine zweite, aber zylindrische Bürste angebracht ist, der ebenfalls eine selbständige Achsendrehung erteilt wird, um die Drahtmaschen auch nach außen hin offen zu halten und den Austritt des Mehles zu befördern.

— George **Stephenson** konstruiert die „Rocket", die mit einem nach den Angaben von Séguin (s. 1827 S.) erbauten Röhrenkessel und mit 2 Blasrohren versehen ist und als die erste für große Fahrgeschwindigkeiten brauchbare Lokomotive anzusehen ist. Die „Rocket" geht bei der Wettfahrt der

Liverpool-Manchesterbahn am 6. Oktober als Siegerin hervor, indem sie die geforderte Schnelligkeit von 16 km in der Stunde um mehr als das Doppelte übertrifft.

1829 Barthélemy **Thimonnier** erfindet den einfachen Kettenstich und führt ihn auf der von ihm erfundenen Kettenstichmaschine mit einer Hakennadel aus.

— Nachdem schon der Hütteninspektor Schwarz in Hettstädt beobachtet hatte, daß eine eben erstarrte, zur schnelleren Abkühlung auf den Amboß gelegte Silberplatte einen Ton gab, bemerkt A. **Trevelyan** dasselbe Phänomen, als er ein heißes Eisen, mit dem er einen Pechanstrich ausführen wollte, gegen einen Bleiblock legt. Er erkennt als Ursache dieser Erscheinung die Ausdehnung des kalten Metalls an den wechselnden Berührungsstellen, welcher Erklärung sich Faraday 1831 anschließt.

— Friedrich **Wöhler** schlägt vor, um bei der Reduktion der phosphorsauren Salze die Gesamtmenge des Phosphors nutzbar zu machen, einen Zuschlag von Kieselsäure zu geben. Dieser Vorschlag wird wegen der durch die Schwerschmelzbarkeit des entstehenden Silikates bedingten sehr hohen Temperatur und des damit verbundenen hohen Aufwands an Heizmaterial wenig beachtet, bis er von Readman (s. 1891 R.) wieder aufgenommen wird.

— Nachdem L. Odier im Jahre 1811 für größere bewegliche, umgrenzte und tiefliegende Geschwülste, die durch eine im Nerven sitzende krankhafte Anschwellung bedingt sind, den Namen „Neurom" vorgeschlagen hatte, gibt W. **Wood** in Edinburg eine klassische Beschreibung der anatomischen und klinischen Erscheinungen dieser Geschwülste und nimmt an, daß dieselben sich aus dem Bindegewebe des Nervenstamms entwickeln. Er kennt bereits auch multiple Neurome. Virchow stellt dann 1863 die Bezeichnung Neurom auf eine pathologisch-histologische Basis.

1830 Ernst **Alban** in Plau in Mecklenburg erfindet die Breitsäemaschine zur gleichmäßigen Verteilung des Samens.

— François Dominique **Arago** macht den Vorschlag, zur Messung der Schattentemperatur der Luft ein an einer Schnur oder an einem Stabe befestigtes Thermometer zu verwenden, das mehrfach in der freien Luft umhergeschwungen wird, wobei es wegen der großen Luftmassen, mit denen es in Berührung kommt, die Schattentemperatur annimmt, gleichviel, ob das Herumschwenken im Sonnenschein oder Schatten erfolgt (Schleuderthermometer).

— **Arago** und **Dulong** bestimmen im Auftrage der Pariser Akademie die Spannkraft des Wasserdampfes. Sie wenden einen großen Dampfkessel zur Erzeugung des Dampfes an und messen den Druck des Dampfes direkt aus der Kompression eines abgeschlossenen Luftvolums. Das bei diesen Versuchen beobachtete Temperaturintervall reicht von 100° C. bis 224° C., der Druck des Dampfes bis zu 24 Atmosphären.

— Jean Pierre Joseph **d'Arcet** gibt eine empirische Regel zur Bestimmung der Dimensionen der Schornsteine für Dampfkesselfeuerungen aus dem Brennmaterialkonsum und der Lebhaftigkeit der Verbrennung. Diese Regel wird später von J. F. Redtenbacher noch vervollkommnet.

1830—32 Der Wasserbaumeister F. **van den Bergh** führt umfangreiche Felssprengungen im Rhein bei Bingen zur Erweiterung des Talwegs im Bingerloche aus.

1830 Der Walfischfänger **Biscoe** erforscht die in der antarktischen See gelegenen Enderbyinseln.

— Peter Adolf **von Bonsdorff** stellt eine Reihe von Doppelchloriden dar, in denen das Quecksilberchlorid als das negative zu betrachten ist, das gegen das andere Chlorid gleichsam die Rolle einer Säure spielt. Er nennt diese Doppelchloride „Chlorohydrargyrate".

1830 Jean **Bouillaud** erbringt durch Exstirpation des Großhirns den Beweis für dessen seelische Bedeutung. Ähnliche Versuche werden von Calmeil gemacht. (S. a. 1828 F.)

— Polydore **Boullay** empfiehlt das aus konzentrierten Lösungen von Salmiak und Zinnchlorid als weißes krystallinisches Pulver ausfallende Doppelchlorid unter dem Namen Pinksalz als Beizmittel für die Kattundruckerei und macht darauf aufmerksam, daß die Faser sich den Farbstoff mit dem Zinnoxyd so vollständig aneignet, daß der Kattun gleich nach dem Trocknen gespült werden kann. Auch für Leinwand, Wolle und Seide ist das Pinksalz als Beizmittel geeignet; Wolle muß jedoch nach dem Drucken gedämpft werden.

— Henri **Braconnot** entdeckt das zur Klasse der Glucoside gehörende Populin in der Rinde und den Blättern von Populus tremula. Piria untersucht dasselbe eingehender (1852—55) und zerlegt es beim Kochen mit Barytwasser in Benzoesäure und Salicin.

— Henri **Braconnot** empfiehlt den Caseïnkitt, der durch Auflösen von Caseïn in Boraxlösung erhalten wird und das arabische Gummi an Klebevermögen weit übertrifft. Eine Auflösung von Caseïn in Wasserglas gibt einen sehr guten Porzellankitt.

— John **Braithwaite** erbaut die erste Dampffeuerspritze nach den Plänen von Shawk. (S. 1829 S.) Das Jahr darauf wird eine Dampffeuerspritze auch von John **Ericsson** gebaut.

— Die Botaniker Alexander **Braun** und Karl Friedrich **Schimper** finden merkwürdige Gesetzmäßigkeiten im Aufbau der Pflanzen, über die Braun in seinen „Untersuchungen über die Anordnungen der Schuppen an den Tannenzapfen" berichtet.

— Johann Andreas **Buchner** stellt das erste Fermentöl aus Erythraea centaurium dar. Es sind dies flüchtige Öle, die bei der Gärung vieler Pflanzen auftreten und verschieden von den ursprünglich in den Pflanzen enthaltenen Ölen sind. Ein große Anzahl solcher Öle, wie aus Chelidonium majus, Erica vulgaris, Achillea millefolium, Salvia pratensis usw. stellen Bley und Landerer dar.

— Antoine Alexandre Brutus **Bussy** stellt Magnesiummetall aus geschmolzenem Chlormagnesium mit Natrium her. Diese Methode wird später, nachdem der Preis des Natriums sich wesentlich ermäßigt hatte, vielfach angewendet und ausgebaut.

— **Cazalis** und **Cordier** führen in die Ölmühlen die zum Teil noch heute gebräuchlichen Dampfwärmpfannen ein, bei welchen der zur Heizung verwendete Dampf dem Wärmapparat von einem separierten Dampferzeuger zugeführt wird. Verbesserungen dieser Pfannen mit Beibehaltung des Prinzips erfolgen durch die Buckeye Iron & Brass Works in Dayton, durch Frederking u. a.

— Achille **Collas** erfindet die Reliefguillochiermaschine (Reliefkopiermaschine), die auch heute noch zur Wiedergabe von Köpfen auf Kassenscheinen viel gebraucht wird. (Collasmanier.)

— Die **Compagnie des Cristalleries de Baccarat** führt das Preßglas ein, zu dessen Darstellung sich namentlich weichere, bleihaltige Masse eignet.

— **Daulé** in Paris erfindet den Stereotyp-Flaschenguß, eine Verbesserung der Stanhope'schen Gipsstereotypie (s. 1804 S.), wobei zur Erzielung tadelloser Stereotypdruckplatten eine aus zwei Eisentafeln hergestellte Gießform (Flasche) verwendet wird.

— Gérard Paul **Deshayes** gibt eine durch sorgsame Auswahl der geeigneten

Leitfossilien in methodischer Hinsicht durchschlagende Gliederung des Tertiärs, die durch Aufnahme in Lyells Lehrbuch bald Gemeingut der Wissenschaft wird.

1830 Nachdem schon 1788 William Reynolds im Kanal von Ketley eine Anlage zum Schiffstransport auf geneigter Ebene mit Trockenförderung gebaut hatte, macht **De Solages** den Vorschlag, geneigte Bahnen zu solchem Zwecke mit Naßförderung zu betreiben.

— Nachdem schon i. J. 1824 ein englisches Patent für Wassergasverwendung an J. Ibbetson erteilt worden war, benützt zuerst **Donovan** in Dublin Wassergas in industriellem Maßstabe. Er stellt das Gas dar, indem er Koks in Retorten erhitzt und Wasserdampf überleitet.

— Pierre Louis **Dulong** macht genaue Versuche über die Verbrennungswärme einer großen Anzahl Substanzen und konstruiert zu diesem Zweck ein Wassercalorimeter, das eine Kammer enthält, die in einem mit Wasser gefüllten Kasten steht. In der Kammer wird die Substanz mit Sauerstoff verbrannt, die entstehenden Gase entweichen aus der Kammer durch ein Schlangenrohr, das durch den Wasserkasten geht, und geben ihre Wärme an das Wasser ab. Im Wasserkasten befindet sich ein Thermometer zur Messung der Temperaturzunahme. Dulong weist die Unrichtigkeit des von Welter (1822) aufgestellten, aber schon von Despretz (1828) bekämpften Satzes nach, daß die beim Verbrauch gleicher Sauerstoffmengen aus verschiedenen Substanzen erzeugten Wärmemengen einander gleich sind oder im einfachen Verhältnis zueinander stehen.

— Jean Baptiste **Dumas** entdeckt die Trichloressigsäure, die er aus Essigsäure mit Chlor darstellt. Diese Entdeckung lenkt die Aufmerksamkeit auf die damals schon mehrfach bekannten Substitutionserscheinungen und spielt deswegen eine große Rolle in der Entwicklung der chemischen Theorien. (S. a. 1828 G.).

— Jean Baptiste **Dumas** leitet die nähere Kenntnis der Säureamide durch die Entdeckung und Untersuchung des Oxamids ein, das er durch trockene Destillation des neutralen oxalsauren Ammoniaks erhält.

1830—38 Christian Gottfried **Ehrenberg** führt, ausgerüstet mit den vorzüglichen Mikroskopen von Chevalier in Paris, seine grundlegenden Untersuchungen über die Infusionstierchen aus und gibt eine systematische Einteilung derselben. Er legt seine Forschungen in dem 1838 erscheinenden Werke „Die Infusionstierchen als vollkommene Organismen" nieder und macht bereits auf die ungeheure Verbreitung dieser Lebewesen aufmerksam.

1830 Christian Gottfried **Ehrenberg** entdeckt unter den Produkten der Fäulnis einen Mikroorganismus, dem er den Namen Bacterium termo gibt.

— Johann Nepomuk **von Fuchs** ermittelt zuerst die Bedingungen zur Erzeugung eines guten hydraulischen Kalks auf wissenschaftlicher Grundlage. Nach ihm gibt Mergel einen um so besseren hydraulischen Kalk, je mehr dessen Ton — richtiges Verhältnis vorausgesetzt — aus Silikaten besteht, und je weniger grober Sand in demselben enthalten ist. Er erklärt auch die Erhärtung des hydraulischen Mörtels und beweist, daß dieselbe im wesentlichen auf einer chemischen Verbindung zwischen aufgeschlossener Kieselsäure und Kalkhydrat besteht.

— Louis Joseph **Gay-Lussac** setzt an Stelle der bis dahin in den Münzen allein gebräuchlichen Kupellation die Silberprobe auf nassem Wege, d. i. die volumetrische Bestimmung des Silbers mit einer Kochsalzlösung, die so gestellt ist, daß 100 ccm 1 g reines Silber als Chlorsilber fällen.

— Georg August **Goldfuß** braucht zuerst die Bezeichnung Protozoen für die mikroskopisch kleinen Lebewesen, die nur aus einer Zelle bestehen und bei denen die Vermehrung durch Zellteilung geschieht. (S. 1848 S.)

1830 **Gourney** konstruiert zum Zweck der Heizung von Wohnungen die nach ihm
benannten Batterien, bestehend aus horizontalen, hohlen Zylindern, auf
welche eine Anzahl flacher, weitherausstehender Platten aufgereiht sind,
und aus denen sich die später viel angewendeten Rippenheizrohre entwickeln.

— Thomas **Graham** zeigt, daß die Lösungen zahlreicher Metallsalze ihren
Metallgehalt an die Kohle in solchem Maße abgeben, daß die Reagentien
keine Spur von Metall mehr in der Lösung anzeigen. (S. a. 1822 P.)

— Jules René **Guérin** fördert durch seine Arbeiten die chirurgische Orthopädie, die mechanischen und gymnastischen Heilmethoden.

— Der englische Ingenieur Timothy **Hackworth** legt die Dampfzylinder der
Lokomotive wagerecht unter den Kessel und innerhalb der Räder, und
bringt auf dem Kessel zuerst einen Dampfdom an.

— Josua **Heilmann** konstruiert eine Zeugfalt- und Meßmaschine für Webereien,
Tuchfabriken, Kattundruckereien usw., welche die Arbeit des Messens
der Zeuge automatisch besorgt und dieselben gleichzeitig lagenweise auf-
schichtet.

— Der Student Lorenz **Hengler** erfindet zum Nachweis und zur Messung
kleiner Kräfte, die eine Veränderung der Lotlinie hervorbringen, die
Schwungwage, die 1875 von **Zöllner,** der ihr den Namen „Horizontalpendel"
gibt, und von Rebeur-Paschwitz (s. 1892) insbesondere zur Anwendung als
Seismometer erheblich vervollkommnet wird.

— Christian **Hessel** beweist, daß es entsprechend dem Gesetze der rationalen
Achsenschnitte (s. 1784 H.) 32 und nur 32 verschiedene Krystallklassen
geben könne, was durch Bravais (s. 1859 B.) und besonders durch Axel
Gadolin (s. 1867 G.) bestätigt wird. Auch L. Sohncke (s. 1879 S.) und L.
Wulff (1888) kommen zu ähnlichen Feststellungen.

— Der Mediziner Hugh Lennox **Hodge** in Philadelphia erfindet das Hodge-
Pessar, den Urtypus aller seitdem erfundenen Pessare.

— Der Ingenieur **Howe** erfindet seinen noch heute vielfach angewendeten Holz-
Eisenträger, der zur Klasse der geraden Fachwerksträger gehört.

1830—42 Franz Joseph **Hugi** in Solothurn macht umfassende Untersuchungen
über das Wesen der Gletscher und namentlich über die Struktur des
Gletschereises in allen Höhenlagen und stellt die ersten Messungen des
Vorrückens der Gletscher an.

1830 Das **Hüttenwerk Lavoulte** im Departement Ardêche konstruiert einen geneigten Gichtaufzug, auf dem die zum Betrieb des Hochofens erforderlichen Materialien in Wagen durch Maschinenkraft bis zur Gichthöhe
aufgezogen werden. Solche Aufzüge werden fortan vielfach da verwendet,
wo die Hochöfen an Bergabhängen liegen, oder wo eine größere Sicherheit
gegen Unglücksfälle beim Bruch der Förderseile oder Ketten gefordert
wird, als sie bei vertikalen Aufzügen möglich ist.

— **Jenks** in Amerika erfindet für die Spinnerei die Ringspindel, die Grundlage der in neuerer Zeit immer mehr in Aufnahme kommenden Ring-
spindelbank.

— **Kaehler** und **Alms** entdecken gleichzeitig im Wurmsamen, den Blütenköpf-
chen der Artemisia cinae, das Santonin, das Alms als hervorragendes
Wurmmittel empfiehlt. Diese Anwendung wird 1838 von J. R. Mayer
und von Trommsdorf noch näher begründet.

— **Kane** und nach ihm **Millon** (1837) stellen durch Einwirkung von Ammoniak auf
Quecksilberoxyd, auf Haloidverbindungen und Sauerstoffsalze des Quecksilbers, sowie durch Einwirkung von Ammoniumsalzen auf Quecksilberoxyd
oder Quecksilbersalze, Verbindungen dar, welche zur Reihe der ammoniakalischen Metallverbindungen gehören (ammoniakalische Quecksilberbasen).

25*

Über die Konstitution dieser Verbindungen arbeiten namentlich Hofmann, Weltzien, Schmieder, Neßler. Eine ähnliche ammoniakalische Verbindung war durch Einwirkung von Ammoniak auf Quecksilberoxyd von Fourcroy, Proust und Thénard dargestellt und als „Fourcroy's Knallpräparat" bezeichnet worden.

1830 Da das vergoldete Porzellan nur mit der Hand poliert werden kann, was sehr kostspielig ist, bemühte man sich schon lange, eine Goldfarbe herzustellen, die das Polieren entbehrlich macht. Der Erste, dem es gelingt, eine solche Goldfarbe (Glanzgold) zu erzeugen, ist **Kühn** in Meißen. Vorschriften für die Herstellung solcher Farben, deren Haltbarkeit eine begrenzte ist, werden später von Dutertre, Schwarz, Böttger u. a. gegeben.

— Wilhelm August **Lampadius** kommt auf den schon von Aubertôt (s. 1812 A.) geäußerten Gedanken, die Kalköfen mit Gas zu heizen, zurück. Doch erhalten die Gaskalköfen erst durch H. Siemens (s. 1862 S.) eine praktisch brauchbare Form.

— Der Afrikareisende Richard **Lander** erforscht mit seinem Bruder John den unteren Nigerlauf. (Vgl. 1457.)

— William **Losh** in Newcastle konstruiert für Eisenbahnwagen Räder, bei denen nur die Naben aus Gußeisen, alle übrigen Teile aber aus Schmiedeeisen bestehen, und die noch heute unter dem Namen Loshräder (Sectorspoked wheels) vielfach im Gebrauch sind.

— Charles **Lyell** erklärt in seinem Hauptwerke „Principles of geology" die Entstehung und Zusammensetzung der festen Erdrinde, den Aufbau der Gebirge und die Perioden der Erdentwicklung ohne Beihilfe gewaltsamer Umwälzungen aus noch jetzt wirksamen, in kontinuierlichem Zusammenhang stehenden Ursachen. Lyell begründet damit eine neue Periode der Geologie. (Vgl. jedoch 1822 H.)

— John **Macneill** führt in London Modellschleppversuche im begrenzten Profil (Kanalprofil) aus.

— François **Magendie** stellt Versuche über die Ernährungsfrage an und führt die Einteilung der Nährstoffe in „stickstoffhaltige" und „stickstofffreie" ein.

— Der Erzherzog **Maximilian von Este** erfindet die nach ihm benannten Befestigungstürme (Maximilianstürme), welche aus drei Stockwerken und einer Plattform bestehen, von einem Festungsgraben umgeben und mit einer sehr starken Geschützausrüstung versehen sind. Die Türme haben namentlich bei der Befestigung von Linz a. d. Donau eine ausgedehnte Anwendung gefunden, woselbst der Platz mit 32 derartigen, auf Kartätschschußweite voneinander entfernten Werken umgeben wurde. Seit der Einführung der gezogenen Geschütze hat diese Befestigungsmanier ihre Bedeutung eingebüßt.

— G. A. **Michaelis** in Hamburg spricht in seiner Schrift „Das Leuchten der Ostsee nach eigenen Beobachtungen" zuerst die Ansicht aus, daß die leuchtenden Punkte des Meerwassers lebende Infusorien seien.

— Der Botaniker Hugo **von Mohl** macht das feste Zellgerüst der Pflanzen zum Gegenstand der eingehendsten Untersuchung, stellt die Entwicklungsgeschichte der Gefäße fest und gibt eine Theorie des Dickenwachstums der Zellhäute.

— Karl Friedrich **Naumann** nimmt in seinem „Lehrbuch der reinen und angewandten Krystallographie" eine auf die Achsen der Krystalle gegründete Ableitung und Bezeichnung vor, die sich bis in die neueste Zeit erhalten hat.

— Leopoldo **Nobili** konstruiert den Thermomultiplikator, welcher aus einer aus Wismut und Antimonstäbchen zusammengesetzten Thermosäule und einem Galvanometer besteht und namentlich als thermoskopischer Apparat bei Versuchen über die strahlende Wärme angewendet wird. (Vgl. 1831 M.)

1830 **Oberkampf** der Jüngere in Jouy druckt Pigmentfarben vermittels Albumin auf Baumwollengewebe auf.

— Georg Simon **Ohm** macht die ersten Bestimmungen der elektromotorischen Kraft in Stromkreisen, denen 1831 ähnliche Bestimmungen von Fechner und 1834 solche von Wheatstone folgen, die wie die Ohm'schen auf Strommessungen beruhen. In neuerer Zeit wird als Maß der elektromotorischen Kraft das Volt bezeichnet, d. i. die Kraft, welche in einem Stromkreise, dessen Widerstand ein Ohm ist, einen Strom von der Stärke ,,1 Ampère'' erzeugt.

— Der dänische Artilleriehauptmann O. N. **Olsen** gibt die erste hypsometrische Karte von Europa heraus, in welcher er das gesamte, namentlich unter Humboldt's Einfluß allmählich in Europa entstandene Höhenmessungsmaterial benutzt.

— James **Perry** in London vervollkommnet die Stahlfeder (s. 1808 D.), indem er außer dem Mittelschlitz zur Erhöhung der Biegsamkeit zwei Seitenschlitze hinzufügt. Damit erst erhält die Stahlfeder ihre volle praktische Brauchbarkeit.

— Der französische Ingenieur Antoine R. **Polonceau,** der auch zuerst die Chausseewalze (s. 1787 C.) in größerem Umfang verwendet hat, erfindet einen nach ihm benannten, seitdem vielfach angewendeten Dachbinder. (Französisches oder Polonceaudach.)

— Louis Constant **Prévost** spricht in seinem Buche ,,Sur le mode de formation des cônes volcaniques et sur celui des chaînes de montagnes'' die Ansicht aus, daß die durch Abkühlung des Erdballs verursachte Schrumpfung die Erdoberfläche in Runzeln lege. Er wird dadurch der Vorläufer der Kontraktionshypothese. (S. auch 1830 T.)

— Vincenz **Prießnitz,** ein Bauersmann aus Gräfenberg, beschäftigt sich mit der im Altertum und Mittelalter (s. 23 v. Chr. und 1547) bereits geübten, später aber verloren gegangenen Kaltwasserkur und errichtet in seiner Heimat eine jetzt noch existierende Kaltwasserheilanstalt.

— Karl **von Reichenbach** in Blansko in Mähren findet das von Fuchs (s. 1809 F.) entdeckte Paraffin im Holzteer auf und erkennt zuerst dessen große wirtschaftliche Bedeutung. 1835 wird das Paraffin von J. B. Dumas auch im Steinkohlenteer nachgewiesen.

— Nachdem schon Foucaud die gewöhnlichen Kohlenmeiler derart verbessert hatte, daß es möglich wurde, die Destillationsprodukte zu gewinnen, geht man um das Jahr 1830 zu den Verkohlungs- oder Meileröfen über. Einer der ersten Öfen dieser Art wird von Karl **von Reichenbach** konstruiert; andere ähnliche Konstruktionen sind der Schwarz'sche und der schwedische Meilerofen, die jedoch alle um 1840 durch die Retortenapparate von Kestner, Hessel (Thermokessel) u. a. verdrängt werden.

— N. **Rillieux** auf Cuba konstruiert einen geschlossenen Verdampfapparat mit drei Verdampfpfannen für Zuckersaft, in welchem er den aus dem verdampfenden Saft sich entwickelnden Dampf zum Verdampfen eines anderen Teils Saft benutzt.

— Heinrich **Rose** erhält beim Überleiten von trocknem Chlor über fein verteiltes Nickel (Nickelschwamm), wobei die Masse erglüht, eine blaß goldgelbe Krystallmasse von Nickelchlorür.

— Fredrik **Rudberg** stellt fest, daß den Legierungen mehrfache Schmelzresp. Erstarrungspunkte zukommen, eine Erscheinung, die erst später durch die Lehre von den eutektischen Lösungen (s. 1875 G.) aufgeklärt wird.

1830 Friedrich **Schlemm** entdeckt den nach ihm benannten in der Cornea-Skleral-grenze verlaufenden Schlemm'schen Kanal.

— Der schwedische Chemiker Nils Gabriel **Sefström** entdeckt das Vanadium, das, wie Wöhler nachweist, mit dem nach Humboldt's Angabe 1803 von del Rio in einem Bleierz von Zimapan aufgefundenen Erythronium identisch ist.

— Philander **Shaw** sprengt Felsen, indem er die in ihnen angebrachten Bohrlöcher mit Sprengpulver füllt und die Ladungen durch den Funken der Leidener Flasche entzündet. Er teilt am 1. Juni 1831 seine Erfahrungen an Prof. Hare mit, der mittels der Glühwirkung der galvanischen Elektrizität unter Anwendung seines Deflagrators denselben Zweck erreicht (Glühzündung).

— John R. **Spooner** in Montreal und Chapin A. **Harris** in Baltimore entdecken unabhängig voneinander die Vorteile des Arseniks zum Ätzen der Zahnpulpa, was das bisherige schmerzhafte Ausbrennen unnötig macht.

— Der Landwirt Karl **Sprengel** wendet die Chemie auf den Ackerbau an und weist auf die Wichtigkeit der Stickstoffverbindungen als Pflanzennährstoffe hin (Stickstofftheorie). In bezug auf die Bodenanalyse weist er darauf hin, daß man nicht nur die Ackerkrume, sondern auch den Untergrund berücksichtigen müsse.

— Simon **Stampfer** erfindet ein fernrohrartig gebautes Optometer, wobei als Objekt ein beleuchteter Spalt dient, welcher durch zwei parallele, feine Einschnitte betrachtet wird, und dessen Entfernung vom Auge durch Verschieben der Röhren ineinander geändert und zugleich gemessen werden kann.

— George **Stephenson** erbaut für die Liverpool-Manchester-Bahn eine „Planet" genannte Lokomotive, die zwischen den Rahmen liegende Zylinder, sowie gekröpfte Achsen hat und vielfach als Vorbild für spätere Konstruktionen dient.

— George **Stephenson** erkennt zuerst die Notwendigkeit von Signalen für den Eisenbahnbetrieb und führt dieselben ein.

— William **Sturgeon** wendet zuerst für elektrische Batterien das Zinkamalgam an.

— William Henry Fox **Talbot** beschreibt die Spektren der durch verschiedene Stoffe gefärbten Flammen und sagt: „Danach zögere ich nicht zu behaupten, daß die optische Analyse die kleinsten Mengen dieser Stoffe (Strontium, Lithium) mit ebenso viel Genauigkeit unterscheiden kann, als irgend eine andere bekannte Methode."

— Nachdem James Carlisle in Paisley die Nähzwirne ohne Druck mit einem gewöhnlichen Spulrade aufgespult hatte, erfindet George **Taylor** in Paisley eine Maschine, um sie auf kleine Spulen zu winden und ihnen durch Druck und Reibung Glanz zu geben (Glanzzwirne).

— **Thierry** konstruiert die mechanische Reibe zur Verreibung der Zuckerrüben, die im Zusammenhang mit der Verbesserung der Rübenpressen eine Beschleunigung in der Verarbeitung des Saftes bewirkt. Die Reibe besteht aus einzelnen Sägeblättern, die, aneinander gelegt, zu einer Walze vereinigt sind. Sie wird später durch die Schnitzelmaschine verdrängt.

— Der Schweizer Julius **Thurmann** bezeichnet gleichzeitig mit Prévost (s. 1830 P.) die Faltenbildung durch doppelseitigen Lateralschub als ein sehr wichtiges Moment der Gebirgsbildung.

— Der Botaniker Franz **Unger** begründet die Phytopalaeontologie (Beschreibung und Entzifferung fossiler Pflanzenreste).

— N. B. **Ward** konstruiert den nach ihm benannten Ward'schen Kasten, eine Einrichtung zum Transport und zur Kultur von Pflanzen, die vielfach in eleganter Ausstattung zur Kultur zarterer Pflanzen im Zimmer benutzt wird, die besten Dienste aber bei Übersiedelung von Pflanzen leistet. Der Kasten besteht aus einem flachen, metallenen Bodenstück, auf welchem sich ein metallenes Gestell zur Aufnahme von Glasplatten erhebt, welche die Wände und die Decke des Kastens bilden. Das Bodenstück, das einen einige Zoll hohen Rand hat, wird mit Erde gefüllt, in die der Same oder die Pflanzen gesteckt werden. Nach reichlicher Begießung wird der Kasten geschlossen, in dem die Pflanzen, vor Staub und Kälte geschützt, vortrefflich gedeihen.

1830 Wilhelm **Weber** spricht zuerst die Idee aus, Tonschwingungen direkt aufschreiben zu lassen, die später in der Konstruktion des Vibrographen (s. 1856 D.) und Phonographen (s. 1859 S.) verwirklicht wird.

— Soweit es sich feststellen läßt, sind die ersten Plättmaschinen für die Kammwollspinnerei von **Weiß** in Langensalza und unabhängig von diesem von **Haubold** in Chemnitz gebaut worden. Wer der Erfinder derselben war, läßt sich nicht ermitteln.

1831 Ferdinand **von Autenrieth** empfiehlt das gepulverte gerbsaure Eisen als Krätzmittel und als Mittel gegen Dekubitus.

— **Barton** verfertigt die irisierenden Knöpfe, bei welchen durch Eingravierung feiner Linien auf Metall infolge von Beugungserscheinungen ein perlmutterähnliches Farbenspiel hervorgerufen wird.

— Giuseppe **Belli** erfindet die Influenzelektrisiermaschine. (S. a. 1865 H.)

— Johann Jacob **von Berzelius** führt für Stoffe von gleicher Zusammensetzung und gleichem Atomgewicht, aber ungleichen Eigenschaften, wie Knallsäure und Cyansäure (s. 1823 L.), ölbildendes Gas und Butylen (s. 1825 F.), Phosphorsäure und Pyrophosphorsäure (s. 1828 C.), Traubensäure und Weinsäure (s. 1829 G.), den Ausdruck „isomer" in die Wissenschaft ein.

— Johann Jacob **von Berzelius** führt die erste chemische Untersuchung des Chlorophylls (Blattgrün) aus und unterscheidet drei Modifikationen desselben, das aus frischen Blättern dargestellte, das aus trocknen Blättern gewonnene und ein dunkles Blattgrün. Fernere Untersuchungen werden von Mulder (1845), Verdeil (s. 1851 V.), Wittstein (1853), Stokes (s. 1865 S.) und vielen andern gemacht. Verdeil gibt zuerst an, daß der Farbstoff eisenhaltig und das Eisen wesentlich für seine Bildung sei.

— Johann Jacob **von Berzelius** stellt drei Oxydationsstufen des Vanadium, ein Oxydul, ein Oxyd und eine Säure dar   Das der Vanadsäure entsprechende Superchlorid wird 1859 von Schafarik dargestellt, die andern Chloride werden von Berzelius selbst erhalten.

— **Bickford** in Cornwall erfindet eine tempierte Sicherheitszündschnur, welche langsam (in dem Zeitmaß von 1 cm auf 1 sec) abbrennt und sich in der Sprengtechnik und der Sprengausrüstung der Pioniere bis zur Gegenwart erhalten hat.

— Nachdem schon in früher Zeit gegen Blutarmut und Bleichsucht Eisenpräparate gebraucht worden waren, benutzt P. B. **Blaud** zu diesen Zwecken das Eisencarbonat, das er in Form von Pillen in den Handel bringt, die sich unter dem Namen Blaud'sche Pillen rasch einführen.

— Der ungarische Ingenieuroffizier Johann **Bolyai** verfaßt im Anschluß an ein mathematisches Werk seines Vaters den „Appendix scientiam spatii absolute veram exhibens", in welchem er eine von dem Euklidischen Parallelenaxiom unabhängige Geometrie entwickelt, und zwar dieselbe, die auch Lobatschewskij (s. 1826 L.) gefunden hat.

— Jean Robert **Bréant** und A. **Payne** erfinden die pneumatische Imprägnierung des Holzes mit antiseptischen Flüssigkeiten (Leinöl und Harz, Eisenvitriol) zum Schutz gegen Fäulnis und Insektenfraß. Sie bringen die Hölzer in verschlossene metallene Gefäße, befreien mittels der Luftpumpe die Gefäße und die Hohlräume der in ihnen aufgeschichteten Hölzer von Luft und lassen dann die Imprägnierflüssigkeit unter Druck einfließen, die nun das Holz vollständig durchdringt (Paynisieren).

1831 Robert **Brown** weist nach, daß der von Fontana (s. 1781 F.) entdeckte Zellkern ein integrierender Bestandteil der Pflanzenzelle ist.

— Michel Eugène **Chevreul** isoliert zuerst aus dem Gelbholz einen gelben Farbstoff, den er Morin nennt, und der insbesondere von Hlasiwetz und Pfaundler (1863) näher untersucht wird. Diese Forscher stellen auch fest, daß die von Wagner im Gelbholz gefundene Moringerbsäure keine Säure ist, und nennen diese Substanz Maclurin.

— Jean Baptiste **Dumas** isoliert das Anthracen aus Steinkohlenteer.

— Paul **Erman** macht exakte Temperaturbeobachtungen in einem Bohrloch von Rüdersdorf und stellt auf je 90 Fuß Tiefe eine Temperaturzunahme von $1°$ C. fest; de la Rive und Marcet finden in einem Bohrbrunnen bei Genf $1°$ C. auf 32,55 m.

— Der Physiker Georg Adolf **Erman** spricht die Vermutung aus, daß der Luftdruck sich nicht bloß mit der geographischen Breite, sondern auch mit der Länge ändere, eine Annahme, die 1864 von E. Renou zur Gewißheit erhoben wird.

— Der englische Ingenieur Sir William **Fairbairn** macht sich besonders um die Entwicklung des Eisenschiffbaus verdient. Er hat auf seiner Werft in Millwall bei London in der Zeit von 1835—1848 120 eiserne Schiffe gebaut. (S. auch 1820 M.)

— Michael **Faraday** entdeckt, daß beim Öffnen und Schließen eines galvanischen Stromes in einem in der Nähe befindlichen elektrischen Leiter ein momentaner elektrischer Strom entsteht (Voltainduktion).

— Michael **Faraday** entdeckt, daß Magnete in gleicher Weise wie Stromkreise induzierend wirken können, und gibt damit der modernen Entwicklung der Elektrotechnik ihre Grundlage (Magnetinduktion). Er zeigt, daß es sich bei Arago's Rotationsmagnetismus (s. 1824 A.) um einen Fall magnetelektrischer Induktion in körperlichen Leitern handelt.

— Michael **Faraday** macht ausgedehnte Versuche über die Leitfähigkeit fester Körper und stellt fest, daß dieselben Körper, welche die Reibungselektrizität leiten, auch den galvanischen Strom leiten, und daß ebenso die Nichtleiter der Reibungselektrizität auch für den galvanischen Strom als solche anzusehen sind. Untersuchungen über die Leitfähigkeit von Metallen und Legierungen werden namentlich von Matthiesen (1859—65), Siemens (1861) und Fr. Weber (1880) gemacht.

— Michael **Faraday** beobachtet, daß unter der Wirkung des Molekulardruckes auf der Oberfläche von Flüssigkeiten eine besondere Art von Wellen hervorgerufen wird. Er untersucht solche „Crispations" oder Kräuselungen, die durch tönende Glasplatten zustande kommen, auf denen sich die Flüssigkeit befindet.

— Gustav Theodor **Fechner** gibt Methoden zur Vergleichung der elektromotorischen Kräfte verschiedener Elemente an, die auf Strommessungen beruhen. Ein ähnliches Verfahren wird von Wheatstone (1834) gegeben. Auch die Ohm'sche Methode zur Bestimmung des Leitungswiderstandes (s. 1826 O.) läßt sich zur Messung der elektromotorischen Kraft konstanter Elemente benutzen. (S. a. 1841 P. und 1862 D.)

— Der englische Chirurg Sir William **Fergusson** erfindet den Mastdarmspiegel.

— James **Fox** in Derby führt bei der Drehbank Einrichtungen zur Änderung der Geschwindigkeit des Drehstücks und eine selbsttätige Stichelverschiebung entlang der Drehbankachse, den sogenannten Selbstzug ein.

— Evariste **Galois** in Paris begründet durch Einführung der Substitutionslehre eine neue Theorie der algebraischen Gleichungen, indem er zeigt, daß zu jeder gegebenen Gleichung eine Substitutionengruppe gehört, in der sich die Haupteigenschaften der Gleichung widerspiegeln, und aus der namentlich hervorgeht, auf welche einfacheren Gleichungen die gegebene zurückführbar ist. Das Wesentlichste seiner mathematischen Anschauungen ist in einem am Abende vor seinem Tode (er fiel — $20^1/_2$ Jahr alt — im Duell) geschriebenen Briefe enthalten, wohl das ergreifendste Schriftstück der mathematischen Literatur.

1831 **Gourney** konstruiert ein Dampfautomobil, welches einen regelmäßigen Omnibusdienst zwischen Gloucester und Cheltenham besorgt.

— Karl Friedrich August **Gützlaff** macht in den Jahren 1831—33 ausgedehnte Reisen in China.

— **Hallette** baut die erste Lokomobile im heutigen Sinn, die wenig Platz einnimmt, sich leicht von einem zum andern Ort schaffen läßt, und mit deren Bedienung auch ungeübte Leute fertig werden.

— **Heaton** bringt bei Dampfstraßenwagen zur Korrektur des ungleichmäßigen Gangs gegenüber der Kurbel Ausgleichsgewichte an. (Erster Massenausgleich bei Dampfwagen.)

— William **Henry** macht bemerkenswerte Versuche über Desinfektion und stellt fest, daß Kleider von Scharlachkranken die Ansteckung nicht mehr zu verbreiten imstande sind, wenn sie 2—4 Stunden lang auf 200^0 Fahrenheit $= 93^0$ Celsius erhitzt worden sind.

— Der Oberbergrat **Henschel** in Cassel kommt zuerst auf den Gedanken, Kohle in Staubform zu verbrennen, und ersinnt ein Verfahren zum Ziegelbrennen mit Kohlenstaub, sowie ein Verfahren zum Schweißen von Eisen unter Benutzung von Holzkohlenstaub auf dem gewöhnlichen Schmiedeherd. Den Kohlenstaub läßt er durch eine Transportschnecke in einen Druckluftstrom tragen und einstreuen, daher der Name „Feuern mit beladenem Wind".

— Nachdem von Demarquay zur Behandlung der Wunden das Glycerin, von Duval das Kalium hypermanganicum empfohlen worden war, führt Karl Christoph **Hueter** als Antiseptikum Chlorwasser und Kreosot ein, die auch vielfach benutzt werden, bis an deren Stelle die Carbolsäure (s. 1860 L.) tritt.

— John B. **Jervis** in New York erbaut die erste Lokomotive mit Drehgestell. Das Drehgestell wird namentlich von Norris und Baldwin in Philadelphia ausgebildet und erhält sich lange Zeit in Nordamerika.

— James Finlay Weir **Johnston** arbeitet in den Jahren 1831—37 über die Doppelchloride des Goldes und entdeckt das Goldjodid und dessen Doppelsalze.

— Karl Ferdinand **Langhans** erfindet das Pleorama, eine Art von Panorama, welches Strandgegenden und Uferpartien so darstellt, wie sie dem Vorüberschiffenden erscheinen, wobei das Bild an dem Beschauer vorüber geführt wird, dieser aber infolge optischer Täuschung sich selbst in Bewegung glaubt.

— **Ledsam** und **Jones** in Birmingham verteilen die Arbeit der Stecknadelfabrikation auf zwei Maschinen, von welchen die erste das Abschneiden der Drahtstücke und das Anstauchen der Köpfe, die zweite das Zuspitzen verrichtet.

— Erhard Friedrich **Leuchs** entdeckt die Fähigkeit des Speichels aus der Mundhöhle, gequollene Stärke (Stärkekleister) fast momentan in Zucker umzuwandeln. Diese Eigenschaft verdankt derselbe einem diastatischen Ferment, das von Berzelius Ptyalin benannt und von Cohnheim (1872) rein dargestellt wird.

— Nachdem schon Boyle (1661) bei Destillation von essigsaurem Kalk eine geistige Flüssigkeit von durchdringendem Geruch erhalten hatte und nach ihm Boerhaave, Rouelle, Trommsdorf u. a. sich mit diesem Körper beschäftigt hatten, bestimmt Justus **von Liebig** zuerst die Zusammensetzung dieses „Aceton" genannten Stoffes, der das einfachste Keton darstellt. Bei den Ketonen steht im Gegensatz zu den Aldehyden, wo die Carbonylgruppe sich am Ende der Kohlenstoffkette befindet, diese Gruppe inmitten der Kohlenstoffkette und verbunden mit zwei organischen Radikalen.

1831 Justus **von Liebig** verbessert die Elementaranalyse, indem er statt des chlorsauren Kalis das zuerst von Gay-Lussac vorgeschlagene Kupferoxyd als Verbrennungsmittel adoptiert.

— Justus **von Liebig** schlägt für die Elementaranalyse zuerst die absolute Bestimmung des Stickstoffs in Substanz vor. Er verbrennt die organischen Stoffe mit Kupferoxyd und fängt die Gase in einer mit Quecksilber abgesperrten graduierten Glocke auf. Die Volumzunahme in der Glocke ist die Summe von Kohlensäuregas und Stickgas. Das Volum der Kohlensäure wird aus der Kohlenstoffbestimmung berechnet, das des Stickstoffs ergibt sich aus der Differenz. Das Verfahren wird von Dumas verbessert, der die Verbrennungsgase direkt über Kalilauge, welche die Kohlensäure absorbiert, auffängt und mißt.

— Dem Schotten James Bowman **Lindsay** gelingt es, auf mehr als 1600 m Entfernung über den Tay-Fluß unter Benutzung des Wassers als Leitung zu telegraphieren. Er nimmt 1834 auf sein Verfahren ein Patent. Eine gleiche Methode wird 1842 von S. F. B. Morse verwendet.

— John William **Lubbock** ermittelt aus langjährigen Beobachtungen in London und Liverpool den Einfluß der wechselnden Stellung von Sonne und Mond auf die Eintrittszeit des Hochwassers. Er verbessert hiernach die englischen Fluttabellen, die er auf einen hohen Grad von Vollkommenheit bringt.

— William **Manning** in Plainfield (New Jersey) baut, ohne von der Bell'schen Konstruktion (s. 1826 B.) Kenntnis zu haben, eine ähnliche Mähmaschine, bei welcher zum erstenmal die Zugtiere seitlich angespannt werden.

— Matthew Fontaine **Maury** faßt schon als Midshipman auf dem Schiff „Falmouth" die Idee, die zerstreuten Beobachtungen über die atmosphärischen Erscheinungen auf den Meeren zu sammeln, zu sichten und sie für eine meteorologische Statistik der Meere auszunutzen. Er beginnt hierauf gestützt Segelanweisungen zu geben, welche die Wirkung haben, daß die Reise von den östlichen Häfen der Vereinigten Staaten bis zum Äquator in 24 bis 18 Tagen, statt in 41 nach früheren Segelanweisungen, und nach San Francisco in 100 statt in 180 Tagen zurückgelegt wird.

— Der Chemiker **Mein** stellt zuerst das Atropin aus der Belladonnawurzel her, das dann 1833 unabhängig von ihm von Geiger und Hesse in dem Kraut der Atropa Belladonna entdeckt wird. Das ebenfalls 1833 von Geiger und Hesse aus Datura stramonium dargestellte Daturin wird 1850 von Planta als identisch mit Atropin erwiesen.

— Der Physiker Macedonio **Melloni** untersucht mit Hilfe des von Nobili (s. 1830 N.) erfundenen Thermomultiplikators die Eigenschaften der strahlenden Wärme und findet, daß für dieselbe die aus der Optik bekannten Gesetze der Brechung und Zurückwerfung gelten. Die vollständige Übereinstimmung des Verhaltens der Wärme- und Lichtstrahlen nötigt fortan, wenigstens für die strahlende Wärme dieselbe Ursache anzunehmen, wie für das Licht, sie also als eine schwingende Bewegung des Äthers aufzufassen.

— Adolphe **de Milly** lehrt die billige Verseifung der Fette mit Kalk und die Zersetzung der gebildeten Kalkseife mit Schwefelsäure, und macht dadurch die von Braconnot (s. 1817 B.) begonnene Stearinkerzenfabrikation zu einem lohnenden Fabrikationszweige.

1831 Der Reisende **Mitchell** weist auf seinen in den Jahren 1831—36 unternommenen Reisen die Entstehung des Darlingflusses aus der Verbindung der Flüsse Namoi und Barwan nach, bestimmt die Verbindung des Darlingflusses mit dem Murrayfluß und entdeckt das jetzige Victoria, das er „Australia felix" nennt.

— Arthur **Morin** stellt Versuche über die gleitende und rollende Reibung an.

— Johannes **Müller** erkennt zuerst den Unterschied in den Eigenschaften der aus verschiedenen tierischen Geweben gewonnenen Gallerte und nennt die aus permanenten Knorpeln gewonnene Gallerte Chondrin (Knorpelleim). die aus Sehnen, Bindegewebe, Lederhaut, Hirschhorn usw. dargestellte Gallerte Glutin (Knochenleim).

— Nachdem Magendie sich vergeblich bemüht hatte, Bell's Entdeckung (s. 1811 B. und 1826 B.) durch Versuche an warmblütigen Tieren zu beweisen, gelingt es Johannes **Müller,** durch Versuche an Fröschen, das Bell'sche Gesetz im vollsten Umfange zu bestätigen.

— Franz Ernst **Neumann** dehnt das von Dulong und Petit für die chemischen Elemente aufgestellte Gesetz (s. 1819 D.) auf eine Reihe zusammengesetzter Körper aus in dem Satze, daß bei allen chemisch ähnlich zusammengesetzten Körpern die spezifischen Wärmen sich ebenfalls umgekehrt verhalten wie die Molekulargewichte, oder daß die Moleküle chemisch ähnlich zusammengesetzter Körper dieselbe Wärmemenge zu gleicher Temperaturerhöhung erfordern. Das Gesetz wird durch die spätern Untersuchungen von Regnault (s. 1840 R.), Pape (1847) und Kopp (s. 1864 K.) bestätigt und erweitert.

— Der Anatom Filippo **Pacini** entdeckt die nach ihm „Pacini'sche Körperchen" genannten Endigungen an Nerven wieder, nachdem dieselben schon 1741 von Abraham Vater in Wittenberg als „Papillae nerveae" beschrieben worden waren.

— Der Engländer **Payne** erfindet das Taschen-Pedometer, ein uhrartiges Instrument zum Zählen der Schritte unter Benutzung der Hebung des Körperschwerpunkts bei jedem Schritt. (S. a. 1727 L.)

— Théophile Jules **Pelouze** gelingt es, die Blausäure in Ameisensäure überzuführen und das Ammoniaksalz der letzteren durch Erhitzen wieder in Blausäure zu verwandeln. Es ist dies die erste Verwandlung eines Nitrils in eine Säure.

— Der englische Ingenieur Augier M. **Perkins** führt die Heißwasserheizung (Hochdruckwasserheizung) ein. Bei diesem Heizsystem wird das in den Rohrleitungen zirkulierende Wasser bis auf etwa 200° C. erhitzt, steht daher unter sehr starkem Drucke, und fordert starkwandige, aber dabei enge Röhren (meist 23 mm).

— Peregrine **Phillips** erhält ein englisches Patent auf Überführung eines Gemisches von schwefliger Säure mit Luft in Schwefelsäure, was in der Weise geschehen soll, daß man mittels einer Luftpumpe das Schwefligsäuregemisch mit überschüssiger Luft durch fein verteiltes, in zur Rotglut erhitzten Röhren befindliches Platin streichen läßt, das als Katalysator wirken soll. (S. a. 1817 D.)

— **Pierquin** führt das Eisenjodür, aus dem 1837 von Frederking der Syrupus ferri jodati bereitet wird, in den Arzneischatz ein.

— Charles Gabriel **Pravaz** erfindet die nach ihm benannte Pravaz'sche Spritze, die später allgemein zu den subcutanen Injektionen angewendet wird.

— Der französische Veterinär Eugène **Renault** zeichnet sich in der Tierchirurgie aus und arbeitet besonders über Kauterisation, Speichelabszesse, Kastration, Harnröhrenstich, Tracheotomie und Hufknorpelfistel. Er stellt Versuche über die Schnelligkeit der Resorption von Ansteckungsstoffen an und untersucht die Schafpocken und die Hühnerpest.

1831 Philippe **Ricord** bewirkt durch eine lange Reihe in den Jahren 1831—37 sorgfältig ausgeführter experimenteller Impfungsversuche einen Umschwung in der Lehre von der Syphilis, die er auf eine durchaus naturwissenschaftliche Basis stellt. (Vgl. 1786 H.)

— James Clarke **Ross** entdeckt auf seiner mit John Ross unternommenen Nordpolfahrt (s. 1829 R.) auf dem Südwestrand der Insel Boothia Felix unter 70° 5′ n. Br., 96° 46′ w. L. den magnetischen Nordpol.

— **Schlumberger** in Gebweiler bringt zum Lockern der Baumwolle an Stelle der Kratzdeckel (deren Anbringung an Stelle der von Paul, s. 1741 P., verwendeten Stockkarden zeitlich nicht nachweisbar ist) eine Anzahl kleiner mit Drahtbeschlägen versehener Walzen (Walzenkrempeln) um die Trommel an.

— Der französische Chemiker Eugène **Soubeiran** entdeckt gleichzeitig mit Justus **von Liebig** das Chloroform durch Behandlung von Alkohol oder Aceton mit Chlorkalk.

— William Henry Fox **Talbot** beschreibt eine eigentümliche Art von Interferenz- bez. Beugungserscheinungen, die nach ihm Talbot'sche Linien genannt und 1858 von Esselbach benutzt werden, um die Wellenlänge der ultravioletten Strahlen zu messen. Dieselben entstehen, wenn man, ein Spektrum im Fernrohr betrachtend, eine dünne Platte einer durchsichtigen Substanz, etwa ein mikroskopisches Deckgläschen, von der violetten Seite her zwischen Okular und Auge schiebt, bis es die halbe Pupille bedeckt.

— **Turner** in Aurelius in Nordamerika erfindet die Stiftendreschmaschine, bei der auf der schnell in Umdrehung zu versetzenden Trommel schräg oder schraubenförmig angeordnete Stifte sitzen, die zwischen ähnlichen am Dreschkorb befestigten Stiften hindurchlaufen. Das Getreide wird von den Stiften der Trommel erfaßt, zwischen den Stiften des Dreschkorbs hindurchgeführt und dabei ausgestreift.

— **Winnerl** konstruiert das erste Chronoskop, ein Instrument zur genauen Messung eines sehr kleinen Zeitabschnitts. Namentlich dienen diese Instrumente zur Bestimmung der Geschwindigkeit von Geschossen.

1832 André Marie **Ampère** konstruiert einen „Kommutator" genannten Stromwender, der aus zwei leitenden Teilen besteht, die durch einen nichtleitenden Steg getrennt sind. Der Kommutator wird zuerst bei der Pixii'schen magnetelektrischen Maschine (s. 1832 P.) verwendet, um die auftretenden Wechselströme in Gleichstrom umzuwandeln.

— Der englische Orgelbauer **Barker** erfindet den pneumatischen Hebel an der Orgel, eine Vorrichtung, welche das Spielen großer Orgeln dadurch erleichtert, daß kleine Bälge, zu denen dem Orgelwinde durch den Tastenniederdruck der Zugang gestattet wird, das Aufziehen der einen erheblichen Druck erfordernden Spielventile übernehmen. (Vgl. a. 1867 W.)

— Johann Jacob **von Berzelius** stellt zuerst die Tellursäure und tellurige Säure, das Bromtellur, Fluortellur und die Tellurchlorverbindungen her.

— Jean Baptiste **Biot,** der mit Seebeck (s. 1818 B.) darauf aufmerksam gemacht hat, daß Zuckerlösungen die Polarisationsebene eines hindurchgehenden Strahls um eine gewisse Größe ablenken, ermittelt, daß eine Zuckerlösung die Schwingungsebene um so mehr dreht, je stärker ihr Gehalt an Zucker ist, und begründet so die wissenschaftliche Saccharometrie. Er führt den Begriff des molekularen Drehungsvermögens ein, einer Konstanten, die den Drehungswinkel in einer Schicht der reinen Substanz von der Länge 1, dividiert durch die Dichtigkeit der betreffenden Substanz, bedeutet, wobei jedoch vorausgesetzt ist, daß das Lösungsmittel dasselbe ist, da mit dem Lösungsmittel sich die Drehung bei gleichem Gehalt ändert.

1832 **Bogardus** in New York erfindet die Schrotmühle mit exzentrisch gestellten Steinen, die sich von 1834 ab auch in Europa verbreitet.

— William Cranch **Bond,** Uhrmacher, dann Astronom in Cambridge, verwendet zuerst Canadabalsam zur Anfertigung mikroskopischer Präparate.

— Felix Henri **Boudet** findet, daß die salpetrige Säure die Wirkung hat, das Baumöl und mehrere andere Öle fest zu machen, unter Bildung eines Körpers, den er „Elaidin" nennt. Der verdickenden Kraft der rauchenden Salpetersäure auf solche Öle war zuerst 1661 von Boyle gedacht worden. St. F. Geoffroy (1719), G. F. Rouelle (1747), Priestley (1779) und insbesondere Poutet (1819) hatten ähnliche Beobachtungen gemacht.

— Henri **Braconnot** findet in sauer gewordener Lohbrühe der Gerbereien eine bis dahin nicht bemerkte Säure, die er „Acide nancéique" (nach der Stadt Nancy) nennt, und die von Leopold Gmelin als Milchsäure erkannt wird. Die Wirkung der in der Gerberbrühe wahrscheinlich durch Bacillen entstehenden Milchsäure wird 1894 von Johannes Paeßler als wichtig für die Weiche und Geschmeidigkeit des Leders erwiesen.

— Henri **Braconnot** findet, daß Stärke und Holzfaser bei Behandlung mit konzentrierter Salpetersäure leicht verbrennliche Stoffe ergeben, welche er „Xyloidin" nennt.

— David **Brewster** macht zuerst an gasförmiger salpetriger Säure die Beobachtung, daß das Spektrum des durch eine Säule von Gasen hindurchgegangenen Lichts eine ganze Reihe schwarzer Streifen zeigt, die teils den Fraunhofer'schen Linien sehr ähnlich sind, teils als mehr oder weniger breite Banden erscheinen. Ganz ähnliche Beobachtungen machen Daniell und W. A. Miller (1833) mit gewöhnlichem Lampenlicht; der letztere untersucht (1846) die durch Absorption in Gasen auftretenden festen Linien in eingehender Weise und vergleicht die erhaltenen Spektra mit denen von diffusem Tageslicht.

— A. J. **Brogniez,** Professor an der Tierarzneischule zu Cureghem bei Brüssel, konstruiert eine große Anzahl von Instrumenten für den tierärztlichen Gebrauch (Katheter, Rabot odontotriteur, Troikar usw.) und erwirbt sich große Verdienste um die Tierchirurgie.

— George **Catlin** erforscht in den Jahren 1832—40 die Gebräuche und Sitten der verschiedenen Indianerstämme Nordamerikas.

— Michel Eugène **Chevreul** stellt zuerst aus Fleischauszügen Kreatin her.

— Nachdem Bergman zuerst 1778 den Seifenspiritus zur Untersuchung der Mineralwässer in Vorschlag gebracht hatte, führt Th. **Clark** die Bestimmung der Härte von Trink- und Gebrauchswässern durch Titrieren mit weingeistigen Seifenlösungen von bestimmtem Seifengehalt und die Bezeichnung der Härte nach Graden ein. (Vgl. 1741 G.)

— **Coffey** führt den Spiritus-Rektifikationsapparat mit Siebböden ein, der von D. Savalle zur höchsten Vollkommenheit ausgebildet wird. (S. 1861 S.)

— Warren **De la Rue** führt die Kolorierung der Bilder und die Musierung der Rückseite der Spielkarten mit Reliefformen in der Buchdruckpresse oder mit Steinplatten in der lithographischen Presse in Ölfarbe aus.

— Nachdem schon Macquer und Hausmann (1819) auf die Eigenschaft der Tonerde, organische Stoffe aus Lösungen niederzureißen, aufmerksam gemacht hatten, empfiehlt Johann Wolfgang **Döbereiner** die Anwendung der Tonerde zu Beizen in der Färberei.

— **Douglas** in Hamburg versiedet zuerst Cocosöl zu Seife und stellt zu medizinischem Gebrauch eine Cocosölsodaseife her. 1839 wird von Chr. Reul das Cocosöl zur Herstellung von geschliffenen Kernseifen verwendet.

1832 **Dublanc** entdeckt im Opium das Mekonin, das später auch bei Reduktion der Opiansäure mit Natriumamalgam oder Zink und Schwefelsäure erhalten wird.

— Jean Baptiste **Dumas** unterscheidet ätherische Öle, die nur aus Kohlenwasserstoffen bestehen, von sauerstoff-, stickstoff- und schwefelhaltigen und stellt die Bruttoformeln für Campher, Borneol, Anethol und den künstlichen Campher (s. 1803 K.) auf.

— Michael **Faraday** beobachtet, daß auch durch den Erdmagnetismus allein in einem Stromkreise, der um eine in seiner Ebene liegende Drehungsachse gedreht wird, ein Strom induziert werden kann. Palmieri und Santi Linari erhalten durch Anwendung mehrerer mit weichen Eisenzylindern versehener und miteinander verbundener Spiralen so kräftige Induktionsströme, daß sie Wasser damit zersetzen und physiologische Reizwirkungen damit ausüben können.

— Sir Charles **Fox** erfindet die Zungenweiche für Gleiseverzweigungen.

— Johann Nepomuk **von Fuchs** entdeckt das Zinnsesquioxydul, welches er erhält, indem er eine Lösung von Zinnchlorür mit frisch gefälltem Eisenoxydhydrat zum Sieden erhitzt.

— Der Ingenieur **Galle** erfindet die nach ihm benannte Kette, die dadurch, daß sie keine geschweißten Stellen enthält, größere Sicherheit gewährt und durch ihre Form zur Treibkette geeigneter ist, als die gewöhnliche Gliederkette.

— J. L. **Grimm** in Berlin erfindet den pneumatischen portativen Erdglobus, der aus Gummistoff hergestellt und zum Gebrauch mit einem Blasebalg bis zu $3^3/_4$ m Umfang aufgeblasen wird.

— Marshall **Hall** führt die von Descartes (s. 1644 D.) begründete Theorie der Reflexbewegungen weiter aus, indem er die Reflextätigkeit der Medulla oblongata und des Rückenmarks unwiderleglich nachweist. (Vgl. auch 1833 M.)

— Der englische Astronom William Rowan **Hamilton** leitet aus der Undulationstheorie die innere konische Refraktion ab. (Vgl. auch 1837 L.)

— Alexander **von Humboldt** ermittelt, daß das schon im Altertum bekannte Leuchten des Holzes von den darin lebenden Pilzen ausgeht.

— Philippe H. **Hutin** und F. C. C. G. **Monod** geben zuerst ein klares anatomisches Bild der anscheinend schon im Altertum bekannten Tabes dorsalis (Rückenmarksschwindsucht), deren Krankheitsbild 1845 von Cruveilhier eingehend beschrieben wird.

— Der englische Ingenieur **Juckes** konstruiert den Kettenrost, der von Tailfer in Frankreich eingeführt wird. Die Rostanlage besteht aus einer endlosen Kette, die über zwei Scheiben läuft. Das Ganze ruht auf zwei Rädern und kann bequem unter dem Kessel hervorgezogen und gereinigt werden.

— Nachdem schon Derosne, Derepas und Peyla in Turin (s. 1816 D.) Phosphormassen für Zündhölzer angewendet hatten, bringt Johann Friedrich **Kammerer** in Ludwigsburg die ersten im großen erzeugten Streichhölzer mit phosphorhaltiger blauer Zündmasse in den Handel. Die Engländer schreiben die Erfindung dem Apotheker John Walker zu; oft wird auch der ungarische Student Irinyi als Erfinder bezeichnet, doch scheint Kammerers Priorität unanfechtbar.

— John Howard **Kyan** verwendet zur Konservierung des Holzes Sublimatlösung, in welche er die zugeschnittenen Hölzer eine Reihe von Tagen einlegt. Im allgemeinen genügt eine $^2/_3$ prozentige Lösung, doch wird mehrfach auch eine höhere Konzentration bis zu 2 Prozent verwendet. (Kyanisieren.)

1832 **Larman** in New York konstruiert eine Steinbearbeitungsmaschine, welche
die Handarbeit ·möglichst getreu nachzuahmen sucht, indem ein System
von Meißeln durch Hammerschläge in rascher Folge gegen die zu be-
arbeitende Steinfläche getrieben wird.

— Auguste **Laurent** macht das Naphtalin zum Gegenstande seiner Untersuchungen und entdeckt in den Jahren 1832—40 viele der sich davon
ableitenden Substanzen, wie die Chlorüre, die Nitroverbindungen und deren
Sulfosäuren usw. Das Naphtylamin wird 1842 von Zinin aus Nitronaphtalin
mit Schwefelammonium, später von Béchamp mit Eisenfeile und Essigsäure dargestellt.

— Der Waffenfabrikant **Lefaucheux** in Paris konstruiert unter Anlehnung an
ein 1812 von dem französischen Gewehrfabrikdirektor Pauli genommenes
Patent ein Hinterladungsgewehr, dessen Rohr sich vermittels eines Schar-
niers niederklappen und in dieser Lage von hinten laden läßt. Das System,
für Kriegswaffen ungeeignet, findet für Jagdgewehre Anwendung.

— Justus **von Liebig** und Friedrich **Wöhler** werden durch ihre Arbeit über das
Bittermandelöl zur Annahme eines sauerstoffhaltigen Radikals, des Benzoyl's,
geführt, welches neben dem Cyan (s. 1815 G.) die Grundlage der Radikal-
theorie wird. Das bei Gelegenheit dieser Arbeiten von ihnen durch Behandlung von Bittermandelöl mit Chlor gewonnene Chlorbenzoyl ist als
das erste organische Säurechlorid anzusehen. Sie bemerken dabei ausdrücklich, daß bei dieser Umwandlung 2 Atome Chlor an die Stelle von
2 Atomen Wasserstoff treten und es sich um eine Substitutionserscheinung
handle. Durch Einwirkung des Chlorbenzoyls auf Ammoniakgas erhalten
sie das Benzamid.

— Justus **von Liebig** entdeckt das Chloral als Endprodukt der ·Einwirkung
von Chlor auf Alkohol.

— Justus **von Liebig** konstruiert für die Elementaranalyse den nach ihm benannten Kaliapparat, der zur Aufnahme und direkten Gewichtsbestimmung
der Kohlensäure dient. (Vgl. auch 1831 L.)

— Der Astronom Joseph Johann **von Littrow** und der Instrumentenmacher
Simon **Ploessl** in Wien verbessern die Konstruktion des achromatischen
Fernrohrs, indem sie das Crownglas und Flintglas des Objektivs nicht
miteinander in Berührung bringen, sondern letzteres getrennt weiter zurück
im Rohr einsetzen. (Dialytisches Fernrohr.)

— Der Techniker **Lüdersdorf** beobachtet zuerst, daß Schwefel dem in Terpentin
gelösten Kautschuk die Klebrigkeit nimmt, und legt dadurch den Grund
zu Goodyear's (s. 1839 G.) Erfindung der Vulkanisation des Kautschuks.
Gleichzeitig mit Lüdersdorf bemerkt der Amerikaner Hayward, daß durch
Bestreuung der Kautschukblätter mit Schwefelblüte die Klebrigkeit abnimmt.

— Eilhard **Mitscherlich** gelingt es bei Gelegenheit seiner Arbeit über die Sauerstoffverbindungen des Mangans, die Mangansäure und die Übermangansäure als verschiedene Säuren zu erweisen.

— **Muntz** in Birmingham nimmt ein Patent auf eine Legierung von 60% Kupfer
und 40% Zink oder auch 56% Kupfer, $43\frac{1}{4}\%$ Zink und $3\frac{3}{4}\%$ Blei, die
unter dem Namen Muntzmetall oder schmiedbares Messing bekannt wird.
Sie dient vielfach zu Schiffsbolzen und Schiffsbeschlägen.

— Th. F. L. **Nees van Esenbeck** stellt zuerst aus dem Catechu (s. 1560) den
wichtigsten der färbenden Bestandteile, das Catechin (Catechusäure), dar,
das außer von Berzelius 1837 von Svanberg und 1839 von Wackenroder
untersucht wird, der bei dieser Gelegenheit kurz nach Reinsch (s. 1839 R.)
durch trockene Destillation des Catechins das Brenzcatechin erhält.

— Joseph **Pelletier** entdeckt in den Mutterlaugen von der Herstellung des

Morphins eine neue Base, das Narcein, die von Anderson (1853) und später von Hesse (1863) näher untersucht, und deren Konstitution 1894 von Freund und Frankforter klargestellt wird.

1832 Der Pariser Mechaniker **Pixii** erbaut auf Anregung von Ampère eine magnetelektrische Maschine, die als die erste Wechselstrommaschine anzusehen ist. Sie besteht aus einem permanenten Doppelmagneten, der aus verschiedenen Lamellen zusammengesetzt ist und um eine vertikale Achse rotiert, und aus einem System von zwei Spulen, die dem Magnet gegenüberstehen und auf einen hufeisenförmigen Kern von weichem Eisen gewickelt sind (Scheibenanker). Die auftretenden Wechselströme werden durch den Ampère'schen Kommutator (s. 1832 A.) in Gleichstrom umgewandelt.

— Joseph Antoine Ferdinand **Plateau** und Simon **Stampfer** erfinden gleichzeitig, aber unabhängig voneinander die stroboskopische Scheibe, die in der 1866 aus Amerika kommenden Wundertrommel eine besonders zweckmäßige Ausführung erhält. (S. a. 1827 P.)

— Karl **von Reichenbach** beobachtet, daß gewisse Fraktionen der Destillation des Buchenholzkreosots beim Behandeln mit Barytwasser an der Luft einen blauen Farbstoff bilden, den er „Pittakall" nennt.

— Pierre Jean **Robiquet** isoliert aus dem Opium das Codeïn, dessen Formel 1843 von Gerhardt zu $C_{18}H_{21}NO_3$ bestimmt wird. Das Codeïn wird als Sedativum bei Bronchitis und Pneumonie verwendet.

— **Ruickholdt** stellt durch Destillation des weingeistigen Extraktes des Myrrhengummis, der seit den ältesten Zeiten bekannt ist, das Myrrhenöl dar, das zu Zahntinkturen und als Heilmittel für Wunden vielfach Verwendung findet.

— Der englische Ingenieur **Russel** baut die erste hydraulische Seiherpresse, bei welcher das Preßgut sich wie bei der späteren Kastenpresse (s. 1858 R.) in einem siebtopfartigen Behälter befindet, der jedoch nicht in einem Kasten, sondern frei unter der Presse steht und zum Füllen und Entleeren herausgezogen werden muß. Die Presse gewinnt später, namentlich zur Darstellung von Olivenöl, große Bedeutung und wird von Faßbender, W. Theis, Brenot & Sohn, Eneo Torelli u. a. verbessert.

— Der Graf **de Sassenay** erwirbt die im Jahre 1797 entdeckten Asphaltlager von Seyssel und führt daselbst einen rationellen Betrieb ein. Es gelingt ihm, durch Zusatz von grobem Kies in Erbsengröße den Fußbodenbelag aus Asphaltmastix zu verbessern und widerstandsfähiger zu machen und damit die Asphaltindustrie fest zu begründen.

— Das Leinöl erlangt durch langes Lagern die Eigenschaft, selbst ohne weitere Behandlung zu einer Firnishaut auszutrocknen. Nicolas Théodore **Saussure** erklärt diesen Vorgang dahin, daß das frische Leinöl, in Berührung mit atmosphärischer Luft, den Sauerstoff derselben anfangs nur sehr langsam aufnimmt, daß sich dann aber plötzlich eine ungemein rasche Absorption einstellt, bei der das Öl trotz Entwicklung von Kohlensäure ungefähr $16\,^0/_0$ an Gewicht zunimmt, während es gleichzeitig in den zähen Zustand übergeht.

— William **Savage** gibt in seinem Werk „Über Buchdruckfarben" die Bereitung seiner von den Londoner Buchdruckereien allgemein anerkannten Buchdruckfarbe an, die aus abgelagertem Leinöl, Kolophonium, Seife und Ruß oder Lampenschwarz hergestellt wird.

— **Sehlmacher** konstruiert eine der ersten Wollwaschmaschinen, die aus einem länglichen Bottich und einem durch eine gekröpfte Welle mechanisch bewegten Gabelrechen besteht, und bei der die Rückenwäsche der Schafe vorausgesetzt wird. Dieser Maschine folgen die von Leroy, Ralp, Norton und namentlich die von Peltzer (1855).

1832 Der Mathematiker Jacob **Steiner** in Berlin entwickelt die synthetische Geometrie (auch projektive oder neuere Geometrie genannt) unter Anlehnung
an Poncelet (s. 1813 P.) in bahnbrechender Weise. (Vgl. sein Hauptwerk
„Systematische Entwicklung der Abhängigkeit geometrischer Gestalten".)

— Robert **Stevens** läßt für die Camden-Amboybahn Schienen herstellen, die
im obern Teil Pilzform haben, während der untere Teil zu einem breit
auskragenden Fuß ausgestaltet ist, der eine unmittelbare Befestigung ohne
Stifte auf den Schwellen gestattet. (Breitfußschiene.) Er verbindet die
Schienen zuerst durch flache Eisenstücke (Laschen) und Schraubenbolzen
und unterstützt den Stoß durch eine Schwelle.

— Gustav **Suckow** entdeckt die Lichtempfindlichkeit der chromsauren Salze,
ohne sie jedoch zur Herstellung von Lichtbildern anzuwenden. (S. a. 1798 V.)

— Nachdem in den Konditionieranstalten für Seide, deren erste zu Anfang
des 18. Jahrhunderts in Italien errichtet worden war, die zum Verkauf
gelangenden Seiden in großen, mit heißer Luft geheizten Räumen 2 bis
3 Tage aufgehängt worden waren, bis sie sich in rechtem Verhältnis
(dans des bonnes conditions) befanden, d. h. von ihrem Wassergehalt befreit
waren, und nun so gewogen wurden, empfiehlt **Talabot** in Lyon das Trocknen
bis zum absoluten Gewicht (d. i. bis zum wasserfreien Zustand) und schlägt
als Vergünstigung gegen den frühern Modus einen Zuschlag von 10 Prozent
zu dem Gewicht der wasserfreien Ware vor. Talabots Methode wird von
Persoz noch verbessert.

— **Trevany** in Wien erfindet die vielfach „Congreve'sche Streichhölzer" genannten Reibzündhölzer ohne Phosphor, die erst in Schwefel getaucht,
und dann mit einem Überzug von 1 Teil chlorsaurem Kali und 2 Teilen
Schwefelantimon versehen werden. Die Zündung erfolgt durch scharfes
Reiben der Hölzer an Glas- oder Sandpapier.

— Ferdinand Ludwig **Winckler** entdeckt die aus Bittermandelöl und Blausäure
unter Mitwirkung von Salzsäure sich bildende Mandelsäure, die 1836 von
Liebig näher untersucht wird und eines der frühesten Beispiele der Entstehung komplizierterer Substanzen mit höherem Kohlenstoffgehalt aus
einfacheren Substanzen bildet.

1833 Der britische Seefahrer Sir George **Back,** der bereits an Franklin's Expedition (s. 1825 F.) teilgenommen hatte, unternimmt 1833—35 eine Expedition, auf der er den Großen Fischfluß und King-Williams-Land entdeckt.

— Peter **Barlow** macht eingehende Arbeiten über die ablenkende Wirkung des
Eisens im Schiffe auf den Kompaß. Er konstruiert isogonische Landkarten.

— William **Beaumont** in St. Louis in Amerika macht Beobachtungen zur Verdauungsphysiologie an der Magenfistel des kanadischen Jägers Alexander
San Martin, die größere Mengen Magensaftes zu gewinnen und die Vorgänge bei der Verdauung unmittelbar zu beobachten gestattete.

— Pierre **Berthier** arbeitet eine Methode zur Bestimmung des Wärmeeffekts
von Brennmaterialien aus, bei welcher er von der schon 1830 als unrichtig
erwiesenen Welter'schen Hypothese ausgeht, daß die bei der Verbrennung
einer gegebenen Brennmaterialmenge entwickelte Wärmemenge dem Gewicht des Sauerstoffs proportional sei, mit welchem das Brennmaterial sich
verbindet. Durch diesen Umstand verlieren die Bestimmungen nach Berthier's Methode naturgemäß an Wert.

— Jean Baptiste **Biot** entdeckt, daß Rohrzucker, der das polarisierte Licht
nach rechts dreht, bei der Einwirkung verdünnter Säuren eine entgegengesetzte Drehung nach links zeigt.

— Nachdem Lassaigne schon 1824 gezeigt hatte, daß der im gerösteten
Stärkemehl enthaltene Körper von Gummi verschieden sei, erbringen

Darmstaedter.   26

J. B. **Biot** und J. F.**Persoz** den entscheidenden Beweis für diese Verschiedenheit durch das Verhalten der Lösungen gegen den polarisierten Lichtstrahl. Nach seiner Eigenschaft, den Lichtstrahl stark nach rechts zu drehen, benennt Biot das Stärkemehlgummi „Dextrin".

1833 J. B. **Biot** und J. F. **Persoz** beschäftigen sich eingehend mit dem eiweißartigen Körper, den Kirchhoff (s. 1814 K.) entdeckt hat. Sie stellen denselben aus Malzauszug her und finden, daß er große Mengen Stärke schon bei gewöhnlicher Temperatur, rascher aber bei 60—70 ⁰ erst in das Zwischenprodukt Dextrin (s. vorstehenden Artikel) und dann in Zucker überführt (s. auch 1814 S.) und geben ihm den Namen „Diastase".

— **Blanchet** und **Sell** untersuchen die mit dem Terpentinöl isomeren (oder polymeren) Öle, wie namentlich das Citronenöl (s. auch 1832 D.), aus dem sie Citrin und Citrilen gewinnen, das Wachholderöl, Cubebenöl und Copaivaöl und studieren das von Kindt (s. 1803 K.) gewonnene Pinenchlorhydrat und das Tereben sowie dessen Produkte, die auch von Henri Sainte-Claire-Deville (1840) untersucht werden. Außerdem bearbeiten sie im gleichen Jahre das bereits seit Valerius Cordus bekannte Anisöl, dessen Stearopten, der Aniscamphor, später von Hesse und Ladenburg und Leverkus untersucht wird.

— **Brossard-Vidal** konstruiert das Ebullioskop, das darauf beruht, daß Mischungen von Alkohol und Wasser, solange ihre Zusammensetzung unverändert bleibt, einen konstanten Siedepunkt haben. Das Instrument wird 1852 durch die Schwester des Erfinders in eine Form gebracht, die es zur Bestimmung des Alkoholgehalts sehr brauchbar erscheinen läßt. Andere ähnliche Apparate werden von Conaty, Malligand u. a. konstruiert.

— Die **Budweis-Linzer Pferdebahn** verwendet zuerst auf dem europäischen Festland Stationsglocken.

— Sir Alexander **Burnes** erforscht in den Jahren 1833—34 einen großen Teil Zentralasiens, und namentlich die bis dahin noch wenig bekannten Länder Balch, Kunduz und Buchara.

— Robert **Carswell** fördert durch sein berühmtes Werk „Pathological anatomy. Illustrations on the elementary forms of diseases" die pathologische Anatomie.

— Michel Eugène **Chevreul** entdeckt im Wau (Reseda luteola) das Luteolin, das später von Moldenhauer sowie von Schützenberger und Paraf näher untersucht und 1895 von Kostanecki (s. 1895 K.) synthetisch dargestellt wird.

— Benoit Pierre Emile **Clapeyron** kleidet in seinem Werk „Mémoire sur la puissance motrice de la chaleur" Carnot's Schlüsse (s. 1824 C.) in ein analytisches Gewand und wird dadurch einer der Mitbegründer der mechanischen Wärmetheorie.

— **Collardeau** konstruiert ein Colorimeter, bei welchem die Einstellung der Farbengleichheit durch Veränderung der Dicke der Schichten der zu vergleichenden gefärbten Lösungen angestrebt wird. Dieses Instrument wird später von Karl Stammer, Duboscq, Ventzke u. a. verbessert und für die Bestimmung des Färbungsgrades von Zuckersäften, Füllmassen usw. angewendet.

— **Dörell** und **Albert** in Zellerfeld am Harz erfinden die für den Bergbau wichtige Fahrkunst und führen dieselbe zuerst im Spiegelthaler Hoffnungsschacht ein. (Vgl. auch 1694 P.)

— John **Dyer** erfindet die Walzenwalke, welche die von alters her benutzte Hammerwalke fast vollständig verdrängt und in neuester Zeit von Hemmer in Aachen wesentliche Verbesserungen erfahren hat.

— John **Ericsson** konstruiert eine geschlossene Heißluftmaschine (Caloric Engine) mit einem Arbeitszylinder, einem Verteiler und einem Regenerator. (S. a.

1816 S). Nach vielen Versuchen gelangt er endlich 1848 in Amerika zu Ergebnissen, die seine Maschine lebensfähig machen. 1851 ändert er alsdann
seine Maschine um und stellt in London die erste offene Heißluftmaschine aus.

1833 Michael **Faraday** entdeckt das elektrolytische Grundgesetz, nach dem die
in der Zeiteinheit zur Ausscheidung gelangten Mengen der Ionen direkt
proportional der Stromstärke sind und die durch denselben Strom aus
verschiedenen Elektrolyten abgeschiedenen Mengen zueinander im Verhältnis der chemischen Äquivalente der Stoffe stehen.

— Michael **Faraday** untersucht die aus verschiedenen Quellen erhaltenen Elektrizitäten und kommt zu dem Schluß, daß dieselben in Wirklichkeit identisch sind und sich nur durch die Verhältnisse ihrer Quantität und Spannung unterscheiden.

— Nachdem die ersten Versuche von Burette (1811) und Duparge (1830),
ein künstliches Brennmaterial in Ziegelform herzustellen, an dem ungenügenden, zu starken Rauch entwickelnden Bindemittel gescheitert waren,
gelingt es **Ferrand** und **Marsais,** das Steinkohlenklein durch Zusatz von Teer
und später von weichem Pech zu brauchbaren Briketts zu verarbeiten.

— Edward **Forbes** verwendet als einer der ersten das Schleppnetz (s. 1779 M.)
zur zoologischen Erforschung der Tiefsee, namentlich an den Küsten
Kleinasiens und später in den englischen Meeren. Er kommt später (1841)
zu dem irrigen Schluß, daß unterhalb einer Tiefe von 550 m kein organisches Leben gedeihen könne.

— Johann Nepomuk **von Fuchs** fügt der Lehre von der Dimorphie (s. 1821 M.)
die von der Amorphie hinzu und hebt hervor, wie verschieden die Eigenschaften eines starren Körpers bei gleicher Zusammensetzung sein können,
je nachdem er krystallisiert ist oder nicht.

— Johann Nepomuk **von Fuchs** zeigt, daß schwarzes und rotes Quecksilber-
sulfid (Zinnober) chemisch identisch sind.

— Karl Friedrich **Gauß** konstruiert ein Magnetometer zur genauen Bestimmung der Schwingungsdauer und des Trägheitsmoments von Magnetstäben. Das Instrument besteht aus zwei getrennten Teilen, dem aufgehängten Magnetstab und einem Theodoliten zur Beobachtung der
Schwingungen. Das Magnetometer dient auch zur Bestimmung der Deklination, die aus der Beobachtung der Schwingungen des Magnetstabs
abgeleitet wird, wozu Gauß 1836 die Regeln angibt.

— Karl Friedrich **Gauß** begründet zuerst ein absolutes Maßsystem in seiner
berühmten Abhandlung „Intensitas vis magneticae terrestris ad mensuram
absolutam revocata". Er nimmt für die Länge das Millimeter, für die
Masse das Milligramm, für die Zeit die Sekunde an. Abgekürzt nennt
man sein System „Mm-Mg-S-System". (S. a. 1875 E.)

— **Gauß** und **Weber** errichten das erste erdmagnetische Observatorium in Göttingen und stellen diesem Institut die Aufgabe, für jeden Augenblick den
Wert eines jeden Elementes des Erdmagnetismus anzugeben. Nach dem Vorbild dieses Instituts entstehen bis zu Ende des Jahrhunderts gegen 40 derartige Observatorien.

— **Gauß** und **Weber** wandeln das von Gauß (s. 1833 G.) hergestellte Magnetometer durch Beifügung einer Drahtwicklung für den elektrischen Strom
in ein Galvanometer um, das sie mit der von Poggendorff (s. 1826 P.) erfundenen Spiegelablesung versehen. (Spiegelgalvanometer.)

— **Gauß** und **Weber** legen in Göttingen zwischen dem physikalischen Kabinett
und der Sternwarte die erste elektromagnetische Telegraphenverbindung
an, bei welcher sie als Zeichengeber eine Induktionsspule (s. 1831 F.)

26*

verwenden. Der Empfangsapparat ist ein großes Galvanometer mit Spiegelablesung. (S. den vorhergehenden Artikel.)

1833 Philipp Lorenz **Geiger** und Oswald **Hesse** stellen aus dem Bilsenkraut das Hyoscyamin her, das 1898 von Dunstan und Brown auch im Hyoscyamus muticus und von Thoms und Wentzel in der Mandragorawurzel aufgefunden wird.

— Philipp Lorenz **Geiger** und Oswald **Hesse** finden in der Wurzel und den Blättern von Aconitum Napellus das Aconitin, das, wie Wright und Luff zeigen, mindestens aus zwei Basen besteht, deren eine den Namen Aconitin behält, während die andere Picroaconitin genannt wird. Später wird das Aconitin namentlich von Dunstan und seinen Schülern untersucht.

— Philipp Heinrich Moritz **Geiß** in Berlin führt Kunstwerke von Schinkel, Kiß und anderen in Zinkguß aus, und begründet die Kunstzinkgußindustrie.

— Thomas **Graham** macht die ersten Versuche über die Diffusion der Gase durch trockene poröse Scheidewände, die später (s. 1857 B.) von Bunsen nachgeprüft werden, und deren Theorie von Stefan (s. 1871 S.) gegeben wird.

— Thomas **Graham** erweist die verschiedenen Sättigungskapazitäten der gewöhnlichen Phosphorsäure, sowie der Pyrophosphorsäure und der bis dahin unbekannten, von ihm beim Erhitzen des sauren phosphorsauren Natrons erhaltenen Metaphosphorsäure, und betrachtet dieselben als abhängig von dem zur Konstitution dieser Säuren gehörenden basischen Wasser.

— **Grouvelle** und **Honoré** in Paris führen das Auspressen des abgesetzten Tonschlammes mit Schrauben- oder Hebelpressen ein. Diese Operation bezweckt, die Tonmassen in der zur Verarbeitung geeigneten Teigkonsistenz zu erhalten.

— Theodor **Hartig** gibt in der Untersuchung der Rot- und Weißfäule der Kiefer die erste wissenschaftliche Behandlung einer Pflanzenkrankheit und führt ihre Entstehung auf einen Pilz zurück.

— **Henry** und **Delondre** entdecken in den Mutterlaugen von der Bereitung des schwefelsauren Chinins eine neue Base, das Chinidin, das 1853 von Pasteur als dem Chinin isomer erkannt wird. Hesse gibt diesem Stoff den Namen „Conchinin“.

— **Jobard** und **Stieldorf** erfinden das Logophon (Schallrohrtelegraph).

— Karl Friedrich Theodor **Krause** entdeckt die Bindegewebsfibrillen, die nach ihm benannten acinösen Drüsen der Conjunctiva, die Ganglienzellenschicht der Retina, weist die Querstreifung der Fasern des Herzmuskels nach und vervollständigt die Lehre vom Kopfsympathicus.

— Frédéric **Kuhlmann** entdeckt, daß ein Gemenge von Ammoniak und Luft beim Durchleiten durch ein Rohr, in dem sich Platinschwamm befindet, Salpetersäure liefert, wenn der Platinschwamm bis 308° C. erhitzt wird. (S. a. 1789 M.)

— Johann Friedrich Daniel **Lobstein** betrachtet die Verknöcherung der Arterienwände als das Resultat einer krankhaften Plastizität und bezeichnet den Prozeß wegen seiner Ähnlichkeit mit der Osteosklerose als Arteriosklerose.

— Gustav **Magnus** untersucht die durch die Einwirkung von wasserfreier Schwefelsäure auf Alkohol und ölbildendes Gas entstehenden Verbindungen und entdeckt dabei die Äthionsäure und die Isäthionsäure. Das auch Carbylsulfat genannte Anhydrid der Äthionsäure wird 1837 von Regnault dargestellt.

— Gustav **Magnus** und Christoph Friedrich **Ammermüller** entdecken die Überjodsäure.

— Dr. **von Meyer** aus Bukarest entdeckt in der Gegend von Slanik an der Moldau fossiles Wachs, das von Glocker den Namen „Ozokerit“ erhält

und in Beziehung zu dem Hatchettin (s. 1787 B.) gebracht wird. Glocker
erwähnt bereits, daß das Erdwachs zum Erdöl in genetischer Beziehung
stehen müsse. In Galizien wird das Erdwachs um die gleiche Zeit von
Josef von Micewski entdeckt und gelegentlich als Schmiermittel verwendet.

1833 Eilhard **Mitscherlich** erhält das Benzol beim Erhitzen der Benzoesäure mit
überschüssigem Kalk oder bei deren Durchleiten durch ein glühendes Rohr
und konstatiert die Identität ¦desselben mit dem 1825 von Faraday erhaltenen Körper. (S. 1825 F.)

— Johannes **Müller** stellt das Gesetz' der exzentrischen Empfindungsprojektion
auf, das darin besteht, daß ein auf die Kontinuität der Nervenleitung
einwirkender Reiz so empfunden wird, als ob er auf die peripherische
Endausbreitung der Nerven gewirkt hätte.

— Johann Gottlieb Christian **Nörremberg** konstruiert einen Polarisationsapparat,
in welchem das Licht durch eine Glasplatte, den Polariseur, polarisiert wird,
und der sich in der von Descloizeaux 1864 verbesserten Form vorzüglich
zu krystallographisch-optischen Messungen eignet.

— Der Amerikaner **Norris** verbessert die Lokomotivsteuerung durch Einführung zweier fester Exzenter für jeden Zylinder. (Gabelsteuerung.)

— Heinrich Wilhelm Matthaeus **Olbers** gelangt aus einem Vergleich des Stern-
schnuppenfalls vom 12./13. November mit dem Sternschnuppenfall des
Jahres 1799 auf die Idee, daß es sich um eine Periodizität dieser Erscheinung handle.

— Denison **Olmstedt** in Newhaven erweist zuerst, daß bei dem Sternschnuppenschwarm vom 12./13. November die Feuerkugeln und Sternschnuppen insgesamt von einer und derselben Stelle am Himmelsgewölbe, nahe bei γ
Leonis ausgehen und zeigt so, daß die leuchtenden Körper aus dem Weltraum in unsere Atmosphäre gelangen.

— Der Techniker Hugh Lee **Pattinson** entdeckt, daß aus geschmolzenem
schwach silberhaltigem Blei beim Abkühlen silberarmes Blei sich krystallinisch ausscheidet und von der silberreichen Schmelze getrennt werden
kann, so daß man durch Wiederholen des „Pattinsonieren" genannten
Prozesses schließlich ein silberreiches Blei erhält. Rozan verbessert später
das Verfahren, indem er Wasserdampf in das flüssige Blei treten läßt,
wodurch eine Reinigung des Bleis bewirkt und die Krystallisation begünstigt wird. (Rozanprozeß.)

— **Perret & Sohn** und **Ollivier** konstruieren für die Schwefelsäurefabrikation
einen Platten- oder Etagenofen, bei welchem Feinkies auf Platten und
grobes Erz auf einem darunter befindlichen Kiesbrenner abgeröstet werden.
Der Ofen wird von Perret und von Malétra vielfach verbessert.

— Siméon Denis **Poisson** berechnet die beim Gehen des Menschen geleistete
Arbeit und trägt dadurch zum Verständnis der Mechanik der menschlichen Gehwerkzeuge bei.

— Lambert Adolphe Jacques **Quetelet** studiert die körperliche Entwicklung
des Kindes und nimmt zahlreiche Messungen bei Kindern der verschiedenen Lebensalter vor, die für die Hygiene des Kindes von Wichtigkeit
werden. Seine Methode wird von Bowditch, Axel Key und anderen verbessert.

— **Saxton** in Cambridge gibt der Pixii'schen magnet-elektrischen Maschine
eine praktischere Form, indem er die Spulen vor den Magneten rotieren
läßt. Die Achse seiner Maschine läuft horizontal. Im Prinzip ähnliche
Maschinen werden 1836 von Clarke und 1837 von Ritchie konstruiert.

— Der belgische Geolog B. C. **Schmerling** untersucht die Höhlen in der Umgebung von Lüttich, Ami **Boué** die Höhlen bei Krems in Niederösterreich.
Beide Forscher stellen fest, daß der Mensch ein Zeitgenosse des damals in

Europa lebenden Rhinozeros, Elephanten und Höhlenbären gewesen sein muß.

1833 Ludwig Friedrich Wilhelm August **Seebeck** gibt zur Bestimmung der Härte der Krystalle ein Instrument an, das er „Sklerometer" nennt, und das auf dem von Frankenheim (vgl. 1829 F.) angegebenen Prinzip beruht, daß die ritzende Spitze, unter der die zu prüfende Krystallfläche horizontal weggezogen wird, so lange mit Gewichten belastet wird, bis eine erkennbare Strichlinie auf dem Krystall hervorgebracht wird. Das Instrument wird 1854 von Grailich und Pekarek verbessert.

— Alois **Senefelder** erfindet das Verfahren, auf Stein aufgetragene Ölgemälde auf Leinwand zu drucken (Ölfarbendruck). Die Methode stellt eine Abart der Chromolithographie (s. 1827 Z.) dar.

— Jules **Sichel** fördert die Augenheilkunde durch seine Schrift „Proportions générales sur l'Ophthalmologie" und bearbeitet insbesondere die Anatomie des Linsenstars (1842) und die Hornhautstaphylome (1847).

— Der Gutsbesitzer James **Smith** zu Deanston in Schottland verwendet an Stelle unterirdischer Drainagekanäle (s. 1755 A. und 1795 E.) zuerst Tonrohre (Drainröhren), wodurch ein großer Aufschwung der Tonröhrenindustrie bewirkt wird. (S. 1841 A.)

— William **Stephens**, Ingenieur der Dowlais Iron Works, konstruiert zuerst eine Dampfpfeife zu Signalen für die in den geräuschvollen Schmieden beschäftigten Arbeiter. Seine Pfeife, die sechs Öffnungen hat, wird später durch den Vormann Rose der Lokomotivfabrik von Sharp brothers in Manchester durch Anbringung des kontinuierlichen Spalts verbessert. Schon 1834 läßt Stephenson sämtliche Lokomotiven damit ausrüsten.

— Robert **Stephenson** konstruiert die erste Dampfbremse.

— Die **Sternwarte zu Greenwich** setzt den ersten Zeitball in Tätigkeit. Der Zeitball ist eine Vorrichtung, um zu einer bestimmten Zeit täglich ein weithin sichtbares Zeichen zu geben. Er besteht aus einem ballförmigen Körper von 1—2 m Durchmesser, der sich an einem hohen Maste auf- und abbewegen läßt und einige Minuten vor der festgesetzten Fallzeit in die Höhe gezogen wird, um dann in dem Augenblick, wo das Zeichen gegeben werden soll, elektrisch ausgelöst zu werden.

— Durch **Unger** und späterhin durch **Wiegmann** (1839) und **Meyen** (1841) werden die Grundlagen einer Pflanzenpathologie geschaffen.

— Charles **Wheatstone** erfindet das Spiegelstereoskop und beweist damit, daß das Sehen mit beiden Augen und die Verschiedenheit der beiden in ihnen entstehenden Bilder das körperliche oder räumliche Sehen bedingt und auch bei der Beurteilung der Entfernung des angeschauten Gegenstandes mitwirkt.

— G. W. **Wilde** in London nimmt ein Patent auf eine glattrandige rotierende Steinsäge, welche ihre Wirkung durch Schleifen mit Sand ausübt. Es ist dies die erste bekannte Verwendung der Kreissäge zur Steinbearbeitung.

— **Wright** nimmt ein Patent auf eine Gasmaschine, bei welcher die Regulierung der Geschwindigkeit der Maschine durch Veränderung der Zusammensetzung des Gasgemischs mittels eines Watt'schen Regulators bewirkt wird. Er umgibt bereits seinen Motor mit einem Wassermantel.

— William Christopher **Zeise** entdeckt das Äthylmerkaptan, den ersten Repräsentanten der Schwefelalkohole oder Merkaptane.

1834 Der hannoversche Oberbergrat W. A. Julius **Albert** lehrt zuerst die mechanische Herstellung von gedrehten Drahtseilen, welche aus Eisendrähten in derselben Weise wie gewöhnliche Seile aus gesponnenen Hanffäden, und zwar dreilitzig, zusammengesetzt werden. (S. a. 1780 R.) Diese Seile werden zuerst beim Oberharzer Bergbau (auf Grube Caroline bei Clausthal) eingeführt und verbreiten sich schnell nach allen anderen Ländern.

1834 Friedrich August **von Alberti** verfaßt eine geologische Monographie, worin Buntsandstein, Muschelkalk und Keuper unter dem Namen „Trias" zusammengefaßt werden. Die Alberti'sche Gliederung der Trias ist für Deutschland maßgebend geblieben und hat sich auch im Auslande eingebürgert. In den Jahren 1854—1859 teuft Alberti den Friedrichshaller Schacht ab, durch dessen Vollendung der Schwerpunkt der Württembergischen Salzproduktion von Wilhelmshall nach Friedrichshall verlegt wird.

— **Allnaud** bedient sich zur Entwässerung des abgesetzten Tonschlammes, und um denselben auf Teigkonsistenz zu bringen, der Filtration mit Luftdruck, wozu Talabot einen Apparat konstruiert, der sich insbesondere in Porzellanfabriken gut bewährt.

— André Marie **Ampère** zeigt im Anschluß an die von Carnot und insbesondere von Monge in seiner „Vorlesung über reine Bewegungslehre" (s. 1794 M.) gemachten Vorschläge, daß man durch Trennung der Bewegungslehre von der Statik und Dynamik zahlreiche Bewegungsprobleme einfacher durchführen kann. Er gibt der von ihm neugeschaffenen Disziplin den Namen „Cinématique".

— Friedrich **Arnold** macht eingehende Untersuchungen über das periphere Nervensystem, an dem er manche neue Bahnen feststellt, und entdeckt das „Ganglium oticum".

— Antoine Jerôme **Balard** isoliert die unterchlorige Säure und beobachtet, daß beim Zusammentreffen von Brom mit alkalischen Laugen den Chlorbleichflüssigkeiten ähnliche bleichende Flüssigkeiten entstehen; doch gelingt es nicht ihm, sondern erst Dancer (1851), die unterbromige Säure zu isolieren.

— Friedrich Wilhelm **Bessel** schließt aus unbedeutenden Ortsveränderungen des Sirius, daß derselbe Glied eines Doppelsternsystemes sei und daß das zweite Glied sich wegen seiner Lichtschwäche der Beobachtung entziehe, eine Annahme, die sich später völlig bestätigt.

— Rudolph **Böttger** stellt fest, daß Bleisuperoxyd mit $^1/_8$ Zucker oder Weinsäure zusammengerieben sich unter Erglühen zersetzt. Auf dieser leichten Sauerstoffabgabe beruht die Anwendung des Bleisuperoxyds (s. 1837 P.) zur Anfertigung der Reibzündhölzer, wozu es in bedeutender Menge verwendet wird. Gute Rezepte zur Darstellung des Präparats geben Wöhler (1854), Böttger (1857) u. a.

— John **Bourne** entwirft einen Federregulator für die Dampfmaschine und wendet ihn 1837 auf dem Dampfer „Don Juan" praktisch an.

— Gilbert **Breschet** macht wichtige Untersuchungen über die Anatomie des Gehörorgans und das Venensystem.

— Der Irrenarzt Alexandre **Brierre de Boismont** trägt in bahnbrechender Weise zur Entwicklung der Irrenpflege bei.

— Robert Wilhelm **von Bunsen** und Arnold Adolph **Berthold** empfehlen das Eisenoxydhydrat als Gegengift gegen arsenige Säure.

— Wie in der größten Zahl der Blasinstrumente und den meisten Registern der Orgel die Töne durch stehende Schwingungen von Luftsäulen hervorgerufen werden, gelingt es Charles **Cagniard de la Tour,** auch Flüssigkeitssäulen, die in Glasröhren eingeschlossen sind, zum Tönen zu bringen, indem er die Glasröhren longitudinal reibt. Noch vollkommener gelingt dies Wertheim (1848), der in einer mit Flüssigkeit gefüllten Röhre durch einen Flüssigkeitsstrom den Grundton und die harmonischen Töne erzeugt.

— **Cambacères** erfindet die geflochtenen Kerzendochte, die infolge der durch die Flechtung hervorgerufenen Spannung, welche ihr Umbiegen veranlaßt, ihr Ende stets von selbst aus der Flamme herausbringen, so daß es an der Luft verbrennen kann und das Putzen unnötig wird.

1834 Der italienische Physiker Salvatore **Dal Negro** konstruiert eine elektromagnetische Maschine, die, während die Maschinen von Pixii (s. 1832 P.), Ritchie, Clarke, Saxton (s. 1833 S.) bezweckten, mechanische Arbeit in Strom umzuwandeln, umgekehrt elektrischen Strom benutzen will, um Arbeit zu erzeugen, jedoch über das Versuchsstudium nicht hinauskommt.

— Johann Wolfgang **Döbereiner** stellt zuerst das Platincyanür her, das von Interesse ist wegen der schönen Doppelverbindungen, die es liefert, und die teils von Döbereiner selbst, teils von L. Gmelin, Quadrat, Schafarik u. a. hergestellt werden.

— Jean Baptiste **Dumas** studiert die Wirkung des Chlors auf verschiedene organische Substanzen, insbesondere auf das Terpentinöl, das Öl der holländischen Chemiker und auf den Alkohol und spricht sich am 13. Januar in der Akademie der Wissenschaften folgendermaßen aus: „Das Chlor hat die merkwürdige Fähigkeit, den Wasserstoff gewisser Körper an sich zu ziehen und ihn Atom für Atom zu ersetzen."

— Nachdem L. Gmelin (1829) und Liebig (1830) die Eigentümlichkeit des von Taylor erhaltenen Aether pyrolignicus bestätigt hatten, gelingt es **Dumas** und **Péligot,** den Holzgeist (Methylalkohol) rein darzustellen und die Analogie desselben mit dem Weingeist — eine der wichtigsten Analogien, mit der die organische Chemie bereichert worden ist — ins hellste Licht zu setzen. Der Methylalkohol spielt später in der Teerfarbenfabrikation eine große Rolle.

— **Dumas** und **Péligot** entdecken im Zimtöl den dem Bittermandelöl analogen Zimtaldehyd und erkennen im gleichen Jahre die schon früher in den Absonderungen des Zimtöls beobachtete, jedoch stets für Benzoesäure gehaltene Zimtsäure als eine eigentümliche Säure.

— **Dumas** und **Péligot** untersuchen die zusammengesetzten Äther der Salpetersäure und stellen zuerst den Salpetersäuremethyläther dar, während der Äthyläther 1843 von Millon gewonnen wird. An diese Arbeit schließen sich die Arbeiten von Ettling (1836), betreffend den Kohlensäureäthyläther, und von Ebelmen (1844) an, der die Äther der Borsäure und Kieselsäure kennen lehrt.

— Der Mediziner Johann Nepomuk **Eberle** stellt durch Behandlung der Schleimhaut des Magens mit verdünnter Salzsäure künstlichen Magensaft her und entdeckt, daß der Pankreassaft Öl emulgiert, woraus er folgert, daß derselbe die Aufsaugung von Fett durch die Zotten begünstigt.

— Christian Gottfried **Ehrenberg** macht im Anschluß an die Arbeiten von Michaelis (s. 1830 M.) eingehende Untersuchungen über das Leuchten des Meeres und erbringt den Beweis, daß diese Erscheinung, wie Michaelis schon geahnt hatte, durch kleine infusorienähnliche Tiere, von denen er in seiner Abhandlung bereits 107 Arten beschreibt, hervorgerufen wird. Namentlich sind es eine bereits 1760 von Rigaud beschriebene Noctilucaart und die von Vianelli und Gritellini entdeckte Noctiluca scintillans sowie eine Anzahl Peridiniumarten, von denen er eine „Peridinium Michaelis" benennt, die solch starkes Licht ausstrahlen.

— J. B. A. **Elie de Beaumont** bildet die Theorie der Erhebung der Gebirgszüge aus und teilt die hauptsächlichsten europäischen Gebirgszüge in 21 Erhebungssysteme.

— Sir William **Fairbairn** erfindet die Doppelhechelfeldstrecke (intersecting frame), die für die bessern Sorten von Chappeseide verwendet wird.

— Michael **Faraday** führt die jetzt allgemein gebräuchlichen Benennungen ein: Elektrolyse, Elektrolyte, Elektroden, Anode, Kathode, Anion, Kathion, Ionen

1834 Michael **Faraday** konstruiert den heute als Wasservoltameter bekannten, von ihm „Volta-Elektrometer" genannten Meßapparat, der durch die Menge des zersetzten Wassers mit Genauigkeit die durch ihn hindurchgegangene Elektrizitätsmenge anzeigt.

— George **Forrester & Co.** in Liverpool bauen die erste Lokomotive mit außenliegenden Zylindern.

— Nachdem für die Steuerung der Dampfmaschine schon Carmichael 1818 den Vorteil von festen Exzentern mit gegabelten Exzenterstangenenden gegenüber den losen Exzentern gezeigt hatte, konstruieren George **Forrester & Co.** eine vielbenutzte Gabelsteuerung für Lokomotiven. Ähnliche, zum Teil vereinfachte Steuerungen konstruieren 1835 Cavé, 1836 Stephenson, 1837 Hawthorn, 1838 Gray sowie Sharp & Roberts, 1839 Clapeyron.

— **Gardner** in Banbury konstruiert die erste Rübenschneidemaschine (auch Wurzelschneidemaschine genannt), bei welcher schneidende Werkzeuge in rotierender Bewegung das Zerkleinern von Wurzelgewächsen besorgen. Ähnlichen Zwecken dienen die von Ransome (1838) und Biddel (1858) konstruierten Scheibenmaschinen.

— Samuel **Hall,** der sich schon seit 1831 mit der Oberflächenkondensation für Schiffsmaschinen beschäftigt hat, konstruiert einen Oberflächenkondensator, bei welchem der Dampf durch ein Röhrensystem von halbzölligen Röhren geleitet wird, und trägt dadurch wesentlich zur Entwicklung dieser Frage bei.

— Der englische Astronom William Rowan **Hamilton** stellt das Prinzip der variierenden Wirkung auf und führt die Kraftfunktion ein, die George Green (vgl. 1825 G.) bereits, ohne Beachtung zu finden, benutzt hatte, und die erst 1836 durch Gauß unter dem Namen „Potential" allgemeine Verbreitung findet.

— Der englische Architekt **Hansom** erfindet das nach ihm benannte leichte zweirädrige Gefährt mit nur zwei Sitzen, welches von einem hinter den Fahrgästen befindlichen Kutschbocke aus gelenkt wird und später namentlich als Luxusfuhrwerk viel Verwendung findet.

— Snow **Harris** und nach ihm Peter **Rieß** (1837) leiten aus Versuchen an einfachen Ansammlungsapparaten und an Leidener Flaschen das Gesetz ab, daß die Schlagweite, bei gleichem Zustand der zwischen dem Entlader und dem elektrischen Körper vorhandenen Luftschicht, dem Potentialwerte auf der innern Belegung proportional ist Bei Messung der Ladung einer Batterie wendet man am besten die Lane'sche Meßflasche (s. 1767 L.) an.

— Bernhard **Heine** macht Tierversuche über die Neubildung der Knochen und das Knochenwachstum, welche die hervorragende Rolle des Periosts bei dieser Neubildung dartun (s. a. 1741 D.) und als Ausgangspunkte für die heutige Resektionstechnik betrachtet werden können.

— John Frederick William **Herschel** erfindet das Aktinometer, ein Instrument zur Messung der erwärmenden Wirkung der Sonnenstrahlen, der sogenannten Insolation, die bedeutende geologische Wirkungen ausübt, indem sie durch starkes einseitiges Erwärmen der Gesteine das Springen und den allmählichen Zerfall derselben veranlaßt. Zur Messung der Insolation dient auch Saussure's Heliothermometer, Pouillet's Pyrheliometer (s. 1838 P.), Ångström's Kondensationspyrheliometer und Svanberg-Langley's Bolometer. (S. 1883 L.)

— Franz **Horsky von Horskysfeld** führt die Pflanzenkultur auf Erdkämmen ein.

— Alexander **von Humboldt** veröffentlicht in den Jahren 1834—38 kritische Untersuchungen über die historische Entwicklung der geographischen Kenntnisse der Neuen Welt und begründet dadurch die historische Geographie, die später (1867) auch Oscar Peschel fördert.

— Moritz Hermann **von Jacobi** in Petersburg baut einen durch 320 Zinkkupferelemente getriebenen Elektromotor, mit dem er 1838 ein 8 m langes, 2,6 m breites, mit 12 Personen besetztes Boot auf der Newa betreibt.

1834 **Jobard** in Brüssel konstruiert einen Apparat zur Erzeugung von Wassergas aus Holzkohle und Carburierung desselben mit flüchtigen Kohlenwasserstoffen. Er tritt sein Urheberrecht an Ernest Selligue ab, dem die Einführung dieser Erfindung durch große Anstrengungen gelingt. Später wird die Carburierung auch durch Überleiten über erhitztes Harz oder Bogheadkohle (White 1850) vorgenommen.

— Antoine Joseph **Jobert de Lamballe** lehrt den Verschluß der Blasenscheidenfistel und der Blasenmastdarmfistel durch ein plastisches Verfahren.

— Heinrich Friedrich Emil **Lenz** stellt das nach ihm benannte Gesetz zur Bestimmung der Richtung des induzierten Stromes auf.

— Justus **von Liebig** stellt durch Überleiten von trockenem Kohlenoxyd über geschmolzenes Kalium das Kohlenoxydkalium her.

— **Lilienfein** und **Lutscher** erfinden Lampen für sehr flüchtige Flüssigkeiten, wie Camphin, leichtes Benzin usw. (Dampflampen).

— William **Mackenzie** gibt in seinem Lehrbuch der Augenheilkunde genaue Aufschlüsse über das Wesen und die Behandlung der sympathischen Ophthalmie und bearbeitet das Glaukom, die Chorioiditis, die Asthenopie und die Amaurose.

— William **Marr** in London erfindet den feuerfesten Geldschrank, indem er zwei verschieden große eiserne Kasten so ineinander anbringt, daß die Wände einen Zwischenraum von 8—10 cm freilassen, den er mit zerstoßenem Marmor, Porzellan oder gebranntem Ton ausfüllt.

— Während bisher meist die Fabrikation der Weizenstärke mit saurer Gärung betrieben wurde, wobei folgende Operationen nötig waren: das Einquellen und Zerquetschen des Weizens, das Gären, das Abscheiden der Stärke aus der gegorenen Masse, das Reinigen der Rohstärke, das Trocknen der Rohstärke, erfindet E. **Martin** in Verviers die Fabrikation der Weizenstärke ohne Gärung, die den großen Vorteil hat, daß der dabei gewonnene Kleber zur menschlichen Nahrung benutzt werden kann.

— Eilhard **Mitscherlich** entdeckt die Selensäure und stellt fest, daß die Bleikammerkrystalle (s. 1806 C.) aus Schwefelsäurehydrat und schwefelsaurersalpetriger Säure bestehen.

— Eilhard **Mitscherlich** lehrt neue Arten von Verbindungen kennen, die aus zwei Substanzen unter Austreten von Wasser mit so inniger Vereinigung entstehen, daß die Wiederausscheidung der zu ihnen zusammengetretenen Substanzen selten gelingt, so z. B. die Verbindungen, die sich aus Benzol und Sauerstoffsäuren bilden, wie Nitrobenzol, Sulfobenzid, ferner die Benzolsulfosäure, die Sulfobenzoesäure usw. Durch Reduktion des Nitrobenzols erhält er einen in roten Krystallen auftretenden Körper, dem er den Namen Azobenzid gibt, und der der erste Repräsentant der Azoverbindungen ist. Das Nitrobenzol ist als der erste synthetisch gewonnene Körper anzusehen, der zu Parfümeriezwecken Verwendung findet. Collas führt denselben unter dem Namen „Mirbanessenz" in den Handel ein.

— M. **Mothes** in Paris stellt die ersten aus Leim gefertigten Blasen „Capsules" zum Einschließen flüssiger Arzneimittel her. Diese Capsules werden 1838 von Garot, 1843 von Ad. Steege und 1879 von Praetz wesentlich verbessert.

— Johannes **Müller** gibt seine klassische Arbeit über die vergleichende Anatomie der Myxinoiden (Schleimfische) heraus, die für die Morphologie der Wirbeltiere von höchster Bedeutung ist.

— Franz Ernst **Neumann** begründet eine Theorie über die Wirkung von Druckkräften auf Krystalle. (Deformationstheorie.)

1834 **Neville** empfiehlt als Filtermaterial für Trinkwasser poröse Tonplatten, die sich gut bewähren und vielfach gebraucht werden.

— Der Freiherr **von Oeynhausen** erfindet die Rutschschere für Tiefbohrungen, welche die Nachteile des steifen Gestänges behebt, indem sie das Obergestänge von dem Untergestänge unabhängig macht.

— Der französische General H. J. **Paixhans** weist in seinem Werk „Nouvelle force maritime; application de cette force à quelques parties du service de l'armée de terre" unter Bezug auf die verheerenden Wirkungen der von ihm erfundenen Bombenkanone (s. 1822 P.) auf die Notwendigkeit einer Eisenpanzerung der Kriegsschiffe hin, ein Vorschlag, der im Jahre 1855 in den schwimmenden Batterien von Kinburn (s. 1855 G.) verwirklicht wird.

— P. M. G. **de Pambour** macht die ersten ausgedehnten wissenschaftlichen Untersuchungen an den Lokomotiven der Liverpool-Manchester-Bahn. Seine Versuche erstrecken sich auf die Verdampfungsfähigkeit, die Beziehungen zwischen Geschwindigkeit und Belastung, die Reibung auf den Schienen, den Widerstand der Luft u. dgl.

— Théophile Jules **Pelouze** entdeckt die Alkoholcyanüre, die 1847 als identisch mit den Nitrilen erkannt werden. (S. 1847 D.)

— Jean Charles Athanase **Peltier** zeigt, daß man durch elektrische Ströme nicht bloß Wärme, sondern auch Kälte hervorbringen kann, und konstruiert zum Nachweis dieser Erscheinung das Peltier'sche Kreuz, zwei kreuzweise übereinander gelegte und in ihrer Mitte aufeinander gelötete Stäbe, von denen einer aus Antimon, der andere aus Wismut besteht. Einen noch auffälligeren Beweis für die Kälteerzeugung durch den galvanischen Strom liefert 1838 Lenz, der durch denselben sogar Wasser zum Gefrieren bringt.

— Der französische Kattundrucker **Perrot** in Rouen erfindet eine Druckmaschine für Kattundruck mit erhaben gravierten Platten (Perrotine), mittels welcher drei Farben zugleich gedruckt werden können, und die alle bis dahin vorhandenen Maschinen aus dem Felde schlägt.

— **Poirée** konstruiert das erste Nadelwehr mit umlegbaren eisernen Wehrblöcken, wodurch die Herstellung beliebig weiter Stauwerksöffnungen ermöglicht wird. Dieses zu Basseville an der oberen Yonne errichtete Wehr wird vorbildlich für die beweglichen Wehre, durch welche die Kanalisierung der Flüsse einen erheblichen Aufschwung nimmt. Die Poirée'schen Wehre werden 1878 von Cameré und 1880 von Guillemain wesentlich verbessert.

— Der Ingenieur **Poirel** ersetzt bei den Hafenbauten von Algier die zum Bau erforderlichen großen Werksteine, welche als natürliche Steine schwer zu beschaffen waren, durch künstliche Steinblöcke, welche aus Beton (Wassermörtel mit Steinbrocken) geformt werden und Abmessungen bis zu 3,4 zu 2,0 zu 1,5 m (= 10,2 cbm Inhalt) erhalten. Es ist damit eine für die späteren Hafenbauten typische Bauweise geschaffen.

— William **Prout** erkennt, daß die saure Reaktion des Magensaftes von freier Salzsäure herrührt.

— Der korsische Arzt **Renucci** demonstriert in den Krankensälen von Alibert in Paris die Krätzmilbe (Sarcoptes hominis). Obschon dieselbe schon von Bonomo und Cestoni (s. 1686 B.) und von Wichmann (1786) als alleinige Ursache der Krätze bezeichnet war, gelangt diese Lehre doch erst jetzt zu allgemeiner Anerkennung.

— **Roß** und **Winans** konstruieren für die Baltimore-Ohio-Eisenbahn die achträdrigen Güterwagen mit zwei völlig getrennten, in besonderen Rahmen um einen Vertikalbolzen drehbaren Untergestellen und mit sehr kurzem

Radstand, eine Anordnung, die sich als so vorteilhaft erweist, daß sie bald die vierrädrigen Eisenbahnwagen völlig verdrängt.

1834 Ferdinand **Runge** erhält aus dem Steinkohlenteer eine Base von der Zusammensetzung C_9H_7N, die er Leukol nennt.

— Ferdinand **Runge** erhält aus dem Steinkohlenteer die Carbolsäure, stellt im gleichen Jahr die Rosolsäure dar und entdeckt deren Eigenschaft, schöne rote Lacke zu geben. Er veröffentlicht bis 1850 seine Farbenchemie, die ein Muster eines auf chemischen Grundsätzen aufgebauten Lehrbuchs der Färberei und Druckerei ist.

— John Scott **Russel** beschäftigt sich mit den Faraday'schen Kräuselwellen. (s. 1831 F.) Er teilt die Wellen überhaupt in drei Gruppen: solche, die nur von der Schwere, solche, die von Schwere und Oberflächenspannung, und solche, die fast nur von der Oberflächenspannung abhängig sind.

— Nachdem die bis ins 17. Jahrhundert zurückführenden Bestrebungen zur Schaffung eines einheitlichen Grundtons erfolglos geblieben waren, wird auf Vorschlag von Johann Heinrich **Scheibler** von der Naturforscherversammlung in Stuttgart der Beschluß gefaßt, das a mit 440 ganzen oder 880 halben Schwingungen in der Sekunde als Grundton zu definieren, wohingegen von der internationalen Stimmtonkonferenz, die 1885 in Wien stattfindet, das a mit 870 halben Schwingungen als internationaler Normalton proklamiert wird (Kammerton.)

— Karl Friedrich **Schimper** begründet im Anschluß an die Arbeiten von Playfair (s. 1802 P.) und Venetz (s. 1822 V.) die Glazialtheorie, welche für den Norden Europa's eine gewaltige, von Skandinavien ausgehende Vergletscherung während der älteren Diluvialperiode annimmt. (S. auch 1837 S.)

— Der Chemiker Ernest **Selligue** in Paris stellt aus dem durch Destillation bituminöser Schiefer gewonnenen Teer Leuchtöle dar, die von 1840 ab in den Handel kommen. Er konstruiert für diese Mineralöle geeignete Lampen.

— **Sickler** entdeckt auf Sandsteinplatten in einem Steinbruch in Heßberg bei Hildburghausen Tierfährten, die als von riesenhaften Stegocephalen herrührend erkannt werden. Kaup nennt das Tier Chirotherium.

— Der amerikanische Ingenieur **Strickland** schlägt eine neue Schienenform, die sogenannte Brückschiene vor, die Brunel bei der Great Western-Bahn verwendet, und die nach ihm Brunel'sche Brückschiene genannt wird.

— Der französische Chemiker A. **Thilorier** erbaut einen praktischen Apparat für die Komprimierung der Kohlensäure unter eigenem Druck und stellt dieses Produkt zuerst in festem Zustand her. (S. auch 1823 D.) Der Thilorier'sche Apparat wird später von Mareska und Donny noch verbessert.

— Nachdem die Versuche zum Biegen des Holzes (s. 1720 C., 1794 V., 1810 F.) eine praktische Folge nicht gehabt hatten, gelingt es Michael **Thonet** in Boppard, aus gebogenem Holze Möbel herzustellen. Er bringt, nachdem er nach Wien übergesiedelt und sich dort mit van Meerten verbunden hatte, diesen Gewerbszweig zu großartiger Entwicklung.

— Ernst Heinrich **Weber** veröffentlicht seine große Arbeit über den Tast- und Temperatursinn, welche die Lehre von den Empfindungskreisen, das Gesetz der Unterschiedsempfindlichkeit, aus dem Fechner das nach ihm benannte Gesetz (s. 1860 F.) entwickelt, den Zirkelversuch und vieles andere umfaßt.

— Charles **Wheatstone** mißt die Dauer des Entladungsfunkens der Leidener Flasche und des Blitzes mit Hilfe eines rasch rotierenden Spiegels.

— Joseph **Whitworth** erfindet eine dreibackige Kluppe zum Schraubenschneiden, die durch die gleichzeitige radiale Einwärtsführung der drei Backen mittels exzentrischer Flächen charakterisiert ist.

— **Williams** gibt die wasserdichten Schotten (wasserdichte Querwände, mit denen eiserne Schiffe zur größeren Sicherheit im Fall des Leckwerdens durchzogen sind) an, die zuerst von dem Schiffbauer John Laird in Liverpool praktisch angewendet werden. (Vgl. a. 1843 B.)

1834 Friedrich **Wöhler** stellt die Existenz des Silberoxyduls außer Zweifel, indem er zitronensaures Silberoxyd und ähnliche Salze in trockenem Wasserstoffgas bei 100° C. erhitzt, wobei zitronensaures Silberoxydul und freie Säure verbleibt. Aus dem Rückstand wird die freie Säure leicht durch Wasser gelöst, wobei das Silberoxydulsalz zurückbleibt.

— Franz Xaver **Wurm** konstruiert eine Münzplattensortiermaschine, welche die Münzplatten nach zwei Sorten scheidet. (S. a. 1808 G.)

1835 André Marie **Ampère** erklärt Licht und Wärme für eine einheitliche Naturerscheinung.

— François Dominique **Arago** findet bei Beobachtung des Halley'schen Kometen mit dem von ihm erfundenen Polariskop, daß derselbe neben dem erborgten Licht auch eigenes Licht besitzt.

— Nachdem zuerst Wheatstone die bis dahin sehr unvollkommene Ziehharmonika dadurch verbessert hatte, daß er für jede Hand eine mehrere Oktaven umfassende chromatische Skala anordnete, stellt Heinrich **Band** in Krefeld die Ziehharmonika („Bandonion") in einer höchst vollendeten, aber auch sehr komplizierten Form her. Das Bandonion bewegt sich bei einem Umfange von 5 Oktaven in allen diatonischen und chromatischen Tonfolgen.

— Peter **Barlow** stellt durch ausgedehnte Versuche über die Stabilität der Schienen die Überlegenheit der parallelen Schienen gegenüber den Fischbauchschienen fest und wirkt durch Wort und Tat für die direkte Verlegung des Eisenbahnoberbaus auf das Planum.

— **Bauerkeller** in Darmstadt prägt farbig gedruckte Landkarten, die namentlich für den später erscheinenden plastischen Atlas von Ravenstein Verwendung finden.

— Antoine César **Becquerel** sucht zuerst die durch Berzelius und Hisinger (s. 1803 B.), Brugnatelli (1805 B.) und Davy (s. 1807 D.) bekannt gewordene elektrolytische Fällung von Metallen aus Salzlösungen zum Zweck der Metallgewinnung (Silber, Kupfer, Blei) in technischem Maßstabe zu verwerten.

— Friedrich Wilhelm **Bessel** führt die Olbers'sche Hypothese der Repulsion bei Kometen (s. 1812 O.) weiter aus. Er äußert die Ansicht, daß es sich bei dem eigenartigen Verhalten des Kometenkerns und des Schweifes um elektrische Vorgänge handle, und entwickelt eine mathematische Theorie für die Bewegung ausströmender Schweifteile. (S. a. 1900 A.)

— Der belgische General **Bormann** konstruiert den nach ihm benannten Ringzünder für Vorderlader-Schrapnells. Derselbe besteht aus einer in das Geschoß eingeschraubten dosenförmigen Metallscheibe, in deren Oberfläche sich eine mit einem langsam brennenden Zündsatz gefüllte kreisförmige Rinne befindet. Die Brennzeit des Zünders wird dadurch geregelt, daß in die über dem Zündsatz befindliche, mit einer Tempierskala versehene Deckplatte an entsprechender Stelle ein Loch eingestochen wird. (Vgl. 1854 Breithaupt.)

— Heinrich Georg **Bronn** macht mit seiner Schrift „Lethaea geognostica" den Versuch einer chronologischen Darstellung der fossilen Organismen und übt damit einen tiefgreifenden Einfluß auf die Entwicklung der Formationenlehre aus.

— Charles **Cagniard de la Tour** stellt durch mikroskopische Untersuchungen fest, daß die Hefe ein niederer Organismus ist, der sich durch Sprossung oder Sporenbildung fortpflanzt. (S. auch 1680 und 1818 E.)

— Johann G. F. **Charpentier** sieht zuerst die geradelaufenden feinen Schrammen und

Streifen, welche das Gletschereis mit Hilfe des Steingerölls erzeugt, und betont, daß diese Gletscherschliffe das wesentlichste und untrügliche Kennzeichen der einstigen Anwesenheit von Gletschern seien. Er führt für die wallartigen Streifen von Felsblöcken und Schutt, die von den Gletschern teils in ihrer Mitte, teils auf ihren Seiten, sowie auch an ihrem Ende talabwärts geschafft werden (vgl. 1786 S. und 1787 K.), den Namen „Moränen" ein. Er führt die Verbreitung erratischer Blöcke darauf zurück, daß das gesamte Gletschergebiet früher viel ausgedehnter gewesen sei, und nimmt zur Erklärung an, daß auch die Erhebung der Gebirge größer gewesen sei. (Vgl. auch 1836 A.)

1835 Der Ingenieurkapitän **Coignet** konstruiert nach einer von Coulomb ausgesprochenen Idee eine Aufzugsmaschine, in der lediglich das Eigengewicht des Menschen für Arbeitszwecke nutzbar gemacht wird, und wendet diese Maschine bei Erdtransporten für den Festungsbau in Vincennes mit Erfolg an. Die emporzuhebende Last wird an einem Seile befestigt, das über eine in der Höhe, zu der die Last befördert werden soll, angebrachte Rolle geführt wird. Der Arbeiter steigt unbelastet bis zur Rolle und hängt sich an das lose Seilende, worauf er selbst herabgleitet, während die Last emporgehoben wird.

— William Fothergill **Cooke** regt die Idee an, die Eisenbahnzüge mit tragbaren elektrischen Telegraphen (Hilfstelegraphen) auszurüsten.

— Edward **Craig** konstruiert das vermutlich erste Instrument zu mikroskopischen Krystallmessungen.

— John **Davy** erwähnt zuerst, daß an der Küste der im Westen der Insel Kephallenia gelegenen Halbinsel Argostoli sich Tag für Tag gewaltige Wassermassen — nach hydrometrischen Messungen 58300 cbm — in den zerklüfteten Kalkfels ergießen, ohne daß etwas davon wieder zum Vorschein kommt, und ohne daß eine Erniedrigung des Meeresniveaus sichtbar wird.

— John **Dawes** in Birmingham nimmt ein Patent auf das Aufsammeln von Cyankalium aus Eisenhochöfen vermittels einer nahe den Windformen in den Ofen gesteckten Röhre. (S. 1826 D.) Später wird von R. Addie auf Grund von ausgedehnten Versuchen diese Methode so vervollkommnet, daß sie bei hohen Verkaufspreisen des Cyankaliums imstande ist, mit den andern Methoden der Darstellung dieses Produktes zu konkurrieren.

— Henry **De la Bèche** studiert genau die geologische Tätigkeit der Brandung, die zuerst von Giraud-Soulavie 1781 beschrieben worden war.

— Heinrich Wilhelm **Dove** entwickelt das nach ihm benannte Drehungsgesetz der Windrichtung, welches sich kurz dahin ausprechen läßt: „Auf der nördlichen Halbkugel pflegt der Wind im Sinne des Uhrzeigers umzusetzen, auf der südlichen Halbkugel in entgegengesetztem Sinne." (S. a. 1756 K.)

— Samuel **Draper** in Nottingham gelingt es, die Jacquardmaschine für die Tüllspitzenfabrikation nutzbar zu machen.

— Felix **Dujardin** sucht durch sorgfältige Beobachtung der Protozoen den Beweis zu führen, daß diese Tiere keine Organe besitzen, sondern aus einer gleichförmigen, körnchenführenden Substanz, der Sarkode, bestehen, die alle Lebensäußerungen, wie Bewegung, Empfindung, Ernährung, vermitteln soll, und nach Unger und Schultze (s. 1855 U. u. 1863 S.) mit dem Protoplasma identisch ist. Er entdeckt an den Protozoen die Protoplasmabewegung, die an Amöben schon 1755 von Rösel von Rosenhof konstatiert worden war.

— Otto Linné **Erdmann** regt als erster auf dem europäischen Festlande die Herstellung eines ständigen elektrischen Eisenbahntelegraphen an.

— Michael **Faraday** entdeckt und erklärt den Extrastrom, der durch einen jeden Strom in seinem eigenen Leiter induziert wird.

1835 **Fonvielle** in Paris erfindet ein unter Druck arbeitendes Wasserfilter, bei welchem Schwamm, Kies und Kohle als Filtermaterialien verwendet sind.

— Moritz Ludwig **Frankenheim** bestimmt für eine nicht unbeträchtliche Anzahl von Flüssigkeiten unter Benutzung von Glasröhren und Glaswänden die Capillaritätskonstanten, über welche namentlich auch Mendelejew (s. 1860 M.), Bède (1861), Quincke (s. 1894 Q.), Volkmann (s. 1894 Q.), Röntgen und Schneider (1886) Arbeiten liefern. Sämtliche Forscher finden, daß die Capillaritätskonstante mit steigender Temperatur erheblich abnimmt.

— Edmond **Frémy** macht die ersten Untersuchungen über die Zersetzungsprodukte des Kolophoniums durch die Wärme und sagt dem entstehenden Harzöl (Harzspiritus, Pinolin) eine große Bedeutung für die Zukunft voraus, die später gerechtfertigt wird, indem das Harzöl in großen Mengen zu Wagenfetten, zu Buchdruckerschwärze, lithographischen Farben usw. Verwendung findet.

— Johann Nepomuk **von Fuchs** stellt das Titansesquichlorür durch Digerieren einer salzsauren Lösung von Titansäure mit Kupfer dar und gewinnt aus demselben das entsprechende Sesquioxydul. Ebelmen stellt (1848) das Sesquichlorür dar, indem er Wasserstoffgas und Dämpfe von Titanchlorid durch eine glühende Röhre leitet.

— Karl Friedrich **Gauß** erfindet im Verfolg seiner Arbeiten über den Erdmagnetismus (vgl. 1833 G.) das Bifilar-Magnetometer, zu dessen Konstruktion er die Bifilarsuspension anwendet, und welches zur genauen Bestimmung der Elemente des Erdmagnetismus dient.

— **Gillingham** und **Winans** in Baltimore bauen die ersten Lokomotiven mit veränderlicher Expansion; jeder Zylinder hat drei Exzenter, wovon einer für volle Füllung und zwei für verschiedene Expansionsgrade dienen.

— Der Tierarzt Johann Heinrich Friedrich **Günther** in Hannover ist auf dem Gebiete der Tierheilkunde als Anatom und Chirurg tätig. Er führt die subkutane Tenotomie ein, bildet die operative Behandlung der Sehnengallen aus, untersucht den Pfeiferdampf und führt die ersten Kehlkopfoperationen an Pferden aus. Seine Beobachtungen über die Lungenerkrankungen der Pferde sind namentlich in forensischer Beziehung wertvoll.

— John **Heathcoat** erfindet zum Ersatz des Schubstuhls und der Bandmühle, auf denen bisher die Bänder gewebt wurden, die Bandwebemaschine, in welcher die Bandketten vertikal und so aufgespannt sind, daß sie nicht in gemeinschaftlicher Ebene, sondern in ebenso vielen parallelen Ebenen nebeneinander sich befinden; die Form und Bewegungsweise der Schützen ist von den Tüll- oder Bobinetmaschinen entlehnt. Trotz der Originalität der Erfindung findet sie keine sehr große Verbreitung.

— John Frederick William **Herschel** regt die Idee an, gleichzeitig an verschiedenen Orten stündliche meteorologische Beobachtungen zur Zeit der Solstitien und der Äquinoktien zu machen.

— **Hunter** in Abroath (Schottland) konstruiert eine Steinhobelmaschine, bei welcher ein auf Friktionsrollen laufender Schlitten ein paar nach unten gekehrte hobeleisenartige Meißel trägt und dieselben über den Stein in dessen Längenrichtung hinwegführt, während der Stein selbst nach jedem Schnitte ein wenig in der Querrichtung verschoben wird.

— Der Naturforscher Franz Wilhelm **Junghuhn** erforscht in den Jahren 1835—48 in holländischen Diensten Java und den südlichen Teil von Sumatra. Er bearbeitet namentlich die Topographie der Vulkane und schafft die erste Ortskunde der Gewächse Javas.

— Theodor **Junod** studiert mit einem zu diesem Zweck konstruierten kleinen Apparat die lokale Wirkung der verdichteten und verdünnten Luft auf engumschriebenen Stellen der Körperoberfläche. (S. a. 1838 Tabarié.)

1835 W. **Keene** konstruiert die erste brauchbare Maschine zum Säen und Streuen
von pulverförmigem Dünger. Diese Maschine wird 1849 von Garrett, 1850
von Hornsby und 1854 von James Smyth & Co. zu solcher Vollkommenheit gebracht, daß sie fortan unter dem Namen „General-Purpose-Drill“,
d. h. Säemaschine von allgemeiner Anwendbarkeit geht.

— Laurent Guillaume **de Koninck** entdeckt in der Rinde der Apfel-, Birnen-,
Pflaumen- und Kirschbäume das zur Klasse der Glucoside gehörende
Phloridzin, das 1838 von Stas näher untersucht wird.

— Nachdem schon Ayscough 1752 zur Brillenbestimmung die Angabe verlangt hatte, in welcher Distanz gewöhnlich bequem gelesen werden könne,
und verschiedene andere Augenärzte, wie Tauber 1816, Holke 1830, von
Druck, Schrift und Punkten zu diesem Zweck Gebrauch gemacht hatten,
läßt Heinrich **Küchler** zuerst rationelle Sehproben aus Druck von 10 Größen
anfertigen.

— Auguste **Laurent,** der die Substitutionserscheinungen bei seiner Arbeit über
das Naphtalin und dessen Derivate (1832) eingehend studiert hat, erweitert die von Dumas (s. 1834 D.) gegebene Regel und begründet die
Substitutionstheorie, auch Kerntheorie genannt. Er unterscheidet ursprüngliche Kerne, welche Kohlenstoff und Wasserstoff nach einfachen Atom-
verhältnissen enthalten, und abgeleitete Kerne, in denen dem Wasserstoff
andere Körper, die nicht Elemente zu sein brauchen, substituiert werden.

— Auguste **Laurent** entdeckt das Anthrachinon (Anthracenuse) beim Behandeln
von Anthracen mit Salpetersäure, Chromsäure und anderen Oxydations-
mitteln.

— Nachdem Dabit schon 1800 den durchdringenden Geruch erwähnt hatte,
den der mit Zusatz von Braunstein bereitete Äther habe, und nachdem Fourcroy und Vauquelin (1800) und Döbereiner (1822 und namentlich
1832) bei Einwirkung von Platinschwarz auf Alkohol unreinen Aldehyd
in Händen gehabt hatten, gelingt es Justus **von Liebig,** den reinen Aldehyd,
dessen Namen er von Alkohol dehydrogenatus herleitet, aus seiner Verbindung mit Ammoniak zu isolieren.

— J. **Locke** konstruiert die zuerst auf der Grand-Junction-Bahn erprobte
Doppelkopfschiene, wobei ihn der Gedanke leitet, daß, wenn der obere Kopf
abgenutzt ist, die Schiene gewendet und der untere genau gleiche Kopf
als Lauffläche dienen soll. Diese Schiene, wegen ihrer Auflagerung in
Stühlen auch Stuhlschiene genannt, wird in England viel benutzt.

— Nachdem Clegg schon 1816 erkannt hatte, daß in dem als Nebenprodukt
der Gasfabrikation erhaltenen Teer noch eine große Menge Leuchtstoff
vorhanden sei, und versucht hatte, denselben durch eine zweite Destillation
zu vergasen, erfindet James **Malam** eine praktische Verwertung in der Weise,
daß er die Teerdämpfe, statt sie zu kondensieren, nochmals durch glühende
Röhren leitet und sie auf diese Weise vollständig vergast.

— John **Melling** erfindet die Kugelventile der Speisepumpen zum Ersatz der
sich häufig festsetzenden konischen Ventile.

— Samuel Finlay Breese **Morse** erfindet den Schreibtelegraphen, den er 1837
in verbesserter Form dem Kongreß vorlegt, und nachdem er ihn 1843 nach
Form und Anordnung noch wesentlich vervollkommnet hat, 1844 auf der
Versuchslinie zwischen Washington und Baltimore praktisch erprobt. (S. a.
1844 M.)

— Der englische Ingenieur Henry **Moseley** macht zuerst in der Gewölbetheorie
die Mittellinie des Druckes und den Satz vom kleinsten Widerstand zur
Grundlage.

— Im Anschluß an ältere Versuche von Liscovius (1814) zeigt Johannes **Müller**
durch Experimente am menschlichen Kehlkopf und an künstlichen Mo-

dellen, daß die Stimmbänder in bezug auf das Verhältnis zwischen Spannung und Tonhöhe den Gesetzen vibrierender Saiten unterliegen.

1835 Roderick Impey **Murchison** und Adam **Sedgwick** trennen von der mächtigen, dem paläozoischen oder primären Zeitalter der Erdbildung angehörigen Grauwackenschicht, die Murchison als Silur bezeichnet hatte, eine untere Formation, die allerälteste, in der sich noch petrifizierte Organismen befinden, als Cambrium ab und gliedern auch dieses wieder nach Stufen. Eine Silurentwicklung von großer Mächtigkeit stellt Barrande in Böhmen fest. Eine Cambriumstufe von schöner Entwicklung findet Buch bei der Stadt Hof. Dem Silur und Cambrium gliedern (s. 1837 D.) De la Bèche und Lonsdale das Devon-System an.

— Sir Richard **Owen** gibt einer im Muskelfleisch des Menschen von James Paget und Robert Brown gleichzeitig gefundenen Parasitenform den Namen „Trichina spiralis".

— **Pastor** in Burtscheid führt verschiedene Verbesserungen in der Nähnadelfabrikation ein; vor allen Dingen verbessert er das Geraderichten der rohen Schachte, das Zuspitzen derselben auf dem Schleifsteine, und konstruiert eine Maschine für das Einzählen der Nadeln in die zum Versand bestimmten Päckchen.

— J. **Pelletier** und **Thibouméry** entdecken im Opium das Pseudomorphin, das in demselben fertig gebildet ist und nicht erst bei der Verarbeitung entsteht.

— Augier M. **Perkins** empfiehlt für Backöfen die Benutzung von überhitztem Wasser, welches, in Röhren eingeschlossen, den Backraum umgibt. Diese Feuerungsart wird insbesondere von Johann Haag in Augsburg und W. A. F. Wieghorst & Sohn in Hamburg wesentlich verbessert. Richard Lehmann in Dresden schlägt später an Stelle des überhitzten Wassers überhitzten Wasserdampf vor.

— Jacob **Perkins** nimmt am 14. August ein Patent auf die erste Äthereismaschine, bei welcher die durch Verdunstung gebildeten Ätherdämpfe mittels einer Pumpe durch Kühlschlangen getrieben und nach der Verflüssigung dem Verdunstungsbehälter wieder zugeführt werden. Diese Maschine wird 1836 von Shaw, 1859 von Harrison und Lawrence und 1860 von Fernand Philippe Edouard Carré verbessert.

— Peregrine **Philipps** wendet zuerst zur Reinigung des Gases Eisenoxyd in nassen Apparaten an; den Eisenvitriol zu diesen Zwecken schlägt zuerst Houzeau-Muiron vor.

— Der Chemiker Karl Friedrich **Plattner** zu Freiberg fördert die Analyse der Mineralien durch eine Verbesserung des Lötrohrs (Anbringung eines Mundstücks), und leistet namentlich in der Lötrohranalyse verwickelt zusammengesetzter Stoffe Bedeutendes.

— Julius **Plücker** bildet die neuere analytische Geometrie (s. 1827 M.) nach mehrfacher Richtung hin weiter aus. (Vgl. seine Schrift „System der analytischen Geometrie".) Die Theorie der algebraischen Kurven fördert er durch die Entdeckung der nach ihm benannten Formeln, wie er auch durch die Verallgemeinerung des Koordinatenbegriffs einen großen Einfluß auf die Entwicklung der neueren Mathematik ausübt.

— Siméon Denis **Poisson** ermittelt die Gesetze der Wärmeleitung in festen Körpern, indem er davon ausgeht, daß die Temperaturverteilung zu einer bestimmten Zeit gegeben ist, und die Konstanten der inneren und äußeren Wärmeleitungsfähigkeit bekannt sind.

— James Cowles **Prichard** erforscht die Nerven- und Geisteskrankheiten. Er wendet zuerst den Ausdruck „Moral insanity" an.

— Nachdem zuerst Leeuwenhoek die Zusammensetzung der Epidermis als

Darmstaedter. [27]

aus Schüppchen bestehend erkannt hatte, gibt Johann Evangelista **Purkinje** an, daß das Gefüge derselben aus Zellen bestehe.

1835 Johann Evangelista **Purkinje** und Gabriel Gustav **Valentin** entdecken die Flimmerbewegung der Schleimhäute und weisen deren Unabhängigkeit vom Zentralnervensystem nach. Diese Bewegungen waren 1683 zuerst von de Heide (s. 1683 H.) an den Kiemen der Muscheln gesehen worden.

— Der Astronom Lambert Adolphe Jacques **Quetelet** in Brüssel sucht durch Begründung der statistischen Untersuchungsmethode die Gesetze zu erforschen, welche die physischen und moralischen Erscheinungen des individuellen und sozialen Lebens regeln.

— Henri **Regnault** erhält durch Abspaltung von Chlorwasserstoff aus dem Äthylenchlorid das Chlorelayl (auch Vinylchlorür genannt) und stellt das entsprechende Bromür und Jodür her. 1838 lehrt er die von der ersteren Verbindung ausgehenden Chlorsubstitutionsprodukte (gechlortes und zweifach gechlortes Elaylchlorür) kennen, die zusammen mit den von ihm (1839) erhaltenen Substitutionsprodukten des Äthylchlorürs eine Rolle in der Entwicklung der Substitutions-Typentheorie spielen. Von diesen Substitutionsprodukten des Äthylchlorürs wird das erste 1859 von Beilstein als identisch mit dem Äthylidenchlorid (s. 1857 W.) erkannt.

— Adolph und Georg **Repsold** entwickeln den astronomischen Theodolit (s. 1816 R.) zum Universalinstrument, indem sie ihn mit Ablesemikroskopen und bequemen Erleuchtungs- und Umlegevorrichtungen ausstatten.

— Anders Adolf **Retzius** trägt durch seine Arbeiten über die Scheidewand des Herzens und durch die 1843 publizierten Arbeiten über den Verschlußmechanismus der halbmondförmigen Klappen wesentlich zur Erkennung der Mechanik des Blutkreislaufes bei.

— Michael **Sars** entdeckt den Generationswechsel der Medusen.

— P. L. **Schilling von Canstadt** zeigt seinen i. J. 1832 erfundenen 5-Nadeltelegraphen, der, ebenso wie der Telegraph von Gauß und Weber, auf der Ablenkung der Magnetnadel durch den Strom beruht, auf der Naturforscher-Versammlung in Bonn. (S. a. 1820 A.)

— Karl Friedrich **Schimper** zu Schwetzingen stellt die als Spiraltheorie bekannte Ansicht über die Blattstellung auf. (S. 1830 B.)

— Robert Hermann **Schomburgk** unternimmt in den Jahren 1815—44 mit kurzen Unterbrechungen ausgedehnte Wanderungen in British Guyana und den Grenzgebieten, namentlich im Stromgebiet des Orinoco, und verfolgt den Cuyuni, Essiquibo, Demerara, Berbice und Corentyn bis zu ihren Quellgewässern. Von 1840 ab begleitet ihn sein Bruder Richard. Am 1. Januar 1837 entdeckt er auf dem Berbice die Victoria regia, die 1827 Bonpland in einigen Nebenflüssen des Amazonenstroms gesehen hatte.

— Theodor **Schwann** entdeckt das Pepsin im Magensaft und zeigt, daß dasselbe nicht diffusionsfähige Eiweißstoffe in assimilierbare Spaltprodukte (Peptone) umwandeln kann, die imstande sind, durch Membrane durchzugehen.

— Magnus **Schwerd** wendet die Theorie der Beugung auf die mannigfachsten Beugungserscheinungen des Lichtes an und trägt so zur Stütze der Undulationstheorie bei.

— Der belgische Arzt Louis Joseph **Seutin** erfindet den Kleisterverband und verwirklicht damit den Gedanken, Knochenbrüche der unteren Gliedmaßen ambulant zu behandeln.

— **Sharpe Roberts & Co.** in Manchester verbessern die Räderfräsmaschine, indem sie die Achse des Werkstücks wagerecht anordnen und den Fräser auf einem Schlitten unter demselben wegschieben. Sie erreichen so, daß die herabfallenden Späne nicht belästigen, und daß ihre Einrichtung vorbildlich für alle spätern Fräsmaschinen wird.

1835 Nachdem Darby (s. 1773 D.) zuerst beim Brückenbau das Gußeisen verwendet hatte, und nachdem 1794 als erste gußeiserne Brücke des Kontinents die Straßenbrücke über das Striegauer Wasser in Schlesien hergestellt worden war, baut **Stamm** die erste schmiedeeiserne Brücke bei Vegesack. (Über die Verwendung des Schmiedeeisens zu Deckenkonstruktionen s. 1785 A.)

— George **Stephenson** verwendet bei den Walzschienen der London-Birmingham-Bahn zum ersten Male den Blattstoß, der sich insbesondere mit den späteren Verbesserungen (s. 1887 H.) als die beste aller Stoßformen herausstellt.

— **Swainson** macht, ähnlich wie Schouw es für die Pflanzen getan hatte (s. 1823 S.), den ersten Versuch der Aufstellung zoologischer Regionen. Er nimmt 5 Provinzen an: Kaukasische oder europäische Provinz, mongolische oder asiatische Provinz, amerikanische Provinz, äthiopische oder afrikanische Provinz, malaiische oder australische Provinz.

— **Thibouméry** entdeckt im Opium eine neue Base, das Thebain (Paramorphin), das von Pelletier, Anderson und Hesse näher charakterisiert wird.

— Dem österreichischen Hüttenmann Peter **von Tunner** gelingt die Darstellung von Stahl im Puddelofen.

— Albert von **Veiel** wendet zuerst den Leimverband an, der später von Bruns, Hessing, Waltuch und Albers (s. 1894 A.) vielfach vervollkommnet wird. Eine Modifikation des Leimverbands stellt auch der von Unna angegebene Glycerinleimverband dar.

— Rudolph **Wagner** liefert umfassende und vergleichende Untersuchungen über den Bau des tierischen Eies und entdeckt dabei zuerst im Keimbläschen (s. 1824 P.) den Keimfleck (Macula germinativa). Er bearbeitet auch die Entwicklungsgeschichte der Decidua, der Schleimhaut der Gebärmutter.

— Wilhelm Eduard **Weber** beobachtet, daß, wenn ein horizontal gespannter Seidenfaden durch ein passend angebrachtes Gewicht gedehnt und seine Verlängerung sofort gemessen wird, bei fortdauerndem Wirken des Gewichts die Länge des Fadens noch stetig, und zwar für längere Zeit zunimmt, und bezeichnet dies als „elastische Nachwirkung". Ebenso erfolgt nach Fortnahme des dehnenden Gewichts nicht sofort wieder die volle Verkürzung, vielmehr tritt eine solche nur sehr langsam und teilweise wieder ein.

— Wilhelm Eduard **Weber** schlägt vor, die Schienenstränge des Eisenbahngleises als Rückleitung für elektrische Telegraphen zu verwenden.

— Charles **Wheatstone** läßt den elektrischen Funken zwischen verschiedenen Metallen überspringen und findet, daß das Spektrum des Funkens für jedes Metall charakteristisch ist.

1836 Der Naturforscher Louis Jean **Agassiz** beginnt seine 10 Jahre lang fortgesetzten Gletscherstudien, welche die Eisgebiete des Berner Oberlandes, von Wallis und Chamonix, sowie den Aargletscher umfassen und später auch in Großbritannien und Nordamerika fortgesetzt werden. Er beobachtet zuerst die Bänderstruktur des Gletschereises und beschreibt in weiterer Ausführung der Ideen Charpentier's die Eigentümlichkeiten des vom Eise durchschürften Felsbodens (Gletscherschliffe) und der dabei auftretenden Scheuersteine, die beide das sicherste Kennzeichen einer früheren Gletschertätigkeit bilden. (Vgl. a. 1835 C.) Er gelangt zu dem Schlusse, daß das Klima der Erde in der jüngsten prähistorischen Periode ein durchweg sehr kaltes gewesen sein müsse, und entwickelt eingehender die von Schimper (s. 1834 S. und 1837 S.) ausgesprochene Eiszeittheorie.

27*

1836 George Biddell **Airy** gibt die moderne Theorie des Regenbogens, die namentlich durch Stokes, Mascart und Pernter noch weiter ausgebaut wird. Er erklärt die Nebenregenbogen durch die Interferenz der Lichtwellen.

— Der Bergrat **Althans** konstruiert eine doppeltwirkende Pumpe mit zwei hohlen Plungerkolben von verschiedenen Durchmessern, deren Achsen zusammenfallen, und welche von einem Zylinder mit Stopfbüchsen umgeben sind. Die Pumpe wird unter dem Namen „Perspektivpumpe" für Wasserhaltung in Gruben ausgeführt und später von Rittinger noch verbessert. In dieser verbesserten Form kommt sie als „Rittinger-Pumpe" in den Handel.

— Nachdem zur Behandlung von Nervenwunden schon Avicenna die direkte Naht befürwortet und Ferrara dieselbe, wie es scheint, mit Schildkrötensehnen tatsächlich ausgeführt hatte, unternimmt, nach vorausgegangenen Tierversuchen von Flourens, Jean Baptiste Lucien **Baudens** es zuerst wieder, beim Menschen die Naht bei frischen Verletzungen auszuführen.

— Johann Jacob **von Berzelius** weist darauf hin, daß der Aldehyd (s. 1835 L.) und das Bittermandelöl analoge, zu der Essigsäure und zu der Benzoesäure in der nämlichen Beziehung stehende Körper seien.

— Jean Baptiste **Biot** stellt fest, daß der Einfluß der Schichtdicke einer homogenen Substanz auf die durchgelassene Wärmeintensität einem Exponentialgesetz folgt. (S. a. 1777 L.)

— Jacques **Boucher de Perthes** macht in den Jahren 1836—41 bei Abbeville im Sommethal (Picardie) Ausgrabungen in alten Grabhügeln, Grotten und Knochenhöhlen, sowie in den geschichteten diluvialen Ablagerungen, und findet zahlreiche Steininstrumente, die er mit den Worten: „Jene roh behauenen Steine, welche trotz ihrer Unvollkommenheit eine nicht minder sichere Menschenspur sind als ein ganzes Museum", für vollgültige Beweise von der Existenz des diluvialen Urmenschen erklärt.

— **Brackenburg** baut das erste Automobil mit Explosionsmotor (Sauerstoff und Wasserstoff).

— Louis **Braille** erfindet eine Notenschrift für Blinde. (S. 1829 B.)

— **Braithwaite** und **Ericsson** wenden bei ihren Lokomotiven Gebläse zur Erzeugung von künstlichem Zug an, die übrigens auch von Papin (vgl. 1689 P.) schon empfohlen worden waren.

— Der Önolog **Bronner** stellt in seinem Buche „Über den Weinbau in Süddeutschland" fest, daß der Boden die Eigenschaft besitzt, Mistjauche bei der Filtration so zu reinigen, daß sie farblos und klar abläuft, und gibt dadurch die Grundlage für die Berieselung der Äcker. (S. a. 1819 G.)

— Der Geolog William **Buckland** in Oxford macht in seinem Werke „Geology and mineralogy considered with reference to natural theology" den auf wissenschaftlicher Grundlage aufgebauten Versuch, die Ergebnisse der neueren geognostischen Forschungen, insbesondere die plutonischen Lehren, mit der biblischen Schöpfungsgeschichte in Einklang zu bringen.

— Nachdem **Chadwick** die Anlegung von Rieselfeldern angeregt hat, wird die erste Anlage dieser Art von **Latham** für die Stadt Croydon in England geschaffen.

— **Chaffée** aus Roxburgh in Nordamerika gelingt es, den Kautschuk durch Kneten in mäßig erwärmtem Zustande in eine weiche, fast aller Elastizität beraubte Masse überzuführen. **Nickels** nimmt in demselben Jahre ein Patent auf eine Maschine zum Kneten des Kautschuks. In neuerer Zeit wird an Stelle des Knetens ein Walzen der Masse vorgenommen. Vor dem Kneten oder Walzen wird der Kautschuk einem Waschprozeß unterworfen.

— Benoît Pierre Émile **Clapeyron** arbeitet über die Steuerung der Dampfmaschine. Er zeigt den Einfluß des Voreilens und der Schieberüberdeckung und die Möglichkeit, dadurch geringere Füllungen geben zu können, und macht zum Erweis dieser Vorteile praktische Konstruktionen von Steuerungen sowohl für ortsfeste Dampfmaschinen als auch für Lokomotiven.

1836 William Fothergill **Cooke** benutzt als erster in Europa die Anziehung eines Elektromagnets zum Auslösen von Weckeruhrwerken und erfindet den ersten mit Synchronismus arbeitenden Zeigertelegraphen.

— Der Oberst **Cowdin** scheint zuerst den Dampf zum Rammen benutzt zu haben. Mit seiner „Bruder Jonathan" genannten Dampframme, die zuerst bei Eisenbahnbauten in Amerika verwendet wurde, können zwei Pfähle zu gleicher Zeit eingeschlagen werden. Das Rammgestell besteht aus zwei gewöhnlichen größeren Kunstrammen, die auf einem Schienengleis beweglich sind.

— Jean **Cruveilhier** fördert die pathologische Anatomie. Er entdeckt die Gerinnung des Blutes bei eitriger Phlebitis, die später zur Erklärung der anatomischen Vorgänge bei der Pyämie herangezogen wird. (Vgl. 1845 V.)

— Die **Cumberland-Valley-Bahn** in Pennsylvania führt Schlafwagen ein, bei denen drei Reihen Schlafplätze übereinander befindlich sind, und die anfangs mit Strohsack, später aber mit Matratze ausgestattet werden. Die Besorgung der Bettwäsche und der Kissen ist Sache des Reisenden.

— Ingenieur **Curtis** konstruiert das erste Distanzsignal.

— Nachdem das erste von Becquerel angegebene konstante Element sich nicht bewährt hatte, erfindet John Frederick **Daniell** sein Zink-Kupfer-Element, bei welchem das Wegschaffen des polarisierenden Gases durch Anwendung einer zweiten, durch eine poröse Scheidewand von der ersten Erregerflüssigkeit getrennten Oxydationsflüssigkeit erzielt wird.

— John Frederick **Daniell** bemerkt, daß das in seinem Element (s. vorstehenden Artikel) sich ausscheidende Kupfer sich als Ganzes von der Elektrode ablösen läßt und ein negatives, aber treues Abbild der Elektrode gibt. Eine ähnliche Beobachtung soll im gleichen Jahre Auguste de la Rive gemacht haben. Daß sich auf Silbermünzen, welche in Berührung mit Zink in eine Kupfersulfatlösung gebracht wurden, Niederschläge von metallischem Kupfer bildeten, hatten Kastner (1821) und Wach (1830) gezeigt. Alle diese Beobachtungen schaffen die Grundlage für die Erfindung der Galvanoplastik. (Vgl. 1837 J.)

— Charles Robert **Darwin** erklärt die Bildung der Koralleninseln, die nach ihm ursprünglich Saumriffe gewesen sind, durch eine Senkung des Meeresbodens. Dieser 1875 weiter ausgebauten Senkungstheorie Darwin's stellt J. Murray (1880) eine Hebungstheorie gegenüber. In neuester Zeit haben jedoch die Untersuchungen von J. Walther in der Palkstraße bei Ceylon und die Bohrungen von Sollas und David (s. 1896 S.) auf dem Riff Funafati der Senkungstheorie Darwin's wieder allgemeine Anerkennung verschafft.

— Humphry **Davy** entdeckt das Acetylen, welches er indes nur in unreinem Zustande erhält.

— Nachdem bereits seit dem 15. Jahrhundert Versuche zur Herstellung von Hinterladungsgewehren gemacht waren (vgl. auch 1832 L.), löst der Fabrikant Nicolaus **von Dreyse** in Sömmerda das Problem der kriegsbrauchbaren Hinterlader endgültig. Dreyse hatte schon 1828 ein Patent auf einen glatten Vorderlader, jedoch bereits mit Zündnadel und Einheitspatrone, genommen. Sein Hinterladungszündnadelgewehr (15,43 mm Kaliber, 31 g schweres Langblei, Spiegelführung, Nadelzündung, Mündungsgeschwindigkeit 296 m) wird 1841 in der preußischen Armee eingeführt und ruft eine völlige Umwälzung der Bewaffnung der Armeen hervor.

— **Farcot** knüpft an eine von Edwards zehn Jahre vorher ausgeführte Steuerung an und konstruiert die als „Schleppschiebersteuerung" bezeichnete Expansionssteuerung. Diese Steuerung wird später von Sulzer (1866), Krause (1866), Guhrauer (1871), Ehrhardt (1875) u. a. verbessert.

1836 **Fillion** in Paris konstruiert einen Apparat zum mechanischen Vorzeichnen der Handschuhe auf dem Leder behufs Ausschneidens mit der Handschere.

— **Franchot** in Paris erfindet die Moderateurlampe, eine Federlampe, bei welcher die Feder auf eine gleichzeitig als Kolben und Ventil wirkende, die ganze Weite des Ölbehälters einnehmende Lederklappe drückt. Die Feder preßt das Öl in der Steigröhre in die Höhe, deren Öffnung durch einen Stift (Moderateur) mit abnehmender Spannung der Feder sich vergrößert und mit zunehmender sich verengt, wodurch die Ölzufuhr zum Docht stets gleichmäßig bleibt. Die Lampe wird (1851—54) von Neuerburger wesentlich verbessert.

— Moritz Ludwig **Frankenheim** gelingt es bei seinen von 1836—39 fortgesetzten Experimenten viele neue Modifikationen von krystallisierenden Substanzen zu entdecken und zu beobachten, unter welchen Temperaturverhältnissen die eine oder andere Form bei bereits als polymorph bekannten Körpern sich bildet.

— Karl Friedrich **Gauß** macht Untersuchungen über das Potential, d. h. die charakteristische Funktion der Koordinaten, deren partielle Differentialquotienten die Komponenten der Kräfte darstellen. (S. Green 1825 und Hamilton 1834.)

— Karl Friedrich **Gauß** stellt seine Theorie des Erdmagnetismus auf, welche er auf streng mathematische Gedankenverbindung gründet.

— Louis Joseph **Gay-Lussac** weist durch Versuche nach, daß das Calciumcarbonat beim Erhitzen in offenen Gefäßen die Kohlensäure viel schwieriger verliert, wenn der Kalkstein dauernd mit einer Atmosphäre von Kohlensäure umgeben ist, daß dagegen schon eine niedrigere Temperatur zum Garbrennen des Steins genügt, wenn man beim Glühen die Kohlensäure durch einen Strom von Luft oder Wasserdampf wegführt. Beim Brennen der Kalksteine in den Öfen sind die Umstände für das Entweichen der Kohlensäure insofern günstig, als fortwährend die Feuergase durch den Ofen streichen und die Kohlensäure wegführen. Beim Brennen von Marmor empfiehlt es sich, atmosphärische Luft oder Wasserdampf zuzuführen.

— J. G. **Gentele** in Michelbach bei Hall macht Mitteilungen über die fabrikmäßige Darstellung des Blutlaugensalzes, die er nach einer 1827 von Gautier angegebenen Methode aus verkohlten stickstoffhaltigen tierischen Abfällen durch Schmelzung mit Pottasche und Eisen (Nägeln oder Drehspänen) in gußeisernen Gefäßen vornimmt.

— William **Gossage** führt zur Absorption von Gasen die Kokstürme in die Technik ein, turm- oder säulenförmige Apparate, aus Stein, Mauerwerk oder Steinzeugröhren errichtet und mit Koks oder anderem porösen Material gefüllt, über das beständig Wasser oder eine andere absorbierende Flüssigkeit herabrieselt, während das Gas den Turm von unten nach oben, also dem Wasser entgegen, durchströmt.

— James **Hall,** einer der bedeutendsten Geologen Nordamerikas, schafft durch seine i. J. 1836 begonnenen, Jahrzente hindurch fortgesetzten Forschungen in den Staaten New York, Jowa und Wisconsin eine ausgezeichnete paläontologische Grundlage für das gesamte Paläozoikum des westlichen Kontinents. 1896 gibt er, 85 Jahre alt, eine geologische Karte des Staates New York heraus.

— Thomas **Hancock** findet gleichzeitig mit Chaffée, daß in Streifen geschnittener und einer energischen Durcharbeitung unterzogener Kautschuk sich unter dem Einfluß mäßiger Hitze in eine zähe Masse verwandeln läßt, und daß dadurch seine Elastizität vorübergehend aufgehoben und ihm in diesem Zustand jede beliebige Form gegeben werden kann. (S. auch 1836 C.)

1836 Theodor **Kunz** verwendet bei Erbauung der Leipzig-Dresdener Bahn zuerst zur Verlegung der Schienen (Breitfußschienen) ausschließlich Querschwellen.

— A. **Kuers** führt zuerst die Erfahrungen über die Ernährung der von Pflanzen lebenden Haussäugetiere auf physiologische Grundsätze zurück.

— Auguste **Laurent** entdeckt die Phtalsäure bei Oxydation von Naphtalin mit Salpetersäure und stellt auch zuerst deren Anhydrid dar; die isomere Isophtalsäure wird 1868 von Fittig und Velguth durch Oxydation von Metaxylol mit Chromsäure, die Terephtalsäure (Parasäure) 1844 von Caillot aus dem Terpentinöl mit Salpetersäure erhalten. Die Phtalsäure wird später von der Badischen Anilin- und Sodafabrik zur Herstellung des Indigo (s. 1897 B.) durch Oxydation von Naphtalin mit wasserfreier Schwefelsäure in großem Maßstabe dargestellt.

— Justus **von Liebig** gelingt es zuerst, das Antimon völlig eisen- und arsenfrei herzustellen.

— **Mac Dowall** konstruiert zuerst Dampfsägemaschinen mit direkter Wirkung, wobei die Betriebs-Dampfmaschine derart aufgestellt wird, daß an ihrer Kolbenstange das Sägegatter unmittelbar befestigt wird.

— Der Schneidermeister Josef **Madersperger** in Wien führt eine Nähmaschine aus, die das Öhr an der Spitze der Nadel und den Unterfaden in einem Schiffchen enthält, konstruktiv aber noch unvollkommen ist.

— Der Chemiker James **Marsh** in Woolwich entdeckt die nach ihm benannte Arsenprobe.

— **Maugham** ist der erste, welcher die bei der Glaubersalzfabrikation entstehende Salzsäure direkt auf Braunstein einwirken läßt. Bisher geschah die Darstellung des Chlors ausschließlich aus Kochsalz, Braunstein und Schwefelsäure unter Anwendung von bleiernen Apparaten.

— Der Botaniker C. F. A. **Morren** in Lüttich vervollkommnet die Lehre von den periodischen Lebensbetätigungen der Pflanze und gibt dieser Lehre den Namen „Phaenologie". (S. auch 1751 L.)

— Der Physiker Ottaviano Fabrizio **Mossotti** macht Arbeiten über die Molekularkräfte, die für die neueren Theorien des Raumes und der Substanz maßgebend werden.

— Gerard Johannes **Mulder** untersucht die Seide und erhält beim Auskochen derselben mit Wasser das Fibroin (den Seidenfaserstoff), während der Seidenleim in Lösung geht.

— S. B. **Patterson** erhält das erste Patent auf einen Diaphragma-Wassermesser für Hauswasserleitungen.

— Anselme **Payen** bewirkt die technische Überführung des Stärkemehls in Dextrin, indem er sehr verdünnte Salpetersäure zu Hilfe nimmt. Die Umwandlung des angesäuerten Stärkemehls erfolgt in den Dextrinöfen bei 130^0 C. in etwa 30—40 Minuten. Im Großen wird das Verfahren seit 1841 von Heuzé frères in Petite Villette bei Paris durchgeführt.

— Jules Théophile **Pelouze** stellt die Glycerinschwefelsäure und (1845) die Glycerinphosphorsäure dar.

— **Penzoldt,** Arbeiter in der Klavierfabrik von Seyring in Paris, konstruiert die erste, noch unvollkommene, Zentrifugaltrockenmaschine (Hydroextracteur), die das Vorbild zu den jetzt in der Technik gebrauchten Zentrifugen abgibt. Für die Zuckerindustrie sucht zuerst der Prinzipal Penzoldt's, Seyring, die Erfindung auszubeuten, und erhält am 16. Febr. 1838 in England ein Patent. Wesentliche Verbesserungen in Herstellung der Zentrifugen erfolgen in den fünfziger Jahren, namentlich durch A. Fesca in Berlin.

— Henry **Perrine** versucht zuerst, die seit langen Jahren in Mexiko, Yu-

catan usw. einheimische und dort zur Schnur- und Seilfabrikation benutzte
Sisalpflanze, eine Agavenart (Agave rigida), in Florida einzuführen. Seine
Versuche enden jedoch damit, daß die Indianer die Pflanzung zerstören
und ihn selbst töten. Erst Anfang der 90er Jahre wird durch das Acker-
bauministerium der Vereinigten Staaten die Kultur der Sisalpflanze wieder
energisch aufgenommen.

1836 Adolf **Pleischl** in Wien gelingt es, die von Rinman i. J. 1783 bereits in Angriff genommene Fabrikation gußeiserner emaillierter Geschirre mit Erfolg
durchzuführen.

— Der in Kalifornien und Jowa als Ingenieur tätige Engländer John **Plumke**
stellt das erste Projekt einer den Atlantischen und den Stillen Ozean verbindenden nordamerikanischen Überlandbahn auf. Es ist zu beachten,
daß dies zu einer Zeit geschah, wo Chicago und San Francisco noch unbekannte, inmitten einer unkultivierten Gegend gelegene Dörfer waren.

— Claude S. M. **Pouillet** konstruiert ein Luftpyrometer, bei welchem die Luft
bei konstantem Druck erwärmt und ihre Volumzunahme gemessen wird.
Ein Luftpyrometer, bei welchem die Luft bei konstantem Volum erwärmt und die Druckzunahme gemessen wird, wird 1840 von Regnault
konstruiert.

— Giovanni **Rasori** spricht in einem Brief an Agostino Bassi aus, daß die
perniziösen Fieber von Parasiten hervorgebracht werden, und daß die Anfälle mit Neuerzeugung (Riproduzione) der Parasiten zusammenhängen. Diese
Meinung wird 1837 auch von E. Metaxa vertreten.

— Gerhard Moritz **Röntgen** erbaut in Rotterdam für die holländischen Kolonien die Kriegsschiffe „Banda" und „Ternate", die ersten K r i e g s s c h i f f e,
bei welchen für die Hauptkonstruktionsteile an Stelle des Holzes das
Eisen verwendet wird. Die Behauptung, das erste eiserne Kriegsschiff
sei i. J. 1839 von Laird erbaut worden, entspricht somit nicht den Tatsachen.

— Ferdinand **Runge** ist der erste, welcher auf die Vorteile des sulfoleïnsauren
Kalis (lösliches Türkischrotöls) für die Türkischrotfärberei gegenüber den
bisher gebrauchten Tournantölen hinweist. Die allgemeine Einführung
der löslichen Rotöle erfolgt indes erst 41 Jahre später, als Stork und Werth
auf die Alkalisalze der Ricinusölschwefelsäure hinwiesen.

— Der Chemiker Franz Ferdinand **Schulze** zeigt im Anschluß an Spallanzani's
Versuche (s. 1765 S.), daß Infusionen aus tierischen und pflanzlichen Stoffen
nicht faulen, wenn sie zuerst energisch gekocht werden und die hinzu-
tretende Luft durch Schwefelsäure geleitet und so keimfrei gemacht wird.

— Theodor **Schwann** stellt fest, daß die Fäulnis durch lebende Körperchen
erregt wird.

— Francis Pettit **Smith** vervollkommnet die Schiffsschraube und gibt dadurch
Veranlassung zum Bau des ersten größeren Schraubendampfers „Archimedes". (Vgl. 1838 R.)

— **Sorel** in Paris bildet das Verzinken des Eisens als Schutz gegen die Luft-
feuchtigkeit, sowie das süße und salzige Wasser aus. Von 1840 ab wendet
er auch die galvanische Verzinkung an. (S. auch 1786 W.)

— **Spurgin** nimmt ein Patent auf einen Aufzug zum Fördern von Baumaterialien, wie Kalk, Mörtel, Ziegelsteine, der unter dem Namen „Mechanische Leiter" in England und später auch in Deutschland und Belgien
viele Anwendung findet.

— Karl August **Steinheil** in München wandelt auf Anregung von Gauß und
Weber deren unhandlichen Telegraphenapparat (s. 1833 G.) zu einem
leicht zu bedienenden, mit Induktionsströmen arbeitenden Apparat um,
der bleibende Zeichen gibt (Steinheilschrift). Mit diesem System wird

die zwischen München und Bogenhausen erbaute Telegraphenlinie mit Doppelleitung betrieben.

1836 **Stratingh** und **Becker** in Groningen und **Botto** in Turin konstruieren gleichzeitig Wagen, welche durch magnetelektrische Maschinen betrieben werden, wobei der Strom durch eine galvanische Batterie geliefert wird.

— Christian Jürgensen **Thomsen** in Kopenhagen benutzt die verschiedene Beschaffenheit des für Waffen und Werkzeuge verwendeten Materials zur Einteilung der prähistorischen Perioden (Steinzeit, Bronzezeit, Eisenzeit).

— Der Engländer Charles Blacker **Vignoles** macht sich durch die Einführung einer der Stevens'schen Schiene (s. 1832 S.) fast genau nachgebildeten Eisenbahnschiene bekannt. Nach ihm wird die heutige Breitfußschiene vielfach als „Vignoles-Schiene" bezeichnet, obwohl Vignoles nicht als eigentlicher Erfinder derselben gelten kann.

— Der Mediziner Eduard Friedrich **Weber** eröffnet durch seine Arbeiten über Muskelbewegung der Physiologie neue Bahnen, und macht in Gemeinschaft mit seinem Bruder Wilhelm Eduard umfassende Studien über die Mechanik der menschlichen Gehwerkzeuge. (S. auch 1833 P.)

— Wilhelm **Weber** benutzt zur Bestimmung der Intensität der erdmagnetischen Kraft eine Bussole, deren Nadel möglichst kurz gehalten ist, bringt aber an derselben, um dem in ganze Grade geteilten Kreis einen hinreichenden Durchmesser geben zu können, einen langen Zeiger von Aluminium an. Als Ablenkungsmagnet benutzt er einen zylindrischen oder parallelepipedischen Magnet von 10 cm Länge und 14 mm Durchmesser, der so stark wie möglich magnetisiert wird. Er erreicht zwar so nicht die Genauigkeit der Gauß'schen Bestimmungen, aber immerhin eine Genauigkeit bis zu 0,005 des wahren Wertes der horizontalen Intensität.

1837 Die Brüder Antoine Thomson und Arnauld Michel **d'Abbadie** erforschen in den Jahren 1837—48 Abessinien.

— G. **Aimé** erkennt zuerst die Abhängigkeit des chemischen Gleichgewichts vom Druck. Er findet, daß Carbonate bis zu einem bestimmten Druck des Kohlendioxyds von Säuren zersetzt werden, und daß die Zersetzung von der Natur des Carbonates und der Säure, nicht aber von den Mengenverhältnissen abhängt.

— Agostino **Bassi** führt die Muscardine, eine miasmatisch-kontagiöse Krankheit der Seidenraupen, mit Sicherheit auf einen Pilz zurück.

— Friedrich Wilhelm **Bessel** leitet für die Gestalt der Erde in kritischer Untersuchung der bis dahin ausgeführten Messungen ein Rotationsellipsoid ab und findet die Abplattung der Erde zu 1 : 299. (Vgl. 1666 N.)

— Der Geolog Heinrich Ernst **Beyrich** in Berlin beginnt seine fast 60jährige wissenschaftliche Tätigkeit mit einer Abhandlung über die Versteinerungen des rheinischen Übergangsgebirges, welcher später wertvolle Untersuchungen über die Trilobiten, die Conchylien des norddeutschen Tertiärgebirges, die Crinoiden des Muschelkalks, die Kohlenkalkfauna von Timor und anderes folgen. Auf seine Anregung wird 1848 die deutsche geologische Gesellschaft gegründet.

— David **Brewster** beschreibt eine besondere Klasse optischer Bilder, welche gewisse Mineralien, wie Flußspat, Alaun, Topas, Granat usw. im reflektierten oder durchgelassenen Licht zeigen. Diese sogenannten „Brewster'schen Lichtfiguren" gewähren einen Blick in die innere Krystallstruktur und gehören zu den mit dem Namen „Asterismus" bezeichneten Erscheinungen.

— Robert Wilhelm **von Bunsen** stellt aus der von Cadet (s. 1764 C.) entdeckten rauchenden arsenikalischen Flüssigkeit das Kakodyloxyd her, in welchem er ein aus Kohlenstoff, Wasserstoff und Arsen bestehendes Radikal, das

Kakodyl, annimmt, dessen Chlorid, Bromid, Jodid usw. er darstellt. (S. auch 1848 K.)

1837 Antoine Alexandre Brutus **Bussy** gelingt es, das Myrosin, ein Ferment, das Glukoside spaltet, aufzufinden.

— Auguste A. T. **Cahours** lehrt den Amylalkohol, der schon von Scheele (vgl. 1785 S.) erhalten und zuerst von Pelletan und Dumas in seiner Zusammensetzung bestimmt worden war, näher kennen.

— Der Buchhändler James **Chalmers** aus Dundee unterbreitet dem englischen Schatzamt einen in allen Einzelheiten ausgearbeiteten Vorschlag, für die Frankierung der Briefe aufklebbare Briefmarken zu verwenden, und fügt seiner Eingabe Probestücke von gummierten Briefmarken bei.

— **Croquefer** in Paris erfindet die Grundiermaschine, eine Maschine zum Auftragen der Grundfarbe auf Tapeten; die Maschine wird 1867 von Hummel in Berlin wesentlich vervollkommnet.

— Henri **De la Bèche** und William **Lonsdale** trennen die über dem Silur (s. 1835 M.) liegende Formation, die den alten, roten Sandstein in sich schließt, als selbständige Formation unter dem Namen Devon ab. Dieser Name wird von Beyrich und Roemer auch nach Deutschland übertragen, wo das Devon am Rhein, in Westfalen und im Harz mächtig ansteht.

— Alexandre **Donné** entdeckt die geformten Elemente der vor der Geburt und in der ersten Zeit nach der Geburt von der Milchdrüse abgesonderten Flüssigkeit, die von der normalen Milch verschieden ist und als Colostrum bezeichnet wird. Henle gibt diesen geformten Elementen den Namen Colostrumkörperchen.

— Alexandre **Donné** findet im syphilitischen Eiter mikroskopische Lebewesen, während solche bei Sekreten von gesunden Individuen nicht vorgefunden werden. Seine auffallenden Beobachtungen werden jedoch durch die fast gleichzeitigen Entdeckungen von Cagniard de la Tour, Schwann, Kützing und Bassi in den Schatten gestellt und vergessen.

— Heinrich Wilhelm **Dove** weist nach, daß alle großen Witterungsanomalien weder lokalen noch unmittelbar kosmischen Ursprungs sind, sondern sich über einen größeren Teil der Erdoberfläche erstrecken, und daß sich neben einem solchen Gebiet gewöhnlich ein anderes von entgegengesetzter Anomalie befindet.

— René Joaquin Henri **Dutrochet** macht wichtige Arbeiten über die Gewebespannung in der Pflanze und deren Wichtigkeit für das Pflanzenwachstum. Die Kenntnisse über die Gewebespannung werden namentlich von Hofmeister (1859), Sachs (1865), Kraus (1867), sowie von Nägeli und Schwendener (1867) erweitert.

— Der Württembergische Bergrat **Faber du Faur** zu Wasseralfingen macht die erste praktische Anwendung der Gichtgase der Hochöfen, die er zur Erwärmung des Gebläsewindes und zur Frischeisenbereitung in Flammöfen verwendet. Seine Bemühungen tragen dazu bei, daß der Wert gasförmiger Brennstoffe erkannt wird. (S. 1814 A. und 1839 B.)

— Auf Grund einer aus Nordamerika erhaltenen Anregung stellt Dr. **Feuchtwanger** zuerst Nickelmünzen her, um zu beweisen, daß dies Metall sich zu Münzzwecken eignet. Die tatsächliche Ausprägung von Münzen aus Nickel oder Nickellegierungen erfolgt zuerst (1850) in der Schweiz.

— Marie Jean Pierre **Flourens** entdeckt eine eng umschriebene Stelle in der Medulla oblongata, welche das Zentrum für die Atembewegung darstellt, und deren Verletzung augenblicklich den Tod zur Folge hat, weswegen er sie „Noeud vital" nennt. (S. a. 1760 L. und 1812 L.)

— Marc Antoine Auguste **Gaudin,** Chemiker in Paris, stellt zuerst durch Schmelzen im Knallgebläse künstliche Edelsteine, namentlich Rubin, her.

1837 William **Gossage** nimmt das grundlegende Patent für die Austreibung des sämtlichen Sulfidschwefels der Sodarückstände in Form von Schwefelwasserstoff; alle seine Versuche, die er über mehr als 20 Jahre ausdehnt, scheitern aber daran, daß er zu verdünntes, und zwar ungleichmäßig verdünntes Schwefelwasserstoffgas erhält. Erst A. M. Chance gelingt es im Verein mit C. F. Claus, das Verfahren zur technischen Vollendung zu bringen. (S. 1887 C.)

— Der Tierarzt Karl Gottlieb **Haubner** in Greifswald, später in Dresden, macht ausgedehnte Untersuchungen über die Magenverdauung der Wiederkäuer und stellt die Fütterungslehre auf eine wissenschaftliche Grundlage. (Vgl. die Schrift „Über die Magenverdauung der Wiederkäuer".) Seine weiteren Forschungen beziehen sich namentlich auf die Lungenseuche des Rindes und die Trichinen. Er ist der Reorganisator des Veterinärwesens in Sachsen.

— Carl Anton **Henschel** in Cassel erfindet die nach ihm benannte Henschel-Turbine (auch vielfach als Henschel-Jonval- oder Jonval-Turbine bezeichnet), deren erste Ausführung 1841 in einer Steinschleiferei in Holzminden aufgestellt wird.

— Germain Henri **Heß** erhält bei der Einwirkung der verdünnten Salpetersäure auf Zucker neben der Oxalsäure eine Säure, der er den Namen „Zuckersäure" beilegt.

— Friedrich **Hoffmann** gibt in seiner „Physikalischen Geographie" die Grundlagen einer Klassifizierung der Inseln, denen sich später neue Systeme von Wallace (1880), von Richthofen (1882), Peschel (1896) u. a. anschließen.

— Moritz Hermann **Jacobi** in Petersburg faßt den Gedanken, die von Daniell (s. 1836 D.) beobachtete Tatsache, daß das sich ausscheidende Kupfer ein treues Abbild der Elektrode ist, technisch zu verwerten und erfindet damit das als „Galvanoplastik" bezeichnete Verfahren zur Abformung der verschiedensten Gegenstände mittels des galvanischen Stroms.

— Der Engländer **Knox** entdeckt, daß Selen beim Schmelzen elektrisch leitend wird.

— Rudolph Hermann Arndt **Kohlrausch** ermittelt die Gesetze des elektrischen Rückstands in der Batterie. Als elektrischer Rückstand wird die bei der niemals vollständig erfolgenden Entladung in der Batterie zurückbleibende Elektrizität bezeichnet, die abhängig ist von der Beschaffenheit des starren Isolators (bei luftförmigen Isolatoren tritt der Rückstand nicht auf) und von der Dicke desselben. Auch Wüllner, Maxwell u. a. arbeiten über die Rückstandsbildung.

— Friedrich **Kützing** kommt gleichzeitig mit Th. Schwann (vgl. 1837 S.) zu dem Resultat, daß die Hefe ein lebendes Wesen sei, und daß durch ihre Lebenstätigkeit die alkoholische Gärung des Zuckers sich vollziehe.

— Friedrich **Kützing** dehnt seine Untersuchungen auf den Mikroorganismus der Essiggärung (s. 1822 P.) aus und konstatiert, daß derselbe aus einer Anzahl kleiner runder zu Ketten vereinigter Körper besteht. Er erkennt, daß die Bildung der Essigsäure mit der Gegenwart des Mikroorganismus eng verknüpft ist.

— Justus **von Liebig** erhält durch Einführung der Alkalimetalle an die Stelle von Wasserstoff im Alkohol die durch ihr starkes Reaktionsvermögen ausgezeichneten Äthylate.

— Justus **von Liebig** und Friedrich **Wöhler** stellen das Allantoin, ein unmittelbares Produkt des tierischen Lebens (s. 1800 V.), synthetisch durch Oxydation der Harnsäure mit Bleisuperoxyd her. Sie entdecken ferner bei ihren Arbeiten über Harnsäure eine große Anzahl neuer Körper, das Alloxantin, das Murexid usw. (S. 1838 L.)

1837 Justus **von Liebig** und Friedrich **Wöhler** finden, daß das 1830 von Robiquet
und Boutron in den bittern Mandeln entdeckte Glucosid „Amygdalin" bei
Herstellung der Bittermandelessenz unter Bildung von Zucker und Blausäure gespalten und diese Spaltung durch eine eiweißartige Substanz bewirkt wird, der sie den Namen „Emulsin" geben.

— Humphrey **Lloyd** liefert den experimentellen Beweis für die von William
Rowan Hamilton aus theoretischen Erwägungen abgeleitete konische
Refraktion. (Vgl. a. 1832 H.)

— Der Engländer **Lynch** findet die Medische Mauer wieder auf, welche sich
im Altertum etwa 5 Meilen nördlich von Bagdad in einer Länge von
110 km bei 6 m Dicke und — angeblich — 32 m Höhe zwischen Euphrat
und Tigris hinzog und Babylonien gegen Einfälle von Norden her schützte.

— Nachdem schon 1769 Domenico Cotugno dargelegt hatte, daß in der
Schädel- und Rückgratshöhle ein ansehnlicher Raum von „Wasser" ausgefüllt werde, gelingt es François **Magendie,** die Existenz des Liquor cere-
brospinalis endgültig zu beweisen.

— Gustav **Magnus** analysiert die Blutgase und weist nach, daß der Sauerstoff
im Blute bis in die Capillaren gelangt und erst hier zum Teil verschwindet.
Damit ist bewiesen, daß sich der Verbrennungsprozeß nicht ausschließlich
in den Lungen vollzieht.

— Der Berliner Botaniker Franz Julius Ferdinand **Meyen** schafft die erste
zusammenhängende Phytotomie.

— Alexander **Mitchell** benutzt zur Fundamentierung von Bauwerken Schrau-
benpfähle, welche aus Holz oder besser aus Rundeisenstangen oder hohlen
Eisenröhren hergestellt und am unteren Ende mit einem Schraubengewinde versehen sind. Sie werden ähnlich den Pfahlrostpfählen verwendet, jedoch nicht eingerammt, sondern in den Baugrund eingeschraubt.

— Friedrich **Mohr** erfindet den Korkbohrer und die Filterschablonen.

— Der österreichische Astronom J. **Morstadt** macht zuerst darauf aufmerksam,
daß zwischen Kometen und Meteoritenanhäufungen ein prinzipieller Unterschied nicht bestehe.

— **Newall** in Dundee verbessert die Maschinen zur Drahtseilfabrikation.
Ziemlich gleichzeitig konstruiert der Mechaniker **Wurm** in Wien eine verbesserte Maschine, welche durch Zusammendrehen von 12 Drähten, ohne
dieselben vorher in Litzen zu verarbeiten, unmittelbar Seile verfertigt.
Diese Maschine wird zuerst im Bergdistrikt Schemnitz aufgestellt, später
aber verändert, da die damit erzeugten Seile an Haltbarkeit den Albert'-
schen Litzenseilen nachstehen.

— Der Physiker Charles G. **Page** in Salem (Massachusetts) hört zuerst das
Tönen („ringing") eines Eisenstabes, der in einer von einem galvanischen
Strom durchflossenen Drahtspirale angebracht wird, und nimmt wahr, daß
das Tönen sowohl im Augenblick der Unterbrechung als auch der Wiederherstellung des Stromes eintritt. Es ist dies der erste Schritt zur Erfindung des Telephons. (Vgl. seine in Silliman's „American Journal of
science and arts", Band 1837, gemachte Mitteilung: „The production of
galvanic music". — Weiteres s. 1848 W.)

— **Pauwels** in Lille legt die Gleitflächen der Schieber an den Lokomotiven
vertikal und vereinfacht dadurch die Steuerung.

— Joseph **Pelletier** und **Walter** entdecken das Toluol bei der Leuchtgasfabrikation aus Harz und nennen es zuerst „Rétinaphte". 1842 wird es von
Sainte-Claire-Deville bei trockener Destillation des Tolubalsams gewonnen
und von Gerhardt als identisch mit der Rétinaphte erkannt. Im gleichen
Jahre entdecken Pelletier und Walter das Cumol, das Cahours 1840 bei

Destillation der Cuminsäure mit überschüssigem Kalk erhält und als identisch mit dem Pelletier'schen Produkt erkennt.

1837 Isaac **Pitman** verbessert die Taylor'sche Kurzschrift (s. 1786 T.), indem er die rein lautgemäße phonetische Schreibung konsequent durchführt. Pitman's Stenographie, die der Erfinder selbst „Phonography" nennt, hat in allen englisch sprechenden Ländern, besonders in Nordamerika, eine weite Verbreitung gefunden.

— Claude S. M. **Pouillet** entwickelt das Galvanometer zu einem wirklichen Meßapparat, indem er die Tangentenbussole und die Sinusbussole erfindet. Er benutzt diese Apparate, um die Stromstärke durch ihre magnetischen Wirkungen zu messen, und bestätigt durch solche Messungen an konstanten Ketten das Ohm'sche Gesetz. (S. a. 1831 F.) Die Tangentenbussole wird 1851 von Gaugain und 1870 von Wiedemann (vgl. 1870 W.) wesentlich verbessert.

— **Preshel** verbessert die bis dahin ungemein entzündlichen und explosiven Reibzündhölzer, indem er anstatt des chlorsauren Kalis nur Bleisuperoxyd anwendet und später dem Bleisuperoxyd salpetersaures Bleioxyd und Mennige beimengt. (S. a. 1834 B.)

— Johann Evangelista **Purkinje** teilt seine Beobachtungen über den Bau der Nervenfaser mit und gebraucht zuerst die Bezeichnung des Achsenzylinders für deren zentrales Gebilde. Er spricht sich dahin aus, daß die Ganglienkörper, wie Ehrenberg 1833 diese Nerven genannt hatte, Zentralorgane seien.

— **Quetelet, Olbers** und **Benzenberg** erwähnen gleichzeitig die periodisch sichere Wiederkehr des August - Sternschnuppenschwarms um die Epoche des Laurentiusfestes (9.—14. August) und geben diesem Phänomen den Namen „Strom des heiligen Laurentius". (S. a. 1833 O. und 1864 N.)

— Peter **Rieß** erfindet das elektrische Luftthermometer und wendet dasselbe an. um die Gesetze der Wärmeentwicklung durch die elektrische Entladung zu erforschen.

— Stephen Peter **Rigaud** untersucht unter Verwendung von in flächentreuer Projektion gehaltenen Karten das Verhältnis von Land zu Wasser unter sorgfältiger Beachtung aller Fehlerquellen nach der Wägemethode (s. 1693 H. und 1742 L.). Er ermittelt dasselbe zu $1:2,76$, welches Verhältnis auch Humboldt und Ritter annehmen. (S. a. 1884 K.)

— Auguste **de la Rive** beobachtet zuerst die elektrolytische Wirkung von Wechselströmen einer elektromagnetischen Stromquelle, eine Wahrnehmung, die 1873 von Fr. Kohlrausch gelegentlich seiner Untersuchungen über galvanische Polarisation bestätigt wird.

— Fredrik **Rudberg** prüft aufs neue den von Gay-Lussac für trockene Luft gefundenen Ausdehnungskoeffizienten und findet denselben geringer als Gay-Lussac, nämlich anstatt 0,375 zu 0,365 des Volums bei 0^0.

— Ferdinand **Runge** macht die erste Beobachtung einer aus Anilin entstehenden Farbsubstanz, indem er bei Behandlung des von ihm aus Steinkohlenteer erhaltenen und „Kyanol" genannten Anilins mit Chlorkalk eine intensive blaue Färbung erhält.

— Karl Friedrich **Schimper** dehnt die Glazialtheorie (s. 1834 S.) auf den ganzen Erdball aus und gibt der von ihm angenommenen Epoche einer allgemeinen Klimadepression und Vergletscherung den Namen „Eiszeit". Er begründet die Lehre von der Moränenlandschaft.

— Christian Friedrich **Schönbein** gelingt es, das Eisen durch Glühen an der Luft passiv zu machen. (S. a. 1790 K.) Faraday erklärt diese Erscheinung daraus, daß sich hierbei auf dem Eisen eine für das Auge nicht merkbare Oxydschicht bilde.

1837 Theodor **Schwann** erbringt auf experimentellem Wege den strengen Beweis
für die von Cagniard de la Tour festgestellte Tatsache (s. 1835 C.), daß
die Hefe ein lebendes Wesen ist, und daß durch ihre Lebenstätigkeit
die Gärung sich vollzieht. (Vitale oder vegetative Gärungstheorie.) Er stellt
namentlich auch fest, daß die Gärung ausbleibt, wenn der Traubensaft
gekocht und die zutretende Luft durch Hitze sterilisiert wird. (Vgl. a.
1837 K.)

— Ernest **Selligue** stellt die ersten Paraffinkerzen her.

— A. **Siebe** konstruiert einen geschlossenen Taucherhelm, nachdem die von
ihm und C. A. Deane konstruierten offenen Taucherhelme sich nicht bewährt hatten. Bemerkenswert ist, daß in Desagulier's i. J. 1725 erschienenen Werke ,,A course of Experimental Philosophy'' diesen Helmen
sehr ähnliche, wenn auch nicht so vollkommene Apparate beschrieben
und abgebildet sind.

— Thomas **Simpson** und Peter Warren **Dease**, zwei Beamte der Hudsonbai-
Kompagnie, klären in den Jahren 1837—39 auf einer Bootfahrt von
2400 km die noch unbekannten Strecken der nordamerikanischen Polarküste so weit auf, daß die geographische Kenntnis derselben nunmehr
abgeschlossen scheint.

— Karl **Sprengel** führt die Unfruchtbarkeit einer Anzahl von ihm analysierter
Bodenarten auf ihren Mangel an gewissen Aschenbestandteilen zurück,
woraus deutlich erhellt, daß diese Bestandteile teilweise unentbehrlich sein
müssen.

— Der Kapitän Th. H. **Sumner** findet eine außerordentlich sichere graphische
Methode, den Standpunkt eines Schiffes auf See durch Projektion auf eine
Mercatorkarte zu bestimmen. Maury bezeichnet diese Methode als Beginn
einer neuen Aera in der praktischen Navigation.

— Lewis **Thompson** und unabhängig von diesem C. H. **Pfaff** entdecken den
dem Arsenwasserstoff analogen Antimonwasserstoff. 1821 hatte ihn schon
Sérullas beobachtet, aber mit Arsenwasserstoff verwechselt. Bei der
Ähnlichkeit der beiden Gase und der Möglichkeit der Verwechslung derselben in der gerichtlichen Chemie, war die Reindarstellung des Antimon-
wasserstoffs, die 1886 ebenso wie seine Verflüssigung von Olszewski bewirkt wird, von großer Wichtigkeit. (Vgl. 1904 St.)

— Der Amerikaner Alfred **Vail** konstruiert einen Typendrucktelegraphen, der
sich jedoch ebensowenig wie 1841 der von Wheatstone und 1847 der
von Morse erfundene bewährt.

— **Vallet** führt das Ferrum carbonatum saccharatum, das er durch Fällung
von oxydfreiem Eisensulfat mit Natriumcarbonat und Zusatz von Honig
erhält, in den Arzneischatz ein. Von 1866 ab (s. 1866 H.) gelangen
mit Eisenoxyd hergestellte Saccharate in den Handel.

— Alfred Wilhelm **Volkmann** zu Dorpat begründet die Hämodynamik, die
Physik der Blutbewegung.

— Charles **Wheatstone** behauptet zuerst, daß die verschiedenen Vokaltöne
nichts sind als Klangverschiedenheiten, und daß sie somit den verschiedenen den Grundton begleitenden Obertönen zuzuschreiben sind.

— Charles **Wheatstone** und William Fothergill **Cooke** erbauen nach dem Muster
des Schilling'schen Apparates (vgl. 1835 S.) einen 5-Nadeltelegraphen. Im
Jahre 1845 vereinfachen sie das System zu einem 1-Nadeltelegraphen, der
noch jetzt in England im Gebrauch ist.

— Robert **Willis** macht Arbeiten über die Radzähne, erfindet den Odontographen und schreibt das berühmte Werk ,,Principles of mecanism'' (1841),
durch welches erst die praktische Bedeutung der Kinematik (s. 1834 A.)
klargestellt wird. Andere Odontographen werden 1854 von Moll und

Reuleaux, 1877 von Robinson angegeben. Auch Weisbach, Thallmayer u. a. geben unter dem Namen „Zahnkurvenzirkel" ähnliche Instrumente an.

1837 Friedrich **Wöhler** stellt vollkommen reines Eisen (Ferrum hydrogenio reductum) durch Erhitzen von Eisenoxyd, welches er durch Glühen von Eisenvitriol und Kochsalz erhält, im Wasserstoffstrome her. Auch durch Reduktion von erhitztem Eisenchlorür im Wasserstoffstrom läßt sich dieses Produkt herstellen.

1838 François Dominique **Arago,** der die Gewittererscheinungen sehr eingehend beschreibt, unterscheidet 4 Arten von Blitzen: Linienblitze, Flächenblitze, Perlenschnurblitze, Kugelblitze.

— Robert **Ball** verbessert das Müller'sche Schleppnetz (s. 1779 M.), indem er dem dazu benutzten Eisenrahmen die Form eines etwa 14 Zoll langen und 4 Zoll hohen Rechtecks gibt.

— William **Barnett** erfindet eine Gasmaschine mit Verdichtung der Ladung vor der Entzündung und Mischung der frischen Ladung mit den im Zylinder zurückgebliebenen Verbrennungsgasen. In der Patentschrift wird ausdrücklich hervorgehoben, daß die Maschine auch mit leichtflüchtigen flüssigen Kohlenwasserstoffen betrieben werden könne, so daß die Maschine auch als Vorläufer der Benzinmotoren anzusehen ist.

— Antoine César **Becquerel** gibt die erste Anregung, Metalle, wie Kupfer, Silber und Gold, technisch durch Elektrolyse zu gewinnen.

— Friedrich Wilhelm **Bessel** bestimmt mittels des Fraunhofer'schen Heliometers in Königsberg die Parallaxe von 61 Cygni zu 0,3 Bogensekunde. Dies ist die erste Parallaxenbestimmung für Fixsterne. (S. 1839 H.)

— **Bethell** nimmt ein Patent auf die Konservierung des Bauholzes, insbesondere der Eisenbahnschwellen, mit den schweren durch Destillation von Gasteer zu gewinnenden Ölen (Bethellisieren), und eröffnet damit dem Steinkohlenteer die erste erheblichere Verwendung. Die Imprägnierung bewirkt er in ähnlicher Weise wie Bréant und Payne. (S. 1831 B.)

— Nachdem der spanische Arzt Nicolò Monardes zuerst (1575) die Fluorescenz an einem Aufguß des Lignum nephriticum beobachtet hatte, erregt dies Phänomen dauernd die Aufmerksamkeit der Forscher, wie folgende Namen zeigen: Kircher, Grimaldi, Boyle, R. Hooke, Newton, Mariotte, Chr. v. Wolf, Musschenbroek, Th. Young. Nachdem Musschenbroek die Erscheinung an Steinöl, Murray an der inneren Rinde der Esche, Goethe an der Roßkastanienrinde, Döbereiner am jamaikanischen Bitterholz gezeigt hatte, beobachtet David **Brewster** die Fluorescenz am Chlorophyll, am Flußspat und einer großen Reihe anderer Substanzen, John F. W. **Herschel** an Chininlösungen.

— Nachdem William Wing und Elihu White bereits i. J. 1805 eine — noch unvollkommene — Letterngießmaschine erfunden hatten, stellt David **Bruce** in Brooklyn die erste praktisch brauchbare Maschine zum Massenguß von Buchdrucklettern her.

— **Burnett** imprägniert das Holz mittels einfachen Einlaugens in Zinkchloridlösungen, modifiziert aber bald sein Verfahren dahin, daß er zur Imprägnierung mit Zinkchlorid die von Bréant und Payne (s. 1831 B.) erfundene pneumatische Methode verwendet, wodurch erst seine Imprägnierung eine erfolgreiche wird. (Burnettisieren.)

— Charles **Chubb** bringt in dem Füllungsraum der Geldschränke zwei oder drei eiserne Zwischenwände an und füllt die Zwischenräume mit Holzasche oder Holzkohle aus. (S. a. 1834 M.) Diese Füllung wird 1840 von Thomas Millner durch poröses Holz, Sägespäne und Knochenstaub ersetzt.

— Die Ingenieure Samuel **Clegg** und Jacob **Samuda** machen zuerst Medhurst's Vorschlag (s. 1810 M.) brauchbar, indem sie die Wormwood-Scrubsbahn bei London als atmosphärische Eisenbahn betreiben; doch stellt sich das System als zu teuer heraus.

1838 Charles Pierre Matthieu **Combes** konstruiert ein Flügelanemometer, das zur Messung der Geschwindigkeit, des Wetterzuges in Bergwerken und zur Messung des Heizgasstromes vielfach benutzt wird. Ähnlichen Zwecken dient das Flügelanemometer von Biram und Casella, das Pendelanemometer von Henaut und Dickinson und das Kugelanemometer von Robinson. (S. 1846 R.) Das Combes'sche Instrument wird 1873 von A. Cavallero in Turin wesentlich vervollkommnet.

— William F. **Cooke** erhält in England am 18. April das erste Patent für einen tragbaren, von den Eisenbahnzügen mitzuführenden elektrischen Telegraphenapparat.

— Nachdem J. N. Niepce am 5. Juli 1833 gestorben war, setzt Louis **Daguerre** die von diesem begonnenen heliographischen Versuche (vgl. 1816 N.) fort, wobei es ihm gelingt, das auf jodierten Silberplatten hervorgerufene unsichtbare (latente) Lichtbild mit Quecksilberdämpfen zu entwickeln und es mit Hilfe von unterschwefligsaurem Natron zu fixieren. Er teilt diese Erfindung, die Daguerrotypie genannt wird, Arago mit, der darüber am 7. Januar 1839 der französischen Akademie Bericht erstattet.

— Der französische Tierarzt Henri Mamert Onésime **Delafond** erwirbt sich große Verdienste um die Veterinär-Sanitätspolizei, die er durch sein Werk „Traité sur la police sanitaire des animaux domestiques" wesentlich fördert. Er macht bedeutsame Forschungen auf dem Gebiete der tierärztlichen Pathologie, die er mit seinem „Traité de pathologie générale" bereichert.

— **Desbassayns de Richemond** erfindet das Bleilöten ohne Lot mittels der Wasserstoffflamme, das für die Herstellung der Schwefelsäurekammern von Bedeutung wird.

— Dem Mathematiker Peter Gustav Lejeune **Dirichlet** gelingt es durch Anwendung der höheren Analysis auf die Zahlentheorie (s. 1825 D.), die von Lagrange in Angriff genommene und von Legendre und Gauß weiter untersuchte Frage nach dem allgemeinen Zusammenhange zwischen der Anzahl der quadratischen Formen und einer jeden gegebenen Determinante zu lösen.

— Augustin Pierre **Dubrunfaut** stellt zuerst Pottasche aus Rübenmelasse dar.

— **Dutrochet, Purkinje** und **Henle** entdecken gleichzeitig — ein Jahr vor Schwann's Entdeckung der Zellen — die jetzt mit diesem Ausdruck bezeichneten morphologischen Elemente der Leber.

— H. G. **Dyar** und J. **Hemming** nehmen am 30. Juni ein englisches Patent auf die Herstellung von Soda durch die Reaktion zwischen Kochsalz und kohlensaurem Ammoniak und geben technische Mittel für die Durchführung des Verfahrens an. Ähnliche Versuche, die jedoch keinerlei Resultat zeitigten, waren 1836 von John Thom in der Fabrik von Turnbull & Ramsay in Camlachie gemacht worden.

— Ernst Wilhelm Bernhard **Eiselen** erfindet den Bock (Springbock) für den Turnunterricht.

— Sir William **Fairbairn** konstruiert die erste Nietmaschine für den Bau von Dampfkesseln und Eisenschiffen.

— Michael **Faraday** weist nach, daß auch zwischen Metallen und Flüssigkeiten Thermoströme wirken können. Diese Ströme werden von Lindig (1864), Bouty (1880), Hagenbach (1894) u. a. namentlich auch auf die Abhängigkeit von der Konzentration der Flüssigkeiten (Lösungen) näher untersucht.

— **Finlayson** verbessert den seit 1784 gebräuchlichen Skarifikator, auch Grubber genannt, indem er denselben an Stelle der meißelförmigen gebogenen Zinken mit Messern versieht. Dieses „Messeregge" genannte Gerät wird durch Wilkie, Kirwood u. a. noch verbessert. Es enthält einschneidige und senkrechte oder gekrümmte Messer, die weniger ein Reißen, als ein Zerschneiden des Bodens zum Zwecke haben und tiefer und kräftiger eindringen, als die bisherige Egge.

1838 James David **Forbes** mißt zuerst die Brechungsexponenten von ultraroten Strahlen, indem er die Strahlen, ehe sie in das Prisma eintreten, durch verschiedene diathermane Substanzen hindurchgehen läßt.

— Der amerikanische Ingenieur Joseph **Francis** erfindet ein Rettungsboot (Francisboot), welches aus gewelltem Eisenbleche hergestellt und durch Luftkästen unversinkbar gemacht ist. Das Boot hat einen flachen Kiel und ist sowohl zum Rudern als zum Segeln eingerichtet. Es eignet sich besser, als das bald darauf erfundene Peakeboot (s. 1850 P.) zur Verwendung an flachen, sandigen Küsten, und wird daher in Deutschland jenem Boote vorgezogen.

— Philipp Lorenz **Geiger** und Julius Oswald **Hesse** weisen nach, daß das von Pelletier und Caventou hergestellte und mit Veratrin identifizierte Alkaloid des Colchicum autumnale eine eigentümliche Substanz ist, die sie Colchicin nennen, aber nicht in reinem Zustand erhalten können.

— Asa **Gray** gibt in Verbindung mit John **Torrey** in den Jahren 1838—42 ein bahnbrechendes Werk über die „Flora von Nordamerika" heraus und bereichert die Botanik mit vielen neuen Arten.

— **Greenwood** und **Keene** härten den Gips, indem sie ihn in gebranntem Zustand mit Alaunlösung tränken, dann nochmals brennen, mahlen und erst so zu Abgüssen verwenden.

— **Harrison, Blair & Co.** konstruieren für Schwefelsäurefabriken den lange Zeit fast allgemein gebrauchten Apparat zur Hebung der Säure auf die Höhe des Gay-Lussac-Turmes. (Vgl. 1827 G.) Sie lassen durch eine kleine Gebläsemaschine komprimierte Luft in einem Druckkessel auf die Oberfläche der Säure wirken und drücken diese dadurch in beliebige Höhe, ganz so, wie der Chemiker in der Spritzflasche durch Einblasen von Luft die Flüssigkeit durch das Steigerohr in die Höhe treibt.

— Der englische Physiker William **Hopkins** erfindet die Interferenzröhre zur Veranschaulichung des Prinzips der Interferenz des Schalls.

— Moritz Hermann **Jacobi** in Königsberg macht den ersten Versuch zur elektrischen Beförderung von Schleppschiffen, der jedoch kein praktisches Ergebnis zeitigt.

— **Jobard** in Brüssel macht den Vorschlag, Kohle im luftleeren Raum zu Beleuchtungszwecken durch den elektrischen Strom zum Glühen zu bringen. Doch wird diese Idee erst 1845 von ihm weiter verfolgt. (S. 1845 J.)

— Thomas Wharton **Jones** gibt die erste korrekte Beschreibung des Staphyloms. Das Gewebe des Staphyloms ist nicht, wie man bisher annahm, die degenerierte, trübe Cornea, sondern neugebildetes Narbengewebe, das sich nach völliger Zerstörung der Cornea an der vorderen Fläche der Iris bildet.

— Nachdem J. Henry eine größere Versuchsreihe mit Elektromagneten gemacht hatte, ohne jedoch eine Klärung der elektrischen und magnetischen Ausgleichsverhältnisse zu finden, gelingt es James Prescott **Joule,** diese Verhältnisse aufzuklären und Elektromagnete mit sehr hoher relativer Tragkraft herzustellen.

— **Kane** erhitzt Aceton mit Schwefelsäure und erhält durch dessen Kondensation das Mesitylen, das später von Fittig und Baeyer synthetisch gewonnen (s. 1866 F.) und von Fittig und Wackenroder (1869) im Steinkohlenteeröl aufgefunden wird.

— Der hannoversche Architekt Georg Ludwig Friedrich **Laves** erbaut bei

Darmstaedter.   28

Dernburg die erste nach dem Prinzip des Laves- oder Linsenträgers (Fischbauchträgers) entworfene Brücke.

1838 Justus **von Liebig** und Friedrich **Wöhler** stellen als zweiten künstlichen Farbstoff das aus Harnsäure gewonnene Murexid her. (S. 1771 W.)

— Justus **von Liebig** stellt im Anschluß an die Graham'schen Arbeiten (s. 1833 G.) über die Mehrbasizität der Phosphorsäure, gestützt auf seine mit der Citronensäure, Weinsäure, Cyanursäure und Mekonsäure gemachten Versuche, seine Theorie der mehrbasischen Säuren und der Wasserstoffsäuren auf

— **Liebig** und **Wöhler** untersuchen das 1817 von Brugnatelli durch Einwirkung von Salpetersäure auf Harnsäure entdeckte Alloxan, und führen dasselbe durch Reduktion in Alloxantin über, aus welchem sie durch Oxydation wieder das Alloxan gewinnen.

— Der Ingenieur William **Lindley** konstruiert bei Gelegenheit des ihm übertragenen Baus der Eisenbahn Hamburg-Bergedorf den ersten sechsräderigen Eisenbahnwagen, die Grundform der langen Eisenbahnwagen des Kontinents.

— Der Botaniker Heinrich Friedrich **Link** erbringt mit dem Mikroskop den wissenschaftlichen Nachweis, daß die Steinkohle im Prinzip ebenso zusammengesetzt ist, wie der Torf. Er zeigt, daß es sich bei beiden um eine mehr oder minder homogene Grundmasse handelt, in der pflanzliche Bestandteile eingebettet sind.

— **Lowe** konstruiert eine Schiffsschraube, die aus zwei oder mehreren gebogenen Platten besteht, welche zu einer zwei- oder mehrflügeligen Schraube derart auf einer Welle vereinigt werden, daß die Wurzeln der Flügel hintereinander liegen.

— Charles **Lyell** scheidet das „Tertiär" genannte cänozoische Zeitalter der Erdbildung in drei Unterabteilungen: Eocän, Miocän und Pliocän. Zwischen Eocän und Miocän wird später von Beyrich noch die Stufe Oligocän eingeschoben.

— Joseph François **Malgaigne** bildet durch sein Werk „Traité d'anatomie chirurgicale et de chirurgie expérimentale" die von Lieutaud (s. 1742 L.) begründete chirurgische (topographische) Anatomie weiter aus, die schon vorher von Blandin (1826) wesentliche Förderung erfahren hatte.

— Der englische Raddampfer „Great Western" mit einer 400pferdigen, von der Firma **Maudslay** erbauten Dampfmaschine macht ohne Benutzung von Segeln in 15 Tagen die Reise von Bristol nach New York und eröffnet damit die regelmäßige transatlantische Dampfschiffahrt.

— Nachdem seit Bichat (s. 1801 B.) lediglich makroskopische Verhältnisse für die Beurteilung und Systematik der Geschwülste maßgebend gewesen waren, legt Johannes **Müller** durch die mikroskopische Erforschung der krankhaften Neubildungen, die ihm deren Zusammensetzung aus Zellen und deren Wachstum durch neue Zellenbildung zeigt, den Grund zur pathologischen Histologie und insbesondere zur neueren Geschwulstlehre.

— Johannes **Müller** macht über die Physiologie der Zeugungsorgane eingehende Untersuchungen, die insbesondere von Kölliker (1851), Rouget (1858), Langer (1863) und Eckhard (1863—1876) ergänzt werden.

— **Munck af Rosenskjöld** erkennt, daß mit Metallfeilspänen gefüllte Röhrchen unter der Wirkung elektrischer Entladungen oder Ströme ihren Widerstand mehr oder weniger verringern, durch mechanische Erschütterung aber ihren ursprünglichen Widerstand wieder annehmen. Seine Entdeckung wird vergessen und 1884 von Calzecchi-Onesti, sowie 1890 von Edouard Branly (s. d.) aufs neue gemacht.

— H. J. **Neuß** in Aachen erfindet die Stecknadeln mit Glasköpfen.

— Ferdinand **Oechsle** in Pforzheim erfindet eine Goldlegierungswage, durch welche auf mechanischem Wege ohne Rechnung die Menge Gold oder

Kupfer ermittelt wird, welche zu einer Menge legierten Goldes hinzugefügt werden muß, um es auf einen gewünschten höheren oder niedrigeren Feingehalt zu bringen.

1838 Dem englischen Generalmajor **Pasley** gelingt es, indem er statt des Kalkes Kreide verwendet und dem Brennen erhöhte Aufmerksamkeit schenkt, den Portlandzement (s. 1824 A.) so zu verbessern, daß er die Güte des Romanzements (s. 1796 P.) erreicht.

— Théophile Jules **Pelouze** stellt das Borneol aus Dryobalanops Camphora dar und erhält aus demselben durch Oxydation Campher.

— Théophile Jules **Pelouze** setzt die von Braconnot (s. 1832 B.) begonnenen Versuche fort und macht der Akademie der Wissenschaften zu Paris die Mitteilung, daß sich alle vegetabilisch-holzigen Substanzen, mit Salpetersäure behandelt, in eine entzündliche Masse verwandeln, womit er den Anstoß zur Herstellung der Schießbaumwolle gibt.

— John **Penn** verbessert die oszillierende Dampfmaschine, namentlich für Schiffe, durch eine von ihm erfundene Kulissensteuerung. (Vgl. a. 1820 C.)

— Rafaelle **Piria** untersucht das 1819 von Bucholz (s. d.) entdeckte Salicin und führt dasselbe mit chromsaurem Kalium und Schwefelsäure in Salicylaldehyd über, das sich bei der Untersuchung durch **Ettling** mit dem 1834 durch Pagenstecher im flüchtigen Öl aus den Blüten der Spiraea ulmaria entdeckten Produkt identisch erweist.

— Claude S. M. **Pouillet** mißt mit dem von ihm konstruierten „Pyrheliometer" die von der Sonne ausgestrahlte Wärmemenge. Er berechnet sie auf 1357 Wärmeeinheiten in der Sekunde und die Temperatur der Sonne auf 5958^0 C. Ähnliche Versuche werden von Soret (1872), Violle (1877) und Crova (1878) unternommen, welch letzterer die Temperatur der Sonne auf 6125^0 C. schätzt. (Vgl. a. 1894 W.)

— G. und J. **Rennie** in London erbauen den ersten erfolgreichen Schraubendampfer „Archimedes", der am 14. Oktober 1839 seine erste Probefahrt macht. (Vgl. 1836 S.)

— Peter **Rieß** und Pietro **Marianini** entdecken gleichzeitig, daß auch durch Reibungselektrizität Induktionswirkungen ausgeübt werden.

— **Robertson** in London baut eine Ratiniermaschine (Filzmaschine), vermutlich die erste ihrer Art in Europa. Die Erfindung scheint aber aus Amerika zu stammen.

— E. B. **Rowley** schlägt vor, in Röhren geleitete Preßluft zu Signal- und Fernsprechzwecken auszunützen.

— Matthias **Schleiden** erkennt die Zelle als den anatomischen Elementarbestandteil der Pflanzen und macht Untersuchungen über die Entstehung der Zelle und des Pflanzenkeims. Auf Grund dieser Forschungen tritt 1842 in seinem Lehrbuch erstmalig die charakteristische Unterscheidung der Kryptogamen von den Phanerogamen auf.

— Frederick E. **Sickels** erfindet die erste Abschnappsteuerung, deren Prinzip später bei der Corliss-Steuerung Verwendung findet.

— Eugène **Soubeiran** erhält zuerst bei Einwirkung von Schwefeldichlorid auf Ammoniak den Schwefelstickstoff in unreinem Zustande, der dann 1851 von Fordos und Gélis und 1871 von A. A. Michaelis genauer studiert wird.

— Karl August **Steinheil** in München entdeckt von neuem die früher schon bekannte, aber ganz vergessene Eigenschaft des Erdreichs, den elektrischen Strom zu leiten. (Vgl. 1744 W.) Er benutzt 2 Jahre später den „Erdstrom" als Rückleitung beim Telegraphieren im Eisenbahn- und im Feuerwachdienst.

— Der französische Arzt **Tabarié** macht eingehende Studien über die Einwirkung der komprimierten Luft auf den Organismus und konstruiert

28*

einen pneumatischen Apparat „Cloche pneumatique", um Kranke, insbesondere Asthmatiker dem Einfluß komprimierter Luft auszusetzen. (S. auch 1664 H. und 1835 J.)

1838 C. **Watt** bleicht das Palmöl mit Kaliumbichromat und Schwefelsäure. Ungefähr gleichzeitig wird auch die Permanganatbleiche empfohlen, die 1868 von Eugen Dieterich eingehend beschrieben wird.

— Alexander **Woskressensky** entdeckt bei der Destillation von Chinasäure mit Braunstein und verdünnter Schwefelsäure das Chinon, das von Strecker aus dem Arbutin und von Stenhouse aus der Kaffeegerbsäure und den Extrakten vieler Pflanzen gewonnen wird. Das Chinon und seine Umwandlungsprodukte, wie Hydrochinon usw. werden in den folgenden Jahren eingehend von Wöhler untersucht.

1839 George Biddell **Airy** erfindet eine Kompensierung des Schiffskompasses mit Hilfe eines Systems permanenter und induzierter Magnete. Diese Kompensierung wird unentbehrlich, als später die Schiffe ganz aus Eisen gebaut werden.

— Sir William George **Armstrong** verbessert die zum Zerkleinern des Bodens nach dem Pflügen gebrauchte Egge durch Konstruktion seiner Zickzack-Langegge.

— **d'Arnaud, Sabatier** und **Werne** gelangen in den Jahren 1839—41 nilaufwärts bis Gondokoro (4° 54' n. Br.).

— Der Maurermeister **Arnold** zu Fürstenwalde konstruiert einen Ziegelofen, bei welchem die Kammern in Gestalt eines Ringes um den im Mittelpunkt stehenden Schornstein angeordnet sind. Der gleichzeitig von Maille in Villeneuve le Roy nach gleichem Prinzip gebaute Ringofen bewährt sich ebensowenig wie der Arnold'sche Ofen, und auch die nachfolgenden Konstruktionen von Joseph Gibbs (1841) und Jolibois (1847) haben einen Erfolg nicht aufzuweisen. Ein solcher ist erst dem Hoffmann'schen Ofen (s. 1857 H.) beschieden.

— **Balleny** befährt die antarktische See, entdeckt die nach ihm benannten Ballenyinseln und erforscht Wilkesland.

— Edmond **Becquerel** konstruiert ein elektrochemisches Photometer, bei welchem die elektromotorische Kraft, die bei Belichtung einer von zwei in eine Säure, Lauge usw. eintauchenden Platten entsteht, gemessen wird. Er nennt den Apparat photoelektrisches Element.

— Nachdem Prévost, Gruithuisen und andere Forscher das Augenleuchten (s. 1704 M.) als die Folge der Reflexion einfallenden Lichtes erkannt hatten, findet Karl **Behr,** daß zum Zustandekommen des Augenleuchtens das beobachtende Auge fast parallel mit den einfallenden Lichtstrahlen in das beobachtete Auge sehen müsse, welche Wahrnehmung von Brücke, Cumming, und insbesondere von Kußmaul noch erweitert wird, doch gelingt erst Helmholtz der zur Entdeckung des Prinzips des Augenspiegels (s. 1850 H.) führende Nachweis, daß die vollkommen schwarze Färbung der Pupille von den gleichen Wegen des ins Auge eintretenden und des reflektiert zurückkehrenden Lichts herrührt.

— Der anhaltische Hüttenmeister Karl **Bischoff** in Mägdesprung im Harz führt die erste Generator-Gasfeuerung praktisch mit Erfolg aus.

— James **Blake** zeigt, daß die Wirkung der Lösung verschiedener Salze, in das Blut eingeführt, nur von dem elektropositiven Grundstoffe abhängt, und die Säure im Salze zu der Wirkung desselben in gar keinem oder nur sehr geringem Zusammenhang steht.

— John George **Bodmer** nimmt das erste Patent auf eine Drehbank mit liegender Planscheibe.

— Jean Baptiste **Boussingault** macht umfassende Versuche an Pferden, Rindern,

Schweinen und Tauben über die Summen der Stoffeinnahme und Stoffausgabe. Ähnliche Versuche hatte 1832 John Dalton am Menschen unternommen.

1839 Isambard Kingdom **Brunel** erbaut in den Jahren 1839—43 den „Great Britain", der ganz aus Eisen hergestellt wird und als Propeller eine vierflügelige Schraube von 4,70 m Durchmesser erhält. Das Schiff scheitert i. J. 1844, liefert aber dabei einen so glänzenden Beweis von der Brauchbarkeit des Eisens als Schiffsmaterial, daß man von da ab noch mehr als bisher zur ausschließlichen Verwendung des Eisens übergeht. (Vgl. 1831 F.)

— Leopold **von Buch** weist durch den Vergleich der Ablagerungen aus verschiedenen Gegenden die große Verbreitung der einzelnen Formationen nach, bringt die einander entsprechenden Ablagerungen entfernter Länder miteinander in Parallele und fördert so die stratigraphische Geologie.

— Michel **Chasles** weist zuerst auf die allgemeine Wechselbeziehung bei einer Bewegung und deren Umkehrung hin (Chasles'sches Prinzip der Umkehrung der Bewegung).

— V. und Ch. **Chevalier** konstruieren auf der Grundlage der Wollaston'schen Angaben (s. 1812 W.) ein Objektiv für Daguerre, das den Namen „Französische Landschaftslinse" erhält und aus einem fast plankonvexen Flintglas und einem bikonvexen Crownglas besteht. Die ganze Kombination muß mit bestimmter Blendenstellung benutzt werden.

— Charles Pierre Mathieu **Combes** stellt zuerst eine richtige, auf das Prinzip der Erhaltung der lebendigen Kraft gestützte Theorie der Zentrifugalventilatoren auf, die 1844 von Redtenbacher noch vervollständigt wird.

— John **Connolly,** Arzt in der Irrenanstalt Hanwell bei London, führt das System der zwanglosen Behandlung der Irren praktisch ein (No restraint-System).

— Der Engländer **Crusslanks** schlägt vor, die Temperaturerhöhung der in Heißluftmaschinen arbeitenden Luft durch brennbare Stoffe zu messen, welche in dieser Luft verbrennen, und gibt hierdurch einen Anstoß zum Bau der mit Gasgemischen betriebenen Maschinen.

— John Frederick **Daniell** trägt durch seine 1839—44 unternommenen Arbeiten wesentlich zur Klärung des elektrolytischen Leitungsvorgangs bei und stellt zuerst den Begriff des Ions einheitlich fest.

— Nachdem bereits Rumford, Murray, Thomson und Parrot Versuche über die Leitungsfähigkeit von Flüssigkeiten gemacht hatten, stellt César Mansuète **Despretz** durch seine sorgfältigen Versuche fest, daß die Flüssigkeiten ebenso wie die Metalle die Wärme fortzuleiten imstande sind, und schließt sogar aus seinen Versuchen, daß das Gesetz der Temperaturverteilung in Flüssigkeiten mit demjenigen in festen Körpern übereinstimmt. Diese Untersuchungen werden von Paalzow, Guthrie u. a., namentlich aber von Fr. Weber (1885) auf eine große Anzahl von Flüssigkeiten ausgedehnt.

— Nachdem Stromeyer 1838 zur Beseitigung des Schielens die Muskeldurchschneidung empfohlen hatte, führt Johann **Dieffenbach** zuerst diese Operation, und zwar erfolgreich, aus. Böhm betont 1845 die Notwendigkeit, den Schnitt dicht an der Sklera zu führen.

— Jean Baptiste **Dumas** nimmt an, daß alle Körper, welche dieselbe Zahl von Äquivalenten in derselben Weise verbunden enthalten und ähnliche Haupteigenschaften besitzen, in denselben chemischen Typus gehören. Er benutzt diesen von ihm geschaffenen Begriff des chemischen Typus zu einer neuen Klassifikation (Dumas'sche Typentheorie).

— Christian Gottfried **Ehrenberg** weist die mikroskopischen niedrigsten Organismen (s. 1830 E.) in fossilem Zustande in Feuerstein, Dammerde, Torf usw. nach. Durch diese Untersuchung wird die Bedeutung dieser niedrigen

Organismen für die Felsbildung klargestellt und gezeigt, daß namhafte Lagen des Felsengerüsts ausschließlich durch die Übereinanderlagerung der Reste untergegangener Lebewesen von meist mikroskopischer Größe entstanden sind.

1839 Stephan **Endlicher** in Wien stellt ein neues natürliches System der Pflanzen auf, bei dem er 61 Klassen und 275 natürliche Familien unterscheidet (Hauptgruppen: Thallophyten und Cormophyten).

— Otto Linné **Erdmann** führt in den Jahren 1839—41 wichtige Untersuchungen über das Indigblau und dessen Derivate aus, denen sich seit 1840 die Arbeiten von Laurent, 1843 die von Fritzsche und 1845 die von Hofmann anschließen.

— Edward John **Eyre** erforscht von Adelaide aus das Innere von Südaustralien bis zum Eyresee, den er im Jahre 1840 erreicht, und verfolgt 1841 die Südküste von Australien bis zum King George-Sund.

— Nachdem schon Cavendish 1773 die ersten Beobachtungen über dielektrische Vorgänge gemacht hatte, macht Michael **Faraday** eingehende Untersuchungen über die dielektrische Polarisation, d. i. den Zustand, in den ein Nichtleiter (Dielektrikum) bei Annäherung eines elektrisierten Körpers durch Influenz versetzt wird. Er entdeckt, daß gleiche Kondensatoren aus verschiedenem Stoff verschiedene elektrische Kapazität haben, und nennt das Verhältnis des spezifischen Induktionsvermögens (der Kapazität) einer bestimmten Substanz zu dem der Luft die Dielektrizitätskonstante dieser Substanz. Er bestimmt die Dielektrizitätskonstanten für Schellack, Glas und Schwefel und findet dieselben beträchtlich größer als für Luft. Diese Wahrnehmungen finden größere Beachtung erst, als man bei Legung der transatlantischen Kabel erkennt, daß sich ein Kabel wie eine Leidener Flasche ladet, und daß durch die große Kapazität die Geschwindigkeit der telegraphischen Zeichengebung vermindert wird.

— Michael **Faraday** zeigt, daß die Kraft der elektrischen Fische in allen Wirkungen mit der aus anderen Quellen stammenden Elektrizität identisch ist. (S. 1833 F.)

— George **Fownes** zeigt, daß beim Überleiten von Stickstoff über ein hocherhitztes Gemenge von Zuckerkohle und Alkalien Cyanalkalien gebildet werden. Das Verfahren wird um 1850 von Possoz und Boissier in Grenelle im großen erprobt, aber als unrentabel bald wieder aufgegeben.

— Marc Antoine Augustin **Gaudin** gelingt es, Quarz zu einem homogenen Glase zu schmelzen; doch bemüht er sich ebenso vergebens, wie Gautier (1878), Gefäße daraus herzustellen. Dies gelingt erst Boys. (Vgl. 1888 B.)

— Jules **Gavarret** macht zuerst auf die Schwankungen der Fiebertemperatur aufmerksam, deren Bedeutung von de Haen (s. 1758 H.) noch verkannt worden war, und die in ihrer ganzen diagnostischen und prognostischen Wichtigkeit erst durch Zimmermann, Traube und Wunderlich erkannt werden, was dann erst zur regelmäßigen Temperaturmessung führt. (S. 1867 T.)

— Der amerikanische Ingenieur **Gilbert** errichtet das erste Schwimmdock zum Zweck von Schiffsreparaturen, indem er zwei Kamele (s. 1688 B.) fest miteinander verbindet und dieselben unter das Schiff bringt.

— Der Amerikaner Charles **Goodyear** entdeckt das Vulkanisieren des Kautschuks durch Imprägnieren mit Schwefel und darauffolgendes Erhitzen. Die übrigen zu diesem Zweck vorgeschlagenen Methoden von Hancock (Eintauchen in Schwefel, 1843), Keene (Einwirkung von Schwefeldämpfen, 1845), Parkes (Eintauchen in Chlorschwefel, s. 1843 P.) erreichen bei weitem nicht die Verbreitung des Verfahrens von Goodyear.

— **Grafton** führt, um den durch hohe Hitzegrade hervorgerufenen Kohlenabsatz in Leuchtgasretorten zu vermeiden, den Exhaustor zur Verminderung des Druckes ein. Versuche, die nach ähnlicher Richtung 1825 von Breadmeadow unternommen waren, hatten keine günstigen Ergebnisse geliefert.

1839 George **Grey** erforscht das nordwestliche Australien und entdeckt die Mündung des Gascoyne und des Murchison River.

— William Robert **Grove** konstruiert zuerst eine Gasbatterie, bei welcher Zink und Kupfer durch Wasserstoff und Sauerstoff ersetzt werden, welche jedoch, wenn auch theoretisch wichtig, ohne praktische Bedeutung bleibt.

— William Robert **Grove** konstruiert eine galvanische Kette, die ebenso konstant wie die Daniell'sche, jedoch bedeutend kräftiger als diese ist. Er stellt in ein Glasgefäß einen unten und oben offenen Zinkzylinder, in diesen eine Tonzelle und in letztere ein S-förmig gebogenes Platinblech. Das Glas wird mit verdünnter Schwefelsäure, die Tonzelle mit konzentrierter Salpetersäure gefüllt, so daß die Reihenfolge der elektromotorisch wirksamen Substanzen ist: Zink, Schwefelsäure, Salpetersäure, Platin. Die elektromotorische Kraft der Kette bleibt im wesentlichen ungeändert, so lange noch Salpetersäure verhanden ist, um den Wasserstoff zu oxydieren.

— Thomas **Henderson** beobachtet in Capstadt den hellsten Stern, der am Firmament erstrahlt, α Centauri, und bestimmt dessen Parallaxe zu einer Bogensekunde, zu welcher eine Erddistanz von ungefähr 4 Billionen Meilen gehören würde. (S. a. 1838 B.) Der Parallaxenwert wird später von W. Elkin zu 0,75 Bogensekunden korrigiert.

— J. G. **Hofmann** erhält ein preußisches Patent für eine zum Formen von Zahnrädern mit Hilfe eines Segmentstücks dienende Vorrichtung. Eine vervollkommnete Maschine läßt sich 1865 G. M. Scott in England patentieren. J. G. Hofmann ist demnach der Erfinder der Zahnradformmaschine. Eine allgemeinere Anwendung dieser Maschinen, wie überhaupt der Formmaschinen für die Eisengießerei datiert erst von Beginn der 70er Jahre.

— Alexander **von Humboldt** gibt den Anstoß zur Anstellung stündlicher Barometerbeobachtungen und ermöglicht dadurch, daß auch in höheren Breiten die täglichen Barometerschwankungen immer deutlicher erkannt und die Wendestunden festgestellt werden, durch welche zeitlich die Ankunft der veränderlichen Quecksilbersäule am höchsten und niedrigsten Punkt markiert ist.

— Alexander **von Humboldt** erwähnt in „Froriep's Notizen", daß die Exaktheit der regelmäßigen täglichen Barometerschwankungen im Innern Brasiliens eine derartige sei, daß man die Uhr nach dem Barometerstand stellen könne. Dasselbe berichtet Sykes (1850) für Vorderindien. (S. a. 1780 T.)

— Karl **Kreil** weist zuerst auf einen Zusammenhang zwischen dem Erdmagnetismus und der Mondstellung hin, der namentlich von Sabine (1858) und Broun (1876) bestätigt wird.

— D. **Lardner** gibt in der „Railway Economy", S. 328, die erste Anregung zur Herstellung einer Signalverbindung (Hilfssignale) auf den Zügen zwischen den Zugbeamten oder Reisenden und dem Lokomotivführer.

— **Lenz** und **Saveljew** zeigen, daß nicht nur bei der Zersetzung des Wassers, sondern auch bei der Zersetzung von Chlorwasserstoff, Salpetersäure usw. die Elektroden polarisiert werden, und daß diese Polarisation nicht nur bei Anwendung von Platinelektroden, sondern auch bei Elektroden aus anderen Metallen oder aus Kohle eintritt.

— Urbain Jean Joseph **Leverrier** legt sein erstes wichtiges Mémoire über die säkularen Veränderungen der Bahnelemente der sieben großen Planeten der französischen Akademie vor.

1839 Justus **von Liebig** führt die konservierende Wirkung der schwefligen Säure
darauf zurück, daß sie mit der festen Substanz der Blumen, Blätter und
saftreichen Teile der Vegetabilien, ähnlich wie die Gerbsäure mit der Haut,
eine chemische Verbindung eingeht, welche der Fäulnis widersteht.

— Justus **von Liebig** versucht im Gegensatz zur vitalen Gärungstheorie (s. 1835 C.,
1837 K. und 1837 S.) die Gärungsvorgänge auf eine rein chemische Ursache zurückzuführen, nämlich auf Übertragung der mit dem Zerfall der
Hefe verbundenen chemischen Bewegung auf den Zucker.

— William Hallows **Miller** entwickelt nach dem Vorgang von F. E. Neumann
(s. 1823 N.) eine stereographische Methode zur Darstellung der Krystalle
und stellt das Gesetz der Rationalität der Indices auf, wobei er unter
Indices, wie Graßmann, die Verhältniszahlen der reziproken Werte derjenigen Längen versteht, welche die Krystallflächen auf den Koordinaten
abschneiden. (S. a. 1829 G.) Seine Projektionsmethoden erleichtern die
Bestimmung der Krystallflächen.

— Der Franzose **Moreau** baut die erste Steingraviermaschine zur Bearbeitung
von Marmorblöcken. Bei derselben wird eine gußeiserne, nach dem her-
zustellenden Relief entsprechend vertiefte Negativform in raschen leichten
Schlägen gegen die mit der Reliefzeichnung zu versehende Steinfläche
getrieben, während stetig ein Sandbrei zwischen Stein und Werkzeug
herabfließt. Eine verbesserte Maschine stellt 1845 Jordan her.

— Es gelingt Carl Gustav **Mosander**, von der Cererde (vgl. 1804 K.) das Lanthan
zu trennen, dessen Existenz er schon seit 1826 mit Bestimmtheit vermutet
hatte. Der Name wurde von dem „langen Verborgen-Bleiben" hergenommen.
Er stellt auch metallisches Lanthan durch Reduktion des Chlorids mit
Kalium her. (Vgl. 1842 M.)

— Der Mediziner C. E. **Neeff** erfindet mit dem Mechaniker J. P. **Wagner** den
„Neeff'scher Hammer" oder auch „Wagner'scher Hammer" genannten
selbsttätigen Stromunterbrecher, der, von du Bois-Reymond und Rühmkorff
als Feder mit Eisenanker ausgebildet, zur Erzeugung schnell wechselnder
Induktionsströme im Funkeninduktor von Rühmkorff (s. 1851 R.) Verwendung findet.

— **O'Shaughnessy** legt in der Nähe von Kalkutta durch einen Arm des
Ganges eine elektrische Telegraphenleitung, die vollkommener als die von
Soemmering und Schilling von Canstadt gemachte Anlage ist und für die
Unterwassertelegraphie einen Fortschritt bedeutet.

— **Osler** erfindet den nach ihm benannten Anemograph.

— Jean François **Persoz** vertritt die Ansicht, daß das Färben der Fasern in
einer Flächenanziehung bestehe, die Farbe an der Faser der Baumwolle
nur mechanisch anhafte und die Faser beim Färbevorgang chemisch un-
wirksam sei, eine Ansicht, der im wesentlichen auch P. A. Bolley (1858)
beitritt.

— Johann **Pfaff** in Triberg verwirklicht bei einer von ihm ausgeführten Fräsmaschine zuerst den Gedanken, das Werkstück durch den Fräser drehen
zu lassen. Diese Idee wird später von John und Thomas Whitehead (1853),
Gebrüder Schultz in Mainz (1864) u. a. weiter verfolgt.

— Rafaelle **Piria** entdeckt die Salicylsäure beim Schmelzen der salicyligen
Säure mit Kalihydrat.

— Joseph Antoine Ferdinand **Plateau** beschreibt ausführlich die Erscheinungen
der Irradiation, die sich auf Zerstreuungserscheinungen im Auge, die selbst
bei vollkommener Akkommodation auftreten, zurückführen lassen. Diese
Erscheinung war bereits den Alten bekannt und 1604 von Kepler und später
von Descartes (1637) erwähnt worden.

— Mungo **Ponton** stellt fest, daß mit Kaliumbichromat getränktes Papier infolge seiner hohen Lichtempfindlichkeit zu photographischen Zwecken besonders geeignet ist. Becquerel findet 1840, daß zum Zustandekommen des Bildes der im Papier enthaltene Leim wesentlich beiträgt, ohne jedoch die Ursache der Erscheinung erklären zu können. (S. a. 1832 S., 1852 T., 1855 P.)

1839 **Probst** entdeckt im Schöllkraut die Chelidonsäure, die 1846 von Lerch und später von Haitinger und Lieben (vgl. auch 1884 O.) näher untersucht wird.

— J. T. Ch. **Ratzeburg** macht wichtige Studien über die Forstinsekten und deren Lebensweise und wirkt dadurch erfolgreich für die Erkenntnis des Wesens der zahlreichen Pflanzenschädlinge.

— P. F. O. **Rayer** gibt die erste ausführliche Beschreibung aller Nierenkrankheiten in seinem klassischen Werke „Traité des maladies des reins". Besonders behandelt er die Nephrotomie und die Wanderniere.

— Henri Victor **Regnault** stellt durch Einwirkung von Chlor auf Methylchlorid den Zweifach-Chlorkohlenstoff (Kohlenstoffsuperchlorid) dar und erhält gleichzeitig durch Einwirkung von alkoholischer Kaliumsulfhydratlösung auf das Superchlorid den Einfach-Chlorkohlenstoff (Kohlenstoffchlorid) und durch Chlorieren von Chloroform den Tetrachlorkohlenstoff.

— Henri Victor **Regnault** stellt Methylsulfür und Äthylsulfür dar, indem er weingeistige Lösungen von Schwefelkalium mit Chlormethyl oder Chloräthyl sättigt und destilliert. Die letztere Verbindung war 1831 von Döbereiner bereits als Hydrothionäther beschrieben worden.

— **Reinsch** erhält bei trockener Destillation der Catechusäure (s. 1832 N.) das Brenzcatechin, das fast gleichzeitig von Wackenroder dargestellt und von diesem, sowie von Zwenger, Wagner, Strecker u. a. näher untersucht wird. Im rohen Holzgeist wird es von Büchner nachgewiesen.

— Robert **Remak** in Berlin entdeckt die marklosen, nach ihm benannten Nervenfasern und gibt wichtige Aufschlüsse über den Faserverlauf im Gehirn und Rückenmark.

— W. **Ruthven** in Greenock erhält ein englisches Patent auf einen Reaktionspropeller zum Antrieb von Schiffen.

— **Saint-Venant** und **Wantzel** machen ausgedehnte Versuche über das Ausströmen der Gase und finden, daß bei nicht zu engen Röhren die Ausflußmengen sich direkt wie die Drucke, unter welchen das ausfließende Gas steht, und umgekehrt wie die Quadrate der Röhrenlängen, durch welche das Gas abfließt, verhalten. Zu ähnlichen Resultaten war Girard (1804) gelangt, und sie werden auch späterhin von Max Hermann (1860) und Zeuner (1871) experimentell als richtig erkannt.

— Christian Friedrich **Schönbein** entdeckt, daß der beim Entladen elektrischer Batterien zu beobachtende „elektrische Geruch" (s. 1792 M.) einer eigentümlichen Gasart zu verdanken ist, die er „Ozon" benennt. 1844 findet er, daß Phosphor die Eigenschaft besitzt, den Sauerstoff zu ozonisieren.

— Johann Lukas **Schönlein** entdeckt den Favuspilz (Achorion Schönleinii) und begründet damit die Lehre von den Dermatomykosen, den pflanzlichen Parasiten der Haut, von denen bald noch mehrere (s. z. B. 1844 G., 1846 E.) gefunden werden.

— Theodor **Schwann** lehrt, daß alle Organe des Tieres aus Zellen zusammengesetzt und aus der Teilung der Eizelle hervorgegangen sind.

— Theodor **Schwann** macht im Anschluß an seine früheren Versuche (s. 1837 S.) die für die Bekämpfung der Lehre von der Spontaneität der Gärungsvorgänge wichtige Feststellung, daß es zur Verhütung der Zersetzung gar nicht der Hitze bedürfe, sondern daß auch ein Zusatz von Gift, wie z. B. von arsenigsaurem Kali, die Pilze töte und somit das Aufhören der Gärung veranlasse. Er wird dadurch der Begründer der Lehre von den Antisepticis (Pilzgiften).

1839 Der Wiener Arzt Joseph **Skoda** macht umfangreichen Gebrauch von der Auskultation und Perkussion und bemüht sich, die physikalische Diagnostik zum Allgemeingut der Ärzte zu machen.

— R. W. **Smith, Colles** und **Adams** beschreiben zuerst die Arthritis deformans, eine chronische Gelenkentzündung, die gewisse Ähnlichkeiten mit der Gicht hat und deshalb auch von P. F. von Walther derselben beigesellt wurde, als eine Krankheit eigener Art.

— **Soubeiran** und **Capitaine** untersuchen viele der mit dem Terpentinöl isomeren Öle, wie das Bergamottöl, Pomeranzenöl, Pfefferöl (s. a. 1832 D.), Wachholderöl, Citronenöl. (S. a. 1832 D.)

— **Souchon** nimmt ein Patent auf die Verwendung von präparierter Scherwolle als Filtermaterial für Wasserfilter.

— Simon **Stampfer** erfindet einen Distanzmesser, bei welchem im Gegensatz zum Fadendistanzmesser (s. 1811 R.) der Lattenabschnitt konstant und der Sehwinkel veränderlich ist. Da der Winkel mit einer Mikrometerschraube gemessen wird, wird dieser Distanzmesser „Schraubendistanzmesser" genannt. Der Apparat dient auch als Nivellierinstrument.

— Karl August **Steinheil** in München überträgt auf elektrischem Wege von einer Normaluhr aus die Zeitanzeige gleichzeitig auf eine beliebige Anzahl Zeigerwerke und Zifferblätter und erfindet hiermit die elektrischen Uhren.

— Francis und R. L. **Stevens** erfinden eine Expansionssteuerung, bei welcher die Auslaßventile in gleicher Weise, wie dies bisher allgemein geschah, durch ein Exzenter bewegt werden, für die Dampfeinlaßventile aber ein zweites Exzenter angeordnet wird, das auf eine zweite Steuerwelle einwirkt. Die sogenannte „Stevens-Steuerung" findet sehr große Verbreitung, namentlich auf Dampfschiffen.

— Theodor Emil **von Sydow** bringt die farbige Darstellung des Geländes in seiner Wandkarte Europas zuerst in ein wissenschaftliches System, in dem er die Hauptstufen des vertikalen Aufbaues in naturgetreuer und zugleich künstlerischer Weise durch verschiedene Farbentöne wiedergibt. In ähnlicher Weise geht fast gleichzeitig der österreichische Feldzeugmeister **von Hauslab** vor.

— William Henry Fox **Talbot** findet in der Gallussäure einen Entwickler für Papiernegative. Im gleichen Jahre entdeckt er die das Chlorsilber übertreffende Lichtempfindlichkeit des Bromsilbers, mit dem er in der Camera leicht Papiernegative erhält, nach welchen er Positive in beliebiger Anzahl auf Papier kopiert (Kalotypie).

— Der französische Ingenieur **Triger** verbessert das Smeaton'sche Fundamentierungsverfahren (s. 1778 S.), indem er Preßluft in einen im Wasser stehenden, unten offenen Kasten pumpt, um denselben trocken zu legen. Der Eintritt der Arbeiter erfolgt durch Luftschleusen. Er bringt sein Verfahren zuerst in einem durch Flußsand gebohrten Schacht in Chalonnes zur Anwendung, wobei es gelingt, die Wasser zurückzudrängen, das Hereinrinnen des Schwemmsandes zu vermeiden, und das Gebirge ohne Schwierigkeit zu überwinden.

— Charles **Wheatstone** erbaut einen Zeigertelegraphen mit 2 Elektromagneten und 3 Leitungen, den er 1841 vereinfacht, so daß nur noch ein Elektromagnet und zwei oder gar nur eine Leitung erforderlich ist. Der Betrieb geschieht mit Batterieströmen.

— Friedrich **Wöhler** stellt kolloidales Silber durch Erhitzen von citronensaurem Silber im Wasserstoffstrom her, hält dasselbe jedoch für Silberoxydulsalz. Erst Wilhelm Muthmann zeigt, daß es sich hierbei um kolloidales Silber handelt. Das kolloidale Silber leitet den elektrischen Strom nicht und zeigt alle Eigenschaften eines Metalloids; es löst sich im Wasser auf und diffundiert aus dieser Lösung, ganz wie Eiweiß, nicht durch tierische Membran. Beim Erhitzen auf hohe Temperaturen geht es wieder in gewöhnliches metallisches Silber über.

1840 Ernst **Alban** bemüht sich, direkt wirkende Dampfpumpen einzuführen und macht insbesondere auf deren einfache Anordnung und den geringen Raumbedarf aufmerksam, ohne indes nachhaltigen Erfolg zu erzielen. Er ist auch mit Erfolg in der Konstruktion von Hochdruckdampfmaschinen mit Expansion tätig.

— Ernst **Alban,** der sich schon seit 1815 mit dem Bau kleiner explosionssicherer Dampfkessel für seine Hochdruckdampfmaschinen beschäftigt hat, konstruiert Wasserrohrkessel mit Wasserkammern und Dampfsammlern, die als das Vorbild vieler moderner Röhrenkessel, wie namentlich des Steinmüller-Kessels (1874), des Büttner-Kessels (1874) und des Walther-Kessels (1902) anzusehen sind.

— Der Bergrat **Althans** erfindet die Perspektivpumpen, die von Rittinger verbessert werden. Dieselben sind so eingerichtet, daß die mit einem hohlen Mönchskolben verbundene Steigeröhre gleichzeitig als Gestänge dient, und daß die Pumpen sowohl beim Aufgang als auch beim Niedergang des Kolbens ausgießen, also doppelt wirkend sind.

— James **Anderson** und **Brownhill** wenden zuerst das Druckzylindersystem (hydraulische Pressen) zum Heben von Schiffen im Great Western Canal in England, allerdings nur in kleinem Maßstab, an.

— Gabriel **Andral** versucht, durch chemische und mikroskopische Blutanalysen das Blut als das wichtigste und einflußreichste Gewebe des Körpers in seiner semiotischen und differentiell diagnostischen Bedeutung bei den verschiedensten Krankheitszuständen zur Geltung zu bringen.

— **Anton** in Darmstadt führt die Tunkrahmen für Reibzündhölzchen ein, in welche die Hölzchen eingelesen werden, und worin sie mit Schwefel versehen und, nach dem Auftragen der Zündmasse, getrocknet werden.

— Sir William George **Armstrong** erbaut auf Grund der Beobachtung, daß bei Dampf, der dem Sicherheitsventil einer Lokomotive entströmt, Elektrizität auftritt, seine Dampfelektrisiermaschine. Faraday weist 1843 nach, daß die Quelle dieser auch schon von Lavoisier und Laplace (s. 1780 L.) beobachteten Dampfelektrizität vor allem in der Reibung der Wasserteilchen des kondensierten Dampfes an den Wänden des Ausflußkanals zu suchen sei.

— Der Arzt Karl A. **von Basedow** in Merseburg beschreibt zuerst vollständig die nach ihm benannte, zuerst von Parry 1786 und dann von Graves 1835 erwähnte Krankheit, welche sich durch Anschwellen der Schilddrüse und stärkeres Hervortreten der Augäpfel zu erkennen gibt.

— **Bayley** stellt auf der London- und Birmingham-Bahn das erste mittels Handhebels und eindrähtiger Zugvorrichtung von einem gemeinsamen Stellorte aus bewegte Distanzsignal her und versieht die Drahtzüge mit Spannvorrichtungen zum Ausgleich der bei Temperaturwechsel eintretenden Längenänderungen.

— **Benson** und **Gossage** machen zur Darstellung von Bleiweiß trockene Bleiglätte mit einer einprozentigen Lösung von essigsaurem Blei zu einem feuchten Pulver an und behandeln dasselbe mit Kohlensäure. Die Kohlensäure wird durch Verbrennen von Koks gewonnen. Die Methode wird später von Wöllner verbessert.

— Heinrich **Berghaus** gibt auf Veranlassung von Alexander von Humboldt seinen physikalischen Atlas heraus, in welchem er zum ersten Male alle auf die physikalischen Verhältnisse der Erde bezüglichen Angaben vereinigt.

1840 Theodor Ludwig Wilhelm **Bischoff** schafft durch seine bis 1854 fortgesetzten Untersuchungen über die Entwicklungsgeschichte des Kaninchens (1840), des Hundes (1842), des Meerschweinchens (1852) und des Rehs (1854) die wichtigsten Grundlagen für die allgemeine Entwicklungsgeschichte.

— **Boutigny** leitet aus der Untersuchung des Leidenfrost'schen Phänomens (s. 1732 B.) einen angeblichen vierten Aggregatzustand, den „sphäroidalen" ab.

— William **Bowman** weist nach, daß die Querstreifung der Muskeln (s. 1679 L.) auf der Abwechslung von schwächer und stärker lichtbrechenden Schichten beruht.

— Nachdem das Neapelgelb seit langer Zeit unter dem Namen „Gialliolino" ausschließlich aus Italien bezogen worden war, lehrt Carl Emanuel **Brunner** dessen Darstellung durch Zusammenschmelzen von Brechweinstein, salpetersaurem Blei und Kochsalz und Ausziehen des Kochsalzes aus der geschmolzenen Masse, wobei das antimonsaure Blei als schöne gelbe bis orangegelbe Farbe zurückbleibt.

— Robert Wilhelm **von Bunsen** konstruiert das nach ihm benannte Zink-Kohle-Element. Er verwendet an Stelle des Kupferzylinders der Daniell'schen Säule (s. 1836 D.) einen Kohlenzylinder, in dem eine poröse Tonzelle steht, die das amalgamierte Zink in Form eines hohlen oder massiven Zylinders enthält. Der Kohlezylinder steht in einem Glasgefäß, das mit konzentrierter Salpetersäure gefüllt wird, während die Tonzelle verdünnte Schwefelsäure enthält.

— **Burnett** formt zuerst die Schneidmesser der Tangentialhobelmaschine nach der Profilgestalt architektonischer Glieder und ganzer Gesimse und erfindet damit die Kehlmaschine, mit der gekehlte Leisten gehobelt werden können.

— **Chandler** konstruiert die erste brauchbare Säemaschine, die gleichzeitig flüssigen Dünger aufbringt (Liquid manure drill), während eine brauchbare Maschine zum Ausgießen flüssigen Düngers allein (Jauchewagen mit Brauseapparaten zum Ausgießen in einzelnen Strahlen oder in breiten Bändern) von Croskill konstruiert wird.

— Edwin **Clark** konstruiert ein Schwimmdock, welches aus Balkenwänden besteht, zwischen denen sich eine hohle, schwimmfähige mit Pumpen und Ventilen versehene Plattform auf und nieder bewegen läßt. Mittels Einlassens von Wasser wird die Plattform auf die Docksohle gesenkt und alsdann das zu dockende Schiff über dieselbe geholt. Die Plattform wird nunmehr leer gepumpt, wobei sie sich allmählich hebt und das darauf befindliche Schiff über Wasser bringt.

— **Croll** schlägt als erster vor, das Leuchtgas mit Salzsäure, Schwefelsäure, Eisenvitriollösung oder Manganchlorür zu waschen, um Chlorammonium oder Ammonsulfat daraus zu gewinnen. Gleichzeitig beschäftigt sich **Mallet** mit dem gleichen Gegenstand und führt sein Verfahren in die Praxis ein.

— **Crosse** zeigt, daß außer den Glühfunken (s. 1802 N.) bei galvanischen Batterien auch elektrische Funken sich zeigen, wenn die Dichtigkeit der Elektrizität an den Polen der Batterie hinreichend ist, um eine merkliche Schlagweite zu erzeugen. Auch Gassiot gelingt es 1844, solche Funken mit 3520 Kupfer-Zink-Elementen zu erhalten.

— Alexandre **Donné** macht die ersten Versuche, das mikroskopische Bild photographisch zu fixieren und legt derartige, mittels des Daguerrotypie-Verfahrens gewonnene Objekte der Akademie vor. Die Methode wird später namentlich von Joseph von Gerlach (1863) zu hoher Vollendung gebracht (Mikrophotographie). (Vgl. a. 1870 D.)

— Heinrich Wilhelm **Dove** beginnt seine grundlegenden Arbeiten über die nicht periodischen Änderungen der Temperaturverteilung auf der Oberfläche der Erde, die er bis zum Jahre 1859 fortsetzt, uud durch welche ein wesentlicher Fortschritt in der Lehre vom Klima bewirkt wird.

1840 Augustin Pierre **Dubrunfaut** beobachtet, daß beim Kochen der Stärke mit Schwefelsäure die reinsten Produkte entstehen, wenn in verdünnter Lösung verzuckert wird, sowie, daß bei Anwendung von Temperaturen über 100°, also durch Kochen unter Druck, die Dauer des Kochens sich wesentlich abkürzen läßt. Diese letztere Beobachtung führt zu der technisch durchgeführten Verzuckerung mit dem Hochdruckverfahren.

— Jean Marie Constant **Duhamel** bedient sich zur Zählung der Schwingungen einer Saite der graphischen Methode, indem er den schwingenden Körper mit einem feinen Stift, einer Schweinsborste, versieht und vor dieser einen Glaszylinder dreht, der mit einem leichten Überzug von Ruß versehen ist, auf welchem die Borste Wellenlinien zieht, wobei jede Welle einer Schwingung entspricht.

— Jean Baptiste **Dumas** stellt im Anschluß an die Pelouze'schen Arbeiten durch Einwirkung konzentrierter Schwefelsäure auf Papier einen Körper her, den er „Nitramid" nennt, und der schon alle Eigenschaften der späteren Schießbaumwolle hat.

— J. B. **Dumas** und J. S. **Stas** entdecken die Einwirkung der Alkalien auf organische Körper bei hoher Temperatur und stellen vermittels dieser Reaktion aus Alkohol Essigsäure, aus Methylalkohol Ameisensäure, sowie aus Amylalkohol Baldriansäure her.

— J. B. **Dumas** und J. S. **Stas** gewinnen aus dem Amylalkohol durch Behandlung mit Salpetersäure den Valeraldehyd, der dem Aldehyd aus Weingeist analog ist.

— **Duquesne** macht die ersten Versuche, beim Gießen des Spiegelglases zur Ersparung der kostspieligen Gießtafel das Glas zwischen Walzen auszugießen, durch deren Umdrehung es in Gestalt einer Platte hervortritt. Dies Verfahren wird von Bessemer 1846 und Mackay 1853 noch verbessert.

— Nachdem G. E. Stahl bei Verkalkung von Eisen mit Salpeter und Lösen des Produktes mit Wasser eine amethystfarbene Lösung erhalten und A. G. Ekeberg (1802) eine ähnliche Beobachtung gemacht hatte, gelingt es Edmond **Frémy**, die Umstände zu ermitteln, unter denen ein dem Manganchamäleon entsprechendes Eisenchamäleon entsteht. Mit der Untersuchung der Eisensäure, die nur in Verbindung mit Alkalien bekannt ist, beschäftigen sich außer Frémy auch H. Rose (1843) und Denham Smith (1843.)

— Nachdem seit dem Altertum die Elephantiasis häufig mit dem Aussatz verwechselt worden war und später viele Gelehrte, wie Heusler, Rayer, Willan u. a. versucht hatten, Klarheit über diesen Gegenstand zu verbreiten, nennt Conrad Heinrich **Fuchs** die Krankheit nach der eigenartigen Verdickung der Haut „Pachydermia". Diese Bezeichnung, die das wesentliche Symptom der Erkrankung enthält, wird allgemein angenommen.

— **Gélis** und **Conté** führen das milchsaure Eisen (Ferrum lacticum) in den Arzneischatz ein.

— **von Gersdorff** stellt zuerst Mangankupfer mit 1 Teil Mangan und 4 Teilen Kupfer her. Kurz darauf wird ein Produkt mit 10—19 % Mangan durch Reduktion eines Gemenges von Kupferhammerschlag mit Braunstein und Kohle von Schrötter gewonnen. Das Mangankupfer gewinnt später Bedeutung als Zusatz zu Kupfer- oder Metalllegierungen, um denselben durch Sauerstoffentziehung größere Dichtigkeit und Festigkeit zu geben. Es wird auch zur Herstellung der Manganbronze (s. 1876 P.) gebraucht.

— Nachdem schon 1643 Leeghwater van de Rip einen Entwurf zur Trockenlegung des Haarlemer Meeres aufgestellt hatte und Cruquius im 18. Jahrhundert, van Lynden und van Hemmen im 19. Jahrhundert sich bemüht hatten, diesen Plan zu verwirklichen, führt **Gevers van Endegeest** in den Jahren 1840—53 die Trockenlegung tatsächlich durch. Mit einem Kostenaufwand von 23,2 Millionen Mark wird der 22 km lange, 11 km breite und fast 4,5 m tiefe Binnensee entwässert und kanalisiert. Das für die Bebauung gewonnene 183 qkm umfassende Gebiet, der sogenannte Haarlemer Meer-Polder, wird schon jetzt von nahezu 20 000 Menschen bewohnt.

1840 William Robert **Grove** stellt eine Vakuum-Glühlampe her, in welcher er als Glühkörper eine Platinspirale benutzt.

— Ernst Friedrich **Gurlt** fördert die Kenntnis der Mißbildungen der Haustiere.

— P. **Haecker,** ein Kaufmann in Nürnberg, macht ausgedehnte Untersuchungen über die Tragkraft von Magnetstäben und Hufeisenmagneten, stellt fest, daß unter sonst gleichen Bedingungen die Tragkraft aus dem Gewicht herzuleiten ist, und bestimmt, welches Höchstmaß an Tragkraft einem Magnet erteilt werden kann. (S. a. 1743 B.)

— Nachdem Rogers (s. 1825 R.) die Puddelöfen verbessert hatte, indem er dieselben mit einer eisernen Herdeinfassung und einem eisernen Boden versah, beginnt man nach dem Vorschlag des Ingenieurs Joseph **Hall** den eisernen Herd mit eisenoxydreichen Körpern auszufüttern, wodurch die Vorbedingungen zur Entstehung einer oxydreichen Schlacke und zur raschen Durchführung des Puddelns gegeben und die Leistungsfähigkeit der Öfen aufs Dreifache gesteigert wird.

— Der Fabrikant Karl Samuel **Häusler** in Hirschberg in Schlesien erfindet die Holzzementdeckung für Dächer. Er stellt dieselbe in der Weise her, daß er die hölzerne Dachschalung mit Papier überzieht, die Papierlage mit Holzzement, einer Mischung aus Asphalt und Zement, bestreicht, und in gleicher Weise fortfahrend je 3—4 Lagen der beiden Materialien aufeinander bringt. Schließlich wird die Abdeckung mit Steinkohlenasche und darüber mit Kies beschüttet. (S. a. 1791 K.)

— Der Anatom Jacob **Henle** spricht aus, daß das Contagium der Infektionskrankheiten lebender Natur sein müsse (Contagium animatum s. 1671 K.) und entwickelt die Beziehungen, die zwischen den Parasiten als Krankheitserregern und dem Verlauf der Krankheiten bestehen.

— Jacob **Henle** führt unter dem Einfluß der Schwann'schen Lehre von der Zelle (s 1839 S.) zuerst die Regeneration bei der Wundheilung auf Neubildung von Zellen aus dem plastischen Exsudat zurück. Im gleichen Jahr entdeckt er die Muskulatur der Arterien und sieht die Existenz von Gefäßnerven voraus. (S. 1850 B.)

— Jacob **Henle** macht zahlreiche Entdeckungen auf anatomischem Gebiet, wie die des Zylinderepithels des Darmkanals, der Leberzellen, der Henle'schen Schleifen der Nierenkanälchen, der gefensterten Membran im Gehörorgan.

— Germain H. **Heß** in Petersburg findet das Gesetz der konstanten Wärmesummen, welches dahin lautet, daß die chemische Reaktionswärme nur abhängt vom Anfangs- und Endprodukt und unabhängig ist von dem Wege, auf dem die Reaktion verläuft. (S. a. 1780 L.)

— Nachdem unterm 10. August vom englischen Parlament die Einführung der neuen Postwertzeichen (s. 1837 C.) bestätigt worden war, führt Rowland **Hill** zuerst gestempelte Briefumschläge zu 1 Penny in Schwarzdruck und 2 Pence in Blaudruck ein, die vom Londoner Maler Mulready entworfen sind. Er ersetzt dieselben wenige Monate darauf durch die ersten eigentlichen Briefmarken mit dem Bild der Königin Viktoria. Er setzt die Einführung eines gleichmäßigen billigen Briefportos (Pennytaxe) durch.

1840 Der englische Arzt Thomas **Hodgkin** entdeckt die nach ihm „Hodgkin'sche Krankheit" benannte Pseudoleukämie.

— Der Ingenieur Eaton **Hodgkinson** macht in den Jahren 1840—46 Arbeiten über die Festigkeit der im Bauwesen Verwendung findenden Materialien. Er gibt ziffernmäßige Nachweisungen für die Zug-, Druck- und Biegungsfestigkeit und bestimmt den Elastizitätsmodul und die Elastizitätsgrenze. Er erkennt als erster die Verwendbarkeit des Schweißeisens als Konstruktionsmaterials.

— Sterry **Hunt** schlägt zuerst vor, die Kupfererze mit Chlornatrium, Chlormagnesium usw. gemischt zu rösten und nachher durch Eisen zu fällen, wie es jetzt zur Verhüttung der Kiesabbrände der Schwefelsäurefabriken auf Kupfer fast allgemein geschieht. Verbesserungen der Methode rühren von Longmaid 1842, Gossage 1850, Becchi und Haupt 1858, Schaffner 1862, Henderson, Tennant u. a. her.

— Nachdem schon früher durch Lösen der Stärke in verdünnten oder konzentrierten Säuren lösliche Stärke erhalten worden war, gelingt es Augustin **Jacquelain,** diese in krystalloider Form zu erhalten.

— Orlando **Jones** begründet die Reisstärkefabrikation.

— James Prescott **Joule** findet, daß die Wärmewirkung des galvanischen Stromes dem Produkte aus dem Widerstand und dem Quadrat der Stromintensität proportional ist.

— **Kehr** in Kreuznach fertigt die ersten gepreßten Röhren aus reinem Zinn an.

— Der Amerikaner T. **Kingsland** führt in die Papierfabrikation die Zentrifugalstoffmühle (Ganzholländer) ein, die sich von den bis dahin verwendeten Holländern wesentlich unterscheidet und namentlich die Trennung der gröberen und feineren Fasern während des Mahlprozesses erleichtert.

— Der Mediziner Franz **Kiwisch von Rotterau** beginnt mit seiner Schrift „Die Krankheiten der Wöchnerinnen" die Veröffentlichung seiner zahlreichen Forschungen auf dem Gebiet der Frauenkrankheiten und fördert dadurch die Gynäkologie in namhafter Weise.

— Der Göttinger Astronom Ernst Friedrich Wilhelm **Klinkerfues** erfindet den hydrostatischen galvanischen Gaszünder, der sich jedoch auf die Dauer nicht bewährt.

— Franz **von Kobell** erfindet die Galvanographie, bei der eine Zeichnung mit einer auf Metall gut haftenden Farbe auf eine versilberte Platte aufgezeichnet und davon ein zum Druck geeigneter galvanoplastischer Abzug gemacht wird. Das Verfahren wird 1846 von Paul Pretsch und 1895 von Hubert von Herkomer noch vervollkommnet.

— Hermann **Kopp** weist darauf hin, daß bei isomorphen Körpern die spezifischen Gewichte sich wie die Atomgewichte verhalten (isomorphe Körper haben gleiches Atomvolum), und daß die kleinsten Teilchen isomorpher Körper nicht nur in der Form, sondern auch in der Größe gleich sind. Er schlägt hierfür den Ausdruck „Spezifisches Volum" vor, für den er später den Ausdruck „Atomvolum" annimmt und der jetzt durch den korrekten Ausdruck „Molekularvolum" ersetzt ist. Kopp versteht hierbei unter isomorphen Körpern solche, die analog zusammengesetzt sind und gleiche Krystallform haben.

— Der Fabrikant Frédéric **Kuhlmann** in Lille erfindet die Methode, den Buntpapieren durch Krystallisation von Salzlösungen Überzüge zu geben, die den Eisblumen an den Fensterscheiben ähnlich sind. Zu diesem Zweck dienen namentlich Lösungen von schwefelsaurer Magnesia, die mit Dextrin versetzt werden.

— Frédéric **Kuhlmann** benutzt das Wasserglas als Bindemittel zur Herstellung künstlicher Steine, indem er Kreide oder gepulverten Kalkstein mit Wasserglaslösung durcheinander knetet.

1840 H. F. E. **Lenz** und M. H. **Jacobi** untersuchen die Anziehung und Tragkraft von stabförmigen Elektromagneten und finden, daß die Anziehung dem Quadrat der Stromstärke proportional ist. Das Gesetz zeigt sich auch gültig. wenn beide zum Versuch verwendeten Stäbe durch den Strom magnetisiert wurden, nur ist dann die Anziehung bei gleicher Stromstärke ungefähr viermal stärker, als wenn nur der eine Stab magnetisiert wurde. Auch Dub bestätigt (1860) dieses Gesetz.

— H. F. E. **Lenz** und M. H. **Jacobi** untersuchen die Abhängigkeit des erregten temporären magnetischen Momentes von der magnetisierenden Kraft und finden die Intensität desselben der Intensität des magnetisierenden Stromes proportional. Müller (1849), von Waltenhofen (1870) u. a. erhalten mit kleinen Einschränkungen das gleiche Resultat.

— Justus **von Liebig** begründet durch sein Werk „Die Chemie in ihrer Anwendung auf Agrikultur und Physiologie" die moderne Landwirtschaft und die neuere Agrikulturchemie.

— Justus **von Liebig** tritt gegen die Humustheorie (s. 1804 S.) auf. Er zeigt, daß der sogenannte Humus durch die Vegetation nicht nur nicht vermindert, sondern beständig vermehrt wird, daß der vorhandene Humus zur Ernährung einer kräftigen Vegetation auf die Dauer nicht hinreichen würde, und daß er von Pflanzen überhaupt nicht aufgenommen wird. Er zeigt ferner, daß die Kohlensäure der Atmosphäre die einzige Kohlenstoffquelle ist, und daß ihre Quantität auf unabsehbare Zeiten für die Vegetation der gesamten Erde ausreicht.

— Justus **von Liebig** stellt fest, daß die Pflanze durch ihr Wachstum dem Boden bestimmte, nachweisbare Mengen mineralischer Stoffe entzieht und lehrt die Wiederersetzung der so dem Boden entzogenen Stoffe mittels chemisch herstellbarer Verbindungen, d. i. durch Verwendung künstlichen Düngers an Stelle des bisher allein gebräuchlichen animalischen Düngers. Er macht zuerst den Vorschlag, die Wirksamkeit des schon früher hergestellten Knochenmehls durch Zusatz von Schwefelsäure zu erhöhen.

— Justus **von Liebig** wendet seine Fermenttheorie auf den Prozeß des Ranzigwerdens an und nimmt an, daß dies in den dem Fett beigemengten fremden Körpern, namentlich Eiweißkörpern seine Ursache habe. Er zeigt, daß diese Körper fermentartig wirken und unter Hinzutritt von Sauerstoff den Zerfall der Fette in Fettsäuren und Glycerin veranlassen.

— Die **London-Birmingham-Bahn** führt für die Verbindung der Eisenbahnwagen die Schraubenkuppelung ein, bei der durch die mit einem Rechts- und einem Linksgewinde versehene drehbare Spindel die Wagen straff aneinander gezogen werden.

— Charles **Lyell** stellt die Drifttheorie auf, nach der ein tiefes großes Meer, über dessen Spiegel die höchsten Gipfel Skandinaviens, Schottlands, der Alpen und Nordamerikas als vereiste Inseln hervorragten, zur Diluvialzeit das Gebiet Europas und Nordamerikas bedeckt habe, und wonach die in diesen Ozean kalbenden Gletscherenden als Eisberge nach Süden getrieben seien, bis sie an einer fernen Küste strandeten, wo sie den Schutt, mit dem sie beladen waren, als Moränen der verschiedensten Art ablagerten. Fast ein halbes Jahrhundert behält diese Theorie die Herrschaft in der Geologie.

— John **Mercer** führt das Chloren von Woll- und Halbwollgeweben in die Praxis ein. Die Gewebe laufen breit durch einen Rollenständer, welcher eine Natriumhypochloritlösung und Schwefelsäure enthält, werden dann gewaschen und sind nunmehr zum Druck bereit.

1840 William **Montgomerie** beobachtet, daß die Malaien von einem auf Singapore heimischen Baume einen eigentümlichen Stoff, die Guttapercha, gewinnen, der sich durch eine gewisse Elastizität bei großer Widerstandsfähigkeit auszeichnet. Er bringt 1844 die erste größere Quantität (100 kg) nach Europa und bemüht sich, dessen wertvolle Eigenschaften zu verwerten. In kleinen Quantitäten war die Guttapercha schon 1656 nach London gekommen. (S. 1656 T.)

— Samuel Finlay Breese **Morse** erfindet den unter dem Namen „Taster" bekannten Zeichengeber und stellt die in verbesserter Form jetzt noch übliche Strichpunktschrift auf.

— Gerard Johannes **Mulder** macht Untersuchungen über die Eiweißstoffe, deren gemeinsame Grundlage er als Protein bezeichnet, und begründet die Histochemie, welche sich mit der chemischen Konstitution der Formelemente und Gewebe des tierischen Körpers beschäftigt.

— Johannes **Müller** studiert die Tiefseefauna im Golf von Neapel. Er holt sein Material mit Hilfe feiner Gazenetze aus der Tiefe und zeigt damit den Weg für die spätere Planktonforschung.

— Johannes **Müller** nimmt an, daß bei dem Fieber eine auf das Rückenmark verpflanzte und von dort auf alle Nerven reflektierte Impression stattfindet, welche von einer heftigen Affektion der organischen Nerven irgend eines Körperteils ausgeht. Diese neuropathologische Lehre wird von Wunderlich (1854), Virchow (1854), Claude Bernard (1859) und vielen anderen weiter ausgebaut.

— Roderick Impey **Murchison** bringt für die über der Kohlenformation gelegene, von Füchsel „Dyas" genannte Formation den Namen „Perm" in Vorschlag, den er von dem gleichnamigen russischen Gouvernement ableitet.

— **Murray** macht nichtmetallische, also den galvanischen Strom nicht leitende Flächen dadurch leitend und brauchbar für galvanische Reproduktionen, daß er sie mit Graphit überzieht. Dies ermöglicht die Herstellung galvanoplastischer Kopien von Holzschnitten, Gipsabgüssen usw.

— James **Nasmyth** erbaut die erste Fräsmaschine zur Bearbeitung ebener Flächen, insbesondere derjenigen der Schraubenmuttern.

— Georg Simon **Ohm** stellt das Gesetz auf, daß der ganze magnetische Widerstand eines geschlossenen Ringes gleich ist dem magnetischen Widerstand des Eisens, vermehrt um den magnetischen Widerstand der Luft.

— Anselme **Payen** isoliert aus dem Holz, indem er die Inkrustationen mit Salpetersäure löst, einen eigenartigen Stoff, dem er den Namen „Cellulose" beilegt.

— Der Wiener Physiker Joseph **Petzval** findet durch mechanische Konstruktion ein äußerst lichtstarkes Doppelobjektiv für Porträtaufnahmen, welches er an Friedrich Voigtländer zur Ausführung übergibt, und das schnell zu großen Erfolgen führt (Porträtobjektiv).

— Franz **von Pitha** gibt der Chirurgie eine festere anatomische Basis und trägt wesentlich zum Glanz der Wiener Schule bei.

— Johann Christian **Poggendorff** führt die elektrischen Klemmschrauben ein.

— Der Engländer **Prior** erfindet ein Zuspitzrad für die Nadelfabrikation, durch welches das Umherfliegen des Metallstaubes vermieden wird.

— **Prosser** in Birmingham gelingt es zuerst, Porzellanmasse als trocknes. feines Pulver durch starken Druck in metallenen Formen so zusammenzupressen, daß die geformten Stücke genügenden Zusammenhalt bekommen und ohne weiteres gebrannt werden können. Doch gelingt es auf diese Weise nur kleinere Gegenstände (Porzellanknöpfe, tönerne Fußbodenplatten, Mosaiksteine) zu erhalten. Versuche zur Darstellung größerer Gegenstände,

Darmstaedter. 29

die 1809 in Sèvres angestellt worden waren, hatten ebensowenig ein Resultat ergeben, als die 1816 von Matelin und 1831 von Jullien genommenen Patente.

1840 **Quevenne** führt das reduzierte Eisen in den Arzneischatz ein.

— Der Buchdrucker Franz **Raffelsberger** in Wien erfindet ein typometrisches System zur Herstellung von Landkarten, Plänen und geometrischen Figuren mittels beweglicher Typen (Typometrie). Sein Verfahren stellt eine Verbesserung der Breitkopf'schen Methode dar. (S. 1777 B.) Doch ist die Typometrie durch die Chemitypie und die photomechanischen und ähnlichen Reproduktionsverfahren vollständig verdrängt.

— **Ransome und Söhne** in Ipswich beginnen mit dem Bau von Lokomobilen, die aus einem stehenden Kessel bestehen, neben dem eine rotierende Maschine, und zwar eine Scheibenmaschine angeordnet ist. Der Lokomobilbau wird in der Folge namentlich von Clayton, Shuttleworth & Co. in Lincoln, Laurens & Thomas in Paris, R. Wolf in Buckau u. a. betrieben.

— Henri Victor **Regnault** macht unter Zuhilfenahme eines von ihm konstruierten Apparates, der aus zwei Teilen, einem Calorimeter und dem Teil, der zur Erwärmung des zu untersuchenden Körpers dient, besteht, sehr genaue calorimetrische und spezifische Wärmebestimmungen. Seine Versuche über die spezifische Wärme ergeben, daß die Atomgewichte von Berzelius für Silber, Kalium, Natrium und Lithium halbiert werden müssen, wenn das Dulong-Petit'sche Gesetz (s. 1819 D.) für diese Metalle Geltung haben soll. Nachdem später H. Rose und Cannizzaro (1858) die Berechtigung der Regnault'schen Forderung erwiesen hatten, werden die Atomgewichte aller Metalle mit Ausnahme der obigen vier verdoppelt.

— Henri Victor **Regnault** unternimmt Versuche über die spezifische Wärme der Gase, die sich im Prinzip von der von Delaroche und Berard (s. 1813 D.) angewendeten Methode nicht unterscheiden, jedoch alle Fehlerquellen vermeiden, die bei diesen früheren Versuchen noch vorhanden waren. Er dehnt seine Untersuchungen auch auf die Fragen aus, ob die spezifischen Wärmen der Gase bei gleichem Druck von der Temperatur abhängig sind, und ob sie sich bei gleicher Temperatur mit dem Druck ändern, und findet, daß für die einfachen sogenannten permanenten Gase die spezifische Wärme sich nicht mit der Temperatur ändert, daß dies jedoch nicht für Gase gilt, die beträchtlich vom Mariotte'schen Gesetz abweichen. Für die atmosphärische Luft findet er die spezifische Wärme unabhängig vom Druck. Auch E. Wiedemann gelangt bezüglich der ersteren Frage später (1876) zu gleichem Resultat.

— Henri Victor **Regnault** konstruiert neben den Luftthermometern, die er und nach ihm Philipp von Jolly (1874) wesentlich verbessern, auch Gasthermometer, bei welchen die Zunahme der Spannkraft eines Gases zur Bestimmung der Temperatur dient. Man pflegt bei diesen Gasthermometern das Volum des Gases konstant zu halten und die Temperatur durch Druckmessung zu ermitteln.

— Karl Bogislaus **Reichert** führt in die Histologie den Begriff der Bindesubstanz ein, unter welche er die Bindegewebe, den Knorpel und die Knochen einreiht, und die er den muskulösen, nervösen und zelligen Geweben gegenüberstellt.

— Karl Bogislaus **Reichert** führt die Zellenlehre in die Embryologie ein und weist nach, daß aus den Furchungskugeln Embryonalzellen werden und alle späteren Organbestandteile sich von den Furchungszellen ableiten lassen.

— **Ridder** erfindet die Wärmröhren der Lokomotiven, die dazu dienen, den überschüssigen Dampf in den Tender zu leiten.

— Anna **Rosauer** in Ragusa findet durch Zufall, daß die Blüten von Pyrethrum cinerariaefolium insektentötende Eigenschaften haben, und beginnt die Fabrikation des dalmatinischen Insektenpulvers, das nach ihrem Tode von dem Apotheker Drobaz weiter vertrieben und später auch in Persien und im Kaukasus gewonnen wird.

1840 Heinrich **Rose** schließt die schwierig zersetzbaren Aluminate und den Korund für die Zwecke der Analyse durch Schmelzen mit schwefelsaurem Kali auf.

— **Ruhl** und **Beukler** erfinden die Lampenzylinder mit stark zusammengeschnürtem Teil (Schulter), durch welchen Luft und Flamme in sehr innige Berührung gebracht werden. Eine noch innigere Vermengung der inneren Luft mit den Flammengasen findet bei der Liverpool-Lampe statt, bei welcher die Luft horizontal in die Flamme strömt, indem sie von einem über dem Brenner angebrachten verstellbaren Metallscheibchen (Nagel) zurückprallt.

— Felix **Savart** konstruiert ein Polariskop, das aus zwei Bergkrystallplatten besteht, die unter einem Winkel von 45^0 gegen die Achsen geschnitten und so gelegt sind, daß die Achsenebenen mit der Polarisationsebene des mit ihnen verbundenen Prismas Winkel von 45^0 bilden. Dieses Instrument wird 1845 von Wild in einer vervollkommneteren Form als Photometer verwendet.

— Nachdem schon Barruel (s. 1811 B.) vorgeschlagen hatte, an Stelle der Schwefelsäure zum Fällen des überschüssigen Kalkes aus den Rübensäften Kohlensäure zu verwenden, ohne daß dieser Vorschlag praktische Folge hatte, führen **Schatten** und **Michaelis** mit Erfolg die Saturation mit Kohlensäure in die Praxis ein.

— Karl Friedrich **Schimper** untersucht die Bildung der sogenannten Dendriten, jener baumförmig verästelten Gebilde, die sich vielfach auf engen Spalten von Kalkstein und Sandstein finden. Er führt dieselben darauf zurück, daß der den Erdboden treffende Regentropfen durch Capillarität sich einen Weg durch die feinsten Zwischenräume des Bodens bahnt, den Boden lockert, und daß die durch das Wasser bewirkten Lösungen diese Dendriten absetzen.

— Franz **Schuh** führt vielfach die zuerst von Sénac 1749 empfohlene Punktion des Herzbeutels aus (s. a. 1653 R.), führt die Perkussion und Auskultation in die chirurgische Praxis ein und bemüht sich, durch Anwendung des Mikroskops im Zusammenhang mit dem Befund des Seziertisches eine exakte Methode der Chirurgie anzubahnen.

— James **Sims** führt die nach ihm benannte Anordnung der Zweifach-Expansionsmaschine aus, bei welcher der Dampf in zwei Zylindern auf nur je eine Seite des Kolbens wirkt.

— **Sperlich** untersucht die aus dem eingetrockneten Milchsaft vom Bully-tree, einer Sapotacee, hergestellte Balata und findet, daß die nach Behandlung mit heißem angesäuertem Wasser und siedendem Alkohol zurückbleibende Masse dieselbe prozentuale Zusammensetzung zeigt, wie Guttapercha. Die Balata wird als Kautschukersatz verwendet.

— Robert **Stephenson** führt die von Curtis (s. 1836 C.) konstruierten Distanzsignale ein, bei welchen die Scheiben, welche die freie Fahrt an Stationen, Einschnitten, Tunnels anzeigen, so eingerichtet werden, daß mehrere auf ziemlich große Entfernungen gleichzeitig von einem Beamten in Bewegung gesetzt werden können.

— Der Fabrikant **Tallois** in Paris bringt eine gelbe Kupferlegierung aus 87% Kupfer, 12% Zink, 1% Zinn in den Handel, die mit 1% Gold durch Aufwalzen oder auf galvanischem Wege plattiert und nach dem Erfinder „Talmigold" genannt wird.

29*

1840 **Taylor Wordsworth & Co.** verbessern die von Girard (s. 1810 G.) konstruierte Flachshechelmaschine.

— Friedrich **Varrentrapp** gibt die erste quantitative Analyse des künstlichen Ultramarins.

— Der französische Mediziner Alfred Armand **Velpeau** führt die bereits von Oribasius (s. 361) empfohlene permanente Irrigation wieder ein und vervollkommnet die Technik der Jodinjektion in seröse Höhlen.

— Der Mediziner Theodore **Vidal de Cassis** empfiehlt zuerst die Höllenstein-Injektion gegen die Uterin-Katarrhe.

— **Völckel** untersucht das Kümmelöl, das er in Carven und Carvol zerlegt, und macht 1843 eine eingehende Untersuchung des von Trommsdorf 1819 entdeckten Wurmsamenöls, das auch von Hirzel 1854 einer eingehenden Untersuchung unterworfen wird.

— **Vorsselmann de Heer** leitet aus den Rieß'schen Versuchen (s. 1837 R.) den Satz ab, daß die Entladung einer mit derselben Elektrizitätsmenge geladenen Batterie in einem ganz kontinuierlichen, d. h. ganz metallischen Schließungsbogen, immer dieselbe Wärmemenge hervorbringt. Wie Helmholtz und Clausius (1851) zeigen, läßt sich dieser Satz, wie auch die von Rieß beobachtete Tatsache aus den Sätzen der mechanischen Wärmetheorie ableiten.

— Nachdem seit Einführung der Feuerwaffen wiederholte Versuche zur Herstellung eines kriegsbrauchbaren Hinterladungsgeschützes angestellt worden waren (ältester Hinterlader des Berliner Zeughauses a. d. J. 1419; vgl. auch 1597 L. und 1826 R.), stellt der Baron **von Wahrendorff**, Besitzer einer Eisengießerei zu Åker in Schweden, eine glatte Hinterladekanone mit Kolbenverschluß für Rundkugeln her, zunächst zu dem Zweck, um durch das Laden von hinten die Bedienung der Geschütze in Kasematten zu erleichtern. Seine Idee wird durch die zur Abnahme von Geschützen in Åker anwesenden fremden Artillerieoffiziere im Ausland bekannt und gibt den ersten Anstoß zur allgemeinen Einführung der Hinterladekanonen. (S. 1846 C.)

— Josef **Weiß** in Ziegenhals stellt durch Kochen der Kiefern- und Fichtennadeln mit Dampf und Zerteilen derselben auf einer dem Holländer ähnlichen Maschine wollähnliche Fasern dar, die unter der Bezeichnung „Waldwolle" als Polstermaterial und zur Herstellung von Fußteppichen, und mit Wolle oder Baumwolle gemischt als Spinnstoffe zur Verfertigung einer Art Gesundheitsflanell dienen.

— Charles **Wheatstone** verbessert das Chronoskop (s. 1831 W.) so weit, daß es zur dauernden Registrierung von Zeitabschnitten zu dienen befähigt ist und den Namen eines Chronographen verdient. Noch wesentlichere Verbesserungen erfahren diese Instrumente in dem 1861 von Matthias Hipp in Neuchâtel hergestellten Streifenchronographen. (S. a. 1863 B.)

— Nachdem die Walfischfänger Biscoe (1830—32), Kemp (1833) und Balleny (s. 1839 B.) gelegentlich im Südpolarkreis bedeutende Landmassen, wie Grahamland, Enderbyland usw. entdeckt hatten und die französische Expedition unter Dumont d'Urville Adélieland und Clairieland gefunden hatte, entdeckt der nordamerikanische Seeoffizier Charles **Wilkes** auf seiner Forschungsreise in den Jahren 1840—42 eine ausgedehnte Küste, die von 95—166° östl. Länge sich hinstreckt und die von Dumont d'Urville gesehenen Küsten mit einschließt. Das hinter diesen Küsten angenommene Festland heißt seitdem Wilkes-Land.

— Henri Rossiter **Worthington** baut eine „Simplexpumpe" genannte direktwirkende Dampfpumpe, die aus einem doppeltwirkenden Dampfzylinder und einer einfach wirkenden Plungerpumpe mit gewöhnlichen konischen

Ventilen besteht. Der Schieber wird mit zwei Hebeln von der Kolbenstange aus bewegt und die Schieberbewegung durch eine Feder so beschleunigt, daß die Dampfkanäle schnell geöffnet und geschlossen werden.

1840 **Wright,** ein Mitarbeiter Elkingtons, führt zuerst das Cyankalium als Bestandteil der zum Niederschlagen der Metalle dienenden Bäder ein und
ermöglicht so neben den dicken Kupferniederschlägen auch galvanostegische
Niederschläge von Silber und Gold herzustellen, eine Methode, die von
Henry und Richard **Elkington** technisch ausgebeutet wird. Das gleiche
Verfahren wird unabhängig von **De Ruolz** gefunden, dessen Patent vom
19. Dezember datiert, während das Wright-Elkington'sche bereits am 8. Dezember erteilt ist.

1841 Nachdem durch Smith in Deanston (s. 1833 S.) ein großer Bedarf an tönernen
Drainröhren wachgerufen war, folgen sich die Erfindungen zur Herstellung
solcher Röhren und der rohrförmigen Hohlziegel in ununterbrochener Reihe.
Eine der verbreitetsten Röhrenpreßmaschinen ist die von **Ainslie** in Redheugh
in Schottland, der bald die von Clayton (1844), Whitehead (1853) u. a.
folgen.

— **Baldamus** in Erfurt erfindet den anastatischen Druck, der darin besteht,
daß das betreffende Druckblatt mit Weinsteinsäure gegen Druckfarben
unempfindlich gemacht wird, so daß beim Einwalzen mit Druckfarbe nur
der alte Druck Farbe annimmt, die dann auf den Stein abgeklatscht
wird. Auch heute ist das Verfahren trotz der modernen Druckverfahren
noch zur Ergänzung fehlender Bogen eines Werkes usw. im Gebrauch.

— Johann Jacob **von Berzelius** führt für die verschiedenen Zustände eines Elementes, von denen damals schon eine Anzahl Beispiele, wie namentlich
Graphit, Ruß und Diamant bekannt waren, die aber als Fälle von Isomerie betrachtet wurden, die Bezeichnung „Allotropie" ein.

— Friedrich Wilhelm **Bessel** leitet aus zehn Gradmessungen folgende Dimensionen des Erdkörpers ab: Äquatorialhalbmesser = 6377397 m; Polar-
halbmesser = 6356079 m; Abplattung = 1 : 299,1528. Diese Werte behalten
bis zur Verbesserung durch Clarke (vgl. 1880 C.) Geltung.

— John George **Bodmer** beschäftigt sich mit Herstellung schnelllaufender, sparsam arbeitender Dampfmaschinen und konstruiert eine Maschine mit zwei
gegenläufigen Kolben in einem Zylinder, die ihre Arbeit auf eine dreifach
gekröpfte Kurbelwelle übertragen. Die Maschine zeichnet sich namentlich durch sorgfältigen Massenausgleich aus. (Vgl. auch 1831 H.)

— **Boucherie** verwendet zur Imprägnierung des Holzes Kupfervitriol und erfindet die Methode, den hydrostatischen Druck der Imprägnierungsflüssigkeit selbst zu benutzen, um einerseits den Holzsaft aus dem Holz heraus-
zupressen und andrerseits die Imprägnierungsflüssigkeit an die Stelle des
Holzsaftes zu setzen. (Boucherisieren.)

— James **Braid,** Arzt in Manchester, entdeckt und bezeichnet als Hypnotismus eine Gruppe von künstlich erzielbaren, dem Schlafe verwandten Zuständen mit Veränderungen der Funktionen des Gehirns.

— Johann Conrad **Bromeis** stellt die Bildung der Bernsteinsäure bei der Oxydation der Fettsäuren mit Salpetersäure außer Zweifel.

— Sir George **Cayley** empfiehlt selbsttätige Eisenbahnsignale, welche der
vorüberfahrende Zug durch Räderdruck und Hebelübersetzung auf „Halt"
bringen soll.

— Johann G. F. **Charpentier** veröffentlicht seinen „Essai sur les Glaciers", in
welchem die Bewegung der Gletscher durch Gefrieren und dadurch bedingte Ausdehnung des eindringenden Wassers erklärt wird.

— Charles Louis **Chevalier** konstruiert eine Lupe, bei welcher er die Objektivlinse verdoppelt, so daß Strahlen, die von relativ nahen Gegenständen

kommen, so stark gebrochen werden, daß sie, durch das Okular (eine Konkavlinse) wieder divergent gemacht, ein erheblich vergrößertes Bild des nahen Gegenstandes auf der Netzhaut des Auges entwerfen.

1841 Edwin **Clark** konstruiert das erste hydraulische Dock, indem er unter Anwendung des Prinzips der hydraulischen Presse, welches Prinzip das Jahr zuvor zur Hebung von Schiffen von Anderson und Brownhill (s. 1840 A.) verwendet worden war, sein Schwimmdock (s. 1840 C.) mit einem hydraulischen Bewegungsmechanismus versieht. Eines der großartigsten von Clark nach diesem Prinzip ganz aus Eisen konstruierten Docks ist das 1868 vollendete der London Victoria Docks, mit Hilfe dessen Schiffe von 2500 Tonnen und mehr Lastigkeit aus dem Wasser gehoben werden können.

— Th. **Clark** nimmt ein Patent auf eine Wasserreinigungsmethode mit Kalk, durch den die Entfernung der halbgebundenen Kohlensäure, welche die kohlensauren Salze in Lösung hält, gelingt. Der Niederschlag besteht aus kohlensaurem Kalk und einem Teil der kohlensauren Magnesia, sämtlichen im Wasser suspendiert gewesenen Stoffen und einem Teil der im Wasser gelösten organischen Substanzen.

— William Branwhite **Clarke** findet das erste Gold unweit Sidney und spricht die Meinung aus, daß die Blauen Berge goldführend seien, was 1845 von Sir Roderick Murchison durch Vergleich der östlichen Gebirgskette Australiens mit der Formation des Ural bestätigt wird. 1851 werden dann die Goldgruben von Summer Hill Creek 150 englische Meilen westlich von Sidney von Edmond Hammond Hargraves entdeckt.

— Jean Daniel **Colladon** schlägt die Anwendung unterseeischer akustischer Signale zur Erhöhung der Sicherheit des Schiffsverkehrs vor.

— William **Croskill** in Beverley erfindet für die Bearbeitung harten Bodens die nach ihm benannte Croskillwalze, eine Art von Schollenbrecher.

— Gustav **Crusell** bringt zuerst die Galvanolyse (elektrolytische Behandlung) an soliden Geweben in Anwendung und erzielt die besten Erfolge bei Hornhauttrübungen. Eine wesentliche Verbesserung erfährt dieses Verfahren durch Cineselli in Cremona 1862.

— Johann **Dieffenbach** macht den ersten Versuch, das Stottern durch Durchschneiden der Zungenmuskeln zu heilen, eine Operation, die nach ihm öfters von Philipps, Amussat, Velpeau u. a. ausgeführt wird.

— Felix **Dujardin** gibt in seinem Werke „Histoire naturelle des zoophytes" eine Einteilung der Infusorien und macht interessante Beobachtungen über den Einfluß gewisser Reagentien auf das Wachstum der Infusorien, unter anderm auch über die Aufnahme von Stickstoff beim Vorhandensein von Ammoniumsalzen.

— Jacques Joseph **Ebelmen** baut in den Jahren 1841—43 ziemlich vollkommene Generatoren und ist der erste, der außer Luft auch Dampf in die glühende Generatorschicht einführt. Er baut auch bereits einen Generator für Vergasung von Holz mit Verbrennung von oben nach unten, um die gebildeten Teerdämpfe zu zwingen, durch glühende Schichten hindurchzugehen und sich zu zersetzen.

— Die **Eisenbahntechniker-Versammlung** in Birmingham vereinbart für den Eisenbahnbetrieb „rotes Licht" oder irgendeinen rasch geschwungenen Signalkörper als Zeichen für Gefahr (Halt), „grünes Licht" oder einen langsam geschwungenen Signalkörper für Vorsicht (Langsam) und „weißes Licht" oder einen unbewegten Signalkörper für Ordnung (Freie Fahrt). Zugleich setzt sie fest, daß jeder Zug sowie jede Lokomotive bei Dunkelheit vorn „weißes", hinten dagegen „rotes" Licht zeigen soll.

— Otto Linné **Erdmann** und Auguste **Laurent** entdecken gleichzeitig bei Oxydation des Indigos mit Chromsäure oder Salpetersäure das Isatin und das sich zum Isatin wie Indigweiß zu Indigblau verhaltende Isatid.

1841 Nachdem Liebig (s. 1840 L.) den Vorschlag gemacht hatte, die Wirksamkeit des Knochenmehls als Dünger durch einen Zusatz von Schwefelsäure zu erhöhen, wodurch ein Teil des schwer löslichen basisch phosphorsauren Kalks in das lösliche saure Phosphat übergeführt wird, führt als erster der englische Landwirt **Fleming** zu Barochan diesen Vorschlag aus, indem er englische Koprolithen mit Schwefelsäure aufschließt, woraus sich die Fabrikation der Superphosphate entwickelt. In größerem Maßstabe wird Superphosphat durch Aufschließen von Knochenphosphat mit Schwefelsäure in England von Lawes, in Deutschland von Julius Kühn dargestellt. (S. a. 1845 L. und 1890 K.)

— James David **Forbes** wendet in Comrie in Schottland zur Erdbebenmessung ein einfaches schwingendes Pendel mit direkt schreibender Spitze an (s. a. 1784 S.). Eine wesentliche Verbesserung dieses Apparats geschieht durch Karl Kreil (1855), der die Selbstregistrierung einführt und damit das Moment der Zeitbestimmung einschaltet, durch Timoteo Bertelli (Tromometer s. 1874 B.), durch Ewing (s. 1882 E.) und Vicentini (s. 1895 V.).

— Carl Julius **Fritzsche** erhält beim Kochen des Indigos mit Kali Anthranilsäure und aus dieser beim Erhitzen Kohlensäure und Anilin.

— **Gannal** erfindet ein Verfahren der Einbalsamierung, das darin besteht, daß er durch die Carotis antiseptische oder gerbende, wasserentziehende Stoffe in das Gefäßsystem einspritzt, und daß er außerdem den fäulnisfähigen Inhalt der Bauch- und Brusthöhlen entleert und durch eine Füllung von frisch geglühter Holzkohle ersetzt.

— Karl Friedrich **Gauß** gibt in seinen dioptrischen Untersuchungen eine einfache Lösung der allgemeinen Aufgabe der Dioptrik kugeliger Flächen.

— Amédée **Gélis** untersucht den Lackmus, der aus verschiedenen Flechtenarten (Roccella, Lecanora) dargestellt wird, und stellt fest, daß zur Bildung des blauen Farbstoffs die Gegenwart von kohlensaurem fixem Alkali neben Ammoniak wesentlich ist. Spätere Untersuchungen werden von Schunck und namentlich Kane vorgenommen. (Vgl. a. 1680 D.)

— **Gerhardt** und **Cahours** finden im Römisch-Kümmelöl das Cymol, das von Dumas aus Campher mit Phosphorsäureanhydrid hergestellt und mit dem Gerhardt'schen Körper identisch befunden wird. Im Jahre 1848 stellt Mansfield das Cymol aus Steinkohlenteeröl her.

— Die Gebrüder **Gilardoni** in Altkirch im Elsaß erneuern die seit der Römerzeit verloren gegangene Kunst der Herstellung der Falzziegeln, in der sich später namentlich auch die Gebrüder Schmerber in Tagolsheim hervortun.

— Der Ingenieur Gotthilf **Hagen** in Berlin beginnt mit Herausgabe seines Werkes „Handbuch der Wasserbaukunst", welches in 2 Bänden die Quellen und in je 4 Bänden die Ströme und das Meer behandelt. Das Werk, erst im Jahre 1865 völlig abgeschlossen, ist für das gesamte Gebiet des Wasserbauwesens von bahnbrechender Bedeutung. Sonstige Forschungen Hagen's beziehen sich auf die Wahrscheinlichkeitsrechnung, die Form und Stärke gewölbter Bogen, die Ebbe und Flut, die Wellenbewegung auf Gewässern, die Bewegung des Wassers in Röhren u. a.

— Samuel **Hall** macht die ersten Versuche, die Rauchverbrennung bei Lokomotiven durchzuführen. Solche Versuche werden bis in die neueste Zeit vielfach mit mehr oder weniger Erfolg unternommen. (Vgl. a. 1785 W.)

— Josua **Heilmann** macht den Maschinenstuhl für die Sammetweberei verwendbar, indem er ohne Nadeln oder irgend welchen Ersatz derselben zwei Stücke Sammet übereinander und durch die Pole zusammenhängend webt.

— Joseph **Henry** weist nach, daß die Induktionsströme selbst wieder auf geschlossene Leiter induzierend wirken und so neue Induktionsströme, die Induktionsströme höherer Ordnung, erregen können.

1841 Bei der auf der schiefen Ebene **Hochthal-Erkroth** angelegten Eisenbahnlinie gelangen die ersten durch Luftdruck betriebenen Eisenbahnsignale zur praktischen Verwendung.

— Jules **Jeffray** empfiehlt zuerst bei den Krankheiten der Atmungsorgane die Anwendung des Respirators. Eine allgemeinere praktische Verwendung findet der Respirator seit d. J. 1850.

— Heinrich **Kiepert** beginnt mit der Herausgabe seiner ersten großen wissenschaftlichen Arbeit, des „Atlas von Hellas", seine hervorragende Tätigkeit auf dem Gebiete der Topographie der Länder des klassischen Altertums.

— Ludwig **Klein** in Wien konstruiert die ersten Funkenfänger für Lokomotiven, die dazu dienen sollen, die Feuersbrünste (Schadenfeuer) zu verhüten, welche nicht selten in der Umgebung der Bahnlinien durch die Funken der Lokomotiven veranlaßt werden.

— Nachdem Malpighi (1687) die Samenfäden als die Keime der Tiere beschrieben hatte, gelingt es Albert **von Kölliker** zu erweisen, daß die Fäden sich in Zellen entwickeln und daher als tierische Elementarteile anzusehen sind. Später werden über die Entwicklung der Samenfäden wichtige Untersuchungen von van Beneden, Oskar Hertwig, vom Rath, Meves u. a. gemacht.

— Alfred **Krupp** in Essen fertigt das erste Geschützrohr aus Gußstahl. (Vgl. auch 1855 E.)

— Auguste **Laurent** untersucht den Phenylalkohol (Phenol) und dessen Derivate und erkennt dessen Identität mit der von Runge 1834 beschriebenen Carbolsäure. (S. 1834 R.)

— Justus **von Liebig** klärt die Vorgänge bei dem Prozeß der Blutlaugensalzbildung auf und liefert den Beweis, daß die Schmelze aus verkohlten oder nicht verkohlten tierischen Substanzen (wie Hufe, Klauen, Haut- und Lederabfälle) mit kohlensaurem Kali unter Zusatz von Eisenfeilspänen kein fertig gebildetes Blutlaugensalz enthält, dieses sich vielmehr erst bei der Behandlung der Schmelze mit Wasser bildet. Weitere wichtige Beiträge zu dieser Frage liefert (1859) R. Hoffmann.

— François Achille **Longet** begründet durch seine „Recherches sur les fonctions des muscles et des nerfs du larynx" die modernen Kenntnisse von der Innervation des Kehlkopfs.

— François Achille **Longet** weist auf experimentellem Wege und auf Grund klinischer Beobachtungen nach, daß die weißen Vorderseitenstränge des Rückenmarks die willkürliche Bewegung, die Hinterstränge dagegen die Empfindung vermitteln. Dieselbe Entdeckung wird gleichzeitig durch Isaak **van Deen** gemacht.

— Fréderic **de Moleyns** in Cheltenham meldet ein Patent an, nach welchem die Leuchtkraft eines durch den elektrischen Strom im Glühen erhaltenen Platindrahtes durch einen Strom von Kohlepulver erhöht werden soll. (S. a. 1840 G.)

— Arthur **Morin** konstruiert ein Zugdynamometer für die Zwecke absoluter Zugkraftbestimmungen, das insbesondere in der Landwirtschaft vielfach verwendet und später von Bental in Heybridge noch verbessert wird. Er macht ausgedehnte Versuche über die Leistung vertikaler und horizontaler Wasseräder und den Zugwiderstand der Räderfuhrwerke auf Land- und Kunststraßen.

— Unter den vielen Verbesserungen der Davy'schen Sicherheitslampe ist eine der zweckmäßigsten die von **Müseler** in Lüttich erfundene Lampe, welche um die Flamme herum einen Glaszylinder, darüber einen Drahtnetzzylinder

und in geringer Entfernung über der Flamme eine innerhalb des Draht-
zylinders bleibende Esse hat. Auch Rouquayrol-Denayrouze's für Petroleum und Schieferöl bestimmte Sicherheitslampe wird als zweckmäßig
gerühmt. (Vgl. a. 1815 D.)

1841 H. L. **Pattinson** gewinnt Bleiweiß mittels Chlorbleis und doppeltkohlen-
sauren Magnesiums. Beide Lösungen werden möglichst rasch vermischt
mit der Maßgabe, daß die Magnesiumlösung stets im Überschuß bleibt.
Das gewonnene Präparat ist von vorzüglicher Weiße und Deckkraft.

— Eugène **Péligot** stellt aus dem von Klaproth (s. 1790 K.) entdeckten Uranoxydul (der später s. 1842 E. als Uranoxyduloxyd erkannten Oxydationsstufe) Uranchlorür und aus diesem mit Natrium das metallische Uran dar.

— Der Geolog John **Phillips** schlägt vor, in der Geologie den Namen „palä-
ozoisch" auf sämtliche Schichten des Übergangsgebirges, des Carbons und
des Zechsteins zu übertragen, sowie die sekundären Ablagerungen als „meso-
zoisch", die tertiären als „cänozoisch" zu bezeichnen. Diese Benennungen
finden rasch Eingang und sind jetzt allgemein angenommen. Phillips'
ausgezeichnete Monographie der britischen Belemniten erscheint in den
Jahren 1865—70.

— Johann Christian **Poggendorff** erfindet den ersten brauchbaren elektrischen
Widerstandsmesser. (Rheochord.)

— Johann Christian **Poggendorff** gebraucht zuerst die Kompensationsmethode
zur Vergleichung der elektromotorischen Kräfte galvanischer Elemente,
besonders nicht konstanter.

— Lambert Adolphe Jacques **Quetelet** stellt den Gang der Bodentemperatur
innerhalb der tatsächlich noch den Sonnenstrahlen zugänglichen Außen-
schicht der Erde durch eine Formel dar, durch welche auch die Lage der
neutralen Fläche, in der die Unterschiede der Jahrestemperatur keine Rolle
mehr spielen, mit bestimmt wird.

— Henri Victor **Regnault** zeigt, daß bei der Überführung der verschiedenen
Modifikationen des Schwefels in die in Rhomboedern krystallisierte Form
im Augenblick der Verwandlung eine spontane Erwärmung auftritt. (S.
a. 1850 II.)

— Louis **Rendu** verwertet den Bordier'schen Gedanken der Plastizität des
Gletschereises, vermöge deren es sich seiner Unterlage anschmiege und
abwärts fließe, und baut ein vollständiges Lehrgebäude der Gletscher-
physik aus.

— Der Geolog Friedrich Adolf **Römer** wird mit seinen Schriften über die Versteinerungen des norddeutschen Oolith-Gebirges (1836 und 1839), sowie
über das norddeutsche Kreidegebirge (1841) von grundlegender Bedeutung
für die Paläontologie.

— Heinrich **Rose** zeigt, daß die arsenige Säure beim Krystallisieren Licht
aussendet.

— James Clarke **Ross** entdeckt auf seiner ersten Südpolarfahrt auf den Schiffen
„Erebus" und „Terror", bei der er in den Jahren 1841—43 bis 78° 11'
s. Br. und 161° 27' westl. Länge vordringt, Victorialand mit den nach
seinen Schiffen benannten Vulkanen „Erebus" und „Terror". Aus seinen
Beobachtungen berechnet er, daß der magnetische Südpol etwa unter
75° s. Br. und 154° östl. L. im Inneren des Victorialandes, nicht allzuweit
von der Stelle liegt, die Gauß ihm theoretisch angewiesen hatte.

— **De Ruolz** in Frankreich führt zuerst das Vermessingen, d. h. das Überziehen eines anderen Metalls mit Messing, aus. Walker folgt 1845. Blank
gebeiztes Kupfer überzieht sich mit Messing beim Kochen mit Zinkamalgam, Weinstein und verdünnter Salzsäure. Auf galvanischem Wege

erhält man einen Überzug von Messing auf Eisen mit einer Lösung von Kupfer- und Zinksulfat, die mit überschüssigem Cyankalium versetzt ist.

1841 Der Fabrikant **Ryder** zu Bolton in Lancashire baut eine Schmiedemaschine zur Herstellung von Eisennägeln, bei welcher in Nachahmung der Handarbeit das glühende Metall durch Schmieden, unter Verwendung entsprechender Gesenke, zu Nägeln geformt wird.

— **Saladin** verfertigt zur Kontrolle der Spinnmaschinen einen aus Schraubenrädern kombinierten Rotationszähler.

— Anton **Schrötter** erhält durch Erhitzen von Kupferoxyd in Ammoniakgas Stickstoffkupfer und zeigt, daß dies ein allgemeiner Weg zur Darstellung von Stickstoffmetallen ist.

— Nachdem Brisseau's Ansicht über die Entstehung des Glaukoms (s. 1709 B.) gänzlich in Vergessenheit geraten und erst 1817 von Beer wieder aufgenommen worden war, macht Jules **Sichel** eingehende Untersuchungen über das Glaukom und erklärt dasselbe für eine Folge der Chorioiditis. (S. a. 1854 G.)

— Gustav **Simon, Berger** und Jacob **Henle** entdecken fast gleichzeitig die Haarbalgmilbe (Acarus folliculorum), die bei Tieren (Hunden, Schweinen, Pferden) Räude, Furunkel und Abszesse, beim Menschen Entzündungserscheinungen unter dem Bilde einer Blepharitis ciliaris hervorruft.

— James Young **Simpson** führt die Anwendung des Preßschwamms zur Dilatation des Muttermundes, die schon im Altertum geübt wurde, wieder ein.

— Robert **Stephenson** richtet mittels des Cooke-Wheatstone'schen Fünfnadelapparats die erste elektrische Zugdeckungssignalanlage auf der London-Blackwall-Bahn ein.

— Wilhelm **Stolze** in Berlin bringt strengere Grundsätze in das System der Gabelsberger'schen Redezeichenkunst (s. 1817 G.), führt die symbolische Vokalbezeichnung durch und erhebt die Stenographie zur Bedeutung eines allgemeinen Hilfsmittels.

— Joseph **Toynbee** nimmt zuerst systematische pathologisch-anatomische Untersuchungen des Gehörorgans vor, um den Zusammenhang der Schwerhörigkeit mit den Veränderungen im schallleitenden Apparat nachzuweisen.

— Franz **Unger** weist — im Gegensatz zu Schleidens Lehre von der Entstehung der Zellen in Geweben als Bläschen — die Bildung auf dem Wege der Teilung am Vegetationspunkte nach.

— Der Mechaniker J. P. **Wagner** in Frankfurt a. M. (s. a. 1839 N.) spricht deutlich aus, daß die elektromagnetischen Maschinen berufen sind, einst an die Stelle der Dampflokomotion zu treten. (Vgl. seine Veröffentlichung „Über Elektromagnetismus als Triebkraft" in „Dingler's Polytechnischem Journal" 1841.)

— Der Schwede **Wahlberg** dringt über die Drakenberge und den Vaalfluß nach den Magaliesbergen und dem Limpopo vor.

— Philipp Franz **von Walther** fördert die anatomisch-physiologische Richtung der Chirurgie und bekämpft die Trennung der inneren Medizin von der Chirurgie als ein wesentliches Hindernis für die Fortschritte beider Zweige. Er gibt 1846 eine Erklärung der Entstehung der Katarakt, die fast allgemein Anerkennung findet.

— C. **Wheatstone** und W. F. **Cooke** führen auf der London-Southwestern-Bahn die erste oberirdische Telegraphenleitung für Eisenbahnzwecke aus.

— Der englische Fabrikant Joseph **Whitworth** begründet zuerst ein einheitliches Maßsystem für Schrauben, das auch heute noch überwiegend gebraucht wird und des Erfinders Namen trägt.

1841 Joseph **Whitworth** versieht die Drehbank mit dem sogenannten Planzug, d. i. der selbsttätigen Stichelverschiebung winkelrecht zur Drehbankachse.

— Alexander **Woskressensky** entdeckt das Theobromin in den Kakaobohnen. Seine nähere Kenntnis wird 1850 von Rochleder und Hlasiwetz gefördert.

1842 General **Alvord** macht zuerst darauf aufmerksam, daß bei dem nordamerikanischen Silphium laciniatum, einer Komposite, die Orientierung der Blätter ziemlich genau mit der Meridianebene zusammenfällt. Dieselbe Eigenschaft wird bei dem wilden Lattich, Lactuca scariola, sowie bei Chondrilla juncea beobachtet. Stahl und Wiesner schreiben diese Eigentümlichkeit der „Kompaßpflanzen" der Einwirkung des zerstreuten Lichts zu.

— Ernst Friedrich **Anthon** empfiehlt einen Apparat zur Extraktbereitung aus Pflanzen oder Pflanzenteilen, deren wirksames Prinzip sich in Alkohol oder Äther löst. Der Apparat führt sich vielfach in Apotheken ein und stellt wohl den ersten Extraktionsapparat dar.

— **Bache,** der Superintendent der für die Küstenvermessung eingesetzten Staatskommission der Vereinigten Staaten, nimmt die praktische Organisation der Tiefseeforschung in die Hand, die unter seinem Nachfolger Peirce energisch weiter geführt wird. Die wissenschaftliche Arbeit wird von Pourtalès und L. Agassiz organisiert.

— Edmond **Becquerel** entdeckt die Eigenschaft der ultraroten Strahlen, vorher kurz belichtete phosphorescierende Schichten für kurze Zeit zu hellerem Leuchten anzufachen, worauf alsdann das Phosphorescenzlicht rasch verschwindet. Das Verfahren wird (1888) von Lommel verbessert, indem er die dem ultraroten Spektrum ausgesetzte phosphorescierende Platte in Kontakt mit einer photographischen Trockenplatte bringt und so ein dauerndes Bild des Spektrums herstellt.

— **Beil** und **Möller** führen auf der Taunusbahn Klingelsignalapparate ein, die von den Wärterhäusern durch Zugvorrichtungen aus Messingdraht bedient werden. 1844 wandeln sie diese Signale unter Benutzung des Telegraphenapparates von William Fardely, einer Modifikation des Wheatstone'schen Zeigertelegraphen (s. 1839 W.), in elektrische Zeigersignalapparate um.

— Auguste **Bérard** unterscheidet zuerst die Septichämie und Pyämie (der letztere Name rührt von Piorry 1840 her), indem er die erstere als eine durch Aufnahme fauliger Stoffe, die letztere als eine durch Aufnahme von Eiter in das Blut bedingte Krankheit charakterisiert. Seine Anschauung wird 1844 von Louis Joseph Desiré Fleury vertieft, fällt jedoch wieder mit dem von Klebs (s. 1866 K.) gelieferten Nachweis, daß die Sepsis durch Mikroparasiten erzeugt wird.

— **Berg** und **Gruby** entdecken das Oïdium albicans als Erzeuger der Soor-Krankheit der Rinder.

— **Bidder** und **Volkmann** weisen die selbständige Funktion der vom Nervus sympathicus versorgten Organe nach.

— Theodor Ludwig Wilhelm **Bischoff** verschafft der Tatsache Geltung, daß das Graaf'sche Follikel das viel kleinere Ei schon vollkommen gebildet einschließt, und weist die periodische Reifung und Loslösung des Eies nach.

— Dem Chemiker Rudolf **Böttger** in Frankfurt a. M. gelingt es, das Nickel aus einem Doppelsalze vermittels des elektrischen Stromes niederzuschlagen (Vernickelung).

— Nachdem im Anschluß an die Black'schen Versuche zur Bestimmung der Verdampfungswärme (latenten Wärme) Watt (1804), Southern und Crighton, Rumford (1812), Ure (1818) und Despretz (1823) ähnliche Versuche gemacht hatten, bei denen sie eine gewisse Menge gesättigter Dämpfe in ein Calorimeter leiteten, dort kondensieren ließen und die entstandene Flüssigkeit bis zur Temperatur des Calorimeters abkühlten, macht Philipp Wilhelm

Brix sehr genaue Bestimmungen, bei denen er vor allem für gleichmäßige Erwärmung des Calorimeters sorgt, was bisher versäumt worden war. Ähnlich genaue Bestimmungen werden von Andrews (1850) gemacht.

1842 **Brunfort** macht die ersten Versuche, die Verkokungsgase selbst zur Heizung der Verkokungsöfen zu verwenden, wodurch die Wärme besser ausgenutzt wird. Dieses Verfahren wird bei den meisten neueren Ofenkonstruktionen benutzt.

— Friedrich **Busse** führt auf der Hannoverschen Staatsbahn die ersten durchlaufenden optischen Telegraphen (Liniensignale) ein.

— **Cartier** und **Payen** stellen zuerst künstlichen Borax aus Borsäure und kohlensaurem Natrium dar. Besondere Schwierigkeiten bereitet die Krystallisation des Borax, die nur unter Anwendung großer Mengen Flüssigkeit und sehr allmählicher Abkühlung gut vor sich geht.

— Ludwig August **Colding** leitet aus der Unwandelbarkeit der Kraft die Definition der Wärme, die immer auftritt, wenn eine Bewegung zum Stillstand gebracht wird, als eines Ersatzes der Kraft oder einer neuen Art von Kraft ab. Er bestimmt durch zahlreiche Versuche die Mengen der Wärme, die unter verschiedenen Belastungen und bei verschiedenen Geschwindigkeiten durch die Reibung von Messing auf Messing oder auf Zink, auf Blei, auf Eisen, auf Holz und auf Tuch erzeugt werden, und findet, daß das Verhältnis zwischen mechanischer Arbeit und produzierter Wärme überall dasselbe ist, und daß die absolute Größe dieses Verhältnisses, auf die betreffenden Einheiten bezogen, 350 zu 1 ist. (S. 1842 J.)

— **Coleman** stellt zuerst Stärke aus Mais her, die sich in Nordamerika, Brasilien und namentlich in Australien derart einführt, daß sie dort alle anderen Stärkearten verdrängt.

— Der amerikanische Techniker Samuel **Colt,** der sich schon als 14jähriger Schiffsjunge mit der Idee des Revolvers befaßt hatte, erfindet i. J. 1842 den Revolver mit einfacher Walzenbewegung. Einen Revolver mit fortgesetzter Walzenbewegung konstruiert Adams Deane i. J. 1845. (Vgl. a. 1555 und 1584.)

— William F. **Cooke** entwickelt in seiner Schrift „The Telegraphic Railway" die erste Idee einer Sicherung des Zugverkehrs durch das Blocksignalsystem.

— Der Physiker Christian **Doppler** findet das Doppler'sche Prinzip, wonach die Höhe eines Tons, sowie die Art eines Lichteindrucks davon abhängen, ob sich die Entfernung zwischen der Wellenquelle und dem empfindenden Organ vergrößert oder verringert. Dies Prinzip erlangt später in der messenden Astrophysik zur Geschwindigkeitsbestimmung der Himmelskörper in der Richtung der Gesichtslinie große Bedeutung.

— Guillaume Benjamin **Duchenne de Boulogne** untersucht die Wirkungsweise der einzelnen Muskeln bei der Bewegung des menschlichen Körpers durch Beobachtungen an Gesunden, deren einzelne Muskeln durch elektrische Reize in Tätigkeit gesetzt werden, und an Kranken, bei denen einzelne Muskeln gelähmt sind.

— Jacques Joseph **Ebelmen** macht eine eingehende Untersuchung über die 1824 von Arfvedson und 1841 von Péligot erhaltenen Oxydationsstufen des Urans. Aus seinen Untersuchungen, wie aus späteren von Rammelsberg (1842) und Wertheim (1843) ergibt sich, daß der bisher als Uran betrachtete Stoff ein dem Eisenoxydul entsprechendes Uranoxydul und das grüne Oxyd (das Klaproth'sche Oxydul) ein Uranoxyduloxyd ist.

— Der Holländer **Elias** konstruiert einen Elektromotor, der aus zwei konzentrischen Eisenringen mit einander zugekehrten Polansätzen besteht, zwischen denen die Wickelungen aufgebracht sind. Der Strom des einen Ringes wird kommutiert.

1842 Michael **Faraday** untersucht die Bestandteile der Flamme durch Absaugen ihrer einzelnen Schichten (Faraday'scher Versuch).

— **Fleury** stellt zuerst aus den Beeren von Rhamnus cathartica einen in Wasser und Alkohol schwer löslichen Farbstoff dar. 1843 folgt eine eingehendere Untersuchung der Beeren von Rhamnus tinctoria (Gelbbeeren) durch Kane, dem es gelingt, daraus zwei Farbstoffe, Chrysorhamnin, das dem heutigen Rhamnetin entspricht, und Xanthorhamnin zu isolieren.

— James David **Forbes** studiert die Bewegung der Gletscher und findet, daß dieselbe in der Mitte stärker als am Rand ist, und daß der Gletscher als zähflüssige Masse zu betrachten ist. (S. auch 1841 R.)

— Der nordamerikanische Forscher John Charles **Fremont** entdeckt auf seiner Reise durch die nordwestlichen Prairien und das Felsengebirge den Truckee-Paß durch die Rocky-Mountains, und liefert damit eine der wichtigsten Vorarbeiten für die i. J. 1869 vollendete erste nordamerikanische Überlandbahn, die Central- und Union-Pacific-Eisenbahn.

— R. **Fresenius** und L. **von Babo** geben eine Arsenprobe an, die sich darauf gründet, daß sowohl aus Schwefelarsen als aus Arsensäure und arsenigsauren Salzen Arsen reduziert wird, wenn man sie mit einem Gemenge aus Cyankalium und kohlensaurem Natron schmilzt.

— Carl Julius **Fritzsche** lehrt die Darstellung der Ammoniumpolysulfurete, und zwar des Ammoniumquatersulfurets, des Quinquiessulfurets und des Septiessulfurets, die sämtlich krystallinische Magmas bilden.

— Henry François **Gaultier de Claubry** erfindet die Röste des Flachses in einem durch Schwefelsäure angesäuerten Bade, wodurch der bisher bei der Operation auftretende üble Geruch beseitigt wird. (Vgl. a. 1852 B.)

— Karl Friedrich **Gauß** zeigt durch Bearbeitung seiner Inklinationsbeobachtungen, wie man durch eine genaue Untersuchung des Inklinatoriums (Inklinationskompaß s. 1576) für solche Beobachtungen, die an sich sehr schwierig sind, die größte Genauigkeit erreichen kann.

— Charles **Gerhardt** erhält bei der Destillation des Cinchonins mit Ätzkali eine Base von der Zusammensetzung des Leukols (s. 1834 R.), die er Chinoleïn nennt.

— Fritz **Gerhardt** in Düsseldorf erneuert die bereits im Altertum geübte, seit lange aber verloren gegangene Kunst der Caseïnmalerei, bei welcher frischer weißer Käse (Quark) in Verbindung mit Kalk oder andern Präparaten als Bindemittel dient. Er verwendet diese Technik zuerst in der Filialkirche zu Zyrowa (Kreis Gr.-Strehlitz); zu ausgedehnter Anwendung gelangt sie seit 1867 durch Peter Janssen und Eduard von Gebhardt.

— Die Gebrüder **Goodsir** entdecken den im Mageninhalt wie im gangränösen Sputum vorkommenden Mikroorganismus „Sarcine ventriculi".

— Der englische Ingenieur **Gregory** erfindet die (neuerdings auf allen Bahnstrecken gebräuchlichen) Mastensignale (Semaphoren) wieder. (Vgl. 400 V.) Diese Signale werden zuerst auf der Croydonbahn angewendet.

— Adolph **Hannover** empfiehlt den sich mit mikroskopischen Beobachtungen beschäftigenden Anatomen die Chromsäure als Erhärtungsmittel tierischer Teile.

— Joseph **Henry** entdeckt bei der Magnetisierung von Stahlnadeln durch den Entladungsschlag einer Leidener Flasche die oszillatorischen (kontinuierlichen) Entladungen, deren Natur William Thomson 1855 aufklärt. (S. 1824 S.)

— John Frederick William **Herschel** veröffentlicht seine Untersuchungen über ein Kopierverfahren mit Eisensalzen (Lichtpausen). Das diesem Kopierverfahren zugrunde liegende Prinzip, daß in Gegenwart organischer Substanz Eisenoxydsalze im Licht zu Eisenoxydul reduziert werden, war 1831 von Döbereiner am oxalsauren Eisenoxyd gefunden worden. Neuerdings wird dieses Verfahren als Blaudruck-Lichtverfahren (Cyanotypie) vielfach zur Vervielfältigung von Bau-, Maschinenzeichnungen usw. benutzt.

1842 August Friedrich Karl **Himly** untersucht die Verbindungen des Goldes mit Cyan und deren Doppelverbindungen, die von besonderem Interesse für die galvanische Vergoldung sind. Er stellt zuerst das Goldcyanid her, das, wie das Cyanür, mit alkalischen Cyaniden Doppelsalze bildet.

— Nachdem auf Grund einer von Achard 1777 gegebenen Anregung verschiedene Forscher wie Chevreul, Frémy, Melsens u. a. vergeblich versucht hatten, die Fette praktisch durch Schwefelsäure zu spalten, gelingt es **Jones,** F. **Wilson** und **Gwynne,** diese Art der Fettspaltung erfolgreich durchzuführen. Sie nehmen die Destillation der Fettsäuren in einer Atmosphäre von überhitztem Wasserdampf vor und erhalten dadurch wesentlich reinere Säuren als bei der direkten Destillation über freiem Feuer.

— James Prescott **Joule** beginnt seine Arbeiten über das mechanische Äquivalent der Wärme und weist durch sinnreiche Versuche nach, daß eine Arbeitsmenge von 424 Kilogrammeter erforderlich ist, um eine Einheit der Wärmemenge oder eine Calorie (d. i. die Wärmemenge, die nötig ist, um 1 kg Wasser von 0^0 auf 1^0 zu bringen) zu erzeugen, und daß umgekehrt durch den Verbrauch von einer Wärmeeinheit oder Calorie die Arbeit von 424 Kilogrammeter geleistet wird. (S. a. 1842 C.)

— Karl Johann Bernhard **Karsten** findet, daß Zink die Eigenschaft hat, aus einem silberhaltigen Bleibade alles Silber in Form eines Blei-Zink-Silberschaums auszuscheiden. Auf dieser Eigenschaft beruht die Entsilberung des Werkbleis durch Zink. (S. 1850 P.)

— Henry **Kendall** macht das in England erfundene Verfahren der Fabrikation der Leimseifen auch in Deutschland bekannt.

— Hermann **Kopp** weist darauf hin, daß die Methyl- und Äthylverbindungen um CH_2 in ihrer Zusammensetzung differieren und daß dieser Differenz eine Siedepunktsdifferenz von 18^0 C. entspricht, was von Schiel 1842 bestätigt wird. Dumas zeigt 1843, daß auch die fetten Säuren untereinander die gleiche Zusammensetzungsdifferenz zeigen. Die Körper, die sich um $n \cdot CH_2$ in ihrer Zusammensetzung unterscheiden, nennt Gerhardt in der Folge „homolog".

— Nachdem Gilbert Romme schon (s. 1793 R.) vorgeschlagen hatte, den optischen Telegraphen zur Übermittlung von Wetterbeobachtungen zu benutzen, regt der Meteorolog Karl **Kreil** in Wien eine solche Übermittlung durch den elektrischen Draht an und gibt bestimmte Vorschläge zur Organisation eines Sturmwarnungssystems.

— Charles **Langlois** entdeckt die Trithionsäure, die nur als Hydrat in wässeriger Lösung und in Salzen bekannt ist.

— Nachdem 1832 Ettling die ersten Analysen von Paraffin gemacht hatte, stellt Bernhard Karl **Lewy** auf Grund seiner analytischen Resultate die Ansicht auf, daß das Paraffin der Reihe der gesättigten Kohlenwasserstoffe angehöre, eine Theorie, die durch die 1883 von Krafft ausgeführte Synthese verschiedener Paraffine bestätigt wird.

— Justus **von Liebig** veröffentlicht in dem epochemachenden Buch „Die organische Chemie in ihrer Anwendung auf Physiologie und Pathologie" seine Ernährungstheorie. Er teilt die Nahrungsstoffe in plastische, gewebebildende, wozu die stickstoffhaltigen Verbindungen (Albumin, Caseïn usw.) gehören, und in wärmeerzeugende, zu denen die stickstofffreien

Bestandteile der Nahrung, Fett und Kohlehydrate (Zucker, Stärke, Gummi usw.) zählen.

1842 Nachdem die Verwendung des Cyankaliums zur galvanischen Vergoldung und Versilberung aufgekommen war (s. 1840 W.), lehrt Justus **von Liebig** dasselbe ökonomisch direkt aus Blutlaugensalz darstellen, von welchem Salz 8 Teile mit 3 Teilen geglühter Pottasche geschmolzen werden, wobei sich Eisen ausscheidet und Kohlensäure entweicht. Das geschmolzene Cyankalium kann von dem schwammförmigen metallischen Eisen abgegossen werden; der geringe Gehalt an cyansaurem Kalium ist der Verwendung nicht hinderlich.

— Humphrey **Lloyd** erfindet das Wagemagnetometer (auch Lloyd'sche Wage genannt), mit welchem der Gang der Vertikalintensität der erdmagnetischen Kraft registriert, und aus dessen Angaben alsdann der Gang der Inklination berechnet wird.

— Gustav **Magnus** stellt Untersuchungen über die Ausdehnung der Luft und der Gase an. Er bestimmt den Ausdehnungskoeffizienten der trocknen Luft zu 0,3665 des Volums bei 0^0, also fast genau wie Rudberg (s. 1837 R.) Bei den Gasen findet er, analog den Abweichungen vom Mariotte'schen Gezetz, Abweichungen von dem von Gay-Lussac (s. 1802 G.) aufgestellten Satz. Bei seinen Untersuchungen bedient er sich zur Bestimmung der Temperaturen des Luftthermometers.

— Der Mediziner Julius Robert **von Mayer** stellt den Satz von der Äquivalenz der Wärme und Arbeit auf: „In allen Fällen, wo durch Arbeit Wärme entsteht, wird eine der erzeugten Arbeit proportionale Wärmemenge verbraucht, und umgekehrt kann durch Verbrauch einer ebenso großen Arbeit dieselbe Wärmemenge erzeugt werden". (Erster Hauptsatz der mechanischen Wärmetheorie.) Gleichzeitig beweist er, daß nicht nur der Materie, sondern auch der lebendigen Kraft in allen ihren Formen die Eigenschaft quantitativer Unzerstörbarkeit zukommt. (Gesetz der Erhaltung der Energie.)

— Louis Henri Frédéric **Melsens** gelingt die Zurückführung der Chloressigsäure in Essigsäure durch nascierenden Wasserstoff und damit der Nachweis, daß umgekehrt wie bei Dumas (s. 1834 D.) auch das Chlor wieder durch Wasserstoff vertreten werden kann.

— Alexander Theodor **von Middendorf** erforscht in den Jahren 1842—45 das nördliche Sibirien und das Amurgebiet und entdeckt in dem ersteren eine bis dahin ganz unbekannte Bodenform, die gefrorene Tundra.

— Adolf **Moberg** stellt durch Erhitzen von Chromchlorid mit Wasserstoff Chromchlorür dar, das 1844 von Péligot näher untersucht wird.

— Carl Gustav **Mosander** scheidet aus dem Lanthan (vgl. 1839 M.) einen neuen Bestandteil, das Didym, aus. Die Cererde (vgl. 1804 B.) ist somit ein, Gemisch von Cer, Lanthan und Didym.

— Ludwig Ferdinand **Moser** beobachtet, daß, wenn man mit einem Holzstäbchen über eine glatte Fläche, sei es Metall oder Glas, hinfährt und die Stelle behaucht, durch eine Verschiedenheit in dem Beschlagen der Fläche die Striche auf der Fläche deutlich hervortreten. Waidele erklärt (1844) diese „Hauchbilder" aus der Gasatmosphäre, welche an der Oberfläche der Körper verdichtet ist.

— Nachdem schon Velasco (s. d. 1720) Versuche zur Wiedereinführung der Wachsmalerei gemacht hatte, und auch Roux (1825), Lucanus (1833), Knirim (1839) u. a. sich mit der technischen Seite dieser und ähnlicher Fragen beschäftigt hatten, gibt der Maler Andreas Johann Jakob Heinrich **Müller** in Düsseldorf ein neues bewährtes, der Wachsmalerei verwandtes Verfahren mit gekochtem Öle an.

1842 Nachdem James Watt die erste Idee, den Dampf direkt zum Betrieb großer Hämmer zu verwenden, schon 1784 ausgesprochen hatte, entwirft James **Nasmyth** 1839 eine Konstruktionszeichnung zu einem Dampfhammer, die zufällig Bourdon & Schneider von den Creuzot-Werken zu sehen bekommen. Daraufhin wird 1842 von den Creuzot-Werken der erste Dampfhammer aufgestellt. Der Dampfhammer verbreitet sich dann auch schnell in England und wird 1843 von James Nasmyth durch Anbringung der Selbststeuerung und Doppelwirkung wesentlich vervollkommnet.

— Jonathan **Pereira** in London fördert die Arzneimittellehre durch sein vortreffliches Lehrbuch der Pharmakologie und Pharmakognosie, das von Buchheim (s. 1856 B.) ins Deutsche übersetzt wird.

— Daniel **Pfister** in Zürich modifiziert in seiner Steinschneidemaschine das Prinzip der Zahnsägen auf sinnreiche Weise und konstruiert eine besondere Zahnung der Säge. Das gleiche Prinzip verwendet er für seine Steinhobelmaschine, bei welcher das Ebnen der Steinoberfläche durch sägeblattartige Vorrichtungen mit Zähnen bewirkt wird, indem gleichsam eine dünne (aber nur aus Bruchstückchen bestehende) Platte abgesägt wird.

— Lambert Adolphe Jacques **Quetelet** lenkt durch seine „Instructions pour l'observation des phenomènes périodiques" die allgemeine Aufmerksamkeit auf die Phänologie und empfiehlt die Beobachtung von vier Phasen, nämlich von Blattbildung, Auftreten der ersten Blüte, Auftreten der ersten Frucht und Laubabfall. Seine Normative werden 1846 von O. Heer speziell für die Bedürfnisse der Schweiz umgearbeitet und finden auch in andern Ländern vielfach Beachtung. Er tritt dem von Linné (s. 1751 L.) angeregten Gedanken näher und will den Florenkalendern sogenannte Isantherenkarten zur Seite gestellt wissen.

— Anders Adolf **Retzius** versucht zuerst die Menschenrassen nach der Form des Schädels zu klassifizieren. Er hält es namentlich für erforderlich, auch auf die Länge und Breite der Schädelformen, sowie auf die Bildung der Kiefer und die Stellung der Zähne zu achten.

— Thomas **Richardson** in Liverpool erfindet eine Fadenheftmaschine für die Buchbinderei, die ihrer Kompliziertheit wegen keine große Verbreitung findet. (S. a. 1885 G.)

— Friedrich **Rochleder** stellt zuerst das Caseïn aus abgerahmter Milch in reinem Zustande her.

— Karl **von Rokitansky** setzt in seinem „Lehrbuch der pathologischen Anatomie" auseinander, wie das normale und pathologische Leben vom Zustande der organischen Materie abhängt, und wie die krankhaften Zustände auf eine von der Norm abweichende Beschaffenheit der Organe und Gewebe zurückgeführt werden können. In bestimmten Krankheiten findet man materielle Veränderungen bestimmter Körperteile, in welchen sich der Krankheitsprozeß lokalisiert. Er betrachtet demgemäß die durch Obduktionen erhaltenen Befunde als die wichtigsten Grundlagen der Pathologie.

— Karl **von Rokitansky** weist auf die Bedeutung der Anschwellungen hin. Er sieht, daß es bei der Entzündung zu einer Verlangsamung des Blutumlaufs in den erweiterten Capillaren kommt, wodurch nicht nur Gefäßzerreißungen vorkommen, sondern auch Blutserum ausgeschwitzt wird.

— Carl **von Scheuchenstiehl** macht umfangreiche Versuche mit Gasfeuerung auf dem K. K. Gußwerke zu St. Stephan in Steiermark.

— Nachdem die partielle Resektion des Unterkiefers bereits 1730 (s. 1730 L.) ausgeführt und dann eine sehr gewöhnliche Operation geworden war (s. a. 1813 D. und 1818 G.), unternimmt Bartolomeo **Signorini** in Padua am 27. September die von den Alten für ein unausführbares Wagnis erklärte Exartikulation des ganzen Unterkiefers.

1842 Eugène **Soubeiran** schlägt vor, das Kalomel bei der Sublimation in einen Raum treten zu lassen, in den von der entgegengesetzten Seite Wasserdampf eintritt. Das in Form eines zarten Staubes erhaltene Präparat findet unter dem Namen „Dampfkalomel" Anwendung.

— Johannes Japetus **Steenstrup** faßt die von Chamisso (s. 1815 C.) und Sars (s. 1835 S.) gefundenen Fälle der Fortpflanzung, bei der geschlechtliche und ungeschlechtliche Generationen regelmäßig wechseln, mit der von ihm aufgefundenen ähnlichen Entwicklungsweise der trematoden Eingeweidewürmer unter dem Namen des „Generationswechsels" zusammen und bringt damit diese Tatsachen in eine, der weiteren Behandlung zugängliche Form.

— Benedict **Stilling** beginnt seine bis 1878 fortgesetzten Untersuchungen über den feineren Bau der nervösen Zentralorgane, namentlich der Medulla oblongata, des Gehirns und des Rückenmarks. Er benutzt zur methodischen Zerlegung des Rückenmarks in Schnittserien die Gefriermethode, die 1818 zuerst von Pieter de Riemer (s. 1818 R.) im Haag und dann vereinzelt von Eduard Weber (1838) und von Henle (1840) angewendet worden war.

— **Sturrok** stellt für die Great-Western-Bahn die ersten vermittels Drahtzügen zu handhabenden Distanzsignale her, welche selbsttätig die Lage für „Gefahr" einnehmen, wenn der Drahtzug reißt.

— James **Syme,** der schon 1823 eine Hüftgelenkexartikulation (s. 1815 G.) ausgeführt hat, macht die Amputation in den Malleolen und führt 1844 den äußeren Harnröhrenstrikturschnitt aus.

— **Taylor** verbessert die Wassersäulenmaschine durch Einführung der Ventilsteuerung. Die Maschine wird später von Armstrong (s. 1846 A.) verbessert, der an Stelle der bisher gebräuchlichen hin und her gehenden Bewegung die rotierende Bewegung einführt.

— Der Orgelbauer Eberhard Friedrich **Walcker** in Ludwigsburg verbessert den Orgelbau durch Einführung der Kegellade (Springlade) an Stelle der Schleiflade, wodurch eine völlige Umwälzung in der Konstruktion der Windladen herbeigeführt wird.

— Joseph **Whitworth** erfindet eine Schraubenschneidemaschine, bei welcher die Handarbeit des Schneidens mit Kluppen nachgeahmt ist.

— **Wiegmann** und **Polstorff** stellen in exakter Weise fest, daß die Pflanzen ihre Aschenbestandteile nicht in ihrem Organismus erzeugen, sondern sie von außen (aus dem Boden) aufnehmen. (S. a. 1813 D.)

— Heinrich **Will** und Franz **Varrentrapp** führen in die chemische Elementaranalyse die Methode der Stickstoffbestimmung durch Glühen der organischen Substanz mit Natronkalk ein, die sich insbesondere für physiologische Untersuchungen gut bewährt, für Nitrate, Nitrokörper und ähnliche Substanzen jedoch keine zuverlässigen Resultate gibt. Die Methode sowohl, wie der von Will und Varrentrapp dafür konstruierte Apparat werden vielfach abgeändert.

— **Williams,** Ingenieur in den Stephenson'schen Werkstätten zu Newcastle, erfindet die als Stephenson'sche Kulisse bezeichnete Dampfmaschinensteuerung, die lange Zeit irrtümlich dem Werkstättenvorsteher Howe zugeschrieben wurde. Etwas veränderte Kulissensteuerungen werden 1843 von Gooch, 1846 von Penn konstruiert. (Vgl. auch 1844 W.)

— Friedrich **Wöhler** liefert das erste Beispiel eines synthetischen Prozesses innerhalb des tierischen Organismus, indem er zeigt, daß in den Magen eingeführte Benzoesäure nach einer Paarung mit Glykokoll als Hippursäure im Harn wieder erscheint.

— Friedrich **Wöhler** erhält durch Erhitzen von Fibrin mit Wasser in zugeschmolzenen Röhren unter Verflüssigung des Fibrins eine braune Lösung

Darmstaedter. 30

und macht damit die erste Beobachtung der Löslichmachung der Proteinstoffe durch überhitzten Wasserdampf, die späterhin in der Herstellung
von Protein-Nährmitteln, wie der Leube-Rosenthal'schen Fleischlösung,
der Meat juice, des Fluidbeef, der Fleischpeptone, der Somatose usw.
nutzbar gemacht wird. Neben diesen durch überhitzten Wasserdampf löslich gemachten Proteinstoffen entwickeln sich die durch proteolytische En-
zyme löslich gemachten Protein-Nährmittel, wie Antweiler's, Denayer's und
Merck's Pepton, die mit Papaïn, Pepsin oder Pankreas löslich gemacht sind.
(S. a. 1835 S. und 1867 K.)

1842 Nicolaus Nicolajewitsch **Zinin** entdeckt die Umbildung der Nitrokörper in
Amidokörper durch Reduktion mit Schwefelammonium, welche für die
Geschichte der organischen Ammoniake bedeutungsvoll wird. Die erste
von ihm auf diese Weise bewirkte Umwandlung ist die von Nitrobenzol
in Benzidam (Anilin).

— Nicolaus Nicolajewitsch **Zinin** entdeckt das Naphtylamin, das er durch
Einwirkung reduzierender Substanzen auf Nitronaphtalin erhält.

1843 Friedrich August **Argelander** gibt in seiner „Uranometria nova" 18 Himmels-
karten, welche die Helligkeitsverhältnisse der in unseren Gegenden mit
bloßem Auge sichtbaren Sterne in richtiger Klassifizierung darstellen.

— Alexander **Bain** gibt einen sehr einfachen elektro-chemischen Telegraphen
an, den er zum telegraphischen Kopieren von gedruckter Schrift nutzbar
zu machen sucht.

— Nachdem zuerst i. J. 1802 schwimmende Flaschen („Flaschenposten") zur
Erforschung des Golfstromes benutzt worden waren, fertigt der Statistiker
Siegfried **Becher** in Wien die erste Karte von Flaschenposten (Flaschen-
karte) an, in welche 119 Flaschenfahrten eingetragen sind. Die bisher
längste Reise hat eine Flasche gemacht, welche vom Kap Hoorn ausgehend in östlicher Richtung in $2^3/_4$ Jahren bis nach Australien gelangt
ist, und somit im ganzen gegen 17000 km, täglich durchschnittlich 17 km,
zurückgelegt hat.

— Antoine César **Becquerel** schlägt eine elektro-chemische Methode zur Verarbeitung silberhaltiger Bleierze unter Lösung des aus den chlorierend
gerösteten Erzen entstandenen Chlorbleis und Bleisulfats in konzentrierter
Kochsalzlösung vor.

— Die **Belgischen Staatsbahnen** rüsten ihre Zugführer und Bahnwärter mit dem
Signalhorn aus.

— Claude **Bernard** beginnt seine Untersuchungen über die Assimilierung und
Zerstörung von Zucker im lebenden Organismus.

— Johann Jacob **von Berzelius** klärt das chemische Verhalten zwischen Schwefel
und Phosphor auf und findet, daß es für jede Sauerstoffverbindung des
Phosphors eine entsprechende Schwefelverbindung gibt. Er erklärt auch
die von Dupré 1841 erhaltene krystallisierte Verbindung auf.

— Nicolas **Blondlot** und gleichzeitig **Bassow** legen zuerst künstliche Magen-
fisteln an Tieren an.

— Nachdem zuerst Rich und später Ainsworth die im Mittelalter völlig vergessene Ruinenstätte des alten Ninive wieder ermittelt hatten, führt der
italienische Archäolog Paul Emile **Botta** in den Jahren 1843—45 auf dem
benachbarten Ruinenhügel Chorsabad, dem Platze der ehemaligen assyrischen Palaststadt Dur-Schurrakin, umfangreiche, von wertvollen Ergebnissen begleitete Ausgrabungen aus, die 1852 von Victor Place fortgesetzt werden.

— Der französische Physiker Auguste **Bravais** macht bis zu seinem 1863 erfolgenden Tode Untersuchungen über das Polarlicht, die Bewegung des

Sonnensystems und die thermometrische Höhenmessung, und ist somit einer der Mitbegründer der Geophysik und der meteorologischen Optik.

1843 David **Brewster** erfindet das Linsenstereoskop, das durch seine bequemere Handhabung das Wheatstone'sche Stereoskop (s. 1833 W.) verdrängt.

— Isambard Kingdom **Brunel** führt in Anlehnung an die von Williams (s. 1834 W.) gegebenen Anregungen den Doppelboden im Schiffbau ein. (Vgl. auch 1857 M.) Der Doppelboden entsteht dadurch, daß die eisernen, als Gitterwerk konstruierten Spanten nicht nur mit der Außenhaut, sondern auch mit einer auf der Innenseite der Spanten angebrachten Beplattung versehen sind, so daß ein den ganzen Schiffsboden umfassender Hohlraum entsteht, der durch Querwände in zahlreiche wasserdichte Zellen zerteilt wird. Diese Einrichtung dient zur Sicherung des Schiffs bei Grundberührungen und Zusammenstößen, bei Kriegsschiffen auch zum Schutz gegen Torpedos und Rammstöße.

— Robert Wilhelm **von Bunsen** erfindet das Fettfleckphotometer, bei welchem die Vorder- und Hinterseite eines und desselben Papierschirms von den zu vergleichenden Flammen beleuchtet wird, und wobei man die gleich starke Beleuchtung dadurch erkennt, daß ein im Schirm befindlicher Fettfleck für das Auge verschwindet.

— Auguste A. T. **Cahours** erkennt, daß das Wintergreenöl (aus Gaultheria procumbens) aus Salicylsäuremethyläther besteht, und stellt diese Verbindung auch synthetisch aus Holzgeist und Salicylsäure dar.

— William F. **Cooke** errichtet die erste Blocksignalanlage auf der Eastern-County-Eisenbahn zwischen Yarmouth und Norwich. (Vgl. auch 1842 C.)

— Thomas Russel **Crampton** nimmt ein Patent auf eine Lokomotive, die wesentliche Vorzüge für den Schnellzugsdienst bietet. Die Treibachse mit Rädern größten Durchmessers liegt hinter der Feuerbüchse. Infolgedessen kann der Kessel sehr tief bis auf die Laufachse gesenkt und damit eine niedrige Schwerpunktslage erreicht werden. Durch den großen Treibraddurchmesser von 2,1—2,44 m wird eine wesentlich größere Fahrgeschwindigkeit erreicht, ohne daß die Räder mehr Umdrehungen zu machen haben.

— Alexandre **Donné** konstruiert das erste Lactoskop (Galactoskop), bei welchem der Grad der Undurchsichtigkeit der Milch als Ausgangspunkt für die Bestimmung des Fettgehaltes genommen wird. Andere derartige Apparate werden von Vogel, Feser u. a. konstruiert. Der Feser'sche Apparat wird vielfach zur Kontrolle im Milchhandel gebraucht.

— François Marie Louis **Donny** macht zuerst darauf aufmerksam, daß Wasser in reinen Glasgefäßen weit über die Siedetemperatur erhitzt werden kann, wenn man es vorher sorgfältig von der absorbierten Luft befreit. Dufour (s. 1864 D.), Krebs (1868), Grove (1863) u. a. bestätigen dies, und Krebs zeigt, daß ganz luftfreies Wasser selbst bis 200° erhitzt werden kann, ohne zu sieden. Der Siedeverzug verschwindet, wenn man Stückchen von Draht, Sand und dergleichen in das Wasser hineinwirft, da durch diese Körper Luft in das Wasser gelangt.

— Der Techniker **Drayton** in Brighton ersetzt die Zinnamalgambelegung der Spiegel durch Versilberung der Glasrückseite auf nassem Wege mit ammoniakalischer Lösung von Silbernitrat.

— Emil **Drescher** beschreibt zuerst Füllfederhalter (anfangs ,,selbstschreibende Federn" genannt), die indes schon im 18. Jahrhundert bekannt gewesen zu sein scheinen. Drescher erwähnt auch, daß bereits i. J. 1824 Goldfedern in Gebrauch gewesen seien.

— **Dunlop** führt einer von H. **Buff** in Gießen geäußerten Idee folgend eine neue Laugerei der Rohsoda ein, indem er von der Clement Désormes'schen

30*

Laugerei (s. 1814 C.) die Lagerung der Masse unterhalb des Niveaus beibehält, jedoch die Abänderung trifft, die auszulaugende Masse an demselben
Ort ruhen zu lassen, bis sie erschöpft ist, und nur die Flüssigkeit in rationeller Weise zirkulieren zu lassen, so daß sie sich allmählich anreichert
und in umgekehrter Ordnung mit der Rohsoda in Berührung kommt. Diese
Art der Laugerei wird oft nach Shanks benannt, nach dem auch die zugehörigen Kästen Shanks-Kästen heißen.

1843 John **Ericsson** erbaut das Kriegsschiff „Princeton", welches er mit einer
von ihm vervollkommneten Schiffsschraube versieht. Die Erfindung ruft
eine vollständige Umwälzung im Bau der Kriegsschiffe hervor.

— Der Mechaniker **Faber** in Wien erfindet eine Sprechmaschine, auf welcher
die einzelnen Laute durch Anschlagen von Tasten hervorgebracht
werden, so daß die Maschine alle Worte und Sätze in beliebiger Sprache
sowohl zu sprechen als zu singen vermag. Der Apparat ist nach dem Zeugnisse Poggendorff's (Annalen Bd. 58) wesentlich vollkommener als die
van Kempelen'sche Sprechmaschine. (S. 1788 K.)

— Hippolyte Louis **Fizeau** führt die Goldtönung der Daguerrotypien ein.

— Franz **Fleckes** und Joseph **Kindermann** erfinden ein Verfahren, die Auskleidung der Bohrschächte unter Wasser wasserdicht gegen die wasser-
tragenden Schichten abzudämmen, und so die Bohrlöcher in befahrbaren
Zustand zu versetzen. Sie bringen in Westfalen 1843 bis 1848 eine große
Zahl Bohrlöcher von 0,94 m Weite nieder und erreichen als größte Tiefe 61,66 m.

— **Fordos** und **Gélis** entdecken die Tetrathionsäure, die, wie die Trithionsäure,
nur in Salzen und als Hydrat in wässeriger Lösung bekannt ist.

— Marc Antoine Augustin **Gaudin** erhält zuerst im Knallgasgebläse eine Platin-
Iridiumlegierung aus 1 Teil Iridium und 10 Teilen Platin, die sehr hämmer-
bar ist und sich härten läßt. Die große Widerstandsfähigkeit der Platin-
Iridiumlegierungen lenkt die Aufmerksamkeit der internationalen Meter-
kommission derart auf dies Metall, daß 1872 beschlossen wird, für die
internationalen Normalmeter eine Legierung von 1 Teil Iridium und
9 Teilen Platin zu verwenden. Solche Normalmeter werden 1878 von der
Firma Johnson & Matthey angefertigt. (S. a. 1875 H.)

— Charles **Gerhardt** stellt durch Einwirkung von Acetylchlorid auf Anilin das
Acetanilid her. Er betrachtet diese Verbindung als eine den Amiden entsprechende und gelangt auf Grund dieser Anschauung auch zur Darstellung des Oxanilids.

— Robert James **Graves** tritt in seinen „Clinical lectures on the practise of
medecine" gegen das seit Boerhaave und J. Brown eingerissene Ent-
ziehungssystem bei der Krankenernährung auf und strebt dahin, den
fiebernden Patienten soweit zu nähren, wie es sein Verdauungsvermögen
irgend zuläßt. In derselben Richtung wirkt Chossat durch seine im
gleichen Jahre erschienene Abhandlung „Recherches experimentales sur
l'inanition". Diese Lehre findet insbesondere Eingang, nachdem Th. Walther, Bärensprung, Virchow u. a. das Maß der Steigerung des Stoffwechsels bei febrilen Krankheiten kennen gelehrt haben.

— J. C. **Grodhaus** in Darmstadt gelingt es, aus weißem Talg und Cocosöl eine
abgesetzte Kernseife herzustellen, die er unter dem Namen „glattweiße
Kernseife" in den Handel bringt.

— Der Astronom Peter Andreas **Hansen** schafft neue Methoden für die Berechnung der Störungen der Planeten und Kometen und verallgemeinert
die Formeln der periodischen Störungen derart, daß sie eine Anwendung
auf ellipsenförmige Sternbahnen von beliebiger Exzentrizität und Neigung
zulassen. Hansen hat diesen Aufgaben den größten Teil seiner wissenschaftlichen Tätigkeit gewidmet. Im besonderen stammt die Untersuchung

der Kometenstörungen aus dem Jahre 1843. Die Untersuchung der Mondbewegungen erfolgte 1832 und 1862—64, die der kleinen Planeten 1853—59, der großen Planeten 1830.

1843 Der Oberbergrat **Henschel** konstruiert einen Gegenstromdampfkessel, der aus zwei, vier bis sechs nebeneinander liegenden Siederöhren besteht, die, fast ganz mit Wasser gefüllt, mit einem an ihrem oberen Ende angebrachten Dampfbehälter in Verbindung stehen. Die Röhren sind schräg angeordnet, das Speisewasser wird am unteren Ende eingeführt.

— August Wilhelm **von Hofmann** weist die Identität des von Unverdorben erhaltenen Krystallins (s. 1826 U.), des von Ferdinand Runge erhaltenen Kyanols (s. 1837 R.) und des Zinin'schen Benzidams (s. 1842 Z.) mit dem von Fritzsche erhaltenen Anilin nach, und führt für diese Substanz endgültig den Namen „Anilin" ein.

— August Wilhelm **von Hofmann** weist nach, daß das Leukol (s. 1834 R.) und das Chinolein (s. 1842 G.) identisch sind, und gibt der Basis ihren allgemein gültigen Namen Chinolin.

— Oliver Wendell **Holmes** veröffentlicht eine Schrift „Die Übertragbarkeit des Kindbettfiebers", worin er Vorwürfe gegen die Ärzte ausspricht, wie später Semmelweis (s. 1847 S.), und Ratschläge zur Verhütung der Ansteckung gibt, ohne das eine oder andere wissenschaftlich zu begründen.

— **Irving** in London erfindet eine Schnitzmaschine, durch welche auf flachen Holztafeln Reliefverzierungen oder ornamentale Vertiefungen gebildet werden. Das Werkzeug ist ein Bohrer oder bohrerähnliches Instrument, dem eine schnelle Drehung und eine auf und nieder spielende Bewegung gegeben wird, die durch ein Modell des anzufertigenden Reliefs reguliert wird.

— M. **Jacquemyns** macht zuerst auf das Vorkommen des Cyanammoniums im Gaswasser aufmerksam und schlägt vor, dasselbe daraus zu gewinnen.

— Friedrich Gottlob **Keller** aus Hainichen in Sachsen stellt eine zur Papierbereitung geeignete Masse dadurch her, daß er Holzstücke auf einem Schleifsteine abschleift, wobei sich in dem Schleiftroge ein papierähnlicher Niederschlag absetzt. Keller ist somit zwar nicht der Erfinder des Holzstoffpapiers (s. 1765 S.), wohl aber des Holzschliffs, also desjenigen Verfahrens, das sich zur Herstellung des Holzstoffpapiers in der Folge als allein brauchbar erwiesen hat. Auch hat Keller die Grundform der noch heute gebräuchlichen Schleifmaschine angegeben. I. J. 1846 verkauft Keller seine Erfindung an Heinrich Völter in Bautzen, der sie weiter ausbeutet.

— Der Maschinendirektor **Kirchweger** in Hannover erfindet die Differentialpumpen (verjüngte Pumpen), die auf dem Prinzip beruhen, daß Hubpumpen beim Niedergehen so viel Wasser zum Ausfluß bringen, als ihr Gestänge verdrängt. Der direkt am Gestänge befindliche Plunger ist mit einem Scheibenkolben' verbunden. Gibt man dem Plunger einen halb so großen Querschnitt als dem Scheibenkolben, so wird bei jedem Hub gleich viel Wasser in das Steigerohr geschafft.

— Philipp Friedrich Hermann **Klencke** impft Tuberkelzellen von Miliartuberkeln und grau infiltrierten Tuberkeln auf Kaninchen über und nimmt bei Tötung der Tiere eine weit verbreitete Tuberkulose wahr. Seine Wahrnehmungen geraten aber völlig in Vergessenheit.

— Hermann **Kolbe** stellt den von Regnault (s. 1839 R.) entdeckten Tetrachlorkohlenstoff durch Chlorieren von Schwefelkohlenstoff dar. Das Verfahren wird 1860 von Hofmann verbessert, der bei der Chlorierung Antimonchlorid verwendet.

— Alfred **Krupp** in Essen weist zuerst auf die Vorzüge voll geschmiedeter und alsdann ausgebohrter Gewehrläufe hin, während man bis dahin die

Rohre aus einem Schweißeisenstreifen über einen Dorn geschmiedet hatte. Auf seine Anregung hin werden die gebohrten Gußstahlläufe bei dem preußischen Zündnadelgewehre verwendet und in der Folge allgemein eingeführt.

1843 Bernhard **von Langenbeck** führt die von Charles White erfundene Resektion der Gelenke (konservative Chirurgie) wieder ein und vervollkommnet die Technik der plastischen Chirurgie.

— Jean Louis **Lassaigne** veröffentlicht eine Methode zum Nachweis des Stickstoffs in organischen Substanzen, die darauf beruht, daß aus ihnen beim Erhitzen mit Natrium oder Kalium Alkalicyanid entsteht.

— Gustav **Magnus** und Henri Victor **Regnault** bestimmen gleichzeitig die Spannkraft der Dämpfe verschiedener Flüssigkeiten und kommen bei verschiedenen Methoden zu fast identischen Resultaten, so daß dadurch sowohl die Vorzüglichkeit ihrer Versuche bewiesen ist, als auch die numerischen Werte für die Spannkraft der Dämpfe, insbesondere des Wasserdampfes, festgestellt sind.

— Nicolas Auguste Eugène **Millon** untersucht die Sauerstoffverbindungen des Chlors, bei welcher Gelegenheit es ihm gelingt, die chlorige Säure zu isolieren.

— Eilhard **Mitscherlich** stellt fest, daß man zwei Hefearten, die Oberhefe und die Unterhefe, unterscheiden müsse, von denen sich die erstere an der Oberfläche von lebhaft bei höherer Temperatur gärenden Flüssigkeiten, die letztere bei der langsam bei niedrigerer Temperatur verlaufenden Gärung auf dem Boden der Gärgefäße ansammle.

— Samuel Finlay Breese **Morse,** der nach dem Vorgang von Soemmering (s. 1811 S.) und O'Shaugnessy (s. 1839 O.) i. J. 1842 im Hafen von New York die Möglichkeit der Unterwassertelegraphie bewiesen hatte, beantragt in einem Brief an den Schatzsekretär der Vereinigten Staaten von Nordamerika die Herstellung einer unterseeischen Telegraphenleitung zwischen Amerika und Europa.

— Carl Gustav **Mosander** stellt die Behauptung auf, daß das Yttriumoxyd (vgl. 1794 G. und 1804 B.) stets von zwei Oxyden begleitet ist, deren Metallradikale er „Erbium" und „Terbium" nennt. (Vgl. 1865 D.)

— Dadurch, daß Carl Gustav **Mosander** die ungleichartige Löslichkeit der oxalsauren Salze der verschiedenen seltenen Erden und die Unlöslichkeit der Oxalate in Wasser erkennt, ermöglicht er die umfangreichen chemischen Untersuchungen und noch heute üblichen technischen Methoden auf diesem Gebiete.

— Georg Simon **Ohm** stellt den Satz auf, daß das menschliche Ohr nur eine pendelartige Schwingung der Luft als einen einfachen Ton empfindet, jede andere periodische Luftbewegung dagegen in eine Reihe von pendelartigen Schwingungen zerlegt und die diesen entsprechende Reihe von Tönen empfindet.

— **Oschatz** konstruiert ein für die Anfertigung feiner Schnitte für mikroskopische Präparate vorzüglich geeignetes Mikrotom, das gegenüber früheren Instrumenten den Vorteil hat, daß bei ihm die Führung des Messers fixiert wird. Die Fixierung war von Nösselt in Breslau angegeben worden.

— **Otis** konstruiert den Dampf-Exkavator (Trockenbagger), welcher in Amerika zum Ausgraben der Erde bei Eisenbahnen und Kanälen unausgesetzt in Anwendung bleibt und eine außerordentliche Leistungsfähigkeit aufweist. Mit einer Dampfmaschine von 22,86 cm Zylinderdurchmesser, 30,47 cm Kolbenhub und 90 bis 110 Kolbenspielen in der Minute kann die Maschine in 12 Stunden 1100 cbm Mergelton ausgraben, heben und laden, was der Arbeit von 180 Mann entspricht, während die Maschine nur 2 Mann zur Bedienung erfordert.

1843 Edward **Palmer** in London und Volkmer **Ahner** in Leipzig erfinden die Glyphographie (Chemiglyphie), ein Verfahren, um erhabene, dem Holzschnitt ähnliche und zum Druck auf der Buchdruckpresse geeignete Platten direkt, nach der auf eine geschwärzte und mit Wachs überzogene Kupferplatte radierten Zeichnung, auf galvanoplastischem Wege zu erzeugen.

— Der Amerikaner **Parkes** erfindet die kalte Vulkanisation des in Schwefelkohlenstoff gelösten Kautschuks vermittels Schwefelchlorid.

— **Pélouze** und **Gélis** gelingt es, die Buttersäure durch Gärung aus dem Zucker darzustellen.

— **Pélouze** und **Gélis** gelingt es, durch Erhitzen von Buttersäure mit Glycerin die erste den natürlichen Fetten entsprechende Verbindung zu erhalten, die sie „Butyrin" nennen.

— **Pélouze** und **Gélis** stellen fest, daß milchsaures Calcium, mit Wasser und Käse einer Temperatur von 36° ausgesetzt, in buttersaures Calcium übergeht.

— Joseph A. F. **Plateau** untersucht den Normaldruck und die Oberflächenspannung sich nicht mischender Flüssigkeiten und stellt viele Versuche über die Gestalten an, welche eine Flüssigkeit in einer anderen von genau gleichem Gewicht annehmen kann. Er operiert mit einem Gemisch von Alkohol und Wasser, welches das gleiche spezifische Gewicht wie Öl hat, in welchem also infolge der Oberflächenspannung ein Öltropfen im indifferenten Gleichgewicht schwimmt. Läßt man auf solche Tropfen die Zentrifugalkraft einwirken, so sieht man zunächst, wie die Kugel allmählich an den Polen, durch welche die Drehungsachse geht, sich abplattet und am Äquator anschwillt. Dreht man rascher, so wird die Kugel von oben und unten hohl und dehnt sich immer mehr in horizontaler Richtung aus, bis sie schließlich zum Ring wird. Durch besondere Kunstgriffe gelingt es auch, nur einen Teil des Tropfens als Ring loszulösen, während ein anderer Teil als abgeplattetes Sphaeroid an der Achse haften bleibt, also eine Erscheinung hervorzurufen, die mit der des Saturnsystems Ähnlichkeit hat.

— Der Engländer Dr. **Pott** wendet im Gegensatz zu dem Triger'schen Verfahren (s. 1839 T.) zum Eintreiben hohler Pfähle verdünnte Luft an, indem er unten offene eiserne Hohlpfähle etwas in den Boden eindrückt und die Luft im Innern verdünnt, so daß die Pfähle gewissermaßen in den Erdboden eingesaugt werden. Er nennt diese Pfähle „pneumatische Zylinder".

— Friedrich August **Quenstedt** in Tübingen unternimmt vom Jahre 1843 ab zahlreiche Untersuchungen über die schwäbischen Sedimentformationen, die Petrefakten der verschiedenen Horizonte und die Entwicklung und den Zusammenhang der einzelnen fossilen Formen und fördert dadurch die Paläontologie.

— Nachdem Rudolph Brandes zuerst das Acrolein in den Destillationsprodukten fetter Öle gefunden hatte, gelingt es Joseph **Redtenbacher,** dasselbe bei trockener Destillation des Glycerins in reinem Zustande zu erhalten.

— Nachdem die Zellentheorie neue Gesichtspunkte in der Morphologie eröffnet hat, nimmt Robert **Remak** die Frage in Angriff, wie sich die anfangs gleichartigen Zellen der Keimblätter zu den Geweben der fertigen Organe verhalten. Er zeigt, daß aus dem inneren Keimblatt die Epithel- und Drüsenzellen des Darms, aus dem äußeren Keimblatt die Epithelzellen der Epidermis, der Sinnesorgane und das Nervengewebe hervorgehen, während die mittleren Blätter die Stützsubstanzen, das Blut, das Muskelgewebe, die Harn- und Geschlechtsorgane bilden.

— Samuel Heinrich **Schwabe** entdeckt die etwa elfjährige Periodizität der Sonnenflecke und die Exzentrizität der Saturnringe.

— Philipp Franz **von Siebold** sammelt in methodischer Weise ethnologische

Gegenstände und gibt im Verein mit Edmond François **Jomard** den Anstoß zur Begründung ethnologischer Museen. (Vgl. auch 1772 C.)

1843 Der russische Astronom **von Simonow** ersinnt ein trigonometrisches Verfahren zur Bestimmung der magnetischen Deklination, das auf dem Prinzip der Spiegelung beruht.

— Wilhelm Eduard **Weber** gibt, von dem von Gauß eingeführten absoluten Maß des Magnetismus (s. 1833 G.) ausgehend, ein absolutes elektromagnetisches Maß des Stromes. Die Bestimmung von Weber wird später von Casselmann (1843), Joule (1851), F. Kohlrausch (1873), Rayleigh und Sedgwick (1884) u. a. mit annähernd gleichen Resultaten wiederholt.

— Die von Charles **Wheatstone** konstruierten Zeigerapparate finden als erste elektrische Eisenbahntelegraphen des europäischen Festlandes auf der geneigten Ebene zwischen Aachen und Ronheide Verwendung.

— Charles **Wheatstone** erfindet ein Verfahren, elektromotorische Kräfte und Widerstände zu messen, indem er zwischen den Strombahnen, die er vergleichen will, eine Verbindung, die sogenannte Wheatstone'sche Brücke anbringt. Herrschen in beiden Strombahnen gleiche Bedingungen, so ist die Brücke stromlos. Fast gleichzeitig ersinnt Gustav **Kirchhoff** eine ähnliche Kombination, ¦wobei er sich des Meßdrahtes bedient. Diese Modifikation der Meßbrücke wird von W. Thomson (s. 1885 T.) noch wesentlich verbessert.

— Adolf **von Wrede** bereist die Küste Hadramaut in Arabien und durchzieht daselbst Gebiete, die vor ihm und zum Teil auch nach ihm kein Europäer betreten hat.

1844 S. J. **Arnheim** in Berlin konstruiert Geldschränke, deren Wände und Türen aus sehr stark und dicht konstruierten doppelten Platten bestehen. Er gibt seinen Schränken das ansehnliche Gewicht von 16 Zentnern und wählt eine komplizierte Verschlußmethode mit Kombinationsschloß.

— Nachdem bis dahin für die Eisenbahnpersonenwagen die Bogenfedern von Bridges-Adams (1840) trotz ihrer geringen Festigkeit beibehalten worden waren, konstruiert der Eisenbahninspektor **Baillie** zuerst Schneckenfedern mit rechteckigem Blattquerschnitt, die zuerst auf der Kaiser-Ferdinand-Nordbahn angewendet werden und sich auch sonst fast allgemein einführen.

— Alexander **Bain** konstruiert eine elektrische Uhr, welche durch Einwirkung eines elektrischen Stroms auf das Pendel betrieben wird. Hierbei wird jedoch die elektrische Kraft nicht, wie bei den Normaluhren, von einer Zentrale geliefert, sondern die Uhr enthält selbst die den Strom erzeugende Vorrichtung.

— Antoine Jerôme **Balard** entdeckt das Amylnitrit, das von Guthrie als Anästhetikum empfohlen wird.

— Antoine Jerôme **Balard** verbessert das seit langer Zeit gebräuchliche Verfahren der freiwilligen Verdunstung des Meerwassers in den sogenannten Salzgärten (Salins, Marais salans, Marinhas) dahin, daß er teils durch Verdunstung, teils durch Ausfrierenlassen, Kochsalz, Glaubersalz, ein Doppelsalz von Chlorkalium und Chlormagnesium, welches er auf Chlorkalium verarbeitet, und eine Chlormagnesium und Bromverbindungen enthaltende Mutterlauge erhält, welche er auf Brom verarbeitet. Diese Methode wird 1863 von Merle noch verbessert.

— Nachdem Elsner 1841 irrtümlicherweise eine zweite Modifikation des Arsens zu finden geglaubt hatte, gelingt es Johann Jacob **von Berzelius** festzustellen, daß rasch abgekühlte Arsendämpfe das Metall in besonderen Modifikationen niederschlagen, die von dem gewöhnlichen Arsen verschieden sind.

— Karl Gustav **Bischof** begründet durch seine Lehre von den geothermischen Verhältnissen die physikalisch-chemische Geologie.

— Jean Baptiste **Boussingault** wird durch seine in seinem Werke „Économie rurale" niedergelegten Untersuchungen neben Schübler einer der Begründer der Agrikulturphysik, wie er auch wesentlich zum Ausbau der Bodenanalyse beiträgt, für die er allerdings die mechanische Methode, d. h. die Bestimmung des Gehaltes an Ton, Sand und Humus für ausreichend erachtet.

1844 Der preußische Oberst Johann Leopold Ludwig **Brese** (der nachmalige Ingenieurgeneral von Brese-Winiary) behandelt in seiner Schrift „Über das Entstehen und das Wesen der neueren Befestigungsmethode" die leitenden Grundsätze der neupreußischen Befestigung und wirkt auch praktisch auf dem Gebiete des Festungsbaus.

— Der englische Ingenieur **Bruxton** betreibt zuerst eine Steinbohrmaschine mit gepreßter Luft.

— Robert Wilhelm **von Bunsen** bestimmt mit dem von ihm angegebenen Photometer (s. 1843 B.) die Intensität eines elektrischen Lichtbogens zwischen Kohlenspitzen. Ausgedehntere Messungen werden 1845 von Casselmann gemacht; seitdem in neuerer Zeit das Bogenlicht in der Praxis eingeführt ist, werden solche Messungen sehr häufig gemacht.

— **Cameron** empfiehlt, das Palmöl durch Hitze zu bleichen, welchen Vorschlag namentlich Pohl (1855) unterstützt.

— Während bis dahin der Betrieb der Glasstrecköfen ein intermittierender war, konstruiert **Chance** einen der ältesten Strecköfen mit kontinuierlichem Betrieb. Streckofen und Kühlraum sind bei diesem Ofen kreisförmig gebaut. Die größte Vollkommenheit erlangt der Tafelglaskühl- und Streckofen durch die ihm von Biévez (1868) gegebene Konstruktion. Die seit lange auf dem Kontinent übliche Methode der Herstellung des Tafelglases, wobei ein zylinderförmiger Körper hergestellt, nach Entfernung der beiden Enden der Länge nach aufgeschnitten und dann erweicht wird, bis er sich zur Tafel strecken läßt, war erst 1834 von Chance in Gemeinschaft mit Hartley in England eingeführt worden.

— **Chancel** erhält bei Destillation des buttersauren Calciums das Keton der Buttersäure, das er Butyron nennt, und führt den Nachweis, daß bei dieser Zersetzung auch aldehydartige Produkte, Butyral, Methylbutyral usw. entstehen.

— **Chenot** in Paris wendet zur Bearbeitung der Werksteine eine Steinhobelmaschine an, welche nach dem Prinzip der Whitworth'schen Eisenhobelmaschine konstruiert ist.

— Henry **Clayton** ersetzt in den alten holländischen Kleymühlen (Tonschneidern), die aus hölzernen Bottichen mit rotierender stehender Welle bestanden, an welcher 20—30 horizontale schmiedeeiserne Schneidemesser angebracht waren, zuerst das hölzerne Gefäß durch ein eisernes und versieht die Tonschneider mit Querzinken.

— Charles Pierre Mathieu **Combes** macht auf den Vorteil der Drehbohrung für Gesteinsbohrmaschinen aufmerksam. (S. 1851 C.)

— W. **Cotton,** Direktor der englischen Bank, ersinnt eine automatische Münzwage, um in rascher Reihenfolge leichte Goldmünzen von vollwichtigen zu trennen. (S. a. 1808 G.) Diese Münzwage wird von D. Napier & Co. verbessert und zu der in England gebräuchlichsten Münzsortiermaschine umgestaltet.

— Kitte von Asphalt finden in ausgedehntem Maßstab Anwendung. Einer der gebräuchlichsten ist der Mastix, der aus 100 Teilen Asphaltstein und 3 Teilen Bergteer dargestellt wird. Eine größere Anzahl anderer Asphaltkitte werden von **Deutsche** beschrieben, der namentlich Zusätze von Bleiglätte, Fichtenharz, Kautschuk usw. anwendet.

1844 Der amerikanische Ingenieur James B. **Eads** erbaut ein Taucherglockenboot zur Hebung gesunkener Schiffe.

— C. H. **Ehrmann** gelingt es, durch die Laryngotomie (s. 1775 D.) einen Polypen des Kehlkopfes mit glücklichem Erfolg zu exstirpieren.

— Otto Linné **Erdmann** isoliert neben dem Hämatoxylin (s. 1811 C.) aus dem Blauholz dessen eigentlichen Farbstoff, das Hämateïn, das insbesondere von Hummel und A. G. Perkin (1883) genau studiert wird. Es verbindet sich mit Chromoxyd zu einem dauerhaften schwarzen Lack, auf dem das Schwarzfärben der Wolle beruht. Wird Wolle mit Bichromat gebeizt und mit Blauholzextrakt behandelt, so wird Hämatoxylin durch die Chromsäure oxydiert und letztere dadurch zu Chromoxyd reduziert, das sich mit dem Hämateïn verbindet.

— Sir William **Fairbairn** baut den ersten Dampfkessel mit zwei inneren Feuerröhren (Fairbairn-Kessel).

— William **Fardely** führt auf Anregung **Beil's** und unter Beihilfe F. **Möller's** für die Telegraphenanlage der Taunusbahn auf der Strecke Castel—Biebrich —Wiesbaden die erste blanke oberirdische Leitung des Kontinents aus.

— Hermann **von Fehling** entdeckt bei trockener Destillation des benzoesauren Ammoniaks das Benzonitril und erweitert damit die Kenntnis der Nitrile. (S. a. 1834 P.) Ein weiteres Nitril wird 1846 von Schlieper unter den Produkten der Zersetzung des Leims durch Chromsäure entdeckt und Valeronitril genannt.

— Hippolyte Louis **Fizeau** und Léon **Foucault** weisen nach, daß die chemische Leuchtkraft des Drummond'schen Kalklichtes (vgl. 1826 G.) geringer ist, als die des elektrischen Bogenlichtes. Sie finden, daß chemische und optische Helligkeit nicht immer proportional sind, eine Wahrnehmung, die von Bunsen und Roscoe (1859) bestätigt wird.

— Léon **Foucault** führt an Stelle der bis dahin für den elektrischen Lichtbogen (s. 1813 D.) dienenden Holzkohle die Retortenkohle ein. Aus der im pulverisierten Zustand mit Ruß und Steinkohlenteer vermischten Retortenkohle werden unter hydraulischem Druck Stäbe geformt, die darauf bei hoher Temperatur geglüht werden.

— **Franchi** stellt durch Behandlung von Leim mit Lösungen von essigsaurer oder schwefelsaurer Tonerde eine Elfenbeinimitation her, die von Mayall (1857) und Fichtner Söhne (1859) so vervollkommnet wird, daß diese Leimfabrikate vielfach als Ersatz für Elfenbein, Horn, Schildpatt und Perlmuttter gebraucht werden, bis sie durch das Celluloid (s. 1869 H.) verdrängt werden.

— Edmond **Frémy** untersucht in den Jahren 1844—48 die Modifikationen des Zinnoxyds (Zinnsäure) und stellt fest, daß das Zinnoxydhydrat schon bei anhaltendem Kochen mit Wasser in Metazinnoxydhydrat übergeht, und daß diese Umwandlung auch beim Trocknen erfolgt. Umgekehrt läßt sich aus Metazinnoxydhydrat durch Erhitzen mit einem großen Überschuß von Kalihydrat Zinnoxydhyrat erhalten und bei Destillation mit konzentrierter Salzsäure aus Metazinnoxydhydrat Zinnchlorid herstellen.

— Edmond **Frémy** stellt eine Reihe von Verbindungen her, welche als die Salze verschiedener aus Schwefel, Stickstoff, Wasserstoff und Sauerstoff bestehender Säuren, Schwefelstickstoffsäuren — Acides sulfazotées — erscheinen.

— Edmond **Frémy** stellt die ersten Chromammoniumverbindungen her, die von Cleve (1861) näher untersucht werden, und deren Zahl von S. M. Jörgensen (1879) und O. T. Christiansen (1880) wesentlich erweitert wird.

— Ellijah **Galloway** stellt unter dem Namen „Kamptulikon" eine Decke aus Korkteilchen her, die durch Kautschuk und Guttapercha miteinander verbunden sind. Damit ist der Grundgedanke der Linoleumherstellung gegeben.

1844 **Garnier** fertigt Hub- und Umdrehungszähler an, die aus einer Kombination von Sperrrädern mit Sperrklinken bestehen, wobei erstere durch einen sogenannten Schubzahn in größeren oder kleineren Zwischenräumen in eine Drehbewegung von kurzer Dauer versetzt werden. Dies System wird von Evrard und insbesondere von Schäfer & Budenberg in Magdeburg wesentlich vervollkommnet.

— Karl Friedrich **von Gärtner** untersucht in bahnbrechender Weise alle bei der sexuellen Fortpflanzung der Phanerogamen in Betracht kommenden Verhältnisse.

— Louis Joseph **Gay-Lussac** erhält durch Einwirkung von Wasserdampf auf Eisenchlorid krystallisierten Eisenglanz.

— Georg August **Goldfuß** liefert in seinem i. J. 1826 begonnenen, zum Teil gemeinschaftlich mit dem Grafen Münster verfaßten Tafelwerke „Petrefacta Germaniae" wertvolle Beiträge zur Kenntnis der Korallen, Spongien, Crinoideen, Echinoiden und fossilen Muscheln.

— Charles **Goodyear** stellt zuerst Gummischuhe aus vulkanisiertem Kautschuk her.

— Hermann Günter **Graßmann** in Stettin entwickelt in seinem genialen Werke „Die Wissenschaft der extensiven Größen oder die Ausdehnungslehre" ein Verfahren, um in der Geometrie mit den Punkten, Linien und Ebenen unmittelbar, ohne Benutzung der Zahlen, zu rechnen. Unter anderm gibt er darin zuerst eine ausführliche und logisch durchgeführte Verallgemeinerung des Raumbegriffs auf mehr als drei Dimensionen.

— David **Gruby** entdeckt, daß der Herpes tonsurans durch die Wucherung des Trichophyton tonsurans in der Haut oder deren Anhangsgebilden, den Haaren und Nägeln, hervorgerufen wird. Seine Entdeckung wird 1845 von Malmsten bestätigt.

— Wilhelm Karl **von Haidinger** zeigt, daß man bei sehr genauer Beobachtung unmittelbar mit dem Auge polarisiertes Licht erkennen kann. Sieht man durch einen Kalkspat, dessen außerordentlichen Strahl man abblendet, nach einer hellen Wolke, so erscheinen im Fixationspunkt die Haidinger'schen Polarisationsbüschel.

— **Hunt** wendet zuerst Eisenvitriol anstatt Gallussäure als Entwickler für Chlorsilberpapier an.

— **Hutchinson** in London fertigt Zählapparate aller Art, darunter auch die sogenannten Tourniquets, die zur Kontrolle des Verkehrs dienen.

— Die **Kaiser-Ferdinand-Nordbahn** führt bei ihren Nachtzügen als erste Bahn des Kontinents die Innenbeleuchtung der Personenwagen durch, die in England bereits zwei Jahre früher zur Einführung gelangt war.

— Der Bohrmeister Carl Gotthelf **Kind** aus Freiberg in Sachsen verbessert das Tiefbohrverfahren, indem er das Untergestänge mit Meißel vollständig frei fallen läßt. Er gibt durch seinen Freifallapparat der Bohrtechnik einen großartigen Aufschwung. Diese Methode war bereits als •Seilbohrung den Chinesen von alters her bekannt.

— Hermann **Kolbe** gelingt die Synthese eines Abkömmlings der Essigsäure, der Trichloressigsäure (s. 1830 D.), durch Behandlung von Einfach Chlorkohlenstoff mit Chlor im Sonnenlicht bei Gegenwart von Wasser.

— Nachdem Prévost und Dumas (s. 1824 P.) die ersten Beobachtungen über den Furchungsprozeß am Froschei gemacht hatten, gibt Rudolf Albert **von Kölliker** in seiner „Entwicklungsgeschichte der Cephalopoden" (Tintenfische) eine genaue Beschreibung dieses Prozesses und beweist im Anschluß an Reichert's Untersuchungen (s. 1840 R.) mit Sicherheit den direkten Übergang der Furchungskugeln in Gewebezellen.

1844 Frédéric **Kuhlmann** schlägt vor, die Konzentration der Schwefelsäure im luftverdünnten Raum zu bewirken und bleierne Vakuumapparate zu verwenden. Sein Vorschlag wird 1882 von De Hemptinne ausgeführt; doch scheint sich das Verfahren nicht gehalten zu haben. Ein verbesserter Vakuumapparat aus Blei wird 1900 von Krell konstruiert. Gußeiserne Retorten zur Konzentration im Vakuum wollen J. Meyer, L. Kaufmann & Co. u. a. anwenden.

— **Lefèvre** und **Bost** erfinden die Pflock- oder Holznagelmaschine zur Anfertigung der genagelten Schuhe.

— Der Reisende Ludwig **Leichhardt** macht seine berühmte Australienreise von der Moretonbai nach Port Essington und entdeckt Queensland und Nordaustralien. Bei einem im Jahre 1848 gemachten Versuch, den Kontinent von Ost nach West zu durchqueren, ist er gänzlich verschollen.

— Heinrich Friedrich Emil **Lenz** liefert einen sehr auffälligen Beweis für die Kälteerzeugung durch den elektrischen Strom. Er lötet eine Wismut- und eine Antimonstange von ca. 1 qcm Querschnitt zusammen und bohrt in die Lötstelle eine kleine Vertiefung. Die Stange wird auf schmelzenden Schnee gelegt und die Vertiefung mit Wasser gefüllt. Wird nun der Strom eines Grove'schen Elements vom Wismut zum Antimon geschickt, so ist nach 5 Minuten das Wasser gefroren und das Eis auf — 4,4° erkältet. Auch Le Roux (1867), Edlund (1871), Bouty (1880), Jahn (1888) und viele andere gelangen zu gleichen Resultaten.

— H. F. E. **Lenz** und J. P. **Joule** finden unabhängig voneinander in Ergänzung des Joule'schen Gesetzes (s. 1840 J.), daß bei der Arbeit des galvanischen Stromes sich nicht die gesamte innere Arbeit, sondern nur ein Teil davon in Wärme umsetzt, während der andere Teil für chemische Prozesse (zur Zersetzung) verwendet wird (Joule-Lenz'sches Gesetz der Wärmewirkung des Stroms).

— Der Apotheker **Mayer** in Frankfurt a. M. konstruiert für die Zwecke der Mikrophotographie ein Photomikroskop, welches auch heute noch mit geringfügigen Veränderungen verwendet wird.

— Louis H. F. **Melsens** gibt ein Verfahren zur Umwandlung verdünnter Essigsäure in wasserfreie Essigsäure (Eisessig) an, das darauf beruht, daß Essigsäure sich mit essigsaurem Kalium zu einer molekularen Verbindung vereint, welche bei 200° siedet und dabei in wasserfreie Essigsäure und essigsaures Kalium zerfällt. (S. a. 1788 L.)

— J. **Mercer** behandelt die Baumwolle mit konzentrierter Natronlauge, um die Faser fester, dicker und durchsichtiger zu machen (Mercerisation).

— Christian Erich Hermann **von Meyer** untersucht die fossilen Labyrinthodonten Württembergs und kommt nach eingehender Vergleichung der Labyrinthodonten mit Reptilien, Amphibien und Fischen zu dem Ergebnis, daß dieselben, trotz großer Übereinstimmung mit den Amphibien, dennoch zu den Reptilien gehören. Über Meyers weitere Forschungen vgl. seine Schriften „Homoeosaurus und Rhamphorhynchus", sowie „Die Reptilien und Säugetiere der verschiedenen Zeiten der Erde".

— Der Ingenieur Jean Jacques **Meyer** in Mülhausen erfindet die nach ihm benannte Doppelschiebersteuerung für Dampfmaschinen mit zwei getrennten Expansionsschieberplatten, durch deren vom Regulator bewirkte Verstellung der Füllungsgrad und somit die Expansion der Dampfmaschine verändert wird. Die Meyer'sche Steuerung wird 1863 von Rider noch verbessert.

— Da die vier Cuvier'schen Typenklassen (s. 1812 C.) sich als unzureichend erweisen, teilt Henry **Milne-Edwards** die Wirbeltiere nach der von Baer hervorgehobenen Eigentümlichkeit der Entwicklung in solche mit und in solche ohne Allantois (Harnhaut), die Weichtiere in echte Mollusken und Molluskoiden, die Gliedertiere je nach Vorhandensein oder Fehlen gegliederter Anhänge in zwei Klassen, die Strahltiere in strahlige und sarkodeartige.

1844 Eilhard **Mitscherlich** konstruiert einen Polarisationsapparat nach Biot's Prinzip, der viel zur Zuckerbestimmung verwendet wird und im wesentlichen aus einer zur Aufnahme der Zuckerlösung bestimmten 20 cm langen Röhre besteht, die zwischen einem festen und einem drehbaren Nicol'schen Prisma aufgestellt ist.

— Samuel Finlay Breese **Morse** und William **Fardely** erfinden unabhängig voneinander das Relais, durch welches der Schreibtelegraph (s. 1835 M.) wesentlich vervollkommnet wird.

— Gerard Johannes **Mulder** erklärt das quantitative Wahlvermögen der Pflanzen aus dem Zusammenwirken von Diosmose und Stoffumwandlung. Schulz-Fleeth pflichtet diesen Ideen bei und führt sie weiter aus.

— Johannes **Müller** erklärt den zuerst von Pallas 1778 als Nacktschnecke beschriebenen Amphioxus lanceolatus als Wirbeltier. Später weist Kowalewsky (vgl. 1866 K.) dessen Verwandtschaft mit den Tunicaten nach.

— Karl Wilhelm **von Nägeli** rundet durch seine Arbeiten die Zellenlehre ab und bezeichnet das Protoplasma als den eigentlichen Lebensträger.

— James **Nasmyth** konstruiert eine Dampframme, bei welcher er nach dem Vorbild seines Dampfhammers den Rammbär durch direkte Einwirkung des Dampfes hebt. (S. a. 1836 C.)

— Johann **Natterer** in Wien konstruiert einen einfachen Apparat zur Komprimierung der Kohlensäure. Während bei dem Thilorier'schen Apparat (s. 1834 T.) die Verflüssigung durch den eigenen Druck des Gases erfolgte, entwickelt er die Kohlensäure unter gewöhnlichem Druck und preßt sie mittels einer Druckpumpe in ein schmiedeeisernes Gefäß.

— Johann **Natterer** untersucht das Verhalten der permanenten Gase bei Drucken bis zu 2000 Atmosphären und findet allgemein, daß die Gase weniger kompressibel sind, als es dem Boyle-Mariotte'schen Gesetz entspricht.

— Eugène **Péligot** und Adolf **Moberg** arbeiten unabhängig voneinander über die Verbindungen des Chroms und stellen fest, daß dasselbe hinsichtlich seiner Oxydationsreihe unmittelbar neben Eisen und Mangan gestellt werden muß. Zu dem seither bekannten Chromoxyd und der Chromsäure kommen durch diese Versuche noch Chromoxydul und Chromoxyduloxyd hinzu.

— Nachdem schon Boucherie (s. 1841 B.) sein Verfahren der Holzimprägnierung auch zum Färben des Holzes auf dem Stamm ausgebeutet hatte, erfindet **Perin** in Paris ein Verfahren des Holzfärbens, bei welchem das Eindringen der färbenden Flüssigkeiten durch vorangehende Luftverdünnung des das Holz enthaltenden Behälters befördert wird.

— Johann Christian **Poggendorff** verbessert zu seinen Studien über den Polarisationsstrom und dessen Wirkungen die von Pohl erfundene Wippe (s. 1828 P.), die erlaubt, in rascher Folge den erregenden Strom durch den Zersetzungsapparat zu leiten, und den Zersetzungsapparat für sich zu schließen. Dadurch wird es ermöglicht, den Polarisationsstrom, der, weil er selbst die Flüssigkeiten zersetzt, nur von kurzer Dauer ist, zu studieren.

— Robert **Remak** entdeckt die Herzganglien, die als Erreger der Muskeltätigkeit des Herzens angesehen werden.

— Peter **Rittinger** erfindet für den Hüttenbetrieb den Spitzkasten und legt damit den Grund zu den neuen Aufbereitungsverfahren mit stetig arbeitenden Maschinen.

1844 Karl **von Rokitansky** weist den schon von Delpech (s. 1816 D.) betonten tuberkulösen Ursprung der Knochencaries (Malum Pottii) mit Sicherheit anatomisch nach, was auch von Richard von Volkmann und Franz König (1884) bestätigt und durch die Auffindung des Tuberkelbacillus in den kranken Knochenherden durch K. A. Schuchardt und F. Krause (1891) außer Zweifel gestellt wird. Er weist nach, daß der schon von Wisemann auf Skrofulose zurückgeführte Tumor albus eine Gelenktuberkulose ist.

— Heinrich **Rose** entdeckt im Tantalit von Bodenmais die Niobsäure und erhält durch deren Reduktion mit Natrium ein graues Pulver, das er für Niobium hält, das nach Delafontaine jedoch nur das Oxydul ist. Vollkommen reines Metall erhält erst Bolton (S. 1907 B.). Das vor Bolton von A. Joly aus dem Nitrit erhaltene Metall war ebensowenig rein, wie die von Blomstrand und von Roscoe (s. 1866 B.) erhaltenen Produkte.

— Lord William Parsons **Rosse** erbaut ein Riesenspiegelteleskop von 16,2 m Länge und 1,83 m Durchmesser. Spätere große Spiegelteleskope sind die von Grubb für Melbourne (1869) und von Foucault für Paris (1875) gelieferten Instrumente.

— John Scott **Russell** macht Untersuchungen über den Schiffswiderstand und weist zuerst auf die Wichtigkeit des Wellenwiderstandes und auf den Einfluß der Längen des Vor- und Hinterschiffes hin. (System der Wellenlinien.) Er mißt auch zuerst die Stoßkraft der Brandungswoge. (Vgl. 1849 Str.)

— **Saint-Evre** isoliert das Safrol aus dem ätherischen Öl von Sassafras officinalis und nennt es Sassafrascampher. Das Safrol wird später auch im Campheröl aufgefunden und aus diesem fabrikmäßig von Schimmel & Co. gewonnen.

— **Schloßberger** und **Döpping** stellen zuerst die Chrysophansäure aus Rhabarber her, die später von Rochleder und Heldt sowie von H. Müller und Warren De la Rue näher studiert wird.

— **Schöttler** macht in der Hille'schen Fabrik in Sudenburg-Magdeburg den ersten Versuch, Zuckerfüllmasse in Zentrifugen zu verarbeiten.

— Theodor **Schwann**, dem zuerst die Anlegung einer Gallenfistel zum Studium der Absonderung der Galle an zwei Hunden gelingt, sieht die Versuchshunde im Laufe von 6 Wochen unter den Erscheinungen des Marasmus, gleich als ob sie verhungert wären, zugrunde gehen. Er schließt daraus, daß die Galle für die Verdauung unbedingt notwendig ist.

— Der Oberbaurat **Severin** und der Baurat **Steenke** machen bei dem in den Jahren 1844—61 durchgeführten Bau des Oberländischen Kanals zwischen Osterode und Elbing von dem System der „geneigten Ebene" Gebrauch, einem Verfahren, welches dazu dient, die Schiffe auch über Geländeerhöhungen, welche von dem Kanal nicht durchbrochen werden können, hinwegzubefördern. Hierzu werden die Schiffe entweder unmittelbar auf Wagen geladen oder in fahrbare Schleusenkammern gebracht und mit Seilen oder Ketten aus einer Stellung in die andere befördert. (S. a. 1830 D.)

— Nachdem Emil **Stöhrer** schon 1838 eine der Saxton'schen Maschine ähnliche elektromagnetische Maschine konstruiert hatte, stellt er eine verbesserte Maschine her, die aus drei aufrechten Hufeisenmagneten mit je 5 im Kreise angeordneten Lamellen besteht. Über den 6 Polflächen rotiert die Armatur, ein Eisenring mit 6 angeschraubten Kernen, über welche die auf Holzrollen gewickelten Spulen geschoben werden.

— **Tellkampf** liefert die erste wissenschaftliche Beschreibung der Höhlenfauna der Mammuthöhle bei Green-River im nordamerikanischen Staate Kentucky.

— Der französische Artillerie-Oberst **Thouvenin** konstruiert seine Stiftbüchse

(Dorngewehr), einen gezogenen Vorderlader, bei dem die Führung des Spitzgeschosses in den Zügen dadurch bewerkstelligt wird, daß dasselbe mit dem Ladestock auf einen in der Mitte des Seelenbodens befindlichen Stahlstift scharf aufgestoßen und dadurch gestaucht wird. (Vgl. 1630 K., 1826 D. u. 1849 M.)

1844 Julius Bodo **Unger** entdeckt das Guanin im Guano. Später wird es von Schulze in den Samenkörnern mehrerer Leguminosen, von Lippmann in der Zuckerrübe gefunden.

— Julius Bodo **Unger** erhält bei Einwirkung von unterschwefligsaurem Natron auf Chlorantimon einen roten Niederschlag, der von Pettenkofer näher untersucht und von Strohl Antimonzinnober genannt wird. Nach neueren Forschungen ist derselbe als Trisulfid anzusehen.

— Andreas **Wagner** fördert die Tiergeographie, indem er in bezug auf die Säugetiere die Erde in sieben große Gebiete einteilt und für jedes besondere Charakterformen aufstellt. (S. a. 1835 S.)

— Égide **Walschaerts** verbessert die Kulissensteuerung durch eine Konstruktion, die sich als Lokomotivsteuerung weithin verbreitet und in Deutschland als „Heusinger'sche Kulissensteuerung" bezeichnet wird, da Heusinger von Waldegg dieselbe selbständig, wenn auch später als Walschaerts, erfunden hat.

— **Weißenfeld** führt in der Tennant'schen Fabrik die Fabrikation der festen kaustischen Soda ein, indem er die rote Lauge, aus der etwa vier Fünftel auskrystallisiert sind, bis zur Teerkonsistenz eindampft, Natronsalpeter zusetzt und erhitzt, bis die Masse in feurigen Fluß gekommen ist.

— Der Zahnarzt Horace **Wells** in Hartford nimmt an sich selbst die erste Narkotisierung mit Stickstoffoxydul (Lachgas) vor. (S. 1799 D.)

— Theodor **Wertheim** entdeckt bei Untersuchung des Knoblauchöls das Radikal Allyl. Er hält das Öl für Allylsulfid, was erst durch Semmler richtiggestellt wird, der es als Allyldisulfid erkennt.

— Wilhelm **Wertheim** macht eingehende Versuche über die Zugelastizität und bestimmt Elastizitätskoeffizienten verschiedener Metalle. Zu etwas abweichenden Zahlen gelangt in neuerer Zeit J. O. Thompson (1891). Die Versuche von Thompson sind an 23 m langen Drähten gemacht, die in einem Turm des physikalischen Laboratoriums zu Straßburg aufgehängt waren und zeigen, daß von der kleinsten Dehnung ab eine raschere Zunahme der Länge der Drähte erfolgt, als es der Zunahme der Belastung entspricht.

— Der nordamerikanische Seeoffizier Charles **Wilkes** wendet zur Ortsbestimmung zuerst die von Gauß i. J. 1839 angegebene telegraphische Längenbestimmung an, welche darauf beruht, daß man an den beiden Orten, deren Längenunterschied ermittelt werden soll, durch Beobachtung der gleichen Sterne den Stand der Stationsuhren gegen die Ortszeit bestimmt und die Uhren alsdann auf telegraphischem Wege vergleicht.

— Heinrich **Will** untersucht das Senföl und interpretiert dasselbe infolge der Arbeiten von Th. Wertheim (s. 1844 W.) als Schwefelcyanallyl.

— Ferdinand Ludwig **Winckler** entdeckt in den Rückständen der Bereitung von schwefelsaurem Chinin das Cinchonidin, das, wie Pasteur nachweist, mit dem Cinchonin isomer ist.

— Friedrich **Wöhler** macht eingehende Untersuchungen über das von Woskressensky (s. 1838 W.) entdeckte Chinon. Er erhält aus demselben durch Einwirkung reduzierender Substanzen das Hydrochinon, das er in demselben Jahre auch bei der trockenen Destillation von Chinasäure gewinnt. Das Hydrochinon wird später eine der in der Photographie am meisten gebrauchten Entwicklersubstanzen. (Vgl. 1880 A.)

1844 Friedrich **Wöhler** erhält durch Behandlung des Narcotins mit Braunstein und Schwefelsäure das Cotarnin. Außerdem entsteht bei dieser Oxydation Opiansäure.

— Adolphe **Wurtz** entdeckt das Wasserstoffkupfer, indem er eine konzentrierte Lösung von schwefelsaurem Kupferoxyd mit einer Lösung von unterphosphoriger Säure mäßig erwärmt. Das Wasserstoffkupfer zerfällt bei 60° in Kupfer und Wasserstoffgas, entzündet sich in Chlorgas und gibt mit Salzsäure unter Wasserstoffentwicklung Kupferchlorür.

— Nicolaus **Zinin** stellt das Metaphenylendiamin (Diamidobenzol) durch Einwirkung von Schwefelammonium auf Metadinitrobenzol her. Später wird das Produkt zur Herstellung der Azofarbstoffe verwendet und fabrikmäßig durch Reduktion des Metadinitrobenzols mit Salzsäure und Eisen oder Zinn hergestellt. Das Orthophenylendiamin wird 1871 von Grieß, das Paraphenylendiamin 1875 ebenfalls von Grieß hergestellt.

1845 John Couch **Adams** in Cambridge, der seit dem Jahre 1843 das Problem der Uranusbewegung bearbeitet, vermutet als störende Ursache einen außerhalb der Uranusbahn befindlichen unbekannten Planeten und teilt die von ihm errechneten Bahnelemente im Oktober 1845 an den Astronomen Airy mit. Da indes keine weiteren Versuche gemacht wurden, das vermutete Gestirn aufzufinden, so muß die Priorität der Entdeckung des Planeten (Neptun) dem Franzosen Leverrier zugesprochen werden. (S. 1846 L.)

— Carl Joseph Napoleon **Balling** konstruiert das nach ihm benannte, in den Gärungsgewerben allgemein gebrauchte Saccharometer, welches ein für diese besonderen Zwecke eingerichtetes Araeometer darstellt.

— Carl Joseph Napoleon **Balling** arbeitet die Attenuationslehre aus, die sich mit der Feststellung des Grades der Vergärung aus der mit der Gärung proportional verlaufenden Verminderung des spezifischen Gewichtes beschäftigt. Die Verminderung des spezifischen Gewichts rührt davon her, daß während der Gärung der Zucker, ein spezifisch schwerer Körper, in Kohlensäure, die größtenteils entweicht, und in spezifisch leichteren Alkohol verwandelt wird.

— Palon Heinrich Ludwig **von Boguslawski** gibt das Differenzen-Mikrometer an, das vor allen anderen Mikrometern sich durch die größte Einfachheit auszeichnet und nur in einem Faden oder einer geradlinigen Lamelle besteht, die in der Hauptbrennebene des Objektivs und möglichst nahe der optischen Achse befestigt ist und durch Drehung in beliebige Lagen zum Deklinationskreis gebracht werden kann.

— Der Chirurg Amedée **Bonnet** in Lyon erfindet den Drahtverband. Er lehrt die Enucleatio bulbi, d. i. die Entfernung des Augapfels an Stelle der bis dahin allein üblichen Ausrottung des gesamten Inhalts der Augenhöhle.

— **Bouchardat** und **Sandras** entdecken, daß der Pankreassaft kräftige diastatische Wirkung besitzt, da Stärke rasch in Diastase umgewandelt wird.

— William **Bowman** in London weist den Querzerfall der Muskelfaser und die Struktur der Nierenkörperchen nach und äußert die ersten richtigen Ansichten über den Sekretionsvorgang in den Nieren.

— Louis François Clément **Breguet,** Enkel von Abraham Louis Breguet, erbaut im Auftrage der französischen Staats-Telegraphen-Verwaltung einen elektrischen doppelten Zeigertelegraphen, bei dem Batterieströme angewendet werden. Die Zeiger bilden dieselben Zeichen wie die Flügel des optischen Telegraphen von Chappe. Nach demselben Prinzip erbaut Breguet 1849/50 einen einfachen Zeigertelegraphen mit Buchstaben und Ziffern, der bei den französischen Eisenbahnen eingeführt wird.

1845 George **Buchanan** macht die ersten systematischen Arbeiten über die Blutgerinnung.

— Robert Wilhelm **von Bunsen** stellt seine Geysirtheorie auf. Im gleichen Jahre begründet er die Gasanalyse und legt durch seine schon 1838 begonnenen Untersuchungen und durch die Analyse der Gichtgase den Grund zur wissenschaftlichen Theorie des Hochofenprozesses.

— R. W. **von Bunsen** und L. **Playfair** tun dar, daß kohlensaures Kali, innig mit Kohle gemengt und in einem Strome Stickstoffgas bei der Reduktionstemperatur des Kaliums geglüht, in Cyankalium verwandelt wird. (S. a. 1826 D. und 1839 F.)

— Andreas **Castillero** gewinnt das erste Quecksilber in Kalifornien (New Almaden.)

— Nachdem schon Boole 1841 sich mit den Eigenschaften algebraischer Formen, die bei linearer Transformation der Veränderlichen unverändert (invariant) bleiben, beschäftigt hatte (s. auch 1773 L.), begründet Arthur **Cayley** die Invariantentheorie als Zweig der modernen Algebra, an deren Vervollkommnung dann Siegfried Aronhold (1849—68), Hermite, Brioschi, Clebsch, S. Lie, Hilbert u. a. arbeiten.

— **Christie** in Rhynd in Fifeshire trifft eine Göpelanordnung, die von der Highland and Agricultural Society of Scotland geprüft wird und sich sehr gut bewährt. Andere wohlbewährte Göpelanordnungen rühren von Ransome (1848), Schneitler und André (1861), Barrett und Andrews (1851) u. a. her.

— Ernst Carl **Claus,** Apotheker in Kasan, entdeckt in den Platinerzen ein neues Element, das Ruthenium.

— Warren **De la Rue** und E. **Hill** erfinden die erste Briefkuvertmaschine.

— **Evans** entdeckt die Regenerationsfähigkeit des gebrauchten Gaskalks und findet, daß der regenerierte Kalk besonders aufnahmefähig für Ammoniak ist, da sich unter dem Einfluß des Sauerstoffs der Luft viel Calciumhyposulfit bildet. Er führt sein Verfahren, auf das drei Jahre später Palmer ein Patent nimmt, in dem Gaswerk zu Westminster ein.

— Michael **Faraday** spricht den Gedanken aus, daß Licht, Wärme und Elektrizität sämtlich Äußerungen einer und derselben Naturkraft seien.

— Nachdem schon 1778 von Brugmans und später von Coulomb und A. C. Becquerel die abstoßende Einwirkung von Magneten auf gewisse Körper, wie Wismut und Antimon, beobachtet worden war, lehrt Michael **Faraday** den Diamagnetismus genau kennen und gibt eine Theorie der diamagnetischen Erscheinungen.

— Michael **Faraday** verdichtet die Jodwasserstoffsäure — bei 51^0 C. zu einer eisähnlichen Masse und findet, daß die Bromwasserstoffsäure sich bei -73^0 C. zu einer Flüssigkeit verdichten läßt, deren Tension geringer als eine Atmosphäre ist, und die in noch größerer Kälte krystallinisch erstarrt.

— M. **Faraday** und Ch. **Lyell** machen nach eingehenden Versuchen zuerst auf den Einfluß aufmerksam, den der Kohlenstaub bei Explosionen schlagender Wetter ausübt. Ihre Resultate werden von Verpilleux (1867), von Vital (1875), von Hilt und Marggraff (1884), von J. Treptow (1888) u. a. bestätigt.

— William **Fardely** stattet die Züge der Taunusbahn mit tragbaren Hilfstelegraphen (Zeigerapparaten) aus, den ersten derartigen Apparaten, welche auf dem europäischen Festlande zur Anwendung gelangen.

— Der Münchener Maler Franz Xaver **Fernbach** erfindet als Ersatz der antiken Wachsmalerei ein eigenes Verfahren, indem er als Bindemittel der Farben Auflösungen fester, durch Terpentinöl verflüssigter Harze benutzt, wobei sich das Öl gleich nach dem Auftragen verflüchtigt. (S. sein Lehrbuch der enkaustischen Malerei.)

Darmstaedter. 31

1845 **Fizeau** und **Foucault** erhalten das erste Daguerrotyp der Sonne mit einer Belichtung von $^1/_{60}$ Sekunde.

— Frédéric Honoré **Fouquet** in Rottenburg am Neckar und C. **Terrot** in Cannstatt erfinden die Mailleuse, durch welche der Rundstuhl erst seine volle Leistungsfähigkeit erlangt. Die Mailleuse dient nicht nur dazu, die kulierten Schleifen zu erzeugen, sondern auch die Verschiebung des Fadens auf den Nadeln zu besorgen.

— Der englische Seefahrer John **Franklin** versucht mit den eben von Ross' antarktischer Expedition zurückgekehrten Schiffen „Erebus" (Kapitän Crozier) und „Terror" (Kapitän Fitzjames) durch die Baffinbai und den Lancastersund auf dem von Parry eingeschlagenen Wege (s. 1819 P.) zur Beringstraße vorzudringen. Die Schiffe werden zuletzt am 26. Juli 1845 in der Melvillebai von einem begegnenden Walfischfänger angesprochen und sind seitdem verschollen. Ihr Verschwinden gibt Veranlassung zu einer Reihe großartig organisierter Hilfsexpeditionen. Aber erst die von Lady Franklin entsendete Expedition bringt nähere Aufschlüsse, indem hierbei i. J. 1859 auf King-Williams-Land ein von Crozier und Fitzjames herrührendes, vom 25. April 1848 datierendes Schriftstück aufgefunden wird, das u. a. den am 11. Juni 1847 erfolgten Tod Franklins meldet. Auch wird weiterhin festgestellt, daß die Überlebenden sämtlich i. J. 1848 den Strapazen erlegen sind.

— John **Goodsir** macht Untersuchungen über die Gewebe des Menschen und über die Placenta, und veröffentlicht wichtige Untersuchungen über vergleichende Anatomie und Entwicklungsgeschichte.

— Der Mediziner Wilhelm **Griesinger** in Berlin führt die pathologische Anatomie in die Psychiatrie ein und begründet eine Gruppierung der psychischen Krankheiten auf pathologisch-anatomischer Grundlage.

— Der Geolog Wilhelm Karl Ritter **von Haidinger** in Wien erfindet die dichroskopische Lupe (Dichroskop), ein mit einer Lupe verbundenes Kalkspatprisma, welches den Dichroismus doppelbrechender Krystalle dem Auge sichtbar macht.

— Nachdem bis dahin das landwirtschaftliche Maschinenwesen in Deutschland keinerlei Pflege erfahren hatte und die Wichtigkeit geeigneter Spezialmaschinen für die Landwirtschaft unbekannt geblieben war, lenkt der Landwirt Wilhelm **von Hamm** durch seine Schrift „Die landwirtschaftlichen Maschinen und Geräte Englands" zuerst in Deutschland die Aufmerksamkeit weiterer Kreise auf dieses Gebiet.

— Wilhelm Gottlieb **Hankel** konstatiert, daß die Temperatur auf die elektrische Leitfähigkeit von Flüssigkeiten von Einfluß ist, und daß, entgegengesetzt wie bei den Metallen, bei den Flüssigkeiten die Leitfähigkeit mit steigender Temperatur zunimmt.

— Ferdinand **von Hebra** begründet die pathologisch-anatomische Richtung in der Dermatologie. Er zeigt durch das Experiment, daß die Hautkrankheiten im allgemeinen örtlicher Natur sind und durch parasitäre oder ähnliche Reize entstehen. (S. 1839 S., 1844 G.) Er zählt in seinem „Versuch einer auf pathologische Anatomie gegründeten Einteilung der Hautkrankheiten" zwölf Veränderungen der Haut auf, die alle Hautkrankheiten umfassen sollen.

— Der Wiener Zahnarzt M. **Heider** wendet auf Veranlassung von Steinheil zuerst die Galvanokaustik an, um die Nerven der Zahnpulpa zu zerstören.

— Josua **Heilmann** bringt zuerst an Stelle des Kratzens der Baumwolle das Kämmen in Anwendung und läßt von Schlumberger in Gebweiler die erste wirklich brauchbare Kämmmaschine bauen. Die von Cartwright gebauten Maschinen (s. 1789 C.) hatten sich lediglich darauf beschränkt, den Vorgang des Handkämmens nachzuahmen, und auch die später entstandenen Maschinen (Lister 1843, Ramsbottom 1844) benutzten diesen mangelhaften Arbeitsvorgang.

1845 Karl Ludwig **Hencke,** ein Liebhaber der Astronomie, entdeckt, nachdem man durch 38 Jahre nur vier Planetoiden gekannt hatte, am 8. Dezember 1845 den fünften, Astraea, und am 1. Juli 1847 den sechsten, Hebe. Von jetzt ab folgen einander die Entdeckungen so schnell, daß bis zum Jahre 1908 über 600 Planetoiden bekannt sind.

— Der Ingenieur Edmund **Heusinger von Waldegg** begründet das „Organ für die Fortschritte des Eisenbahnwesens" und fördert durch sein „Handbuch für spezielle Eisenbahntechnik", das erste große Sammelwerk dieser Art, das gesamte Eisenbahnwesen.

— A. W. **von Hofmann** und J. S. **Muspratt** stellen zuerst Toluidin aus Nitrotoluol und Schwefelammonium her.

— A. W. **von Hofmann** und J. S. **Muspratt** stellen als erstes Beispiel eines basischen Nitrosubstitutionsproduktes das Nitranilin her, zu welchem Arppe 1854 ein isomeres darstellt.

— **Homolle** stellt zuerst das Digitalin aus den Blättern des Fingerhuts her.

— Alexander **von Humboldt** eröffnet durch seinen in den Jahren 1845—1858 erschienenen „Kosmos" eine neue Blüteperiode der Naturwissenschaften.

— Alexander **von Humboldt** unterscheidet zwei fundamentale Kategorien klimatischer Gegensätze: Die eine ist durch die Antithese Wasser — Land (Küsten-, Insel-, See- oder maritimes Klima und Binnen-, Land- oder kontinentales Klima), die andere durch die Antithese Höhe — Tiefe (Höhen-, Bergklima und Tiefen-, Talklima) gekennzeichnet.

— Alexander **von Humboldt** macht in seinem „Kosmos" darauf aufmerksam, daß die allgemeine Zuspitzung des Landes nach Süden, die sich in der Dreiteilung des Kontinentalblockes (s. 1749 B.) äußert, auch in der Mehrzahl der Halbinseln zum Ausdruck komme.

— **Jobard** und **de Changy** machen Versuche über die Herstellung von Glühlampen mit Retortenkohle und mit verschiedenen Metallen im Vakuum. Sie finden, daß Platin einer besonderen Präparation bedarf, weil es sonst durch die Ausdehnung der darin okkludierten Gase zerstört wird, was Edison viel später wieder entdeckt. (S. a. 1838 J.)

— **Kane** stellt die Palladiumsuboxyd genannte Oxydationsstufe des Palladiums her und beschreibt deren salpetersaures, schwefelsaures und kohlensaures Salz, wie auch die Halogenverbindungen. Er stellt zuerst auch den Platinbasen entsprechende Palladiumbasen her. Über das Palladiumoxydul und dessen Verbindungen haben insbesondere Berzelius (1827) und Claus (1853) gearbeitet.

— Augustus **King** nimmt ein Patent auf eine Lampe, in der ein Kohlenstab im Vakuum am oberen Ende eines Quecksilberbarometers durch einen elektrischen Strom erhitzt wird. Eine verbesserte Vorrichtung zur Verwendung von Kohle im Vakuum wird 1852 von Floris Nollet in Brüssel erfunden. Auch Lodyguine (1873) und Konn (1875) konstruieren Kohle-Vakuumlampen, von denen namentlich die letztere der modernen Lampe im Prinzip ähnlich ist.

— Hermann **Kolbe** zeigt, daß die Rückwärtssubstitution von Chlor durch Wasserstoff auch durch den Wasserstoff, der bei der Elektrolyse des Wassers entsteht, hervorgebracht werden kann. (S. 1842 M.)

— Der holländische Arzt J. L. C. Schröder **van der Kolk** weist elastische Fasern im phthisischen Sputum nach.

— Der Münchener Astronom Johann **von Lamont** macht Messungen der

31*

Wärmebewegung der oberen Erdbodenschichten und konstruiert dazu ein Bodenthermometer.

1845 Der Chirurg **Larghi** führt die ersten subperiostealen Resektionen aus, die später namentlich von Ollier und v. Langenbeck ausgebildet und allgemein eingeführt werden.

— **Lawes** in London wendet zuerst kontinuierlich wirkende Apparate zum Aufschließen der Phosphate (s. 1841 F.) an, die aus einem geneigt liegenden Zylinder bestehen, in welchem sich eine schneckenförmige Rührvorrichtung befindet. Die Materialien fallen durch einen am oberen Ende des Zylinders befindlichen Trichter in die Mischmaschine, werden durch die Umdrehung der Schnecke gemischt und gelangen am unteren Ende durch eine Öffnung in den Transportwagen.

— Johann Benedikt **Listing** gibt eine vollständige Theorie des Auges als eines optischen Apparates und stellt sein Gesetz der Raddrehung des Auges auf.

— Johann Benedikt **Listing** zeigt in seinem „Beitrag zur physiologischen Optik", daß es in jedem aus brechenden Flächen bestehenden optischen System ein Punktpaar gibt, welchem die Eigenschaft zukommt, daß seine Verbindungslinien mit dem leuchtenden Punkt und mit dem Bildpunkt einander parallel sind, und daß die Lage dieser Punkte nur abhängig ist von den Konstanten des Systems, nicht aber von der Lage des leuchtenden Punktes und seines Bildpunktes. Diesem Punktpaar gibt er den Namen „Knotenpunkte". Die Knotenpunkte bilden mit den von Gauß 1838 in die Dioptrik eingeführten Hauptpunkten und Hauptbrennpunkten die sogenannten Kardinalpunkte eines optischen Systems.

— Die **London- und Birmingham-Eisenbahn** bringt zuerst Knallsignale (Knallkapseln) als Ergänzung der optischen Haltsignale in Anwendung.

— Antoine Philibert **Masson** stellt Messungen über die Lichtstärke des Funkens beim Entladungsstrom einer Batterie an und findet, daß in einem konstanten Schließungsbogen die Lichtstärke des Funkens immer der an einer konstanten Stelle des Schließungsbogens erregten Wärmemenge proportional ist.

— Der Ingenieur **Mauß** schlägt eine elektrische Einrichtung vor, welche die fahrenden Eisenbahnzüge zu größerer Sicherheit in telegraphische Verbindung untereinander bringen soll.

— Louis **Mialhe** stellt die Diastase aus dem Speichelsekret dar, dessen fermentartige Eigenschaft von Leuchs (vgl. 1831 L.) nachgewiesen worden war.

— **Middleton** konstruiert eine Steinkohlen-Brikett-Preßmaschine mit rotierendem Formtisch und indirekter Pressung, die von Detombay verbessert wird und als Middleton-Detombay-Presse noch ziemlich verbreitet ist.

— Samuel Finlay Breese **Morse** konstruiert einen manometrischen Registrierapparat für Tiefseelotungen, der die Wassertiefe aus der Größe des Druckes zu bestimmen erlaubt. Ein ähnliches Instrument konstruiert Schreiber (1879), der, wie beim Aneroidbarometer, gewellte Lamellen dem Druck aussetzt und den Zeigerstand photographisch aufzeichnen läßt.

— **Myers** in London konstruiert eine Steinhobelmaschine, bei welcher etwa 50 Schabmeißel zugleich wirken, indem ein Gußeisenstempel, an welchem dieselben befestigt sind, an der senkrechten Seitenfläche des festliegenden Steinblocks hinauf- und hinabbewegt wird.

— Franz Ernst **Neumann** gibt eine Theorie der elektrischen Induktion in linearen Leitern in dem Sinn, daß er, gestützt auf die Grunderscheinungen der Induktion, die elektromotorische Kraft derselben aus einem allgemeinen Grundsatz berechnen lehrt.

— **Oxland** nimmt ein Patent auf die Zersetzung von Salzsäure durch atmosphärische Luft zur Darstellung von Chlor. Er leitet das Gemisch beider Gase durch glühenden Bimsstein, kühlt das austretende Gas und wäscht die unveränderte Salzsäure durch Wasser aus. Das Verfahren wird bald als unpraktisch aufgegeben.

1845 **Pelletier** und **Sainte-Claire-Deville** stellen durch trockene Destillation des Guajakharzes mit Kreosot gemischtes Guajacol dar, das nach neueren Untersuchungen Brenzcatechinmethyläther ist.

— Der englische Ingenieur Jacob **Perkins** vervollkommnet die Fabrikation der geschweißten schmiedeeisernen Rohre, die fortan nach ihm „Perkinsrohre" genannt werden. (S. 1825 W.)

— Nachdem noch Fleurieu 1800 nur zwei Ozeane, den Atlantischen und den Großen Ozean, angenommen und diesen selbständigen Meeren die Mers méditerrannées mit nur einem Eingang und die Mers intérieures mit mehreren Zugangspforten gegenübergestellt hatte, beschließt die durch die Londoner geographische Gesellschaft eingesetzte Kommission die heute übliche Abgrenzung der Weltmeere, die namentlich durch die von August Heinrich **Petermann** herausgegebenen Karten allgemein bekannt wird.

— Henri Victor **Regnault** macht unter Verbesserung der von Arago und Biot und ihren Nachfolgern (s. 1806 A.) zur Bestimmung der Dichtigkeit der Gase angewendeten Methode neue Bestimmungen, die Zahlen ergeben, welche fast identisch mit den von Dumas und Boussingault ermittelten Werten sind.

— Peter **Rieß** zeigt die starken mechanischen Wirkungen der elektrischen Entladung, indem er den Funken in einem verschlossenen Gefäß überspringen läßt, wobei ein Funke von 7 mm Länge den Pfropfen mit Heftigkeit aus der Flasche herausschleudert. Ebenso findet man beim Durchschlagen des Funkens durch Pappe die Ränder des Loches nach außen aufgestülpt, weil, wie Rieß bemerkt, die zerrissenen Fasern der Pappe dahin gewendet werden, wo sie keinen Widerstand finden.

— Lord William Parsons **Rosse** entdeckt mit seinem Riesenspiegelteleskop (vgl. 1844 R.), daß der Nebel im Sternbild der Jagdhunde, den Messier (s. 1771 M.) entdeckte, ein Spiralnebel ist.

— Wie F. Reuleaux angibt, sind i. J. 1845 auf der **Sayner Hütte** alle Krane mit Kugellagern versehen. Es ist dies als die erste Anwendung der Kugellager anzusehen. Das Patent, das nach Baudry de Saunier im Jahre 1857 von Courtois, Tihay und Defrance auf Kugellager für Glocken, Mühlsteine und sonstige Maschinen nachgesucht wird, ist also durch obige Anwendung überholt. Die Kugellager spielen später, insbesondere in der Fahrradindustrie, eine große Rolle; ihre erste Anwendung zu diesem Zweck erfolgt 1869 in Frankreich.

— Der Maler Joseph **Schlotthauer** in München bildet unter Benutzung der durch Fuchs (s. d. 1823) gegebenen Anregung die Stereochromie aus, eine Sonderart der Freskomalerei, bei welcher eine besondere Wetterfestigkeit der Gemälde dadurch erzielt werden sollte, daß sowohl den Malfarben Wasserglas zugesetzt, als auch die fertige Bildfläche mit Wasserglasüberzug versehen wurde. Das Verfahren hat nicht völlig befriedigt. (Vgl. die mit störenden Rissen bedeckten Kaulbach'schen Treppenhausfresken im Neuen Museum zu Berlin.)

— Carl **Schmidt** entdeckt, daß die Hülle der Tunicaten aus einer Art Cellulose besteht, was von Löwig und Kölliker 1846 bestätigt wird. Berthelot schlägt für diese Cellulosenart den Namen „Tunicin" vor.

— Christian Friedrich **Schönbein** konstatiert, daß es außer Ozon eine ganze Reihe von Stoffen gibt, welche den Sauerstoff in aktivem (polarisiertem) Zustand enthalten, und macht auf die große Bedeutung aufmerksam, welche der im Ozon enthaltene aktive Sauerstoff bei den in der Natur vor sich gehenden Oxydationsprozessen (Autoxydationen) besitze.

1845 Christian Friedrich **Schönbein** erhält bei Einwirkung eines Gemisches von 1 Teil starker Salpetersäure und 3 Teilen starker Schwefelsäure auf Baumwolle die Schießbaumwolle (Nitrocellulose). (Vgl. 1849 L. und 1865 A.)

— Carl Theodor Ernst **von Siebold** erkennt, daß die Protozoen nur aus einer einzigen Zelle bestehen, was von Hertwig, F. E. Schulze und Bütschli bestätigt wird.

— William und Werner **von Siemens** stellen künstliche Steine her, indem sie gemahlenen Quarzsand und Kalkstein mit Wasserglas anmachen (s. a. 1840 K.). Ähnliche Steine werden 1861 von Ransome hergestellt.

— William und Werner **von Siemens** konstruieren den ersten Beharrungsregulator (Inertie-Regulator), bei dem die bei Belastungsänderungen auftretende Beschleunigungskraft bez. ihre Gegenwirkung als Stellkraft zur Verschiebung des Steuerorgans des Motors benutzt wird. Der Siemens'sche Regulator wird 1870 von Shive in Amerika wesentlich verbessert und das Beharrungsprinzip in der Folge dort vielfach zur Konstruktion von Regulatoren benutzt.

— Der amerikanische Techniker Thomas J. **Sloan** erfindet eine automatisch arbeitende Maschine für die Fabrikation von Holzschrauben.

— N. **Soleil** konstruiert die Doppelquarzplatte (double plaque), um auch die geringsten Grade der Zirkularpolarisation sichtbar zu machen. Sein Polarisationsapparat wird später von Ventzke noch verbessert.

— Die **Southwestern-Eisenbahngesellschaft** stellt ihren elektrischen Telegraph dem Publikum für den Privatdepeschenverkehr gegen Gebühren zur Verfügung.

— John **Stenhouse** und Otto Linné **Erdmann** stellen fast gleichzeitig aus dem als Purrée (Indischgelb) in den Handel kommenden chinesischen Farbstoff den gelben Farbstoff dar, der den Namen „Euxanthinsäure" erhält und von Laurent und Schmid (1849) noch näher untersucht wird. Beim Erwärmen mit konzentrierter Schwefelsäure zerfällt die Euxanthinsäure in Kohlensäure und in Euxanthon.

— Paul **Thénard** entdeckt beim Eintragen von Phosphorcalcium in Wasser den flüssigen Phosphorwasserstoff, der 1874 von Hofmann näher untersucht wird.

— Paul **Thénard** erhält zuerst festen Phosphorwasserstoff, indem er selbstentzündliches Phosphorwasserstoffgas (s. 1783 G.) in Salzsäure einleitet. Rudorff gelingt es 1865, denselben durch Zersetzung von Zweifach-Jodphosphor mit heißem Wasser herzustellen.

— Paul **Thénard** entdeckt bei Versuchen, dem Kakodyl analoge Phosphorverbindungen herzustellen, die Phosphorbasen (Phosphine), die ihre richtige Deutung erst nach Entdeckung der Ammoniumbasen (s. 1849 W.) durch Frankland erhalten und von Hofmann und Cahours (s. 1855 H.) genauer untersucht werden.

— Der Gärtner **Tucker** in England beobachtet zuerst die Traubenkrankheit (Oïdium Tuckeri), die neben der Reblaus eine der größten Geißeln des Weinbaus ist.

— **Véron** erfindet die Verarbeitung des Weizenklebers zu Nahrungsmitteln durch Trocknung und Körnung.

— Rudolph **Virchow** entdeckt, daß bei Gerinnung des Blutes an irgend einer Stelle des Gefäßsystems leicht kleine Stückchen des Gerinnsels, die er „Emboli" nennt, an andere Körperstellen verschleppt werden können. Er erklärt durch die Embolie eine Anzahl pathologischer Prozesse, insbesondere den der Erkrankung der Lungen.

— Rudolph **Virchow** erklärt die anatomischen Vorgänge bei Entstehung der Pyämie, indem er auf die von Cruveilhier entdeckte Gerinnung des Blutes bei eitriger Phlebitis (s. 1836 C.) zurückgreift und auch experimentell nachweist, daß bei der Entstehung der pyämischen Metastasen in den meisten Fällen der mit der Thrombose zusammenhängende Vorgang der Embolie im Spiele ist.

1845 Rudolph **Virchow** entdeckt und erläutert das Wesen der Leukämie.

— Heinrich Wilhelm Ferdinand **Wackenroder** entdeckt die Pentathionsäure, die ebenso wenig wie die Trithion- und Tetrathionsäure (s. d.) als Anhydrid bekannt ist.

— **Weppen** zeigt, daß die absorbierende Wirkung der Kohle (s. 1822 P. und 1830 G.) sich wesentlich auf die Basen erstreckt, daß deshalb die Flüssigkeiten nach der Reaktion sauer sind.

— Ch. **Wheatstone** und W. F. **Cooke** ersetzen bei der elektromagnetischen Maschine die permanenten Magnete durch Elektromagnete.

1846 Der Geolog Wilhelm Hermann **Abich** erforscht auf wiederholten Reisen die Länder am Kaukasus, das armenische Hochland und das nördliche Persien.

— Sir William George **Armstrong** erfindet den hydraulischen Akkumulator (Kraftsammler), in welchem durch eine verhältnismäßig schwache, aber ununterbrochen arbeitende Pumpe Arbeitskraft in der Form von Druckwasser aufgespeichert wird, die dann zeitweise, aber um so intensiver (z. B. zum Betriebe hydraulischer Pressen), wieder abgegeben werden kann.

— Sir William George **Armstrong** konstruiert den ersten hydraulischen Kran, der am obern Ende des Quais von Newcastle on Tyne aufgestellt wird.

— Sir William George **Armstrong** baut die erste Wassersäulenmaschine mit Hilfsrotation durch Kurbelwelle und Schwungrad. (S. a. 1753 H. und 1808 R.)

— Sir William George **Armstrong** konstruiert die ersten hydraulischen Aufzüge und versucht dabei eine gleich sparsame Arbeitsweise für größere oder geringere Lasten zu erreichen, indem er mehrere Treibzylinder anbringt, die je nach der Größe der Förderlast abwechselnd oder gleichzeitig arbeiten.

— Alexander **Bain** wandelt seinen elektro-chemischen Telegraphen (s. 1843 B.) für Schnellbetrieb um. Die Depeschen werden zur Beförderung vorbereitet, indem sie in einen Papierstreifen gelocht werden, der durch einen besonderen Gebeapparat hindurchgeführt wird.

— Der französische Geolog Joachim **von Barrande** erforscht die ältesten fossilführenden Formationen Böhmens. Er weist i. J. 1846 den stockwerkartig zusammengesetzten Bau des böhmischen Silurbeckens nach und legt in den Jahren 1852—83 in einem 22 Bände umfassenden bedeutsamen Tafelwerk die gesamten Ergebnisse seiner Forschungen nieder.

— Edmond **Becquerel** mißt die Leitfähigkeit der Flüssigkeiten, indem er in beide Zweige eines durch ein Differentialgalvanometer gehenden Stromes Säulen der zu untersuchenden Flüssigkeiten und in einen Zweig ein Rheochord einschaltet. In dem einen Zweig bleibt der Abstand der Elektroden in der Flüssigkeit konstant, im andern kann er verkleinert werden; in diesem Zweig wird dann, um die Stromstärke in beiden Zweigen wieder auszugleichen, eine solche Länge des Rheostatdrahtes eingeschaltet, daß die Ablenkung der Galvanometernadel aufgehoben wird. Der Widerstand des eingeschalteten Drahtes ist dann dem der ausgeschalteten Flüssigkeit gleich.

— Claude **Bernard** stellt im Anschluß an die Beobachtung von Eberle (s. 1834 E.) zuerst in exakter Weise fest, welche Rolle das Pankreas bei der Verdauung der Fette spielt, und weist nach, daß es ein fettspaltendes Ferment absondert, worauf 1836 schon Purkinje und Pappenheim hingewiesen hatten.

— Henry **Bessemer** empfiehlt zuerst, Fenster- und Spiegelglas zwischen Walzenpaaren auszuwalzen. Er gießt das Glas unmittelbar aus dem Glashafen zwischen zwei in einiger Entfernung voneinander stehende hohle Walzen, die durch einen hindurchfließenden Wasserstrom kalt gehalten werden. 1887 und 1888 wird das Auswalzen von Glastafeln von Picard und P. Simon erneut in Angriff genommen.

1846 Karl Gustav **Bischof** erklärt zuerst die Zersetzung der Gesteine und Mineralien durch chemische Verwitterung, deren Bedeutung für die Bodenbildung 1847 von F. Senft nachgewiesen wird.

— Nachdem man bis dahin das Waschen der Zeuge in Walkmühlen oder später in Prätschmaschinen vorgenommen hatte, konstruieren **Bowden** und **Robinson** eine Waschmaschine, bei der die zu sehr großer Länge aneinander genähten Zeugstücke, der Breite nach zusammengefaltet, in einer Schraubenlinie über zwei horizontale Walzen, von denen die untere sich im Wasserbehälter befindet, zirkulieren, während Wasser gegen sie gespritzt. und eine sanfte schlagende oder streichende Einwirkung ausgeübt wird.

— **Breguet** in Frankreich, **Highton** in England, **Reid** in Nordamerika und **Steinheil** in Deutschland erfinden unabhängig voneinander Blitzschutzvorrichtungen für elektrische Telegraphen- und Signalanlagen.

— Nachdem schon im Jahre 1825 von Jolly Belin in Paris Mineralöle zur Reinigung von Kleidern angewendet worden waren, bringt **Brönner** in Frankfurt a. M. die zuerst bei der Destillation des Teers übergehende Naphta als besonders geeignetes Fleckenwasser in den Handel.

— Ernst Wilhelm **von Brücke** macht Studien über den Gesichtssinn, den Kreislauf des Blutes und die Verdauungsvorgänge. Er vermutet, daß die Akkommodation durch den Ciliarmuskel regiert wird, was Helmholtz (s. 1862 H.) endgültig erweist.

— Robert Wilhelm **von Bunsen** erfindet ein Verfahren zur Bestimmung des Sauerstoffs in der Luft, welches auf der Verbrennung des Sauerstoffs mit Wasserstoff basiert und von Regnault und Reiset (1848—50) noch verbessert wird.

— Auguste A. T. **Cahours** lehrt die Darstellung des Benzoylchlorids (s. 1832 L.) und ähnlicher Säurechloride durch Behandlung der Benzoesäure oder der betreffenden Säuren mit Phosphorsuperchlorid.

— **Cathcart** benutzt nach Blenkinsop's Vorgang (s. 1811 B.) die Zahnstange zur Überwindung einer langen Steilrampe von 1 : 17 Steigung im Zuge der Madison- und Indianopolisbahn. Er verwendet eine besondere gußeiserne Zahnstange mit aufrecht stehenden Zähnen, die zwischen den Schienen befestigt wird.

— Der piemontesische Artillerieoffizier Giovanni **Cavalli,** welcher sich zur Abnahme von Geschützen in Åker (s. 1840 W.) befunden hatte, regt die Umänderung der Wahrendorff'schen glatten Hinterladekanonen in gezogene Hinterlader an und schafft damit die Ausgangsform der heutigen gezogenen Hinterladegeschütze.

— A. **Chenot** verwendet zur direkten Eisenerzeugung aus Erzen eine Retorte als Reduktionsofen, durch und um welche man reduzierende Gase oder Heizgase leiten kann. Den erhaltenen Eisenschwamm verarbeitet er im Flamm- oder Schweißofen weiter. Die Methode wird 1878 von Blair-Schönberger in Amerika noch verbessert und im großen Maßstabe praktisch verwendet; auch in Spanien wird um diese Zeit aus Bilbao-Erz Eisenschwamm erzeugt und im Schweißherd weiter verarbeitet.

— Nachdem Descotils, Fourcroy und Vauquelin, sowie Berzelius eine Anzahl Verbindungen des Iridiums dargestellt hatten, macht Carl Ernst **Claus** eingehende Untersuchungen hierüber, deren Resultate zum Teil von den früheren abweichen und sich dadurch erklären lassen, daß die früheren

Forscher mit rutheniumhaltigen Materialien gearbeitet hatten. Er stellt die Oxydationsstufen Oxydul, Sesquioxydul, Oxyd und Iridiumsäure fest, erhält das Iridiumchlorür, das Sesquichlorür und das Chlorid und gewinnt aus dem Sesquichlorür eine Ammoniumbase. Vom Chlorid entstammende Ammoniumbasen stellt 1853 Skoblikoff dar.

1846 **Condie** verbessert den Dampfhammer, indem er den Kolben feststellt und den Dampfzylinder, mit dessen Boden er den schweren Hammerklotz verbindet, durch den Dampfdruck heben und dann dies große Gewicht niederfallen läßt.

— Ezra **Cornell** benutzt zwischen New York und Buffalo zur Durchführung direkter Depeschenabgabe zuerst den Translator, der 1848 von C. S. Bulkley verbessert wird.

— Der italienische Arzt Alfonso **Corti** entdeckt die Endorgane der Hörnerven (das Corti'sche Organ) im Ohrlabyrinth.

— Thomas **Craddock** gibt in einem Patente auf eine „Patent universal condensing engine" die erste Entwurfszeichnung für eine Verbundlokomotive. (Vgl. 1829 R.)

— James Dwight **Dana** ebnet durch seine Abhandlung „Geological results of the earth contraction" der Kontraktionshypothese die Wege. (S. a. 1875 D.)

— Der Pariser Schokoladefabrikant **Devinck** verbessert den Röstapparat für Kakao und konstruiert eine Schokoladereibmaschine, bei der das Entlüften (Befreien von Luftbläschen), Abteilen und Formen des Schokoladeteiges selbsttätig und unmittelbar aufeinander folgend vor sich geht.

— **Dircks** und **Thorey** in Eschwege kommen zuerst auf den Gedanken, eine Halbkernseife unter Verwendung von Palmkernöl oder Cocosöl herzustellen, die unter dem Namen Eschweger Seife fortan eine große Rolle in der Seifenindustrie spielt.

— Emil **du Bois-Reymond** bringt die sekundäre Rolle des Induktionsapparates auf einer Schlittenführung beweglich an, so daß die Stärke des induzierten Stromes durch Verschieben des Schlittens geändert werden kann. (Schlitteninduktionsapparat.)

— Alphonse **Du Breuil** fördert durch seine Werke „Cours d'arboriculture" und „Culture perfectionnée du vignoble" die Obst- und Weinkultur.

— Augustin Pierre **Dubrunfaut** erkennt, daß der Zucker, der bei der Einwirkung der Diastase entsteht, die von Kirchhoff und Saussure (s. 1814 K. u. 1814 S.) entdeckte „Maltose" ist. Seitdem widmen diesem wichtigen Körper ihre Aufmerksamkeit insbesondere O'Sullivan und E. Schulze, Märcker, Delbrück, Brown und Heron u. a.

— Karl Ferdinand **Eichstedt** entdeckt den Erzeuger der „Pityriasis versicolor" genannten Hautkrankheit in einem Pilz, den er „Mikrosporon furfur" nennt.

— Der Fabrikant Jacob **Estey** sorgt für Vervollkommnung und Verbreitung der um 1835 von einem Arbeiter der Alexandre'schen Harmoniumfabrik in Paris erfundenen sogenannten amerikanischen Orgel (Estey- oder Cottage-Orgel), bei der die Zungen anstatt durch Ausstoßen verdichteter Luft durch Einsaugen derselben zur Ansprache gebracht werden.

— Michael **Faraday** entdeckt, daß starke magnetische Kräfte eine Drehung der Polarisationsebene des Lichtes zustande bringen und bezeichnet diese Erscheinung als Magnetisation des Lichtes. Hiermit ist zum ersten Male eine direkte Beziehung zwischen Licht und magnetischen Kräften festgestellt.

— **Farthing** bemüht sich zuerst, die höchst anstrengende Arbeit des Glasblasens durch Maschinenbetrieb zu ersetzen. Er verdichtet die zum Aufblasen der Gegenstände nötige Luft durch Druckpumpen bis auf den erforderlichen Grad und stellt sie dem Bläser in diesem verdichteten Zustand zur

Verfügung. Zu Ende der siebziger Jahre führt sich diese Art der Arbeit vielfach ein; eine der ersten Verwendungen wird in den Glashütten von Clichy gemacht.

1846 Der französische Ingenieur **Fauvelle** erfindet das Verfahren, mit kontinuierlichem Wasserstrahl zu bohren, und bringt in Perpignan das erste so erbohrte Bohrloch von 170 m Tiefe in 23 Tagen nieder. Er führt das Spülwasser mit einer Druckpumpe in das hohle Gestänge ein und läßt es außerhalb desselben wieder abfließen. Auf dieses Verfahren gründen Chanoit und Catelineau 1860 ihre bohrende Pumpe.

— Pierre Antoine **Favre** und Jean Théobald **Silbermann** machen in den Jahren 1846—52 zahlreiche und ausgedehnte Versuche über die Verbrennungswärme und wenden dazu ein Calorimeter an, das dem Dulong'schen nachgebildet ist. Bei diesen Versuchen ergibt sich, daß die Verbrennungswärme abhängig ist von der Molekularkonstitution, daß z. B. die verschiedenen allotropen Modifikationen des Kohlenstoffs und des Schwefels verschiedene Verbrennungswärmen ergeben, und daß dasselbe bei metameren und polymeren Substanzen der Fall ist. Bei homologen Reihen ergeben sich gewisse Regelmäßigkeiten, so nimmt z. B. in der Kohlenwasserstoffreihe des Äthylens die Verbrennungswärme für jedes in das Molekül eintretende CH_2 um 37,48 Wärmeeinheiten ab.

— Robert **Fitzroy** bemüht sich, eine geregelte Organisation für Sturmwarnungen ins Leben zu rufen. (S. a. 1842 K.)

— **Flachat** führt eine durch verschiebbare unrunde Körper wirkende Expansions-Ventilsteuerung aus.

— Johann Gottfried **Galle** in Berlin findet am 23. September den von Adams (s. 1845 A.) vermuteten und von Leverrier (s. 1846 L.) durch Rechnung entdeckten Planeten Neptun.

— Charles **Gerhardt** stellt als Produkt der Einwirkung von trockenem Ammoniakgas auf Phosphorsuperchlorid das Phosphamid, das Phosphodiamid und Phosphotriamid dar. (Vgl. a. 1845 T.)

— **Gillard** versetzt mit Hilfe von reinem Wassergas Platinkörper in Weißglut und wird mit seinem „Gaz-platine" genannten Incandescenzlicht der Vorläufer des Wassergasglühlichts. Eine Beleuchtung nach seinem System war von 1856—1869 in Narbonne im Betrieb.

— **Göhler & Co.** in Aschersleben versuchen zuerst, durch trockene Destillation von Braunkohle Paraffin und Photogen zu erzeugen.

— Thomas **Graham** untersucht das Ausströmen der Gase aus capillaren Röhren und findet dabei ganz andere Verhältnisse als beim Ausströmen aus weiten Röhren, wodurch bewiesen wird, daß auch bei den Gasen eine innere Reibung vorhanden ist, und daß ebenso eine Reibung an den Wänden der Röhren stattfindet, durch welche die Gase fließen.

— **Greaves** verwendet im Gleisebau zuerst statt der Holzschwellen eiserne Einzelunterlagen in Glockenform. (Greaves' Glockenunterlagen.)

— Thomas **Hancock** nimmt ein Patent auf die Herstellung von Kautschuk- und Guttaperchaartikeln in Formen. Diese Erfindung wird neben der Vulkanisation der Ausgangspunkt der heutigen Fabrikation von Kautschukwaren. Die von Hancock 1843 vorgeschlagene Vulkanisation durch Eintauchen des Kautschuks in Schwefel bietet keine Vorteile vor der Goodyear'schen Methode. (S. 1839 G.)

— **Hauch** entdeckt die Löslichkeit des Chlorsilbers in unterschwefligsaurem Natron, auf welcher der 1850 von Percy empfohlene, 1858 in Joachimsthal in Böhmen eingeführte Patera-Prozeß der Silberextraktion beruht. (Vgl. 1858 P.)

1846 Der Ingenieur Ludwig Benjamin **Henz** bildet beim Bau der Niederschlesisch-Märkischen Eisenbahn das System der eisernen Gitterbrücken weiter aus.

— R. **Hoe** in New York baut seine „Blitzdruckpresse", bei welcher der stereotypierte Satz auf einen rotierenden Zylinder gebracht wird, und gibt damit zugleich die Idee der endlosen Presse an. (S. 1863 B.)

— Die Lazaristenmönche **Huc** und **Gabet** durchziehen die Mongolei, die Dsungarei und Tibet, wo sie trotz der Wachsamkeit und Energie der Tibeter in Lhassa Zutritt finden.

— Josef **Hyrtl** fördert durch sein berühmtes „Lehrbuch der Anatomie" die Anatomie des Menschen nach allen Richtungen hin und trägt durch seine zootomischen Arbeiten zur Fortentwicklung der Zoologie bei.

— Charles Thomas **Jackson,** Arzt in Amerika, entdeckt, daß die Einatmung von Ätherdämpfen einen Zustand der Narkose hervorruft, und läßt das Mittel von dem Zahnarzt William Morton in der Zahnheilkunde erproben, aus der es bald auch in die Chirurgie übernommen wird. (S. 1846 W.) Schon einige Jahre vorher hatte W. C. Long versucht mit Äther, auf dessen Wirkung 1818 Faraday und Orfila hingewiesen hatten, Narkose hervorzurufen, hatte aber keine Resultate erzielt.

— Thomas Wharton **Jones** beobachtet zuerst die Bewegung freier Zellen im tierischen Organismus an den farblosen Blutkörperchen des Rochens.

— Thomas **Jullion** schlägt für das Schwefelsäurekontaktverfahren an Stelle von reinem Platinschwamm platinierten Asbest vor. (S. a. 1831 P.)

— Nachdem schon 1734 Fuchs Löschkugeln angefertigt hatte, die, ins Feuer geworfen, platzten und durch Entwicklung stickender Gase löschen sollten, erfindet **Kühn** in Meißen die als Bucher'sche Löschdosen bekannten Präparate, die, aus einer Mischung von Schwefel, Salpeter und Kohle bestehend, in Schachteln verpackt werden. Diese Dosen werden, durch eine Zündschnur entzündet, in den brennenden Raum geworfen und sollen durch Entwicklung großer Mengen nicht brennbarer Gase das Feuer löschen.

— Richard **Laming** reinigt das Leuchtgas, indem er zur gleichzeitigen Absorption von Ammoniak und Schwefelwasserstoff Lösungen von Chlorcalcium, Eisensalzen, Mangansalzen usw. anwendet, die er durch Sägemehl aufsaugen läßt und alsdann mit Kalk mischt. (S. a. 1835 P.) Die gebrauchte Masse wird an der Luft regeneriert, und durch Extrahieren mit Wasser das Ammoniumsulfat daraus gewonnen.

— Der Astronom William **Lassell** findet bald nach der Entdeckung des Neptun (s. 1846 G.) ein schwaches Lichtpünktchen in dessen Nähe, das er als einen — den einzigen bis jetzt bekannten — Satelliten des Neptun erkennt. Im Jahre 1851 findet er zwei weitere Trabanten des Uranus. (Vgl. 1787 H.)

— Auguste **Laurent** führt die Trennung von Molekül, Atom und Äquivalent durch und nennt Molekül die kleinste Menge einer Substanz, deren man bedarf, um eine Verbindung zustande zu bringen, Atom die kleinste Quantität eines Elements, die in zusammengesetzten Körpern vorkommt, während Äquivalente gleichwertige Mengen analoger Substanzen bedeuten.

— Der Berliner Mechaniker **Leonhardt** erfindet die elektrischen Läutewerke, die zuerst als durchgehende Signale für das Streckenpersonal in den Wärterhäusern der Thüringischen Eisenbahn und demnächst zwischen Magdeburg und Buckau angebracht werden. (S. 1842 B.)

— Urbain Jean Joseph **Leverrier** in Paris schließt aus den Unregelmäßigkeiten der Bewegungen des Saturn und Uranus auf das Vorhandensein eines jenseits der Uranusbahn befindlichen unbekannten Planeten und veröffentlicht die von ihm errechneten Bahnelemente am 31. August 1846.

(Über die tatsächliche Auffindung dieses Planeten, des Neptun, s. 1846 G. Vgl. auch 1845 A.)

1846 Bernhard Karl **Lewy** weist nach, daß das (viele Algen enthaltende) Meer im Sonnenschein reicher an Sauerstoff und ärmer an Kohlensäure ist als bei bewölktem Himmel. (Vgl. 1779 I.)

— Justus **von Liebig** stellt Tyrosin durch Schmelzen von Käse mit Kali her. Später wird es von Schulze und Barbieri (1880) in Kürbis- und Lupinenkeimlingen, von E. v. Lippmann (1884) in Zuckerrübenmelasse aufgefunden.

— Nachdem zuerst H. W. Brandes (s. 1820 B.) eine synoptische Karte entworfen hatte, die jedoch nicht veröffentlicht wurde, publiziert Elias **Loomis** 13 derartige Karten, die er seit 1842 infolge zweier in diesem Jahre stattgehabter Stürme entworfen hatte.

— Johann Heinrich **von Maedler** stellt Untersuchungen über die Dimensionen des Fixsternsystems an und glaubt, in den Plejaden den Zentralpunkt unseres ganzen Fixsternsystems zu erblicken.

— Frédéric **Margueritte** fördert die Titrimetrie durch Anwendung des übermangansauren Kalis zur Bestimmung des Eisens.

— Macedonio **Melloni** weist die wärmenden Wirkungen des Mondlichts nach. Seine Entdeckung wird 1850 durch Zantedeschi bestätigt.

— Nicolas Auguste Eugène **Millon** und **Roucher** stellen unabhängig voneinander zahlreiche basische Chloride des Quecksilbers (sogenannte Quecksilberoxychloride) dar, die sich teilweise vom roten, teilweise vom gelben Oxyd ableiten.

— Hugo **von Mohl** bezeichnet mit dem 1840 von Purkinje zur Bezeichnung des Bildungsstoffes jüngster tierischer Embryonen geschaffenen Namen „Protoplasma" die zähflüssige, körnige Substanz, die in jeder Pflanzenzelle neben dem festeren Zellkern enthalten ist, und den Inbegriff der lebenden Substanz nicht nur der Pflanzenzelle, sondern, wie Unger (s. 1855 U.) und Schultze (s. 1863 S.) nachweisen, auch der Tierzelle darstellt. Er weist darauf hin, daß das Protoplasma und nicht der Zellsaft die von Corti (s. 1772 C.) entdeckte Zirkulation in der Zelle ausführt.

— Johannes **Müller** untersucht in den Jahren 1846—52 die Entwicklungsgeschichte, Organisation und allgemeine Morphologie der Echinodermen (Stachelhäuter) so, daß diese Untersuchung für alle ähnlichen Forschungen vorbildlich wird.

— Nachdem 1816 Maître die ersten Versuche gemacht hatte, durch Spalten des Leders hohle Ledergegenstände ohne Naht oder sonstige Verbindungsmittel zustande zu bringen, aber ebenso, wie Petitpierre (1824) und Contour (1845) Erfolge nicht gehabt hatte, gelingt es **Pecqueur** in Paris, die mannigfaltigsten Gegenstände, wie Feldflaschenhüllen, Patronentaschen usw. in zufriedenstellender Weise herzustellen.

— Der Däne C. **Piil** erläutert in seinem Werke „Die Chemitypie" ein neues, auf der Galvanokaustik (galvanische Ätzung) beruhendes Verfahren zur Herstellung von geätzten Hochdruckzinkplatten.

— **Plattner** und **Percy** erfinden unabhängig voneinander das Chlorationsverfahren, ein nasses Verfahren der Goldgewinnung, das darauf beruht, das Gold in Form einer Goldchloridlösung zu bringen und daraus durch reduzierende Stoffe, wie Kohle, Eisenvitriol, Schwefelwasserstoff, Metallsulfide das Gold auszufällen.

— Nachdem bis dahin, abgesehen von den seit alters her gebrauchten Formen des Ankers (s. 580 v. Chr.), meist der sogenannte Admiralitätsanker (s. 1810 P.) in Gebrauch gewesen war, konstruiert **Porter** einen Anker, bei dem das Flügelstück am Schaft beweglich ist. Der obere Flügel des Ankers legt sich nieder, wenn der Anker im Grunde ist, verhindert „Unklar Anker" und bringt bei wenig Wassertiefe den Schiffsboden nicht in Gefahr. Der Porteranker wird von Trolman noch vervollkommnet.

1846 Richard **van Rees** bestimmt in genauer Weise die Verteilung des freien Magnetismus in Stahlstäben (s. 1785 C.) und findet, daß in den permanenten Magneten das magnetische Moment der einzelnen Schichten von der Mitte gegen die Enden ganz erheblich abnimmt. Als Mittel zur Bestimmung der Verteilung benutzt van Rees die Ströme, die in einer schmalen auf den Magnet aufgeschobenen Drahtspirale induziert werden, wenn dieselbe schnell über das nächste Ende des Magnetes abgezogen wird.

— Henri Victor **Regnault** entdeckt, daß sich durch Einwirkung des elektrischen Funkens auf ein Gemisch von Stickstoff und Wasserstoff Ammoniak bildet.

— Der Astronom Thomas Romney **Robinson** konstruiert das für die Windmessung jetzt allgemein angewendete, nach ihm „Robinson's Schalenkreuz" benannte Kugelanemometer.

— Obschon die Versuche zur photographischen Abbildung der Barometer- und Thermometerschwankungen sowie der magnetischen Beobachtungen bis ins Jahr 1838 zurückgehen, werden brauchbare Resultate erst durch **Ronalds** und **Brooke** erzielt. Die volle Schärfe der Abbildung wird erst später nach Einführung des Bromsilbergelatinepapiers (s. 1871 M.) erreicht. Die zuerst im astrophysikalischen Institut in Kew in Gebrauch genommenen Apparate bewähren sich vollkommen.

— Der deutsche Mechaniker H. D. **Rühmkorff** in Paris konstruiert einen verbesserten, viel gebrauchten Stromwender (Gyrotrop, s. a. 1828 P., 1832 A., 1844 P.),

— Robert Brett **Schenk** erfindet die unter dem Namen „amerikanisches Verfahren" bekannte Warmwasserröste des Flachses, eine künstliche Fermentation, die bezweckt, die unlösliche Interzellularsubstanz des Flachses zu zersetzen. Das Neue dieses Verfahrens liegt in der Anwendung einer Temperatur von 25—35° C, die durch einströmenden Dampf unterhalten wird. Hiermit ist gleichzeitig eine bedeutende Abkürzung des Röstprozesses verbunden. (S. a. 1852 B.)

— **Schlieper** stellt aus dem Safflor den roten Farbstoff unter dem Namen „Carthamin" dar. Derselbe wird später von Maly (1865) näher untersucht, der beim Schmelzen desselben mit Kalihydrat Paraoxybenzoesäure erhält.

— Carl **Schmidt** fördert durch seinen „Entwurf einer allgemeinen Untersuchungsmethode der Säfte und Extrakte des tierischen Organismus" die 1840 von Mulder (s. 1840 M.) begründete mikroskopische chemische (mikrochemische) Analyse.

— Christian Friedrich **Schönbein** entdeckt die Löslichkeit der Schießbaumwolle (Nitrocellulose) in Alkoholäther (vgl. seine Veröffentlichung in den Times am 13. November 1846) und erkennt die Verwendbarkeit dieser Lösung, die später von Augustus A. Gould den Namen „Kollodium" erhält, für die Wundpflege. Maynard in Boston, welcher das Kollodium erst i. J. 1848 darstellte, kann demnach nicht als Erfinder desselben angesehen werden.

— Nachdem schon 1804 Widmer vorgeschlagen hatte, bei Baumwollgeweben das nicht vollkommene Weiß noch durch eine Nachbehandlung mit unterchlorigsauren Salzen, nötigenfalls unter Beimengung von etwas Ultramarin zu heben, wird gleichzeitig von drei elsässischen Fabriken **Schwarz-Huguenin** in Morschweiler, **Blech-Steinbach** in Mülhausen und Daniel **Eck** in Sennheim das Chlorieren auf der Trockenmaschine, das „Trockenchlor" eingeführt. In England wird das „Trockenchlor" 1856 durch das „Dampfchlor" ersetzt.

1846 **Sebold** und **Anton** konstruieren eine sehr sinnreiche Hobel- und Schneidemaschine zum Spalten und Aushobeln der Hölzchen für die Reibzündhölzchen-Fabrikation. (S. a. 1822 W.)

— William **Sharpey** tritt in Dr. Quain's „Anatomy" zuerst der Vorstellung, daß die Knochen ganz aus Knorpelgewebe hervorgehen, entgegen. Er vertritt die Meinung, daß von dem menschlichen Skelett nur ein verschwindend kleiner Bruchteil aus Knochen besteht, der aus Knorpel verknöchert ist, daß vielmehr alle übrige Knochensubstanz aus einer leimgebenden, dem Bindegewebe verwandten Substanz entsteht. Hieraus erklärt sich auch, daß die organische Grundlage der Knochen beim Zerkochen nicht Chondrin, sondern Leim gibt. Nach ihm sind die „Sharpey'schen Fasern" benannt, durch welche außer durch das Periost die Blutgefäße mit den Knochen verbunden sind.

— William **Siemens** erfindet den mit Selbstunterbrechung arbeitenden Rasselwecker.

— William **Siemens** schlägt vor, als Isoliermittel für elektrische Stromleitungen Guttapercha anzuwenden.

— Werner **von Siemens** konstruiert einen Zeigertelegraphen mit Selbstunterbrechung, der hauptsächlich im Eisenbahnverkehr benutzt wird, und bei dem durch die Selbstunterbrechung ein zuverlässiger, synchroner Lauf der zwei Zeiger auf den voneinander entfernten Stationen bewirkt wird.

— Friedrich **Simony** weist nach, daß im Salzkammergut zur Eiszeit Gletscher von Bergen ausgegangen waren, welche eine Höhe von kaum 1300 m hatten, und folgert daraus, daß damals die Firngrenze unter jener Höhe gelegen haben müsse.

— **Smart** baut eine Schnellpresse für den lithographischen Druck, die mit Ausnahme des Ein- und Auslegens des Papiers alle Verrichtungen, selbst das Netzen und Wischen des lithographischen Steins, selbsttätig ausführt. Für Kupferdruck wird die erste Schnellpresse 1878 von Guy in Paris ausgeführt.

— **Soutter** und **Hammond** konstruieren eine pneumatische Pfahlramme, bei welcher der Bär mittels komprimierter Luft gehoben wird.

— J. W. **Starr** experimentiert behufs Herstellung von Glühfäden für Glühlampen erst mit Platin und anderen Metallen und geht dann zu Kohle über. Er probiert die verschiedensten Herstellungen von Kohlefäden, und muß auch in bezug auf die Verwendung von verkohltem Rohr als Vorläufer von Edison und Swan (s. 1879 E. und S.) betrachtet werden.

— Karl August **Steinheil** richtet auf der Bahnstrecke München-Nannhofen den ersten ständigen elektrischen Bahnwärter-Hilfstelegraphen ein.

— Karl August **Steinheil** wendet bei der Bahntelegraphenleitung von München nach Nannhofen zuerst Blitzplatten zum Schutze der Apparate und Beamten an.

— Der englische Fabrikant Robert W. **Thomson** erfindet den luftgefüllten Gummiring für Wagenräder. Diese Erfindung bildet die Grundlage für den Luftreifen des Fahrrades.

— Peter **von Tunner** stellt durch Glühen von weißem Roheisen in Quarzsand bei Luftzutritt ein von ihm „Glühstahl" genanntes Produkt her, das seit 1855 in Donawitz bei Leoben fabriziert wird.

— Rudolf **Wagner** führt die Marshall Hall'schen Untersuchungen über die Reflexbewegungen (s. 1832 H.) weiter und gibt ein Schema des Reflexorgans, welches im wesentlichen bis heute gültig geblieben ist.

— Der amerikanische Astronom Sears Cook **Walker** leitet die erste telegraphische Längenmessung und führt die elektrische Zeitnotierung in die Astronomie ein.

1846 Der amerikanische Chirurg John Collins **Warren** führt nach Entdeckung der Anästhesierung durch Äther (s. 1846 J.) die erste chirurgische Operation unter Narkose mit diesem Mittel aus. Er macht sich insbesondere durch seine Nervenresektionen bei Gesichtsschmerz bekannt.

— Wilhelm Eduard **Weber** beginnt die Publikation seiner elektrodynamischen Maßbestimmungen, an deren Spitze er das nach ihm benannte Weber'sche Gesetz stellt, das ebensowohl für ruhende als für strömende Elektrizität gilt. Er macht entscheidende Versuche über die Analogie der Volta- und Magnetinduktion.

— Wilhelm Eduard **Weber** konstruiert zur experimentellen Untersuchung der Wechselwirkung von Kreisströmen das Elektrodynamometer, das auch zu Strommessungen dienen kann und späterhin zur Messung sowohl von Wechselströmen als auch von Gleichströmen viel gebraucht wird.

— Wilhelm Eduard und Eduard **Weber** entdecken gleichzeitig mit Julius L. Budge die herzhemmende Wirkung des Nervus vagus.

— August **Weckherlin** bricht durch sein Werk „Die landwirtschaftliche Tierproduktion" für die Tierzuchtlehre neue Bahnen. Dieses Werk umfaßt die allgemeine Tierzucht, die Rindviehzucht und die Schafzucht.

— Nachdem Philippe in Paris schon i. J. 1832 eine verbesserte Maschine zur Erzeugung von Drahtstiften aus Eisendraht hergestellt hatte (s. 1811 W.), baut der Maschinenbauer Ludwig **Werder** in Nürnberg eine Drahtstiftmaschine von hervorragender Leistungsfähigkeit.

— William Robert Willis **Wilde** in Dublin fördert durch die von ihm eingeführten Untersuchungsmethoden die Entwicklung der wissenschaftlichen Ohrenheilkunde.

1847 George Biddell **Airy** vervollkommnet die von Laplace gegebene Theorie der Gezeiten. (S. 1774 L.)

— Der Berggeschworene **Alberts** führt in Westfalen die Verkokung in den sogenannten Sölbecker oder Schaumburger Öfen (das sind von gemauerten Wänden umgebene Meiler) ein. Diese Öfen werden 1857 von Rodgers auch für die englischen Kohlenbezirke eingeführt.

— Thomas **Anderson** entdeckt im Dippel'schen Tieröl das Pyridin, sowie seine höheren Homologen, das Picolin (Methylpyridin), das Lutidin und das Collidin. Das Picolin findet er auch im Steinkohlenteer.

— François Dominique **Arago** erklärt die Szintillation der Sterne aus der Interferenz des Lichts.

— Michele Alberto **Bancalari** zeigt, daß wie die Gase, so auch die Flammen magnetische Eigenschaften haben, und zwar zeigen sie sich, wie die meisten Gase, diamagnetisch. (S. a. 1847 F.)

— Louis Charles Arthur **Barreswil** erhält durch Eingießen von Wasserstoffsuperoxyd, das Sauerstoff enthält, in Chromsäurelösung die Überchromsäure, die nach Aschoff die Zusammensetzung Cr_2O_7 hat.

— Der Erfinder der Flöte, welche zu den ältesten Holzblasinstrumenten gehört und in Deutschland schon im frühen Mittelalter unter dem Namen „Schweitzerpfeiff" in Gebrauch war, ist nicht bekannt. Die moderne Flöte in ihrer jetzt allgemein üblichen Form, als Klappen-Querflöte mit 14 Tonlöchern, stammt von dem Instrumentenmacher und Flötenspieler Theobald **Böhm** in München.

— Louis François Clément **Breguet** errichtet elektrische Streckentelegraphen zu dem Zwecke, die Fahrgeschwindigkeit der Eisenbahnzüge zu kontrollieren.

— **Bridges Adam** führt beim Eisenbahnoberbau den sogenannten „schwebenden" Stoß ein, d. i. die Einrichtung, daß die Berührungsstelle zweier Eisenbahnschienen nicht durch eine Schwelle, Steinplatte u. dgl. unterstützt ist, sondern ohne Unterstützung frei schwebt.

1847 Robert Wilhelm **von Bunsen** untersucht das Wasser der isländischen Geysire in langen Röhren und zeigt, daß reines Wasser blau erscheint. Seine Beobachtung wird von John Davy 1860 in dessen Aufsatz „Colour of the Rhone" bestätigt. (S. a. 1704 N.)

— Louis Auguste **Desmarres** führt in die Augenheilkunde richtigere chirurgische Prinzipien, als vorher in derselben üblich waren, ein und zeigt, was selbst bei ambulanter Behandlung dem Auge an chirurgischen Eingriffen geboten werden kann. Er legt seine zahlreichen theoretischen und praktischen Erfahrungen in seinem Werke „Traité théorique et pratique des maladies des yeux" nieder.

— **Dittmar** in Heilbronn stellt stählerne Rasiermesser her, indem er aus Stahlblech oder vorgeschmiedeten Schienen die Klingen mit dem Durchschnitt (Durchschlag) ausstößt, den dicken Rücken ansetzt und die Messer einer nachträglichen Härtung unterwirft.

— Franz Cornelis **Donders,** Professor der Medizin in Utrecht, stellt das Gesetz der Augenbewegungen auf.

— John William **Draper** findet das nach ihm benannte Gesetz, wonach feste oder flüssige Körper bei Temperaturen bis zu 525° C. Strahlen aussenden, die für das Auge nicht wahrnehmbar sind; erst bei dieser Temperatur beginnen die Körper, sichtbare, dunkelrote Strahlen auszusenden; über dieser Temperatur gesellen sich dazu nacheinander hellrot, orange, gelb, grün, blau und violett, die zusammen weißes Licht geben; zur Weißglut gelangen die Körper bei 1200° bis 1300° C.

— Augustin Pierre **Dubrunfaut** entdeckt, daß der Hefe neben ihrer Fähigkeit die geistige Gärung hervorzurufen, auch das Vermögen innewohnt, den Rohrzucker zu spalten. Da bei diesem Vorgang der Rohrzucker in rechtsseitig polarisierenden Traubenzucker und in Fruchtzucker zerfällt, der so stark nach links dreht, daß die Rechtsdrehung des Traubenzuckers nicht zur Geltung kommt, nennt er das neue Zuckergemisch „Sucre interverti" (Invertzucker), und bezeichnet den Vorgang selbst als Inversion. Es gelingt ihm jedoch nicht, die invertierende Substanz herzustellen. (S. 1860 B.) Die Inversion wird auch durch verdünnte Säuren hervorgebracht.

— J. B. **Dumas,** F. **Malaguti** und F. **Leblanc** einerseits und A. W. **von Hofmann** andererseits führen die Ammoniaksalze von Gliedern der Fettsäurereihe durch Wasserentziehung in Nitrile über, und erkennen dieselben als identisch mit den als Cyanverbindungen von Alkoholradikalen dargestellten Körpern (Cyanwasserstoff = Formonitril, Cyanmethyl = Acetonitril usw.), deren erste von Pelouze (s. 1834 P.) erhalten worden waren.

— Am 20., 21. und 24. Juli untersuchen gleichzeitig **Dumas** und **Boussingault** die Luft in Paris, **Brunner** in Bern, **Martins** und **Bravais** die auf dem Faulhorn. Die Ergebnisse der Untersuchungen liegen innerhalb der Beobachtungsfehler; sämtliche Forscher finden 22,89—23,09 Gewichtsprozente Sauerstoff, entsprechend 20,70—20,88 Volumprozenten. (S. a. 1804 G.) Hiermit übereinstimmend finden (1848) Bunsen, (1848—50) Regnault und Reisch, (1879) Philipp von Jolly, daß unter gewöhnlichen Umständen der Sauerstoffgehalt der Luft zwischen den Grenzen von 20,9—21 Volumprozenten liegt.

— Michael **Faraday** weist nach, daß, wie durch den Magneten, so auch durch den elektrischen Strom eine Drehung der Polarisationsebene des Lichtes zustande kommt, die jedoch nur so lange dauert, als der Strom den drehenden Körper umkreist. Es ergibt sich hieraus, wie im Jahre vorher die erste Beziehung zwischen Licht und magnetischen, so die erste Beziehung zwischen Licht und elektrischen Kräften. (S. 1846 F.)

1847 M. **Faraday** und J. **Plücker** gelingt gleichzeitig der Nachweis, daß auch die Gase magnetische Eigenschaften haben, und zwar zeigt sich der Sauerstoff magnetisch, alle übrigen Gase, wie auch Wasserdampf und Quecksilberdampf, diamagnetisch. (S. a. 1847 B.)

— H. L. **Fizeau** und L. **Foucault** weisen die Interferenz der Wärmestrahlen nach und bestimmen mit ihrer Hilfe die Wellenlängen im ultraroten prismatischen Spektrum bis $\lambda = 1,445\,\mu$.

— Nachdem Coulomb schon i. J. 1778 im Anschluß an die Frage der Akademie von Rouen: „Wie sind die Felsen im Bette der Seine bei Quilleboeuf am vorteilhaftesten zu beseitigen?" zu diesem Zweck ein Taucherschiff, mit welchem die Taucherglocke verbunden war, vorgeschlagen hatte, konstruiert **Gournerie**, nachdem er schon 1839 einen solchen Vorschlag zur Beseitigung der Felsen im Hafen von Le Croisic gemacht hatte, ein ganz aus Eisenblech bestehendes Taucherschiff, das seine Aufgabe glänzend löst. Eine weitere Entwicklung finden diese Taucherschiffe durch Cavé, der an ihnen eine Vorkammer-Luftschleuse anbringt, durch die ohne Unterbrechung der Arbeit die Förderung der Materialien sowie das Ein- und Aussteigen stattfinden kann.

— Sir William Robert **Grove** konstatiert zuerst eine Zersetzung des Wasserdampfs bei hohen Temperaturen, als er Wasserdampf über glühendes Platin leitet oder eine Platinkugel in glühendem Zustand in Wasser taucht. Das Wasser zerfällt hierbei in 2 Teile Wasserstoff und 1 Teil Sauerstoff. (Dissoziation — siehe auch 1837 A.)

— Die **Hannoversche Staatsbahn** führt auf ihren Linien zuerst in Europa den Morse'schen Schreibtelegraphen ein.

— Hermann **von Helmholtz** legt mit seiner Abhandlung „Über die Erhaltung der Kraft" den Grund zur mathematischen Betrachtungsweise der mechanischen Wärmetheorie. Er weist nach, daß die chemischen Strahlen des Sonnenlichts die einzige Kraftquelle im Tier- und Pflanzenreiche sind.

— Hermann **von Helmholtz** gibt, ausgehend vom Prinzip von der Erhaltung der Kraft, eine Theorie der Induktion, bei der er nicht, wie Neumann (s. 1845 N.) die elektromotorische Kraft der Induktion den elektrodynamischen Wirkungen proportional setzt, sondern nur voraussetzt, daß die Induktion der Geschwindigkeit der Änderung der Stromstärke proportional sei.

— Hermann **von Helmholtz** stellt den Satz auf, daß die ganze in einem Stromkreise erzeugte Wärmemenge gleich derjenigen sein müsse, welche durch die chemischen Prozesse in der Kette frei wird, so daß der galvanische Strom gewissermaßen nur die in der Kette freigewordene Wärmemenge im Stromkreise verbreitet.

— W. J. **Hooker** reiht nach einigen von Dr. Oxley nach England geschickten Exemplaren des Baumes, der die Guttapercha liefert, die Pflanze in die Gattung Isonandra der Sapotaceen ein und nennt sie „Isonandra gutta".

— Ebenezer N. **Horsford** bestimmt die Leitfähigkeit von Flüssigkeiten und umgeht die Hauptschwierigkeit der Polarisation durch die gasförmigen Zersetzungsprodukte dadurch, daß er durch einen Kunstgriff den störenden Einfluß der elektromotorischen Kraft ausschaltet und den Widerstand der Flüssigkeit direkt mit der eines Drahtes vergleicht. Ähnliche Messungen stellen Schmidt (1860), Wiedemann (1858), Beetz (1863) und viele andere an.

— Der Amerikaner Elias **Howe** erfindet die erste wirklich brauchbare Nähmaschine. Er benutzt zu seiner Maschine eine Nadel, an der das Öhr

Darmstaedter.   32

sich nahe an der Spitze befindet, und ein Weberschiffchen. Ein Mangel dieser Maschine ist die nicht kontinuierliche Stoffvorschiebung.

1847 Gustav Robert **Kirchhoff** stellt für beliebig verzweigte Leitungssysteme die Gesetze über die Beziehungen der Stromintensitäten und der Widerstände in den einzelnen Zweigen der Leitung auf (Kirchhoff'sche Gesetze).

— Hermann **Kolbe** und Edward **Frankland** stellen durch Einwirkung von Kalium oder Natrium auf Cyanäthyl das Kyanaethin, den ersten Vertreter der trimolekularen Cyanide dar, die nach späteren Untersuchungen von E. von Meyer (1880) alkylierte Amidomiazine sind.

— Rudolf Albert **von Kölliker** entdeckt die glatten Muskelfasern.

— Die Gebrüder **Labitte** in Clermont führen in ihrer Privatirrenanstalt zuerst das System der agrikolen Kolonie ein, indem sie ruhige, ungefährliche Kranke auf einem Ökonomiehof unterbringen und bei dem größten Maß von Freiheit mit landwirtschaftlichen Arbeiten beschäftigen. Dies System gibt in Einum (Hannover), Alt-Scherbitz (Sachsen) usw. sehr günstige Resultate.

— Maximilian Herzog **von Leuchtenberg** weist zuerst auf die Möglichkeit hin, aus dem Gold und Silber enthaltenden Rohkupfer die edeln Metalle auf elektrischem Wege auszuscheiden.

— Justus **von Liebig** erfindet ein Verfahren zur Darstellung von chlorsaurem Kali, das auf der Umsetzung des durch Absorption von Chlor durch Kalkmilch hergestellten chlorsauren Kalks mit Chlorkalium beruht. Weldon schlägt 1871 vor, den Kalk durch Magnesia zu ersetzen, ein Vorschlag, der jedoch erst 1882 durch Muspratt und Eschellmann in die Praxis übertragen wird.

— Justus **von Liebig** untersucht die Fleischflüssigkeit, aus der er das schon von Chevreul (s. 1832 C.) und darauf auch von Schloßberger und Wöhler bemerkte Kreatin ausscheidet und genauer untersucht, und aus welcher er ferner Kreatinin und Inosinsäure herstellt. Er weist auch zuerst die Verschiedenheit des Fleischfibrins (Syntonin) von dem Blutfibrin nach. Diese Untersuchung zeigt, daß auch die Bestandteile des tierischen Organismus mit Erfolg der chemischen Behandlung unterworfen werden können, und eröffnet die zoochemische Analyse.

— Justus **von Liebig** stellt Sarkosin als Zersetzungsprodukt des Kreatins dar.

— Nachdem schon Napoleon I. in Ägypten Fleischextrakt als Stärkungsmittel für die Verwundeten gebraucht hatte und dies Mittel von Proust und Parmentier 1821 neuerdings empfohlen worden war, legt Justus **von Liebig** in seiner Arbeit über die Fleischflüssigkeit (s. vorstehende Artikel) die Bedeutung der einzelnen Bestandteile des Fleisches für die Ernährung dar, und empfiehlt, das zahllose Vieh der großen Prärien Südamerikas der Fabrikation von Fleischextrakt nutzbar zu machen.

— Der Physiolog Karl **Ludwig** führt durch die Erfindung des Kymographion, mit dem er die Druckschwankungen im Blutgefäßsystem aufzeichnet, in die Physiologie die graphische Methode ein, die später für die Darstellung der Muskelbewegung (s. 1850 H.), der Atembewegung, des Herzschlages (s. 1850 V.) usw. verwendet wird und sich als sehr fruchtbar erweist.

— Charles **Martins** entdeckt, daß auch unter dem Gletscher Felsenschutt liegt und nennt denselben „Moraine profonde" (Grundmoränen). Aus diesem Funde ergibt sich die Tatsache, daß der sich langsam fortbewegende Gletscher das Bett aufarbeitet, wie dies auch aus den Schliffen hervorgeht.

— Nachdem schon Mitte der 30er Jahre auf der Saline Dürrenberg Versuche zur Herstellung von Braunkohlen-Naßpreßsteinen gemacht worden waren, die 1845 mit einer vom Hütteninspektor Schmahel konstruierten Kohlenpresse fortgesetzt wurden, konstruiert Alois **Milch** in Köln eine Preßmaschine, die sich bis 1855 im Betrieb erhält, dann aber wegen zu mangelhafter Resultate, die namentlich eine Folge der geschlossenen Formen waren, außer Betrieb gesetzt werden muß.

1847 Karl Friedrich **Naumann** beschreibt mit Rinnen versehene polierte Felsen bei Hohburg in Sachsen, die zuerst Anlaß geben, die wetzende, korrodierende Wirkung des sandbeladenen und daher wie ein Sandgebläse wirkenden Windes zu studieren, die dann von Blake (1855), Gilbert (1874), Zittel und Johannes Walther näher untersucht wird. (Vgl. auch 1868 R.)

— Nachdem schon Poisson vermutet hatte, daß die Krystalle dem Magnetismus gegenüber ein besonderes Verhalten offenbaren, entdeckt Julius **Plücker** bei Benutzung eines großen Hufeisenmagneten, daß der grüne Turmalin zwar einerseits angezogen wird, sich aber andererseits mit der Achse äquatorial einstellt.

— Julius **Plücker** versucht die Permeabilität von Mineralien zahlenmäßig festzustellen, was für die magnetische Scheidung später großen Wert gewinnt. Die von ihm ermittelten Zahlen sind: Eisen 100000, Magnetit 40000, Eisenglanz 593, Eisenspat 761, Manganoxydoxydul 167, Ferrisulfat 111, Nickeloxydoxydul 106, Nickeloxydul 35.

— Ignazio **Porro** fördert die von Green (s. 1778 G.) erfundene Tachymetrie und konstruiert neue tachymetrische Instrumente. Durch ihn insbesondere wird die Tachymetrie sehr beliebt für Arbeiten im Hochgebirge und für rasche Terrainaufnahmen (Croquieren).

— Henri Victor **Regnault** kommt bei seinen Versuchen über die Ausdehnung der Gase wie Magnus (s. 1842 M.) zu dem Resultat, daß das Boyle-Mariotte'sche Gesetz weder für die sogenannten unbeständigen Gase, wie Kohlensäure, Ammoniak usw., noch auch für die sogenannten permanenten Gase, wie Luft, Stickstoff, Wasserstoff usw. in aller Strenge Gültigkeit besitzt. Den Ausdehnungskoeffizienten der Luft findet er ebenso wie Magnus zu 0,3665, Philipp von Jolly bestimmt ihn (1874) zu 0,36695.

— Henri Victor **Regnault** macht genaue Meßversuche über die Kompressibilität des Wassers, die von Grassi (1875) und Amagat (1877) unter Verwendung der von Regnault konstruierten Piëzometer auch auf andere Flüssigkeiten ausgedehnt werden. Amagat zeigt, daß der Kompressionskoeffizient des Wassers mit steigendem Druck erheblich abnimmt, was Tait (1886) bestätigt.

— Ferdinand **Reich** zeigt, daß die diamagnetische Abstoßung daher rührt, daß in den betreffenden Substanzen durch einen angenäherten Magnetpol ein gleichnamiger Pol erregt wird. Eine Wiederholung der Reich'schen Versuche durch Tyndall (1855) ergibt das gleiche Resultat, zu dem auch Poggendorff und Weber im gleichen Jahre gelangen. Dem letzteren gelingt es mit dem von ihm konstruierten Diamagnetometer das diamagnetische Moment eines Witmutstabes zu messen.

— Karl Bogislaw **Reichert** erhält zum erstenmal den Blutfarbstoff (Oxyhämoglobin) in krystallisiertem Zustand.

— **Risler** in Sennheim konstruiert den sogenannten Epurateur, eine Modifikation der Kratzmaschine, die häufig angewendet wird, um die vom Wolf und Batteur (s. 1806 Sn. und 1812 E.) vorbereitete Baumwolle weiter aufzulockern, ehe sie auf die Kratzmaschine gebracht wird.

— Friedrich **Rochleder** fördert durch seine zum Teil mit Heinrich Hlasiwetz unternommenen Pflanzenuntersuchungen und die Darstellung zahlreicher neuer Pflanzenstoffe die Phytochemie.

— Auf den bayrischen Staatsbahnen werden Wagen versucht, deren Achsen in Rollenlagern laufen, die von Baron **von Rudorffer** konstruiert sind und eine Verminderung der gleitenden Achszapfenreibung bewirken sollten. Der

32*

Versuch hat nicht den erwarteten Erfolg. Dagegen werden diese Lager von 1861 ab in Nordamerika für Zapfen- und Wellenlager der verschiedensten Art mit Erfolg verwendet.

1847 Ferdinand **Runge** erfindet die Chromblauholztinte, indem er Blauholzabsud mit einer minimalen Menge von gelbem chromsaurem Kali erhitzt.

— **Saalmüller** untersucht die Ricinusölsäure (Ricinolsäure), die im Ricinusöl mit Glycerin zum Ester verbunden vorkommt. Die Säure wird später vielfach an Stelle des Ricinusöles als Abführmittel gegeben und findet auch in der Türkischrotfärberei (s. 1892 L.) Verwendung.

— Carl **Schmidt** entdeckt die Bernsteinsäure unter den Produkten der alkoholischen Gärung. (S. a. 1858 P.)

— Christian Friedrich **Schönbein** erhält durch Einwirkung von ozonisierter Luft auf Silberoxyd das Silbersuperoxyd als grauschwarzes Pulver, das beim Erhitzen reines Sauerstoffgas entwickelt.

— Anton **Schrötter** entdeckt den roten amorphen Phosphor, welcher der Ausgangspunkt für die Fabrikation der Sicherheitszündhölzer wird.

— Ignaz Philipp **Semmelweis** entdeckt, daß das sogenannte Puerperalfieber eine Pyämie ist, die vorzugsweise durch Übertragung von Leichengift auf die Innenflächen des Uterus entsteht. (S. 1788 D.) Er führt obligatorische Waschungen der Hände der Untersuchenden in Chlorkalklösung ein und erreicht so einen Abfall der Sterblichkeit in seiner Klinik von $9,92\%$ auf $3,8\%$. (S. a. 1843 H.)

— Ignaz Philipp **Semmelweis** vervollständigt seine Beobachtungen (s. den vorhergehenden Artikel) dahin, daß nicht allein Leichengift, sondern überhaupt jeder zersetzte organische Stoff ansteckend und fiebererregend auf den Uterus wirkt, und erweitert seine Forderungen dahin, daß nicht nur die Hände der Touchierenden, sondern auch die Instrumente und das Verbandmaterial vorher desinfiziert werden müssen. Er erreicht im folgenden Jahre einen Abfall der Sterblichkeit in seiner Klinik auf $1,27\%$. Er ist danach als der Urheber des Verfahrens zu bezeichnen, das später Asepsis genannt wird, und das zielbewußt alle Infektionserreger von den Wunden abzuhalten sucht.

— Henri **de Sénarmont** bestimmt zuerst die Wärmeleitfähigkeit der Krystalle, deren Kenntnis später insbesondere von Lang (1869) und Jannetaz (1888) erweitert wird, von denen der erstere vorzugsweise die einachsigen Krystalle (quadratische und hexagonale), der andere auch Krystalle der übrigen Systeme untersucht.

— Werner **von Siemens** baut eine Maschine zur Herstellung von isolierenden Guttaperchaumhüllungen für Leitungsdrähte. Die preußische Regierung läßt ein Versuchskabel zwischen Berlin und Großbeeren verlegen, an dem Siemens wichtige Beobachtungen betreffs der Wirkung der Kapazität auf den Kabelbetrieb macht. Die Abhandlung darüber legt er 1850 der Kgl. Akademie der Wissenschaften vor.

— Werner **von Siemens** erfindet einen Typendrucker, der auf dem Prinzip der Selbstunterbrechung beruht, und aus dem sich späterhin der Ferndrucker, wie er von Walter Samuel Steljes sowie von Schwennicke und Dr. Franke ausgeführt wird, entwickelt.

— Nachdem bereits Flourens bei seinen Tierversuchen die Überlegenheit des Chloroforms gegenüber dem Äther als Betäubungsmittel erkannt hatte, wendet der Mediziner James Young **Simpson** zu Edinburg zuerst die Chloroformnarkose beim Menschen an, und zwar bei einer Entbindung. Vermöge seiner schnelleren Wirkung verdrängt das Chloroform alsbald den Äther. (S. 1846 J. und 1846 W.)

1847 Ascanio **Sobrero** entdeckt das Nitroglycerin, das seit 1862 von Alfred Nobel fabrikmäßig erzeugt wird.

— N. **Soleil** erfindet ein Saccharimeter, bei welchem, um die Größe der Drehung zu messen und aus dieser den Zuckergehalt der angewendeten Flüssigkeit zu bestimmen, die Drehung der Flüssigkeit mit der einer Doppelquarzplatte (s. 1845 S.) verglichen wird, deren Dicke durch gegenseitige Verschiebung ihrer Teile geändert werden kann. Der Betrag der Verschiebung ist an einer Skala abzulesen. Die späteren Saccharimeter, wie z. B. das von Duboscq und das von Ventzke, beruhen auf dem gleichen Prinzip und weichen nur in bezug auf die Skala ab.

— Der Mathematiker Karl Georg Christian **von Staudt** in Erlangen bildet die projektive Geometrie (von ihm „Geometrie der Lage“ genannt) weiter aus, indem er in seinen geometrischen Anschauungen von den Größenverhältnissen im euklidischen Sinne ganz absieht, die Geometrie vielmehr von allen Maßverhältnissen unabhängig macht, und nur die gegenseitige Lage der räumlichen Gebilde ins Auge faßt. (Vgl. 1813 P. und 1832 S.)

— Nachdem Thénard, Berzelius, L. Gmelin und Demarçay über die chemischen Bestandteile der Galle gearbeitet hatten, gelingt es Adolf **Strecker** durch seine von 1847—49 fortgesetzten Untersuchungen, die Gallensäuren und deren Verbindungen aufzuklären.

— **Vachon** erfindet die „Trieur“ genannte Getreidereinigungsmaschine.

— François Hippolyte **Walferdin** macht genaue Bestimmungen der Temperatur in den Tiefen des Meeres, in Bohrlöchern und in Tiefbrunnen, konstruiert dazu eine Reihe feiner Apparate und findet, daß die Wärme mit je 32,3 m um 1° C. zunimmt.

— Joseph **Whitworth** konstruiert die erste Straßenkehrmaschine, bei welcher der Besen unter Anwendung des Prinzips der Kette ohne Ende in eine geradlinige und gleichzeitig drehende Bewegung versetzt wird. Diese Art von Maschinen wird 1865 von Koffler verbessert. Eine andere Art von Maschinen, bei welcher die Drehbewegung der Besenräder auf die Borstenwalze übertragen wird, wird 1856 von Colombe konstruiert, und 1865 von Tailfer und 1867 von Jean Blot wesentlich vervollkommnet.

— Adolphe **Wurtz** entdeckt das Phosphoroxychlorid, das aus Phosphorchlorid durch Anziehung von Feuchtigkeit, sowie beim Hinzufügen von wenig Wasser entsteht. Eine nähere Untersuchung des Produktes wird 1871 von Geuther und Michaelis vorgenommen.

— Der Mechaniker Carl **Zeiß** in Jena stellt eine aus zwei kombinierten Glaslinsen zusammengesetzte Lupe (Duplet-Lupe) her, welche bei großer Schärfe der Bilder eine 120 fache lineare Vergrößerung liefert.

1848 Max Emanuel **Ainmiller** in München, in dessen Besitz die von Frank (s. 1804 F.) geleitete Anstalt für Glasmalerei i. J. 1848 übergeht, fördert die Kunst des Glasmalens, indem er farbiges Glas mit farbigem, anstatt wie dies bisher geschah, weißes Glas mit farbigem überfängt, auf welche Weise er gegen 120 Farbennuancen erzeugt. (Vgl. hierzu auch 1460 G.)

— **Applegath** baut für die Times-Druckerei eine Schnellpresse mit Zylinderform (8 Druckzylinder enthaltend), die 10 000 bis 12 000 Bogen in der Stunde einseitig druckt.

— Der englische Ingenieur **Appold** konstruiert die erste brauchbare Zentrifugalpumpe, die 1851 auf der Londoner Weltausstellung ausgestellt wird und sich alsdann rasch weiter verbreitet. (S. 1689 P.)

— Edmond **Becquerel** veröffentlicht seine Untersuchungen über Polychromie. Er bereitet die empfindliche Schicht, indem er eine polierte Silberplatte in Chlorwasser oder in die Lösung eines Metallchlorids taucht; es bildet sich eine Schicht von Silbersubchlorid, welche unter dem Einfluß farbiger

Gläser ähnliche Farben annimmt. Mit solchen Platten gelingt es ihm, das Sonnenspektrum farbig mit den Fraunhofer'schen Linien zu photographieren.

1848 Aristide **Bérard** konstruiert für die Kohlenaufbereitung seine hydraulische Setzmaschine mit kontinuierlichem Austrag.

— Nachdem die Erzeugung negativer Bilder in Eiweißschichten (s. 1848 N.) einen guten Erfolg gehabt hatte, faßt **Blanquard-Evrard** den Gedanken, das Eiweiß auch zur Präparation des Positivpapieres zu verwenden, und führt Albuminpapier in die Photographie ein.

— Während noch Messier 1771 in dem von Marius (s. 1612 M.) entdeckten Andromedanebel keine Sterne wahrnehmen konnte, löst George Phillips **Bond** diesen Nebel in eine Unzahl kleiner Sterne auf, von denen er 1500 deutlich zählen kann. Dieser Nebel ist im Gegensatz zu den Gasnebeln eine Anhäufung sehr weit entfernter Sterne. (S. a. 1865 H.) Besonders wertvolle Beobachtungen liefert Bond über den Orionnebel.

— William Cranch **Bond** und William **Lassell** entdecken gleichzeitig den 7. Saturntrabanten „Hyperion".

— William Cranch **Bond**, Ormsby Macknight **Mitchel** und Sears Cook **Walker** konstruieren gleichzeitig astronomische Registrierapparate, bei welchen an einer gewöhnlichen Pendeluhr ein Stromunterbrecher angebracht und durch die Pendelschläge ein vorbeigeführter Papierstreifen in gleiche Intervalle geteilt wird. Aus diesem einfachen Apparat geht der Bond'sche Zylinderchronograph hervor. (S. 1860 B.)

— Rudolph Christian **Böttger** erfindet die Sicherheitszündhölzchen (auch schwedische Hölzchen genannt), welche die phosphorfreie Masse an dem einen, den amorphen Phosphor (s. 1847 S.) an dem andern Ende enthalten. Beim Gebrauch werden die Hölzchen in zwei ungleiche Stücke zerbrochen und das kleinere mit amorphem Phosphor versehene Ende an der Zündmasse des längeren Stückes gerieben.

— **Briet** empfiehlt zuerst zur Selbstdarstellung von Mineralwässern die später viel gebrauchten Gaskrüge.

— Nachdem C. A. Sigismund Schultze (1834) die Fähigkeit der eingetrockneten Schildkrötentierchen (Tardigraden), nach langer Ruhe wieder zu erwachen, behauptet hatte, erstattet auf Veranlassung der Pariser biologischen Gesellschaft Paul **Broca** einen Bericht über solche Versuche, in welchem er die von Schultze behaupteten Tatsachen vollständig bestätigt.

— Ernst Wilhelm **von Brücke** macht Untersuchungen über die Bewegungen der Mimosenblätter und stellt eine rein mechanische Theorie dieser Erscheinung auf.

— **Butler** in New Yersey führt zum Kochen der Hadern (Lumpen) die sich drehenden Kocher in die Papierfabrikation ein. Diese Apparate werden von Bryan Donkin (1850), von Fourdrinier (1856) u. a. wesentlich verbessert.

— Carl Ernst **Claus** beschreibt 5 Oxydationsstufen des Rutheniums, das Oxydul, Sesquioxydul, Oxyd, die Ruthensäure und Überruthensäure, drei Halogenverbindungen, das Chlorür, Sesquichlorür und Chlorid, das dem Oxyd entsprechende Sulfid und verschiedene ammoniakalische Ruthenbasen.

— Carl Ernst **Claus** bearbeitet die von Berzelius zuerst beschriebenen Oxydationsstufen des Osmiums, das Oxydul, das Sesquioxydul und das Oxyd und entdeckt, daß letzteres beim Erhitzen in Metall und Überosmiumsäure zerfällt. Die Osmiumsäure, nur in Verbindung mit Basen bekannt, entdeckt 1844 Edmond Frémy. Das Osmiumchlorür und das Chlorid erhält zuerst Berzelius (1833), das Sesquichlorür Claus 1849; die Schwefelverbindungen werden von Berzelius (1833), Claus (1849) und Frémy (1844) beschrieben.

1848 George Henry **Corliss** erfindet die nach ihm benannte Corliss-Ausklink-Hahnsteuerung, welche 1849 in Amerika patentiert wird. Der Hauptnachteil dieser Steuerung, der in der Unmöglichkeit, bei Mehrfach-Expansionsmaschinen mehr als 40 Prozent Füllung zu erreichen, besteht, wird in der von J. R. Frikart ersonnenen Verbesserung, durch welche sich unter Einwirkung des Regulators alle Füllungsgrade erreichen lassen, vermieden. Andere Verbessungen der Corliss-Steuerung rühren von J. F. Spencer (1865), Douglas und Grant (1874), E. Reynolds (1875), Jerome Wheelock (1876), Bède (1878), Doerfel (1889) u. a. her.

— Jean Victor **Coste,** Professor am Collège de France, beobachtet und beschreibt zuerst den Nestbau des Stichlings, den derselbe kugelförmig aus Wasserpflanzen formt.

— Reiner **Daelen** in Hörde erfindet das Universalwalzwerk für Stabeisen mit rechteckigem Querschnitt. Hierbei wird das Flacheisen durch zwei Paar glatte Walzen erzeugt, von denen die eine wagerecht, die andere senkrecht gelagert ist, so daß also das Eisen bei jedem Durchlauf sowohl in senkrechter als auch in wagerechter Richtung Druck erfährt. Die Lagerungen der Walzen sind verstellbar, so daß mit dem Universalwalzwerk Flacheisen eines jeden Profils angefertigt werden kann.

— D. C. **Daniellsen** und C. W. **Boeck** veröffentlichen eine epochemachende Arbeit über die Lepra, die grundlegend für die neuere Forschung über diese seit den ältesten Zeiten bekannte Krankheit wird, und in deren Folge namentlich auch in den alten Heimstätten des Aussatzes, wie Indien und Ägypten, statistische Zusammenstellungen über die Ausbreitung dieser Seuche entstehen.

— C. F. **Delabarre** und W. **Rogers** versuchen als Basis für künstliche Zähne Gummi zu verwenden, den sie in Lösung schichtenweise aufpinseln. Die Methode wird mit Einführung des vulkanisierten Kautschuks (s. 1855 G.) verlassen.

— Warren **De la Rue** macht Untersuchungen über den Cochenillefarbstoff und entdeckt die Nitrococcussäure, die von großer Wichtigkeit für die Konstitutionsbestimmung der Carminsäure ist und den Ausgangspunkt der Arbeiten von C. Liebermann über diesen Körper (s. 1897 L.) bildet.

— Der schottische Ingenieur B. H. **Dodge** bewirkt am Mon-Kland-Kanal in Schottland den Schiffstransport über geneigte Ebenen in mit Wasser gefüllten Caissons (transportabeln oder Dodge-Schleusen. S. a. 1844 S.)

— Heinrich Wilhelm **Dove** setzt die Arbeit von Alexander von Humboldt fort und entwirft nicht nur Isothermen des Jahres, sondern auch solche der einzelnen Monate für die ganze Erde. Daraus entwickeln sich i. J. 1852 Untersuchungen über thermische Isometralen (Verbindungslinien derjenigen Orte, bei denen zu gleicher Zeit dieselbe Abweichung vom normalen Temperaturmittel vorhanden ist) und über thermische Isanomalen (Verbindungslinien der Orte, die für bestimmte Zeiten wärmer oder kälter sind, als es nach ihrer geographischen Breite der Fall sein müßte). Die thermischen Isanomalen werden später namentlich von Teisserenc de Bort und Batchelder zum Gegenstand eingehenden Studiums gemacht.

— Emil **du Bois-Reymond** bildet den elektrischen Strom zu einem so bequem anwendbaren, fein abstufbaren und leicht lokalisierbaren Reiz für Nerven und Muskeln aus, daß für Reizungsversuche von jetzt ab der elektrische Reiz die erste Stelle einnimmt. Er entdeckt den Muskelstrom und den Nervenstrom und leitet deren Gesetze ab. (S. a. 1827 N.)

1848 Gaspard Alphonse **Dupasquier** verwendet Jodlösung zur Bestimmung des Schwefelwasserstoffs in Mineralwässern.

— Der Pfarrer Johann **Dzierzon** zu Karlsmarkt bei Brieg erfindet die Bienenstöcke mit beweglichen (herausnehmbaren) Waben (sog. Mobilzucht). Er bringt hierzu in den Bienenkästen lose Holzleisten an, welche mit Wabenstreifen beklebt sind, wodurch den Bienen Platz und Richtung ihres Baues vorgezeichnet wird. Später stellt er den nach ihm benannten Zwillingsstock her. (Vgl. 1852 B.)

— **Foucault** und **Duboscq** konstruieren die erste brauchbare Bogenlampe mit Uhrwerk für Nachschub und für Auseinanderziehen der Kohlen.

— John **Fowler** konstruiert einen Drainpflug, der die Grundlage für die späteren Dampfpflüge bildet und durch ein starkes Hanfseil mittels eines Göpels in Bewegung gesetzt wird.

— **Frankenstein** in Leipzig bringt in der Mitte der Flamme einer Argandlampe einen verstellbaren Kegel an, der aus einem mit einer erdigen Substanz durchdrungenen Gewebe besteht. Das Gewebe brennt aus, die in derselben Form zurückbleibende erdige Masse wird weißglühend und erhöht die Leuchtkraft der Flamme.

— Carl Remigius **Fresenius** empfiehlt die phosphorsaure Ammoniakmagnesia ihrer Unlöslichkeit in ammoniakhaltigem Wasser halber zu analytischen Zwecken als Erkennungsmittel der Magnesiumsalze und der Phosphorsäure.

— Charles **Gerhardt** führt die Analogie zwischen Ammoniak und Anilin (s. 1843 G.) noch weiter durch und stellt die Anilidsäuren (Sulfanilsäure, Disulfanilsäure) dar, die er den Aminsäuren analog auffaßt.

— Heinrich Robert **Göppert** erbringt mit Hilfe des Mikroskops den Nachweis, daß man in der fossilen Kohle die Art der Pflanzen, aus denen sie entstanden ist, wiedererkennen kann.

— Nachdem 1820 das erste eiserne Schiff vom Stapel gelassen war und sich die Notwendigkeit ergeben hatte, die eisernen Böden gegen Rost und gegen das Ansetzen von Organismen zu schützen, schlägt Charles **Hancock** zu diesem Zweck in Chlorcalcium gekochte, geknetete und mit Borax und Schellack gemischte Guttapercha vor. 1849 folgt die Anregung, Lösungen von Guttapercha in Benzol zu verwenden. Nach vielen anderen Vorschlägen werden gegen 1880 zuerst von Rathgen Lackfarben in Form einer Lösung von Schellack in Spiritus mit Eisenoxyd als Beschwerungsmittel angewendet, die sich großer Beliebtheit erfreuen. Als giftiges Prinzip werden diesen Farben Quecksilbersalze oder auch Kupfersalze hinzugefügt, welche letztere Mac Crae 1858 vorschlägt. (Vgl. a. 1860 S.)

— Hermann **von Helmholtz** entdeckt die funktionelle Wärmebildung der Muskeln.

— Nachdem Harding in seinem 1808—23 erschienenen „Atlas Coelestis" den ersten Schritt dazu getan hatte, in seine Sternkarten auch die dem Auge nicht sichtbaren Sterne aufzunehmen, und Bessel den Anstoß zu einer planmäßigen Kartierung durch seinen am 21. Oktober 1824 an die Berliner Akademie gerichteten Brief gegeben hatte, publiziert John Russel **Hind** nach seinen Beobachtungen auf der Privatsternwarte von Bishop die erste sogenannte Ekliptikalkarte (so genannt, weil sie nur eine schmale, die Ekliptik einschließende Zone umfaßt). Diese Karte enthält die Sterne bis zur 11. und 12. Größe; ihr folgen 1860—78 die Karten von Peters und 1860—63 die Karten von Chacornac, die nach Chacornac's Tod von den Brüdern Henry fortgesetzt werden.

— Die **Indische Regierung** nimmt den Gangeskanal und die Wiederherstellung des um die Mitte des 18. Jahrhunderts gänzlich verfallenen Delhikanals in Angriff. Die Länge des Gangeskanals beträgt 1305 km, während der später begonnene Delhikanal mit allen Verzweigungen 688 km lang werden soll. Das schwierigste Bauwerk, der Solani-Aquädukt, auf dem der Kanal über den Solanifluß geleitet werden mußte, um in die Douabebene einzutreten, wird am 8. April 1854 eingeweiht.

1848 Der Maschinendirektor **Kirchweger** in Hannover verbessert die Windräder, indem er schwach ausgehöhlte Flügel aus Eisenblech konstruiert und so anordnet, daß sie stets von selbst gegen die Richtung des Windes eine Stellung annehmen, welche die auf die Flügel übertragene bewegende Arbeit möglichst konstant macht.

— Der katholische Priester Sebastian **Kneipp** führt bei der Wasserkur das Barfußgehen auf nassen Wiesen ein, das früher schon von Penot (s. 1547) empfohlen worden war.

— Hermann **Kolbe** spricht die Vermutung aus, das Kakodyl sei Arsendimethyl, welche Vermutung von Frankland (1850) wahrscheinlich gemacht und durch Cahours und Riche (1853) auf dem Wege des Experimentes bestätigt wird. Die letzteren entdecken bei ihren Arbeiten das Trimethylarsin und das Trimethylarsonium. Landolt stellt 1854 die entsprechenden Äthylverbindungen dar; die Arsenmonomethylverbindungen werden 1858 von Baeyer erhalten.

— Hermann **Kolbe** und Edward **Frankland** gelingt es, auf synthetischem Wege aus Cyanmethyl durch Kochen mit Kali oder Schwefelsäure Essigsäure herzustellen, und damit zu Säuren von höherer Kohlenstoffzahl, als es dem Radikal der Cyanverbindung entspricht, aufzusteigen. Dieselbe Reaktion wird gleichzeitig auch von Dumas, Malaguti und Leblanc zur Darstellung von Propionsäure aus Cyanäthyl benutzt.

— L. **Lafosse** in Toulouse wirkt in verdienstvoller Weise auf dem Gebiet der Tierheilkunde. Er schreibt über den Darmstich, die Kastration und das Brennen und konstruiert eine besondere Form der Haarseilnadel. Sein Hauptwerk ist die „Pathologie vétérinaire".

— Auguste **Laurent** entdeckt die lösliche Modifikation der Wolframsäure, die mit den meisten Basen lösliche Salze liefert und den Namen Metawolframsäure erhält.

— Der englische Staatsmann und Altertumsforscher Austen Henry **Layard** entdeckt in den Ruinen des alten Ninive die aus Tausenden von Tontäfelchen bestehende, jetzt im Britischen Museum aufgestellte Bibliothek des Königs Asurbanipal (Sardanapal 669—625 v. Chr.). Auch findet er daselbst eine geschliffene plankonvexe Linse aus Bergkrystall, — der älteste Fund dieser Art.

— Nachdem Nees von Esenbeck (1822) die männlichen Samenfäden des Torfmooses, G. W. Bischoff (1828) die der Characeen wahrgenommen und Unger sie als männliche Befruchtungsorgane in Anspruch genommen hatte, entdeckt Graf **Lesczyc-Suminsky** an den Farnkräutern außer den männlichen Organen (Antheridien) auch weibliche Organe (Archegonien), in deren Innerem nach geschehener Befruchtung der Embryo der jungen Farnpflanze entsteht.

— Rudolf **Leuckart** trennt die Coelenteraten, die Cuvier mit den Radiaten und Echinodermen vereinigt hatte, wieder von diesen Tierklassen ab und gibt ihnen eine besondere Stelle im System, weil sie, wie H. Milne Edwards festgestellt hat, kein Darmrohr wie die Echinodermen besitzen, sondern nur eine offene Leibeshöhle haben. Zu den Coelenteraten, durch die Haeckel zu seiner Gastraeatheorie (s. 1872 H.) gelangt, gehören die Schwämme, Polypen, Medusen, Quallen und Korallen. Leuckart untersucht auch den Polymorphismus im Tierreich.

— Ladislaus **Magyar** erforscht den Unterlauf des Kongo, den er auf einem Boote soweit aufwärts fährt, bis ihm die Stromschnellen Einhalt gebieten.

1848 Robert **Mallet** verbreitet durch seinen „Report on the facts of earthquake phaenomena" Licht über die Natur der Erschütterung bei Erdbeben, den Zusammenhang ihrer scheinbar verschiedenen Wirkungen, und ihre Trennung von den sie begleitenden oder gleichzeitig eintretenden physikalischen und chemischen Prozessen.

— Der Mühlenbaumeister J. W. **Marshall** findet am 19. Januar das erste Gold in Kalifornien auf dem Besitztum des Kapitäns Sutter.

— Coelestin **Martin** in Pepinster bei Verviers erfindet den „Continue-Vorspinner" (Florteiler), der von Richard Hartmann 1860 noch verbessert wird.

— Heinrich Emanuel **Merck** entdeckt im Opium eine neue Base, das Papaverin, das von Anderson (1854) und Hesse (1870) näher untersucht wird.

— Gustav Adolf **Michaelis** gibt eine wissenschaftliche Darlegung des engen Beckens, die den eigentlichen Beginn der Periode einer wissenschaftlichen Behandlung der Geburtshilfe bedeutet und am meisten zum klinischen Ausbau der Lehre vom engen Becken beiträgt. (S. a. 1685 D.)

— Der preußische Oberbaurat **Mohn** bringt zuerst selbsttätige Signalvorrichtungen an den Weichen an, welche deren Stellung von weitem sichtbar machen.

— Friedrich **Mohr** empfiehlt die nach ihm benannte Wage zur Bestimmung des spezifischen Gewichts von Flüssigkeiten, die gestattet, das spezifische Gewicht unmittelbar als Zahl abzulesen.

— **Morgan** in Manchester konstruiert die erste Kerzengießmaschine für kontinuierlichen Betrieb, die namentlich von Cahouet und Morane in Paris wesentlich verbessert wird.

— Friedrich **Müller** und Sven Ludwig **Lovén** entdecken am tierischen Ei die Polzellen und nennen dieselben „Richtungskörperchen", weil sie stets an der Stelle auftreten, wo sich später die erste Teilungsfurche zeigt. Bütschli bringt die Bildung der Polzellen später (1885) mit den Veränderungen des Keimbläschens in Beziehung.

— Claude Nicéphore **Niepce de Saint Victor** verwendet zur photographischen Aufnahme Glasplatten, die er mit jodkaliumhaltigem Eiweiß überzieht, mit Silbernitrat sensibilisiert, belichtet und schließlich mit Gallussäure entwickelt und mit Bromkalium fixiert.

— **Palmer** gibt der 1845 von Wien aus in den Handel gebrachten Blechlehre, welche die Gestalt einer kleinen Schraubzwinge hatte, und bei der das zu messende Blech zwischen das Ende der Schraube und den gegenüberstehenden Arm der Zwinge eingebracht wurde, eine handliche Form und ermöglicht die Ablesung des Maßes bis auf $1/_{200}$ mm.

— Jean Baptiste **Parchappe de Vinay** führt zuerst die Bestimmung des Gehirngewichtes bei Geisteskranken durch und findet, daß den einzelnen Stadien des Irrsinns eine absteigende Gewichtsskala entspricht. Eingehendere Versuche werden u. a. 1867 von Meynert vorgenommen, der konstatiert, daß der fortschreitende Verlust an Schwere vorwiegend den Hirnmantel betrifft.

— Louis **Pasteur** findet zur Spaltung der Racemkörper (s. nachstehenden Artikel) die Methode der Krystallisation auf und wendet dieselbe auf die Traubensäure in Form des Natriumammoniumsalzes an, aus der er die beiden optischen Antipoden, Rechts- und Linksweinsäure in gleicher Menge erhält. Eine zweite Art der Spaltung mit Hilfe von aktiven Verbindungen, im Fall racemischer Säuren von Alkaloiden, findet Pasteur 1852 auf; eine dritte Methode mit Hilfe von Pilzen wird ebenfalls von Pasteur 1860 entdeckt.

— Louis **Pasteur** weist nach, daß es vier isomere Weinsäuren gibt, die Traubensäure, die inaktive Weinsäure, die Rechts- und Linksweinsäure, und daß diese beiden letzten in gleichen, aber entgegengesetzt gebauten Formen (enantimorph) krystallisieren, daß sie beide den polarisierten Lichtstrahl um gleiche Winkel, aber entgegengesetzt, ablenken und, zu gleichen Teilen gemengt, optisch inaktive (d. i. racemische) Weinsäure geben. Diese Untersuchungen sind sehr wichtig für die Stereochemie, weil die in herkömmlicher Art geschriebenen Konstitutionsformeln sich zur Erklärung dieser Isomerien als ungenügend erweisen und man sich genötigt sieht, zu ihrer Erklärung räumliche Vorstellungen heranzuziehen.

1848 Das Gummi arabicum, das bereits von Hippokrates (420 v. Chr.) und später von den arabischen Ärzten als Heilmittel angewendet wurde, läßt sich durch Behandeln mit 6—12 Teilen einer gesättigten wässerigen Lösung von schwefliger Säure leicht bleichen. Das erste Patent auf diese Art des Bleichens erhält **Picciotto,** der sich vielfach mit der Reinigung dieses Produktes beschäftigt.

— J. L. M. **Poiseuille** stellt Versuche über den Ausfluß von Flüssigkeiten durch enge Röhren an und findet, daß das ausfließende Volum dem treibenden Druck und der vierten Potenz des Radius der Röhre direkt, der Länge der Röhre und der innern Reibungskonstante der Flüssigkeit umgekehrt proportional ist. (Poiseuille'sches Gesetz.)

— Jean Victor **Poncelet** schlägt statt der Holzschwellen flache gußeiserne Einzelunterlagen vor, die zuerst auf der Mecheln-Antwerpener Bahn verlegt werden und sich gut bewähren. (S. a. 1846 G.)

— Die deutschen Missionare **Rebmann, Erhardt** und **Krapf** bringen die erste Kunde vom Kilimandscharo und Kenia und 1855 von einem großen Binnensee Afrikas nach Europa. (S. 1889 M.)

— Da seit 1845 von Franklin (s. 1845 F.) Nachrichten nicht eingelaufen waren, wird man so besorgt über sein Schicksal, daß sich die englische Regierung veranlaßt sieht, drei Hilfsexpeditionen auszusenden. James Clarke **Ross** und **Bird** gehen nach der Barrowstraße, Henry **Kellett** und **Moore** nach der Beringstraße, John **Rae** und John **Richardson** über Land an die Küsten des Eismeeres, doch gelingt es keiner der drei Expeditionen, eine Spur von Franklin zu finden. (Vgl. auch 1853 R.)

— **Sachs** und **Jonas** stellen durch Erhitzen von Leinöl auf hohe Temperatur und durch Behandlung der erhaltenen zähen Masse mit Salpetersäure, bis dieselbe plastisch wird und bei Berührung mit Luft erhärtet, den Ölkautschuk her, der häufig als Zusatz zum Kautschuk benutzt wird.

— Henri **Sainte-Claire-Deville** behandelt den weichen Schwefel, der, mag man ihn durch Abkühlen des geschmolzenen stark erhitzten Schwefels oder durch Zersetzung aus Chlorschwefel, unterschwefligsaurem Natron usw. erhalten, aus löslichem und unlöslichem Schwefel besteht, mit Schwefelkohlenstoff und erhält im Rückstand zuerst die unlösliche Modifikation des Schwefels in reinem Zustand. Das Vorkommen dieser Modifikation in den Schwefelblumen weist zuerst Selmi nach.

— Karl Theodor Ernst **von Siebold** klärt den innern Bau, die Lebens- und Fortpflanzungsbedingungen der wirbellosen Tiere auf. Er trennt die mit den strahligen Zoophyten gar keine Verwandtschaft darbietenden Infusorien und Rhizopoden als Protozoen von jenen ab.

— Werner **von Siemens** verlegt das erste Guttapercha-Seekabel in Gestalt eines Minenzündkabels im Kieler Hafen. Kurze Zeit darauf wird von Armstrong ein Guttaperchakabel im Hudson verlegt.

— John **Stenhouse** schlägt vor, die Orseille mit Kalk zu extrahieren, den Auszug mit Salzsäure zu fällen und die Flechtensäure zu waschen und zu trocknen. Sein Vorschlag wird später in Frankreich aufgegriffen und gibt zur Darstellung des Pourpre français, der echten Orseille, Veranlassung, die jedoch bald durch die Anilinfarben verdrängt wird. (S. a. 1829 R.)

1848 H. W. **Struve** und L. F. **Svanberg** empfehlen eine salpetersaure Lösung von molybdänsaurem Ammonium als sehr empfindliches Reagens auf Phosphorsäure, in der dadurch ein gelber Niederschlag von phosphormolybdänsaurem Ammonium erzeugt wird.

— Nachdem Zeiher 1760 unabhängig von Leibniz (s. 1702 L.) ein primitives Federbarometer, bei dem das luftleere Gefäß und die Feder gesondert angebracht waren, konstruiert hatte, stellt **Vidi** das moderne Aneroidbarometer her, dessen Hauptbestandteil eine möglichst luftleer gemachte Kapsel aus dünnem Messingblech ist. Die durch Änderungen des Luftdrucks hervorgerufenen kleinen elastischen Formveränderungen der Kapsel werden durch einen passenden Mechanismus auf einen Zeiger übertragen, der auf einer durch Vergleichung mit einem Quecksilberbarometer empirisch hergestellten Skala den Barometerstand abzulesen gestattet.

— Der französische Chemiker **Violette** schlägt die Trocknung des Holzes mit überhitztem Wasserdampf vor, die jedoch nicht über den Versuch hinausgekommen zu sein scheint.

— Wilhelm **Wertheim** zu Paris prüft die von C. G. Page (s. 1837 P.) gemachte Beobachtung, daß der elektrische Strom einen in einer Drahtrolle befindlichen Eisenstab zum Tönen bringen könne, nach und findet, daß der Stab sich bei der Magnetisierung verlängert und bei der Entmagnetisierung wieder verkürzt, und daß die Tonbildung Folge dieser Verlängerung und Verkürzung ist. Er weist nach, daß der Ton, da er von der Anzahl der Stromunterbrechungen unabhängig ist, lediglich der Longitudinalton des Eisenstabes ist, und daß Stäbe aus nicht magnetisierbarem Metall nicht tönen. Von diesen Versuchen geht Reis (s. 1861 R.) bei seinen Versuchen über das Telephon aus.

— Wilhelm **Wertheim** bestimmt die Geschwindigkeit des Schalls in der Luft auf indirekte Weise vermittels der Pfeifentöne und gelangt im Mittel aller Versuche zu der Zahl von 331,33 m/sec.

— Theodor **Wertheim** und Friedrich **Rochleder** erhalten das Piperidin durch Destillation von Piperin mit Natronkalk; ihren Namen erhält die Base durch Cahours.

— Henry Rossiter **Worthington** konstruiert die nach ihm benannte direkt wirkende Dampfpumpe, bei der, was bei seiner ersten Pumpe (s. 1840 W.) mit Hilfe von Federn erreicht wurde, durch eine Druckentlastung erzielt wird. Die Pumpe wird, weil sie 1850 zuerst auf dem Dampfer „Washington" benutzt wird, als „Washington-Pumpe" bezeichnet. (S. 1840 A. und 1869 C.)

— Adolphe **Wurtz** stellt die Äther der Cyansäure und Cyanursäure dar und lehrt deren Umwandlungsprodukte kennen.

1849 Nachdem schon 1560 Pedemontanus, 1583 Kenntmann in Jena, 1750 der Däne Wilkenstein, 1757 der Professor Kniphoff in Erfurt, 1820 der Kupferstecher Kyhl in Kopenhagen Pflanzen und Spitzen in weiche Metallplatten eingepreßt hatten, um diese dann nach Art des Kupferdrucks zur Herstellung von Abdrücken zu verwenden, bilden Aloys **Auer,** Leiter der Staatsdruckerei in Wien, und der Faktor **Worring** das Verfahren des Naturselbstdrucks weiter aus. Sie legen den abzuformenden Gegenstand zwischen eine polierte Stahlplatte und eine starke Bleitafel und lassen die Platten unter hohem Druck zwischen Walzen durchgehen. Von der auf der Bleiplatte erhaltenen Prägung wird eine galvanoplastische Kopie und von dieser eine zweite vertiefte Kopie für den Druck erzeugt. Auf ähnliche Weise hatten 1836 die Gebrüder Weber in Göttingen Abbildungen der Wirbelsäule hergestellt.

— **Augendre** gibt ein sogenanntes „weißes" Schießpulver an, welches aus chlorsaurem Kali, Blutlaugensalz und Zucker besteht und eine Zeit lang zu einer wichtigen Rolle in der Feuerwaffentechnik berufen schien.

1849 W. **Barlow** konstruiert die sogenannte Sattelschiene, bei der jegliche Schwellenunterstützung gespart werden sollte. Denselben Zweck sucht Adams mit seiner 1854 eingeführten Trägerschiene zu erreichen; doch bewähren sich diese Schienen auf die Dauer nicht, selbst nicht in der 1865 von Hartwich vorgenommenen Verbesserung.

— Claude **Bernard** entdeckt, daß nach Verletzung einer bestimmten Stelle des verlängerten Markes Zucker im Harn der Versuchstiere auftritt. Dies Experiment, die sogenannte „Piqûre" oder „der Zuckerstich", beweist, daß die Vorgänge des inneren Stoffwechsels vom Nervensystem abhängig sind, und bietet Anhaltspunkte für die Erklärung der als Zuckerharnruhr (Diabetes mellitus) bekannten Krankheit.

— **Bleunard** stellt das Alanin als Spaltungsprodukt des in den Erbsensamen enthaltenen Legumins dar.

— **Bolland** konstruiert einen Apparat, der dazu dient, das Mehl auf seine Backfähigkeit, d. h. auf seinen Gehalt an Kleber und dessen Ausdehnungsfähigkeit zu prüfen. Dies Aleurometer wird 1878 von Sellnick noch verbessert, der seinen Apparat Aleuroskop nennt.

— **Bourdon** konstruiert ein Metallbarometer, das auf demselben Prinzip wie das Vidi'sche Aneroidbarometer (s. 1848 V.) beruht, aber größere Ausschläge gibt, weil das Gefäß die Gestalt einer gebogenen Röhre hat, die sich stärker oder schwächer krümmt, wenn der Luftdruck zu- oder abnimmt (Bourdon'sche Spirale). Er konstruiert auch ein Federmanometer, dessen Idee ihm von Morin angegeben und das später von Schäffer und Budenberg wesentlich verbessert wird. Die erste Idee eines solchen Manometers soll bereits 1840 von Schinz gegeben worden sein.

— William **Bowman** fördert die Kenntnis vom Bau des Auges, findet das Saftkanalsystem in der Cornea, bringt Klarheit in den feineren Bau des Uvealtraktus, unterscheidet die äußere und innere Körnerschicht und sieht zuerst die Fortsetzung der Ganglienzellen.

— William **Bowman** führt die Behandlung der Thränensackleiden mit der Sonde ein und trägt zur Ausgestaltung der Staroperation bei.

— Auguste **Bravais** macht Untersuchungen über den innern Bau der Krystalle, welche die Resultate von Hessel (s. 1830 H.) bestätigen.

— **Bremme** und **Lohage** zu Haspe in Westfalen gelingt die Darstellung des Puddelstahls, die sich von Deutschland schnell nach allen andern Ländern verbreitet. Die chemischen Vorgänge sind im allgemeinen dieselben, wie beim Puddeln des Eisens.

— Rudolph **Clausius** arbeitet über die von W. Weber (s. 1835 W.) entdeckte elastische Nachwirkung.

— Rudolph **Clausius** ermittelt gesetzmäßige Beziehungen zwischen Druck und Temperatur, als deren graphisches Symbol er die Siedekurve angibt.

— Der Engländer **Cross** schlägt vor, das Gerbeverfahren durch Anwendung der Elektrizität zu beschleunigen. Dieses Verfahren wird von Worms und Balé einerseits und Groth andererseits ausgeführt, erlangt aber keine große Bedeutung.

— H. **Darcy** macht in den Jahren 1849—51 Versuche über die Bewegung des Wassers in Röhren, die außer Zweifel stellen, daß der Geschwindigkeitskoeffizient durch die Beschaffenheit der inneren Röhrenwände (größere oder geringere Glätte) und die mittlere hydraulische Tiefe beeinflußt wird. Die Versuche erstrecken sich nicht nur auf gußeiserne Rohrleitungen, sondern auch auf offene Versuchskanäle und werden später namentlich von Ganguillet und Kutter (1869) und von Frank (1881) vervollständigt.

1849 H. **Darcy** verbessert die Pitot'sche Röhre so, daß man die Ablesungen der Wasserstände, aus deren Unterschied die Geschwindigkeit ermittelt wird, bequem über Wasser machen kann, ohne das Instrument herauszunehmen oder in seiner Stellung zu verändern.

— Paul **Daubrée** erhält das Zinnoxyd in krystallinischer Form, indem er Zinnchlorürdämpfe und Wasserdämpfe durch eine rotglühende Porzellanröhre gehen läßt.

— P. Q. **Desains** und F. H. **de la Provostaye** zeigen die Übereinstimmung der Erscheinungen der Polarisation der Wärme mit denen der Polarisation des Lichtes. (S. a. 1812 B.)

— César Mansuète **Despretz** kommt zuerst auf den Gedanken, die Temperatur des elektrischen Lichtbogens auszunutzen, und nimmt für seine Versuche eine Kohlenretorte, in deren Innerem ein elektrischer Bogen übergeht; der negative Pol des Bogens besteht aus einem Kohlenstab, die Retorte selbst bildet den positiven Pol. (Erster elektrischer Ofen mit Tiegelelektrode.)

— **Dubrunfaut** und **Leplay** suchen die Entzuckerung der Melasse mit Baryt in die Praxis einzuführen, was jedoch an der damals noch schwierigen Beschaffung von Baryt scheitert. Sie lassen sich nebenbei auch die Entzuckerung mit Strontian patentieren, ohne aber dies Verfahren im Großen auszuführen, noch auch selbst wissenschaftlich durchzuarbeiten.

— Jacques Joseph **Ebelmen** stellt unter Verwendung der Borsäure als Lösungsmittel, die er durch starkes Erhitzen verflüchtigt, künstlichen Spinell und andere künstliche Mineralien mit ihrer natürlichen Form und Zusammensetzung her.

— Erik **Edlund** kommt bei seinen mit dem Galvanometer angestellten Untersuchungen über die quantitativen Verhältnisse der Extraströme zu den Sätzen: „Die Intensität des Öffnungs- und Schließungsstroms ist gleich groß", und: „Die Intensität der Extraströme ist derjenigen der induzierenden Ströme direkt proportional".

— Michael **Faraday** entdeckt, daß sich unter dem Einfluß eines großen Hufeisenmagneten ein Wismutkrystall axial einstellt, und nimmt eine besondere Ursache, die Magnetkrystallkraft dafür an, die später jedoch ganz aufgegeben wird.

— Armand Hippolyte Louis **Fizeau** mißt die Geschwindigkeit des Lichts (s. 1676 R.), indem er einen Lichtstrahl durch eine der Lücken am Umfange eines gezahnten Rades hindurch auf einen sehr weit entfernten Spiegel fallen läßt und das Rad in so rasche Umdrehung versetzt, daß der vom Spiegel zurückgeworfene Strahl nunmehr auf einen Zahn des Rades trifft und für den Beobachter unsichtbar wird (Fizeau'sche Zwei-Zahnräder-Methode). Fizeau findet auf diese Weise die Lichtgeschwindigkeit zu 42219 geographischen Meilen (313 000 km) in 1 Sekunde. (S. auch 1854 F. und 1874 C.)

— John **Fowler** führt auf der East Lincolnshire-Bahn zur Stoßverbindung der Schienen brückenartige Laschen ein, welche auf den beiden der Schienenfuge benachbarten Stoßschwellen fest aufruhen. Diese Stoßbrücken werden in den achtziger Jahren des vorigen Jahrhunderts in Nordamerika wieder viel verwendet; auf den deutschen Bahnen werden Erfolge damit indes nicht erzielt.

— Joseph **Francis** erfindet eine Wasserturbine, die nach dem reinen Aktionsprinzip (als Freistrahlturbine) arbeitet.

— Edward **Frankland** gelingt der synthetische Aufbau von Kohlenwasserstoffen, wie Dimethyl (Äthan), Diäthyl (Butan) usw. durch Zerlegung der Jodide der Alkohole durch Zink. Diese Arbeiten führen zur Entdeckung der Zinkalkyle und anderer metallorganischer Verbindungen.

1849 Wilhelm Karl von **Haidinger** beobachtet Interferenzerscheinungen an dünnen Glimmerplättchen.

— A. P. **Halliday** in Salford erhält ein Patent für Herstellung von Holzessig aus Sägespänen, gebrauchter Lohe und ausgelaugten Farbhölzern. Das Verfahren wird in der Fabrik von Hadfield & Kenney und in der von Halliday, Pochin & Co. in großem Maßstabe ausgeführt.

— Ebenezer N. **Horsford** erfindet ein Verfahren zur Kondensation der Milch, das durch seinen Assistenten Gail Borden verbessert und 1853 in Amerika eingeführt wird; in Europa wird 1866 die erste Fabrik von Henry Nestle in Cham in der Schweiz in Betrieb gesetzt. Ein 1835 von dem Patentanwalt Newton in England genommenes Patent zur Darstellung kondensierter Milch hatte keine praktische Folge gehabt.

— Thomas Henry **Huxley** weist die Homologie der beiden primären Keimblätter, d. h. ihre Gleichartigkeit durch alle Tierklassen, nach und zeigt, daß der Körper der meisten Pflanzentiere, wie z. B. der Medusen, zeitlebens nur aus diesen beiden Zellenschichten und deren Bildungen besteht.

— **Kilner** schlägt die erste Rundfräsmaschine zur Bearbeitung von Eisenbahnradreifen vor, die 1856 von Josten verbessert wird.

— Carl Gotthelf **Kind** gelingt es zuerst, Schächte von größerer Weite (mit Durchmessern bis 5 m) in festem Gebirge abzubohren. Er bohrt mit kleinem Durchmesser vor und stellt mit einem Nachnahme- oder Erweiterungsbohrer das volle Schachtprofil her. 1852 empfiehlt er kurze gußeiserne Ringe zum Schachtausbau, doch wird das Verfahren erst vollkommen, als er sich mit **Chaudron** vereinigt, und nun der wasserdichte Abbau des abgebohrten, aber noch mit Wasser erfüllten Schachtes in gußeisernen Ringen, mit Moosbüchsen-Abdichtung, erfolgt (Cuvelage). Der erste nach dem Kind-Chaudron'schen Bohrverfahren niedergebrachte Schacht ist der von St. Vaast in Belgien (1853).

— Hermann **Kolbe** zerlegt zuerst organische Säuren, wie Essigsäure und Valeriansäure, durch den elektrischen Strom und erhält dabei organische Radikale, wie Methyl und Butyl (das er Valyl nennt). Kekulé macht 1864 darauf aufmerksam, daß die Elektrolyse einen Anhaltspunkt für die Bestimmung der Basizität einer Säure liefern könne.

— Johann **von Lamont** konstruiert zur Bestimmung der Deklination einen Apparat, der transportabel ist, in seiner Genauigkeit aber dem Gauß'schen Magnetometer nicht nachsteht. (S. 1833 G.) Dieser Apparat ist der magnetische Reisetheodolit, der zu der von Lamont begründeten magnetischen Landesaufnahme vielfache Verwendung findet. Lamont findet, daß die Deklinationsveränderungen einer zehnjährigen Periode folgen.

— Der österreichische Hauptmann **Lenk von Wolfsberg** befaßt sich mit der Verbesserung der Schießbaumwolle und namentlich der Erzielung größerer Haltbarkeit, wobei er auf die Wichtigkeit einer geregelten Verdichtung der Fasern und die Notwendigkeit der Anwendung höchst konzentrierter Säuren hinweist. Doch werden die auf sein Betreiben in Österreich eingeführten Schießwollgeschütze infolge zweier i. J. 1865 stattgehabter, gewaltiger Magazinexplosionen wieder abgeschafft und es bleibt die Darstellung einer kriegsbrauchbaren Schießbaumwolle einer späteren Zeit (vgl. 1865 A.) vorbehalten.

— J. **Macintosh** konstruiert den ersten Wassermesser für Hauswasserleitungen, der auf dem Prinzip der Sackpumpen beruht.

— Der englische Chemiker Charles **Mansfield** findet das von Faraday 1825 entdeckte Benzol im Steinkohlenteer und stellt aus demselben durch Nitrieren das 1834 von M. Mitscherlich entdeckte Nitrobenzol her.

1849 Der französische Infanterie-Hauptmann Etienne **Minié** erfindet das nach ihm benannte Gewehr, einen gezogenen Vorderlader, bei welchem die Führung in den Zügen durch Anwendung eines Expansionsgeschosses bewerkstelligt wird. Es ist dies ein Spitzgeschoß mit einer Höhlung im Boden, in welche meist noch ein Eisenhütchen (Culot) eingesetzt wird. Der Druck der Pulvergase bewirkt eine Auftreibung der Geschoßwandung und damit den Eintritt des Geschosses in die Züge. (Vgl. 1630 K., 1826 D., 1844 T.)

— Der Physiker Johann Heinrich Jacob **Müller** ermittelt experimentell die Gesetze des galvanischen Erglühens von Drähten, die 1861 auch von Zöllner aufs neue geprüft werden und namentlich nach Einführung der elektrischen Glühlampen große Bedeutung erlangen.

— Karl Wilhelm **von Nägeli** trennt die farblosen Mikroorganismen von den mit ihnen morphologisch nahe verwandten Algen und faßt erstere, welche infolge des mangelnden Chlorophylls keinen Sauerstoff produzieren und den Kohlenstoff der Kohlensäure nicht assimilieren, als Schizomyceten, „Spaltpilze" zusammen.

— Max **von Pettenkofer** nimmt die zuerst von Philippe Lebon 1792 versuchte Herstellung von Holzgas (s. 1792 M.) wieder auf und errichtet 1851 mit Ruland und v. Pauli eine Holzgasanstalt zur Erleuchtung des Münchner Bahnhofs.

— Lyon **Playfair** erhält durch Einwirkung von salpetriger Säure auf ferridcyanwasserstoffsaures Kalium (rotes Blutlaugensalz) das Nitroprussidnatrium, das mit alkalischen Sulfureten, wie schon L. Gmelin gefunden hatte, eine prächtig purpurfarbige Reaktion gibt und deshalb als sehr empfindliches Reagens auf diese dient.

— H. **Pollender** entdeckt im Blute von Tieren, die an dem seit alters her bekannten Milzbrand verendet sind, stäbchenförmige Körper (Bacillen) und beweist zuerst, daß die miasmatischen und kontagiösen Krankheiten auf der Einwanderung niederer Organismen in den tierischen Körper beruhen. Seine Entdeckung wird 1857 vom Tierarzt F. Brauell in Dorpat bestätigt.

— **Redfield** und **Loomis** gelingt es, unter Benutzung der Telegraphenlinien der Vereinigten Staaten die von Kreil (s. 1842 K.) und Fitzroy (s. 1846 F.) angeregte Organisation der Sturmwarnungen ins Leben zu rufen.

— Nachdem Ferdinand Runge 1842 ohne nachhaltigen Erfolg Torf zur Darstellung von Paraffin benutzt hatte, gelingt es Rees **Reece,** ein für den Großbetrieb geeignetes Verfahren der Torfverarbeitung aufzufinden, nach welchem bei Kildare in Irland Torf fabrikmäßig auf Ammoniak, Holzgeist, Mineralöle und Paraffin verarbeitet wird.

— **Regnault** und **Reiset** konstruieren einen Respirationsapparat, der es ermöglicht, ein Tier längere Zeit in ein und derselben Luftmenge atmen zu lassen und die von ihm verbrauchten und gebildeten Gasmengen zu ermitteln. Hauptsächlich handelt es sich dabei um die Bestimmung des durch die Atmung aufgenommenen Sauerstoffs und die durch sie ausgeschiedene Kohlensäure.

— Nachdem infolge der Humboldt'schen Beobachtungen über Gesteinsmagnetismus (s. 1798 H.) viele vereinzelte Erfahrungen von verschiedenen Forschern, wie Bischof, Förstemann, von Trebra, Zach, publiziert worden waren, veröffentlicht Ferdinand **Reich** seine Beobachtungen im Erzgebirge, wobei namentlich die Erscheinungen am Pöhlberg, einem Seitenstock des Heidbergs, in methodischer Weise beschrieben werden.

— Henri **Sainte-Claire-Deville** stellt das Stickstoffpentoxyd oder Salpetersäureanhydrid dar, indem er vollständig trockenes Chlorgas auf salpetersaures Silberoxyd einwirken läßt und den Dampf in einer auf —20⁰ C. abgekühlten Röhre kondensiert, wobei sich das Stickstoffpentoxyd in glänzenden, durchsichtigen, rhombischen Säulen abscheidet, während Sauerstoff entweicht.

1849 Wilhelm Friedrich Karl August **von Salm-Horstmar** bildet zur Untersuchung des Pflanzenlebens die Sandkulturmethode aus, die außer Sand Zuckerkohle, feingepulverten Bergkrystall usw. als festen Bestandteil des Bodens benutzt und diesem die Nährstofflösungen zumischt. Die Methode wird 1868 von Hellriegel noch weiter ausgebaut, der als festen Bestandteil des Bodens reinen mit Schwefelsäure ausgekochten und durch Glühen von allen organischen Resten befreiten Quarzsand verwendet.

— A. **Schefczik** und B. **Port** erfinden den ersten „Stationsrufer", ein Weckertriebwerk, dessen Hemmung nur von einer bestimmten Zahl von Strömen von bestimmter Richtung ausgelöst werden kann.

— Nachdem Chr. A. Egeberg zuerst empfohlen hatte, im Falle einer tiefsitzenden Verengerung der Speiseröhre eine Magenfistel herzustellen (1837), macht Charles Emanuel **Sédillot** die erste derartige Operation, der er den Namen „Gastrotomie" beilegt, am Menschen.

— Andrew **Shanks** erhält ein Patent auf ein Verfahren, hohle Metallgegenstände ohne Kern mittels Zentrifugalkraft zu gießen. (S. a. 1809 E.)

— Dem amerikanischen Gynäkologen Marion **Sims** gelingt die Heilung der bis dahin für unheilbar gehaltenen Vesicovaginalfistel und die Erfindung des Sims'schen Rinnenspekulums. Er verwendet zuerst die Silberdrahtnaht.

— David **Smith** verbessert die Methode der Herstellung des Patentschrots (s. 1782 W.), indem er dem fallenden Blei einen starken Windstrom entgegentreibt, wodurch die Fallhöhe von 30—40 m auf die Hälfte reduziert wird.

— Thomas **Stevenson** erfindet das Wellendynamometer zur Messung der Stoßenergie der Brandungswoge. (Vgl. 1844 R.)

— George G. **Stokes** berechnet die Fallgeschwindigkeit der Regentropfen.

— Nachdem Sadi Carnot (1824) die ersten Beobachtungen über die Verflüssigung des Eises durch äußeren Druck gemacht hatte, weist James **Thomson** mit Bestimmtheit nach, daß unter starkem Druck der Schmelzpunkt des Eises herabgesetzt und folglich Schmelzwasser mit einer Temperatur unter 0⁰ erzeugt werden kann, das bei Aufhören des Druckes sogleich wieder gefriert.

— **Violette** brennt den Gips in einem Schachtofen mit überhitztem Wasserdampf, wodurch sich ein sehr gleichmäßiger Hitzegrad erzielen läßt, der Wassergehalt des Gipses in Dampf verwandelt und von dem überhitzten Dampf mitgenommen wird.

— **Walker** verlegt am 10. Januar ein zwei Meilen langes Guttaperchakabel im Kanal auf der Höhe von Folkestone und telegraphiert durch dieses Kabel mit Hilfe von angeschlossenen Luftlinien von Bord der „Princess Clementine" nach London.

— Der Mathematiker Karl **Weierstrass** baut die Funktionentheorie, namentlich durch Einführung der Abel'schen Funktionen (s. 1829 A. und J.), weiter aus, wobei er im Gegensatze zu Riemann (s. 1857 R.), der die geometrische Anschauung zu Hilfe nimmt, lediglich analytisch vorgeht.

— Gustav **Wiedemann** konstatiert Beziehungen zwischen der elektrischen Leitfähigkeit und der Struktur der Krystalle. Seine Untersuchungen werden später durch v. Sénarmont bestätigt.

— Der Telegrapheningenieur J. H. **Wilkins** macht Versuche mit einer Telegraphie ohne Drahtleitung. Er spannt auf beiden Seiten eines Flusses

Drähte aus und gibt mit Erfolg Zeichen über das Wasser. Sein Erfolg beruhte anscheinend auf elektromagnetischer Induktion zwischen den an den Ufern gespannten Drähten. Ähnliche Versuche hatte Morse 1844 unternommen.

1849 Friedrich **Wöhler** macht darauf aufmerksam, daß die Stickstoffmetalle (s. 1841 S.) sich auch direkt aus atmosphärischem Stickstoff und Metallen im Augenblick der Reduktion der Oxyde beim Glühen mit Kohle bilden können.

— Adolphe **Wurtz** findet bei der Zersetzung des Cyansäureäthers, des Cyanursäureäthers sowie der daraus dargestellten substituierten Harnstoffe mit Kalihydrat Basen, die dem Ammoniak äußerst ähnlich sind, und die er als Ammoniak auffaßt, in dem ein Atom Wasserstoff durch die Radikale Methyl (Methylamin), Äthyl (Äthylamin), Amyl (Amylamin) usw. vertreten ist. Liebig hatte für die zu seiner Zeit noch hypothetischen Körper 1839 eine ähnliche Auffassung ausgesprochen.

1850 Die Gesellschaft **Alliance** in Brüssel baut den ersten Wechselstromgenerator, der in der Industrie, namentlich auf Seeschiffen, Bauplätzen, Werften und Leuchttürmen vielfach verwendet wird. Die Maschine gleicht der Clarkeschen Maschine (s. 1833 S.), enthält jedoch zweimal acht Hufeisenmagnete. Sie war von Nollet, Professor der Physik in Brüssel, angegeben und von Holmes, Du Moncel u. a. verbessert worden und wird unter dem Namen „Alliancemaschine" vertrieben.

— Der schwedische Reisende Karl Johann **Andersson** erforscht mit Francis **Galton** in den Jahren 1850—51 Damara und Ovamboland und zieht von dort allein nach Namaqualand und dem Ngamisee. Auf einer späteren Reise erforscht er den Kunenefluß.

— Leopold **Arends** in Berlin erfindet ein Stenographiesystem, welches — namentlich mit den von Matschenz vorgenommenen Vereinfachungen — noch jetzt viele Anhänger hat.

— Der Reisende Heinrich **Barth** macht im Verein mit Adolf **Overweg** eine bis 1854 dauernde Reise nach Inner-Afrika, auf der er den Binue erreicht, Untersuchungen über den Tschadsee anstellt, die Lage von Timbuktu festlegt und eine vorzügliche Karte von den westlichen Negerländern Adamaua, Baghirmi, Wadai und Gando anfertigt. Bis zu seinem am 19. Februar 1851 erfolgten Tode hatte auch James **Richardson** an der Expedition teilgenommen.

— Der dänische Militärarzt **Bendz** studiert die ägyptische Augenkrankheit (Ophthalmia aegyptiaca oder militaris) vom pathologischen und anatomischen Standpunkt und weist nach, daß dieselbe kein in sich abgeschlossenes Krankheitsbild darstelle, sondern bald unter den Erscheinungen eines Katarrhs, bald in Form einer Blennorrhöe, bald als Conjunctivitis granulosa verlaufe.

— **Black** erfindet eine Papierfalzmaschine, bei der in horizontalen und vertikalen Ebenen transversierende Eisenblätter die ihnen vorgelegten Bogen durch ihnen entgegenstehende Spalten zwängen und den Bruch bewirken, welcher von den Zwischenwalzen und dem letzten Walzenpaar niedergelegt wird. Die Maschine ist imstande, in der Stunde 2000 Oktavbogen zu falzen.

— James **Blackhall** stellt Knochenmehl im großen her, indem er Wasserdampf unter Druck auf die gebrochenen Knochen einwirken läßt, wobei die organische Substanz zerstört wird und die Knochen entfettet werden.

— George Phillips **Bond** richtet zuerst die Aufmerksamkeit der Astronomen auf die Tatsache, daß sich innerhalb der beiden bis dahin beobachteten Saturnringe noch ein dritter relativ dunkler Ring befindet. Doch ist dieser dunkle Ring möglicherweise schon 1838 von Galle gesehen worden.

1850 William Cranch **Bond** verfertigt ein Daguerrotyp des Mondes und später (1857) ein solches des Doppelsternes Mizar im Großen Bären. (S. auch 1845 Fizeau.)

— **Borie** stellt Hohlziegeln und Hohlsteine (Lochsteine) dar, die rechtwinklige Parallelipede mit röhrenförmigen Höhlungen von 22—26 mm Weite bilden, während die Wände 9—10 mm dick sind. Hohlsteine waren bereits von den Römern, insbesondere bei Errichtung der Topfgewölbe, gebraucht worden. (S. a. 1813 D.)

— Friedrich Moritz **Brauer** veröffentlicht in den Jahren 1850—1904 grundlegende Untersuchungen über die Insekten, die sich auf die entwicklungsgeschichtlichen Gesichtspunkte beziehen und für die Entomologie von großer Bedeutung sind.

— Alexander **Braun** bildet die Zellenlehre der Pflanze aus und definiert den Begriff der Zelle auf Grund seiner Untersuchungen an niederen Algen.

— James und John W. **Brett** verlegen am 23. August für die English Channel Telegraph Co. ein Guttaperchakabel von 25 Meilen Länge im Kanal, auf dem ein Begrüßungstelegramm an den Konsul Bonaparte geschickt wird. Unmittelbar nach Absendung dieses Telegramms versagt das Kabel, das unarmiert war, infolge von Konstruktionsfehlern.

— J. **de Brunfaut** in Wien bringt die zuerst von venetianischen Glasarbeitern geübte Kunst, feine Glasfäden auszuspinnen, zu höchster Vollendung und stellt neben geradfadigem Gespinst auch gelockte Fäden her, die er zu Schmuckgegenständen, sowie zu feiner Glaswolle verwendet.

— Edward **Budding** geht für die Grasmähmaschine (den sogenannten Rasenmäher) auf den rotierenden Schneideapparat (s. 78 Plinius) zurück und gibt diesen kleinen Maschinen die auch heute noch gebräuchliche Form.

— Robert Wilhelm **von Bunsen** erfindet den nach ihm benannten Bunsenbrenner, in dem das Gas mit Luft vermischt wird, so daß eine sehr heiße, nicht leuchtende Flamme entsteht.

— Der holländische Physiker Christophe Henry D. **Buys-Ballot** stellt das barische Windgesetz auf, wonach die Luft stets von einem Punkte des höchsten Luftdrucks nach dem nächstgelegenen Punkte des niedrigsten Luftdrucks strömt und dabei auf der nördlichen Halbkugel stetig nach rechts, auf der südlichen Halbkugel stetig nach links abgelenkt wird. Das barische Windgesetz wird 1864 von Francis Galton bestätigt und weiter entwickelt.

— Johann Ludwig **Casper** bewirkt, von dem Grundsatz ausgehend, daß eine Emanzipation der gerichtlichen von der wissenschaftlichen Medizin wünschenswert sei, eine Reform der gerichtlichen Medizin. Er wirkt durch sein „Praktisches Handbuch der gerichtlichen Medizin", das 1856 erscheint, vorbildlich für diesen Wissenszweig.

— **Chanoine** bildet die seit dem 17. Jahrhundert bekannten und u. a. auf dem kleinen französischen Flusse Orb eingeführten Klappen, welche nur obere Aufsätze massiver Überfallwehre bildeten, zu Klappenwehren um (s. a. 1818 W.), und wendet sie bei der Kanalisierung der oberen Seine an. Er erzielt dadurch bis Paris eine Fahrtiefe von 2 m, die bis dahin nur stellenweise vorhanden war.

— Rudolph **Clausius** bringt den zweiten Hauptsatz der mechanischen Wärmetheorie als ein allgemein gültiges Naturgesetz zur vollen Geltung: „Wärme kann niemals von selbst (d. h. ohne einen Aufwand von entsprechender Energie) aus einem kälteren in einen wärmeren Körper übergehen." Während mechanische Arbeit vollständig in Wärme umgewandelt werden kann (durch Reibung, Stoß usw.), ist es unmöglich, die ganze Wärme wieder in Arbeit zu verwandeln, weil dabei immer ein Teil in kältere Körper übergeht.

33*

1850 A. **Cramer** zeigt, daß die Linse des Auges sich stärker wölbt oder abflacht, je nachdem der Blick auf einen näheren oder entfernteren Gegenstand gerichtet wird (Akkommodation). Diese Beobachtung wird 1853 von Helmholtz bestätigt. (Vgl. 1853 H.)

— **Cubitt** führt nach Paxton's Entwurf das Hauptgebäude der ersten allgemeinen Industrieausstellung in London aus, wo an Stelle des bis dahin im Hochbau (namentlich für die Trägerkonstruktion) immer noch bevorzugten Gußeisens zum ersten Male ausschließlich Schmiedeeisen verwendet wird. Seitdem wird die Anwendung des Schmiedeeisens im Hochbau allgemein.

— Kasimir Joseph **Davaine** gelingt es, die Bewegung freier Zellen an den Blutkörperchen des Menschen zu erweisen, die später auch von Lieberkühn, M. Schultze u. a. beobachtet werden. (Vgl. auch 1846 J.) An den Wanderzellen des Bindegewebes werden diese Bewegungen von Kühne und von Recklinghausen wahrgenommen.

— Heinrich Wilhelm **Dove** entdeckt den stereoskopischen Glanz, der entsteht, wenn man auf den beiden stereoskopischen Bildern eines Körpers derselben Stelle verschiedene Helligkeit gibt.

— Der französische Ingenieur **Du Trembly** führt die erste Abwärmekraftmaschine aus, die eine schrägliegende Maschine mit obenliegender Kurbelwelle darstellt. Auf der einen Seite liegt der Wasserdampf-, auf der anderen der Kaltdampfzylinder, der mit Ätherdampf arbeitet. Der Wasserdampf wird nach geleisteter Arbeit in einen stehenden Röhrenkondensator geleitet, der unten mit einem Ätherbehälter verbunden ist. Der verdampfte Äther strömt in den Kaltdampfzylinder, von wo er in einen ähnlichen Röhrenkondensator eingeleitet und durch zugeführtes Wasser kondensiert wird, um dann seinen Kreislauf aufs neue zu beginnen. (S. 1896 Z.)

— Der Ingenieur Wilhelm **Engerth** konstruiert eine Lokomotive, bei der neben dem Gewicht der Maschine auch das des Tenders für die Adhäsion nutzbar gemacht wird (Tenderlastzuglokomotive).

— Der Paläontolog Konstantin **von Ettingshausen** untersucht die Lagerstätten fossiler Pflanzen in Österreich. Hieran reihen sich seine Untersuchungen über die Bedeutung der Blattnerven zur systematischen Bestimmung urweltlicher Blättergebilde, wozu er auch (1878—80) die Sammlungen fossiler Pflanzen im Britischen Museum studiert. Von Wichtigkeit ist sein Vorschlag, den Naturselbstdruck für die Paläophytologie zu verwerten. Vgl. seine für die Pariser Weltausstellung 1867 in dieser Weise hergestellte ,,Physiotypia Plantarum Austriacarum''.

— Der Umstand, daß der Ausleger der gewöhnlichen Krane viel Platz wegnimmt und seine niedrige, schiefe Lage mancherlei Unbequemlichkeiten mit sich bringt, veranlaßt Sir William **Fairbairn,** Krane aus Eisenblech zu konstruieren, bei denen Ausleger, Zugstange und Kransäule aus einem zusammenhängenden gekrümmten Arme gebildet sind.

— Michael **Faraday** entdeckt, daß angefeuchtete Eisstücke unter Druck wieder zusammenfrieren, und nennt diesen Vorgang ,,Regelation''. Diese Entdeckung hängt mit der von James Thomson (s. 1849 T.) entdeckten Druckverflüssigung des Eises zusammen und wird wichtig für die Erklärung des Übergangs von Schnee in kompaktes Eis und des Öffnens und Wiederschließens von Gletscherspalten.

— Hermann **von Fehling** gibt die nach ihm benannte Kupferlösung zum Nachweis und zur Bestimmung des Traubenzuckers und anderer nach dieser Methode bestimmbarer Kohlehydrate an.

— Léon **Foucault** gibt durch seinen berühmten Pendelversuch in dem Meridiansaal der Pariser Sternwarte einen direkten anschaulichen Beweis für die Achsendrehung der Erde. Von Foucault stammt auch das Gyroskop (Geotroposkop), ein Apparat zur unmittelbaren Nachprüfung der Rotation der Erde.

1850 Edmond **Frémy** untersucht die Verbindungen, welche durch Einwirkung von Ammoniak auf Kobaltsalze entstehen. Diese Arbeiten werden durch Gibbs und Genth 1858 vervollständigt. Dadurch werden die folgenden Körperklassen bekannt: Ammoniakkobaltsalze, Oxyfuskobaltsalze, Luteokobaltsalze, Fuskobaltsalze, Roseokobaltsalze, Purpureokobaltsalze und Xanthokobaltsalze.

— **Gail-Bordes** in Galveston (Texas) stellt Fleischzwieback her, indem er eine bis zur Sirupkonsistenz verdampfte Fleischbrühe mit Weizenmehl mischt und den Teig bei mäßiger Wärme im Ofen bäckt. Diese Zwiebacke enthalten nicht die Nährstoffe des Fleisches, sondern nur dessen Extraktivstoffe.

— **Garrett** in Leeds konstruiert Dampfpumpen, deren Plungerkolben von der Dampfkolbenstange direkt getrieben wird, während sich die Kurbel in einer zwischen beiden befindlichen Kurbelschleife bewegt. (S. 1840 A.)

— Isidore **Geoffroy St. Hilaire** betont in einem Aufsatze in der „Revue et magasin de zoologie", daß Artencharaktere für jede zoologische Art feststehen, so lange diese den gleichen Umständen ausgesetzt sei, daß sie aber abändern, sobald die äußeren Lebensbedingungen wechseln. Ganz ähnliche Ansichten werden von Kützing (1851), Naudin (1852), Herbert Spencer (1852) geäußert. (Vgl. auch 1852 U., 1853 Sch. und 1855 P.)

— **Gorrie** konstruiert die erste offene Kaltluftmaschine, bei welcher Luft aus der Atmosphäre angesaugt, zusammengedrückt, abgekühlt, expandiert und dann zwecks direkter Kühlung von Räumen ausgestoßen wird. Das Prinzip dieser Maschine war 1834 von John Herschel erläutert worden.

— William **Gossage** schlägt vor, zur Konzentration von Schwefelsäure heiße Luft zu verwenden. Er läßt zu dem Zweck die Säure in einer mit Kieselsteinen gefüllten Kammer einem heißen Luftstrom begegnen. Diesem Verfahren war jedoch kein Erfolg beschieden.

— Thomas **Graham** untersucht die Diffusion gelöster Substanzen; er stellt Gefäße mit poröser Scheidewand, welche er mit verschieden konzentrierten Lösungen der zu untersuchenden Salze füllt, in größere Gefäße mit Wasser und vergleicht die Salzquantitäten, welche in gleichen Zeiten in das umgebende Wasser hinübergehen. Er findet, daß den verschiedenen Salzen verschiedene Diffusionsgeschwindigkeit zukommt, und nennt diejenigen Substanzen, die ein großes Diffusionsvermögen haben, Krystalloide, während er die nicht oder sehr langsam diffundierenden Substanzen Kolloide nennt.

— **Heims** in Berlin macht die erste Anwendung von der Chalkotypie, die sich von der Zinkographie (s. 1815 E.) nur dadurch unterscheidet, daß man zur Herstellung der durch Ätzung zu erzielenden Klischees anstatt der Zinkplatte eine Kupfer- oder Messingplatte benützt. Der Name Chalkotypie wird später auch für ein photographisches Druckverfahren in Kornmanier für die Buchdruckpresse benutzt, das 1880 von Klič angewendet und später von Roese in der Berliner Reichsdruckerei ausgearbeitet wird.

— Der Mediziner Johann Florian **Heller** bearbeitet in hervorragender Weise die Harnanalyse.

— Hermann **von Helmholtz** mißt die Geschwindigkeit, mit der sich die Erregung in den motorischen Nerven des Frosches fortpflanzt, und macht analoge Versuche am Menschen, aus denen hervorgeht, daß die Geschwindigkeit der Fortpflanzung der Nervenreizung im Menschen etwa 45—55 m in der Sekunde beträgt, so daß eine Nachricht von den großen Zehen etwa nach $^1/_{30}$ Sekunde im Gehirn ankommt.

1850 Hermann **von Helmholtz** erkennt, daß für die Beleuchtung und Wahrnehmung des Augenhintergrundes die Erleuchtung des zu beobachtenden Auges von dem beobachtenden Auge selbst ausgehen muß, und daß der zu beobachtende Augenhintergrund in die Entfernung des deutlichen Sehens gebracht werden muß, und erfindet den auf diesem Prinzip beruhenden Augenspiegel.

— Hermann **von Helmholtz** konstruiert das Ophthalmometer, ein Instrument, um die Krümmung der brechenden Flächen des Auges zu messen und den Index seiner Medien, seine Zentrierung und seinen Drehpunkt zu bestimmen.

— Hermann **von Helmholtz** stellt fest, daß mit jeder Arbeitsleistung des Muskels Veränderungen seiner chemischen Zusammensetzung verbunden sind. Doch entgeht ihm die Bildung von Säure, die von E. du Bois Reymond entdeckt wird. Zu seinen Untersuchungen über die Kontraktion der Muskeln konstruiert er nach dem Vorbild des Ludwig'schen Kymographions (s. 1847 L.) einen selbsttätigen Registrierapparat, das Myographion.

— Carl Heinrich **Hertwig** in Berlin erwirbt sich große Verdienste um die Veterinärchirurgie und trägt in seinem Werk „Praktisches Handbuch der Chirurgie für Tierärzte" der vervollkommneten chirurgischen Technik Rechnung, so daß dieses Werk einen bleibenden Wert für die Veterinärmedizin besitzt. (S. a. 1827 H.)

— Der Mediziner Karl Friedrich **von Heusinger** in Marburg gibt in seinem Werke „Die Milzkrankheiten der Tiere und des Menschen" wertvolle Aufschlüsse über dieses Gebiet.

— Gustav Adolf **Hirn** bestimmt das mechanische Äquivalent der Wärme, indem er die mechanische Arbeit von Dampfmaschinen und die Erwärmung von Blei mißt, das durch Stoß zusammengepreßt wird.

— Der Ingenieur Ferdinand **Hirn** führt die erste betriebsfähige Drahtseil-Transmission in der von ihm geleiteten Logelbacher Kattunfabrik aus.

— August Wilhelm **von Hofmann** stellt die Ammoniumbasen durch Behandlung der Alkoholjodüre mit Ammoniak dar und veröffentlicht seine Untersuchungen über die Eigenschaften und die Metamorphosen der Ammoniumbasen, durch welche die Erkenntnis der wahren Konstitution dieser Körper gewonnen wird. Er unterscheidet primäre (Monamine), sekundäre (Diamine), tertiäre (Triamine) und schließlich vom Chlorammonium und Ammoniumoxydhydrat ableitbare Basen. (Vgl. auch 1849 W.)

— Wilhelm **Hofmeister** untersucht im Anschluß an die Arbeiten von Lesczyc-Suminsky (s. 1848 L.) den Befruchtungsakt an Farnkräutern wie an Bärlappgewächsen.

— **Huxtable** und H. S. **Thomson** stellen unabhängig voneinander die Absorption des Bodens fest, und zwar der erstere für filtrierte Mistjauche, der letztere für chemisch genau definierbare Substanzen und Pflanzennährstoffe, wie freies Ammoniak und Ammoniaksalze.

— James Prescott **Joule** faßt in seiner Abhandlung „On the mechanical equivalent of heat" die Resultate seiner seit 1842 (s. dort) fortgesetzten Versuche dahin zusammen, daß die durch Reibung von Körpern, seien es feste oder flüssige, entwickelte Wärmemenge immer proportional ist der aufgewendeten Arbeit, und daß das mechanische Äquivalent der Wärme, welche 1 kg Wasser von 0^0 auf 1^0 in seiner Temperatur zu erhöhen vermag, 424 mkg ist.

— Friedrich Theodor **Kaufmann** in Dresden erfindet das Orchestrion, ein mechanisches Musikwerk mit starken Zungenstimmen, die mit Hilfe verschieden gestalteter blecherner Aufsätze den Klang der Blasinstrumente des Orchesters nachahmen. Ein Vorläufer des Orchestrions ist das von Kaufmann's Vater erfundene Symphonion. (Über andere Musikinstrumente, welche gleichfalls den Namen „Orchestrion" tragen, s. 1785 V. und 1791 K.)

1850 Rudolph Hermann Arndt **Kohlrausch** bestätigt durch exakte Messungen an dem von ihm verbesserten Volta'schen Kondensator (s. 1783 V.) das elektrische Spannungsgesetz.

— Auguste **Laurent,** der schon vor Isolierung der Alkoholradikale für diese, falls sie gefunden werden sollten, die heute angenommenen Formeln vorgeschlagen hatte, kommt, nachdem Kolbe (s. 1849 K.) eine allgemeine Methode zu deren Darstellung entdeckt hatte, auf diese Ansicht zurück und bezeichnet die Alkoholradikale als Homologe des Grubengases.

— **Lefaucheux** konstruiert einen Revolver für Metallpatronen mit Randzündung, bei welchem die Trommel sowohl durch Spannen des Hahns als durch Zurückziehen des Abzugs bewegt wird.

— Der französische Photograph **Le Gray** erfindet das photographische Kollodiumverfahren, das im Jahre darauf von **Fry** und Scott **Archer** noch vervollkommnet wird. Das Kollodiumverfahren wird nun das herrschende und erfährt einen großen Aufschwung durch die 1858 von dem Photographen Disderi in Paris eingeführte photographische Visitenkarte.

— Samuel Cunliffe **Lister** und George Edward **Donnisthorpe,** die seit 1835 getrennt an der Konstruktion von Kämmmaschinen arbeiten, vereinigen sich und konstruieren die ausgezeichnete unter ihrem Doppelnamen bekannte Maschine.

— Im Anschluß an Frankland's Entdeckung des Zinkäthyls lehren K. J. **Löwig** und M. E. **Schweizer** das Triäthylstibin (Antimontriäthyl) kennen, dem 1851 die Entdeckung der entsprechenden Methylverbindung durch Landolt folgt.

— Der Reisende Robert John **Mac Clure** erreicht auf einer zur Aufsuchung Franklins unternommenen Nordpolexpedition von der Beringstraße aus die Südspitze von Banksland und dringt von da in die Prince of Wales-Straße ein, wo er vom Eise eingeschlossen wird. Auf einer Schlittenfahrt erreicht er am 26. Oktober den Melvillesund und findet damit die langgesuchte nordwestliche Durchfahrt. Nach zwei Überwinterungen will er eben das Schiff verlassen, als Kellett, der 1852 eine zweite Nordpolexpedition unternommen hatte (s. a. 1848 R.), seine Spuren auffindet, im Juli 1853 ihn und seine Mannschaft aufnimmt und ihn 1854 nach England zurückbringt.

— Gustav **Magnus** untersucht die Beeinflussung rotierender Geschosse durch das umgebende Medium und stellt die eigentümlichen Oszillationsbewegungen fest, denen ein Projektil unterliegt, je nachdem es durch rechts oder links gewundene Züge hindurchgegangen ist.

— **Marshall** in Leeds verspinnt zuerst in Europa die Ramiefaser. Die Art der Verspinnung lehnt sich an die Flachsspinnerei an und liefert ein glänzendes, aber ungleichmäßiges Garn. Auch die 1875 von Greenwood und Batley in Leeds in Anlehnung an die Florettseidenspinnerei eingeführte Art der Verarbeitung liefert nur ungleichmäßige Garne.

— Karl Philipp **von Martius** erwähnt, daß das Patschuli das indische „Pucha Pat" sei. Nachdem das Patschuli anfangs als Arzneimittel empfohlen worden war, wird dieser Gebrauch bald aufgegeben und dieser Stoff nur noch als Parfüm verwendet.

— A. Ph. **Masson** und J. C. **Jamin** untersuchen systematisch die Absorption der Wärmestrahlung in diathermanen Körpern, wie Steinsalz, Flußspat, Glas, Bergkrystall, Alaun, Eis. Die Absorption der Wärmestrahlung in Gasen wird später von Magnus (1854) und Tyndall (1864) und namentlich von Röntgen (1881) untersucht.

1850 Carlo **Matteucci** findet, daß der Elektrizitätsverlust eines geladenen isolierten Körpers abhängig ist vom Druck des umgebenden Gases, und daß er um so größer ist, je höher dieser Druck ist. Er findet diesen Verlust in Luft, Kohlensäure und Wasserstoff gleich groß.

— Ottaviano Fabrizio **Mossotti** und unabhängig von ihm Rudolph **Clausius** begründen die Auffassung, nach welcher die Dielektrika aus leitenden Kugeln bestehen, welche durch isolierende Zwischenräume voneinander getrennt sind, und geben, auf diese Theorie gestützt, Formeln für die Messung der Dielektrizitätskonstanten.

— Nachdem zuerst Boissoneau in Paris künstliche Augen aus Email verfertigt hatte, erfindet F. A. **Müller** in Lauscha eine glasartige Komposition zur Herstellung künstlicher Augen, welche bei gleicher Schönheit praktischer und billiger ist als das Emailfabrikat.

— Nachdem schon Haller, Pfaff, Ritter, Volta und Purkinje die Anschauung gewonnen hatten, daß die Netzhaut den für Lichtreiz empfindlichen Teil des Auges bilde, beweist Heinrich **Müller** aus der Verschiebung der Purkinje'schen Aderfigur, daß die Zäpfchen und Stäbchen der Netzhaut den lichtempfindlichen Teil derselben darstellen. Aus theoretischen Gründen hatte schon 1851 Helmholtz die Zäpfchen und Stäbchen als Ort der Erregung bezeichnet.

— Karl Wilhelm **von Nägeli** unterscheidet in den Stärkekörnern zwei verschiedene organische Substanzen, die Granulose und die Cellulose. Die äußeren Schichten sind reicher an Cellulose; diese Cellulosehüllen hindern das Eindringen des kalten Wassers in das Stärkekorn; sie müssen entweder durch Reiben unter Wasser zerrissen werden, oder es muß die Trennung von Granulose und Cellulose durch Behandlung mit verdünnten Säuren, Speichel oder Malzauszug erfolgen.

— Der englische Ingenieur **Nicholson** wendet nach dem Vorgang von Roentgen (s. 1829 R.) im Schiffbau Verbundmaschinen mit gegeneinander um 90° versetzten Kurbeln an. Seine Anstrengungen werden erst von Erfolg gekrönt, als auch John Elder in Glasgow sich um 1855 mit der Einführung dieser Maschine beschäftigt.

— Das **Österreichische Handelsministerium** führt zuerst für die ihm unterstehenden Eisenbahnen den Gebrauch der Knallsignale ein.

— Sir Richard **Owen** weist in seiner Odontographie die Bedeutung der Zähne für die Klassifikation der Wirbeltiere nach.

— **Parkes** in Birmingham nimmt unter Verwendung des von K. J. B. Karsten aufgefundenen Prinzips (s. 1842 K.) ein Patent auf Entsilberung des Werkbleis durch geringe Mengen Zink, welches dem Blei erst alles Gold und Kupfer und dann das Silber entzieht. Der Prozeß wird durch **Cordurié** in Toulouse in volle Lebensfähigkeit übergeführt.

— Der Pariser Feuerwehrkommandant **Paulin** konstruiert einen Rauchapparat, der aus einer Lederbluse mit Kapuze und einem Fensterchen vor dem Gesicht besteht. Die Luft wird mit einer Feuerspritze in die Bluse eingepumpt. Aus diesem Apparat gehen die Rauchmasken und Rauchhelme hervor, die neuerdings durch die Respirationsapparate (s. d.) verdrängt werden.

— Der englische Schiffsbauer **Peake** erfindet ein Rettungsboot (Peakeboot), welches durch Luftkästen und Korkringe unversinkbar gemacht ist. Ein schwerer eiserner Kiel richtet das umgeschlagene Boot sofort wieder auf. Das 2500 kg schwere Boot ist an den englischen Küsten noch jetzt in allgemeinem Gebrauche. (Vgl. jedoch 1838 F.)

— Nachdem der Hofapotheker Franz Xaver Pettenkofer die ersten praktischen Versuche mit dem von Liebig (s. 1847 L.) empfohlenen Fleischextrakt gemacht hatte, stellt Max **von Pettenkofer** die ersten größeren Quantitäten von Fleischextrakt dar.

1850 Julius **Plücker** mißt den Magnetismus der Gase und findet, daß der Magnetismus eines gegebenen Gasvolumens der Dichtigkeit des Gases proportional ist, was von Quincke (1888) bestätigt wird. Auch Hennig (1894) kommt zu gleichem Resultat.

— Henri Victor **Regnault** empfiehlt die Pyrogallussäure als energischeren photographischen Entwickler als Gallussäure.

— **Roseleur** und **Boucher** wenden zuerst die galvanische Verzinnung mit gutem Erfolge auf gußeisernem Geschirr an.

— **Salter** konstruiert eine Federwage mit schraubenförmiger Spiralfeder, die in England vielfach für den Hausgebrauch verwendet und 1867 von John Sylvester noch wesentlich verbessert wird. Solche Federwagen, bei denen das Gewicht eines Körpers durch die Formveränderung einer elastischen Feder, die bald kreisförmig, bald elliptisch gestaltet ist, bestimmt wird, dienen vielfach auch als Briefwagen, beim Abwägen des Passagiergepäcks auf Eisenbahnen, für landwirtschaftliche Zwecke usw.

— Michael **Sars** findet an den Lofoten in 450 Faden Tiefe eine reiche Tiefsee-Fauna und widerlegt hierdurch die von Edward Forbes (s. 1833 F.) aufgestellte Abyssus-Theorie, nach der in einer Tiefe von 550 m keine Organismen mehr vorkommen sollten. Mit ihm nimmt die systematische Erforschung der Tierwelt der Meerestiefen, zu der Forbes den Grund gelegt hat, schnelleren Fortgang.

— Nachdem der Torf und dessen Abfälle (Torfklein, Torfmull) schon zu Anfang des 19. Jahrhunderts, wie die Werke von Daezel und von Dau über „Torfnutzung" und Hermbstädt's Äußerungen in seinem „Archiv der Agrikulturchemie" (s. 1803 H.) beweisen, als Streu und Düngemittel verwendet worden waren, empfiehlt ihn **Scharlau** in Stettin zuerst zur Desinfektion städtischer Abfallstoffe.

— Johann Joseph **Scherer** findet das Hypoxanthin oder Sarkin in der menschlichen und tierischen Milz; später wird es in einer großen Zahl anderer tierischer Organe und Flüssigkeiten (wie Drüsen, Muskeln, Blut, Harn) gefunden; auch in den Pflanzen entsteht es durch Spaltung von Nuclein.

— Nachdem J. G. F. Charpentier die erste bewußte Unterscheidung zwischen Schnee und Firn gemacht hatte, geben Adolf und Hermann **von Schlagintweit** die Erklärung der Umwandlung des Schnees in Firn, die im wesentlichen auf der raschen Folge des Tauens und Wiedergefrierens beruht.

— Hermann **von Schlagintweit** verbessert das Saussure'sche Diaphanometer (s. 1790 S.) und macht Messungen über den Durchsichtigkeitsgrad der Atmosphäre.

— Johann **Schroth** begründet die nach ihm benannte „Schroth'sche Kur", ein Heilverfahren, das bei hartnäckigen veralteten Leiden (Gicht, Syphilis, Neurasthenie usw.) eine Rückbildung und Gesundung durch strenge Diät (namentlich Trockendiät) und nächtliche Ganzpackungen anstrebt. Wegen ihrer durchgreifenden Wirkung kann diese Kur nur in einer Heilanstalt unter sorgsamer Überwachung durchgeführt werden.

— Max J. S. **Schultze** entdeckt die Endigungen der Gehörnerven in den Vorhofsäckchen und Ampullen.

— Karl Sebastian **Schüzenbach** führt in die Zuckerfabrikation die nach ihm benannten Kästen mit Doppelboden aus Drahtgeflecht ein, die die bis dahin gebräuchlichen großen Zuckerhutformen erfolgreich verdrängen.

— Der Kunstmeister **Schwamkrug** baut die erste Tangential-Turbine mit horizontaler Achse und innerer Beaufschlagung.

— Karl Leonhard Heinrich **Schwarz** gibt für die Zwecke der Technik eine

Zusammenstellung der titrimetrischen Methoden unter dem Titel „Über die Maßanalyse, besonders in ihrer Anwendung auf die Bestimmung des technischen Wertes der chemischen Handelsprodukte" heraus.

1850 Werner **von Siemens** findet ein Verfahren, mit Hilfe von Widerstandsbestimmungen bis auf einige Meter genau die Stelle zu ermitteln, wo ein Kabel fehlerhaft geworden ist, so daß man nicht das ganze Kabel nachzusehen braucht, um die fehlerhafte Stelle auszubessern.

— William **Siemens** erfindet das Attraktionsbathometer, mit welchem durch Messung der kleinen Änderungen, welche die Erdanziehung über dem Meeresniveau bei wechselnder Tiefe erleidet, die Tiefe des Meeres unmittelbar von der Oberfläche aus bestimmt werden kann.

— Der englische Mineralog Henry Clifton **Sorby** wendet zuerst das Mikroskop auf das Studium der Gesteine an, von denen er zu dem Behuf dünne Blättchen, „Dünnschliffe", herstellt, wie sie zuerst 1831 von Nicol und Witham beim Studium verkieselter fossiler Hölzer angewendet worden waren.

— Anson **Stager** in Cincinnati scheint zuerst auf die Möglichkeit der Verwendung einer Batterie für viele Telegraphenlinien (compound circuits) aufmerksam gemacht zu haben. Ihm folgt 1852 F. A. Petřina in Wien, auf dessen Vorschlag in verschiedenen österreichischen Städten, wie Wien, Salzburg, Triest, gemeinschaftliche Linienbatterien für mehrere von der betreffenden Station ausgehende Linien angelegt werden.

— Robert **Stephenson** erbaut 1846—50 die Britanniabrücke über den Menai-Kanal in England, die erste Brücke nach dem Röhrensysteme, bei welchem die im Querschnitte rechteckigen, aus ringsum geschlossenen Wandungen bestehenden Blechträger eine Art von Tunnel bilden. Die zweckmäßigste Querschnittsform der Röhrenträger wird von Sir William **Fairbairn** auf Grund von Festigkeitsversuchen ermittelt.

— Adolph **Strecker** stellt durch Erhitzen von Aldehyd, Ammoniak, Blausäure und Salzsäure das Alanin und aus diesem die gewöhnliche Milchsäure synthetisch her Später wird das Alanin von Kolbe (1860) aus α-Chlorpropionsäureester mit Ammoniak dargestellt.

— Adolph **Strecker** entdeckt das Purpurin in der Krappwurzel. Künstlich wird es von De Lalande 1874 aus Alizarin durch Erhitzen mit Schwefelsäure und Braunstein hergestellt und als Trioxyanthrachinon erkannt. Isomere Purpurine sind das 1874 von Auerbach erhaltene Isopurpurin und das 1876 von Schunck und Römer erhaltene Flavopurpurin.

— Karl **Thiersch** in Leipzig macht bahnbrechende Untersuchungen über die Wundheilung per primam intentionem. (S. 169 G.)

— Julius **Thomsen** stellt Tonerde aus Kryolith her, indem er denselben mit Kalkstein gemischt in Flammöfen stark calciniert, aus den ausgelaugten Aluminatlaugen mit Kohlensäuregas das Tonerdehydrat ausfällt und die Laugen auf Soda weiter verarbeitet. Später wird dieses Verfahren von Sauerwein und von Hahn in der Weise modifiziert, daß der Kryolith mit Ätzkalk auf nassem Wege aufgeschlossen wird.

— William **Thomson** (Lord Kelvin) erweitert die Angaben von Helmholtz über die in einem Stromkreis erzeugte Wärmemenge (s. 1847 H.), indem er den Satz aufstellt, daß die elektromotorischen Kräfte der verschiedenen Elemente den in ihnen durch die stattfindenden Prozesse entwickelten Wärmemengen proportional seien und demselben den mathematischen Ausdruck gibt.

— Nachdem man früher geglaubt hatte, daß die Schmelztemperatur eines Körpers durchaus konstant sei, beweisen J. **Thomson** einerseits und R. **Clausius** andererseits aus der mechanischen Wärmetheorie, daß der Schmelzpunkt einer Substanz abhängig sei vom Druck, unter welchem das Schmelzen und Erstarren stattfindet. Diese Folgerungen werden für das Wasser von William Thomson (1851) experimentell bestätigt. R. Clausius beweist ferner aus der mechanischen Wärmetheorie, daß bei Änderung der Schmelztemperatur durch Druck die Schmelzwärme sich ebenfalls nicht unerheblich ändert.

1850 Armand **Trousseau** erwirbt sich besondere Verdienste um die Lehre vom Croup und bekämpft diese Krankheit erfolgreich mittels der Tracheotomie.

— Der Techniker T. **Vicars** in Liverpool baut einen Backofen für Dauerbetrieb, bei welchem die aus gegliederten Blechplatten bestehende, mit der Backware beladene Sohle des Ofens durch eine Kette ohne Ende langsam durch den auf Backhitze erwärmten Teil des Ofens hindurchbewegt wird. Bei einer anderen Bauart werden die zu backenden Brote in kleine eiserne Wagen gebracht und durch den Backraum langsam hindurchgefahren.

— Der Physiolog Karl **von Vierordt** in Tübingen erfindet den Pulswellenzeichner (Sphygmograph), für dessen Kurven J. Redtenbacher die Gleichungen ableitet, und begründet damit eine wissenschaftliche, auf das klinisch-pathologische Gebiet und die Symptomatologie und Diagnostik der Herzkrankheiten gegründete Pulslehre, zu deren Ausbau besonders Marey (s. 1861 M.) beiträgt. Er konstatiert, daß der Blutumlauf etwa 23 Sekunden dauert (s. 1669 L. und 1823 D.), und daß in dieser Zeit das Herz sich etwa 27 mal zusammenzieht, und berechnet daraus die Blutmenge des Menschen zu $\frac{1}{13}$ des Körpergewichts. Er stellt die Gesetze des Gasaustausches auf und stellt fest, daß in der Ausatmungsluft 4,5 Volumprozente Kohlensäure, d. i. etwa 100 mal soviel als in der atmosphärischen Luft, enthalten sind, während die Sauerstoffmenge um etwa 5 Volumprozente abgenommen hat.

— Augustus **Waller** der Ältere in London stellt das nach ihm benannte Gesetz auf, daß die Entartung durchschnittener Nervenfasern nur in der Richtung ihrer physiologischen Wirksamkeit stattfinde.

— Thomas **Way** in London findet unabhängig von Huxtable und Thomson (s. 1850 H.), daß gewisse Bestandteile des Düngers, wenn sie in löslichem Zustand mit Ackererde in Berührung gebracht werden, ihre Löslichkeit verlieren und sich mit dem Boden in eigentümlicher Weise verbinden, und macht gleichzeitig die für die Kanalisierung der Städte wichtige Entdeckung, daß die Bestandteile fruchtbarer Bodenarten die merkwürdige Fähigkeit haben, organische Substanzen geruchlos zu machen und zu zersetzen. (S. a. 1836 Br.)

— William **Whewell** erforscht die Gesetze der Gezeiten und konstruiert aus den an zahlreichen Küstenpunkten beobachteten Eintrittszeiten des Hochwassers Linien (Isorachien, Homoploroten), die den Ort des Scheitels der Flutwelle von Stunde zu Stunde angeben.

— Ludwig Ferdinand **Wilhelmy** trägt durch seine Arbeiten über die Zuckerinversion und die Aufstellung einer Gleichung über die Geschwindigkeit dieser Reaktion wesentlich zur bessern Erkenntnis der Reaktionsgeschwindigkeit bei.

— Die Firma C. J. **Wilke** in Guben führt die Dekatur der Wollhüte ein, d. i. die Methode, den fest aufgespannten, trockenen, gut angeformten Hüten durch Behandlung mit trockenem Dampf die Eigenschaft zu geben, ihre Form dauernd zu bewahren.

— Alexander William **Williamson** erhält durch Einwirkung von Kaliumäthylat und Jodäthyl Äther und durch Einwirkung von Kaliumäthylat und Jodmethyl, sowie von Kaliummethylat und Jodäthyl den gemischten Methyläthyläther. Er erklärt die Bildung des Äthers aus dem Alkohol, indem er die Vertretung eines Atoms Wasserstoff durch Äthyl annimmt, und leitet aus der Entdeckung der gemischten Äther einen Grund mehr für diese Annahme ab. Diese Untersuchungen nebst der Entdeckung der organischen Abkömmlinge des Ammoniaks durch Wurtz (s. 1849 W.) und Hofmann (s. 1850 H.) tragen wesentlich zur Aufstellung der neueren Typentheorie von Gerhardt bei.

1850 Fritz **Wimmer** erfindet für den Bergwerks- und Hüttenbetrieb das zur Ausscheidung der Sandteilchen aus der Mehlführung dienende „Spitzgerinne", das aus zwei Seitenwänden mit Austrageöffnungen am Boden der unten zugeschärften Rinne besteht.

— Friedrich **Wöhler** erhält durch Glühen von braunem Wolframoxyd in einem Strom von Ammoniak oder Wasserstoff das metallische Wolfram in Form von glänzenden Blättchen.

— Nachdem Christoph Girtanner 1792 und Faraday 1820 auf die Fähigkeit des Nickels, sich mit Eisen zu legieren, hingewiesen hatten, stellt der Fabrikant **Wolf** in Schweinfurt das Nickeleisen zuerst gewerblich her. Ein Aufschwung der Fabrikation von Nickelstahl tritt aber erst später ein, nachdem James Riley die Aufmerksamkeit auf dessen vorzügliche Qualität, insbesondere für Panzerplatten, gelenkt hatte. (S. a. 1888 S. und 1889 R.)

— **Xavier** in Grenoble erfindet die Handschuhzuschneidemaschine, welche die Fellviertel nach den Umrissen der in allen gangbaren Größen vorhandenen, eine flache Hand darstellenden Kaliber zuschneidet.

— James **Young** in Manchester stellt zuerst mit Erfolg Paraffin aus dem Teer von Steinkohlen (namentlich Bogheadkohle), Braunkohlen und bituminösen Schiefern dar. (S. auch 1846 G. und 1849 R.)

1851 G. B. **Airy** veröffentlicht das Prinzip der Flüssigkeitsbremse, das in der Folge in der im Maschinenbau allgemein bekannten Ölbremse verwertet wird.

— **Amberger** macht den ersten Vorschlag zur Benutzung des elektrischen Stromes zum Bremsen.

— Thomas **Anderson** scheidet das Pyrrol, das schon von Runge bemerkt worden war, aus den Produkten der trocknen Destillation tierischer Materien ab.

— Ferdinand **von Arlt** macht von den von Küchler (s. 1835 K.) eingeführten Schriftproben in ausgedehntem Maßstab Gebrauch zur Untersuchung der zentralen Sehschärfe. Später werden die Schrifttafeln (Schriftskalen) namentlich von E. von Jaeger (1854), Stellwag (1858), Donders (1860) und Hermann Snellen (1862) vervollkommnet.

— L. **von Babo** und **Hirschbrunn** stellen durch Spaltung von Sinapin mit Barytwasser Cholin her, das 1862 von Strecker in der tierischen Galle aufgefunden und von diesem benannt wird.

— Der Astronom **Barkowski** in Königsberg erhält bei der totalen Sonnenfinsternis von 1851 ein Daguerrotyp, das die Korona zeigt.

— Carl Maximilian **von Bauernfeind** erfindet das Prismenkreuz, ein Spiegelinstrument, das gleich dem Winkelspiegel zum Abstecken gerader Linien oder zum Festlegen rechter Winkel dient. (S. a. 1750 A.)

— Pierre Antoine Ernest **Bazin** macht grundlegende Untersuchungen über die Acne varioliformis, den Favus, Herpes tonsurans und andere parasitäre Hautleiden und gibt 1857 seine „Leçons théoriques et cliniques sur les affections parasitaires" heraus, die erste Monographie über die durch Einwanderung von pflanzlichen und tierischen Parasiten bewirkten Hauterkrankungen.

Edmond **Becquerel** findet, daß in gleicher Weise wie der Magnetismus, so auch das diamagnetische Moment einer Substanz der magnetisierenden Kraft proportional ist, was von Tyndall bestätigt wird.

1851 Edmond **Becquerel** entdeckt die Existenz eines ableitbaren elektrischen Stromes an verletzten Pflanzenteilen, was von Wartmann (1851) und Buff (1854) bestätigt wird.

— Claude **Bernard** entdeckt die vasomotorischen Funktionen des Nervus sympathicus, die von Henle schon 1840 geahnt worden waren. Er gibt durch diese Entdeckung Veranlassung zu vielfachen späteren Untersuchungen, namentlich auch über den Wärmeausgleich des Körpers.

— Theodor **Bilharz** entdeckt das Distomum haematobium, d. i. diejenige Art der Leberegel, durch welche die Leberegelkrankheit (Bilharzia-Krankheit) bei den Eingeborenen Afrikas hervorgerufen wird.

— James und John **Brett** verlegen am 28. September ein vieradriges Guttaperchakabel, das im Gegensatz zu dem Kabel des Vorjahres (s. 1850 B.) mit starken Rundeisendrähten armiert ist, zwischen Dover und Sangatte im Kanal. Das Kabel wird am 13. November dem Verkehr übergeben und ist heute noch betriebsfähig. (Vgl. 1851 K.)

— Adolph Ferdinand Wenceslaus **Brix** revidiert die Tralles'schen Spiritustabellen und stellt Tafeln auf, welche bis 1888 (s. 1888 K.) die Grundlage für die Alkoholometrie in Preußen bilden. (S. 1811 T.)

— Der Ingenieur **Bromann** gibt den Grundgedanken für das Walzen der Schraubengewinde der Holzschrauben an, nach welchem auch die neuesten und zweckmäßigsten Gewindewalzmaschinen konstruiert sind.

— Ernst Wilhelm **von Brücke** konstruiert unter Verwendung von 2 Chevalier-Lupen (s. 1841 C.) eine Binokularlupe, deren Objektabstand relativ groß ist und innerhalb bestimmter Grenzen geändert werden kann. Eine im Jahr 1903 von H. Westien in Rostock hergestellte Form dieser Lupe bewährt sich insbesondere als Präparierlupe.

— Robert Wilhelm **von Bunsen** zerlegt Magnesiumchlorid mit Hilfe des Stromes in Magnesium und Chlor und zeigt damit den Weg zur industriellen Gewinnung der Erdalkali- und Erdmetalle.

— Robert Wilhelm **von Bunsen** veröffentlicht in seiner Arbeit „Über den Einfluß des Druckes auf die chemische Natur der plutonischen Gesteine" Versuche über den Einfluß des Druckes auf die Schmelztemperatur des Wallrats, durch welche die Proportionalität zwischen Druckzunahme und Erhöhung des Schmelzpunktes innerhalb ziemlich weiter Grenzen bestätigt wird. Zu ähnlichen Resultaten gelangt 1854 Hopkins sowohl mit Wallrat als auch mit Wachs, Schwefel und Stearin.

— Während sich bis dahin im Bergwerks- und Hüttenbetrieb die mechanische Aufbereitung fast ausschließlich auf die Verarbeitung von festen Rohstoffen beschränkt hatte, bahnt der preußische Oberberghauptmann **von Carnall** die rationelle Behandlung der erdigen Rohstoffe an und führt zu diesem Zweck die nach ihm benannte Läutertrommel und andere dazu gehörige Apparate ein.

— **Chatin** gibt in seiner „Lehre vom normalen Jod" an, daß die Luft von Paris in 4 cbm $^1/_{500}$ mg Jod, die vom Menschen ausgeatmete Luft $^1/_{100}$ mg enthalte, daß in waldreichen Gebirgstälern die Vegetation alles Jod absorbiere, so daß in der Atmosphäre keine Spur von Jod enthalten sei. Diese Angaben werden viel bestritten, bedürfen aber, nachdem im Organismus Jod entdeckt worden ist (s. 1894 B.), der Nachprüfung.

— William **Cooke** versucht in seinem Patent vom 3. Mai zuerst die Elektrolyse von Kochsalz zur Sodafabrikation zu verwerten; sein Patent hat jedoch ebensowenig, wie das am 25. September von Charles Watt genommene irgend eine praktische Folge.

1851 Der belgische Artilleriemajor **Coquilhat** bestimmt die Arbeitsfestigkeit von
Geschützmetall und dehnt seine Versuche auch auf Eisen, Holz, Ziegeln,
Mörtel und auf verschiedene Gesteine aus, letzteres namentlich, um die Vor-
teile des Drehbohrers für bergmännische und Tunnelzwecke zu beleuchten.
Rziha nennt ihn den Schöpfer des modernen Drehbohrprinzips. (S. 1844 C.)

— C. L. **Daboll** erfindet das Nebelhorn, das später von Professor Holmes verbessert wird und im wesentlichen aus einem 2—3 m langen Schallrohr besteht, das in seinem unteren Teil ein klarinettartiges Mundstück hat und
am oberen Ende um 90° wagerecht abgebogen ist. An die Stelle des
Nebelhorns tritt in neuerer Zeit vielfach die von A. und F. Brown in New
York angegebene Nebelsirene.

— Victor **Dessaignes** entdeckt das Trimethylamin in den Blättern von Cheno-
podium vulvaria.

— James **Drew** erfindet die Sohlendurchnähmaschine, die sich im wesentlichen an die von Saint (s. 1790 S.) konstruierte Nähmaschine anschließt.

— **Durand** beobachtet zuerst das Vorkommen des Hydrastins in der Wurzel
von Hydrastis Canadensis, das im reinen Zustand 1862 von Perrins dargestellt wird.

— Jean Pierre **Falret** schildert zuerst das zirkuläre Irresein, bei welchem
Melancholie mit Manie abwechselt, und beschäftigt sich seit 1862 mit der
Ergründung der Epilepsie, insbesondere mit den dabei so häufig auftreten-
den, mit Angst verbundenen Dämmerzuständen.

— Michael **Faraday** entdeckt, daß Sauerstoff als das einzige paramagnetische
Gas einen Einfluß auf die Elemente des Erdmagnetismus ausübt, indem
es, weichem Eisen vergleichbar, wenn auch in geringerem Maße als dieses,
durch die verteilende Wirkung des einem permanenten Magneten ver-
gleichbaren Erdkörpers Polarität annimmt.

— Moses G. **Farmer** in Newport bemüht sich, die Elektrizität für den Eisenbahnbetrieb zu verwenden. Bei der von ihm erbauten Versuchsbahn wird der Strom,
der einer Batterie entstammt, dem Motor durch die Schienen zugeleitet.
Seine Versuche führen jedoch ebensowenig wie die 1855 von Major Bessolo
in Wien und die 1857 von George Green in Kalomazoo in Nordamerika
unternommenen zu praktischen Ergebnissen.

— Die Gebrüder **Fisken** in Hartlepool erfinden zusammen mit dem Dorfschmied
Rodgers in Stockton on Tees den Dampf-Balancierpflug und den Anker-
wagen.

— Otto **Funke** entdeckt in den Blutkörperchen das dem Oxyhämoglobin (s.
1847 R.) nah verwandte Hämoglobin oder Hämatokrystallin.

— **Gobley** beschreibt zuerst das Cerebrin und das Lecithin. Das letztere wird
1868 von Diakonow rein dargestellt und von ihm und von Strecker näher
untersucht und als eine Neurinverbindung mit einer Glycerinphosphorsäure erkannt, in der zwei Wasserstoffatome durch die Radikale der Ölsäure und Palmitinsäure ersetzt sind.

— Wilhelm **Griesinger** erkennt die von Dubini entdeckte „Ankylostoma duo-
denale" benannte (1843) Nematode als Ursache der „Ägyptischen Chlorose".
Auf die gleiche Ursache führt Perroncito (1880) die schwere Anämie der
Arbeiter des Gotthardtunnels, Graziadei (1879) und Leichtenstern (1885—87)
die Dochmiose der Ziegelarbeiter zurück. In neuester Zeit hat die massen-
hafte Verbreitung der „Wurmkrankheit" bei den Kohlenbergwerksarbeitern
der westfälischen Reviere die allgemeine Aufmerksamkeit auf diese Krankheit gelenkt.

— Thomas **Hall** in Boston betreibt ein Fahrzeug mit Magnetmaschine von
einer feststehenden Batterie aus.

— Wilhelm **Heintz** beschäftigt sich in den Jahren 1851—57 mit den in den

Fetten enthaltenen Säuren, stellt deren Eigenschaften und Zusammensetzung fest und liefert durch diese Arbeiten eine wesentliche Vervollständigung der Chevreul'schen Untersuchungen.

1851 Johann Wilhelm **Hittorf** untersucht die von Knox (s. 1837 K.) zuerst beobachtete Leitfähigkeit des Selens für den galvanischen Strom.

— Johann Wilhelm **Hittorf** zeigt, daß das amorphe Selen, das man erhält, wenn man metallisches Selen schmilzt und tropfenweise in kaltes Wasser fallen läßt, beim Erwärmen auf 94⁰ C. plötzlich in metallisches Selen übergeht, und daß sich dabei eine sehr beträchtliche Wärmeentwicklung zeigt, die das Selen auf über 200⁰ erwärmt. Dieses verschiedene Verhalten ein und derselben Materie ist nur dann erklärlich, wenn man annimmt, daß dieselbe aus Atomen besteht, deren verschiedene Lagerung die allotropen Zustände bedingt.

— August Wilhelm **von Hofmann** gibt den von Frémy entdeckten (s. 1850 F.) ammoniakalischen Metallverbindungen (Platinbasen, Kobaltbasen usw.) ihre Stellung im chemischen System, indem er sie als Ammoniak oder als Chlorammonium auffaßt, in welchem Wasserstoffatome durch Metall oder Metalloxyd ersetzt sind. Diese Anschauung wird von Weltzien (1856), H. Schiff (1863), Cleve u. a. weiter geführt.

— August Wilhelm **von Hofmann** gewinnt das von Dessaignes entdeckte Trimethylamin durch Einwirkung von Jodmethyl auf Ammoniak (s. 1850 H.)

— Wilhelm **Hofmeister** beobachtet die Befruchtung der Keimzelle in den weiblichen Organen der Farne durch bewegliche Spermatozoiden und füllt durch die Betonung der Ähnlichkeit mit der Samenbildung der Phanerogamen die Kluft zwischen den Fortpflanzungsvorgängen bei den Kryptogamen und Phanerogamen aus.

— Obed **Hussey** aus Cincinnati stellt auf der Londoner Ausstellung eine Mähmaschine aus, welche sich ebenso bewährt, wie die Konstruktion von Mac Cormick. (S. 1851 M.)

— Gustav **Köber** in Cannstatt erfindet die Carbonisation der Lumpen. Dieses Verfahren besteht darin, daß man in halbwollenen, d. h. baumwolle- und leinenhaltigen Lumpen durch Einwirkung von Schwefelsäure und nachheriges scharfes Trocknen die Pflanzenfasern zerstört und die Wolle, die durch diese Behandlung kaum angegriffen wird, als solche wiedergewinnt. Diese Erfindung gibt den Anstoß zu einem großen Aufschwung der Kunstwollfabrikation.

— Ernst Eduard **Kummer** begründet die Theorie der idealen Primzahlen und bearbeitet die von Gauß (s. 1812 G.) entdeckte hypergeometrische Reihe. Seine „Allgemeine Theorie der Strahlensysteme" führt ihn auf die nach ihm benannte „Kummer'sche Fläche", von der die „Fresnel'sche Wellenfläche" ein besonderer Fall ist.

— Der Ingenieur **Küper** in London umgibt die Guttaperchahülle der Kabel mit Eisendraht und gibt dadurch das Vorbild für alle späteren Seekabel.

— Aimé **Laussedat** empfiehlt zur Aufnahme der für Herstellung topographischer Pläne erforderlichen perspektivischen Handzeichnung eine von ihm für diesen Zweck modifizierte Camera clara. (S. 1791 B.) Später verwendet er auf den Rat von Regnault zu gleichem Zweck die Photographie. (S. 1864 L.)

— Karl **Ludwig** und **Rahn** weisen den Einfluß der Chorda tympani auf die Speichelsekretion nach.

— Cyrus Hall **Mac Cormick** in Chicago bringt auf die Londoner Ausstellung eine verbesserte Mähmaschine mit horizontal beweglichen Schlitzscherenmessern, die großes Aufsehen erregt. Damit beginnt die allgemeine Einführung der Mähmaschinen in die Praxis. (Vgl. auch 1851 H.)

1851 **Mangin** konstruiert eine Schiffsschraube, die vier gleichgeformte, zu je zweien hintereinander auf der Nabe befestigte Flügel besitzt. Die Mangin'sche Schraube wird namentlich in der französischen Marine viel verwendet.

— Nachdem der Gipsverband, der im Orient seit langer Zeit (s. 975) gebräuchlich war, durch Eaton, englischen Konsul in Bassora, in Europa bekannt geworden und 1814 von Hendriksz in Groningen, später von Dieffenbach u. a. empfohlen worden war, erfindet der holländische Militärarzt Anthony **Mathysen** den Gipsbindenverband, einen festen, starren Verband, der namentlich benutzt wird, um ein Glied längere Zeit in fast völliger Unbeweglichkeit zu erhalten. Dieser Verband erlangt in der Kriegschirurgie sehr große Bedeutung.

— Jacob **Mayer,** dem Besitzer der Bochumer Gußstahlfabrik, gelingt es zuerst, aus Stahlguß schwierige und große Gegenstände herzustellen. Er erregt namentlich Aufsehen durch seine Gußstahlglocken, die auf der Gewerbeausstellung zu Düsseldorf 1852 prämiiert werden. Die Schwierigkeiten dieses Gusses bestanden in der Gasentwicklung beim Heizen, dem starken Schwinden und der zu hohen Schmelztemperatur des Metalles, welches infolgedessen in den Formen zu rasch erstarrte.

— Julius Robert **von Mayer** berechnet in seiner Abhandlung „Über die Herzkraft" die Arbeit des Herzens und kommt zu dem Resultat, daß beide Ventrikel in 24 Stunden 87 000 mkg leisten, was dem vierten Teil der achtstündigen Arbeitsleistung eines kräftigen Arbeiters entspricht. In Wärmeeinheiten umgesetzt entspricht die lebendige Kraft des Herzens 204 000 Kalorien.

— Nicolas Auguste Eugène **Millon** findet, daß eine salpetrige Säure enthaltende Lösung von salpetersaurem Quecksilberoxyd, insbesondere beim Erhitzen die Eiweißkörper rot färbt. (Reagens von Millon.)

— Hugo **von Mohl** konstatiert, daß die Chlorophyllkörner der meisten Pflanzen Einschlüsse von Stärkemehl enthalten, und sieht in einzelnen Fällen diese Einschlüsse in vorher stärkefreien Chlorophyllkörnern entstehen.

— Jacob Albert W. **Moleschott** macht Untersuchungen über den Stoffwechsel in Pflanzen und Tieren.

— **Napier** in Glasgow errichtet die erste Trajektanstalt mit Seilaufzug über den Firth of Forth bei Granton und erbaut dazu das Fährschiff „Leviathan", das auf seinen 3 Deckgleisen 30 Wagen unterbringen kann. 1852 wird eine zweite Fähre über den Firth of Forth bei Dundee errichtet. Beide Fähren befördern nur Güterwagen.

— Charles Cléophas **Person** beschäftigt sich zuerst mit der Bestimmung des Wärmeverbrauchs beim Auflösen von Salzen (Lösungswärme der Salze), der nach ihm noch eingehender von Winkelmann (1873) bestimmt und später von Staub (1890) und Scholz (1892) mit dem Bunsen'schen Eiscalorimeter gemessen wird.

— Nachdem schon Kepler 1612 und Barlow 1834 dahin zielende Linsenkombinationen konstruiert hatten, erfindet der italienische Optiker Ignazio **Porro** ein Teleobjektiv, das 1869 von Borie und de Tournemire sowie von J. Traill Taylor verbessert wird.

— Robert **Remak** macht Untersuchungen über die Entwicklung der Drüsen, die einen Wendepunkt in der Auffassung dieser Gebilde bezeichnen.

— Friedrich **Rochleder** entdeckt in den mit heißem Wasser bereiteten Auszügen des Krapps das Glucosid des Alizarins, die Ruberythrinsäure, die, wie Liebermann und Bergami 1888 zeigen, mit dem von Schunck 1848 aus Krapp isolierten Rubian identisch ist.

— Nachdem der Amerikaner Page schon 1836 Induktionsapparate mit höherer Spannung gebaut hatte, die indes wenig Erfolg hatten, gelingt es dem deutschen Mechaniker H. D. **Rühmkorff** in Paris, Induktionsapparate für hochgespannte Ströme herzustellen, welche Funken erzeugen, wie sie die Elektrisiermaschine gibt (Funkeninduktor).

1851 Henri **de Sénarmont** gelingt es, die typischen krystallinischen Verbindungen der Erzgänge aus wässerigen Lösungen, die er den in größeren Tiefen der Erdrinde herrschenden Bedingungen der Temperatur und des Druckes unterwirft, herzustellen und so der Thermalhypothese über die Entstehung der Erzgänge eine wesentliche Stütze zu verleihen.

— **Siemens & Halske** führen in Berlin telegraphische Feuermelder ein. (S. a. 1838 S.)

— **Singer** verbessert an der Nähmaschine die Stoffvorschiebung (s. 1847 H.) durch Anwendung eines unterhalb des Stoffes befindlichen, fein gezahnten Schaltrades in Verbindung mit einem unter Federdruck stehenden, auf den Stoff drückenden Stoffpresserfuß. Doch ist auch jetzt die Lenkbarkeit noch ungenügend, da der Stoff hierbei beständig unter Druck auf dem Transportrad liegt.

— Christian **Sörensen** konstruiert eine Lettern-Setzmaschine „Tachotype", die 1855 auf der Pariser Ausstellung prämiiert wird. Die Maschine besorgt das Ablegen mit Hilfe der besonderen Unterscheidungssignaturen, die Etienne Robert Gaubert 1840 angegeben hatte. Trotz vieler Vorzüge wird die Maschine niemals in ausgedehntem Maße benutzt.

— Simon **Stampfer** wendet die Methode, aus der Helligkeit oder Größenklasse und aus der Reflexionsfähigkeit (Albedo) die wahre Größe eines Himmelskörpers zu bestimmen, zuerst für die Ermittlung der Durchmesser der Asteroiden an.

— Der Chemiker Julius Adolph **Stoeckhardt** erwirbt sich namhafte Verdienste um die Agrikulturchemie. Auf seine Anregung wird i. J. 1851 die erste „agrikultur-chemische Versuchsstation" in Möckern bei Leipzig gegründet.

— William **Thomson** (Lord Kelvin) stellt den Satz auf, daß die Temperatur stets der lebendigen Kraft proportional ist, welche der von der Wärme bedingten Molekularbewegung der kleinsten Körperteilchen innewohnt, und daß bei — 273° C., dem absoluten Temperaturnullpunkt, jede derartige Bewegung aufhört.

— Die französischen Botaniker Louis René und Charles **Tulasne** begründen die Entwicklungsgeschichte der Pilze (Mutterkorn) und finden bei einzelnen derselben Sexualorgane.

— **Tyer de Dalton** stellt auf der London- und Chatham-Bahn Versuche an, Signale zwischen dem fahrenden Zuge und der Station zu wechseln. Er bringt hierzu auf der Bahnstrecke Metallstreifen an, mit denen die Lokomotive mittels federnder Schleifkontakte in dauernder Berührung bleibt, wodurch sie zum Empfangen und Geben von Signalen beim Passieren der Strecke befähigt wird.

— François **Verdeil** gibt an, daß Chlorophyll eisenhaltig und das Eisen wesentlich für dessen Bildung sei, was Salm-Horstmar (1856) und Gris (1865) bestätigen. (S. a. 1831 B.)

— **Violette** untersucht die Veränderungen, welche das Holz in der Wärme erleidet, namentlich um zu ermitteln, unter welchen Verhältnissen die für die Pulverfabrikation geeignetste Holzkohle entsteht. Er empfiehlt für diese Zwecke die Destillation des Holzes mit überhitztem Dampf und konstruiert einen Destillationsapparat, der zuerst in Esquerdes in Gang gesetzt wird.

— Rudolf **Virchow** entdeckt die Bindegewebszellen, die von der Embryonalzeit an vorhanden sind, und von denen sich die Entstehung der Bindesubstanzgewebe einschließlich der Knorpel und Knochen herschreibt. Alle diese

Darmstaedter. 34

Gewebe bestehen in gleichartiger Weise aus Zellen und Intracellularsubstanz, nur die Form und die feinere Struktur wechselt.

1851 Johann **von Waller** weist durch den positiven Ausfall einer Überimpfung des Sekretes von nässenden Pusteln die Kontagiosität der sekundären Syphilis nach, was durch F. von Rinecker (1852), Guyenot und Bassereau (1852) bestätigt wird.

— Theodor **Weishaupt** erweist durch präzise Untersuchungen über die Tragfähigkeit der Eisenbahnschienen die Überlegenheit der Breitfußschienen. 1857 unternimmt Malberg eine Fortsetzung dieser Versuche mit ähnlichem Ergebnis.

— Joseph **Whitworth** führt auf der Londoner Weltausstellung seine Meßmaschine vor, die als hervorragendstes Glied der Familie der Schraublehren (Blechlehren, Sphaerometer) anzusehen ist. (S. auch 1841 W.)

— Der holländische Tierarzt Louis **Willems** in Hasselt entdeckt die Präventivimpfung der Lungenseuche, einer dem Rind eigentümlichen, ansteckenden Lungen-Brustfellentzündung, die zuerst am Ende des 17. Jahrhunderts aufgetreten war und sich bald infolge des Aufschwungs des Viehhandels allgemein verbreitet hatte. Nach Einführung der veterinär-polizeilichen Maßregeln in der zweiten Hälfte des 19. Jahrhunderts verliert diese Impfung ihre Bedeutung.

— Alexander William **Williamson** bestimmt die Molekulargrößen der Körper auf rein chemischem Wege, indem er sich die Körper aus dem Wasser durch Vertretung von ein oder zwei Wasserstoffatomen entstehend denkt.

— A. B. **Wilson** erfindet für die Nähmaschine den Greifer zur Herstellung des Doppelsteppstichs.

— Friedrich **Wöhler** macht Mitteilung über das von ihm bereits 1840 dargestellte Telluräthyl und das von Löwig 1836 erhaltene Selenäthyl.

1852 **Archer** erfindet die Durchlochung der Briefmarkenbogen und erreicht dadurch, daß sich die einzelnen Briefmarken leicht abtrennen lassen.

— **Archibald** in London erfindet eine Steinhobelmaschine, bei welcher die Schneidwerkzeuge aus rundum meißelartig zugeschärften kreisförmigen Scheiben bestehen, welche in Kreisbogenzügen über die Steinfläche (mit geneigter Stellung gegen dieselbe) fortschreiten und sich dabei um ihre eigene Achse drehen, während der Stein in einer die Bewegung der Werkzeuge kreuzenden Richtung langsam weiterrückt.

— Neill **Arnott** macht, um die Schmerzhaftigkeit bei Operationen zu vermindern, wieder Gebrauch von der Kälte, indem er die betreffende Stelle der Einwirkung einer sehr intensiven Kältemischung (Salz und Eis) aussetzt. (Siehe 1646 S.)

— Clemens Heinrich Lambert **von Babo** weist darauf hin, daß die sonst sehr schwierige Abscheidung des Serums von den Blutkörperchen sich zweckmäßig durch Zentrifugalkraft bewirken lasse. Sternheim begründet hierauf 1865 ein Verfahren zur Fabrikation von Albumin, indem er defibriniertes Blut in einer Zentrifuge abschleudert, bis die Blutkörperchen sich an der Wandung der Trommel ablagern, dann das Serum im Vakuum bei 60° eindickt und schließlich bei 30° an der Luft eintrocknen läßt.

— Claude François **Barruel** und **Jean** entdecken in dem borsauren Manganoxydul ein Mittel, um auch beim rohen oder bloß gekochten Leinöl ein beschleunigtes Trocknen herbeizuführen (Siccatif). Schon vorher (1841) hatte Liebig zur Herstellung rasch trocknender Firnisse vorgeschlagen, das abgelagerte Leinöl mit sechsfach basisch essigsaurem Bleioxyd zusammenzubringen; doch wurde diese Methode wegen der Schädlichkeit für die Gesundheit der Arbeiter und auch, weil der Firnis nachdunkelte, wieder aufgegeben. (S. a. 1832 S.)

1852 Unter Anlehnung an Dzierzon's (s. d. 1848) Vorschläge stellt der Freiherr August **von Berlepsch** auf Seebach bei Langensalza seinen aus sogenannten mobilen Rähmchen bestehenden verbesserten Bienenkorb her, und gibt dadurch dem Mobilbau seine heutige vollendete Form.

— Der Arzt A. **Bernhardi** in Eilenburg macht zuerst den Vorschlag zur Herstellung von Kalksandsteinen. Er will damit den Kalkpisébau (s. 1791 C.) verbessern, der bei Regenwetter nicht ausgeführt werden konnte und zu den Tür- und Fensterverkleidungen eines anderen Baumaterials bedurfte. Bernhardi kennt indes noch kein Härtungsverfahren des Kalksandsteins. (S. 1880 M.)

— Cesare **Bertagnini** erkennt die charakteristische Eigenschaft der als Aldehyde bezeichneten Verbindungen, mit schwefligsauren Alkalien krystallinische Verbindungen zu bilden.

— Marcelin **Berthelot** untersucht das Terpentinöl, das Isoterebenthen und Metaterebinthen und beschäftigt sich ferner mit dem Terpin, dem Terpinol, dem Pinenchlorhydrat (s. 1803 K.) und mit den Abkömmlingen des Citronenöls.

— Marcelin **Berthelot** erhält beim Erhitzen von Methylalkohol und Äthylalkohol mit Salmiak auf 300 bis 400° Methylamin und Äthylamin.

— **Boussingault** und **Lewy** untersuchen die Bodenluft auf ihren Kohlensäuregehalt und finden, daß die Kohlensäure ein sicherer Indikator für die im Boden vor sich gehenden Zersetzungen der organischen Substanz sind.

— James **Buchanan** empfiehlt für den Flachs die Heißwasserröste, während gleichzeitig von William **Watt** die Dampfröste empfohlen wird, die indes beide nur vorübergehend an die Stelle der Warmwasserröste (vgl. 1846 S.) oder des von Gaultier de Claubry empfohlenen angesäuerten Bades treten.

— **Chapelle** in Paris ändert die etwa um 1820 in England aufgekommene Trockenmaschine für Zeuge dahin ab, daß er die Trockenzylinder, anstatt mit Dampf, mit der Feuerluft des Dampfkessels oder der Heizanlage speist, während er gleichzeitig, um Überhitzung zu vermeiden, feine Wasserstrahlen einspritzt.

— Der Mathematiker und Physiker Michel **Chasles** in Paris fördert die synthetische Geometrie in hervorragender Weise. Ihm gelingt die Lösung mehrerer schwieriger analytischer Probleme auf geometrischem Wege.

— A. **Coupier** und M. A. **Mellier** stellen aus Stroh mit Natronlauge Papierstoff dar. Im Jahre 1854 wird dasselbe Verfahren von Watt und Burgess auf Holz angewendet. Verbesserungen des Verfahrens werden insbesondere von Houghton (1864), Ungerer (1872), Sinclair (1873) u. a. angegeben.

— Reiner **Daelen** konstruiert einen Dampfhammer, der im Gegensatz zum Nasmyth'schen Hammer (s. 1842 N.) mit Oberdampf arbeitet. Er konzentriert das Fallgewicht großenteils in der dicken Kolbenstange, an der ein kleiner Hammerkopf befindlich ist, welcher Kolbenstange und Hammerbahn verbindet und gerade geführt ist. Andere Formen der Hämmer mit Oberdampf werden von Turck in Chartres, Farcot in Paris, dem englischen Ingenieur Naylor u. a. angegeben.

— Michael **Faraday** macht die merkwürdigen Kurven, in denen sich Eisenfeile in der Nähe von Magneten ordnet, zum Gegenstand seines Nachdenkens und stellt die Theorie auf, daß der ganze den Magnet umgebende Raum — sein Feld — in einen eigentümlichen Zwangszustand versetzt ist, dessen Verteilung durch den Verlauf der Kraftlinien bezeichnet ist. Unter solchen versteht er Kurven, die an jeder Stelle des Raumes die Richtung der daselbst wirksamen Kräfte (Gravitationskraft, elektrische, magnetische Kräfte) haben.

— **Favre** und **Silbermann** einerseits und Thomas **Andrews** andererseits beschäftigen sich mit der Messung der durch chemische Prozesse entwickelten Wärme. Ihre Untersuchungen gelten in erster Linie der bei der Bildung von Chlorverbindungen auftretenden Wärme. Favre (1856), J. Thomsen (1882) und Berthelot (1895) dehnen ihre Untersuchungen auch auf andere chemische Prozesse aus und verfolgen insbesondere die bei der Zersetzung und Bildung der verschiedensten basischen, neutralen und sauren Salze eintretenden Änderungen des Wärmezustandes, die sogenannten Wärmetönungen. Stohmann (1886) zieht auch die organischen Verbindungen in den Bereich seiner Untersuchungen.

1852 Edward **Frankland** macht die ersten Mitteilungen über organische Verbindungen des Quecksilbers; doch gelingt die Isolierung des Quecksilberäthyls und Quecksilbermethyls erst George Buckton im Jahre 1858.

— **Frankland, Cahours** und **Riche** und **Löwig** stellen unabhängig voneinander die Alkylverbindungen des Zinns, Löwig auch die des Bleis her.

— Der Fabrikant Wilhelm **Funcke** in Hagen erfindet die Mutterpresse zur Fabrikation der Schraubenmuttern.

— Charles **Gerhardt** entdeckt das Essigsäureanhydrid, indem er Phosphortrichlorid auf wasserfreies essigsaures Kalium wirken läßt. Zuerst destillieren Acetylchlorid und unzersetztes Phosphortrichlorid über, bei weiterem Erhitzen geht Essigsäureanhydrid über, das durch Rektifikation über essigsaures Kalium rein erhalten wird.

— Henry **Giffard** steigt am 24. September in einem spindelförmigen Luftballon von 2500 cbm Inhalt auf, der mit einer durch Dampf betriebenen Luftschraube montiert und mit Steuervorrichtung versehen ist und tatsächlich gegen den Wind fährt. Eine größere Konstruktion von 4500 cbm Volum erbaut er im Jahre 1855 und führt sie in Gemeinschaft mit dem Luftschiffer Gabriel Yon vor.

— Charles **Goodyear** lehrt die Darstellung des Hartgummi (Ebonit) durch Erhitzen von Kautschuk mit mehr Schwefel, als zum Vulkanisieren (s. 1839 G.) erforderlich ist, auf Temperaturen von ca. 150°. Zur Erhöhung der Härte und Elastizität setzt man vielfach auch Schellack zu. Das Hartgummi eignet sich zur Herstellung zahlreicher Gegenstände, die man sonst aus Holz, Horn, Metall usw. anfertigte. Da es ein besserer Nichtleiter als alle sonst bekannten Stoffe ist, dient es als vortreffliches Isoliermaterial für Telegraphenleitungen.

— Horace **Green** ist seit Köderik (s. 1750 K.) der erste, dem es gelingt, warzenförmige Gebilde und Polypen des Kehlkopfes durch Operation vom Munde aus zu entfernen.

— **Grover** erfindet für die Nähmaschine die Zirkuliernadel zur Erzeugung des Schnurstichs.

— Emanuel Louis **Gruner** setzt an Stelle der Karsten'schen Klassifikation der Steinkohlen eine auf die Flammenentwicklung gegründete Einteilung in trockene Steinkohle mit langer Flamme, fette Steinkohle mit langer Flamme oder Gaskohle, eigentliche fette Kohle oder Schmiedekohle, fette Steinkohle mit kurzer Flamme oder Kokskohle und schließlich magere oder anthrazitische Steinkohle.

— **Gwynne** stellt zuerst Preßtorf her, indem er den Rohtorf in einer Zentrifugalmaschine einer vorläufigen Trocknung unterwirft, ihn darauf fein mahlt und in dampferhitzten Pressen verdichtet.

— Dem preußischen Major **Hartmann** gelingt die Herstellung von L a n g geschossen, welche sich aus g l a t t e n Geschützrohren verfeuern lassen, ohne ihre Umdrehung um die Längsachse zu verlieren. Hierzu hatten die in ihrer äußeren Gestalt den Hinterladergranaten ähnlichen Langgeschosse schraubenförmige Durchbohrungen erhalten, so daß sie durch den Widerstand der hindurchströmenden Luft in Drehung versetzt wurden. Der Gedanke hätte ohne das Dazwischentreten des gezogenen Geschützes eine große Zukunft gehabt. (Vgl. 1627 C. und 1756 R.)

1852 Gustav **Heyer** unterzieht zuerst das Verhalten der Waldbäume gegen Licht und Schatten einer eingehenden Würdigung.

— H. **Highton** schlägt verschiedene Verfahren zur Übermittlung von Nachrichten zwischen zwei durch Wasser voneinander getrennten Orten vor. Das eine Verfahren unterscheidet sich nicht von dem von Wilkins (s. 1849 W.) angewendeten. Das zweite besteht darin, daß er auf beiden Seiten des Flusses Drähte ausspannt und die einander gegenüberstehenden Enden derselben durch nicht isolierte, in das Wasser versenkte Drähte miteinander in Verbindung bringt. Die letztere Methode wird von englischen Ingenieuren in Indien praktisch erprobt und zur Überbrückung breiter Ströme für geeignet gefunden, vorausgesetzt, daß die beiden ins Wasser versenkten Drähte genügend weit voneinander bleiben. (Vgl. auch 1811 S.)

— John Russel **Hind** entdeckt im Stier den ersten veränderlichen Nebel.

— Frederick W. **Howe** verbessert die Nasmyth'sche Fräsmaschine (s. 1840 N.), indem er sie durch weitere Lagerung des Fräsers befähigt, breitere Schnitte auszuführen oder in größerem Abstand vom Hauptspindellager zu arbeiten. Diese Maschine ist die Grundlage der modernen „allgemeinen Fräsmaschine".

— Magnus **Huss** in Stockholm bezeichnet mit dem Namen des chronischen Alkoholismus das Säufersiechtum, das nicht wie das Delirium tremens mit organischen Störungen im Körper verbunden ist, sondern sich im Nervenleben abspielt.

— Der Lehrer J. G. **Kanitz** in Heinrichsdorf bei Friedland in Ostpreußen führt in die Bienenzucht den nach ihm benannten Kanitzstock ein, welcher aus mehreren aufeinandergesetzten Strohringen besteht, deren Anzahl je nach der Volkstärke und Honigtracht vermehrt oder verringert werden kann.

— Rudolf Albert **von Kölliker** fördert durch seine Arbeiten die Cellularphysiologie. Er unterscheidet sechs Arten von Geweben: Bindegewebe, glatte Muskeln, quergestreifte Muskeln, Nerven, Blutgefäßdrüsen und echte Drüsen.

— Gottlieb Heinrich Friedrich **Küchenmeister** liefert den experimentellen Nachweis der Entwicklung des Bandwurms aus den Finnen des Schweinefleisches und der Finnen aus der Bandwurmbrut.

— Nachdem die ersten Osteotomien 1821 von Wasserfuhr in Stettin, 1826 von Riecke in Tübingen, 1826 von John Rhea Barton ausgeführt worden waren, die Methode aber wegen ihrer Gefahren sich nicht einzuführen vermocht hatte, führt Bernhard **von Langenbeck** die subkutane Osteotomie ein, welche die Gefahren der „offenen" Osteotomie wesentlich mindert und viele Anhänger gewinnt.

— **Lemercier, Barreswil** und **Davanne** erfinden die Photolithographie, ein photomechanisches Vervielfältigungsverfahren, das als Vorläufer des Lichtdrucks anzusehen ist.

— **Lesoinne** konstruiert für die Grube Grand Bac bei Lüttich einen Windrad-Saugventilator und gibt dadurch den Anstoß zur allgemeinen Anwendung der schon 1711 (s. 1711 P.) erfundenen, aber in der Zwischenzeit so gut wie vergessenen Aspirationsventilatoren. Die erste Anwendung dieses Ventilators für Krankenhäuser macht van Hecke (1860) in Paris, dem dann Haag in Augsburg (1862) mit seinen Ventilationseinrichtungen (mechanische Ventilation durch Pulsation) folgt.

— Johann Benedikt **Listing** und Adolf **Hannover** stellen durch Messung fest, daß der blinde Fleck im Auge identisch mit der Eintrittsstelle des Sehnerven ist, was Donders (1852) durch den direkten Versuch bestätigt.

1852 Der englische Missionar David **Livingstone** macht, nachdem er 1849 den Ngamisee erreicht hatte, in den Jahren 1852—56 die dritte Durchquerung von Afrika, indem er von Kapstadt ausgeht und über den Dilolosee nach der Westküste bei Loanda gelangt. Den Rückweg nimmt er von Angola nach Mozambique. Er entdeckt dabei die Viktoriafälle des Sambesi, ohne aber den Sambesi in seinem ganzen Laufe verfolgen zu können.

— Der österreichische Offizier **Lorenz** und unabhängig von ihm der englische Fabrikant **Wilkinson** erfinden das Kompressionsgeschoß, eine Spitzkugel mit ringförmigen tiefen Einkerbungen am zylindrischen Teil.

— W. S. **Losh** stellt zuerst Natriumthiosulfat (unterschwefligsaures Natron, Antichlor) direkt aus Sodarückständen dar. Er läßt den Rückstand eine Woche an der Luft liegen, laugt aus, läßt absitzen, zieht die klare Flüssigkeit ab, setzt derselben kohlensaures Natron zu und erhält durch Eindampfen und Krystallisieren das Thiosulfat. Die Methode wird von Townsend und Walker (1861), Jullion (1861), dem Verein chemischer Fabriken (1882) ausgebildet und verbessert.

— Georg **Meißner** in Göttingen entdeckt die aus feinen Nervenfasern gebildeten Endanschwellungen der Gefühlsnerven, die nach ihm Meißner'sche Tastkörperchen genannt werden.

— In Kalifornien wird von **Merryweather,** einem Goldgräber, der hydraulische Minenbetrieb zur Gewinnung des Waschgoldes erfunden, der darin besteht, daß man die unter Druck aus einem Mundstück austretenden Wasserstrahlen gegen den Fuß der Ablagerungen leitet, um die Wand zu unterhöhlen und zu Fall zu bringen, und ebenfalls durch Wasserstrahlen das Material weiter zum Gerinne führt, wo es verwaschen wird. Nach Plinius soll dieses Verfahren früher in Spanien geübt worden sein, wo es die Römer kennen lernten.

— **Muntz** in Birmingham gibt ein Verfahren der Röhrenfabrikation an, wonach er Röhren von schmiedbarem Messing (Muntzmetall — s. 1779 K. und 1832 M.) mit ovalem Querschnitt gießt, durch Walzen flach zusammendrückt, unter Zylindern gleich dem flachen Stabeisen glühend streckt und schließlich in einem andern Walzwerk über einen eingetriebenen Dorn wieder zur Rohrgestalt öffnet.

— S. **Norris** verbindet die Schienen durch Umgießen der gereinigten Schienenenden am Fuß und Steg mit Gußeisen und bedient sich hierzu eines fahrbaren Gießofens. Das Verfahren bewährt sich bei Straßenbahnen, jedoch nicht bei Vollbahnen, da die Gleise sich im Sommer stark verwerfen und im Winter abreißen.

— Johann Georg Konrad **Oberdieck** erwirbt sich große Verdienste um die Obstkultur. Er bringt in gepflanzten Stämmen und Sortenbäumen eine Sammlung von mehr als 4000 Obstsorten zusammen und wirkt erfolgreich für die Anlage von Obstzuchtgärten als Staatsanlagen.

— Nachdem zuerst i. J. 1822 in England eiserne Spundwände an Stelle der gegen Seewasser und Pfahlwürmer weniger widerstandsfähigen hölzernen Wände angewendet worden waren, verwendet der Ingenieur **Page** in größerem Umfange zuerst beim Bau der Chelsea-Kettenbrücke gußeiserne Spundpfähle mit dazwischengerammten Eisenplatten.

— Dem Mechaniker **Périn** in Paris gelingt es, die Bandsäge (Säge ohne Ende) wesentlich zu vervollkommnen. (S. 1808 N.)

— M. V. **Pernolet** veröffentlicht die Resultate seiner Versuche über den freien Fall mineralischer Körper von verschiedenem spezifischem Gewicht in Medien verschiedener Dichte, wie Wasser, Luft, Salzsole, Eisenvitriollösungen usw., die für die mechanische Aufbereitung bahnbrechend sind und namentlich von dem Bergmeister Julius von Sparre und dem Bergassessor Max von dem Borne (s. 1853 B.) für die Praxis nutzbar gemacht werden.

1852 Während Christian Gottfried Ehrenberg in seinem Hauptwerke „Die Infusionstierchen als vollkommene Organismen" die Bakterien, die er in vier Klassen (Bakterium, Vibrio, Spirochaete, Spirillum) einteilte, als tierische Organismen betrachtet hatte, betont Max **Perty** in seinem Werke „Zur Kenntnis der kleinsten Lebeformen", daß die Bakterien teils dem Tier-, teils dem Pflanzenreiche angehören.

— Der englische Ingenieur **Pettit** und der Franzose **Molon** kommen gleichzeitig auf die Idee, Fischreste zu Düngezwecken zu verarbeiten (Fischguano).

— Nachdem die Lösung der Aufgabe, bildaufrichtende Spiegelprismensysteme zu konstruieren, u. a. von C. Varley (1811), Chevalier (1843), Dove (1851) angestrebt worden war, gelingt es Ignazio **Porro**, ein in allen Beziehungen vorteilhaftes Spiegelprismensystem zu erfinden, das u. a. auch eine wesentliche Verkürzung der Fernrohre gestattet. (Porro'sches Prismenfernrohr.)

— John **Ramsbottom** verbessert den Metallkolben für die Dampfmaschine. (Vgl. 1797 C.) Sein Kolben besteht aus drei Ringen und einem Kolbenkörper und ist wesentlich leichter, als die bis dahin gebrauchten Metallkolben.

— **Raoult** in Paris verbindet Bramah's Sicherheitsvorrichtung (s. 1784 B.) mit dem Chubbschloß (s. 1818 C.) und erhöht durch diese Kombination den Wert des Schlosses sehr wesentlich.

— Ferdinand **Reich** bestimmt, nachdem er schon 1838 ähnliche Versuche unternommen hatte, durch Beobachtungen, die er in einem Bergwerk bei Freiberg mittels der Drehwage anstellt, die Dichte der Erde zu 5,583.

— Robert **Remak** zeigt, daß das Wachstum der Gewebe allgemein auf Zellvermehrung durch Zellteilung beruhe.

— Florentin **Robert** ändert den Rillieux'schen Apparat (s. 1830 R.) dahin ab, daß er statt der liegenden Verdampfkörper stehende anwendet, bei denen der heizende Dampf nicht durch die Röhren geht, sondern die Röhren umspült, und daß er den Dampf aus dem Saft des ersten Körpers zum Verdampfen des Saftes im zweiten Körper, den Dampf aus diesem zum Verdampfen im dritten Körper benutzt, also tatsächlich mit drei Körpern arbeitet, während der Rillieux'sche Apparat eigentlich nur einen Apparat mit zwei Körpern repräsentierte.

— **Rudler** benutzt zuerst das für Sperrradbremsen wichtige Grundprinzip einer Lösungsbremse, welche im ruhenden Zustande gespannt ist und für die Lastsenkung gelüftet wird, zur Konstruktion einer Senkbremse in der Pariser Tabaksmanufaktur. Für Aufzugswinden wird dies Prinzip zuerst von Rolland 1856 verwendet.

— John Scott **Russell** und Isambard Kingdom **Brunel** erbauen den Riesendampfer „Great Eastern", der bei 207 m Länge und 25,3 m Breite eine Wasserverdrängung von 27 400 Tonnen hat, 7650 Pferdekräfte entwickelt und Rad- und Schraubendampfer ist. Der Dampfer leistet gute Dienste bei der Verlegung des transatlantischen Kabels, war aber sonst unbrauchbar, da seine Maschinenkraft zu gering war.

— Edward **Sabine**, Alfred **Gautier** und Rudolf **Wolf** finden fast gleichzeitig einen Zusammenhang zwischen den Sonnenflecken und den Erscheinungen des Erdmagnetismus. (S. auch 1825 S.)

— Graf Paolo **di San Roberto** unterwirft Schießpulver bei der Siedehitze des Wassers einer Pressung und erhält dem Kaliber des Gewehrs entsprechende Pulverzylinder, die nicht so hygroskopisch sind wie das Kornpulver und beim Niederfallen auf die Erde nicht zerbrechen. Eine ähnliche Kompression wird auch beim Mammutpulver und beim prismatischen Pulver vorgenommen. (S. 1859 R.)

1852 Christian **Schiele** konstruiert Dampfturbinen, die hauptsächlich als Antriebsmaschinen für Ventilatoren Verwendung finden.

— Rudolf Eduard **Schinz** konstruiert das Multiplikatormanometer, bei welchem die Bewegung der Oberfläche der Meßflüssigkeit durch einen Schwimmer mittels Fadens und Rolle auf einen Zeiger übertragen und so im vergrößerten Maßstabe angezeigt wird.

— Carl **Schmidt** macht gemeinsam mit F. **Bidder** in Dorpat umfassende Untersuchungen über den Verdauungsvorgang und den Stoffwechsel. Namentlich weisen sie nach, daß der Magensaft von fleischfressenden Tieren nur freie Salzsäure und keine Spur von Milchsäure oder irgend andern organischen Säuren enthält. Aus ihren Versuchen, die von C. Voit und Röhmann, Friedrich Müller und J. Munk ergänzt werden, ergibt sich, daß die Galle beim Übertritt der Fette aus der Darmhöhle in die Körpersäfte eine sehr wesentliche Rolle spielt.

— Tottière **Schweppe** in Angers erfindet eine Holzbohrmaschine zur Herstellung hölzerner Wasserleitungsröhren, welche aus dem Stamm einen vollen Kern — ähnlich wie bei den Gesteinsbohrmaschinen — herausschneidet.

— G. G. **Stokes** nimmt die Versuche von Brewster und Herschel (s. 1838 B.) über Fluorescenz wieder auf und liefert den Nachweis, daß es besonders die kurzen Wellenlängen sind, welche das Fluorescenzlicht hervorrufen, und daß diese kurzen Wellenlängen nicht durch Glas, wohl aber durch Quarz durchgelassen werden. Für kürzere Wellenlängen als 1800 Ångström-Einheiten wird, wie Victor Schumann (s. 1893 S.) zeigt, auch Quarz undurchlässig; für diese Strahlen ist Flußspat das einzige durchlässige Material. Den Namen „Fluorescenz" hat Stokes vom Flußspat (Fluorcalcium) hergeleitet.

— William Henry Fox **Talbot** entdeckt, daß mit Chromaten behandelter Leim bei der Belichtung unlöslich wird. (S. a. 1839 P.) Er benutzt zuerst die Chromgelatine als photochemisches Schutzmittel bei Ätzungen auf Stahl und ebnet dadurch der Heliogravüre (Photogravüre), die von Klič in Wien (s. 1879 K.) weiter ausgebildet wird, und der Autotypie (s. 1881 M.) die Wege.

— Ambroise Auguste **Tardieu** entfaltet in den Jahren 1852—76 eine umfangreiche Tätigkeit auf allen Gebieten der gerichtlichen Medizin und wirkt für dieselbe bahnbrechend durch die Mitteilung der vielen von ihm gesehenen und begutachteten Fälle und die Darlegung der daraus abgeleiteten Erfahrungssätze.

— James **Thomson** konstruiert eine Saugstrahlpumpe, bei welcher ein Flüssigkeitsstrahl, indem er unter Druck aus einer Düse durch einen andern Raum strömt, in diesem eine Flüssigkeit mitreißt und dadurch ein Vakuum bildet. Beide Flüssigkeiten mischen sich miteinander, und das Gemisch wird in Form eines Strahles auf eine gewisse Höhe gehoben. Dieses Prinzip ist früher beim Blasrohr (s. 1804 T.) angewendet worden und wird späterhin beim Injektor (s. 1858 G.) benutzt.

— Ludwig **Türck** macht eingehende Untersuchungen über den Bau des Rückenmarks in physiologischer Beziehung und beobachtet die Degenerationen zentraler Teile nach Durchschneidungen und pathologischen Zerstörungen.

— Franz **Unger** spricht zuerst die Überzeugung aus, die Unveränderlichkeit der Arten sei eine Illusion; die im Laufe der geologischen Zeiträume neu auftretenden Arten fossiler Pflanzen stünden untereinander im Zusammenhang, die jungen seien aus den ältern hervorgegangen. (Vgl. 1786 G. und 1809 L).

1852 Gustav Gabriel **Valentin** mißt die Zeitdauer von Tastempfindungen und deren Abhängigkeit von Stärke und Dauer der Reize.

— Friedrich Karl **Voelkel** gibt ein Verfahren zur Gewinnung reiner Essigsäure aus rohem Holzessig an. Dieses Verfahren beruht auf der Herstellung von essigsaurem Kalk, Reinigung dieses Salzes und darauffolgender Zersetzung des Salzes durch Salzsäure. Ein Verfahren, bei welchem als Zwischenglied das Natriumsalz dient, wird 1875 von Dollfus angegeben.

— Nachdem gegen 1850 an Stelle der Waschung mit Schwefelsäure usw. (s. 1840 C.) sich die schon von Watson (s. 1828 W.) vorgeschlagene Destillation des Gaswassers eingeführt hatte, empfiehlt Peter **Ward** zuerst, dem Gaswasser nach Austreibung des flüchtigen Ammoniaks Kalkmilch zur Gewinnung auch des fixen Ammoniaks zuzusetzen.

— John **Welsh**, Direktor des Kew-Observatoriums, bedient sich bei seinen Ballonauffahrten einer neuen Methode der Temperaturbestimmung, die darauf beruht, daß er an dem durch einen hochpolierten Metallschirm vor der Besonnung geschützten Thermometer große Luftmassen künstlich vorüberführt. Dieses Verfahren wird vergessen und erst 1887 von Aßmann (s. d.) wieder aufgefunden.

— Der Maschinenbauer Ludwig **Werder** in Nürnberg erfindet eine Maschine zur Prüfung der einzelnen Teile eiserner Brücken auf Zugfestigkeit, aus welcher seine viel verwendete Materialprüfungsmaschine (s. a. 1873 B.) hervorgeht, ein Apparat, welcher durch einfache Handgriffe nach Bedarf ein Zerdrücken, Zerreißen, Verbiegen, Verdrehen, Zerknicken und Abscheren des zu prüfenden Körpers gestattet. Die Werder'sche Maschine läßt in der Regel eine Kraftentwicklung bis zu 100 000 kg zu, wird aber auch bis zu einer Kraftleistung von 500 000 kg gebaut.

— Gustav **Wiedemann** studiert die Frage, von welchen Umständen die Menge der von elektrischer Endosmose (s. 1807 R.) durch ein poröses Diaphragma getriebenen Flüssigkeit abhängt. Er findet, daß der elektro-endosmotische Druck der Potentialdifferenz zwischen beiden Seiten des Diaphragmas proportional ist.

— A. B. **Wilson** erfindet für die Nähmaschine den kontinuierlich wirkenden Stoffschieber mit Viereckbewegung, der, weil er nach der Vollendung jeden Stiches unter die Nähplatte sinkt, der Lenkbarkeit des Stoffes nicht hinderlich ist. Die mit dieser Stoffvorschiebung und dem Greifer versehene Greifermaschine wird von Wheeler und Wilson weit verbreitet.

— Friedrich **Wöhler** und **Mahla** schlagen für den Schwefelsäurekontaktprozeß an Stelle des teueren Platins als Kontaktsubstanzen Eisenoxyd, Kupferoxyd, Chromoxyd und als besonders geeignet ein Gemisch von Kupferoxyd und Chromoxyd vor. (S. a. 1831 P.) Ähnliche Ideen waren bereits 1807 von Gay-Lussac geäußert worden. (S. a. 1898 C.)

— Rudolf **Wolf** berechnet die Periodizität der Sonnenflecke (s. 1825 S.) zu $11\frac{1}{9}$ Jahren.

1853 Richard **Adie** konstruiert das erste voll befriedigende Normal-Marinebarometer, dessen Hauptzüge eine entsprechend verkürzte Röhre mit Trichter, eine Messingeinfassung, ein hermetisch geschlossenes Gefäß und eine reduzierte Skala sind.

— William **Ball** erfindet den nach dem Prinzip des Dampfhammers von Nasmyth angeordneten Pochdampfhammer — Steam stamp —, der hervorragende Bedeutung für den Kupferbergbau am Oberen See in Nordamerika erlangt und nach und nach zu einer außerordentlich praktischen und dauerhaften Maschine umgestaltet wird.

1853 Martin **Barry** erkennt zuerst den eigentlichen Befruchtungsvorgang in dem Eindringen der Samenkörper in das Ei, eine Lehre, welche namentlich durch Meißner, Bischoff, Newport und Keber (s. 1854 K.) befestigt wird.

— Anton **de Bary** trägt durch sein Buch „Untersuchungen über die Brandpilze" in hervorragender Weise zur Erkenntnis der Pflanzenkrankheiten bei.

— Edmond **Becquerel** zeigt, daß Luft in der Nähe rotglühender Körper eine Potentialdifferenz von 1 Millivolt nicht mehr isoliert, und daß die Leitung durch das heiße Gas dem Ohm'schen Gesetz nicht gehorcht. (S. 1725 D.)

— August **Beer** stellt das Beer'sche Gesetz für die Lichtabsorption in farbigen Lösungen auf, wonach eine Änderung der Konzentration der Lösung bei ungeänderter Schichtdicke die Absorption genau so beeinflußt wie eine Änderung der Schichtdicke bei ungeänderter Konzentration.

— **Beketon** und unabhängig von ihm **Berthelot** (1857) stellen das Gesetz auf, daß, wenn zwei Verbindungen sich unter Wasserabspaltung vereinigen, der Siedepunkt der entstehenden Verbindung sich aus dem Siedepunkte der Komponenten, vermindert um einen nahezu konstanten Wert von ca. 120°, berechnet. Bei Estern gilt das Gesetz allgemein, dagegen scheint die Größe, die abgezogen werden muß, bei gemischten Äthern mit wachsendem Molekulargewicht der Alkyle abzunehmen.

— Nachdem die Massage schon seit Jahrhunderten im Orient, in Afrika und Australien, namentlich aber in China und Japan (s. a. 600 v. Chr.) zu hygienischen und therapeutischen Zwecken allgemein gebräuchlich gewesen war, gibt Amedée **Bonnet** in Lyon den ersten Anstoß zu einer rationellen ärztlichen Massagebehandlung, indem er Massage und Gymnastik zur Behandlung von Gelenkkrankheiten allgemein empfiehlt. (S. a. 1650 G.)

— Max **von dem Borne** erfindet die unter der Bezeichnung „Stromapparate" bekannten und vielfach mit Erfolg angewendeten zylinder- und trichterförmigen Gefäße, in welchen ein senkrecht mit konstanter Geschwindigkeit aufsteigender Wasserstrom separierend wirkt, und führt dieselben in den Bergwerksbetrieb ein. (S. a. 1852 P.)

— Charles **Breese** in London erfindet ein neues Verfahren der Flußsäureätzung, bei welchem er zunächst auf Papier gedruckte Negative der zu ätzenden Zeichnung auf das Glas überträgt. L. Keßler in Boulay bildet diesen Industriezweig weiter aus.

— Philipp Wilhelm **Brix** macht ausgedehnte Versuche über den Brennwert der Heizstoffe und findet bei seinen an Versuchskesseln vorgenommenen Untersuchungen, daß 52—75% der theoretischen Heizkraft der Steinkohle für die Dampfbildung nutzbar gemacht werden. Ähnliche Versuche werden (1860) von E. Hartig, (1862) von C. von Hauer, (1868) von Scheurer-Kestner unternommen, die im Mittel den praktischen Nutzwert der Steinkohle auf $^2/_3$ des theoretischen Brennwerts feststellen.

— Der Ingenieur **Brunlees** wendet bei den Gründungsarbeiten der Ulverstone-Lancaster-Eisenbahn das Spülbohrverfahren an, indem er eiserne, unten mit einer angegossenen breiten Scheibe versehene Hohlpfähle benutzt, durch die ein Druckwasserstrom in den Erdboden geleitet wird, der das Erdreich unter der Pfahlscheibe wegspült und auf diese Weise die Pfähle allmählich versenkt.

— **Budge** gelingt es, bestimmte funktionelle Spinalzentren nachzuweisen und dadurch die Lehre von der funktionellen Selbständigkeit des Rückenmarks zu entwickeln.

— Robert Wilhelm **von Bunsen** vervollkommnet in Erweiterung der Dupasquier'schen Methode (s. 1848 D.) die sogenannte jodometrische Maßanalyse

durch Einführung der schwefligen Säure in großer Verdünnung als Titer-
lösung.

1853 Auguste A. T. **Cahours** bemerkt zuerst das Auftreten von Piperidin beim
Erhitzen des Piperins (s. 1819 O.) mit Alkalien. Die Zerlegung des
Piperins beim Erhitzen mit alkoholischer Kalilösung wird 1858 von
A. Strecker entdeckt.

— Stanislao **Cannizzaro** erhält durch Umkehrung der Reaktion, bei welcher
die Alkohole Aldehyde liefern, neuen Reihen angehörige Alkohole, so aus
dem Bittermandelöl den Benzylalkohol, aus dem Anisaldehyd den Anis-
alkohol, während aus dem Kümmelöl der entsprechende Cuminalkohol das
Jahr darauf durch Kraut entdeckt wird.

— Stanislao **Cannizzaro** erhält durch Einwirkung von Chlorgas auf siedendes
Toluol das Benzylchlorid, das in der Technik vielfach angewendet wird,
um Benzyl in organische Basen einzuführen. Durch fortschreitende
Chlorierung des Toluols oder auch durch Einwirkung von Chlor auf er-
hitztes Benzylchlorid wird das Benzalchlorid gewonnen, das zur technischen
Darstellung von Bittermandelöl dient.

— **Chancel** stellt den Propylalkohol aus Fuselöl von Weintreberbranntwein dar.

— Charles M. E. **Chassaignac** tritt für die Drainagebehandlung der Wunden
ein, um dem Eiter Ablauf zu verschaffen (s. a. 1778 B.), und erfindet 1855
das Écrasement linéaire, eine Methode, um mittels des Écraseurs gestielte
Geschwülste (Polypen) durch sehr allmähliches Abquetschen unblutig zu
entfernen.

— Michel Eugène **Chevreul** findet, daß der Wollschweiß verschiedener Schaf-
rassen verschiedene Zusammensetzung besitzt, und konstatiert in den verschiedenen Sorten eine große Anzahl (29) Salze und Säuren und fünf verschiedene Fettarten. (S. a. 1873 S.)

— **Chiozza** gelingt es, in dem Cumyl das erste nach dem Muster des Benzoyls
zusammengesetzte Säureradikal darzustellen und so die von Gerhardt 1852
ausgesprochene Idee, daß diese Radikale für sich darstellbar seien, zu
verwirklichen.

— **Chiozza** erhält aus Benzoylchlorür mittels Kupferhydrür Bittermandelöl,
womit die von Williamson 1851 vorausgesagte Überführung der Säuren in
das entsprechende Aldehyd bewirkt ist. Die gleiche Überführung wird
1856 von Piria und Limpricht durch trockene Destillation von benzoe-
saurem mit ameisensaurem Calcium und von Kolbe durch Behandlung
des Benzoylcyanürs mit Zink und Salzsäure bewirkt.

— Latimer **Clark** legt eine sich im Betrieb bewährende Rohrpost zwischen
der International Telegraph Company und der Stock Exchange in London
an. Die Beförderung der die Sendungen enthaltenden Kapseln in den
Röhren geschieht mit verdünnter Luft (Saugluft). (S. 1810 M. und
1838 C.)

— Ferdinand **Cohn** stellt in seinen „Untersuchungen über die Entwicklungsgeschichte der mikroskopischen Pilze und Algen" die pflanzliche Natur
der Bakterien und ihre Verwandtschaft mit den Spaltpflanzen (Schizo-
phyten) fest. (S. 1852 P.)

— Nachdem die von Jacobi (s. d. 1725) gegebenen Anregungen zur Pflege
der künstlichen Fischzucht unbeachtet geblieben waren, begründet Jean
Victor **Coste** die erste Fischzuchtanstalt in Hüningen am Rhein und ebnet
durch sein Buch „Instruction sur la Pisciculture" der künstlichen Fischzucht den Boden.

— Manuel Fernando **De Castro** errichtet auf der Eisenbahnlinie Madrid-Aranjuez
die erste, auf den Zügen selber angebrachte und von Zug zu Zug wirkende
elektrische Deckungssignalanlage mit Hilfe übergreifender, ins Gleis ver-

legter Schleifschienenleitungen, welche Anordnung 1854 durch Guyard, Carr und Barlow, Abbé Magnat, Coyhland, Chrestin, 1855 durch Erkmann, 1857 durch Reville-Dumoulin, Gay, Peutefer, Scias, 1858 durch Safolly verbessert wird.

1853 Antoine Jean **Desormeaux** erfindet das Endoskop, das die Möglichkeit gibt, die Harnröhre, die Blase und den Mastdarm zu explorieren. Die Lichtquelle wird bei diesem Apparate seitlich angebracht und wirft ihre Strahlen durch einen durchbohrten Spiegel auf das zu untersuchende Objekt.

— Victor **Dessaignes** stellt die im Harn der Grasfresser vorkommende, 1797 von Vauquelin und Fourcroy (s. d.) entdeckte, aber erst 1829 von Liebig richtig in ihrer Zusammensetzung erkannte Hippursäure künstlich aus Glykokoll und Benzoesäure dar.

— Theodor **von Dusch** und Heinrich **Schröder** erfinden eine neue Art der Luftreinigung, indem sie die Luft durch Baumwolle filtrieren und dadurch von allen Keimen befreien. Sie vermeiden hierbei mit Absicht die Schwefelsäure, weil gegen die Methode von Schulze (s. 1836 S.) eingewendet worden war, daß die in der Luft enthaltenen Sporen nicht durch die Filtration weggeschafft, sondern daß sie durch die konzentrierte Schwefelsäure zerstört worden seien.

— Der Ingenieur **Elliot** stellt mit Blei überzogene Kabel her, indem er den mit dem Isoliermaterial umhüllten Kupferdraht in ein Bleirohr einzieht und dieses mehrfach durch Zieheisen zieht, bis sein Durchmesser so weit verringert ist, daß es die Isolation fest umhüllt.

— Nachdem 1848 W. W. Pattinson zur Herstellung der Rohsoda einen Ofen mit zwei rotierenden kreisförmigen Sohlen entworfen hatte, mit dem der spätere Sulfatofen von Jones und Walsh (s. 1875 J.) im Prinzip ziemlich übereinstimmt, nehmen am 13. April **Elliot** und **Russel** ein Patent auf einen Apparat, bei welchem der zylinderförmige Ofen selber rotiert. Der Ofen wird bei Tennant versucht, jedoch wieder aufgegeben, da seine Konstruktion sich als unvollkommen erweist.

— Michael **Faraday** deutet, wie im Vorjahr beim magnetischen Felde (s. 1852 F.), die Erscheinungen in der Umgebung elektrisierter Körper — im elektrischen Felde — als Folgen eines eigentümlichen Zwangszustandes des Feldmediums und stellt auch hier die Verteilung des elektrischen Zwangszustandes durch Kurven dar, die er als elektrische Kraftlinien bezeichnet.

— John **Fowler** beginnt den Bau der unterirdischen Eisenbahn in London und konstruiert für diese eine besondere Lokomotive.

— Edward **Frankland** legt durch seine bei den metallorganischen Körpern (s. 1849 F.) gemachten Erfahrungen den Grund zu der Lehre von der Valenz der Elemente.

— Der Botaniker Karl **Fritsch** entwirft Instruktionen für phänologische Beobachtungen, in denen er besonderes Gewicht auf die Beobachtung der ersten Blüte und der ersten Fruchtreife legt.

— Der englische Chemiker E. **Gaine** erfindet das Pergamentpapier, das durch Eintauchen von Papier in Schwefelsäure von 60° Baumé, deren Temperatur 10° C. nicht überschreitet, erhalten wird. Künstliche Wurstdärme aus Pergamentpapier stellt zuerst Brandegger in Ellwangen her.

— Charles **Gerhardt** baut auf den Formeln des Wasserstoffs, der Chlorwasserstoffsäure, des Wassers und des Ammoniaks, die er als Grundtypen der Moleküle betrachtet, das ganze chemische System auf und begründet so die neuere Typentheorie, welche besonders durch die Experimentaluntersuchungen von Williamson (s. 1850 W.), Wurtz (s. 1849 W.) und Hofmann (s. 1850 H.) vorbereitet war.

— Charles **Gerhardt** stellt in gleicher Weise, wie im Vorjahr das Essigsäureanhydrid, durch Einwirkung von Benzoylchlorür auf essigsaures Kali das intermediäre Anhydrid von Benzoesäure und Essigsäure dar und beweist dadurch, daß zur Anhydridbildung stets zwei Moleküle einbasischer Säure nötig sind.

1853 **Gerhardt** und **Chiozza** untersuchen die Säureamide und unterscheiden zwischen primären, sekundären und tertiären einfachen Amiden und zwischen den letzteren und den Diamiden. Die primären Amide verhalten sich wie schwache Basen und gleichzeitig wie schwache Säuren, die sekundären Amide haben keine basischen Eigenschaften mehr, die tertiären verhalten sich wie Säureanhydride. Die Diamide entstehen, wenn in zweibasischen Säuren beide Hydroxylgruppen durch NH_2 ersetzt werden; betrifft die Substitution nur eine Hydroxylgruppe, so entstehen die Aminsäuren, deren erste die von Balard 1841 als Produkt der Erhitzung von saurem oxalsaurem Ammoniak erhaltene Oxaminsäure war.

— Julius Wilhelm **Gintl** in Wien zeigt, daß es möglich ist, mehr als ein Telegramm gleichzeitig in einer Leitung zu befördern, und erfindet die Art des Gegensprechens, bei welcher der Apparat jeder Anstalt für die von dieser Anstalt selbst entsandten Telegraphierströme durch Ströme aus einer besonderen „Kompensations"-Batterie unempfindlich gemacht wird.

— William **Gossage** gewinnt aus den Sodarohlaugen feste kaustische Soda, indem er die Laugen durch Luft oxydiert, sie mit Lösungen von Chlorkalk behandelt, um das Thiosulfat in Sulfit und Sulfat zu verwandeln, alsdann konzentriert, bis alles Carbonat und Ferrocyanür ausgeschieden ist und schließlich noch weiter eindampft, um die feste kaustische Soda zu erhalten.

— Albrecht **von Graefe** verbessert die von Dieffenbach (s. 1839 D.) eingeführte Schieloperation, indem er zum ersten Male die Vornähung der durchschnittenen Sehne ausführt, die von Schweigger später noch verbessert wird.

— William Rowan **Hamilton** veröffentlicht in seinen „Lectures on quaternions" seinen Kalkül der nach ihm benannten Quaternionen, eine Rechnung mit höheren komplexen Zahlen, die insbesondere zur Klärung gewisser Fragen der Optik wesentlich beiträgt.

— Johann Florian **Heller** spricht die Meinung aus, daß das Leuchten von Seefischen und Seetieren nicht von der Substanz des leuchtenden Körpers ausgehe, sondern von einem Pilz herrühre. (S. a. 1875 P.)

— Hermann **von Helmholtz** bestätigt die von Cramer (s. 1850 C.) über die Akkomodation des Auges gemachten Beobachtungen.

— Johann Wilhelm **Hittorf** setzt die von Daniell (s. 1839 D.) begonnenen Arbeiten über den elektrolytischen Leitungsvorgang fort und bestimmt in einer Reihe von Fällen das Verhältnis der Geschwindigkeiten, mit welcher sich die Ionen durch den Elektrolyten bewegen. Dabei ergeben sich mancherlei Aufklärungen über strittige chemische Fragen.

— **James** erfindet den Funkenfänger, der sich zunächst in Amerika rasch verbreitet. Der Rauch des Schornsteins wird in dem Funkenfänger gezwungen, sich vor dem Austritt in gekrümmten Bahnen zu bewegen, wobei die Funken samt Flugasche und Ruß, durch die auftretende Zentrifugalkraft nach außen geschleudert, außerhalb des Bereichs des Rauchstroms niederfallen.

— **James** in Redditch konstruiert zum Einzählen der Nadeln in die zum Verkauf zu bereitenden Päckchen und zur Fertigstellung der letzteren eine Maschine, bei der die ganze Tätigkeit des Arbeiters sich auf Hin- und Weglegen der Papiere und Drehen einer Kurbel beschränkt. (S. a. 1835 P.)

— Die englischen Techniker **Johnson** und **Atkinson** bauen eine „Komplett-

Gießmaschine“ zur Herstellung von Buchdrucklettern, welche die Typen nicht nur gießt, sondern auch selbsttätig den Anguß abbricht, die Lettern schleift, ihren Fuß ausschneidet, ihnen die richtige Höhe gibt und sie schließlich reihenweise aufsetzt. Eine Maschine dieser Art liefert täglich 30 000 ohne weiteres verwendbare Typen. Eine besonders leistungsfähige Komplettgießmaschine stellt später Küstermann in Berlin her.

1853 Elisha Kent **Kane,** der nach dem Fehlschlag der von Grinnell angeregten de Haven und Griffin'schen Nordpolexpedition mit Isaac Israel **Hayes** ausgesandt worden war, um Franklin's Schicksal zu erkunden, erforscht das Kanebassin und den Smith-Sund und weist nach, daß unter hohen Breiten auch offenes Wasser vorkommt. (Vgl. auch 1820 W.) Ähnliche Beobachtungen wurden vorher von Kapitän Penny im Wellington-Kanal und von Inglefield ebenfalls im Smith-Sund gemacht, und führen dazu, daß ein offenes Polarmeer angenommen wird, auf dem es möglich sei, bis zum Pol vorzudringen.

— Theodor **Klemm** in Pfüllingen erzeugt unter dem Namen „Crownleder“ eine Art Fettleder, das für gewisse Zwecke, wie Maschinentreibriemen, Schlagriemen, Binderiemen sich besser als jedes andere Leder bewährt.

— Rudolph Hermann Arndt **Kohlrausch** konstruiert das Sinuselektrometer, in welchem er die elektrischen Abstoßungen durch die Direktionskraft eines kleinen Magneten mißt, und welches insbesondere bei Messungen der Potentialfunktionen geladener Leiter bequemer ist als die Drehwage, die übrigens für solche Zwecke von Kohlrausch schon 1847 in seinem Torsionselektrometer wesentlich verbessert wurde.

— Hermann **Kolbe** und Edward **Frankland** nehmen an, daß die gepaarten Verbindungen von anorganischen Körpern abstammen, in denen die Sauerstoffäquivalente durch organische Radikale ersetzt worden sind.

— Alfred **Krupp** gelingt es nach vielen, zuerst an Bleiringen angestellten Versuchen, die ersten ungeschweißten Gußstahl-Radreifen durch Walzen herzustellen.

— H. **Kühn** stellt Kieselsäurehydrosol (lösliche Kieselsäure) dar. Eine andere Modifikation des Kieselsäurehydrosols wird 1861 von Graham gewonnen.

— Nachdem zuerst Peschel und Murdoch (s. 1798 M.), sowie Kranner (ein Werkmeister bei der Votivkirche in Wien) das Drehbohren zur Fabrikation von Steinröhren angewendet hatten, benutzt **Lambert** in Nordamerika dasselbe in großem Maßstabe. Theoretisch wird dieses Verfahren 1865 durch v. Sparre und 1869 durch Stapff begründet.

— Der englische Fabrikant **Lancaster** konstruiert eine glatte Vorderladekanone, deren Bohrungsquerschnitt nicht kreisrund, sondern oval ist. Dadurch, daß der ovale Querschnitt in schraubenförmigen Windungen verläuft, ist trotz der glatten Seelenwandung eine Art gezogenen Rohrs (mit Drall) entstanden und damit das Verfeuern von Langgeschossen ermöglicht. Die Geschütze, anfangs als unübertrefflich geschildert, halten die Kriegsprobe vor Sebastopol und Bomarsund nicht aus.

— Justus **von Liebig** arbeitet zur Bestimmung des Harnstoffs im Harn die Titriermethode mit Quecksilberoxydnitrat aus, die 1880 von Eduard Pflüger wesentlich verbessert wird.

— Schon seit früher Zeit ist das Glockengebläse (auch Harzer Wettersatz genannt) bekannt, das aus einem unten offenen Behälter von glockenähnlicher Gestalt besteht, welcher in Wasser eintaucht und darin auf und nieder bewegt wird, wobei er im Steigen Luft ansaugt, im Niedergang dieselbe wieder austreibt. In größtem Maßstabe gelangt ein solches Gebläse in der Steinkohlengrube **Marihaye** bei Seraing zur Anwendung.

— Matthew Fontaine **Maury** begründet die Meeres-Geographie und gibt Wind-

und Stromkarten heraus. Er regt die Berufung der „Maritimen Konferenz" an, die zum ersten Male am 23. August in Brüssel zusammentritt und für die Marinen der beteiligten Staaten ein Beobachtungsjournal-Schema (Abstract log) festsetzt, durch welches eine bedeutende Förderung der maritimen Meteorologie erreicht wird. Maury veranlaßt ferner zuerst s y s t e m a t i s c h e Tiefseelotungen, die für die gleichzeitig auftauchenden Pläne der unterseeischen Telegraphie zwischen Europa und Amerika große Bedeutung gewinnen.

1853 Jacob **Messikommer** und Johann **Aeppli** entdecken die Pfahlbauten des Züricher Sees, die wissenschaftlich von Ferdinand **Keller** untersucht und beschrieben werden.

— Henry **Milward** zu Redditch erfindet die erste selbsttätige Nähnadel-Maschine zum Vorprägen und Durchstoßen der Öhre.

— Henry **Milward** konstruiert eine Maschine zur Anfertigung von Angelhaken, die in die zu richtiger Länge geschnittenen und zugespitzten Drahtstücke den Einschnitt für den Widerhaken macht und sie dann in die richtige Form biegt.

— Friedrich **Mohr** fördert durch seinen Aufsatz „Über Verbesserungen im Titrierverfahren" die volumetrische Analyse, in welche er die Rücktitrierung der Alkalien einführt. Er konstruiert mit Hilfe des von ihm erfundenen Quetschhahns die Quetschhahnbürette und führt die Oxalsäure als Titersäure ein.

— **Needham** und **Kite** führen die Filterpresse in die Tonwarenindustrie ein und gebrauchen sie, um dem Tonschlamm, insbesondere in Fayencefabriken, die zur Verarbeitung nötige Teigkonsistenz zu erteilen.

— Louis **Pasteur** entdeckt das Chinicin, eine dem Chinin isomere Base, die sich unter dem Einfluß des Lichtes aus Chinin und Chinidin bildet und 1871 von Howard auch in der Chinarinde aufgefunden wird.

— **Patera** empfiehlt eine vielgebrauchte Methode, aus Speiskobalt und Kobaltglanz das Kobalt zu gewinnen. Er röstet die Erze mit Soda und Salpeter, befreit sie von Schwermetallen und fällt durch Chlorkalk oder Kalkmilch Kobalt und Nickel als Oxydhydrate aus. Die Trennung von Kobalt und Nickel bewirkt er in der Weise, daß er die Oxydhydrate in Salzsäure löst und durch Chlorkalk fraktioniert ausfällt.

— Den erfolglos gebliebenen Expeditionen zur Aufsuchung Franklins vom Jahre 1848 (vgl. 1848 R.) waren 1850 fünf weitere Expeditionen gefolgt: Mac Clure und Collinson (vgl. 1850 M.) waren nach der Beringstraße gesegelt, Penny und Stewart nach dem Wellington-Kanal, Austin, Ommaney und Osborn nach der Barrowstraße, de Haven und Griffin, von Grinnell veranlaßt, nach dem Wellington-Kanal, Ross und Philipps ebendahin. Aber auch diese Expeditionen und zwei weitere 1851 von Lady Franklin entsendete Expeditionen unter Forsyth und Kennedy bleiben erfolglos. Nicht besser ergeht es den 1852 unter Belcher abgesandten fünf Schiffen. Erst John **Rae,** der im Dienste der Hudsonbai-Gesellschaft die Westküste von Boothia Felix aufnimmt, gelingt es durch Eskimos zu erfahren, daß ein Teil von Franklins Leuten beim Großen Fischfluß dem Hunger und der Kälte erlegen sei, was von Anderson und Stewart bestätigt wird.

— **Rochleder** und **Schwarz** machen eine eingehende Untersuchung des von Schrader in der Wurzel von Saponaria officinalis zuerst aufgefundenen Saponins, das im folgenden Jahre auch von Bolley untersucht wird und sich als ein Glucosid erweist. Außer in der Saponaria wird das Saponin auch in Gypsophile struthium, Agrostemma githago, Lychnis flos cuculi gefunden.

— Heinrich **Rose** stellt das der Niobsäure entsprechende Niobchlorid und das

Unterniobchlorid dar, aus welchem er die entsprechende Unterniobsäure erhält. Auch R. Hermann beschäftigt sich (1858) mit der Untersuchung dieser Säuren, sowie der Tantalverbindungen.

1853 Hermann **Schaafhausen** behauptet die fortschreitende Entwicklung organischer Formen auf der Erde. Die Abweichung der Arten voneinander ist nach ihm durch die Vernichtung der Zwischenstufen zu erklären. Lebende Pflanzen und Tiere sind somit von den untergegangenen nicht durch neue Schöpfungen getrennt, sondern als deren Nachkommen in ununterbrochener Fortpflanzung zu betrachten.

— Ludwig Carl **Schmarda** liefert eine eingehende Arbeit über die geographische Verbreitung der Tiere, die den Ausgangspunkt für alle späteren Arbeiten auf diesem Felde bildet. Er teilt das Festland in 21, das Meer in 10 Reiche. Eine noch detailliertere Einteilung wird 1858 von F. L. Sclater vorgenommen.

— Ernst Robert **Schneider** stellt das Wismutoxydul, und durch Fällung einer Lösung desselben mit Schwefelwasserstoff bei Ausschluß der Luft, das Wismutbisulfuret dar. Es gelingt ihm ferner, durch Erhitzen von Ammonium-Wismutchlorid im Wasserstoffstrom das Wismutchlorür, wenn auch nicht in ganz reinem Zustande, zu erhalten.

— Nachdem Pelletan 1836 den ersten Versuch mit kalter Maceration des Rübenbreis gemacht hatte, bringt Karl Sebastian **Schüzenbach** diese Art der Maceration in eine Form, die eine zuverlässige Arbeit und eine größere Zuckerausbeute gestattet (Schüzenbach'sche Maceration).

— William **Siemens** erfindet einen Wassermesser, welcher auf der Drehgeschwindigkeit rotierender Konstruktionsteile beruht und die Umdrehungszahlen selbst registriert. Er konstruiert ferner ein auf dem gleichen Prinzip beruhendes Schraubenlog zum Messen der Fahrgeschwindigkeit von Schiffen. Andere kompliziertere Apparate zum Messen der Schiffsgeschwindigkeit, sogenannte Patentlogs, werden von Massey, Walker, Berthoud u. a. angegeben.

— William **Siemens** und Joseph **Adamson** verbessern den Siemens'schen Wassermesser (s. 1853 S.), indem sie für denselben das Reaktionsprinzip adoptieren. Durch seine Einfachheit und Leistungsfähigkeit findet der Apparat große Verbreitung.

— G. G. **Stokes** stellt die Gesetze für die metallische Reflexion fest, die 1849 von Haidinger bei seinen Untersuchungen über die optischen Eigenschaften der Platincyanüre angedeutet worden waren. Danach zeigt ein Medium ein um so stärkeres Reflexionsvermögen, je stärker das Absorptionsvermögen ist.

— Julius **Thomsen** wendet zuerst die Prinzipien der mechanischen Wärmetheorie auf thermochemische Vorgänge an und erkennt, daß der Heß'sche Satz (s. 1840 H.) eine Folgerung aus dem ersten Hauptsatz der mechanischen Wärmetheorie ist.

— Der französische Ingenieur **Tournaire** überreicht der Académie des sciences eine Abhandlung, in der er theoretisch die Möglichkeit einer mehrstufigen Dampfturbine eingehend darlegt.

— Joseph **Toynbee** bringt ein künstliches Trommelfell in Vorschlag, das aus einem dünnen runden Gummiplättchen mit einem Silberdraht in der Mitte besteht. (S. a. 1640 B.)

— Ludolf Christian **Treviranus** erkennt zuerst, daß die von Malpighi (1687) entdeckten und von diesem, wie auch von de Candolle für krankhafte Auswüchse gehaltenen Leguminosen-Knöllchen normale Gebilde sind.

— Der französische Mediziner Alfred Armand **Velpeau** trägt durch sein Werk

„Traité des maladies du sein et de la région mammaire" zur Förderung der chirurgischen Anatomie (s. 1742 L. und 1838 M.) bei.

1853 Der spanische Genieoffizier **Verdu** verwendet zuerst den Induktionsfunken zur Zündung und macht am 10. April der Académie des sciences Mitteilungen über seine einschlägigen Versuche mit einem Rühmkorff'schen Induktor in Verbindung mit 2 Bunsenelementen. (Vgl. 1823 H. und 1830 S.)

— Der Reisende Eduard **Vogel** erforscht Bornu, Mandera, Kuka und den Binuë und wird auf der Fortstetzung der Reise 1856 in Wadai ermordet.

— Nachdem schon 1838 Oestlund den Vorschlag gemacht hatte, dem Puddelofen einen beweglichen Herd zu geben, machen **Walker** und **Warren** den ersten Versuch, den feststehenden Flammofen durch einen rotierenden Puddelofen zu ersetzen und so die mühselige und teure Handarbeit des Puddelns zu ersparen.

— **Walkhoff** erfindet das sogenannte Kochen des Zuckers auf Korn, eine besondere Eindampf- und Krystallisationsmethode, die er zuerst in der Zuckerfabrik Tümplingen einführt, die jedoch erst 1870 in allgemeinen Gebrauch kommt.

— Alfred Russell **Wallace** trägt durch seine Studien in Südamerika und sein Buch „Travels on the Amazon and Rio Negro" zur Förderung der beschreibenden Ethnographie bei.

— Wilhelm Eduard **Weber** erfindet den Erdinduktor, in welchem die Eigenschaft des Erdmagnetismus, in einem bewegten, geschlossenen Leiter elektrische Ströme zu induzieren, benutzt wird, um den Wert der Inklination zu finden. Methoden für die genauere Bestimmung derselben werden späterhin von K. Schering (1882) und H. Wild (1891) ausgearbeitet.

— **Wickersham** erfindet für die Nähmaschine die Zuführung des Stoffes von oben, indem er den gezahnten Drückerfuß als Stoffschieber benutzt.

— G. **Wiedemann** und R. **Franz** untersuchen die relative Wärmeleitungsfähigkeit einer großen Anzahl fester Körper und bestimmen die Temperaturen der benutzten Stäbe an verschiedenen Punkten mit einer kleinen Thermosäule. Weitere Untersuchungen hierüber werden von Neumann (1862), Ångström (1862), Tait (1878), Kirchhoff und Hansemann (1880), Lorenz (1881), Mitchell (1887) u. a. gemacht.

— G. **Wiedemann** und R. **Franz** stellen genaue Messungen des galvanischen Widerstandes an.

— Adolphe **Wurtz** erweitert die Frankland'sche Reaktion (s. 1849 F.) zum Aufbau von Kohlenwasserstoffen, indem er auf Halogenverbindungen der Alkyle an Stelle des Zinks Natrium einwirken läßt, welche Methode später von Fittig und Tollens noch erweitert wird. (S. 1864 F.)

1854 **Andraud** schlägt vor, komprimierte Luft als Bremskraft zu verwenden. Kendall konstruiert dann i. J. 1867 die erste nicht selbsttätige Luftdruck-Bremsvorrichtung, welche auf der London-, Chatham- und Dover-Bahn erprobt wird.

— Neill **Arnott** erfindet das Wasserbett (hydropathisches Bett) für Kranke, zur Verhütung des Wundliegens.

— **Barsanti** und **Matteucci** erfinden die erste atmosphärische Gasmaschine mit Zahnstangenantrieb, welche später von Otto und Langen (s. 1867 O.) vervollkommnet wird.

— A. **Béchamp** gelingt es, Nitroverbindungen durch essigsaures Eisenoxydul (Eisenfeile und Essigsäure) zu Amidoverbindungen zu reduzieren. Diese Reaktion trägt sehr wesentlich zur schnellen Entfaltung der Anilinfarbenindustrie bei.

— Marie François Eugène **Belgrand** bemüht sich um die Voraussage von

Hochwasserfluten. Ihm folgt 1881 Maas, der eingehende Vorschläge in bezug auf Hochwasserprognosen an der Elbe macht.

1854 **Bernot** in Paris konstruiert eine Feilenhaumaschine, die mit einem an einem Fallgewicht angebrachten Meißel arbeitet. Die Maschine wird vielfach abgeändert und verbessert, ohne sich jedoch dauernd gegen die Handarbeit behaupten zu können.

— Marcelin **Berthelot** beschäftigt sich mit Untersuchung des Glycerins und findet durch die synthetische Darstellung von Monostearin, Distearin und Tristearin das sehr wichtige Ergebnis, daß sich das Glycerin in drei verschiedenen Verhältnissen mit den Fettsäuren verbinden kann. Die richtige Deutung dieser Tatsache wird einige Monate später von A. Wurtz gegeben, der das Glycerin als dreiatomigen Alkohol bezeichnet. Die Darstellung der Glyceride erfolgt zum Teil in Gemeinschaft mit de Luca.

— Henry **Bessemer** erhält ein Patent auf eine sich selbst ladende Feuerwaffe.

— **Bondet** empfiehlt das Schwefelnatrium als Enthaarungsmittel; dasselbe findet jedoch erst durch W. Eitner i. J. 1872 Eingang in die Gerberei.

— Charles **Bourseul** beschreibt einen Apparat, bei dem eine dünne vibrationsfähige Metallplatte alle durch die Stimme erregten Schwingungen wiedergeben soll. Hierzu soll die Platte an der Aufgabestation den Stromkreis einer Batterie in einer den gesprochenen Worten entsprechenden Weise abwechselnd öffnen und schließen, während ein ähnlicher Apparat an der Empfangsstation die Worte wiedergeben sollte. Es gelingt jedoch Bourseul nicht, einen brauchbaren Empfänger, der die elektrischen Wellen wieder in Schallschwingungen zurückverwandelt, zu konstruieren; er kann demnach auch nicht als Erfinder des Telephons bezeichnet werden. (S. 1861 R.)

— Dem englischen Ingenieur **Boydell** gelingt es, nach achtjährigen Versuchen eine Lokomobile mit endloser Schienenbahn (Schleppbahn) zu konstruieren, die sich im Krimkriege bewährt.

— Der kurhessische Artillerieoffizier Wilhelm **von Breithaupt** konstruiert unter Anlehnung an den Bormann'schen Ringzünder (s. 1835 B.) den sogenannten Rotations-Zeitzünder für Vorderlader-Schrapnells. Bei demselben geschieht die Einstellung der Entfernung nicht mehr durch Einstechen eines Loches in die Zünderdecke (was eine nachträgliche Umstellung der Entfernung ausschließt), sondern mit Hilfe einer drehbaren und beliebig stellbaren Deckplatte. (S. a. 1862 R.)

— Francesco **Brioschi** gibt in seiner Schrift „La teoria dei determinanti e le sue applicazioni" die erste wissenschaftlich vollständige Darstellung der Determinantentheorie (s. a. 1750 C.), die namentlich Richard Baltzer seit 1857 noch weiter ausbaut.

— Der amerikanische Seekadett **Brooke** konstruiert ein einfaches und sinnreiches Tieflot, bestehend aus einer durchbohrten Metallkugel, durch die ein Stab gesteckt ist, an dessen oberem Ende die Kugel durch eine herumgeschlungene Schnur an zwei Scharnierhaken aufgehängt ist. An den Haken ist auch die Lotleine befestigt. Solange diese durch das Gewicht der Kugel gespannt bleibt, stehen die Haken fest, sobald aber beim Aufstoßen auf den Grund die Lotleine schlaff wird, klappen die Haken um, die Schnur gleitet ab und die schwere Kugel bleibt unten, so daß die Leine leicht wieder aufgeholt werden kann. Dies Lot wird 1868 von Leutnant Baillie noch wesentlich verbessert, indem er statt der Kugel ein aus mehreren Ringen bestehendes Senkgewicht anwendet.

— Der Amerikaner **Brown** erfindet die erste Formmaschine für Eisengußrohre.

— Nachdem in der ersten Hälfte des neunzehnten Jahrhunderts die Trepanation in Mißkredit gekommen war, gibt Victor **von Bruns** durch die erste

Statistik über diese Operation eine sichere Feststellung ihrer Indikation, so daß sie von da ab wieder an Einfluß gewinnt.

1854 Robert Wilhelm **von Bunsen** stellt Mangan auf elektrolytischem Wege aus dem Manganchlorür her. Das Metall scheidet sich dabei in glänzenden, aber an der Luft sich sehr rasch oxydierenden Blättchen ab.

— **Bunsen** und **Matthiessen** gelingt es, Strontium in reinem Zustande aus dem geschmolzenen Chlorid auf elektrolytischem Wege darzustellen.

— Christophe Henry D. **Buys Ballot** nimmt den seit Brandes (s. 1820 B.) wenig beachteten Gedanken der synoptischen Wetterkarten wieder auf und lenkt durch seine Abhandlung „Erläuterung einer graphischen Methode der gleichzeitigen Darstellung der Witterungserscheinungen an verschiedenen Orten" die allgemeine Aufmerksamkeit auf diesen Gegenstand, so daß der synoptische Wetterdienst sehr bald allgemein organisiert wird.

— **Chambers** konstruiert eine Düngerstreumaschine, die ausschließlich zum Ausstreuen von trockenem Dünger in zerkleinertem Zustande bestimmt ist und auch heute noch als beste Maschine dieser Art gilt.

— Nachdem W. F. Cooke (s. 1843 C.) vorgeschlagen hatte, den Zusammenstoß von Eisenbahnzügen durch besondere, mit optischen Signalen verbundene Telegraphenanlagen (Blocksignalsystem) zu verhindern, verbessert Edwin **Clark** dies System dahin, daß er jeder Blockstation für jedes Gleis einen Nadelzeiger gibt, der zur Signalgebung durch einen positiven Ruhestrom nach rechts, durch einen negativen nach links abgelenkt wird und bei gänzlicher Stromunterbrechung sich aufrecht stellt, welch letzteres Signal „Strecke gesperrt" bedeutet.

— Der Botaniker August Karl Joseph **Corda** veröffentlicht sein für die Kenntnis der Kryptogamen wichtiges Werk „Icones fungorum hucusque cognitorum" (1837—54). Er ist einer der ersten Botaniker, der die anatomische Struktur fossiler Pflanzen genau untersucht.

— Karl Sigmund Franz **Credé**, Geburtshelfer in Berlin, gibt das nach ihm benannte Verfahren zur Entfernung der Nachgeburt an.

— George **Critchett** führt die später wieder verlassene Iridodesis ein und fördert die Augenheilkunde durch seine „Lectures on the diseases of the eye".

— Walter **Crum** stellt ein Aluminiumoxydhydrosol dar.

— M. **Davidson** macht die ersten Versuche mit einem elektrischen Automobil.

— Augustin Pierre **Dubrunfaut** nimmt das erste Patent auf die Osmosierung der Melasse, welches Verfahren sich jedoch erst nach etwa 20 Jahren allmählich einbürgert.

— Michael **Faraday** stellt fest, daß die stoffliche Natur des Feldmediums auf die im magnetischen Felde (s. 1852 F.) auftretenden Erscheinungen von entscheidendem Einfluß ist, und nennt das Verhältnis μ der Kraft im Vakuum zu der in einem andern Feldmedium die Magnetisierungskonstante oder Permeabilität des betreffenden Stoffes.

— **Fauré** nimmt ein Patent auf die Jodgewinnung aus Mutterlaugen der Chilisalpeterfabrikation. Es wird zuerst das jodsaure Natrium durch wässerige schweflige Säure zersetzt und nach gründlichem Durchmischen soviel Chlorwasser zugesetzt, daß auch das Jodnatrium zerlegt wird.

— Der Schweinfurter Mechaniker Philipp Heinrich **Fischer** versieht ein von ihm benutztes Laufrad mit Trittkurbeln und stellt so die Grundform des heutigen Fahrrads her.

— Franz **Fischer von Röslerstamm,** Inspektor der österreichischen Südbahngesellschaft, erfindet die Durchgangseisenbahnwagen, die in der Neuzeit mehr und mehr Eingang finden.

— Asa **Fitch** entdeckt an amerikanischen Weinstöcken die Reblaus (Phylloxera vastatrix), die sich von 1868 an auch in Europa ausbreitet und insbe-

35*

sondere in Frankreich den Weinbau in hohem Grade bedroht. Die Hoffnung, die Reblaus auszurotten, hat sich bisher noch nicht erfüllt, doch ist es den energischen Maßregeln der Regierungen von Deutschland, Österreich, Frankreich, Spanien, Italien und Portugal, die sich den 17. September 1878 zu einer internationalen Reblauskonvention zusammenschlossen, gelungen, seitdem wenigstens die Bildung größerer Reblausherde zu vermeiden.

1854 Der französische Physiker Léon **Foucault** mißt nach Wheatstone's Vorgang (s. 1834 W.) die Geschwindigkeit des Lichts (vgl. 1676 R., 1849 F.), indem er auf ein System von zwei Spiegeln, von denen der eine sehr rasch rotiert, einen Lichtstrahl fallen läßt, und die Winkelabweichung des zurückgeworfenen Strahls ermittelt. Foucault findet auf diese Weise die Lichtgeschwindigkeit zu 40160 geographischen Meilen (298000 km) in 1 Sekunde. (S. auch 1874 C.) Er stellt, indem er eine mit Wasser gefüllte Röhre in die vom Lichtstrahl zu durchlaufende Strecke einschaltet, fest, daß sich das Licht in dem dichteren Medium langsamer bewegt als in der Luft. Damit ist die Emanationstheorie endgültig abgetan.

— Edmond **Frémy** untersucht die Gerüstsubstanz der Muschelschalen und führt für dieselbe den Namen „Conchiolin" ein. Der Name dient jetzt im weiteren Sinne zur Bezeichnung der eiweißartigen Substanzen der Molluskenschalen.

— J. P. **Gassiot** wendet, um den Induktionsstrom in Räume, welche mit verdünnten Gasen angefüllt sind, übertreten zu lassen, Glasröhren der verschiedensten Form an, in die an zwei voneinander entfernten Stellen Drähte von Aluminium als Elektroden eingeschmolzen sind, und die an einer Quecksilberluftpumpe mit den Gasen gefüllt und dann auf den passenden Druck gebracht werden. Diese Röhren werden in großer Menge von Geißler in Bonn ausgeführt und heißen nach ihm Geißler'sche Röhren.

— Der erste Schienenweg über die Alpen wird in der 42 km langen, einen Teil der österreichischen Südbahnlinie Wien-Triest bildenden Semmeringbahn von Karl **von Ghega** vollendet. Die Bahn hat 15 Tunnels, darunter den 1462,5 m langen Tunnel unter dem Semmering-Paß.

— Der Engländer **Gibson** erfindet die Sprengringbefestigung der Radreifen auf dem Rade, bei der ein aufgeschnittener, schmiedeeiserner Ring halb in den Reifen, halb um den Radkörper gelegt wird. Um das Herausfallen des Ringes zu verhindern, wird die Außenkante der Reifen niedergehämmert.

— Albrecht **von Graefe** erklärt als das eigentliche Wesen des Glaukoms die Zunahme des intraokularen Drucks. Er spricht die Ansicht aus, daß es sich um eine Chorioiditis serosa (s. 1841 Si.) handle, welche eine diffuse Durchtränkung des Humor aqueus und des Glaskörpers bewirke, bei der durch die Volumzunahme eine rasche Steigerung des intraokularen Drucks und eine Kompression der Netzhaut eingeleitet werde.

— Albrecht **von Graefe** führt zuerst bei Glaukom die Iridektomie aus, eine Operation, bei der man einen 4—6 mm langen Einstich in die vordere Augenkammer macht, mit einer Pinzette in diese eingeht, die Iris (Regenbogenhaut) am Pupillarrand faßt, hervorzieht, außerhalb der Hornhaut mit einer Schere abschneidet und die Ecken des Ausschnittes reponiert. (Vgl. 1720 C. und 1804 R.)

— Thomas **Graham** gibt an, daß bei der Diffusion durch Scheidewände (Diosmose) die chemischen und elektrischen Gegensätze der in Betracht kommenden Stoffe in Erwägung zu ziehen seien. Er findet, daß Säuren stärker durch tierische Membranen strömen als Wasser (negative Osmose), während Alkalien das entgegengesetzte Verhalten zeigen (positive Osmose).

— **Grüne** empfiehlt, statt Albumin (s. 1830 O.) in der Kattundruckerei Caseïn anzuwenden. (Vgl. auch 1859 C.)

1854 Karl Gottlieb **Haubner** zeigt zuerst, daß Sägespäne und Papierbrei, die dem Futter von Wiederkäuern beigemischt werden, nur zu einem Teile (weniger als der Hälfte) wieder im Kote ausgeschieden werden, eine Tatsache, die durch eingehende Untersuchungen von Henneberg und Stohmann (1863) bestätigt wird. Zuverlässige Feststellungen über diese Frage der Celluloseverdauung werden 1884 von H. Tappeiner gemacht, der feststellt, daß die Hauptmenge der Cellulose der Sumpfgasgärung anheimfällt und der Verdauungskoeffizient ein geringer ist.

— Emil **Huschke** macht wichtige Untersuchungen über das Auge, das Darmsystem, sowie über Schädel und Gehirn, namentlich über die Hirnwindungen. Er entdeckt die Einstützung der Linse, die nach ihm benannten Vorsprünge in der Gehörschnecke, und arbeitet über die Entwicklung der Glandula thyreoidea.

— **Julienne** konstruiert eine Ziegelpresse zur Verarbeitung des Tons in trockenem Zustande und erhält bei genügender Pressung Steine, welche kürzerer Zeit zur Trocknung bedürfen und glattere Flächen zeigen, als diejenigen aus feuchtem Ton. Man macht diesen Steinen allerdings den Vorwurf, daß sie weniger fest und zu schwer sind. Andere Pressen für diesen Zweck werden von Nasmyth (1857), Minton (1857), Oates (1860) und vielen anderen konstruiert.

— Gotthard August Ferdinand **Keber** entdeckt die Mikropyle, die feine kanalförmige Durchbohrung der Eizellenhaut, durch welche die Samenfäden bei der Befruchtung eindringen.

— Vincenz **Kletzinsky** betont zuerst den Unterschied des in den Nährmitteln vorkommenden organischen Nahrungseisens von den gewöhnlichen Eisensalzen.

— Hermann **Kopp** macht ausgedehnte Untersuchungen über die Volumveränderungen der Körper beim Schmelzen (s. 1826 E.) und findet, daß im allgemeinen die Körper beim Schmelzen eine plötzlich eintretende Ausdehnung zeigen. Die Volumveränderung des Eises beim Schmelzen wird auch von Bunsen bei Gelegenheit der Graduierung seines Eiscalorimeters (s. 1870 B.) auf das Sorgfältigste gemessen. Bunsen findet die Dichtigkeit des Eises bei $0^0 = 0{,}91674$, während Kopp $0{,}9073$ gefunden hatte.

— Richard **Laming** führt den Coffey-Destillationsapparat (s. 1832 C.) in die Ammoniakfabrikation ein und ermöglicht dadurch die im Gegensatz zu der bisherigen Arbeitsweise stehende kontinuierliche Destillation. Einen ähnlichen Apparat führt Mallet auf den Pariser Gasanstalten ein.

— Peter Joseph **Lenné** führt wesentliche Verbesserungen in der Veredelungskunst der Holzgewächse ein.

— Der Geolog W. K. **Loftus** entdeckt bei Senkereh am Euphrat zwei Keilschrift-Tontäfelchen aus der Zeit zwischen 2300 und 1600 v. Chr., welche die Quadrate der Zahlen bis 60 und die Kuben bis 32 enthalten, und aus deren Schreibweise erkennbar ist, daß sich die Babylonier, wie dies der englische Assyriolog Hincks schon früher festgestellt hatte, neben dem Dezimalsystem des Sexagesimalsystems bedienten. Es läßt sich nachweisen, daß die heute gebräuchliche Teilung der Stunde in 60 Minuten zu 60 Sekunden, sowie die Teilung des Kreises in 360 Grade aus unmittelbarer Überlieferung aus jener Zeit herrührt.

— Eugène **Marchand** (de Fécamp) konstruiert einen Apparat zur Bestimmung des Fettgehaltes der Milch, den er Lactobutyrometer nennt. Das Verfahren gründet sich darauf, daß, wenn Milch mit Alkohol und Äther geschüttelt wird, sich eine Lösung dieser Agentien in Fett bildet, welche nach Zusatz von etwas Natronlauge oder Essigsäure leicht aufsteigt. Die Höhe dieser Schicht läßt einen Schluß auf die Fettmenge zu. Die Methode

wird 1878 von Schmidt und Tollens noch verbessert. Eine andere Fett-
bestimmungsmethode wird 1880 von Soxhlet angegeben.

1854 In Schottland wird im Jahre 1854 ein mit „C. M." (vermutlich Charles
Marshall) unterzeichneter etwa 100 Jahre alter, also aus der Mitte des
18. Jahrhunderts herrührender Brief an das Tageslicht gezogen, welcher den
Vorschlag enthält, Reibungselektrizität zum Telegraphieren zu verwenden.

— Nachdem Hawkins gegen 1850 zuerst auf den Gedanken gekommen war,
einen Schiffsanker zu verfertigen, dessen beide Arme sich gleichzeitig in den
Grund eingraben, stellt **Martin** den ersten brauchbaren Anker dieser Art
her, bei dem Schaft und Arme in einer und derselben Ebene liegen.

— Augustus **Matthiessen** stellt metallisches Barium durch Reduktion des geschmolzenen Chlorids bei schwacher Glühhitze dar. Er erhält dasselbe als
messinggelbes Pulver, das an der Luft rasch oxydiert. (Vgl. 1854 B.)

— Edme Jules **Maumené** und **François** verbessern die Fabrikation des Cham-
pagners namentlich dadurch, daß sie durch genaue Ermittelung der zuzusetzenden Zuckermenge den Druck in den Flaschen genau regeln und so
den Verlust durch Bruch auf das kleinste Maß herabmindern.

— **Mercer, Prince** und **Blyth** ersetzen den bislang in der Kattundruckerei viel
verwendeten Kuhkot durch eine Lösung von phosphorsaurem Natron
und phosphorsaurem Kalk (Kuhkotsalz, sel de bousage), die sich bald in
allen rationell betriebenen Zeugdruckereien einführt.

— Der Ingenieur A. **Merian** läßt auf der Decklage der Chaussee von Travers
nach Pontarlier eine Schicht Asphaltstein, den er vorher durch Erhitzen
zu Pulver hat zerfallen lassen, in gleichmäßiger Schicht ausbreiten und
festwalzen und wird hiermit der Schöpfer der modernen Asphaltstraßen.

— Der Mediziner Albrecht Theodor **Middeldorpf** wendet die von Heider (s. 1845 H.)
erfundene Galvanokaustik insbesondere bei Eingriffen in Körperhöhlen,
wie Kehlkopf und Mastdarm, an und bildet die Technik zur höchsten Vollendung aus.

— Der französische General Arthur **Morin** entwickelt in seiner Schrift „Études
sur la ventilation" die wissenschaftlichen Grundsätze der Lüftung und
stellt umfassende Versuche mit Heizsystemen verschiedener Art an, um
den Nutzeffekt und die sonstigen Eigenschaften der einzelnen Konstruktionen (Cheminées, Öfen mit Koks- und Kohlenheizung, Warmwasserheizung usw.) zu ermitteln. Seine Untersuchungen wirken wesentlich för-
dernd auf das Verständnis des Heizwesens.

— Johannes **Mulder** macht eingehende Untersuchungen über die Chemie der
austrocknenden Öle, und namentlich über das Leinöl, dessen Bleichung
und Veränderung, und stellt die Hauptbedingungen für die Trockenfähig-
keit der mit Leinöl bereiteten Firnisse auf.

— Ferdinand **von Müller** in Melbourne stellt zuerst aus den Blättern des Eu-
calyptus globulus das Eucalyptusöl her, das gegen Wechselfieber verordnet wird.

— Friedrich Adolph **Nobert** fertigt Interferenzgitter an, bei welchen auf 1 mm
443 bis 3544 Linien kommen, und die zur Prüfung des Unterscheidungs-
vermögens der Mikroskope sehr gute Dienste leisten.

— Carl **Nöllner** stellt zuerst Kalisalpeter (Konversionssalpeter) durch Umsetzen
von Chilisalpeter mit Kaliumverbindungen her, und gibt dadurch Anlaß
zu einer bedeutsamen Entwicklung der Salpeterindustrie.

— **Patera** stellt zuerst das Uranoxydnatron (uransaures Natrium) dar, das in
der Porzellanmalerei viel benutzt und nach Patera's Angaben in Joachimsthal in einer gelben und einer orangeroten Nuance aus Uranpecherz hergestellt wird.

— **Pelouze** und **Frémy** entdecken, daß Erschütterungen das amorphe Eisen in

einen krystallinischen Zustand überführen. Sie führen an, daß diese Zustandsänderung die Festigkeit des Eisens vermindern und bei Brücken-
bauten usw. Gefahren mit sich bringen könne. (S. a. 1870 W. und 1878 B.)

1854 Paul **Pretsch** erfindet die Photogalvanographie (auch Heliographie genannt),
ein Verfahren, von aufgequellten Leimreliefs auf galvanoplastischem Wege
Tiefdruckplatten abzuformen. (S. auch 1816 N.) An dieses Verfahren
schließt sich 1873 die von Duncan Dallas angegebene Dallastypie an.

— **Rigollot** findet im Sommetal bei Amiens in den höheren und niederen
Kieslagern Feuersteingeräte, wie Messer und Äxte, die denen von Abbe-
ville (s. 1836 B.) völlig entsprechen und mit Knochen ausgestorbener
Tiere zusammen vorkommen.

— Henri **Sainte-Claire-Deville** stellt zuerst in technischem Maßstabe Aluminium
durch Reduktion von Kryolith mit Natrium her.

— Der Münchener Physiker Karl E. **Schafhäutl** macht umfassende Versuche
über Tonstärkemessung (Sonometrie) und bedient sich dazu des von ihm
erfundenen Phonometers.

— Carl **Schlickeysen** verbessert den gewöhnlichen Tonschneider (die sogenannte
Kleymühle), indem er aus demselben durch Anfügen eines Mundstückes
und eines Abschneiders eine Ziegelpresse herstellt, die sich durch Einfachheit auszeichnet und als Schnecken- oder Schraubenpresse ein ganz neues
Prinzip zur Geltung bringt.

— Max J. S. **Schultze** macht Untersuchungen über den histologischen Bau der
Retina und die Endigungsweise der Geruchsnerven, verbessert die Technik
der mikroskopischen Forschung und fördert die vergleichende Anatomie.

— Es gelingt Henri H. **de Sénarmont,** durch organische Stoffe (Farbholzextrakte)
gefärbte anorganische Krystalle (von Strontiumnitrat) herzustellen. Später
stellen O. Lehmann (1891, 1894) und Retgers (1893) Versuche über die
Färbung organischer und anorganischer Krystalle durch organische Substanzen an.

— Werner **von Siemens** erfindet den sogenannten Sechsrollenmotor (Teller-
maschine), in welchem durch zyklische Erregung von sechs im Kreise angeordneten Elektromagneten ein Anker in Umlauf gesetzt wird. Dieses
Prinzip findet später für Kommandoapparate und ähnliche Zwecke Verwendung. (S. 1881 H.)

— Werner **von Siemens** und Karl **Frischen** erfinden ein Gegensprechverfahren,
bei dem nur eine Batterie auf jedem Amte aufgestellt ist, und Empfangsapparate mit zwei einander entgegenwirkenden Wickelungen benutzt
werden. Die Empfangsapparate sind nach dem Prinzip des Differential-
galvanometers gebaut. Das Verfahren wird daher „Das Gegensprechen nach
der Differentialmethode" genannt.

— William **Siemens** schlägt ein Verfahren zur Verflüssigung der Luft vor, dem
jedoch ein praktischer Erfolg nicht beschieden ist.

— **Silver** knüpft an den Bourne'schen Regulator (s. 1834 B.) an und konstruiert
einen viel benutzten Federregulator für Schiffsmaschinen. Die Federkraft
wird von jetzt ab häufig zur Konstruktion von Regulatoren verwendet,
so von Beyer, Trenck, Hartung, Zabel, Tolle u. a.

— Der Chirurg Gustav **Simon** vervollkommnet die Technik der Milzexstirpation und die operative Behandlung der Blasenscheidenfistel. (Vgl. a. 1849 S.)

— Der Militärarzt Wilhelm Joseph **Sinsteden** beobachtet eine von der gewöhnlichen Polarisation verschiedene Polarisation, als er Ströme mit Elektroden
von Blei durch verdünnte Schwefelsäure leitet. Die positive Elektrode
bedeckt sich hierbei mit Superoxyd, wodurch sie gegen die negative Elektrode desselben Metalls stark negativ wird. Schließt man die Zersetzungszelle
für sich, so erhält man einen kräftigen Strom von viel längerer Dauer als

die des gewöhnlichen Polarisationsstroms; derselbe dauert so lange, bis alles Superoxyd aufgebraucht ist. (Wegen des an diese Beobachtung sich anschließenden Akkumulators siehe 1859 P. und vgl. auch 1802 G. und 1839 G.)

1854 **Smith** in Smethwick bei Birmingham verbessert den Eisenguß, indem er die in die Gußformen abgelassene flüssige Gußmasse vermittels der hydraulischen Presse (s. 1796 B.) komprimiert. Er wendet sein Verfahren namentlich zur Herstellung von Eisenbahnrädern an. (Über die weitere Entwicklung s. 1861 H.)

— Adolph **Strecker** und Eugen **von Gorup Besanez** bearbeiten die physiologische Chemie.

— Adolph **Strecker** stellt zuerst das von L. Gmelin 1826 in der Ochsengalle entdeckte Taurin synthetisch durch Erhitzen von isaethionsaurem Ammoniak auf 220° her; in reichlicheren Mengen erhält es 1862 Kolbe aus β-Chloräthylsulfonsäure mit Ammoniak.

— Julius **Thomsen** stellt zur Vorhersagung des Verlaufs chemischer Reaktionen den Satz auf: „Jede einfache oder zusammengesetzte Wirkung von rein chemischer Natur ist von einer Wärmewirkung begleitet", und sucht von diesem Satze ausgehend die chemische Verwandtschaft aus der Reaktionswärme zu bestimmen.

— Gustave **Thuret** beobachtet die Befruchtung durch Spermatozoiden und die Ei-Entwicklung bei der Meeresalge Fucus.

— Nachdem Berthelot bereits dahin zielende Vorschläge gemacht hatte, gelingt es zuerst Benjamin Chew **Tilghman,** die Fette durch mittels Hochdruckes überhitztes Wasser zu spalten. Das Verfahren wird von Melsens verbessert, vermag sich aber wegen der mit dem hohen Druck verbundenen Gefahr und wegen der Konkurrenz der gleichzeitig aufkommenden Spaltung mit überhitztem Wasserdampf (s. 1854 W.) nicht zu behaupten.

— Fürst **Torlonia** läßt in den Jahren 1854—75 die Entwässerung des Sees Fucino, 86 km südlich von Rom, ausführen. Mit einem Kostenaufwand von 35 Millionen Mark werden 15775 ha des besten Bodens trocken gelegt und die gesundheitlichen Verhältnisse der ganzen Gegend verbessert. Die erste Anlage dieser Entwässerung rührt bereits von Kaiser Claudius her und bestand aus einem Tunnel, der in den Fluß Liri führte.

— Franz **von Uchatius** erzeugt durch Verschmelzen von Roheisen mit oxydischen Eisenerzen in Tontiegeln den sogenannten Erzstahl oder Uchatiusstahl. Eine ähnliche Idee war 1824 von Bréant, 1841 von A. Obersteiner verfolgt worden.

— Rudolf **Virchow** beschreibt unter dem Namen „Myelin" eine Substanz, die er für identisch mit Nervenmark hält, aber außer in den Nerven in den verschiedensten normalen und pathologischen Geweben, Milz, Schilddrüse, Eiter usw. findet. Das Myelin kann nach neuerer Forschung nicht als chemisches Individuum angesehen werden.

— Rudolf **Virchow** veröffentlicht seine Untersuchungen über die parenchymatösen Entzündungen und zieht zur Erklärung außer den Nerven und Gefäßen auch insbesondere das Gewebe selbst mit heran. Er hebt hervor, daß das Exsudat bald interstitiell, bald parenchymatös ist, und daß das letztere mit einer Degeneration der Parenchymbestandteile, d. i. der Zellen, verbunden ist.

— **Williams** stellt aus den Destillationsprodukten der bituminösen Schiefer von Dorsetshire das Pyridin und das in die Reihe der Pyridinbasen (s. 1847 A.) gehörende Parvolin dar.

— **Wilson** und **Gwynne** gelingt es, die Fette durch überhitzten Wasserdampf erfolgreich zu spalten. Sie bringen die Fette auf eine Temperatur von 290° bis 315° und leiten dann den überhitzten Dampf ein.

1854 Emil Theodor **von Wolff** betont die Notwendigkeit, bei der Bodenanalyse die Formen, in denen die einzelnen Nährstoffe sich im Boden finden, genau zu bestimmen. Er stellt scharf die Forderung, namentlich auf die leicht aufnehmbaren Pflanzennährstoffe Rücksicht zu nehmen und diejenigen Bodenbestandteile besonders ins Auge zu fassen, die schwer löslich sind. Bezüglich der Probenahme wiederholt er Sprengel's Forderung (s. 1830 S.), daß man sowohl auf die Ackerkrume als auch auf den Untergrund Rücksicht nehmen müsse.

1855 Thomas **Addison** führt die nach ihm benannte Bronze-Krankheit auf Veränderungen in den Nebennieren zurück.

— George Biddell **Airy** bestimmt durch seine in dem Bergwerk von Harton unternommenen Versuche, bei denen ein Pendel auf der Erdoberfläche, ein zweites in einer Tiefe von 383 m beobachtet wird, die Dichte der Erde zu 6,566.

— Alexander **Allan** und **Trick** konstruieren für die Dampfmaschine gleichzeitig und unabhängig voneinander die Steuerung mit gerader Kulisse, welche letztere mit Rücksicht auf die schwierige Bearbeitung der Bogenkulisse als besonderer Vorteil angesehen wird.

— **Appolt** konstruiert einen Koksofen, der aus einem stehenden, von außen geheizten Schacht besteht. Die Heizung geschieht durch die Verbrennung der bei der Verkokung sich entwickelnden Dämpfe und Gase. Der Schacht ist von rechteckigem Querschnitt, und zur besseren Ausnutzung der Wärme sind je zwölf Schächte in zwei Reihen durch einen Mantel zu einem Gesamtofen vereinigt.

— Robert **Arthur** in Baltimore entdeckt, daß sich zwei Stückchen Goldfolie, wenn sie in einer möglichst kohlenstofffreien Flamme ausgeglüht worden sind, unter Druck fest und unlösbar verbinden. Er ist daher der Erfinder der kohäsiven Goldfüllung der Zähne, die einen großen Fortschritt in der Zahnheilkunde bedeutet.

— **Bellay** in Paris führt das Formen auf der Töpferscheibe auf mechanischem Wege mittels Schablonen ein und ermöglicht es dadurch, die äußere und innere Seite von Tellern usw. gleichzeitig zu bearbeiten.

— Julien **Belleville** in Paris konstruiert Wasserrohrkessel mit senkrechten eisernen Röhren, deren erster für die Korvette „La Biche" verwendet wird. Der Kessel ist nicht sehr empfindlich gegen plötzliche Temperaturschwankungen und gibt infolge einer sorgfältigen Drosselung trocknen Dampf. Er läßt eine hohe Forcierung zu und hat den für Kriegsschiffe wichtigen Vorteil des schnellen Dampfmachens. (Vgl. 1843 H.)

— Der Ingenieur **de Bergue** erfindet die erste Formmaschine zum Ausheben der Modelle aus dem Sande.

— Marcelin **Berthelot** stellt synthetisch Ameisensäure durch Überleiten von Kohlenoxyd über erhitzten Natronkalk her.

— Marcelin **Berthelot** erweist die von Faraday 1825 und Hennell (s. 1828 H.) schon erkannte Fähigkeit des ölbildenden Gases, sich mit Schwefelsäure zu Äthylschwefelsäure zu verbinden, womit bewiesen ist, daß ein aus einem Alkohol durch Entziehung der Elemente des Wassers zu erhaltender Kohlenwasserstoff sich wieder in jenen Alkohol überführen läßt.

— Henry **Bessemer** erfindet das nach ihm benannte Verfahren zur direkten Umwandlung von geschmolzenem Gußeisen in Stahl und Schmiedeeisen durch Einblasen von Luft. Dieses Verfahren macht die Stahl- und Schmiedeeisenbereitung unabhängig von der Handfertigkeit des Arbeiters und kürzt den Prozeß von anderthalb Tagen auf zwanzig Minuten ab.

1855 Auf Anregung des Dr. **Bleibtreu,** in Gemeinschaft mit dem Konsul **Guticke** in Züllichow bei Stettin, werden Versuche zu einer verbesserten Herstellung des Portlandzements angestellt, welche eine neue Epoche der Zementfabrikation bedeuten und die Grundlage für den Aufschwung dieser Industrie in Deutschland bilden.

— Gaetano **Bonelli** erfindet den Lokomotivtelegraphen, eine elektrische Anordnung zur telegraphischen Verbindung der fahrenden Eisenbahnzüge untereinander und mit der Station, und versucht diese Einrichtung auf den Eisenbahnstrecken Genua-Turin und Paris-Versailles. (S. a. 1851 T.)

— Der holländische Physiker Johannes **Bosscha** findet eine Methode, gleichzeitig zwei Nachrichten in entgegengesetzter Richtung durch denselben Telegraphendraht zu übermitteln und baut dazu geeignete Apparate (Doppelsprechbetrieb. — Vgl. auch 1853 G. und 1854 S.)

— **Boutron** und **Boudet** verbessern die Clark'sche Methode der Härteprüfung des Wassers (s. 1832 C.), indem sie eine konzentrierte Seifenlösung und ein Normalvolum von nur 40 ccm Wasser anwenden und dadurch die Unregelmäßigkeiten in der Umsetzung der Seifenlösung so weit vermeiden, daß sie vernachlässigt werden können und der Gebrauch einer Tabelle sich erübrigt. Eine andere Verbesserung der Clark'schen Methode rührt von Wilson (1861) her.

— Charles Edouard **Brown-Séquard** stellt die Bedeutung der Nebennieren für die innere Sekretion fest und gibt an, daß nach Wegnahme der Nebennieren sowohl Säugetiere als Frösche unter den Erscheinungen großer Muskelschwäche zugrunde gehen, was indes in neuester Zeit von Boldirew widerlegt wird.

— Robert Wilhelm **von Bunsen** nennt in seiner Abhandlung „Über das Gesetz der Gasabsorption" die Größe des auf 0^0 und 760 mm reduzierten Gasvolums, welches von der Volumeinheit (1 ccm) der Flüssigkeit unter dem Druck von 760 mm absorbiert wird, den Absorptionskoeffizienten des Gases. Er bestimmt die Größe dieses Koeffizienten für verschiedene Gase in Wasser und Alkohol.

— Robert Wilhelm **von Bunsen** zeigt, daß durch Elektrolyse des geschmolzenen Aluminium-Natrium-Chlorids metallisches Aluminium im großen Maßstabe darstellbar ist.

— **Bunsen** und **Matthiessen** stellen das kohlensaure Lithion her, das im gleichen Jahre in den Arzneischatz eingeführt wird.

— **Bunsen** und **Roscoe** legen den Grund zur messenden Photochemie (Aktinometrie) und konstruieren dafür einen Apparat, der auf der Lichtempfindlichkeit eines Gemenges von Chlor und Wasserstoff beruht. Ein ähnliches von Draper 1843 konstruiertes Aktinometer hatte genaue Bestimmungen nicht zugelassen. Mit Hilfe ihres Apparates gelingt es Bunsen und Roscoe, auch die chemische Wirkung der Ätherwellen zu messen.

— Hermann **Burmeister** macht sich durch sein „Handbuch der Entomologie" um die Klassifikation der Insekten verdient. Sein auf deren Entwicklungsweise gegründetes Einteilungssystem wird 1863 von Packard noch verbessert.

— **Büsscher** und **Hoffmann** in Eberswalde, die 1839 die Dachpappe zuerst in endlosen Rollen einführten, erfinden die Asphalt-Isolierplatten (Asphaltfilz), die aus Asphaltschichten mit einer langfaserigen Einlage (Pappe oder Filz) bestehen, welche letztere die Biegsamkeit, sowie die Widerstandsfähigkeit gegen das Zerreißen bedeutend erhöht.

— Nachdem Bain und Bakewell (1842) mit ihren Bestrebungen, Schriftzüge, Zeichnungen, Noten usw. telegraphisch zu befördern, gescheitert waren, weil sie den Synchronismus ihrer Apparate nicht erhalten konnten, gelingt es Giovanni **Caselli**, Schriftzeichen und Bilder durch den von ihm erfundenen Kopiertelegraphen (Pantelegraph) zu übertragen.

1855 Alphonse **De Candolle** bringt durch seine „Géographie botanique raisonnée" die entwicklungsgeschichtliche Methode der Pflanzengeographie zur Geltung. Er bespricht namentlich den Einfluß der Wärme und des Lichts auf die Verbreitung der Pflanzen und macht darauf aufmerksam, daß die durch die Geologie gegebenen Aufschlüsse manche bisher nicht aufgeklärten Erscheinungen der Pflanzenverbreitung leicht verstehen lassen.

— Heinrich **von Dechen** beginnt seine Arbeiten zur systematischen geognostischen Spezialuntersuchung der Rheinprovinz und Westfalens und legt die Ergebnisse seiner Forschungen, welche einen Zeitraum von zehn Jahren (1855—64) umfassen, in einem epochemachenden Werke nieder.

— Der französische Hydrograph Edmond Paulin **Dubois** zeigt, wie sich die störende Einwirkung des eisernen Schiffskörpers auf den Schiffskompaß durch Anwendung doppelter Magnetnadeln messen und beseitigen läßt.

— Nachdem Krupp in Essen bereits 1847 der preußischen Artillerieprüfungskommission ein Gußstahlkanonenrohr angeboten hatte (s. a. 1841 K.), jedoch mit der Einschränkung, solche Rohre nur bis zum Gewicht von 150 kg liefern zu können (vgl. demgegenüber 1893 K.), gibt der preußische General August **Encke** die Anregung, daß zum ersten Male Krupp'scher Gußstahl zu Geschützrohren Verwendung findet.

— **Exter** konstruiert eine Presse für getrockneten Torf, die zu den Pressen mit offenen Formen gehört, bei denen die Reibung der einzige Widerstand ist, welcher dem Preßstempel entgegengestellt wird. Die Presse wird in verbesserter Form auch in der Braunkohlenbrikettfabrikation verwendet. (Vgl. 1852 G.)

— **Fabre** stellt fest, daß das Leuchten des Holzes von den Sclerotien, sowie von dem feineren Mycelgeflecht verschiedener Hymenomyceten und Ascomyceten ausgesandt wird, unter denen bei uns am häufigsten Agaricus melleus und Xylaria hypoxylon (letzterer Pilz im Buchenholz) vorkommen. (S. a. 1832 H.) Dies wird auch von F. Kutscher (1897) bestätigt, der die Pilze auf Tannenholz züchtet.

— A. **Fick** stellt durch sorgfältige Versuche fest, daß die freie Diffusion von Salzlösungen nach den Gesetzen der Verbreitung der Wärme in festen Körpern geschieht, und stellt das nach ihm benannte Diffusionsgesetz auf.

— **Firmin-Didot** empfiehlt das Bleichen von Papier, Ganzzeug und Geweben aller Art unter Anwendung von Kohlensäure. Die mit einer Lösung von Chlorkalk imprägnierten Stoffe werden mit gasförmiger Kohlensäure behandelt. J. Thompson nimmt 1885 diesen Prozeß wieder auf und verschafft ihm mit Hilfe von Apparaten, die von Mather und Platt in Manchester konstruiert werden, Eingang in die Praxis.

— **Forscher** findet im Steinkohlenteer eine Base, die Lepidin genannt wird und sich als identisch mit dem im gleichen Jahre von **Williams** aus den Destillationsprodukten des Cinchonins mit Kali isolierten Methylchinolin erweist.

— Nachdem bereits im Jahre 1833 Heathcoate Pflüge mit einer durch eine feststehende Maschine betriebenen Winde über das Feld gezogen hatte (vgl. a. 1810 P.), beschäftigt sich John **Fowler** mit dem Bau von Pflügen und anderen landwirtschaftlichen Geräten. Er entwickelt den Dampfpflug zu praktischer Brauchbarkeit, indem er Lokomobilen, und zur Kraftübertragung endlose Drahtseile verwendet. Seine Pflüge konstruiert er nach dem Prinzip des Balancierpflugs. (S. 1848 F. und 1851 F.)

— Nachdem schon Cagniard de la Tour (1825), Benjamin Guy Babington (1832) und Liston (1840) primitive Laryngoskope verwendet hatten, konstruiert Manuel G. del Vicente **Garcia** einen vollkommeneren Kehlkopfspiegel, den er zu Untersuchungen über die Stimmbildung am Kehlkopf verwendet, indem er den Kehlkopf mit durch Linsen oder Hohlspiegel konzentriertem Sonnenlicht so durchleuchtet, daß seine einzelnen Teile mit dem in den Pharynx eingeführten Spiegel untersucht werden können.

1855 Nachdem die Quecksilberluftpumpe von der Academia del Cimento erfunden, aber wieder in Vergessenheit geraten war, bis Swedenborg (1722) und M. Fafchamps (1820) ihrer wieder gedachten, gibt ihr Heinrich **Geißler** nach Angaben von Pflüger eine Form, in der sie sich allgemeine Anerkennung, insbesondere zur Gewinnung der Blutgase, erwirbt.

— Joseph **von Gerlach**, Anatom in Gießen, führt die Färbung mikroskopischer histologischer Präparate, und zwar zuerst mit ammoniakalischem Carmin, ein.

— Charles **Goodyear** führt den von ihm erfundenen vulkanisierten Kautschuk (s. 1839 G. und 1852 G.) in die Zahnheilkunde ein, die dadurch eine große Umwälzung erfährt.

— Nachdem Sheridan und Dunn zuerst zum Füllen der Seife eine durch Kochen von gemahlenem Feuerstein mit Natronlauge bereitete Kieselsäurelösung empfohlen hatten, bringt William **Gossage** zu diesem Zweck das reine Wasserglas, und zwar in Lösungen von 45° Baumé in Vorschlag. Er rührt die Lösung in die warme Seife ein und krückt so lange, bis die Seife steif zu werden beginnt.

— Albrecht **von Graefe** macht zuerst auf die Wichtigkeit der Messung des Gesichtsfeldes aufmerksam und bedient sich dazu einer auf einen Bogen Papier aufgezeichneten Strahlenfigur, deren einzelne, vom Fixierpunkt ausgehende Grade aus Punktreihen bestehen. Der zu Untersuchende muß die äußersten Punkte angeben, die er noch unterscheiden kann.

— Albrecht **von Graefe** bewirkt durch den von ihm zuerst methodisch geübten Linearschnitt eine völlige Reform in der Star-Extraktion und verbessert die Blepharoplastik. (S. 1818 G.)

— Augustus **Gregory** führt eine Expedition, an der F. von Müller als Botaniker teilnimmt, von der Mündung des Victoriaflusses an der Nordwestküste von Australien in das Innere und gelangt durch das nördliche Queensland 1856 nach der Ostküste. 1858 erforscht er den Barku abwärts bis nach Südaustralien und weist ihn als Oberlauf des Cooper nach.

— Nachdem bereits Paixhans (s. 1834 P.) auf die Notwendigkeit der Schiffspanzerung hingewiesen hatte, und die vernichtende Wirkung der Bomben und Hohlgranaten gegen hölzerne Schiffswände 1849 bei Eckernförde (Niederlage der dänischen Schiffe gegen sechs nassauische Geschütze), ferner 1853 bei Sinope (Vernichtung der türkischen Flotte) und demnächst vor Sebastopol (Schädigung der englisch-französischen Flotte durch russische Strandbatterien), dargetan war, baut der französische Ingenieur **Guieysse** (auf Befehl des Kaisers Napoleon III. und auf Anregung des Ingenieurs Dupuy de Lôme) schwimmende Panzerbatterien, welche sich im Krimkriege bei der Beschießung von Kinburn bewähren und den Anlaß zur Einführung der Schiffspanzer geben. (S. 1859 D.)

— Der Hofbäcker Carl Kuno **Hallfinger** in Wien erfindet die Teigteilmaschine, die 1874 von T. Brüning und F. Herbst in Halle a. S. derart verbessert wird, daß sie nahezu allgemein in den Bäckereien Eingang findet, zumal durch sie die Aufarbeitung der Ware um 1—1½ Stunden schneller bewirkt wird.

— Marshall **Hall** gibt eine Methode der künstlichen Atmung bei Asphyktischen (Scheintoten) an. (S. 1584.) Die Hall'sche Methode wird von Silvester (1858), Howard (1877) und Brosch (1896) noch vervollkommnet.

— **Hansom** konstruiert eine Kartoffelgrabemaschine, die der Hauptsache nach einen Pflug mit einem hinten angebrachten, quer gegen die Bewegungsrichtung gestellten und mit Grabeforken besetzten Rad darstellt. Wird das Rad in Drehung versetzt, so greifen die Forken in die Erde und werfen die darin liegenden Kartoffeln samt den sie umgebenden Erdstreifen gegen ein seitlich angebrachtes Sieb, durch welches die Erde hindurchfliegt, während die Kartoffeln vor demselben niederfallen.

1855 Theodor **Hartig** beschreibt in seinem Aufsatz über das Klebermehl zuerst die Aleuron-Körner, das sind aus einem Eiweißkörper bestehende, farblose oder auch gefärbte Krystallkörner von 0,001—0,005 mm Durchmesser, die in keinem Samen fehlen. Über die Körner werden von Radlkofer, der ihre Eiweißnatur erkennt, und von Pfeffer eingehende Arbeiten gemacht.

— Friedrich Wilhelm **Hasenclever** konstruiert einen Kiesofen für die Schwefelsäurefabrikation, bei welchem zur Beschränkung der Handarbeit die Erze (auch Zinkblenden) in einem Schacht auf geneigten, vorher glühend gemachten Platten hinabrutschen.

— Franz **von Hauer** gibt in seinem Werke „Die Fördermaschinen für Bergwerke" wichtige Winke für die Anlage der zum Abwärtsbefördern in Bergwerken dienenden selbsttätigen Rampen, die gewöhnlich mit dem Namen „Bremsberge" bezeichnet werden, sowie über die bei diesen Bremsbergen zu verwendenden Bremsen.

— **Herpin** führt Kali chloricum gegen Stomatitis in den Arzneischatz ein.

— August Wilhelm **von Hofmann** und Auguste **Cahours** untersuchen eingehend die zuerst von P. Thénard (s. 1845 T.) erhaltenen Phosphine, das sind Körper, welche sich vom Phosphorwasserstoff dadurch ableiten, daß die Wasserstoffatome teilweise oder vollständig durch Alkoholradikale ersetzt sind. Man unterscheidet, je nachdem 1, 2 oder 3 Atome Wasserstoff ersetzt werden, primäre, sekundäre und tertiäre Phosphine; dieselben sind basischer Natur.

— Auguste **Houzeau** weist nach, daß in dem als Bariumsuperoxyd mit Schwefelsäure erhaltenen Gas aktiver Sauerstoff enthalten ist, den er 1856 mit Ozon identifiziert.

— David Edward **Hughes** erfindet einen elektrischen Typendruck-Telegraphen, bei welchem der Abdruck geschieht, ohne daß die am Umfange eines Rades angeordneten Typen zum Stillstand gebracht werden, also gleichsam im Fluge. Seit 1868 ist dieser inzwischen wesentlich verbesserte Apparat zum Betriebe von internationalen Leitungen zugelassen.

— Die erste Anwendung des Stahls an Stelle des Eisens bei den Dampfkesseln erfolgt durch **Jackson frères, Petin, Gaudet & Co.,** die auf der Weltausstellung in Paris einen Stahlkessel ausstellen. Diese ersten Stahlkessel erweisen sich jedoch als vollkommen unbrauchbar, da die damaligen Stahlschmelzereien nur harte Bleche herstellen konnten. Erst am Ende der 70er und anfangs der 80er Jahre wird das im basischen Ofen gewonnene Flußeisen, mit dem man weiche Bleche erzeugt, vielfach für Kessel gebraucht.

— **Jones** und **Lamson** bauen die erste Revolverbank, die so eingerichtet ist, daß das Werkstück mit verschiedenen Werkzeugen nacheinander bearbeitet werden kann, ohne daß man es umzuspannen oder eines der Werkzeuge fortzunehmen braucht.

— Friedrich **von Kobell** erfindet das Stauroskop, einen eigentümlichen Polarisationsapparat. Ein senkrecht zur optischen Achse geschnittener Krystall, z. B. ein Doppelspat, zeigt, zwischen den gekreuzten Polarisator und Analysator eingeschaltet, ein System von farbigen Ringen, die von einem dunkeln Kreuz durchsetzt werden. Das Stauroskop beruht nun darauf, daß durch Einschiebung neuer Krystallobjekte Veränderungen an diesen Erscheinungen auftreten, aus denen man auf die optischen Eigenschaften dieser eingelegten Krystalle schließen kann. In den Händen von Brezina und Groth wird dieser Apparat zur Quelle der fruchtbarsten Entdeckungen in der Krystalloptik.

1855 Hermann **Kopp,** der seit 1842 (s. d.) die physikalischen Eigenschaften der homologen Reihen eingehend studiert hat, zeigt, daß in der Ameisensäurereihe eine Differenz von CH_2 in der Zusammensetzung einer Differenz von 19,5⁰ im Siedepunkt entspricht, und stellt den gleichen Wert der Siedepunktsdifferenz auch für die homologen Alkohole, Äther usw. fest.

— **Krafft** schlägt vor, aus der zur Leuchtgasreinigung gebrauchten Laming'schen Masse, die Cyanverbindungen und Schwefelcyansalze enthält, diese auszulaugen, durch Zusatz von Gemischen von Eisenoxydul- und Eisenoxydsalzen Berlinerblau zu fällen, und dieses durch Ätzkalilösung in Blutlaugensalz überzuführen.

— Frédéric **Kuhlmann** bereitet das Wasserglas (s. 1823 F.) auf nassem Wege, indem er zerschlagene Feuersteine mit Ätzlauge unter einem Druck von 6—8 Atmosphären so lange erhitzt, bis das Kali oder Natron vollkommen mit Kieselsäure gesättigt ist. Kuhlmann bemüht sich, das Wasserglas in die Bautechnik, insbesondere zum Erhärten des Kalkverputzes der Wände, einzuführen.

— Der französische Ingenieur **Lambot** nimmt ein Patent, Schiffsplanken aus Zementmörtel mit Eiseneinlage herzustellen. Ein so gefertigtes Boot versieht heute noch den Dienst im Park zu Miravall. Diese Konstrukion ist ein bedeutsamer Vorläufer des Monierverfahrens. (Vgl. 1867 M.)

— Bernhard **von Langenbeck** führt in die Technik der Gelenkresektionen sowie bei Verletzungen der Knochen, Gelenke usw. die permanente Irrigation ein (s. 1840 V.), die er wesentlich vervollkommnet und die in anderer Form auch in der aseptischen Wundbehandlung wieder gebraucht wird.

— Franz **Leydolt** macht neuerdings auf die Wichtigkeit der sogenannten Ätzfiguren für die Erkenntnis der krystallographischen Verhältnisse aufmerksam. Spätere Arbeiten hierüber werden insbesondere von Heinrich Baumhauer (1869—74) gemacht. (S. a. 1817 D.)

— **Liebig** und **Schischkoff** entdecken das aus Knallquecksilber durch Kochen mit gesättigter Chlorkaliumlösung entstehende fulminursaure Kalium und stellen daraus die Fulminursäure (Isocyanursäure) her.

— Der Physiker Jules Antoine **Lissajous** in Besançon konstruiert das von Helmholtz „Vibrationsmikroskop" genannte Instrument, das die Schwingungskurven gestrichener Stimmgabeln zur unmittelbaren Anschauung bringt. Er stellt diese Schwingungskurven, die sogenannten Lissajous'schen Figuren, durch ein optisches Verfahren mittels oszillierender Spiegel dar.

— Der Ingenieur **Lohse** erbaut die großen Gitterbrücken über die Nogat bei Marienburg und über den Rhein bei Cöln. Außerdem erbaut er nach gänzlich neuem System die Elbbrücke zwischen Hamburg und Harburg.

— Der Ingenieur **de Louvrié** erfindet die Zahnräderformmaschine für die Zwecke der Eisengießerei.

— Christian August Hermann **Marbach** entdeckt, daß nicht allein der Quarz, sondern auch mehrere dem regulären System angehörigen Krystalle, wie Natriumchlorat, Natriumbromat, Natriumsulfantimoniat und Natriumamylacetat, die Eigenschaft besitzen, die Polarisationsebene zu drehen. Descloizeaux (1857) weist dasselbe für den hexagonal krystallisierenden Zinnober, Ulrich und Groth (1870) für das hexagonale Natriumperjodat nach; später wird das gleiche für zahlreiche Krystalle nachgewiesen, die enantiomorph, d. h. nicht kongruent, sondern spiegelbildlich gleich sind.

— Ernest **Michaux** erwirbt sich viele Verdienste um den Fahrradbau. Er kommt unabhängig von Fischer (s. 1854 F.) auf den Gedanken, das Fahrrad mit Trittkurbeln zu versehen, und konstruiert eine Bremse, bei der durch Drehen am Lenkstangengriff eine Schnur aufgewickelt wird, welche den Bremshebel anzieht und dadurch den Bremsklotz gegen den Reifen des Hinterrades drückt.

1855 Der Staat **Michigan** der nordamerikanischen Union stellt unter Benutzung des St. Mary-Flusses einen Schiffahrtsweg, den Sault-St. Marie-Kanal, zur Verbindung des Lake Huron und Lake Superior her, der eine Länge von 1371 km besitzt und mit großartigen Schleusenanlagen versehen ist, die 1881 und 1896 derartig vergrößert werden, daß gleichzeitig 4 Schiffe durchgeschleust werden können.

— Adolphe **de Milly** macht von einer von Runge (1835) entdeckten Reaktion Gebrauch, wonach sich Fett mit trockenem Kalkhydrat ohne besonderen Wasserzusatz bei 115^0 verseifen läßt, und gründet darauf ein Verfahren der Fettverseifung mit wenig Kalk bei Hochdruck, welches das alte Kalkverfahren (s. 1831 M.) fast vollständig verdrängt. Bei acht Atmosphären Druck sind zur Verseifung nur $2^0/_0$ Kalk erforderlich. Die Apparate von de Milly werden von Droux (1877—79) wesentlich verbessert.

— Zur besseren Deckung der Bedienungsmannschaften, welche beim Laden der Bank-Geschütze dem direkten feindlichen Feuer ausgesetzt sind, stellt der Techniker Alexander **Moncrieff** eine Verschwindelafette her, bei welcher der Rückstoß des Schusses so verwertet ist, daß sich das Geschützrohr nach dem Schusse selbsttätig aus der hohen Feuerstellung in die tiefe Ladestellung hinabsenkt, wobei ein in Gegengewichten aufgespeicherter Kraftüberschuß gewonnen wird, welcher das Rohr nach erfolgtem Laden wieder in die Feuerstellung hebt. (Vgl. 1881 M. und 1901 K.)

— Charles **Montigny** in Brüssel erfindet das Szintillometer, einen Apparat zur Messung der Farbenänderungen der Sterne. Er stellt fest, daß jene Sterne am wenigsten funkeln, deren Spektrallinien am zahlreichsten und zugleich deutlich zu unterscheiden sind. Eingehendere Untersuchungen des Funkelns der Sterne stellt 1882 K. Exner an. (Vgl. auch 1847 A.)

— Alcide Dessaline **d'Orbigny** fördert die Paläontologie, indem er dieselbe im Interesse der Geologie zu einer in erster Linie historischen Wissenschaft stempelt. (Vgl. sein Hauptwerk „Paléontologie française". 1840—55.)

— **Péan de Saint Gilles** beschreibt das durch sehr langes Kochen einer Lösung von essigsaurem Eisenoxyd entstehende Eisenoxydhydrosol, das durch eine Spur von Schwefelsäure oder Alkalisalz sofort in das Hydrogel übergeht. Ein von Graham 1861 dargestelltes Eisenoxydhydrosol ist von dem St. Gilles'schen Produkte wesentlich verschieden.

— August Heinrich **Petermann** entfaltet in seinen „Mitteilungen" eine nachhaltige, erfolgreiche Tätigkeit in der Kartographie und fördert unermüdlich die geographische Forschungstätigkeit.

— **Petitjean** verwendet zur Versilberung von Spiegeln eine Lösung von weinsaurem Silberoxyd-Ammoniak, aus der das Silber bei einer Temperatur von 60^0 reduziert wird.

— Nachdem seit Peregrine Phillips (s. 1831 P.) sich viele Chemiker, wie z. B. 1846 Jullion, 1847 Schneider, 1854 Thornthwaite, mit der Erzeugung von Schwefelsäure durch Kontaktsubstanzen beschäftigt hatten, stellt Rafaelle **Piria** wasserfreie Schwefelsäure aus schwefliger Säure und Luft mit platinisiertem Bimsstein dar. Bemerkenswert ist, daß sein Ziel die Darstellung von Schwefelsäureanhydrid war.

— Der französische Ingenieur Alphonse Louis **Poitevin** gründet auf die Härtung des mit Chromaten behandelten Leims durch Belichtung (s. 1852 T.) und auf dessen Eigenschaft, fette Schwärze anzunehmen, die Herstellung von Pigmentbildern, d. i. Bildern in verschiedenen Tönen. Zunächst benutzt er als Pigment Kohle und stellt so die Kohlebilder her. Er wird durch seine Arbeiten der Vorläufer der modernen Reproduktionsmethoden, zunächst des Lichtdrucks. (S. 1867 T.)

1855 Baden **Powell** zeigt in seinen „Essays of the unity of worlds", daß die Entstehung neuer Arten eine gesetzmäßige und nicht eine zufällige Erscheinung ist.

— John Henry **Pratt** stellt die Theorie von der isostatischen Lagerung der Massen der Erdkruste auf, wonach die sichtbaren Massenanhäufungen an der Erdoberfläche, wie die Gebirge, durch unterirdische Massendefekte kompensiert werden, so daß z. B. das Stück der Erdkruste, auf dem sich der Himalaja befindet, nicht schwerer ist, als ein gleich großes Stück, dessen Oberfläche von der Tiefsee bedeckt wird. Die Pratt'sche Hypothese wird 1884 von Helmert auch für den Kaukasus bestätigt.

— John **Ramsbottom** und **Kitson** einerseits und **Meggenhofer** andererseits verbessern durch sinnreiche Hebelkombinationen die Federwage der Sicherheitsventile für Lokomotiven in der Absicht, zu vermeiden, daß bei geöffnetem Sicherheitsventil die Spannung der Feder zunimmt und somit das Ventil geschlossen wird, ehe der Dampfdruck unter das gestattete Maß gesunken ist.

— Robert **Remak** führt den konstanten galvanischen Strom zur Behandlung von Entzündungen und Geschwülsten, sowie als diagnostisches Mittel bei Nervenkrankheiten ein.

— Friedrich **Rochleder** stellt fest, daß die Eichenrindengerbsäure von dem Tannin (Galläpfelgerbsäure) verschieden ist, was 1867 von John Stenhouse und 1884 namentlich von Etti bestätigt wird.

— Moritz Heinrich **Romberg** tritt, veranlaßt durch die 1842 von Longet und 1844 von A. W. Volkmann festgestellte Bedeutung des Nervus vagus als des die Bronchien versorgenden Nerven, der schon früher von Willis (s. 1667 W.) ausgesprochenen Ansicht bei, daß das Bronchialasthma durch einen Bronchialmuskelkrampf veranlaßt sei, welche Ansicht 1870 auch Biermer ausspricht.

— Heinrich **Rose** empfiehlt den Kryolith, der 1795 entdeckt worden war und von dem 1822 bei Evigtok in Südgrönland ein größeres Lager gefunden worden war, angelegentlich für die Aluminiumfabrikation. Eine größere Industrie entwickelt sich später in Pittsburg, nachdem ansehnliche Lager von Kryolith am Pikes Peak in Nordamerika aufgefunden worden waren.

— Adolph und Robert **von Schlagintweit** erforschen die Hochpässe des mittleren Himalaja und erreichen am Ibi Gamin mit 6788 m die höchste bis dahin von wissenschaftlichen Reisenden erstiegene Höhe. Im April 1856 vereinigen sie sich mit Hermann von Schlagintweit, der inzwischen Sikkim und Assam durchzogen hatte. Während Hermann und Robert den Karakorum und als erste Europäer den Küenlün übersteigen, erforscht Adolf das westliche Tibet. Nachdem Robert und Hermann 1857 nach Europa zurückgekehrt waren, besucht Adolf noch die Grenzgebirge gegen Afghanistan und gelangt über den Karakorum und Küenlün nach Jarkand, wo er festgehalten, nach Kaschgar gebracht und dort enthauptet wird. Hermann erhält in der Folge wegen seiner Übersteigung des Küenlin den Beinamen „Sakünlinski".

— Eduard **Schunck** entdeckt in Isatis tinctoria und Polygonum tinctorium das Indican, das nach Untersuchungen von Marchlewski und Radcliffe (1901) das Glucosid des Indoxyls ist, da bei der Hydrolyse Indoxyl und Glucose gebildet wird.

— Nachdem bereits seit 1819 Petroleum zum Erleuchten von Gruben in Galizien benutzt worden war, und Beale (1837) eine Lampe für Petroleum ohne Docht und mit Gebläsevorrichtung konstruiert hatte, erfindet der amerikanische Chemiker Benjamin **Silliman** die erste Petroleumlampe mit Docht und Zugzylinder.

1855 Der Pianofortebauer Heinrich **Steinweg,** gebürtig aus Seesen am Harz, stellt auf der New Yorker Industrieausstellung das erste kreuzsaitige Pianoforte aus. Die Firma (,,Steinway and Sons") hat sich noch durch folgende Verbesserungen am Klavier bekannt gemacht: Die Patentagraffeneinrichtung, welche die Widerstandsfähigkeit des Rahmens gegen die Saiten erhöht, den vibrierenden Resonanzbodensteg mit akustischen Klangpfosten, den Patentringsteg am Resonanzboden, die Doppelmensur, das Patent-Tonhaltungspedal und die Metallrahmenkonstruktion.

— Der Schwede **Sternswärd** erfindet eine Buttermaschine mit vertikal rotierenden Flügeln und erzielt mit derselben auf der Pariser Industrie-Ausstellung i. J. 1855 großen Erfolg. Von dem Zentrifugalprinzip hatte vorher schon (1851) der Engländer Smith für den gleichen Zweck in seinem ,,Centrifugal agitating churn'' Gebrauch gemacht.

— **Taupenot** macht das erste Kollodiumtrockenverfahren (mit Albuminüberzug) bekannt. Von anderer Seite wird Hill Norris in Birmingham als Verfertiger der ersten Kollodiumtrockenplatten genannt.

— Paul **Thénard** stellt zuerst die wasserfreie Übermangansäure, das Übermangansäureanhydrid, dar.

— Die Pariser Mechaniker **Thomas** und **Laurent** stellen auf der Pariser Industrie-Ausstellung das erste Schiebergebläse mit horizontal liegenden Zylindern aus, zugleich mit den Franzosen Derosne und Cail, welche ebenfalls auf derselben Ausstellung ein Schiebergebläse vorführen.

— Franz **Unger** stellt auf Grund umfassender, namentlich in dem Hauptwerke ,,Synopsis plantarum fossilium'' (1845 und 1855) niedergelegter Studien seine mit künstlerischem Verständnis entworfenen urweltlichen Vegetationsbilder her, die seitdem vielfach nachgeahmt werden.

— Franz **Unger** weist auf die Ähnlichkeit des pflanzlichen Protoplasmas mit der tierischen Sarkode hin, womit der Lebensträger im Pflanzen- und Tierreich als der gleiche erwiesen wird.

— A. **Valenciennes** stellt die Grundsubstanz der Korallen dar und schlägt für dieselbe die Bezeichnung ,,Corneïn'' vor. Wie Schloßberger 1858 ermittelt, ist in der Substanz Jod vorhanden. Unter den Spaltungsprodukten des Corneïns findet Drechsel Leucin und Tyrosin.

— **Vogel** schlägt vor, aus Kupferchlorid durch Erhitzen zur Rotglut Chlor zu entwickeln und das Kupferchlorür mit Salzsäure gemischt durch den Luftsauerstoff wieder in Kupferchlorid überzuführen, das dann aufs neue verwendet werden soll. Das Verfahren wird als unrentabel befunden und bald aufgegeben.

— **Wethered** schlägt gegenüber den schlechten, mit Anwendung von überhitztem Dampf für Maschinen gemachten Erfahrungen (vgl. 1822 P.) vor, ein Gemisch von überhitztem und gesättigtem Dampf in der Maschine zu verwenden. Seine Dampfmaschine erregt auf der Pariser Industrie-Ausstellung großes Interesse, ohne jedoch zu wirtschaftlichen Erfolgen zu führen.

— **Wilcox** baut einen Dampfkessel mit geneigten Wasserrohren, für den die Verbindung einer jeden Rohrreihe durch je eine gewellte Wasserkammer kennzeichnend ist. Die Verbindung der einzelnen Rohrkammern mit dem Oberkessel wird später von der Firma Babcock & Wilcox wesentlich verbessert.

— F. **Wilson** und **Payne** rektifizieren zuerst das durch Spaltung der Fette gewonnene rohe Glycerin durch Destillation mit überhitztem Wasserdampf.

— Alexander **Wood** erfindet die hypodermatische (subcutane) Injektion mittels

Darmstaedter.   36

durchbohrter Kanülen. Für seine ersten Injektionen benutzt er Morphiumlösungen und Opiumtinktur und spritzt dieselben in die Nähe von Nervenstämmen, um die von ihm vermuteten lokalanästhesierenden Eigenschaften dieser Mittel bei der Behandlung von Neuralgien zu versuchen. Späterhin wird die Injektion mittels der von Pravaz (s. 1831 P.) zu anderem Zweck angegebenen Spritze vorgenommen.

1855 Adolphe **Wurtz** kombiniert die Kohlenwasserstoffe der Methanreihe zu je zweien, indem er Natrium auf das Gemenge ihrer Jodwasserstoffäther einwirken läßt.

— Linus **Yale** in Philadelphia erfindet das nach ihm benannte Türschloß, ein Kombinationsschloß mit ganz neuer Anordnung und Wirkungsweise seiner Kombinationsteile.

— Gustav Anton **Zeuner** gibt eine Theorie der Dampfmaschine, die sich auf die mechanische Wärmetheorie stützt, und macht durch die Einführung des Begriffes „Wärmegewicht" die Analogie zwischen calorischen und mechanischen Verhältnissen einleuchtend.

— Nicolaus Nicolajewitsch **Zinin** stellt Senföl synthetisch aus Jodallyl und Rhodankalium dar.

1856 William **Aitken** bereichert durch seine Arbeiten über die während des Krimkrieges in der englischen Armee entstandenen Krankheiten die pathologische Anatomie.

— Jacob **Amsler** in Schaffhausen erfindet, nachdem er vorher schon ein Polarplanimeter konstruiert hatte, den Integrator (Momentenplanimeter), der durch einmaliges Umfahren einer ebenen Figur deren Inhalt und Trägheitsmoment in bezug auf eine in ihrer Ebene gelegene Achse zu ermitteln gestattet. Das Amsler'sche Planimeter wird vielfach auch zur geographischen Flächenmessung und namentlich auch zur Feststellung des Verhältnisses zwischen Land und Wasser auf der Erde (s. 1884 K.) verwendet.

— Ferdinand **von Arlt** weist anatomisch nach, daß die Kurzsichtigkeit auf einer Verlängerung des sagittalen Durchmessers des Augapfels beruht.

— J. **Baranowski** stellt ein selbsttätiges Zeitdeckungssignal her, nämlich eine elektrische Wendescheibe, die durch den vorüberfahrenden Zug auf „Halt" gebracht wird und nach Verlauf von 7 Minuten von selbst in die Signallage „Freie Fahrt" zurückkehrt.

— Marie François Eugène **Belgrand** führt die Kanalisation von Paris durch und verwendet die geklärte Kanaljauche zur Berieselung von Grundstücken, wodurch vortreffliche Erträgnisse erzielt werden.

— Aristide **Bérard** konstruiert einen nach Art des bekannten Stoßrätters angeordneten Tafelsiebapparat mit hin und her gehender Bewegung zur Aufbereitung der Kohlen.

— Marcelin **Berthelot** erhält beim Überleiten eines Gemisches von Schwefelkohlenstoffdämpfen oder Schwefelwasserstoffgas und Kohlenoxyd über glühendes Kupfer Sumpfgas, Äthylen und Propylen.

— Henry **Bessemer** wendet das Prinzip des Zentrifugalgusses (s. 1809 E. und 1849 S.) auf die Darstellung von Eisen und Stahl an, indem er, um Blasenbildung oder Kaltbrüchigkeit zu vermeiden, das flüssige Material in eine kreisförmige geschlossene Hohlform mit senkrechter Achse bringt, die mit sehr großer Geschwindigkeit (500—2000 Umdrehungen in der Minute) rotiert. Ein ähnliches Verfahren wird zur Erzeugung von Radreifen 1864 von Withley und Bower angegeben.

— Gaetano **Bonelli** schlägt die elektrische Schnellpost vor, eine rohrpostähnliche Anlage, bei der jedoch die mit den Briefen beladenen Gefäße nicht durch Luftdruck, sondern mit Hilfe der Elektrizität fortbewegt werden. (Die weitere Entwicklung s. 1860 W.)

1856 **Brames** weist nach, daß im Regenwasser stets Ozon enthalten ist.

— Richard Archibald **Broomann** erhält in England ein Patent auf eine Walz-vorrichtung, die dazu dient, dickwandige Hohlkörper pilgerschrittweise zu dünnwandigen Rohren auszustrecken.

— Ernst Wilhelm **von Brücke** macht Untersuchungen über die Physiologie der Sprachlaute und gibt 1863 eine Methode an, dieselben nach ihrem wirk-lichen Lautwert abzubilden. (Methode der phonetischen Transskription.)

— Ernst Wilhelm **von Brücke** teilt die Konsonanten je nach der Art des Verschlusses im Munde in drei Gruppen, an deren Spitze die drei Mutae p, t, k stehen. Bei der ersten Gruppe (p, b, f, v, w, m) bilden den Verschluß die beiden Lippen oder eine der Zahnreihen mit den Lippen, bei der zweiten Gruppe (t, d, s, l, n) bildet die Zunge den Verschluß, während bei der dritten Gruppe (k, g, ch, j) der hintere Teil der Zunge und der Gaumen den Verschluß bildet.

— Rudolf **Buchheim** arbeitet mit Erfolg an der Loslösung der Pharmakog-nosie aus dem Rahmen der systematischen Botanik und der angewandten Chemie und fördert die Materia medica durch eine namhafte Zahl neuer Objekte.

— Der englische Arzt William **Budd** begründet die neueren Anschauungen von der Ätiologie des Typhus. Kein Typhus kann spontan entstehen, er knüpft stets an vorausgegangene Fälle an. Der Darm ist die unmittelbare Angriffsstelle des Giftes.

— Nachdem auf Grund der 1844 veröffentlichten Untersuchungen des Knob-lauchöls durch Wertheim und des Senföls durch Will in diesen Substanzen ein dem Äthyl ähnliches, „Allyl" genanntes Radikal angenommen worden war, und Berthelot und Luca (1854) durch Darstellung des Allyljodürs aus Glycerin und Jodphosphor gezeigt hatten, daß Verbindungen dieses Radikals vom Glycerin aus darstellbar seien, stellen **Cahours** und **Hofmann** den Allylalkohol aus Oxalsäure und Allyläther dar und beschreiben zahl-reiche andere Allylverbindungen.

— **Carvès** erstellt auf der Kokerei von Lebrun zu Commentry den ersten Koksofen mit Gewinnung der Nebenprodukte Teer und Ammoniak. (S. a. 1781 D.) Nachdem der Ofen später von **Knab** in Gemeinschaft mit Carvès wesentlich verbessert ist, werden nach der neuen Konstruktion 1862 auf der Usine du Marais in Terrenoire 88 Öfen gebaut. 1878 werden die Öfen von Ludwig Simon in Manchester noch verbessert.

— **Chiozza** bewirkt die Addition von Aldehyd an Aldehyd durch Anwen-dung von Salzsäure zur Einleitung der Kondensation und stellt auf diese Weise aus Benzaldehyd und Acetaldehyd Zimtaldehyd her.

— Der Hamburger Wasserbaudirektor **Dalmann** gibt durch seine Schrift „Über Stromkorrektionen im Flußgebiet" der Stromkorrektion ihre wissenschaft-liche Grundlage.

— **Dauglish** mischt zur Lockerung des Brotes dem Brotteig Kohlensäure in Form von kohlensaurem Wasser bei, ein Verfahren, welches sich nament-lich in England sehr verbreitet (aërated bread).

— Edouard **Deiß** in Pantin nimmt das erste Patent auf Öl- und Fettgewinnung durch Extraktion und empfiehlt als Extraktionsmittel namentlich den Schwefelkohlenstoff und unter andrem ganz nebenbei auch das Benzin. Er konstruiert einen Extraktionsapparat nach dem Verdrängungsprinzip, bei welchem das Extraktionsgut von dem zurückgehaltenen Lösungsmittel befreit wird, indem man erwärmte Luft hindurchsaugt. Der Apparat wird von ihm selbst, von Moussu (1859), Lunge (1863) und vielen anderen verbessert. Deiß empfiehlt auch die Extraktion der Wolle mit Schwefel-kohlenstoff, die praktisch von Payen und Moisson erprobt wird.

36*

1856 Jean Marie Constant **Duhamel** konstruiert einen Vibrograph zur Bestimmung der absoluten Zahl der Schwingungen einer Stimmgabel. Der Apparat wird später von Rudolph König verbessert. (S. a. 1830 W.)

— **Du Moncel** entwirft für die Wasserstationen französischer Eisenbahnen fernzeigende elektrische Wasserstandsmesser.

— Max **Evrard** konstruiert den nach ihm benannten Waschklassifikator zur Aufbereitung der Kohle, den er zur vollständigen Trennung der verschiedenen Kohlensorten mit einer ringförmigen Setzmaschine verbindet.

— Edmond **Frémy** erhält durch Glühen von reinem, entwässertem, saurem Fluorkalium in einer Platinretorte zum ersten Male völlig wasserfreie, chemisch reine Fluorwasserstoffsäure als einen bei gewöhnlicher Temperatur gasförmigen Körper, der sich in der Kälte zu einer farblosen Flüssigkeit verdichtet.

— C. **Fuhlrott** gelingt es, aus den bei Ausräumung einer Höhle im Kalk des Neandertals bei Düsseldorf gefundenen Knochen Teile eines menschlichen Skeletts, namentlich das sehr merkwürdige Schädeldach zu retten, das bei beträchtlicher Länge und Breite auffallend flach erscheint und mächtige Augenwülste aufweist. (Neandertalmensch.)

— Thomé **de Gamond** macht den Vorschlag einer Untertunnelung des Kanals zu einer Schienenverbindung Englands mit dem Kontinent. Er will 13 künstliche Inseln im Kanal anschütten, durch dieselben hindurch Schächte abteufen und auf diese Weise die Anlage eines Tunnels unter dem Meeresboden ermöglichen. Genau ausgearbeitete Pläne für einen Kanaltunnel, wobei von einer Anlage künstlicher Inseln abgesehen wird, stammen von Sir John Hawkshaw und Brunlees. (Vgl. 1802 M.)

— L. Dominique **Girard** konstruiert die nach ihm „Girard-Turbine" benannte Wasserturbine, die zu den Aktions- oder Druckturbinen gehört und für Wasserkräfte, welche keiner Stauwirkung unterliegen und wechselnde Wassermengen führen, vorzüglich geeignet ist.

— Der schwedische Major **Gussander** stellt fest, daß die Milch am raschesten und vollständigsten bei der Temperatur von 13—19° R. ausrahmt, wenn sie sich in hinreichend dünner Schicht an einem luftigen Orte befindet. Er konstruiert zum Ausrahmen eiserne verzinnte Pfannen, die sehr viel Anerkennung finden.

— Hermann **von Helmholtz** entdeckt neben jener Art von Kombinationstönen, die er nach Hällström's Gesetz (s. 1819 H.) als Differenztöne bezeichnet, eine neue Art von Kombinationstönen, die er Summationstöne nennt, weil ihre Schwingungszahlen den Summen der Schwingungszahlen der sie erzeugenden Töne gleich sind.

— Matthaeus **Hipp** in Neuchâtel baut zur Aufzeichnung von Bewegungsvorgängen einen Streifenapparat, der im Prinzip dem Morse'schen Telegraphenschreibapparat nachgebildet ist. Der Streifenapparat wird später von Fuess in Steglitz wesentlich vervollkommnet. (Vgl. a. 1848 B.)

— Ebenezer N. **Horsford** erfindet das aus saurem phosphorsaurem Natron und doppeltkohlensaurem Natron bestehende Backpulver, welches dem Teig zugleich mit dem Mehl beigeknetet wird und als Lockerungsmittel für das Brot dient.

— James **Howard** nimmt am 22. Mai ein Patent auf ein Dampfpflugsystem, bei dem der Betrieb der Ackergeräte durch eine Lokomobile erfolgt, und erringt mit seiner „Round-about-System" genannten Anordnung ebenso praktische Erfolge wie Fowler mit seiner Konstruktion.

— Jules Célestin **Jamin** konstruiert einen Interferentialrefraktor, mit dessen Hilfe man die geringsten Unterschiede in der Lichtbrechungsfähigkeit zweier verschiedener Körper konstatieren und messen kann.

1856 F. **von Jobst** und O. **Hesse** entdecken in der Calabarbohne, der Frucht von Physostigma venenosum, das Physostigmin, das in reiner Form später von Vée und Leven dargestellt und von diesen Forschern Eserin genannt wird. Therapeutisch wird das salicylsaure Salz in der Augenheilkunde angewendet.

— Hermann **Kolbe** zeigt, daß die Überführung einer Säure in das entsprechende Aldehyd auf dem Wege über das Chlorür und Cyanid und durch Behandlung des letzteren mit Wasserstoff in statu nascendi bewirkt werden kann.

— Hermann **Kopp** weist bei Zusammenstellung der Resultate seiner Untersuchungen über die spezifischen Volumina der Flüssigkeiten nach, daß sich diese aus der Zusammensetzung berechnen lassen, wenn man jedem Element ein spezifisches Volum anweist, welches nicht in allen Fällen das gleiche, sondern von der Rolle abhängig ist, die das Element in der Verbindung spielt. So kommen z. B. dem Sauerstoff zwei spezifische Volumina zu, je nachdem er sich im Radikal oder außerhalb befindet.

— A. **Krönig** und R. **Clausius** bearbeiten in zusammenhängender Weise die 1845 von J. J. Waterton angedeutete und 1851 von Joule in seiner Abhandlung „Einige Bemerkungen über die Wärme und die Konstitution der elastischen Flüssigkeiten" aufgestellte Hypothese von der geradlinig fortschreitenden Bewegung der Gasmoleküle (kinetische Gastheorie).

— **Lacaze-Duthiers** gibt eine genaue anatomische Beschreibung der Dentalien und begründet ihre Mittelstellung zwischen Schnecken und Muscheln.

— Der französische Artilleriegeneral **La Hitte** konstruiert (in der Hauptsache nach den Angaben des Obersten Treuille de Beaulieu) eine gezogene bronzene Vorderladungskanone von 8,65 cm Seelenweite und 4 kg Geschoßgewicht, mit Warzen- (Ailetten-) Führung der zylindro-ogivalen Geschosse. Das Geschütz ist in dem Feldzuge von 1859 (namentlich bei Solferino) von entscheidender Wirkung und bildet auch im Feldzug 1870/71 die Hauptbewaffnung der französischen Feldartillerie. (Vgl. 1867 R.)

— J. B. **Lawes** und J. H. **Gilbert** stellen durch langjährige Versuche die große Wichtigkeit der organischen Nährstoffe für die Pflanzenentwicklung fest.

— August **Leonhardi** in Dresden erfindet die sogenannte Alizarintinte, die das gerbsaure Eisen nicht schon fertig gebildet, sondern die dazugehörigen Ingredienzien unverbunden in einer durch Indigosulfosäure vermittelten klaren Lösung enthält. Diese Tinte bewirkt eine völlige Umwälzung in der Fabrikation der Eisengallustinten.

— J. P. **Lesley** erkennt den Zusammenhang zwischen innerer Struktur der Erdkruste und deren Oberflächenformen und spricht im Gegensatz zu der Topographie als Kunst (der Kartographie) von einer Topographie als Wissenschaft. Er gibt die Anregung zu einem großen Aufschwung der morphologischen Geologie, woran sich insbesondere A. C. Ramsay (1863), Archibald Geikie (1865), Peschel (1869), K. G. Gilbert (1876) u. a. beteiligen. (S. a. 1802 St.)

— Justus **von Liebig** reduziert zur Versilberung von Spiegeln eine alkalische Silberlösung mit Traubenzucker. Er gibt gleichzeitig eine Methode der Vergoldung von Hohlglaskörpern mit einer Lösung von Goldchlorid in Cyankalium an, die jedoch nur für die Innenseite kleiner Objekte verwendbar ist und nur im böhmischen Glasindustriegebiet gehandhabt wird.

— Der englische Ingenieur **Mallet** stellt einen Riesenmörser von 91,5 cm Seelenweite, den sogenannten Palmerstonmörser, her. Dies Geschütz, bereits nach dem vierten Schusse unbrauchbar (seitdem „Palmerston's folly" genannt), hat endgültig dargetan, daß eine gesteigerte Geschoßwirkung auf dem Wege der bloßen Kalibervergrößerung nicht zu erreichen ist. (Vgl. 1892 K.) Ähnliche Riesengeschütze der älteren Zeit sind

u. a.: Marguerite l'Enragée von Gent (um 1382 aus Eisenstäben und Ringen faßdaubenartig zusammengeschweißt, Seelenweite 64 cm, 320 kg schwere Steinkugel); Faule Mette von Braunschweig (1411 aus Bronze gegossen, Seelenweite 67 cm, 375 kg schwere Steinkugel); die Kaiserkanone (Zarj-Puschka) im Kreml zu Moskau (1586 von Andreas Tschachoff aus Bronze gegossen, Seelenweite 91,5 cm, Rohrgewicht 39000 kg, hat nie einen Schuß getan).

1856 Macedonio **Melloni** macht eingehende Studien über den Magnetismus italienischer Laven und konstruiert für seine Untersuchungen ein eigenes, mit einem astatischen Nadelpaar versehenes Magnetoskop. An diese Untersuchungen schließen sich speziell in Italien viele ähnliche, namentlich von Folgheraiter, Sella u. a.

— Robert **Mushet** empfiehlt den Manganzusatz zum Stahl, der eine größere Härte bewirkt, ohne der Festigkeit, Zähigkeit und Elastizität Eintrag zu tun. Die Verwendung des Manganstahls nimmt etwas größere Dimensionen an, als 1888 Hadfield die Bedingungen für dessen Herstellung noch näher präzisiert und zur Darstellung von Ferromangan brauchbare Methoden angibt. (S. a. 1893 G.)

— Robert **Mushet** verbessert den Bessemerprozeß, indem er nach dem Verschwinden der Flammenerscheinungen durch Zusatz von Spiegeleisen den Sauerstoff aus dem Bade entfernt und eine Rückkohlung bewirkt. Die Menge des zuzusetzenden Spiegeleisens richtet sich danach, ob man ein mehr oder weniger kohlenstoffhaltiges Produkt erzeugen will.

— Karl Wilhelm **von Nägeli** und Karl **Cramer** beobachten das Wachsen der Stärkekörner innerhalb der Chlorophyllkörner, in denen sie eingebettet erscheinen, und stellen fest, daß ihr Wachstum durch Einlagerung neuer Teilchen zwischen die schon gebildeten erfolgt. (S. a. 1851 M.)

— J. **Natanson** beobachtet beim Erhitzen von Anilin mit Äthylenchlorid einen tief blutroten Farbstoff, unterläßt es jedoch, aus dieser Beobachtung praktische Folgen zu ziehen. (Vgl. a. 1859 V.)

— J. **Neßler** entdeckt das nach ihm benannte Neßler'sche Reagens, eine Lösung von Quecksilberjodid in Jodkalium und Kalilauge, das zur Erkennung von Ammoniakverbindungen dient, mit welchen es einen rotbraunen Niederschlag gibt.

— Die Firma H. J. **Neuß** in Aachen stellt die erste Nadelspitzenschleifmaschine her und verbessert dieselbe allmählich sehr erheblich.

— Nils Gustav **Nordenskjöld** leitet beim Rösten der Kupfererze Wasserdampf zu und treibt dadurch die Entschwefelung der Erze so weit, daß gleich durch das erste Schmelzen Schwarzkupfer (und nicht wie gewöhnlich Kupferstein) erzielt wird. Keates (1856) leitet zum gleichen Zweck heiße Luft durch die in Fluß befindliche Masse.

— **Pantotsek** in der ungarischen Glasfabrik in Zlatno erfindet die schillernden, irisierenden Überzüge auf Glas, die aus einer dünnen Haut eines durch Metalle leicht gefärbten Wismutoxyds bestehen, die im durchfallenden Licht kaum sichtbar ist, bei reflektiertem Licht aber Regenbogenfarben erzeugt.

— Der Kopenhagener Mediziner Peter Ludwig **Panum** fördert das physiologische und physiologisch-chemische Verständnis in der Pathologie.

— Peter Ludwig **Panum** weist nach, daß sich in faulenden Eiweißstoffen giftige Spaltprodukte vorfinden, die durch Kochen, Behandeln mit Alkohol u. dgl. nicht zerstört werden, also nicht organisierte Körper, sondern chemische Verbindungen sein müssen.

— William Henri **Perkin** entdeckt bei Behandlung von Anilinsulfat mit Kaliumbichromat das Anilinviolett (Perkin-Violett, Mauveïn), das 1872 von Hofmann und Geyger als phenyliertes Safranin erkannt wird. Das Mauveïn ist die erste zu praktischer Verwertung gelangende Anilinfarbe.

1856 Joseph **Petzval** konstruiert auf Anregung des K. K. Militärgeographischen Instituts ein Landschaftsobjektiv von großem Bildwinkel, das von dem Optiker C. Dietzler unter dem Namen „Orthoskop" eingeführt wird.

— **Piria** einerseits und **Limpricht** andererseits verwirklichen die von Williamson schon 1851 vorausgesehene Überführung einer Säure in den entsprechenden Aldehyd durch trockene Destillation eines Gemenges aus einem Salz der ersteren mit ameisensaurem Salz.

— Der Botaniker Nathanael **Pringsheim** beobachtet zuerst das Eindringen und die Verschmelzung der Samenzelle mit der Eizelle bei einer gemeinen Süßwasseralge (Oedogonium).

— **Quincke** und **Wagenmann** beobachten, daß gebrannter Ton und Quarzsand aus einem Gemenge von Alkohol und Wasser das Wasser absorbieren, so daß der Alkohol angereichert wird. Diese Beobachtung wird 1860 von Duclaux und 1886 von Gerstmann bestätigt.

— Heinrich **Rose** stellt die 1802 zuerst von Ekeberg und dann von Klaproth dargestellte Tantalsäure in ganz reinem Zustande her und untersucht deren Salze. Auch das von Berzelius dargestellte Tantalchlorid erhält er zuerst völlig rein.

— Henri **Sainte-Claire-Deville** und Friedrich **Wöhler** machen, nachdem es dem ersteren schon 1854 gelungen war, krystallisiertes Silicium als Nebenprodukt bei seinen Arbeiten über Aluminium zu erhalten, eingehende Studien über die Darstellung und die Eigenschaften des krystallisierten sowohl wie des amorphen Siliciums. (S. 1823 B.)

— **Sales-Girons** bringt das von Beddoes (s. 1793 B.) vorgeschlagene Inhalationsverfahren (Anemopathie) zu allgemeiner Anwendung, indem er in mehreren französischen Badeorten, namentlich in Pierrefonds, besondere Inhalationssäle für Brustkranke einrichtet. (S. a. 1872 F.)

— Wilhelm Friedrich Karl August **von Salm-Horstmar** macht umfangreiche Versuche über die Bedeutung der einzelnen Mineralstoffe für die Entwicklung der einzelnen Organe der Pflanze.

— **Saxby** und **Farmer** erbauen das erste Weichen- und Signal-Stellwerk, an welchem alle Stellhebel verriegelt und durch gegenseitige Abhängigkeit gesichert sind. Ihre Apparatanordnung wird grundlegend für die spätere Entwicklung der Weichen- und Signal-Stellwerke.

— Karl Theodor Ernst **von Siebold** macht Studien über Trennung der Geschlechter bei den Muscheln und über Parthenogenesis bei den Bienen. Bei dieser Arbeit ist auch Johann Dzierzon beteiligt.

— Friedrich und William **Siemens** lösen unter Verwendung des Regenerativ-Prinzips (s. 1705 L. und 1816 St.) die Aufgabe, bei Verbrennung der Generatorgase eine möglichst hohe Temperatur zu erzielen, durch die von ihnen eingeführte Wärmegeneration (Regenerativgasofen).

— Friedrich **Siemens** führt den von ihm und seinem Bruder konstruierten Regenerativ-Gasofen in die Glasfabrikation ein, die dadurch einen wesentlichen Aufschwung erfährt. Ein von Fikentscher in Zwickau seit 1850 benutzter Gasofen mit Erzeugung des Braunkohlengases in einem besonderen Generator hatte sich nicht allgemein einzuführen vermocht.

— Werner **von Siemens** erfindet den Zylinderinduktor und im Zusammenhang damit den Magnet-Induktions-Zeigertelegraphen, der noch im selben Jahre bei der bayrischen Staatsbahn und der bayrischen Ostbahn eingeführt wird.

— Werner **von Siemens** verwendet bei seinem Zylinderinduktor (s. den vorigen Artikel) den von ihm erfundenen T-Anker (Doppelt-T-Anker), der gegenüber den bis dahin üblichen Scheibenankern einen wesentlichen Fortschritt bedeutet.

1856 Hamilton **Smith** erfindet die Schnellphotographie, auch Ferrotypie genannt, ein Verfahren, das namentlich von den Schnellphotographen auf Jahrmärkten usw. geübt wird und darin besteht, daß die Aufnahmen auf schwarz lackiertem, mit Asphalt überzogenem Eisenblech mittels des nassen Kollodiumverfahrens hergestellt und mit saurer Eisenvitriollösung entwickelt werden. Die Bilder sind Negative, die auf dem schwarzen Untergrund wie Positive erscheinen.

— M. **Sorel** erfindet den Chlorzink-Zinkoxydkitt, der sich vorzüglich zum Einkitten von Eisen oder anderen Metallen in Stein eignet und auch als Zahnkitt mit Erfolg verwendet wird.

— Werner Theodor Johann **Spinola** in Berlin untersucht die Lungenseuche der Pferde, die Rinderpest und die Krankheiten der Schweine. Er macht sich besonders verdient durch seine pathologischen Forschungen. (Vgl. sein Hauptwerk: „Handbuch der speziellen Pathologie und Therapie für Tierärzte".)

— William **Thomson** (Lord Kelvin) untersucht die zuerst von Hankel (1844) beobachtete Umkehr der Thermoströme bei sehr starker Erwärmung der Lötstellen zwischen den Metallen der Säule und zeigt, daß diese Umkehr nicht allein von der Temperaturdifferenz der Lötstellen, sondern auch von der Temperatur selbst abhängt, was von Avenarius (1863) bestätigt wird.

— John **Tyndall** macht in den Jahren 1856—60 eingehende Untersuchungen über die Bewegung der Gletscher, deren winterliches Vorrücken er am Mer de Glace bei Chamouny feststellt. Er konstatiert, daß das Eis sich jeder Form durch Druck anpaßt, indem es innerlich zerreißt, die Bruchstücke jedoch in angeschmiegter Stellung wieder regelieren. (S. 1850 F.)

— Franz **von Uchatius** stellt Geschützrohre aus Stahlbronze (mit $8\,^0/_0$ Zinn) her, indem er die Rohre in eisernen (anstatt Lehm-) Formen gießt, in denen die Gußmasse sich rascher abkühlt, so daß die schädliche Entmischung der Bronze während des Erkaltens verhindert wird. Das ausgebohrte Rohr wird dann durch Hineinpressen stählerner Bolzen von innen heraus noch verdichtet. Die Stahlbronze (Hartbronze) hat im Geschützbau vielfach Verwendung gefunden; bei den deutschen Geschützen ist sie durch den Kanonen-Nickelstahl verdrängt.

— Emile **Verdet** zeigt, daß unter dem Einflusse einer Magnetisierungsspirale fast alle Flüssigkeiten und viele Lösungen die Polarisationsebene mehr oder weniger stark drehen. Zu gleichen Resultaten gelangen Kundt und Röntgen (1879), sowie H. Becquerel (1887) bezüglich der Gase, während Faraday für diese eine Drehung der Polarisationsebene nicht hatte nachweisen können. Die Gesetze der magnetischen Drehung werden von Verdet (1857—63) näher ermittelt (Verdet'sche Konstante).

— George **Ville** erweist, indem er Weizen in ausgeglühtem Sand, dem die stickstoffhaltige Substanz lediglich in Form von Ammoniaksalzen zugesetzt wird, aufzieht, daß auch Ammoniak imstande ist, die Pflanzen mit Stickstoff zu versorgen. (S. a. 1860 B.) Dasselbe Ergebnis erhalten später Kühn und Hampe (1867) mit der Wasserkulturmethode.

— **Vimont** konstruiert die Streichwoll-Watermaschine, die im allgemeinen der Baumwoll - Watermaschine (s. 1769 A.) ähnlich, jedoch mit einem abweichenden Streckwerke versehen ist.

— Wilhelm Eduard **Weber** stellt der bisher zur Erklärung der magnetischen Erscheinungen geltenden Coulomb'schen Scheidungstheorie seine Drehungstheorie gegenüber, die in neuerer Zeit allen Betrachtungen über Magnetismus zugrunde gelegt wird. Er dehnt die absolute Maßbestimmung auch auf die galvanischen Ströme aus.

1856 Julius **Weisbach** macht Versuche über die Steighöhe springender Wasserstrahlen und die Widerstände des strömenden Wassers in Röhren.

— Theodor **Wertheim** isoliert aus dem Schierling eine sekundäre Base, die er mit dem Namen „Conhydrin" belegt.

— **Williams** erhält beim Erhitzen von Lepidin das Isoamylcyanin, einen blauen Farbstoff, der 1862 von Hofmann näher untersucht wird und der erste Repräsentant der Chinolinfarbstoffe ist.

— Wilhelm **Zenker** stellt ein sehr empfindliches Chlorsilberpapier her, auf dem es ihm gelingt, auf photographischem Wege Farben zu erzeugen. Er nimmt die Existenz stehender Lichtwellen an, die später durch Wiener (s. 1888 W.) experimentell nachgewiesen werden, und sucht durch sie die Entstehung der Farben zu erklären. Er macht dabei die Annahme, daß in der Schicht, in welcher stehende Wellen auftreten, chemische Veränderungen insofern vor sich gehen, als das Silberhaloid zu metallischem Silber reduziert wird, das als durchsichtige und gleichzeitig spiegelnde Schicht wirkt, in der beim Auffallen von weißem Licht Interferenzfarben entstehen.

1857 Die ursprünglich nur mit den Händen dirigierte Töpferscheibe (s. 1170 v. Chr.) erhält mit der Zeit eine, zunächst noch sehr primitive Drehvorrichtung, wobei die Scheibe durch einen Gehilfen bewegt wird. Erst **Allardi** in Frankreich geht dazu über, die Bewegung durch Dampfkraft zu bewirken und das Riemenvorgelege so anzuordnen, daß der Dreher jeden Augenblick die Umlaufsgeschwindigkeit verändern kann.

— Dr. **Anthon** in Prag gelingt es, den Stärkezucker so hart und weiß wie Melis zu erhalten, indem er den erstarrten Rohzucker durch starkes Pressen vom Sirup befreit, ihn dann noch einmal im Wasserbade umschmilzt und während des Erkaltens der Masse fortwährend umrührt.

— Claude **Bernard** und gleichzeitig Victor **Hensen** entdecken in der Leber das Glykogen, eine der Stärke und dem Dextrin nahestehende Substanz, die im Körper erzeugt wird, sich während des Verdauungsprozesses in der Leber aufspeichert und dann je nach dem Bedarf des Körpers in Zucker umgesetzt wird, der in den Kreislauf gelangt. Das Glykogen wird späterhin auch vielfach bei niederen Lebewesen aufgefunden, wo es dieselbe wichtige Rolle als Vorratsstoff spielt.

— Cesare **Bertagnini** stellt aus Benzaldehyd und naszierender Essigsäure Zimtsäure dar.

— Oscar **Bilharz** verbessert das seit langer Zeit zur Aufbereitung der Erze dienende Stromgerinne so, daß die in der Trübe suspendierten leichteren und schwereren Körner bequem geschieden werden können. Noch wirksamer gestaltet Max Braun das sogenannte Altenberger Stromgerinne, das sich im Prinzip als eine Aneinanderreihung sich zuarbeitender, in ihrer Intensität sich allmählich abschwächender Stromapparate mit aufsteigendem Wasserstrom darstellt.

— George Phillips **Bond** wendet die Photographie zu astronomischen Messungen an, indem er die Entfernung und den Winkel in der gegenseitigen Stellung der Komponenten von Doppelsternen bestimmt.

— Carl Emanuel **Brunner** stellt metallisches Mangan durch Reduktion von vollkommen trockenem Fluormangan oder von fein gepulvertem und zusammengeschmolzenem Manganchlorür und Flußspat mit Natrium her.

— H. **Buff** und F. **Wöhler** stellen zuerst Siliciumwasserstoff dar. Sie entdecken beim Überleiten von trockenem Chlorwasserstoffgas über erhitztes Silicium das Siliciumchloroform, das sie indes mit einer falschen Formel belegen. Diese Forschungen geben die Grundlagen zu den Arbeiten von Friedel und

Crafts (s. 1863 F.) und Friedel und Ladenburg (s. 1869 F.), durch welche gezeigt wird, daß das Silicium Verbindungen bildet, welche den Kohlenstoffverbindungen analog sind. Die Konstitution des Siliciumchloroforms wird von Friedel und Ladenburg aufgeklärt.

1857 Robert Wilhelm **von Bunsen** mißt die Geschwindigkeit der Gasmoleküle, indem er die Gase unter gleichen äußeren Umständen durch eine sehr feine Öffnung austreten läßt. Er findet, daß die Ausströmungsgeschwindigkeiten sich umgekehrt wie die Wurzeln aus den spezifischen Gewichten verhalten. Das 16 mal so schwere Sauerstoffgas z. B. braucht 4 mal so viel Zeit als das Wasserstoffgas. Bunsen macht indes darauf aufmerksam, daß diese Verhältnisse sich bei Anwendung von Röhren ändern. Auf dem Gesetze der Ausströmungsgeschwindigkeit von Gasen beruht auch die von Bunsen angegebene Methode zur Bestimmung des Molekulargewichtes von Gasen.

— **Bunsen** und **Roscoe** präzisieren das Lambert'sche Absorptionsgesetz dahin, daß die Konzentration einer Lösung dieselbe Wirkung habe wie die Dicke der durchstrahlten Schicht, und geben damit eine wichtige Voraussetzung für die Spektrocolorimetrie. Um die Berechnung der Konzentration aus der Absorption zu vereinfachen, führen sie den Begriff des Extinktionskoeffizienten ein. Ihre Beobachtungen werden von Zöllner u. a. für Lösungen, von O. Hagen auch für Krystalle bestätigt. (Vgl. a. 1853 Be.)

— Robert Wilhelm **von Bunsen** und Leon **Schischkoff** machen eingehende Versuche zur Aufklärung der chemischen Vorgänge bei der Zersetzung des Schießpulvers.

— Richard **Burton** und John Hanning **Speke** erreichen von Bagamoyo ausgehend als die ersten Europäer das östliche Gestade des Tanganyika-Sees bei Udjidji. Die Folgen der Reisebeschwerden nötigen Burton in Unjanjembe zu bleiben, während Speke allein weiter zieht und den Victoriasee entdeckt. (Vgl. 1858 S.)

— P. **Caland** macht einen Entwurf zur Korrektion der stark versandeten Mündungsarme der Maas und zur Verbesserung der Verbindung von Rotterdam mit der See. Die betreffenden Arbeiten werden 1866 in Angriff genommen und haben so große Erfolge, daß im Jahre 1890 der Verkehr im Hafen von Rotterdam sich auf 6890 Schiffe mit 6 323 072 Registertons gegen 2973 Schiffe mit 1 026 348 Registertons im Jahre 1870 stellt.

— Benoît Pierre Emile **Clapeyron** stellt die nach ihm benannten Gleichungen zur Berechnung des Stützendrucks eines durchgehenden Trägers auf mehreren Stützen (des kontinuierlichen Trägers) auf.

— Nachdem Purkinje und Pappenheim schon 1836 ähnliche Beobachtungen gemacht hatten, weist Lucien **Corvisart** nach, daß der Pankreassaft in hohem Grade das Vermögen besitzt, bei Körpertemperatur Eiweißkörper zu verdauen. Corvisart's Angabe wird erst vielfach angezweifelt, dann aber 1875 von Heidenhain und 1883 von Kühne und Chittenden vollauf bestätigt. Heidenhain isoliert aus dem Pankreassaft das Zymogen, welches durch Spaltung das Trypsin, das eiweißspaltende Ferment liefert. (Wegen der Fettverdauung des Pankreassaftes. (Vgl. 1846 B.)

— Der Kapitän **Dayman** sondiert für die Zwecke der Legung des transatlantischen Kabels (s. 1858 C.) die Tiefe des Atlantischen Ozeans und entdeckt ein sich zwischen Irland und Neufundland hinziehendes großes Plateau von ziemlich gleichmäßiger, fast nirgends unter 2400 Faden sinkender Tiefenlage, die für die späteren Seekabelanlagen wichtige ,,Telegraphenhochebene".

— Henri **Sainte-Claire-Deville** und **Caron** stellen zuerst Siliciumkupfer her und empfehlen die Legierung zur Herstellung von Geschützen. 1880 wird die

Darstellung von Weiller wieder aufgenommen, der die Legierung als desoxydierenden Zusatz zu Kupfer und Bronze benutzt.

1857 **Donny** erfindet Lampen für schwere Öle und Ölrückstände, die namentlich von Hannay weiter verbessert werden und unter den Namen „Lucigenlampe, Jupiterlicht, Wellslicht usw." stets wachsende Verbreitung finden. Sie beruhen meist auf dem Prinzip der Flammenbildung durch Preßluft und können als Sprühbrenner bezeichnet werden.

— Michael **Faraday** erhält bei Reduktion einer sehr verdünnten Goldchloridlösung mit gelbem Phosphor eine rubinrote Flüssigkeit, die ein Goldhydrosol darstellt, und die später auch von Cl. Winkler, Zsigmondy u. a. erhalten wird.

— **Fell** verwendet bei der von ihm in den Jahren 1857—71 erbauten provisorischen Mont Cenis-Bergbahn zur Überwindung der großen Steigungen eine von Vignoles und Ericsson vorgeschlagene Anordnung, bei welcher durch Zuhilfenahme von vier wagerechten Klemmrädern an einer Mittelschiene eine vermehrte Reibung zustande gebracht wird.

— Pius **Fink** erfindet eine sehr einfache Kulissensteuerung, die, wohl unabhängig von ihm, auch in der Allen-Porter-Maschine (s. 1862 A.) Verwendung findet.

— Carl Julius **Fritzsche** findet, daß die Pikrinsäure mit vielen Kohlenwasserstoffen, wie denen des Steinöls, dem Benzol, dem Naphtalin usw. krystallisierte Verbindungen eingeht.

— Peter Johann **Griess** entdeckt die bei Einwirkung von salpetriger Säure auf aromatische Amide entstehenden Diazoverbindungen und deren Umwandlung in Azoverbindungen.

— Th. **Grubb** konstruiert eine Landschaftslinse aus einem Crown- und einem Flintglasmeniskus, die sogenannte Aplanatic lens.

— **Hajech** stellt die Gesetze der Brechung des Schalls beim Übergang aus einem Mittel in ein anderes auf.

— Daniel **Hanbury** ermittelt zuerst, daß der seit den ältesten Zeiten gebrauchte Styrax ein durch Auskochen der Rinde des Liquidambarbaumes gewonnener Balsam ist. Der Styrax wird vielfach zu Salben, Pflastern und zu Räucherwerk verarbeitet.

— Der Geolog Franz **von Hauer** veröffentlicht sein Nord-Südprofil durch die Alpen und fügt in den Raibler Schichten in die Alpentrias ein neues fest umschriebenes Glied ein.

— Hermann **von Helmholtz** konstruiert das Telestereoskop, das die dem Sehen mit unbewaffneten Augen gesteckten Grenzen der stereoskopischen Wahrnehmung, je nach der Wahl der Basis des Instruments und der Fernrohrvergrößerung, beliebig erweitert. Vervollkommnungen dieses Apparates sind die später für militärische Zwecke vielfach verwendeten stereoskopischen Distanzmesser, wie das Télémètre jumelle Souchier, der Zeiß'sche stereoskopische Distanzmesser usw.

— F. C. **Hills** kommt auf die Vorschläge von Philipps (s. 1835 P.) zurück und reinigt das Leuchtgas mit einer Mischung von Eisenhydroxyd und Sägespänen, wodurch die Laming'sche Masse (s. 1846 L.) fast völlig verdrängt wird.

— Der Ingenieur Gustav Adolf **Hirn** bemüht sich um die allgemeine Einführung der Überhitzung des Dampfes und konstruiert Überhitzer aus glatten, schlangenartigen, gußeisernen Rohren. Die Überhitzer werden später namentlich von E. Schwörer in Kolmar wesentlich vervollkommnet. Hirn studiert die Verwendung des überhitzten Dampfes an den großen Betriebsmaschinen der Spinnerei Logelsbach.

— Ferdinand **von Hochstetter** macht als Geolog die Novara-Expedition mit, verläßt dieselbe jedoch in Neuseeland, dessen Nord- und Südinsel er einem eingehenden Studium unterwirft. Die „Novara" unter Kapitän v. Wüllerstorf-Urbair setzt von Neuseeland ihre Reise fort und vollendet ihre Weltumsegelung im Jahre 1860. Die wissenschaftlichen Ergebnisse der Expedition sind insbesondere für die Tiefseeforschung bedeutsam.

1857 Der Baumeister Friedrich Eduard **Hoffmann** konstruiert den ersten vollkommenen Ringofen (Hoffmann-Licht'scher Ringofen), bei welchem er den Gedanken verwirklicht, die in der gebrannten Ware aufgespeicherte Wärmemasse fortdauernd vom fertigen Stein auf den noch ungaren zu übertragen und so einen kontinuierlichen Betrieb zu ermöglichen. Hierdurch und durch die Ziegelmaschine wird die Ziegelherstellung, die bis dahin ein handwerksmäßiger Kleinbetrieb war, erst zu einem fabrikmäßigen Großbetrieb. (S. a. 1839 A.)

— R. **Hoffmann** stellt Monochloressigsäure durch Einwirkung von Chlor auf siedenden Eisessig im Sonnenlichte her. 1862 wird dieselbe von Gal durch Einwirkung von Chlorgas auf Essigsäureanhydrid bei 100° C. gewonnen.

— August Wilhelm **von Hofmann** erhält bei Darstellung des Carbotriphenyltriamins aus Anilin und vierfach Chlorkohlenstoff einen prächtigen roten Farbstoff, geht jedoch über die wissenschaftliche Feststellung nicht hinaus.

— Wilhelm **Hofmeister** macht die Entdeckung, daß die seit Jahrhunderten bekannte Erscheinung des Tränens oder Blutens, das namentlich beim Weinstock, aber auch bei anderen Pflanzen, wie der Agave und manchen Schlingpflanzen der Tropen, vorkommt, und die man auf gewisse Vegetationsperioden beschränkt glaubte, nicht nur allen mit echten Holzzellen versehenen Gewächsen zukommt, sondern an diesen auch durch geeignete Mittel zu jeder Zeit hervorgerufen werden kann.

— Charles Nicolas **Houel** macht wichtige Arbeiten über die pathologische Anatomie der Blase, die Geschwülste der Schilddrüse und über Erkrankungen der Nerven.

— August **von Kekulé** zeigt, daß den chemischen Typen eine tiefere Idee zugrunde liege, derart, daß es einwertige, zweiwertige, dreiwertige, vierwertige, usw. Elemente gebe, welche den entsprechenden Verbindungswert mit Wasserstoff zeigen, daß also Wasserstoff einwertig, Sauerstoff zweiwertig, Stickstoff dreiwertig, Kohlenstoff vierwertig sei (Valenztheorie).

— **Kußmaul** und **Tenner** zeigen den Zusammenhang der medullären Krämpfe mit dem Kreislauf und der Atmung, und fördern durch diese Arbeit die Physiologie des Zentralnervensystems.

— Gabriel **Lamé** in Paris begründet die Reihendarstellung durch die nach ihm benannten Lamé'schen Funktionen und verwendet die krummlinigen Koordinaten als Rechnungsinstrument in der theoretischen Physik.

— **Lechatelier** und **Morin** stellen Tonerde aus Bauxit her, indem sie dieses Mineral mit Soda gemengt der Calcination unterwerfen, die gesinterten Massen auslaugen und die Natriumaluminatlösung mit Kohlensäure zersetzen.

— Der Genfer Uhrmacher Georges Auguste **Leschot** führt die Diamantdrehbohrung ein, indem er einen mit schwarzen Diamanten besetzten Kranzbohrer herstellt, den er durch ein Getriebe rasch umlaufen läßt, während er, um das Bohrloch rein zu halten, Wasser zuströmen läßt. Bereits im gleichen Jahre wird die Diamantbohrung versuchsweise beim Mont Cenis-Tunnel von Mauß und Colladon in Anwendung gebracht. Für die Tiefenbohrung wird das Verfahren später durch Major Beaumont insbesondere in Amerika weiter verbreitet.

— Der Anatom Franz **Leydig** in Würzburg verfaßt ein Werk, in dem zum ersten Male der mikroskopische Bau der Gewebe sämtlicher Tierarten vergleichend dargestellt ist, und bereichert die Wissenschaft auf diesem Gebiete durch zahlreiche Einzelbeobachtungen. Es gelingt ihm, bei vielen Wassertieren besondere Hautsinnesorgane nachzuweisen.

1857 Lady Franklin entsendet den englischen Polarforscher Francis Leopold **Mac Clintock** mit dem Dampfer „Fox" in den Prince Regents Inlet, wo er zweimal überwintert. Es gelingt Mac Clintock im Frühjahr 1859, auf einer Schlittenreise nach King-Williams-Land die Urkunden aufzufinden, die über Franklin's Ende volle Auskunft geben. (Vgl. auch 1845 F.) Mac Clintock stellt fest, daß es neben Mac Clure's Durchfahrt (s. 1850 M.) noch eine zweite dicht am amerikanischen Festlandsgestade hinlaufende Straße zwischen dem Stillen und dem Atlantischen Ozean gibt.

— Im Jahre 1852 wird zuerst bei einem Newcastler Kohlendampfer an Stelle des bis dahin üblichen Sandballastes der Wasserballast für das geleichterte Schiff verwendet. Ein i. J. 1855 an der Tyne erbauter Schraubendampfer zeigt bereits eigens dazu bestimmte, im Schiffsraum aufgestellte Wasserkasten. Im Jahre 1857 versieht **Mac Intyre** gleich bei Erbauung der Schiffe den Boden des Schiffes mit den erforderlichen Einrichtungen, indem er einen Doppelboden, ähnlich der Brunel'schen Konstruktion (s. 1843 B.), anordnet, dessen einzelne Zellen nach Bedarf mit Wasser gefüllt werden. Auch bei den Kriegsschiffen findet i. J. 1866 dieses System Eingang.

— Christian August Hermann **Marbach** findet, daß zusammengesetzte Körper, wie Pyrit und Kobaltglanz, in der thermoelektrischen Spannungsreihe zum Teil jenseits des positiven Antimons, zum Teil jenseits des negativen Wismuts ihren Platz haben.

— Eduard **von Martens** weist das Vorkommen einzelner Tierarten aus marinen Gattungen in Süßwasser-Seen an einer Reihe von Beispielen für Italien und andere Länder nach.

— Unter Bezug auf Anregungen, die schon Cassini und Laplace gegeben hatten, weist James Clerk **Maxwell** nach, daß der Saturnring aus Stabilitätsgründen weder als fester noch als flüssiger Ring angesehen werden dürfe, da kein den Planeten umgebender ganz homogener Ring dauernd im Zustand stabilen Gleichgewichts bleiben könne. Nach Maxwells Hypothese besteht der Saturnring aus einer Wolke kleiner meteorartiger Satelliten, die lediglich wegen ihrer Kleinheit und ihrer geringen Entfernung voneinander dem irdischen Beobachter als ein einheitlicher Ring erscheinen.

— Nachdem die Hamburg-Amerikanische Paketfahrt-Aktiengesellschaft bereits i. J. 1847 ins Leben getreten war, gründet Hermann Heinrich **Meyer** in Bremen den Norddeutschen Lloyd. Hierdurch wird nicht nur ein bedeutsamer Aufschwung der deutschen Handelsschiffahrt begründet, sondern auch die deutsche Schiffbautechnik in hohem Maße gefördert.

— Lothar **Meyer** setzt die Magnus'schen Arbeiten über Blutgase (s. 1837 M.) fort und begründet die jetzige Anschauung, wonach das Blut nur Transportmittel des Sauerstoffs von der Lunge nach den Geweben und der Kohlensäure von den Geweben nach der Lunge ist.

— Moritz **Meyerstein** in Göttingen konstruiert zur Bestimmung der Brechungsexponenten ein Spektrometer, bei welchem das Prisma (s. 1814 F.) in der Mitte des geteilten Kreises aufgestellt wird, um dessen Achse das Fernrohr drehbar ist. Der Apparat wird vielfach verändert; einer der besten späteren Apparate ist der 1871 von Ernst Abbe (s. d.) konstruierte.

— Henry **Milne Edwards** liefert in seinen „Leçons sur la physiologie et l'anatomie comparée de l'homme et des animaux" zahlreiche für die Zoologie und die menschliche Physiologie wichtige Untersuchungen.

— Johannes **Müller** untersucht vom physikalisch-physiologischen Standpunkte aus die bei einzelnen Fischgattungen vorkommende Lautäußerung und unterscheidet zwischen mehr äußerlichen Reibungsgeräuschen und wirklicher Stimmbildung.

1857 **Naylor** führt den ersten doppeltwirkenden Dampfhammer aus, bei welchem die Dampfverteilung genau wie bei den doppeltwirkenden Dampfmaschinen angeordnet ist.

— **Neville** in Gateshead trifft eine neue Einrichtung für das Kühlen des Hohlglases, wonach der Ofen einen langen Kanal bildet, in welchem durch endlose Ketten eine Reihe niedriger Kasten fortbewegt wird, die man am stark geheizten Eingangsende mit der frisch gefertigten Glasware füllt und am kühlen Ausgangsende wieder entleert.

— Nachdem Pelouze und Gay-Lussac bereits 1833 eine Untersuchung über das Sauerwerden der Milch angestellt hatten, ohne jedoch zu erkennen, daß dieser Prozeß eine Äußerung der Lebenstätigkeit gewisser Kleinwesen sei, beschreibt Louis **Pasteur** einen für die Milchsäuregärung charakteristischen Organismus. Er weist nach, daß dieses Ferment befähigt ist, in süßer Milch Säuerung hervorzurufen und zeigt, daß es von dem Ferment der Alkoholgärung verschieden ist.

— Jean Baptiste **Payer** gibt eine für die Entwicklungsgeschichte wichtige, ausführliche Darstellung der Blütenentwicklung der höheren Pflanze (Organogénie de la fleur).

— John **Penn** sucht im Anschluß an Hirn's Versuche (s. 1857 H.) die Dampfüberhitzung, besonders bei Schiffsmaschinen, durchzuführen, hat aber geringe Erfolge aufzuweisen, da man sich vor der Zersetzung des überhitzten Dampfes, der sich zu einem leicht explodierbaren Gemisch umsetzen sollte, fürchtet.

— Max **Pettenkofer** macht Studien über das Aventuringlas, ein braunes mit glänzenden Flittern durchsetztes Glas, dessen Fabrikation seit langer Zeit in Murano betrieben wird, und dessen Färbung anscheinend durch Kupferoxydul-Silikate erfolgt.

— **Petters** findet zuerst in einem Fall von Diabetes Aceton im Harn und in der Exspirationsluft. Die erste eingehendere Arbeit über Acetonvorkommen im Harn wird 1860 von Kaulich gemacht.

— William John Macquorn **Rankine** gibt eine neue, originelle Theorie des Erddrucks, bei deren Aufstellung er von den allgemeinen Gesetzen der inneren Spannungen (internal stress) der Körper ausgeht und eine kohäsionslose Erdmasse, d. h. ein Aggregat von Molekülen annimmt, die sich aneinander pressen und nur durch die gegenseitige Reibung sich in ihrer Lage zueinander festhalten.

— Jean Baptiste Leopold Alfred **Riche** stellt Wolframoxyd durch Behandeln von Wolframsäure in einem Strom Wasserstoffgas bei schwacher Rotglühhitze dar. Er stellt das der Wolframsäure entsprechende Superchlorid dar, während das dem Oxyd entsprechende Chlorid 1836 von Heinrich Rose gewonnen worden war.

— Der Mathematiker Georg Friedrich Bernhard **Riemann** in Göttingen schafft durch Einführung der geometrischen Betrachtungsweise eine in der mathematischen Funktionentheorie außerordentlich fruchtbare Methode. Er macht in der Theorie der algebraischen und der Abel'schen Funktionen (s. 1829 A. und J., 1849 W.) Entdeckungen von größter Tragweite. Durch seine Schrift „Über die Hypothesen, welche der Geometrie zugrunde liegen" wird eine neue Epoche der Untersuchungen über die Grundlagen der Geometrie eröffnet.

— Nachdem Possoz die Bedingungen der Oxalsäurebildung (s. 1829 G.) genau studiert hatte, führen **Roberts, Dale** und **Pritchard** die Herstellung von Oxalsäure aus Sägespänen fabrikmäßig durch. Tessié du Motay schlägt (1874) vor, an Stelle der Sägespäne die bei der Zuckerfabrikation abfallenden Rübenpreßlinge zu verwenden.

1857 Der nordamerikanische General Thomas **Rodman** erzeugt nach fast 20jährigen Versuchen gußeiserne Vorderlader-Kanonen bis zu 38 cm Seelenweite (sogenannte Columbiaden), wobei er den Guß über einen hohlen, fortwährend von kaltem Wasser durchströmten Kern ausführt. Hierdurch bewirkt er eine Abkühlung des Rohrmetalls von innen nach außen, anstatt, wie beim Vollguß, von außen nach innen, wodurch den verschiedenen konzentrischen Schichten des Rohrkörpers eine verschiedene, der Beanspruchung durch den Gasdruck entsprechende Spannung gegeben wird. (Vgl. 1859 Armstrong's künstliche Metallkonstruktion, welche, wenn auch mit anderen Mitteln, gleiches anstrebt.)

— Der Nervenarzt Moritz Heinrich **Romberg** in Berlin gibt als eines der frühzeitigsten Symptome der Tabes an, daß der Patient mit geschlossenen Augen nicht stehen bleiben könne.

— Henri **Sainte-Claire-Deville** ermittelt in sehr sinnreich konstruierten Apparaten die Gesetze der von Grove (s. 1847 G.) beobachteten Dissoziation. Er unterscheidet zwischen Dissoziation (Zerlegung durch Wärme) und Zerlegung durch chemische Mittel und führt den Nachweis der Dissoziation namentlich für Wasser, Kohlensäure, Kohlenoxyd, Salzsäure, schweflige Säure usw.

— Henri **Sainte-Claire-Deville** und Friedrich **Wöhler** stellen durch Lösen des amorphen Bors in schmelzendem Aluminium und Erstarrenlassen krystallisiertes Bor her, das sie in zwei verschiedenen Zuständen, als diamantartiges Bor und als graphitartiges Bor, erhalten.

— Die Schiffbauwerft der Gebrüder **Samuda** verwendet zuerst im Schiffbau an Stelle des Eisens den Stahl. Auch Rennie beginnt um diese Zeit den Bau stählerner Schiffe. Doch erst mit der allgemeinen Ausbreitung des Siemens-Martin-Verfahrens findet der Stahl zu Schiffbauzwecken eine allgemeine Verwendung. (Vgl. auch 1873 Sch.)

— Graf Johann C. **Schaffgotsch** bemerkt, daß die Flamme einer chemischen Harmonika, wenn in deren Nähe ein musikalischer Ton erregt wird, der mit dem Harmonikaton im Einklang steht oder eine Oktave höher ist, in lebhafte Erregung und starke Auf- und Abwärtsbewegung gerät, und wenn der äußere Ton stark genug wird, wohl auch ganz erlischt.

— Der Ingenieur Hermann **Scheffler** in Braunschweig stellt wertvolle Untersuchungen über die Statik der Gewölbe und Futtermauern an.

— Karl **von Scherzer** beobachtet, daß beim Kauen von Cocablättern das Gefühl der Zunge sich abstumpft. Die gleiche Eigenschaft zeigt das von Gaedecke (1855) aus den Cocablättern gewonnene Erythroxylin. (S. a. 1859 N.)

— Matthias Eduard **Schweizer** findet, daß Kupferoxydammoniak die Cellulose (Baumwolle, Flachs, Papier) auflöst, und daß bei Sättigung des Ammoniaks mit Säuren die Cellulose unverändert wieder niedergeschlagen wird.

— A. **Seyferth** konstruiert für die Fettindustrie den ersten Extraktionsapparat nach dem Anreicherungssystem, bei welchem das reine Extraktionsmittel das fast ganz entölte Material passiert, die nahezu gesättigte Lösung dagegen durch neu zugebrachtes, also ölreiches Material fließt. Diese Art von Apparaten wird von O. F. Heyl, O. Braun u. a. verbessert.

— Werner **von Siemens** veröffentlicht eine Theorie der Verlegung und Untersuchung submariner Telegraphenleitungen.

— **Sommeiller, Grandis** und **Grattoni** erbauen in den Jahren 1857—70 den Mont-Cenis-Tunnel, welcher das Gebirge (22 km westlich vom Mont Cenis unter dem Col Fréjus) von Modane in Savoyen bis Bardonecchia in Piemont durchschneidet und eine Länge von 13,05 km hat. Beim Bau des Tunnels kommt die erste Druckluftübertragungsanlage zum Betriebe der Sommeiller'schen Gesteinsbohrmaschinen und zur Pulsionslüftung zur Anwendung. Auch die Diamantbohrung wird dort zum ersten Male versucht. (Vgl. 1857 L.)

1857 Franz L. **Sonnenschein** führt die Phosphormolybdänsäure als neues Reagens auf Stickstoffbasen in die analytische Chemie ein.

— Peter **Ssemenow** dringt zuerst über den Thian-schan ins Tal des Naryn vor.

— Wilhelm **von Struve** bahnt im Auftrage der russischen Regierung die Längengradmessung längs des 52. Parallels von Valentia in Irland bis Orsk an der russisch-sibirischen Grenze an, die 1863 von Argelander, Baeyer und Struve begonnen wird.

— A. F. **Svanberg** konstruiert ein „Elektrisches Differentialthermometer". Dasselbe beruht auf der Widerstandsänderung, den ein Zweig einer Wheatstone'schen Brücke durch Temperaturänderung erfährt.

— **Thompson** führt die jetzt allgemein übliche Verpackung der kaustischen Soda in Eisenblech-Trommeln ein, durch welche das Anziehen von Wasser und Kohlensäure, wie es in Holzfässern stets vorkam, vermieden wird.

— John **Tyndall** gelingt es, die Kombinationstöne bequem und deutlich mittels der singenden Flammen hörbar zu machen, die man erhält, wenn man über zwei gewöhnliche Gasflammen zwei Glasröhren setzt, die mit Papierschiebern versehen sind, um die Länge der Röhren und damit die Höhe der Töne innerhalb gewisser Grenzen verändern zu können.

— James Alfred **Wanklyn** gelingt es, die erste Verbindung von Alkoholradikalen mit Alkalimetallen in Form des Natriumäthyls darzustellen, das er durch Einwirkung von Natrium auf Zinkäthyl erhält.

— Wilhelm **Wertheim** macht Untersuchungen über Elastizität, indem er Drähte von verschiedener Länge, verschiedenem Querschnitt und Material aufaufhängt und deren Verlängerung durch verschiedene angehängte Gewichte mißt. Er stellt die Beziehungen zwischen dem rückwirkenden Drehungsmoment der Drähte (der Torsionskraft) und dem Drehungswinkel für Stäbe von größeren Dimensionen fest.

— **Wilcox** und **Gibbs** gehen auf den nur mit einem Faden entstehenden einfachen Kettenstich zurück und bauen eine darauf eingerichtete Nähmaschine in einer originellen Konstruktion.

— Friedrich **Wöhler** stellt metallisches Kobalt durch Glühen von oxalsaurem Kobaltoxydul bei Luftabschluß her. Es entsteht eine schwammige oder pulverige Masse, die bei Erhitzen mit dem Sauerstoffgebläse im Kalktiegel schmilzt und ein graues, hartes aber dehnbares Metall gibt.

— Nachdem Berzelius einerseits und Wöhler andererseits bereits unreines metallisches Titan durch Erhitzen von Fluortitankalium mit Natrium erhalten hatten, gelingt es Friedrich **Wöhler** und Henry **Sainte-Claire-Deville,** durch Überleiten der Dämpfe von Fluortitankalium über Natrium im Wasserstoffstrome in Porzellan- oder Glasröhren das Titan in reinem Zustande darzustellen.

— Henry Rossiter **Worthington** konstruiert, um den von der Umkehrung der Bewegung der Wassermasse herrührenden Schlag zu beseitigen, seine Pumpe (s. 1848 W.) als Doppelpumpe (Duplexpumpe). Das Wesen dieser Anordnung liegt darin, daß die Kolbenstange der einen Maschine den Schieber der andern Maschine in der Weise umsteuert, daß der Hub der einen Maschine beginnt, bevor der Hub der andern ganz vollendet ist.

— Durch den Nachweis, daß Glycerin ein dreiatomiger Alkohol sei, kommt Adolphe **Wurtz** auf den Gedanken, daß zwischen dem Äthylalkohol und dem Glycerin zweiatomige Zwischenglieder existieren müssen. Er bestätigt seine Vermutung durch das Experiment, indem es ihm gelingt, aus Äthylenbromid das Glykol, den ersten zweiatomigen Alkohol, darzustellen.

1857 Adolphe **Wurtz** erhält durch Oxydation des Glykols (s. vorstehend) Oxalsäure und Glykolsäure, welche letztere (1847) Horsford aus dem Glykokoll schon dargestellt hatte, und deren Natur (1851) Strecker und Sokoloff aufgeklärt hatten.

— Adolphe **Wurtz** erhält durch Behandlung des Aldehyds mit Phosphorsuperchlorid das mit dem Äthylenchlorid isomere Äthylidenchlorid, das auch von Geuther 1858 dargestellt und 1859 von Beilstein als identisch mit dem ersten der von Regnault 1839 erhaltenen Substitutionsprodukte des Äthylchlorids gefunden wird. (S. 1835 R.)

1858 **Appleby** erfindet als wichtiges Zubehör zu den Mähmaschinen den Knotenknüpfer zum Binden der Getreidegarben mit Bindfaden. (Über Drahtbindung s. 1877 D.) Eine ähnliche Konstruktion liefert Marsh.

— Carl Max **von Bauernfeind** ändert den schon lange zur Messung der Stromgeschwindigkeit dienenden Stromquadranten so ab, daß er sich an einer unverrückbaren Stelle befestigen läßt. Das abgeänderte Instrument besitzt einen Gradbogen, der in die Vertikalebene der Wasserfäden gestellt und vertikal so gedreht werden kann, daß der Nullpunkt der Teilung in das Lot kommt, welches durch seinen Mittelpunkt geht.

— Antoine César **Becquerel** gewinnt in Wasser unlösliche Substanzen, wie Chlorsilber, Schwefelsilber, Kupferoxydul, basisch kohlensaures Kupfer usw. in krystallinischem Zustande, indem er langsam verlaufende chemische Reaktionen benutzt.

— F. **Beilstein** und A. **Geuther** untersuchen das Verhalten des Natriumamids gegen Kohlenoxyd und Kohlensäure und stellen dessen große Reaktionsfähigkeit fest.

— Marcelin **Berthelot** gelingt es, aus Methan Chlorwasserstoffmethyläther herzustellen und diesen durch Kali in Methylalkohol überzuführen. Durch Substitution des Chlors durch Wasserstoff gelingt im gleichen Jahre die Synthese der Glykolsäure aus Monochloressigsäure. (Vgl. 1858 K.) Diese Reaktionen sind als weitere Beweise für die schon 1842 von Melsens (s. d.) gezeigte Vertretbarkeit des Chlors durch Wasserstoff anzusehen.

— Marcelin **Berthelot** gelingt es, das Camphen in festem Zustande aus dem aus Terpentinöl hergestellten Pinenchlorhydrat zu erhalten und damit das erste feste Terpen herzustellen. Später (1869) gelingt es ihm, durch Oxydation Camphen in Campher überzuführen.

— Der Franzose Charles Ernest **Beulé**, Professor an der kaiserlichen Bibliothek in Paris, bereits früher beteiligt an den Ausgrabungen der Akropolis von Athen, unternimmt wichtige archäologische Ausgrabungen in Nordafrika, namentlich auf der Stätte des alten Karthago.

— Lynn Reed **Blake** erfindet die Backenquetsche (Steinbrecher), die zum Brechen von Steinsalz, Erzen und Zuschlägen für hüttenmännische Arbeiten dient und 1872 von Marsden in Leeds wesentlich verbessert wird.

— Lynn Reed **Blake** verbessert die Drew'sche Sohlennähmaschine (s. 1851 D.) Die Maschine wird später von Gordon Mac Kay weiter verbessert und gilt auch heute noch als die beste Sohlennähmaschine für Kettenstich.

— Robert Wilhelm **von Bunsen** untersucht die Cerverbindungen, mit denen sich später C. Rammelsberg (1860), R. Hermann (1861) und Zschiesche (1866) beschäftigen. Die drei letzteren Forscher, sowie insbesondere auch Marignac arbeiten auch über die Verbindungen des Lanthans.

— Seit 1808 beginnt man in England die Wächter auf den Straßen, in Fabriken usw. durch Uhrwerke zu kontrollieren. Liszt in Wien (1838), Doll-

Darmstaedter.   37

fuß in Mülhausen (1842), Gintl in Graz (1843), C. Meyer in Hameln (1850) konstruieren hierzu geeignete Uhren; doch wird erst im Jahre 1858 vom Uhrmacher J. **Bürk** in Schwenningen (Württemberg) die erste verschlossene tragbare Uhr hergestellt. Diese Uhr wird dem Wächter mitgegeben, während auf jedem Stationsplatz ein anders geformter kleiner Schlüssel gesichert aufgehängt wird, durch dessen Einführung in die Uhr auf einem in derselben unsichtbar angebrachten Papierstreifen ein der Station eigentümliches Zeichen gemacht wird, dessen Vorhandensein den Beweis gibt, daß sich der Wächter zur entsprechenden Zeit zur Stelle befunden hat.

1858 Nachdem Cyrus West Field und David Dudley Field das ausschließliche Recht zur Landung von Kabeln in New Foundland erworben und darauf hin im Verein mit J. Brett die Atlantic Telegraph Co. gegründet hatten, wird nach dem ersten Mißerfolg des Jahres 1857 am 5. August 1858 unter Leitung von Samuel **Canning** und Charles **Bright** die erste 3745 km lange Kabelleitung zwischen England und Amerika fertiggestellt, die vom 1. September bis 20. Oktober funktioniert, dann aber versagt.

— Der russische Reisende Nikolaus **von Chanykow** erforscht Chorasan und Afghanistan.

— Antoine Adolphe **Chassepot,** Arbeiter im Depot d'artillerie in Paris, konstruiert, unter Anlehnung an Dreyse's Zündnadelgewehr, das nach ihm benannte Hinterladungsgewehr von 11 mm Kaliber, 25 g schwerem zylindroogivalem Bleigeschoß, 5,69 g Pulverladung, 420 m Mündungsgeschwindigkeit und Schlagbolzenzündung, welches als „fusil modèle 1866" in der französischen Armee eingeführt wird. Es wird 1874 durch das Grasgewehr ersetzt.

— Der preußische Telegraphendirektor Etienne **von Chauvin** führt zur Isolierung der oberirdischen Telegraphenleitungen Porzellanglocken ein, deren untere Fläche immer trocken bleibt (Doppelglocken-Isolator).

— Rudolph **Clausius** bestimmt auf mathematischem Wege die Geschwindigkeit der Luftmoleküle, sowie die einiger Gasmoleküle. Maxwell (1860) führt diese Untersuchung weiter und erhält Zahlen, die etwas geringer sind, als die Clausius'schen Werte.

— Der Chemiker A. S. **Couper** entwickelt fast gleichzeitig mit Kekulé (s. 1857 K. und 1858 K.) die Anschauung von der Vierwertigkeit und Verkettungsfähigkeit des Kohlenstoffatoms. Er gibt zum ersten Male Konstitutionsformeln im heutigen Sinne des Wortes, Symbole, die aus der Erkenntnis der Atomigkeit der Elemente hervorgegangen sind.

— Joseph **Czermak** führt den von Garcia konstruierten Kehlkopfspiegel als Untersuchungsmittel bei Leiden des Kehlkopfs ein und wendet zuerst die künstliche Beleuchtung bei der Laryngoskopie an. Garcia hatte bei seinen Versuchen (s. 1855 G.) das Sonnenlicht benutzt.

— Charles Robert **Darwin** nimmt an, daß die Tierarten sowohl wie die Pflanzenarten veränderlich sind. Er wendet die Erfahrungen der künstlichen Zuchtwahl auf die Organismen im Naturzustand an, entdeckt im Kampf ums Dasein (struggle for existence) das auslesende Prinzip der natürlichen Zuchtwahl und schafft seine bedeutungsvolle Selektionstheorie. Das Prinzip der natürlichen Zuchtwahl hatten zuerst W. C. Wells 1813 und Patrick Matthew 1831 ausgesprochen.

— **Darwin** und **Hildebrand** entdecken die Heterostylie, d. i. die ungleiche gegenseitige Stellung von Staubgefäßen und Narbe in den Blüten verschiedener Exemplare derselben Art, eine Einrichtung, die wie die Dichogamie (s. 1790 S.) auf Verhinderung der Selbstbestäubung abzielt..

— Joseph **Decaisne** fördert durch sein Werk „Le Jardin fruitier" die Obstkultur und gibt vorzügliche Abbildungen von Obstsorten.

— Warren **De la Rue** erfindet den Heliograph oder Photoheliograph, ein astronomisches Fernrohr mit photographischer Camera zur Herstellung von Sonnenphotographien. Er führt bis 1872 fortlaufend photographische Aufnahmen der Sonne aus, die einen hohen wissenschaftlichen Wert besitzen. (Über ein anderes Instrument gleichen Namens s. 1875 M.)

1858 Theodor **Dietrich** macht im Anschluß an die Arbeiten von K. G. Bischof Studien über den Verwitterungsprozeß der Gesteine, namentlich des Basalts, die ergeben, daß die Ammoniaksalze kräftig aufschließend wirken. An diese Arbeit schließen sich ähnliche von Knop, Birner und Ulrich, Beyer, E. Wolff, Fuchs u. a. an, welche die Feldspat-, die Granitverwitterung und auch den Einfluß von Salzen auf die Ackererde behandeln.

— Giovanni Battista **Donati** in Florenz entdeckt am 2. Juni den nach ihm benannten Kometen. Der federartige Schweif dieser großartigsten Kometenerscheinung der neueren Zeit umfaßt zur Zeit seiner größten Länge (5. Oktober) 60 Grade am Himmel.

— Franz Cornelius **Donders** macht auf die Beziehungen des Schielens zur Übersichtigkeit aufmerksam, sowie auf die bei dieser Refraktionsanomalie oft auftretende Augenschwäche, die durch den Gebrauch einer die Übersichtigkeit korrigierenden Brille beseitigt wird.

— Franz Cornelius **Donders** entdeckt, daß jedem Vokal ein Eigenton der Mundhöhle entspricht.

— John **Elder** vereinigt die Roentgen'sche Verbundmaschine (s. 1829 R.) mit dem Oberflächenkondensator und gibt durch die Einführung der nunmehr mit dem Namen „Compoundmaschine" belegten Zweifach-Expansionsmaschine dem Schiffsmaschinenbau einen gewaltigen Aufschwung.

— B. W. **Feddersen** gelingt es, indem er das durch einen rotierenden Spiegel verbreiterte Bild des elektrischen Funkens auf eine photographische Platte wirft, nicht nur den oszillatorischen Charakter der Entladung der Leidener Flasche darzustellen, sondern auch die Oszillationsdauer zu messen. Seine Versuche ergeben eine völlige Übereinstimmung mit der von Thomson (1855) gegebenen Theorie der im Schließungskreis einer Leidener Flasche sich bildenden elektrischen Schwingungen, die 1864 auch von Kirchhoff bestätigt wird. (S. a. 1842 H.)

— Theodor **von Frerichs** arbeitet auf dem Gebiete der Verdauungskrankheiten, namentlich der Leberkrankheiten, sowie der urämischen Intoxikation, und findet in der Leber bei gestörter Funktion derselben das 1846 von Liebig entdeckte Tyrosin und das 1818 von Proust entdeckte Leucin. Diese beiden Amidokörper werden später, insbesondere von M. von Nencki und seinen Schülern, als fast nie fehlende Bestandteile des Kotes der höheren Tiere erkannt.

— **Friedrich** macht im Anschluß an die Exter'schen Versuche mit Torf (s. 1855 E.) auf der Grube von der Heydt bei Ammendorf die ersten Versuche, Braunkohle auf trockenem Wege ohne Zusatz eines Bindemittels zu festen Briketts zu formen.

— Karl **Frischen** versucht erfolgreich, die Leitung der mit Magnetinduktoren betriebenen Läutewerke auf der Strecke Göttingen-Kassel durch Zuschaltung eines Ruhestroms zugleich als Morsetelegraphen- und namentlich auch als Hilfstelegraphenleitung auszunutzen.

— Henry **Giffard** erfindet den Injektor der Dampfmaschine, der dazu dient, das Speisewasser durch den Dampfdruck selbst in den Kessel einzutreiben. Der Injektor ist der Wasserstrahlpumpe (s. 1852 T.) ähnlich und beruht auf dem Prinzip, daß ein Dampfstrahl das Speisewasser mit sich reißt. Dadurch, daß zugleich der Dampf sich kondensiert, erhält das Wasser eine so große Geschwindigkeit, daß ein Teil davon mit Überwindung des

37*

im Dampfkessel herrschenden Drucks in diesen eintritt, während der Rest in den Wasserbehälter zurückfließt.

1858 John Hall **Gladstone** und T. Pelham **Dale** beginnen nach dem Vorgang von Berthelot ihre Arbeiten über das Brechungsvermögen flüssiger Substanzen. Sie ersetzen den Ausdruck von Newton (s. 1666 N.) durch den einfacheren Wert (n — 1) : d, der von der Temperatur wenig beeinflußt wird, jedoch bei Änderung des Aggregatzustandes der Substanz versagt.

— Albrecht **von Graefe** verbessert die Technik der Regenbogenhautoperationen, führt die Höllensteinbehandlung der Augenentzündungen ein und bemerkt zuerst, daß Einträuflungen von Atropin eine Erweiterung der Pupille hervorrufen.

— Francis Thomas **Gregory** erforscht in Australien bis zum Jahre 1861 die Flüsse Murchison, Gascoyne, Ashburton, Fortescue und De Grey und veröffentlicht eine Karte der bereisten Gebiete.

— Hermann **von Helmholtz** gibt eine Theorie der Konsonanz und Dissonanz. Die letztere ist nach ihm durch Schwebungen (Stöße) verursacht, die so rasch aufeinander folgen, daß sie einzeln nicht mehr aufgefaßt werden können und dem Ton eine gewisse Rauhigkeit geben. Die konsonierenden Töne sind solche ohne Stöße.

— Hermann **von Helmholtz** untersucht die Ursachen der Klangverschiedenheit, und zeigt, daß dieselbe Ohm's Angaben (s. 1843 O.) entsprechend durch die Form der Schwingungen oder vielmehr durch die gleichzeitig auftretenden Obertöne bedingt ist, die die Klangfarbe des Grundtones verändern.

— **Henneberg** und **Stohmann** machen eingehende und sorgfältige Untersuchungen über das Verhalten des Bodens zum Ammoniak, die 1863 von Rautenberg auf die verschiedensten Bodenarten und auf künstlich dargestellte Silikate ausgedehnt werden.

— Heinrich Hermann **Hlasiwetz** untersucht das Buchenholzteerkreosot und ermittelt dessen Eigenschaften und Zusammensetzung. Er stellt daraus das Kreosol und das Guajacol her, die beide auch aus dem Guajakharz (s. 1845 P.) erhalten werden.

— August Wilhelm **von Hofmann** wendet Grahams Ansicht, daß der Wasserstoff des Ammoniums durch Metalle vertreten werden könne, auf die ammoniakalischen Quecksilberverbindungen an, worin ihm Weltzien (1855), Neßler (1856) und Schmieder (1857) beistimmen. Diese Verbindungen sind danach als Ammonium aufzufassen, in welchem mehr oder weniger Atome Wasserstoff durch Quecksilber vertreten sind.

— **Hugon** erhält ein Patent auf eine Gasmaschine mit Flammzündung, welche zuerst 1862 zur Ausführung kommt und sich durch geringen Gas-, Wasser- und Schmierölverbrauch auszeichnet.

— **Hunt** und **Pochin** zeigen, daß man Harz durch Destillation mit Wasserdampf fast völlig entfärben kann, und ermöglichen dadurch eine erhebliche Verwendung des Harzes zur Fabrikation der Harzseifen. Diese Seifen hatten sich bis dahin wegen der starken Färbung, die ihnen das Harz erteilte, nicht einführen können.

— **Jobard** teilt die Resultate seiner Arbeiten über die Glühlampen (s. 1845 J.) der Académie des sciences mit und gibt dabei folgende Verwendungen für die Glühlampe an: 1. Grubenbeleuchtung, 2. Unterwasserlampen zu Fischereizwecken, 3. Leuchtbojen, 4. Nachtsignale auf See.

— August **von Kekulé** veröffentlicht seine für die Entwicklung der organischen Chemie bedeutungsvolle Abhandlung über die Vierwertigkeit des Kohlenstoffs (s. 1857 K.) und die Verkettung der Kohlenstoffatome, und führt für die organischen Verbindungen den Namen ,,Kohlenstoffverbindungen'' ein.

1858 August **von Kekulé** führt die Monochloressigsäure durch mehrstündiges Kochen ihrer wässerigen Lösung in Salzsäure und Glykolsäure (Oxyessigsäure) über (Übergang einer einbasischen in eine zweibasische Säure).

— Ludwig Friedrich **Knapp** tritt in seiner Schrift „Die Natur und das Wesen der Gerberei" der herrschenden Ansicht, daß das Leder eine chemische Verbindung von Gerbstoff mit leimgebendem Gewebe sei (s. 1797 S.), entgegen und bezeichnet das Gerben als einen lediglich physikalischen Prozeß. Er definiert das Leder als „Haut, bei welcher durch irgend ein Mittel das Zusammenkleben der Fasern beim Trocknen verhindert worden ist". Er deutet bereits auf die Verwendung der basischen Chromoxydsalze zum Gerben im sogenannten Einbadverfahren hin, ohne jedoch die praktischen Konsequenzen hieraus zu ziehen.

— Theodore **de Kock** schlägt vor, die Waschwässer von Fabriken mit Mineralsäuren zu versetzen und so sowohl die freie Fettsäure, als auch die sonst in den Abwässern enthaltenen Fette (Spicköle, Wollfett usw.) nutzbar zu machen. Die ausgeschiedenen Fettmassen (Magma) werden erst kalt, dann warm gepreßt; das abfließende Fett wird einer Klärung und Bleichung unterworfen.

— Hermann **Kolbe** spricht aus, daß sich die Alkohole, Carbonsäuren, Ketone und Aldehyde sämtlich von der Kohlensäure oder von deren Hydrat herleiten. (Vgl. auch 1853 K.) Er folgert aus den Beziehungen zwischen den Alkoholen und den Carbonsäuren die Möglichkeit, neue Arten von Alkoholen darzustellen und prognostiziert die Existenz der sekundären und tertiären Alkohole, deren erste Repräsentanten 1862 von Friedel in dem durch Wasserstoffaddition an Aceton erhaltenen sekundären Propylalkohol (s. 1862 F.) und 1863 von Butlerow (s. 1863 B.) in dem tertiären Butylalkohol entdeckt werden.

— W. **Krause** entdeckt die Nervenendkolben, in welche die zugespitzt endigende Nervenfaser eintritt, und nennt sie „Terminalkörperchen".

— Frédéric **Kuhlmann** stellt durch Fällen von Barytsalzen schwefelsauren Baryt im Zustande feinster Verteilung dar und bringt denselben in Form eines steifen, $20-32^0/_0$ Wasser haltenden Breies unter dem Namen „Blanc fix" in den Handel. Dies Präparat wird in ausgedehntem Maße als Malerfarbe, zur Papier- und Kartonfabrikation, zur Wasserglasmalerei usw. benutzt.

— Julius **Kühn** führt eine Reihe von verheerenden Krankheiten der Getreidearten, der Kartoffel usw. auf das Eindringen von Pilzen zurück.

— J. **Leconte** beobachtet zuerst an einer in einem Konzertsaale brennenden Flamme, daß auch frei (d. h. ohne Röhre, s. 1777 H. und 1857 S.) brennende Flammen gegen Klänge empfindlich sein können. Das Verhalten solcher frei brennenden empfindlichen Flammen wird insbesondere von Barret und Tyndall (1868) untersucht, die als wesentliche Vorbedingung feststellen, daß der Druck, unter dem das Gas entweicht, so hoch sein muß, daß die Flamme fast zum Rauschen kommt.

— Joseph Lorenz Ritter **von Liburnau** gibt eine Methode an, die Sichtbarkeitsgrenze im Wasser (d. i. die Tiefe, bei der ein versinkender, vom Tageslicht beleuchteter Gegenstand dem Auge des Beobachters entschwindet) zu bestimmen. Die Methode besteht darin, daß man eine weiße Scheibe ins Wasser versenkt und bestimmt, bei welcher Tiefe sie verschwindet. Das Verfahren wird 1865 von A. Secchi mit wissenschaftlicher Genauigkeit im Mittelländischen Meer angewendet.

— Justus **von Liebig** weist mit großem Nachdruck auf die von Way (s. 1850 W.) hinsichtlich des Absorptionsvermögens des Bodens gemachten Entdeckungen hin und konstatiert die Kali-, Natron- und Phosphorsäureabsorption aufs neue, sowie die Kieselsäureabsorption, die nach ihm durch einen hohen Gehalt des Bodens an Humussäure herabgedrückt wird. Er nimmt als Ursache der Absorptionserscheinungen nicht nur chemische, sondern auch physikalische Kräfte an. Er weist zuerst darauf hin, daß zwischen den Wurzeln und den absorbierten Stoffen eigentümliche Beziehungen existieren.

1858 Eduard **Linnemann** zeigt, daß sich Kalium aus Cyankalium auf elektrolytischem Wege leicht abscheiden läßt.

— David **Livingstone** erforscht in den Jahren 1858—63 den unteren Sambesi, die Stromschnellen oberhalb von Tete, den Schire und den Njassasee. Er löst das Sambesiproblem, indem er den Fluß von Linyanti bis zur Mündung befährt.

— Nachdem im Herbst 1858 mit der Untersuchung der Höhle von Brixham durch die Royal Society und die Geological Society eine neue Aera der Höhlenforschung begonnen hatte, tritt Sir Charles **Lyell** nachdrücklich auf die Seite von Boucher de Perthes und bewirkt dadurch, daß dessen bisher kaum beachtete Entdeckungen im Sommetal (s. 1836 B.) allgemein von der wissenschaftlichen Welt angenommen werden.

— François **Marcet** entdeckt, daß der Magen imstande ist Fett zu spalten; es gelingt ihm, aus dem Ätherextrakt des Mageninhalts von Hunden, die mit Hammelfett gefüttert werden, bei Zusatz von Galle eine Emulsion herzustellen. (Vgl. auch 1880 C. und 1900 V.)

— Jean Charles Galissard **de Marignac** macht Untersuchungen über Fluor-Doppelsalze. Es gelingt ihm, den Isomorphismus von Fluorverbindungen des Siliciums mit den entsprechenden Verbindungen des Zinns zu beweisen und dadurch zur Feststellung des richtigen Äquivalentgewichts für Silicium entscheidend beizutragen.

— Eduard **von Martens** bezeichnet die Brackwassertiere als eine eigentümliche Mittelstufe zwischen den Süßwasser- und den Meertieren und hebt deren Unempfindlichkeit gegen Unterschiede in Temperatur und Salzgehalt des Wassers hervor.

— Der Ingenieur **Mohnié** bildet die Brückenträger mit einfachem und mehrfachem Fachwerk weiter aus.

— Albert **Mousson** wiederholt die Versuche von Thomson (s. 1849 T.) und zeigt, daß Wasser bei hohem Druck, niedrigen Temperaturen ausgesetzt, nicht fest wird, und daß Eis, hohem Druck ausgesetzt, selbst bei niedrigen Temperaturen flüssig wird.

— Karl Friedrich **Naumann** spricht zum ersten Male von einer „Morphologie der Erdoberfläche" und definiert dieselbe als die Lehre von den räumlichen und gestaltlichen Verhältnissen der festen Erdkruste. (S. a. 1650 V. und 1802 P.)

— L. X. E. L. **Ollier** führt den experimentellen Nachweis, daß Stücke vom Periost, die von ihrem Mutterboden getrennt und in andere Gegenden transplantiert sind, die Fähigkeit beibehalten, Knochen zu erzeugen, welche Beobachtung von Langenbeck später für die rhinoplastischen Operationen verwertet wird. (S. 1809 M.)

— Die **Orleansbahn** führt zuerst auf dem europäischen Festland die von England überkommene durchlaufende Zugleine ein, mit deren Hilfe jeder Zugbeamte durch die Tenderglocke oder die Lokomotivpfeife dem Maschinenführer Gefahrsignal geben kann. (Vgl. 1839 L.)

— **Oxland** bemüht sich, Legierungen von Eisen mit Wolfram in Form von Wolframeisen und Wolframstahl einzuführen. Der Wolframgehalt des Eisens erhöht dessen Festigkeit wesentlich. (Vgl. insbesondere 1903 H.)

— Louis **Pasteur** entdeckt, daß gleichzeitig mit dem Alkohol bei der Gärung nicht nur Bernsteinsäure, sondern zugleich auch Glycerin entsteht, und ermittelt, daß etwa $4\,^0/_0$ des Zuckers, der vergärt, zur Bildung dieser Produkte verbraucht werden. (S. a. 1847 S.)

1858 **Patera** verwendet zur Extraktion des Silbers aus Erzen nach dem Vorschlag von Hauch (s. 1846 H.) unterschwefligsaures Natron, welches das zuvor in Chlorsilber übergeführte Silber als Doppelsalz in Lösung bringt. Aus der Lösung wird durch Schwefelnatrium Schwefelsilber gefällt, aus dem man durch Eisen das Silber abscheidet. Eine Abart dieses Verfahrens ist der neuerdings zur Geltung gekommene Russell-Prozeß.

— Eugène **Péligot** stellt das chlorchromsaure Kalium durch Eingießen des von Berzelius dargestellten Chromacichlorids in eine wässerige Lösung von Chlorkalium dar. Geuther erhält das Salz (1858) durch Eintragen von violettem Chromchlorid in schmelzendes Kaliumbichromat.

— **Perkin** und **Duppa** stellen Glykokoll auf synthetischem Wege durch Einwirkung von Ammoniak auf Bromessigsäure her.

— Nachdem Daniel Koechlin auf einem chinesischen Baumwollgewebe einen bis dahin in Europa unbekannten grünen Farbstoff gefunden und davon an J. Persoz Mitteilung gemacht hatte, gelingt es den vereinten Bemühungen von J. **Persoz**, R. **Rondot** und A. F. **Michel,** genauere Kenntnis über das Chinesisch-Grün, Lo-Kao, zu erhalten und den Farbstoff in Europa einzuführen. Kayser gelingt es 1886, daraus eine krystallisierte Säure, die Lokaonsäure, herzustellen.

— Max **von Pettenkofer** weist zuerst auf die wichtige Rolle hin, welche beim Luftverbrauch und Luftwechsel in Wohngebäuden die Wände und die Ritzen an Fenstern und Türen spielen. Bekannt geworden ist sein Experiment, durch eine massive, nicht zu starke Ziegelmauer hindurch ein Licht auszublasen. Ähnliche Versuche werden später von Lang (1877), Tsuboi (1893), Rietschel (1894) und Gosebruch (1898) unternommen und ergeben sämtlich, daß absolut undurchlässige Wände unter normalen Umständen nicht existieren. Die Versuche Pettenkofer's und Lang's erstrecken sich auch auf die Durchlässigkeit des Gesteins für Wasser und ergeben, daß es völlig undurchlässigen Fels nicht gibt, was für die Quellenlehre von Wichtigkeit ist.

— **Pouncey** in Birmingham macht ein photographisches Kopierverfahren (Kohleverfahren) bekannt, bei welchem die lichtempfindliche Schicht, bestehend aus Gummi arabicum, chromsauren Salzen und Pigmenten, auf Papier aufgetragen und unter einem Negativ belichtet wird. Dieser Prozeß wird unter dem Namen „Gummidruck" neuerdings zur Herstellung künstlerischer Photographien vielfach verwendet.

— Der amerikanische Ingenieur George **Pullman** führt die Eisenbahnluxuswagen (Pullman Cars) ein, die er im Jahre 1867 so einrichtet, daß sie am Tage als Salonwagen, nachts als Schlafwagen dienen. (S. a. 1836 C.)

— A. **Raux** konstruiert die erste Dampfschnellbremse, bei welcher die Bremskraft von der Lokomotive auf den Tender und die Wagen des Zuges übertragen wird, und alle Fahrzeuge eines Zuges durch den Lokomotivführer zu gleicher Zeit gebremst werden können. Er bringt an jedem Wagen kleine Zylinder mit doppelten Kolben an, die direkt mit den gegen die Räder wirkenden Bremsklötzen verbunden sind. Gelangt von der Lokomotive Dampf in die Kolben, so werden diese auseinander getrieben und pressen die Bremsklötze gegen die Räder.

— Der Ingenieur Ferdinand **Redtenbacher** erwirbt sich große Verdienste um die Begründung des wissenschaftlichen Maschinenbaus durch Einführung der Methode der Verhältniszahlen.

— Peter **Rittinger** erfindet für den Bergwerksbetrieb den stetig wirkenden Seiten- oder Querstoßherd, der auf dem Prinzip beruht, die auf einer

schwach geneigten Herdfläche abwärts gespülten Gesteinsarten durch Quer-
stöße in diagonale, je nach dem spezifischen Gewicht divergierende Weg-
kurven zu treiben und die auf diese Weise separierten Mineralsorten in
nebeneinander liegende Behälter gesondert am unteren Herdende aufzufangen. Dieser Herd wird von Palmer und später von Stein (s. 1884 L.)
wesentlich verbessert.

1858 F. **Robinson** und Ed. **Cotham** konstruieren die erste hydraulische Kastenpresse, die zur Aufnahme des Preßgutes einen siebtopfartigen, in einem
gußeisernen Kasten sitzenden Behälter hat, dessen Füllung und Entleerung unter der Presse geschieht. Die Presse wird namentlich von
Luther in Braunschweig, Egestorff in Hannover u. a. verbessert.

— **Rolle** verbessert die zuerst in England zur Destillation bituminöser
Stoffe eingeführten, den Koksöfen nachgebildeten, stehenden Schweel-
apparate, und führt durch die Einrichtung der stehenden Retorten mit
kontinuierlichem Betriebe, die er erst aus Eisen, später aus Schamotte
konstruiert, eine wesentliche Verbesserung und Verbilligung des Betriebes
herbei.

— Der Franzose **Sagebien** baut das nach ihm benannte unterschlächtige
Wasserrad, welches sich durch großen Durchmesser, geringe Umfangs-
geschwindigkeit, große Schaufelhöhe und sehr enge Teilung kennzeichnet
und dessen Wirkung auf dem Gewicht des sinkenden Wassers beruht.

— Henri **Sainte-Claire-Deville** und **Caron** lehren die das Krystallisieren begün-
stigende Wirkung des Fluorwasserstoffs und anderer Fluorverbindungen
und erzeugen mit deren Hilfe in den Jahren 1858—65 eine Anzahl künstlicher Mineralien.

— Graf K. M. **Schaffgotsch** empfiehlt die kohlensaure Ammoniakmagnesia, die
in ammoniakalischer Flüssigkeit unlöslich ist, für analytische Zwecke,
namentlich zur Scheidung des Magnesiums von den Alkalimetallen.

— Der Botaniker August **Schenk** erforscht (1858—91) die Verbreitung und
Lebensweise der vorweltlichen Pflanzen, indem er deren Reste unter Berücksichtigung der Pflanzengeographie, Anatomie und Morphologie untersucht. Er übt durch seine Tätigkeit auf den paläontologischen Gebieten
einen großen Einfluß auf die Entwicklung der Paläophytologie aus.

— Nachdem in Frankreich Ph. J. Roux (1852) und Sédillot (1853) für das
operative Verfahren bei der Gesichtsneuralgie eingetreten waren, faßt
Franz **Schuh** seine vielfachen Erfahrungen darüber in der wichtigen Monographie „Über Gesichtsneuralgie und über die Erfolge der dagegen vorgenommenen Nervenresektionen" zusammen.

— Nachdem John Russell 1797 die ersten Reliefdarstellungen des Mondes
ausgeführt hatte, gibt Angelo **Secchi** eine sich durch vortreffliche Arbeit aus-
zeichnende plastische Darstellung des Mondgebirges „Archimedes" heraus.
In neuester Zeit werden solche Reliefs des Mondes namentlich von Lade
und von Stuyvaert veröffentlicht.

— Nachdem 1792 William Fullarton ein englisches Patent auf Scheidung von
Eisenerzen durch Anwendung magnetischer Anziehung erhalten hatte, und
Arthur Wall (1847) und Chenot (1854) Elektromagnete für diesen Zweck
benutzt hatten, ohne daß sich eine praktische Ausbeutung daran geknüpft
hätte, konstruiert Quintino **Sella** eine elektromagnetische Maschine zu Auf-
bereitungszwecken. Es gelingt ihm, mit dieser Maschine die wegen ihres Gehalts an feineingesprengtem Kupferkies sonst schwer aufzubereitenden Ma-
gneteisenerze von Traversella in Oberitalien behufs Herstellung eines kupfer-
und schwefelfreien Roheisens zu reinigen und bedeutende, aus einem
innigen Gemenge von Magneteisenstein, Schwefel- und Kupferkies bestehende Erzmittel, die bis dahin unbenutzt geblieben waren, auszubeuten

1858 **Siemens** und **Halske** bringen auf Vorschlag des hannoverschen Telegraphen-ingenieurs Karl **Frischen** den Siemens'schen Magnetinduktor als Stromquelle für Eisenbahnläutewerke in Anwendung.

— Henry Clifton **Sorby** verfaßt im Anschluß an seine früheren Untersuchungen (s. 1850 S.) eine Schrift über die mikroskopische Struktur der Krystalle, die eine vollständige Umgestaltung der petrographischen Untersuchungs-methode bedeutet. Indem er aus der Anwesenheit von Flüssigkeits-, Gas-, Krystall-, Glas- und Schlackeneinschlüssen den neptunischen oder pluto-nischen Ursprung bestimmter Gesteine beweist, erledigt er langjährige geognostische Streitfragen.

— John Hanning **Speke** zieht von Unjanjembe, wo sein Begleiter Burton zurückgeblieben ist (vgl. 1857 B.) weiter und entdeckt am 3. August den Ukerewesee (Viktoria-Nyanza), den er für einen Quellsee des Nils erklärt. (Vgl. 1860 S.)

— Balfour **Stewart** entwickelt in seiner Abhandlung „An account of some ex-periments on radiant heat" den Satz des Gleichgewichts zwischen den absorbierenden und ausstrahlenden Eigenschaften der Körper, jedoch nur bezüglich der Wärme und ohne Bezugnahme auf einen Zusammenhang mit der Spektralanalyse.

— **Strand** und **Mason** in London verbessern die Dampffeuerspritze. Sie geben ihr einen vertikalen Röhrenkessel mit konischer Feuerbüchse und füllen einen Teil des Wasserraums mit Kammern, die mit dem Dampfraum in Verbindung stehen, wodurch der Dampf stets trocken erhalten und das lästige Spucken der Maschine beseitigt wird. Sehr gute Konstruktionen von Feuerspritzen bringen in den siebziger Jahren Merryweather und Field, Jauck in Leipzig, Button in London u. a. in den Handel.

— William **Thomson** (Lord Kelvin) gibt dem von Gauß und Weber (s. 1833 G.) erfundenen Spiegelgalvanometer für den Gebrauch auf Kabel-schiffen eine so zweckmäßige Einrichtung, daß die Schwankungen des Schiffes, selbst bei hohem Seegang, die Stellung des Spiegels gegen die Skala nicht beeinflussen. Aus diesem „Marine-Galvanometer" genannten Apparat geht später das Sprech-Galvanometer für den Kabelbetrieb hervor.

— Der Engländer **Townsend** gibt dem englischen Rundstuhl eine wesentliche Verbesserung, indem er statt der bisher gebrauchten Hakennadeln Zungen-nadeln einführt, bei welchen die Maschenbildung viel einfacher vor sich geht. Hiermit ist schon der Übergang zu den neueren Strickmaschinen vollzogen, da die Arbeit der Zungennadeln dem Handstricken sehr ähn-lich ist.

— Moritz **Traube** spricht, ohne dies durch Versuche beweisen zu können, die Anschauung aus, daß in der Hefe ein besonderes Gärungsenzym (Ferment) vorhanden sei und versucht in seiner „Theorie der Fermentwirkungen" die Oxydation im Körper durch sauerstoffübertragende Oxydationsfermente zu erklären. Durch Jaquet (s. 1892 J.), Spitzer (s. 1899 S.), Schittenhelm (1904 S.) u. a. ist das Vorkommen solcher Körper ganz sichergestellt, die Spitzer später aus verschiedenen tierischen Organen, wie Leber, Niere usw., herstellt.

— **Vérité,** Uhrmacher in Beauvais, erfindet einen von vorbeifahrenden Eisen-bahnzügen aus zu erregenden Magnetinduktor, mit dem er auf der Bahn-linie Paris-La Chapelle ein völlig selbsttätiges Blocksignal betreibt.

— Rudolph **Virchow** verbreitet durch seine Abhandlung „Über die Natur der konstitutionell-syphilitischen Affektionen" das erste Licht über die eigen-tümlichen Latenz- und Recrudescenzperioden der Syphilis und stellt die Einfuhr des syphilitischen Virus ins Blut von den einzelnen Organen oder Geweben aus fest.

1858 Alfred Russell **Wallace** entwickelt gleichzeitig mit Darwin (s. 1858 D.) im Journal der Linnean Society in London vom Juli das Prinzip der natürlichen Zuchtwahl und dessen Einfluß auf den Ursprung der Arten.

— James Alfred **Wanklyn** stellt durch Behandlung von Natriumäthyl mit Kohlensäure propionsaures Natron synthetisch dar.

— Der englische Chirurg Sir Thomas Spencer **Wells** bildet die Ovariotomie (operative Entfernung kranker Eierstöcke durch den Bauchschnitt) aus, die noch in der Mitte des 19. Jahrhunderts von den namhaftesten Chirurgen der großen Gefahr wegen für eine unzulässige Operation erklärt worden war. (S. 1809 M.)

— Charles **Wheatstone** konstruiert den mit Induktionsströmen betriebenen sogenannten A B C-Telegraphen, der in verbesserter Form noch jetzt in England in Gebrauch ist.

— Joseph **Whitworth** konstruiert ein gezogenes Geschütz, dessen Rohrbohrung anstatt eingeschnittener Züge den Querschnitt eines regelmäßigen Sechsecks hat; der Querschnitt verläuft in schraubenförmiger Windung (mit Drall. — Vgl. auch 1853 L.). Der Aufbau des Rohres erfolgt durch Zusammensetzung einer großen Anzahl einzelner Ringlagen. (Vgl. 1859 A.)

— Gustav **Wiedemann** beobachtet, daß Erschütterungen auf Magneten, während sie magnetisiert werden, erregend wirken, daß andererseits jedoch ein fertiger Magnet durch Stoßen oder Fallenlassen bedeutend geschwächt wird, und erklärt diese Erscheinungen durch die Hypothese, daß die magnetisierbaren Körper aus Elementarmagneten bestehen, welche im unmagnetisierten Zustand lediglich unter dem Einfluß der im Innern der Körper tätigen Molekularkräfte alle möglichen Lagen haben, aber durch den Akt des Magnetisierens sämtlich parallel gerichtet werden.

— Adolphe **Wurtz** führt analog der Oxydation des Glykols (s. 1857 W.) das Propylglykol bei Gegenwart von Platinschwarz durch den Sauerstoff der Luft in Milchsäure über.

— Gustav **Zeuner** publiziert sein Werk „Schiebersteuerung“, in welchem er die Anordnung der Schiebersteuerungen behandelt und Methoden angibt, um mit Hilfe der Schieberdiagramme die zweckmäßigsten Verhältnisse der Steuerung herauszufinden. (Vgl. auch 1863 V.)

1859 Sir William George **Armstrong** bildet — nach Angaben, welche der General Fredericks bereits 1830, Oberst Thierry 1834, sowie Professor Treadwell 1840 gemacht hatten (vgl. auch 1857 R. und 1858 W.) — den Aufbau des Geschützrohrs aus mehreren einzelnen Teilen weiter aus, indem er ein inneres Kernrohr mit einer Anzahl glühend aufgezogener, beim Abkühlen das Kernrohr fest umspannender Eisen- oder Stahlröhren ummantelt (sogenannte „künstliche Metallkonstruktion“), womit er die Widerstandsfähigkeit des Rohres bei großen Ladungen beträchtlich steigert. Fraser vereinfacht (beim Woolwich-Geschütz) das Verfahren, indem er die Zahl der auf das Kernrohr aufzuziehenden Verstärkungsringe vermindert. In hervorragender Weise wird diese Art des Rohraufbaues von Krupp in Essen weiter ausgebildet.

— Sir Joseph **Bazalgette** legt einen Entwurf für die Kanalisation von London vor, der in den Jahren 1859—75 mit einem Kostenaufwande von 90 Millionen Mark zur Durchführung gelangt. Nach diesem Entwurfe werden die Abflüsse am unteren Ende der Stadt in große, hoch gelegene Behälter gepumpt, aus denen sie bei Hochwasser in die Themse abfließen und alsdann durch den Ebbestrom in das Meer befördert werden. Dieses Verfahren ist für den damaligen Stand des Kanalisationsproblems typisch.

1859 Marcelin **Berthelot** scheidet zuerst das Acetylen aus seinen Metallverbindungen in rein em Zustande aus und gibt ihm den Namen.

— Christian Wilhelm **Blomstrand** stellt zuerst das Molybdänoxydul dar und zeigt, daß das von Berzelius (1818) als Oxydul angesehene Präparat das Sesquioxydul ist. Das Molybdänoxyd stellte bereits Bucholz (1805) durch Glühen von molybdänsaurem Ammoniak dar. Das Molybdänchlorür wird von Blomstrand, das Sesquichlorür und Chlorid werden von Berzelius zuerst dargestellt.

— John George **Bodmer** konstruiert die erste hydraulische Trogpresse, bei welcher der Preßbehälter ähnlich wie der Preßseiher (s. 1832 R.) gebaut, jedoch der Höhe nach in mehrere Teile zerlegt ist, so daß man an Stelle des einen hohen Zylinders mehrere niedrige, trommelförmige Tröge erhält. Die Presse wird vom Grusonwerk, von Poteau und namentlich von Ehrhardt wesentlich umkonstruiert.

— Hermann **Brehmer** eröffnet die erste Anstalt für Lungenkranke in Görbersdorf im Waldenburger Gebirge. Die daselbst erzielten günstigen Ergebnisse veranlassen Dr. Spengler, ähnliche Kuren in Davos zu versuchen, was zu dem großen Aufschwung der Hochgebirgskuren in den Schweizer Alpen führt.

— Thomas **Brooks** in Manchester empfiehlt zuerst den Brechweinstein als Zusatz zu tannin- und gerbsäurehaltigen Beizen für die basischen aminartigen künstlichen Farbstoffe. Als Ersatz für Brechweinstein wird seit 1883 vielfach das von Péligot und Lassaigne zuerst dargestellte oxalsaure Antimon-Kalium verwendet.

— Robert Wilhelm **von Bunsen** lehrt in seinen „Flammenreaktionen", daß fast alle mit dem Lötrohr zu erhaltenden Reaktionen auch ohne dasselbe mit Leichtigkeit und Präzision in der nicht leuchtenden Leuchtgasflamme hervorgebracht werden können.

— Nachdem seit den Forschungen von Herschel, Talbot, Brewster und Wheatstone (siehe diese) die Anschauungen über die Spektrallinien trotz der Arbeiten von Miller, Swan, Foucault, Ångström, Balfour Stewart u. a. keine weitere Klärung gefunden hatten, erkennen Robert Wilhelm **von Bunsen** und Gustav **Kirchhoff,** daß eine jede verdampfbare Substanz, in eine Flamme gebracht, oder jeder glühende Dampf ein charakteristisches Spektrum habe, und daß das Spektrum deshalb ein ausgezeichnetes Mittel für die chemische Analyse sei und begründen dadurch die Spektralanalyse.

— Alexander **Butlerow** erhält bei Einwirkung von Alkalien auf Dioxymethylen einen zuckerartigen Körper, den er Methylenitan nennt und der eine Art synthetischer Bildung eines zuckerartigen Alkohols darstellt.

— Alexander **Butlerow** verwendet zuerst in einer Besprechung der Couper-Kekulé'schen Theorie den Ausdruck „Chemische Struktur", den er als die Art und Weise der gegenseitigen Bindung der Atome in einem Molekül auffaßt.

— Der Kommissionsrat **Collenbusch** erfindet den aus Pappe gepreßten, flaschenbodenförmigen Preßspanboden, welcher bei den preußischen Hinterladekanonen mit Kolbenverschluß zur Gasabdichtung des Rohres dient.

— Auf den Bericht der **Commission du diapason** hin wird durch Verordnung vom 16. Februar 1859 für Frankreich eine Normalstimmgabel eingeführt mit $a = 435$ ganzen Schwingungen in der Sekunde.

— Jean Victor **Coste** gründet in Concarneau (Bretagne) das erste Meereslaboratorium für biologische Untersuchungen.

— Nachdem die Trockenbagger zur Herstellung großer Einschnitte bei Eisenbahn- und Kanalbauten in Amerika ausgezeichnete Dienste geleistet hatten, (s. 1843 O.), konstruiert **Couvreux** seinen Trockenbagger, der zuerst am

Suezkanal und dem Donaudurchstich bei Wien, dann in verbesserter Form beim Panama-, Nordostsee- und Manchester-Kanal ausgedehnte Verwendung findet. Eine bedeutende Zunahme an Standsicherheit erhält der Trockenbagger durch die von der Lübecker Maschinenbaugesellschaft zuerst angeordnete Lage des Ladegleises zwischen den beiden Schienen, auf denen der Bagger sich bewegt. In dieser Form wird der Bagger als „Lübecker Trockenbagger" viel verwendet. Seine Leistungsfähigkeit ist 1500 bis 1800 cbm Boden in 12 Stunden.

1859 Edward A. **Cowper** wendet das Siemens'sche Prinzip der Regeneration der Wärme für die Winderhitzung an. Seine Apparate mit Gichtgasheizung finden auf den Hütten des Clevelanddistriktes rasch Eingang, sie leiden aber an dem Übelstand, daß ihre Züge sich schwer reinigen lassen.

— Nachdem Bunsen und Roscoe auf die Leuchtkraft des brennenden Magnesiums hingewiesen hatten, benutzt William **Crookes** dasselbe zuerst in Form von Band und Draht zu photographischen Aufnahmen.

— Walter **Crum** unterwirft die Zeuge, die mit Orseille und Anilinfarben bedruckt werden sollen, einer Vorbehandlung mit Caseïn. (Vgl. auch 1854 G.)

— Charles Robert **Darwin** gibt im November sein Buch „Die Entstehung der Arten durch natürliche Zuchtwahl oder die Erhaltung der begünstigten Rassen im Kampf ums Dasein" heraus, in dem die im Vorjahr von ihm ausgesprochenen Ideen (s. 1858 D.) im Zusammenhang behandelt und ausführlich begründet werden.

— Warren **De la Rue** schlägt vor, die Buchdruckerwalzen anstatt aus Leim und Sirup aus Leim und Glycerin zu fertigen. Die so entstehende Walzenmasse wird in der Folge für den „Hektograph" genannten Vervielfältigungsapparat viel gebraucht. (S. 1819 G.)

— Heinrich Wilhelm **Dove** zeigt, wie man durch die stereoskopische Betrachtung die Identität oder Nichtidentität zweier scheinbar gleichartiger typographischer Erzeugnisse nachweisen kann. Es ist dies besonders für die Entdeckung von Fälschungen bei Wertpapieren von Wichtigkeit.

— G. L. **Drake** erbohrt am 28. August bei Titusville in Pennsylvanien bei dem Versuche, einen artesischen Brunnen zu graben, in 22 m Tiefe eine Petroleumquelle von außerordentlicher Ergiebigkeit. Seitdem wird dieses seit alten Zeiten als Erdöl bekannte Produkt ein Welthandelsartikel. Jährliche Gesamtausbeute der Erde gegenwärtig etwa 26 Millionen Tonnen.

— Am 24. November läuft die nach den Plänen des Chefingenieurs des französischen Schiffbaudepartements **Dupuy de Lôme** gebaute Panzerfregatte „La Gloire" in Toulon vom Stapel: das erste Hochseepanzerschiff. (S. 1855 G. und 1860 W.)

— Der französische Reisende Henri **Duveyrier** erforscht in den Jahren 1859—60 die westliche Sahara, sowie die Grenzgebiete von Algier, Tunis und Tripolis.

— **Faraday** und **Taylor** weisen nach, daß die Vorstellung von einer Zersetzung des überhitzten Dampfes, bei der sich der Wasserstoff mit dem übrigen Dampf zu einem leicht explodierbaren Gemisch vereinigen sollte, falsch ist, und tragen dadurch wesentlich zur Einführung des überhitzten Dampfes in die Maschinenpraxis bei. (Vgl. 1857 P.)

— Moses G. **Farmer** in Newport erleuchtet im Juli sein Haus mit 42 Platin-Glühlampen und errichtet damit die erste elektrische Hausbeleuchtungsanlage.

— Der französische Ingenieur **Fleur-Saint-Denis** wendet zur pneumatischen Fundierung der Kehler Rheinbrücke zuerst Caissons (Senkkästen) an.

— Edmond **Frémy** stellt ammoniakalische Chromverbindungen (Ammoniochromverbindungen) dar, die sich an die von ihm früher hergestellten Kobaltverbindungen (vgl. 1850 F.) anschließen.

1859 Carl **Fritsch** bemüht sich, in ähnlicher Weise, wie die Pflanzenphänologie, auch eine Tierphänologie ins Leben zu rufen, und gibt Anleitungen zur Vornahme rationeller Beobachtungen, namentlich in bezug auf das Erwachen der im Winterschlaf begriffen gewesenen Lebewesen, das erste Auftreten von Tieren (Schmetterlingen usw.), deren Lebensdauer an die Jahresperiode gebunden ist, und die Zeitpunkte der Abreise und Wiederkehr der Zugvögel.

— William **Gossage** führt für die nasse Kupferextraktion die Anwendung des durch Reduktion von Eisenoxyd mit Kohle bei niedriger Temperatur gewonnenen Eisenschwamms ein. (S. 1846 C.)

— Ernest **Guignet** stellt durch Glühen eines Gemenges von Kaliumbichromat und krystallisierter Borsäure und Auswaschen der Schmelze mit Wasser ein schön grünes Chromhydroxyd dar, das unter dem Namen „Guignet's Grün" als Farbstoff in den Handel kommt.

— Der Tierarzt Karl **Günther** in Hannover, einer der bedeutendsten tierärztlichen Anatomen und Chirurgen Deutschlands, verfaßt zusammen mit seinem Vater (s. 1835 G.) das Werk „Beurteilungslehre des Pferdes", in welchem sich wertvolle allgemein auf die tierische Mechanik gestützte Grundlehren finden. Er schreibt zuerst eine wissenschaftliche Myologie des Pferdes.

— Charles Gardiner **Guthrie** führt das von Balard (vgl. 1844 B.) entdeckte Amylnitrit (Salpetrigsäure-Amyläther) als Anästhetikum in die Therapie ein.

— Timothy **Hackworth** konstruiert eine Lenkersteuerung mit Kulissenführung, die später vielfach von Brown, Lincke, Klug, Bremme, Marshall, Joy u. a. abgeändert und verbessert wird.

— Der Anthropolog Robert **Hartmann** macht auf seiner Reise mit dem Freiherrn A. von Barnim (dem auf dieser Expedition am blauen Nil gestorbenen Sohn des Prinzen Adalbert von Preußen) bemerkenswerte Beobachtungen über die wilden und zahmen Säugetiere der oberen Nilgegenden, und stellt später auf der Insel Läsö im Kattegat interessante Untersuchungen über wirbellose Seetiere an.

— Oswald **Hesse** entdeckt die Protocatechusäure (Ortho-Dioxybenzoesäure) bei Behandlung von Chinasäure mit Brom und Wasser. Die Säure wird 1865 von Hlasiwetz und Barth auch bei Behandlung des Catechins mit schmelzendem Kali gewonnen. Daß bei Ersatz von Hydroxylgruppen durch Methoxyl die Protocatechusäure in Vanillinsäure und Isovanillinsäure übergeht, beobachtet 1875 Tiemann.

— Heinrich Hermann **Hlasiwetz** erhält bei der Behandlung von Pikrinsäure mit Cyankaliumlösung die Isopurpursäure, die als „Grenat soluble" zum Färben von Wolle und Seide Verwendung findet.

— Edward **Humphrys** und J. F. **Spencer** machen sich um die endgültige Einführung des Oberflächenkondensators sehr verdient, der von jetzt ab eine große Rolle in der Dampfmaschinenpraxis spielt, da dadurch die Möglichkeit gegeben wird, den Dampfdruck namentlich bei der Schiffsmaschine wesentlich zu steigern.

— **Jennings** gibt ein viel gebrauchtes Verfahren zur Darstellung von Fischleim an, bei welchem die Fische verschiedentlich mit Säuren behandelt werden, und die Masse nach schließlicher Neutralisierung der Säure mit Kalk durch Kochen mit Wasser in Leim übergeführt wird. In ähnlicher Weise wird aus der Schwimmblase des Hausen die Hausenblase, der wichtigste Repräsentant der Fischleimarten gewonnen. Seit 1889 wird auf den nordischen Walfischstationen auch Walfischleim dargestellt.

— Gustav **Kirchhoff** beweist die Koinzidenz der Natriumlinie mit der Linie D des Fraunhofer'schen Sonnenspektrums, indem er Drummond'sches Licht

durch eine Natriumflamme und dann durch das Prisma fallen läßt und so
an Stelle der hellen Natriumlinie eine dunkle Linie erhält. Er zieht hieraus den Schluß, daß die Fraunhofer'schen Linien infolge von Dämpfen
entstehen, welche die glühende Sonne umgeben und das von ihr ausgehende Licht der Absorption unterwerfen, und eröffnet damit der Astrophysik eine bedeutsame Perspektive.

1859 Gustav **Kirchhoff** stellt den Satz auf, daß das Verhältnis zwischen dem
Emissionsvermögen und dem Absorptionsvermögen für Wärme und Lichtstrahlen für dieselbe Wellenlänge bei derselben Temperatur für alle Körper
identisch ist, und zwar gleich dem Emissionsvermögen eines absolut
schwarzen Körpers (d. h. eines solchen, der alle auf ihn treffende Strahlen
absorbiert) für dieselbe Wellenlänge und Temperatur. (Kirchhoff'sches
Gesetz — vgl. auch 1858 St., 1879 St., 1884 B., 1898 L.)

— J. A. L. W. **Knop** untersucht die Stoffaufnahme der Pflanzen und gelangt
zu dem Resultat, daß das sogenannte Saussure'sche Gesetz der Stoffaufnahme (s. 1804 S.) nicht immer zutreffend ist, daß vielmehr unter bestimmten Verhältnissen auch mehr Salze aus der Lösung in die Pflanze
übergehen können, als dem aufgenommenen Wasser entspricht, und so
eine verdünntere Lösung als die ursprüngliche übrig bleiben kann.

— Julius **Kühn** findet Mittel gegen die von Schacht (s. 1859 S.) entdeckten
Rübennematoden in dem Anbau von Fangpflanzen, als welche sich insbesondere der Sommerrübsen bewährt, in dessen Wurzeln die junge Nema-
todenbrut einwandert. Nach festgestellter Einwanderung werden die Rübsen
durch Grubbern und Pflügen zerschnitten und zum Absterben gebracht,
wobei auch die Nematodenlarven zugrunde gehen.

— Madame **Lefèbre** hat zuerst den Gedanken, durch Funkenentladung in Luft
eine technische Gewinnung von Salpetersäure aus freiem Stickstoff in
größerem Maßstabe anzubahnen, und meldet in England das Patent
1045/1859 unter dem Titel „Manufacture of Nitric acid" an. (S. a. 1784 C.)

— **Leferme,** der Chef-Ingenieur der Hafenbauten von St. Nazaire, verwendet
zuerst zur Beseitigung der im Hafen sich fortwährend bildenden bedeutenden Schlickablagerungen, die sich durch Eimerkettenbagger nicht bewältigen
ließen, den Kolben-Pumpenbagger. Zentrifugal-Pumpenbagger werden zuerst 1869 auf dem Medway bei Chatham und beim Bau des Amsterdamer
Seekanals benutzt.

— **Lemoine** führt an Stelle der Pferdewalzen die Dampfwalzen für Chaussee-
und Straßenbauten ein.

— Der Arzt **Lescarbault** in Orgères beobachtet am 26. März 1859 den Vorübergang eines schwarzen Körpers vor der Sonne. Leverrier untersucht die
Wahrnehmungen Lescarbault's näher und mutmaßt in jenem Körper einen
bisher unbekannten intramerkuriellen Planeten, der den Namen „Vulkan"
erhält. Doch ist das Ergebnis aller späteren Nachforschungen nach dieser
Richtung hin bisher ein negatives geblieben.

— Nachdem schon i. J. 1841 festgestellt worden war, daß die zur Herstellung eines Schiffahrtskanals zwischen Rotem Meer und Mittelmeer
ausgeführten Nivellements (s. 1798 L.) einen Irrtum enthielten, und auch
der Österreicher Negrelli i. J. 1856 die Ausführbarkeit eines derartigen
Kanals nachgewiesen hatte, beginnt der französische Vicomte Ferdinand
von Lesseps i. J. 1859 den Bau des Suezkanals zwischen Port Said und
Suez. Eröffnung am 16. November 1869. Länge des Kanals 160 km;
Baukosten 380 Millionen Mark. Der Kanal verkürzt die Dampferfahrt
von Hamburg nach Bombay um etwa 24 Tage.

— E. J. **Maumené** und **Rogelet** nehmen ein Patent auf Darstellung von Pottasche aus Wollschweiß und stellen das Produkt 1862 in London aus. Die

erste Anregung zur Verarbeitung des Wollschweißes auf Pottasche hatten von Kurrer und Westrumb gegeben.

1859 Johann Heinrich **Meidinger** erfindet ein für den Telegraphenbetrieb viel gebrauchtes galvanisches Element.

— Der elsässische Fabrikant **Moeckel** erfindet den Aufwinde-Regler für die Selbstspinnmaschine.

— Der Photograph **Nadar** und der Luftschiffer **Godard** versuchen auf Veranlassung von Napoleon III. in der Schlacht von Solferino von einem Fesselballon aus die österreichischen Stellungen zu rekognoszieren, wobei es Nadar gelingt, die erste photographische Ballonaufnahme zu machen. Ähnliche Versuche werden im amerikanischen Bürgerkriege gemacht.

— **Navez** konstruiert zur Messung der Geschoßgeschwindigkeit das nach ihm benannte elektroballistische Pendel, das aus einem Pendel besteht, mit welchem ein über einer Kreisteilung laufender Zeiger verbunden ist. Das Pendel wird bis auf den Anfangspunkt der Bewegung erhoben und in dieser Stellung, bei der der Zeiger Null zeigt, durch einen Elektromagneten festgehalten. Öffnet das den Lauf verlassende Geschoß den Strom, so fällt das Pendel ab und mit ihm bewegt sich der Zeiger. Berührt das Geschoß das Ziel, so schließt es den Strom, der durch einen Elektromagneten den Zeiger anhält. Der vom Pendel durchlaufene Weg ergibt die gesuchte Zeit.

— Nachdem das Cocain 1855 in unreinem Zustand von F. Gaedecke erhalten und als Erythroxylin beschrieben worden war, stellt der Mediziner **Niemann** in Wöhler's Laboratorium das Cocain in reinem Zustande dar.

— Die englische Krankenpflegerin Florence **Nightingale** fördert die Krankenpflege im Kriege.

— Der schwedische Ingenieur **Oestlund** führt, um die Handarbeit des Rührens beim Mischen der als Verbrennungsmittel dienenden Schlacke mit dem Roheisen entbehrlich zu machen, einen Puddelofen mit drehbarem Herde ein, der 1871 durch den Amerikaner Danks noch wesentlich verbessert wird.

— Der Physiolog Eduard **Pflüger** erforscht die Funktionen des Rückenmarks und findet, fußend auf E. **du Bois Reymond**'s Entdeckung des Elektrotonus, d. i. der Veränderung, die ein Nerv beim Durchleiten eines konstanten Stromes erfährt, das nach ihm benannte Pflüger'sche Zuckungsgesetz. Er stellt das neue Prinzip der polaren Erregung des Voltastromes auf.

— T. L. **Phipson** zeigt, daß flüssiges Silber im Moment des Erstarrens leuchtet (Krystalloluminescenz).

— Gaston **Planté** beobachtet unabhängig von Sinsteden (vgl. 1854 S.) eine von der galvanischen Polarisation verschiedene Art der Polarisation und benutzt dieselbe zur Konstruktion seines „Akkumulator" genannten sekundären Elements. Der Akkumulator besteht aus zwei Bleiplatten, die in verdünnte Schwefelsäure gestellt werden. Bei der Ladung des Elements bedeckt sich die positive Elektrode mit einer Schicht von Bleisuperoxyd. Bei darauffolgender Verwendung dieser Platte als Kathode erhält man einen kräftigen Strom, wobei sich das Superoxyd wieder zersetzt. Den Namen Akkumulator hat man daraus hergeleitet, daß in dem Superoxyd gleichsam ein länger andauernder Strom aufgespeichert wird.

— Julius **Plücker** beobachtet als erster die Kathodenstrahlen und ihre magnetische Ablenkung.

— Julius **Plücker** untersucht die Lichterscheinungen (positives Büschellicht) in Geißler'schen Röhren, die im wesentlichen von den Dimensionen der Röhren und dem Druck des eingeschlossenen Gases, aber auch vom Entladungsvorgang abhängen. Eben solche Untersuchungen werden von Hittorf (1869), Goldstein (1876), Crookes (1879), Wüllner und vielen anderen unternommen.

— William John Macquorn **Rankine** gibt in seinem Werke „The steam engine and other prime movers" eine auf die mechanische Wärmetheorie aufgebaute, in jeder Hinsicht vollständige Theorie der Dampfmaschine. (S. auch 1855 Z.)

1859 Henri Victor **Regnault** sucht die Abhängigkeit der Verdampfungswärme von der Temperatur zu bestimmen und kommt zu dem Ergebnis, daß die von ihm, von Watt und von Southern und Crighton behauptete Gesetzmäßigkeit, wonach die Verdampfungswärme der gesättigten Dämpfe bei allen Temperaturen gleich, und zwar gleich 523 Wärmeeinheiten sein sollte, nicht bestehe. Er stellt eine Gleichung zur Ermittlung der Verdampfungswärme auf, die bei 0^0 den Wert von 589 W.-E. ergibt. Dieterici sucht diesen Wert später direkt mittels des Bunsen'schen Eiscalorimeters zu messen und erhält aus 4 Versuchsreihen 596,80 W.-E. für die Verdampfungswärme des Wassers bei 0^0.

— Nachdem zuerst Serbat (1824) sich ein Verfahren zur Scheidung silberarmer Kupfererze durch Extraktion mit Schwefelsäure hatte patentieren lassen, wobei die edeln Metalle ungelöst bleiben, während das Kupfer ausgelaugt wird, und Berthier und Percy (1846) ähnliche Versuche unternommen hatten, nimmt Ferdinand **Reich** dieses Verfahren wieder auf und führt es so erfolgreich durch, daß 1861 eine große Extraktionsanstalt auf der Halsbrückner Hütte bei Freiberg in Betrieb gesetzt wird. Die Methode wird sowohl für die Kupferstein- als auch für die Schwarzkupferextraktion nutzbar gemacht.

— Der nordamerikanische General Thomas **Rodman** empfiehlt zur Entlastung der Geschützrohre bei starken Ladungen ein aus gepreßten und durchlochten Pulverkuchen bestehendes grobkörniges Schwarzpulver: das Mammutpulver. Aus diesem entwickelt sich, indem man den einzelnen Pulverkörnern mit Rücksicht auf zweckmäßige Kartuschpackung eine regelmäßige Form gibt, das prismatische Pulver.

— **Roscoe** und **Dittmar** zeigen, daß für die äußerst stark absorbierbaren Gase, wie Ammoniak und Chlorwasserstoffsäure, das Henry'sche Gesetz (s. 1803 H.) auch nicht annähernd gültig ist. Ähnliches finden Sims (1860) für schweflige Säure, Khanikoff und Longuinine (1867) und Wroblewski (1882) für Kohlensäure.

— Julius **von Sachs** liefert den Nachweis, daß die Pflanzenwurzeln gegen Wärme empfindlich sind, und daß in den meisten Fällen die Aufnahme des Wassers durch Wärme gesteigert wird.

— Julius **von Sachs** einerseits und Julius **Wiesner** andererseits zeigen durch den Versuch, daß die Pflanzenzelle fähig ist, Fett in Kohlehydrate (Zucker) umzuwandeln.

— Henri **Sainte-Claire-Deville** und Henri **Debray** verbessern das Knallgasgebläse (s. 1775 P.) so, daß sie unter Anwendung von Leuchtgas und Sauerstoff Temperaturen von etwa 2000^0 erreichen, denen, wie sie konstatieren, nur ungelöschter Kalk Widerstand leistet.

— Henri **Sainte-Claire-Deville** und Henry **Debray** gelingt es, durch Schmelzen von Platin in ihrem verbesserten Sauerstoff-Leuchtgasgebläse völlig dichte Bleche zu erhalten. Die Firma Johnson Matthey & Co. zeigt auf der Londoner Ausstellung 1862 einen massiven Block auf diese Weise geschmolzenen Platins von einem Gewicht von $2^1/_3$ Zentnern und einem Werte von 85000 Franken.

— Hermann **Schacht** entdeckt die Rübennematode (Heterodera Schachtii), einen Rundwurm, der die Rübenmüdigkeit erzeugt. (S. a. 1859 Kühn.)

— Carl **Schlickeysen** führt im Anschluß an seinen Tonschneider (s. 1854 S.) Torfpressen aus, die den Rohtorf unmittelbar so, wie er gegraben, in beliebig großen Mengen in einem Durchgang vollständig zu einer zusammenhängenden Masse gestalten und in endlose, glatte Stränge beliebigen Querschnittes pressen.

1859 Der Forschungsreisende Friedrich **Schmidt** aus Petersburg erforscht in den Jahren 1859—62 das Amurgebiet.

— Friedrich **Schnirch** erbaut eine Kettenbrücke über den Donaukanal bei Wien mit freitragenden, durch Strebeglieder versteiften Kettenwänden. Es ist dies die erste Kettenbrücke für Eisenbahnbetrieb. (Die von Finalay 1796 — s. 1870 R. — erbaute Kettenbrücke diente nur dem Straßenverkehr.)

— Heinrich **Schröder** gibt eine Zusammenstellung von Beziehungen zwischen der Raumerfüllung der durch die chemischen Formeln ausgedrückten Gewichte und der Zusammensetzung starrer Substanzen. Er nennt Körper von gleichem Atomvolum isoster und die Gleichheit der Atomvolume Isosterismus. (S. a. 1840 K.)

— E. L. **Scott** überträgt nach dem Vorgang von W. Weber (s. 1830 W.) die Luftschwingungen behufs deren Messung auf dünne Membranen, deren Schwingungen er durch einen Schreibstift aufzeichnen läßt (Scott'scher Membranphonograph, Phonautograph).

— Werner **von Siemens** mißt zuerst die Dielektrizitätskonstanten mehrerer Substanzen, indem er die Kapazität eines plattenförmigen Kondensators vergleicht, je nachdem sich zwischen den Platten desselben Luft oder ein Dielektrikum als Isolierschicht befindet. Ähnliche Versuche werden von Quincke (1883), Salvioni (1888) u. a. zur Bestimmung von Dielektrizitätskonstanten von Flüssigkeiten, und von Boltzmann (s. 1874 B.) zur Bestimmung von Dielektrizitätskonstanten fester Dielektrika vorgenommen. Auch Hopkinson (1878), Gordon (1880), Palaz (1886) u. a. bestimmen in dieser Weise zahlreiche Dielektrizitätskonstanten.

— Die erste Idee eines Abstimmungsapparates, welcher in den Parlamenten eine rasche Stimmenzählung (Ja und Nein) ermöglichen soll, stammt von de Brettes (1849). I. J. 1859 stellt Werner **von Siemens** einen derartigen Apparat her, bei dem von den Plätzen der Abgeordneten aus mittels Hebelwirkung durch eine Röhre hindurch eine schwarze bez. weiße Kugel in einen Zählbehälter befördert wird. Bei einem zweiten Modell wird die Abstimmung auf einen Papierstreifen neben den Namen des Abstimmenden gedruckt.

— **Silver** konstruiert im Anschluß an seinen Federregulator (vgl. 1854 S.) einen Dampfmaschinenregulator, „Schwungradregulator" genannt, der den Widerstand der Luft als Agens benutzt. Derselbe ist namentlich für Schiffe geeignet und so empfindlich, daß er die leichteste rollende oder stampfende Wirkung des Schiffes anzeigt und je nach Erfordernis den Dampf mehr zuläßt oder absperrt.

— James Young **Simpson** erfindet ein neues Verfahren zur Blutstillung, die Acupressur, der Velpeau später die übrigens schon von de Vigo (1514) empfohlene Acufilopressur substituiert.

— Georg **Städeler** untersucht die Gerüstsubstanz der Schwämme und führt für dieselbe den Namen „Spongin" ein. Bei gewissen Schwämmen kommt in der Gerüstsubstanz Jod in einer organischen Verbindung, die „Jodospongin" genannt wird, vor.

— **Thümel** konstruiert die ersten selbsttätigen Signalgeber für Eisenbahn-Läutesignal-Einrichtungen und bringt sie in den Stationen der Leipzig-Dresdener Eisenbahn zur Verwendung.

— August **Toepler** erfindet die Schlierenmethode, ein optisches Verfahren zur Untersuchung von optischem Glas, Prismen, Linsen usw. in bezug auf ihre Reinheit.

Darmstaedter.   38

1859 **Vasserot** findet eine Methode der Platinbelegung von Glasspiegeln, die auf Verwendung einer mit Lavendelöl versetzten Platinchloridlösung beruht, mit welcher die Gläser gleichmäßig überzogen werden. Nach dem An- trocknen wird das Platin in Muffeln bei aufrechter Stellung der Gläser eingebrannt.

— Emanuel **Verguin** oxydiert Handelsanilin mit Zinnchlorid und stellt so zu- erst das von Natanson (vgl. 1856 N.) bereits beobachtete Fuchsin tech- nisch her. Er überläßt die Ausbeutung seiner Erfindung der Firma **Renard frères** in Lyon, welche am 8. April das englische Fuchsinpatent anmelden.

— **Versmann** und **Oppenheim** machen eingehende Versuche zum Schutz von Geweben gegen Entzündung und finden, daß von allen dazu empfohlenen Stoffen das schwefelsaure Ammonium und das wolframsaure Natrium am brauchbarsten sind. Das letztere Salz wird unter dem Namen ,,Lady's life preserver" viel angewendet.

— **Vignier** erfindet eine eigentümliche Verriegelung der Weichen- und Signal- hebel und führt die ersten größeren Stellwerke auf dem europäischen Festlande aus.

— Rudolf **Virchow** begründet die Cellularpathologie, indem er nachweist, daß viele Krankheitsprozesse auf krankhafter Tätigkeit der einzelnen Gewebs- zellen beruhen.

— Heinrich **Wild** weist zuerst Thermoströme zwischen Flüssigkeiten nach und dehnt seine Untersuchungen auch auf verschieden konzentrierte Lösungen derselben Salze aus, die ebenfalls thermoelektrische Erscheinungen zeigen.

— Adolphe **Wurtz** erhält durch Behandlung des aus dem Glykol (s. 1857 W.) durch Salzsäure entstehenden Glykolchlorhydrins mit Kalilauge das Äthylen- oxyd, den Äther des Glykols, das sich zu diesem verhält wie das Anhydrid der Schwefelsäure zum Schwefelsäurehydrat. Durch Erhitzen von Äthylen- oxyd mit Glykol erhält er (1860) die auch von Lourenço gleichzeitig dar- gestellten Polyäthylenalkohole.

— Adolphe **Wurtz** führt die Unterscheidung zwischen Basizität und Atomig- keit bei Säuren ein. Während die Basizität von der Anzahl der durch Metalle vertretbaren Wasserstoffatome abhängt, wird die Atomigkeit durch die Valenz des vorhandenen Radikals bestimmt.

— Gustav **Zeuner** macht ausgedehnte Versuche mit überhitztem Dampf und gibt seiner Überzeugung Ausdruck, daß man höchstwahrscheinlich dem- nächst durchgängig überhitzten Dampf statt des gesättigten zur Anwen- dung bringen werde. Er trägt dadurch wesentlich zur endgültigen Ein- führung der Heißdampfmaschine bei.

1860 Der Bergrat **Althans** macht für Wassersäulenmaschinen in Bergwerken auch geringe Gefälle nutzbar, die man sonst nur für vertikale Wasser- räder verwendete.

— Giovanni Battista **Amici** konstruiert einen Spektralapparat, der gestattet, den Lichtstrahl in derselben Richtung, in der er einfällt, zu untersuchen (geradsichtiges Spektroskop).

— John **Appleby** gibt eine Anleitung, Geweben, die nicht aus Seide bestehen, durch Kalandern ein seidenähnliches Aussehen zu geben.

— K. E. **von Baer** spricht zunächst für die russischen Flußläufe den später unter dem Namen des Baer'schen Gesetzes gehenden Erfahrungssatz aus, daß auf der nördlichen Hemisphäre die Erosion des fließenden Wassers durchweg das rechte Ufer stärker als das linke angreife, während es sich auf der südlichen Hemisphäre gerade umgekehrt verhalte. Nachdem das Gesetz vielen Widerspruch gefunden hatte, treten Sueß (1866) und Peters (1876), sowie Penck (1891) dafür ein, daß es wenigstens in beschränktem Maße gültig ist.

1860 Henry Walter **Bates** zeigt, daß die natürliche Zuchtwahl eine sehr einfache Erklärung für die sogenannte Nachäffung lebender Wesen durch andere, die er „Mimikry" nennt, gibt. Er zeigt, daß nur solche Tiere nachgeahmt werden, die aus irgend einem Grunde vor häufigen Verfolgungen geschützt sind, und daß stärkere Grade der Ähnlichkeit durch fortgesetzte Zuchtwahl hervorgerufen werden. (S. 1794 D.)

— Pierre Joseph **van Beneden** untersucht die Entwicklung der Blasenwürmer und erforscht die verschiedenen Verhältnisse des Parasitismus.

— Marcelin **Berthelot** studiert eingehend die von Dubrunfaut (s. 1847 D.) entdeckte Inversion des Rohrzuckers und stellt fest, daß ein wässeriger Hefeauszug, der ganz frei von Hefezellen ist, Rohrzucker in Traubenzucker (Glucose) und Fruchtzucker (Fructose) verwandelt. Er isoliert den Körper, den Dubrunfaut noch nicht isolieren konnte, und beschreibt ihn unter dem Namen „Ferment glycosique". Béchamp untersucht diesen Körper 1864 eingehend und nennt ihn „Zymase". 1875 erhält er dann durch Donelle den Namen „Invertin", der später durch „Invertase" ersetzt wird.

— Marcelin **Berthelot** erhält Borneol durch Behandlung von Campher mit alkoholischem Kali.

— Theodor Ludwig Wilhelm **Bischoff** und Karl **von Voit** gelangen zu der Erkenntnis, daß der Stickstoffumsatz im Körper in erster Linie abhängig von dem Bestand an „Organeiweiß" ist, und daß bei Zufuhr von überschüssigen Eiweißmengen der Körper so lange an Eiweiß zunimmt, bis der Stickstoffumsatz infolge der Zunahme des Organeiweißes der Einfuhr das Gleichgewicht hält.

— George Phillips **Bond** konstruiert für Registrierzwecke seinen Zylinderapparat, der auch heute noch in Amerika fast ausschließlich angewendet wird, und bei welchem der Papierstreifen über einen durch ein Uhrwerk gleichmäßig bewegten Zylinder läuft, während der registrierende Stift durch einen Elektromagneten geführt wird.

— Eugène **Bouchut** schildert in seinem Buche „Du nervosisme aigu ou chronique et des maladies nerveuses" eine Reihe von abnormen Lebenserscheinungen, die er als Nervenschwäche ansieht, und für die George M. **Beard** 1880 den Namen „Neurasthenie" einführt. Die ersten Beobachtungen über diese Krankheitszustände hatte 1765 Whytt gemacht, der sie als „Nervousness" bezeichnet.

— **Bouhey** konstruiert für die Filzfabrikation eine neue Haarblasemaschine, einen Wolf, der im wesentlichen dem Schlagwolf der Baumwollspinnerei nachgebildet ist. Die in einem langen Kasten angebrachten Stachelwalzen werfen sich die Haare zu, die dadurch in hohem Grade gelockert werden. Haarblasemaschinen anderer Systeme waren in Amerika seit 1855 bekannt.

— Jean Baptiste **Boussingault** stellt als Resultat vieljähriger Arbeiten fest, daß die Pflanzen nicht imstande sind, den Stickstoff der Atmosphäre zu assimilieren, daß man dagegen eine normale und kräftige Vegetation erzielt, wenn man ihnen den Stickstoff in Form salpetersaurer Salze darbietet. Er benutzt zu diesen Feststellungen die Sandkulturmethode; später bringt Knop ähnliche Beweise mittels der Wasserkulturmethode bei.

— Der belgische Ingenieurgeneral Henry Alexis **Brialmont** befestigt Antwerpen als Kernplatz der belgischen Landesverteidigung nach dem polygonalen Tracée und in Anlehnung an das neupreußische System (s. 1844 B.), jedoch unter Aufbietung großartigerer technischer Mittel. Seine Schrift „Etudes sur la défense des etats et sur la fortification" wird für die Weiterentwicklung des Festungsbaus von hoher Bedeutung.

— Robert Wilhelm **von Bunsen** entdeckt bei seinen Spektraluntersuchungen

38*

in der Dürkheimer Mutterlauge das Caesium, welches durch zwei blaue Linien charakterisiert ist.

1860 Nachdem **Burcq** in Paris schon 1848 und 1849 Mitteilungen über die Heilung verschiedener Krankheiten durch Auflegen von Metallen publiziert hatte, berichtet er i. J. 1860 an die Académie de médecine über seine Beobachtungen an hysterischen und epileptischen Frauen und gründet auf die Empfänglichkeit der Kranken gegen Metalle ein Heilverfahren, dem er den Namen „Metallotherapie" gibt.

— Der irische Forschungsreisende Robert O'Hara **Burke** durchquert, begleitet von dem englischen Arzte William John **Wills,** von Melbourne aus in süd-nördlicher Richtung das bis dahin unbekannte Innere von Australien bis zum Golf von Carpentaria, erliegt aber mit seinem Begleiter i. J. 1861 auf der Rückreise am Cooper Creek dem Hungertode.

— Auguste **Cahours** gelingt es, durch Erhitzen von Jodäthyl mit Aluminium das Aluminiumäthyl in Form einer an der Luft rauchenden Flüssigkeit herzustellen.

— Der französische Ingenieur Fernand Philippe Edouard **Carré** konstruiert eine Ammoniak-Absorptionseismaschine, in der Wasser durch die rasche Verdunstung von kondensiertem Ammoniak zum Gefrieren gebracht wird. Diese Maschine gelangt zu großer Bedeutung und behauptet sich nach den von Reece (1870) sowie von Koch und Habermann (1871) angebrachten Verbesserungen so lange, bis die neueren Kompressions-Kältemaschinen ihre höhere Leistungsfähigkeit erweisen.

— Charles **Chubb** verwendet zuerst zur Erhöhung der Einbruchssicherheit bei Geldschränken gehärtete Stahlplatten, die er an die innere Seite der äußeren Eisenplatten legt. Diese Panzerplatten werden später durch Platten ersetzt, die aus abwechselnden Stahl- und Eisenschichten bestehen und sowohl gegen Bohrer, als auch gegen Hammerschläge Schutz bieten.

— Nachdem Berzelius (1827) die ersten Untersuchungen über Rhodiumverbindungen angestellt hatte, untersucht Carl Ernst **Claus** dieselben neuerdings in eingehendster Weise. Er stellt fest, daß es vier Oxydationsstufen, ein Oxydul, ein Sesquioxydul, ein Oxyd und eine Säure gibt, kann von Chlorverbindungen jedoch mit Sicherheit nur das Sesquichlorür erhalten, aus welchem er den Platin- und Iridiumbasen entsprechende Rhodiumbasen herstellt.

— Rudolph **Clausius** bestimmt mit Hilfe der Wahrscheinlichkeitsrechnung die mittlere Weglänge der Moleküle, d. i. die Wegstrecken, welche die einzelnen Gasmoleküle im Mittel zwischen je zwei Stößen zurücklegen. Da der Druck des Gases auf die Wandungen des Gefäßes, in welches es eingeschlossen ist, nur herrührt von den Stößen, welche die an die Wand prallenden Moleküle der Wand erteilen, führen die Clausius'schen Entwicklungen über die Weglänge der Moleküle auch zur Prüfung der Beziehungen, welche zwischen dem Druck eines Gases und dem von ihm eingenommenen Raum bestehen, führen also zur Ableitung des Boyle-Mariotte'schen Gesetzes, womit sich 1873 van der Waals beschäftigt. (Vgl. auch 1873 W.)

— **Clayton** und **Shuttleworth** führen die kombinierten Dampfdreschmaschinen ein, bei welchen mit der Dreschmaschine Apparate zur Reinigung und zum Sortieren der Dreschfrucht kombiniert sind, so daß diese aus der Maschine unmittelbar in die Säcke als Marktware oder als Saatgetreide abgeführt wird. Zum Betriebe dienen gewöhnlich Lokomobilen.

— Der englische Kapitän Cowper Phipps **Coles** schlägt die Verwendung von kuppelförmigen Panzerdrehtürmen auf Kriegsschiffen vor. Nach diesem Plane baut Ericsson seinen berühmten „Monitor" (s. 1861 E.), Coles selbst geht mit dem nach seinen eigenen Plänen erbauten „Captain" auf dessen erster Reise unter (1870).

1860 Joseph **Czermak** führt die Untersuchung des Nasenrachenraumes mit dem Nasenspiegel ein (Rhinoskopie).

— J. H. **Dallmeyer** konstruiert sein Triplet, bei welchem er sphärische Korrektion einführt, und das ein Universalobjektiv darstellt.

— Auguste **Daubrée** in Paris gelingt es, mit Hilfe der Einwirkung überhitzten Wassers auf verschiedene Gesteine geognostisch wichtige Veränderungen (wie z. B. die Umwandlung von Ton in Glimmer, von Holz in Anthrazit, von vulkanischem Glas in Trachyt u. a.) hervorzurufen.

— Bei der Beobachtung der Sonnenfinsternis vom 18. Juli feiert die Himmelsphotographie ihren ersten großen Triumph, indem die gleichzeitig von Warren **De la Rue** in Rivabellosa (Spanien) und von Angelo **Secchi** in Desierto de las Palmas 88 km weiter südöstlich gemachten Aufnahmen völlig übereinstimmen und die reelle Existenz der Protuberanzen und deren Zugehörigkeit zur Sonne erweisen. Außerdem stellt sich heraus, daß die Sonnenflecke Vertiefungen in der Sonnenoberfläche sind, deren Ränder sich als Böschungen darstellen.

— **Desfontaines** erfindet das Trommelwehr, das eine Verbesserung des Klappenwehrs darstellt, und bringt solche Wehre zur Kanalisierung der Marne in Anwendung.

— Franz Cornelius **Donders** führt durch seine Studien über den von Young entdeckten Astigmatismus (s. 1801 Y.) die Vervollkommnung der zylindrischen und prismatischen Brillengläser herbei. (S. 1792 W. und 1825 A.)

— Der Bergwerksdirektor **Eichhorn** zu Wörschach im oberen Ennstal bringt den Torf in der für die Verbrennung besonders günstigen Kugelform in den Handel. Die Heizkraft dieses Kugeltorfs wird durch Wasserentziehung mittels geeigneter Maschinen erhöht.

— J. A. **Eisenstuck** in Chemnitz konstruiert eine Strickmaschine zum Stricken von Strümpfen, die dem Rundwirkerstuhl nachgebildet ist, nur daß die Nadeln nicht wie bei diesem im Kreise, sondern in vier geraden, ein Quadrat bildenden Reihen angeordnet sind, ähnlich, wie es beim Handstricken der Fall ist.

— Emil **Erlenmeyer** macht zuerst darauf aufmerksam, daß jedes Element mit einer höchsten Valenz ausgestattet sei, die aber in vielen Fällen nicht voll zur Wirkung gelange, und unterscheidet zuerst zwischen gesättigten und ungesättigten Verbindungen.

— Friedrich **von Esmarch** gibt die erste Anregung zur Schaffung von Lazarettzügen (d. s. Eisenbahnzüge zur Fortschaffung Verwundeter und Kranker), die ebenso wie die Hospitalschiffe zuerst im amerikanischen Bürgerkriege 1861—65 in Anwendung gelangen.

— Der Physiker Gustav Theodor **Fechner** in Leipzig versucht nach Ernst Heinrich Weber's Vorgange (s. 1825 W. und 1834 W.) in seinem Werke „Elemente der Psychophysik" das Verhältnis der Stärke einer physischen Einwirkung auf die Sinnesorgane und der dadurch hervorgerufenen psychischen Empfindung durch Versuche zu bestimmen und gibt eine Formel dafür. (Fechner'sches psychophysisches Gesetz.)

— **Flobert** erfindet das Tesching.

— Moritz Ludwig **Frankenheim** macht als erster rationelle Versuche über die Vorgänge (Tröpfchenausscheidung), die der eigentlichen Krystallbildung vorangehen.

— Charles V. **Galloway** in Manchester sucht beim Dampfkessel eine vergrößerte Heizfläche zu erhalten und führt quer durch das Flammrohr gegeneinander versetzte konisch geformte Röhren hindurch, die, mit Wasser gefüllt, mitten im Weg der Heizgase liegen (Gallowaykessel).

1860 Charles **Girard** und Georges **de Laire** erhalten beim mehrstündigen Erhitzen von Anilin mit Rosanilinsalzen auf ca. 160° C. das Anilinblau (Bleu de Lyon). welches sich nach Hofmann's Untersuchung (1863) als triphenyliertes Rosanilin herausstellt.

— Der amerikanische Arzt Sylvester **Graham** schlägt vor, Brot aus geschroteten Getreidekörnern ohne Gärung zu bereiten (Grahambrot).

— Charles Francis **Hall** verbringt die Jahre von 1860—62 unter den Eskimos des Frobisher Sundes und besucht in den Jahren 1864—69 von der Repulsebai aus die Melvillehalbinsel und King Williams-Land, wo es ihm gelingt, nähere Mitteilungen über das Schicksal Franklin's und seiner Leute zu erlangen.

— **Harrison** erfindet das nach ihm benannte Kugelobjektiv, das erste wirkliche Weitwinkelobjektiv. Dasselbe besteht aus zwei achromatischen Menisken, deren äußere Krümmungsflächen in der Oberfläche ein und derselben Kugel liegen.

— Der amerikanische Nordpolfahrer Isaac Israel **Hayes,** Begleiter von Kane (s. 1853 K.), macht eine Expedition nach dem Smithsund, wo er überwintert, und von wo aus er zu Schlitten die Küsten von Ellesmereland und Grinnell-Land bis $80^1/_2$° n. Br. untersucht.

— Ferdinand von **Hebra** beschreibt zuerst unter dem Namen „Lichen ruber" eine seltene, jedoch wegen des tödlichen Ausgangs, den sämtliche zuerst beobachtete Fälle nahmen, wichtige Hautkrankheit.

— Per **Hedenius** fördert durch seine Arbeiten die pathologische Anatomie und die Pharmakologie.

— Hermann **von Helmholtz** benutzt zum Nachweis der objektiven Existenz der Obertöne (s. 1858 H.) das Phänomen des Mittönens, das er durch die von ihm erfundenen Resonatoren zu zeigen imstande ist. Diese aus Hohlkugeln oder Röhren von Glas oder Messing mit zwei Öffnungen bestehenden Resonatoren geben einen bestimmten Grundton und mehrere höher liegende Obertöne. Wird außerhalb der Grundton angegeben, so wird die Luft des Resonators kräftig zum Mittönen gebracht, und der Ton dringt unmittelbar und sehr kräftig ins Ohr, während die Obertöne nur sehr gedämpft gehört werden.

— Hermann **von Helmholtz** macht die von Wheatstone (s. 1837 W.) aufgestellte Theorie der Vokalklänge zum Gegenstand einer eingehenden Untersuchung und bestimmt mit Hilfe der von ihm erfundenen, für je einen bestimmten Oberton abgestimmten Resonatoren (s. den vorigen Artikel) die Klangfarbe der Vokale, die er instrumentell durch eine Reihe abgestimmter Stimmgabeln nachbilden lehrt, und denen gegenüber er die Konsonanten als unzerlegbare Geräusche definiert.

— Karl Wilhelm **Hempel** führt die Methode des Titrierens der Oxalsäure mit Chamäleonlösung und die Quecksilberbestimmung mit Jod in die chemische Analyse ein.

— Der Agrikulturchemiker Johann Wilhelm Julius **Henneberg** in Göttingen begründet die neue landwirtschaftliche Fütterungslehre der Nutztiere durch die chemische Analyse der Futterstoffe und durch ausgedehnte praktische Versuche.

— **Hertel** verbessert die Herstellung von Braunkohlen-Naßpreßsteinen, indem er anstatt der Preßmaschinen mit geschlossenen Formen (s. 1847 M.) Pressen mit offenen Formen und mechanischer Knetvorrichtung einführt. Die Presse wird 1863 vom Ingenieur L. Schmelzer wesentlich vervollkommnet und ist seitdem als Hertel-Schmelzer'sche Kohlenpresse vielfach im Gebrauch.

— Theodor **von Heuglin**, der schon seit 1850 mehrere Forschungsreisen nach

Ägypten und Arabien unternommen hatte, übernimmt die Leitung der Expedition zur Aufsuchung Vogel's (s. 1853 V.) und erreicht 1861 Massaua. Später trennt er sich von der Expedition und schließt sich der holländischen Forscherin A. Tinné (s. 1862 T.) an, befährt mit ihr den Bahr el Gazal und kehrt 1864 über Berber und Suakin nach Europa zurück.

1860 Heinrich **Hirzel** in Leipzig stellt Leuchtgas aus Petroleumrückständen her.

— A. W. **von Hofmann** und E. **Frankland** empfehlen auf Grund von Versuchen, die sie an den Londoner Abwasserkanälen im größten Maßstabe auszuführen Gelegenheit hatten, das Eisenchlorid für die Desinfektion von Kanalwässern. Statt der Eisensalze werden vielfach auch Tonerdesalze angewandt, so z. B. seit längerer Zeit schwefelsaure Tonerde in Asnières bei Paris und Chloraluminium in verschiedenen englischen Städten.

— E. B. **Holmes** in Buffalo gibt ein Verfahren der Faßdaubenfabrikation an, bei welchem die gespaltenen Dauben gepreßt und dann an ihrer Innen- und Außenseite gleichzeitig zwischen zwei horizontalen Messerköpfen bearbeitet werden. Dieses Verfahren ist denjenigen, bei welchen gesägte Dauben verwendet werden, vorzuziehen.

— Nachdem schon Roentgen's Patent (s. 1829 R.) die drei- und mehrstufige Expansion eingeschlossen hatte, nimmt James **Howden** ein Patent auf eine Dreifach-Expansionsmaschine, bei der Dampf von 150—200 Pfund per Quadratzoll (von 10,5—14 Atmosphären) verwendet werden soll. Die Maschine gelangt aber ebenso wenig, wie die von Roentgen projektierte, zur Ausführung.

— **Jeffery** stellt durch Auflösen von einem Teil Kautschuk in 12 Teilen Terpentinöl (auch Steinöl oder Steinkohlenteeröl), Hinzufügung von 2 Teilen Schellack auf 1 Teil Kautschuk und Erhitzung bis zur völligen Gleichartigkeit, den sogenannten Marineleim (marine glue) her, der auf Holz, Metall und Stein sehr fest haftet und besonders da sehr brauchbar ist, wo es sich um Verbindung von Gegenständen handelt, die dem Wasser ausgesetzt werden.

— Da die gewöhnlichen Saccharimeter bei den Beobachtern Augen voraussetzen, die schon für geringe Farbenunterschiede empfindlich sind, und solche Farbenempfindlichkeit selten zu finden ist, konstruiert **Jellet** einen Halbschattenapparat, bei welchem die gleiche Schärfe der Zuckerbestimmung erreicht wird, indem man nur die Helligkeit der beiden Teile des Gesichtsfeldes miteinander zu vergleichen hat. Diese Apparate werden von Franz Schmidt und Haensch in Berlin in ihren Halbschattenapparaten mit einfacher und doppelter Quarzkeilkompensation wesentlich verbessert. Derartige Halbschattenapparate werden auch von Laurent und von Lippich (1880) angegeben.

— F. **Kaesemacher** führt die Ammoniaksuperphosphate in die Technik ein, die nach einem Vorschlage von Karl Scheibler durch Mischen von Superphosphaten mit schwefelsaurem Ammoniak erhalten werden.

— August **von Kekulé** stellt Äpfelsäure synthetisch aus Monobrombernsteinsäure her.

— Der englische Ingenieur **Kemp** macht einen Vorschlag zum Bau von Verbundlokomotiven, der jedoch nicht zu einem praktischen Erfolg führt. Ebenso wenig Erfolg ist den 1866 von Jules Morandière gemachten Vorschlägen beschieden. (S. a. 1829 R., 1846 C. und 1874 M.)

— Zur Wassergaserzeugung war bisher der Koks in Retorten von außen erhitzt und dann mit Wasserdampf behandelt worden. Da die schlechte Wärmeübertragung diese Methode unrationell erscheinen läßt, schlägt **Kirkham** in Narbonne vor, den Koks im Innern der Retorten teilweise zu verbrennen und gibt dadurch dem Wassergasprozeß das Fundament, auf dem er erfolgreich weiter entwickelt wird.

1860 Hermann Jacob **Knapp** macht eingehende Untersuchungen über die optischen Konstanten des Auges.

— Johann Ludwig Wilhelm **Knop** führt zur experimentellen Erforschung der Pflanzenernährung die Wasserkulturmethode ein, die in primitiver Weise von Bonnet angewendet worden war und darin besteht, daß man die Wurzeln der Pflanzen anstatt in bodenähnlich gemischten festen Stoffen in wässerigen, rein anorganischen Lösungen sich entwickeln läßt.

— Hermann **Kolbe** findet, daß Addition eintritt, wenn man einen Strom von Kohlensäureanhydrid durch heißes Phenol leitet und gleichzeitig Natrium einträgt, und erhält auf diese Weise auf synthetischem Wege die Salicylsäure. Die Kolbe'sche Synthese, insbesondere in ihrer späteren, verbesserten Form (s. 1873 K.) ist bei einwertigen Phenolen allgemein verwendbar zur Gewinnung von Monooxymonocarbonsäuren.

— Der Leipziger Buchdrucker **Kramer** erfindet die Metachromatypien (Abziehbilder).

— Der Mechaniker **Kreiner** in Berlin konstruiert unter Anlehnung an die Vorschläge der Engländer Church und Goddard den nach ihm benannten Doppelkeilverschluß für Hinterladekanonen, bei welchem sich in einem im Rohrkörper befindlichen Querloche zwei Stahlkeile gegeneinander bewegen und auf diese Weise das Keilloch ausfüllen. Der Doppelkeilverschluß war lange Zeit hindurch die Hauptform der preußischen Hinterladungsverschlüsse.

— **Kröhnke** erfindet den chilenischen Amalgamationsprozeß, bei welchem die aus Schwefelarsen und Antimonverbindungen zusammengesetzten, schwer zu amalgamierenden, silberhaltigen Erze mit einer heißen Kupferchlorür-Chlornatriumlösung zersetzt werden, und bei der Amalgamierung etwas Blei oder Zink zugesetzt wird, das die Silberausscheidung begünstigt und so die Amalgamierung erleichtert.

— Willy **Kühne** in Heidelberg begründet die Chemie des Muskeleiweißes und führt die langbekannte Erscheinung, daß die Muskeln nach dem Tode in einen Zustand der Starre verfallen, auf die Existenz eines eigenartigen Eiweißkörpers, des Myosins, zurück, das leicht spontan gerinnt, worauf die Totenstarre beruht.

— Eduard **von Lade** trägt zur Hebung des Obstbaus durch Begründung der Königlichen Lehranstalt für Obst- und Weinbau in Geisenheim und durch sein Werk „Der Obst- und Gartenbau in Monrepos" bei.

— **Lambl** beobachtet zuerst im menschlichen Darm die Amoeba coli, die ein einzelliges Lebewesen (Protozoon) ist.

— **Lautemann** gelingt es, die Gallussäure (s. 1786 S.) synthetisch aus Dijodsalicylsäure durch Erhitzen mit kohlensaurem Kalium zu erzeugen.

— **Lautemann** entdeckt die Reduktion von Milchsäure zu Propionsäure mit Jodwasserstoffsäure, an welche sich im gleichen Jahre die Reduktion der Weinsäure und der Äpfelsäure zu Bernsteinsäure durch Rudolf Schmitt und Victor Dessaignes, und die Reduktion der Weinsäure zu Äpfelsäure durch Dessaignes anschließt.

— **Lawes, Gilbert** und **Pugh** untersuchen eingehend in vieljähriger Arbeit die Frage der Stickstoffassimilation der Pflanze und bestätigen völlig die Boussingault'schen Resultate. (S. 1860 B.)

— Der französische Irrenarzt Henri **Legrand du Saulle** fördert die Psychiatrie und die gerichtliche Psychopathologie.

— Der Apotheker Jules **Lemaire** in Paris entdeckt die bakterienvernichtenden Eigenschaften der Carbolsäure und betont die Bedeutung derselben für die Wundkrankheiten. Dieses Antiseptikum wird zuerst von Maisonneuve in der chirurgischen Abteilung des Hotel Dieu in Paris angewendet.

1860 Etienne **Lenoir** erhält ein Patent auf eine doppeltwirkende Gasmaschine, welche sich im dauernden Betriebe vollständig bewährt. Bemerkenswert ist, daß Lenoir bei seinem Gasmotor bereits die elektrische Zündung anwendet, die sich späterhin für den Bau schnelllaufender Automobile als unentbehrlich herausstellt.

— Nachdem bisher an Dampfröhren und Dampfbehältern zur Vermeidung schädlicher Wärmeabgabe nur Wärmeschutzmittel primitivster Art, wie Strohzöpfe mit oder ohne Lehmüberzug, verwendet worden waren, bringt Ferdinand **Leroy** unter dem Namen „Leroy'sche Masse" ein Isoliermittel aus gemahlener Schlacke, Lehm, Sirup und Haaren in den Handel.

— Karl Georg F. A. **Leuckart** untersucht eingehend die Trichinen und Finnen und gibt durch seine Arbeiten den Anstoß zur offiziellen Fleischbeschau.

— Charles **Locock** in London entdeckt die Wirksamkeit des Bromkaliums gegen Epilepsie.

— Ludwig **Löwe & Co.** verbessern die Münzprägemaschine unter Mitwirkung des Münztechnikers Naumann und konstruieren eine Münzrändelmaschine für Schriftrand.

— Gustav **Magnus** schließt zuerst aus theoretischen Gründen auf die Wärmeleitfähigkeit der Gase. (S. a. 1872 St.)

— Nachdem Charles Thurber 1843 ein Patent auf eine mechanische Schreibvorrichtung für Blinde genommen und ein Blinder namens Pierre im Pariser Blindeninstitut eine ähnliche Vorrichtung erfunden hatte, konstruiert der dänische Pastor **Malling-Hansen** die sogenannte Schreibkugel für Blinde, die auf der Kopenhagener Industrieausstellung großes Aufsehen erregt.

— Das ätherische Öl der Bayblätter besteht nach G. F. H. **Markoe** aus einem leichten und einem schweren Anteil. Es gelangt zur Anwendung als Bay-Rum, der aus 1 Teil Öl, 16 Teilen Rum, 64 Teilen Alkohol und 48 Teilen Wasser besteht.

— James Clerk **Maxwell** stellt das Verteilungsgesetz der Molekulargeschwindigkeiten auf und fördert dadurch die kinetische Gastheorie. (S. a. 1858 C.)

— James Clerk **Maxwell** beweist unmittelbar aus der kinetischen Gastheorie, daß bei den Gasen eine innere Reibung vorhanden ist, und welchen Gesetzen dieselbe folgen muß. Die Theorie der Reibung der Gase wird später von Lang (1872), O. E. Meyer (1877) und Tait (1888) behandelt.

— James Clerk **Maxwell** untersucht die Beziehungen zwischen dem Brechungsexponenten elektrischer (und optischer) Wellen in verschiedenen Medien und deren Dielektrizitätskonstante und findet, daß die Dielektrizitätskonstante das Quadrat des Brechungsexponenten ist. Kleine Abweichungen von dieser Regel erklärt die neuere elektromagnetische Lichttheorie (s. 1895 Z.) durch das Vorhandensein beweglicher elektrischer Ladungen (Elektronen) in den Atomen.

— Henry **Medlock** erfindet das Arsensäureverfahren zur Herstellung des Fuchsins.

— Franz **Melde** macht die Schwingungsknotenlinien gekrümmter Flächen (z. B. an Glocken) sichtbar, indem er die Fläche mit dünner Kalkmilch bestreicht und dann schwach mit Sand bestreut. Der Sand gräbt in den etwas getrockneten Kalküberzug die Bewegungskurven ein. Auf ähnliche Weise macht er die durch zwei Labialpfeifen hervorgebrachten Schwebungen sichtbar durch die Bewegung von Sand, der auf eine über das obere Ende einer Pappröhre von geeigneter Länge gespannte Seidenpapiermembran aufgestreut ist.

— Der Chemiker Dimitrij **Mendelejew** zeigt, daß einem gleichen Unterschied in der chemischen Zusammensetzung nicht ein gleicher Unterschied der Steighöhen in Capillarröhren entspricht.

1860 Robert **Napier** konstruiert eine Differentialbandbremse, die auf der Anwendung eines doppelarmigen Spannhebels beruht, an dem die beiden Bremsbandenden so befestigt werden, daß die Spannung im auflaufenden Trum die Wirkung des Hebeldrucks unterstützt.

— Auguste **Nélaton** erfindet den nach ihm benannten weichen Katheter aus Gummi.

— J. **Neßler** macht Untersuchungen über die capillare Leitung des Wassers im Boden und weist auf die Wichtigkeit der oberflächlichen Lockerung des Bodens hin, da das Regenwasser durch diese lockere Schicht leichter eindringt, und, nachdem die oberste lockere Schicht ausgetrocknet ist, nur wenig Wasser aus den tieferen Bodenschichten durch die oberen Schichten hindurch verdunsten kann. Ganz dasselbe wird bei der Rimpau'schen Moorkultur durch die oben aufgebrachte Sanddecke erreicht, die das Wasser schlechter leitet als der Humus. (S. a. 1840 S.)

— Der preußische General Rudolf Sylvius **von Neumann** konstruiert, nach Moorsom's Prinzip, den Perkussionszünder für Hinterladergranaten, bei dem ein im Zünder beweglicher metallener Nadelbolzen beim Aufschlagen des Geschosses am Ziel in seiner Vorwärtsbewegung beharrt und durch den Stich in eine Zündpille diese und damit gleichzeitig die Sprengladung der Granate entzündet. Eine vorzeitige Explosion wird dadurch verhindert, daß der Nadelbolzen durch einen Vorstecker zunächst festgehalten ist, so daß erst durch das Abschleudern des letztern während des Flugs der Zünder scharf wird. Aus der Vereinigung des Perkussionszünders mit dem Zeitzünder (vgl. 1862 R.) sind neuerdings die Universal- oder Doppelzünder entstanden.

— **Otis** führt als erster die selbsttätig wirkenden Schleuderbremsen ein, deren Bremswerk durch den Watt'schen Zentrifugalregulator in Bewegung gesetzt wird. Die ersten Otis'schen Aufzüge mit Dampf- oder hydraulischem Betrieb werden sämtlich mit dieser Bremsvorrichtung versehen. Diese Art der Bremsregulierung wird von Stauffer und Mégy 1876 wesentlich verbessert und dieser Verbesserung folgen zahlreiche Neukonstruktionen, wie von Becker, Mohr u. a.

— Der italienische Physiker Antonio **Pacinotti** in Florenz baut die erste dem heutigen Gleichstrommotor ziemlich entsprechende Maschine. Wesentlich an derselben ist ein mit Ringwicklung versehener Eisenring, der zwischen einem hufeisenförmigen von einer Batterie gespeisten Elektromagneten rotiert. (S. a. 1842 E.) Im gleichen Jahre erfindet Pacinotti die Kollektor- oder Sammelsteuerung.

— Der englische Kavallerieoffizier und Industrielle William **Palliser** stellt Panzergranaten aus Hartgußeisen durch Schalenguß her, indem er an Stelle der Lehmformen kalte eiserne Gußformen benutzt, in welchen die Gußmasse infolge schnellerer Abkühlung bis zur Glashärte erstarrt. Hermann Gruson in Magdeburg verbessert dieses Herstellungsverfahren. Doch sind die Hartgußgranaten durch die aus gehärtetem Nickelstahl gefertigten Krupp'schen Panzergranaten überholt.

— Louis **Pasteur** erfindet ein Verfahren, die Luft durch Schießbaumwolle zu filtrieren und durch Lösung der Schießbaumwolle in Äther-Alkohol die Luftkeime zur Prüfung unter dem Mikroskop zu sammeln.

— Louis **Pasteur** erfindet die Pasteur'sche Nährflüssigkeit zur Züchtung der Keime.

— Louis **Pasteur** zeigt, daß die Keime niederer Organismen, wie Infusorien, Pilze, Bakterien überall in der Luft verbreitet sind und vervollständigt durch seine Versuche die von Schulze, Schwann u. a. (s. 1836 Schu. und Schw.) aufgestellte Lehre, daß die angebliche Entstehung solcher Organismen durch Urzeugung auf das Eindringen von Keimen zurückgeführt werden muß. Werden die Keime durch geeignete Vorrichtungen ferngehalten, so entstehen keine lebenden Wesen.

1860 Louis **Pasteur** stellt fest, daß die Gärung aufs innigste an das Leben und Wachstum der Hefezellen gebunden und daher als deren Arbeitsleistung zu betrachten ist, und daß deren Wachstum auf Kosten der ihre Nahrung bildenden Nährflüssigkeit stattfindet. Er trennt die verschiedenen Arten der Gärung nach den spezifisch verschiedenen lebenden Erregern. (S. 1835 C., 1837 K. und 1837 Sch.)

— Louis **Pasteur** erbringt den experimentellen Nachweis der Ernährung des Hefepilzes in mineralischen Nährstoffgemischen bei alleiniger Anwesenheit des organischen Zuckers. Er substituiert den organischen stickstoffhaltigen Nährstoffen Ammoniaksalze und nimmt als Medium Aschenbestandteile, Wasser, Zucker und weinsaures Ammoniak. Sein Befund wird 1865 von Duclaux bestätigt.

— Nachdem von der Compagnie des Cristalleries de Baccarat (s. 1830 C.) das Preßglas eingeführt worden war, bemüht man sich, auch das Hohlglas durch Pressen herzustellen. Der erste Schritt auf diesem Wege geschieht durch **Pellat,** der Hohlformen konstruiert, in denen die im ersten Stadium befindliche, nur zur Anlage des Halses geschränkte Kugel zur Flasche so weit aufgeblasen wird, daß nur noch die Ausarbeitung des Halses mit der Schere übrig bleibt. Hieraus entwickelt sich dann allmählich die Pressung des Hohlglases ohne Verwendung der Pfeife, die zuerst in Amerika geschieht.

— **Perkin** und **Duppa** stellen synthetisch aus Dibrombernsteinsäuse Traubensäure dar.

— Nachdem Laffiteau 1792 die erste partielle Exartikulation des Fußes im zweiten Gelenk, welche Operation unter dem Namen Chopart's bekannt ist, ausgeführt hatte, erwirbt sich der russische Chirurg Nicolai Iwanowitsch **Pirogow** einen Weltruf durch die von ihm erfundene Methode der vollkommenen Exarticulatio pedis und durch seine anatomischen Forschungen an gefrorenen und dann zersägten Leichen.

— Die Gewinnung der Riechstoffe erfolgte ursprünglich entweder durch Maceration der Blumen mit einem Gemisch von Schmalz und Talg oder aber durch die sogenannte Enfleurage, bei welcher mit Fett bestrichene Rahmen (chassis) sorgfältig mit Blumen belegt und dicht untereinander so aufgestellt wurden, daß das Parfüm der Blüten vom Fett absorbiert werden konnte. Ein neues Verfahren stammt von M. O. **Piver.** Er bringt die Blüten in einen Zylinder, durch den er einen Luftstrom hindurchpreßt, der mit dem Geruch der Blüten beladen, in einen anderen Zylinder eintritt, in dem Öl durch rotierende Scheiben in beständiger Bewegung gehalten wird, so daß sich dem Luftstrom eine sich beständig erneuernde Oberfläche darbietet und das Parfüm rasch absorbiert wird.

— **Plantamour** stellt zuerst das Stickstoffquecksilber in isoliertem Zustande dar, indem er trockenes Ammoniak bis zur Sättigung über gelbes Quecksilberoxyd leitet und dann unter ständigem Überleiten von Ammoniakgas auf 150° C. erhitzt. Das Produkt ist explosiv wie Jodstickstoff.

— **Porter** konstruiert einen Zentrifugalregulator zur Regulierung von Dampfmaschinen, der als ein verbesserter Watt'scher Regulator zu betrachten ist.

— **Ramsbottom** in Crewe (England) bringt an dem Tender der Lokomotive Füllschläuche an, durch die während der Fahrt aus einer zwischen den Schienen angebrachten Wasserrinne Wasser aufgenommen werden kann (Automatische Tender-Füllung).

1860 Eduard **Reichardt** erkennt die in Staßfurt mit Steinsalz wechsellagernd vorkommenden Schichten von grauweiß durchscheinenden Salzmassen als schwefelsaure Magnesia mit geringem Wassergehalt und nennt sie „Kieserit". Eine andere Abart der schwefelsauren Magnesia, die mit 7 Molekülen Krystallwasser krystallisiert, wird von Ramon de Luna (1866) in Spanien, von Forbes (1866) in Peru angetroffen.

— Der französische Orientalist und Schriftsteller Joseph Ernest **Renan** erforscht im Auftrage der französischen Regierung die Baudenkmäler des alten Phöniziens, besonders die Gräberanlagen von Sidon (Saida).

— H. **Ritter** macht grundlegende Untersuchungen über Darstellung und Zusammensetzung des weißen Ultramarins und dessen Beziehungen zum grünen und blauen Ultramarin.

— Thomas **Rodman** gibt den ersten Gasdruckmesser zur Messung der Gasspannungen im Geschütz an. Die Konstruktion besteht aus einem Meißel, der in ein in das Geschützrohr (bei Hinterladern in den Verschluß) eingebohrtes Loch eingesetzt wird und beim Schusse einen schnittartigen Eindruck auf einer Kupferplatte erzeugt. Der Vergleich des Schnittes mit einer Normalskala gibt die Größe des Gasdruckes an. Neben diesem Schnittmesser ist auch der Stauchmesser von Noble (s. 1863 N.) in Gebrauch, bei welchem die Gasspannung durch das Stauchmaß eines kupfernen Stauchzylinders bestimmt wird.

— Karl **von Rokitansky** gibt die erste exakte Beschreibung eines cystischen Myoms, das er Cystosarcoma adenoides uteri nennt.

— Der Amerikaner **Sabine** sucht die zerstörende Wirkung des Seewassers auf die Kupferbeplattung der Schiffe durch Überzüge von Gummi, Asphalt, Marineleim oder ähnlichen Stoffen unschädlich zu machen (Sabinisieren — vgl. auch 1848 H.)

— Albert **Schultz-Lupitz** veröffentlicht seine Ansichten über Stickstoffersatz und Düngung, wobei er insbesondere auch auf die Wichtigkeit der Gründüngung unter Benutzung der Stickstoffsammler hinweist und den Einfluß der Art der Vorfrucht bei dieser Düngungsweise feststellt.

— Der Mediziner Bernhard Sigismund **Schultze** macht sich bekannt durch seine Methode zur Wiederbelebung asphyktisch Geborener. (Schultze'sche Schwingung.)

— Werner **von Siemens** schlägt vor, als Etalon für die Widerstandseinheit nach Pouillet's Idee das Quecksilber zu wählen, und nimmt als Widerstandseinheit den elektrischen Widerstand eines Fadens von reinem Quecksilber von 1 mm Länge und 1 qmm Querschnitt. Er bringt aus Neusilberdraht hergestellte Widerstandsnormale in diesen Einheiten unter dem Namen Siemenseinheit (S. E.) in den Handel, die bis zur Festsetzung des CGS-Systems allgemein, namentlich in Form des Siemens'schen Universalwiderstandskastens (Universalrheostaten) gebraucht werden. (S. 1881 S.)

— Werner **von Siemens** vollendet im Januar die Verlegung eines von Newall & Co. fabrizierten Kabels von 5500 km Länge von Suez über Suakin, Aden und Maskat bis nach Kurrachee an der Indusmündung. Das Kabel arbeitet befriedigend bis 1862, wo es infolge von Korallenbildung im Roten Meer fehlerhaft wird. (S. a. 1868 S.)

— William **Siemens** konstruiert ein Widerstandsthermometer, das namentlich zu telethermometrischen Messungen benutzt wird, und das auf der Widerstandsveränderung in elektrischen Leitern beruht. Auf dem gleichen Prinzip beruhen das 1863 von ihm und Werner von Siemens konstruierte Tiefseetelethermometer und das zur Messung hoher Temperaturen von ihm konstruierte elektrische Pyrometer. (Vgl. 1869 S.)

1860 W. und B. **Sillar** und W. G. **Wigner** erfinden den A-B-C-Prozeß zur Reinigung der mit Fäkalstoffen geschwängerten Flüssigkeiten. Das Wasser wird, mit Alaun, Blut, Ton, Magnesiacarbonat und mangansauren Salzen versetzt, in Absatzgruben gesammelt und sich selbst überlassen, wobei sich die verunreinigenden Bestandteile ablagern, während die Flüssigkeit klar und ziemlich geruchlos erscheint. Die abgelagerten Massen werden zu Dünger verarbeitet.

— Benjamin **Silliman** stellt die Unregelmäßigkeit der Siedepunkte der Kohlenwasserstoffe des Petroleums fest und gelangt zum Schlusse, daß ein Teil der Kohlenwasserstoffe nicht ursprünglich im Petroleum enthalten sei, sondern erst während der Destillation durch Spaltung entstehe. Diese Ansicht findet ihre volle Bestätigung durch die 1861 in der Raffinerie Newark zufällig gemachte Beobachtung, daß die Kohlenwasserstoffe des Petroleums bei Berührung mit den heißen Wänden der Destillationsapparate sich zersetzen. (S. 1890 D.)

— Der französische Ingenieur Germano **Sommeiller** erhält ein französisches Patent auf den ersten Wassersäulenkompressor, bei welchem zwischen dem Kolben und der zu komprimierenden Luft eine Wassersäule eingeschaltet ist. (S. a. 1857 So.)

— John Hanning **Speke** und James Augustus **Grant** ziehen, von Sansibar ausgehend, im Westen um den Viktoria-Nyanza (s. 1858 S.) bis Uganda. Grant begibt sich nach Unyoro, während Speke 1862 den Ausfluß des Somerset-Nils entdeckt, den er bis zu den Kurumafällen verfolgt, von wo er i. J. 1863 über Chartum nach Europa zurückkehrt. („The Nile is settled".)

— **Spence** stellt durch Zusammenschmelzen von Schwefeleisen, Schwefelzink, Schwefelblei und Schwefel eine metallähnliche Schmelze dar, die bei 111 bis 170° C. schmilzt und sich durch ihre Dünnflüssigkeit im geschmolzenen Zustande und ihre Fähigkeit, sich beim Erkalten etwas auszudehnen und sehr scharfe Abgüsse zu geben, auszeichnet. Die „Spence-Metall" genannte Masse dient zur Herstellung von Klischees, zum Verschluß von Flaschen und Konservengefäßen, zur Herstellung von Lagern, zur Dichtung von Gas- und Wasserröhren, zur Herstellung von Druckwalzen usw.

— Der Amerikaner **Spencer** nimmt ein Patent auf ein Repetiergewehr mit Kolbenmagazin, welches namentlich im amerikanischen Bürgerkriege als Karabinerbewaffnung der Kavallerie der Nordstaaten Verwendung findet und als erster kriegsbrauchbarer Mehrlader gelten muß.

— Karl **Stammer** führt die Zentrifuge in die Stärkefabrikation ein, die, wie A. Fesca zeigt, nicht allein zum Entwässern der Stärke, sondern auch an Stelle des bisherigen Absitzenlassens oder Schlämmens mit Vorteil zur Reinigung der Stärke verwendet werden kann.

— Der Ingenieur **Sternberg** konstruiert die erste große Eisenbahn-Bogengitterbrücke (bei Koblenz über den Rhein).

— **Ten-Brink** in Arlen tritt mit seinem bereits 1857 patentierten rauchverzehrenden Feuerungssystem auf, das sich gegenüber andern rauchverzehrenden Feuerungen durch seine ökonomische Wirkung auszeichnet und sich ebensowohl für Lokomotiven und Schiffskessel, als auch für stationäre Heizanlagen jeder Art eignet. Dem Prinzip nach gehört das Feuerungssystem zu den Feuerungen mit rückkehrender Flamme.

— William **Thomson** (Lord Kelvin) führt die ersten Messungen der absoluten Werte des Entladungspotentials aus. Spätere Messungen werden von Quincke (1882), Macfarlane (1878), Paschen (1889), Heydweiller (1893), Warburg und vielen andern unternommen.

— Ludwig **Traube** macht in seiner Arbeit „Über den Kohlenstaub in den Lungen" grundlegende Forschungen über die durch Staubinhalation hervorgerufenen chronischen Lungenentzündungen, die von Zenker, Skoda, Bamberger, Biermer und Lebert nach der klinischen Seite genauer erforscht werden.

1860 Ludwig **Türck** in Wien fördert und vervollkommnet die Laryngoskopie durch zahlreiche Entdeckungen und bemüht sich um die Verwendung des Laryngoskops zu diagnostisch-operativen Zwecken.

— John **Tyndall** beobachtet zuerst, daß beim Gletscherkorn in einer bestimmten Ebene durch interne Schmelzung dünne flüssige Lamellen im Innern der Eiskörner entstehen, welche im Sonnenlicht perlmutterartig glänzen und bei schiefem Auffallen der Strahlen mit Totalreflexion spiegeln (Tyndall'sche Schmelzfiguren).

— Nachdem Salvétat schon 1857 auf den Wert der Gasfeuerung (s. 1856 S.) für die Tonindustrie aufmerksam gemacht, und Schinz 1858 in seiner „Wärmemeßkunst" die Zeichnung eines Ziegelbrennofens mitgeteilt hatte, erbaut **Venier** in Klösterle in Böhmen den ersten Gasofen zum Porzellanbrennen, dem 1863 ein von Kühn in Meißen errichteter Ofen mit vier quadratischen Generatoren folgt. Beide Systeme werden aber 1867 wegen zu hohen Brennmaterialverbrauchs wieder aufgegeben.

— **Vorster** und **Grüneberg** in Kalk bei Köln stellen zuerst Pottasche im Großen nach dem Leblancprozeß durch reduzierendes Schmelzen von Kaliumsulfat mit Kohle und Kalk her.

— Am 29. Februar 1860 erfolgt der Stapellauf des auf der Werft der Thames Iron Works Company nach den Plänen des Chefkonstrukteurs T. **Watts** erbauten ersten englischen Panzerschiffs „Warrior", welches aus Eisen konstruiert ist, während das erste französische Hochseepanzerschiff (s. 1859 D.) ein Holzbau war.

— F. H. **Wenham** konstruiert Lokomobilen mit dreifacher Expansion in drei Zylindern mit Zwischenüberhitzung (Verbundlokomobilen), die in Deutschland schon 1862 von der Maschinenfabrik Buckau ausgeführt werden. Verbundlokomobilen werden später namentlich auch von Ph. Swiderski, H. Lanz u. a. gebaut.

— S. S. **White** in Philadelphia leistet hervorragendes in der Herstellung künstlicher Zähne aus Email, die auch von H. D. Justi in Chicago, C. Ash & Sons in London u. a. fabriziert werden.

— Charles Greville **Williams** gelingt es, reine kieselsaure Beryllerde im Knallgasgebläse zu wasserklaren Tropfen zu schmelzen, welche beim Erkalten ihre Durchsichtigkeit behalten. Es gelingt ihm auch, den Stein mit Kobalt blau zu färben, so daß er den Saphiren ähnlich sieht.

— John **Williams** macht in New York den ersten praktischen Versuch, Briefe und kleine Pakete zwischen großen Verkehrsämtern durch Elektrizität zu befördern. Diese elektrische Post beruht darauf, daß eine vom Strom durchflossene Drahtspule ein Eisenstück, also auch einen eisernen Kasten (Wagen) in sich hineinsaugt und durch solche Spulen dem Wagen der Weg vorgeschrieben wird. In den Spulen, in denen der Wagen zum Stillstand kommen soll, wird der Anker der Spule so geschaltet, daß er den Strom nicht unterbricht. Siemens & Halske verbessern diese elektrische Post 1880 und noch mehr 1891. Eine neuere Vervollkommnung ist die 1902 von Piscicelli in Italien bewirkte. (S. a. 1856 B.)

— Der Amerikaner James **Willcox** verbessert die Methode der Herstellung des namentlich für Banknoten angewendeten Papiers mit lokalisierten Fasern. (Vgl. 1829 D.)

— **Wood** beschreibt die nach ihm „Wood's Metall" benannte Legierung aus 1 bis 2 Teilen Cadmium, 2 Teilen Zinn, 4 Teilen Blei und 7 bis 8 Teilen

Wismut, die schon bei 71° C. schmilzt und ihrer Eigenschaften wegen von Lipowitz als Metallkitt empfohlen wird.

1860 Walter A. **Wood** in Hoosick Falls erfindet eine selbstablegende Getreide-mähmaschine und eine ähnliche Grasmähmaschine. (S. a. 1850 B.) Er baut die ersten kombinierten Gras- und Getreidemähmaschinen.

— Friedrich Albert **von Zenker** in Dresden weist nach, daß die Trichina spiralis die alleinige Ursache der jetzt als Trichinose bezeichneten Epidemien ist.

— David Heinrich **Ziegler** in Winterthur führt die von Ferdinand Hirn erfundenen Drahtseil-Transmissionen im großartigsten Maßstabe aus.

1861 **Abbet** und **Humphreys** führen durch ihre von 1861—67 erscheinenden „Mississippi-Studien" der Lehre von der Strömungsgeschwindigkeit des Flußwassers neue und wertvolle Gesichtspunkte zu, wie es 1873 auch durch Belgrand's großes Werk über die Seine geschieht.

— G. B. **Airy** konstruiert den Bahnsucher (Orbit Sweeper), ein Instrument, welches die Auffindung vorausberechneter Kometen erleichtern soll und auch für Mondbeobachtungen von großem Vorteil ist.

— **Ashton** konstruiert eine Friktionsseilwinde mit doppeltem Zahnradvorgelege, die bei Errichtung des Hauptgebäudes für die Londoner internationale Ausstellung als Dampfwinde benutzt wird. Von da ab werden Dampf-winden viel gebraucht, und namentlich werden in Amerika verschiedene neue Formen von der Lidgerwood Manufactury Co., von L. B. Sawyer usw. geschaffen.

— Der preußische General Joseph Jacob **Baeyer** faßt den Plan zu einer ganz Mitteleuropa umfassenden Gradmessung. Der Plan verwirklicht sich im Jahre 1862 und wird 1867 durch den Beitritt fast sämtlicher europäischer Staaten zu einer europäischen Gradmessung erweitert. (S. 1889 H.)

— Louis Charles Arthur **Barreswil** schlägt vor, sämischgares Leder mit über-mangansaurem Kali zu bleichen. Die Sämischgerberei besteht darin, daß die gereinigten Häute durch mechanisches Einwalken von Fett — ohne Anwendung von adstringierend wirkenden Gerbstoffen — in Leder umge-wandelt werden.

— Wilhelm **Bauer** hebt durch die von ihm konstruierten Luftsäcke (Hebe-ballons) einen 1861 im Bodensee gesunkenen Dampfer und wiederholt, nachdem eine Sturmnacht den Dampfer wieder zum Sinken gebracht hatte, die Hebung im Jahre 1864.

— Ernst **Brand** in Stettin nimmt den von Currie gemachten Vorschlag der Kaltwasserbehandlung des Typhus (vgl. 1798 C.) mit Erfolg wieder auf.

— Thure **Brandt** führt die gynäkologische Massage ein, indem er zuerst Pro-lapse des Uterus behandelt und dann die Anwendung der Massage auf alle anderen subakuten und chronischen Entzündungen im weiblichen Becken ausdehnt.

— Paul **Broca** zeigt, daß das Sprachvermögen des Menschen in der dritten vorderen Stirnwindung der linken Hirnhälfte lokalisiert ist (Broca'sche Windung).

— Allan **Broun** macht zuerst auf eine 26tägige Periode in der Variation der Deklination aufmerksam, die auch Karl Hornstein (1871) und Josef Liznar (1880) bestätigen, und die Adolf Schmidt (1887) auf 25,87 Tage feststellt und in Beziehung zu den Sonnenflecken bringt.

— Robert Wilhelm **von Bunsen** entdeckt das Rubidium im Lepidolith von Penig in Sachsen und stellt fest, daß dasselbe stets von kleinen Mengen Caesium begleitet ist. Das Rubidium gibt im Spektrum zwei rote Linien.

— Richard Francis **Burton** besucht von Fernando Po, wo er sich als britischer Konsul aufhält, Abbeokuta und entdeckt in Gemeinschaft mit dem Bo-taniker Mann das Kamerungebirge.

1861 Alexander **Butlerow** erhält durch Erwärmen von Jodmethylen mit Wasser und Kupfer Äthylen und dessen höhere Homologe.

— Vandyke **Carter** macht in den Jahren 1861—73 Untersuchungen über den Madurafuß (s. 1712 K.) und beschreibt als dessen Erreger einen dem Erreger der Aktinomykose ähnlichen Spaltpilz, der von dem Mykologen Berkeley den Namen „Chionyphe Carteri" erhält.

— **Cherpin** erhält bei Behandlung von Rosanilin mit Aldehyd und konzentrierter Schwefelsäure einen violetten Farbstoff, der durch unterschwefligsaures Natron in saurer Lösung in einen schwefelhaltigen, grünen Farbstoff, das Aldehydgrün, übergeführt wird.

— Johann Jacob **Chydenius** stellt die Tonerde durch Zusammenschmelzen mit verglastem Borax krystallisiert dar und findet, daß dieselbe mit Zinnsäure und Titansäure isomorph ist. Er stellt außerdem das Schwefelthorium, Stickstoffthorium, Chlorthorium und verschiedene Sauerstoffsalze der Tonerde dar, mit denen sich 1863 auch Delafontaine beschäftigt.

— Alvan Graham **Clark** entdeckt bei der Prüfung des Objektives von 47 cm Öffnung des großen Dearborn-Refraktors den dunkeln Begleiter des Sirius an der von Peters (s. 1861 P.) berechneten Stelle.

— William **Crookes** entdeckt in dem Schlamm der Bleikammern der Schwefelsäurefabrik zu Tilkerode am Harz ein neues Metall, welches namentlich durch eine grüne Spektrallinie charakterisiert ist, und gibt demselben den Namen „Thallium".

— Reiner **Daelen** verwendet zuerst Unterwind bei Schweißöfen.

— Nachdem die Missionare Rebmann, Erhardt und Krapf (s. 1848 R.) die ersten Europäer gewesen waren, die den Kilimandscharo von ferne sahen, besteigt ihn zuerst der Afrikareisende Karl Klaus **von der Decken**, aber nur bis zu einer Höhe von 4200 m. (S. 1889 M.)

— Der Bergassessor E. **von Dücker** in Oeynhausen bildet unter Benutzung von Drahtseilen die hängenden Bahnen für den Gütertransport (Seilbahnen) zu vielseitiger Benutzung aus.

— John **Ericsson** erbaut für die nordamerikanische Union innerhalb 100 Tagen das Panzerdrehturmschiff „Monitor", welches für kleinere Turmschiffe vorbildlich wird und denselben auch den Namen gibt. (Vgl. 1860 C. und 1868 R.)

— Nachdem die Stätte des durch den Vesuvausbruch vom Jahre 79 n. Chr verschütteten Pompeji im Jahre 1748 durch Zufall wieder entdeckt und der Ort in vereinzelten Teilen freigelegt war, beginnt unter der Leitung des italienischen Archäologen Giuseppe **Fiorelli** die planmäßige Ausgrabung der Ruinen.

— Der Chemiker Adolph **Frank** begründet die Industrie der Staßfurter Kalisalze, die bald beim Zuckerrübenbau ausgedehnte Verwendung finden. (Über Kalidünger s. 1863 F.)

— Der amerikanische Ingenieur Richard Jordan **Gatling** erfindet das nach ihm benannte Revolvergeschütz mit rotierenden Läufen.

— Marc Antoine **Gaudin** macht für photographische Zwecke die ersten Versuche mit Jodsilber- und Chlorsilberemulsionen, denen sich 1864 die Versuche von Sayce mit Bromsilberkollodiumemulsionen anschließen.

— Der Chemiker John **Glover** läßt in dem von ihm für die Schwefelsäurefabrikation erfundenen „Gloverturm" die Röstgase der Kiesöfen die nitrosehaltige Schwefelsäure durchziehen, wodurch sie denitriert und bis zu einem Gehalt von 62 bis 65 Prozent wasserfreier Säure konzentriert wird.

— Der Mechaniker **Goldschmid** in Zürich konstruiert einen Distanzmesser (Diastimeter) für militärischen Gebrauch. Das Okular eines gewöhnlichen Fernrohrs enthält außer einem festen einen beweglichen Horizontalfaden, der durch ein Getriebe gegen den ersteren verschoben werden kann. Wird der feste Faden auf den Fuß eines aufrecht stehenden Gegners, der bewegliche auf die Oberkante der Kopfbedeckung eingestellt, so gibt die an dem Getriebe durch einen Index angezeigte Zahl die Entfernung in Schritten.

1861 Friedrich **Goppelsröder** führt die Versuche von Schönbein (s. 1861 S.) weiter und baut die auf Capillaritäts- und Adsorptionserscheinungen beruhende Capillaranalyse auf, die er in erster Linie für die Erkennung von Farbstoffen in Gemischen nutzbar macht.

— Thomas **Graham** publiziert die Resultate seiner auf die Diffusion der Flüssigkeiten (s. 1850 G. u. 1854 G.) gegründeten dialytischen Trennungsmethode in seiner Abhandlung „Liquid diffusion applied to analysis".

— Die englische **Great-Northern-Bahn** versucht, die Schienenstöße ihrer Gleise zu verschweißen. (S. a. 1852 N.)

— Jacob Eduard **Hagenbach** untersucht die Reibung, welche die bewegte Flüssigkeit an der Wandung des Gefäßes erfährt. Ähnliche Versuche werden das Jahr darauf von O. E. Meyer vorgenommen, der die Reibungskonstanten (den Koeffizienten der innern Reibung) bestimmt und Versuche über den Ausfluß der Flüssigkeiten aus engen Röhren anschließt, die zu gleichen Resultaten, wie die praktischen Versuche von Poiseuille (s. 1848 P.) führen.

— William V. V. **Harcourt** erhält Natriumsuperoxyd (Natriumdioxyd), indem er Natrium in Sauerstoff erhitzt, bis es nicht mehr an Gewicht zunimmt. Später wird es von Bolton (1886) beim Eintragen von Natrium in geschmolzenes salpetersaures Natrium erhalten und auch technisch von Castner (1891) hergestellt. In ähnlicher Weise gewinnt Harcourt das zuerst von Gay-Lussac und Thénard dargestellte Kaliumsuperoxyd.

— John **Haswell** benutzt die hydraulische Presse (s. 1854 S.) zum Schmieden und führt damit das Preßschmieden in die Eisenfabrikation ein, das dem Hammerschmieden gegenüber den Vorzug besserer Durcharbeitung des ganzen Schmiedestücks hat. Haswell's erste Schmiedepresse hatte einen effektiven Druck von 16 000 Zentnern.

— Hermann von **Helmholtz** gibt ein Harmonium an, das für jeden Ton der chromatischen Tonleiter zwei Töne im Verhältnis 80 : 81 der Schwingungszahlen enthält. Die Töne sind auf zwei Tastaturen verteilt.

— Matthaeus **Hipp** konstruiert ein elektrisches Pendel, bei welchem der Antrieb durch einen unterhalb der Linse aufgestellten Elektromagneten erfolgt, welcher durch Vermittlung eines am Hauptpendel selbst schwingenden Nebenpendels periodisch eingeschaltet wird. Das Pendel dient vielfach zur Regulierung elektrischer Uhren.

— Matthaeus **Hipp** und **Rier** erfinden und konstruieren unabhängig voneinander die ersten mit Gewichtstriebwerk stellbaren und für beide Signallagen elektrisch zu steuernden Stationsdeckungssignale (Distanzsignale), wovon das Hipp'sche auf dem Bahnhof Winterthur, das Rier'sche vor dem Bahnhof Erfurt zur Verwendung kommt.

— Johann **Hoff** in Berlin führt Malzextrakt als pharmazeutisches Präparat ein.

— **Ives** und **Newsberry** entdecken den Cañon des Colorado, an dem Dutton 1882 die Gesetze der Abrasion in großem Stile erläutert, und der ein klassisches Beispiel eines Skulpturtales (s. 1886 R.) ist. Die amerikanischen Cañons bestätigen die großartige Sägewirkung der Flüsse, wie sie für die Talbildung Bischof (1847), Murchison (1849), Poulett Scrope (1866), Dana und namentlich Beete Jukes behaupten.

— Gustav Robert **Kirchhoff** stellt durch Untersuchung des Spektrums fest, daß in der Sonnenatmosphäre Eisen, Calcium, Magnesium, Natrium und Chrom

Darmstaedter.   39

in größeren Mengen, Gold, Silber, Quecksilber, Aluminium und Cadmium in geringeren Mengen vorhanden sind.

1861 H. **Kolbe** und R. **Schmitt** bewirken die direkte Synthese der Ameisensäure aus Kohlensäure, indem sie Kalium in einer mit lauwarmem Wasser abgesperrten Kohlensäureatmosphäre dünn ausbreiten, wobei sie nach 24 Stunden ein Gemisch von zweifach kohlensaurem und ameisensaurem Kali erhalten.

— H. **Kolbe** und R. **Schmitt** erhalten aus Phenol und Oxalsäure unter Einwirkung von konzentrierter Schwefelsäure das Aurin, das später von Nencki (1882) auch durch Zusammenschmelzen von Phenol, Ameisensäure und Chlorzinn erhalten wird und das eine Pavarosolsäure darstellt.

— Der Mechaniker **Kreiner** in Berlin versieht den von ihm entworfenen Doppelkeilverschluß (s. 1860 K.) mit einem kupfernen Liderungsringe, welcher durch den Stoß der Pulvergase in die Fuge zwischen Rohr und Verschluß gepreßt wird und dadurch einen gasdichten Abschluß bewirkt. Neben dieser Art der Liderung bilden sich noch der stählerne Liderungsring und der Broadwell-Ring aus, während die neueren Geschütze mit gasdichter Metallkartusche einer besonderen Liderung nicht mehr bedürfen.

— Alfred **Krupp** in Essen setzt am 16. September seinen Dampfhammer von 1000 Zentnern Fallgewicht in Betrieb, ein bedeutungsvolles Ereignis in der Geschichte der Eisenindustrie.

— Julius **Kühn** behandelt in seinem Buch „Die zweckmäßige Ernährung des Rindviehs" das Gebiet der Tierzuchtlehre sowohl vom theoretischen, wie auch vom praktischen Gesichtspunkte aus.

— Eugen **Langen** erhält ein Patent auf einen glockenartigen Hochofengichtabschluß, die nach ihm benannte Langen'sche Glocke, welche zuerst auf der Friedrich-Wilhelms-Hütte in Mülheim a. d. Ruhr in demselben Jahre zur Ausführung kommt und sich gut bewährt.

— Nachdem zuerst Brown (vgl. 1810 B.) eine Prüfungsmaschine für Ankerketten gebaut hatte, wirken seit dem Jahre 1834 **Lloyd's Register of Shipping** für eine stetige Verbesserung der Ankerkettenkonstruktionen durch Erlaß von Prüfungsbestimmungen und Erteilung von Prüfungszertifikaten. I. J. 1861 schreiben Lloyd's vor, daß für Schiffe, welche ihre Klasse erhalten wollen, Anker und Ketten in einer unter ihrer Kontrolle stehenden Prüfungsanstalt geprüft sein müssen. In ähnlicher Weise macht sich das schon i. J. 1828 gegründete Bureau Veritas in Paris um die Vervollkommnung des Schiffbaus verdient.

— Sven Ludwig **Lovèn** spricht aus, daß durch alle Breiten von Pol zu Pol eine reiche Tiefseefauna von gleichartigem Charakter verbreitet sei, und begründet damit eine Ansicht, die sich im Laufe der nächsten Jahre bei den Zoologen immer mehr befestigt. (S. 1868 T.)

— Etienne Jules **Marey** erfindet den Kardiograph zur Untersuchung der Herztätigkeit und trägt durch dieses handliche Instrument wesentlich zum Ausbau der Lehre von der Bewegung des Herzens bei.

— **Mathes** in Groß-Salze fertigt als erster gerollte Pflaster in größerem Maßstabe an, die bald ein beliebter Handverkaufsartikel in den Apotheken werden.

— James Clerk **Maxwell** stellt zur Erklärung aller in die Gebiete des Magnetismus, der statischen und dynamischen Elektrizität gehörigen Erscheinungen den Begriff der Molekularwirbel (Wirbelatome) auf.

— James Clerk **Maxwell** leitet die Diffusion der Gase aus der kinetischen Gastheorie ab. Eine vollständigere Ableitung geben später Stefan (s. 1871 S.) und O. E. Meyer (1877).

— James Clerk **Maxwell** führt in Anlehnung an den Young'schen Gedanken (s. 1807 Y.) das Farbensystem auf drei Grundfarben zurück, welche

richtig ausgewählt und kombiniert, die ganze Skala der Farbentöne wieder-
zugeben vermögen. Er gelangt hierdurch auf die Idee des additiven Dreifarbenverfahrens, indem er durch drei Lichtfilter drei Teilbilder in den
Grundfarben gelb, rot und blau photographiert und die Positive mit
drei Lampen mit denselben Filtern auf einen weißen Schirm projiziert.

1861 Franz **Melde** konstruiert das Universalkaleidophon, einen Apparat, der
gestattet, Schwingungskurven in sehr einfacher Weise nicht nur subjektiv,
sondern auch objektiv sichtbar zu machen. (S. a. 1827 W.)

— Dimitrij **Mendelejew** führt für die Temperatur, bei der gewisse Flüssigkeiten in den Cagniard de la Tour'schen Zustand (s. 1822 C.) übergehen, den Namen ,,absoluter Siedepunkt" ein und definiert diesen als
diejenige Temperatur, bei welcher sowohl die Kohäsion der Flüssigkeit als
auch die Verdampfungswärme gleich Null ist, und bei der sich die Flüssigkeit unabhängig von Druck und Volum in Dampf verwandelt.

— Der Pariser Arzt Prosper **Menière** entdeckt den Ohrenschwindel, eine eigentümliche Affektion des häutigen Labyrinths, die nach ihm ,,Menière'sche
Krankheit" benannt wird.

— **Million** erhält ein Patent auf eine Gasmaschine, welche mit Kompression
des Gas-Luftgemisches arbeitet.

— **Nadaud de Buffon** erfindet die Porzellanfilter zur Trinkwasserreinigung, die
insbesondere von Chamberland (s. 1884 C.) für seine Filter (System Pasteur)
angewendet werden.

— Sir Richard **Owen** beschreibt zuerst den im lithographischen Juraschiefer von
Solenhofen aufgefundenen und nach dem britischen Museum in London
verkauften Archaeopterix macrura, der einen Übergang zwischen Vögeln
und Reptilien repräsentiert. Der Kopf ist vogelartig, besitzt aber an den
Kiefern Zähne; die Backenknochen sind noch getrennt, wie bei den
Reptilien. 1877 wird noch ein zweites Exemplar gefunden und vom Berliner Museum für Naturkunde angekauft.

— Arthur **Paget** baut einen Kulierstuhl (Pagetstuhl), der mit der Zeit so verbessert wird, daß man 50—70 Maschenreihen in einer Minute fertig bringen
kann. Trotzdem kann dieser Kulierstuhl nicht mit der Cottonmaschine
(s. 1868 C.) konkurrieren.

— **Pascal** baut einen Gaserzeuger, bestehend aus einem zylindrischen Generator,
welcher von einem mit ihm in Verbindung stehenden Dampfkessel eingeschlossen ist. Die Konstruktion führt sich jedoch trotz der gediegenen
Bauart nicht in die Praxis ein.

— Louis **Pasteur** untersucht die Isomerieverhältnisse bei der Weinsäure und
Traubensäure und findet vier isomere Säuren, die Traubensäure, die inaktive Weinsäure und die Rechts- und Linksweinsäure. Die beiden
letztern lenken den polarisierten Lichtstrahl um gleiche Winkel, aber
nach entgegengesetzter Richtung ab und liefern zu gleichen Teilen gemengt
optisch inaktive Traubensäure. Diese Isomerien, für welche Carius die Bezeichnung ,,Physikalische Isomerie" einführt, werden von Pasteur auf
den asymmetrischen Bau des Moleküls zurückgeführt und geben die Unterlage zur Entwicklung der Stereochemie, indem van't Hoff und Lebel später
(s. 1874 H.) die Asymmetrie des Moleküls auf das einzelne Kohlenstoffatom
zurückführen.

— Louis **Pasteur** findet, daß die Buttersäuregärung des milchsauren Kalkes von
einem Mikroorganismus veranlaßt ist, der nur bei Abschluß der Luft wächst.
Er stellt im Gegensatz zur Lehre von Lavoisier, wonach Sauerstoff zum Leben
unentbehrlich sei, die Lehre von den ,,Anaërobien" auf und findet im folgenden Jahr ein zweites Bakterium, das weinsauren Kalk zersetzt, und
später den Septichämieerreger, den Microbe septique, die beide ebenfalls

39*

zu dieser Gruppe gehören. Er findet, daß auch bei der größten Verdünnung der septischen Flüssigkeit die tödliche Wirkung des Microbe septique nicht ausbleibt.

1861 Leopold **von Pebal** und **Freund** stellen das Aceton durch Einwirkung von Acetylchlorid auf Zinkmethyl synthetisch her.

— Der Astronom Christian August Friedrich **Peters** berechnet den von Bessel 1834 vorausgesagten Siriusbegleiter, den Clark (s. 1861 C.) an der berechneten Stelle auffindet.

— Der Hofbesitzer Asmus **Petersen** in Wittkiel bei Kappeln, Schleswig-Holstein, verbindet bei dem nach ihm benannten Wiesenbausystem die Drainage-Entwässerung der Wiesen mit einer Bewässerung derselben durch Anwendung besonderer Ventile in den Drainageleitungen, welche je nach Umständen das Wasser abfließen lassen oder anstauen.

— Max **von Pettenkofer** und Karl **von Voit** stellen auf Grund ihrer Respirationsversuche die Behauptung auf, daß aus Eiweiß im Organismus Fett entstehen könne.

— Max **von Pettenkofer** und Karl **von Voit** erbauen im Anschluß an die Versuche von Regnault und Reiset (s. 1849 R.) einen großen Respirationsapparat, mit dem sie den Gaswechsel während 24 stündiger Perioden am lebenden Menschen bestimmen können. Die Ergebnisse ihrer Versuche über den Gesamtstoffwechsel führen Karl von Voit zur Feststellung des sogenannten Kostmaßes. (Vgl. 1861 V.)

— Julius **Plücker** findet, daß die meisten der von ihm untersuchten Gase (Wasserstoff, Sauerstoff, Jod) Spektra geben, die aus einer größeren oder kleineren Zahl von scharfen hellen Linien bestehen, daß dagegen der Stickstoff kein Linien-, sondern ein Bandenspektrum gibt.

— Julius **Plücker** untersucht die Ablenkung der Lichthülle des in der Luft überspringenden Induktionsfunkens unter dem Einfluß des Magneten, sowie die Erscheinungen, die das Licht in den Geißler'schen Röhren unter der Einwirkung von Magneten zeigt.

— Alphonse Louis **Poitevin** gelingt es, auf Chlorsilberpapier, das mit Chromsäure oder essigsaurem Uran präpariert ist, mittels eines photographischen Verfahrens Farben hervorzubringen.

— Georg **Quincke** entdeckt eine eigentümliche Art von elektrischen Strömen bei mechanischer Bewegung, die er Diaphragmenströme nennt. Sie entstehen in der Richtung des Fließens, wenn reines Wasser durch einen porösen Körper strömt.

— Georg **Quincke** führt die Versuche Wiedemann's (s. 1852 W.) über elektrische Endosmose weiter und findet, daß Richtung und Geschwindigkeit der Bewegung von der Art der Flüssigkeit und der festen Wandsubstanz abhängen.

— Philipp **Reis**, Lehrer in Friedrichsdorf bei Homburg v. d. Höhe, beschäftigt sich seit 1852, von den Versuchen Wertheim's (s. 1848 W.) ausgehend, mit der Frage, ob sich Töne in gewisser Entfernung mit Hilfe des elektrischen Stromes reproduzieren lassen. Er erfindet, vermutlich ohne Kenntnis von Bourseul's Versuchen (s. 1854 B.) zu haben, einen Apparat, der dies leistet, nennt ihn „Telephon" und führt ihn zuerst öffentlich am 26. Oktober im Physikalischen Verein zu Frankfurt a. M. vor. Der Apparat gibt Musikstücke (Gesang und Instrumentalmusik) deutlich und gut wieder, weniger gut die menschliche Stimme. Die letzte und vollendetste Form, welche Reis seinem Apparat gibt, stammt aus dem Jahre 1863.

— Charles W. **Richards** in Hartford gelingt es, einen handlichen, auch für größere Geschwindigkeiten geeigneten Indikator herzustellen, bei welchem, um möglichst hohe und deutliche Diagramme zu erhalten, der Schreibstift an einem Hebelwerk angebracht ist und dadurch ein Watt'sches Parallelogramm in gerader Linie geführt wird. 1875 wird dieser Indikator von Thompson noch verbessert.

1861 A. **Riebeck** in Halle entwickelt die Fabrikation von Mineralöl und Paraffin aus Braunkohlen durch Verbesserungen im technischen Betrieb zu höchster Blüte; er führt im Verein mit Dr. Krey die Vakuumdestillation ein und lehrt die Ausnutzung der verschiedenen Nebenprodukte.

— **Roussin** erhält durch Erhitzen von α-Dinitronaphtalin mit konzentrierter Schwefelsäure und Eintragen von Zinkstücken in die erhitzte Lösung das Naphtazarin, das zu den Oxychinonfarbstoffen gehört.

— Der Ingenieur Franz Ritter **von Rziha** vervollkommnet den Tunnelbau, indem er den Ausbau des Tunnelstollens mit Eisenschienen einführt. Er wendet sein System zuerst 1861 beim Bau der Eisenbahnlinie Kreiensen — Holzminden an.

— Gaston Marquis **von Saporta** erforscht in den Jahren 1861—89 die Tertiärflora des südwestlichen Frankreichs, die Flora des Gips von Aix, des Travertins von Sézanne und der Schichten von Meximieux, die er in mustergültiger Weise beschreibt, und fördert dadurch die Kenntnis der urweltlichen Floren in bemerkenswerter Weise.

— D. **Savalle** konstruiert einen Spiritusdestillationsapparat mit Coffey'scher Siebkolonne (s. 1832 C.) und bringt einen sehr bedeutsamen Fortschritt in die kontinuierliche Destillation durch Konstruktion des Dampfregulators, der namentlich die vollständige Ruhe und Gleichmäßigkeit beim Eintritt der Maischen anstrebt.

— M. **Schaffner** und Ludwig **Mond** gelangen, unabhängig voneinander, zu einem Verfahren, das ermöglicht, aus verwitterten Sodarückständen den wertvollen Schwefel zu gewinnen, und im wesentlichen darin besteht, daß die Sodarückstände oxydiert und ausgelaugt werden, und aus den schwefelhaltigen Laugen der Schwefel mit Salzsäure ausgefällt wird. Schon vor Schaffner und Mond waren eine Anzahl Vorschläge zur Gewinnung des Schwefels aus den Rückständen, wie von Leighton, Losh, Kopp u. a., gemacht worden, die jedoch alle kein ökonomisches Resultat erzielten.

— Alexander **Schmidt** weist nach, daß dem Gerinnungsprozeß des Blutes ein Fermentprozeß zugrunde liegt, und isoliert aus dem Blutserum eine Substanz, die selbst in den kleinsten Mengen eine umfangreiche Fibrinausscheidung bewirkt. Er nennt diese Substanz Fibrinferment und läßt das Fibrin aus der Vereinigung einer fibrinogenen und einer fibrinoplastischen Substanz hervorgehen.

— Christian Friedrich **Schönbein** beobachtet zuerst, daß infolge der capillaren Anziehung des ungeleimten Papiers verschiedene in Wasser gelöste Körper in solchem Papiere ein ungleich großes Wanderungsvermögen haben, und weist darauf hin, daß dadurch die Möglichkeit eines qualitativen Untersuchungsverfahrens z. B. bei Gemischen gelöster organischer Farbstoffe gegeben sei. (Vgl. a. 1861 G.)

— Emil **Schöne** untersucht die Calciumsulfurete und erhält das Einfach-Schwefelcalcium völlig rein, indem er kohlensauren Kalk in einem Gemisch von Kohlensäuregas und Schwefelkohlenstoffdampf glüht. Er unterzieht auch die Kalkschwefelleber (Hepar sulfuris calcareum), die, wie es scheint, schon 1700 von Fr. Hoffmann dargestellt worden ist, einer näheren Untersuchung und stellt daraus krystallinisches Calciumteroxyquatersulfuret dar.

— Paul **Schützenberger** macht Untersuchungen über die Eigenschaften der Krappfarbstoffe und deren Bedeutung für die Färberei, die späterhin von Rosenstiehl mit Erfolg fortgesetzt werden.

1861 Hermann **Settegast** begründet in der Tierzucht die Lehre von der Individual-
potenz.

— William **Siemens** schlägt die Herstellung von Stahl durch Schmelzen von
Roheisen und Gußeisen im Herdofen mit Wärmespeicher vor und erzielt
mit seinem Verfahren in kleinem Maßstab gute Erfolge. (S. a. 1722 R.
und 1864 M.)

— Nachdem eine von Dyar und Hemming zur Darstellung von Ammoniak-
soda (s. 1838 D.) errichtete Versuchsfabrik keine Erfolge gehabt hatte, und
auch die von Deacon und Gaskell (1854) in Widnes, sowie die von Schlösing
und Rolland (1855) in Puteaux errichteten Fabriken kein lohnendes Resultat ergeben hatten, nimmt Ernest **Solvay** diese Idee aufs neue auf, erfindet die mechanischen Einrichtungen für die Ausführung der Reaktion
und gestaltet das Ammoniak-Sodaverfahren zu einer dem Leblanc-Sodaver-
fahren ebenbürtigen Methode.

— Nachdem schon Payen (s. 1822 P.) konstatiert hatte, daß Knochenkohle
dem Kalkwasser den Kalk entzieht und Metalloxyd aus 'den wässerigen
Lösungen ausscheidet, stellt Karl **Stammer** fest, daß die Knochenkohle aus
den Zuckersäften Salze absorbiert, und daß sie deshalb für diese Art der
Reinigung ungemein wichtig ist. Weitere Studien über die Absorptionsfähigkeit für Salze werden 1869 von Cunze und Reichardt, 1870 von
Bodenbender gemacht.

— **Stölter & Co.** in Hildesheim züchten die Blutegel, deren Züchtung bisher
eine äußerst primitive war, in rationeller Weise.

— Adolph **Strecker** entdeckt das Guanidin als Produkt der Zersetzung des 1844
von Unger im Guano aufgefundenen Guanins durch chlorsaures Kali und
Salzsäure.

— Adolph **Strecker** erhält synthetisches Caffein durch Erhitzen von Theo-
brominsilber mit Jodmethyl; durch Methylieren von Theophyllin wird es
1888 von Kossel, durch Methylieren von Xanthin 1898 von E. Fischer
gewonnen.

— Der schwedische Naturforscher Otto **Torell** erforscht Spitzbergen und schafft
die Grundlagen für eine Topographie desselben, wie er auch die angrenzenden
Meeresteile bis zur Bäreninsel aufklärt.

— Ludwig **Traube** schafft die physiologische Grundlage für die Verwendung
der Digitalis in der Behandlung der Herzkrankheiten. Die Digitalis, ein
altes Geheimmittel der schottischen Schäfer, war zuerst 1775 von Charles
Darwin, Sohn des Erasmus, und dann 1785 von Wilhelm Withering gegen
Wassersucht empfohlen worden.

— John **Tyndall** macht Versuche über die strahlende Wärme und die Fortpflanzung des Schalls in der atmosphärischen Luft.

— Karl **von Voit** stellt auf Grund seiner gemeinsam mit Pettenkofer ausgeführten Stoffwechselversuche fest, daß 120 g Proteinstoffe, 60 g Fett und
500 g Kohlenhydrate als das Mindestmaß der täglich für den Erwachsenen
bei mittlerer Arbeit notwendigen Nährstoffe angesehen werden können.
Dieses sogenannte Kostmaß wird vielfach den Vorschriften über Ernährung
von Gefangenen, Soldaten usw. zugrunde gelegt. (Vgl. 1861 P.)

— Der amerikanische Ingenieur Frederick **Weston** erfindet den Differential-
Kettenflaschenzug, der die Frage der Selbsthemmung für Kettenrollenzüge
löst. Dieser Flaschenzug wird zuerst von Ransome ausgeführt.

— Clemens **Winkler** empfiehlt die Reinigung des flüssigen Roheisens im Herd
des Hochofens durch einen elektrischen Strom, wodurch Schwefel, Phosphor und Silicium ausgeschieden werden, welches Verfahren sich jedoch
praktisch nicht bewährt.

— Theodor Ludwig **Wittstein** zeigt anknüpfend an die Beobachtungen von

Bunsen (s. 1847 B.), daß die reine, blaue Farbe der Seen die Eigenfarbe des Wassers ist, und daß die davon abweichenden Farbentöne von Beimengungen herrühren, welche wie z. B. Humusstoff das Wasser gelb oder bräunlich färben, und wobei durch die Mischung mit dem Blau auch grünliche Töne entstehen können.

1861 J. C. Friedrich **Zöllner** konstruiert sein Polarisations-Astrophotometer, bei welchem der Stern, dessen Helligkeit gemessen werden soll, mit dem Licht einer Petroleumflamme verglichen wird, welches durch ein Seitenrohr in das auf den Stern gerichtete Fernrohr fällt, durch einen Spiegel nach dem Okular gelenkt und durch Nicol'sche Prismen soweit abgeschwächt wird, daß es die Helligkeit des Sterns erreicht. Zöllner prüft mit seinem Instrument die Helligkeit von etwa 200 Sternen; eine größere Anzahl Messungen werden von Peirce in Cambridge (Massachusetts) und seit 1870 von Wolf ausgeführt. Es gelingt Zöllner, neben den Helligkeitsbestimmungen durch sein Instrument auch Anhaltspunkte über die physische Beschaffenheit der Himmelskörper zu erlangen.

1862 **Agudio** stellt für die Steilrampen größerer Gebirgsbahnen das System des indirekten Seilbetriebs auf, wobei das Treibseil nicht unmittelbar den Wagen fortzieht, sondern im obersten Wagen des Zuges eine sekundäre Maschine in Bewegung setzt, deren Arbeit je nach Bedarf zur Vor- und Rückwärtsbewegung des Zuges verwertet werden kann. Die erste Seilbahn dieser Art wird 1863 auf der Strecke Turin-Genua eingerichtet.

— John F. **Allen** und Charles T. **Porter** bauen die ersten schnelllaufenden Dampfmaschinen, die sich dauernd Eingang in den praktischen Betrieb verschaffen. Sie stellen in London eine solche Maschine aus, die 150 Umdrehungen macht und mit Kulissensteuerung versehen ist. (Vgl. 1857 F.)

— **Ansell** konstruiert einen Schlagwetterindikator, der auf der ungleichen Diffusionsgeschwindigkeit der Grubengase und der atmosphärischen Luft durch ein Diaphragma von Ton oder Marmor beruht. Dabei wird die im Apparat entstehende Druckänderung zur Schließung eines elektrischen Kontaktes benutzt, wodurch ein Läutewerk ertönt.

— Arthur **Auwers** unterzieht die Bewegungen von Fixsternen, die als Doppelsterne aufzufassen sind, von denen aber nur die eine Komponente tatsächlich sichtbar ist, einer eingehenden Untersuchung. Er berechnet bezüglich des Procyon (α canis minoris), daß dessen mit Sicherheit als vorhanden anzunehmender, wenn auch damals noch unsichtbar gebliebener Begleiter einen Umlauf in nahezu 40 Jahren vollzieht. (Vgl. 1896 Sch.)

— Sir Samuel White **Baker** dringt von Chartum aus über Unyoro nach Inner-Afrika vor und entdeckt am 16. März 1864 den Albert-See, dessen Vorhandensein Speke und Grant (s. 1860 S.) bei einem Zusammentreffen mit Baker schon als wahrscheinlich bezeichnet hatten.

— Carl Maximilian **von Bauernfeind** macht eingehende Versuche über die barometrische Höhenmessung und verbessert die Höhenmessungsformel, indem er auch der geographischen Breite Rechnung trägt. Auch der mittlere Dunstdruck wird von ihm und Jordan, der ebenfalls eine Korrektur der Formel gibt, in Rechnung gezogen. Bauernfeind kommt beim Vergleich des Quecksilberbarometers mit dem Aneroid zu dem Resultat, daß die Genauigkeit des ersteren im Verhältnis zum letzteren unter sonst gleichen Umständen sich wie 17:10 verhält.

— Der französische Ingenieur **Beau de Rochas** beschreibt in seinem Buche über die Ausnutzung der Wärme zuerst den Viertakt-Prozeß der Gasmaschine, welcher für deren Weiterentwicklung grundlegend wird.

— Wilhelm **Beetz** gebraucht bei elektrischen Widerstandsmessungen polarisationsschwache Zinkelektroden. Adolph Paalzow verbessert 1869 diese

1862 Der englische Ingenieur **Carr** stellt auf der Londoner Weltausstellung seinen 1860 erfundenen Disintegrator (Schleudermühle) aus, bei welchem zwei mit Schlagbolzen versehene Scheiben mit großer Geschwindigkeit gegeneinander, das heißt in entgegengesetzter Richtung, rotieren. Die Maschine wird vielfach zum Zerkleinern von Erzen, Quarz, Knochen, Zement und ähnlichen Stoffen benutzt.

— **Clark** und **Stanfield** konstruieren Schwimmdocks mit einem Seitenponton, die als Absetzdocks verwendet werden und dazu dienen, Schiffe auf Pfahlrosten am Land abzusetzen, wobei zum Docken mehrerer Schiffe nur ein Hebewerk nötig ist. Der Bodenponton eines Absetzdocks besteht aus einzelnen getrennten Kasten, die in entsprechende Lücken zwischen dem Pfahlrost am Ufer passen.

— William **Crookes** gewinnt aus dem Bleikammerschlamm das Thalliumchlorür. Er führt dieses Salz in schwefelsaures Thalliumoxydul über und stellt aus diesem durch Zink das Metall in Gestalt einer schwammigen Masse dar. Gleichzeitig gewinnt Auguste **Lamy** das Metall durch Erhitzen von salpetersaurem Thalliumoxydul im Wasserstoffstrom.

— Charles Robert **Darwin** setzt die Versuche Sprengel's (s. 1793 S.) über die Befruchtung der Blumen durch Insekten an den Orchideen fort und entdeckt eine Reihe der wunderbarsten Blüteneinrichtungen, die alle darauf abzielen, bestimmte Insekten zum Blütennektar zu leiten.

— John H. **Dickson** verbessert das Verfahren der Aufschließung der von China in steigendem Maße importierten Ramie (Chinagras), indem er dieselbe mit Öl und Alkalilauge behandelt. Das Verfahren lehnt sich an das der Chinesen an, die seit altersher die Faser mit Aschenlauge und Seifenlösung aufschließen.

— Emil **du Bois-Reymond** modifiziert die Kompensationsmethode von Poggendorff (s. 1841 P.) und erleichtert durch seine Verbesserungen die Messung elektromotorischer Kräfte.

— Der Mediziner Guillaume Benjamin **Duchenne de Boulogne** beschreibt die Bulbärparalyse (nach ihm auch Duchenne'sche Lähmung genannt), eine durch Degenerationsvorgänge bedingte Erkrankung des obersten Teils des Rückenmarks.

— J. und W. **Dudgeon** erbauen den Dampfer „Flora", das erste Schiff mit zwei Schrauben, von denen sich je eine, durch besondere Maschine getrieben, zu beiden Seiten des Hinterschiffs befindet.

— **Dumas** und **Regnault** benutzen die Carcellampe (s. 1780 C.) als Normallichtquelle für Gasuntersuchungen und legen ihre Dimensionen sowie die Art ihrer Benutzung fest. Sie liefert die Einheit der Lichtstärke in horizontaler Richtung bei einem Ölverbrauch von 42 g in der Stunde.

— **Firth, Donnisthorpe** und **Ridley** in Leeds konstruieren eine Schrämmmaschine mit hauendem Werkzeug (Kohlen-Haumaschine), die in der West-Ardsley-Kohlengrube in Gang gesetzt wird. Schrämmmaschinen mit stoßendem Werkzeug werden 1866 von Garrett, Marshall & Co. in Leeds, 1876 von R. Schram, solche mit schneidendem Werkzeug von Winstanley und Barker 1874 und vielen anderen, solche mit besonderem Werkzeug 1873 von Dr. Clapp, 1879 von Taverdon u. a. konstruiert.

— Armand Hippolyte Louis **Fizeau** konstruiert unter Modifikation des Newton'schen Farbenglases ein Interferenzspektroskop.

— John **Fowler** verwendet für seinen Dampfpflug, statt wie bisher eine, nunmehr zwei Lokomobilen mit wagerechten Windetrommeln, die zum Hin- und Herziehen des Pfluges dienen. Jetzt erst wird der Dampfpflug so einfach in der Bedienung, daß er sich schnell, auch in tropischen Ländern verbreitet.

— Charles **Friedel** erhält durch Wasserstoffaddition an Aceton einen Propylalkohol (Isopropylalkohol), der sich identisch mit dem von Berthelot 1858 aus Propylen dargestellten erweist, und der erste Repräsentant der von Kolbe (s. 1858 K.) vorausgesagten sekundären Alkohole ist, wie dies Erlenmeyer (1866) bestätigt.

1862 Nachdem gemäß Liebigs Vorschlag (s. 1847 L.) die Pettenkofer'sche Hofapotheke in München bereits Fleischextrakt hergestellt hatte (vgl. 1850 P.), macht der Ingenieur C. G. **Gilbert** die Fleischvorräte der Prärien Südamerikas der Fabrikation des Fleischextraktes dienstbar und errichtet die erste größere Fabrik in Fray Bentos in Uruguay. Von jetzt ab erhält der Fleischextrakt den Namen „Liebig's Fleischextrakt".

— Der englische Meteorolog James **Glaisher** steigt zum Zwecke wissenschaftlicher Erforschung der Atmosphäre mit Coxwell bis zur Höhe von 8500 m im Lufballon auf. (S. a. 1901 B.)

— Der Chemiker Hermann Julius **Grüneberg** stellt aus den Staßfurter Kalisalzen zuerst nach dem Leblanc-Prozeß schwefelsaures Kali und Pottasche her und fördert die Verarbeitung des Chlorkaliums zu Kalisalpeter durch Umsetzung mit Chilisalpeter nach dem von Nöllner gefundenen Konversionsverfahren. (Vgl. 1854 N.)

— C. A. **Hagendahl** in Örebro bemüht sich um die systematische Verbesserung älterer bewährter Getreidesorten und die Kultur neuer besserer Sorten zur Beschaffung guten Saatgutes. Bestrebungen in dieser Richtung werden seit 1875 von der Gesellschaft zur Förderung der Wissenschaften in Straßburg, seit 1879 von der Royal Society of agriculture in London, seit 1899 von der Station für Pflanzenschutz in Wien, sowie von dem allgemeinen nordischen Samenkongreß gemacht. (S. a. 1892 N. und 1902 R.)

— G. W. **Hankel** zeigt, daß bei der Luminescenz faulenden Fleisches Sauerstoff mitwirkt. Bei starker Verdünnung der Luft schwächt sich das Leuchten stark ab.

— **Hansbrow** konstruiert die Californiapumpe, eine doppeltwirkende Pumpe, bei welcher die Klappenventile in einem gemeinsamen Ventilkasten paarweise übereinander angeordnet sind. Diese Pumpe wird von Wagner in Darmstadt 1870 wesentlich verbessert.

— Hermann **von Helmholtz** erklärt die Akkommodation des Auges durch die elastische Zusammenziehung der Linse beim Nachlassen des Aufhängebandes infolge der Kontraktion des Ciliarmuskels. (S. a. 1846 B.)

— Der Physiolog Ewald **Hering** findet das Gesetz der identischen Sehrichtungen.

— August Wilhelm **von Hofmann** zeigt, daß die aus verschiedenen Bildungsprozessen hervorgegangenen roten Anilinfarbstoffe in reinem Zustand Salze derselben farblosen Base sind, der er den an Farbe und Ursprung des Fuchsins erinnernden Namen „Rosanilin" gibt.

— August Wilhelm **von Hofmann** erhält durch Einwirkung der Jodüre und Bromüre der Alkoholradikale auf Rosanilin das Hofmann-Violet (Dahlia). Bei einem Überschuß von Jodäthyl geht das Violet in Grün über (Jodgrün). Auf die Farbenwandlung des Anilinrot beim Äthylieren hatte Emil Kopp zuerst aufmerksam gemacht, ohne daß daraus praktische Folgerungen gezogen wurden.

— August Wilhelm **von Hofmann** untersucht das Chrysanilin, das in geringer Menge als Nebenprodukt bei der Fuchsindarstellung entsteht, und das später von den Höchster Farbwerken durch Verschmelzen von Paratoluidin und Metanitranilin gewonnen wird.

— Felix **Hoppe-Seyler** macht grundlegende Untersuchungen über die Blutfarbstoffe, stellt die Oxyhämoglobinkrystalle (s. 1847 R.) rein dar, beweist deren Identität mit den natürlichen arteriellen Blutfarbstoffen, studiert

die Zersetzungsprodukte (Hämatin und Hämatochromogen), die Eisenabspaltung aus ihnen und ihren Zusammenhang mit den Gallenfarbstoffen.

1862 Nachdem man erkannt hatte, daß in der Laming'schen Masse (s. 1846 L.) der Kalk Ballast sei, schlägt **Howitz** in Kopenhagen zur Gasreinigung natürlich vorkommendes oder künstlich erzeugtes Eisenoxydhydrat vor. Angewendet werden namentlich Raseneisenerz, Wiesenerz, Sumpferz u. dgl.

— Unter der Oberleitung von Collis Potter **Huntington** wird am 10. Juni 1862 der Bau der vom Atlantischen Ozean zum Stillen Ozean führenden Central-Pacific-Bahn in Angriff genommen. Die Bahn, die ihren höchsten Punkt in der Sierra Nevada bei 2148 m erreicht, hat von San Francisco bis Ogden eine Länge von 1345 km; hier schließt sich nach Osten die Union-Pacific-Linie an. Beide Linien werden am 10. Mai 1869 eröffnet.

— Der Mühlentechniker **Jacobi** stellt eingehende Untersuchungen über den Reinigungsprozeß der Getreidekörner an. Er verwirft als ungenügend alle aufrechtstehenden Zylinder oder Kegel, bei denen die Getreidekörner ohne Unterbrechung und daher verhältnismäßig zu schnell an den Boden der Mäntel gelangen, und die Richtung ihrer Bewegung nur durch Schwerkraft und Zentrifugalkraft bedingt wird. Er hält nur Maschinen für vorteilhaft, bei denen ein buntes Durcheinandertreiben der einzelnen Körner stattfindet und Glätte und Gleichmäßigkeit der inneren Konstruktionsteile vermieden wird, und konstruiert dementsprechend eine viel gebrauchte Reinigungsmaschine. Auf ähnlichen Prinzipien beruht die Reinigungsmaschine von Walworth und Harrowby in Bradford.

— Pierre Jules César **Janssen** liefert den Nachweis, daß nicht allein beim Durchgang des Lichtes durch farbige Gase (s. 1832 B.), sondern auch durch farblosen Wasserdampf dunkle Linien auftreten. Ähnliche Beobachtungen werden von Secchi (1865), Cooke (1865) und Ångström (1866) gemacht, wodurch bewiesen wird, daß ein Teil der Fraunhofer'schen Linien seinen Ursprung in der Atmosphäre hat.

— Joseph Beete **Jukes** gibt der Lehre von der Gebirgsbildung einen neuen Impuls, indem er auf die Bedeutung der subaërilen Denudation hinweist und ausführt, daß hinsichtlich der Gestaltung der Erdoberfläche drei Kräfte immer gegeneinander wirken, die Atmosphäre, das Meer und die unterirdischen Kräfte.

— **Kershaw** und **Colvin** in London konstruieren die erste Melkmaschine, die im wesentlichen die mechanische Bewegung des Handmelkens nachahmt und 1896 von Gustave de Laval in seinem Laktator noch verbessert wird. Andere Maschinen, wie die von Schnakenburg, Thiel usw., suchen das Saugen des Kalbes nachzuahmen.

— **Kipp** konstruiert einen, insbesondere in Laboratorien viel gebrauchten kontinuierlich wirkenden Apparat zum beliebigen Entnehmen von Schwefelwasserstoff. Andere Apparate werden von Debray (1866), Winkler u. a. angegeben.

— A. C. **Kirk** konstruiert die erste geschlossene Kaltluftmaschine, die im Gegensatz zur Gorrie'schen Maschine (s. 1850 G.) immer dieselbe Luft benutzt und die Kühlung indirekt durch Rohrwandungen, die in die zu kühlenden Räume oder Flüssigkeiten eingebaut werden, bewirkt. Die geschlossenen Kaltluftmaschinen erreichen eine wesentlich höhere Leistung als die offenen.

— Der Zivilingenieur C. **Kley** bemüht sich von 1862 ab, die zweizylindrige Woolf'sche Dampfmaschine zur Wasserförderung aus tiefen Schächten brauchbar zu machen. Seine Untersuchungen über den Einfluß der Schwungmassen, welche im Gestänge und im Contrebalancier angehäuft sind, führen dazu, daß wesentlich größere Pumpen gebaut und mit bedeutender Ersparnis an Arbeitsaufwand betrieben werden können. Kley versucht insbesondere auch, die Abkühlungsverluste in den Rohrleitungen durch ausgiebigen Wärmeschutz zu vermeiden, der sich auch auf Flansche und eingebaute Ventile erstreckt.

1862 Nachdem bis dahin die Flachsbearbeitungsmethoden (s. Flachsverarbeitung) unverändert auch auf den Hanf übertragen worden waren, geben **Koblenz** und **Leoni** eine Methode der Hanfbereitung ohne Röstung an, bei welcher die Stengel senkrecht aufgestellt und einige Stunden lang der Einwirkung eines heißen Luftstroms ausgesetzt werden, worauf sofort ihre Bearbeitung durch die Brechmaschinen erfolgt.

— Johann **von Lamont** macht Untersuchungen über den Zusammenhang zwischen Erdmagnetismus und Erdstrom, und sucht namentlich auch die Verhältnisse der Stromfortleitung für den Fall festzustellen, daß dem Strom zwei Leitungen dargeboten werden, eine kürzere metallische mit begrenztem und eine längere Erdleitung mit unbegrenztem Querschnitt.

— Hans **Landolt** untersucht, inwieweit die Regel von Arago und Biot (s. 1806 A.) zur Berechnung der Brechungsexponenten chemischer Verbindungen angewendet werden kann. Er rechnet, wie vor ihm schon Schrauf, mit dem Produkt aus dem Refraktionsvermögen (s. 1858 G.) und dem Molekulargewicht, das er Refraktionsäquivalent nennt, und das er seinen ausgedehnten Untersuchungen zugrunde legt. Es gelingt ihm, das Refraktionsäquivalent einiger wichtiger einatomiger Elemente zu berechnen und hieraus die den einzelnen Verbindungen zukommenden Größen abzuleiten, die mit den beobachteten Werten übereinstimmen.

— Eugen **Langen** beobachtet zuerst an der granulierten Hochofenschlacke der Friedrich-Wilhelms-Hütte zu Troisdorf hydraulische Eigenschaften und gibt dadurch die erste Veranlassung zur Herstellung des Eisen-Portlandzements.

— Der Architekt **Leras** in Besançon konstruiert einen Ofen zur Heizung und Ventilation der Wohnräume, der im Jahre 1867 in Paris aufgestellt wird, die Form eines Säulenofens hat und aus zwei ineinander gesetzten Eisenblechzylindern besteht, von denen der innere für die Luftzirkulation, der äußere ringförmige für die Bewegung der Feuergase dient. Der Leras'sche Ofen ist der Vorläufer der Füllöfen. (S. 1870 M.)

— Jos. Ud. **Lerch** stellt aus dem Kohlenoxydkalium neue Körper dar, die er als „Trihydrocarboxylsäure", „Dihydrocarboxylsäure" und „Carboxylsäure" bezeichnet, und deren Natur später von Nietzki und Benckiser (vgl. 1885 N.) aufgeklärt wird.

— François Pierre **Le Roux** entdeckt bei der Durchleitung der Lichtstrahlen durch Joddämpfe die anomale Dispersion des Lichts, ohne daß jedoch seine Entdeckung in der wissenschaftlichen Welt Beachtung findet. (S. 1870 C.)

— Georges Auguste **Leschot,** der Erfinder der Diamantbohrung (s. 1857 L.), konstruiert eine Diamant-Gesteinsbohrmaschine, die 1867 von Perret und de la Roche-Tolay noch verbessert wird.

— Hubert **von Luschka** entdeckt die Glandula coccygea (Steißdrüse) und fördert die topographische Anatomie, insbesondere der Köperhöhlen, durch die Methode der Fixierung mit Nadeln und die Gefriermethode.

— J. **Mac Douall Stuart** durchquert Australien nach mehreren vergeblichen Versuchen von Süden nach Norden.

— Frédéric **Margueritte** und **Sourdeval** versuchen die Überführung des Stickstoffs in Cyanverbindungen, indem sie statt der Alkalien Baryt anwenden, haben aber ebensowenig Erfolg wie ihre Vorgänger. (S. 1826 D., 1839 F., 1845 B.)

Auch Mond, der 1882 diese Versuche fortsetzt, gelangt nicht zu befriedigenden Resultaten.

1862 O. **Mendius** führt die Nitrile durch Wasserstoff in statu nascendi in Amine über, die nach der von T. S. Hunt (1849) angegebenen Methode mit salpetrigerSäure in den Alkohol übergeführt werden können, so daß hierdurch ein Weg gegeben ist, um aus einem Alkohol das nächste homologe Glied zu gewinnen.

— Nachdem schon Trillard (1833) fein verteilte Luft für die Zwecke der Ölraffinerie vorgeschlagen hatte, wendet zuerst **Michaud** an Stelle des mechanischen Durchmischens komprimierte Luft in der Rübölfabrikation an und führt 1865 das Verfahren in großen Fabriken in Honfleur und St. Servan ein.

— Alexander **Mitscherlich** weist nach, daß alle Halogenverbindungen der Erdalkalimetalle besondere, die Chlorverbindungen der Alkalimetalle dagegen überhaupt keine Spektren geben, wenn man diese Verbindungen in Flammen bringt, in denen sie sich unzersetzt verflüchtigen können. Er erweitert auf Grund dieser Beobachtungen die Ansicht von Kirchhoff und Bunsen dahin, daß nicht nur die Metalle selbst, sondern auch ihre Verbindungen bestimmte, für sie charakteristische Spektren erzeugen können. (Vgl. a. 1906 F.)

— Nachdem die Idee, die Reibung zwischen Hebedaumen und Hebling im Pochwerk durch rotierende Stempel zu verringern, schon 1844 in Hülsse's polyt. Centralblatt S. 110 ausgesprochen war, gelingt es Joseph **Moore** in San Francisco, diesen Gedanken für die Erzaufbereitung in dem sogenannten verbesserten „Kalifornischen Pochwerk" praktisch zu verwerten.

— Gerard Johannes **Mulder** führt, wie Liebig (s. 1858 L.), die Absorptionserscheinungen des Bodens auf die Wirkung chemischer und physikalischer Kräfte zurück und glaubt, daß die Humuskörper bei der Absorption eine wichtige Rolle spielen.

— E. Ch. **Nicholson** zeigt, daß man Anilinblau durch Behandlung mit Schwefelsäure in einen in Wasser löslichen Farbstoff verwandeln kann, und daß dieser Farbstoff — eine Sulfosäure — nunmehr die tierische Faser in einem Echtheitsgrade anfärbt, der mit den nicht sulfierten Farbstoffen unerreichbar ist. Diese Erfahrung wird der Ausgangspunkt für die Darstellung der löslichen Sulfosäuren durch Behandlung der basischen Farbstoffe mit Schwefelsäure.

— William Gifford **Palgrave** durchzieht im Auftrage Napoleons III. Arabien von Nordwesten nach Südosten und legt seine Erfahrungen in einem Buche „Narrative of a years journey through Central and Eastern Arabia" nieder.

— Der Amerikaner **Peabody** konstruiert ein Hinterladungsgewehr mit nach unten beweglichem Verschlußblock, welches das Ausgangsmodell für alle Blockverschlüsse (englisches Henry-Martini-Gewehr, das von der bayrischen Armee 1870/71 geführte Werdergewehr u. a. m.) bildet.

— Leopold **von Pebal** liefert den direkten Nachweis, daß die sogenannte Dissoziation durch das Zerfallen der betreffenden Körper zu erklären sei, und zeigt, indem er die ungleiche Geschwindigkeit der Diffusion der verschiedenen Gase benutzt, daß beim Diffundieren von Salmiakdampf das Gas in dem einen Teil seines Apparats alkalisch, in dem andern sauer reagiert. (S. a. 1857 S.)

— Joseph A. F. **Plateau** beschäftigt sich mit den Eigenschaften flüssiger Lamellen, die er als Seifenblasen aus einer Lösung von Marseiller Seife mit Glycerin herstellt, und benutzt diese Lamellen zum experimentellen Nachweis der Oberflächenspannung. Auch A. Dupré (1865), van der Mensbrugghe

(1868) und Sondhaus (1876) erfinden hübsche Versuche auf diesem Gebiete. Dem letzteren gelingt es auch, die Oberflächenspannung zu messen.

1862 Georg **Quincke** findet im Verlauf seiner Versuche über elektrische Endosmose (s. 1861 Q.), daß, wenn man die Wandsubstanz als feines Pulver in der Flüssigkeit suspendiert, nunmehr die Substanz durch den elektrischen Strom in entgegengesetzter Richtung getrieben wird, als es vorher mit der Flüssigkeit entlang der Wandsubstanz der Fall war. Er schließt daraus, daß die Bewegung auf Anziehung oder Abstoßung elektrisch geladener Substanzteilchen beruht.

— Henri Victor **Regnault** macht die ersten Untersuchungen über die spezifischen Wärmen der Dämpfe, bei denen er wie bei Ermittlung der spezifischen Wärmen der Gase verfährt, und gibt eine Tabelle für die mittleren spezifischen Wärmen bei dem konstanten Druck von 760 mm. In welcher Weise sich diese Werte mit dem Druck nnd der Temperatur ändern, stellt E. Wiedemann (1877) später fest.

— Henry Amé **Résal** fördert durch seine Arbeiten die zuerst von Euler gegebene geometrische Betrachtungsweise der Bewegungen fester Körper und sondert die Geometrie der Bewegungen unter dem Namen „Cinématique pure" von der ihr gegenüberstehenden „Cinématique appliquée". Seine Richtung wird in Deutschland namentlich von F. Redtenbacher vertreten.

— Während bei den Vorderlader-Schrapnells die Entzündung des Schrapnellzünders ohne weiteres durch die um das Geschoß herumschlagende Flamme der Geschützladung bewirkt wurde (s. 1835 B. und 1854 B.), bedarf das den Rohrquerschnitt ohne Spielraum ausfüllende Hinterlader-Schrapnell einer besonderen Vorrichtung zum Inbrandsetzen des Zünders. Nach der Konstruktion des preußischen Hauptmanns **Richter** geschieht dies in der Weise, daß ein im Zünder befindlicher, an zwei spröden Metallwarzen aufgehängter Metallbolzen im Augenblick des Schusses abreißt, wobei die an dem Bolzen angebrachte Zündpille von einer dahinter befindlichen Nadel erreicht wird. Die Entzündung der Pille überträgt sich auf einen langsam brennenden, tempierbaren Zündsatz.

— Theodor Hermann **Rimpau** führt auf dem Rittergut Cunrau im Kreis Salzwedel die Moordammkultur (Sanddeckkultur) ein. Sie besteht in der Bedeckung des vorher durch offene Gräben in 25 bis 50 m breite Beete (Dämme) gelegten und hierdurch oder auch durch Drainage bis auf mindestens 100 cm oder noch etwas tiefer entwässerten Moores mit einer 10—12 cm starken Schicht mineralischer Bodenarten (Sand, Lehm). Nur diese Schicht wird beackert. Gedüngt werden die Moordämme ausschließlich mit Kalisalz und Phosphat.

— Peter **Rittinger** konstruiert eine als „Schleudermühle" bezeichnete Maschine zum Zerkleinern von Erzen, harten Steinen und andern Materialien, die auf dem Prinzip der Zentrifugen beruht. Dieselbe besteht aus einer an einer vertikalen Welle befestigten Scheibe mit sechs Flügeln, die von einem gußeisernen Zylinder umgeben ist, dessen innere Wand mit vorspringenden Zähnen ausgestattet ist. Bringt man die zu zerkleinernden Materialien auf die Scheibe und versetzt diese in sehr rasche Umdrehungen, so werden die Körper gegen die Zähne geschleudert und zerschellen dort, um als Splitter niederzufallen. (Vgl. a. 1862 C.)

— Nachdem 1855 Desprats die ersten photographischen Trockenplatten durch Zusatz von Harz zum Kollodium hergestellt und das Kollodium-Albuminverfahren von Taupenot (s. 1855 T.) weitere Fortschritte gebracht hatte, entdeckt der Major **Russel** im Tannin ein treffliches Mittel, den Platten ihre Lichtempfindlichkeit zu bewahren (Trockenverfahren). Im gleichen Jahre führt Russel mit Leahy die alkalische Pyrogallolentwicklung ein.

1862 **Schäffer** und **Budenberg** konstruieren ein Metallmanometer, welches dem Aneroidbarometer nachgebildet ist. Der Druck wirkt hier nicht auf eine hohle Röhre, sondern auf eine dünne federnde Metallplatte.

— Hans **Siemens** macht eingehende Versuche, zum Brennen des Kalkes die Gasfeuerung nutzbar zu machen, und konstruiert von 1864 ab in Gemeinschaft mit F. Steinmann die sogenannten Siemens-Steinmann'schen Gaskalköfen, die mit Schachtgeneratoren versehen sind, welche die Vergasung von Braunkohlen und Lignit ermöglichen. (Vgl. 1830 L.)

— Die Holländerin Alexine **Tinné** unternimmt mit ihrer Mutter eine Forschungsreise nach dem oberen Nil bis Gondokoro und 1863 in Begleitung von Heuglin (s. 1860 H.) eine zweite Reise nach dem Bahr el Gazal und Dschur, wo ihre Mutter dem Klima erliegt. Auf einer dritten Reise wird sie 1869 auf dem Wege von Mursuk nach Ghat von den sie begleitenden Tuareg ermordet.

— Peter **von Tunner** macht den ersten Vorschlag einer basischen Auskleidung der Konverters zur Abscheidung von Phosphor und Schwefel, indem er ein Magnesiafutter empfiehlt. Die unternommenen Versuche haben aber nicht den gewünschten Erfolg. Nach ihm werden ähnliche Vorschläge von Emil André (1865), George J. Snelus (1872), Knowles (1873) und L. E. Gruner (1877) gemacht.

— **Villème** in Paris benutzt die Photographie zur Anfertigung naturgetreuer Gipsfiguren und Büsten. Er läßt die betreffende Person von 24 verschiedenen Punkten des Umkreises gleichzeitig aufnehmen und die Bilder vergrößert auf die Skulptur übertragen. Das Gelingen hängt bei dieser Methode namentlich von der Hand des nacharbeitenden Künstlers ab (Photoskulptur).

— Jacob **Volhard** stellt das Sarkosin aus Methylamin und Monochloressigsäure synthetisch dar und führt es durch Cyanamid in Kreatin über.

— Frederick **Walton** aus Manchester bindet Korkmehl mit durch erwärmte Luft oxydiertem Leinöl anstatt mit Kautschuk, wie es Galloway (1844) getan hatte, und erhält ein Linoleumprodukt, das er Lincrusta Walton nennt.

— **Wheeler** führt für die Silbergewinnung die nordamerikanische Pfannenamalgamation (von den Distrikten, in denen sie erst angewendet wird, auch Reese-River-Prozeß oder Washoe-Prozeß genannt) ein. Dieselbe beruht nicht auf neuen Methoden, sondern verdankt ihre Erfolge lediglich der zweckmäßigen mechanischen Einrichtung. Das Zerkleinern, Rösten, Feinmahlen, Amalgamieren, Verwaschen und Destillieren geschieht in besonders für den Zweck erfundenen, zum Großbetrieb bestimmten Apparaten.

— F. A. Th. **Winnecke** und O. **Stone** benutzen die vorteilhafte Opposition des Mars zur Bestimmung einer Parallaxe der Sonne, die sie, der erstere mit $8''{,}96$, der zweite mit $8''{,}94$ finden.

— Friedrich **Wöhler** beobachtet, daß beim Erhitzen von Calcium nnd Kohlenstoff Calciumcarbid entsteht, welches bei der Zersetzung mit Wasser Acetylen entwickelt.

— Der Landbaukondukteur **Wolf** in Hannover konstruiert zuerst Windräder mit vertikaler Achse, welche die Stoßverluste beim Eintritt des Windes zu vermeiden und die Wirkung des Windes in ähnlicher Weise zu gestalten suchen, wie dies bei den mit Wasser betriebenen Turbinen der Fall ist (Windturbinen).

— R. **Wolf** in Magdeburg-Buckau führt für die Lokomobilen die ausziehbaren Röhrenkessel ein, welche eine schnelle Entfernung des Kesselsteins gestatten und gegenwärtig fast überall in Gebrauch sind.

— A. **von Wolkoff** gelingt es, auf experimentellem Wege den Satz zu bestätigen, daß lediglich das in die grüne (chlorophyllhaltige) Zelle fallende Licht die chemische Arbeit der Produktion der organischen Substanz vollzieht. Gleichzeitig vermag er die Proportionalität der Sauerstoffmengen mit den Belichtungsintensitäten zu demonstrieren.

1862 Adolphe **Wurtz** gelingt es, durch Eintragen von Natriumamalgam in wässerigen Aldehyd, welchem von Zeit zu Zeit Salzsäure zugesetzt wird, um die Bildung von Aldehydharz zu vermeiden, den Aldehyd zu Alkohol zu reduzieren. Diese Reaktion hat allgemeine Bedeutung.

1863 D. **Adams & Co.** konstruieren eine hydraulische Winde, die eigentlich eine kleine transportable hydraulische Presse darstellt, und zur direkten Lastförderung sehr geeignet erscheint. Andere Konstruktionen sind das 1871 erfundene hydraulische Hebzeug von Tangye Brothers & Price, die 1877 erfundene fahrbare hydraulische Winde von Harrison u. a.

— Friedrich Wilhelm Felix **von Baerensprung**, der 1861 die erste Beschreibung des Eczema marginatum geliefert und 1862 den Erythrasmapilz (das Microsporon minutissimum) gefunden hat, gibt die anatomische Begründung der neuritischen Dermatosen durch den Nachweis der Spinalganglienerkrankung bei der Gürtelflechte (Herpes zoster).

— Anton **de Bary** in Straßburg fördert durch seine „Morphologie und Physiologie der Pilze" die mykologische Forschung und die Kultur der Entwicklungsformen der Pilze.

— **Baudelot** in Hérencourt konstruiert einen Berieselungskühlapparat, der später von Lawrence verbessert wird und in der Bierbrauerei, Milchwirtschaft usw. viel gebraucht wird. (Vgl. a. 1872 L.)

— Wilhelm **von Beetz** macht eingehende Untersuchungen über die Leitfähigkeit von Flüssigkeiten und bestätigt, daß sie mit der Temperatur zunimmt. (S. 1845 H.) Zwischen 25° und 45° ist die Leitfähigkeit der Temperatur proportional.

— Paul **Bert** fördert durch seine Forschungen über die tierischen „Pfropfungen" (Transplantation abgetrennter Hautlappen) die plastischen Operationen.

— Marcelin **Berthelot** erhält synthetisch Acetylen durch Vereinigung von Wasserstoff und Kohlenstoff, indem er in einer Wasserstoffatmosphäre zwischen zwei Kohlenelektroden eine elektrische Flamme erzeugt. Aus dem Acetylen stellt er mit Hilfe von nascierendem Wasserstoff Äthylen her, und aus dem Äthylen im Jahre 1866 durch Erhitzen mit Wasserstoff Äthan, welches beim Erhitzen mit Wasserstoff zur Rotglut Methan gibt.

— Der belgische Artillerieoffizier Paul Emile **le Boulengé** erfindet einen elektroballistischen Chronographen (Flugzeitenmesser), den er im Jahre 1867 noch wesentlich verbessert, und der zur Ermittelung der Geschoßgeschwindigkeit viel angewendet wird.

— Paul **Broca** beschreibt eingehend unter dem Namen „Motorische Aphasie" die Erkrankung des Sprachbewegungszentrums (s. 1825 B. und 1861 B.), die häufig nach einem Schlagfluß in Verbindung mit Lähmung der rechtsseitigen Körpermuskulatur auftritt und in dem Unvermögen besteht, die Gedanken sprachlich auszudrücken, obschon das Wortverständnis erhalten ist.

— Der Chemiker Benjamin **Brodie** entdeckt die Säureperoxyde, die man jetzt als gemischte Anhydride der Säuren mit den Persäuren ansieht.

— **Brown** und **Sharpe** benutzen zuerst Schmirgelscheiben zum Schärfen der Fräsen nach dem Härten.

— Der Amerikaner William **Bullock** erhält ein Patent auf die erste brauchbare Rotationspresse zum Buchdruck auf endloses Papier. Die Leistungsfähigkeit dieser Presse ist so groß, daß in einer Stunde ein Stück Papier von über 16 km Länge und größter Formatbreite beiderseitig bedruckt werden kann.

— Alexander **Butlerow** entdeckt die Synthese von Alkoholen durch Umsetzung von Säurechloriden mit den von Frankland (s. 1849 F.) aufgefundenen Zinkalkylen. Die erste von ihm ausgeführte Synthese dieser Art ist die des Trimethylcarbinols aus Acetylchlorid und Zinkmethyl. Wie Butlerow konstatiert, kommt dieser tertiäre Butylalkohol auch unter den Gärungsprodukten vor. Diese Herstellungsmethode der Alkohole erweist sich in den Händen von Butlerow und seinen Schülern als sehr fruchtbar. Auf ähnliche Weise erhalten sie auch viele Aldehyde und Ketone.

1863 Nachdem schon Mansfield 1849 vorgeschlagen hatte, bei der Teerdestillation zur Gewinnung der Benzolwasserstoffe Apparate zu verwenden, die das bei der Spiritusfabrikation längst durchgebildete Prinzip der Dephlegmation durchführen, führt A. **Coupier** als erster einen solchen Apparat zur Fraktionierung der Kohlenwasserstoffe ein. Ähnliche Apparate werden von Savalle u. a. hergestellt.

— Dem französischen Arzt Casimir Joseph **Davaine** gelingt es, durch Impfung mit frischem oder getrocknetem Blute von Milzbrandtieren den Milzbrand auf andere Tiere zu übertragen und so die ätiologische Bedeutung der Milzbrandbazillen nachzuweisen. (S. a. 1849 P. und 1876 K.)

— Alfred **Des Cloizeaux** weist nach, daß die optischen Achsen der Krystalle durch die Wärme beeinflußt werden.

— V. **Eggertz** führt die Bestimmung des gebundenen Kohlenstoffs im Roheisen auf calorimetrischem Wege durch.

— Adolph **Frank** fabriziert zuerst Kalidünger und gibt die Anregung zu größeren Düngeversuchen, die von Brumme in Waldau und Treutler-Scherzer in Neuhof bei Liegnitz gemacht werden und gute Resultate ergeben. Nachdem 1865 der Kainit entdeckt worden war, wird daraus durch einfaches Kalzinieren ein Düngesalz unter dem Namen „rohe schwefelsaure Kalimagnesia" gewonnen und in den Handel gebracht.

— **Friedel** und **Crafts** stellen das Siliciumäthyl dar und führen es durch Reaktionen, ganz analog denen, welche zur Umwandlung eines Kohlenwasserstoffs in den zugehörigen Alkohol dienen, in den Silicononylalkohol über, den sie als Nonylalkohol auffassen, in welchem 1 Atom Kohlenstoff durch 1 Atom Silicium vertreten ist. Auf die Möglichkeit der Vertretung des Kohlenstoffs durch Silicium hatte Wöhler schon 1851 hingewiesen.

— Nicolaus **Friedreich** arbeitet auf dem Gebiete der Neuropathologie und beschreibt die Friedreich'sche Ataxie.

— Anton **Geuther** stellt durch Einwirkung von Natrium auf Essigäther und Behandlung des Produkts mit Essigsäure den Acetessigester her, der als Mittel zur Synthese von Wichtigkeit wird. (S. a. 1865 F. und 1869 W.)

— Der Fabrikant Hermann **Gruson** in Magdeburg-Buckau stellt zuerst den Hartguß durch Zusammenschmelzen von Holzkohlenroheisen und Spiegeleisen und Eingießen der Mischung in eiserne Formen (Kokillen) her. Hierbei schreckt das Metall in der äußern Schicht rasch ab und wird daselbst glashart, während die inneren Teile des Gusses langsamer abkühlen und eine weichere, aber zähere Beschaffenheit behalten. Der Hartguß eignet sich für Hartwalzen, Hartgußgranaten (in Preußen seit 1864 gebraucht), Panzertürme usw.

— William **Harvey** gibt eine Methode zur Bekämpfung übermäßiger Korpulenz an, die darin besteht, daß er bei gleichzeitiger Beschränkung der Fette die Kohlenhydrate aus der Nahrung ausschließt. Diese Kurmethode wird zuerst an William Banting, einem Kaufmann in Kensington, angewendet, der sie in seinem berühmt gewordenen offenen Brief „Letter on corpulence addressed to the public" beschreibt, und nach dem sie den Namen „Bantingkur" erhält.

— Hermann **von Helmholtz** konstruiert ein Optometer, bei welchem die chroma-

Darmstaedter.   40

tische Aberration des Auges zur Bestimmung der Akkommodationsbreite benutzt wird.

1863 Hermann **von Helmholtz** begründet mit seinem klassischen Buche „Die Lehre von den Tonempfindungen" die physikalische Theorie der Musik und zeigt darin unter anderem, auf welche Weise der Schall im Ohre bis zu den empfindenden Nerven hingeleitet wird.

— Wilhelm **Henke** behandelt in seinem „Handbuch der Anatomie und Mechanik der Gelenke" die Theorie der im menschlichen Körper verwirklichten Gelenkmechanismen.

— Der namentlich als Patholog namhafte Tierarzt Eduard **von Hering** in Stuttgart ruft die internationalen Versammlungen der Tierärzte ins Leben. Er bestimmt die Schnelligkeit des Blutumlaufs und die Druckkraft des Herzens, und arbeitet über die Krätzmilbe.

— Der französische Mathematiker Charles **Hermite** behandelt die elliptischen und Abel'schen Funktionen (s. diese), die algebraischen Gleichungen und die Zahlentheorie. Es gelingt ihm zuerst, Gleichungen des fünften Grades mit Hilfe elliptischer Funktionen aufzulösen, und zu beweisen, daß die Grundzahl e der natürlichen Logarithmen (s. 1739 E.) keine algebraische Zahl ist.

— Matthaeus **Hipp** benutzt die Stellleitung seines elektrischen Distanzsignals gleichzeitig zum Betriebe von Rückmeldern.

— **Hirsch** und **Plantamour** unterziehen die seit Bessel (s. 1823 B.) als „persönliche Gleichung" bezeichnete Erscheinung einer Nachprüfung, indem sie künstliche Sterndurchgänge bewerkstelligen, deren absoluter Eintrittsmoment sich mittels entsprechender Apparatanordnung selbst markiert. Sie stellen dabei fest, daß eine verhältnismäßig lange Zeit, bis über $1/3$ Sekunde, vergeht, ehe der Beobachter den Eintrittsmoment seinerseits markiert, und beweisen damit, daß die Ursache der zutage tretenden Differenz in einem individuell variierenden Zeitverlust zwischen der optischen Einwirkung und der reaktiven Bewegung liegt.

— Johann Wilhelm **Hittorf** macht eingehende Studien über den roten Phosphor und dessen Bereitung. Es gelingt ihm, den roten Phosphor in Blei zu lösen und ihn aus dieser Lösung in krystallisiertem Zustande zu erhalten.

— August Wilhelm **von Hofmann** findet im Verlauf seiner Untersuchungen über die Isomerie des von ihm entdeckten Phenylendiamins, daß völlig reines Anilin sich nicht zu Anilinrot oxydieren läßt, daß dagegen eine Mischung von Anilin und Toluidin, mit Zinnchlorid erhitzt, ein prachtvolles Rot gibt. Diese Beobachtung erhält ihre volle Tragweite durch Verknüpfung mit der das Jahr zuvor (s. 1862 H.) von Hofmann festgestellten Rosanilinformel, indem sich dadurch nachweisen läßt, daß zur Farbstoffbildung ein Molekül Anilin und zwei Moleküle Toluidin nötig sind.

— Der englische Naturforscher Thomas Henry **Huxley** erbringt in seinem Buche „Evidence as to man's place in nature" den Nachweis, daß die anatomische Verwandtschaft des Menschen mit den anthropomorphen Affen viel größer ist, als diejenige zwischen den letzteren und den übrigen Affen. (Vgl. auch 1871 D.)

— **Jacquier** in Seelowitz gestaltet das Needham'sche Fachfilter für die Zwecke der Zuckerfabrikation um. Durch ihn und die Firmen Daněk, Trinks, Dehne u. a. erhält die Filterpresse allmählich ihre moderne Form.

— **Jelinek** und **Frey** erfinden die Scheidesaturation, bei welcher 2—3% des Rübengewichtes an Kalk angewendet werden, und bei der zuerst die Reinigung des Rübensaftes mit Kalk (Scheidung), alsdann das Ausfällen des überschüssigen Kalkes durch Kohlensäure (Saturation), und endlich die

Filtration der von dem ausgeschiedenen Schlamme getrennten Säfte vorgenommen wird.

1863 **Kleeberger** konstruiert einen Apparat zur Herstellung von Kohlensäure durch Verbrennung von Holzkohle oder Koks. Die zur Verbrennung erforderliche Luft wird durch eine Druckpumpe in die entzündete Kohlenmasse getrieben, was infolge des starken im Apparate herrschenden Druckes indes leicht zu Undichtigkeiten führt. Aus diesem Grunde wird bei einem von Kindler verbesserten Ofen die Druckpumpe durch eine am Ende des Apparates angebrachte Saugpumpe ersetzt. Seit 1874 werden Körting'sche Dampfinjektoren benutzt, welche die Gase absaugen. Andere Öfen zu diesem Zweck werden 1871 von Cail, Hallot & Co., 1874 von Chrétien und Felix konstruiert.

— Friedrich **Kohlrausch** beobachtet die von Weber (1835 W.) entdeckte elastische Nachwirkung auch an Metalldrähten und Glasfäden und zeigt, daß sie bei allen diesen Substanzen im wesentlichen den gleichen Gesetzen folgt. Bei seinen bis 1876 fortgesetzten Beobachtungen benutzt er vorwiegend die Torsion. Weitere Arbeiten hierüber machen Boltzmann (1874), Warburg (1878), Neesen (1876) u. a.

— Hermann **Kolbe** zieht, wie 1858 für die Alkohole, analoge Folgerungen auf die Existenz isomerer Fettsäuren. Diese Folgerungen finden ihre volle Bestätigung durch die 1864 von Erlenmeyer bewirkte Synthese der Isobuttersäure und durch die Arbeiten von Frankland und Duppa, denen es gelingt, von der Oxalsäure in die Körper der Milchsäurereihe überzugehen und die so erhaltenen Körper in die entsprechenden Glieder der Acrylsäurereihe umzuwandeln.

— Frédéric **Kuhlmann** empfiehlt Steine, Mauerwerk u. dgl., die der Einwirkung von Säuredämpfen ausgesetzt sind, durch Anstrich mit heißem Steinkohlenteer zu konservieren.

— Der Kapitän **de Lacy** erforscht zuerst das untere Geysirbecken des Yellowstone Parks.

— Der Franzose **Le Quen** macht im Kriegshafen zu Brest Versuche mit Gußeisenwolframlegierungen, indem er dem flüssigen Gußeisen pulverisiertes Wolframerz zusetzt, wodurch das Roheisen stahlartig wird. (Vgl. auch 1858 O.)

— Urbain **Leverrier** veröffentlicht auf Grund telegraphischer Wetterberichte die ersten täglichen Wetterkarten mit Linien gleichen Luftdrucks.

— Nachdem Calvert, Clift und Lowe zuerst saures salzsaures Anilin auf Baumwollstoffe, die mit chlorsaurem Kali vorbereitet waren, aufgedruckt und dadurch eine tiefblaue Farbe erzeugt hatten, und nachdem Wood und Wright dadurch, daß sie das Gewebe noch mit Chlorkalklösung behandelten, ein tiefes Grünschwarz erzeugt hatten, erhält der englische Chemiker John **Lightfoot** dadurch, daß er bei Oxydation von Anilinsalz mittels chlorsauren Kalis auf der Faser Kupfersalze zufügt, sehr schönes, echtes und unvergängliches Anilinschwarz. Er ist auch der erste, der die Anwendung des Anilinschwarz in der Färberei beschreibt.

— Karl Ludwig **von Littrow** konstruiert einen automatischen Spektralapparat, bei welchem die Drehung des Fernrohrs gleichzeitig die Prismen verstellt, so daß sie für die ins Fernrohr gelangenden Strahlen stets unter dem Minimum aufgestellt sind. Der Apparat wird von Browning (1870), Schmidt und Haensch (1879), Krüss (1885) u. a. noch vervollkommnet.

— Sven Ludwig **Lovén** arbeitet über die geographische Verbreitung der Tiere in den nördlichen Gegenden und hebt hervor, daß verschiedene Tierarten der Ostsee sonst nur im nördlichen Eismeer vorkommen und Zeugen einer früheren Verbindung der Ostsee mit dem Eismeer sind. Er

40*

zeigt den Reliktencharakter der Tierwelt der großen schwedischen Binnenseen.

1863 **Lucas** in Dresden baut die erste Zentrifugalsichtmaschine für die Müllerei. Die Maschine wird von Nagel und Kemp, sowie von Luther und Peters in der Folge wesentlich vervollkommnet.

— Der Hamburger Techniker Siegfried **Marcus** stellt in Wien die ersten praktischen Versuche mit Benzinautomobilen an. Zu gleicher Zeit tritt in Frankreich **Lenoir** mit einem ähnlichen Vorschlage hervor, ohne daß indes die von den Franzosen behauptete Priorität Lenoir's bewiesen ist.

— **Maron** in Berlin entwirft nach dem Prinzip der Wheatstone'schen Brücke (1833) die erste Brückenmethode zum Gegensprechen.

— Der Frankfurter Maschinenbauer Giovanni **Martignoni** erfindet den Spiralbohrer.

— Elie **Mascart** bestimmt mit Hilfe der Photographie die Brechungsexponenten der hauptsächlichsten dunklen Linien im Ultraviolett und entwirft mit deren Hilfe ein möglichst vollständiges Bild dieses Teils des Spektrums. Noch tiefer in das Ultraviolett verfolgen diese Messungen ebenfalls mit Hilfe der Photographie 1874 Cornu und 1893 V. Schumann. (S. d.)

— Die Brüder Paul und Wilhelm **Mauser** verbessern das Zündnadelgewehr, aus welcher Verbesserung sich das deutsche Infanteriegewehr M/71 (Einzellader mit 11 mm Kaliber, 25 g schwerem Bleigeschoß, 5 g Pulverladung, 440 m Mündungsgeschwindigkeit und Metallpatrone) entwickelt. Mauser's Zylinderverschluß ist auch bei den späteren deutschen Gewehrmodellen, nämlich dem Infanteriegewehr M. 71/84 (Mehrlader mit Vorderschaftmagazin), dem Gewehr 88 (Mehrlader von 7,9 mm Kaliber, 14,7 g schwerem Hartbleigeschoß mit kupfernickelplattiertem Stahlmantel, 2,75 g Blättchenpulverladung, 645 m Mündungsgeschwindigkeit), sowie dem Gewehr 98 (Mündungsgeschwindigkeit mit S-Munition 860 m) beibehalten. (Über das Mauserkastenmagazin s. 1879 L.)

— **Mazeline & Co.** in Havre konstruieren eine Steinkohlenbrikett-Preßmaschine mit geschlossenen Formen, die auch heute noch in vielen Fabriken Belgiens und Frankreichs benutzt wird. Spätere weit verbreitete Pressen mit geschlossenen Formen sind die von Hanrez, Durand und Marais (1878), Biétrix (1878), Couffinhal. (Vgl. 1883 C).

— Georg **Meißner** in Göttingen gelingt es, in frisch gefallenem Gewitterregen Wasserstoffsuperoxyd nachzuweisen.

— Eugène **Mélen** in Verviers erfindet die sogenannte Leviathan-Wollwaschmaschine, die aus drei Bottichen besteht, von denen der erste zum Entschweißen, der zweite zum Waschen, der dritte zum Spülen der Wolle dient.

— Der Amsterdamer Arzt Johann Georg **Mezger** vervollkommnet die Technik der Massage und lenkt durch seine hervorragenden therapeutischen Erfolge die Aufmerksamkeit der Ärzte auf diese Behandlungsmethode (s. a. 1853 B.), die sich durch die Tätigkeit von Zander, Nebel, Norström, Thure, Brandt, von Mosengeil, Zabludowski u. a. in Verbindung mit der Heilgymnastik (in dieser Vereinigung von Billroth „Mechanotherapie" genannt) wissenschaftlich und praktisch bewährt.

— Fritz **Müller** zeigt, daß Arten aus den verschiedensten Krebsfamilien, die im ausgewachsenen Zustand nur sehr entfernte Verwandtschaft und sehr geringe Körperähnlichkeit zeigen, anfangs in fast gleicher Gestalt, als sogenannte Naupliuslarve erscheinen, und zieht daraus den Schluß, daß diese verschiedenartigen Krebse von Formen herstammen, die dem Nauplius ähnlich waren, daß also der Nauplius die Stammform der Krebse sei. Von diesen Tatsachen aus würdigt er die Bedeutung des biogenetischen Grundgesetzes für die Deszendenztheorie. (S. a. 1793 K. und 1866 H.)

1863 Alfred **Nobel** erfindet die Initialzündung, durch welche die gesamte Energie eines explosibeln Stoffes auf sicherste Weise zur Auslösung gelangt. Er erkennt in dem Knallquecksilber den zur Zündung jener Stoffe (Dynamit, Schießbaumwolle usw.) geeignetsten Körper und wendet ihn in der Form von Sprengkapseln an.

— Andrew **Noble** konstruiert einen viel gebrauchten Gasdruckapparat, den Noble'schen Stauchapparat (Crusher Gauge), zur Prüfung der Kraftäußerung von Explosivstoffen. (Vgl. 1860 R.)

— Eduard Friedrich Wilhelm **Pflüger** studiert die feinere Anatomie der Ovarien.

— Adam **Politzer** in Wien verbessert das Valsalva'sche Verfahren (s. 1704 V.), indem er zur Eröffnung der Tuba Eustachii von der Nasenhöhle aus Luft in die Paukenhöhle eintreibt. Er wendet hierzu einen Gummiball als Druckpumpe an.

— Der Naturforscher Gustav Ferdinand **Radde** in Tiflis erforscht Kaukasien und Hocharmenien. Er begründet 1864 das kaukasische Museum in Tiflis und unternimmt von dort aus zahlreiche Forschungsreisen in die angrenzenden Länder.

— John **Ramsbottom** konstruiert den ersten Horizontalhammer, bei welchem zwei auf Rollen geführte Hammerbären durch die Wirkung dahinter befindlicher Dampfkolben gegeneinander getrieben werden, während das Schmiedestück genau in der Aufschlagmitte auf einer Drehscheibe ruht.

— Der Anatom Friedrich **von Recklinghausen** stellt die 1842 von Dutrochet zuerst beobachteten Wanderungen der Leukocyten fest, auf die eine neue Lehre von der Entzündung begründet wird. (S. 1864 C.)

— H. V. **Regnault** stellt in den Jahren 1863—68 eine sehr große Reihe von Messungen der Schallgeschwindigkeit an, die das überraschende Resultat ergeben, daß die Geschwindigkeit nicht der von Newton (s. 1687 N.) aus dem Druck der Luft abgeleiteten Formel entspricht, sondern, wie Laplace (s. 1816 L.) nachgewiesen hat, wegen der Erwärmung der Luft einen höhern Wert erreicht. Er findet diesen Wert im Mittel zu 331 m/sec. Auf kürzere Entfernungen findet er außerdem die Schallgeschwindigkeit von der Intensität des Schalles abhängig. Spätere Versuche von Kundt, Bosscha und König ergeben keine wesentlichen Abweichungen von der von Regnault gefundenen Zahl.

— Ferdinand **Reich** und Hieronymus Theodor **Richter** in Freiberg entdecken in der Freiberger Zinkblende ein neues Metall, das Indium, das durch eine blaue Spektrallinie charakterisiert ist.

— **Richardson, Irving** und **Lundy** empfehlen zur Extraktion der Fette und Öle das Benzin, während Deiß (s. 1856 D.) zu diesem Zwecke den Schwefelkohlenstoff, und nur nebenbei das Benzin empfohlen hatte. Vohl, der ungefähr gleichzeitig auf die Anwendung des Benzins kommt, konstruiert dafür einen Extraktionsapparat, der von Seltsam, der zuerst unter Druck arbeitet, Richters, Büttner, Wegelin und Hübner u. a. verbessert wird.

— Henry E. **Roscoe** spricht zuerst aus, daß die Spektralanalyse berufen sein könne, beim Bessemerprozesse eine Rolle zu spielen.

— Gustav **Rose** versucht zuerst, die Meteorite zu klassifizieren und teilt sie in die weit häufigeren Eisenmeteorite und die selteneren Steinmeteorite ein. Mit Untersuchung der Meteorite beschäftigen sich G. A. Daubrée, von Gümbel, E. W. Cohen, Březina u. a. Diese Studien führen zu dem Ergebnis, daß die Beschaffenheit und Struktur der Materie überall im Weltenraume, aus dem die Meteorite zu uns gelangen, eine in allen wesentlichen Punkten gleichartige genannt werden muß.

— Carl **Schorlemmer** beschäftigt sich eingehend mit der Untersuchung des Rohpetroleums und seiner Konstituenten, um deren Erforschung sich seit

1864 auch Pelouze und Cahours, C. M. Warren und F. H. Storer große Verdienste erwerben.

1863 Max J. S. **Schultze** bestätigt in seiner Arbeit „Über das Protoplasma der Rhizopoden und Pflanzenzellen" die Angaben von Unger (s. 1855 U.), daß das Zellprotoplasma mit der Sarkode, wie Félix Dujardin (s. 1835 D.) die zähflüssige Materie gewisser niederer Tiere genannt hatte, identisch ist. Im Anschluß hieran lehrt er, daß die Umbildung der Zellen zu Geweben weniger durch Formveränderungen und Auswachsen der Zellen zu den Gewebselementen, als durch chemische Umwandlung des Protoplasmas erfolgt.

— Angelo **Secchi** sucht aus den Spektren der Sterne deren physische Konstitution darzutun und insbesondere nachzuweisen, wie weit deren Verdichtungsprozeß fortgeschritten ist. Er gibt eine Klassifikation der Fixsterne nach ihrem spektroskopischen Verhalten, die von H. C. Vogel noch modifiziert wird.

— Der Architekt Gottfried **Semper** bewirkt durch die an dem Züricher Polytechnikum auf seine Anregung ausgeführten Fassadendekorationen eine Wiederbelebung der Sgraffitomalerei (Kratzmalerei). Diese zur Zeit der Renaissance viel angewendete, seitdem vergessene Manier der Wandmalerei besteht darin, daß die zu bemalende Fläche zunächst mit schwarz gefärbtem Mörtel grundiert und alsdann mit einem dünnen weißen Gipsüberzuge versehen wird. Die Zeichnung wird mit einem Stichel eingeritzt und erhält das Ansehen eines Kupferstichs. (In gleicher Weise hat Max Lohde i. J. 1867 die Malereien im Treppenhause des Berliner Sophiengymnasiums ausgeführt).

— **Setschenow** überträgt die Weber'sche Lehre von der Vagushemmung (s. 1846 W.) auf die Reflexbeherrschung durch das Gehirn.

— **Shanks** konstruiert eine selbsttätig arbeitende Langlochfräsmaschine. Doch können lange Löcher auch mit der „allgemeinen Fräsmaschine" hergestellt werden, indem das Steuern von der Hand bewirkt wird.

— D. **Siebe** konstruiert eine Äthereismaschine unter Verwendung des Perkins'schen Prinzips (s. 1835 P). Er verwendet als Kondensator ein Schlangenrohr, als Refrigerator einen Kessel mit horizontalen Röhren, die von einer konzentrierten Kochsalzlösung umflossen werden, welche die Kälte auf die Gefrierzellen überträgt.

— William **Siemens** gibt die erste Anregung zur Städteheizung durch Gas und stellt das Projekt einer Zentral-Gasheizung für die Stadt Birmingham auf, das jedoch nicht die Zustimmung des Parlaments erhält.

— Ernest **Solvay** erkennt, daß der Betrieb der Ammoniaksodafabrikation in den meisten Fällen nur dann lohnend ist, wenn wenigstens der größte Teil des Chlornatriums als konzentrierte Salzsole vorhanden ist, und errichtet deshalb seine Fabriken an Stellen, wo natürliche Sole vorkommt, wie 1863 zu St. Josse-ten-Node bei Brüssel, 1865 in Couillet bei Charleroi, 1872 in Varangeville bei Nancy.

— Nachdem schon v. Kurrer, Westrumb u. a. in den zwanziger Jahren auf die großen Fettverluste in den Abwässern aufmerksam gemacht hatten, schaffen **Souffrice & Co.** in St. Denis bei Paris die erste Anlage zur Verarbeitung des Abschaums der Seine, wobei sie eine relativ günstige Ausbeute an technisch brauchbaren Fetten erzielen.

— **Stevens und Sohn** in Southwark versehen auf der Banbridge-Lisburn- und Belfast-Bahn sämtliche Distanzsignale mit elektrischen Rückmeldern (Signal repeaters), welche im verkleinerten Maßstabe das Bild des zugehörigen Signals wiedergeben.

— Nachdem die Rahmgewinnung mit künstlicher Kühlung der Milch schon seit langen Zeiten in der Schweiz ausgeübt worden war, erfindet G. **Swartz** auf Hofgaarden in Schweden ein Aufrahmungsverfahren mit künstlicher Abkühlung, wobei die Milch auf einer Temperatur von 2—4⁰ C. erhalten wird. Ein ähnliches Verfahren wird von Cooley angegeben.

1863 Edward **Tangye** macht die Erfindung, das Schweißen der Kettenringe unter einer Presse zu bewerkstelligen.

— Rudolf **Virchow** entwickelt, von seinen cellularpathologischen Anschauungen ausgehend, die Lehre von den Geschwülsten und bringt das Prinzip zur Geltung, daß ein vom Organismus produziertes Gewebe nur aus den dem Organismus eigentümlichen Elementen bestehen könne, und daß somit die Vorgänge im gesunden Körper auch für dessen krankhafte Bildungen maßgebend seien. Hiermit fällt die Annahme der heteroplastischen Geschwülste. (S. 1801 B.) Er teilt die Geschwülste nach ihrer Entstehung in vier große Klassen: 1. die aus Blutbestandteilen hervorgegangenen, 2. die durch Sekretstoffe erzeugten, 3. die aus pathologischen formativen Prozessen stammenden (Gewächse usw.), 4. die Kombinationsgeschwülste.

— Rudolf **Virchow** gibt eine klare Darstellung der bei der Tuberkulose obwaltenden Verhältnisse und definiert den Tuberkel als eine in der Regel aus Bindegewebe oder einem verwandten Gewebe (Mark, Fett, Knochen) hervorgehende Wucherung. Er hebt zuerst die Ähnlichkeit der histologischen Struktur von Lupus und Tuberkulose hervor.

— Rudolf **Virchow** bezeichnet Bindesubstanzgeschwülste, die sehr zahlreich sind, und deren Grundsubstanz schwach entwickelt ist, so daß sie weiche Beschaffenheit gewinnen, mit dem Namen „Sarkome", mit dem zuerst Galen gewisse polypöse Gewächse in der Nasenhöhle bezeichnet hatte, und den später Abernethy, Ph. von Walther und Meckel zur Bezeichnung der Mark- und Blutschwämme benutzt hatten. Die Muskelfasergewächse der Gebärmutter, die man bisher als Cystosarcome bezeichnet hatte (s. 1860 R.), belegt er mit dem Namen „Myom".

— **Völckers** gibt in seinem grundlegenden Werke „Der Indikator" eine Anleitung über die Verwendung des Indikatordiagramms, das er zuerst in Verbindung mit dem Schieberdiagramm (vgl. 1858 Z.) zur Beurteilung der zweckmäßigen Verhältnisse der Steuerung und der Wärmevorgänge in der Dampfmaschine benutzt.

— Alfred Wilhelm **Volkmann** nimmt Vergleichungen zwischen der Größe der Empfindungskreise der Netzhaut und ihrer histologischen Elemente vor, die für das Verständnis des Sehaktes von Wichtigkeit werden, und die 1866 von M. Schultze und 1886 von Cl. du Bois-Reymond ergänzt werden.

— **Vorster** und **Grüneberg** in Kalk bei Cöln stellen für ihre Pottaschefabrik (s. 1860 V.) zuerst Kaliumsulfat aus Staßfurter Chlorkalium und Schwefelsäure dar und richten 1868 auch in Staßfurt diese Fabrikation ein.

— Heinrich **Wild** erfindet das Polarisationsphotometer, bei welchem die Drehung der Polarisationsebene, bei welcher die Lichtmengen gleich werden, als Maß der Lichtstärke dient.

— Julius **Wolff** führt zuerst die Replantation von Knochenperiostlappen am Tiere aus, während M. Wagner diese Operation 1889 auch am Menschen vornimmt. Diese Replantation bildet als osteoplastische Resektion am Schädel heute eine wichtige typische Operation.

— Der Engländer J. T. **Wood** beginnt die archäologischen Ausgrabungen von Ephesos, welche zu der Wiederauffindung des Tempels der Artemis, eines Stadions, Theaters, Odeons u. a. führen.

— Der Mathematiker Franz **Woepcke** stellt in seiner Schrift „Mémoire sur la propagation des chiffres indiens" Untersuchungen an, die für die Geschichte der Mathematik bei den Arabern, insbesondere für die Frage nach der Herkunft unserer Ziffern, von außerordentlicher Wichtigkeit sind.

1863 Adolphe **Wurtz** entdeckt die Kohlenwasserstoffhydrate, die er durch Behandlung der Kohlenwasserstoffe der Äthylenreihe mit Jodwasserstoff und Silberoxyd erhält, und studiert deren Eigenschaften namentlich am Amylenhydrat, das er als verschieden vom Amylalkohol erweist und das Wischnegradski 1878 als tertiären Alkohol „Dimethyläthylcarbinol" erkennt.

— Gustav Anton **Zeuner** behandelt in seinem Werk über das Lokomotivblasrohr zuerst die Theorie der Zugerzeugung durch Dampfstrahlen und Flüssigkeitsstrahlen.

1864 Sir William George **Armstrong** stellt nach einer von dem Ingenieur Ericsson gegebenen Anregung die Lamellenbremse für schwere Geschütze her, eine Rücklaufbremse, bei welcher eine Anzahl an der Oberlafette angebrachter Schleifbleche (Lamellen) eine reibende Führung in entsprechend auf der Unterlafette angebrachten Längsschienen haben. Durch Zusammenpressen der Lamellen kann der Rücklauf beliebig geregelt werden. Die Lamellenbremse ist nicht mehr in Gebrauch. (S. 1866 C. und 1868 W.)

— Francis **Bashforth** verbessert den Chronographen so, daß dadurch die Messung der Geschoßgeschwindigkeit in jedem Punkte der Flugbahn möglich ist, und stellt die nach ihm genannten wertvollen Tabellen auf. Ein anderer zu gleichem Zweck viel angewendeter Apparat ist der um die gleiche Zeit von Martin de Brettes erfundene Chronograph.

— **Benson & Co.** erfinden ein Verfahren der Faßfabrikation, bei welchem die zugeschnittenen Dauben in Faßform zusammengestellt und interimistisch bereift werden, worauf das Ganze in das Hohlfutter einer drehbankartigen Maschine eingespannt wird, welche die weitere Fertigstellung, Zusammenholen der Dauben, Einschneiden der Bodenkimmen usw. bewirkt. Ähnliche Konstruktionen werden von Pille, Lichatcheff, der Faßfabrik zu Woolwich u. a. angegeben.

— **Benson & Co.** geben eine Faßreifenpresse an, die hydraulischen Antrieb hat und später von Palmer in Brooklyn verbessert wird.

— Otto Carl **Berg** fördert durch seine Arbeiten die Arzneimittellehre nach allen Richtungen.

— Marcelin **Berthelot** stellt die sogenannten aromatischen Kohlenwasserstoffe synthetisch durch Destillation von benzoesauren und fettsauren Salzen dar.

— Wilhelm **von Bezold** macht Beobachtungen über die Dämmerung und gibt die erste vollständige Beschreibung dieser Erscheinung. (S. a. 1716 F.) Eine Theorie zur Erklärung der Dämmerungserscheinung hatten Lambert (1760), Clausius (1850), Lommel (1861) geliefert; eine neuere Theorie gibt Lord Rayleigh (1871). Die heutige Ansicht geht dahin, daß die Dämmerungsfarben durch Beugung des Lichts an den in der Atmosphäre schwebenden Dunstkörperchen und Stäubchen entstehen. Eine Dämmerungserscheinung ist auch das Alpenglühen.

— **Bouhey** erfindet für die Filzfabrikation die Enthaarungsmaschine, die der Hauptsache nach aus einer schnell rotierenden Messerwalze besteht, welche die zugeführten Hasen- oder Kaninchenfelle in nur 1 mm breite Streifen zerschneidet, wobei sich die durch die Beize gelockerten Haare abtrennen.

— Während man das Eis auf Wasserstraßen bis dahin nur durch Handarbeit oder durch Pulversprengungen aufgebrochen hatte, baut **Britneff** den ersten größeren Eisbrechdampfer. (S. 1898 M.) Über hölzerne in Baltimore und Philadelphia im Gebrauch befindliche Eisbrecher hatte 1856 bereits der Schiffbaumeister C. A. Elbertzhagen an die preußische Regierung berichtet.

— **Brosowsky** in Jasenitz bei Stettin konstruiert zum Zweck der Stichtorfgewinnung durch Maschinen an Stelle der Handarbeit, sowie zur Gewinnung des Torfes unter Wasser die Torfstechmaschine, die sich so bewährt, daß bis 1875 schon über 2500 Stück in Tätigkeit sind. Ähnliche Maschinen ´sind das kanadische Torfschiff von Hodges, das Himmen'sche Baggerschiff usw.

1864   F. **Charlier** und A. **Vignon** in Paris erfinden den Extinkteur (Gasspritze).

—   **Claudius** konstruiert einen von den Eisenbahnzügen mitzuführenden Morse-Doppelstiftschreiber, der die Fahrgeschwindigkeit dauernd registriert.

—   Julius Friedrich **Cohnheim** weist nach, daß die Eiterkörperchen mit den weißen Blutkörperchen identisch sind, und die von Recklinghausen (s. 1863 R.) festgestellte Emigration der weißen Blutkörperchen einen wesentlichen Bestandteil der entzündlichen Exsudation bildet, so daß die bei frischen Entzündungen im Gewebe lagernden zelligen Infiltrate zum großen Teil aus solchen Exsudatzellen bestehen (Diapedese).

—   **Coppée** erfindet einen Koksofen, bei welchem die Ofenkammer von außen erhitzt wird. Die Gase treten durch 29—32 Vertikalzüge an den Gewölbekämpfern aus, welche sie in den ungeteilten Sohlenkanal führen, wo sie sich mit den Gasen aus dem Nachbarofen vereinigen. Dieser Ofen wird von Bauer und Hoffmann (1878) mit dem Regenerativsystem ausgestattet und zur Gewinnung von Nebenprodukten eingerichtet.

—   Carl **Culmann** in Zürich beschreibt in seinem grundlegenden Werk über die graphische Statik die Pressungs- und Spannnungstrajektorien (Druck- und Zugkurven), welche ein graphisches Bild der in einem Körper bei bestimmten Belastungen auftretenden Kräfte darstellen. Er entdeckt, daß die Richtung der Knochenbälkchen in der schwammigen Substanz der Knochen mit der Richtung der Spannungstrajektorien übereinstimmt, und regt den Anatomen G. H. von Meyer (s. 1867 M.) dazu an, den Bau der Knochen daraufhin weiter zu untersuchen.

—   John **Dale** und Th. **Brooke** erfinden eine neue Methode der Fixierung basischer Farbstoffe auf Baumwolle, indem sie tannierte Baumwolle (d. i. solche, die bereits Gerbsäure aufgenommen hat) mit Metallsalzlösungen, namentlich Antimonlösungen, behandeln und so auf der Faser unlösliche gerbsaure Metalloxyde herstellen, die in viel höherem Maße als die Gerbsäure befähigt sind, basische Farbstoffe ihren wässerigen Lösungen zu entziehen und waschecht zu fixieren.

—   B. H. **Dodge** konstruiert eine Maschine, um den Feilenkörpern (statt durch das langwierigere Schmieden) mittels Walzen ihre Gestalt zu geben.

—   Giovanni Battista **Donati** bewirkt eine spektroskopische Untersuchung des Tempel'schen Kometen und findet im Spektrum drei helle im Gelbgrün, Grün und Violett gelegene, nach dem Rot scharf begrenzte Bänder. Die hieraus gefolgerte gasförmige Natur der Kometen steht mit anderweitigen Wahrnehmungen im Widerspruch, so daß zurzeit diese Frage noch nicht entschieden ist.

—   Franz Cornelis **Donders** verbreitet durch sein Werk „Die Anomalien der Refraktion und Akkommodation des Auges" volle Klarheit über diese Anomalien, die er vollständig voneinander trennt. Er weist nach, daß die Übersichtigkeit, die früher mit der Alterssichtigkeit zusammengeworfen wurde, auf einer Veränderung der Refraktion des Auges, und zwar meist auf einer Verkürzung des sagittalen Durchmessers beruht.

—   Franz Cornelis **Donders** weist nach, daß die Alterssichtigkeit auf beeinträchtigter Einstellungsfähigkeit für nahe Gegenstände infolge Verhärtung der äußeren Schalen der Linse beruht.

—   Franz Cornelis **Donders** stellt fest, daß die Kurzsichtigkeit in der Mehrzahl der Fälle, wie schon Arlt (s. 1856 A.) anatomisch nachgewiesen hatte, auf einer Verlängerung des sagittalen Durchmessers des Auges beruht, und teilt die Kurzsichtigkeit in drei Formen, die stationäre, die zeitlich progressive und die dauernd progressive. Er stellt fest, daß die Naharbeit nicht die alleinige Ursache für Entstehung der Kurzsichtigkeit ist, daß vielmehr die Disposition häufig angeboren ist.

1864 Louis **Dufour** arbeitet über den Siedeverzug (s. 1843 D) und zeigt, daß derselbe häufig die Ursache von Dampfkesselexplosionen ist, welche im Ruhezustand eines Kessels bei abgestellter Maschine nach dem Heben des Sicherheitsventils entstehen. Seine Beobachtungen lehren, daß alle Kesselexplosionen, welche im Siedeverzug ihre Ursache haben, durch genügende Zuführung von Luft, also durch häufiges Speisen mit frischem, lufthaltigem Wasser vermieden werden können.

— Friedrich Wilhelm **Dünkelberg** weist aus der Geschichte der Viehzucht durch zahlreiche Belege nach, daß auch nicht rassereine Tiere mit Erfolg zur Zucht benutzt werden können.

— Emil **Erlenmeyer** und Wladimir **Markownikoff** stellen gleichzeitig durch Zersetzen von Isopropylcyanür mit Kalihydrat synthetisch Buttersäure dar.

— **Fairlie** baut in Anlehnung an eine 1847 von R. Stephenson für die Giovibahn bei Genua gebaute Zwillingslokomotive Doppellokomotiven, deren Kesselanlage zwar zwei Langkessel mit je einer Rauchkammer und Esse, sowie zwei getrennte Feuerbüchsen, aber eine gemeinsame Feuerkiste mit den beiden Feuertüren an einer Langseite besitzt. Die Räder einer jeden Kesselhälfte sind für sich in einem kurzen Doppelgestell gelagert, so daß die Lokomotive auch kleinere Gleiskurven zwanglos durchfahren kann.

— **Felten** und **Guilleaume** in Mülheim a. Rh. gelingt es nach langen Versuchen, Gußstahldrahtseile in so guter Qualität anzufertigen, daß dieselben im Bergbau und bald auch in der Marine allgemein bevorzugt werden. (Vgl. auch 1888 F.)

— O. **Fiebig** weist nach, daß die Wärme die Lichtausstrahlung nach der Insolation steigert. Diese sogenannte Thermolumineszenz wird 1888 von Bardetscher, 1899 von A. und L. Lumière und 1901 von E. Wiedemann, von letzterem bei Bestrahlung mit Radium und nachträglichem Erwärmen, nachgewiesen.

— Rudolf **Fittig** und Bernhard **Tollens** bedienen sich der von Wurtz (s. 1855 W.) gebrauchten Methode zur Synthese von Kohlenwasserstoffen, indem sie Gemenge von Bromsubstitutionsprodukten der aromatischen Kohlenwasserstoffe und Alkoholjodüren mit Natrium behandeln, und erhalten so synthetisch mit Toluol identisches Methylbenzol, während das Äthylbenzol vom Xylol verschieden ist. (Wurtz-Fittig'sche Synthese.)

— Armand Hippolyte Louis **Fizeau** weist auf die Verwendbarkeit der Lichtwellenlänge als Längeneinheit hin.

— Carl **Gegenbaur** zeigt in seinen „Untersuchungen zur vergleichenden Anatomie der Wirbeltiere", wie die charakteristische fünfzehige Beinform der landbewohnenden Tetrapoden ursprünglich (erst in der Steinkohlenperiode) aus der vielstrahligen Brust- oder Bauchflosse der älteren wasserbewohnenden Fische entstanden ist.

— Carl **Gegenbaur** schlägt vor, die Lurchfische, die der Brasilienreisende J. Natterer entdeckt hatte, in eine Übergangsklasse zwischen Fischen und Amphibien zu bringen.

— W. **Gerland** führt zur Darstellung von Knochenleim aus Knochen das Schwefeln des Leimgutes ein. Nach Einweichen und Waschen des Leimgutes wird dasselbe in geeigneten Holzgefäßen mit einer gesättigten Lösung von schwefliger Säure maceriert. Es gelingt hierdurch, die leimgebenden Gewebe (Knochen, Häute usw.) zu bleichen und zu lockern, so daß sie sich durch Behandlung mit Wasser in der Wärme schnell in Leim verwandeln lassen. Gerland führt auch die Vakuumpfannen in die Leimfabrikation ein. Für Lederleim wird das gleiche Verfahren von Dr. Terne in Cambridge empfohlen.

1864 Moritz **Gerstenhöfer** konstruiert einen Röstofen für Schwefelkies, bei welchem das gepulverte Erz langsam durch einen stark geheizten Schachtofen fällt, während von unten Luft in den Ofen strömt. Die Reaktion ist hierbei sehr energisch; die gebildete schweflige Säure muß, weil der Ofen viel Flugstaub macht, Flugstaubkammern passieren, bevor sie in die Bleikammern gelangt. Auf ähnlichen Prinzipien beruht der namentlich zur Röstung von Silbererzen viel benutzte Stetefeldt-Ofen.

— Nachdem Gustav Magnus schon 1857 auf die Möglichkeit der chemischen Analyse durch Elektrolyse hingewiesen hatte, macht Oliver Wolcott **Gibbs** die ersten elektroanalytischen Versuche.

— John Frederick William **Herschel** veröffentlicht einen Generalkatalog der bis dahin bekannten 5079 Nebelflecke.

— Heinrich Hermann **Hlasiwetz** und Ludwig **Barth** stellen das Resorcin durch Zusammenschmelzen einiger Harze (Galbanum, Ammoniakharz) mit Ätzkali dar.

— Friedrich Eduard **Hoffmann** verwendet den Ringofen (s. 1857 H.) mit Erfolg auch zur Kalk- und Zementfabrikation.

— August Wilhelm **von Hofmann** stellt zuerst das Diphenylamin (Phenylanilin) her, das von großer Bedeutung für die Teerfabrikation ist.

— **Hübler** gelingt es zuerst, das Colchicin (s. 1819 C.) in reinem Zustande darzustellen.

— William **Huggins** und William **Miller** wenden die spektroskopische Methode auf die Durchforschung des Himmels an und finden, daß die nämlichen Elementarstoffe, aus denen die Sonne sich zusammensetzt, bei sämtlichen Fixsternen wiederkehren.

— Philipp **von Jolly** gibt die hydrostatische Federwage mit zwei übereinander angeordneten Wageschalen zur Bestimmung des spezifischen Gewichtes fester Körper an.

— **Kemp** lernt in Indien die Heilkraft des Goapulvers kennen, das von Silva als identisch mit der Araroba der Eingeborenen und dem Po de Bahia der Portugiesen erkannt wird.

— Der Oberst **Kennedy** führt die Doppelwagen (zweistöckige Eisenbahnwagen) in den Eisenbahnbetrieb ein. Dieselben werden zuerst auf der Bombay-Barodabahn in Ostindien angewendet.

— Nachdem Regnault gefunden hatte, daß die spezifischen Wärmen von Metall-Legierungen sich verhalten wie die Atomgewichte der Metalle, aus denen sie zusammengesetzt sind, gelingt es Hermann **Kopp**, zur Ergänzung des Neumann'schen Gesetzes (s. 1831 N.) den Nachweis zu liefern, daß die Atomwärme (richtiger Molekularwärme) einer Verbindung gleich ist der Summe der Atomwärmen der sie zusammensetzenden Elemente (Neumann-Kopp'sches Gesetz).

— Hermann **Kopp** gibt dem Verfahren zur Bestimmung der spezifischen Wärme eine Form, welche auch die spezifische Wärme solcher Substanzen mit ziemlicher Genauigkeit zu beobachten gestattet, von denen nur wenige Gramm zu Gebote stehen.

— **Kracher** und Karl **Klaudy** schlagen vor, die Eisenbahnläutewerke mit Registrierwerken zu versehen, durch welche die gegebenen Glockensignale auf Papierstreifen so vermerkt werden, daß sie sich auch noch nachträglich feststellen lassen.

— Wilhelm **Kühne** erkennt zuerst die großen Unterschiede in der Gerinnungstemperatur der einzelnen Eiweiße, die später von L. Frédericq (1877) und W. D. Halliburton (1887) u. a. zur Isolierung und Charakterisierung der Eiweißkörper benutzt werden.

1864 Aimé **Laussedat** erfindet die Photogrammetrie, die Lehre von der Konstruktion einer Karte aus dem photographischen Terrainbilde, bei welcher die wahren Abmessungen beliebiger Gegenstände aus ihren photographischen Bildern abgeleitet, und danach diese Gegenstände selbst in geometrischem Aufriß oder Grundriß konstruiert werden.

— **Ludwig** und **Thiry** entdecken das für die Regulierung des Kreislaufs wichtige vasomotorische Zentrum, dessen Lage schon 1855 von Schiff annähernd bezeichnet worden war. (S. a. 1866 L.)

— Die Brüder Émile und Pierre Émile **Martin** führen den von Réaumur und Payne (s. 1722 R. und 1728 P.) angeregten und von Siemens (s. 1861 S.) neuerdings vorgeschlagenen Prozeß der Stahlbereitung durch Zusammenschmelzen von Roheisen und Schmiedeeisen in einem von William Siemens zu diesem Zweck gebauten Regenerativofen mit großem Erfolg aus. Daß dieses Verfahren früher nicht glückte, lag daran, daß es nicht möglich war, in Flammöfen die genügende Hitze zu erzielen (Siemens-Martinstahl).

— Carl A. **Martius** erhält durch Einwirkung von salpetriger Säure auf Phenylendiamin das Anilinbraun (Bismarckbraun), das von Caro und Grieß 1867 als Triaminoazobenzol erkannt wird.

— Edme Jules **Maumené** stellt Dichloressigsäure durch Chlorierung von Monochloressigsäure her. Bequemer wird sie nach Wallach durch Einwirkung von Chloralhydrat auf Cyankalium bei Gegenwart von Alkohol oder von Chloralhydrat auf eine wässerige Lösung von Ferrocyankalium erhalten.

— James Clerk **Maxwell** stellt die dynamische Theorie des magnetischen Feldes auf.

— James Clerk **Maxwell** findet den nach ihm benannten, in der Lehre von den Baukonstruktionen viel benutzten Satz von der Gegenseitigkeit der Formänderungen.

— Dr. **Millon** in Algier schlägt vor, die Riechstoffe aus den Blüten durch Extraktion mit Äther, Schwefelkohlenstoff, Chloroform oder Benzin zu gewinnen. Gleichzeitig mit Millon macht **Hirzel** den Vorschlag, diese Extraktion mit Petroläther vorzunehmen, und nimmt auf sein Verfahren und die dazu nötigen Apparate Patente.

— Louis Laurent Gabriel **de Mortillet** klassifiziert die Steinzeit in sechs Perioden, die dem Entwicklungsgang der Waffen und Geräte des paläolithischen Menschen entsprechen. Diesem Mortillet'schen System folgen eine Reihe anderer Klassifikationen, wie namentlich von Piette, Rutot, Lartet, Hoernes und A. de Mortillet, doch erfreut sich keines der zahlreichen Systeme bis jetzt der allgemeinen Beistimmung.

— Augustin **Mouchot** sucht die Sonnenwärme industriellen Zwecken dienstbar zu machen, und konstruiert eine Sonnenmaschine, die von Pifré noch verbessert wird. Die Maschine wird in Algerien zum Antrieb von Kreiselpumpen für Berieselungszwecke benutzt.

— Der englische Geistliche **Moule** empfiehlt die seit langer Zeit bekannte selbstreinigende Kraft der Erde zur Anwendung bei Abtrittanlagen, und gibt ein bestimmtes Mengenverhältnis der zu benutzenden Erde zu den Exkrementen an (Erdklosett).

— A. **Müller** konstruiert das Komplementär-Colorimeter, bei welchem die Tiefe der Färbung durch Messung der Dicke der Schicht einer farbigen Flüssigkeit ermittelt wird, die erforderlich ist, um mit der Farbe eines komplementärfarbigen Normalglases w e i ß zu geben.

— Werner **Munzinger** macht wiederholte Forschungsreisen nach den nördlichen und nordöstlichen Grenzländern Abessiniens.

1864 C. **Musculus** arbeitet über Capillarität und zeigt, daß viele Körper innerhalb gewisser Konzentrationsgrenzen ihrer Lösungen eine erhebliche Erniedrigung der Steighöhe des Wassers hervorrufen. Er unterscheidet capillar-aktive Körper, wie Alkohol, zusammengesetzte Äther, Seifen usw. und capillar-inaktive Körper, wie Eiweiß, Gummi, Extraktivstoffe usw.

— Hubert Anson **Newton** verfolgt den November-Sternschnuppenschwarm fast ein Jahrtausend zurück bis zum Jahre 902 und macht auch die — zutreffende — Vorhersage von dessen Wiederkehr zum Jahre 1866.

— **Odebrecht** ist der erste, der auf die Wichtigkeit der Photographie für die Rechtspflege aufmerksam macht. Er stellt im Archiv für preußisches Strafrecht die Fälle zusammen, in denen die Photographie der Justiz dienlich und förderlich sein könne.

— G. **Parry** erfindet die Herstellung der Schlackenwolle durch Einblasen von Dampfstrahlen in die flüssige Schlackenmasse.

— Louis **Pasteur** erforscht die Pébrine, die sogenannte Fleckenkrankheit der Seidenraupen, findet die schon früher (s. 1837 B.) wahrgenommenen stark lichtbrechenden Körperchen, zeigt, wie gesunde Raupen durch die kranken infiziert werden, und beschreibt ein auf der Behandlung der Eier beruhendes Verfahren, durch welches man eine gesunde Brut heranzüchten kann.

— Louis **Pasteur** behandelt eingehend die von Kützing (s. 1837 K.) hauptsächlich vom botanischen Standpunkt untersuchte Frage der Essiggärung und stellt fest, daß dieselbe ein physiologischer Vorgang ist, dessen Eintritt und Unterhaltung mit der Lebensfähigkeit von kleinen Lebewesen verknüpft ist, die er Mycoderma aceti nennt, die aber jetzt unter dem Namen Bacillus aceti zu den Spaltpilzen gezählt werden. Er arbeitet unter Verwendung des Essigpilzes ein Verfahren der Essigdarstellung aus.

— Die **Patent Plumbago Crucible Company** in Battersea formt feuerfeste Schmelztiegel aus Stourbridge-Ton und Ceylon-Graphit auf durch Dampf betriebenen Töpferscheiben; das Brennen der Tiegel geschieht, damit der Graphit äußerlich nicht verbrennt, in Kapseln. In eigentümlicher Weise formt Gautier in Jersey Graphittiegel. Er wirft Graphitklumpen in eine Gipsform, die auf einer rasch rotierenden Scheibe steht. Die Klumpen werden durch Zentrifugalkraft gegen die Wand der Form geschleudert und erhalten durch den vertikalen Arm eines gebogenen, an der Außenseite entsprechend geformten Hebels die gewünschte Form.

— **Perrigault** und **Farcot** nehmen das erste Patent auf die Umführung des Dampfes in einer Reaktionsturbine. Ihr Vorschlag führt jedoch ebensowenig zu einer praktischen Verwertung, wie ähnliche Vorschläge von Ferranti und die 1870 von Hanssen konstruierte Reaktionsturbine.

— Jules **Piccard** entdeckt in den Pappelknospen das zur Klasse der Flavine gehörende Chrysin, das 1895 synthetisch von Kostanecki (s. 1895 K.) dargestellt wird.

— Nicolai Iwanowitsch **Pirogow** macht in seinen „Grundzügen der allgemeinen Kriegschirurgie" die großen Krankenhäuser für die Verbreitung der epidemischen Krankheiten verantwortlich und empfiehlt, gestützt auf seine Erfahrungen im Krimkriege, die Errichtung kleinerer barackenartiger Spitäler.

— Antonin **Prandtl** führt, nachdem J. C. Fuchs schon 1859 die Zentrifugalkraft zum Abrahmen der Milch empfohlen hatte, die Zentrifuge in die Molkerei ein. Eine Zentrifuge für intermittierenden Betrieb, die sich schnell einführt, wird 1877 von Lefeldt konstruiert. Ihr folgt dann bald die kontinuierliche Zentrifuge. (S. 1879 L.)

— William Henry **Preece** bringt seinen Blockapparat durch Vermittelung einer drehbaren Wangenschiene mit den fahrenden Zügen in Verbindung und scheidet hierdurch die Möglichkeit einer vorzeitigen oder wiederholten Entblockung aus.

1864 Michael August Friedrich **Prestel** konstruiert einen „Atmometer" genannten Verdunstungsmesser, bei welchem aus dem ursprünglichen Aufbewahrungsrohre das Wasser stetig austritt, um die durch Verdunstung entstandene Abnahme auszugleichen. Auf dem gleichen Prinzip beruht das 1872 von Prettner konstruierte Atmometer. (Vgl. auch 1813 L. und 1873 P.)

— John **Ramsbottom** gibt in seinem Aufsatze „On improved traversing cranes" Regeln für die Anlage von Laufkranen für die Innenräume von Fabriken, Lokomotiv- und Montierwerkstätten, Gießereien usw. Er baut namentlich solche Krane, welche mit Seiltransmissionen von einer feststehenden Dampfmaschine aus betrieben werden.

— Im Jahre 1864 erfolgt der Stapellauf des in Deptford nach den Plänen des Chefkonstrukteurs der englischen Kriegsmarine Edward James **Reed** gebauten Panzers „Enterprise", des ersten Schiffes des Kasematt-Typus. Nach diesem Typus werden später die erheblich größeren deutschen Kasemattpanzerschiffe „Kaiser" und „Deutschland", gleichfalls nach Reed's Plänen, gebaut.

— Der Mediziner Benjamin Ward **Richardson** führt zur lokalen Anästhesie (s. 1646 S. und 1852 A.) die Ätherbesprengung bei chirurgischen Operationen ein. Seit 1867 wird für diese Zwecke auf Vorschlag von Rottenstein auch Chloräthyl angewendet.

— **Riggenbach** sucht die Nasmyth'sche Dampframme (s. 1844 N.) durch Anwendung des Prinzips des Condie'schen Dampfhammers (s. 1846 C.) zu verbessern, indem er den Zylinder der Betriebsdampfmaschine beweglich und den Kolben unbeweglich macht.

— Florentin **Robert** aus Seelowitz führt das nach ihm benannte Diffusionsverfahren, das in der Auslaugung der frischen Rübenschnitzel mit Wasser besteht, in die Zuckerfabrikation ein.

— **Roberts, Dale & Co.** stellen aus Amidoazobenzol und Anilin das Azodiphenylblau als ersten Vertreter der Farbstoffklasse der Induline her. Die Konstitution dieses Farbstoffes wird 1872 von Hofmann und Geyger aufgeklärt.

— **Routledge** empfiehlt zuerst die „Esparto" oder auch „Alfa" genannte Faser der Stipa tenacissima für die Papierindustrie. Diese Verwendung nimmt bis 1871 stetig zu, geht dann aber wegen der Schwierigkeit des Einsammelns und des Transports des Rohstoffs langsam wieder zurück.

— Lewis Morris **Rutherford** konstruiert ein Fernrohr mit einem für chemisch wirksame Strahlen achromatisierten Objektiv von 28 cm Öffnung und liefert vorzügliche photographische Aufnahmen von Fixsternen und Sterngruppen.

— Nach vorausgegangenen vereinzelten Versuchen von Ch. Hunter, Hebra (1861) und Berkeley Hill (1862) führt **Scarenzio** und zwei Jahre später G. **Lewin** die Behandlung der Syphilis mit subcutanen Injektionen von Quecksilber ein.

— Carl **Schorlemmer** stellt fest, daß Dimethyl und Äthylwasserstoff identisch sind, und gibt dadurch den Konstitutionsbetrachtungen einen festen Boden.

— **Schöyen** stellt durch Synthese von Butylalkohol aus Diäthyl und Oxydation desselben Buttersäure synthetisch her.

— Der Wiener Photograph Ludwig **Schrank** erfindet die Hochätzung von Tonbildern, indem er Zinktonbilder mit Hilfe der Photographie und des Asphaltkopierprozesses ätzt.

— Der Artilleriehauptmann Eduard **Schultze** in Potsdam stellt das erste Schießpulver aus Nitrokörpern, und zwar aus nitriertem Holze her, welches in der Volkmann'schen Fabrik in Preßburg dargestellt wird und namentlich für Jagdzwecke Verwendung findet. Ihm folgt 1882 Walter F. Reid mit einem Jagdpulver aus gekörnter und in Ätheralkohol eingetauchter Schießbaumwolle.

1864 Max J. S. **Schultze** führt in die mikroskopische Technik die Osmiumsäure zur Härtung von Präparaten ein.

— Der Ingenieur Johann Wilhelm **Schwedler** in Berlin weist nach, daß die älteren Gitterbrücken (z. B. die in den Jahren 1855—59 erbaute Kölner Rheinbrücke) keine dem sehr erheblichen Materialaufwande entsprechende Tragkraft besitzen, und konstruiert einen hyperbolischen Gitterträger, dessen Diagonalstäbe auch bei der größten Druckbelastung nur auf Zug beansprucht werden, und der als „Schwedler-Träger" viel verwendet wird. I. J. 1866 gibt er eine neue Art von flachen Kuppeldächern für Gasbehälter an.

— Der Psychiater L. **Snell** begründet in Einum bei Hildesheim die erste landwirtschaftliche Irrenkolonie mit 142 ha Land. Es gelingt ihm, indem er die geeigneten Kranken aus der geschlossenen Anstalt in die Freiheit bringt und zur landwirtschaftlichen Arbeit anhält, die Krankheitsdauer abzukürzen.

— Die von Napier (vgl. 1617 N.) konstruierten Rechenstäbchen hatte 1624 Edmund Gunter in einen handlichen Rechenschieber umgewandelt, der aus zwei gegeneinander verschiebbaren Linealen mit logarithmischer Teilung bestand, die Ausführung der Multiplikation und Division gestattete und sich durch die Jahrhunderte erhielt. An seine Stelle setzt **Sonne** in Darmstadt die Rechenscheibe, bei der die beiden Lineale durch eine kreisförmige Scheibe und einen konzentrischen Ring ersetzt sind.

— Henry Clifton **Sorby** regt zuerst die mikroskopische Untersuchung des Kleingefüges des Eisens an, um die sich später namentlich Kerpely (1877), Martens (s. 1878 M.), F. Osmond und J. Werth (1884), Lynwood Garrison (1885), H. Wedding (1888), H. M. Howe (1896) u. a. sehr verdient machen. Die erste Anwendung des Mikroskops bei metallurgischen Untersuchungen war 1722 von Réaumur gemacht worden.

— Der russische Zoolog N. A. **Ssewerzow** erforscht das Thianschangebirge bis zu den Quellen des Sir Darja. 1874 beteiligt er sich an der Amu-Darja-Expedition und leitet 1877—78 eine Expedition nach dem Pamir.

— Nachdem Berzelius zuerst das wissenschaftliche Studium der Gallenfarbstoffe begonnen hatte, und Heintz und Brücke dasselbe fortgesetzt hatten, gelingt es G. **Städeler,** die Zusammensetzung des Bilirubins aufzuklären, und dadurch die Grundlage für die Kenntnis der übrigen Farbstoffe zu schaffen.

— Der Techniker Hugo Adolf **von Steinheil** in München erfindet den Aplanat, ein photographisches Objektiv, das er in drei Typen: Gruppen-, Landschafts- und Weitwinkel-Aplanat ausführt. Der Aplanat gibt bei mittlerer Lichtstärke volle Orthoskopie und große Randschärfe. In demselben Jahre stellt er eine aplanatische Lupe für 24fache Linearvergrößerung her, die aus einer bikonvexen Crownglaslinse besteht, an welche beiderseits Flintglasmenisken angekittet sind.

— G. G. **Stokes** untersucht das Blattgrün und findet, daß die durch Ausziehen von Blättern mit Alkohol erhaltene grüngefärbte Chlorophylllösung durch eine Reihe sehr auffallender optischer Eigenschaften, wie rote Fluorescenz und Absorption bestimmter Stellen des Spektrums, ausgezeichnet ist. Das Spektrum des Chlorophylls wird namentlich von Hoppe-Seyler näher bearbeitet.

— J. W. **Swan** verbessert den Pigmentdruck, indem er die Gelatineschicht erst kurz vor dem Gebrauch durch ein Bichromatbad passieren läßt, nach dem Trocknen belichtet, dann die belichtete Vorderseite mit Kautschuklösung bestreicht, auf eine Unterlage aufpreßt und entwickelt, wobei sich die erste Unterlage ablöst, und das Wasser von der Rückseite her auf die Schicht wirkt. Die so auf einer Unterlage befestigte Schicht überträgt er auf eine neue definitive Unterlage, und erhält durch seinen doppelten Übertragungsprozeß richtig stehende Bilder. Das Verfahren wird von J. R. Johnson noch verbessert.

1864 Der Ingenieur Achilles **Thommen** erbaut in den Jahren 1864—67 die Brennerbahn. Er ersinnt für Gebirgsbahnen den Kehrtunnel und wendet ihn zuerst im Jodocustal und Pflerschtal auf der Brennerbahnstrecke an.

— **Usèbe** stellt aus Rosanilinsalzen durch Einwirkung von Aldehyd bei Gegenwart von unterschwefligsaurem Natron einen grünen Farbstoff, das Aldehydgrün her, welches zeitweise eine große Rolle spielt, aber später durch haltbarere Farbstoffe verdrängt wird.

— Hermann **Vambery** bereist Turkestan und erforscht die turkmenische Wüste.

— Rudolf **Virchow** stellt zuerst das Wesen der krankhaften Geschwülste der Netzhaut (Gliome) fest. Die Gliome, deren Bösartigkeit 1878 Knapp nachweist, werden später insbesondere von Hirschberg, der sie mit dem Markschwamm der Netzhaut identifiziert, von A. von Graefe u. a. bearbeitet.

— Nachdem Wiggers 1831 ein braunrotes Pulver, das er durch Ausziehen des Mutterkorns mit Alkohol erhielt, mit dem Namen „Ergotin" belegt hatte, gelingt es **Wenzell,** aus dem Mutterkorn zwei amorphe Alkaloide, Ekbolin und Ergotin, neben einer flüchtigen, mit ihnen verbundenen Säure, Ergotsäure, herzustellen.

— **White** und **Grant** konstruieren eine mit Exzentern ausgestattete Fangvorrichtung für Fördermaschinen, die auf der Wirkung komprimierter Luft beruht.

— Robert **Whitehead** erfindet im Verein mit dem Kapitän **Lupis,** der schon seit 1860 Versuche mit Torpedos gemacht hatte, den Whitehead'schen Fischtorpedo, der aus Stahlblech gebaut wird und die Gestalt einer an beiden Enden zugespitzten Zigarre hat. Der Torpedo wird mit Hilfe von Torpedokanonen in bestimmter Richtung ins Wasser getrieben, erhält dann aber durch einen in seinem Innern enthaltenen Motor eigene Bewegung.

— Nachdem Bessemer bereits 1856 (s. d.) zur Erzielung blasenfreien Stahlgusses das Erstarrenlassen der flüssigen Masse unter Druck vorgeschlagen hatte, führt Joseph **Whitworth** das Gießen unter starkem Druck (7000 kg auf den Quadratzentimeter) praktisch durch und konstruiert dafür eine hydraulische Presse.

— Emil Theodor **von Wolff** bestätigt die Knop'schen Versuche über die Stoffaufnahme und zeigt, daß das Saussure'sche Gesetz (s. 1804 S.) nur der Ausdruck eines speziellen Falles, in seiner allgemeinen Form aber unrichtig ist. Er findet, daß, abgesehen von der Eigenart der Pflanze und des in Lösung gebotenen Salzes, relativ um so mehr Salz aufgenommen wird, je verdünnter die Lösung ist, daß ferner, wenn man gleichzeitig der Pflanze verschiedene Salze in der gleichen Lösung bietet, die Anwesenheit des einen Salzes einen lebhaften Einfluß auf die Aufnahme des andern ausübt, und daß dieser Einfluß bald ein beschleunigender, bald ein verzögernder ist.

1865 Frederick Augustus **Abel,** Direktor des chemischen Departements zu Woolwich, entdeckt in der Zerkleinerung der Schießbaumwolle das Mittel zu ihrer vollständigen Reinigung, die allein die Haltbarkeit bedingt. Es gelingt ihm so, ein zersetzungssicheres, kriegsbrauchbares Produkt zu gewinnen. (S. a. 1846 S.)

— Louis **Agassiz** bereist den unteren Amazonenstrom.

— Der belgische Grubeningenieur **Arnauld** macht eingehende Untersuchungen

über die Schlagwetterentzündungen in Kohlengruben und kommt zu dem
Schluß, daß das sich bildende Grubengas, wenn es durch irgendwelche Umstände am Entweichen gehindert wird, sich in den Poren der Kohlen bis
zum flüssigen oder selbst bis zum festen Aggregatzustand verdichten
kann. Er erklärt so die Erscheinungen, welche die plötzlichen Gaserup-
tionen begleiten, und namentlich die Entstehung der enormen Mengen
pulverisierter Kohle.

1865 Nachdem Berthier (s. 1821 B.) den Chromstahl erfunden und Mushet 1861
ein Patent darauf genommen hatte, das ohne Erfolg blieb, gelingt es
Julius **Baur,** die Aufmerksamkeit nachhaltig auf den von ihm fabrizierten
Chromstahl, sowie auf Ferrochrom zu lenken, so daß sich später hieraus
eine erfolgreiche Fabrikation entwickelt.

— Lionel Smith **Beale** arbeitet über die Struktur und das Wachstum der Gewebe, über das Protoplasma und die Zelle.

— Edmond **Becquerel** konstruiert ein Phosphoroskop, mit Hilfe dessen es
ihm gelingt, die Zeit zwischen Bestrahlung und Beobachtung der Körper
so abzukürzen, daß er für eine Reihe von Körpern, bei denen dies bisher
nicht möglich war, die Phosphorescenz nachweisen kann. Er zeigt, daß
Fluorescenz und Phosphorescenz sehr nahe verwandt sind.

— Paul **Bert** weist zuerst darauf hin, daß das Gift der Skorpione ein Nerven-
gift sei, das, wie Strychnin, die Nerven des Rückenmarkes reizt, gleichzeitig aber die peripherischen Nervenendigungen wie Curare lähmt.

— Giulio **Bizzozzero** weist zuerst darauf hin, daß, wie in der Milz, so auch im
Knochenmark die Bildung neuer Blutkörperchen stattfinde.

— Paul **Broca** begründet die Methode der Messung des Verhältnisses des Gehirns zum Schädel, auf welcher die exakte, positive Kraniologie beruht.
(Vgl. 1760 C.) Außerdem zieht er die Messung der Knochen und die
Bestimmung der Haut- und Haarfarben in Betracht. Er verbessert den
zuerst von Cohausen angegebenen Kraniograph (Schädelzeichner), einen
Apparat zur Projektion von Schädelkurven auf eine Zeichenfläche, und
entwickelt diesen Apparat später zum Stereographen.

— Ludwig **Carius** in Marburg stellt aus Benzol auf synthetischem Wege einen
den Glucosen isomeren Körper, die Phenose dar.

— Rudolph **Clausius** folgert aus der mechanischen Wärmetheorie, daß die
Entropie des Weltalls einem Maximum zustrebt, d. h., daß die mechanische
Energie des Weltalls mehr und mehr in Wärme umgewandelt wird, wodurch die Temperaturunterschiede des Weltenraums immer geringer werden
müssen und ein Zeitpunkt eintreten muß, bei welchem die unausgesetzte
Wärmeabgabe der Sonne nicht mehr durch Zufuhr von außen kompensiert
werden kann.

— Julius **Cohnheim** führt die von de Riemer (s. 1818 R.) zuerst angewendete
und von Stilling (s. 1842 S.) und Willy Kühne (1864) verbesserte Gefriermethode für mikroskopische Untersuchungsobjekte in die allgemeine Benutzung ein.

— E. **Cramer** isoliert zuerst das Serin aus dem Seidenleim und charakterisiert
es als Aminooxypropionsäure.

— Der Amerikaner **Crosby** entwirft eine Nähnadelmaschine, die aus dem
rohen Drahte in einer zusammenhängenden Folge von Bearbeitungen sogleich ganz fertige Nadeln herstellt.

— Reiner **Daelen** vereinfacht die Haswell'sche Schmiedepresse (s. 1861 H.)
durch Einführung des direkten Dampfdrucks, wodurch Pumpe und Akkumulator gleichzeitig überflüssig werden.

— Der Naturforscher William Healey **Dall** erschließt auf mehrjähriger Reise

Darmstaedter. 41

Alaska, wo er namentlich das Gebiet des Yukon aufnimmt, und durchforscht 1871—73 die Aleuten.

1865 **Darcy** und **Bazin** stellen in einer Versuchsgerinne-Anlage Untersuchungen
an über die Menge der im Wasser fortbewegten feinen Sinkstoffe. Eine
Nachprüfung dieser Untersuchungen erfolgt 1872 durch Fargue, der die
Ergebnisse in seinem Werke „Action de l'eau courante sur un fonds sable"
wissenschaftlich verwertet.

— Otto Friedrich Karl **Deiters** weist den Ursprung des Achsenzylinders aus der
Ganglienzelle nach. Der Achsenzylinder (auch Deiters'scher Fortsatz genannt) pflegt sich an dem der Ganglienzelle entgegengesetzten Ende zu
verzweigen und mit seinem Endbäumchen mit verschiedenen Endapparaten
(Muskelfasern, Sinneszellen usw.) in Verbindung zu treten. (S. a. 1891 R.)

— Marc A. **Delafontaine** verteidigt die vielfach (von Berlin 1860 u. a.) an-
gegriffene Existenz des Erbiums und Terbiums (vgl. 1843 M.), worin ihm
besonders P. T. Cleve 1879 und Lecoq de Boisbaudran 1886 beipflichten.
(Vgl. 1879 C.)

— Der schweizer General Guillaume Henri **Dufour** vollendet die i. J. 1833 begonnene Bearbeitung der topographischen Karte der Schweiz 1 : 100 000,
welche durch die Einführung der zuerst von Chauvin 1852 empfohlenen
schrägen Beleuchtung des Bergreliefs in der Kartographie epochemachend ist.

— Der Geolog Ed. **Dupont** fördert in der belgischen Höhle La Naulette
ein durch seine Form bemerkenswertes menschliches Unterkieferfragment
zu Tage, das mit Mammut- und Renntierresten in derselben Schicht gelegen hatte. Mortillet glaubt, daß der Mensch, von dem dieses Fragment
stammt, noch keine Sprache besessen habe.

— James Balleny **Elkington** versucht neben der elektrolytischen Darstellung
von Reinkupfer aus Schwarzkupfer auch die Gewinnung der Edelmetalle
aus Kupferanodenschlamm, ohne indes bei den ungenügenden elektrischen
Maschinen, die ihm zu Gebote stehen, praktische Erfolge erzielen zu
können. (S. a. 1847 L.)

— Emil **Erlenmeyer** gibt in einer Abhandlung über aromatische Säuren dem
Naphtalin eine Strukturformel, nach welcher man es sich aus zwei Benzol-
sechsecken mit zwei beiden Sechsecken gemeinschaftlich angehörenden
Kohlenstoffatomen zu denken hat.

— Emil **Erlenmeyer** gelingt es, im Anschluß an die von Kekulé aufgestellte
Benzoltheorie für eine ganze Anzahl von Bestandteilen ätherischer Öle die
richtigen Formeln aufzustellen, oder doch die Zugehörigkeit zu einem bestimmten Typus festzustellen. So beschäftigt er sich mit dem Anethol und
Eugenol, dem Zimtaldehyd und dem Piperonal. Letzterer Aldehyd wird
von Eykmann und von Poleck in den achtziger Jahren aus dem Safrol
erhalten.

— Johann Georg **Forchhammer** macht grundlegende Untersuchungen über die
Zusammensetzung des Meerwassers, in welchem er Beimengungen konstatiert,
die man vorher nicht darin vermutet hatte, wie insbesondere eine große
Anzahl von Metallen.

— Adolph **Frank** stellt das Brom fabrikmäßig aus den Mutterlaugen der
Chlorkaliumbereitung her.

— Edward **Frankland** ermittelt auf experimentellem Wege die Verbrennungswärme zahlreicher Nahrungs- und Genußmittel und gibt in dem Phil.
Mag. Vol. 32 eine tabellarische Übersicht darüber. Nach Erfindung der
calorimetrischen Bombe (s. 1879 B.) wird diese Forschung von Stohmann
und seinen Mitarbeitern vielfach erweitert.

— E. **Frankland** und B. F. **Duppa** ersinnen ein Verfahren, durch Benutzung des von Geuther (s. 1863 G.) entdeckten Acetessigesters Alkoholradikale in die Essigsäure einzuführen, und so deren Homologen zu gewinnen.

1865 Der Franzose **Gay** verbessert die Wilde'sche Kreissäge (s. 1833 W.) dadurch, daß er ihre Schleifkante mit einem Bleikranze einfaßt, in welchem sich der Schleifsand oder Schmirgel besser festsetzt, als im Eisen.

— Der Apotheker **Groß von Figely** in Wien verwendet die Gelatine zur Aufnahme flüssiger Medikamente und führt Gelatine-Suppositorien und Gelatine-Vaginalkugeln in den Arzneischatz ein.

— Ernest **Hart** führt die Gelatina medicamentosa lamellata in den Arzneischatz ein, die nunmehr vielfach an Stelle der englischen Arzneipapiere verwendet wird.

— Der Mechaniker **Hartmann** in Trogen konstruiert eine Kettenstich-Stickmaschine mit einer Nadel. Die Maschine wird später von Schatz verbessert und als Hartmann-Schatz-Maschine bezeichnet. Andere Kettenstich-Stickmaschinen werden von Bonnaz und von A. Voigt (s. 1865 V.) konstruiert.

— Oswald **Heer** beschreibt in seinem Tafelwerk „Flora tertiaria Helvetiae" 900 größtenteils neue Arten fossiler Pflanzen der Schweiz. Er rekonstruiert die verschiedenen Floren der Tertiärzeit, vergleicht dieselben mit denen anderer Tertiärgebiete und der Gegenwart, und leitet daraus die klimatischen Verhältnisse der Urzeit ab. Auch sein Werk „Flora Arctica" (1868—83) bildet einen wichtigen Beitrag zur Systematik der fossilen Flora.

— Hermann **von Helmholtz** und gleichzeitig Henri Edouard **Tresca** stellen Untersuchungen über die Plastizität des Eises an. Sie quetschen Zylinder von klarem kompaktem Eise durch die verengte zylindrische Öffnung einer Metallform. Aus der Öffnung quillt ein zusammenhängender Eiszylinder, dessen untere Fläche sich mehr und mehr wölbt. In der Mitte bewegt sich die Masse rascher als am reibenden Rande, und es entstehen Risse, so daß die Analogie mit einem aus einer Talverengung in eine Erweiterung tretenden Gletscher in die Augen springt.

— Matthaeus **Hipp** richtet auf einigen Stationen der Vereinigten Schweizerbahnen Weichen ein, welche durch elektrisch zu steuernde Triebwerke bewegt werden.

— Wilhelm **Holtz** und gleichzeitig August **Toepler** verbessern die Belli'sche Influenzmaschine so, daß sie wesentlich größere Mengen von Elektrizität zu liefern imstande ist, als bisher durch das Elektrophor und die Elektrisiermaschine zu erreichen war. Durch diese Maschine wird das Experimentieren mit hochgespannter Elektrizität, das mit der Reibungselektrisiermaschine mühsam war, sehr bequem.

— Felix **Hoppe-Seyler** macht den ersten Versuch einer Systematik der Eiweißstoffe, wobei er hauptsächlich die bekannteren tierischen Eiweißkörper berücksichtigt. Er teilt sie in Albuminoide, die bei der Zersetzung aromatische Produkte (Tyrosin, Indol, Phenol usw.) geben, und in Glutinoide, die keine solche geben.

— Benjamin Berkeley **Hotchkiss** erfindet die nach ihm benannte Revolverkanone. Die nach dem System Hotchkiss gebaute, deutsche fünfläufige 3,7 cm-Revolverkanone verschießt Granaten von 460 g und Kartätschen von 510 g Gewicht. Die Aufstellung des Geschützes erfolgt in der Regel auf einem Schießbock. Schußzahl bei ruhigem Feuer 33 in der Minute. An Stelle der Hotchkiss-Konstruktion tritt bei einzelnen Armeen die Gatling-Revolverkanone. (S. 1861 G.)

— F. **von Hruschka** konstruiert einen Zentrifugalapparat zur Trennung des Honigs von dem Wachse, bei dem die Waben derart geschont werden,

41*

daß sie zur nochmaligen Verwendung in die Bienenstöcke zurückgebracht werden können.

1865 William **Huggins** findet bei der spektroskopischen Untersuchung des Orionnebels (wie später auch in vielen anderen Nebeln) ein Spektrum von drei hellen Linien, ein Beweis, daß das Licht von glühenden Gasmassen ausgestrahlt wird. Die Linien liegen im Blau und Grün, die erste ist mit einer Stickstofflinie, die dritte mit einer Wasserstofflinie identisch, so daß also sicher glühender Stickstoff und Wasserstoff zu den Bestandteilen der Gasnebel gehören. Die weitaus größte Zahl der Nebel jedoch hat ein kontinuierliches Spektrum; dieselben sind wahrscheinlich ferne Anhäufungen von Sternen. (S. 1824 H. und 1848 B.)

— Josef **Hyrtl** fördert durch seine Injektionen der Capillargefäße verschiedener Organe die mikroskopische Anatomie.

— A. **Jamieson** konstruiert einen Suchanker zum Aufsuchen von fehlerhaften Seekabeln. Ähnliche Konstruktionen werden von Lambert, Kingsford, Johnson und Philipps angegeben. Insbesondere der von der letzten Firma konstruierte Centipede-Suchanker (Hundertfuß) mit auswechselbaren Armen und der Felsenanker der gleichen Firma werden vielfach gebraucht.

— August **von Kekulé** entwirft die Grundzüge einer neuen Theorie der aromatischen Verbindungen und faßt das Benzol, von dem sich die meisten aromatischen Verbindungen ableiten lassen, als eine geschlossene Kohlenstoffkette auf, deren einzelne Glieder abwechselnd eine Valenz oder zwei austauschen, so daß von den 24 Verwandtschaftseinheiten der 6 Kohlenstoffatome an jedem Kohlenstoffatom je eine übrig bleibt, die durch je 1 Wasserstoffatom gebunden ist.

— August **von Kekulé** deutet bei Entwicklung seiner Hypothese von der Struktur des Benzols bereits das Problem der Bestimmung des chemischen Ortes in den aromatischen Körpern, d. i. die Feststellung der gegenseitigen Beziehungen der in das Benzol eintretenden Substituenten an. Diese Aufgabe hat indes erst Bedeutung bei Disubstitutionsprodukten, bei denen nach Kekulé drei Isomere möglich sind, die den Namen „Ortho-, Meta- und Paraverbindung" erhalten.

— Eduard **Ketteler** gelingt es, die astronomisch beobachtete Dispersion in Gasen auch physikalisch zu messen.

— Nach dem Vorschlage des Ingenieurs David **Kirkaldy** bauen Greenwood und Batley in Leeds eine Maschine zur Prüfung der Festigkeit von Baumaterial, welche als „Kirkaldymaschine" die weiteste Verbreitung findet. Kirkaldy stellt planmäßige Zerreißversuche mit mehr als 1000 Eisensorten der verschiedensten Form, Herkunft und Güte an und begründet dadurch einen bedeutsamen Fortschritt in der wissenschaftlichen Klasseneinteilung von Eisen und Stahl. Er ist der erste, der den Einfluß der Größe und Form der Zerreißproben auf den Ausfall der Zerreißversuche experimentell nachweist.

— Alfred **Krupp** in Essen konstruiert den Rundkeilverschluß für gezogene Hinterladekanonen.

— Der französische Oberingenieur Louis **Lechatelier,** Direktor des „Chemin de fer du Nord de l'Espagne", gibt den ersten brauchbaren Gegendampfapparat an, durch welchen zum Zweck des Bremsens des Eisenbahnzuges Wasser und Dampf in den Austrittskanal des Dampfzylinders eingespritzt werden. Der Apparat wird 1867 von Marié, Oberingenieur der Compagnie Paris-Lyon-Méditerranée und 1876 von dem Oberingenieur von Borries vervollkommnet.

— Léon Clément **Le Fort** hebt in seinem Buch „Des maternités" und namentlich in dem „Sur l'epidémie et la contagion" betitelten Kapitel hervor, daß die Epidemien durch von außen in den Körper eindringende Keime „germe-contage" hervorgerufen werden. Er wird mit dieser Lehre ein Vorläufer der modernen Bekämpfung der Infektionskrankheiten.

1865 Johann **Leopolder** baut Eisenbahnläutewerke, bei denen sich die Zahl und Gruppierung der Glockenschläge auf einem Papierstreifen durch eingestanzte Löcher verzeichnen.

— Oskar **Liebreich** stellt aus der Gehirnsubstanz das Protagon und durch dessen Zersetzung beim Kochen mit konzentriertem Barytwasser das Cholin und das Neurin her, welch letzteres 1863 Strecker aus der Rinds- und Schweinsgalle hergestellt hatte. 1869 stellt Liebreich durch Oxydation des Neurins das mit dem Betain (s. 1869 S.) identische Oxyneurin her.

— Samuel Cunliffe **Lister** gelingt es nach neunjährigen Versuchen, die bis dahin als wertlos betrachteten Seidenabfälle zu Seidensamten aller Art, Seidenteppichen, Imitations-Seehundsfellen, Plüschen, Badehandtüchern usw. erfolgreich auszunutzen.

— C. **Luckow** empfiehlt auf die von der Mansfeld'schen Kupferschiefer bauenden Gewerkschaft ausgeschriebene Preisfrage nach einer einfachen und sicheren Kupferbestimmung das elektroanalytische Verfahren. Ihm verdankt man die Einführung dieser Arbeitsmethode in die Laboratorien der Industrie.

— Fritz L. **Lürmann** macht von den von Langen (s. 1862 L.) entdeckten hydraulischen Eigenschaften der granulierten Hochofenschlacke Gebrauch, indem er aus solcher Schlacke und Kalk unter Pressen künstliche Mauersteine, Schlackensteine genannt, anfertigt. (Die vor der Kenntnis des Granulierens seit 1859 auf der Georgs-Marien-Hütte in Osnabrück aus Hochofenschlacke und Kalk hergestellten Steine hatten sich infolge der notwendigen vorherigen Zerkleinerung der Schlacken zu teuer gestellt.)

— **Mac Intyre** macht in den Jahren 1865—66 eine Durchquerung von Australien von dem Darling bis zum Carpentaria-Golf.

— Der Württemberger Karl **Mauch** stellt auf seinen südafrikanischen Forschungsreisen das Vorkommen von Gold im Maschonaland und am Tati fest.

— James Clerk **Maxwell** stellt die elektromagnetische Lichttheorie auf, deren Ausgangspunkt die Tatsache bildet, daß in den Wechselbeziehungen von Magnetismus und Elektrizität eine bestimmte Größe, die sogenannte kritische Geschwindigkeit auftritt, deren Wert von Kohlrausch und Weber (1857) gleich dem der Lichtgeschwindigkeit gefunden worden war. Maxwell erklärt diese Übereinstimmung daraus, daß derselbe Äther die elektrischen Kräfte und das Licht übermittelt. Letzteres besteht nach ihm in einer elektrischen Schwingung transversal zur Richtung des Strahls.

— Durch den Augustiner Gregor **Mendel** in Brünn werden umfangreiche Versuche über Pflanzenkreuzung angestellt und die wichtigen Mendel'schen Regeln gefunden, welche die Grundlage der modernen Bastardforschung in der Botanik bilden.

— **Moscrop** erweist durch vergleichende Düngeversuche mit Stallmist, der in einer bedeckten Grube, und solchem, der in unbedecktem Zustand der Verwesung überlassen wird, wie wichtig es ist, daß der Dünger vor der Sonne geschützt werde, da sonst Stickstoffverlust durch Verflüchtigung eintritt.

— August **Nagel** konstruiert einen Wassersaugeapparat zum Entleeren und Freihalten von Baugruben, dessen Prinzip auf der Saugwirkung durchlöcherter Röhren beruht, wenn sich in ihnen Flüssigkeiten bewegen. (Saugstrahlpumpe.)

— John A. R. **Newlands** stellt das Gesetz der Oktaven auf, wonach in der in steigendem Atomgewicht geordneten Reihe der Elemente auf je sieben Elemente mit verschiedenen chemischen Eigenschaften eine neue Reihe von sieben Elementen folgt, dergestalt, daß das achte mit dem ersten, das neunte mit dem zweiten und so fort in wesentlichen Eigenschaften übereinstimmt,

1865 Der Arzt Max Joseph **Oertel** in München gibt seine diätetische Kurmethode an und erfindet die seinen Namen tragende „Terrainkur" für Herzkranke.

— **Ozouff** führt ein Verfahren zur Darstellung von reiner Kohlensäure aus den Gasen ein, welche Koksöfen, Kalköfen und Magnesitbrennöfen entstammen. Dieses Verfahren besteht darin, daß die gewaschenen Gase mit einer Lösung von neutralem kohlensaurem Natrium zusammengebracht werden und das entstehende saure kohlensaure Natrium zum Sieden erhitzt wird, wobei es die aufgenommene Kohlensäure wieder abgibt.

— Louis **Pasteur** konserviert Wein durch Erwärmen auf $45—50^0$ C. (Pasteurisieren).

— **Pilz** führt in Freiberg den mehrförmigen Rundschachtofen ein, bei welchem er den Wind durch acht am Schachtumfang verteilte Wasserformen eintreten läßt. Er versieht den Ofen mit verschiedenen anderweitig bewährten Verbesserungen zur Ableitung der Ofengase und der Schmelzprodukte mit Chargiervorrichtungen, Kühlung des Gestelles usw. Der Ofen führt sich rasch auf europäischen und amerikanischen Bleihütten ein, weil er weniger Kohle verbraucht als die älteren Öfen und weil die Beschickung rascher schmilzt, als es bei diesen der Fall war.

— **Plücker** und **Hittorf** zeigen, daß man auch von dem Stickstoff (s. 1861 P.) durch den Induktionsstrom ein Linienspektrum erhalten kann, und daß jedem Elemente zwei Spektren, ein Linienspektrum und ein Bandenspektrum, entsprechen. Später stellt sich, namentlich durch Wüllner's Untersuchungen, heraus, daß das Bandenspektrum einer relativ dicken Schicht von strahlenden Molekülen, das Linienspektrum dagegen einer sehr dünnen Schicht leuchtender Moleküle angehört.

— Hermann Eberhard **Richter** stellt die Theorie auf, daß niedere Lebewesen (Kosmozoen) im Weltall umherschwärmen und die Weltkörper besamen, wenn deren Oberfläche genügend abgekühlt und zu ihrer Aufnahme bereit ist. 1871 wird diese Theorie von William Thomson zu der seinigen gemacht. (Vgl. auch 1907 A.)

— Nachdem das Sonnenbad (Luftbad) schon von den alten Römern angewendet worden war, wird dasselbe durch Arnold **Rickli** von neuem gegen die verschiedensten Krankheiten empfohlen und in der in Veldes in Krain errichteten Sonnenbadanstalt mit streng vegetarischer Diät kombiniert. (Vgl. auch 1796 H.)

— A. **Roussille** entdeckt, daß sich angezündetes Rhodanquecksilber (Quecksilberrhodanid) beim Verbrennen stark aufbläht und einen äußerst umfangreichen Rückstand hinterläßt. Der Salonzauberer Clevemann benutzt dies zur Herstellung der sogenannten „Pharaoschlange".

— Julius **von Sachs** weist nach, daß das Licht eine unentbehrliche Vorbedingung für die Entstehung der Stärkemehleinschlüsse ist, da dieselben in den Chlorophyllkörnern nur bei genügender Wärme und Belichtung auftreten. (S. 1851 M. und 1856 N.) Nicht nur die blauen und violetten Strahlen, sondern auch die roten und gelben Strahlen sind nach ihm beim Ergrünen des Chlorophylls wirksam.

— Carl **Scheibler** erfindet das Elutionsverfahren zur Entzuckerung der Melasse. Dasselbe wird von **Seyffert** in Braunschweig 1872 in die Praxis eingeführt. Durch Vermischen von Ätzkalk und Melasse wird ein fester Melassekalk

hergestellt, der mit verdünntem Spiritus ausgewaschen und von Nicht-
zuckerstoffen befreit wird.

1865 Moritz **Schiff** einerseits und Charles Edouard **Brown-Séquard** andererseits stellen
fest, daß bei Durchschneidung des Rückenmarkes alle Teile, deren Nerven
unterhalb der Durchschneidung entspringen, völlig dem Bewußtsein entzogen sind und weder willkürlich bewegt werden können noch empfinden.
Durchschneidung der weißen Rückenmarkssubstanz wirkt wie totale Rücken-
marksdurchschneidung.

— **Snider** in England konstruiert ein Hinterladungsgewehr, dessen Verschluß
aus einer dosenartig zu öffnenden Verschlußklappe (daher „Tabatière-
gewehr") besteht, eine Konstruktion, an welche sich die Gewehre von
Krnka (Rußland), Wänzl (Österreich) u. a. anlehnen.

— Der Geheimrat Heinrich **Stephan** (nachmaliger Staatssekretär des deutschen
Reichspostamts) schlägt am 30. November 1865 in einer Konferenz des
deutschen Postvereins in Karlsruhe die Einführung der Postkarte (anfangs
„Postblatt", später „Korrespondenzkarte" genannt) vor. Die tatsächliche
Einführung der Postkarte im norddeutschen Postgebiete erfolgt i. J. 1870.
(Vgl. 1869 H.)

— Bernhard **Studer** fördert die physische Geographie der Alpen und die allgemeine Alpenkunde.

— Nachdem schon 1860 von J. D. Karns und Hutchinson mißglückte Versuche mit Rohrleitungen für Petroleum gemacht worden waren, legt Samuel
van Syckle die erste brauchbare Leitung (Pipe line) zwischen Pithole und
Millors farm an. Schon Ende des Jahres wird eine zweite Pipe line von
Henry Harley konstruiert und damit der Erfolg dieser Rohrleitungen ver-
bürgt und eine mächtige Umwälzung im Petroleumhandel angebahnt.

— Lawson **Tait** empfiehlt zuerst den Paraffinverband, zu welchem als Grundlage rohe Baumwolle dient, die mit geschmolzenem Paraffin getränkt wird
und nach dem Erstarren des Paraffins zum Gebrauch fertig ist. Diese Art
des Verbandes wird später, namentlich von Mac Ewen, sehr warm empfohlen.

— C. **Tessié du Motay** und **Maréchal** stellen Bariumsuperoxyd dar, indem sie in
einem Flammofen ein Gemenge von kohlensaurem Barium und Kohle stark
glühen und die geglühte Masse bis zum Verbrennen alles Kohlenstoffs in
reinem Sauerstoff erhitzen.

— M. **Thévenon** in Lyon versieht die Räder seines Fahrrades mit einem massiven Gummireifen.

— Julius **Thomsen** macht die ersten Versuche zur Bestimmung des „mechanischen Lichtäquivalentes", d. i. des Verhältnisses der sichtbaren Energie
zur Gesamtenergie einer lichtaussendenden Fläche.

— August **Toepler** verbessert die Quecksilberluftpumpe, indem er die Glas-
hähne, die leicht undicht werden oder sich festklemmen, wegläßt und zu
den Verschlüssen Quecksilbersäulen von Barometerhöhe benutzt. Weitere
Verbesserungen der Pumpe, die namentlich zur Herstellung der elektrischen
Glühlampen gebraucht wird, werden von Raps (1894), Neesen (1900) u. a.
vorgenommen.

— **Trail Taylor** erfindet das Magnesiumblitzlicht, das zum Photographieren in
dunkeln Räumen benutzt wird, und bei welchem eine Mischung von
Magnesiumpulver mit salpetersaurem oder übermangansaurem Kali in eine
Flamme geblasen wird. Das Blitzlicht wird 1887 von Miethe und Gaedicke
verbessert und allgemein eingeführt. (Vgl. auch 1859 C.)

— Der Würzburger Ohrenarzt Anton Friedrich **von Troeltsch** benutzt zuerst bei
der Untersuchung des äußeren Gehörgangs und des Trommelfells künstliches Licht.

— Louis Joseph **Troost** gelingt es, durch Zusammenschmelzen von Fluorzirkoniumkalium mit Aluminium das Zirkonium in krystallisierter Form zu erhalten. Teils allein, teils in Gemeinschaft mit Sainte-Claire-Deville, untersucht er die Verbindungen des Zirkoniums. Über diese Verbindungen hatten früher schon Berlin (1852) und Marignac (1861) gearbeitet; in neuerer Zeit werden sie von Hermann (1866) untersucht.

1865 Gustav **Tschermak** veröffentlicht eine Abhandlung über die chemische Natur der Feldspate, in welcher er den Nachweis führt, daß man es bei denselben mit Gemischen isomorpher Substanzen zu tun hat, und daß die Formen des Anorthit und Albit voneinander nicht mehr abweichen, als es sonst bei isomorphen Substanzen der Fall ist.

— Albert **Voigt** in Kappel bei Chemnitz konstruiert außer einer Kettenstich-stickmaschine eine Schiffchenstickmaschine, die im Gegensatz zur früheren Handarbeit maschinell betrieben wird. Gleichzeitig wird eine ähnliche Maschine von Isaak **Gröbli** erfunden, die zuerst bei J. J. Rieter & Co. Verwendung findet.

— Wilhelm **Waldeyer** begründet gleichzeitig mit Karl Thiersch die Lehre, daß die typischen Zellen der von der Haut und den drüsigen Organen ausgehenden Krebsgeschwülste Abkömmlinge des Deck- oder Drüsenepithels sind, und macht den Vorschlag, unter der Bezeichnung „Carcinom" ausschließlich die vom Epithel ausgehenden Neubildungen von atypischem Bau zusammenzufassen.

— Karl **Weierstraß** gibt in seinen Vorlesungen die erste vollständige Theorie der Irrationalzahlen.

— Gustav **Wiedemann** untersucht in den Jahren 1865—83 das magnetische Verhalten einer großen Zahl von chemischen Verbindungen sowohl in ihren Lösungen als auch in fester Form, und sucht Beziehungen zwischen dem Magnetismus der Körper und ihrer chemischen Zusammensetzung abzuleiten. Bezeichnet man den durch die Einheit der magnetischen Kraft in der Gewichtseinheit des betreffenden Salzes erregten Magnetismus als den spezifischen Magnetismus, so ergibt sich, daß das Produkt aus dem spezifischen Magnetismus der analog zusammengesetzten Salze eines und desselben Metalls und ihrem Molekulargewicht einen konstanten Wert hat (Molekularmagnetismus). Ähnliche Forschungen werden 1885 von G. Quincke angestellt.

— Heinrich **Wild** verbessert das Mitscherlich'sche Saccharimeter (s. 1844 M.), indem er dasselbe mit einem Savart'schen Polariskop (s. 1840 S.) verbindet, und nennt diesen in der Zuckerindustrie viel benutzten Apparat Polaristrobometer.

— Clemens **Winkler** stellt Indiumoxyd dar und erhält hieraus durch Erhitzen im Wasserstoffstrom bis 300^0 C. das Indiumoxydul. Das Chlorid wird von ihm durch Verbrennen von Indium im Chlorstrom dargestellt.

— Walter Bentley **Woodbury** erfindet das nach ihm benannte photographische Reliefdruckverfahren, indem er das photographische Negativ durch einen Waschprozeß aufquellen läßt, es in diesem Zustande härtet und das entstehende Relief zum Drucke benutzt.

— Die Engländer Gebrüder **Woodward** erhalten ein Patent auf einen Schmelzofen, bei welchem der Wind durch ein im Schornstein angebrachtes Dampfstrahlsauggebläse in den Ofen eingesaugt wird.

— Jonas Gustav Wilhelm **Zander** vervollkommnet die schwedische Heilgymnastik durch die Einführung zahlreicher von ihm erfundener mechanisch-gymnastischer Apparate und begründet das erste medico-mechanische Institut für Krankengymnastik und Orthopädie in Stockholm.

1866 Anders Jonas **Ångström** mißt die Wellenlängen Fraunhofer'scher Linien in Zehntausendsteln des Millimeters (Ångström-Einheit = ÅE).

1866 Adolf **von Baeyer** liefert „Ortsbestimmungen" in der aromatischen Reihe, das sind Feststellungen der gegenseitigen Beziehungen der in das Benzol eingetretenen Substituenten. (Vgl. 1865 K.) Nachdem Fittig und Baeyer (s. 1866 F.) den Nachweis geliefert hatten, daß das Mesitylen Trimethylbenzol ist, nimmt er an, daß, entsprechend der Bildung des Mesitylens, seine drei Methylgruppen symmetrisch angeordnet sind. Diese Hypothese wird später (1876) von Ladenburg als richtig erwiesen. Ähnliche Ortsbestimmungen werden 1869 von Graebe für das Naphtalin und die Phtalsäure, 1869 von Ladenburg für die Terephtalsäure und die Paraoxybenzoesäure, 1874 von Körner und Grieß und später von vielen anderen unternommen.

— Adolf **von Baeyer** gelangt durch Abbau des Isatins zum Dioxindol und Oxindol und aus diesem, nachdem er seine erfolgreiche Methode zur Reduktion aromatischer Verbindungen mittels Zinkstaub (vgl. 1866 S.) entdeckt hatte, zum Indol, der Muttersubstanz der Indigogruppe.

— Der Engländer **Banks** erfindet die Nadelmitten-Schleifmaschine.

— Charles **Bardy** ersetzt bei der von Berthelot (s. 1852 B.) angegebenen Synthese von Methylamin das Ammoniak durch Anilin und gelangt zum Methylanilin und Dimethylanilin, welche in der Farbenfabrikation eine große Rolle spielen.

— A. **Baubigny** reduziert den Campher in neutralen Lösungsmitteln durch Natrium zu Borneol und Isoborneol. (S. a. 1860 B.)

— Die **Belgische Regierung** beginnt die Regulierung der Maas oberhalb Namur mit drei Klappenwehren Desfontaines'scher Konstruktion (s. 1860 D.) und legt später zu Grandes Malades ein Nadelwehr neuester Konstruktion von 30 m Weite an.

— Christian Wilhelm **Blomstrand** stellt metallisches Niobium durch Reduktion des Pentachlorids mit Wasserstoff als spiegelnden metallgrauen Überzug her; auf ähnliche Weise wird es 1879 von Henry Roscoe gewonnen. Beide Produkte können aber nicht als völlig rein angesprochen werden. (Vgl. a. 1844 R. und 1907 B.)

— Antoine **Bonnaz** erfindet eine mit Hakennadeln versehene Tambouriermaschine, die durch ihre Arbeitsgeschwindigkeit (1800 Stiche in der Minute gegen 20—25 einer Handstickerin) und durch ihre kompendiöse Anordnung sich namentlich für die Tüll- und Mullgardinen-Hausindustrie bewährt.

— Der Mechaniker Georg August **Breithaupt** in Kassel (Sohn von F. W. Breithaupt s. 1810) stellt die in der preußischen Landesaufnahme vorzugsweise verwendete sogenannte neuere Breithaupt'sche Kippregel her, die er i. J. 1873 als „Normalkippregel" noch verbessert. (S. a. 1808 R.)

— Aristide **Březina** wendet für das Stauroskop (s. 1855 K.) anstatt der einfachen Kalkspatplatte eine Doppelplatte aus zwei Kalkspatlamellen (Březina'sche Doppelplatte) an.

— **Bunsen** beginnt, unterstützt von **Bahr,** seine noch heute überaus wertvollen Arbeiten auf dem Gebiet der seltenen Erden. Er führt u. a. (1875) die Natriumthiosulfatmethode für Thorium, sowie die von Mosander gefundene Trennungsmethode mit Hilfe der Oxalate (vgl. 1843 M.) ein, wodurch die genauen analytischen Bestimmungen der für die Glühlichtstrumpfindustrie so wichtigen Thorium- und Cerpräparate (vgl. 1884 A.) ermöglicht werden.

— **Bunsen** und **Bahr** verwenden zuerst den Spektralapparat, um die Konzentration von farbigen Lösungen zu erkennen.

— Samuel **Canning** gelingt es, das im Vorjahr zwischen Irland und Neufundland verlegte, aber während der Auslegung zerrissene Unterseekabel am 7. September wieder aufzufinden und es betriebsfähig herzustellen. Damit fungieren nun zwei tadellose Kabelverbindungen. (Vgl. 1866 F.)

1866 **Claußen** schlägt zum Bleichen eine durch Zersetzung einer Lösung von Chlorkalk mit Magnesiasulfat herzustellende Magnesiableichflüssigkeit vor, welche von dem ausgeschiedenen Gips dekantiert wird. Diese Bleichflüssigkeit wirkt rascher als die früher verwendeten und hat den Vorteil, daß die freiwerdende Magnesia unschädlich für die Gewebe ist. (S. a. 1885 L.)

— Der Mathematiker Rudolf Friedrich Alfred **Clebsch** in Gießen bildet die Invariantentheorie aus.

— Der englische Oberst **Clerk** führt für Geschütze an Stelle der Armstrong'schen Lamellenbremse (s. 1864 A.) die Flüssigkeitsbremse (hydraulische Rücklaufbremse) ein, welche von Krupp, Siemens, Vavasseur, Schneider-Creuzot u. a. weiter ausgebildet wird. Die Flüssigkeitsbremse besteht aus einem in der Regel an der Unterlafette angebrachten Hohlzylinder, welcher ähnlich einem gezogenen Geschützrohre mit Zügen versehen und mit Glycerin gefüllt ist. In demselben bewegt sich ein mit der Oberlafette verbundener Kolben. Beim Rückstoße des Schusses wirkt der Kolben auf das Glycerin, welches neben dem Kolbenkopf durch die Züge allmählich derart abfließt, daß der Rücklauf eng begrenzt, der Stoß auf die Lafette aber trotzdem gemildert wird. Das Prinzip hat eine weitere Verwertung in den heutigen Rohrrücklauf-Wiegelafetten gefunden.

— A. **Coupier** benutzt Nitrobenzol an Stelle von Arsensäure als Oxydationsmittel für Anilin und erhält ungiftiges Fuchsin. Die Methode von Laurent und Casthelaz, rohes Nitrobenzol mit Eisen und Salzsäure in den Farbstoff überzuführen, hatte ungenügende Resultate ergeben.

— Der englische Arzt John Eric **Erichsen** begründet die Lehre von den traumatischen Neurosen, den funktionellen nervösen Erkrankungen nach Verletzungen und Unfällen, die sich mit der Entwicklung der Industrie und namentlich der Eisenbahnen häufen. Erichsen vervollständigt seine Mitteilungen noch durch die 1875 erscheinende Beschreibung der „Railway spine", der spezifischen nervösen Folge von Eisenbahnverletzungen.

— Der Schriftsteller Karl **Faulmann** entwirft eine „Radikalform" der Gabelsberger'schen Stenographie, die er später unter dem Namen „Phonographie" und „Phonetische Stenographie" zu einem besonderen Kurzschriftsystem umgestaltet. Faulmann's Stenographie hat namentlich in Österreich Eingang gefunden.

— Für Vorprüfungen und gewisse praktische Zwecke genügt oft eine optische Methode der Milchuntersuchung, bei welcher die Dicke der Schicht ermittelt wird, die eben ausreicht, um eine bestimmte Lichtquelle zu verdunkeln. Einer der besten Apparate für solche Zwecke ist das von **Feser** konstruierte Laktoskop.

— Das Königliche **Feuerwerkslaboratorium zu Spandau** stellt die von ihm zu Kriegszwecken angefertigten Achsenstabraketen der deutschen „Gesellschaft zur Rettung Schiffbrüchiger" zur Verfügung. Die Raketen bewähren sich vorzüglich, um gestrandeten Schiffen vom Ufer aus eine Rettungsleine zuzuwerfen. Allmählich wird aus ihnen der heutige Raketenapparat mit einer Wurfweite bis zu 400 m ausgebildet. Daneben findet auch das von dem Büchsenmacher H. Cordes in Bremerhaven konstruierte Rettungsgewehr Verwendung, aber nur bis auf 80 m Entfernung. (S. a. 1826 D.)

— Cyrus West **Field**, John **Pender** und James **Anderson** verlegen für die Anglo American Telegraph Co. mit Hilfe des Great Eastern vom 7. Juli bis zum 4. August ein Unterseekabel zwischen Valentia (Irland) und Trinity Bay (Neufundland), das sich als völlig betriebsfähig erweist. (S. a. 1866 C.)

— **Fittig** und **von Baeyer** entdecken, daß durch Kondensation von drei Ketonmolekülen aromatische Kohlenwasserstoffe sich aufbauen lassen, und erweisen dies zuerst an der Bildung von Mesitylen aus Aceton und von Triphenylbenzol aus Acetophenon. (Vgl. 1866 B.)

1866 Armand Hippolyte Louis **Fizeau** mißt mit einer bis dahin noch nicht erreichten Genauigkeit die Ausdehnung einer Anzahl fester Körper; seine Methode beruht auf einer Interferenzerscheinung, welche mit einfarbigem Licht hervorgerufen werden kann, der sogenannten Interferenz des Lichts bei großen Gangunterschieden. Das dazu benutzte von Fizeau konstruierte Dilatometer wird (1886) von Abbe wesentlich verbessert. Die Versuche von Fizeau fördern auch die Kenntnis der Ausdehnung der Krystalle durch die Wärme.

— Oskar **Fraas** in Stuttgart legt auf den jüngern inneren Moränen der oberschwäbischen Hochebene an der Quelle des Schussen den wichtigsten und am besten untersuchten Fundplatz von paläolithischen Geräten aus der Eiszeit frei. An diesem Fundort fehlen alle Anzeichen eines gemäßigten Klimas; alles deutet auf hochalpine oder hochnordische Lebensbedingungen hin.

— Marie Joseph François **Garnier** und Ernest Marc Louis Doudart **de Lagrée** erforschen in den Jahren 1866—68 den Mekongfluß, besuchen Jünnan und befahren den Jantsekiang bis nach Hankou.

— Johann Heinrich Gottfried **Gerber** in Nürnberg erfindet die Träger mit freischwebenden Stößen und wendet sie mit Erfolg bei Auslegerbrücken (Cantileverbrücken) an. (Vgl. 1857 C.) Die erste Brücke dieser Art wird 1867 bei Bamberg über die Regnitz gebaut.

— Charles **Girard** und Georges **de Laire** bewirken die Synthese des Diphenylaminblaus (Triphenylpararosanilin) durch Erhitzen von Diphenylamin mit Oxalsäure, wobei sich Ameisensäure abspaltet. Auf einem analogen Prozeß beruht wahrscheinlich die Herstellung von Aurin durch Kolbe und Schmitt. (S. 1861 K.)

— **Grosseteste** in Mülhausen im Elsaß macht die ersten Versuche über die Wirkung und Brauchbarkeit der Zentrifugen in der Textilindustrie, in der sie späterhin ausgedehnte Anwendung finden.

— Nicolas J. B. G. **Guibourt** beschreibt zuerst das Ylang-Ylang-Öl, das aus den Blüten von Cananga odorata gewonnen wird und zuerst als Bestandteil des als Haaröl benutzten Makassaröls in den Handel gelangt.

— Ernst **Haeckel** bezeichnet den Satz, daß die Entwicklung des Einzel-Individuums (Ontogenese) eine abgekürzte Wiederholung der Stammesentwicklung (Phylogenese), d. h. des Weges ist, auf welchem die Art im Laufe unzähliger Generationen entstanden ist, als „Biogenetisches Grundgesetz" und verschafft demselben allgemeine Anerkennung. (S. 1793 K. und 1863 M.)

— Hans Hermann **Hager** stellt das Ferrum oxydatum saccharatum dar, das schnell ein sehr beliebtes Arzneimittel wird. (Vgl. auch 1837 V.)

— Ernst **Hallier** behauptet, daß Bakterien und Schimmelpilze aufs engste verwandt seien, indem erstere nur besondere, durch äußere Lebensbedingungen entstandene Vegetationsformen der letzteren seien und als solche Krankheiten erregen.

— Julius **Hann** begründet die streng dynamische Auffassung des Wesens der Fallwinde und entwickelt seine Lehre am Föhn. Die Luft lagert in Ruhe über dem Gebirge; die Saugwirkung eines vorüberziehenden barometrischen Minimums bringt sie zum Abstürzen. Lediglich durch den Akt des Abstürzens erhält der Wind die ihm eigene Trockenheit und hohe Temperatur. Die Bora ist ebenfalls ein Fallwind von dem Föhn verwandtem Charakter.

— **Harcourt** und **Esson** tragen durch ihre Arbeit über die Reduktion des Permanganats durch Oxalsäure und die im folgenden Jahre unternommene Untersuchung über die Einwirkung von Wasserstoffsuperoxyd auf Jodwasserstoffsäure zur Kenntnis der Reaktionsgeschwindigkeit bei.

1866 Pieter **Harting** macht die ersten Versuche, Krystalle von chemischen Verbindungen mit dem Mikroskop zu untersuchen.

— Franz **Hilgendorf** weist für die Süßwasserschnecke „Planorbis multiformis" im Steinheimer Süßwasserkalk einen vollständigen Stammbaum mit mehreren divergierenden Ästen nach. Es ist dies das erste Beispiel der zeitlichen Umänderung einer Tierform an einem und demselben geographischen Orte.

— Matthias **Hipp** errichtet auf der Bahnlinie Basel—Olten zur Kontrolle der Zuggeschwindigkeiten eine ständige elektrische Anlage, bestehend aus einem Registrierwerke auf der Station und einer bestimmten Anzahl von Streckenstromschließern.

— Wilhelm **His** in Leipzig verbessert das Mikrotom (s. 1843 O.) so, daß es ununterbrochene Serien von Schnitten anatomischer Präparate für die mikroskopische Untersuchung liefert. Er stellt mit seinem Mikrotom Schnittbilder des menschlichen Embryos her, die er so wieder zusammenfügt, daß eine körperliche Rekonstruktion der untersuchten Formen entsteht.

— Sterry **Hunt** findet zuerst Gold im Meerwasser. Wegen der quantitativen Bestimmungen s. 1872 S.

— J. S. **Hyatt** verwendet zuerst statt der langsam wirkenden und umfangreichen Sandfilter (s. 1828 S.) ein Schnell- oder Druckfilter, das sogenannte Multifoldfilter, bei welchem die Dicke der Sandschicht nur 15 cm beträgt. Andere Druckfilter, die in der Folge vielfach gebraucht werden, sind der Andersen'sche Revolving Purifier, die Schnellfilter von Kröhnke, Gerson u. a.

— Ludwig Friedrich **Knapp** studiert und erklärt die Vorgänge bei der Weißgerberei, die an Stelle der vegetabilischen Substanzen Alaun oder schwefelsaure Tonerde und Kochsalz verwendet, und bei welcher der Prozeß im Vergleich mit der Lohgerberei rasch — in höchstens drei Wochen — verläuft.

— Alexander **Kowalewsky** beobachtet beim Studium der Entwicklungsgeschichte der Seescheiden (Ascidien), daß diese am Boden oder auf fremden Körpern festwachsenden Seetiere aus freibeweglichen Larven hervorgehen, die in ihrem vor der Festsetzung verloren gehenden Ruderschwanz ein dem Rückenstab (Chorda dorsalis) analoges Organ besitzen. Er zeigt ferner, daß in den Atmungs- und Kreislauforganen der Seescheiden eine unverkennbare Ähnlichkeit mit denen des Amphioxus (s. 1844 M.) und der jungen Neunaugen hervortritt, daß also hier die wirbellosen Tiere sich an das Wirbeltierreich anschließen.

— **Kubel** stellt zuerst aus dem Cambialsaft vieler Coniferen das Coniferin dar, das er als ein Glucosid erkennt.

— **Lamb** zu Valparaiso in Indiana baut eine Strickmaschine, bei welcher das Hohlstricken durch eine geradlinige Reihe von Maschen erzielt wird. Diese Maschine wird von Dubied und Watteville in Couvet verbessert und macht den Strumpf ohne jegliche Naht vollständig fertig. Eine ähnliche Leistung bringt die vom Schullehrer Christoffers in Farge bei Bremen erfundene Maschine zuwege, die von Pfaff und Clacius in Hannover gebaut wird.

— Charles **Lauth** stellt aus Methylanilin und Dimethylanilin durch Erhitzen mit der 5—6fachen Menge wasserfreien Zinnchlorids auf 100° C. das Methylviolett (Violet de Paris) her, aus welchem er 1873 in Gemeinschaft mit A. **Baubigny** durch weitere Alkylierung zum Methylgrün (Vert de Paris) gelangt.

— Auguste Ambroise **Liébault** vertieft in seinem Werke „Der künstliche Schlaf und die ihm ähnlichen Zustände" die Braid'schen Ansichten und trägt wesentlich zur Entwicklung des Hypnotismus und der Hypnotherapie bei.

— Andreas **Lielegg** zeigt, daß beim Bessemerprozeß Anfang und Ende der Entkohlung des Eisens mit dem Spektroskop durch das Erscheinen und Verschwinden gewisser Linien des Spektrums erkannt werden können. Seine Beobachtungen werden von W. Wedding u. a. bestätigt. (Vgl. a. 1863 R.)

1866 H. **Limpricht** stellt durch Erhitzen von Chlorbenzyl mit Wasser im zugeschmolzenen Rohr bei 190⁰ C. synthetisch Anthracen her.

— Georg **Livesey** verbessert die zur Waschung des Leuchtgases verwendeten Skrubber, indem er sie zur Erzielung einer größeren, wirksameren Oberfläche mit regelmäßig angeordneten Holzleisten füllt.

— David **Livingstone** zieht von Sansibar den Rovuma aufwärts, umgeht das Südufer des Nyassasees und erreicht im April 1867 den Tanganyika. Von hier wendet er sich nach Nordwesten und gelangt im November 1867 nach dem Lualaba, und, indem er diesem aufwärts folgt, im April 1868 nach dem Moerosee und im Juli 1868 nach dem Bangweoiosee. Von hier kehrt er nach Udschidschi am Tanganyika zurück und erforscht das Manyemaland, wo ihn der zur Aufsuchung des verschollenen Reisenden ausgesandte Stanley auffindet. (Vgl. 1871 S.)

— **Ludwig** und **Cyon** entdecken die hemmende Wirkung des Nervus depressor, womit ein wichtiger Fingerzeig für die Regulierung der Herztätigkeit gegeben ist.

— J. E. **Lundström** in Jönköping verbessert die Sicherheitszündhölzchen (s. 1848 B.), indem er phosphorfreie Hölzchen in Schiebeschachteln in den Handel bringt, an deren Seiten amorpher Phosphor als Reibfläche aufgetragen ist.

— **Mac Farlane Grey** konstruiert den ersten Dampfsteuerapparat für den „Great Eastern". Diese Apparate werden allmählich durch Egells, Higginson, Schichau, Brown u. a. verbessert und finden auf allen größeren Schiffen Eingang.

— **Machecourt** und **Fontaine** konstruieren eine Fangvorrichtung für Fördermaschinen, bei welcher, falls das Seil bricht, eine Spiralfederwirkung ausgelöst wird, durch welche meißelförmig zugespitzte Hebel in die Leibungen der Förderschachtbekleidung eingepreßt werden. Die Konstruktion, welche nur bei hölzernen Schachtbekleidungen anwendbar ist, wird 1869 von Borgsmüller verbessert.

— Der Zimmermeister **Mannoury** zu Cherbourg schlägt vor, eiserne Schiffe zu deren Konservierung erst mit Holz zu beplanken und das Holz wiederum mit Kupfer zu beschlagen, welches System zuerst bei dem französischen Schiff „Flandre" adoptiert wird und bessere Resultate gibt, als die 1857 von Oudry vorgeschlagene und 1866 von Bernabé am Panzer der Korvette „Thétis" ausgeführte galvanoplastische Verkupferung und als die von dem Fregattenkapitän Roux vorgeschlagene Befestigung der Kupferhaut mit kleinen kupfernen Nieten.

— **Marsh** erbaut in den Jahren 1866—69 eine Zahnradbahn auf den 1994 m hohen Mount Washington. Er verwendet eine schmiedeeiserne Leiterzahnstange (s. a. 1870 R.), die mitten zwischen den Laufschienen liegt, und in die das von den Dampfzylindern angetriebene Zahnrad der Lokomotive eingreift.

— Die **Maschinenbau-Aktien-Gesellschaft Humboldt** in Kalk bei Cöln führt den ersten liegenden Zweizylinder-Wassersäulenkompressor für die Grube Sulzbach-Altenwald aus.

— **Moitessier** in Paris schlägt in seinem Werke über „Mikrophotographie" zuerst vor, die Lichtquelle auf optischem Wege in das Objekt selbst zu verlegen.

— Der Physiker und Musiktheoretiker Arthur **von Öttingen** in Dorpat wirkt mit seiner Schrift „Harmoniesystem in dualer Entwicklung" in bedeutsamer Weise für die Weiterentwicklung der Harmonielehre, indem er dem

Dualismus der harmonischen Auffassung (Mollkonsonanz und Durkonsonanz, als polare Gegensätze gedacht) eine wissenschaftliche Basis gibt.

1866 W. H. **Perkin** bewirkt die Synthese des Cumarins aus Essigsäure und Salicylaldehyd unter Anwendung wasserentziehender Mittel. Das natürliche Cumarin aus Tonkabohnen war 1820 von A. Vogel entdeckt und später insbesondere von Delalande und Bleibtreu untersucht worden. Die Perkin'sche Reaktion der Addition von Säuren oder Säuresalzen an Aldehyde erweist sich in der Folge als eine höchst fruchtbare Synthese, die in beschränktem Maße anstatt auf Aldehyde auch auf Ketone, Säureanhydride und Nitrile anwendbar ist.

— Nachdem schon 1860 der österreichische Artillerieoberst Schulz ein rauchschwaches Pulver aus mit salpetersaurem Barium imprägnierter Schießbaumwolle hergestellt hatte, bringen **Prentice & Sohn** in Stowmarket rauchschwaches Pulver in den Handel, das aus komprimierter Schießbaumwolle hergestellt und durch Behandlung mit Kautschuklösung gegen die Witterung unempfindlich gemacht ist.

— William John Macquorn **Rankine** betritt bezüglich der Schiffsbewegungen im Wasser mit der Veröffentlichung seiner Stromlinientheorie völlig neue Bahnen. Den praktischen Beweis der Richtigkeit dieser Theorie erbringt später Froude mittels seiner Schleppversuche. (S. 1872 Fr.)

— W. **Reiß** und A. **Stübel** stellen bei der vulkanischen Eruption auf Nea Kaimeni (Santorin) fest, daß Neulandbildungen ohne alle Hebung (also ganz im Sinne von L. von Buch) einfach durch Hervorquellen zähflüssiger Lavamassen auftreten können, und daß die nachdringenden Laven die alten in die Höhe und zur Seite schieben.

— Der deutsche Afrikareisende Gerhard **Rohlfs** durchquert in den Jahren 1866—67 Afrika von Tripolis aus. Er zieht von Mursuk über Bilma nach Kuka am Tsadsee, wo er beim Sultan von Bornu gute Aufnahme findet. Von Bornu bricht er nach dem Binuë auf, fährt diesen bis Lokodja hinab und folgt dann dem Niger aufwärts bis Rabba, von wo er 1867 zur Küste bei Lagos gelangt.

— Lewis Morris **Rutherford** gelingt es, eine Photographie des Sonnenspektrums von 2,1 m Länge in 15 einzelnen Abschnitten aufzunehmen. (S. a. 1814 F.)

— Ludwig **Rütimeyer** trägt durch seine Forschungen über fossile Vertebraten, die sich namentlich auf einige Säugetiergruppen, wie Schweine, Pferde, Rinder, Hirsche usw. erstrecken, zur Förderung der vergleichenden Anatomie und der Paläontologie bei.

— Henri **Sainte-Claire-Deville** beobachtet, daß Magnesia, mit Wasser zu einer Paste angerührt, beim Liegen unter Wasser durch Umwandlung in Hydrat zu einer durchscheinenden krystallinischen Masse wird, deren Härte die des Marmors übertrifft. Eine ebensolche Masse liefert ein Gemenge von Magnesia und gepulverter Kreide oder gepulvertem Marmor. Dolomit, bei 300—400° C. von Kohlensäure befreit, wird ebenfalls unter Wasser zu einer Masse von außerordentlicher Härte. Wegen dieser hydraulischen Eigenschaften findet die Magnesia später Verwendung zu hydraulischem Mörtel und Beton. (S. auch 1867 S.)

— Der Kliniker Leopold **von Schrötter** macht Arbeiten über die Behandlung der Kehlkopfverengerungen.

— Der preußische Ingenieuroffizier Maximilian **Schumann** bringt auf dem großen Sande bei Mainz eine Panzerkasematte zur Ausführung. Es ist dies die erste Anwendung des Panzers im deutschen Festungsbau. Bei diesem Panzerbau war bereits die sogenannte Minimalschartenlafette in Anwendung gebracht, eine Geschützlafette, deren Drehpunkt beim Richten in der, in ihrer Größe auf ein Mindestmaß beschränkten Scharte liegt.

1866 Karl **von Seebach** unterscheidet nach der Bauart und Entstehungsweise der Vulkane zweierlei Typen: geschichtete Vulkane, die durch explosive Entwicklung von Gasen und Dämpfen entstehen, wobei sich Aschen und Lapilli in Schichten anhäufen, und massige Vulkankuppen oder vulkanische Decken, die entstehen, wenn die glutflüssigen Massen ohne wesentliche Beteiligung von Gasen oder Dämpfen in die Höhe steigen.

— Nachdem Keates (s. 1856 N.) zuerst vorgeschlagen hatte, gepreßte Luft durch in Flammöfen geschmolzenen Kupferstein zu leiten, macht der russische Bergingenieur **Semennikow,** wie H. von Jossa in der „Berg- und Hüttenmänn. Zeitung" 1884 S. 484 berichtet, die ersten Versuche zum Bessemern des Kupfersteins, die vielversprechend ausfallen, aber von ihm nicht im großen nicht fortgesetzt werden.

— **Siemens** und **Halske** bauen fernzeigende Wasserstandsmesser, die mit Induktionswechselströmen betrieben werden. (Vgl. 1856 D.)

— **Sisson** und **White** in Hull stellen eine indirekt wirkende Dampframme her, bei welcher der Bär durch kontinuierlich immer in derselben Richtung bewegte Gelenkketten gehoben wird, so daß die Dampfmaschine während der Arbeit weder angehalten noch umgesteuert zu werden braucht. Diese Art von Rammen wird 1867 von Peter Eassie noch verbessert.

— Karl **Stahlschmidt** führt das als Nebenprodukt bei der Gewinnung des Zinkes erhaltene fein verteilte metallische Zink unter dem Namen Zinkstaub in die Technik ein.

— C. **Tessié du Motay** und **Maréchal** erfinden das Bleichen der Textilstoffe mit übermangansaurem Kali. Tessié du Motay empfiehlt zu gleichem Zwecke auch das Wasserstoffsuperoxyd, das aber erst nach langer Zeit Eingang findet, nachdem man gelernt hatte, dünne Lösungen zu verwenden und nur verdünnte Natronlauge zuzusetzen, da konzentrierte Lauge zu stürmisch wirkt, und dann die Bleichwirkung ausbleibt.

— Der Chirurg Henry **Thompson** in London vervollkommnet die Methoden der Steinoperation durch Einführung des Seitensteinschnitts.

— Benjamin Chew **Tilghman** in Philadelphia erfindet das Verfahren, Zellstoff mit schwefliger Säure und sauren schwefligsauren Salzen herzustellen, das jedoch erst durch Mitscherlich und Ekman (s. 1874 M.) zu technischer Vollkommenheit ausgebildet wird.

— Während die Geschosse der gezogenen Geschütze ihre Führung in den Zügen anfänglich dadurch erhalten hatten, daß der Geschoßkern entweder mit Weichblei umgossen oder mit einem aufgelöteten Hartbleiüberzug versehen war, führt der englische Fabrikant **Vavasseur** das Kupfer in der Form von Kupferringen und Kupferbändern als Führungsmittel ein. Die Kupferführung ist jetzt in den Artillerien allgemein im Gebrauch.

— Der **Verein deutscher Eisenbahnverwaltungen** führt statt des bis dahin allgemein gebräuchlichen, 1843 von Reifert angegebenen Zughakens, der an der ihm zunächst liegenden Pufferbohle befestigt wurde, die durchgehende Zugstange ein, bei der die beiden Zughaken eines Wagens durch eine Stange starr miteinander verbunden sind. An diese ist der Wagen in der Mitte durch eine Spiralfeder elastisch angehängt.

— P. H. **Watson** in Edinburg führt die erste Exstirpation des Kehlkopfes bei unheilbarer Krebserkrankung aus.

— Robert **Whitehead** versieht seinen Torpedo (s. 1864 W.) mit dem sogenannten Tiefenregulator, der den Torpedo während seines Laufes in einer bestimmten Tiefenlage unter der Wasserfläche hält, und den er späterhin durch Anbringung eines Kontrollpendels noch empfindlicher gestaltet. Zum Ausstoß für den Torpedo konstruiert er ein Unterwasserbreitseitrohr, das fest im Schiff eingebaut ist, so daß durch Steuern mit dem Schiff Ziel genommen werden muß.

1866 M. **Woronin** entdeckt, daß die Leguminosenknöllchen allseits geschlossene Zellen enthalten, die von lebenden Bakterien erfüllt sind.

— F. H. A. **Wüllner** stellt zuerst fest, daß Temperatur und Druck im Spektrum eines Körpers wesentliche Änderungen hervorbringen können, was 1868 von Franke, 1869 von Frankland und Lockyer und später von Lippich, Ciamician usw., bestätigt wird.

— Ferdinand **Zirkel** macht im Anschluß an die Sorby'schen Arbeiten (s. 1850 S.) mit Hilfe des Mikroskops grundlegende Untersuchungen an Mineralien und Gesteinen, insbesondere am Basalt.

— J. C. Friedrich **Zöllner** findet mit seinem Photometer, daß das Licht der Sonne etwa 56000 Millionen mal heller strahlt als dasjenige der Capella, welche etwa um 18 % von Wega, deren Lichtstärke als Einheit genommen wird, übertroffen wird. Die Wega leuchtet somit etwa 46000 Millionen mal schwächer als die Sonne. Der am stärksten leuchtende Stern Sirius leuchtet 11000 Millionen mal schwächer als die Sonne.

1867 August **Achard** konstruiert die erste durchlaufende elektrisch zu steuernde Eisenbahn-Zugbremse.

— John Couch **Adams** erkennt in der Veränderung der Bahn des alle 33 bis 34 Jahre wiederkehrenden Schwarms der Leoniden-Sternschnuppen den Einfluß der Anziehung des Jupiters auf die Bewegung dieser Meteorite.

— Anders Jonas **Ångström** beobachtet zuerst das Spektrum des Nordlichts, das 1900 von Adam Paulsen photographiert und dadurch der genauen Messung zugänglich gemacht wird.

— Anders Jonas **Ångström** wendet zuerst die Spektralanalyse wie auf das Nordlicht, so auch auf das Zodiakallicht an und findet, daß die helle Nordlichtlinie, die einer Wellenlänge von 0,0005567 mm entspricht, auch im Spektrum des Zodiakallichtes vorkommt. Dies weist auf den terrestrischen Ursprung des Lichtes hin, so daß Mairan's Ansicht über den Zusammenhang des Zodiakallichts mit dem Nordlicht (s. 1733 M.) wieder beachtet wird. Andrerseits wird, namentlich von Ebert darauf hingewiesen, daß bei Ångström's Befund auch diffuses Tageslicht mitgewirkt haben kann.

— Nachdem Friedrich August **Argelander** von 1852—1861 mit Schönfeld und Krüger die Durchmusterung des nördlichen Himmels ausgeführt und Ortsbestimmungen von allen Sternen bis zur 9. Größe in dem ,,Atlas des nördlichen gestirnten Himmels'' publiziert hatte, gibt er in seiner Publikation ,,Mittlere Oerter von 33811 Sternen'' die Ortsbestimmung von 33811 Sternen wieder.

— Adolf **von Baeyer** faßt den Unterschied zwischen Kondensation und Polymerie dahin auf, daß im ersteren Falle die Moleküle durch Kohlenstoffbindung, im letzteren dagegen durch Sauerstoff- oder Stickstoffbindung zusammentreten. Er weist darauf hin, daß für die Synthese nur die Kondensation von Bedeutung ist, und nennt als wichtige Beispiele die Bildung des Mesitylens aus Aceton (s. 1838 K. und 1866 F.) und die des Zimtaldehyds aus Bittermandelöl und Aldehyd bei Einwirkung von Salzsäure. (S. 1856 C.)

— **Bannister** und G. F. **Green** nehmen ein Patent auf das erste Preßluftstoßwerkzeug zur Herstellung der Blattgoldfüllung in Zähnen. Diese feinen Maschinen, die von Hyde (1869), Green (1869), Nichols (1875), Dennis (1877) u. a. verbessert werden, sind die Vorgänger der großen zuerst in Amerika ausgeführten Preßluftwerkzeuge. (S. 1868 J.)

1867 Der Orgelbauer **Barker** wendet zuerst den Elektromagnetismus zum Betrieb von Orgeln an.

— Edmond **Becquerel** gelingt es, auf einer Daguerre'schen Platte nicht nur die blauen und ultravioletten, sondern auch die roten und gelben Teile des Spektrums abzubilden und damit den Beweis zu liefern, daß auch diese Strahlen, wenn sie auch nicht direkt chemisch wirken, doch imstande sind, eine angefangene chemische Wirkung fortzuführen. (S. a. 1865 S.)

— George **Bedson** in Manchester erfindet ein kontinuierliches Drahtwalzwerk. Er ist der erste, der Metallstücke von 100 Pfund zu Draht verwalzt und bis 11 Tons im Tage erzeugt. Seine Walzen sind abwechselnd wagerecht und senkrecht gestellt, damit das Walzgut durch die abwechselnden Formen von Hoch- und Querkaliber in gerader Linie hindurchgeht.

— **Bernier** konstruiert eine Kettenwinde, die auf der Pariser Weltausstellung großes Aufsehen erregt und als Aufzugsmaschine für Bauzwecke in Frankreich viel angewendet wird.

— Marcelin **Berthelot** gelingt es, indem er Acetylen längere Zeit der dunklen Rotglut aussetzt, die ganze Reihe von Polymeren des Acetylens zu erhalten, so namentlich das Benzol, den Naphtalinwasserstoff und den Anthracenwasserstoff, aus welch letzteren beiden unter dem Einfluß der Hitze Naphtalin und Anthracen entstehen.

— Anton J. H. **von Bettendorf** sieht als erster, daß sich beim raschen Abkühlen von Arsendämpfen ein gelbes Pulver bildet, das sich nachher grau färbt. Er vermutet die Existenz einer neuen Modifikation des Arsens, nämlich „gelbes Arsen". (Vgl. 1867 H.)

— Der Abbé **Bourgeois**, Direktor des Collège de Pontleroy, behauptet zuerst an Feuersteinstücken aus den Süßwasserablagerungen des unteren Miocän von Thenay (Loire et Cher) Spuren menschlicher Bearbeitung gefunden zu haben. Ihm folgt 1880 C. Ribeiro, der in tertiären Schichten des Tajotals bei Otto auf solche Feuersteinfragmente stößt.

— **Brown Brothers** in London konstruieren einen Dampfkran, bei welchem sie das Flaschenzugprinzip der hydraulischen Krane auf den Dampfkran übertragen. Diese Konstruktion wird vorbildlich und fortan vielfach ausgeführt.

— **Brown** und **Sharpe** bilden die „allgemeine Fräsmaschine" aus und erhöhen ihre allgemeine Verwendungsfähigkeit durch zahlreiche Hilfseinrichtungen.

— Edmond **Carré** baut die erste größere Vakuumeismaschine (s. 1810 L.) für die Pariser Weltausstellung. Bei dieser Maschine wird als verdampfende Flüssigkeit Wasser, als Absorptionsflüssigkeit konzentrierte Schwefelsäure angewendet.

— Ernst **Carstanjen** untersucht das Thallium und stellt eine Anzahl neuer Verbindungen desselben, wie insbesondere die Schwefelverbindungen, die Selenide, das Cyanür, das Rhodanür, verschiedene Salze des Thalliumoxyduls und eine Anzahl Legierungen des Thalliums dar. Die Thalliumoxydsalze werden namentlich von Adolph Strecker, Willm und Rammelsberg bearbeitet.

— Frederick **Crace Calvert** in Manchester bringt die Carbolsäure als Desinfektionsmittel in den Handel.

— **Crespin** bildet für Paris zu Zwecken der Beförderung von Telegrammen in Röhren ein diskontinuierliches pneumatisches System aus, bei welchem der Luftdruck je nach der Schnelligkeit der Zugfolge in größeren oder geringeren Zeitabständen und nur während der Zugförderung wirkt. Ähnlich ist das v. Felbinger'sche System, das 1875 in Wien angewendet wird. (S. a. 1902 G.)

Darmstaedter. [42]

1867 Reiner **Daelen** konstruiert ein Bandagenwalzwerk mit drei Walzen und schwingender Lagerung der schräg zur Hauptachse gestellten Formwalze.

— Emile **Duployé** bearbeitet ein stenographisches System, welches auf den Grundsätzen der geometrischen Stenographie und der phonetischen Orthographie beruht und in Frankreich in neuerer Zeit weite Verbreitung gefunden hat. (Vgl. 1792 B.)

— James B. **Eads** erfindet den epicyklischen Flaschenzug zur Hebung und Senkung von Lasten bis zu 1000 kg; diesem Flaschenzug kommt außer der Selbsthemmung der Last ein günstiges Güteverhältnis zu, das sich in der Möglichkeit der Erreichung einer großen Kraftumsetzung ausdrückt. Ähnliche Flaschenzüge werden von Moore Head 1871 und von Henry Charry 1872 konstruiert.

— Adolf **Fick** in Würzburg bearbeitet die Muskelphysiologie vom thermodynamischen Standpunkt und zeigt gemeinsam mit **Wislicenus,** daß die Energie des Muskels nicht aus der Zersetzung von Eiweißstoffen, sondern von Kohlehydraten stammt.

— H. **Fischer** in Hannover führt den ersten unterläufigen Mahlgang mit balancierendem Oberstein aus.

— Max **Fleischer** studiert, angeregt durch die Auffindung eines Lagers von Coelestin in Schlesien, mit seinem Sohne Emil **Fleischer** das Bistrontiumsaccharat und dessen Bildung bei Siedehitze und erkennt, daß es bei Abkühlung in Krystalle von Strontianhydrat und eine strontianhaltige Zuckerlösung zerfällt. Er errichtet eine Versuchsanlage in Dresden und tritt 1870 mit Hermann Kücken, Direktor der Zuckerfabrik Hütensleben, und mit Hermann Reichardt und Eduard Krüger in Verbindung, die darauf die Zuckerfabrik Dessau begründen.

— Friedrich August **Flückiger** erweitert und vertieft die Pharmakognosie in physikalisch-chemischer und historisch-geographischer Richtung.

— Elias **Fries** beschreibt und zeichnet eine Fülle höherer Pilze in seinen „Icones selectae Hymenomycetum" und fördert dadurch die Kenntnis der Pilzformen.

— Axel **Gadolin** gelangt auf rein geometrischem Wege zur Aufstellung von 32 krystallinischen Gruppen, die er in sechs Klassen einteilt, und die mit den Gruppen übereinstimmen, auf welche auch schon die empirische Einteilung von Naumann (s. 1830 N.) hingeführt hatte. (S. a. 1830 H.)

— **Garnier** entdeckt in Neu-Kaledonien reiche Fundstätten von reinen wasserhaltigen Nickelmagnesiasilikaten (Garnierit), wodurch die Nickelindustrie einen neuen Aufschwung erhält.

— K. **Graebe** und O. **Born** erhalten durch Addition von Wasserstoff zu Phtalsäure die Hydrophtalsäure, die nach Adolf von Baeyer als ein Gemisch von Dihydrosäure und Tetrahydrosäure anzusehen ist.

— Der Koch **Grüneberg** in Berlin stellt aus einer Mischung, die im wesentlichen aus Erbsmehl, Zwiebeln, Salz und anderen Gewürzen besteht und in darmartige Hülsen von Pergamentpapier gefüllt wird, ein Nährpräparat her, das mit dem Namen Erbswurst belegt wird und sich im deutschfranzösischen Kriege zur Verpflegung der Truppen bewährt.

— Cato Maximilian **Guldberg** und Peter **Waage** entreißen die Berthollet'schen Arbeiten (s. 1801 B.) der Vergessenheit, wenden die mathematische Analyse auf die Reaktionsgeschwindigkeiten und Gleichgewichtsverhältnisse bei chemischen Vorgängen an, und begründen auf diese Weise das Guldberg-Waage'sche Massenwirkungsgesetz.

— Hermann **von Helmholtz** erweitert in seiner „Physiologischen Optik" den Young'schen Gedanken (s. 1807 Y.) der Zurückführung des Farbensystems auf drei Grundfarben dahin, daß die Verschiedenheit der Farbenempfindungen davon herrührt, daß durch die den drei Grundfarben entsprechenden Lichtarten drei verschiedene Arten der Erregung in den Nervenfasern des Auges hervorgerufen werden.

1867 Johann Wilhelm **Hittorf** prüft die Arbeiten von Berzelius über Arsenmodifikationen nach (vgl. 1844 B.) und stellt durch Beobachtung der verschiedenen spezifischen Gewichte unumstößlich fest, daß es neben dem gewöhnlichen grauen Arsen (vgl. 1675 L.) noch schwarzes Arsen gibt, das er als ,,amorphes metallisches" Arsen beschreibt. (Vgl. 1867 B. und 1893 R.)

— **Hochstetter & Co.** in Floridsdorf bei Wien wenden zuerst die Rückstände der Blutlaugensalzfabrikation (Blutkohle) in Pulverform zum Entfärben von Paraffin an.

— August Wilhelm **von Hofmann** erhält bei Behandlung von Methylamin mit alkoholischer Kalilauge und Chloroform das Isocyanmethyl, den ersten Repräsentanten der Isonitrile, oder wie Armand Gautier, der den Körper fast gleichzeitig aus Cyansilber und Jodmethyl darstellt, sie nennt, der ,,Carbylamine". Diese Körper sind den Nitrilen isomer, und es erscheint in ihnen, wenn der Stickstoff dreiwertig angenommen wird, der Kohlenstoff zweiatomig oder ungesättigt.

— August Wilhelm **von Hofmann** entdeckt den Formaldehyd, indem er einen mit Holzgeistdämpfen beladenen Luftstrom über eine glühende Platinspirale leitet.

— **Huber** erhält durch Oxydation des Nicotins eine Säure, die er 1870 als Pyridincarbonsäure erkennt, und die den Zusammenhang dieses Alkaloids mit dem Pyridin ebenso zu erkennen gibt, wie die Darstellung des Chinolins durch Gerhardt (s. 1842 G.) den Zusammenhang des Chinins, Cinchonins und Strychnins mit dem Chinolin beweist. Auch das Piperidin hängt nach Hofmann (1879), Königs (1879), Ladenburg (1884) u. a. mit dem Pyridin zusammen, und ebenso sind von Vongerichten 1883 aus dem Narcotin, von Ladenburg 1885 aus dem Atropin und von Hofmann 1884 aus dem Coniin Pyridinabkömmlinge erhalten worden.

— Der Fabrikant Friedrich **Kaiser** in Iserlohn erfindet eine selbsttätige Stanz- und Lochmaschine für Nähnadeln.

— A. **Kekulé,** A. **Wurtz** und H. **Dusart** stellen gleichzeitig die Carbolsäure auf synthetischem Wege durch Schmelzen von benzolsulfosaurem Kali mit Kalihydrat her.

— Wilhelm **Körnlein** in Nürnberg baut zuerst Mehrfach-Drahtziehmaschinen, bei denen der Draht auf einer Maschine in demselben Arbeitsgange hintereinander durch mehrere Zieheisen gezogen wird.

— Heinrich **Krigar** und F. **Eichhorn** in Hannover erhalten ein englisches Patent auf einen Kupolofen (Schmelzofen) mit Windvorwärmung und Vorherd.

— Alfred **Krupp** in Essen fertigt für die internationale Weltausstellung in Paris einen 1000-Pfünder als Gußstahlhinterlader von 36 cm Seelenweite, 50 000 kg Rohrgewicht, 480 kg Geschoßgewicht und 75 kg Pulverladung. Der Weltruf der Krupp'schen Fabrik wird durch dieses Ausstellungsobjekt erheblich vermehrt. (S. auch 1893 K.)

— Willy **Kühne** lehrt die Reindarstellung der Fermente.

— Adolph **Kußmaul** lenkt bei Gelegenheit seiner Publikation über die Behandlung der Magenerweiterung die Aufmerksamkeit der Ärzte auf die in Vergessenheit geratene Magenpumpe. (S. 1822 B. und 1829 A.)

— Der Kapitän Charles **Liernur** führt das pneumatische Abfuhrsystem ein, das bezweckt, die Fäkalstoffe durch Luftdruck in eisernen, unter der Erde liegenden Röhren abzuführen. Die Idee, die Pumparbeit zur Entfernung der Fäkalien durch eine Zentralstation besorgen zu lassen, die Liernur's System zugrunde liegt, war zuerst von Chapurot in Turin (1846) aus-

42*

gesprochen worden. Auf ähnlichem Prinzip wie das Liernur'sche System beruhen die Systeme von Isaac Shone, Mertens, Breyer u. a.

1867 **Lindenborn** stellt zuerst den Farbstoff des Petersilienkrautes „Apigenin" dar, der von Vongerichten (1876) näher untersucht und 1895 von Kostanecki (s. 1895 K.) synthetisch dargestellt wird.

— Joseph **Lister** führt unter dem Namen „Catgut" Unterbindungsfäden aus Darmsaiten ein. Diese Fäden haben gegenüber den früher meist benutzten Seidenfäden den großen Vorteil, daß sie sich nach einiger Zeit vollständig in den Körpersäften auflösen und nicht erst künstlich entfernt zu werden brauchen.

— Joseph **Lister** begründet, gestützt auf die Lehre Pasteur's von der Panspermie, d. h. der Allgegenwart von Keimen in der Luft (s. 1860 P.), die Notwendigkeit der antiseptischen Blutstillung und Wundbehandlung. Er bildet deren Technik auf das Sorgfältigste aus, indem er die Instrumente, die Hände des Operateurs, die Haut des zu Operierenden durch keimtötende Chemikalien von anhaftenden Keimen befreit, die Luft durch Carbolsäure desinfiziert und die Wunde nach der Operation durch luftdichte Verbände abschließt. Auch für die Behandlung der Verbrennungen führt das antiseptische Prinzip einen wesentlichen Fortschritt herbei. (Die Luftdesinfektion durch Carbolspray und der luftdichte Abschluß der Wunden durch Öltaffet werden späterhin als überflüssig erwiesen und kommen wieder in Wegfall.

— Karl August **Lossen** arbeitet über die Lehre von der die Gesteine umgestaltenden Kraft des Druckes, dem Druck- oder Regionalmetamorphismus, der neben dem Kontaktmetamorphismus von der modernen Gesteinslehre zur Erklärung der Gesteinsbildung herangezogen wird.

— **Ludwig** und **von Bezold** vervollständigen die Kenntnis der äußeren Innervation des Herzens (s. 1844 R. und 1846 W.) durch den Nachweis der Beschleunigungsnerven.

— Fritz W. **Lürmann** führt für den Hochofen die nach ihm genannte Schlackenform ein, durch die es ermöglicht wird, den vorderen Teil des Gestells (die Brust des Hochofens) vollständig zu schließen. Nur unterhalb der Windformen bleibt eine kleine Öffnung zum Schlackenabfluß, die zum Schutz des Mauerwerks mit einer gekühlten Bronzeröhre ausgefüttert wird, und noch darunter eine Öffnung zum zeitweiligen Ablassen des flüssigen Roheisens.

— **Madison** versieht zuerst das Fahrrad mit Drahtspeichen, und zwar mit Radialspeichen, die von 1883 ab durch die zuerst von Renard angewandten Tangentialspeichen fast ganz verdrängt werden.

— **Mégy, de Echeverria** und **Bazin** konstruieren eine Winde mit Nußtrommel und eigentümlicher Bremsanordnung, die in Frankreich viel gebraucht wird und später auch beim Bau der großen Oper in Paris Anwendung findet. Diese Bremsanordnung gibt den Anlaß zur Entstehung einer großen Reihe von sogenannten Sicherheitskurbeln.

— Johann Heinrich **Meidinger** stellt in den Jahren 1867—70 umfassende Untersuchungenüber Eisschränke und namentlich über die Wärmeleitungsfähigkeit derjenigen Stoffe an, mit denen die Doppelwände der Eisschränke ausgefüllt werden, und findet am günstigsten feingezupfte Haare, Wolle, Spreu und Häcksel. Zwischen den Doppelwänden nur Luft zu lassen, ist durchaus unzweckmäßig. Auch schlägt er die auf dem gleichen Prinzip beruhende Kochkiste vor.

— Der Ingenieur Albrecht **Meydenbauer** wendet die von Laussedat (s. d. 1864) erfundene, jedoch von ihm selbständig ausgebildete Photogrammetrie (Photographometrie) auf die Architektur an. Meydenbauer's Verfahren

(„Meßbildverfahren") macht das umständliche und mit Gefahren verbundene Aufmessen ausgedehnter, schwer zugänglicher Baulichkeiten (Außenfassaden von Kirchen, Burgen u. dgl.) entbehrlich.

1867 Georg Hermann **von Meyer** erkennt die Gesetzmäßigkeit in dem Verlauf der feinen Stäbchen, Plättchen oder Bälkchen des Knochens (Architektur der Spongiosa) und führt den Nachweis, daß dieselben Regeln, durch welche das Gleichgewicht eines Systems starrer Körper bedingt wird, auch für den statischen Aufbau der menschlichen Knochen gültig sind. (S. 1805 L. und 1864 C.)

— José **Monier** nimmt ein Patent auf die Herstellung von Blumenkübeln aus Zementmörtel, in welchen Eisennetzwerk eingebettet ist. (Eisenbeton — vgl. 1855 L.) Zusatzpatente von 1868, 1873 und 1875 beziehen sich auf Herstellung von Brücken, Treppen und Eisenbahnschwellen in dieser neuen Bauweise, die später den Namen „Monierbau" erhält und namentlich von Hennebique (s. 1895 H.) weiter ausgestaltet wird.

— Alfred **Nobel** entdeckt das außerordentliche Absorptionsvermögen der Infusorienerde für Nitroglycerin und erfindet darauf gestützt das Dynamit, eine mit 75 Prozent Nitroglycerin durchtränkte Infusorienerde. Das Dynamit ist gegen Stoß und Schlag viel weniger empfindlich als Nitroglycerin und läßt sich leicht zu Patronen formen.

— Der Ingenieur W. **von Nördling** führt die nach ihm benannte Übergangskurve zur Erleichterung des Einlaufens von Eisenbahnfahrzeugen in Krümmungen ein.

— Nicolaus **Otto** und Eugen **Langen** erfinden eine atmosphärische Gaskraftmaschine, bei der die Explosionswirkung nur indirekt zur Arbeitsleistung benutzt wird. (S. a. 1854 B.)

— E. **Pelouze** kommt auf den Vorschlag von Krafft (s. 1855 K.) zurück und verarbeitet die gebrauchte Laming'sche Gasreinigungsmasse auf Berlinerblau und andere Cyanverbindungen. Ungefähr gleichzeitig wird diese Fabrikation von **Kunheim & Co.** in Berlin aufgenommen.

— Der Berliner Fabrikant Julius **Pintsch** erfindet eine Vorrichtung zur Regelung des Gasdruckes in Lampen, die es möglich macht, Eisenbahnzüge mit Ölgas zu beleuchten.

— Die **Porzellanmanufaktur zu Sèvres** führt für große sphäroidische Gegenstände ein neues Gußverfahren ein, bei welchem die Form mit einem Gefäß von Eisenblech umgeben und die äußere Luft mittels eines pneumatischen Apparates verdünnt wird. Mit dieser Methode gelingt es selbst größere Gegenstände aus Pâte tendre zu gießen, deren Formung sonst wegen geringer Elastizität der Masse Schwierigkeiten macht. (Vgl. auch 1834 A.)

— **Rae** nimmt ein Patent auf die Verwendung von Cyankalium und kohlensaurem Ammoniak zur Extraktion von Golderzen und wird damit der Vorläufer des Mac-Arthur-Forrest-Prozesses. (S. a. 1805 H. u. 1887 F.)

— Der französische Oberst A. **de Reffye,** Direktor der kaiserlichen Werkstätten zu Meudon, konstruiert die Mitrailleuse (Canon à balles), welche im Feldzug 1870/71 auf französischer Seite — jedoch ohne den gehofften Erfolg — verwendet wird. Das Geschützrohr besteht aus 25 in einer Bronzehülle vereinigten Gewehrläufen von 13 mm Seelenweite; Geschoßgewicht 50 g, Pulverladung 12 g. Das Laden erfolgt durch Einsetzen einer 25 fach durchlochten, mit 25 Patronen gefüllten Ladeplatte. Feuergeschwindigkeit 3—5 Platten, d. i. 75—125 Schuß in der Minute.

— A. **de Reffye** konstruiert eine Hinterladekanone, welche als „Canon de sept" (nämlich „Kilo") noch während des Feldzugs 1870/71 das System La Hitte (s. 1856 L.) zum Teil ersetzt. Bei diesen Kanonen ist der zuerst von dem Amerikaner Eastman angegebene Schraubenverschluß angewendet, der auch bei einigen Geschützarten der deutschen Artillerie, z. B. bei der 21 cm-Turmhaubitze, Verwendung gefunden hat.

1867 Eduard **Reusch** untersucht die Reflexion und Brechung des Lichtes an sphärischen Flächen (s. 1828 H.) unter Voraussetzung endlicher Einfallswinkel.

— **Rigollot** in Paris führt zuerst das Senfpapier ein, das bald große Verbreitung findet.

— **Root** in Connersville (Amerika) konstruiert sein unter dem Namen ,,Roots blower'' weit verbreitetes Kapselgebläse mit zwei Drehachsen. Dasselbe wird 1883 von J. W. Melling, 1888 von Samuelson & Co. und seitdem vielfach umkonstruiert und verbessert. (S. a. 1650 P.)

— **Root** konstruiert nach dem Vorbilde seines Blowers (s. vorstehenden Artikel) eine Rotationspumpe mit zwei Drehachsen.

— Francesco **Rossetti** stellt durch exakte Versuche, bei denen er sich eines von ihm erfundenen Dilatometers (Ausdehnungsmessers) bedient, fest, daß, wie schon Despretz 1839 behauptet hatte, das Meerwasser ein Maximum der Dichte bei annähernd konstanter Temperatur besitzt. Bei ruhigem Wasser schwankt dieses Dichtigkeitsmaximum zwischen -3 und -4^0, bei bewegtem Wasser rückt es, wie Wyville Thomson konstatiert, bis $-2{,}55^0$ hinauf.

— Carl **Scheibler** stellt durch Kochen von (aus Rübenmark erhaltener) Metapectinsäure mit Schwefelsäure die Arabinose her. Es ist dies die erste Zuckerart mit fünf Kohlenstoffatomen (Pentose). Die Pentose wird 1887 von Stone und Tollens aus dem in den Biertrebern enthaltenen Pentosan dargestellt.

— Giovanni Virginio **Schiaparelli** stellt den Satz auf, daß Kometen verdichtete Meteorschwärme und die Ansammlungen von Meteoriten aufgelöste Kometen sind, und erweitert so den 1837 von Morstadt (s. d.) geäußerten Gedanken.

— **Schiendl** entdeckt das Magdalarot oder Naphtalinrot, das er durch Einwirkung von Amidoazonaphtalin auf a Naphtylamin und Eisessig bei 150^0 erhält, und das nach seiner Entstehungsweise zu den Safraninen der Naphtalinreihe gehört.

— **Schülke** verbessert die trockne Gasuhr, indem er statt des Leders zur Herstellung der Bälge ein Gewebe anwendet, das er durch Niederschlag von gerbsaurem Leim gasdicht macht, und das seine Dichtigkeit und Elastizität nicht verliert, wie dies bei den Lederbälgen der Fall ist.

— Von wem die Zinkstaubküpe in die Technik der Indigofärberei eingeführt worden ist, ist nicht zu ermitteln; doch scheint aus ihrer Erwähnung durch Paul **Schützenberger** hervorzugehen, daß sie sehr bald nach Stahlschmidt's Entdeckung des Zinkstaubs (s. 1866 S.) angewendet worden ist.

— C. Latham **Sholes**, Samuel W. **Soulé** und Carlos **Glidden** benutzen die von Alfred Beach 1855 erfundenen Typenstangen, die sie im Kreise ordnen, und die von John Pratt in der Pterotype-Maschine (1867) verwirklichten Ideen zur Konstruktion einer Schreibmaschine, deren Fabrikation von 1873 ab bei E. **Remington & Sons** in Ilion erfolgreich durchgeführt wird (Remington-Typewriter).

— Werner **von Siemens** erfindet einen Alkoholmeßapparat, der fortlaufend und selbsttätig die Menge des in dem durchströmenden Spiritus enthaltenen absoluten Alkohols registriert. Der Apparat arbeitet ebenso genau, als es durch die zuverlässigsten Meßverfahren möglich ist.

— Werner **von Siemens** entdeckt das Dynamoprinzip, wonach Strom und Magnetismus sich bis zu einem durch die Masse, Form und die magnetischen Eigenschaften des Magnetgestells bedingten Maximum gegenseitig verstärken und konstruiert, hierauf gestützt, seine dynamoelektrische Maschine, bei welcher er den Doppelt-**T**-Anker (vgl. 1856 S.) verwendet. Nur 14 Tage später veröffentlicht auch Charles Wheatstone das Dynamoprinzip.

1867 Werner **von Siemens** gibt einen Minenzünder an, der aus einer kleinen Dynamomaschine besteht, deren Anker durch eine kräftige, mit Handgriff aufzuziehende Feder angetrieben wird. Der Zünder, der später wesentlich verbessert wird, dient zur Entzündung von Glühzündpatronen, und wird besonders da gebraucht, wo es sich um eine größere Anzahl gleichzeitig zu zündender Patronen handelt.

— William **Siemens** schlägt zuerst [vor, die Vergasung der Steinkohlen unmittelbar in den Kohlengruben vorzunehmen [und von den dort zu errichtenden Leuchtgaszentralen das Gas durch ein Rohrnetz nach den entfernten Verbrauchsstellen zu leiten.

— M. **Sorel** [stellt unter Benutzung der Sainte-Claire-Deville'schen Beobachtungen (vgl. 1866 S.) durch Anrühren von gebrannter Magnesia mit Chlormagnesium in ähnlicher Weise wie seinen Chlorzinkzement (s. 1856 S.)[einen Magnesiazement her, dem man, ohne ihn in seiner Haltbarkeit zu beeinträchtigen, bis 20% Sand, Kalkstein oder ähnliche Stoffe beifügen kann. Reinhardt benutzt dieses Verfahren zur Herstellung von [Schleifsteinen, Mühlsteinen, künstlichem Marmor usw. Der Magnesiazement wird später vielfach zum Abdämmen und Absperren von Laugeneinbrüchen, speziell beim Kalibergbau angewendet.

— Die Gebrüder **Sulzer** in Winterthur führen auf der Pariser Weltausstellung die nach ihnen genannte Steuerung für Dampfmaschinen vor, bei welcher als Steuerungsorgan sogenannte Doppelsitzventile angewandt werden. Diese Steuerung wird 1873 und 1878 noch wesentlich verbessert. Bei ihrer Ausgestaltung ist namentlich der erste Konstrukteur der Firma, Charles Brown, tätig.

— C. **Tessié du Motay** erfindet auf Grund der von Poitevin (s. 1855 P.) entdeckten Eigenschaft der belichteten Leimchromatschicht, fette Schwärze anzunehmen, den Lichtdruck (Photolithographie).

— C. **Tessié du Motay** bringt Zirkonstifte im Knallgasgebläse zum Glühen und erleuchtet mit diesem „Zirkonlicht" oder „Hydrooxygenlicht" genannten Lichte die Plätze vor dem Hotel de Ville und den Tuilerien in Paris. (S. a. 1872 C.)

— Karl **von Than** erhält beim Durchleiten eines Gemenges von Schwefeldampf und Kohlenoxyd durch glühende Röhren das Kohlenoxysulfid als farbloses Gas.

— Der amerikanische Elektrotechniker Elihu **Thomson** wendet zuerst den elektrischen Strom zum Schweißen von Eisen an, indem er von der Erhitzung eines Leiters an den Stellen, wo er erhöhten Widerstand findet, Gebrauch macht. Er arbeitet mit hochgespannten Wechselströmen, die auf 1—4 Volt transformiert werden, und dann mehrere Tausend Ampere nutzbar machen lassen, und Temperaturen von 2000° und darüber erzeugen.

— William **Thomson** (Lord Kelvin) erfindet den Hebelschreiber — Siphonrecorder —, der für den Betrieb langer unterseeischer Kabelleitungen Verbreitung findet. Der Apparat wird später namentlich durch Muirhead verbessert.

— William **Thomson** (Lord Kelvin) erfindet das Quadrantenelektrometer, das nach Art der Torsionswage gebaut ist, und mit dem man auch geringe Elektrizitätsmengen messen kann, während das Sinuselektrometer von Kohlrausch (s. 1853 K.) nur stärkere Spannungen angibt.

— Ludwig **Traube** macht Untersuchungen über die Veränderungen des Lungenparenchyms nach Durchschneidung der Nervus vagus, über die Fiebervorgänge, welche er durch eine direkt oder reflektorisch erregte tetanische Kontraktion der kleinen Arterien zu erklären sucht, und über den Zusammenhang zwischen Herz- und Nierenkrankheiten. Er weist nachdrücklich auf die Notwendigkeit der Temperaturmessung bei Fieberkranken hin.

1867 Moritz **Traube** gelingt es, sogenannte Niederschlagsmembranen herzustellen, die wohl das Wasser, aber nicht die gelösten Substanzen durchlassen. Solche Membranen erhält er aus Leim und Gerbsäure.

— John **Tyndall** zeigt, daß die Durchlässigkeit der Luft für dunkle Wärmestrahlen von der Beimischung sehr kleiner Mengen verschiedenartiger Dämpfe abhängt. Er weist nach, daß der Wasserdampf, in den gewöhnlich in der Atmosphäre vorkommenden Mengen einem Gemenge von Stickstoff und Sauerstoff beigemischt, die siebzigfache Absorptionsfähigkeit für dunkle Wärmestrahlen zeigen kann, als das Gemenge von Stickstoff und Sauerstoff für sich. Aus diesen Beobachtungen erklärt sich die seit alter Zeit bekannte Tatsache, daß man Pflanzen durch Rauchentwicklung gegen Frost schützen kann. (S. 1580 und 1757 H.)

— Eugen **Velten** überträgt das von Pasteur (s. 1865 P.) angegebene Verfahren der Konservierung des Weines durch Erwärmen auf 45—50° (Pasteurisieren) auf das Bier.

— Ulrich Friedrich **Vettin** veranschaulicht auf experimentellem Wege die Luftbewegungen unter dem Einfluß von Temperaturunterschieden und Bewegungsimpulsen. Er läßt in ein parallelepipedisches von Glaswänden umschlossenes Gefäß Tabakrauch ein und erhält durch Erwärmen des Bodens den aufsteigenden Luftstrom, den aspirierten Unterstrom, die horizontale Gegenströmung an der Decke und den absteigenden Kompensationsstrom, der sich noch deutlicher darstellt, wenn eine zweite Stelle des Bodens gekühlt wird. Wird der Glaskasten auf eine Rotationsmaschine gestellt, so erhält man auch die Ablenkungserscheinungen.

— **Vierthaler** findet zuerst Ammoniak im Meerwasser und konstatiert einen Gehalt desselben von 0,0000138%, was gegenüber den Meteorwässern einen Mehrgehalt bedeutet.

— Jean Antoine **Villemin** erbringt durch Überimpfen von Tuberkeln den unumstößlichen Beweis der Übertragbarkeit der Tuberkulose. Auch durch Überimpfen verkäster Massen aus skrofulösen Drüsentumoren erhält er dasselbe Ergebnis.

— H. **Vohl** macht in seiner Arbeit „Abscheidung und Benutzung der Fette aus den Seifenwässern der Tuch- und Wollwarenfabriken" auf die technische Bedeutung des Wollfetts aufmerksam.

— Der Apotheker **Wagner** führt das 1861 von Graham durch Dialyse dargestellte Ferrum hydrooxydatum dialysatum in den Arzneischatz ein.

— Nachdem schon 1855 Dunlop und Balmain und 1863 Binks und Macqueen die Wiedergewinnung des Mangans aus den sauren Manganbrühen der Chlorfabrikation angestrebt hatten, entdeckt Walter **Weldon** zwei verschiedene Methoden zur Regeneration der Manganoxyde, von denen die hauptsächliche darauf beruht, Manganchlorür durch überschüssigen Kalk unter Einblasen von Luft zu zersetzen, während die andere statt des Kalkes Magnesia verwendet. Das regenerierte Mangansuperoxyd wird sofort wieder zur Darstellung von Chlor und Chlorkalk benutzt.

— Charles **Wheatstone** gibt einen Telegraphen-Apparat an, bei welchem die Zeichen mittels eines vorher gelochten Papierstreifens gegeben werden, so daß sie schneller aufeinander folgen und die Leitung besser ausgenutzt wird.

— Henry **Wilde** konstruiert eine Wechselstrommaschine, in welcher die permanenten Magnete durch Elektromagnete ersetzt sind. (S. 1845 W.) Zwischen zwei Reihen von Elektromagneten von entgegengesetzter Polarität rotieren eine gleiche Anzahl Armaturspulen mit Eisenkern. Eine ganz ähnliche Maschine mit rotierendem Scheibenanker wird 1878 von Siemens u. Halske gebaut.

1867 Henry **Willis** erfindet die Röhrenpneumatik der Orgel, durch welche bewirkt wird, daß nunmehr zum Niederdrücken der Tasten keine größere Kraftanstrengung erforderlich ist als beim Klavierspiel. (Vgl. 1832 B.)

— Adolphe **Wurtz** stellt Cholin synthetisch durch Erhitzen von Trimethylamin mit Glykolchlorhydrin und durch Stehenlassen von Trimethylamin und Äthylenoxyd in wässeriger Lösung synthetisch dar und erweist dasselbe als Trimethyloxyäthylammoniumhydroxyd.

1868 **Abendroth** und **Root** bauen einen unter dem Namen „Rootkessel" bekannten Wasserrohrkessel, der durch Schlammsammler mit Einsteckkopf und flachen, eckigen Verbindungskappen und Gummidichtung gekennzeichnet ist. Die Schlammsammler werden später mit angeschlossenen Anschluß-kammern und alle Rohre mit unter sich gleichen Köpfen und bogen-förmigen Verbindungskappen ausgeführt.

— Anders Jonas **Ångström** liefert eine Zeichnung des Sonnenspektrums nach Wellenlängen, welche für lange Zeit als Fundament für spektroskopische Messungen gilt. (Vgl. auch 1866 Å. und 1891 R.)

— Nachdem der ersten Dampfwalze von Lemoine (s. 1859 L.) eine größere Anzahl Konstruktionen, wie von Ballaison, Gellerat u. a. gefolgt waren, wird ein durchschlagender Erfolg von **Aveling** und **Porter** in Rochester erzielt, die bei Konstruktion ihrer Dampfwalze von dem Gedanken ausgehen, daß zwischen einer Dampfwalze und einer Straßenlokomotive eine enge Verwandtschaft besteht, und jede Straßenlokomotive sich ohne weiteres in eine Dampfwalze verwandelt, sobald ihre Räder durch breite und schwere Walzzylinder ersetzt werden.

— Adolf **von Baeyer** erhält, wie aus dem Oxindol (s. 1866 B.), so direkt aus dem Indigo durch Destillation mit Zinkstaub das Indol.

— Arthur **Barbarin** in New Orleans konstruiert einen Gaszündapparat, welcher sich nicht bewährt, weil das dazu verwendete Platinmohr nach kurzem Gebrauche zusammensintert und nicht mehr zündet.

— Der italienische Mathematiker Eugenio **Beltrami** versucht (im „Giornale di Matematiche") die nichteuklidische Geometrie (s. 1826 L.) durch die „Pseudosphäre", eine sich ins Unendliche erstreckende Fläche mit konstanter negativer Krümmung, anschaulich zu machen. Durch die in einem Modell ausgeführte Pseudosphäre läßt sich versinnlichen, daß die Winkelsumme eines von drei kürzesten Linien gebildeten Dreiecks — im Sinne der nichteuklidischen Geometrie — kleiner als 180^0 ist.

— Ernst **von Bergmann** und Oswald **Schmiedeberg** weisen nach, daß bei den chirurgischen Infektionskrankheiten neben der Infektion auch eine Intoxikation (Blutvergiftung) auf chemischem Wege zustande kommt. Sie stellen das Gift zuerst in krystallisiertem, wenn auch noch nicht reinem Zustande her und bezeichnen es mit dem Namen „Sepsin". (S. a. 1856 P.)

— Marcelin **Berthelot** führt das Acetylen durch Behandlung mit Kaliumpermanganat in Oxalsäure über und bewirkt so, zusammen mit seiner Acetylen-Synthese (s. 1863 B.), die Totalsynthese dieser Säure aus den Elementen.

— V. J. **Boussinesq** zieht zur Erklärung der Dispersion die Wechselwirkung zwischen dem Äther und den Körpermolekülen heran und schafft so die Grundlage für alle späteren Dispersionstheorien (Sellmeier, Helmholtz).

— Rudolf **Brenner** führt den Stromwender in die Elektrodiagnostik ein, um die Reaktionen bei entgegengesetzten Stromrichtungen rascher feststellen zu können.

1868 O. **Brown**, Chemiker des englischen Kriegsdepartements, wendet die Initialzündung, durch welche die Sprengstoffe zur vollen Detonation gelangen
(s. 1863 N.), auf die Schießbaumwolle an. Es gelingt ihm, selbst nasse
Schießbaumwolle bei Anwesenheit einer kleinen Menge trockener Schieß-
wolle zur Detonation zu bringen.

— Der Engländer **Cotton** erbaut den nach ihm benannten Cottonkulierstuhl,
der die leisungsfähigste Maschine für Massenerzeugung von Strümpfen und
andern Gebrauchsartikeln darstellt. Auf diesem Stuhl können 20—24 Strümpfe
gleichzeitig gefertigt werden, bei 70—80 Maschenreihen in der Minute.
Bei ihm besteht gegen die früheren Kulierstühle der prinzipielle Unterschied, daß die Nadelbarre nicht mehr horizontal, sondern vertikal ist.

— A. **Crum Brown** und Thomas R. **Fraser** untersuchen, um die Beziehungen
zwischen chemischer Konstitution und physiologischer Wirkung zu finden,
die Alkaloide durch Operationen, die gleichzeitig an den verschiedensten
Alkaloiden vorgenommen werden. Sie finden, daß die physiologische
Wirksamkeit mit der chemischen Kondensation zusammenhängt, mit
welchem Ausdruck sie die Fähigkeit, Additionen einzugehen, bezeichnen.
In den meisten Fällen wird durch die Addition die Aktivität verringert
oder gar vernichtet.

— Der russische Reisende Alexander **Czekanowski** wird nach Sibirien verbannt
und erforscht bis zu seiner 1876 erfolgenden Begnadigung die Gebiete der
Tunguska, des Olenek und der Lena.

— Charles Robert **Darwin** veröffentlicht sein Buch „Über das Variieren der
Tiere und Pflanzen", in welchem er seine Schlüsse über die Veränderlichkeit der Lebensformen, gestützt auf ein ungeheures Material begründet.

— Henry **Deacon** kombiniert zur Chlordarstellung die Ideen von Oxland (s.
1845 O.) und Vogel (s. 1855 V.). Er leitet mit Luft gemengtes Salzsäuregas bei 400—460⁰ über poröse mit Kupfervitriol und Natriumsulfat ge-
tränkte und ausgeglühte Tonbrocken. Das aus dem Apparat austretende
Gas, ein Gemisch von Stickstoff, wenig Sauerstoff und Chlor wird gekühlt
und durch Waschen von unzersetzter Salzsäure befreit. Eine geringe
Menge Kupfervitriol kann eine große Menge Salzsäuregas zersetzen. Das
Verfahren wird insbesondere für die Chlorkalkfabrikation wichtig.

— Henry **Debray** zeigt, daß der von H. Rose 1852 in salpetersaurer Lösung
von molybdänsaurem Ammoniak mit Arsensäure erhaltene gelbe Niederschlag durchaus dem Phosphordekamolybdat (vgl. 1848 S.) entspricht und
scheidet aus dem Salze die Arsendekamolybdänsäure ab.

— **Dietz, Walter** und **Lossau** bauen für mehrere holsteinische Eisenbahnstrecken
elektrische Läutewerke, welche zugleich als optische Bahnzustandssignale
eingerichtet sind.

— Edmund **Drechsel** stellt synthetisch Oxalsäure durch Reduktion von Kohlensäure dar, indem er Kohlendioxyd bei 376⁰ C. über Natrium leitet.

— **Erlenmeyer** und **Gütschow** finden, daß ameisensaures Natrium beim Erhitzen
in oxalsaures Natrium und Wasserstoff zerfällt. Merz und Weith gründen
(1880) hierauf eine synthetische Methode, Oxalsäure herzustellen, indem
sie Kohlenoxyd über Natron-Kalk leiten, der auf 200 bis 220⁰ C. erhitzt
ist, wobei dann das zuerst entstehende ameisensaure Salz in oxalsaures
Natrium umgewandelt wird.

— Emil **Erlenmeyer** stellt Guanidin synthetisch aus Ammoniak und Cyanamid
dar; gleichzeitig und unabhängig von ihm stellt A. W. **von Hofmann** das
Guanidin aus Chlorpikrin mit alkoholischem Ammoniak dar.

— Max **Evrard** konstruiert eine Steinkohlen-Brikett-Preßmaschine mit offenen
Formen, die kontinuierlich wirkt, indem ein Strang zusammengepreßter
Brikettmasse ohne Unterbrechung austritt.

1868 Sigmund **Exner** bezeichnet die Zeit zwischen einem Sinneseindruck und der Reaktion auf denselben, entweder roh oder nach Abzug der sensiblen und motorischen Nervenleitungszeit und der Latenzzeit des Muskels, als Reaktionszeit. Er macht Vorschläge zur Messung dieser Zeit, die teils auf Übertragung der astronomischen Registriermethoden, teils auf Verwendung von Chronoskopen beruhen.

— Der französische Mediziner Sulpice Antoine **Fauvel** veranlaßt auf Grund seiner Untersuchungen über Pest, Cholera und Typhus den Erlaß von Quarantäne-Vorschriften.

— Der russische Reisende Alexei Pawlowitsch **Fedtschenko** erforscht in dreijähriger Reise Turkestan und macht 1871 eine zweite Reise nach Ferghana und dem Pamirplateau.

— Die zum Studium der Flußverunreinigung in London eingesetzte Kommission unter dem Vorsitz von Edward **Frankland** stellt die wissenschaftlichen Grundlagen fest, aus denen die Berechtigung hergeleitet werden kann, den Boden als ein entgiftendes Filter für die Abfälle des menschlichen Haushalts zu benutzen. Er gibt damit einen mächtigen Anstoß zum Fortschritt der Berieselung. (S. a. 1836 B. und 1850 W.)

— Der Tierarzt Moritz **Fürstenberg** in Eldena übt auf die Entwicklung der Tierheilkunde einen bedeutenden Einfluß aus. (Vgl. seine Schrift „Die Anatomie und Physiologie des Rindes".)

— Isidore **Geoffroy Saint-Hilaire** legt der Einteilung der menschlichen Rassen eine Anzahl physischer Merkmale (Beschaffenheit der Haare, Form der Nase, Hautfarbe, Form der Augen, Volumen der unteren Extremitäten) zugrunde, und ebnet so den Boden für spätere Einteilungen. (S. 1865 Br.)

— Friedrich Wilhelm **Gintl** modifiziert das Nicholson'sche Araeometer zu quantitativ analytischen Bestimmungen ohne Wage.

— Friedrich **Goll** bearbeitet die feinere Anatomie des Rückenmarks und entdeckt die nach ihm benannten Stränge im Rückenmark.

— Eugen **von Gorup-Besanez** stellt das Guajacol auf synthetischem Wege dar, indem er Brenzkatechin mit 1 Molekül Kalihydrat und methylätherschwefelsaurem Kali erhitzt.

— Karl **Graebe** arbeitet über Chinone und deren Derivate und erklärt das 1838 von Woskressensky aufgefundene Chinon für ein Benzolderivat, in dem zwei Wasserstoffatome durch zwei Sauerstoffatome, die sich untereinander binden, ersetzt sind. Petersen stellt 1873 fest, daß das Chinon zu den Paraverbindungen gehört.

— Karl **Graebe** und Karl **Liebermann** zeigen, indem sie sich der von Baeyer (s. 1866 B.) entdeckten Zinkstaubreduktion bedienen, daß das Alizarin nicht, wie man bisher annahm, ein Naphtalinderivat ist, sondern daß es sich vom Anthracen ableitet und ein Chinon (das Dioxyanthrachinon) ist.

— Karl **Graebe** und Karl **Liebermann** nehmen in den gefärbten Kohlenstoffverbindungen, die durch Reduktion in Leukokörper übergehen, eine Bindung der farbgebenden Gruppen in der Weise an, wie sie zwischen den Sauerstoffatomen des Chinons (s. 1868 G.) angenommen wird.

— Thomas **Graham** entdeckt die Okklusion, d. i. die Eigenschaft einiger Metalle, wie insbesondere des Palladiums, Wasserstoff aufzunehmen und festzuhalten. Es gelingt ihm, im Meteoreisen okkludierten Wasserstoff nachzuweisen.

— Der französische Reisende Alfred **Grandidier** macht in den Jahren 1868—70 Forschungsreisen in Madagaskar, die er in seinem großen Werke „Histoire physique, naturelle et politique de Madagascar" beschreibt.

— John und Frederick **Harvey** konstruieren den Schlepptorpedo, ein mit einer Sprengladung versehenes Schwimmgefäß, welches von dem operierenden

Schiffe an einer langen Leine nachgeschleppt wird. Wird der Torpedo losgelassen, so bewegt er sich im Wasser mit eigener Kraft fort und wird erst durch Anstoß an einen festen Gegenstand zur Explosion gebracht. Durch die Entwicklung des Fischtorpedos wird diese Art der Torpedos gänzlich verdrängt.

1868 Ausgehend von den klinischen Beobachtungen L. Traube's entdecken E. **Hering** und F. **Breuer**, daß durch Vermittlung des Vagus jede Erweiterung der Lungen eine nachfolgende Ausatmung, jede Verengerung eine Einatmung auslöst, und bezeichnen dies als „Selbststeuerung" der Atmung.

— Heinrich **Hirzel** stellt aus fein geriebenem Bleioxyd mit Glycerin einen Kitt her, der weder von Wasser, noch von Säuren, Äther, Benzol, Schwefelkohlenstoff angegriffen wird und sich infolgedessen vorzüglich zum Verschluß von mit Petroleum oder flüchtigen Ölen gefüllten Flaschen und zur Dichtung von chemischen Apparaten eignet.

— **Hodgson** konstruiert im Anschluß an die Dücker'sche Anordnung eine Seilbahn, bei der ein endloses Seil über eine von der Kraftmaschine bewegte Treibscheibe und am anderen Ende der Förderstrecke über eine Leitscheibe läuft. Das Seil ist durch Rollen, die auf Gerüsten ruhen, gestützt. Auf dem Seil liegen in gleichen Abständen Holzblöcke (Sättel) frei auf, die durch die Reibung mitgenommen werden und so konstruiert sind, daß sie sich ohne Anstoß über die Stützrollen des Seiles bewegen. An den Sätteln sind die Fördergefäße mittels gekrümmter Schienen, wie bei den hängenden Bahnen, angebracht. Das eine der beiden nebeneinander liegenden Seilstücke befördert die Last, das andere schafft die entleerten Gefäße zurück. Die Sättel sind mit Rädern versehen, die an den Endstationen auf feste Schienen auflaufen, so daß das Fördergefäß gefüllt bez. entleert werden kann, während das Seil weiterläuft.

— August Wilhelm **von Hofmann** macht die Synthese der aliphatischen Senföle und studiert deren Verwandlungen.

— August Wilhelm **von Hofmann** konstruiert verbesserte Apparate zur Ermittlung des Molekulargewichts nach der Methode von Gay-Lussac (s. 1815 G.), die in Vergasung einer gewogenen Menge Substanz und direkter Ablesung des Dampfvolums besteht.

— Wilhelm **Hofmeister** versucht an Stelle der rein formalen (Schimper'schen) Blattstellungstheorie eine genetisch mechanische Erklärung zu setzen.

— Alexander Lyman **Holley** erfindet die Losböden für die Bessemerbirnen, die unabhängig für sich hergestellt, getrocknet, und von außen eingesetzt oder ausgewechselt werden und einen sehr wichtigen Fortschritt bedeuten, indem dadurch die Abkühlung der Birne vermieden und Schnellbetrieb ermöglicht wird.

— C. **Hoppe** verwertet den Gedanken, Druckluft und Druckwasserbetrieb in derselben Maschine miteinander zu verbinden, in dem Entwurf eines Kranes für den Hamburg-Altonaer Hafen. Diese Idee wird später bei Pariser Druckluftanlagen von der Société de l'air comprimé verwertet, die auch einzelne Aufzuganlagen mit reinem Luftbetrieb ausführt, bei denen sich aber Schwankungen des Drucks störend bemerkbar machen.

— William **Huggins** wendet das Doppler'sche Prinzip (s. 1842 D.) zum ersten Male auf die Untersuchung der Bewegung der Fixsterne in der Gesichtslinie des Beobachters an, und findet, daß sich der Sirius mit einer Geschwindigkeit von 48 km in einer Sekunde von der Erde entfernt. In der Folge werden zahlreiche Versuche dieser Art auf der Sternwarte zu Greenwich angestellt.

— Jules Celestin **Jamin** konstruiert eine elektrische Kerzenlampe, bei der der Lichtbogen in einem magnetischen Felde brennt.

1868   Pierre Jules César **Janssen** entdeckt während der totalen Sonnenfinsternis am 18. August im Spektrum der Protuberanzen die hellen Wasserstofflinien.

—   David **Joy** konstruiert einen Dampfhammer ohne Steuerkolben, der als Grundform für die Preßluftwerkzeuge ohne Steuerkolben anzusehen sein dürfte.

—   Edwin **Klebs** liefert an der Hand zahlreicher und genauer pathologisch-anatomischer Untersuchungen von Schußverletzungen des Menschen in den Jahren 1868—71 den Nachweis, daß die Entstehung der accidentellen Wundkrankheit innig an die Entwicklung des von ihm Microsporon septicum genannten Pilzes (s. a. 1861 P.) geknüpft ist. Wenn auch seine auf diese Untersuchungen gestützte Lehre von der Unität aller septischen Wund-affektionen sich nicht zu behaupten vermag, so wird er doch damit der Vorläufer der Pasteur'schen Lehren. (S. 1880 P.)

—   Karl **Kraut** stellt zuerst aus der Tollkirsche das Belladonnin dar, dessen Formel von Merling und Hesse festgestellt wird, und das sich später als ein dem 1891 von Hesse ebenfalls aus der Tollkirsche gewonnenen Atro-pamin isomeres Produkt herausstellt.

—   Stephen R. **Krom** in New York verwendet die Luft als Mittel zur Scheidung von Mineralkörnern und konstruiert zu diesem Zweck die pneumatische Setzmaschine (Dry concentrator).

—   Adolph **Kundt** beobachtet zuerst das Spektrum des Blitzes und erhält bei Funkenblitzen mit höherer Temperatur das Linienspektrum, bei Flächen-blitzen das Bandenspektrum.

—   Georges **Leclanché** erfindet das insbesondere für die Haustelegraphie viel benutzte Kohlenzinkelement (Leclanché-Element), bei welchem er Braun-steinpulver als Depolarisator anwendet.

—   Der Ingenieur W. **Lehmann** erfindet die auf Ericsson's Prinzip beruhende, jedoch wesentlich verbesserte Lehmann'sche Heißluftmaschine, bei welcher er namentlich ausgedehnte Kühlung des Arbeitszylinders anwendet.

—   Joseph Norman **Lockyer** und Pierre Jules César **Janssen** erforschen mit Hilfe der Astrophotographie und der Spektroskopie die Strukturverhältnisse und die chemische Konstitution der Sonne und ändern das Spektroskop so um, daß sie sich auch bei unverfinsterter Sonne von dem Vorhandensein von Protuberanzen überzeugen können. (S. auch 1860 D.) Sie entdecken im Spektrum der Chromosphäre eine helle gelbe Linie, die keinem bisher bekannten Stoff angehört, und die von Lockyer und Frankland einem un-bekannten Element zugeschrieben wird, das sie Helium nennen.

—   Der Chemiker Wilhelm **Lossen** entdeckt das Hydroxylamin bei der Reduk-tion von Salpetersäure-Äthyläther mit Zinn und Salzsäure.

—   **Lup** konstruiert einen Differentialhaspel, dessen Konstruktionsprinzip mit dem des Differentialflaschenzugs von Weston übereinstimmt.

—   J. **Maitre** konstruiert einen Dampfschälapparat für Lohe, der das Schälen derselben während der ganzen Jahreszeit ermöglicht. Hierbei wird die Rinde durch Dampf so erweicht, daß sie sich mit derselben Leichtigkeit wie frische Rinde vom Holz loslöst. Bis dahin geschah das Schälen der Eichenrinde meist nur im Juni, also während des stärksten Safttriebes.

—   Carl A. **Martius** stellt aus Diazonaphtalin mit verdünnter Salpetersäure das Dinitronaphtol (Naphtolgelb) her, das später von Darmstaedter und Wichelhaus durch Behandlung von Naphtoldisulfosäure mit Salpetersäure gewonnen wird.

—   **Mège Mouriès** erfindet die Bereitungsmethode des Oleomargarins, indem er aus frischem Gewebsfett der Rinder das feste Stearin durch Pressen abscheidet. Das Oleomargarin wird durch kräftige Vermischung mit Kuh-milch und Wasser in Margarine (Kunstbutter) umgewandelt.

—   **Merz** und **Weith** entdecken das Thioanilin und Thiotoluidin, die sie aus

Anilin resp. Toluidin durch Erhitzen mit Schwefel auf 150—160⁰ und langsames Eintragen von Bleiglätte darstellen. Aus Thioparatoluidin wird neuerdings der gelbe Farbstoff „Primulin" gewonnen.

1868 Der dänische Mediziner Hans Wilhelm **Meyer** macht Untersuchungen über adenoide Vegetationen in der Nasenrachenhöhle und bezeichnet diese Vegetationen als eine der Hauptursachen der Taubheit.

— **Möring** konstruiert eine Seilmaschine, die erlaubt, die Seile in größter Gleichheit darzustellen, und die so vollkommen arbeitet, daß nur von Zeit zu Zeit ein Arbeiter nachzusehen braucht, ob kein Reißen einzelner Fäden stattgefunden hat. Die Maschine leistet 32 m in der Stunde.

— Nitroglycerin erstarrt bereits bei 8⁰ C. und ist alsdann schwer zur Detonation zu bringen. G. M. **Mowbray** in Massachusetts benutzt diese Eigenschaft zum Zweck eines gefahrlosen Transportes, indem er das Nitroglycerin in gefrorenem Zustande zum Versand bringt. In dieser Form wird das Nitroglycerin in Amerika bis gegen 1890 versandt.

— J. B. **Obernetter** führt das Chlorsilber-Kollodiumpapier unter dem Namen „Celloidinpapier" zur Herstellung der positiven photographischen Abzüge ein.

— Frits Valdemar **Rasmussen** bereichert durch zahlreiche Arbeiten, wie über Nierenkrankheiten, Hautsklerom, Hautcarcinom, Brustkrankheiten usw. die pathologische Anatomie.

— Gerhard **vom Rath** entdeckt die mit dem Quarz heteromorphe Modifikation der Kieselsäure, den Tridymit.

— Nach den Plänen von Edward James **Reed** wird auf der Werft der Thames Iron Works and Shipbuilding Company zu Blackwall die Panzerfregatte „König Wilhelm" als das größte preußisch-deutsche Panzerschiff, welches nach dem Typ der Breitseitbatterieschiffe hergestellt ist, gebaut. Ihr Stapellauf erfolgt im Jahre 1868.

— In Chatham erfolgt der Stapellauf des nach den Plänen von Edward James **Reed** erbauten Turmschiffes „Monarch", als des ersten seetüchtigen Hochsee-Turmschiffes, während die Gattung „Monitor" (s. 1861 E.) nur einen Typ von bedingter Hochseetüchtigkeit darstellte. Nach dem Monarch wurden die inzwischen wieder ausgeschiedenen deutschen Turmschiffe „Preußen" und „Friedrich der Große", sowie der untergegangene Panzer „Großer Kurfürst" erbaut.

— Wilhelm **Reiß** und Alfons **Stübel** reisen den Magdalenenstrom hinauf bis nach Bogota und erforschen von hier aus Kolumbien. Nach Übersteigung der Zentralkordillere erforschen sie das Caucatal und später die Gebiete des Amazonenstromes. Nach der 1876 erfolgten Rückkehr seines Gefährten macht Stübel im Jahre 1877 noch erfolgreiche Forschungen in Chile und Bolivia.

— Nachdem Thomas Graham 1861 zuerst die Beziehungen zwischen innerer Reibung und Zusammensetzung homogener Flüssigkeiten untersucht hatte, vergleicht **Rellstab** die „Transpirabilität", wie Graham das Durchströmen von Flüssigkeiten durch sehr enge Röhren genannt hatte, auch bei homologen Substanzen. Er findet, daß für eine Zunahme von CH_2 in der Zusammensetzung eine Zunahme der Ausflußzeit stattfindet, und daß sie größer ist für eine wachsende Zahl von Alkohol-, als von Säureradikalen. Diese Regelmäßigkeit wird von Guerout (1875) und von Přibram und Haudt (1878—81) im allgemeinen bestätigt.

— Eduard **Reusch** untersucht die durch Druck in Krystallen entstehenden ebenen Trennungsflächen. Er erhält dieselben namentlich durch die sogenannte Körnerprobe, die darin besteht, daß man einen spitzen Stahlstift auf die zu prüfende Fläche setzt und durch einen Schlag in den Krystall

eintreibt. Die Trennungsflächen erhalten durch ihn den Namen „Gleitflächen".

1868 Theodor **Reye** baut die von Staudt (s. 1847 S.) geschaffene Geometrie der
Lage weiter aus.

— Ferdinand **von Richthofen** erforscht in den Jahren 1868—72 China.

— Ferdinand **von Richthofen** kennzeichnet die Rolle, welche der Wind bei
der Entstehung geologischer Sedimente spielt, und spricht die Ansicht
aus, daß der Löß, der in China eine Mächtigkeit bis zu 700 m erreicht,
aeolischen Ursprungs ist. Er erwähnt, daß sich in den Steppen Zentralasiens noch heute unter dem Einfluß der häufigen Staubwinde ähnliche
Ablagerungen bilden. (Vgl. a. 1847 N.)

— Rudolf **Sack** in Plagwitz führt zur genauen Bemessung der Saat in den
Reihensäemaschinen die Säeräder ein, die aus Scheiben bestehen, deren
Umfang mit Zellen von solcher Anordnung besetzt sind, daß sie im
unteren Teil des Saatkastens die Körner fassen, heben und über das Rad
hinweg in die Leitungstrichter schütten. Diese Ausstreuvorrichtung bewährt
sich sehr gut. In England werden zu gleichem Zweck vornehmlich die
Löffelscheiben benutzt, kreisförmige Scheiben auf der Säewelle, welche
rechtwinklig zu ihrer Ebene eine Anzahl Löffel tragen, die den Samen
erfassen und ihn in die Leitungstrichter schütten.

— Henri **Sainte-Claire-Deville** bestimmt den absoluten Wärmeeffekt der verschiedensten Mineralöle aus ihrer Verdampfungskraft.

— Hugo **Schiff** stellt für die Stickstoffbestimmungen nach der Dumas'schen
Methode das erste brauchbare Azotometer her, das von Gattermann verbessert wird und trotz der großen Reihe von ähnlichen Apparaten, die
ihm folgen, auch heute noch im Gebrauch ist.

— Nachdem Péclet und Ebelmen bereits zur Beurteilung des richtigen
Ganges der Verbrennung bei Öfen, Dampfkesseln usw. die chemische
Untersuchung der Verbrennungsprodukte vorgenommen hatten, konstruiert
Emil **Schinz** einen Apparat zur leichten Gasentnahme während der Ver-
brennung, der 1870 von Scheurer-Kestner noch verbessert wird.

— Joseph **Schönbach** erfindet eine Gemeinschafts-(Simultan-)Schaltung für die
mit Ruhestrom betriebenen Glockensignaleinrichtungen, wobei die Läute-
signale durch Stromunterbrechung, die Morsezeichen hingegen durch Strom-
verminderung erzeugt werden.

— Franz **Schulze** verbessert die Clark'sche Wasserreinigungsmethode (s. 1841 C.),
indem er die kombinierte Anwendung von Ätzkalk und kohlensaurem
Natron empfiehlt. Durch das Kalkhydrat werden die kohlensauren Salze
und die Magnesia, durch Soda der an andere Säuren gebundene Kalk gefällt.

— Hermann **Schwartze** in Halle fördert die operative Ohrenheilkunde.

— Simon **Schwendener** erkennt, daß die Flechten aus zwei verschiedenen zur
innigen Lebensgemeinschaft (Symbiose) verbundenen Organismen, einem
Schlauchpilz und einer niederen Alge, bestehen. Die Lebensgemeinschaft
erstreckt sich auf Ernährung, Wachstum, Gestaltung und Fortpflanzung.

— Friedrich **Siemens** erfindet den kontinuierlich arbeitenden Wannenofen mit
Regenerativ-Gasfeuerung und die Schiffchen für die Massenfabrikation
von Glas.

— Karl Georg **Siemens** bewirkt zuerst die Verkohlung und Wiederbelebung
der Knochenkohle in Öfen mit stehenden Retorten (sogenannten
Hohenheimer Öfen), denen die Öfen von Schatten, Gits und Du Rieux,
Brison usw. nachgebildet sind.

— Nachdem das erste indoeuropäische Kabel (s. 1860 Si.) sich als unzuläng-
lich erwiesen hat, wird unter Teilnahme der Firmen **Siemens & Halske** und
Siemens & Co. in den Jahren von 1868—70 die großartige Telegraphenlinie

der Indo European Telegraph Co. gebaut, die Anfang April 1870 dem Verkehr übergeben wird. Die Strecke von Thorn bis Teheran wird von den Siemens'schen Firmen verlegt, von London bis Thorn schließt eine eigene Linie der Indo European Telegraph Co. an, während in Teheran der indische Staatstelegraph erreicht wird.

1868 **Sladen** gelangt am Irawadi aufwärts bis Bhamo.

— **Stehlin** in Basel schlägt für Steilbahnen eine Zahnstange mit liegenden Zähnen vor, die 1886 zuerst von Locher bei der Pilatusbahn angewendet wird und sich sehr gut bewährt.

— Thomas **Stevenson** schlägt vor, zur elektrischen Beleuchtung von Bojen und Leuchtschiffen das Spiel der Wellen nutzbar zu machen. (Vgl. a. 1858 J.)

— **Stevenson** und **Williamson** gelingt es, den zylindrischen Drehofen (vgl. 1853 E.) für die Sodafabrikation brauchbar zu machen und auch das Arbeitsverfahren dem Ofen so anzupassen, daß man mit Zylinderöfen nicht nur billiger, sondern auch besser als mit Handarbeit produziert.

— Adolf **Strecker** beobachtet, daß Harnsäure beim Erhitzen mit konzentrierter Salzsäure im geschlossenen Rohr auf 170^0 unter Wasseraufnahme in Glykokoll, Kohlensäure und Ammoniak zerfällt. Er nimmt an, daß sich zuerst Glykokoll und Cyansäure bilden und letztere dann in Kohlensäure und Ammoniak zerfällt.

— Nachdem der Kalk zur Desinfektion von Kanalwässern zuerst von Wickstead in Leicester empfohlen worden war, gibt **Süvern** eine Präzipitationsmethode für die Desinfektion des Wassers in den Kanälen der Städte an, die auf Verwendung von Kalk und Chlormagnesium beruht. Diese Methode gibt zwar, wie sich bei den im Jahre 1873 in Berlin vorgenommenen Prüfungen herausstellt, befriedigende Resultate, läßt sich jedoch aus finanziellen Gründen für eine Großstadt nicht verwenden.

— **Tangye Brothers** bauen eine transportable Lochmaschine, die dazu dient, die Konstruktionsteile eiserner Brücken an Ort und Stelle zu lochen.

— C. **Tessié du Motay** erfindet die kontinuierliche Bereitung von Sauerstoff aus der Luft unter Verwendung von mangansaurem Natron, welches bei hoher Temperatur unter Mitwirkung eines Dampfstroms Sauerstoff abgibt und in erhitztem Zustand durch Überleiten eines Luftstroms wieder in die ursprüngliche Verbindung zurückgeführt wird.

— Charles Wyville **Thomson** und William Benjamin **Carpenter** veranlassen, daß von der englischen Regierung für Zwecke der Tiefseeforschung die Schiffe „Porcupine" und „Lightning" zur Verfügung gestellt werden, die durch ihre in den Jahren 1868—70 gemachten Lotungen und Dredschzüge um Großbritannien und an der spanischen Küste das Dasein eines reichen Lebens in der Tiefe des Meeres (s. 1861 L.) endgültig erweisen.

— Henri **Tresca** konstatiert ein „Fließen" fester Körper. Er bringt dieselben (z. B. Blei, Silber, Kupfer, Eisen, Ton usw.) in einen 10 cm weiten Stahlzylinder, dessen Boden eine Öffnung von 1—4 cm Weite hat und läßt einen dichtschließenden Stempel unter einem Druck von 100 000 kg langsam darauf einwirken. Die Körper werden unter diesen Verhältnissen ohne Zerstörung ihrer Struktur in Form eines Strahles aus der engen Öffnung herausgetrieben. Ähnliche Versuche werden von Spring (s. 1882 S.) ausgeführt. Diese Entdeckung der latenten Plastizität ist namentlich für die Geophysik von Wichtigkeit.

— H. W. **Vogel** gibt ein Aktinometer an, das aus einer Papierskala besteht, deren Durchsichtigkeit von einem Ende zum andern gradweise abnimmt, und unter der lichtempfindliches Chromatpapier dem Licht ausgesetzt wird.

— Moritz **Wagner**, der 1836—38 Algerien bereist hatte, stellt die sogenannte Migrationstheorie auf, die besagt, daß das Auswandern von Tieren aus ihrer früheren Heimat einen mächtigen Anstoß zur Differenzierung und zur Entstehung neuer Arten gibt. Er bringt diese Theorie in Gegensatz zur Zuchtwahltheorie (s. 1858 D.), die er durch sie ersetzen will.

1868 P. **Weiskopf** zu Morchenstern in Böhmen gelingt es, verfilzbare Glasfäden zu fabrizieren und daraus eine „Glaswolle" herzustellen, die als Filtriermaterial, Einpackungsmaterial für Dampfröhren usw. Verwendung findet. (S. a. 1850 B.)

— Frederick **Weston** konstruiert zur Verwendung bei Hebemaschinen, Fahrzeugen usw. nach dem Prinzip der Armstrong'schen Lafettenbremse (vgl. 1864 A.) seine viel gebrauchte „Lamellenbremse".

— Emil Theodor **von Wolff** fördert durch sein Buch „Praktische Düngerlehre" die rationelle Anwendung von Düngemitteln aller Art.

— Adolphe **Wurtz** erhält durch Behandlung von Äthylenchlorhydrat mit Trimethylamin, sowie aus Äthylenoxyd und Trimethylamin das Neurin, das sich als identisch mit dem von Liebreich (s. 1865 L.) aus Protagon erhaltenen Stoffe erweist.

1869 Joseph **Albert** in München verbessert den Lichtdruck (s. 1867 Te.), der fortan vielfach angewendet wird und öfters auch als „Albertotypie" bezeichnet wird.

— Thomas **Andrews** untersucht im Anschluß an die Arbeiten von Cagniard de la Tour (s. 1822 C.) den kritischen Zustand der Gase und nennt den Thermometergrad, bei dem das Gas zu so energischer Molekularbewegung angeregt wird, daß kein noch so hoher Druck es in den tropfbaren Zustand zurückzuzwingen vermag, die „kritische Temperatur", und den Druck, bei dem etwas unterhalb der kritischen Temperatur gerade noch Verflüssigung eintritt, den „kritischen Druck". Infolge dieser Arbeit verläßt man die früher üblichen Definitionen von Dampf und permanentem Gas und nennt Gas jede elastische Flüssigkeit, welche über ihre kritische Temperatur erhitzt ist. Diese Versuche üben großen Einfluß auf die Frage der Verdichtung der bisher als „permanent" bezeichneten Gase aus.

— Adolf **von Baeyer** und Adolph **Emmerling** erhalten durch Schmelzen von Ortho-Nitrozimtsäure mit Ätzkali und Eisenfeile synthetisches Indol und stellen dieser Reaktion entsprechend eine Konstitutionsformel für das Indol auf.

— W. H. **Baxter** in Brixton Hill baut die erste zuverlässig funktionierende selbsttätige Saatwage, die er auf der Oxforder Ausstellung der Royal Agricultural Society 1870 ausstellt. Diese Wagen werden von Riedinger, Reuther und Reisert, Cooley-Hill u. a. verbessert.

— Marcelin **Berthelot** zeigt, daß sich unter dem Einfluß des elektrischen Funkens Stickstoff direkt mit Acetylen vereinigt und Blausäure bildet.

— Wilhelm **von Bezold** zieht zuerst die Brandstatistik zum Studium der Gewittererscheinungen heran und wird dadurch der Begründer der Blitzstatistik.

— Philipp **Biedert** untersucht, von den Girtanner'schen Arbeiten (s. 1794 G.) ausgehend, die chemischen Unterschiede der Menschen- und Kuhmilch und stellt wichtige Leitsätze für die Kinderernährung und zur Bekämpfung der Säuglingssterblichkeit auf.

— Der Holländer **Bovy** konstruiert Wipprammen (Schwingbaumrammen), die den gewöhnlichen Zugrammen gegenüber große Vorteile bieten.

— Alexander **Buchan** stellt die erste Karte der Monatsisobaren her, auf der etwa 100 Orte aufgeführt sind, für welche er den mittleren Monatswert des Luftdrucks ermittelt hat. Er braucht zuerst den Namen „Isobaren". Die von ihm hergestellte Karte bestätigt die von Adolf Erman (s. 1831 E.) über die Änderung des Luftdrucks ausgesprochene Vermutung. (Vgl. auch 1863 L.)

1869 Der Mechaniker Paul **Bunge** in Hamburg findet bei Untersuchung des Einflusses der Länge des Wagebalkens auf die Arbeit der Wage, daß eine Wage um so schneller schwingt, je kürzer ihr Balken ist. Er wird durch diese Entdeckung der Begründer des Systems der kurzarmigen analytischen Wage, welche sich durch ihre schnelle Einstellung auszeichnet.

— Robert Wilhelm **von Bunsen** konstruiert unter Benutzung der 1865 von H. Sprengel beobachteten Tatsache, daß fallende Flüssigkeiten saugende Wirkung ausüben, die nach ihm benannte Wasserluftpumpe.

— Scott **Cameron** konstruiert im Anschluß an Worthington (s. 1848 W.) eine direkt wirkende Dampfpumpe, deren Steuerung in einem Kolbenschieber besteht. Die Pumpe wird unter dem Namen „Cameronpumpe" von Tangye Brothers in Birmingham und von Gebrüder Decker in Cannstatt gebaut.

— Nachdem 1856 Beatson und Bessemer und 1865 William Menelaus Patente auf verbesserte Revolveröfen für den Puddelprozeß genommen hatten, gelingt es Samuel **Danks,** den nach ihm benannten rotierenden Puddelofen zu konstruieren, der sich so bewährt, daß er drei gewöhnliche Flamm-öfen ersetzt.

— Die Gebrüder **Decker** wenden bei der Drehbank zuerst die Schlitten-verschiebung durch Leitschienen an, die später u. a. von Suchanek (1888) und der Maschinenfabrik Deutschland (1892) ausgebildet wird.

— Emil **du Bois-Reymond** bearbeitet die Theorie der gedämpften Schwingung in bezug auf die Bewegung der Galvanometer und bedient sich zuerst des aperiodisch gemachten Galvanometers.

— Nachdem bereits J. C. Maxwell (s. 1861 M.) das Prinzip des additiven Dreifarbenverfahrens aufgefunden und Ransonet in Wien (1865) zum Zweck der Herstellung farbiger Photolithographien bei der Aufnahme der Negative Cuvetten mit entsprechend gefärbter Flüssigkeit eingeschaltet hatte, nehmen **Ducos du Hauron** und **Cros** diese Versuche wieder auf. Sie stellen durch Einschalten einer gelbgrünen, einer violetten und einer orange-farbigen Glasplatte vor das Objektiv dreierlei Negative her, von denen sie Pigmentbilder machen, entwickeln und schließlich zur Erzielung des Ge-samtbildes aufeinander pressen.

— **Eichenauer** empfiehlt eine Fangvorrichtung, welche das Herabstürzen der Tonnen, Förderschalen usw. bei Seilbruch vermeiden soll, und auf der geringen Elastizität des Wassers beruht.

— Adolph **Emmerling** zeigt, daß Glas in Wasser löslich ist und bestimmt quanti-tativ das Löslichkeitsverhältnis.

— Rudolf **Fittig** und W. H. **Mielch** erhalten durch Oxydation von Piperin-säure das Piperonal, das als künstliches „Heliotropin" in der Parfümerie viel benutzt wird.

— Friedrich August **Flückiger** erweist, daß die feste Konsistenz des Rosenöls durch ein Paraffin bedingt ist, was 1893 von Markownikoff und Reformatzky bestätigt wird.

— François Alphonse **Forel** gibt durch seine „Introduction à l'étude de la faune profonde du Lac Léman" der Seenkunde eine erhöhte Bedeutung und führt dafür den Namen „Limnologie" ein.

— Richard **Förster** führt zur Messung des Gesichtsfeldes (s. 1855 Gr.) das Peri-meter ein, das von Schweigger (1872), Stevens (1881) und Priestley Smith (1882) verbessert und als selbstregistrierendes Instrument eingerichtet wird.

— Charles **Friedel** stellt Siliciumtrichlorid durch Einwirkung von Quecksilber-chlorür auf Siliciumtrijodid her, das er mit Ladenburg durch Erhitzen von Siliciumtetrajodid mit fein verteiltem Silber darstellt.

— Im Anschluß an die von Friedel und Crafts hergestellten Silicium-verbindungen (s. 1863 F.) stellen **Friedel** und **Ladenburg** fest, daß das

Silicium in ganz ähnlicher Weise wie der Kohlenstoff wasserstoffhaltige und verhältnismäßig sauerstoffarme Verbindungen von manigfaltiger Zusammensetzung einzugehen befähigt ist, die es zu ähnlichen Funktionen wie die des Kohlenstoffs geeignet erscheinen läßt. Namentlich gilt dies von dem von ihnen hergestellten Triäthylsilicol.

1869 Der Österreicher **Friedrich** stellt zuerst Paraffinpapier her, das schnell das bis dahin gebrauchte Wachspapier verdrängt.

— Friedrich Leopold **Goltz** in Halle erweitert die Kenntnis der reflektorischen Tätigkeit des Nervensystems. Er erkennt insbesondere, daß neben der Medulla oblongata auch das Rückenmark ein durchaus selbständiges Organ für die Gefäßnerven ist, und hebt die Bedeutung der Tätigkeit dieser Nerven für die Stromgeschwindigkeit des Blutes hervor. Er entdeckt ferner. daß äußere Reize, wie Klopfen auf die Bauchdecke, eine reflektorische Erregung des Nervus vagus hervorrufen, durch die das Herz zum Stillstand gebracht wird (Klopfversuch).

— George **Gore** stellt zuerst wasserfreie Flußsäure durch Erhitzen von Wasserstoffkaliumfluorid dar. Die wasserfreie Flußsäure greift das Glas nicht an, wohl aber die auch nur geringe Mengen von Wasser enthaltende Säure.

— Karl **Graebe** erbringt den experimentellen Nachweis für die Richtigkeit der Erlenmeyer'sche Strukturformel des Naphtalins (s. 1865 E.) und begründet dadurch die heutige Ansicht der polycyclischen Ringsysteme. Auch Aronheim's Synthese des Naphtalins aus Phenylbutylen (1873) und Fittig und Erdmann's Synthese des α Naphtols (1888) sprechen für die Erlenmeyer'sche Strukturformel.

— Karl **Graebe** und Karl **Liebermann** stellen das von Laurent (1837) entdeckte Anthrachinon durch Oxydation aus Anthracen her und gelangen durch Schmelzen der Anthrachinonsulfosäure zum künstlichen Alizarin, das von 1870 ab nach einer von Graebe, Liebermann und Caro ausgearbeiteten Methode von der Badischen Anilin- und Sodafabrik in großem Maßstab dargestellt wird. (Erste Synthese eines Pflanzenfarbstoffs.)

— Zénobe Théophile **Gramme** kombiniert den Pacinotti'schen Ringanker, den er selbständig nacherfindet (daher auch Gramme'scher Ring genannt) mit dem Siemens'schen Dynamoprinzip und erzeugt so eine dynamoelektrische Maschine, welche kontinuierlichen Gleichstrom liefert.

— Der erste Ventilator des belgischen Ingenieurs **Guibal** kommt in England auf der Steinkohlengrube Thrislington zur Aufstellung. Dieser Ventilator zeichnet sich durch gute Bauart aus und liefert große Luftmengen bei geringer Umlaufzahl.

— A. **Hamon** in Paris stellt Bleiröhren mit innerer Zinnplattierung her. Er gießt röhrenförmige Blöcke von ca. 200 mm Durchmesser und 400 mm Höhe, deren Wandung außen aus Blei, innen aus Zinn besteht und preßt sie in einer gewöhnlichen Bleiröhrenpresse zu Röhren aus. Ein anderes Verfahren von Ellis und Burr besteht darin, daß das Bleirohr im Moment seiner Entstehung durch den Apparat selbst verzinnt wird.

— G. W. **Hayward** und R. B. **Shaw** machen eine Reise nach Ostturkestan, auf welcher sie die astronomische Position von Jarkand und Kaschgar bestimmen, und von der sie wertvolle Daten über Bodengestaltung, Natur und Bevölkerung dieses Landes heimbringen.

— Der bayrische Ingenieur Jacob **Heberlein** erfindet die nach ihm benannte Reibungsbremse für Eisenbahnzüge.

— Nachdem zuerst Stephan die Einführung der Postkarte gefordert hatte (s. 1865 S.), regt Emanuel **Herrmann** diesen Gedanken in der Neuen Freien Presse (26. Januar 1869) von neuem an, worauf die Postkarte in Österreich am 1. Oktober desselben Jahres eingeführt wird.

43*

1869 Johann Wilhelm **Hittorf** untersucht die von Plücker (s. 1859 P.) entdeckten
Kathodenstrahlen und beobachtet die durch sie bewirkte Schattenbildung.

— **Hofmann** und **Girard** stellen durch Einwirkung von Jodmethyl oder Chlormethyl auf Hofmann-Violett das Jodgrün dar, das man auch durch Einwirkung von Jodmethyl auf essigsaures Rosanilin in methylalkoholischer
Lösung im Autoklaven bei 120° C. erhält.

— C. **Hoppe** in Berlin konstruiert eine viel gebrauchte Fallbremse für bergmännische Seilfahrt, die beim Zerreißen des Förderseils auf der Stelle
wirksam wird und gleich gut bei hölzernen, wie bei eisernen Leibungen
verwendbar ist. Andere Brems- bez. Fangvorrichtungen für Förderzwecke
werden von Münzner, Gerlach & Co. u. a. konstruiert.

— Nachdem schon 1862 Parker in Birmingham und gleichzeitig Daniel
Spiller versucht hatten, Gebrauchsgegenstände aus einer eingetrockneten
Lösung von Schießbaumwolle herzustellen, entdeckt J. S. **Hyatt** in Newark,
daß Campher ein Lösungsmittel für verschiedene Arten von Schießbaumwolle ist, und begründet so die Celluloidindustrie.

— **Jaacks** und **Behrns** in Hamburg führen die Ventilation der Mahlgänge ein,
durch welche die Erhitzung des Mehls, welche dessen Backfähigkeit beeinträchtigen würde, verhindert wird.

— Der Amerikaner **Judson** erfindet den Steckstollen, der namentlich in der
von dem französischen Tierarzte Aureggio modifizierten Form für den
Hufbeschlag besondere Beachtung findet.

— Johann Ludwig Wilhelm **Knop** stellt fest, daß die Basen vom Boden am
energischsten gebunden werden, wenn sie in Form von kohlensauren und
phosphorsauren Salzen dargeboten werden, und wenn neben der Absorption
der Base gleichzeitig eine Absorption der Säure des Salzes durch den Kalk
oder die Tonerde des Bodens erfolgen kann. Das Ammoniakbindungs-
vermögen wächst nach ihm mit zunehmendem Zeolithgehalt des Bodens.

— Camille **Koechlin** erfindet das Ätzweißdruckverfahren für indigblau geküpte
Stoffe, das darin besteht, daß man die zu ätzenden Figuren mit chrom-
saurem Kali aufdruckt und dann durch ein Bad von Oxalsäure und Schwe-
felsäure passieren läßt. 1873 dehnt er dies Verfahren auf die Ätzung des
Küpenblau in allen Farben aus, indem er der obigen Ätzfarbe für Weiß
Körperfarben und Eiweiß beimischt.

— Nachdem Karl **Koldewey** mit dem Dampfer „Germania" 1868 bereits eine
Vorexpedition unternommen hatte, auf der er jedoch die von Petermann als geeigneten Weg empfohlene Ostküste Grönlands nicht erreichen
konnte, macht er mit **Hegemann** eine zweite Expedition mit der „Germania"
und dem Segelschiff „Hansa". Die „Hansa" wird vom Eise zerdrückt; ihre
Mannschaft treibt 200 Tage auf einer Scholle umher, bis sie sich nach den
Grönländischen Kolonien rettet. Die „Germania" erreicht Grönland unter
$75\,^1/_2$ n. Br., erforscht den Franz-Josef-Fjord und kehrt 1870 zurück.

— Wilhelm **Körner** betrachtet das Pyridin als einen geschlossenen Ring von
fünf Atomen Kohlenstoff und einem Atom Stickstoff, welche Anschauung
auch von Dewar 1871 geteilt wird und durch eine große Anzahl Synthesen
in der Pyridinreihe Bestätigung findet. Das Chinolin steht zum Pyridin
in derselben Beziehung wie das Naphtalin zum Benzol; das Chinolin ist
ein Naphtalin, in dem eine der CH-Gruppen in α-Stellung durch Stickstoff
ersetzt ist.

— Theodor **Kromer** konstruiert das Protektor-Schloß, das sich von anderen
Sicherheitsschlössern durch die Form der Zuhaltungen, durch die Art
der Bewegung und durch Form und Angriffsart des dazu gehörenden
Schlüssels unterscheidet.

— Die Kondensationswasserableiter bestehen im wesentlichen aus einem mit der tiefsten Stelle des zu entwässernden Dampfraumes durch eine Rohrleitung verbundenen Sammelgefäß für das Kondensationswasser und einer damit vereinigten Auslaßvorrichtung, die in Tätigkeit tritt, sobald die angesammelte Wassermenge eine bestimmte Grenze überschreitet, und die entweder auf der Ausdehnung eines Konstruktionsteils infolge der erhöhten Temperatur oder auf der vom Kondensationswasser bewirkten selbsttätigen Hebung eines Schwimmers beruht. Zur ersten Klasse gehört der Automat von **Kusenberg**, von Eastwood und Wadsworth, Moulton und Sawyer u. a.; zur zweiten Klasse der von Schäffer und Budenberg, Giffard, Klein Schanzlin und Becker u. a.

1869 F. **Lamb**, A. C. **Sterry** und G. **Furdred** empfehlen zuerst natürliches Aluminium-Magnesiumhydrosilikat zur Entfärbung von Fetten und Ölen. 1893 werden große Lager dieses Produktes bei Quincy in Florida entdeckt, wodurch die Verwendung des „Florida-Bleicherde" oder „Silikatpulver" genannten Produkts sehr gefördert wird.

— **Lechartier** und **Bellamy** weisen nach, daß reife süße Früchte, wie Kirschen, wenn man sie unverletzt und frei von Hefe in einer Atmosphäre von Kohlensäure hält, auch unter Ausschluß der Luft, in der Anaerobiose (s. 1861 P.) einen Teil ihres Zuckers zu Alkohol verarbeiten, wobei Kohlensäure gasförmig ausgeschieden wird. Diese gärungsähnliche Zersetzung ist nicht durch Pilze erregt. (S. a. 1886 D.)

— Oskar **Liebreich** entdeckt die schlafbringende Wirkung des 1832 von Liebig dargestellten Chlorals, die auf dessen Zerlegung durch das Blut beruht.

— Der italienische Mediziner Cesare **Lombroso** begründet durch seine Arbeiten und Hypothesen über die Geisteskranken, Verbrecher usw. die Kriminal-Anthropologie.

— Louis **Lortet** veröffentlicht die ersten graphischen Darstellungen des Atmungsvorganges auf hohen Berggipfeln, worin ihm Marcet 1878 und Chauveau 1894 folgen, während die ersten Untersuchungen über die Blutveränderung und über die übrigen physiologischen Wirkungen des Aufenthaltes auf hohen Bergen 1890 von Viault unternommen werden.

— Robert **Mallet** und **Oldham** konstruieren einen Kugelseismographen (Projektionsseismograph), bei welchem aus der Fallweite der aus ihren Lagern herausgeworfenen Kugeln die Intensität der Stöße ermittelt wird. (S. 136 v. Chr.)

— Emanuel **Mariot** führt (im K. K. Militärgeographischen Institut in Wien) zur Herstellung der Druckplatten von größeren Kartenwerken statt des Kupferstichs die Heliogravüre ein.

— Othniel Charles **Marsh** bereichert durch seine im Zeitraum von 1869 bis 1899 gemachten Forschungen an fossilen Wirbeltieren die vergleichende Anatomie des Knochengerüstes und der sonstigen erhaltungsfähigen Hartgebilde (Zähne, Hautskelett) und trägt dadurch wesentlich zum Fortschritt der Paläontologie bei.

— Der französische Fabrikant **Masson** konserviert Gemüse, indem er sie getrocknet einer starken Pressung unterwirft und sie in kleine viereckige Täfelchen formt, die bei ihrer geringen Oberfläche der Einwirkung der Luft widerstehen (Comprimés).

— **Matthiessen** und **Wright** stellen fest, daß Schwefelsäure, Salzsäure, Phosphorsäure ebenso wie Alkalien und Chlorzink auf das Morphin und Codein eine doppelte Wirkung ausüben, indem sie kondensierend zu Trimorphin und Tetramorphin bez. Dicodein und Tricodein, oder wasserentziehend zu Apomorphin bez. Apocodein führen. Durch diese Untersuchungen stellt sich der enge Zusammenhang dieser beiden Alkaloide heraus und wird es wahrscheinlich gemacht, daß Codein der Monomethylester des Morphins ist.

1869 Adolf **Mayer** wiederholt die Pasteur-Duclaux'schen Ernährungsversuche am Hefepilz (s. 1860 P.) und substituiert, um jede organische Substanz außer Zucker auszuschließen, dem weinsauren Ammoniak salpetersaures Ammoniak. Er kommt zu dem schon von Pasteur gefundenen, nunmehr einwandfreien Resultat, daß der Hefepilz die ihn konstituierenden Proteinstoffe aus dem einzigen organischen Material, das er zu seiner Ernährung braucht, dem Zucker, und aus einem stickstoffhaltigen, unorganischen Stoff, dem Ammoniak, erzeugt.

— Dimitrij **Mendelejew** und Lothar **Meyer** finden gleichzeitig, aber unabhängig voneinander, daß in der Reihe der Atomgewichte eine gewisse Periodizität besteht, und daß jedem Element auf Grund seines Atomgewichts ein bestimmter Platz in der Gesamtreihe zukommt. Mendelejew sagt, darauf gestützt, das Vorhandensein noch unbekannter Elemente voraus. Die Entdeckung des Galliums, des Scandiums und des Germaniums bestätigen diese Hypothese. Auf regelmäßige Abstände der Äquivalentzahlen hatte auch M. von Pettenkofer (1850) bereits hingewiesen. (Vgl. auch 1829 D. und 1865 N.)

— M. **Meyer** in Paris fertigt zuerst die bis dahin aus Holz gebauten Fahrräder aus Eisen, und wendet, wie Madison (s. 1867 M.) Drahtspeichen an, die er in Metallkapseln befestigt. (Vgl. auch 1870 Co.)

— Nachdem H. Rose (1831), Millon (1850), Carius (1858) über die Verbindungen des Schwefels und Chlors gearbeitet hatten (s. a. 1782 H.), macht Arnold August **Michaelis** eingehende Studien über diese Körper und stellt unter anderem den Vierfach-Chlorschwefel zuerst im isolierten Zustande dar. Auch das Chlorthionyl (Chlorid der schwefligen Säure), das Schwefelsäuremonochlorhydrin, das Sulfurylchlorid, das Schwefeloxytetrachlorid (Chlorunterschwefelsäure) und das Schwefelsäureoxychlorid werden von Michaelis näher untersucht.

— **Miller** leitet zur Scheidung des Goldes vom Silber auf trocknem Wege Chlorgas in die unter einer Boraxdecke geschmolzene Legierung; das Silber wird in Chlorsilber, andere Metalle werden in zum Teil flüchtige Chloride verwandelt, das Gold aber unverändert gelassen. Das Verfahren war im Prinzip 1838 schon von Thompson vorgeschlagen worden.

— **Morris** und **Cummings** in New York liefern schwimmende Kranbagger für den Hudson-Fluß, bei denen zweiteilige, segmentartig gebildete und zum Öffnen und Schließen eingerichtete Kästen an Ketten gesenkt und gehoben werden können, während die Neigung des Kranauslegers beliebig durch ein Kettenzugwerk verändert werden kann. Solche Bagger werden auch von Pristman Brothers in Hull und London geliefert.

— Friedrich **Nobbe** in Tharandt errichtet die ersten Pflanzensamen-Kontrollstationen.

— Adolph **Paalzow** macht Untersuchungen über die elektrische Leitfähigkeit von Flüssigkeiten und Gemischen verschiedener Flüssigkeiten. Er sucht festzustellen, ob Beziehungen zwischen der elektrischen Leitfähigkeit und der Wärmeleitfähigkeit stattfinden, kann aber solche Beziehungen nicht konstatieren.

— William Henry **Perkin** stellt aus den alkalischen Mutterlaugen des von ihm hergestellten Perkin-Violetts (Mauveins) das Safranin her.

— Der amerikanische Naturforscher John Wesley **Powell** untersucht in den Jahren 1869—71 den Colorado und den Green River und besucht die 1860 von Ives und Newsberry entdeckten, „Cañons" genannten Felsentäler.

— Jacques L. **Reverdin** erfindet das Verfahren der Epidermispfropfung und untersucht den dabei stattfindenden Vorgang des Anheilens. Das Verfahren bewährt sich praktisch zur Heilung größerer Wundflächen.

1869 Carl **Scheibler** findet im Safte der Runkelrübe (Beta vulgaris) ein Alkaloid, das Betain, das sich identisch mit dem von Liebreich aus Neurin erhaltenen Oxyneurin (s. 1865 L.) erweist.

— Der Altertumsforscher Heinrich **Schliemann** beginnt seine archäologischen Ausgrabungen auf der Insel Ithaka, denen sich alsdann in den Jahren 1870—90, mit Unterbrechungen, solche auf dem Boden des alten Troja, von 1876 ab in Tiryns und Mykenae, und von 1881 ab in Orchomenos anschließen.

— Der Photochemiker **Schultz-Sellack** macht die für die Farbenphotographie wichtige Beobachtung, daß die Empfindlichkeit der Silberhaloidsalze für verschiedenfarbiges Licht durch beigemengte — meist blaue, violette und purpurne — Farbstoffe (Sensibilisatoren) sehr beeinflußt wird. (Vgl. auch 1886 E.).

— Paul **Schützenberger** entdeckt die hydroschweflige Säure, die richtiger „unterschweflige Säure" genannt würde, indem er Eisen oder Zink in einer Lösung von schwefliger Säure auflöst.

— Hermann **Senator** gibt eine auf genaue Stoffwechseluntersuchungen gegründete Erklärung der fieberhaften Vorgänge, wobei er die nachweisbaren Oxydationsprozesse als wesentliche, jedoch nicht alleinige Wärmequelle betrachtet. Er nimmt an, daß unter dem Einfluß der Fieberursache eine abnorme Erregbarkeit und Reizung der Gefäße der Haut stattfindet, daß dieselben infolgedessen sich allgemein oder zeitweise verengen und so die Ausstrahlung der vorhandenen Wärme verhindern, was neben der vermehrten Wärmebildung die febrile Temperatursteigerung bedingt.

— William **Siemens** konstruiert ein elektrisches Pyrometer, welches auf dem Prinzip beruht, daß der Leitungswiderstand eines Platindrahtes in bestimmtem Verhältnisse mit seiner Erhitzung zunimmt. Auf demselben Prinzip beruht das elektrische Pyrometer von Braun, das von der Firma Hartmann & Braun hergestellt wird.

— Gustav **Simon** macht die erste Totalexstirpation einer Niere.

— Carl August **von Steinheil** konstruiert nach einem von Bessel gemachten Vorschlage ein Meßrad zu Präzisionsmessungen, das dazu dient, die Länge von Bögen auf der Erdoberfläche unmittelbar, d. h. ohne Triangulation zu messen.

— **Suriray**, Besitzer einer Rahmenfabrik in Melun, verwendet für das Fahrrad Rollen- und Kugellager an Stelle der einfachen Achslager.

— G. **Trouvé** in Paris konstruiert sein „Polyskop" und „Gastroskop", um das Innere von Körperhöhlen elektrisch zu beleuchten und von außen sichtbar zu machen. Die Apparate sind schwer zu handhaben und werden deshalb wenig benutzt.

— Rudolf **Virchow** schlägt zuerst für den chronischen Gelenkrheumatismus den Namen „Arthritis deformans" vor, ein Name, den 1876 auch Archibald Garrod in seinen epochemachenden Arbeiten über diese Affektion annimmt.

— Hermann **Vogelsang** erforscht die mineralischen Flüssigkeitseinschlüsse und weist nach, daß, wie schon Simmler 1858 vermutet hatte, die Krystallflüssigkeit verflüssigte Kohlensäure ist. Zirkel weist darauf hin, daß während der Ausscheidung der Krystalle aus dem Schmelzflusse ein gewaltiger Druck geherrscht haben müsse, wie er nur in ganz bedeutenden Tiefen unter dem Meere denkbar erscheint. Auch die mikroskopischen Forschungen von G. Tschermak über Augit, Hornblende usw. führen zu gleichen Ergebnissen.

— Adalbert **von Waltenhofen** stellt den Begriff der magnetischen Sättigung auf, der für die Berechnung der Magnetwicklung dynamoelektrischer Maschinen von Wichtigkeit wird.

1869 An Stelle der Applegath'schen Presse (s. 1848 A.) wird in der Times-Druckerei eine von **Walter** gebaute Schnellpresse aufgestellt, die 11 000 auf beiden Seiten bedruckte Bogen in der Stunde liefern kann. Die Presse hat zwei horizontal liegende Formzylinder und acht Druckzylinder und druckt auf endloses Papier.

— Emil **Warburg** macht die Beobachtung, daß beim Tönen fester Körper ein Teil der Schallenergie sich in Wärme verwandelt, und zwar um so mehr, je rascher die Töne verklingen.

— George M. **Wheeler** in New York erforscht die Territorien im Gebiet der Felsengebirge Arizona, Neumexiko und Nevada. Seine Beobachtungen werden namentlich für die Geologie von Bedeutung.

— Thomas **Whitwell** konstruiert einen Winderhitzer mit Gichtgasheizung, der so eingerichtet ist, daß seine Züge und Kanäle sich leicht reinigen lassen, was bei dem Cowper'schen Apparat nicht der Fall ist. (S. 1859 C.)

— Hermann **Wichelhaus** und Ludwig **Darmstaedter** führen die Alkalischmelze der Sulfosäuren in die Technik ein. Sie wird zuerst die Grundlage für die Naphtolindustrie, nachdem Wichelhaus mit seinen Schülern die Isomerieverhältnisse der Naphtole aufgeklärt hat, und später ein mächtiger Hebel für die Entwicklung der Industrie der organischen Farbstoffe, insbesondere des Alizarins.

— F. **Windhausen** konstruiert Kaltluftmaschinen, bei welchen die durch den Kompressionszylinder angesaugte atmosphärische Luft komprimiert und durch Kühlapparate hindurch in den Expansionszylinder gepreßt wird, wo die komprimierte Luft unter Verrichtung äußerer Arbeit wieder auf die atmosphärische Spannung gebracht und nun stark abgekühlt dem Kühlraume zugeführt wird.

— Johannes **Wislicenus** führt nach der Methode von Frankland und Duppa (s. 1865 F.) zahlreiche Synthesen von zweibasischen Säuren aus und fördert dadurch die Erkenntnis der Konstitution der Säuren mit höherem Kohlenstoffgehalt.

— Johannes **Wislicenus** macht die Synthese mehrbasischer Säuren, indem er in Analogie der von Frankland eingeführten Methode der Kohlenstoffverkettung (Umwandlung der Alkyljodüre in die Dialkyle durch Einwirkung wasserstoffentziehender Mittel — s. 1849 F.) den jodierten Säuren das Halogen durch Silber, Kupfer oder Blei entzieht. Er führt auf diese Weise die Synthese der 1837 von Laurent entdeckten und 1865 von Arppe näher untersuchten Adipinsäure aus der β-Jodpropionsäure durch.

— Adolphe **Wurtz** eröffnet einen Weg zur Synthese von Carbonsäureestern durch Halogenentziehung mit Natrium und stellt auf diesem Wege den Benzoesäureester aus Brombenzol, Chlorameisensäureester und Natriumamalgam her. Dieser Weg schließt sich an die 1853 von ihm mit Natrium gemachten Synthesen an. (S. 1853 W.)

— Nachdem Lockyer und Janssen (s. 1868 L.) der Nachweis der Protuberanzen auch bei unverfinsterter Sonne gelungen war, zeigen **Zöllner** und **Huggins** unabhängig voneinander, daß man jederzeit die Protuberanzen im Spektroskop auch ihrer Form nach scharf wahrnehmen kann, wenn nur der Spalt weit genug gemacht wird.

1870 Adolf **von Baeyer** erhält bei Behandlung von Naphtalin mit Jodphosphonium ein vierfach hydriertes Naphtalin. Ob die später von Graebe (1872), Bamberger und Bordt (1889) und Bamberger und Kitschelt (1890) dargestellten Tetrahydronaphtaline hiermit identisch sind, ist noch nicht definitiv festgestellt.

— Adolf **von Baeyer** erhält durch Kondensation von Acroleïnammoniak synthetisch das Picolin und in Gemeinschaft mit E. Ador durch Kondensation des Aldehydammoniaks das Collidin. Im gleichen Jahre führt Baeyer im Verein mit Emmerling durch phosphorhaltigen Dreifachchlorphosphor das Isatin in Isatinchlorid über, das bei der Reduktion Indigblau gibt. Bei dieser Reduktion entsteht als Nebenprodukt ein roter Körper, das Indigpurpurin. (S. a. 1870 E. und 1873 S.)

1870 F. M. **Barber** in New York baut die erste Universalmaschine für Reibzündhölzchen, die später derart verbessert wird, daß sie außer der Herstellung der Schachteln den gesamten Fabrikationsgang von der Herstellung des Holzdrahtes an, wie das Schwefeln oder Paraffinieren, Trocknen, Sortieren und Füllen der Schachteln, völlig selbsttätig besorgt.

— Marcelin **Berthelot** findet die Methode, durch zehn- bis zwanzigstündiges Erhitzen von organischen Verbindungen mit einem großen Überschuß von Jodwasserstoffsäure im geschlossenen Rohr auf 275°, dieselben zu reduzieren und mit Wasserstoff zu sättigen, und stellt auf diese Weise eine Anzahl von Kohlenwasserstoffen synthetisch dar.

— Der Mechaniker **Betz** in St. Ingbert konstruiert eine Maschine, um Draht von Glühspan zu befreien (Drahtreinigungsmaschine).

— Wilhelm **von Bezold** macht die ersten Versuche über elektrische Wellen in Drähten.

— Robert Wilhelm **von Bunsen** gibt ein Eiscalorimeter an, welches bei der spezifischen Wärmebestimmung die äußerste Genauigkeit zu erreichen gestattet. Die Menge des geschmolzenen Eises wird nicht aus dem Gewicht des entstandenen Wassers, sondern aus der Volumvergrößerung des Eises beim Übergang in den flüssigen Zustand bestimmt, wie dies J. Herschel zuerst vorgeschlagen hatte; außerdem gestattet die ganze Anordnung die Anwendung sehr kleiner Mengen der zu untersuchenden Substanz. Er bestimmt mit dem Eiscalorimeter die Schmelzwärme des Wassers und findet im Mittel von zwei Versuchen den Wert von 80,025 Wärmeeinheiten.

— Bei der Errichtung von Wehren und Stauwerken zur Flußkanalisierung sind Einrichtungen zu schaffen, die den Wanderfischen den Weg vom Unter- ins Oberwasser und umgekehrt ermöglichen. Beispiele solcher Fischwege sind die von **Cail** konstruierte Treppe, sowie der von **Macdonald** konstruierte Fischpaß, welcher eine sehr steile Neigung zuläßt und deshalb an Flüssen mit starkem Gefälle (z. B. am Potomac) benutzt wird.

— Louis Paul **Cailletet** macht Versuche über das Verhalten des Wasserstoffs, der Luft und des Stickstoffs bei sehr hohen Drucken und stellt die Abweichungen vom Boyle-Mariotte'schen Gesetze zahlenmäßig fest. (S. a. 1844 N.)

— Jean Martin **Charcot** erforscht die Systemerkrankungen des Rückenmarks, wie die Sklerose und die Paralysis agitans, und bezeichnet zuerst die Hysterie, die bisher als Neurose angesehen wurde, als eine psychische Störung. Er findet die nach ihm benannten Krystalle im Sputum von Asthmatikern.

— C. **Christiansen** findet die anomale Dispersion des Lichts am Fuchsin (s. 1862 Le Roux), und gibt dadurch Anstoß zu den von A. Kundt ausgeführten Untersuchungen über den Zusammenhang zwischen Dispersion und Absorption.

— **Claudet** erfindet ein Verfahren, aus den zur Schwefelsäurefabrikation abgerösteten kupferhaltigen Kiesen, die stets kleine Mengen Silber und Gold enthalten, die edeln Metalle zu gewinnen. Die Methode beruht auf der Ausfällung des Silbers als Jodsilber.

— Edward A. **Cowper** konstruiert die Fahrradräder so, daß die Last an den aus dünnem Stahldraht gefertigten Speichen hängt, also von den oberen, nicht von den unteren Speichen getragen wird. Dadurch werden die Stöße beim Fahren elastischer aufgefangen, als wenn die untern Speichen die tragenden sind. Außerdem können die Speichen, da sie nur auf Zug beansprucht werden, aus dünnerem Draht gefertigt werden, wodurch eine erhebliche Gewichtsverminderung erzielt wird. (Vgl. 1867 Ma und 1869 Me.)

1870 **Dagron** benutzt während der Belagerung von Paris die Mikrophotographie zur Herstellung von Depeschen für den Brieftaubendienst. (Vgl. 1840 D.) Dagron stellt auch die ersten Lupenphotographien in Federhaltern her.

— **Degener** und **Weiler** in New York bauen ihre Tiegeldruckpresse „Liberty". Bei dieser Presse liegen Fundament und Tiegel nicht wagerecht, sondern bilden, wenn die Presse geöffnet ist, zueinander einen Winkel, wie wenn man zwei Hälften eines Buchdeckels halb aufmacht. Der Druck geschieht, indem Fundament und Tiegel sich begegnen, wie wenn das geöffnete Buch mit dem Schnitt nach oben wieder zugeklappt wird. Die Maschine wird viel für Akzidenzarbeiten gebraucht.

— Anton **Dohrn** ruft durch unermüdliche Ausdauer und unter großen persönlichen Opfern in Neapel die „deutsche zoologische Station" zur Erleichterung des Studiums lebender Meertiere ins Leben, die ein Muster abgibt für alle später entstehenden Stationen. (S. a. 1706 M.)

— **Engler** und **Emmerling** erhalten Indigo zuerst synthetisch in sehr geringen Mengen durch Destillation von Orthonitroacetophenon mit Natronkalk und Zinkstaub.

— **Famintzin** zeigt im Anschluß an die Untersuchungen von Sachs (s. 1865 S.), daß die Lichtintensität, die bei langwelligen Farben unter sonst gleichen Umständen größer als bei den kurzwelligen ist, für die Bildung des grünen Farbstoffs, des Chlorophylls sowohl, als auch der Stärkemehleinschlüsse im Chlorophyll ausschlaggebend ist.

— Der Ingenieur **Fenten** führt auf der vormals Rheinischen Bahn an Stelle der Heizung mit Wärmflaschen die Preßkohlenheizung ein, bei der unter jeder Sitzreihe ein Blechkasten liegt, in den von außen ein eiserner Einsatz mit glühenden Preßkohlen geschoben wird. Die Verbrennungsluft wird durch Öffnungen in der Verschlußtür zugeführt.

— A. **Fesca** macht den Vorschlag zu einer neuen Methode der Stärkefabrikation durch einfaches Zentrifugieren. Ein aus Weizenmehl und Wasser bereiteter dünner Brei soll durch die Zentrifuge direkt in Rohstärke und Kleberbrei zerlegt werden. Das Verfahren bewährt sich praktisch nicht, da die Trennung von Rohstärke und Kleberbrei sich nicht mit genügender Schärfe vollzieht.

— A. B. **Frank** macht eine umfassende Untersuchung über die Ursachen, durch welche die verschiedene Orientierung der Pflanze und ihrer Organe bedingt ist und nimmt auch transversalen Heliotropismus und Geotropismus an, für dessen Annahme sich auch Charles und Francis Darwin (1881) und W. Pfeffer (1881) aussprechen.

— Karl **Frischen** bringt die elektrischen Teile der Siemens & Halske'schen Streckenblockwerke mit den zugehörigen Flügelsignalen in zwangläufige Verbindung und stellt hierdurch die Raumsicherung der Züge auf eine neue Grundlage.

— **Gahn** in Upsala empfiehlt die Borsäure unter dem Namen „Aseptin" als Präservierungsmittel für Milch und Fleisch. In Deutschland ist diese Verwendung der Borsäure verboten.

— Der Techniker N. **Galland** in Nancy erfindet das pneumatische Malzverfahren (Trommelmälzerei).

— Carl **Glaser** verwendet zuerst die Acetylenkupferverbindungen, um kompliziertere Acetylene aufzubauen, indem er aus Phenylacetylenkupfer mit Luft Diphenyldiacetylen herstellt. Das Verfahren wird 1882 von A. von Baeyer vereinfacht, der zur Oxydation statt des Luftsauerstoffs Ferricyankalium in Kalilauge benutzt.

1870 Die Stadt **Glasgow** führt in den Jahren 1870—85 mit einem Kostenaufwand von 136 Millionen Mark die Regulierung des Clyde und den Bau der Hafenwerke nach den Plänen von Logan und Walker derart durch, daß während der Fluß vorher bequem durchwatet werden konnte, nun Schiffe von 3000 t und 7,3 m Tiefgang nach Glasgow gelangen können, wodurch sich diese Stadt zur größten Handelsstadt Schottlands entwickelt.

— Paul **von Groth** entdeckt die Morphotropie, d. i. die gesetzmäßige Änderung einer Krystallform durch Eintritt eines neuen Atoms oder einer Atomgruppe an Stelle von Wasserstoff. Ein klassisches Beispiel hierfür bildet die von H. Topsöe 1882 studierte Morphotropie der Doppelsalze des Platin-, Gold-, Kupfer- und Quecksilberchlorids mit den einfach und mehrfach substituierten Methyl-, Äthyl- und Propylammoniumchloriden.

— **Gruner** empfiehlt eine Dampfturbine als Motor für Apotheken und Laboratorien, die insbesondere zum Rühren usw. Verwendung findet.

— Cato Maximilian **Guldberg** zeigt durch thermodynamische Betrachtungen, daß die Gefrierpunktserniedrigung, welche ein Lösungsmittel durch Auflösen einer nicht allzu großen Stoffmenge erleidet, der gleichzeitigen Dampfdruckerniedrigung proportional ist.

— Ernst **Haeckel** findet unter den einzelligen freilebenden Rhizopoden (s. 1863 S.) eine Anzahl, in denen keine Spur eines Zellkeims nachzuweisen ist, und bezeichnet sie, da sie nur aus einem Klümpchen Protoplasma bestehen und somit die niedrigsten und einfachsten Organismen vorstellen, als Moneren. Mit den verbesserten Färbemethoden wird später in vielen dieser Organismen der Zellkern nachgewiesen.

— Nachdem schon seit 1850 viele Versuche gemacht worden waren, Sulfat ohne Dazwischenkunft von Schwefelsäure durch direkte Einwirkung von schwefliger Säure, Luft und Wasserdampf auf Kochsalz herzustellen (so von Gossage 1850, Brooman 1867, Thibierge 1863 u. a.), gelingt es **Hargreaves** und **Robinson,** dieses Verfahren unter systematischer Ausnutzung der Pyrit-Röstgase erfolgreich durchzuführen.

— P. **Havrez** empfiehlt die Anwendung des Wollschweißes zur Fabrikation von Blutlaugensalz. Der Wollschweiß gibt beim Verkohlen ein Gemisch von kohlensaurem Kali und stickstoffhaltiger Kohle in feinster Verteilung und innigster Mischung, wie es zu diesem Zweck besonders geeignet ist. In der Blutlaugensalzfabrik in Buchsweiler bei Zabern werden mit diesem Verfahren gute Resultate erzielt.

— Gustav **Hüfner** stellt aus Bromcapronsäure synthetisches Leucin her, das sich mit dem natürlichen Leucin und mit dem 1855 von H. Limpricht durch Kochen von Valeral und Blausäure mit Salzsäure nach der Strecker'schen Methode (s. 1850 St.) erhaltenen Leucin als identisch erweist.

— **Inglefield** konstruiert den ersten stocklosen Schiffsanker, der den Vorteil hat, daß die Ankerkette nie unklar werden kann und der Bug beim Ankerlichten nicht beschädigt wird. Außerdem nimmt der Anker beim Verstauen wenig Platz ein, und es wird bei seiner Handhabung viel Arbeit und Zeit gespart.

— Der Kapitän E. H. **Johannsen** umsegelt Nowaja Semlja und stellt die Umrißgestalt der Doppelinsel in ihren Grundzügen fest. Insbesondere weist er nach, daß sie sich nicht weiter als bis zu 69° östlicher Länge erstreckt. Er zerstört auch durch seine Fahrt den Glauben an die Unpassierbarkeit der Karischen See, die von K. E. von Baer als „Eiskeller" bezeichnet worden war.

— **Keller** und **Banning** in Hamm leisten Hervorragendes in der Konstruktion von Dampfschnellhämmern, die sich ein immer größeres Arbeitsgebiet erringen, und auch von Ferris und Miles in Philadelphia, Massey in Manchester, J. A. Henckels in Solingen, J. E. Reinecker in Chemnitz u. a. ausgeführt werden.

1870 Der Ingenieur Klaus **Köpcke** in Dresden führt das Sandgleise ein, um Züge gefahrlos zum Stehen zu bringen, und legt ansteigende Ausziehgleise zum Rangieren an.

— August Adolph **Kundt** entdeckt die Kundt'schen Staubfiguren, durch welche die Schallgeschwindigkeit und die Tonhöhe in der Luft oder in beliebigen Materialien bestimmt werden kann. Für die Schallgeschwindigkeit in der Luft findet er auf diesem indirekten Wege im Mittel den Wert von 332,06 m/sec.

— August Adolph **Kundt** macht eingehende Untersuchungen über anomale Dispersion und erkennt, daß sie den Substanzen eigentümlich ist, welche für gewisse Farben eine starke Absorption zeigen. (Vgl. 1870 C.)

— H. **de Lacaze-Duthiers** gibt zuerst eine genaue Beschreibung des Färbevermögens des Saftes einer Meerschnecke, Purpura haemastoma L., und zeigt, daß die Benutzung dieses Saftes zum Zeichnen der Wäsche bei den Fischern auf den Balearen als ein letzter Rest der Purpurfärberei des Altertums anzusehen ist. (Vgl. auch 990.)

— Bernhard von **Langenbeck** führt Äthylidenchlorid als Anästhetikum ein.

— Nachdem Gaudin (1858) Bauxitsteine und Bauxitschmelztiegel als sehr schwer schmelzbar empfohlen hatte, ohne jedoch große Beachtung zu finden, weist **Laur** mit Erfolg auf die hervorragende Qualität dieser Steine für Schmelzöfen, rotierende Öfen usw. hin.

— Heinrich **Limpricht** entdeckt das Furfuran (Tetraphenol), das dem durch v. Baeyer und Emmerling als Ring aufgefaßten Pyrrol analog formuliert ist, indem die NH-Gruppe des Pyrrols durch O ersetzt ist. Bei dem Thiophen (s. 1883 M.) ist diese Gruppe durch S ersetzt. Alle drei Körper gehören zu den heterocyclischen Verbindungen, d. h. denjenigen geschlossenen ringförmigen Atomkomplexen, deren Ringe nicht allein durch Kohlenstoffatome gebildet werden, wie dies bei den hydrocyclischen und aromatischen Substanzen der Fall ist, an deren Ringbildung sich vielmehr neben dem Kohlenstoff noch Stickstoff, Sauerstoff und Schwefel beteiligen.

— Joseph **Loschmidt** macht eingehende Untersuchungen über die Diffusion der Gase, davon ausgehend, daß dieselbe denselben Gesetzen folgen müsse, wie die Diffusion der Flüssigkeiten. Er führt die Bestimmung zahlreicher Diffusionskoeffizienten (Diffusionskonstanten) aus. Ähnliche Bestimmungen werden von J. Stefan (1873), K. Waitz (1882), v. Obermayer (1894) u. a. gemacht.

— Fritz L. **Lürmann** schlägt vor, tonerdereiche, leicht aufschließbare Hochofenschlacken mit Salzsäure zu behandeln, die unreine Lösung von Chloraluminium mit Calciumcarbonat zu fällen, den Niederschlag mit Schwefelsäure aufzulösen, und das erhaltene Aluminiumsulfat in Alaun überzuführen.

— Gustav **Magnus** findet, daß eine 5 mm dicke Steinsalzplatte nur etwa ein Drittel der von reinem auf etwa 150° erhitztem Steinsalz ausgehenden Strahlen hindurchläßt.

— Adolf **Mayer** macht Untersuchungen über die wasserhaltende Kraft des Bodens (s. 1817 S.) und findet, daß dieselbe von der Feinheit und Mischung der Bodenbestandteile und von deren Porosität abhängt. Je mehr Humus, Ton und feinverteilten Kalk der Boden enthält, um so mehr, je höher der Sandgehalt ist, um so weniger Wasser nimmt er auf.

— Adolf **Mayer** weist die Möglichkeit der Assimilation des Ammoniaks durch die Pflanzen aus einer ammoniakreichen Atmosphäre experimentell nach.

— Johann Heinrich **Meidinger** in Karlsruhe, Erfinder des Meidinger'schen Elements (s. 1859 M.), konstruiert die ersten Füllöfen. (S a. 1862 L.)

1870 Nachdem infolge der von Venier und Kühn (s. 1860 V.) gemachten Versuche die königliche Porzellanmanufaktur in Berlin 1868 mit der Gasfeuerung für Porzellanöfen günstige Resultate erzielt hatte, konstruiert G. **Mendheim** für dieselbe einen Gaskammerofen, dem das Hoffmann'sche Ringofenprinzip (s. 1857 H.) zugrunde liegt, und der bei einfacher Handhabung sehr sichere Betriebsresultate gibt.

— Karl **Mittermaier** in Heidelberg gibt dem Tonnensystem zur Beseitigung der menschlichen Exkremente (s. 1786 G.) eine auch für größere Städte praktisch brauchbare Form.

— Nachdem bereits 1848 Parkes ein Patent auf den Zusatz von Phosphor zu Kupfer und Kupferlegierungen genommen hatte, und im gleichen Jahre de Ruolz und de Fontenay einen Phosphorzusatz zur Bronze für Geschütze empfohlen hatten, verschaffen **Montefiore-Levi** und **Künzel** in Lüttich der Phosphorbronze Eingang in die Technik und erwerben sich große Verdienste um die Ermittelung der Eigenschaften dieser Legierung.

— Der Ohrenarzt Salomon **Moos** in Heidelberg konstatiert zuerst, daß bei verschiedenen Infektionskrankheiten Bakterien in das Labyrinth einwandern, welche Gehör- und Gleichgewichtsstörungen verursachen.

— **Morrison** erfindet die in der Zahntechnik viel gebrauchte Bohrmaschine mit direkter Übertragung.

— Friedrich **Müller** und **Winkler** führen zuerst die Zugutemachung der hauptsächlich aus Steinsalz und Kieserit bestehenden Löserückstände der Kaligewinnung für Darstellung von Glaubersalz durch Ausfrierenlassen der Lösung bei Winterkälte durch, ein Verfahren, durch welches in Staßfurt in kalten Wintern 200 000—300 000 Zentner Glaubersalz als Nebenprodukt gewonnen werden.

— Gustav **Nachtigal** besucht auf fünfjährigen Reisen das noch von keinem Europäer erreichte Tibesti und gelangt von da über die Oase Borku nach Baghirmi, von wo er über Wadai, Darfur und Kordofan 1875 nach Kairo zurückkehrt.

— **Noë** konstruiert die nach ihm benannte sternförmige Thermosäule aus radial gestellten Stäbchen einer Zink-Antimonlegierung, die gegen den Mittelpunkt zu mit kupfernen Heizstiften versehen sind.

— **Parry** konstruiert zum Verschluß der oberen Hochofenöffnung den nach ihm benannten Trichter, der durch ein Gegengewicht ausbalanciert ist und sich unter dem Übergewicht der Beschickung senkt, während die Gichtgase durch mehrere rings um die Öffnung angeordnete Kanäle abziehen. Der Verschluß wird 1900 durch Ernst Bertrand verbessert.

— Der Ingenieur Friedrich August **von Pauli** erfindet die für Eisenbrücken angewendeten Pauli'schen Träger.

— Der **Pester Mahlmühle** gelingt es, ein neues System von Walzenmühlen für die Hochmüllerei gegenüber dem Helfenberger-Sulzberger'schen Walzensysteme für die Flachmüllerei (s. 1821 H.) zur Geltung zu bringen. Sie wendet dieses System nicht nur zum Schroten und Grießerzeugen, sondern auch zur Herstellung des Mehles an.

— Der Weinbauer Abel **Petiot** in der Bourgogne setzt die Treber der Trauben mit Zuckerwasser an, läßt die so gewonnene Flüssigkeit mit dem Moste vergären, und erhält durch dies „Petiotisieren" genannte Verfahren eine Weinvermehrung.

— Max **von Pettenkofer** erfindet ein Verfahren der Gemälderegenerierung, bei welchem der undurchsichtig gewordene Firnis durch Alkoholdampf wieder klar gemacht wird.

— Der amerikanische Ingenieur John **Player** verwendet zuerst die Schlackenwolle als Umhüllungs- und Isolierungsmittel für Dampfleitungen.

1870 Der russische General Nikolai Michailowitsch **von Przewalskij** bereist in den
Jahren von 1870—73 die Mongolei und China, worauf er von Peking durch
die Provinz Kansu zum oberen Jangtsekiang und von dort nordwärts
durch die Wüste Gobi nach Irkutsk gelangt.

— Johann Friedrich **von Radinger** klärt durch sein Werk „Über Dampfmaschinen
mit hoher Kolbengeschwindigkeit" den Zusammenhang zwischen Kolbengeschwindigkeit, Füllungen und ruhigem Gang auf. Er vertieft die Erkenntnis der Massenwiderstände und ihres Einflusses auf die Stöße von
Kreuzkopf- und Kurbelzapfen und wirkt bahnbrechend für die Berechnung
der Maschinen- und Kesselanlagen, namentlich auch für Schiffe.

— Bei der Belagerung von Paris spielt die Taubenpost eine ziemlich wichtige Rolle. Besondere Verdienste um ihre Einführung erwerben sich der
General-Postdirektor **Rampont** und der Direktor der Gesellschaft „Espé-
rance" **van Roosebeke,** die mit Ballons Tauben nach Orléans, Blois und Tours
befördern, von wo dieselben nach Paris abgelassen werden. Von jetzt ab
gewinnt die Taubenpost und die Zucht der Brieftauben wieder eine größere
Bedeutung. (Vgl. auch 1870 D.)

— Max **Reess** zerstört durch seine Arbeiten die bis zu seiner Zeit oft geäußerte Meinung, daß die Hefe keine selbständige Pflanze, sondern nur
eine Wuchsform der Schimmelpilze sei, und weist mit Nachdruck darauf
hin, daß nie mit dem Mikroskop der Übergang einer wirklichen Hefezelle
in einen Schimmelpilz beobachtet worden sei. Seine Arbeiten erbringen
vor allem auch die Kenntnis des fruktifizierenden Zustandes der wahren
Hefe, in der er sieben Arten der Gattung „Saccharomyces" auf Grund
der verschiedenen äußeren Gestalt und verschiedenen Größe der Sproß-
form unterscheidet. Er bestätigt auch die Angabe von Mitscherlich
(s. 1843 M.), daß Oberhefe und Unterhefe zwei verschiedene Arten seien.

— **Reid** verbessert die Breitsäemaschine, indem er den schwer empfundenen
Mißstand der durch die Breite der Maschine entstehenden Schwierigkeiten
beim Transporte durch verstellbare Anordnung des Fuhrwerkes beseitigt.
Ähnliche Einrichtungen werden später von H. F. Eckert eingeführt, wodurch die Anwendung der Breitsäemaschinen wesentlich gefördert wird.

— Eduard **Reusch** gibt in seinen „Konstruktionen zu der Lehre von den Haupt-
und Brennpunkten eines Linsensystems" eine rein graphische Behandlung
der Brechung des Lichtes in Linsen.

— **Riggenbach, Näff** und **Zschokke** erbauen die Gebirgsbahn auf den Rigi, bei
welcher sie die schon 1863 von Riggenbach konstruierte schmiedeeiserne
Leiterzahnstange, sowie Riggenbach's Zahnradlokomotiven verwenden. Zur
sicheren und kräftigen Regelung der Talfahrt wird eine ebenfalls von
Riggenbach konstruierte Luftgegendruckbremse verwendet, welche durch
Ansaugen und Zusammenpressen von Luft in den Dampfzylindern wirkt.

— Nachdem bereits gegen das Ende des 18. und namentlich in der ersten
Hälfte des 19. Jahrunderts in Amerika zahlreiche Eisen-Hängebrücken gebaut worden waren (erste Kettenbrücke aus Hängestäben von Schweißeisen von Finalay 1796 über den Jacols-Creek erbaut, erste Drahtseilbrücke 1815 bei Philadelphia ausgeführt), beginnt der Deutsch-Amerikaner
Johann August **Röbling** den von seinem Sohne Washington Röbling 1883
beendeten Bau der East-River-Brücke bei New York, der ersten mit Stahl-
kabeln hergestellten Drahtseilbrücke (Spannung 486,30 m, Durchmesser der
Kabel 40 cm).

— **Rouqayroul-Denayrouze** konstruiert einen Respirationsapparat für Bergarbeiter,
der auf der Verwendung von komprimierter Luft beruht, und mit dem
die Arbeiter zwei bis drei Stunden in Räumen arbeiten können, die mit
irrespirabeln Gasen erfüllt sind.

1870 Julius **von Sachs** weist nach, daß die einmal vorhandenen Stärkeeinschlüsse nach längerem Verweilen der Pflanze im Dunkeln wieder verschwinden, dann aber durch erneute Lichtwirkung von neuem erzeugt werden. (S. a. 1865 S.)

— **Schmiedeberg** und **Koppe** gewinnen aus Fliegenschwamm das Muscarin. Ein Isomeres desselben wird 1876 von Schmiedeberg und Harnack durch Oxydation von Cholin mit Salpetersäure gewonnen.

— Philipp **Schreiner** isoliert aus Sperma eine stickstoffhaltige Base, die wohl ein Spaltungsprodukt des Nucleins ist. Er weist nach, daß die bei Leukämie im Blut und anderen Organen vorkommenden sogenannten Charcot'-schen Krystalle das Phosphat dieser „Spermin" genannten Base darstellen. 1891 wird diese Base von A. Poehl aus Rinderhoden dargestellt und, auf Brown-Séquard's Autorität gestützt, wegen ihrer Wirkung auf das Nervensystem zu Heilzwecken verwertet.

— **Schulze** in Oldenburg stellt die erste Ansichts-Postkarte unter dem Namen „Mobile Korrespondenzkarte" her; sie ist mit einem aufgedruckten Artilleriebildchen versehen.

— Georg **Schweinfurth** zieht auf seiner Afrikareise mit Elfenbeinhändlern vom Bahr el Gazal durch die von Europäern noch nicht betretenen Länder der Dinka, Bongo und Niam-Niam und entdeckt im Lande der Monbuttu den Uéllefluß, den Oberlauf des Mobanji, eines Nebenflusses des Kongo. Er bringt Kunde von dem Zwergvolk der Akka. Im Juli 1871 erreicht er Chartum wieder und kehrt von da nach Europa zurück.

— William **Siemens** in London gibt zuerst die Verwendung des Dampfstrahls (s. 1804 T.) zum Ansaugen und Fördern von Luft im Dampfstrahlgebläse an.

— Otto **Spiegelberg** veröffentlicht eine kritische Erörterung der durch das enge Becken gegebenen Hauptindikation für die künstliche Frühgeburt, die für die Klärung dieser Frage grundlegend wird.

— Um die Schwierigkeiten beim Trocknen des Leimes zu vermeiden, fällt **Stalling** in Dresden die Leimlösungen durch Zusatz von Ammoniumsulfat und erhält nach dem Schmelzen eine Masse, die im Durchschnitt $2\,^{1}/_{2}\,^{0}/_{0}$ Ammoniumsulfat und $53\,^{1}/_{2}\,^{0}/_{0}$ Wasser enthält und im Handel unter dem Namen „Kernleim" geht.

— Jean Servais **Stas** weist durch seine Atomgewichtsbestimmungen, in denen das höchste an Genauigkeit und Vollkommenheit erreicht wird, nach, daß die Prout'sche Hypothese (s. 1815 P.) selbst für diejenigen Elemente, welche sich ihr unterzuordnen scheinen, in keinem Falle strenge Gültigkeit hat und nur als Annäherung gelten kann.

— Axel Gabriel **Theorell** konstruiert einen selbstregistrierenden Meteorographen, mit dem Windfahne, Anemometer, Psychrometer, Barometer und Thermometer in elektrischer Verbindung stehen, und der sofort die Angaben jedes einzelnen Bestandteils in Ziffern markiert und täglich 96 Einzelwerte wiedergibt. Ähnliche Apparate werden von Rysselberghe und neuerdings von Cerebotani und Richard in Paris konstruiert.

— Während die Tiefseemessungen bis dahin stets durch di rek te Messungen mit dem Lote ausgeführt waren, ermittelt William **Thomson** (Lord Kelvin) die Meerestiefe mit Hilfe des mit zunehmender Tiefe vermehrten Wasserdrucks, indem er eine senkrecht stehende, unten offene Glasröhre versenkt und das Maß des Eindringens des Wassers an dem aus chromsaurem Silber bestehenden inneren Belage der Röhre abliest. Auf demselben Prinzip beruht das Universalbathometer des dänischen Kapitäns Rung, das sich zur wissenschaftlichen Meeresforschung trefflich bewährt.

— Otto **Torell** findet auf der von den Sandablagerungen befreiten Oberfläche des Kalkplateaus von Rüdersdorf bei Berlin Schrammen und Kratzen, wie solche nur von Gletschern hervorgebracht werden, sowie Gletschertöpfe und Gletschermühlen. Er beweist, daß die Umgebung Berlins einst vergletschert gewesen ist, und knüpft hieran wertvolle Untersuchungen über die Eiszeit der norddeutschen Tiefebene. (S. auch 1875 T.)

1870 **Vimenet** konstruiert für die Zwecke der Hutfabrikation eine sich schnell einführende Walzenwalkmaschine.

— Rudolph **Virchow** wirkt bahnbrechend für die Anthropologie und Ethnologie durch seine seit 1870 fortgesetzten Arbeiten über Menschenrassen und Schädelverhältnisse, sowie durch die unter seiner Leitung in den Schulen vorgenommenen Erhebungen über die Farbe der Haare, der Augen und der Haut, durch welche man feste Unterlagen für die Kenntnis der Rassenverteilung zu gewinnen sucht. (Vgl. auch 1865 B.)

— Hermann **Wagner** berechnet die Dimensionen des Bessel'schen Erdsphäroids und gibt Tabellen über dessen sämtliche Abmessungen heraus, die 1885 von Ferdinand Steinhauser noch erweitert werden.

— Der nordamerikanische General **Washburne** rüstet auf Grund der Gerüchte über die geologische Eigenartigkeit des Yellowstone Parks eine Expedition dahin aus und durchforscht zuerst das Gebiet in seinem ganzen Umfange.

— Friedrich **Wegmann** aus Zürich baut die erste Walzenmühle mit Porzellanwalzen und legt damit den Grund zu dem ungeheuren Aufschwung der Walzenmüllerei (Viktoriawalzenstuhl. — Vgl. a. 1870 P.).

— A. **Weinhold** zeigt, daß der Schall der menschlichen Stimme durch straffgespannte Drähte bis auf 600 m Entfernung übertragen werden kann. Robert Hooke hatte bereits den Vorschlag gemacht, dieselbe durch straff gespannte nasse Fäden zu übertragen. (Vgl. 1667 H.)

— **Wesson** konstruiert einen Revolver, welcher an Stelle der Randfeuerpatronen (s. 1850 L.) Zentralfeuerpatronen verwendet.

— Der Mediziner Karl **Westphal** entdeckt das nach ihm benannte Kniephänomen, welches darin besteht, daß beim Beklopfen der Kniesehne einer sitzenden Person, welche den Unterschenkel freischwebend herabhängen läßt, eine unwillkürliche Streckbewegung des Beins eintritt. Das Fehlen des Kniephänomens ist ein wichtiges und frühzeitiges Symptom gewisser Nervenkrankheiten.

— Gustav **Wiedemann** verbessert die Tangentenbussole und macht sie für starke und für schwache Ströme anwendbar. Spätere wesentliche Verbesserungen werden von Werner von Siemens ausgeführt, der Magnet und Spiegel trennt und dem Magnet die Form einer zylindrischen Stahlglocke (Glockenmagnet) gibt. Auch Helmholtz gibt Verbesserungen zur Vergrößerung des Meßbereichs an.

— Angeregt durch die in der Öffentlichkeit zeitweise auftauchende Befürchtung, das Metall der eisernen Eisenbahnbrücken könne durch die fortgesetzten Verkehrserschütterungen eine nachteilige Strukturveränderung erleiden (vgl. 1854 P.), stellt der Ingenieur A. **Woehler** in Berlin Festigkeitsversuche an, durch welche die Grundlosigkeit jener Befürchtungen dargetan wird. (Vgl. auch 1878 B.)

— Emil **Wohlwill** führt in der „Hamburger Affinerie" die Entsilberung und die Raffination von Schwarzkupfer auf elektrolytischem Wege erfolgreich durch. (S. a. 1865 E.)

— Der Mediziner Julius **Wolff** begründet das Gesetz der Transformation der Knochen. Er zeigt in zahlreichen Arbeiten, die sich über die Jahre 1870 bis 1885 ausdehnen, daß der innere Aufbau der Knochen bei pathologischen Veränderungen der äußeren Knochenform ganz ebenso, wie derjenige normal gestalteter Knochen sich stets im Sinne derjenigen Linien gestaltet, welche die graphische Statik zur Darstellung der Verteilung der Kräfte in belasteten Balken konstruiert. (S. a. 1864 C. und 1867 M.)

1870 Der Amerikaner Hugh **Young** erfindet die Gatter-Diamantsäge zum Zerschneiden von Hartsteinen.

— **Zetterlund** versucht zuerst, Torf in Spiritus zu verwandeln, wie es scheint mit günstigem Erfolge. Die Versuche werden 1905 von Regnaud und 1906 von E. Frestadius und J. Fock wieder aufgenommen, geben aber wechselnde Erfolge.

— Theodor **Zincke** beobachtet, daß beim Eintragen von Zinkstaub in ein erwärmtes Gemisch von Benzol und Benzylchlorid unter Chlorwasserstoffentwicklung Diphenylmethan entsteht, und gründet darauf eine allgemeine Reaktion, die in der Weise verläuft, daß aromatisch gebundener Wasserstoff mit in fetter Bindung befindlichem Halogen als Halogenwasserstoff austritt, während die beiden organischen Reste sich aneinander lagern (Zincke'sche Synthese).

1871 Ernst **Abbe** konstruiert ein Refraktometer zur Bestimmung des Brechungsexponenten von Flüssigkeiten. Dieses Instrument, das von Zeiß in Jena ausgeführt wird, gestattet, den Brechungsexponenten durchsichtiger Flüssigkeiten in wenigen Minuten bei einem Materialbedarf von wenigen Tropfen mit großer Genauigkeit zu bestimmen.

— Louis **Agassiz** und **von Pourtalès** führen als Mitglieder einer amerikanischen Expedition auf dem „Haßler" in den Jahren 1870—71 die systematische Erforschung des Meeresgrundes und seiner Tierwelt im Südatlantischen und Stillen Ozean in großem Maßstabe durch.

— Karl **Angerer** in Wien erfindet eine „Chemigraphie" genannte Zinkätzmanier, bei der die nötige Deckung der Linearzeichnung durch bloßes Einstäuben auf trockenem Wege mit verschieden hoch schmelzbaren Harzen erreicht wird. Das Verfahren wird von Husnik verbessert.

— Adolf **von Baeyer** entdeckt, daß Phtalsäureanhydrid sich mit Phenolen zu Phtaleinen kondensiert, von denen eine ganze Reihe wertvolle Farbstoffe sind und technisch dargestellt werden, wie die Eosine (s. 1873 C.) und die Rhodamine. (S. 1888 M.) Gleichzeitig mit der Entdeckung der Phtaleine erhält Baeyer auch durch Kondensation von Phtalsäureanhydrid mit Phenolen die Oxyanthrachinone. Die ersten von ihm entdeckten Phtaleine sind das Gallein und das Coerulein, die in naher Beziehung zum Fluorescein (s. 1876 B.) stehen.

— **Barker** führt auf der Great-Eastern-Bahn einen Bremsapparat aus, bei dem Wasser zur Druckübertragung verwendet wird. Er bringt auf der Lokomotive einen Akkumulator an, der voll Wasser gepumpt wird, und von dem aus hydraulische Pressen in Tätigkeit gesetzt werden, welche die Bremsen des Zuges anziehen.

— L. **Cienkowsky** findet, daß Algen sich im Körper höherer Pflanzen einnisten, ja, daß sie in den Leib von Radiolarien, Polypen, Quallen, Seerosen und Würmern eindringen, unter deren Haut leben und dieselbe gelb, grün oder braun färben. Diese Tatsachen werden später von G. Entz, Brandt, O. Hertwig u. a. bestätigt.

— **Cornet,** Direktor der Gesellschaft Levant du Flénu bei Mons, führt die unter dem Namen „Cornet'sches Lese- und Verladeband" bekannte Austragevorrichtung für die Aufbereitung der Kohlen ein, die durch Schüchtermann und Kremer weite Verbreitung findet.

— Vincenz **von Czerny** führt zuerst mit Erfolg die Überpflanzung von Schleimhautstückchen auf granulierende Wunden aus. Später findet diese Verpflanzung große Verbreitung in der Augenheilkunde zur Heilung von Conjunktivaldefekten durch Wölfler, Bock, Czermak, Uthoff u. a.

Darmstaedter. 44

1871 Charles Robert **Darwin** veröffentlicht sein Buch „Die Abstammung des Menschen und die geschlechtliche Zuchtwahl", worin er zu dem Schlusse gelangt, daß der Mensch zu einer gewissen Zeit sich aus einer Tierart entwickelt habe, die jetzt nicht mehr vorhanden sei, aber doch den jetzt lebenden Affen körperlich am nächsten komme. (Vgl. auch 1863 H.)

— Nachdem schon Wilde, Maumené und Frémy die Einwirkung von Natrium-amalgam auf Alkalinitrate studiert hatten, beobachtet Edward **Divers,** daß das hierbei entstehende Reaktionsprodukt, mit Essigsäure neutralisiert, auf Zusatz von Silbernitrat ein gelbgefärbtes Silbersalz von der Formel $AgNO$ ausscheidet. Die dem Salz zugrunde liegende Säure nennt er untersalpetrige Säure. Die wässerige Lösung der Säure wird 1877 von v. d. Plaats dargestellt.

— Gustav **Fritsch** und Julius Eduard **Hitzig** weisen nach, daß die elektrische Reizung bestimmter Stellen im Großhirn bestimmte Bewegungen der Muskeln hervorbringt. (Vgl. auch 1873 F., 1876 M. und 1881 E.)

— Nachdem seit Scott Russell (s. 1844) sich u. a. Dupuy de Lôme (1845), Thornycroft (1869) und Nyström (1872) mit dem Problem des Schiffs-widerstandes beschäftigt hatten, gelingt es William **Froude** im Anschluß an die Arbeiten von Rankine, eine höchst bemerkenswerte Theorie über den Gesamtwiderstand der Schiffe im Wasser aufzustellen und die Richtigkeit seiner an Modellen ermittelten Theorie durch Schleppversuche mit wirklichen Schiffen darzutun. (Vgl. a. 1872 F. und 1884 D.)

— George **Gore** stellt durch Einwirkung von Jod auf Silberfluorid das Jod-pentafluorid dar, das Moissan (1902) direkt durch Überleiten von trockenem Fluor über Jod erhält.

— **Gridley** nimmt ein Patent auf die kontinuierliche Konzentration der Schwefel-säure in Glasretorten, die terrassenförmig in einem schief ansteigenden Ofen angelegt und durch Heber miteinander verbunden werden. Die höchste Retorte wird mit wässeriger Schwefelsäure gespeist, welche nach einiger Konzentration in die nächst untere fließt usw.; die niedrigst liegende Retorte ist im heißesten Teil des Ofens. Das Verfahren wird zuerst bei den Gebrüdern Chance in Oldbury angewendet.

— Paul **von Groth** konstruiert den krystalloptischen Universalapparat, der als Goniometer zur Messung der Flächenwinkel von Krystallen, als Spektrometer zur Bestimmung der Brechungsverhältnisse isotroper und doppeltbrechender Substanzen, als Polarisationsapparat für paralleles und konvergentes Licht, und als Instrument zur Messung des Winkels der optischen Achsen dient.

— Der amerikanische Nordpolfahrer Charles Francis **Hall** macht auf der „Polaris" eine Polarreise, an der Emil Bessels, der Verfasser des Expeditionsberichts, teil nimmt, und die wertvolle Resultate über die Verteilung von Land und Wasser liefert. Nachdem Hall in dem unter 82° 16' n. Br. bezogenen Winterquartier an der grönländischen Küste gestorben war, verlassen seine Leute das Winterquartier, verlieren aber ihr Schiff im Eis und retten sich erst nach vielen Gefahren, zum Teil auf einer Eisscholle gegen Süden treibend. Nach einer zweiten Überwinterung werden sie 1873 in der Melvillebai von einem schottischen Fangschiff aufgenommen.

— Thomas J. **Hall** führt auf der Boston-Maine-Eisenbahn sein (späterhin in Amerika vielverbreitetes) selbsttätiges Blocksignalsystem (Banjo-Signal) ein, welches 1900 auch auf der Métropolitaine-Bahn in Paris angewendet wird.

— Olof **Hammarsten** untersucht aufs neue die Blutgerinnung und weist nach, daß, entgegen der Schmidt'schen Auffassung (s. 1861 S.) der Gerinnung, die fermentative Umwandlung nur eines Eiweißkörpers, des Fibrinogens, vorliegt.